分子生物学

ゲノミクスとプロテオミクス

Jordanka Zlatanova
Kensal E. van Holde 著

田村隆明 監訳

東京化学同人

MOLECULAR BIOLOGY

Structure and Dynamics of Genomes and Proteomes

Jordanka Zlatanova
Kensal E. van Holde

© 2016 by Garland Science, Taylor & Francis Group, LLC

All Rights Reserved. Authorized translation from English language edition published by Garland Science, part of Taylor & Francis Group, LLC.

献　辞

　洗練された多くの物理学的手法がいかに生物学の問題解決に有用かということを我々に教えてくれた物理学者，E. Morton Bradbury 博士をしのび，本書を捧げる．

著者について

Jordanka Zlatanova　ワイオミング大学分子生物学科名誉教授．ブルガリア科学アカデミーから細胞分子生物学分野でのPhDとDScの学位を受けた．

Kensal E. van Holde　オレゴン州立大学生化学-生物物理学科特別栄誉教授．ウィスコンシン大学マディソン校から物理化学分野でのPhDの学位を受けた．

序

　分子生物学は分子レベルで扱われる生物学の学問分野であり，DNA，RNA，タンパク質の言葉によって遺伝情報の伝達や発現の奥にある重要な原則を明らかにする．

　私たちはながらく共同研究を行ってきたが，最近，分子生物学という分野が大きく変容し，高度な構造基盤科学が始まっていることを実感していた．それがエレガントで動的な構造をもつリボソームで，その構造がタンパク質合成機構の詳細をどう説明するのか，あるいはそれがヒトゲノムの複雑な構造とその転写であっても，構造情報は分子機構を理解する鍵となっている．10年以上の間，私たちのうちの一人は講義室やオンラインで先端分子生物学を講義していたが，適当な教科書がまったくなかった．現代分子生物学の内容を扱う新たな教科書が必要だったのである．

　本書 "Molecular Biology: Structure and Dynamics of Genomes and Proteomes" では，分子の構造や動態と遺伝情報の伝達と発現との間にある絶妙な関係について述べる．単一分子を対象にする方法から全ゲノム配列決定に至るまでの新しい技術は分子過程に関する理解を深め，それらの相互関係に関する視野を広げてきた．これらの重要な進展は新たなパラダイムをもたらしており，現代科学のなかで最も注目されるものの一つであるこの学問領域が，劇的変貌のまっただ中にあるという状況でその進展を捉えなくてはならない．一つの重要な例は本書における ENCODE（Encyclopedia of DNA Elements）計画の多数の引用とその意義であり，別の重要な例はクライオ電子顕微鏡や単分子動態解析で明らかになった分子相互作用を示す膨大な数のイラストである．

　教育学的見知からすると，分子生物学は画像表現に大きく依存してきており，私たちの目標は動的で魅力的なイラストの計画表を作ることであった．それに従っておよそ700 ものイラストが本書の多くの場所に組入れられている．図の説明文は十分に図を補完できるべきで，それにより図と説明文は一体となって基本的に自立性をもつことができる．このため，図自身の中にわかりやすく詳細な説明を加えた．

　私たちはおもに学部高学年から大学院初学年のレベルの学生のために本書を執筆した．本書は生化学入門コースの授業をとった学生，あるいはとっていない学生にも利用可能である．使い勝手を良くする多くの特徴を備えており，たとえば最初の4章は，上級クラスの読者は復習としてざっと目を通すことができる一方，生物科学の経験が乏しい学生には生物学の基本的背景を提供する．同様の趣旨で，文脈に合う実際的な題材（歴史，技術，普遍的な細胞生物学背景，そして医学における応用）を追加記事としてBoxに組込んだ．そのため本書は可能な限りの幅広い範囲の学生にとって有益であり，いくつかの Box 記事は，すべての課程の読者のレベル以上に深く分析して，"より詳しい説明"という見出しで紹介している．このような着眼はより直接的で簡潔な学習プロセスにとっては回り道になるかもしれないが，その話題をより深く掘り下げたいという教師や学生にとっては有用である．さらに別の特徴として，真の分子的洞察を可能にす

る単分子解析のような先端技術の引用に力を入れており，あらゆる分野における最新研究に関する意見を聞いてそれらを引用することに努めた．

　本書は読みやすい文章によって分子生物学の必須領域をカバーし，以下のような構成をとっている．まずは導入的な二つの章から始まるが，最初は分子生物学の基本概念と発展を述べ，続いて遺伝学について紹介する．次に，現在も研究途上の分子であるタンパク質と核酸を扱う二つの章を続ける．以上の4章は上級者コースでは簡単な復習用として利用することも可能である．遺伝情報の発現，制御，維持に関わる事象は本書の中核を成すものだが，それらを転写，翻訳，複製の順に記載し，それぞれのトピックスでは構造，機構，制御に関して数章を充てている．組換えDNA技術とゲノム構造は中核部分の別の数章で説明する．そして遺伝的組換えとDNA修復で締めくくっている．

　最後に，学生諸君に対して特別に一言．君たちは科学の最も活発でわくわくする領域の一つに踏み込もうとしているのだ．存分に楽しんでほしい！

Jordanka Zlatanova
Kensal E. van Holde

謝　辞

本書 "Molecular Biology: Structure and Dynamics of Genomes and Proteomes" の執筆者と出版社は，オンライン教材を作成した Kristopher J. Koudelka（Point Loma Nazarene University）にとりわけ感謝する．以下の方々の寄与についても心から感謝する．

　Box 3.7 に携わった Ivan Dimitrov（The University of Texas Southwestern Medical Center），第5章の遺伝子治療の部分に携わった Aleksandra Kuzmanov（University of Wyoming），Box 22.6 に携わった William Bonner（National Cancer Institute），第8章を援助してくださった Jean-Marc Victor（Université Pierre-et-Marie-Curie）と Thomas Bishop（Louisiana Tech University）．さらに，図や専門的アドバイスという観点から有用な資料を提供してくださった数多くの研究者にも感謝する．

　以下の研究者や教師の方々からは本書製作の間に，読者，査読者，そしてアドバイザーとしての貴重なご意見をいただいた．

　Steven Ackerman（University of Massachusetts Boston）；Paul Babitzke（The Pennsylvania State University）；Aaron Cassill（The University of Texas at San Antonio）；Scott Cooper（University of Wisconsin—La Crosse）；Raymond Deshaies（California Institute of Technology）；Martin Edwards（Newcastle University [UK]）；Yiwen Fang（Loyola Marymount University）；Errol C. Friedberg（The University of Texas Southwestern Medical Center）；Fátima Gebauer Hernández（Centre for Genomic Regulation [Spain]）；Paul D. Gollnick（State University of New York at Buffalo）；Paul Gooley（The University of Melbourne [Australia]）；Leslie A. Gregg-Jolly（Grinnell College）；Andrew W. Grimson（Cornell University）；David Hess（Santa Clara University）；Walter E. Hill（The University of Montana）；Peter L. Jones（University of Massachusetts Medical School）；Nemat O. Keyhani（University of Florida）；Raida Wajih Khalil（Philadelphia University [Jordan]）；Hannah Klein（New York University）；Kristopher J. Koudelka（Point Loma Nazarene University）；Stephen Kowalczykowski（University of California, Davis）；Krzysztof Kuczera（The University of Kansas）；Gary R. Kunkel（Texas A&M University）；Richard LeBaron（The University of Texas at San Antonio）；Boris Lenhard（Imperial College London [UK]）；Diego Loayza（Hunter College of The City University of New York）；William F. Marzluff（The University of North Carolina at Chapel Hill）；Mitch McVey（Tufts University）；Marcel Mechali（National Centre for Scientific Research [France]）；Corinne A. Michels（Queens College, City University of New York）；Peter B. Moore（Yale University）；Daniel Moriarty（Siena College）；Greg Odorizzi（University of Colorado Boulder）；Wilma K. Olson（Rutgers, The State University of New Jersey）；Wade H. Powell（Kenyon College）；Susan A. Rotenberg（Queens College, City University of New York）；Wilma Saffran（Queens College, City University of New York）；Michael J. Smerdon（Washington State University）；Kathryn Leigh Stoeber（Anglia Ruskin University [UK]）；Francesca Storici（Georgia Institute of Technology）；Andrew Arthur Travers（University of

Cambridge [UK]); Edward N. Trifonov (University of Haifa [Israel]); Peter H. von Hippel (University of Oregon); Hengbin Wang (The University of Alabama at Birmingham); Carol Wilusz (Colorado State University); Xuewu Zhang (The University of Texas Southwestern Medical Center); Zhaolan Zhou (University of Pennsylvania).

訳　者　序

　分子生物学は生命現象を分子の言葉で記述する学問領域で，約70年前に生まれ，DNAを含めた生体分子構造の解明や遺伝子組換え技術の作出に加えて生理現象や疾患発症機構を解き明かすなど，実に多くの成果をもたらし，今なお進歩している．分子生物学は2000年に入ってから急速に進展した．全ゲノム情報の共有と遺伝情報高分子のハイスループット解析がそのおもな理由であるが，加えて，原子間力顕微鏡やクライオ電子顕微鏡などによる画像取得技術，最新染色技術を含む分子-分子間相互作用の $in\ situ$ 解析，単分子解析技術などの貢献も大きく，そこから得られた膨大な量の情報は細胞，分子，制御を全ゲノム，全細胞レベルで包括的に捉えることを可能にしている．

　学問の体系的理解には優れた教科書が必要だが，古典的な分子生物学の教科書は静的・個別的で，現代分子生物学のニーズには対応していない．現代的視点をもつ教科書が望まれているのである．このような状況下，原著"Molecular Biology: Structure and Dynamics of Genomes and Proteomes"はタイムリーな1冊として2016年に出版された．著者のZlatanovaとvan Holdeはともにクロマチンに関する分子生物学，構造生物学で多くの業績を上げた研究者である．本書は最新研究成果の記述，得られた新しい概念の紹介，それに基づく分子生物学の統合的理解に重点を置いている．具体的には個々の細胞事象を深く掘り下げ，全細胞レベルを念頭にゲノム・プロテオーム・トランスクリプトーム，そしてエピゲノムやクロマチンの動態を個のレベルから相互作用レベルや全細胞レベルにわたって記している．分子生物学教科書として優れた書籍と評価でき，学部専門課程から大学院の上級クラス学生を対象としており，研究者にとっても有用なものになっている．

　監訳者は翻訳書作製では門外漢だが，本書をぜひ日本に紹介したいという思いから翻訳版の作製を引き受けることにした．本書は平易な入門書や大づかみな概説書ではなく，分子生物学を本格的に学ぼうという読者のためのものである．大学学部から大学院にかけての学生や若手研究者にとっての最良の1冊になるものと確信している．

　本書は22章構成になっている．最初の4章は分子生物学を学ぶための基礎である細胞や遺伝，タンパク質や核酸に関する基礎的事項を扱い，次の4章で分子生物学の具体的理解に必要な遺伝子組換え実験，タンパク質-核酸相互作用，ゲノム，遺伝暗号，クロマチンについて述べる．本書の中心は次からの12章で，転写・翻訳・複製を基礎的内容から制御に至るまで詳しく述べる．とりわけ遺伝子発現とクロマチン制御は深く掘り下げて解説している．最後の2章ではゲノム多様性に関わる遺伝的組換えと修復を扱う．巻末の用語集はコンパクトな辞典としても利用可能である．

　本書は千葉大学大学院理学研究院 生物学研究部門の教員が中心となって翻訳を担当し，全体の取りまとめと様式の統一は監訳者が担当した．原著の趣旨と内容を忠実に伝える翻訳になったのか不安な面もあるが，高いレベルの原著を少しでもわかりやすく読

んでいただけるように努めたので，評価に関しては読者諸氏の判断を待ちたい．

　本書が多くの読者に愛され，本邦における分子生物学教科書のスタンダードになることができればこれに勝る喜びはない．最後になるが，本書出版までに多くの点で尽力いただいた東京化学同人の高木千織氏に，この場を借りてお礼を申し上げたい．

2018年7月

田　村　隆　明

監 訳 者

田 村 隆 明　　前千葉大学大学院理学研究科 教授，医学博士

翻 訳 者

阿 部 洋 志	千葉大学大学院理学研究院 准教授，学術博士	（第1章）
石 川 裕 之	千葉大学大学院理学研究院 准教授，博士(理学)	（第14章）
板 倉 英 祐	千葉大学大学院理学研究院 助教，博士(理学)	（第16,17章）
伊 藤 光 二	千葉大学大学院理学研究院 教授，博士(理学)	（第3章）
浦 　 聖 惠	千葉大学大学院理学研究院 教授，博士(理学)	（第22章）
遠 藤 　 剛	千葉大学大学院理学研究院 教授，医学博士	（§5.1〜§5.4，第6章）
小笠原 道 生	千葉大学大学院理学研究院 准教授，博士(理学)	（第4章，§5.5〜§5.10）
佐 　 々 　 彰	千葉大学大学院理学研究院 特任助教，博士(生命科学)	（第21章）
佐 藤 成 樹	千葉大学大学院理学研究院 准教授，博士(学術)	（第15章）
嶋 田 美 穂	千葉大学大学院医学研究院 助教，博士(理学)	（第10章）
鈴 木 秀 文	国立がん研究センター研究所腫瘍生物学分野，博士(理学)	（第8章）
田 村 隆 明	前千葉大学大学院理学研究科 教授，医学博士	（第11,12章）
土 松 隆 志	千葉大学大学院理学研究院 准教授，博士(学術)	（第7章）
中 太 智 義	がん研究会がん研究所がんエピゲノムプロジェクト，博士(理学)	（第9章）
前 田 　 亮	徳島大学先端酵素学研究所エピゲノム動態学分野，博士(理学)	（第13章）
松 浦 　 彰	千葉大学大学院理学研究院 教授，博士(理学)	（第19,20章）
山 本 啓 一	千葉大学名誉教授，理学博士	（第18章）
綿 野 泰 行	千葉大学大学院理学研究院 教授，理学博士	（第2章）

（五十音順）

要 約 目 次

1 細胞そしてその先へ：分子生物学の世界
2 古典的遺伝学から分子遺伝学へ
3 タンパク質
4 核　酸
5 組換え DNA：原理と応用
6 タンパク質-核酸相互作用
7 遺伝暗号，遺伝子，ゲノム
8 遺伝物質の物理構造
9 細菌の転写
10 真核生物の転写
11 細菌の転写制御
12 真核生物の転写制御
13 ヒトゲノムの転写制御
14 RNA プロセシング
15 翻訳に関わる分子
16 翻訳の工程
17 翻訳の制御
18 タンパク質のプロセシングと修飾
19 細菌の DNA 複製
20 真核生物の DNA 複製
21 DNA 組換え
22 DNA 修復

目　　次

第1章　細胞そしてその先へ：分子生物学の世界 ……… 1
1.1　はじめに ……… 1
1.2　生物学における顕微鏡の不可欠な役割 ……… 1
　光学顕微鏡が生物学上の最初の革命を導いた ……… 1
　生化学により生物の構造と諸過程に巨大分子が重要であることが見いだされた ……… 5
　電子顕微鏡はさらに次元の異なる分解能をもたらした ……… 6
1.3　顕微鏡により明らかにされた細胞やウイルスの微細構造 ……… 7
1.4　超高分解能：分子レベルの生物学 ……… 7
　蛍光を用いる技術は超高分解能へ向かう入口の一つである ……… 7
　共焦点蛍光顕微鏡により細胞内の特定の構成要素から発せられる蛍光を観察することが可能である ……… 7
　FIONA は蛍光を用いることにより究極の光学的分解能をもたらす ……… 8
　FRET は分子レベルで距離の計測を可能にする ……… 9
　単分子クライオ電子顕微鏡法は強力な新技術である ……… 9
　原子間力顕微鏡は分子構造に触れて調べる ……… 10
　X線回折とNMRは原子レベルでの分解能を提供する ……… 10
1.5　分子遺伝学：分子生物学のもう一つの側面 ……… 12
Box 1.1　放射線 ……… 2
Box 1.2　界とドメイン ……… 4

第2章　古典遺伝学から分子遺伝学へ ……… 14
2.1　はじめに ……… 14
2.2　古典遺伝学と形質遺伝の法則 ……… 14
　Gregor Mendel が遺伝の基本法則を発見した ……… 14
　メンデルの法則の拡張と例外 ……… 19
　遺伝子は染色体上に直線的に並んでおり地図化できる ……… 20
　遺伝子の実体と遺伝子が表現型を決定する機構は長い間謎であった ……… 21
2.3　分子遺伝学につながる大きな進歩 ……… 22
　細菌とバクテリオファージは遺伝的挙動を示し遺伝学のモデル系として役立った ……… 22
　形質転換と形質導入により遺伝情報を移すことができる ……… 22
　DNA構造についてのワトソン・クリックモデルは分子遺伝学誕生の最後の鍵となった ……… 25
2.4　モデル生物 ……… 25
Box 2.1　古典遺伝学をつくった2人の並外れた科学者 ……… 16
Box 2.2　有性生殖，体細胞分裂，そして減数分裂 ……… 17
Box 2.3　鎌状赤血球貧血：分子遺伝学への手掛かり ……… 23
Box 2.4　細胞の解析や仕分けのためのフローサイトメトリー ……… 26

第3章　タンパク質 ……… 29
3.1　はじめに ……… 29
　タンパク質は大きさ，構造，機能が多岐にわたる高分子である ……… 29
　タンパク質はすべての生物の構造と機能に必須である ……… 29

3.2 タンパク質の構造 ……29
アミノ酸はタンパク質の構成要素である ……29
タンパク質の中でアミノ酸は共有結合で連結してポリペプチドを形成する ……32
3.3 ポリペプチド鎖の中の構造の階層 ……32
タンパク質の一次構造はアミノ酸の特異的配列である ……32
タンパク質の二次構造は水素結合によって安定化された規則的な折りたたみ構造を伴う ……34
それぞれのタンパク質は固有の三次元の三次構造をもっている ……40
ほとんどのタンパク質の三次構造は区別可能な折りたたまれたドメインに分割される ……43
今ではアルゴリズムが配列既知のタンパク質ドメインの同定および分類のために使用されている ……44
いくつかのドメインやタンパク質は本来無秩序である ……47
四次構造はタンパク質分子間の会合を伴い，集合体構造を形成する ……48
3.4 タンパク質はどのように折りたたまれるのか ……50
折りたたみが問題になることがある ……50
シャペロンはタンパク質の折りたたみを補助する ……53
3.5 タンパク質はどのように壊されるのか ……55
プロテアソームは一般的なタンパク質破壊システムである ……55
3.6 プロテオームとタンパク質相互作用ネットワーク ……57
新しい技術は生体タンパク質とそれらの相互作用の大規模な調査を可能にする ……57
Box 3.1 スベドベリ，超遠心，巨大タンパク質分子 ……33
Box 3.2 電気泳動：一般的原理 ……34
Box 3.3 電気泳動：タンパク質電気泳動の技術 ……35
Box 3.4 免疫学的手法 ……37
Box 3.5 Linus Pauling とタンパク質の構造 ……39
Box 3.6 Max Perutz, John Kendrew とタンパク質結晶技術の誕生 ……41
Box 3.7 生体高分子の核磁気共鳴研究 ……42
Box 3.8 アロステリック性 ……45
Box 3.9 質量分析 ……52

第4章 核　　酸 ……61
4.1 はじめに ……61
タンパク質の配列情報は核酸内に書き込まれている ……61
4.2 核酸の化学構造 ……61
DNA と RNA は似ているが化学構造が異なる ……61
核酸（ポリヌクレオチド）はヌクレオチドの重合体である ……62
4.3 DNA の物理構造 ……63
B 形 DNA の構造の発見は分子生物学において画期的なものであった ……63
DNA には異なる構造が数多く存在する ……67
二重らせんはかなり硬い構造ではあるが，タンパク質の結合によって折れ曲がる ……69
DNA は折りたたまれた三次元構造もとれる ……70
閉じた環状 DNA はねじれて超らせんになれる ……71
4.4 RNA の物理構造 ……74
RNA は多様で複雑な構造をとるが，B 形のヘリックス構造にはならない ……74
4.5 遺伝情報の一方向の流れ ……78
4.6 核酸の研究で用いられる実験手法 ……78
Box 4.1 DNA は遺伝情報の運搬体である：Griffith，および Avery, MacLeod, McCarty の実験 ……65
Box 4.2 ハーシー・チェイスの実験 ……66
Box 4.3 DNA の構造と Franklin, Watson, Crick ……68

Box 4.4	より詳しい説明：超らせん，リンキング数，超らせん密度	73
Box 4.5	抗がん剤としてのトポイソメラーゼ阻害剤	77
Box 4.6	線状核酸分子のゲル電気泳動	79
Box 4.7	環状および超らせん状の核酸分子のゲル電気泳動	79
Box 4.8	密度勾配遠心分離法	81
Box 4.9	核酸のハイブリダイゼーション	81
Box 4.10	DNA 塩基配列の決定	84

第 5 章　組換え DNA：原理と応用 ……87

5.1　はじめに ……87
DNA のクローニングはいくつかの基本的段階から成る ……87

5.2　組換え DNA 分子の構築 ……88
制限酵素とリガーゼはクローニングに必須である ……88

5.3　クローニングベクター ……93
選択マーカーをコードする遺伝子はベクターの構築中に挿入する ……93
細菌のプラスミドが最初のクローニングベクターであった ……93
組換えバクテリオファージを細菌ベクターとして用いることができる ……95
コスミドとファージミドはクローニングベクターのレパートリーを拡大した ……99

5.4　ベクターとしての人工染色体 ……100
細菌人工染色体を用いて細菌で巨大な DNA 断片をクローニングできる ……100
真核細胞人工染色体を用いて真核細胞で巨大 DNA 断片を維持，発現できる ……100

5.5　組換え遺伝子の発現 ……100
発現ベクターはクローニングした遺伝子を調節的かつ効率的に発現することができる ……100
シャトルベクターは複数の生物内で複製できる ……101

5.6　宿主細胞への組換え DNA の導入 ……101
数多くの宿主特異的な技術を用い，組換え DNA 分子を生きた細胞内に導入する ……101

5.7　ポリメラーゼ連鎖反応と部位特異的変異導入 ……102

5.8　ゲノム全体の塩基配列決定 ……104
ゲノムライブラリーには生物のゲノム全体が組換え DNA 分子の集合体として含まれる ……104
大きなゲノムの配列決定には二つのアプローチがある ……105

5.9　真核生物の遺伝物質を操作する ……105
トランスジェニックマウスは多くの段階を経て作成される ……105
特定遺伝子の不活性化，置換，改変は特定部位での相同組換えが可能なベクターを用いた
ターゲッティングで行う ……106

5.10　組換え DNA 技術の実用化 ……108
何百もの医薬化合物が組換え細菌内でつくられている ……108
植物遺伝子工学は巨大だが議論の多い産業分野である ……108
遺伝子治療は疾患原因である遺伝子欠損あるいは遺伝子機能を修正するため
複雑な多段階過程を経る ……108
特定組織内の十分量の細胞に遺伝子を導入し，その発現を長期間維持することは難しい ……110
動物は核移植を用いてクローン化できる ……115

Box 5.1	制限酵素の発見：いかにして基礎研究が科学をはるかに越えて影響するようになったか	89
Box 5.2	最初の組換え DNA 分子	94
Box 5.3	ポリメラーゼ連鎖反応	102
Box 5.4	部位特異的変異導入：DNA 配列中の希望する場所に変異を導入できる普遍的な手法	104
Box 5.5	治療目的のための組換えヒトインスリンの作製	109
Box 5.6	HIV 診断は組換え産物または組換え技術を用いて行われる	110

| Box 5.7 | より詳しい説明：植物遺伝子工学のための天然ベクター，*Agrobacterium* | 111 |
| Box 5.8 | ゴールデンライスはビタミン A と鉄の欠乏に対する解決策である | 113 |

第6章　タンパク質-核酸相互作用　　117

6.1　はじめに　　117
6.2　DNA-タンパク質相互作用　　117
DNA-タンパク質結合にはさまざまな様式と機構がある　　117
部位特異的結合は最も広く用いられている様式である　　119
大部分の認識部位は限られた数のクラスに分類できる　　120
大部分の特異的結合には DNA の溝へのタンパク質の挿入が必要である　　121
あるタンパク質は DNA ループの形成をひき起こす　　122
DNA 結合ドメインにはいくつかの主要なタンパク質モチーフがある　　122
ヘリックス・ターン・ヘリックスモチーフは主溝と相互作用する　　123
ジンクフィンガーも主溝に入り込む　　123
ロイシンジッパーは特に二量体を形成する部位に適している　　124
6.3　RNA-タンパク質相互作用　　125
6.4　タンパク質-核酸相互作用の研究　　126

Box 6.1	フィルター膜結合	118
Box 6.2	DNA アフィニティークロマトグラフィー	118
Box 6.3	バンドシフト法	128
Box 6.4	DNA フットプリント法	129
Box 6.5	タンパク質で誘導される DNA の屈曲	130
Box 6.6	クロマチン免疫沈降	131

第7章　遺伝暗号，遺伝子，ゲノム　　134

7.1　はじめに　　134
7.2　遺伝子：遺伝情報を貯蔵する核酸　　134
遺伝子の性質に対する理解は常に進化し続けている　　134
セントラルドグマとは情報が DNA からタンパク質へと流れるという考えである　　135
アダプターを見つけるために細胞 RNA を分離する必要があった　　136
mRNA, tRNA, そしてリボソームは細胞のタンパク質工場を構成する　　137
7.3　遺伝暗号におけるタンパク質配列と DNA 配列の関係　　138
最初の課題は遺伝暗号の性質を明らかにすることだった　　138
7.4　真核生物で見つかった驚きの知見：イントロンとスプライシング　　140
真核生物の遺伝子の中には通常非コード配列が散在している　　140
7.5　遺伝子についてのより広範で新しい視点　　141
タンパク質コード遺伝子は複雑である　　141
全ゲノム配列の解読は遺伝子の概念を一変させた　　142
変異，偽遺伝子，選択的スプライシングなどが遺伝子の多様性を生み出している　　143
7.6　全ゲノムの比較がもたらす新しい進化の視点　　144
全ゲノム解読により複雑なゲノムの実体が明らかになった　　144
真核生物では DNA 配列のタイプや機能がどのように分布しているのか　　145

Box 7.1	天才 Francis Crick	136
Box 7.2	遺伝暗号を解読する	139
Box 7.3	より詳しい説明：ヒト Y 染色体と *SRY* 遺伝子	146
Box 7.4	マイクロサテライトと DNA 型鑑定	148

第8章　遺伝物質の物理構造 ······ 150

8.1　はじめに ······ 150
8.2　ウイルスと細菌の染色体 ······ 151
ウイルス内部には最小のゲノムが格納されている ······ 151
細胞質中に存在する構造体としての細菌染色体 ······ 151
DNA屈曲タンパク質やDNA架橋タンパク質が細菌DNAの詰込みを助けている ······ 153
8.3　真核生物のクロマチン ······ 155
真核生物のクロマチンは核内で高度に詰込まれたDNA-タンパク質複合体である ······ 155
ヌクレオソームは真核生物クロマチンの基本的な繰返し単位である ······ 155
ヒストンの非対立遺伝子型バリアントと翻訳後修飾によりつくられるヌクレオソームの不均一集団 ······ 158
ヌクレオソームファミリーは動的である ······ 162
*in vivo*におけるヌクレオソーム形成はヒストンシャペロンを必要とする ······ 164
8.4　高次クロマチン構造 ······ 164
DNAに沿ったヌクレオソームがクロマチン繊維を形成する ······ 164
クロマチン繊維は折りたたまれるが，その構造はいまだ論争の的である ······ 166
間期核内における染色体の構成はいまだ不確かである ······ 166
8.5　有糸分裂期染色体 ······ 168
有糸分裂で染色体は凝縮し分離する ······ 168
有糸分裂期染色体の形成と維持には多くのタンパク質が関与している ······ 169
セントロメアとテロメアは特別な機能をもった染色体領域である ······ 170
有糸分裂期染色体の構造には多くのモデルが提唱されている ······ 173
Box 8.1　クロマチンの発見 ······ 156
Box 8.2　クロマチンのヌクレオソーム構造の発見 ······ 157
Box 8.3　多様な方法を用いた真核生物クロマチンの物理構造の解析 ······ 159
Box 8.4　有糸分裂期染色体：Ulrich Laemmliの功績 ······ 174

第9章　細菌の転写 ······ 177

9.1　はじめに ······ 177
9.2　転写の概要 ······ 177
転写にはすべての生物種における共通点が存在する ······ 177
転写は多数のタンパク質を必要とする ······ 178
転写は迅速であるがしばしば一時停止によって中断する ······ 181
転写は電子顕微鏡により可視化することができる ······ 184
9.3　RNAポリメラーゼと転写触媒作用 ······ 185
RNAポリメラーゼはポリヌクレオチド鋳型からRNA転写産物を産生する酵素群の
大きなファミリーである ······ 185
9.4　細菌における転写の仕組み ······ 185
転写開始にはホロ酵素とよばれるマルチサブユニット型ポリメラーゼ複合体が必要である ······ 185
細菌の転写の初期段階は頻繁に中断する ······ 189
細菌における転写伸長はトポロジーの問題を乗り越えなければならない ······ 189
細菌においては二つの転写終結機構が存在する ······ 190
細菌における転写機構の理解は臨床現場において有益である ······ 192
Box 9.1　分子運動と熱力学第二法則 ······ 179
Box 9.2　単分子解析による転写研究 ······ 182
Box 9.3　RNAポリメラーゼの発見 ······ 186
Box 9.4　抗生物質：細菌の転写の阻害 ······ 194

第10章　真核生物の転写 ··· 196

10.1　はじめに ··· 196
真核生物の転写は複雑で高度に制御された過程である ··· 196
真核生物の細胞内には異なった機能の遺伝子群それぞれに特異的な
複数のRNAポリメラーゼが存在する ··· 196

10.2　RNAポリメラーゼIIによる転写 ··· 197
酵母PolII構造は転写機構を理解するうえでの手がかりとなる ··· 197
PolIIの構造はそのアミノ酸配列以上に進化的に保存されている ··· 199
転写伸長でのヌクレオチド付加は周期的である ··· 199
転写開始はコアプロモーターに集まる複数の因子より成るタンパク複合体に依存している ··· 202
さらなるタンパク質複合体がPolIIと制御タンパク質の連絡に必要である ··· 202
真核生物の転写終結はRNA転写産物のポリアデニル化と連携している ··· 205

10.3　RNAポリメラーゼIによる転写 ··· 205

10.4　RNAポリメラーゼIIIによる転写 ··· 208
PolIIIは小さい遺伝子の転写に特異的である ··· 208

10.5　真核生物の転写：広域性と空間的な組織化 ··· 208
ほとんどの真核生物のゲノム領域は転写されている ··· 208
真核生物の転写は核内で一様ではない ··· 209
活性遺伝子と不活性遺伝子は核内で空間的に分離されている ··· 212

10.6　真核生物の転写研究法 ··· 213
転写の研究のための一連の方法 ··· 213

Box 10.1　真核生物転写の分子機構の解明：酵母PolIIストーリー ··· 198
Box 10.2　ヒトゲノムの機能についてENCODE計画から学んだこと ··· 210
Box 10.3　転写開始部位をマッピングするために使用される方法 ··· 213
Box 10.4　真核生物遺伝子の5′および3′領域を同定するために使用される方法 ··· 214
Box 10.5　ゲノムワイドなトランスクリプトーム解析：ゲノムワイド規模での
RNA転写産物のマッピング ··· 216

第11章　細菌の転写制御 ··· 219

11.1　はじめに ··· 219

11.2　転写制御に関する一般的仮説 ··· 219
制御はプロモーター強度の違いか代替σ因子の使用によって可能になる ··· 219
RNAポリメラーゼのリガンド結合による制御は緊縮応答とよばれる ··· 220

11.3　転写の特異的制御 ··· 221
特異的遺伝子における制御は転写因子のシス-トランス相互作用によって起こる ··· 221
転写因子はアクチベーターとリプレッサーであり，それ自身の活性は多様な機構で制御される ··· 221
いくつかの転写因子は転写の活性化あるいは抑制のために協調的に作用したり，
相反して作用することができる ··· 222

11.4　細菌の生理機能にとって重要なオペロンの転写制御 ··· 223
*lac*オペロンは解離可能なリプレッサーとアクチベーターによって制御される ··· 223
*trp*オペロンの制御には転写抑制とアテニュエーションの両方が関与する ··· 228
同じタンパク質がアクチベーターあるいはリプレッサーとして働くことができる：*ara*オペロン ··· 230

11.5　細菌における他の遺伝子制御方式 ··· 230
DNA超らせんは全体および局所での転写制御の両方に関わる ··· 230
DNAメチル化は特異的制御をもたらすことができる ··· 232

11.6　細菌における遺伝子発現の協調 ··· 233

転写因子ネットワークが協調的遺伝子発現の基盤となる……………………………………234
Box 11.1　Lac リプレッサーの発見：予期せぬ結果の真価………………………………225
Box 11.2　シークエンスロゴ……………………………………………………………228
Box 11.3　相変異による細菌病原性の制御………………………………………………233

第12章　真核生物の転写制御 …………………………………………………………236
12.1　はじめに ……………………………………………………………………………236
12.2　転写開始の制御：制御領域と転写因子 …………………………………………236
コアプロモーターと近位プロモーターが基本転写と制御転写に必要である …………236
エンハンサー，サイレンサー，インスレーター，そして遺伝子座制御領域は遠位制御配列である ……237
真核生物のある種の転写因子はアクチベーターで他のものはリプレッサーだが，
作用部位に応じてそのいずれにもなるものがある……239
転写制御には基本転写装置の代替成分が使われうる ……………………………………241
遺伝子座制御領域や転写装置の成分の変異はヒトの病気をひき起こす ………………242
12.3　転写伸長の制御 ……………………………………………………………………242
RNA ポリメラーゼはプロモーター近くで停滞する可能性がある ………………………242
転写伸長速度は転写伸長因子によって制御される ………………………………………242
12.4　転写制御とクロマチンの構造 ……………………………………………………243
転写の最中，ヌクレオソームでは何が起こっているのか ………………………………243
12.5　ヒストン修飾とヒストンバリアントによる転写の制御 ………………………245
ヒストン修飾はエピジェネティックな転写制御をもたらす ……………………………245
遺伝子発現はしばしばヒストンの翻訳後修飾によって制御される ……………………245
ヒストンの翻訳後修飾マークの読出しには特化した役割をもつタンパク質が関与する ……245
翻訳後ヒストンマークは転写活性状態のクロマチン領域と不活性状態のクロマチン領域を区別する …247
ある細胞株の中である種の遺伝子は翻訳後修飾によって特異的にサイレンシングされている ………249
ポリコームタンパク質複合体は H3K27 のトリメチル化と H2AK119 のユビキチン化によって
遺伝子を抑える……249
酵母テロメアのヘテロクロマチン形成は H4K16 の脱アセチル化を介して
遺伝子をサイレンシングする……250
真核生物中の大部分の HP1 調節性遺伝子抑制には H3K9 メチル化が関わる …………251
タンパク質のポリ ADP リボシル化は転写制御に関わる …………………………………252
ヒストンバリアント H2A.Z，H3.3，H2A.Bbd は活性クロマチン中に存在する …………253
マクロ H2A は不活性クロマチンに広く存在するヒストンバリアントである ……………254
クロマチン構造により起こる問題はリモデリングによって解決される …………………255
内在性代謝産物は転写の可変制御能を発揮させることができる ………………………257
12.6　DNA メチル化 ………………………………………………………………………257
ゲノム DNA のメチル化パターンは転写制御に関わりうる ………………………………258
発がんは CpG のメチル化パターンを変化させる …………………………………………259
DNA メチル化は胚発生時に変化する ………………………………………………………259
DNA メチル化は複雑な酵素活性をもつ分子装置により実行される ……………………260
DNA のメチル化マークを読取るタンパク質が存在する …………………………………261
12.7　転写制御における長鎖 ncRNA ……………………………………………………261
ncRNA は転写制御において驚くべき役割を果たす ………………………………………261
ncRNA の大きさやゲノム上の位置は著しく多様である ……………………………………263
12.8　転写制御配列の活性を測定する方法 ……………………………………………264
Box 12.1　メチル化 CpG 結合タンパク質 2 とレット症候群 ……………………………262
Box 12.2　転写制御配列活性の *in vivo* 測定 ……………………………………………265

第13章　ヒトゲノムの転写制御 ……………………………………………………………… 267
13.1　はじめに …………………………………………………………………………… 267
迅速な全ゲノム配列決定は高度な解析を可能にする ……………………………………… 267
13.2　ENCODEの基本概念 …………………………………………………………… 267
ENCODEはハイスループットで大規模な連続的配列決定と解析のための
洗練されたコンピューターアルゴリズムによっている …… 267
ENCODE計画はヒトゲノムにおける転写と関わりのある多様なデータを統合する ……… 269
13.3　制御配列要素 ……………………………………………………………………… 269
七つにクラス分けされた制御配列要素が転写の景観をつくり上げる …………………… 269
13.4　ENCODEがもたらしたクロマチン構造に関する具体的な発見 ……………… 269
数百万のDNアーゼⅠ高感受性部位は転写因子が結合可能なクロマチン領域の位置を示す …… 269
プロモーター領域におけるDNアーゼⅠ感受性のパターンは非対称かつ典型的である ……… 270
プロモーター部位と転写因子結合部位周辺におけるヌクレオソームの位置取りは
非常に不均一である …… 272
制御領域および遺伝子内のクロマチン環境もまた不均一であり左右非対称である ……… 272
13.5　遺伝子発現制御に対するENCODEの洞察力 ………………………………… 274
遠位制御領域は複雑なネットワークの中でプロモーターと連絡する …………………… 274
転写因子の結合は制御領域の構造と機能を決める ……………………………………… 275
転写因子は巨大なネットワークの中で相互作用する ……………………………………… 278
転写因子結合部位と転写因子構造の共進化 ……………………………………………… 279
DNAのメチル化パターンは転写との複雑な関係を示す ……………………………… 280
13.6　ENCODEの全体像 ……………………………………………………………… 280
ENCODEは我々に何を教え，どこへ行こうとしているのか ……………………………… 280
ENCODE計画研究には確かな方法が不可欠である ……………………………………… 281
Box 13.1　より詳しい説明：FAIRE法，制御領域をゲノムワイドに分離する手法 ……… 268
Box 13.2　より詳しい説明：5C法，ゲノムワイドな染色体結合をゲノムに対応づけるための
大規模並列解決法 …… 275
Box 13.3　より詳しい説明：DNAメチル化パターンはゲノム規模でどのように研究されるのか …… 277

第14章　RNAプロセシング ……………………………………………………………… 284
14.1　はじめに …………………………………………………………………………… 284
ほとんどのRNA分子は転写後にプロセシングを受ける ………………………………… 284
プロセシングには四つの一般的なカテゴリーが存在する ……………………………… 284
真核生物のRNAは細菌のRNAよりもはるかに多くのプロセシングを受ける ………… 284
14.2　tRNAとrRNAのプロセシング ………………………………………………… 284
tRNAプロセシングはすべての生物においてよく似ている ……………………………… 284
3種の成熟したrRNA分子はすべて長い単一のRNA前駆体から切断される ………… 285
14.3　真核生物のmRNAプロセシング：末端の修飾 ……………………………… 285
真核生物のmRNAのキャッピングは転写と同時に起こる ……………………………… 287
3′末端のポリアデニル化は多くの機能を果たす ………………………………………… 287
14.4　真核生物のmRNAプロセシング：スプライシング ………………………… 289
スプライシングの過程は複雑であり高い精度を必要とする …………………………… 289
スプライシングはスプライソソームにより行われる ……………………………………… 289
スプライシングは複数種類の選択的なmRNAをつくり出すことができる …………… 290
タンデムキメリズムは離れた遺伝子のエキソンを連結する …………………………… 292
トランススプライシングは二つの相補的なDNA鎖に存在するエキソンを組合わせる …… 295

14.5　スプライシングと選択的スプライシングの制御 ………………………………………………… 297
スプライス部位の強さは異なる ……………………………………………………………………… 297
エキソン-イントロンの構造はスプライス部位の利用に影響する ……………………………… 297
シス-トランス相互作用はスプライシングを刺激または阻害する可能性がある …………… 298
RNAの二次構造は選択的スプライシングを制御することができる ………………………… 299
選択的スプライシングの制御に補助的因子が必要ない場合がある …………………………… 300
転写速度ととクロマチン構造がスプライシングの制御を促進する可能性がある ………… 300

14.6　自己スプライシング：イントロンとリボザイム ………………………………………………… 302
イントロンの一部は自己スプライシングRNAにより切除される ……………………………… 302
自己スプライシングイントロンには二つのクラスがある ……………………………………… 302

14.7　概要：mRNA分子のたどる道筋 …………………………………………………………………… 303
一次転写産物から機能するmRNAへの進行には多くの段階を必要とする ………………… 303
mRNAは核膜孔複合体を通って核から細胞質に輸送される …………………………………… 304
RNA配列は転写後でも酵素修飾により編集される ……………………………………………… 305

14.8　RNAの品質管理と分解 ……………………………………………………………………………… 307
細菌，古細菌，真核生物はすべてRNA品質管理のための機構をもつ ……………………… 307
古細菌および真核生物は異なるRNA欠陥に対処するために特異的経路を利用する …… 308

14.9　小分子サイレンシングRNAの生合成と機能 ……………………………………………………… 309
すべてのssRNAは大きな前駆体からのプロセシングによりつくられる …………………… 309

Box 14.1　リボザイム ……………………………………………………………………………………… 286
Box 14.2　選択的スプライシングと進化 ……………………………………………………………… 293
Box 14.3　より詳しい説明：選択的スプライシングの機構と結果の例 ………………………… 294
Box 14.4　選択的スプライシングとがんとの関係 …………………………………………………… 296
Box 14.5　細胞ストレス，RNAスプライシング，およびSRタンパク質の翻訳後修飾の役割 …… 300
Box 14.6　核膜孔複合体 …………………………………………………………………………………… 306

第15章　翻訳に関わる分子 ………………………………………………………………………………… 314

15.1　はじめに ………………………………………………………………………………………………… 314

15.2　翻訳の概要 ……………………………………………………………………………………………… 314
翻訳が起こるためには3種類の分子の関与が必要である ……………………………………… 314

15.3　tRNA ……………………………………………………………………………………………………… 315
tRNA分子は四つのアームをもつクローバー葉構造に折りたたまれる ……………………… 316
tRNAはひとそろいの特別な酵素，アミノアシルtRNAシンテターゼによりアミノアシル化される …… 317
tRNAのアミノアシル化には2段階の反応過程がある …………………………………………… 318
品質管理または校正はアミノアシル化反応の過程で起こる …………………………………… 320
非標準アミノ酸のポリペプチド鎖への挿入は終止コドンにより誘導される ……………… 323

15.4　mRNA …………………………………………………………………………………………………… 324
細菌のmRNAにあるシャイン・ダルガノ配列はリボソーム上にmRNAを配置させる …… 325
真核生物のmRNAはシャイン・ダルガノ配列をもたないが，より複雑な5′-と3′-UTRをもつ …… 325
全体の翻訳効率は多数の要因に依存する ……………………………………………………………… 327

15.5　リボソーム ……………………………………………………………………………………………… 328
リボソームはrRNAと多数のリボソームタンパク質を含む二つのサブユニット構造から成る …… 328
機能的リボソームには特異的補完因子のRNAとタンパク質が結合した
　　　　　　　　　　　　　　　　　　　二つのサブユニットが必要である …… 328
小サブユニットはmRNAを受容できるが，ペプチド合成が起こるには
　　　　　　　　　　　　　　　　　　　大サブユニットの結合が必要である …… 331
リボソームの構築は *in vivo* と *in vitro* の両方で研究された ………………………………… 331

Box 15.1	RNA タイクラブとアダプター仮説	316
Box 15.2	アミノアシル tRNA シンテターゼは二重ふるい機構により間違ったアミノ酸を校正する：進化し続ける機構論	322
Box 15.3	より詳しい説明：アミノアシル tRNA シンテターゼの校正活性，翻訳精度とヒトの病気の関係	324
Box 15.4	非天然アミノ酸のタンパク質への組込み：遺伝暗号を拡張する	326
Box 15.5	リボソーム研究の長い歴史	329

第16章　翻訳の工程 ································· 336

16.1　はじめに ································· 336
16.2　翻訳の概要：速度と正確性 ································· 336
16.3　タンパク質翻訳機構解明のための最新の方法論 ································· 338
クライオ電子顕微鏡がリボソームの個々の動的な状態を可視化する ································· 338
X線結晶構造解析は最も分解能の高い方法である ································· 338
spFRET は1粒子レベルでの動態解析を可能にした ································· 340
16.4　翻訳の開始 ································· 340
翻訳開始は遊離のリボソーム小サブユニット上から始まる ································· 341
クライオ電子顕微鏡による開始複合体の詳細な解析 ································· 342
複雑な真核生物の開始部位選択 ································· 343
16.5　翻訳の伸長 ································· 344
暗号解読：コドンに対応するアンチコドンをもつアミノアシル tRNA を合わせる ································· 344
適応収容：ペプチド結合形成を可能にするゆがんだ tRNA の弛緩 ································· 346
ペプチド結合の形成はリボソームによって促進される ································· 346
ハイブリッド状態の形成はトランスロケーションに必須な過程である ································· 349
細菌の伸長因子の立体構造解析から詳しい機序が明らかにされた ································· 350
リボソームは新生ペプチド鎖を出すためのトンネルをもつ ································· 350
真核生物の翻訳伸長にはより多くの因子が必要である ································· 351
16.6　翻訳の終結 ································· 352
RF3 による RF1 と RF2 の除去 ································· 352
リボソームは終結後に再利用される ································· 352
進化を続ける翻訳の眺望 ································· 355

Box 16.1	翻訳の開始因子と伸長因子はがんタンパク質となる可能性がある	337
Box 16.2	リボソームの機能と抗生物質	339
Box 16.3	トウプリント法：リボソーム-mRNA 複合体によるプライマー伸長阻害	345
Box 16.4	より詳しい説明：伸長サイクルの詳細な研究；ブラウンラチェット機構	350

第17章　翻訳の制御 ································· 357

17.1　はじめに ································· 357
17.2　リボソーム数調節による翻訳の制御 ································· 357
細菌のリボソーム数は環境に応答する ································· 357
細菌のリボソーム成分の協調的合成 ································· 357
真核生物のリボソーム成分の合成制御にはクロマチン構造が関わる ································· 358
17.3　翻訳開始の制御 ································· 361
翻訳開始の制御は普遍的できわめて多様である ································· 361
制御は mRNA の 5′ または 3′ 末端に結合するタンパク質因子に依存しうる ································· 361
キャップ依存性制御は翻訳開始を調節する主要経路である ································· 361

  翻訳開始では内部リボソーム進入部位が利用されうる······363
  5′- および 3′-UTR の結合は真核生物の翻訳開始を制御する新規の機構である······364
  リボスイッチは刺激に応答して翻訳開始を制御する RNA 配列要素である······364
  miRNA は mRNA に結合でき，それにより翻訳を制御する······365
17.4 真核生物 mRNA の安定性と分解······368
  mRNA の脱アデニル反応で始まる非欠陥 mRNA 分解の二つの主要経路······369
  5′→3′ 経路は脱キャッピング酵素 Dcp2 の活性によって開始する······371
  3′→5′ 経路ではエキソソームによる分解の後に異なる脱キャッピング酵素 DcpS が働く······371
  他にもある mRNA 分解経路······372
  使われない mRNA は P ボディとストレス顆粒内に隔離される······372
  細胞は欠陥のある mRNA 分子を分解するいくつかの機構をもっている······374
  未成熟終止コドンを含む mRNA 分子はナンセンス変異依存性 mRNA 分解によって分解される······374
  リボソーム停滞型 mRNA 分解は翻訳中のリボソームが停止したときに働く······376
  ノンストップ mRNA 分解は終止コドンを含まない mRNA で働く······376
17.5 翻訳の機構······377
  Box 17.1 ソラレン架橋法と rDNA のクロマチン構造······359
  Box 17.2 rRNA 遺伝子のプロモーター領域内の CpG ジヌクレオチドのメチル化：転写との関連······360
  Box 17.3 miRNA と糖尿病······370
  Box 17.4 Sm タンパク質とその類似体：全身性エリテマトーデスとの関連······373
  Box 17.5 より詳しい説明：脱キャッピングと X 連鎖精神遅滞や脊髄性筋萎縮症との関連······375

第 18 章 タンパク質のプロセシングと修飾······380
18.1 はじめに······380
18.2 生体膜の構造······380
  生体膜はタンパク質に富んだ脂質二重層である······380
  生体膜には多数のタンパク質が結合している······381
18.3 タンパク質の生体膜透過······382
  タンパク質の膜透過は翻訳中あるいは翻訳後に行われる······382
  細菌および古細菌における膜透過はおもに分泌のために使われる······383
  真核生物における膜透過はさまざまな役割を果たす······384
  膜内在性タンパク質は特別な仕組みによって膜に挿入される······386
  真核細胞において区画間小胞輸送を行うタンパク質······387
18.4 プロテアーゼによるプロセシング：切断，スプライシング，分解······388
  前駆体から成熟したタンパク質をつくる際にプロテアーゼによる切断が行われる······388
  ある種のプロテアーゼはタンパク質スプライシングを行う······390
  不要タンパク質の破壊にも調節されたタンパク質分解が用いられる······392
18.5 側鎖の翻訳後化学修飾······392
  側鎖の修飾はタンパク質の構造と機能に影響を与える······392
  リン酸化はシグナル伝達において重要な役割を果たす······396
  アセチル化はおもに相互作用を変化させる······398
  いくつかのクラスのグリコシル化タンパク質には糖鎖が付加されている······399
  グリコシル化の仕組みは修飾のタイプによる······399
  ユビキチン化とは酵素カスケードによりタンパク質に 1 個または複数個の
         ユビキチン分子を付加することである······400
  特別な酵素によってユビキチン化されるタンパク質の特異性が決まる······402
  タンパク質-ユビキチン結合体の構造が修飾の果たす生物学的役割を決める······408
  ポリユビキチンはプロテアソームにより分解されるタンパク質に付けられる目印である······408

SUMO化とは1個あるいは複数個のSUMO分子をタンパク質に付加することである················409
18.6 タンパク質のゲノム起源····················411
Box 18.1　より詳しい説明：ゴルジ複合体は謎だらけ··················385
Box 18.2　アポトーシス：生理的，細胞性，分子レベルでの展望··················393
Box 18.3　タンパク質リン酸化とリン酸化カスケードの発見：Edmond Fischer と
　　　　　Edwin Krebs の仕事······397
Box 18.4　タンパク質グリコシル化，血液型，および輸血··················401
Box 18.5　ユビキチン-プロテアソーム系の発見··················403
Box 18.6　より詳しい説明：E3 リガーゼとヒトの病気··················406

第19章　細菌のDNA複製 ················413
19.1　はじめに················413
19.2　すべての生物に共通なDNA複製の特徴················413
　両鎖の複製は複製フォークをつくる················413
　機構的に，新しいDNA鎖の合成には鋳型，ポリメラーゼ，プライマーが必要である················413
　DNA複製には二つのDNAポリメラーゼの同時作用が必要である················415
　他のタンパク質因子が複製フォークでの工程に必須である················416
19.3　細菌細胞内での複製················417
　細菌の染色体複製は二方向性で，単一の複製起点から始まる················417
　DNAポリメラーゼIIIが細菌の複製反応を触媒する················418
　スライディングクランプβはプロセッシビティに必須である················419
　クランプローダーはレプリソームを組織化する················420
　レプリソーム中のタンパク質の全体は複雑かつ動的に組織化されている················422
　DNAポリメラーゼIは岡崎フラグメントの成熟化に必要である················423
19.4　細菌の複製過程················426
　伸長時のレプリソームの構造は変化に富む················426
19.5　細菌の複製の開始と終結················428
　開始には特定のDNA配列要素と多数のタンパク質が関わる················428
　複製の終結は特異的DNA配列とそれに結合するタンパク質因子によって行われる················432
19.6　ファージとプラスミドの複製················434
　ローリングサークル型複製は代替的な機構である················437
　ある種のファージの複製には二方向性機構とローリングサークル機構の両方が関わる················437
Box 19.1　メセルソン・スタールの実験··················414
Box 19.2　岡崎フラグメントとDNA複製··················416
Box 19.3　より詳しい説明：クランプローダーが働く仕組み··················422
Box 19.4　細菌DNAポリメラーゼの発見··················424
Box 19.5　クレノウ断片と実験室でのその利用··················425
Box 19.6　臨床治療におけるDNA複製阻害薬··················430
Box 19.7　T7ファージ複製系：解析が困難な過程に道を開く手頃な道具··················435

第20章　真核生物のDNA複製 ················440
20.1　はじめに················440
20.2　真核生物における複製開始················440
　真核生物の複製開始は多数の複製起点から始まる················440
　真核生物の複製起点は生物種ごとに異なるDNAとクロマチン構造をもつ················443
　開始複合体の形成には決まった筋書きがある················448

再複製は阻止されなければならない……449
ヒストンメチル化がライセンス化の開始を制御する……449

20.3　真核生物における複製の伸長……450
真核生物のレプリソームは細菌のレプリソームと類似はしているが，有意に異なっている……450
細菌レプリソームの他の構成成分の機能的相当因子が真核生物に存在する……451
真核生物の伸長はある特別な動的な特徴を示す……453

20.4　クロマチンの複製……454
複製時のクロマチン構造は動的である……454
ヒストンシャペロンは複製において多くの役割を果たすかもしれない……454
古いヒストンと新規に合成されたヒストンはどちらも複製に必要である……456
クロマチンがもつエピジェネティックな情報も複製されなければならない……457

20.5　DNA末端複製問題とその解決法……457
テロメラーゼが末端複製問題を解決する……458
テロメアの代替伸長経路がテロメラーゼ欠損細胞で働く……458

20.6　ミトコンドリアDNAの複製……460
ミトコンドリアゲノムの環状性は伝説か真実か……461
ミトコンドリアゲノムの複製モデルには論争がある……462

20.7　真核生物に感染するウイルスの複製……462
レトロウイルスは逆転写酵素を用いてRNAをコピーし，DNAに変える……462

Box 20.1　複製起点のマッピング……442
Box 20.2　細胞周期の制御……444
Box 20.3　より詳しい説明：複製タイミングは転写と相関するか……446
Box 20.4　DNA複製スリップ，伸長する反復配列，およびヒトの疾患……452
Box 20.5　テロメア，老化とがん……460
Box 20.6　レトロウイルスと逆転写酵素……463

第21章　DNA組換え……467

21.1　はじめに……467

21.2　相同組換え……467
相同組換えは細菌においていくつもの役割を担う……467
相同組換えは体細胞分裂細胞において多くの役割をもつ……468
減数分裂期の染色体交換は真核生物の進化に必須である……469

21.3　細菌における相同組換え……469
末端切除はRecBCD複合体を必要とする……470
鎖侵入および鎖交換はどちらもRecAに依存する……471
相同組換えに関する多くはいまだ明らかになっていない……471
ホリデイ構造は相同組換えにおいて必須の中間体構造である……474

21.4　真核生物における相同組換え……476
真核生物の組換えに関与するタンパク質は細菌のものに似ている……476
相同組換えの機能不全は多くのヒト疾患と関係している……478
減数分裂期組換えは減数分裂期における相同染色体間の遺伝情報の交換を可能にする……479

21.5　非相同組換え……484
転移因子やトランスポゾンはゲノム内で場所を移動する可動性DNA配列である……484
多くのトランスポゾンは転写されるが，ほんのいくつかの既知の機能しかもたない……486
トランスポゾンにはいくつかの型がある……486
DNAクラスIIトランスポゾンは自身を転移するために二つのメカニズムのどちらかを用いる……489
レトロトランスポゾンまたはクラスIトランスポゾンはRNA中間体を必要とする……489

21.6 部位特異的組換え·····491
λファージは部位特異的組換えによって細菌のゲノムに挿入される·····491
免疫グロブリン遺伝子の再編成は部位特異的組換えを通して起きる·····492

Box 21.1 MeselsonとWeigleの実験·····468
Box 21.2 間期細胞核におけるゲノムの高次構造：それは干し草の山から針を見つけるのを助けるか·····473
Box 21.3 ホリデイ構造とは何か，そしてそれはどのように解消されるのか·····475
Box 21.4 血友病Aと遺伝的組換え·····479
Box 21.5 Barbara McClintockと動く遺伝子·····485
Box 21.6 より詳しい説明：免疫グロブリン，ポリクローナル抗体，モノクローナル抗体·····492
Box 21.7 より詳しい説明：寄生虫の抗原変異とヒトの睡眠病·····495

第22章 DNA修復·····498

22.1 はじめに·····498
22.2 DNA損傷のタイプ·····498
細胞内外の天然の要因によってDNAの情報は変化しうる·····498
22.3 DNA修復の経路と機構·····500
DNA損傷は多様な修復機構によって対処される·····500
チミン二量体はDNAフォトリアーゼによって直接修復される·····502
O^6-アルキルグアニンアルキルトランスフェラーゼはアルキル化された塩基の修復に関与している·····502
ヌクレオチド除去修復は二重らせんをゆがませる損傷に働く·····504
塩基除去修復は損傷を受けた塩基を修正する·····505
ミスマッチ修復は塩基対を訂正する·····506
細菌のメチル基依存性ミスマッチ修復はアデニンのメチル化を目印として用いる·····506
真核生物におけるミスマッチ修復はDNA複製中のDNA切断によって始まるのかもしれない·····509
二本鎖切断の修復には誤りなしと誤りがちな修復がある·····509
相同組換えは二本鎖切断を正確に修復する·····511
非相同末端結合は誤りがちな修復過程で，DNA二本鎖の連続性を回復させる·····511
22.4 損傷乗越え合成·····514
多くの修復過程はRecQヘリカーゼを利用する·····516
22.5 クロマチンはDNA修復において積極的な役割を果たす·····517
ヒストンバリアントとその翻訳後修飾は特異的にDNA修復に関与している·····518
22.6 概要：生命におけるDNA修復の役割·····523

Box 22.1 DNA修復研究初期の簡単な歴史·····499
Box 22.2 DNA損傷に対する応答の欠陥は老化を促進するか·····501
Box 22.3 より詳しい説明：MRE11-RAD50-NBS1複合体遺伝子の変異は遺伝病と関連している·····512
Box 22.4 RecQヘリカーゼ，DNA修復，そしてヒト疾患·····518
Box 22.5 RecQヘリカーゼの変異が関わるヒトの病気·····520
Box 22.6 ヒストンγH2A.Xフォーカスの観察と臨床診療·····523

用 語 集·····527
和文索引·····555
欧文索引·····567

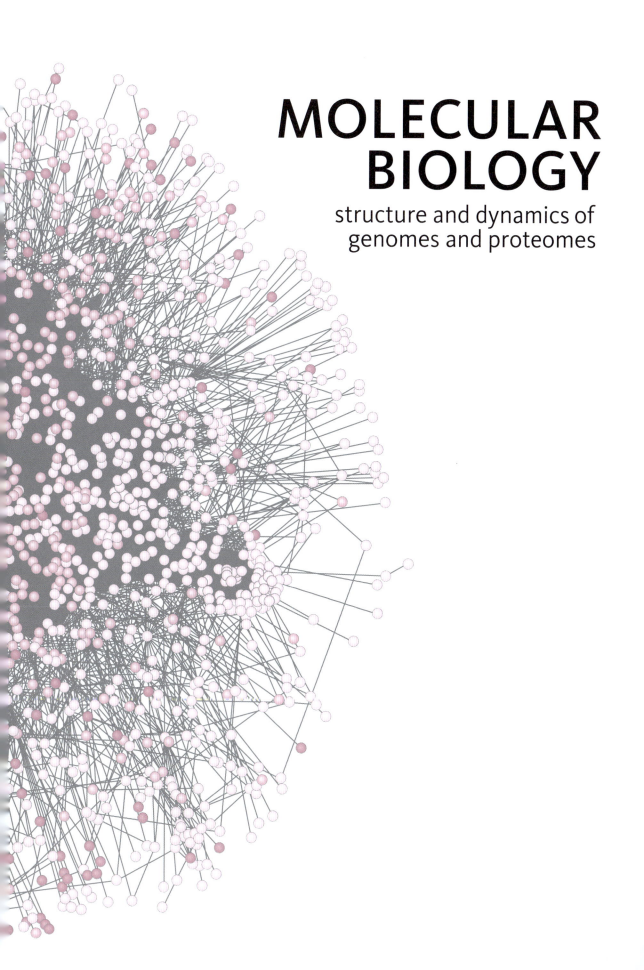

MOLECULAR BIOLOGY

structure and dynamics of genomes and proteomes

1　細胞そしてその先へ：分子生物学の世界

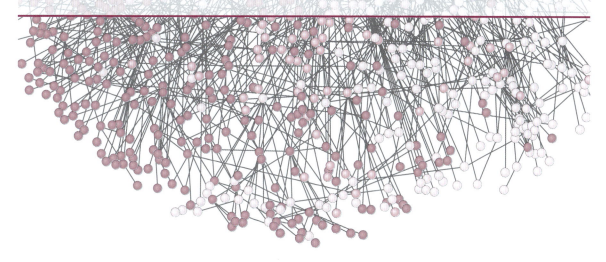

1.1　はじめに

どの科学にもおのずと進むべき方向がある．たとえば天文学が，この宇宙を理解するために規模を絶え間なく拡大して探求するものと考えられる一方，生物学は生物体の構造をこれまでよりさらに細かく探求していくものと理解できよう（表 1.1）．最も古い生物学者は必然的に人の目で見えるものだけが研究対象であった．そのため生物学者は成長，行動，肉眼的な形態など，動物や植物全体を研究対象としていた．そうであっても，古い時代の生物学は迷信や空想に満ちあふれ，空想上の化物や意味をなさない体内構造を思い描いていたのである．動物や人の解剖を真に科学的な研究として開始した最初の人物は Leonardo da Vinci である．彼はその研究を 1487 年頃に開始し，実際の解剖体に対する鋭い観察眼に自身のもつ芸術的な才能が加わって，その後何世紀にもわたって比類のない解剖学的資料を生み出したのである．実際に生物学の次なる偉大な進歩は，1628 年になされた血液循環に関する William Harvey の研究に象徴されるように 17 世紀の科学的ルネサンスを待たねばならなかった．

この章では，生物体の構造をより詳しくそしてさらに細かいレベルまで研究することに大きく貢献してきた技術がどのように洗練され発達してきたのか，その過程を追跡していく．究極の到達点は，生命の土台をなす諸過程とその背後に潜む構造を理解することに他ならない．これは分子レベルにおいて今やかなりの程度まで達成され，生命というものの微細構造をこの手にすることが可能になりつつある．これまでに発展してきた方法により得られた知見については次章以降において繰返し述べて行こう．

1.2　生物学における顕微鏡の不可欠な役割

光学顕微鏡が生物学上の最初の革命を導いた

Antonie van Leeuwenhoek による光学顕微鏡の発明に端を発して，生物学上の革命が 17 世紀の後半に起こった．この機器により，見えるものが 1000 倍まで拡大され，**細菌**（bacterium；バクテリア）や**原生動物**（protozoa）のようなこれまで思いもよらなかった微生物の世界の存在と，後生動物として知られる高等生物のすべてが多細胞であるという本質が明らかになったのである（表 1.1 参照）．しかしながら，普通の光学顕微鏡には限界がある．使用する光の波長よりもずっと小さな物体の詳細は，その小ささゆえに起こる光の回折や干渉のため見分けることができなくなる．可視光の波長は 0.4～0.7 μm の範囲である（**Box 1.1**）．これは実際問題として，光学顕微鏡においては二つの観察対象物を見分けることのできる最小距離を示す分解能がおよそ 0.3 μm であることを意味している．この値よりも近接している場合には，どんな観察対象物も見分けることは不可能である．しかし，**蛍光**（fluorescence）ある

表 1.1　異なる尺度での生物学研究法

観察手段，機器	限界分解能概算値	匹敵する生物，生体物質
ヒトの眼	0.3 mm	ダニ
光学顕微鏡	0.3 μm	細菌，真核細胞，一部の細胞小器官
電子顕微鏡	0.3 nm	大型の巨大分子，細胞小器官の詳細，ウイルス
原子間力顕微鏡	0.3～1 nm	大型の巨大分子，細胞小器官の詳細，ウイルス
X 線回折，核磁気共鳴	0.1 nm	低分子，高分子の原子団

Box 1.1 放射線

本書では電磁放射線の諸相を考慮しなければならないところが数多く出てくる．たとえばこの最初の章では，異なる種類の電磁放射線を研究に用いることで，生物がもつ構造について何を知ることができるのかということについて扱う．本書の後半では，ある種の放射線が組織や細胞，分子にひき起こす傷害について議論する．

放射線の粒子と波動という二重性については学習したと思う．量子力学によれば電磁放射線は，光子として知られる粒子の流れとして，そして電磁波の連なりとしてどちらも等しく観察される．光子のエネルギーとそれに対応する周波数（ν）の間には次の基本的な関係がある．

$$E = h\nu$$

ここで h はプランク定数（6.6×10^{-34} J·s），E の単位はジュール（J）である．放射線の周波数の代わりに，波長 λ を用いることが多い．c を光速とすると $\nu = c/\lambda$ なので，次式が得られる．

$$E = \frac{hc}{\lambda}$$

この式からより長波長の放射線はよりエネルギーの低い光子を発し，逆もまた成り立つことがわかる．その観点から，ここで電磁スペクトルの全体像を見てみよう（図1）．

最初に注目すべきことは，我々の目で観察可能なスペクトルである可視領域は全体の中できわめて狭い範囲に限局されているということである．またここで，波長は対数目盛りであるので，実際に重要な放射線には可視光よりも数桁長いか短い波長のものが存在するわけである．およそ100年前までは，科学者は非常に狭くしか世界を見ることができなかった．ごく最近まで，どの放射線でも分解能には固有の限界があると信じられてきた．分解能とは，ごく近接して置かれた二つの対象物を異なるものとして見分けられる能力のことで，用いられる放射線の波長のおよそ半分の値に限定されると信じられていた．この規則により，可視光スペクトルのもとで操作される最高の顕微鏡を用いて得られる最高の分解能はおよそ200 nm ということになる．したがって長い間，生物の構造をより詳細に研究するためには，たとえばX線のようなずっと短い波長を用いることに依存せざるをえなかった．最近，この回折限界をある程度回避する方法が見いだされ，顕微鏡法は生まれ変わりつつある．

次に本質的に重要なスペクトルの特徴は，光子のエネルギーが波長とともに変わるということである．これは，電磁波（電磁粒子）が生物のものも含めた物質に対して作用できることが，スペクトル全体にわたって大きく変化するということである．これをはっきりさせるために，図1に種々の波長での光子1モル当たりのエネルギー，つまり 6.02×10^{23} 個の光子のエネルギーを示している．この量の示し方は妥当である．なぜならこれらの値をさまざまな分子の反応過程に対するモル当たりのエネルギーと比較したいからである．たとえば，種々の化学結合を壊すのに必要なエネルギーを通常 kJ/mol で表すように．

このような比較から興味深い情報が得られる．たとえば，ヒトの眼は視覚の仕組みにとって最も有利なように，スペクトル全体のごく小さな領域を用いるように進化した．可視領域での光子のエネルギーは，神経伝達をひき起こすのに必要な化学変化を促進できるぎりぎりのところである．より短い波長での照射は，もっと深刻かつ傷害的な化学変化をひき起こしてしまうであろう．図1の可視光範囲のエネルギーの値を有機物の化学結合を破壊するのに必要なエネルギーである 300〜600 kJ/mol と比較してみよう．幸運なことに，我々は大気によって，非常に化学的活性の高い遠紫外のスペクトル領域から守られている．短波長の紫外線が大気によって吸収されることが，可視光線よりもずっと短い波長の紫外線をときどき真空紫外線とよぶことの理由となっている．

私たちが近紫外線から真空紫外線の領域，あるいはさらに短波長のX線や宇宙線の照射に曝露されると，重篤な化学反応過程がひき起こされる．より長波長側の紫外線は火傷を起こし，DNAの損傷をひき起こし皮膚がんを誘発しうるが，体の内部までは透過せず内部の細胞に損傷を与えることはない．しかし，X線やさらに短い波長の放射線は体の内部まで強力に貫通し，体全体に損傷を与える．この損傷には二つの型がある．まず一つは，高エネルギーの光子がDNAやタンパク質に直接与える損傷であり，もう一

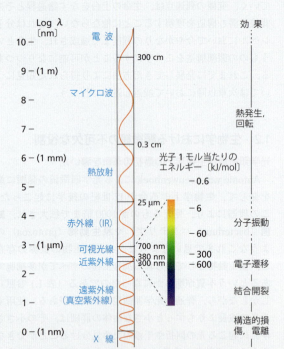

図1 化学者と生物学者にとって重要な電磁放射線の範囲
この図は対数目盛りで表されている．これらよりももっと長い波長や短い波長が実際には存在している．違う領域ごとの境界線は，ヒトの眼の能力により定義される可視領域を除けばいくぶん恣意的である．

つは，そしてこれはより起こりやすいのだが，放射線により分子（これには水も含まれる）の切断が起こる際に生じるイオン対が与える損傷である．これが，非常に高いエネルギーの放射線がしばしば電離放射線とよばれる理由である．

可視領域よりも波長が増加していく方の放射線をみると，エネルギー能が次第に減衰していくことがわかる．赤外の光子は分子内部の振動を起こさせることに特に効果的である．波長がマイクロ波の領域に向かって増加していくにつれて，照射された分子の回転は変化し，全体の分子運動の増加を反映する熱の発生がみられる．最終的に電波に近づいていくと，共振アンテナ装置以外には，物質との直接的なエネルギー的相互作用はほとんどみられなくなる．これがラジオの聞こえる理由である．景観の中で際立つものや建築物のようなものを，電波は目立った吸収もなく通過する．

いは散乱光のような，観察する粒子からの放射光を利用することにより，これらの限界を越えることが可能である．観察対象物を側方から照射して暗視野とすると，非常に小さな粒子でも光散乱により輝点として観察可能であるが，内部の詳細な構造について観察することはできない．

こうした限界はあっても，いろいろな種類の細胞は——動物，植物，菌，そして原生生物でも——特別な機能をもつ細胞小器官とよばれる小さな細胞内の区画も含め，複雑な内部構造をもっていることが光学顕微鏡により鮮明に示されたのである（表1.2）．その一つである核は遺伝情報の運び手である染色体を保持している．図1.1と図1.2を比較すればわかるように，他の生物，特に細菌にはこのような細胞内構造は存在しない．細胞に核をもつ生物は**真核生物**（eukaryote）とよばれ，これはnut（核心），kernel（中心部），nucleus（中心部分）などを意味するギリシャ語のkaryoに由来する．核をもたない生物は**原核生物**（prokaryote）とよばれる．後者は進化的に真核生物よりも先んじたと考えられており，それが名称の由来となっている．すべての生物は真核生物が構成する四つの界と原核生物の一つの界，合計五つの界に分けられると長い間考えられてきた（Box 1.2）．

この分類法は一部の生物学者にはまだ好んで用いられているが，最近の遺伝子やタンパク質の配列の研究により異なる絵図が描かれるに至った．特に，Carl Woeseと共同研究者によって（Box 1.2参照）生物には三つの大きなドメインが存在することが提案された（図1.3，表1.3）．綿密な生化学的研究と核酸の塩基配列の解析から，原核生物

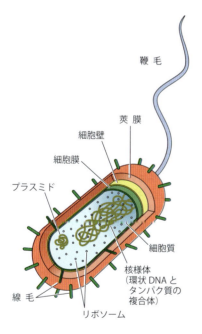

図1.1 細菌細胞の典型的な構造 種々の構成物の主要および少数の構成成分は次のとおりである．線毛：タンパク質；プラスミド：核酸；リボソーム：核酸とタンパク質；細胞質：タンパク質，低分子，核酸；細胞膜：脂質とタンパク質；細胞壁：多糖類とタンパク質；莢膜：多糖類で構成；鞭毛：タンパク質；核様体：核酸とタンパク質．[Mariana Ruiz Villarreal, Wikimediaのご厚意による，改変]

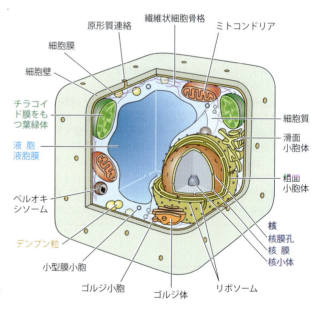

図1.2 真核生物植物細胞の典型的な構造 細菌にはない細胞小器官の存在に留意．ここで示す細胞小器官の大部分は脂質とタンパク質から構成されるが，核，核小体，葉緑体，ミトコンドリアには核酸も含まれる．[Mariana Ruiz Villarreal, Wikimediaのご厚意による，改変]

表 1.2 主要な細胞小器官

細胞小器官	見いだされる生物	機能
核	すべての真核生物	細胞の情報を担う DNA の貯蔵，転写による遺伝子発現や RNA のプロセシング
ミトコンドリア	大部分の真核生物	酸化的代謝を介した ATP 産生による細胞に利用可能なエネルギーの生成
葉緑体	植物，真核藻類	光合成，ATP 産生と光エネルギーを用いた炭素固定
ペルオキシソーム	大部分の真核生物	酸化的化学反応，熱発生
小胞体	大部分の真核生物	多機能，特に新規合成タンパク質の修飾
ゴルジ体	大部分の真核生物	特異的な細胞内での位置づけの決まったタンパク質や脂質の選別

Box 1.2 界とドメイン

分子生物学の勃興は，生物の特徴を分子レベルで見ることができるため，生物分類の科学である系統発生に関するいくつかの古い考えに疑問を投げかけた．およそ 1975 年までは，すべての生き物を五つの界——動物，植物，菌，原生生物，細菌——に分類するという古い考え方にほとんど疑問の余地はなかった．さらに，最初の四つの界を真核生物とし，すべての細菌を原核生物とする上界の分類が，前者すべてが核をもち後者は核をもたないという事実のもとに構築された（図 1 a）．それは一見，堅固な解剖学的，発生学的，そして生理学的な違いに基づいているようにみえる．しかし，タンパク質や核酸の配列を決定できる方法が 1960 年代から 1970 年代にかけて創出されたため，これまでとは異なる，そしておそらくはより本質的なデータが集められるようになった．この方法論の強力な推進者がイリノイ大学の Carl Woese である．1970 年代に，Woese は広くさまざまな種類の生物のリボソーム RNA（rRNA）の部分配列を決定することに着手した．詳細は第 15 章に譲るが，リボソームは RNA とタンパク質から構成される粒子で，細菌からヒトまですべての種類の細胞でタンパク質合成工場として働いている．その均一で本質的な機能から，リボソームは彼らの解析にとって最適な候補となったのであろう．

この研究からやがて明白になったことは，rRNA の配列はちょうど三つの異なるカテゴリー，つまり**ドメイン**（domain）に集約されるということであった（図 1 b）．一つの分類群はすでに定義されていた真核生物と同一であったが，細菌類は二つのまったく異なるドメインへと分かれた．その一つのドメインは真正細菌とよばれ，分子生物学の働き手である大腸菌（*Escherichia coli*）を含み，微生物学者になじみの深い細菌類から構成される．もう一つのド

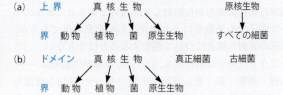

図 1 全生物の分類における二つの主要な分類体系
(a) 5 界説，(b) 3 ドメイン説

メインは，高温や高塩濃度下のような極端な環境で成育する，あるいはメタン生成のように普通ではない代謝を行うような微生物でおもに構成されている．こうした特徴を多くの人が原始の地球の環境に相当すると考えることから，この微生物は古細菌と命名された．ひき続き行われた研究から，古細菌は特殊な種類の膜脂質のように他とは異なるが古細菌に統一的な特徴をもつことが示された．また，たとえばタンパク質の構成という異なる観点からも，古細菌は真核生物と真正細菌の中間に位置するようにみえる．

Woese によって提案された体系に従えば，原核生物という分類群が入る余地がなく，そしてこの事実は，数人の非常に尊敬されている生物学者を不幸なまま置き去りにしてしまった．だが，たとえ配列が何を語ろうとも，細胞に核をもたない生物の大きなグループと，核をもつもう一つの大きなグループがあるのだ，と指摘することは可能であろう．この議論が近い将来に完全に解決するとは思えない．ある意味，この議論はよび名に関する議論よりも重要である．生物の歴史は配列から最もよく読取れると考えるのか，それとも形質からと考えるのか，ということ次第である．

表 1.3 生物の三つのドメイン

ドメイン	細胞の種類（多数性）	主要な細胞小器官	生物例	タンパク質の特徴，遺伝情報伝達
真正細菌（細菌）	単細胞	なし	大腸菌，多くの一般的な細菌	真核生物とは異なる，古細菌にある程度類似
古細菌	単細胞	なし	メタン生成，耐熱性および耐塩性微生物	真正細菌と真核生物の両方の特徴，いくつかの特殊な脂質をもつ
真核生物	単細胞，原生生物，多細胞（後生動物）	核，ミトコンドリア，植物では葉緑体	アメーバ，ヒト，リンゴ	一般的に細菌とは異なる，古細菌にある程度の類似性

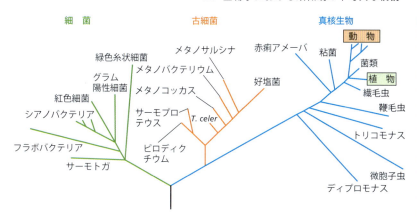

図 1.3　分子データから推測される系統樹　分岐の基部に位置する未知の共通祖先の存在により生物のドメインとして知られる細菌，古細菌，真核生物の三つの異なる分枝が生じる．全体の共通祖先種が知られていないので，進化生物学者により無根系統樹として示されている．各分枝の長さはそれぞれの系統の DNA が共通祖先からどれだけ離れているかを表している．この系統樹から生物の遺伝的多様性の大部分が微生物のドメインにあることがわかる．以前の分類体系でいうところの動物界全体は系統樹の一方の端の数本の小枝にすぎない．注目すべきは菌類，植物，動物のような多細胞生物すべては系藤樹のずっと根元の単細胞生物から進化したことである．［Woese CR［2000］*Proc Natl Acad Sci USA* 97:8392-8396 より改変．National Academy of Sciences の許可を得て掲載］

は明らかに二つのドメインに分類される．一つは**真正細菌**（eubacterium）で，我々になじみの深い大部分の細菌を含んでいる．もう一つは**古細菌**（archaea；アーキア）で，たとえば硫黄を含む高温の温泉のような，温度や化学的性質が極端な環境条件に特殊化して生息する種が大部分を占める．古細菌はもともと archaebacterium とよばれており，それは，これらの生物が古代の地球の過酷な環境に適応した細菌の一種であると考えられていたためである．古細菌は真正細菌に普遍的な特徴と真核生物にみられる特徴，そして古細菌にのみみられる特徴のどれをも併せもっている．急進的な提案の場合の常として，この分類法に同意しない研究者は存在する．しかし，本書では原核生物という用語は用いず，古細菌と真正細菌という用語を用いることとし，後者の場合には，より使い慣れた用語である細菌もしばしば用いる．なぜなら，生化学と分子生物学の見地から真正細菌と古細菌の違いは明らかで，分けて議論する必要があると考えるためである．

生化学により生物の構造と諸過程に巨大分子が重要であることが見いだされた

1950 年頃までは，科学者が生物の構造をより細かなレベルまで探求するには限界があった．たとえば，細胞小器官の内部構造を調べるには顕微鏡の分解能はまったく及ばなかった．それでも，19 世紀の終わりから 20 世紀初頭にかけて生化学が発展し，細胞小器官の機能や生物一般の化学的性質について多くのことが明らかになった．細胞や精製された細胞小器官から種々の物質を単離する選別方法を駆使して，生化学者は細胞内における多くの化学的な反応経路を明らかにし，またそれらの過程が行われている場所を特定することができた．この研究の過程，特に 20 世紀の前半で，**巨大分子**（macromolecule）とよばれる一連の非常に大きな分子が細胞の構造や反応過程に重要な役割を果たしていることが明らかになった．細胞の主要な構成要素を短い概要とともに表 1.4 に示した．これらの巨大分子のいくつかについては次章以降でさらにずっと深く学んでいく．

細胞の巨大分子はすべて重合体（ポリマー）であり，単量体（モノマー）とよばれる小さな単位が化学的に結合して形成される．表 1.4 に示すように，細胞には 3 種類の巨大分子が存在し，それは核酸（ポリヌクレオチド），タンパク質（ポリペプチド），そして多糖類である．核酸は本質的に遺伝情報の保持と伝達に関与する．タンパク質は構造的な役割と無数の機能的な役割の両方を担い，多糖類は構造的役割と栄養素である糖の貯蔵に用いられている．脂

表 1.4　細胞の分子組成

物質の種類	細胞での役割	おもな局在	およその大きさ	構造的特徴
低分子	栄養素，代謝中間体，シグナル因子	あらゆる部位，特に細胞質	数 nm かそれ未満	小型分子
脂質	生体膜形成，代謝産物	大部分は生体膜	nm，凝集体形成	生体膜形成体
多糖類	栄養素貯蔵，構造形成	細胞壁，細胞質	μm〜mm	繊維状
タンパク質（ポリペプチド）	構造形成，酵素，調節因子，輸送体	細胞質，核，一部生体膜	nm〜μm	繊維状および球状
核酸（ポリヌクレオチド）	情報の格納および伝達	大部分は核内だがすべてではない	μm〜m	大部分は繊維状，一部は小さく密集

質は巨大分子ではないが，会合して細胞膜を形成する．こうした構成要素の細胞での局在の例を図1.1に示した．

電子顕微鏡はさらに次元の異なる分解能をもたらした

200年以上にわたって，光学顕微鏡の分解能の限界は克服できない壁と考えられていた．しかし近年，この限界を乗り越えるべく，多くの方法が考案されてきた．その最初のものが**電子顕微鏡**（**EM**；electron microscope）である．その基本的なアイデアは単純で，分解能の限界が照射光の波長に起因するのであればより短い波長を用いればよい，ということである．より短波長の電磁スペクトルが有効ではあるが（Box 1.1参照），単に遠紫外線を用いればよいというものではない．そのような波長の電磁放射線はあらゆる有機分子そして水によってさえも強く吸収されてしまうからである．一つの解決方法は，電子が粒子と波の両方の性質をもつという事実からもたらされた．電子ビームは荷電粒子の束であり，静電レンズによって焦点を結ばせることができる．しかし，電子のもつ二重性のため，ビーム中の電子は特徴的な波長を同時にもつ．その波長は電子に与えられたエネルギーによって決まるものの，1ナノメートル（nm）ほどにすることができる．これは可能な分解能を1nm未満にできることを示唆しており，実際に，およそ3nmの分解能を達成することができた．そしてこれは，最高の性能をもつ光学顕微鏡の100倍もの分解能なのである．

電子顕微鏡にはいくつかの技術的な方法論があるが，細胞の微細形態の観察に用いられるのは透過型電子顕微鏡である（図1.4a）．現在の電子顕微鏡はウイルスの全体構造（図1.4b），そして大きなタンパク質や核酸分子を観察できる分解能をもっている．電子ビームの通り道全域，そしてもちろんのこと試料も高真空に保たれていなければならない．これが電子顕微鏡の欠点である．ほとんどの場合，試料は完全に乾燥させなくてはならず，生きた試料を観察することはできない．この限界を部分的に克服した方法が**クライオ電子顕微鏡**（**クライオ EM**；cryo-electron microscope）法であり，試料は急速凍結された氷中つまりガラス状結晶水中に包埋される（図1.5）．クライオ電子顕微鏡法は，多くのサブユニットで構成される複雑な分子会合体を三次元に再構成する際に非常に有用である．いずれにせよ，70年以上もの間使用されてきた電子顕微鏡による基本的な観察により細胞の微細構造が明らかになってきたことは間違いない．

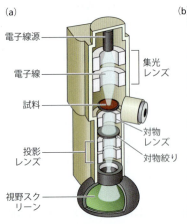
(a)
電子線源
電子線
試料
投影レンズ
視野スクリーン
集光レンズ
対物レンズ
対物絞り

(b) ポリオウイルス（二つの異なる拡大像）

HIV 粒子
バクテリオファージ T4

図1.4 透過型電子顕微鏡 (a) 一般の透過型電子顕微鏡の原理を示す．電子は最上部の熱せられたタングステン線から放出され，電子線は磁気レンズにより試料上に焦点が結ぶ．ついで第二の磁気レンズの組合わせにより，試料面は検出器上に大きく拡大される．検出器は目視観察用の蛍光スクリーンと写真撮影板か，今日ではより一般的な二次元電子検出器である．[Kevin G. Yager and Christopher J. Barrett, McGill University のご厚意による，改変] (b) 3種類の異なるウイルスの電子顕微鏡像．HIV：ヒト免疫不全ウイルス．[FP Williams, United States Environmental Protection Agency（上左），Frederick A. Murphy and Sylvia Whitfield, Centers for Disease Control and Prevention（下左），Maureen Metcalfe and Tom Hodge, Centers for Disease Control and Prevention（上右），Biophoto Associates（下右）のご厚意による．]

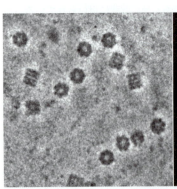
20 nm

20 Å

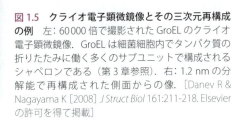

図1.5 クライオ電子顕微鏡像とその三次元再構成の例 左：60 000倍で撮影されたGroELのクライオ電子顕微鏡像．GroELは細菌細胞内でタンパク質の折りたたみに働く多くのサブユニットで構成されるシャペロンである（第3章参照）．右：1.2 nmの分解能で再構成された側面からの像．[Danev R & Nagayama K [2008] *J Struct Biol* 161:211-218. Elsevierの許可を得て掲載]

1.3 顕微鏡により明らかにされた細胞やウイルスの微細構造

典型的な細菌の構造を図1.1に示した．外側の脂質膜である細胞膜は，次により強固な細胞壁に，そしてときにはさらに莢膜に取囲まれている．これら後者二つの構造は基本的に糖質および多糖類により構成されている．多くの細菌は短い毛髪状の線毛をその表面にもち，これは他の細菌や基質に付着する際に用いられる．いくつかの細菌は長い鞭毛をもち，遊走のために用いている．細胞膜という入れ物の内部には細胞質があり，そこではすべての代謝過程が働き，触媒するために必要なタンパク質酵素が見いだされる．さらに細胞質には，DNAとそれに結合するタンパク質から構成される細菌の染色体が存在し，そしてDNAの情報をタンパク質の合成に変換するために必要なすべての分子機構の構成要素がそろっている．細菌細胞では，ある反応過程の進行に特化した細胞内の区画化はほとんどみられないが，いくつかの領域が特殊な機能のために当てられているようである．

動物や植物の細胞である真核細胞に目を転じると，図1.2に描かれているように，それらはさまざまな細胞小器官により広範囲にわたって区画化され，細菌細胞とは大変異なる非常に複雑な構造となっていることがわかる．たとえば，DNAを中に含む染色体のような遺伝に関与する物質は核内に隔離されて存在している．その核内で遺伝情報は転写されてRNAのコピーがつくられ，ついで細胞質に輸送されてタンパク質へと翻訳される．これらの過程とその調節機構に関しては後の章で詳しく扱う．重要な細胞小器官については表1.2に示されているが，これらの細胞小器官の内部構造はおもに電子顕微鏡によって明らかになった．おのおのの細胞小器官は，細胞が細胞膜に包まれているように脂質膜によって包まれている．植物の細胞と一部の原生生物は細胞膜の外側に強固な細胞壁ももつ．細胞膜の内部で細胞小器官を取巻いているのは細胞質で，低分子，酵素，調節タンパク質，そしてタンパク質合成に関与するRNA分子などが濃縮された混合液である．細胞を破砕あるいは溶解してその溶解液を細胞質の環境に類似した適当な緩衝液で希釈すれば，遠心沈降法により脂質膜や細胞小器官のような細胞質成分を分離することができる（図1.6）．我々が生化学について知ってきたことの多くは，まさにこのような分画方法があってこそなのである．

電子顕微鏡により，ウイルスの構造およびある程度その機能の様式について初めて理解することができた．大部分のウイルスの大きさは50〜100 nmの範囲で，これは光学顕微鏡の分解能よりも小さい．ウイルスは暗視野外顕微鏡下では輝点として検出可能ではあるが，その構造に関しては何もいえない．電子顕微鏡の発達はウイルスの形状だけでなくその構造の詳細についても観察することを可能に

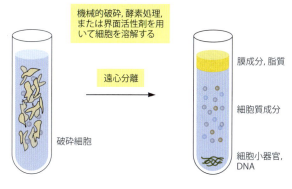

図1.6　広く用いられる細胞成分の粗分画法　さまざまな手法により緩衝液中で細胞を溶解あるいは破砕する．緩衝液中で遠心分離すると，膜成分と脂質は緩衝液よりも密度が小さいため溶液の表面に濃縮される．DNAといくつかの細胞小器官はサイズと密度が大きいので遠心管の底に濃縮される．細胞質成分と低分子量の分子は遠心管全体に分布する．

した（図1.4 b参照）．我々は今やさまざまなウイルスの内部および表面構造について多くのことを知るに至ったが，それはエイズ（後天性免疫不全症候群）やインフルエンザのようなウイルス病を克服する治療法を開発するためにきわめて重要なのである．

1.4 超高分解能：分子レベルの生物学

近年，生物の構造を分子レベルで研究することを可能にする技術が開発されてきた．これは真の分子生物学を確立するうえできわめて重要なことである．後の章でこれらの方法すべてについてさらに言及するが，今ここで概要を短く述べておくことは理解の助けとなるだろう．

蛍光を用いる技術は超高分解能へ向かう入口の一つである

蛍光現象を用いることで光学顕微鏡による組成解析や有効分解能を著しく促進することができるが，それにはいくつかの方法がある．蛍光には照射された分子や原子団がある特定の波長の光の光子を吸収することと，その光子のエネルギーの一部を散逸した後に吸収した波長よりも長い波長の光を再放出することの両方が伴うことを思い出してほしい（図1.7）．つまり，もしも細胞内のある特別な分子が異なる蛍光の励起あるいは放出スペクトルをもっていれば，それは他の構成成分から区別できるということになる．しばしばこれは，目的の分子だけにある特殊な蛍光色素を結合させる蛍光標識として知られる方法により達成される．

共焦点蛍光顕微鏡により細胞内の特定の構成要素から発せられる蛍光を観察することが可能である

顕微鏡下でどのようにして細胞内の特定の構成要素から発せられる蛍光を特異的に観察することができるのであろ

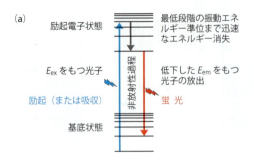

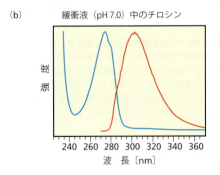

図 1.7 **蛍光** (a) 原理を示す．分子が可視または近紫外スペクトル領域で光を吸収すると，基底状態つまり最も低い電子状態からより高い電子状態へと励起される．それにより，しばしば基底状態における最低の振動エネルギー準位から励起状態におけるより高い振動エネルギー準位へと移行する．この励起を起こす光子のエネルギーを励起エネルギー，E_{ex} とよぶ．励起された分子はこのエネルギーの一部をたとえば熱として消費し，一段低い振動エネルギー準位まで低下する．そして分子が蛍光として光子を再放出する場合には，その光子はより低下したエネルギー，E_{em} をもつこととなり，励起した光子よりも長い波長となる．(b) pH 7.0 の緩衝液中で記録されたアミノ酸の一種チロシンの励起光のスペクトルを青で，蛍光放出のスペクトルを赤で示す．それぞれの電子状態は異なる振動エネルギー準位に応じて多段階のレベルにあり，それが励起帯と放出帯の幅に広がりがあることの説明となる．

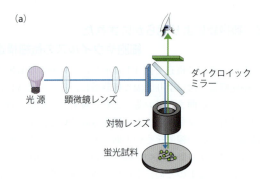

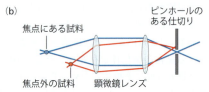

図 1.8 **共焦点顕微鏡法** (a) 原理を示す．光源からの励起光は今日では普通レーザー光が用いられ，ダイクロイックミラーで反射され試料を照射する．試料から来るより長い波長の蛍光はこのミラーで反射されず透過し，観察者あるいは検出器に届く．青と緑の平板として示したフィルターにより励起光と蛍光の識別能が向上する．(b) ピンホール光学系の利点．試料の焦点ではない部分から発せられる蛍光の迷光の大部分はピンホールの周囲の仕切りによって遮断され，検出器には届かない．[(a), (b) Eric Weeks, Emory University のご厚意による，改変]

上記の技術には一つの欠点がある．観察者や検出器が試料の観察面に焦点を合わせたにも関わらず，試料の他の部分からの蛍光も同時に検出してしまうことによって蛍光像がぼやけてしまう．この問題は，検出器の前の焦点を結ぶ位置にピンホールのある仕切りを設置することで最小限に抑えることができる（図 1.8 b）．こうして，検出器は本質的に試料の 1 点からの光だけを検出することとなり，より鮮明な解像度を得ることができる．これはもちろん，試料全体を調べるためには試料の縦横方向に焦点を移動，つまり走査しなければならないことを意味し，厳密に規定されたプログラムのもとで回転するミラーを設置することで達成される．この原理のもとで動作する最新の機器の例を図 1.9(a) に示す．現在は，ほとんど常にレーザー光が光源として採用されている．こうして共焦点走査顕微鏡は高分解能を提供し，細胞内の特定の分子の空間的な位置を正確に決定することができる（図 1.9 b）．

FIONA は蛍光を用いることにより究極の光学的分解能をもたらす

単一の分子からの単一光子の放出を観察するために，光子計数装置を用いることが可能である．その一つの直接的な応用として **FIONA**（フィオナ）（fluorescence imaging with one-nanometer accuracy；1 nm 精度蛍光画像解析法）とよば

うか．最も簡潔な方法が図 1.8(a) に示した基本的な共焦点顕微鏡である．ダイクロイックミラーあるいは類似した装置が使用され，これが励起波長の光を反射するが，放射された蛍光は透過するので，観察者は蛍光分子からの光のみを見ることができ，理論上他の散乱光は観察されない．励起光と放出光が同じレンズの組合わせで試料の同じ場所に焦点を結ぶことから，この顕微鏡は共焦点とよばれる．

この技術は単純ではあるが，大変威力を発揮する．たとえば，研究者が細胞内の二つの異なる物質（ここでは DNA とある特定のタンパク質としよう）が相互作用しているかどうかを知りたいとする．その場合には，それぞれに対して異なる蛍光色素を用いることで，その DNA とタンパク質の局在を分離して記録することが可能である．そしてそれぞれの画像が重なるのであれば，両者は細胞内で共局在していることになる．

1.4 超高分解能：分子レベルの生物学

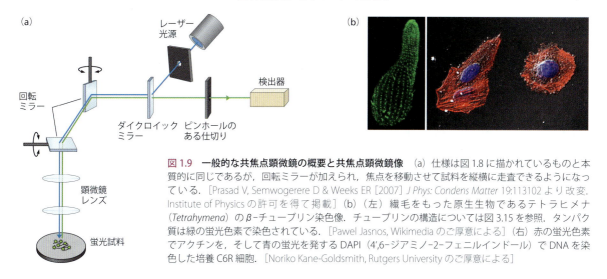

図1.9　一般的な共焦点顕微鏡の概要と共焦点顕微鏡像　(a) 仕様は図1.8に描かれているものと本質的に同じであるが，回転ミラーが加えられ，焦点を移動させて試料を縦横に走査できるようになっている．[Prasad V, Semwogerere D & Weeks ER [2007] *J Phys: Condens Matter* 19:113102 より改変．Institute of Physics の許可を得て掲載] (b)（左）繊毛をもった原生生物であるテトラヒメナ（*Tetrahymena*）のβ-チューブリン染色像．チューブリンの構造については図3.15を参照．タンパク質は緑の蛍光色素で染色されている．[Pawel Jasnos, Wikimedia のご厚意による]（右）赤の蛍光色素でアクチンを，そして青の蛍光を発するDAPI（4',6-ジアミノ-2-フェニルインドール）でDNAを染色した培養C6R細胞．[Noriko Kane-Goldsmith, Rutgers University のご厚意による]

れる方法があり，一つの分子や原子団からの数千に及ぶ光子を二次元検出装置で統計的に解析する．その結果は放出光の位置の地図として表される（図1.10）．十分な数の光子が計数されれば，最大値つまり位置が1nm以内に決定できる．二つの発光体間の距離が10nm未満であっても検出可能で，これは最も高性能の光学顕微鏡の30倍の分解能である．こうして，犯すべからざる顕微鏡の原理として長く捕われてきた回折限界という壁を，今や乗り越えることが可能になったのである．

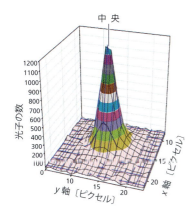

図1.10　FIONA　描かれているのはFIONAによる平面上の単一の蛍光色素分子の位置決めのグラフである．用いられた光の波長からは250nmの範囲内でしか位置を決められないはずである．それが本来の回折限界だからである．ところがFIONAでは2.5nmの範囲内で分子の位置を特定できる．蛍光の光子は個々に検出され計数される．数多くの光子を集めれば集めるほど，蛍光色素の中央の位置がより正確に決定できる．10 000個の光子の計測により，光子の分布の中心を±1.25nmの範囲に決定することができる．[Yildiz A & Selvin PR [2005] *Acc Chem Res* 38:574-582 より改変．American Chemical Society の許可を得て掲載]

FRETは分子レベルで距離の計測を可能にする

さらに広く用いられている技術に **FRET**（フレット）（fluorescence resonance energy transfer；蛍光共鳴エネルギー移動）がある（図1.11a）．この方法は，二つの異なる蛍光発色団が互いに十分近い距離にあればドナーとなる一方の発色団を励起すると，アクセプターであるもう一方の発色団にエネルギーが移動してその発色団に特有の波長で蛍光を発するという事実に基づいている．このエネルギー移動の効率はドナーとアクセプターの発色団間の距離に強く依存する（図1.11b）．これにより，FRETは分子定規として利用可能であり，特に数nmの間隔において有効である．FRETの大きな利点は，溶液中の分子に，そして生きている細胞内においてさえ適用可能なことである．さらに，分子間あるいは分子内の動的な構造変化の研究にも用いることができる．

他にもいろいろな蛍光顕微鏡法が絶え間なく考案され，光学顕微鏡は生物学において重要な役割を再び担うようになってきた．そのおもな理由は，多くの光学顕微鏡技術によって，蛍光プローブと結合させたある特定の細胞内の構成分子の動きを生きている細胞内で追跡することができるからである．

単分子クライオ電子顕微鏡法は強力な新技術である

電子顕微鏡における最近の進歩は単一の分子や粒子の詳細な研究を可能にした．多くの巨大分子試料がガラス状結晶水の薄膜に包埋された場合，それらは一般的にランダムな配向をとる．つまり，単一の種類の分子をさまざまな異なる角度から電子顕微鏡により観察できるわけである．もしもおのおのの分子が同じコンホメーションをとっているとすると，すべての像を説明できるただ一つの解があると原理的に考えられ，精密なコンピュータープログラムに

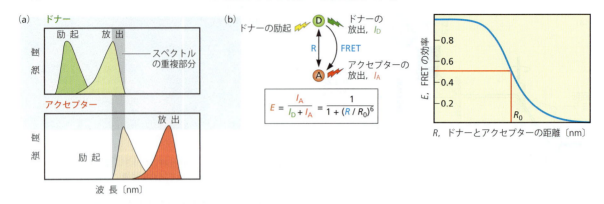

図 1.11　FRET の原理と蛍光色素間距離に応じたその効率　(a) FRET を理解するための光物理学．図 1.7 に示したように，光子の吸収はドナーの蛍光団を基底状態から励起状態のより高い振動エネルギー状態へと移行させる．引き続き迅速なエネルギーの散逸が起き，蛍光団は最も低い振動エネルギー状態となる．ここから蛍光色素は基底状態へと戻るが，それはエネルギーが低下した光子を放出するか，あるいは放射とは異なるさまざまな過程を経るかである．もしもこのとき，アクセプターの蛍光団がすぐ近くにあると，ドナーの蛍光団のエネルギーが直接アクセプターへと移動する．そしてアクセプターが基底状態に戻る際に，さらに低下したエネルギーをもつ光子を放出することができる．図は 1 組のドナーとアクセプターの蛍光団のスペクトルを示している．エネルギー移動が起こる際の条件に注意すべきである．ドナーの放出スペクトルとアクセプターの励起スペクトルの間に重複がなければならない．(b) ドナーとアクセプターの蛍光団間の距離に依存した FRET の効率．数式にある記号は概略図として式の上に示してある．エネルギー移動が 50 % の効率で起こるときの距離 R_0 は通常 20〜60 Å の間である．

よってその構造を見いだすことができる．たとえ，同一分子がいくつかの異なるコンホメーションをとっていたとしても，それぞれのコンホメーションを記述できる解や，またどれだけの数の分子がそれぞれの異なるコンホメーションをとっているのかを決定できる解を見いだすことが可能かもしれない．試料を液体窒素に浸し非常に速やかに凍結する技術により，凍結前の瞬間にとっていたコンホメーションの分布状態をそのまま電子顕微鏡像として得ることができる（一つの例として図 1.5 参照）．

原子間力顕微鏡は分子構造に触れて調べる

微細構造を見る代わりにそれに触れて調べるということを考えてみよう．それは**原子間力顕微鏡**（**AFM**：atomic force microscopy）が実際に行っていることで，その原理はきわめて単純である（図 1.12）．弾力のあるカンチレバーアームの先端に非常に細い探針を付け，きわめて平滑な表面上に載せた試料を横切るようになぞるか，あるいはよりしばしば行われることだが，探針を上下に跳ねるように動かしてなぞっていく．カンチレバーを反射した光はそのカンチレバーの変位を測定するために用いられる．試料表面上の原子と探針の原子が相互に反発すると上方へ変位し，原子間の相互作用が強まるとカンチレバーは試料の方向へ変位してたわむ．最適条件下では，AFM の分解能は電子顕微鏡のそれに匹敵する．しかし，AFM の大きな利点の一つは水溶液中でも測定可能なことであり，電子顕微鏡についてまわる試料乾燥時の人工産物（アーティファクト）を回避することができる．また，まったく異なる応用例として，AFM の探針を用いて既知の力で個々の分子を引き伸ばすことができ，超ミクロ力学の分野を切り開いた．

X 線回折と NMR は原子レベルでの分解能を提供する

おそらく，真の分子生物学を創造するに至った物理学的な技術は X 線回折である（Box 3.6 参照）．その基礎となる原理は可視光を用いた回折実験から導き出されうる（図 1.13）．レーザー光のように明瞭なビームが目の細かいスクリーンを透過する様を想像してみよう．そしてそのスクリーンの後方に少し離れて窓のない壁があるとする．すると壁には直接透過したビームによってできる光点に加え，その周囲には回折パターン，つまりスクリーンのそれぞれの目を通過した光線が増強して生じる光点が直線的に配列する．実験により，より目の細かいスクリーンであるほど回折パターンの光点の間隔は広がり，逆の場合には狭まることがわかるだろう．もしもスクリーンが x 軸と y 軸方向に異なる格子間隔であれば，回折パターンも同様の相互関係となる．少し数学的に解析すれば，回折パターンにおける光点の配置からスクリーンの格子の間隔を決定することができる．もしもスクリーンが一方向に平行に並んだらせん状のワイヤでできているならば，十字に交差した回折パターンが得られるであろう．そしてこれこそが，Watson と Crick に DNA がらせん構造であることを気付かせたパターンなのである（図 1.14）．最終的に，スクリーンの格子の形状は光点の相対的な強度に影響する．

さて，こうした原理すべては，巨大分子の結晶や繊維を用いることで分子レベルへと転化できるのである（図 1.13b 参照）．分子中の間隙はスクリーンに比較したらずっと

1.4 超高分解能：分子レベルの生物学

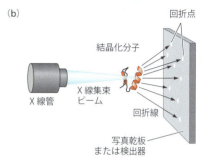

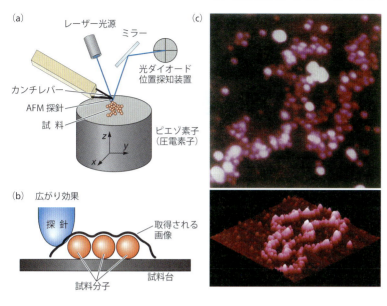

図1.12 **AFMの動作原理** (a) 機器の概略図を示す．柔軟性のあるカンチレバーの端に鋭い探針が埋込まれている．雲母，ガラス，金のような原子的に平坦な表面上に生物試料が置かれ，探針はこの試料を横切りながら繰返し平行に走査していく．カンチレバーの変位によりひき起こされるレーザー光シグナルの変化から，凹凸像が生み出される．その変位は探針と試料の原子レベルでの相互作用によってひき起こされる．引き合う相互作用の場合には，カンチレバーは試料に向かってたわみ，そして反発する場合にはカンチレバーは試料から離れる方向にたわむ．柔らかい生物試料の像を得る場合にはAFMは一般にnmの方位分解能をもつ．固い物質の場合には分解能はまさに原子レベルである．[Zlatanova J, Lindsey SM & Leuba SH [2000] *Prog Biophys Mol Biol* 74: 37-61 より改変．Elsevier の許可を得て掲載] (b) 探針の広がり効果の図を示す．どの分子構造もその分子の実際の構造よりもやや広がって見えるが，これは探針がどんなに鋭利であろうと分子表面を厳密になぞることができないためである．しかし，このような効果は通常小さく，分子構造の全体的な理解を変えることはない．(c) 真核生物のクロマチン繊維のAFM像．クロマチンはDNAと塩基性タンパク質であるヒストンとの複合体である（第8章参照）．これはニワトリ赤血球から抽出した繊維で，固定せずにガラス表面上に置いて空気中で得た像である．画像取得を空気中で行っても試料の上には水の薄膜が存在するため，画像の分子は構造上重要な水分子を保持しており，つまりこれは本来の構造である．画像は分子構造の全体的な高さをより把握できるように疑似カラー処理している．最終的に，デジタル像は異なる角度からのものを作成できるため，三次元構造の把握に役立つ．[上：Leuba SH, Yang G, Robert C et al. [1994] *Proc Natl Acad Sci USA* 91: 11621-11625. National Academy of Sciences の許可を得て掲載．下：Sanford Leuba, University of Pittsburgh のご厚意による]

図1.13 **X線回折** (a) 光回折の基本原理．規則的な間隔で並ぶワイヤでできた二次元の細かいスクリーンをレーザー光源の前に設置すると，図のような回折パターンが得られる．(b) 同じ原理を結晶を通って回折されたX線に応用するが，回折パターンはより複雑になり，またそれはビームの方向に対する結晶面の向きに依存する．

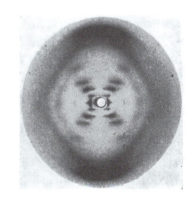

図1.14 **B形DNAのX線回折パターン** このパターンはRosalind Franklinによって得られ，WatsonとCrickによりDNAの構造を推測するために使用された．この回折パターンは結晶ではなくDNA分子が完全に一直線に整列していない繊維束を用いて得られているため，わずか数個の不鮮明な回折点のみが観察されているにすぎない．しかし，X状のパターンはらせん構造であることを示しており，また回折点間の距離からDNA分子に沿ったらせんの繰返しの距離が推測できる．[Franklin RE & Gosling RG [1953] *Nature* 171:740-741. Macmillan Publishers, Ltd の許可を得て掲載]

小さいので，それを解析するためにはより短波長での照射を行わなければならない．そのためには，およそ0.1 nmの波長をもつX線が非常に適している．X線回折を行う研究者は古い単位であるオングストローム（Å）をまだ時折用いることがある（1 Å = 0.1 nm）．我々は通常，国際（SI）単位であるナノメートルを採用しているが，いくつかの図においてはオングストロームも用いられている．結晶のX線回折パターンの解析は，結晶が三次元構造体であるために厄介であり，また，探求しようとする個々の分子の構造はきわめて複雑である．回折により生じた各点の空間配列は，結晶中に存在する巨大分子の配列の格子間隔のみを我々に伝えているにすぎないことを知っておくことが重要である．分子の内部構造は異なるスポットの相対強度に反映される．巨大分子において，強度分布のデータからその構造へと進むのは

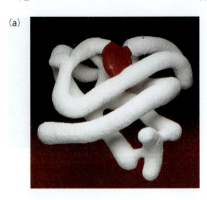 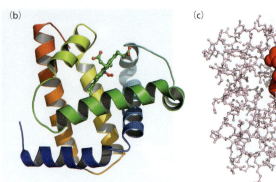

図1.15　X線回折データから予測される異なる分解能におけるミオグロビンの構造　(a) 6Åの分解能でのミオグロビン．これがX線結晶構造解析により初めて決定されたタンパク質である．[Dill KA & MacCallum JL [2012] *Science* 338: 1042-1046. MRC Laboratory of Molecular Biology の許可を得て掲載] (b) 2Åの分解能でのミオグロビン．これは同じ研究室でたった2年後に決定されたものである．タンパク質はリボンモデル図で，ヘム基は球棒モデル図で示されている．(c) タンパク質のすべての原子を示した図で，明るい赤のヘム基と青緑の結合酸素分子とともに示す．これら三つのモデル図はわずかに異なる角度から見たものである．

容易なことではなく，そしてこれが巨大分子の結晶構造学にとって最大の障害となっているのである．

それでも解析技術は進歩し，数十 nm の分解能までほぼ普通に決定できるところまで来ている．達成できる分解能は結晶の質に依存し，それはつまり解析に適用可能な回折点の数を上昇させることに他ならない．このように決定された構造が本書には数多く掲載されている．レベルの異なる分解能でのタンパク質の構造の例を図1.15 に示す．忘れてはならないことは，X線回折によって得られた構造は結晶格子の中に固定された安定した分子のものであり，それゆえに，溶液中や生きている細胞内のような動的な環境における分子の構造を正確に反映しているとは限らないということである．

核磁気共鳴（**NMR**；nuclear magnetic resonance）は溶液中の巨大分子に適用可能な高い分解能をもつ技術である．異なる核スピンをもつ数種の同位体を用い，スピン間相互作用を解析する NMR は，結晶中で起こりうる分子間の相互作用による構造変化を回避しながら X 線回折によって得られる構造分解能に迫りつつある．これら X 線回折と NMR については，Box 3.6 と Box 3.7 でさらに詳細に議論する．

1.5　分子遺伝学：分子生物学のもう一つの側面

分子生物学の発展における一つの要因として，遺伝学の分子的基盤の発見があげられる．メンデルの法則は1860年代に系統立てられたが（第2章参照），この法則の物理的基盤が提案されるまでにはほぼ100年もの月日が流れたのである．決定的な進展は，細菌やウイルスが高等生物と同様にこの法則を共有し，それゆえ研究のために単純かつ迅速に再現可能な系を提供できたことである．さらに，記念碑的な成果である DNA の構造の解明は即座に遺伝学の物理的理解への道を指し示したのである．ほぼ同時に，タンパク質の性質と構造が明らかになってきていた．遺伝学におけるこれらの成果については第2章で概観する．

これらの研究努力のすべてに本質的なことは，核酸やタンパク質のようなポリマーについて詳しく調べ，それらの配列を読み，そして手際よく扱うことができるような方法が発見されたことにある．この数十年の間に，塩基配列の解析は，小さな核酸断片の解析であっても重労働で1年間にわたる努力が必要であった時期から，数日間のうちに全ゲノム配列を決定できることが可能な時代へと移り変わった．どんな特殊な遺伝子配列でも，どうすれば多くのコピーを増幅し，どうすればそれに意のままに変異を入れ，そしてどうすればそれを生物体へ導入できるのか，それらについて我々は知識を得てきた．その多くは比較的容易な技術でどの研究室でも利用することができる．これらについては後の章で適宜述べていこう．加えて，第5章はすべてその点について充てている．

20世紀半ばの数十年間に科学のまったく新しい分野が生まれたといってもよいだろう．我々が分子生物学とよぶこの学問分野は真に分子的な基盤に立って遺伝学と生化学を説明することができたのである．さらにそれに続く数十年間にわたって分子生物学は爆発的な広がりをみせ，そして今現在も進化し続けている．本書の意図はそこにある．

重要な概念

- 生物学は常により高い分解能をもつ機器を用いて，生命の諸過程や構造の詳細をこれまでよりもさらに微小なレベルで研究することで発展してきた．
- 最初，生物学は肉眼による観察に頼っていたため，動物

や植物全体やそれらの肉眼的解剖や生理学の研究に限定されていた.

- およそ 0.3 μm の分解能をもつ光学顕微鏡は微生物や真核生物の細胞構造の発見につながった.
- 生化学は多くの細胞の働きの原理のみならず,生物の三つのドメインである,真正細菌,古細菌,真核生物の存在を明らかにした.
- 0.3 nm までの潜在的な分解能をもつ電子顕微鏡が細胞や巨大分子の微細構造の研究を導いた.
- 共焦点蛍光顕微鏡法により,細胞内の特定の巨大分子やそれらの相互作用の場所を突き止めることができる.
- FIONA や FRET など蛍光を用いる別の技術は光学顕微鏡の分解能の限界を nm レベルまで拡大する.
- 原子間力顕微鏡(AFM)は溶液条件下でも巨大分子試料の高分解能での研究が可能であり,また試料を物理的に操作することができる.
- X 線回折や高分解能 NMR は原子レベルまで研究の可能性を広げ,真の分子生物学の創造の助けとなった.
- もう一つの重要な成果は分子遺伝学の発展によりもたらされ,それは細菌やウイルスの遺伝学に端を発している.

参 考 文 献

成 書

Alberts B, Johnson A, Lewis J et al. (2015) Molecular Biology of the Cell, 6th ed. Garland Science.〔『細胞の分子生物学』第 6 版,中村桂子,松原謙一監訳,ニュートンプレス(2017)〕

Egerton RF (2005) Physical Principles of Electron Microscopy: An Introduction to TEM, SEM, and AEM. Springer.

Frank J (2006) Three-Dimensional Electron Microscopy of Macromolecular Assemblies. Oxford University Press.

Goldman RD, Swedlow JR & Spector DL (2010) Live Cell Imaging: A Laboratory Manual. Cold Spring Harbor Laboratory Press.

Kuriyan J, Konforti B & Wemmer D (2013) The Molecules of Life: Physical and Chemical Principles. Garland Science.

Margulis L & Chapman MJ (2009) Kingdoms and Domains: An Illustrated Guide to the Phyla of Life on Earth, 4th ed. Academic Press.

van Holde KE, Johnson WC & Ho PS (2006) Principles of Physical Biochemistry, 2nd ed. Pearson Prentice Hall.〔『物理生化学』田之倉優,有坂文雄監訳,医学出版(2017)〕

総 説

Glaeser RM (2008) Macromolecular structures without crystals. *Proc Natl Acad Sci USA* 105:1779–1780.

Huang B, Babcock H & Zhuang X (2010) Breaking the diffraction barrier: Super-resolution imaging of cells. *Cell* 143:1047–1058.

Pace NR (2009) Mapping the tree of life: Progress and prospects. *Microbiol Mol Biol Rev* 73:565–576.

Prasad V, Semwogerere D & Weeks ER (2007) Confocal microscopy of colloids. *J Phys: Condens Matter* 19:113102.

Taylor KA & Glaeser RM (2008) Retrospective on the early development of cryoelectron microscopy of macromolecules and a prospective on opportunities for the future. *J Struct Biol* 163:214–223.

Vogel SS, Thaler C & Koushik SV (2006) Fanciful FRET. *Sci STKE* 2006:re2.

Woese CR (2000) Interpreting the universal phylogenetic tree. *Proc Natl Acad Sci USA* 97:8392–8396.

Zlatanova J & Leuba SH (2003) Chromatin fibers, one-at-a-time. *J Mol Biol* 331:1–19.

Zlatanova J, Lindsay SM & Leuba SH (2000) Single molecule force spectroscopy in biology using the atomic force microscope. *Prog Biophys Mol Biol* 74:37–61.

Zlatanova J & van Holde K (2006) Single-molecule biology: What is it and how does it work? *Mol Cell* 24:317–329.

実験に関する論文

Kendrew JC, Bodo G, Dintzis HM et al. (1958) A three-dimensional model of the myoglobin molecule obtained by X-ray analysis. *Nature* 181:662–666.

Kendrew JC, Dickerson RE, Strandberg BE et al. (1960) Structure of myoglobin: A three-dimensional Fourier synthesis at 2 Å resolution. *Nature* 185:422–427.

Yildiz A, Forkey JN, McKinney SA et al. (2003) Myosin V walks handover-hand: Single fluorophore imaging with 1.5-nm localization. *Science* 300:2061–2065.

Yildiz A & Selvin PR (2005) Fluorescence imaging with one nanometer accuracy: Application to molecular motors. *Acc Chem Res* 38:574–582.

2 古典遺伝学から分子遺伝学へ

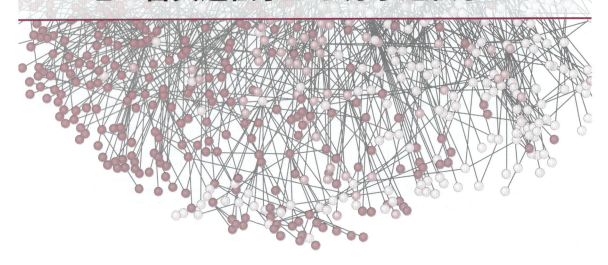

2.1 はじめに

第1章では，技術がますます発展するにつれ，生物学がその研究対象をマクロな構造からミクロな構造へと変化させていったことを学んだ．今では，分子または原子レベルで生命装置のほとんどを視覚化することが可能となっており，生命の基本的な機構とプロセスを明らかにする有効な手段となっている．しかし，構造や生化学以外にも生物学にとって重要な分野が存在する．真の分子生物学は，生物学的な構造やプロセスをつくり出すために必要な情報がいかにして保存され，発現され，そして世代を越えて伝達されるのかについても説明できるものでなければならない．このうちの最後の課題は遺伝学の領域に属する．遺伝学の大部分，もしくは現在我々が古典遺伝学とよぶ分野は，遺伝に関与する分子プロセスが明らかになる以前につくり上げられたものである．しかし遺伝学は，分子遺伝学という新しい科学の発展にとって，重要かつ不可欠な指針と推進力を提供したといえる．

2.2 古典遺伝学と形質遺伝の法則

遺伝学とは，遺伝現象の研究のことである．古くから哲学者や植物や動物の育種家は，親とその子の間には類似性が存在することを認識していたが，特徴がどのように伝達されるのか，またどの特徴が現れやすいのかといった問題を定量的に説明することは長い間できないでいた．19世紀の中頃になって初めて綿密な解析が行われた．意外なことにこの偉業を成し遂げたのは当時の著名な生物学者ではなく，ほとんど無名の修道士であった Gregor Mendel であった．

Gregor Mendel が遺伝の基本法則を発見した

Box 2.1 に示したとおり，Mendel は偉大な業績をあげた点で傑出した人物であったといえる．彼は聖アウグスチノ修道会士としてブルノの修道院で庭園の管理をし，約10年の間エンドウの遺伝学の研究を続けた．エンドウは成育が早く，何世代もの間安定で，明確に識別可能な特徴を示す点で実験材料として良い選択だったといえる．さらに，エンドウは自家受粉も他家受粉のどちらも可能である（図 2.1, 表 2.1）．この時代のこの分野において，Mendel の仕事の傑出した点は，すべての交配実験について結果を注意深く，定量的に解析したことにあるだろう．

Mendel はまず，ある特定の形質において対照的な特徴を示す1組の株を選んだ．たとえば黄の種子と緑の種子であり，どちらも自家受粉した場合にはその特徴が変わらないことがわかっていた．これらは，親世代（P）の表現型ということになる．この両株が交配された場合，親の二つの特徴のうちの一方だけが，子世代（F_1；雑種第一世代）において発現することが観察できる．ここで述べた例では，F_1 世代で発現する特徴は黄色である（図 2.2, 表 2.1 参照）．この結果から Mendel は，ある特徴（黄の種子）はもう一方の特徴（緑の種子）に対して優性（顕性[*1]）であると理解した．なぜこういう結果が出たのかは F_1 世代の個体を自家受粉させた実験で明らかとなる．つまりもう一方の劣性（潜性[*1]）の特徴は F_2 世代で再び現れるが，1/4 の個体にのみ観察されるのだ．この現象は，今では遺伝子とよばれる遺伝の単位が優性や劣性の特徴を決定しており，これら遺伝の単位が決まった規則に従って配偶

[*1] 訳者注：優性/劣性という対比は，"優れた"，"劣った" という意味をもつという誤解を生みやすいため，日本遺伝学会では顕性/潜性という用語を使うことを勧めている．

2.2 古典遺伝学と形質遺伝の法則

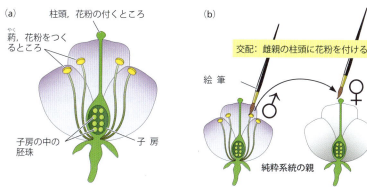

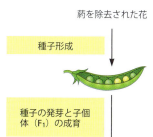

図 2.1 エンドウを用いたメンデルの実験
(a) エンドウの花の断面図．エンドウは自家受精を行うが，他家受精を行うこともできる．ある特定の形質について明確に区別できる二者択一的あるいは対立的な形質のタイプが存在することがある．たとえば種子の色や形，花の色，莢の色と形，茎の長さ，花の付く位置などである．これらの形質において異なったタイプの個体を交配すると，メンデルの遺伝の法則を導く結果を得ることができる．(b) Mendel はある形質について 8 世代の間，世代を超えて同じ特徴を示すエンドウの純粋系統を単離し維持した．Mendel は雑種をつくるために対立的な形質のタイプをもつ個体を交配し，それぞれの実験で母方と父方を入れ替えた交配も行った．雑種第一世代（F_1）を得た後，自家受精を行わせることで雑種第二世代（F_2），雑種第三世代（F_3），そしてさらなる後代の世代をつくっていった．Mendel は数世代の間，形質の遺伝のパターンを追跡し，定量化し，遺伝の法則という最も重要な科学的な理解を成し遂げた．

表 2.1 Mendel によって研究されたエンドウの形質の例

植物の部位	特徴	F_1の表現型	F_2における表現型の分離比
種子	丸/しわ	丸	2.96 丸/しわ
莢	緑/黄	緑	2.86 緑/黄
花	紫/白	紫	3.15 紫/白
草丈	高/低	高	2.84 高/低

子に分配されると考えると理解できる．たいていの真核生物は**二倍体**（diploid）であり，それぞれの遺伝子について二つのコピーをもっていて，これらを**対立遺伝子**（allele；アレル）とよぶ．それゆえ，体細胞においてはそれぞれの形質に対して二つの対立遺伝子をもつことになる（Box 2.2）．種子の色の場合，優性の対立遺伝子を Y，劣性の対立遺伝子を y とよぶことにしよう．受精の際，それぞれの親は精子もしくは卵子という形で 1 個の配偶子を受精卵に提供するという事実を思い起こせば，全過程が理解できるだろう．配偶子は**単数体**（haploid）なので，親は自分のもつ二つの対立遺伝子のうち，ランダムに選ばれたどちらか 1 個を提供することになる．2 種類のホモ接合体（それ

ぞれ，2 種類の対立遺伝子の一つだけを 2 コピーもつ）の交配によって得られた F_1 世代は必ずヘテロ接合体になり，優性の特徴のみが発現する．しかしながら F_2 世代では，配偶子のランダムな組合わせによって YY, Yy, yY, yy が生じることになる．Y は優性なので，観察されたとおり，黄の種子と緑の種子という表現型が 3：1 という比で得られる．表 2.1 に何千回にも及んだ交配に基づいた Mendel の実験結果をいくつかの形質について示した．

これらの実験によって Mendel は，古典遺伝学の基礎を構成する二つの法則（実際は仮説だが）を打立てた．メンデルの第一法則（分離の法則）とは，それぞれの特徴に対応する二つの対立遺伝子が配偶子形成の際には分離し，そ

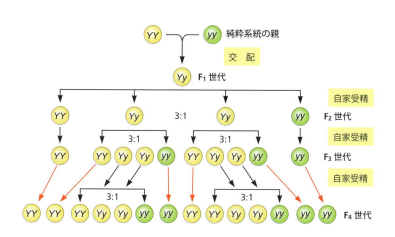

図 2.2 1 対の対立的な特徴の世代ごとの分布を示したメンデルの実験結果 4 回にわたる交配実験で得られた 4 代の子孫世代での種子の色の分布を示した．大文字の Y は種子が黄という特徴を，小文字の y は種子が緑という特徴を表している．それぞれの特徴について，各個体は遺伝の基本単位を 2 個，現在での理解に基づけば遺伝子ごとに対立遺伝子を 2 個もっている．F_1 雑種個体で発現する特徴は優性であり，F_1 世代では隠れているが F_2 世代で再び現れる特徴は劣性である．この図の例では黄が優性，緑が劣性である．この図ではホモ接合個体とヘテロ接合個体の違いについても示してある．ホモ接合個体は赤い矢印で示したとおり自分と同じ特徴の子孫のみをつくるが，ヘテロ接合個体は黒い矢印で示したとおり異なる特徴の子孫をつくる．

Box 2.1 古典遺伝学をつくった2人の並外れた科学者

古典遺伝学の構築には多くの科学者が貢献したが，Gregor Mendel と Thomas Hunt Morgan の2人は傑出しているといえる．2人ともその当時の科学者の中である意味並外れた能力の持ち主であり，特別な評価に値する．彼ら2人の背景や科学の実践方法はまったく異なっていた．

Gregor Mendel

Mendel は1822年，その当時のオーストリア＝ハンガリー帝国の領地において，Johann Mendel という名で貧しい家庭に生まれた．Gregor という名を与えられたのは，1843年に現在のチェコ共和国に位置するブルノで聖アウグスチノ修道会に入会してからであり，この場所でほぼ一生を過ごした．Mendel が科学者として訓練を受けたのは物理学を学ぶために修道院によって送り込まれたウィーン大学での2年間だけであったと思われる．彼の遺伝学の研究のほとんどは，1856年から1863年の間に修道院の庭で行われた．その間，28 000個体のエンドウを栽培し，それを1人で調べ上げ，注意深く定量的な繁殖記録を取り続けたといわれている．この仕事の結果，つまりメンデルの遺伝の法則とよばれるものが1866年にある有名とはいえない雑誌に発表された．Mendel は Charles Darwin を含むその当時の著名な生物学者の多くに論文の別刷を送ったが，ほとんど反応はなかったらしい．実際のところ，出版後35年間で彼の論文を引用したのはきっかり3件だけであった．現在の Science Citation Index を信奉する風潮からすると，Mendel はよくやったとはいえないだろう．基本的に彼の仕事は1900年前後に再発見されるまで忘れ去られていたのである．

Thomas Hunt Morgan

Morgan は1866年に著名なケンタッキーの家庭に生まれた．Mendel とは対照的に最高の教育を享受して育った．1890年にジョンズ・ホプキンズ大学において発生生物学の学位を取得し，その後の10年間はブリンマー大学の教員の職についた．1904年にコロンビア大学の教授となり，この大学において人生で最も多産な時期を過ごすことになる．Morgan は，Mendel のように1人で研究するというよりは，自分の周りに傑出した才能をもった学生やポスドクを集めて研究を進めた．彼ら弟子の多くもまた，遺伝学に大きな貢献を行った．たとえば，最初に染色体の遺伝子地図を作製した Alfred Sturtevant, Edward Tatum とともに最初に遺伝子とタンパク質を対応付けた George Beadle, 変異がどのように進化を起こすのかを示した Theodosius Dobzhansky, そして短波長の放射線が変異をひき起こしうることを発見した Hermann Muller などを輩出した．Morgan に関連する研究者のリストは，その次の世代にまで拡張できるかもしれない．Mendel と同じく，複雑なデータの集合から重要で一般的な法則を見つけ出す能力において際立っていたといえるだろう．

Morgan は研究者グループの活動方法を変革した点で功績があったという者もいる．Morgan の時代までは，ほとんど近付き難いほど偉い教授によって支配された厳格な階級構造をもった体制（ヨーロッパモデル）が科学の世界では踏襲されていた．まったく対照的に，Morgan のハエの研究室は堅苦しくないリラックスした雰囲気をもっていた．訪問した研究者は研究室の全員がファーストネームでよび合っている状況にしばしば驚いたという．次第にこの状況は米国の大学では標準となり，ある程度は世界のどこでもみられるようになった．もしあなたが，自分が卒業研究を行っている研究室が社会的に快適で寛げる場所だと感じているのなら，Thomas Hunt Morgan に感謝してもよいかもしれない．

の後の受精の際には，それぞれの親から1個ずつ提供されたものがランダムに合体するという現象について述べたものである．第一法則はいろいろな形で表現できる．ここで，法則をいくつかの記述に分割し，現代的な用語で記載してみよう．

- **表現型**（phenotype）の多様性は遺伝子に二つの異なるバージョンが存在することによる．これらの遺伝子のバージョンを対立遺伝子という．
- それぞれの遺伝子の対立遺伝子は分離し，配偶子に1個ずつ単独で受け渡される．
- すべての個体は遺伝子当たり2個の対立遺伝子をそれぞれの親の配偶子を通じて受継ぐ．
- もし2個の対立遺伝子が異なっていれば，あるものは優性であるものは劣性であるかもしれない．言い換えれば，もしその個体が対立遺伝子に関してヘテロ接合であれば，その世代では優性の方の対立遺伝子とその特徴だけが発現されるだろう．

さて，それでは種子の色と形といったように，二つの形質において異なった特徴をもつエンドウを交配するとどうなるだろうか．一方の形質での対立遺伝子の分離は，もう一方の形質での対立遺伝子の分離に影響を与えるだろうか．Mendel はそのような実験も行い，メンデルの第二法則（独立の法則）を導き出した．この法則は，配偶子の形成の際，ある対立遺伝子対における対立遺伝子の分離は，もう一つの対立遺伝子対の対立遺伝子の分離とは独立であるというものである．言い換えれば，それぞれの形質の特徴は独立に分離するということ，つまり異なった形質を支配する遺伝子の間には**連鎖**（linkage）がないということである（図2.3）．ただ，この法則は後で述べるように常に成り立つわけではない．

Box 2.2 有性生殖,体細胞分裂,そして減数分裂

"トリも行うしハチも行う.実際,真核生物の 99.99 % 以上が行うと見積もられている.つまり真核生物は,少なくとも時折,有性生殖を行うということだ" Sarah Otto.

なぜ有性生殖がこれほどまでに一般的なのかという問いに対する古くからの議論の一つは,"性が多様な子孫をつくり出すがゆえに自然選択が作用しうるのだ" と 1880 年代後期に生物学者である August Weismann が示唆した時点にさかのぼる.今ではこの言い回しは単純すぎると思われるが,その本質はいまだに成り立っている.

有性生殖の概略をヒトを例にとって図1に示した.模式図に描かれているように,2種類の細胞分裂のタイプが生殖サイクルの間に起こる.**体細胞分裂**(mitosis)は新しい二倍体の体細胞,すなわち体を形作る細胞をつくり出し,一方**減数分裂**(meiosis)は生殖細胞で起こり,単数体の配偶子である精子と卵子をつくり出す(図2).体細胞分裂も減数分裂も,遺伝物質である DNA(第4章参照)が細胞内で倍加するところから始まり,次に DNA は折りたたまれ,顕微鏡下で認識できる目に見える構造である凝縮した染色体がつくられる.染色体の構造については第8章でより詳細に議論する.体細胞分裂と減数分裂は染色体の挙動に関して異なっており,結果として,それぞれ二倍体の細胞と単数体の配偶子がつくられる.

体細胞分裂はいくつかの段階を経て進行していく.それぞれの段階は独自の生化学的過程と構造の再構成によって特徴づけられている.体細胞分裂のそれぞれの段階の詳細については割愛するが,本書を通して何度も必要となる最も重要な情報を図3に示した.**細胞周期**(cell cycle)につ

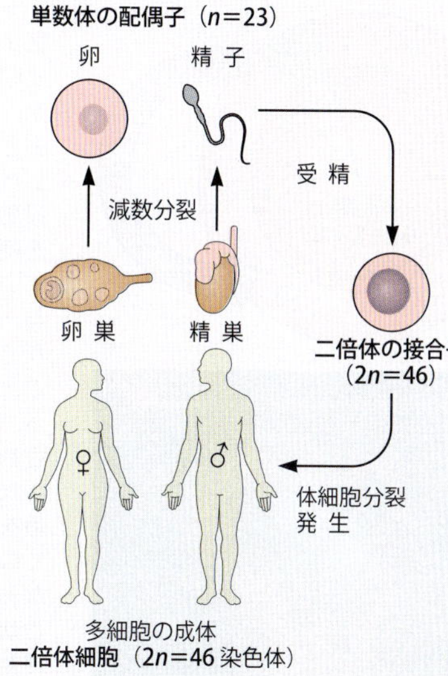

図1 高等真核生物の有性生殖サイクルの概念的模式図 二倍体相当の染色体(ヒトでは 46 本)をもつ細胞と,単数体相当の染色体(ヒトでは 23 本)をもつ細胞の間で移行が起こることに注目.最初の移行は減数分裂として知られる減数性の分裂の結果として雌と雄の配偶子である卵子と精子の形成される過程で起きる.単数体の二つの配偶子は受精によって再び合体し,二倍体の接合子または受精卵となる.成体の細胞はすべて体細胞分裂として知られる分裂がさらに何度も起きることで形成される.

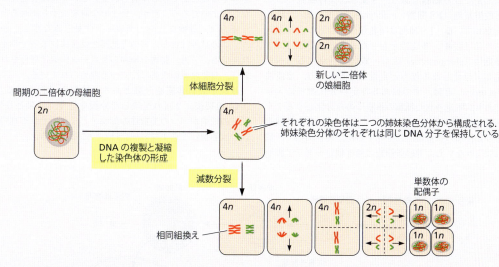

図2 体細胞分裂と減数分裂の概念的模式図 体細胞分裂も減数分裂もどちらも DNA の複製から始まり,凝縮した染色体が形成され,核膜が消失する.体細胞分裂では染色体が細胞の赤道面に個々に整列し,一つの染色体を構成する二つの姉妹染色分体が紡錘体の両極方向に分離して移動する.一方,減数分裂では相同染色体が対を形成し,その対が赤道面に整列し,その後 2 回の分裂が起こる.最初の分裂では,対をつくったそれぞれの染色体が紡錘体の両極のそれぞれの方向に向かって分離して移動する.2 回目の分裂では,染色体の二つの姉妹染色分体が最初の分裂に対して垂直な方向で形成された新しい紡錘体の両極に向けて分離して移動する.結果として,四つの細胞がつくられ,それぞれが単数性の染色体数をもつことになる.

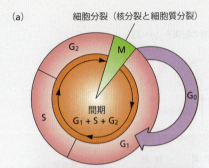

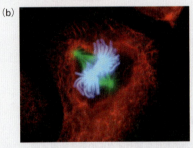

図3 体細胞の細胞周期 (a) 細胞周期を特徴づける伝統的な段階を示した模式図. G_1期: 細胞増殖とDNA合成に必要な成分の合成. S期: DNAの合成期, DNA複製. G_2期: 体細胞分裂の準備段階. M期: 体細胞分裂期で, 核分裂とそれに続いて細胞質分裂が起きる. G_0迂回路は分化した細胞がその特化した機能を果たす際に, 体細胞分裂の直後に入り込む特別な段階である. この段階では, M期の後にすぐにDNA複製の準備を行うG_1期に移行するという連続的に増殖している細胞が示す通常の周期から外れている. この規則はたいていの分化した細胞に当てはまるが, 例外も存在することに留意すべきである. たとえば, 分化した細胞が活発に増殖しながら特化した機能を果たすことができる場合もある. また, 非増殖細胞がある条件下で細胞周期に復帰できることにも留意すべきである. がん細胞が *in vivo*(生体内)での例となるだろう. (b) 体細胞分裂中期のイモリの肺上皮細胞の蛍光顕微鏡像. 細胞は固定され, 蛍光免疫染色によって微小管(黄緑)とケラチン繊維(赤)の局在が示されている. 凝縮した染色体は青で染色されている. 分裂中期になると二つの極をもつ細胞分裂装置が完全に形成され, 糸を巻いた紡錘のような形になる. この構造は複製した染色体を娘細胞核へ分配するために必要な動力の発生源となる. 上皮細胞では紡錘体とそれに結合した染色体はケラチン繊維でできたかご状の構造に取囲まれており, これが染色体を含む領域への他の細胞小器官の移動を妨げている. [Conly L. Rider, New York State Department of Healthのご厚意による]

いては, 真核生物のDNA複製について議論する第20章でより詳しく説明する.

体細胞分裂は少数の種類の幹細胞からきわめて多彩な分化した体細胞をつくり出す

幹細胞(**stem cell**)とは, 自分と同じ能力の細胞と, 今後一つ以上の分化過程に移行しうる細胞の両方を生み出すことができる細胞である. さまざまな幹細胞の中でも, **胚性幹細胞**(**ES細胞**;embryonic stem cell)が最も注目を集めている. ES細胞は哺乳類の胚盤胞の内部細胞塊から生じ(図4), 多能性をもったまま培養で維持できる. **多能性**(pluripotency)とは, 成体を構成するすべての細胞型に分化しうる能力と定義できる. 一方, **複能性**(multipotency)とは, すでにある特定の分化過程に入り込んでおり, 限定された種類の細胞にのみ分化しうるような幹細胞の性質のことをいう[*2]. たとえば, 造血幹細胞はあらゆる種類の血液細胞に分化するが, 神経細胞や肝臓細胞にはなれないし, 神経幹細胞は神経細胞とグリア細胞のみをつくり出す.

ES細胞は培養条件の設定によって *ex vivo* で(体外に取出して)いろいろな細胞へ分化するよう誘導することができるので, 場合によっては生物の体全体をつくり出すことができる. この特徴から, 社会全体でかなりの論争をひき起こしている. 病気の治療を行うという臨床的な目的のために, ES細胞を使って分化した細胞, 組織, さらに器官をつくることができるかもしれないという点は有益だとみなしてよいだろう. だが, ヒトの全身をつくり出せるという能力は, 危険なヒトのクローン作製とみなすことができ, この試みはほとんどの先進国では法律によって禁止されている. 一方, 動物や植物のクローン作製は許可されており, 食物生産の改善に役立つと考えられている.

減数分裂は体細胞分裂とある意味似た過程を経るが, DNA複製後に2回の連続した分裂を行う. 結果として, 単一の細胞が四つの半数性の配偶子となり, それぞれの配偶子は各遺伝子を1コピーだけもつことになる.

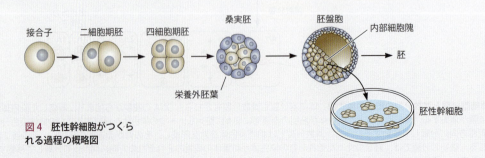

図4 胚性幹細胞がつくられる過程の概略図

[*2] 訳者注: pluripotency と multipotency にはともに, 多能性の用語が当てられる場合がある.

メンデルの法則の拡張と例外

多くの偉大な科学における大発見でそうであるように、実際の状況は最初に推察したよりも複雑であることが明らかにされるものである。単純な**メンデル遺伝学**（Mendelian genetics）にも多くの例外が存在する。一般に、ある形質が一つの遺伝子によって支配されているのか、それとも多因子性遺伝として知られているような複数の遺伝子によって支配されているのかによって、メンデルの法則の拡張は2種類に分類できる。

単一遺伝子による遺伝の場合、三つの主要な拡張が存在する。

第一に、優性は必ずしも完全ではない。**不完全優性**（incomplete dominance）では雑種はどちらの親とも似ていない。**共優性**（co-dominance）ではどちらの対立遺伝子も優性ではなく、F₁雑種は両方の純粋系統の親の特徴を合わせもつ。これらの関係を図 2.4 に模式的に示した。

2番目に、一つの遺伝子は二つより多い対立遺伝子をもちうる。ヒトの血液型を決定する遺伝子や、ヒトの組織適合性抗原（適切な免疫応答に関与する細胞表面のタンパク質）の遺伝子など、これには多くの事例が存在する。後者のタンパク質は三つの遺伝子によってコードされており、それぞれの遺伝子が20～100種類の対立遺伝子をもっていて、各対立遺伝子は分子レベルで他のすべての対立遺伝子に対して共優性（両方のタンパク質が生産される）である。知られている限りで最も極端な例は、嗅覚受容体遺伝子群である。嗅覚受容体遺伝子は多重遺伝子族を形成しており、個体当たり1300個ほどの対立遺伝子が存在するが、細胞ごとに、そのうち1個の遺伝子の1個の対立遺伝子のみが発現される。これは**単一アレル性遺伝子発現**（monoallelic gene expression）とよばれ厳密に制御されているが、機構についてはまだほとんどわかっていない。このような例を除き、通常では細胞は遺伝子当たり二つの対立遺伝子の両方を発現する。

3番目に、一つの遺伝子が複数の目に見える特徴に寄与することがある。この現象は**多面発現**（pleiotropy）とよばれる。語源としては、ギリシャ語で、"より多くの"を

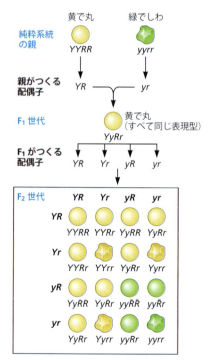

黄（優性）と緑（劣性）の出現比　3：1
丸（優性）としわ（劣性）の出現比　3：1
各表現型の出現比
9（丸黄）：3（しわ黄）：3（丸緑）：1（しわ緑）

図 2.3　二つの独立な形質の分離を示したメンデルの実験結果　大文字の Y は種子が黄、小文字の y は種子が緑という特徴を表している。大文字の R は種子が丸い、小文字の r は種子にしわが寄っているという特徴を表している。

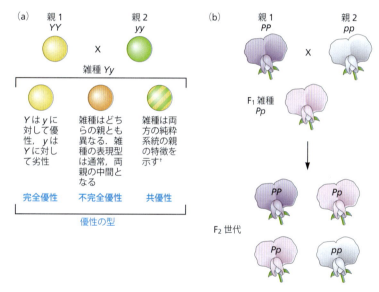

図 2.4　対立遺伝子の間の優性-劣性の関係　(a) 対立遺伝子対間での優性-劣性の関係はさまざまであり、この違いがヘテロ接合体の表現型に現れることがある。優性-劣性の関係が多様であることはメンデルの分離の法則の価値を損なうものではない。むしろこれは遺伝子産物がどのように表現型の決定に関わるのかという点での相違を反映している。（† 訳者注：エンドウの種子を模した絵だが、部位によって黄か緑になっている。部位によって優性-劣性の関係が反転するよう解釈できるので共優性の例としてはふさわしくない。よく例として取上げられるのはABO血液型のAB型である。AB型ではA抗原とB抗原の両方が発現している。）
(b) この不完全優性の例では、F₁ヘテロ接合体 Pp の花弁の色はどちらのホモ接合の両親の花色とも異なっている。F₂における表現型の分離比は遺伝子型の分離比とぴったり同じである。色素形成における生化学によってこの不完全優性の振舞いを説明できる。対立遺伝子 p は色素形成に必要な酵素に関して正常に機能しない変異型をコードしており、結果としてホモ接合体は花弁の色が白くなる。逆に対立遺伝子 P のホモ接合体 PP はヘテロ接合体 Pp の二倍量の酵素を生産するのでピンク色が濃くなる。

意味する *pleion* と，"方向を変える"や"転換する"を意味する *tropi* からきている．多面発現の古典的な例としては，ニュージーランドの先住民族であるマオリにみられる男性不妊をあげることができる．彼らは不妊であるとともに呼吸障害をもつ．原因遺伝子の正常な優性の対立遺伝子は，繊毛と鞭毛の両方に必須なあるタンパク質をコードしている．劣性の対立遺伝子をホモ接合でもつ男性では，繊毛と鞭毛が正しく機能せず，結果として気道から粘液を除去することと，動く精子をつくることの両方の能力に影響が現れる．

多因子性遺伝の場合は，二つまたはそれ以上の遺伝子が単一の形質の決定において相互作用する．相互作用のタイプによって，それぞれに特徴的な表現型の発現パターンを示す．多因子性遺伝ではメンデルの法則の三つの主要な拡張が可能である．

第一に，新しい表現型が二つの遺伝子の対立遺伝子の複合作用から生じることがある．これらの遺伝子はお互いに相補的であるか，もしくは互いにエピスタティック*3であるかのどちらかである．まず相補的である場合について説明しよう．異なる遺伝子において劣性の突然変異がホモ接合になっている系統の間で交配を行うと，両親とは異なる野生型の表現型をもつ子が生じることがある．この際，この二つのホモ接合の親の表現型は同じ，すなわち外見から区別できない．相補もしくは野生型への復帰は，変異が異なる遺伝子で起きている場合のみで生じうる．この場合，子のゲノムはそれぞれの遺伝子において変異を起こした対立遺伝子を"相補する"野生型の対立遺伝子をもつことになる．エピスタシス (epistasis) の場合，ある遺伝子の対立遺伝子はもう一つの遺伝子の対立遺伝子の作用を覆い隠してしまう．ある単一の生化学経路においていくつかの遺伝子が順を追って関与している場合，このような状況が生化学的に生じうる．経路の最初の部分に関与する遺伝子が機能を失えば，経路のそれ以降の遺伝子が発現されようが関係なくなってしまうからである．

2番目に，ある特定の遺伝子型は必ずしも同じ表現型をつくり出すとは限らない．表現型はしばしば，浸透度と表現度に依存する．**浸透度** (penetrance) とは，ある特定の遺伝子型をもった集団において，どれくらいの個体が期待される表現型を示すのかということを表している．浸透度は完全な場合も不完全な場合もある．よく引用される不完全浸透度の例は，網膜芽細胞腫という病気に関するものである．網膜芽細胞腫の原因となるタンパク質をコードする変異を起こした対立遺伝子をもつ者のうち75%だけが病気を発症する．さらに網膜芽細胞腫をもつ者の一部では片方の目のみが病気になる．この例のように，ある特定の遺伝子型が表現型として発現される強度を**表現度** (expressivity) とよぶ．偶然が浸透度と表現度に影響を与えうるということを理解するのは重要である．たとえば網膜芽細胞腫の場合，すべての細胞が原因遺伝子の一方の対立遺伝子に変異をもつのだが，病気としての表現型が現れるにはさらなる偶然の出来事が必要なのである．網膜の細胞における放射線によるDNA損傷やDNA複製の失敗が2番目の打撃となり，1個もしくはそれ以上の細胞内で，原因遺伝子のもう一方の対立遺伝子に変異をつくり出してしまう．Alfred Knudsonが1971年に提案したがんの原因に関する2ヒット理論とは，まさにこの状況のことである．

3番目に，ある範囲内で連続的に変化する量的形質も存在する．その良い例がヒトの身長や肌の色だろう．これらの形質は多遺伝子性であり，多くの遺伝子とそれらの対立遺伝子が相加的に働く結果として連続的に変化する．

さてここで，**変更遺伝子** (modifier gene) の概念について述べておこう．これはある形質に対して二次的で微細な効果をもたらす遺伝子である．また集団中での**対立遺伝子頻度** (allele frequency) の概念についても説明しよう．対立遺伝子頻度とは，対立遺伝子の集合として集団を考えた場合，集団中でのある対立遺伝子の総数が全体に占める割合のことである．最も一般的な対立遺伝子（集団中で最も頻度が高い対立遺伝子）は野生型の対立遺伝子と定義される．進化的には新しい対立遺伝子は変異の結果として生じる．

最後になるが，環境が遺伝子型の表現型としての発現に影響することは明白である．ある遺伝子のある変異の効果によく似た表現型の変化をもたらす環境因子が存在することがあり，これは**表現型模写** (phenocopying) とよばれる．この現象の悲惨な事例として，鎮痛剤のサリドマイドの副作用がある．妊娠している女性がこの薬を服用すると，胎児の手足の発生が阻害されるアザラシ肢症というまれな優性の特徴の表現型模写が起きてしまう．

たぶん最も重要なメンデルの法則の例外は，メンデルの第二法則が常に成り立つとは限らないという点だろう．遺伝子が連鎖している多くの事例があり，この発見が古典遺伝学のさらなる大きな進歩をもたらした．

遺伝子は染色体上に直線的に並んでおり地図化できる

遺伝学研究の次の大きな一歩はコロンビア大学のThomas Hunt Morganによって成し遂げられた（Box 2.1参照）．

20世紀の初期に，Morganはキイロショウジョウバエ (*Drosophila melanogaster*) というミバエを材料に研究を始めた．このハエは非常に早く繁殖し，とても狭い空間でも多くの個体を飼育できる点でMendelのエンドウよりさ

---

*3 訳者注：エピスタシスとは，本来はここに書かれているとおり，ある遺伝子座の遺伝子型によって別の遺伝子座の遺伝子型の発現が抑えられる現象をいう．現在では，遺伝子相互作用全般，もしくは相加的ではない遺伝子相互作用を指すために使われることがある．

らに良い選択であったといえる．Morganの研究は自然に生じるまれな変異の出現に大きく依存していたので，この点は重要である．変異こそが，新しい対立遺伝子，すなわち新しい表現型を生み出す遺伝子の変化の源である．したがって，変異がX線または他のDNAに損傷を起こす放射線によって誘導されうるという，Morgan研究室のHermann Joseph Mullerの発見は非常に役立つものだった．Mullerは1946年に"X線照射による変異の誘導の発見"によってノーベル生理学・医学賞を受けている．

Mendelの観察とは対照的に，Morganはハエの多くの形質が遺伝的に連鎖しているように見えることを発見した．Mendelが研究したエンドウの形質の多くは異なる染色体上の遺伝子に対応していたので，当然ながら独立に分離することが期待できる．一方，Morganが初期に研究したのは，同じ染色体（雌のX染色体）上の複数の遺伝子であった．Mendelの結論と異なったのはこれが原因となっている．Morganは多くの遺伝子が連鎖して次世代へ伝達されるのを観察し，一部の例で連鎖が観察されないのは対立遺伝子の組換えが原因に違いないと考えた（図2.5）．さらに彼は，そのような組換えの起こりやすさは染色体上の二つの遺伝子の間の距離に比例して増加するはずであると考えた．したがって，連鎖の程度を測れば遺伝子間の距離を測定できるはずである．そして，素晴らしいことが起こった．Morgan研究室の学生であったAlfred Sturtevantが，この事実を使えば染色体上での遺伝子の地図を作製できることに気付いたのだ．彼はある晩，与えられた宿題をすっぽかして最初の遺伝子地図をつくり上げ

た．まもなく，さらに多くの遺伝子が地図化され，遺伝子は染色体上に直線的に並んでいるという新しいパラダイムが生まれた．遺伝子地図の例を図2.6に示した．1933年にMorganは"遺伝における染色体の役割に関する発見"によってノーベル生理学・医学賞を受賞した．

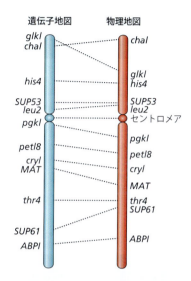

図2.6　パン酵母（*S. cerevisiae*）3番染色体の遺伝子地図と物理地図　遺伝子地図は遺伝的交配における組換えの頻度を計測することでつくられる．一方，物理地図はDNAの塩基配列の決定によってつくられる．二つの地図の間には若干の食い違いがあるが，全体的に似ていることは間違いない．上二つのマーカー（もしくは同定しうる遺伝子）が間違って遺伝子地図上に配置されている点に注目しよう．一部のマーカーの相対的位置もまた地図間でいくぶん異なっている．[Oliver SG, van der Aart QJM, Agostoni-Carbone ML et al. [1992] *Nature* 357:38–46より改変．Macmillan Publishers, Ltd.の許可を得て掲載]

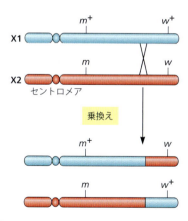

図2.5　雌のショウジョウバエにおける2本のX染色体間での組換え　染色体X1上には二つの野生型対立遺伝子が位置する．m^+は"正常な翅"，w^+は"赤い目"という特徴を決定する．染色体X2上には二つの変異対立遺伝子が存在する．mは"小型の翅"，wは"白い目"という特徴を決定する．卵形成の際に二つの染色体上の二つの遺伝子の間のどこかの位置で乗換え（組換え）が起き，結果としてそれぞれ両親の対立遺伝子が入り混じった二つの組換え染色体が生じる．この過程によって対立遺伝子の新しい組合わせ，すなわち組換えが起きる．

遺伝子の実体と遺伝子が表現型を決定する機構は長い間謎であった

20世紀の初期に古典遺伝学が急速に発展したが，遺伝子の実体と，遺伝子がどのようにして機能を果たすのかという点はあいまいなままであった．実際のところ，多くの遺伝学者は遺伝子を抽象的なものとして扱うことを好んだのだ．遺伝子が物質的な存在を伴うことは**多糸染色体**（polytene chromosome）の解析を通じてわかってきた．多糸染色体とは，ショウジョウバエを含む一部の昆虫の唾腺に観察される数多くの同じ染色体が平行に並んで集合したものである（図2.7，図2.8）．適切に染色し，光学顕微鏡で観察すると縞模様が見え，一部の縞はSturtevant-Morgan法で地図化した遺伝子と対応付けることが可能であった．これらの研究から物理的実体としての遺伝子のイメージが強まるようになったが，はたして遺伝子は何からできているのであろうか．

この時代はタンパク質の研究が始まった頃でもあり，酵

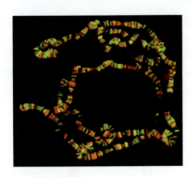

図 2.7　典型的な縞模様を示す多糸染色体　ショウジョウバエの多糸染色体の縞模様は早くも 1935 年に Calvin Bridges によって詳細に記載されており，染色体の再構成や欠失などを特定するためにいまだに広く利用されている．ショウジョウバエの唾腺染色体を 2 種類のタンパク質に対して免疫蛍光染色（BRAMA を緑，Pol II を赤）した画像．この 2 種類のタンパク質の分布はよく重なっていることがわかる．[Armstrong JA, Papoulas O, Daubresse G et al. [2002] *EMBO J* 21:5245–5254. John Wiley & Sons, Inc. の許可を得て掲載]

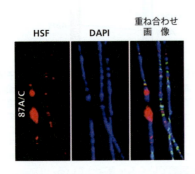

図 2.8　多糸染色体の縞模様は転写を行っている染色体領域を反映している　キイロショウジョウバエの染色体での熱ショックにより誘導されるパフ（87 A/C 遺伝子座）の蛍光像．圧縮されたクロマチンに位置する不活性な遺伝子は凝縮した縞として見える．パフの部分では縞を構成する物質が緩んでほどけた状態になっており，染色体の局所的な膨れが生じる．DNA は 4′,6-ジアミジノ-2-フェニルインドール（DAPI）で染められ青で示されている．一方，熱ショックにより誘導される遺伝子の転写アクチベーターである熱ショック因子（HSF）は赤で示されている．右の両者の重ね合わせ画像から，転写アクチベーターはパフ化してほどけた領域に位置することがわかる．[Armstrong JA, Papoulas O, Daubresse G et al. [2002] *EMBO J* 21:5245–5254. John Wiley & Sons, Inc. の許可を得て掲載]

素としてのタンパク質の機能がよく理解されるようになっていた．たぶんこの理由，そして核酸の性質についての誤解もあって，1940 年以前のたいていの研究者は，遺伝子はタンパク質性のものからできているのだろうと考えていた．しかしながら同時に，遺伝子はタンパク質の構造を表すものでなければならないことも明らかになってきていた．ある酵素の機能の喪失が起こることで生じる病気では，発症するかしないかはメンデル遺伝を示すこともわ

かってきて，この初期の観察が一遺伝子一酵素説につながっていった．鎌状赤血球貧血（**Box 2.3**）についてのいくつかの研究室での輝かしい業績によって，この説は一遺伝子一ポリペプチド説へと修正された．今では，タンパク質の配列だけでなく，非コード RNA（ncRNA）の配列もまた遺伝子によって指定されていることがわかっており，遺伝子を正しく定義する試みが続いている．第 7 章で述べるように，遺伝子という用語の定義は，ヒトゲノムの研究結果として 2012 年に提案された新しい定義とともにいまだ進化している．

2.3　分子遺伝学につながる大きな進歩

細菌とバクテリオファージは遺伝的挙動を示し遺伝学のモデル系として役立った

第 4 章で，DNA が遺伝物質であることを決定付けた重要な実験について詳細に述べる．この認識と，Watson と Crick の DNA の分子構造についての発見が合わさり，1950 年代の中頃までには遺伝学の分子理論が発展し始めた．初期の研究の多くは細菌とウイルス，特に細菌に感染するウイルスであるバクテリオファージ（ファージ）を使用したものであった．

ファージと細菌の遺伝学は，どちらも古典的なメンデル遺伝学の法則に従わないことが理由で長い間無視されてきた．両者はともに，ほとんどの状況で単数体であるからだ．しかし 1943 年に，微生物学者であった Salvador Luria と物理学者の Max Delbrück は，細菌において変異が存在する確たる証拠を示した．同年，Joshua Lederberg と Edward Tatum は細菌の接合を発見し，これが大きな技術的突破口となった（**図 2.9**）．接合では，ある細菌がもう一つの細菌に自分の DNA の全部もしくは一部を挿入し，その後で二つの DNA 分子の間で組換えが起きる．Hfr（high frequency recombination；高頻度組換え）とよばれる一部の系統では，実際上すべての供与菌が活性をもち，接合を同調させて進行させることが可能である．一連の異なった時間に接合を停止させるとそれぞれの時間で異なった量の DNA が伝達されるので，伝達された遺伝子のみで組換えが起きることになる．これは強力な塩基配列決定法が利用できるようになるまでは，細菌染色体上の遺伝子の位置を決める便利な方法であった．

形質転換と形質導入により遺伝情報を移すことができる

接合は細菌が外来 DNA を獲得しうる唯一の方法ではない．早くも 1928 年には，Frederick Griffith が何らかの因子の伝達によって細菌の株型の**形質転換**（transformation）が起きるという現象を示していた．しかし，彼にはその物質の本体が何であるかわからなかった．1944 年になって初めて，Oswald Avery，Colin MacLeod，Maclyn McCarty

Box 2.3　鎌状赤血球貧血：分子遺伝学への手掛かり

鎌状赤血球貧血（sickle cell anemia；SCA）とよばれる遺伝病は世界中の何百万という人々，特にアフリカ出身もしくはアフリカ人を祖先とする人々を苦しめている．身体の衰弱が著しく，この病気で死に至ることもある．赤血球として知られる赤い血液細胞は，通常は円盤状の形をしているが，鎌状赤血球貧血の患者の赤血球は，特に酸素欠乏の状況下では細長い形もしくは鎌状になる傾向がある（図1a）．このようなゆがんだ形態の赤血球は二つの点で有害である．第一に，静脈の毛細血管に詰まりやすく，これが痛みや組織障害をひき起こす．第二に，正常な血球よりももろいため，簡単に細胞が壊れてヘモグロビンを放出してしまい，これが貧血の原因となる．

鎌状赤血球貧血が二つの対立遺伝子をもったメンデル形質として遺伝することは，James Neel と E. A. Beet によって 1949 年に最初に明らかにされた．この特徴に関してホモ接合の個体では症状がひどく，日々の生活に重大な障害があり，若い時期に亡くなってしまうこともある．鎌状赤血球貧血の対立遺伝子を 1 個だけもったヘテロ接合の個体は，赤血球の鎌状化が起きてしまう酸素欠乏時やストレス状況下を除き通常の生活ができる．このような個体は鎌状赤血球貧血の保因者とよばれることもある．彼らは重症ではないが，彼らの子供たちが鎌状赤血球貧血の対立遺伝子をホモ接合にもって生まれてくると重篤な症状を示すことになる．

Neel と Beet が鎌状赤血球貧血の遺伝を明らかにした同じ年，Linus Pauling と共同研究者は注目すべき発見をした．鎌状赤血球貧血患者のヘモグロビンは，電気泳動時の移動度が健康な人のヘモグロビンと異なることを見つけたのだ．さらに，ヘテロ接合の個体では両方の 2 本の電気泳動のバンドが現れた（図1b）．この発見から，Pauling は鎌状赤血球貧血は分子が原因の遺伝病であるとはっきり同定された最初の事例だと結論付けた．

この発見に続いて，1950 年には Vernon Ingram の研究室でタンパク質の配列決定の仕事がなされた．その当時，ヘモグロビンはαとβとよばれる 2 種類のタンパク質サブユニットを含むことがわかっていた．Ingram は，鎌状赤血球貧血と正常のヘモグロビンの間の唯一の違いは，β鎖のただ 1 個のアミノ酸置換であることを発見した．すなわち，単一の変異がこの病気をひき起こしていると推測される．これと Pauling の発見によって，一遺伝子一タンパク質説は裏付けられることになった．

それにしてもなぜ，この変異が赤血球の鎌状化を起こすのだろうか．変異タンパク質は長い繊維を形成し，この繊維が赤血球内で並んで密に集まることが多くの研究からわかってきた（図1c）．ヘモグロビンは細胞内で高度に凝集するので，このタンパク質の集合体が観察されるような鎌状に細胞を変形させてしまう．ホモ接合とヘテロ接合の個体で症状がどのように現れるのかも今では明らかになっている．ホモ接合の場合，正常なタンパク質はつくられず，ヘモグロビンのすべてが凝集する．ヘテロ接合の個体では，正常なものと凝集ヘモグロビンの両方が混合している．鎌状化は起こるが，そう簡単には起こらない．なぜ，低酸素だと症状が悪化するのだろうか．結局のところ，ヘモグロビンが酸素レベルに応じてコンホメーションを変化させるということがわかってきた．低酸素でのコンホメーションの方が凝集しやすいのだ．

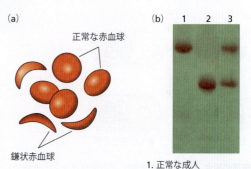

図 1　鎌状赤血球貧血は分子病である　（a）正常および鎌状赤血球の形．[Darryl Leja, National Human Genome Research Instituteのご厚意による，改変]（b）正常個体およびヘモグロビンβ鎖の変異に関してホモ接合の個体とヘテロ接合の個体のヘモグロビンの電気泳動における移動度．[Michael W. King, Indiana Universityのご厚意による]（c）鎌状赤血球貧血におけるヘモグロビン分子の凝集体の電子顕微鏡像．β鎖で変異を起こしたアミノ酸は他のヘモグロビン分子のβ鎖の相補的な部位にちょうどしっくり収まるような突起を偶然に形成する．そのため，これら変異をもったヘモグロビン分子は水に溶けた状態にならずに凝集し，固体化して沈殿を形成する．[Dykes G, Crepeau RH & Edelstein SJ [1978] Nature 272:506–510. Macmillan Publishers, Ltd. の許可を得て掲載]

この研究史にはもう一つの思わぬ展開がある．鎌状赤血球貧血に関してヘテロ接合であることは，マラリアが流行している熱帯では有利に働く．マラリアを起こす寄生虫は，その生活史の一部を赤血球の中で過ごす必要がある．鎌状の赤血球は非常に壊れやすいので，寄生虫にとってのすみかには適していないのである．

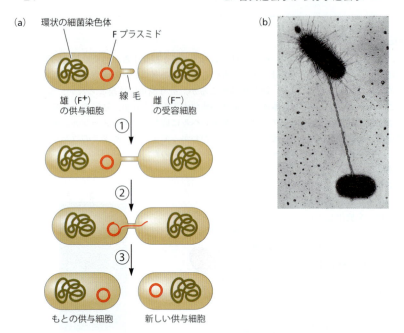

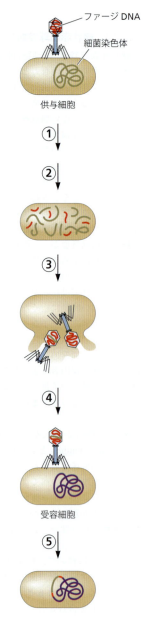

図 2.9 細菌の接合 二つの細菌細胞の間の接合は一方の細胞が F（fertility）プラスミドをもっている場合にのみ起こる．F プラスミドをもつ細胞は F 陽性とか F^+ 細胞とよばれる．F プラスミドは細菌の染色体とは独立して細胞質にエピソームとして存在する．F プラスミドは自分自身の複製開始点，またニック（切れ目）が入って受容細胞（F^- 細胞）に DNA の移動が開始される移動開始点，そして線毛の形成や，受容細胞に連結するために必要な一連の遺伝子をすべて備えている．(a) 以下のようなステップを通じて接合が起きる．① 線毛が受容細胞に付着し，手繰り寄せて二つの細胞を引き合わせる．たぶん線毛は DNA の移動のための通路としてそのまま使われるわけではない．接合管は線毛の基部のある特定の酵素によって形成され，膜の融合が開始される．② F プラスミドの二本鎖 DNA の一方の鎖にニックが入り，ニックができた鎖が無傷の側の鎖からほどけて離れ，受容細胞への DNA の移動が開始される．③ 一本鎖の DNA が受容細胞に移動した後，複製が起きて二本鎖の F プラスミドとなる．一方，供与細胞側の一本鎖の DNA も同時に複製されて二本鎖の F プラスミドになる．ときどき F プラスミドは受容細胞のゲノムに組込まれる場合があり，そういった株は Hfr として知られている．F プラスミドがゲノム中に組込まれている場合，供与側の細菌の染色体の全体もしくは一部が受容細胞へと移動する．移動する染色体 DNA の量は接合を行っている細胞がどれくらいの間つながったままであったかという時間に比例する．染色体の全体が移動するには普通 100 分くらいかかる．移動した染色体は相同組換えによって受容細胞のゲノムに組込まれる．(b) 接合を行っている二つの細胞の電子顕微鏡像．[Charles Brinton と Judith Carnahan, University of Pittsburgh のご厚意による]

が，遺伝的な形質転換は転換される細胞に DNA が溶液を通じて輸送されることによって起こることを明らかにした．これらの実験は分子生物学の根幹に当たるので，Box 4.1 で詳しく議論する．

　最後になるが，DNA は**形質導入**（transduction）という過程（図 2.10）でファージを介して細菌の間で輸送される．形質導入は普通，**溶原ファージ**（temperate phage；テンペレートファージ）という 2 種類の異なる生活環（溶菌サイクルと溶原サイクル）をもつファージによって起きる．溶菌サイクルでは，ウイルスは細菌の細胞の中に入り込み，複製し，宿主の細菌を溶解させて，さらに他の細菌に感染する．もう一つの溶原サイクルでは，ウイルスは細菌の染色体の中に自身の DNA を組込ませる．その後，細菌が何世代も繰返す間休眠状態でいるが，放射線または化学的損傷といった何らかの刺激があると宿主のゲノムから放出される．その後新しいウイルスが形成され，宿主細胞は殺され

図 2.10 形質導入の概念図 以下のようなステップを通じて形質導入が起きる．① ファージが細菌に感染する．② ファージ DNA が細胞内に侵入して複製され，ファージのタンパク質が合成され，細菌の染色体が破壊される．③ ときたま細菌 DNA の一部がファージの頭部に包込まれることがあり，溶菌の際に放出されるウイルス粒子の一部は細菌 DNA を含んでいる．④ 細菌 DNA をもったファージが新しい細菌に感染する．⑤ 供与された細菌 DNA とそれを受容した細菌の DNA の間で組換えが起こることがあり，その組換え細胞は供与細胞とも受容細胞とも異なったものになる．

てしまう．ウイルス粒子の中にウイルスDNAが詰込まれる過程は忠実度が低く，細菌DNAの小断片がファージのゲノムと一緒に詰込まれ，次に感染する細胞に輸送されることがある．また同時に，ファージは組込まれていた細菌の染色体に自身の遺伝子の一部を置き去りにすることもある．ファージは外来DNAの追加によって改変できるので，ファージを外来DNAを細菌に挿入する**ベクター**（vector）として機能させることができる．第5章で，遺伝子工学における形質転換と形質導入の果たした役割について議論する．

DNA構造についてのワトソン・クリックモデルは 分子遺伝学誕生の最後の鍵となった

WatsonとCrickによるDNAの二重らせんモデルの発表の2年後の1955年までには，遺伝学の分子的基礎が明らかとなった．遺伝子はDNAでできており，DNAは染色体によって運ばれる．細菌やファージは単数性の染色体をもっており，その染色体は一つもしくは少数の二重らせんのDNA分子から構成されている．細菌やファージのもつこの単純なシステムは分子遺伝学の誕生をもたらし，分子生物学にとっての重要な概念を提供することになった．ほとんどの真核生物は体細胞では2コピーの二重らせんDNAをもつが，配偶子では1コピーのみである（Box 2.2参照）．細胞が複製する際には，DNAは二重らせんのそれぞれの鎖を複製することで倍加する．DNAの複製は細胞の集団内のそれぞれの細胞で独立に起こるので，ある時点では，複製を開始する前の段階の細胞はG_1期のDNA量をもつが，他の細胞はDNAをまさに複製しているS期の段階にあり，さらに複製を終えてG_2期にいるものもある．細胞周期の各段階に細胞がどのように分布しているかはフローサイトメトリーを使って調べることができる（**Box 2.4**）．変異はDNAの塩基配列の変更によって生じ，対立遺伝子の交換は組換えによって起きる．これらの過程の詳細や制御機構について1955年当時はほとんどわかっていなかった．多くの事柄はそれ以降に明らかになったが，それについては以降の章で説明する．

2.4 モデル生物

この章を通じて，ある特定の生物を使用することがある研究を行うに当たり特に適切であったと何度か述べた．さらにまた，生物のさまざまな分類群を代表させる便利なモデルとして，ある特定の生物が何度も何度も使用されてきたことを本書を通じて気付くだろう（図2.11）．これらモデル生物のいくつかについて，なぜよく使われてきたのかという理由とともに以下で簡単に説明してみよう．これらモデル生物のすべてについて，今では全ゲノム配列がわかっている．

今日，バクテリオファージλ（λファージ）はクローニングベクターとして広く使用されているが，二つの異なった生活環（溶菌サイクルと溶原サイクル）をもつため，遺伝学の初期の発展に重要な貢献をした．言い換えると，このファージは宿主の細菌を溶かして破壊するか，もしくは宿主のゲノム中に組込まれ，そのウイルスDNAの存在を

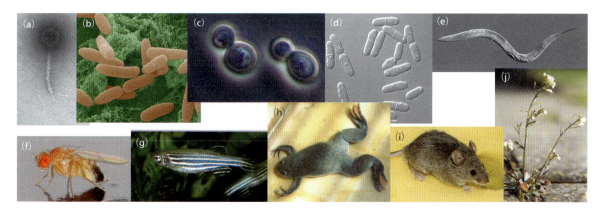

図2.11 遺伝学で最もよく利用されているモデル生物の画像の一覧　(a) λファージ［Bob Duda, University of Pittsburgh のご厚意による］ (b) 大腸菌 *Escherichia coli* ［Peter Cooke と Stephen Ausmus, United States Department of Agriculture のご厚意による］ (c) パン酵母 *Saccharomyces cerevisiae* ［Maxim Zakhartsev と Doris Petroi, International University Bremen のご厚意による］ (d) 分裂酵母 *Schizosaccharomyces pombe* ［Gutterman JU, Lai HT, Yang P et al. [2005] *Proc Natl Acad Sci USA* 102:12771-12776. National Academy of Sciences の許可を得て掲載］ (e) 線虫 *Caenorhabditis elegans* ［Judith Kimble, University of Wisconsin のご厚意による］ (f) キイロショウジョウバエ *Drosophila melanogaster* ［André Karwath, Wikimedia のご厚意による］ (g) ゼブラフィッシュ *Danio rerio* ［Wikimedia］ (h) アフリカツメガエル *Xenopus laevis* ［Michael Linnenbach, Wikimedia のご厚意による］ (i) マウス *Mus musculus* ［George Shuklin, Wikimedia のご厚意による］ (j) シロイヌナズナ *Arabidopsis thaliana* ［Brona Brejova, Wikimedia のご厚意による］

Box 2.4 細胞の解析や仕分けのためのフローサイトメトリー

　ある細胞の集団があるとして，細胞周期の各段階に細胞がどのように分布しているかはどうやって調べればよいだろうか．初期には面倒だが顕微鏡で観察するしか手段がなく，細胞の仕分けは実用になっていなかった．今日最もよく使われている手法は**フローサイトメトリー**（flow cytometry）である（図1）．この手法を細胞の調製に利用したのが**セルソーティング**（cell sorting）であり，細胞集団を仕分けして，細胞周期の同じ段階にいる細胞を濃縮した画分をつくることができる．そのような画分を手に入れることは，各段階で起こっている生化学的過程を理解することを目的とした実験に役立ってきた．フローサイトメトリーは，実験室でも医療上の目的でも多くの他の応用が可能である．細胞の全DNA量の測定に加えて，細胞の体積，細胞の形の複雑さ，さらにさまざまな他の細胞内分子を調べることができる．測定可能なパラメーターは今もどんどん増えており，分子細胞生物学における最も重要な機器の一つとなっている．

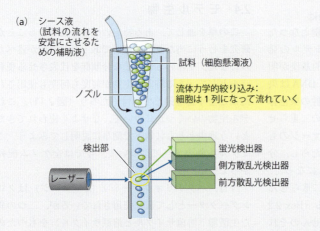
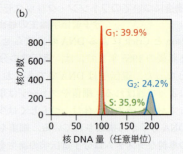

図1　フローサイトメトリーと集団中の個々の粒子の多重パラメーター解析　(a) フローサイトメトリーの原理．細胞懸濁液中でランダムに分散した細胞の一部を細胞測定器へ注入する．層流を工夫することで流体力学的絞り込みとよばれる原理によって個々の粒子を単一縦列に並べることができる．細胞が検出部を通過する際に光のビームに当たり，蛍光色素で標識されている分子が細胞内または細胞上にあるかどうか，またはレーザー光と色素の波長特性に依存して，散乱光や場合によっては蛍光を発する．1対の光検出器が互いに90°の角度で配置されており，信号をとらえてその強さを測定できるようになっている．散乱光と蛍光の検出と解析によってそれぞれの細胞の情報が手に入る．ある細胞が検出部を通過すると，光が全方向に散乱される．前方散乱光検出器は励起光のビームから約20°までの散乱光を検知する．この信号の強さは細胞の大きさに比例する．側方散乱光検出器はビームから90°の位置に設置されており，細胞内の顆粒や内部構造の複雑さについての情報を得ることができる．細胞の顆粒性が大きいほど側方散乱光も大きくなる．[Abcam, Inc.のご厚意による，改変] (b) 核のDNA量はその細胞が細胞周期のどの段階にいるのかによって変化するので，細胞周期の解析に核DNA量のフローサイトメトリーを利用できる．ソラマメの根端分裂組織の細胞から単離した核を蛍光染色剤のDAPIで事前に染色し，核DNA量の分布を調べた．[Jaroslav Dolezel, Czech Academy of Sciencesのご厚意による，改変]

示すことなく何世代も休眠状態で存在し続ける．この後者の生活環が溶原サイクルである．このゲノムの組込み過程とその制御の詳細については，第21章を参照してほしい．

　細菌である大腸菌（*Escherichia coli*）は分子生物学の働き者とよんでいいだろう．実際のところ，DNA複製からタンパク質合成まで，基本的な生化学過程はほとんどすべて大腸菌で初めて解明されてきた．液体培養でも固形寒天の平板培地上でも，きわめて楽に増やすことができ，また代謝的にも非常に多彩で，この点では代謝制御の研究に大きく役立った．

　一般に出芽酵母，またはパン酵母とよばれる*Saccharomyces cerevisiae*は最も単純な真核生物といえるだろう．単細胞で，大容量での培養も簡単で，細菌ともっと複雑な真核生物の橋渡しの役割を担っている．酵母の遺伝学は徹底的に調べ上げられており，多くのノックアウト株が利用できる環境が整えられている．あるノックアウト株では，特定の遺伝子が組換えDNA技術を用いて不活性化されている（第5章参照）．そのようなノックアウト株を調べることで不活性化された遺伝子の生物学的機能の解明に役立つ．*S. cerevisiae*を用いた研究の一つの難点は，この生物が硬い外側の細胞壁をもつことであろう．この細胞壁のため，物質を細胞内に導入することが困難になる．分裂酵母（*Schizosaccharomyces pombe*）は遺伝学的には*S. cerevisiae*と似ているが，硬い外層をもたない．分裂酵母は出芽では

自由生活性の原始的で体節構造をもたない左右相称の形の線虫（*Caenorhabditis elegans*）は，Sydney Brennerによって分子生物学の分野に導入されたきわめて単純な生き物である．成体はわずか1090個の細胞で構成されており，それぞれの細胞の系譜が正確にわかっている（図2.12）．この点で線虫は発生学の研究にとって傑出した材料候補といえる．Sydney Brenner, Robert Horvitz, John Sulstonは，"器官発生とプログラム細胞死の遺伝的制御に関する発見"によって2002年にノーベル生理学・医学賞を受賞した．Andrew FireとCraig Melloは線虫における遺伝子発現の制御について研究し，RNA干渉（RNAi）とよばれる二本鎖のRNAによる遺伝子サイレンシングという新しい機構をみつけた．彼らはこの業績により，2006年のノーベル生理学・医学賞を受賞している．

キイロショウジョウバエ（*Drosophila melanogaster*）は，現代遺伝学の発展に大きく貢献した研究で使われてきた生物である．このMorganのミバエは飼育が簡単で，短期間に大量に増やすことができる．これに加えて，一般的な発生パターンに影響を与えるものも含めてきわめて大量の変異系統が利用できるので，いまだに有効なモデル生物であり続けている．胚もまた，特に生化学研究において利用されている．

小さなゼブラフィッシュ（*Danio rerio*）は飼育が簡単で繁殖力がとても強く，脊椎動物の便利なモデル生物として役立っている．特に魅力的なのは，胚が透明なので生きたまま胚の内部器官の発生を観察できる点である．

アフリカツメガエル（*Xenopus laevis*）は卵が大きく大量に手に入るので，注入実験などが行いやすい利点をもつ．この材料を使えば何千という数の胚をすぐに手に入れることができる．欠点は四倍体であることと，性的に成熟するのに数年かかる点であろう．もう一種のツメガエル，*Xenopus tropicalis* は二倍体で，3カ月で性成熟するため遺伝学的研究にとって非常に魅力的である．

マウス（*Mus musculus*）は最も研究しやすい哺乳類であり，何世代もの研究者に利用されてきた．マウスとヒトの間には大きな進化的な隔たりが存在するが，マウスのゲノムの約85％がヒトと非常によく似ている．図7.13にマウスとヒトの染色体の詳細な比較を示してある．今では特定の遺伝的改変を行ったものも含めて，多くの純粋系統が簡単に手に入る．

Arabidopsis thaliana はシロイヌナズナとして知られている雑草である．栽培が簡単で，6週間以内で性的に成熟し，個体当たり約5000個の種子をつける．最も広く利用されている植物のモデル生物である．シロイヌナズナは第一にゲノムが小さく5対の染色体をもち，ゲノム全体の配列がわかっている．第二に，大量の変異系統，ゲノムリソースあるいはゲノムデータベースが準備されている．第三に，アグロバクテリウム（*Agrobacterium tumefaciens*）の使用（第5章参照）などの組換えDNA技術を用いて形質転換を容易に行うことができる．

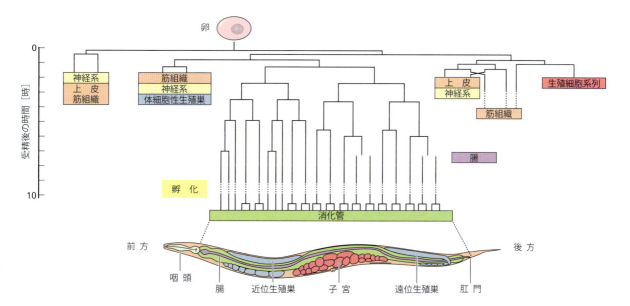

図2.12　線虫の腸を形成する細胞の系譜　腸の細胞は，生殖細胞と同様にある一つの祖先細胞の子孫のみで構成されている．たいていの他の組織の細胞はそうではないことに注目しよう．成体の全細胞に至る系譜図のほんの一部だけが示してある．［上：Alberts B, Johnson A, Lewis J et al. [2008] Molecular Biology of the Cell, 5th ed. より改変．Garland Science の許可を得て掲載．下：Sulston JE & Horvitz HR [1977] *Dev Biol* 56:110–156 より改変．Elsevier の許可を得て掲載］

重要な概念

- Gregor Mendel はエンドウを用いた実験によって遺伝学の基本法則を打立てた.
- メンデルの第一法則（分離の法則）とは，ある遺伝子の1対の対立遺伝子が配偶子に入る際互いに独立に分離する，というものである.
- 母親と父親からもたらされる二つの対立遺伝子が異なっている場合，一方は優性であり，雑種第一世代の子孫の表現型に現れる.
- メンデルの第二法則（独立の法則）とは，それぞれ1対の対立遺伝子によって決定されている2組の形質がある場合，それぞれ1対の対立遺伝子は互いに独立に配偶子に分配される，というものである. すなわち，遺伝子は連鎖していない.
- Thomas Hunt Morgan はミバエを使った実験で遺伝子は実際には連鎖している場合があることを明らかにした.
- 連鎖の程度は染色体上での遺伝子の位置が近いほど大きくなる. この観察から染色体の地図化が可能になった.
- 細菌とバクテリオファージを用いた実験，それに DNA の構造についての発見が加わり，現代の分子遺伝学が誕生するに至った.
- 分子生物学の発展においてはモデル生物を用いることが非常に有効であることがわかっている.

参考文献

成　書

Russell PJ (2005) iGenetics: A Molecular Approach, 2nd ed. Benjamin Cummings.

Sturtevant AH (2001) A History of Genetics. Cold Spring Harbor Laboratory Press.

総　説

Amaya E, Offield MF & Grainger RM (1998) Frog genetics: *Xenopus tropicalis* jumps into the future. *Trends Genet* 14:253–255.

Botstein D, Chervitz SA & Cherry M (1997) Yeast as a model organism. *Science* 277:1259–1260.

Bradley A (2002) Mining the mouse genome. *Nature* 420:512–514.

Brenner S (1974) The genetics of *Caenorhabditis elegans*. *Genetics* 77:71–94.

Brenner S (1974) New directions in molecular biology. *Nature* 248:785–787.

Delbrück M (1945) Experiments with bacterial viruses (bacteriophages). *Harvey Lect.* 41:161–187.

Goffeau A, Barrell BG, Bussey H et al. (1996) Life with 6000 genes. *Science* 274:546–567.

Harland RM & Grainger RM (2011) *Xenopus* research: Metamorphosed by genetics and genomics. *Trends Genet* 27:507–515.

Herskowitz I (1988) Life cycle of the budding yeast *Saccharomyces cerevisiae*. *Microbiol Rev* 52:536–553.

Lederberg J (1946) Studies in bacterial genetics. *J Bacteriol* 52:503.

Lederberg J (1948) Problems in microbial genetics. *Heredity* 2:145–198.

Luria SE (1966) The comparative anatomy of a gene. *Harvey Lect.* 60:155–171.

Meinke DW, Cherry JM, Dean C et al. (1998) *Arabidopsis thaliana*: A model plant for genome analysis. *Science* 282:662–682.

Mitchison JM (1990) My favourite cell: The fission yeast, *Schizosaccharomyces pombe*. *Bioessays* 12:189–191.

Otto SP (2008) Sexual reproduction and the evolution of sex. *Nature Education* 1:182.

Sawin KE (2009) Cell cycle: Cell division brought down to size. *Nature* 459:782–783.

Visconti N & Delbruck M (1953) The mechanism of genetic recombination in phage. *Genetics* 38:5–33.

Wallingford JB, Liu KJ & Zheng Y (2010) *Xenopus*. *Curr Biol* 20:R263–R264.

Zhaxybayeva O & Doolittle WF (2011) Lateral gene transfer. *Curr Biol* 21:R242–R246.

Zhimulev IF, Belyaeva ES, Semeshin VF et al. (2004) Polytene chromosomes: 70 years of genetic research. *Int Rev Cytol* 241:203–275.

実験に関する論文

Adams MD, Celniker SE, Holt RA et al. (2000) The genome sequence of *Drosophila melanogaster*. *Science* 287:2185–2195.

Blattner FR, Plunkett G III, Bloch CA et al. (1997) The complete genome sequence of *Escherichia coli* K-12. *Science* 277:1453–1462.

Evans MJ & Kaufman MH (1981) Establishment in culture of pluripotential cells from mouse embryos. *Nature* 292:154–156.

Hellsten U, Harland RM, Gilchrist MJ et al. (2010) The genome of the Western clawed frog *Xenopus tropicalis*. *Science* 328:633–636.

Lederberg J & Tatum EL (1946) Gene recombination in *Escherichia coli*. *Nature* 158:558.

Longo VD, Shadel GS, Kaeberlein M & Kennedy B (2012) Replicative and chronological aging in *Saccharomyces cerevisiae*. *Cell Metab* 16:18–31.

Morgan TH (1910) Sex limited inheritance in *Drosophila*. *Science* 32:120–122.

Mouse Genome Sequencing Consortium (2002) Initial sequencing and comparative analysis of the mouse genome. *Nature* 420:520–562.

Sturtevant AH (1913) The linear arrangement of six sex-linked factors in *Drosophila*, as shown by their mode of association. *J Exp Zool* 14:43–59.

Timmons L, Tabara H, Mello CC & Fire AZ (2003) Inducible systemic RNA silencing in *Caenorhabditis elegans*. *Mol Biol Cell* 14:2972–2983.

White RM, Sessa A, Burke C et al. (2008) Transparent adult zebrafish as a tool for *in vivo* transplantation analysis. *Cell Stem Cell* 2:183–189.

3 タンパク質

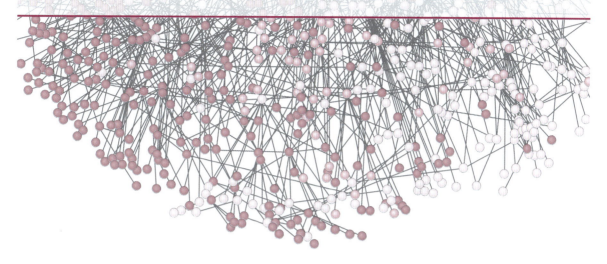

3.1 はじめに

タンパク質は大きさ，構造，機能が多岐にわたる高分子である

図 1.1 の細胞のイメージに示されているように，高分子の一つであるタンパク質は細胞内のいたる所に存在する．この章でみていくように，タンパク質はきわめて多様な要素から構成されており，構造と機能のうえで非常に多様な働きをしており（表 3.1），生物学において特に広く研究されている．タンパク質は細胞において最も多岐にわたり，そして最も重要な分子である．

すべてのタンパク質は大きい分子である．その中でも大きいものは数百万ドルトン（Da，^{12}C の質量の 1/12）にもなる．いくつかのタンパク質は繊維状で高度に伸びており，おもに構造的な役割を果たす．同様に，足場タンパク質は相互連結能をもつ周囲のタンパク質と結合し，それらを固定している．大多数のよりコンパクトなタンパク質には細胞内と細胞間のシグナル伝達として働くもの，小さい分子の輸送体として働くもの，細胞内の調節因子として働くもの，酵素などが含まれる．酵素は生きている細胞や生物の代謝や増殖の中で起きる多様な化学反応をつかさどる触媒である．

タンパク質はすべての生物の構造と機能に必須である

典型的なヒトの細胞は細胞当たり 20000 種類以上から成る約 1 億個のタンパク質分子をもっていると推定されている．このうちいくつかのタンパク質は細胞内に数分子存在するだけである．他方，細胞内に数百万分子が存在するタンパク質もある．このような莫大な数の複雑なタンパク質分子をつくる指令は，生物のすべての細胞において DNA によって行われている．DNA がタンパク質分子作成のための情報を伝える経路，それぞれの細胞においてどのタンパク質を作成するのかを指令する方法，そしてそれらの情報が細胞から細胞へ，さらに世代から世代にどのようにして伝えられるかは分子生物学の主要な焦点であり，本書の主題でもある．タンパク質は DNA に蓄えられた情報の唯一の最終生成物ではないが，最終生成物の一つであり，細胞にとって不可欠なものである．そのため，どのようにしてタンパク質がつくられ，そしてどのようにしてタンパク質がその構造を使うのかを明らかにすることから始めることが重要である．

3.2 タンパク質の構造

アミノ酸はタンパク質の構成要素である

タンパク質は α-アミノ酸単量体が重合したものである．α-アミノ酸の一般的な特徴を図 3.1 に示す．これらはアミノ基がカルボキシ基の隣にある α 炭素（C_α）に結合している．すべての**アミノ酸**（amino acid）はこの構造を核にもつ C_α に結合している．側鎖の R 基はアミノ酸により異なっている．プロリンは環状の側鎖構造をもつアミノ酸である．グリシンは側鎖 R が水素原子だけであり，C_α が中心の対称構造をとっているまれなアミノ酸である．グリシン以外のアミノ酸の C_α は非対称構造をとっている立体異性体であり，D 形と L 形が存在する（図 3.1 参照）．いくつかの D 形は生細胞に存在するものの，L 形のみが天然のタンパク質に存在する．なぜ，自然は L 形のみを使ってタンパク質をつくるのかは謎である．

DNA がコードし，すべての生物を形作る 20 種類の標準アミノ酸の構造を図 3.2 に示す．最近，セレノシステイン

表 3.1 タンパク質の主要な機能

グループ	機能	構造的な特徴	例
酵素	多くは高い特異性とずば抜けた効率により 4000 以上の生化学的反応を触媒する	基質と直接結合する活性部位は数アミノ酸しかもたず、一般的にはわずか 3～4 アミノ酸が直接的な触媒作用を行う	エネルギー生産に関わる酵素、遺伝情報の維持と伝達に関わる酵素、消化酵素
構造タンパク質	細胞内の構造を組織化する。細胞外で細胞や組織を機械的に支持する	多くは複数のサブユニットから構成されており、個々のサブユニットは相互作用し繊維を形成する	細胞内部でチューブリンは微小管を形成する。アクチンはアクチン繊維を形成し、細胞膜を支持する。核内においてヒストンは DNA が包む八量体のコアを形成しヌクレオソームとよばれる構造を形成する。細胞外で機能するタンパク質であるコラーゲンとエラスチンは腱や靭帯中の繊維を形成する
足場タンパク質	シグナル伝達または触媒において一連の役割を担っているタンパク質群をまとめて支持する	マルチドメインをもっている。明らかに別途に進化した多くのタイプがある	足場タンパク質は酵母がフェロモンを感知するシグナル伝達経路に必須である。Hsp70 と Hsp90 は連続的なタンパク質の折りたたみを調節する
輸送タンパク質	低分子やイオンを輸送する。膜に埋込まれており、物質の膜透過を行う	一般的に結合部位のコンホメーション変化により輸送分子や輸送イオンが結合する	血流のアルブミンは脂質を運ぶ。赤血球のヘモグロビンは酸素を運ぶ。トランスフェリンは鉄を運ぶ。カルシウムポンプは筋肉細胞に Ca^{2+} を運び、筋収縮をひき起こす
モータータンパク質	細胞小器官や物質を輸送したり巨大分子を合成するため、タンパク質繊維に沿って動く、または核酸分子を動かす	一般的に分子モーターは ATP の加水分解エネルギーを使うATPアーゼであるが、他のヌクレオシド三リン酸の分解エネルギーを使うものもある。エネルギーを使い分子の線路に沿って運動するか積荷を輸送する	筋肉細胞中のミオシンはアクチン繊維上で滑り運動をすることにより筋収縮を起こす。キネシンは微小管に沿って動き、細胞小器官や物質の細胞内輸送を行う。ダイニンは繊毛や鞭毛の波打運動や回転運動を行う。DNA ポリメラーゼと RNA ポリメラーゼは DNA もしくは RNA 合成過程において DNA 鎖に沿って動く
貯蔵タンパク質	小分子やイオンをある種の細胞に貯蔵したり、タンパク質合成のためのアミノ酸の倉庫として働く	多くは酵素と似ており、多数の結合部位をもつ。しかし、酵素と違い触媒機能はない	フェリチンは肝臓細胞において鉄を貯蔵する。トリの卵白にあるオボアルブミンと哺乳類の乳汁の中にあるカゼインは胎児や新生児のためのアミノ酸の供給源である。植物の種子にある胚乳タンパク質は出芽、発生する胚の栄養となる
シグナル伝達タンパク質	細胞間および細胞内における情報伝達	多くは細胞表面または細胞内構造に非常に特異的。天然変性タンパク質クラスに属する	ホルモンと増殖因子は血流中を循環し、細胞型や組織の機能を調整する。インスリンは血中グルコース濃度を調節している。上皮増殖因子は上皮細胞の増殖と分裂を刺激する
受容体タンパク質	通常、膜タンパク質として存在し、（環境や発生における）シグナルを感知して、その情報を細胞内に伝え、適切な細胞応答をひき起こす	通常、シグナルに応答して細胞膜で二量体になる	網膜のロドプシンは光を感知する。インスリン受容体は相互作用することによってグルコースに対する細胞応答を媒介する
調節タンパク質	DNA や転写装置のタンパク質に結合することにより転写など多くの反応を調節する。翻訳装置の成分に結合することにより翻訳を調節する	通常、DNA、RNA、タンパク質などの標的因子の結合部位と調節因子の結合部位の両方をもっている	細菌のラクトースリプレッサーはラクトース利用に必要な酵素をコードする DNA 領域に結合する。多数の真核生物の転写因子は環境や発生におけるシグナルに応答して特定の遺伝子を活性化する。タンパク質の合成後、修飾を入れたり修飾を除去したりしてタンパク質機能を調節する酵素
さまざまな機能をもつ非常に特殊化したタンパク質	生物や環境に依存した非常に多様な機能	多くは特殊なアミノ酸やアミノ酸修飾をもつ	氷結環境に住む生物に存在する凍結防止タンパク質。高温や乾燥に対処するためのストレスタンパク質。海洋生物が岩に付着するための接着タンパク質。抗体など他の生物からの防御機能に使用されるタンパク質

3.2 タンパク質の構造

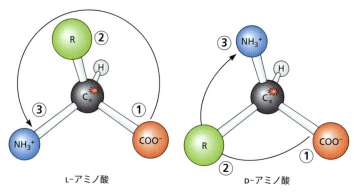

図 3.1　α-アミノ酸の化学的構造　Rはアミノ酸に特異的な化学基を示す．非対称の炭素原子は4原子価をもっており四つの異なる基と結合している．ここで✹で示したキラル中心として知られるような原子をもつ分子は偏光面をさまざまな方向に回転させるような光学活性を示す．C-O-R-N法：水素原子をキラル中心の背面に置き，COOH基，R基，NH₂基の順に数えていく．これらの基の順番が反時計回りだとしたらこの分子はL形の立体異性体で，時計回りだとしたらD形の立体異性体である．タンパク質はL形アミノ酸のみを含むが，生物にはD形アミノ酸も存在する．たとえば，D-アラニンは細菌の細胞壁の構成要素である．

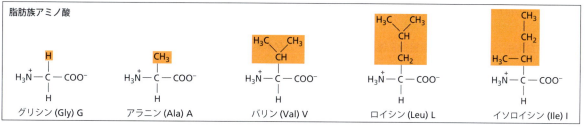

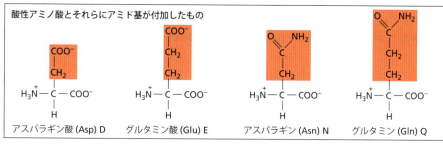
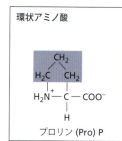

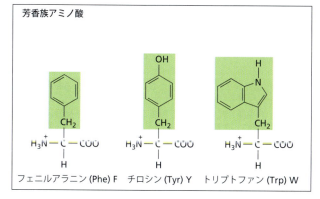
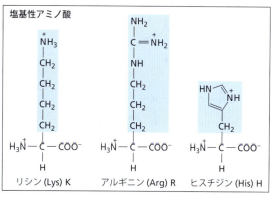

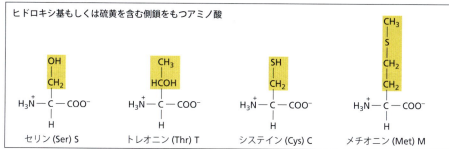

図 3.2　タンパク質にみられる標準アミノ酸　アミノ酸は側鎖の化学特性によって分類される．それぞれのアミノ酸をフルネーム，3文字略号，1文字略号で示す．

とピロリシンも DNA がコードするアミノ酸であり，まれではあるがタンパク質に含まれることが示された．これら二つのまれなアミノ酸とタンパク質への組込みについては第 15 章で議論する．さまざまなアミノ酸側鎖の多様性は溶液環境，他のタンパク質，同じタンパク質内の他の側鎖などとの非常に多様な相互作用を可能にする．脂肪族や芳香族の側鎖もあり，これらは疎水性の傾向があるので，一般的にタンパク質分子の内部に包込まれている．酸性や塩基性の側鎖やグルタミンのようなカルボキシ基をもつ側鎖は親水性であり，タンパク質の周囲にある水との相互作用に適している．OH 基や SH 基のような特別な基をもつアミノ酸もある．全体的にみてアミノ酸側鎖の多様性はタンパク質分子の相互作用における非常に優れた道具となる．

タンパク質の中でアミノ酸は共有結合で連結してポリペプチドを形成する

アミノ酸同士をつなぎ合わせタンパク質の重合体をつくる結合は**ペプチド結合**（peptide bond）とよばれており，この重合体は**ポリペプチド**（polypeptide）とよばれている．これらの結合は二つの単量体の間で効果的に水分子を排除する過程で形成される（図 3.3 a）．しかし，実際の細胞内においてはこの反応はもっと複雑で間接的である．ポリペプチド鎖に残ったアミノ酸は**アミノ酸残基**（amino acid residue）とよばれる．この反応の逆の水付加によるペプチド結合開裂は**タンパク質分解**（proteolysis）とよばれており，これは**加水分解**（hydrolysis）の特殊な形，すなわち水付加による分解である．水溶液中でポリペプチドの加水分解は自然に起こるが，加水分解酵素による触媒がなければ遅い．したがって，細胞はアミノ酸からタンパク質をつくるために特別なエネルギー源を使う．加水分解が自然に起こることはまた，タンパク質が永久に存続しない理由となっている．

結合内の N と C のカルボキシ基の電子軌道の方向性のため，ペプチド結合は強固で，平面上にある（図 3.3 b）．しかし，C と C_α および C_α と N との間の結合の回転は比較的自由である．これにより長いポリペプチド鎖では大きな柔軟性と多くのコンホメーションが可能になる．

3.3 ポリペプチド鎖の中の構造の階層

タンパク質の一次構造はアミノ酸の特異的配列である

タンパク質は直線的なポリペプチドであり両端は区別できる（図 3.4）．一方の端は **N 末端**（N-terminus）とよばれ未反応の NH_2 基がある．反対の端は未反応の COOH 基

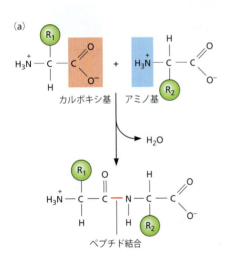

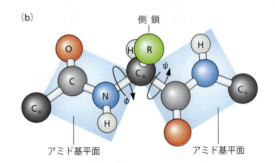

図 3.3　ペプチド結合　(a) ペプチド結合は二つのアミノ酸から水分子を除くことにより形成される．(b) ペプチド結合は平面であり固い．回転は $N-C_\alpha$ 結合（角度 ϕ）と $C_\alpha-C$ 結合（角度 ψ）だけにおいて可能である．ペプチド結合における原子団はシスとトランスの二つの配置をとりトランス配置は隣合った C_α 原子が離れて位置するので体積が大きい R 基の立体障害が避けられる．このためタンパク質内ではトランス配置をとっていることが多い．

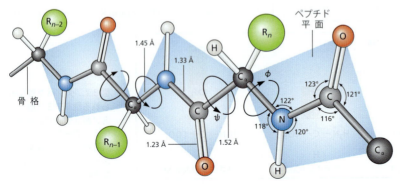

図 3.4　典型的なペプチド骨格の結合の長さと角度をもつ伸長したポリペプチド鎖　R_{n-2}，R_{n-1}，R_n は異なった側鎖を示している．[Petsko GA & Ringe D [2004] Protein Structure and Function より改変．Oxford University Press の許可を得て掲載]

3.3 ポリペプチド鎖の中の構造の階層

があり **C末端**（C-terminus）とよばれている．生理的な pH では，一般的にこれらは電荷を帯びて NH_3^+ と COO^- になる．タンパク質の顕著で非常に重要な特徴はそれぞれのタンパク質が明確で特異的なアミノ酸配列をもつことである．タンパク質の配列は伝統的に N 末端から C 末端に向かって，図 3.2 で示した 3 文字略号もしくは 1 文字略号を用いて書かれる．このアミノ酸残基の配列がタンパク質の**一次構造**（primary syructure）である．ヒトとマッコウクジラの筋肉のミオグロビンの一次構造を例として図 3.5 に示してある．数百万人のミオグロビンの遺伝子を集めたとしたら，まれに一つや数個のアミノ酸の多様性があるかもしれないが，ほとんどはまったく同じ配列であろう．反対に，他の動物種のミオグロビンは非常に異なった配列をしている．まったく別の機能をもつ異なるタンパク質同士は非常に違う配列をもっているであろう．しかし，違った生物種においてまったく異なった配列をもつタンパク質が同じ機能をもつ場合もある．ある種の原始的無脊椎動物のミオヘムエリシンがその例である．ミオヘムエリシンはミオグロビンと同様に酸素を組織に貯蔵する．しかし，その配列はミオグロビンとまったく違う．違った進化上の経路をたどりながら同じ機能に到達することはよくある．逆に非常に似た配列をもちながら，まったく違った機能をもつタンパク質もたくさん存在する．

わずか 153 アミノ酸だけもつミオグロビンは小さなタンパク質である．ほとんどのタンパク質は 200～300 アミノ酸をもち，いくつかは 4000 アミノ酸をもつほど大きい．可能なタンパク質数はほぼ無限である．すなわち理論的に考えると 200 アミノ酸残基の場合は 20^{200} の異なったポリペプチドが存在する．1920 年代におけるタンパク質は共有結合で結合した実に大きい分子であるという発見（Box

```
        1                              30
ヒ ト   GLSDGEWQLVLNVWGKVEADIPGHGQEVLI
クジラ  VLSEGEWQLVLHVWAKVEADVAGHGQDILI
        31                             60
ヒ ト   RLFKGHPETLEKFDKFKHLKSEDEMKASED
クジラ  RLFKSHPETLEKFDRFKHLKTEAEMKASED
        61                             90
ヒ ト   LKKHGATVLTALGGILKKKGHHEAEIKPLA
クジラ  LKKHGVTVLTALGAILKKKGHHEAELKPLA
        91                            120
ヒ ト   QSATKHKLIPVKYLEFISECIIQVLQSKHP
クジラ  QSATKHKLIPIKYLEFISEAIIHVLHSRHP
        121                      153
ヒ ト   GDFGADAQGAMNKALELFRKDMASNYKELGFQG
クジラ  GNFGADAQGAMNKALELFRKDIAAKYKELGYQG
```

図 3.5 二つの種（ヒトとマッコウクジラ）のミオグロビンのアミノ酸配列 1 文字略号を用いている．ポリペプチド鎖のアミノ酸番号は一般的に N 末端から始まる．ミオグロビンの配列はこの二つの種で非常によく保存されている．84% のアミノ酸は同一である．それ以外の 16 アミノ酸については同じ化学タイプのアミノ酸に置換されており（青の囲い）保存的といえる．赤文字で示されたわずか 9 アミノ酸だけが保存的でない．挿入や欠失はない．

Box 3.1 スベドベリ，超遠心，巨大タンパク質分子

1920 年代に生化学者は，タンパク質はポリペプチド鎖であると気づき始めた．しかし，その大きさがどれくらいかは明確な合意がなかった．この問題を調べるために，生物物理学者の Theodor Svedberg はまったく新しい種類の道具である分析用超遠心機を開発した．これは，単に高速遠心機に光学装置を取付けて沈殿する物質を観察できるようにしたものである．小さいタンパク質を調べるためには，分速 100000 回転に及ぶ非常に速い回転速度が必要であり，また観察にも巧みな設計が要求された．

この装置を使った初期の研究段階において，いくつかのタンパク質は非常に大きいことが明らかになった．それは誰もが予想していたよりずっと大きかった．沈降速度は沈降係数（s＝沈降速度/遠心力場の力）を用いて表される．s 値は秒の次元をもち，10^{-13} 秒は**スベドベリ単位**（Svedberg unit）とよばれ，S と略される．これによりおおよその分子の大きさがわかり，今日でも 20S 粒子のように，この単位を用いている．球状分子のとき S は近似的に下記のように表される．

$$s = \frac{M(1-\bar{v}\rho)}{6\pi\eta rN} \quad (3.1 式)$$

ここで，M は分子量，ρ は溶液密度，$\bar{v}$ は部分比容（1/タンパク質密度に近似），η は溶媒の粘度，r は粒子の半径，N はアボガドロ数（6.02×10^{23} 分子/モル）である．

Svedberg はいくつかのタンパク質の沈降係数は 100S の大きさをもつことを発見した．100S は分子質量にして数百万ドルトンに相当する．より正確な値は後に，タンパク質が逆拡散に対して平衡に達するまで低速で遠心を行う沈降平衡とよばれる技術を用いることによって得られた．これらの研究により，多くのタンパク質が巨大であることへの疑念が払拭された．これらの研究はまた，多くのタンパク質はそれぞれ分子量が均一であること，すなわち，あるタンパク質においてすべての分子は同じ大きさであることを疑いの余地なく示した．これはまた異なるタンパク質の配列は特異的であることも暗示している．

Svedberg は "分散系における研究" で 1926 年にノーベル化学賞を受賞している．Svedberg の先駆的な方法は現在では質量分析による測定に置き換わった（Box 3.9 参照），しかし，この方法は現在でもなお巨大分子の相互作用や四次構造の研究に用いられている．

3.1）は有機化学の小分子に慣れていた多くの科学者に衝撃を与えた．その後の，タンパク質は特異的な配列をもっているという発見はこれと同様，もしくはそれ以上の重要性をもっている．タンパク質の配列を明らかにするためにいくつかの独創的な方法が用いられてきたが，今日ではほとんどすべてのタンパク質の配列はそれをコードする遺伝子配列から推定されている．**ゲル電気泳動**（gel electrophoresis）は今でもタンパク質を解析するための一つの重要な技術である（Box 3.2，Box 3.3）．Box 3.4 はタンパク質を解析するに当たってのもう一つの広く使われているタンパク質と抗体分子との特異的な相互作用を利用した技術を示している．

タンパク質の二次構造は水素結合によって安定化された規則的な折りたたみ構造を伴う

ポリペプチド鎖は柔軟性が非常に大きいが（図3.4 参照），一方で二次構造，三次構造として知られている明確な折りたたみ階層構造もとりうる．これらの構造の安定化にはポリペプチド鎖の部分間に働く非共有結合性相互作用が必須である．その非共有結合性相互作用を表3.2 にまとめる．非共有結合性相互作用は共有結合より弱く，その中でもいちばん強いのは水素結合である．正に荷電した側鎖と負に荷電した側鎖の静電的相互作用もまた重要である．生理的 pH においては，アルギニンとリシン，そしてほとんどのヒスチジンは正に荷電しており，一方，アスパラギ

Box 3.2　電気泳動：一般的原理

　電気泳動（electrophoresis）は生体高分子の分析的分離において強力であり，広く使われている．現代の分子生物学はこの技術なしでは発展しなかったといっても過言ではない，そして今でも最も広く使われている方法であろう．電気泳動は多様な改変法がつくられ，タンパク質と核酸の分離に広く使われている．

　基本的な考えは非常に単純である．もし電荷をもっているタンパク質が電場に置かれたら，そのタンパク質には反対の電荷をもっている電極の方へ移動させる力が働く．電荷による駆動力が周囲の溶媒からの抵抗力と拮抗するまで速度は増大し，拮抗したときに速度は一定となる．駆動力は ZeE で表される（Z は分子上の電荷，つまり e または＋か－の単位数，E は電場の力）．駆動力は fv である（v は速度，f はタンパク質分子の大きさや形によって決まる摩擦係数）．

　定常状態における移動速度においては，

$$fv = ZeE \quad または，\quad \frac{v}{E} = \frac{Ze}{f} \quad (3.2 式)$$

$$すなわち，\quad U = \frac{Ze}{f}$$

との関係が成り立つ．

　単位場当たりの速度は電気泳動移動度 U とよばれている．この定義は沈降係数で用いられている定義とよく似ている（Box 3.1 参照）．すなわち，どちらの速度も推進力とそれに伴う摩擦力の割合で決まってくる．現在では，一般的に絶対移動度（U_i）を測定せず，ある種のゲルマトリックスで急速に運動する小分子の色素分子との相対移動度（U_d）を測定する．要素 i の相対移動度は

$$U_{ri} = \frac{U_i}{U_d} \quad (3.3 式)$$

との関係が成り立つ．

　タンパク質分子が図1に示すような装置の中でゲルマトリックスを移動したときは，タンパク質分子は分離したバンドに分かれる．タンパク質分子のそれぞれの相対的移動度はそれぞれが色素バンドとの相対的な移動距離 d_i から計算できる．

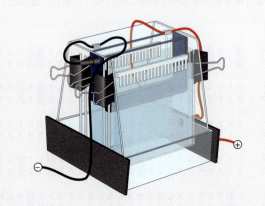

図1　垂直ポリアクリルアミドゲル電気泳動に使用する典型的な装置　ゲルは薄いプラスチックのスペーサーに挟まれた2枚のガラス板の間に入れ，2枚のゲル板は紙を留めるクリップで挟む．上部のコームは取外し，試料をウェルに入れる．

$$U_{ri} = \frac{d_i}{d_d} \quad (3.4 式)$$

　電気泳動をある種のゲルマトリックスで行うことは分析において面倒だけれども有益な要因をもたらす．ゲルはタンパク質の濃度と大きさに従って分ける"こし器"の役割をもつ．低分子は溶媒と同じぐらい簡単にゲルマトリックスを通り抜けるが，高分子や非対称分子は通り抜けが難しい．相対移動度の対数とゲルの濃度との関係について実験を行いグラフにすると，一般的に直線関係となる．そのようなグラフは**ファーガソンプロット**（Ferguson plot）として知られており，いくつかの異なった種類の分子についてBox 3.3 に示す．ゲル濃度が0の極限は単なる緩衝液で観察したときに対応し，移動度は Z と f だけで決まる．直線の傾きはタンパク質の大きさと形によって決まり，大きいタンパク質や非対称なタンパク質は勾配が急になる．このような一般的な原理はさまざまな生体高分子やさまざまな状況における多様な種類の分離にも適用される．

Box 3.3 電気泳動：タンパク質電気泳動の技術

未変性ゲル

最も簡単な電気泳動技術はタンパク質混合液を含んだ溶液を Box 3.2 に示したゲルの上にのせるだけのものである．ゲルにはタンパク質を天然の未変性状態に維持するための緩衝液が満たされているので，*in vivo* における重要な分子間相互作用を検出できる可能性がある．定量的な色素でゲルを染色し，バンドの濃さを測ることにより相対的なタンパク質濃度を測定することができる．未変性ゲルの欠点は実質的な分子情報が何もないことである．ファーガソンプロットはタンパク質の自由移動度を得るために使われるが（図1），その変数はタンパク質の電荷と大きさの両方によって決まる．さらにゲル濃度が異なればタンパク質の移動の順番が異なってくる．

SDS ゲル

ドデシル硫酸ナトリウム（SDS）などの界面活性剤はタンパク質の二次構造，三次構造，四次構造を破壊し，引き伸ばされたタンパク質を組入れた長いミセルをつくる．ミセルの大きさはタンパク質の分子量で決まる．それぞれの界面活性剤は負電荷を一つもっており，結合した界面活性剤の数はタンパク質の長さに比例し，さらにタンパク質自身の電荷は通常はミセルの電荷に比べて無視できるので，ミセルの電荷はタンパク質の分子量に比例することになる．このようにして SDS はミセル中のタンパク質の分子量に比例した電荷と大きさをもった粒子を摩擦係数により分離する．そのため 3.2 式により，すべての粒子はゲル濃度が 0 のときは同じ自由移動度をもつことになる．とはいえ，ファーガソンプロットは分子量とともに傾きが増大するので，分子量によって非常に異なったものになる（図1 c 参照）．このため，どんなゲル濃度のときでもタンパク質は分子量に従って分離する（図1 d 参照）．さらに，既知のタンパク質の混合物をゲル上にのせれば，それらは分子量の定規となるので，未知のタンパク質のおよその分子量を測定することが可能となる．

しかし，いくつかの情報がタンパク質の変性によって失われることに留意すべきである．ジスルフィド結合などの共有結合でつながっているものを除いて，多くのポリペプチド鎖からできている四次構造はタンパク質の変性によって破壊される．また，ジスルフィド結合については，結合を破壊する還元剤の存在下で繰返し実験することにより，調べることができる．

SDS ゲル電気泳動（SDS gel electrophoresis）は分子生物学において重要な手法であり続けたが，現在では，より正確でより多くの情報が得られる質量分析（MS）に急激に取って代わられている（Box 3.9 参照）．しかし，質量分析は高価で複雑な機器が必要であるのに対し，ゲル電気泳

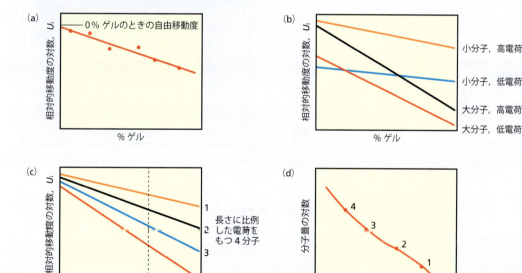

図1　ゲル電気泳動における分子移動　ファーガソンプロットはゲル基質濃度に対しての相対的対数移動度を表している．(a) 一つのタンパク質のファーガソンプロット．プロットを 0％ ゲルまで延ばすとその分子の理論的な自由移動度となる．(b) 大きさと電荷が違う四つのタンパク質のファーガソンプロット．自由運動は主として電荷によって決まる．しかし，直線の傾きは主として大きさによって決まる．(c) 分子の電荷が分子の長さに比例するときは自由運動はほぼ同じであるが，ゲルのふるい効果は分子が長くなるほど大きくなる（分子の番号は分子の長さおよび電荷の順）．(d) 所定のゲル濃度における分子量 M と移動度との関係．分子量既知の分子については所定のゲル濃度において分子量の対数を移動度に対してとると，対象の分子の分子量を決定する標準曲線を得ることができる．グラフは (c) の破線のゲル濃度の値からつくられた．点の番号は (c) の直線の番号に対応している．

動は簡単で費用が少ない方法であり，すべての研究室で行うことが可能である．

等電点電気泳動と二次元ゲル電気泳動

各タンパク質は酸性と塩基性の側鎖の特異的な配置をもっている．＋，－，もしくは0のそれぞれの荷電状態は溶液のpHによって決まり，pHを調整すれば荷電状態も変わる．＋と－の電荷がちょうど釣り合い，正味の電荷が0になるあるpHが存在する．このpHはそのタンパク質の**等電点**（isoelectric point）として知られている．pH勾配があるゲルをつくることにより等電点の違いでタンパク質を分画することが可能である．そのようなゲルではそれぞれのタンパク質は，分子に働く電気力がなくなる等電点のpHに集まる．

今日では等電点による分画法は**二次元ゲル電気泳動**（two-dimensional gel electrophoresis）と名付けられた非常に強力な手法の一環として広く使用される．図2に示しているように，タンパク質の混合物は最初にチューブもしくは細長い一片のゲル中で**等電点電気泳動**（isoelectric focusing）によって分離される．次にこれを平板のSDSゲルの上に置き，電気泳動を垂直方向に行う．ここでは，それぞれのタンパク質は分子量によって分かれる．このようにして，それぞれのタンパク質は平板ゲルにおいて，大きさと正負の相対的な荷電量の両方により決まってくるある地点に落ち着く．場合によっては細菌の全タンパク質を二次元電気泳動上のスポットとして示すことが可能である．さらに，二次元電気泳動ゲルからあるスポットを単離して高解像の質量分析に利用することも可能である（Box 3.9参照）．

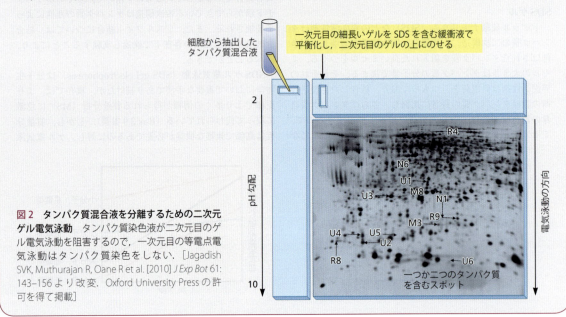

図2　タンパク質混合液を分離するための二次元ゲル電気泳動　タンパク質染色液が二次元目のゲル電気泳動を阻害するので，一次元目の等電点電気泳動はタンパク質染色をしない．[Jagadish SVK, Muthurajan R, Oane R et al. [2010] *J Exp Bot* 61: 143-156 より改変．Oxford University Press の許可を得て掲載]

表 3.2　タンパク質の二次，三次，四次構造を決める分子相互作用

相互作用の型	相互作用に関係するもの	典型的なアミノ酸側鎖	相互作用の範囲〔nm〕	注　釈
水素結合	水素供与体(D)と水素受容体(A)：(D)－H…(A)	アスパラギン，グルタミン，セリン，トレオニン，リシン，アルギニン，骨格のH−N，O＝C	約 0.3 nm（D−A）	非共有結合の中で最も強い
電荷-電荷相互作用	正と負に荷電した側鎖：…(＋)…(−)…	リシン(＋)，アルギニン(＋)，グルタミン酸(−)，アスパラギン酸(−)	0.5〜2.0 nm の"遠い"距離	(＋/−)により安定化，または(−/−, ＋/＋)により不安定化
ファンデルワールス相互作用	すべての分子と原子団．分子の中の電子の不均一分布から生じる	小さい脂肪族アミノ酸にとっては最も重要	約 0.3 nm	非常に近い距離では反発する
疎水性効果	疎水性側鎖をもっているすべてのアミノ酸	フェニルアラニン，ロイシン，イソロイシン	明確でない，アミノ酸が密に詰込まれる	疎水性アミノ酸はタンパク質分子の中で詰込まれ，水から隔離される

Box 3.4 免疫学的手法

高等生物がウイルス，細菌や他の異物による攻撃を受けたとき，免疫グロブリンまたは抗体とよばれるタンパク質分子を生産し，侵入抗原を無力化する．免疫応答については Box 21.6 に詳細に記述する．ここでは，侵入病原体により取込まれた特定の抗原に反応して生み出された抗体はその抗原に非常に特異的に，かつ非常に強い親和性で結合することを述べるにとどめる．これらの性質により，抗体は基礎研究と臨床診療のどちらにおいても有用な手段となっている．

抗体は多様な方法と多様な目的で使用される．酵素結合免疫吸着検定法（ELISA，図1）とウェスタンブロット法（図2）は抗体により試料中に存在する抗原を見つける手法である．さらに抗体は細胞内における特定抗原の局在を明らかにするために使われる．

タンパク質混合液を最初に SDS 電気泳動にかけたとしたら，タンパク質は変性し，いくつかの抗原は失われる可能性があることに留意する必要がある（免疫応答をひき起こす抗原決定基のさまざまな型の定義については Box 21.6 を参照）．ある特定の場合においては，電気泳動を非変性状態で行う必要がある．血液試料におけるヒト免疫不全ウイルス（HIV）の抗原の検出の例を Box 5.6 に示す．

細胞や核の抽出物や体液など，数千の異なったタンパク質分子を含む生物試料の混合物から特定のタンパク質を精製するために抗体を用いることができる．この方法は**免疫沈降**（**IP**；immunoprecipitation）として知られている．最近の IP においては，抗原抗体複合体の精製を容易にするために，抗体はある種の個体基質に連結されている（図3）．IP の有用な発展型である**共免疫沈降**（**co-IP**；co-

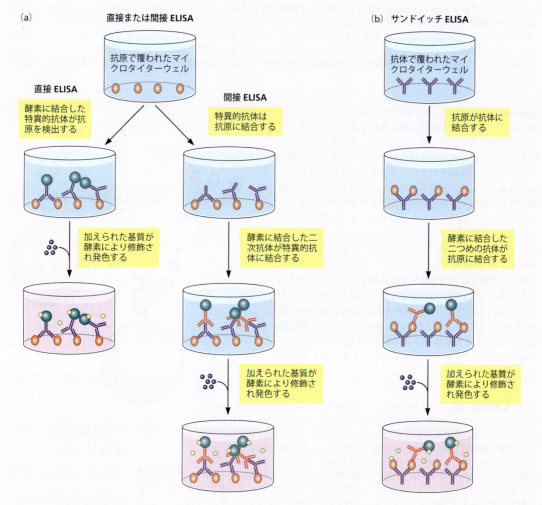

図1 ELISA ELISA は 96 穴のマイクロタイタープレートを使い 96 の反応を同時に行うことができる．検定の最終的な読出しは目に見える色であり，それは ELISA の読取り機器で自動的に定量される．マイクロタイターウェルの壁に結合させた分子が抗原か抗体かの違いにより，二つの主要な検定である（a）直接または間接 ELISA，（b）サンドイッチ ELISA に分かれる．

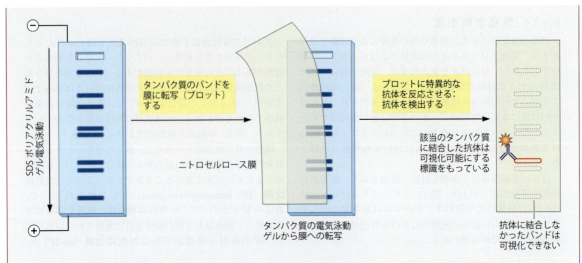

図2　イムノブロット法（ウェスタンブロット法としても知られている）　ウェスタンブロット法という名前は核酸を電気泳動ゲルから膜に転写する技術で，Edwin Southern によって開発され命名されたサザンブロット法の名前を真似たものである．もしタンパク質混合液を最初に SDS 電気泳動にかけたなら，タンパク質は変性し，いくつかの抗原結合能が失われる可能性があることに留意する必要ある．免疫応答をひき起こす抗原決定基の型の定義については Box 21.6 を参照．いくつかの特別な場合においては電気泳動は非変性条件で行う必要がある．血液試料中の HIV 抗原検出のイムノブロット法の例は Box 5.6 に示してある．

immunoprecipitation），またはプルダウンアッセイとして知られている方法は試料混合物に存在するタンパク質やタンパク質複合体を検出する．なぜなら，複合体に存在する構成因子の一つのタンパク質の免疫沈降により，複合体に存在する他の構成因子のタンパク質も捕獲され同定されるからである．もし，予想されるタンパク質パートナーの抗体が存在すれば，沈殿に存在するタンパク質の同定はウェスタンブロット法で行うことができる．また，電気泳動したゲルから精製したタンパク質バンドのアミノ酸配列を読むことによっても沈殿に存在するタンパク質の同定が可能である．co-IP の利点としては，タンパク質が自然な状態であり，生理的に適切な化学量論状態であることもあげられる．おもな欠点は，(i) 安定な相互作用のみ検出できること，(ii) 相互作用が直接的かそれとも複合体の他の構成因子を介しているのかがわからないこと，(iii) 細胞溶解に伴いさまざまな細胞小器官内の物質が混ざるので，in vivo では起こらない相互作用を検出するかもしれないこと，があげられる．

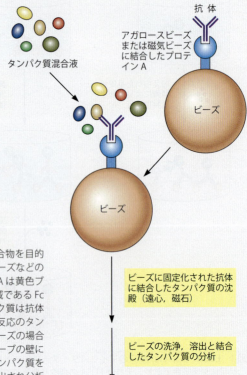

図3　免疫沈降（IP）　細胞溶解液もしくは体液中のタンパク質混合物を目的のタンパク質に対する特異的抗体と混合する．抗体は樹脂や磁気ビーズなどの固体支持体に固定させたプロテイン A に結合させる．プロテイン A は黄色ブドウ球菌の細胞壁で見つかったもので，免疫グロブリンの共通領域である Fc ドメインと結合することができる（Box 21.6 参照）．目的のタンパク質は抗体と結合し，ビーズ–プロテイン A–抗体–抗原の複合体は首尾よく未反応のタンパク質から分離させることができる．この分離工程はアガロースビーズの場合は単純な低速度遠心分離によって行われ，磁気ビーズの場合はチューブの壁に磁石を当てることによって行われる．沈殿した複合体は混入したタンパク質を除くために緩衝液で洗い，ついで，抗体に結合したタンパク質は溶出され分析に使われる．

ン酸とグルタミン酸は負の電荷をもっている．ファンデルワールス相互作用は双極子や電荷の変動などにより電気的に中性の分子がお互いに引き合うことをいう．

二次構造（secondary structure）という用語は，タンパク質鎖の中でポリペプチド鎖の骨格のアミド基の水素原子とカルボニル基の酸素原子の間の水素結合によって規則正しく折りたたまれた構造に当てられている．Box 3.5 で示されているように，Linus Pauling はペプチド基の平面性（図 3.3 b 参照）を満たし，最大数の水素結合を与えるいくつかの二次構造を提唱した．これらは実際のタンパク質の中で何度も確認された．最も重要な二次構造は図 3.6 に示されている α ヘリックス（α-helix）と β シート（β-sheet）である．α ヘリックス構造の中では，水素結合は α ヘリックスに沿ったアミノ酸残基の間で形成され，β シートの中では平行または逆平行のポリペプチド鎖の間で形成される．アミノ酸残基の側鎖は α ヘリックス，β シートの形成に直接には関与しないが，側鎖によっては立体障害により α ヘリックスか β シートのどちらかを好むことは

Box 3.5　Linus Pauling とタンパク質の構造

ポリペプチドとタンパク質の二次構造を支配している原理についての最初の明快な理解は，米国の著名な物理化学者の Linus Pauling の傑出した思考実験によりもたらされた．1950 年代の初め，Pauling はペーパークラフトと直感により限られた数の安定な二次構造が存在するに違いないと推論した．彼は以下の原理があるはずだと仮定した．

- 結合の角度と長さはアミノ酸とペプチドのX線構造で見いだされているものと一致しており，大きなゆがみはない．
- 二つの原子はファンデルワールス半径より近づくことができない（表 3.2 参照）．
- 小さいペプチドで観察されたように，それぞれのペプチド基は平面にありトランス配置をとる（図 3.3 参照）．これにより C-C$_\alpha$ 結合と N-C$_\alpha$ 結合のみ回転が可能となる．
- 全体の構造は安定化のために最大量の水素結合をとらなければならない．

Pauling と共同研究者はこれらのすべての条件を満たすほんの少数の鎖構造を見つけた．最も重要なものは α ヘリックスと β シートである（図 3.6 参照）．非常に驚くべきことに，Pauling の理論的仮定の正確性は球状タンパク質の最初のX線回折研究により立証された（Box 3.6 参照）．このX線回折は物理学者であり生化学者である Gopalasamudram Ramachandran によって考案されたグラフ式表現により示された．アミノ酸残基の φ/ψ 角の対がアミノ酸残基のコンホメーションを決定するので（図 3.3 b 参照），図 1 で示すように座標 φ と ψ を使ってグラフ上にコンホメーションを書き出せる．立体障害のためにすべての座標が可能というわけでなく，それは側鎖の種類にいくぶん依存する．ある特定のタンパク質のX線構造から個々の φ/ψ 角の対をグラフに書き入れると，ほとんどのタンパク質は Pauling が洞察していた右巻きの α ヘリックスか β 構造になる．Pauling は "化学結合の性質についての研究および，それを用いての複合体の構造解明の研究" により 1954 年にノーベル化学賞を受賞した（図 2）．

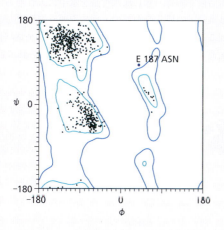

図 1　ラマチャンドランプロット　このプロットは DNA 複製に関与するクランプタンパク質であるヒトの PCNA のX線回折の研究からつくられたものである．グラフの内側と外側の等高線はそれぞれ積極的に支持されるコンホメーション範囲と単に立体制約上可能な範囲を示している．小さい点はタンパク質内の異なったアミノ酸残基における実際の φ/ψ 値の対を示している．その値は φ = −57°，ψ = −47° の近傍および φ = −129°，ψ = +125° の近傍の二つの領域に集中していることに注意．前者は Pauling が予見した右巻き α ヘリックスで，後者は Pauling が予言した二つの β シート構造の間の線を表している．[Jane Richardson, Duke University のご厚意による]

図 2　Julian Voss-Andreae による Linus Pauling の α ヘリックス　粉体塗装した鋼鉄，2004 年製，高さ 3 m．この彫刻はオレゴン州ポートランド 3945 SE Hawthorne Boulevard の Pauling が子ども時代を過ごした家の前にある [Julian Voss-Andreae, Wikimedia のご厚意による]

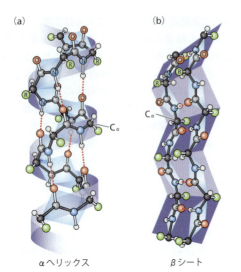

図 3.6　αヘリックスとβシート：タンパク質にみられる最も一般的な規則正しい二次構造　これら二つの構造は安定化した水素結合の形成方法が異なっている．(a) αヘリックスの中では水素結合はらせん状のペプチド鎖内に存在し，その方向はαヘリックスの軸とほぼ平行である．αヘリックス内のアミノ酸残基数は 3.6 アミノ酸/ヘリックス 1 回転であり，これを長さにすると 0.54 nm/ヘリックス 1 回転となる．(b) βシートの中では水素結合は空間的に隣合った鎖の間で形成される．これらの水素結合は折り返された同じポリペプチド鎖との間で形成されるか，同じサブユニット，つまり四次構造内の他のポリペプチド鎖との間で形成される．βシートの中では水素結合はポリペプチド鎖の方向に対しほぼ垂直に形成される．[(a), (b) Geis Archives, Howard Hughes Medical Institute Art Collection のご厚意による，改変]

ある．これについては Box 3.5 で示すようにグラフ上でラマンチャンドランプロットを行うと明瞭になる．

それぞれのタンパク質は固有の三次元の三次構造をもっている

タンパク質の機能を決定する最も重要な要因は次のレベルの折りたたみである**三次構造**（tertiary structure）である．明確な二次構造を含むポリペプチド鎖全体は固有の三次構造に折りたたまれる．さまざまな配列により形成される三次構造はほぼ無限の多様性をもっている．いくつかの例を図 3.7 に示す．最近では，X線解析技術（Box 3.6）や多次元核磁気共鳴（Box 3.7）により三次構造を原子レベルまで決定することが可能になった．現在までに何千もの構造が決定され，タンパク質データバンクに公表されている．"そんなにたくさんの構造が可能なのに，個々のタンパク質はなぜ，固有の構造をもつのか"，は必然的に問われる質問である．

あるタンパク質がとる固有の構造は，おもに側鎖間および周囲の水との間の非共有結合性相互作用により決定される．これらの相互作用の特徴を表 3.2 に示した．疎水性アミノ酸残基は水から離れ，分子の中心部に詰込まれる傾向（疎水性効果として知られている）（図 3.8）があることも重要な要素である．疎水性効果はファンデルワールス相互作用のような実際の力ではなく，疎水性基が水の構造に及ぼす効果である．もし疎水性基を水中に入れたら，疎水性基は水分子の周りをかごのように取囲んで配置しようとする．ここで，疎水性基を水中から取出してタンパク質内部に配置させると，取込んだ水分子は解放されて自由にな

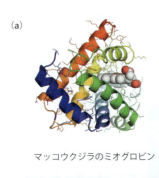

マッコウクジラのミオグロビン

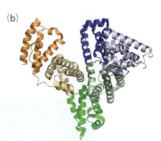

ヒトの血清アルブミン

図 3.7　さまざまなタンパク質構造　この図ではαヘリックスはらせんに，βシート構造は平行もしくは逆平行で二次構造を表記する慣例的なリボンモデルを使っている．細い線は単純に二次構造と定義されない領域である[(b) Chung-Eun, University of Hawaii at Manoa のご厚意による．(c) Research Collaboratory for Structural Bioinformatics のご厚意による]

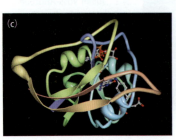

ジヒドロ葉酸レダクターゼ

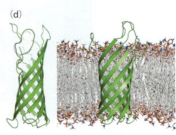

OmpA　　膜に埋込まれた OmpA

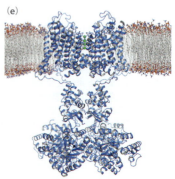

膜に埋込まれたカリウムチャネル

Box 3.6　Max Perutz，John Kendrew とタンパク質結晶技術の誕生

今日では膨大な数のタンパク質の詳細な構造が明らかになっており，それは半世紀前では想像できなかったレベルである．情報の大部分はタンパク質結晶からの X 線の回折の研究から得られた．1950 年には，その数十年前から知られていた X 線回折技術が小規模の構造を決定するために広く使用されていた．実際に，Pauling がタンパク質の二次構造のモデルに使用したアミノ酸構造のほとんどは X 線回折技術を用いた研究によるものである．しかし，Pauling 自身はタンパク質のような複雑な分子がこの技術で解明できることには疑問を呈していた．

これに関係することを簡単に理解するには以下の実験を考えればよい．非常に細かいメッシュワイヤのスクリーンをレーザーのようなビームの経路に置いたら，明るい点の長方形のパターンがスクリーンの後ろに観察できる．これはメッシュワイヤにあるさまざまな穴からの同位相の波が重なって増強された**回折パターン**（diffraction pattern）を示している．異なるスクリーンを使うと回折について多くの情報が得られる．たとえば，より細かいメッシュワイヤのスクリーンであれば，より広い間隔のスポットが得られる．すなわち，物体とその回折パターンには相互関係がある．もし，垂直方向よりも水平方向のメッシュの間隔が広ければ，パターンは水平方向よりも垂直方向の方が広くなる．実際に壁上のパターンの間隔は遮へい物の周期構造を推論するために使用できる（図 1.13 参照）．

すべての結晶は周期的構造であるが，タンパク質の結晶は上記のスクリーンと二つの点で異なっている．間隔は非常に小さく nm の範囲であることと，構造は三次元でありスクリーンのような二次元ではないことである．小さな間隔のため，回折パターンを得るために非常に短い波長の X 線の照射が必要となる．三次元構造の結晶は三次元において周期性があることを意味する．そこで結晶をいろいろな角度から見る必要がある．結局，タンパク質分子は非常に複雑なのである．

分子構造の詳細を得るためには，回折パターンの中で多くの，ときには何百ものスポットの位置と強さの両方を測定しなければならない．残念ながらこれだけでは不十分である．回折パターンは三次元格子からのものなので，異なるスポットは異なる位相の光線に対応している．強度は位相について何も伝えない．そしてまさにこの位相問題が何年もの間，進歩を妨げた．小分子の場合は構造上の既知の制約があるので構造の解明は可能となるが，そのような方法はタンパク質には絶望的であった．

1950 年代初めに，ケンブリッジ大学の Max Perutz と John Kendrew がこのような困難に直面していた．1953 年に Perutz が位相の問題を解決する方法を発見し，飛躍的進歩が起こった．結晶中のすべてのタンパク質の同じ位置に重金属イオンを挿入すると，異なるスポットの強度をさまざまな程度で乱すことになる．このような同形置換の一連の操作によりすべての位相を推測することができ，構造を解くことが可能となる．

最初のタンパク質結晶構造の発表は 1958 年の Kendrew のグループによるミオグロビンの低分解能 0.6 nm 構造である（図 1）．この分解能では詳細な構造はほとんど解かれなかったが，以前の推論から提案されていたものよりも構造は非常に複雑であり，規則的ではないことが明らかになった．高分解能の構造へと研究は進み，1960 年までには 0.25 nm の構造が発表された．これにより実際のタンパク質で初めてポーリングが予見した α ヘリックス構造が示された．

同じ年に Perutz と共同研究者は 0.55 nm 分解能のヘモグロビン結晶をつくった．これは，一つのヘモグロビンは四つのミオグロビン様のポリペプチド鎖が非共有結合で会合した構造をとっていることを示しており，はるかに野心的なプロジェクトであった．この結果はタンパク質がどのように会合して四次構造をとるのかを初めて示したものである．

Perutz と Kendrew は"球状タンパク質の構造研究"により 1962 年にノーベル化学賞を受賞した．

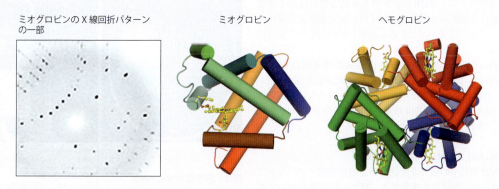

ミオグロビンの X 線回折パターンの一部　　ミオグロビン　　ヘモグロビン

図 1　X 線回折パターンと酸素結合タンパク質の構造　回折イメージは Max Perutz 研究室の Francis Crick の 1949～1950 年の研究から．［左：Thomas Splettstoesser, Wikimedia のご厚意による］

Box 3.7　生体高分子の核磁気共鳴研究

核磁気共鳴（NMR）はX線結晶解析の他に，高分子構造に関する詳細な情報を提供する第二の技術である．核磁気共鳴は ^1H, ^{13}C, ^{15}N, ^{31}P などの特定の原子核が小さな磁石のように振舞うので，外部磁場においては異なる配向をとることに基づいたものである．異なる配向はエネルギーがわずかに異なるので，適切なラジオ周波数（rf）エネルギーにより向きを操作することが可能となる．ラジオ周波数が適切なときには核は共鳴し，自分自身のラジオ波を放射する．たとえば，タンパク質または核酸中のほとんどすべての ^1H は分子内のその局所的環境により異なる共鳴周波数をもつ．これにより，試料のrfスペクトルを強い磁場中において走査すると，^1H スペクトルが得られる（図1）．これは多くの点で有用だが，スピン-スピン相互作用の発見によりNMRの真の力が発揮されることになった．

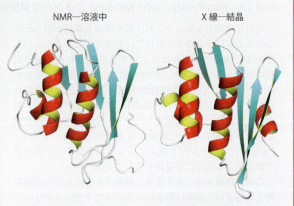

図2　NMR溶液中の構造とX線結晶構造の比較　HIV-1逆転写酵素のRNアーゼのHドメインをタンパク質ドメインの例として使用．N末端とC末端近くの構造にわずかな違いがあることに注意．X線結晶解析においては分子を結晶中に詰込むので，その影響によりこれらの違いが生じたと考えられる．

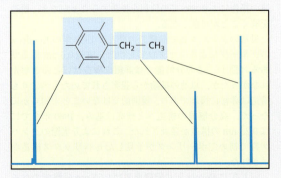

図1　^1H NMRスペクトルの実例　この溶液は単純な有機化合物であるエチルベンゼンを含む．シグナルの各グループは分子内のさまざまな部分における ^1H に対応する．

一つの核のスピン状態は近くにある別のスピンによってかき乱されうる．これにより，折りたたまれた分子内の核間距離のマッピングが可能となる．このような技術を用いることにより，タンパク質およびオリゴヌクレオチドの三次元構造をかなり正確に推定することが可能になった．図2に示すように，NMRの結果はX線結晶解析による結果に近い．NMRは天然のコンホメーションをとる溶液中で行うことができるので，X線結晶学と比較して大きな利点がある．

Richard Ernst は"高分解能核磁気共鳴分光法の開発への貢献"により1991年にノーベル化学賞を受賞した．Kurt Wüthrich は"溶液中の生体高分子の三次元構造を決定するための核磁気共鳴分光法の開発"により2002年にノーベル化学賞を受賞した．

医学におけるNMR：MRIとMRS

NMRの二つの強力な変法である磁気共鳴イメージング（MRI）および磁気共鳴分光法（MRS）は医学において幅広く応用されている．MRIの利点は完全に非侵襲的であり，有害な放射線を使用しないことである．MRIは水分子のプロトンスピンの位置を空間的に描くために磁気勾配を使用する．mm未満の解像度の画像をほとんどの軟組織から数秒で得ることができる．MRIは，腫瘍の局在，アルツハイマー病の検出，脳卒中追跡，スポーツ傷害評価，機能的心臓欠陥の評価などに役立つ．図3(a)は脳内の腫瘍を検出するためにMRIを使用した例を示す．

MRSは一つか複数の領域，またはボクセル（体積の要素）の位置特定のために磁気勾配を使用する．さらにMRSはボクセルからのスペクトル情報も保持し，それによって調査領域の代謝プロファイルを得ることができる．図3(b)に示す骨のMRSプロファイルは，線で結ばれた異なる色の点で示されている脂質の既知の化学構造，底部に示されているそれらのMRSスペクトル，MRSで得られる組成情報とを結び付けたものである．

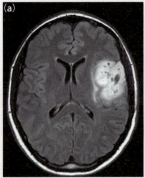 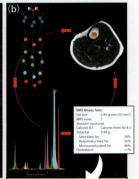

図3　医学におけるNMR　(a) 脳腫瘍のMRI，(b) 組織生検の脂質含量のMRS分析．[(a), (b) Ivan Dimitrov, University of Texas Southwestern のご厚意による]

(a)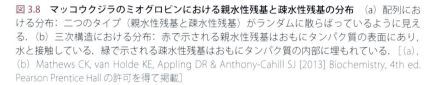

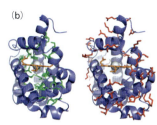

図 3.8 マッコウクジラのミオグロビンにおける親水性残基と疎水性残基の分布 (a) 配列における分布：二つのタイプ（親水性残基と疎水性残基）がランダムに散らばっているように見える．(b) 三次構造における分布：赤で示される親水性残基はおもにタンパク質の表面にあり，水と接触している．緑で示される疎水性残基はおもにタンパク質の内部に埋もれている．［(a), (b) Mathews CK, van Holde KE, Appling DR & Anthony-Cahill SJ [2013] Biochemistry, 4th ed. Pearson Prentice Hall の許可を得て掲載］

る．このような水分子を自由にすることに伴うエントロピーの増大が疎水性アミノ酸残基をタンパク質の内部に配置させる原動力となる．一方，親水性アミノ酸残基は水分子と接触するタンパク質の表面に配置する傾向がある（図3.8）．これらの相互作用の結果，一次構造，すなわちアミノ酸配列がそれぞれの分子の二次構造と三次構造を決定することになる．したがって，タンパク質構造の膨大な多様性は可能なアミノ酸配列の膨大な数を直接的に反映しているといえ，アミノ酸配列を決定しているすべての要因がタンパク質構造の多様性を決めているといえるだろう．今日ではそれぞれのタンパク質をコードする DNA 配列がタンパク質配列を決定することはわかっている．いくつかの場合においては，小分子や他の巨大分子との相互作用によりタンパク質の二次構造，三次構造は変わってくる．たとえば，**アロステリック調節因子（エフェクター）**（allosteric modulator (effector)）として知られているある種の小分子が結合したときのように，溶液のイオン組成によりタンパク質の構造が変わることがある（Box 3.8）．いわゆる**カメレオン配列**（chameleon sequence）では，特定配列の周囲の環境変化により異なった二次構造配置をとることがある．また，側鎖の化学的修飾もタンパク質のコンホメーション変化をひき起こしうる．しかし，タンパク質の構造がこれらの相互作用も決定するので，遺伝情報が最も重要な要素といえる．

ほとんどのタンパク質の三次構造は区別可能な折りたたまれたドメインに分割される

多くのタンパク質の三次構造を調べてみると，たいていは折りたたまれた**ドメイン**（domain）に分割可能であることが容易にわかる．ドメインの正確な定義についてはまだ議論の段階であるが，その一般的な見解はタンパク質内の他のドメインから独立して自動的に折りたたみ可能なタンパク質の単位のことをいう．ドメインはたいていの場合はコンパクトであり，明確な構造をもっていないポリペプチド鎖とつながっている．ドメインと他の部位との連結は金属イオンの結合や SH 側鎖の酸化により生じる共有結合であるジスルフィド結合によっても強化されることがあ

る．ドメインの長さは 25〜500 アミノ酸残基と多様である．多くのドメインはそれぞれ独立に進化し，後の進化でいくつかのドメインが連結し，特異的な機能性タンパク質になったと考えられる．ドメイン構造は一般的であり，知られているヒトのすべてのタンパク質のうち約 90 ％ が識別可能なドメインをもっている．

タンパク質の進化は比較的少数の型のドメインから始まり，その後の進化でドメインが連結し，今日みられるようなマルチドメインタンパク質になった．このことは，タンパク質の三次構造の特徴がアミノ酸配列より保存されていることや，アミノ酸配列だけでは明確でない進化的に遠いタンパク質間の関係を理解する手がかりになるだろう．いくつかの一般的なドメインの型を図3.9 に示す．ドメインは二次構造である α ヘリックスと β シート構造の組合わせにより大きく分類できることに注目すべきである．

特別の機能をもつ複数のドメインを組合わせて多くの仕事を行うことが可能になったタンパク質は非常に多い．その一つの例がエネルギー源としてグルコースを利用するときの鍵酵素であるピルビン酸キナーゼである（図 3.10 a）．このタンパク質は三つのドメインをもっており，一つはすべてが β 調節ドメインで，二つめは α/β ドメインである．α/β ドメインの一つはホスホエノールピルビン酸をピルビン酸にする脱リン酸反応を触媒し，他の一つはアデノシン二リン酸（ADP）を受取りアデノシン三リン酸（ATP）に変換する．この場合の調節はアロステリック調節であり，代謝産物のいくつかが調節ドメインに結合して触媒反応を修飾する．アロステリック調節の詳細な解説についてはBox 3.8 を参照のこと．

一つのドメイン型が連続するタンパク質も存在する．数百の免疫グロブリンドメインや免疫グロブリン様ドメイン（図3.9 参照）が繰返している巨大な筋肉タンパク質であるタイチン（図 3.10 b）のように，この形式は多くの場合，巨大なタンパク質をつくり上げるのに効率的である．免疫グロブリンドメインはもともとタイチンと機能的な共通性がない抗体の構造の中で名付けられたものであるので，このことはまたドメインの多様性も示している．進化は有用な構成要素であれば何でも見つけ次第利用する．

βカテニンのアルマジロリピートドメイン　　カドヘリンの膜貫通ドメイン　　免疫グロブリン様ドメイン

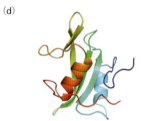

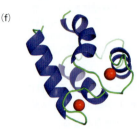

Src ホモロジー 2 ドメイン　　DED（デスエフェクタードメイン）　　EF ハンドモチーフ

図 3.9　個別に折りたたまれたタンパク質ドメインとその機能の代表的な例　(a) βカテニンはアルマジロリピートドメインの多数の繰返しにより構成されている．各アルマジロリピートは約 42 アミノ酸残基を含み，黄，青，緑で示される三つのヘリックスを形成し，三角形の断面をもつ形状に配置される．アルマジロリピートドメインの 12 の連続した繰返し構造は長くて正に荷電した溝を特徴とする超らせんを形成する．多くの異なるパートナータンパク質がリピートドメインの一部に結合する．βカテニンは接着タンパク質カドヘリンを細胞骨格に連結させ，細胞接着や遺伝子発現を変化させるシグナル伝達経路に関与する．適切なシグナルの存在下においてβカテニンは核に移動し，転写因子と相互作用して標的遺伝子を活性化する．(b) カドヘリンリピートはカルシウム依存性の細胞-細胞の接着に根本的な役割を果たすカドヘリンタンパク質にちなんで命名された．隣接する細胞はそれらの細胞表面上にあるカドヘリン分子の同種の結合を介して互いに接着する．典型的なカドヘリンは単一の膜貫通ドメインと複数の細胞外リピートによって形成されている．各カドヘリンリピートは水素結合によって強く結合した七つの逆平行β鎖を形成し，高度に保存されたカルシウム結合モチーフをもつ約 110 のアミノ酸残基から成り立っている．(c) 免疫グロブリン様ドメインは最初は免疫グロブリン内のドメインとして記されたが，その後多様なタンパク質に広く分布していることがわかった．逆平行β鎖の二つのβシートはサンドイッチ構造を形成する．そのサンドイッチ構造は内側の疎水性アミノ酸と高度に保存されたジスルフィド結合との相互作用によって安定化されている．免疫グロブリンスーパーファミリーは細胞表面抗原受容体，抗体，主要組織適合性複合体のような免疫系において機能するタンパク質，タイチンのような筋肉収縮において機能するタンパク質，細胞接着において機能するタンパク質などに含まれている．免疫グロブリンスーパーファミリーにはヒトで 765 以上のメンバーがあり，既知のタンパク質ファミリーの中で最も数が多い．(d) SH2 ドメインは大きなβシートとこれに隣接するオレンジ色と水色で示している二つのαヘリックスを含む．ヒトゲノムには 115 のタンパク質内に含まれる合計 120 の SH2 ドメインがコードされている．SH2 ドメインはリン酸化チロシンに結合し，シグナル伝達タンパク質に見いだされる．膜の受容体によって感知された細胞外シグナルはリン酸化チロシンという化学シグナルに変換される．これにより，一連の反応が開始され，最終的に遺伝子発現のパターンがさまざまに変化する．(e) デスエフェクタードメイン（DED）は DED-DED 相互作用によりタンパク質-タンパク質結合を可能にするタンパク質相互作用ドメインである．DED は 6 本のαヘリックスの束から構成されている．DED の二量体化はおもに静電的相互作用によって媒介される．DED タンパク質はタンパク質分解カスケードの活性化を介して生じるアポトーシス（プログラム細胞死）に関与している．これらのカスケードにおける主要な作用分子はカスパーゼであり，この不活性状態の前駆体は特定のアダプター分子による DED-DED 相互作用によって活性化される．FADD の DED の構造を示す．(f) EF ハンドモチーフは二つの垂直な 10〜12 残基のαヘリックスから構成されており，ヘリックス-ループ-ヘリックスとして単一のカルシウム結合部位を形成する．カルシウムイオンはループ領域内に含まれるアミノ酸残基と相互作用する．EF ハンドドメインは多くの場合，単一または複数の対で存在する．ここでは二つの対を示す．EF ハンドタンパク質の典型的な例はカルモジュリンであり，カルモジュリンはカルシウム結合に応答して多数の異なるタンパク質標的に結合し，制御することができる．

今ではアルゴリズムが配列既知のタンパク質ドメインの同定および分類のために使用されている

わずか数十年前においては，単一のタンパク質構造の解明は大きな挑戦であった（Box 3.5 参照）．今日においては既知のタンパク質構造の数は非常に多くなり，挑戦は機能と進化の観点から三次構造の多種多様性を理解することに移行している．構造的な構成要素および進化的変化の潜在的要素としてのドメインの重要性の認識が，ドメインの同定と分類における自動化および半自動化された方法の開発につながった．途切れたドメイン（図 3.10 参照），もしくは，密接に関連するドメインを同定することが非常に難しいため，これらの方法のどれも完全ではない．それにも関わらず，タンパク質の機能と進化を理解するための方法がもつ潜在的価値は否定できない．以下においては，そのような方法の一つである **CATH**（Class, Architecture, Topology or fold and Homologous superfamily）とよばれ

Box 3.8 アロステリック性

ほとんどのタンパク質および他の巨大分子は**リガンド**（ligand）とよばれる1種類以上の低分子を特異的に結合することができる．一つのリガンドの結合が別のリガンドの結合強度に正または負のいずれかの影響を及ぼすことが多い．この現象は**アロステリック性**（allostery）とよばれ，ギリシャ語の *allos*（他），*stereos*（空間）からきた言葉であり，これは生化学的調節の非常に一般的な様式である．アロステリック性は二つのクラスに分類することができる．ホモトロピックなアロステリック性においてはすべてのリガンドは同じである．その一例はヘモグロビンであり，各分子に四つのリガンドの酸素に対する結合部位をもつ．一つの酸素分子がヘモグロビンに結合すると同じヘモグロビン分子へのより多くの酸素分子の結合が促進される．一方，ヘテロトロピックなアロステリック性においては結合するリガンドが異なる．たとえば，多くの酵素分子の基質に対する親和性はエフェクター分子の結合によって調節される．いくつかの場合においては，長い代謝経路の最終生成物がその経路における最初の酵素をアロステリックに阻害する．これにより，すでに余分な生成物をためこんでいる細胞がさらに生成物をつくるという無駄な反応過程を行わなくてすむ．正および負のアロステリック調節はどちらも，細胞の反応過程にとって重要な調節機構である．両方の調節が同じタンパク質で起きることがある．たとえば，遺伝子の発現を調節するいくつかの転写因子は正と負のどちらの調節も受ける．

アロステリック性は分子レベルにおいてどのように機能しているのだろうか．簡潔化して，基質に対する結合部位をもち，さらにエフェクターのために第二の結合部位をもっている酵素を考えてみよう．エフェクター分子の結合が基質の結合が好都合になるようにタンパク質にコンホメーション変化をひき起こすと単純に推測することは魅力的である．しかし，最も成功した説明はこれとはわずかに異なるモデルである（図1）．アロステリックタンパク質

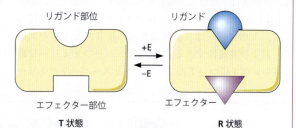

図1　アロステリック性の単純なモデル　タンパク質がR状態にあるとき，エフェクターおよびリガンド部位の両方の結合親和性は高くなることに注意．これは正のアロステリック性である．T状態がリガンドに対してより大きな親和性をもつ場合には，エフェクター（E）はR状態の形成を促進することによりリガンドに対する親和性を減少させる．Lacリプレッサーがこれにあたる．

はRおよびTとよばれる二つの異なるコンホメーションをもち，これらの二つの状態の間で振動することができると仮定されている．R状態は基質に対してより高い親和性をもち，したがってよりよい酵素機能をもつ．ここで，エフェクターが結合するとR状態をとりやすくなると仮定する．そうすると，エフェクターの存在下ではタンパク質はR状態をとる可能性がより高くなり，酵素活性はより高くなる．もちろん，他の場合ではエフェクターの結合によりT状態をとりやすくなる可能性もある．このとき，エフェクターはアロステリック阻害剤である．

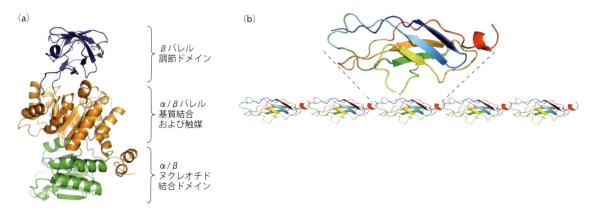

図3.10　異なるドメインまたは相互に関係した反復ドメインのいずれかを含むマルチドメインタンパク質の二つの例　(a) 三つのドメインをもつピルビン酸キナーゼ．中心のα/βバレルドメインは多くの異なる酵素に存在し，まったく無関係の反応を触媒する．空間的に近接しているが，隣接していないポリペプチド鎖の異なる領域により形成されており，そのため不連続ドメインとよばれている．βバレル調節ドメインは連続的であり，単一の伸びたポリペプチド鎖により形成されている．(b) 反復免疫グロブリン様ドメインから成る巨大筋タンパク質のタイチンの一部．これらの領域は筋繊維に弾性を与えると考えられている．[Wikimediaのご厚意による，改変]

る手法を説明する．CATH は半自動化された方法であり，人間の専門知識とドメインの手動によるクラス分けに強く依存する SCOP（Structural Classification of Proteins）の強力な競合相手である．

CATH はタンパク質ドメインを四つのレベルで分類する．クラスは主要な二次構造構成についてであり，α主体，β主体，α/β がある*1．アーキテクチャは全体の形状について，トポロジーは二次構造要素の折りたたみ，空間配置，および連続性である．相同スーパーファミリーは最も高いレベルについてのファミリーとスーパーファミリー

である（図 3.11）．図 3.12 に三つの主要タンパク質クラスにおけるドメイン構造の分布を示す．ドメインはタンパク質全体にどのように分布しているのだろうか．2005 年の包括的な研究において，150 種の生物の全ゲノム配列から成るデータベースを用いてこの問題を検討した．およそ 100 万個のタンパク質をコードする遺伝子が同定され，そのうち 850000 個が独特のドメインをもつ 50000 個のファミリーに分類された．残りはおもにどのファミリーにも属さない小さなタンパク質であった．CATH や同様のアルゴリズムを使用すると，ドメインの 80 % をたった 5000 の

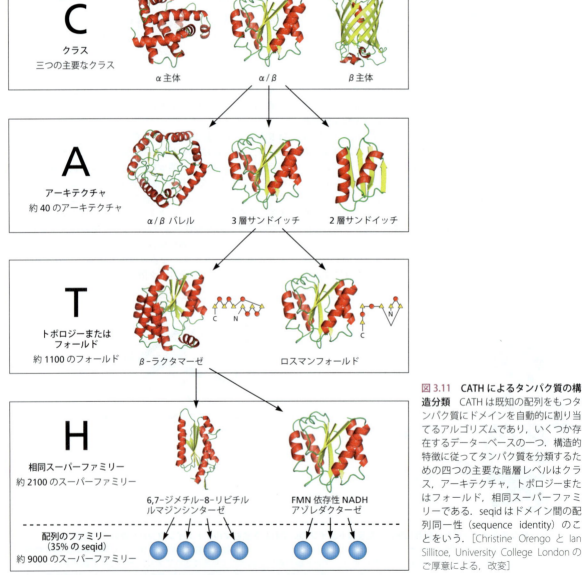

図 3.11 CATH によるタンパク質の構造分類 CATH は既知の配列をもつタンパク質にドメインを自動的に割り当てるアルゴリズムであり，いくつか存在するデータベースの一つ．構造的特徴に従ってタンパク質を分類するための四つの主要な階層レベルはクラス，アーキテクチャ，トポロジーまたはフォールド，相同スーパーファミリーである．seqid はドメイン間の配列同一性（sequence identity）のことをいう．[Christine Orengo と Ian Sillitoe, University College London のご厚意による，改変]

---

*1 訳者注：クラスには α 主体，α/β（α ヘリックス＋β シート），β 主体の三つ以外に二次構造僅少がある．

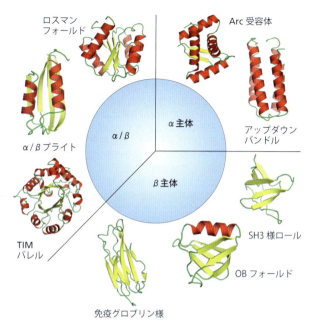

図3.12 CATHによるタンパク質の構造分類 三つの主要クラス間のドメイン構造の分布：α主体，β主体，α/βの各クラスの代表的な例．αヘリックスは赤で，βシートは黄で示されている．[Cuff AL, Sillitoe I, Lewis T et al. [2011] *Nucleic Acids Res* 39:D420–D426 より改変．Oxford University Press の許可を得て掲載]

ファミリーにグループ化でき，残りは新しいファミリーのカテゴリーに分類される．このように，比較的少数のドメインが非常に多様なタンパク質を構築するために使用されている．

次の段階は，我々がゲノムとしては同定しているが，タンパク質としてはまだ単離していない多くの配列からタンパク質機能を予測することである．残念なことに，非常に類似した配列のタンパク質からの類推を排除してタンパク質配列自体から三次構造を予測することはできない．しかし，既知のタンパク質三次構造間の類似性は，配列自体よりも機能および進化に対してより良いヒントを与える．

いくつかのドメインやタンパク質は本来無秩序である

簡単に結晶化可能なタンパク質のX線回折研究で顕著な初期の成功を収めた後，すべてのタンパク質がおそらく明確な二次および三次構造をもっていると考えられた．しかし，多様な機能のタンパク質がますます研究されるにつれて，状況がより複雑であることが明らかになった．研究者は結晶学的地図には現れなかったポリペプチド鎖中の領域に気づき始めた．これらの領域は標準型の二次構造をもたず，結晶学的地図で十分に定義されているループやターンなどのポリペプチド鎖領域とも異なっている．結晶学的地図上に見いだされない領域は，それらが結晶中でさまざ

3.3 ポリペプチド鎖の中の構造の階層

まな分子のコンホメーションをとる場合や，異なる時点で異なるコンホメーションをとるなど，可動性をもつポリペプチド鎖に対応している．これらは**天然変性タンパク質（領域）**（intrinsically disordered protein (region)）とよばれる．溶液中のタンパク質のそのような構造的特徴の証拠は，他の技術，特に高分解能NMR（Box 3.7 参照）からも得られる．多くのタンパク質の多くの部分が本質的に柔軟性をもつことが明らかになった．実際に，タンパク質分子全体が規則的な二次および三次構造をもたないランダムコイルのように挙動する事例がいくつかあり，しばしば天然変性タンパク質（IDタンパク質）とよばれる．自然な変性状態は，秩序立った構造と同じようにアミノ酸配列の結果であることを覚えておくことが重要である．IDタンパク質は多くの場合，低い疎水性と高い電荷の組合わせにより特徴付けられ，どちらも溶媒に溶けやすい．

IDタンパク質の高い柔軟性は複数の他のタンパク質との相互作用を促進すると考えられている．すなわち，多様なコンホメーションはさまざまなパートナーと適合することができる．図3.13に研究が進んでいるがん抑制タンパク質p53の例を示す．p53の変異は多くのヒト悪性腫瘍に関連している．p53は多数の生物学的経路に関与し，それぞれにおいて異なるパートナーと相互作用する．それを可能にする鍵は多くのコンホメーションをとりうるp53の無秩序なN末端部分およびC末端部分にある．p53の例は別の視点を示している．ほとんどのタンパク質の翻訳後修飾はこれらの天然変性領域で起こり，それによってタンパク質は特定のパートナーと結合できる．図3.14に，メチル化リシンと他の基を認識して反応することが知られているタンパク質の例を示す．ここでもまた，柔軟なペプチドが強い相互作用を促進する結合部位の形状に適合することが可能となる．

天然変性領域を機能的に使用する例は酵素においても見いだされており，そのような領域は，酵素がさまざまな類似の基質に適応できるという意味で天然変性が有益になっている．これが酵素の進化を促進したかもしれない．天然変性領域は触媒部位ではなく，調節部位に頻繁にみられる．これは，触媒反応は反応の遷移状態に相補的に対応するためかなり固い分子構造を必要とするのに対し，調節反応は多数の異なるエフェクターの結合を介し起こり，天然変性領域でも可能であるためと考えられる．

おそらく，定まった構造をとらないタンパク質領域の最も顕著な利用はシグナル伝達にある．そこではタンパク質は，シグナル伝達経路の一部としてさまざまな他のタンパク質と相互作用しなければならない．今日まで，構造ドメインをもっているシグナル伝達タンパク質-タンパク質相互作用は同定されていない．このように，明確なタンパク質構造が欠如した領域を使ってシグナル伝達および調節として働くタンパク質は膨大なクラスにわたって存在する．

48　　　　　　　　　　　　　　　　3. タンパク質

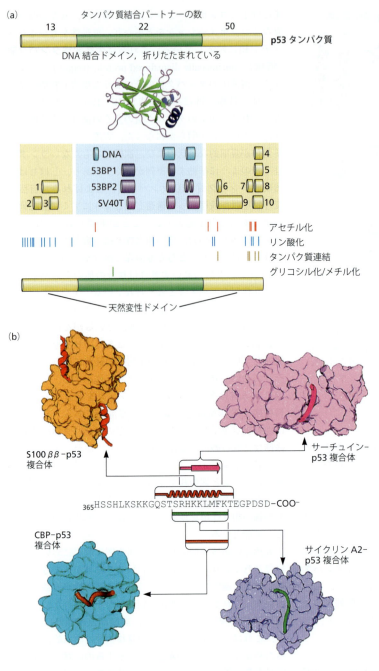

図 3.13　**がん抑制タンパク質 p53：構造領域と二つの天然変性ドメインの両方を含むタンパク質**　(a) p53 のドメイン構造と p53 のさまざまなドメインに結合するタンパク質パートナー．p53 のタンパク質パートナーの 70% 以上はポリペプチドの長さのわずか 29% しかない p53 の非折りたたみ領域と相互作用する．いくつかのタンパク質は DNA と同様に構造をとる DNA 結合ドメインと相互作用する．それぞれのパートナーと相互作用する p53 ポリペプチド鎖内のまさにその部分はさまざまの色の箱として描かれている．いくつかのパートナーは p53 の複数の領域と結合することに注目．箱に番号が付いたタンパク質は p53 と共結晶化されたものである．サイクリン A (4)，サーチュイン (5)，CBP (8)，S100ββ (10) との共結晶構造は(b)に示されている．翻訳後修飾部位は色を付けた縦棒で示されている．これらの部位の大部分は天然変性領域に位置している．[Dunker AK, Silman I, Uversky VN & Sussman JL [2008] *Curr Opin Struct Biol* 18:756–764 より改変．Elsevier の許可を得て掲載] (b) C 末端の天然変性領域の実験的に決定された X 線構造の比較．異なるパートナーと結合している赤と緑の天然変性領域は異なる構造をとっている．[Oldfield CJ, Meng J, Yang JY et al. [2008] *BMC Genomics* 9 (Suppl 1):S1 より改変．BioMed Central の許可を得て掲載]

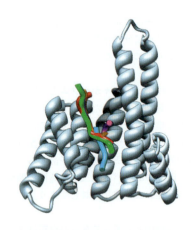

図 3.14　**さまざまな天然変性配列をもつタンパク質領域はその柔軟性により共通の結合部位として適応する**　タンパク質 14-3-3ζ の高度に構造化された結合ポケットに結合した五つの天然変性ペプチドの結晶構造．薄い青で示されるタンパク質はその天然変性領域を相互作用領域として使うことによりさまざまなタンパク質パートナーと結合する．緑はセロトニン N-アセチルトランスフェラーゼ由来のペプチド，紫はヒストン H3 示す．茶色，赤，濃い水色は 3 種の別のペプチドである．[Oldfield CJ, Meng J, Yang JY et al. [2008] *BMC Genomics* 9 (Suppl 1):S1. BioMed Central の許可を得て掲載]

四次構造はタンパク質分子間の会合を伴い，集合体構造を形成する

　多くのタンパク質は**四次構造**（quaternary structure）とよばれる第四段階のレベルの組織構成を示す．四次構造は個々のタンパク質分子間における非共有結合を伴うが，個々のタンパク質分子それぞれが多くのドメインをもっていることが明確な会合体を形成するために役立つと考えられる．これらは筋肉タンパク質アクチンのように球状タンパク質がつながった長い鎖の場合もある（図 3.15）．より一般的な例は少数の単量体ユニットが対称に配列したもので，ユニットはしばしば**プロトマー**（protomer）とよばれる．2, 4, 6 個のプロトマーの配列が一般的であるが，最大 48 単位

3.3 ポリペプチド鎖の中の構造の階層

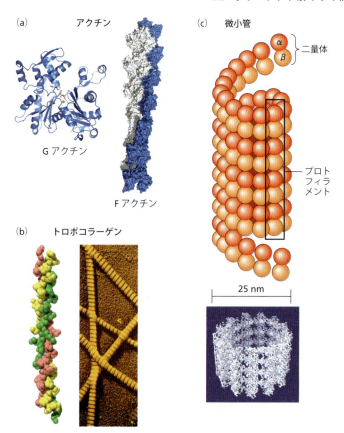

図 3.15 **タンパク質は同一または非同一サブユニットで繊維を形成することができる** (a) アクチン．単量体球状アクチン（G アクチン）とらせん重合体であるアクチン繊維（F アクチン）．G アクチンは球状の構造をしており，重合体は G アクチンが二本鎖らせん状に配置したものである．アクチン繊維の重合は ATP の G アクチンへの結合によりひき起こされる．このとき ATP 加水分解が起こるが，ADP はアクチン繊維に結合したままである．個々のサブユニット（G アクチン）は非対称性なので，それが重合したアクチン繊維（F アクチン）は極性をもつ．アクチン繊維の末端は重合速度の違いにより＋末端および－末端と定義されている．(b) コラーゲン繊維の基本単位であるトロポコラーゲンは約 1000 残基の長さのポリペプチド鎖 3 本から成るらせん構造をとっている．それぞれのポリペプチド鎖は約 3.3 残基/回転の左巻きらせんである．三つのポリペプチド鎖は右巻きらせん構造に絡み合い，水素結合により安定化される．この構造にはグリシン－プロリンとヒドロキシプロリンが繰返すアミノ酸配列が必須である．右のコラーゲン繊維の画像は原子間力顕微鏡によって撮影されたものである．[Mathews CK, van Holde KE, Appling DR & Anthony-Cahill SR [2012] Biochemistry, 4th ed. Pearson Prentice Hall の許可を得て掲載] (c) 微小管．中空の円筒構造．微小管軸に沿って αβ チューブリンヘテロ二量体が端と端で結合することによって αβ チューブリンが交互に繰返すプロトフィラメントを形成している．13 本のプロトフィラメントの互い違いの配置により円筒の壁はチューブリンヘテロ二量体のらせん配列となる．[下: Li H, DeRosier DJ, Nicholson WV et al. [2002] Structure 10:1317–1328. Elsevier の許可を得て掲載]

の配列も知られている．いくつかの例を図 3.16 に示す．四次構造は一般的にみられるタンパク質-タンパク質相互作用における特別なケースとみなすことができる．そのような相互作用は非常に安定していることがあり，その場合はいわゆる四次集合体，もしくはマルチサブユニットタンパク質を生じる．一方，一時的ではあるが，細胞のダイナミクスに不可欠な相互作用を生じることがある．相互作用のパターンがどれだけ複雑かについてはまさに今，バイオインフォマティクスの分野で認識されるようになってきたところである．

四次集合体は同種のプロトマーで構成されていることもあるし，数種類の異なるプロトマーで構成されていること

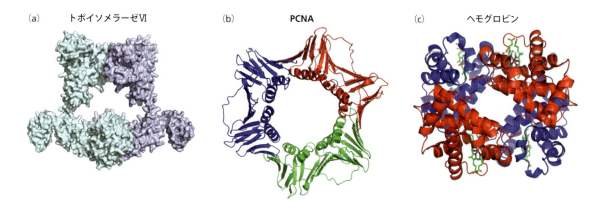

図 3.16 **四次構造が同一または非常に類似したサブユニットをもつタンパク質** (a) トポイソメラーゼ VI は二つの同一サブユニットを含むタンパク質の例である．(b) 増殖細胞核抗原（PCNA）は三つの同一のサブユニットによって形成される．(c) ヘモグロビンは二つの α サブユニットと二つの β サブユニットを含む．

もある．同種のプロトマーで構成されているときは，通常一つもしくは複数の対称軸をもったさまざまな点群対称性で配置される．図3.16(a) で示すトポイソメラーゼは2回対称性を示す．すなわち，ページ平面においた軸で分子を180°回転させてもまったく同じ像を生じる．図3.16(b) で示す増殖細胞核抗原（PCNA）は，ページの平面に垂直な軸に対して3回対称性を示す．図3.16(c) で示すヘモグロビンでは2種類のサブユニットはほぼ同じであるがまったく同一ではないため，疑似2回対称性をもつといわれている．

タンパク質が明確な四次構造をもつ理由が分子サイズそのものということは非常にまれである．四次構造に配置された場合，多くはタンパク質機能のアロステリック調節が促進される．ヘモグロビン（図3.16参照）と，ヘモグロビンプロトマーに非常に似ているミオグロビンとの違いを考えてみよう．ミオグロビンは酸素と結合するが，組織内においても酸素に結合したままである．他方，ヘモグロビンは酸素の結合と放出を協同的に行う．すなわち，ヘモグロビンの四次構造の一つのプロトマーに酸素が結合すると，同じ四次構造内の他のプロトマーも酸素との結合が促進される．このため，ヘモグロビンはミオグロビンよりも酸素の送達にはるかに適している．さらに，他のアロステリックエフェクターとヘモグロビンとの結合は酸素親和性を変化させ，さまざまな状況への適応を可能にする．アロステリック調節のより深い理解のためにはBox 3.8を読むこと．

いくつかの場合においては，四次構造はとても複雑で大規模となり，**多タンパク質複合体**（multiprotein complex）とよばれることがある．後の章においては，複雑な機能と調節を行うために十数種またはそれ以上の種類のプロトマーがグループ化された四次構造複合体を多数紹介する．そのような複合体はDNAの複製，DNAからRNAへの転写，タンパク質の合成などの基本的な細胞プロセスに関連していることが多い．このような複合体中のプロトマー型の多くはアロステリックエフェクターに結合し，複合体全体の機能を調節する．細胞はとどのつまり，分子の相互作用ネットワークそのものであることが近年ますます明らかになりつつある．多くの点において，四次構造とドメイン構造は分子の相互作用ネットワークという同じ目的のための補完的な手段となっている．しかし，四次集合体はさまざまな必要に応じて機能単位を交換できるという利点をもっている．

四次構造はタンパク質の二次および三次構造を安定化しているのと同じ種類の非共有結合性相互作用（表3.2参照）によって安定化されている．非共有結合性相互作用はプロトマーの表面上の特定のアミノ酸側鎖によるものなので，四次構造はプロトマー三次構造により，そして最終的にポリペプチド鎖の配列により決定されていることがわかる．

3.4　タンパク質はどのように折りたたまれるのか

折りたたみが問題になることがある

第16章に記述しているように，タンパク質は構造化されていないポリペプチド鎖として合成される．細胞にあるタンパク質合成装置そのものはタンパク質の高次構造の形成には寄与していない．タンパク質が完全に機能するためには，ポリペプチド鎖は適切な二次および三次構造に折りたたまれなければならず，場合によっては四次構造に組入れられなければならない．どのような機構で機能的な折りたたみが起こるかについて分子生物学者は長い間興味をもっていた．可能性のあるコンホメーションをランダムに試行する方法によっては正しい折りたたみは起こりえない．なぜなら，仮に各アミノ酸残基が二つの配向しかもたないとしても，100アミノ酸残基のポリペプチドは2^{100}通りのコンホメーションをもつからである．1回の試行をナノ秒の時間で行ったとしても数十億年もかかる．タンパク質それぞれは，折りたたむ方法を示す鋳型タンパク質をもっているのだろうか．そうだとしても，では，何が鋳型タンパク質を折りたたむのであろうか．

実際には，タンパク質の折りたたみはたいていは一次構造によって指示され，段階的に規則正しく進行する．これを**自己組織化原理**（self-assembly principle）とよぶ．変性によって折りたたまれていないタンパク質が機能的な構造，つまり天然の状態に自発的に戻ることを示す多くの実験がタンパク質の自己組織化の証拠となっている．図3.17(a) は小さい球状タンパク質であるリボヌクレアーゼの熱変性を示す古典的な実験である．溶液中のリボヌクレアーゼが40℃以上に加熱されると，明確な二次構造，三次構造，酵素活性のすべてが失われる．再冷却すると，これらの三つのすべてが回復したことが定量的なデータからわかった．さらに，さまざまな実験技術を用いたデータから，再冷却による回復は全か無の変化であることを示している．一方，中間温度では天然状態および変性状態が混在する．タンパク質構造を研究するためのさまざまな技術があるが，技術の違いにより，検知するタンパク質構造の領域や側面が異なってくる．タンパク質が段階的に折りたたまれているとき，ある段階の折りたたみ過程を追跡した実験は他の実験で追跡した異なる段階の折りたたみ過程とつなげることができる．図3.17(b) は異なる方法によって得られた曲線を重ね合わせたものである．このようにして，少なくともこの場合は折りたたみは数秒または数分で起こる高速の全か無の過程であることがわかる．

このような実験は，多くのタンパク質は他のタンパク質の補助なしにアミノ酸配列，そしてそれを指令するDNA遺伝子配列だけによって構造と機能を規定しうることを示した．天然の構造は自由エネルギーの最小値であり，生理学的条件における最も安定な状態を表している（図3.17

3.4 タンパク質はどのように折りたたまれるのか

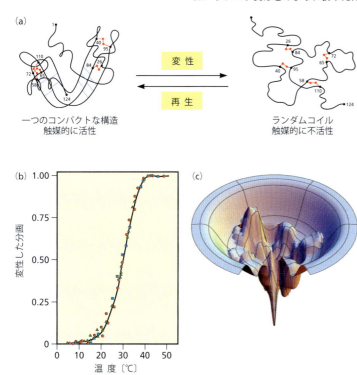

図3.17　タンパク質の折りたたみ　(a) リボヌクレアーゼAの熱変性．一定温度以上に加熱されると，高度に秩序化した触媒的に活性な構造から触媒的に不活性なランダムコイルにコンホメーションが変化する．ランダムコイルではポリペプチド鎖が伸びた状態で多数のコンホメーションの間を連続的に変動する．酵素が高温不活性化されたときにはジスルフィド結合は無傷のままであり，温度を下げるとより速く再生する．一方，他の変性処理のときにはジスルフィド結合の切断をもたらすことがあり，このときは再生が遅れる．もし変性に伴ってジスルフィド結合が減少したならば，再酸化により誤ったジスルフィド結合をもつ正しくない構造ができる．しかし，再酸化に先立つ変性剤の除去は正しい構造をもたらす．(b) さまざまな物理的方法がタンパク質のアンフォールディング（変性）とリフォールディング（再生）を研究するために使用されてきた．[(a), (b) Mathews CK, van Holde KE, Appling DR & Anthony-Cahill SJ [2012] Biochemistry, 4th ed より改変．Pearson Prentice Hall の許可を得て掲載] (c) タンパク質の仮想上の自由エネルギー地図．垂直軸は自由エネルギーを表し，x軸とy軸は異なるコンホメーションを表す．実際には約2^{100}次元が必要だが図示することは難しい．この地図は真の自由エネルギーの最小値が一つであることを示しており，これは最も安定した構造つまり天然状態である．そして理論的に，分子が一時的にとりうるわずかに異なるコンホメーションの多くの偽最小値が存在することを示している．[Dill KA & Chan HS [1997] Nat Struct Biol 4:10–19. Macmillan Publishers, Ltd. の許可を得て掲載]

c)．以上のことは分子生物学の基盤の一つともいえる非常に重要な原理である．この他に，タンパク質についていくつかの重要なことを付け加えなければならない．第一に，タンパク質は細胞内で合成された後，化学修飾を受ける可能性があるということである．このような翻訳後修飾は一般的に二つのタイプから構成されている．タンパク質の一部が特異的タンパク質分解によって切断されるものと，側鎖のアミノ酸残基が化学的に修飾されるものである．**表3.3** に重要な修飾のリストを示す．どのようにして修飾が行われ，修飾がどのように機能するかなどの詳細は第18章で述べる．そのような改変を特定して同定するための強力かつ非常に正確な道具は質量分析法（**Box 3.9**）である．翻訳後修飾はDNA配列によって直接指示されるものでは

ないが，影響は受ける．なぜなら修飾を受けるためには，正しいアミノ酸残基が正しい位置に配置されなければならないからである．さらに修飾は常に特別な酵素を必要とし，特別な酵素はDNAの支配を受ける．DNAは修飾に関しても最終決定権をもっているのである．

第二に，細胞の混雑した環境におけるタンパク質の折りたたみは，試験管の中での折りたたみと比べて間違いなく複雑で困難であるということである．タンパク質を含む他の細胞内分子との相互作用により正確な折りたたみが妨げられる可能性がある．あるいは，天然の状態とは異なった状態にタンパク質が捕捉されていることもある．これについて図3.17(c) に示した．自由エネルギー地図の中で最も深い点が天然の状態である．折りたたみの複雑な動的過程

表3.3　タンパク質の最も重要な合成後修飾

修飾の名前	付加物	場所	修飾の機能の例
アセチル化	アセチル基	リシン，N 末端アミノ酸	遺伝子制御におけるタンパク質認識
リン酸化	リン酸基	セリン，トレオニン，チロシン，ヒスチジン	酵素の活性化，シグナル伝達
メチル化	メチル基	リシン，アルギニン	遺伝子制御におけるタンパク質認識
グリコシル化	多糖類	アスパラギン，セリン，トレオニン	細胞認識，タンパク質認識
ユビキチン化	小タンパク質ユビキチン	リシン	分解のためにタンパク質に印を付ける

Box 3.9　質量分析

質量分析（**MS**；mass spectrometry）は，かつては小さい分子にのみ適用可能であると考えられていたが，最近ではタンパク質分析の強力な方法であることがわかってきた．この技術はイオン化された分子を電界中で得られる速度や磁場中の偏向によって分離するものである．その基本原則は非常に単純である（図1）．まず，一つまたは1組のイオン化状態の分子を生成する方法がなければならない．ついで，イオン化された分子は電場により真空中で加速され，その質量電荷比（m/z）に従って異なる速度を得る．それらは真空中の飛行時間，または軌道を曲げる磁場により分離できる．図1に示す単純な場合は，分子 CO_2 は異なる m/z 比をもつ陽イオン CO_2^+ および C^+，O^+ および CO^+ 断片を生成するようにイオン化されている．イオンが検出されスペクトルが生成される．この方法は非常に精度が高い．

タンパク質のような大きな分子に MS を適用するには，個々のタンパク質分子をイオン化し，それらを真空中に注入するための気相に入れる方法の開発が必要であった．今日使用されている二つの主要な方法は，**マトリックス支援レーザー脱離イオン化**（**MALDI**；matrix-assisted laser desorption and ionization）（図2）および**エレクトロスプレーイオン化**（**ESI**；electrospray ionization）である．MALDI においては，タンパク質分子は文字通りレーザーパルスによって不活性マトリックス材料から噴射される．ESI においては，一つまたは少数のタンパク質分子を含む微小液滴が帯電ノズルを介して分光計に噴射される．この緩やかな技術により生物学的材料の幅広い分析を可能になった．

現在の質量分析計の精巧な感度と分解能は目覚ましい業績をもたらしている．大きなタンパク質でさえも分子量が数原子質量の誤差内で決定されることが多い．小さなタンパク質においては修飾分析も可能である．特異的タンパク質分解酵素によるタンパク質の断片化によって生成されたペプチドが分離，同定され，迅速な配列決定が可能となった．溶媒と接触しているタンパク質表面近く，またはタンパク質表面上のアミノ酸残基の交換がより迅速であるため，水素/重水素交換に質量分析計を使用することによってタンパク質の三次元構造に関する情報さえも得ることができる．

数年にわたっていくつかのノーベル物理学賞とノーベル化学賞が質量分析分野の発展に対して授与された．2002年のノーベル化学賞は"生物学的高分子の質量分析のためのソフト脱離イオン化法の開発"の功績により，John B. Fenn と田中耕一で分け合った．

図1　飛行時間型質量分析計の簡略図　イオンが $(m/z)^{\frac{1}{2}}$ に反比例する速度まで加速されるイオン化部に試料を導入する（ここで z は電荷であり，m は質量を表している）．試料はイオン飛行部内を $(m/z)^{\frac{1}{2}}$ に比例した時間の間，飛行し，検出器に到達する．

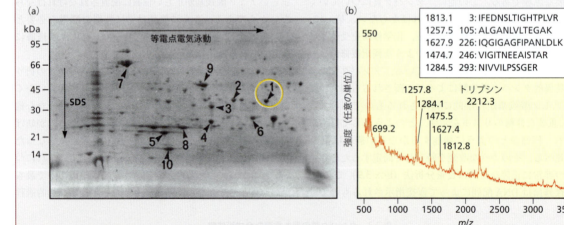

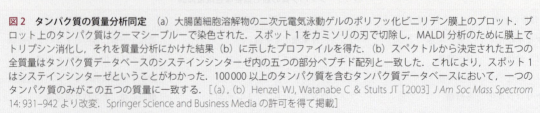

図2　タンパク質の質量分析同定　(a) 大腸菌細胞溶解物の二次元電気泳動ゲルのポリフッ化ビニリデン膜上のブロット．ブロット上のタンパク質はクーマシーブルーで染色された．スポット1をカミソリの刃で切除し，MALDI分析のために膜上でトリプシン消化し，それを質量分析にかけた結果 (b) に示したプロファイルを得た．(b) スペクトルから決定された五つの全質量はタンパク質データベースのシステインシンターゼ内の五つの部分ペプチド配列と一致した．これにより，スポット1はシステインシンターゼということがわかった．100 000 以上のタンパク質を含むタンパク質データベースにおいて，一つのタンパク質のみがこの五つの質量に一致する．[(a), (b) Henzel WJ, Watanabe C & Stults JT [2003] *J Am Soc Mass Spectrom* 14: 931-942 より改変．Springer Science and Business Media の許可を得て掲載]

において，タンパク質は一時的に隣接する浅いエネルギー状態に陥ることがある．

最近，エネルギー的に天然に近い複数のコンホメーションが存在し，生理的目的のために役立っていることが提唱されている．このような挙動を示すタンパク質は機能が入り交じっている可能性があり，複数の機能を果たしたり，新しい機能に容易に進化するかもしれない．しかし，そのような代替可能な状態は，反対に深刻な結果をもたらし，間違った折りたたみ状態につながる可能性がある．

間違って折りたたまれたタンパク質は一般的に無用であり，それらが凝集したら細胞にとっては有害であり，取除かれなければならない．タンパク質が間違って折りたたまれる問題に対処するための二つの主要な方法がある．第一の方法は，間違って折りたたまれることを回避するための機会を与えるか，もとの機能的で活性のある状態に再び折りたたむことである．これらの活動を行う高分子構造体はシャペロンとよばれている．第二の方法は，間違って折りたたまれたタンパク質をタンパク質分解に特化した細胞内装置に送ることである（図 3.18）．再び折りたたむ方法と特異的に分解する方法のどちらも ATP 加水分解を介したエネルギー消費を必要とし，それにより，それぞれのタンパク質にコンホメーション転移がもたらされると考えられる．

シャペロンはタンパク質の折りたたみを補助する

シャペロン（chaperone）はタンパク質折りたたみ装置と考えられている巨大タンパク質複合体である．シャペロンはタンパク質を包込んで細胞内環境から保護し，タンパク質に適切に折りたたむ機会を与える．シャペロンはタンパク質の保育器としての役割を果たしているといえる．これまでに50以上のシャペロンファミリーが報告されている．しかし，シャペロンには数多くの細胞内機能があり，それらは折りたたみの役割とは逆にみえることもある．たとえば，膜内で機能するか，または膜を介して輸送されることが予定されているタンパク質は膜に挿入される前に折りたたまれてはいけないので，特別なシャペロンによって膜挿入前に折りたたまれることが防止される．シャペロンはまた，リボソーム上の合成部位から出現する新生ポリペプチド鎖と相互作用し，近くで合成されたポリペプチド鎖同士の会合（凝集）を防ぐ．

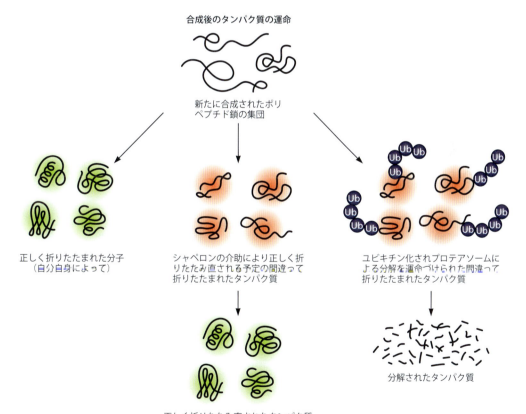

図 3.18　**合成後のタンパク質の運命の三つの可能性**　いくつかのタンパク質はそれ自身により正しく折りたたまれる．細胞は間違って折りたたまれたタンパク質を処理するために以下の二つの異なる経路を進化させた．シャペロンとして知られている特殊な折りたたみ装置の助けを借りて折りたたみ直すか，もしくは分解装置であるプロテアソームに送られ分解される．

ここで，最も研究された細菌のシャペロン系のGroEL/GroES（シャペロニン60/シャペロニン10ともよばれる）についてふれる*2．大きいタンパク質も小さいタンパク質も含めて，多くのタンパク質は適切な折りたたみのためにGroEL/GroESシステムに依存しているので，GroEL/GroESシステムは細菌細胞の生存と増殖に必要不可欠である．図3.19はこの大きなタンパク質複合体のサブユニットの構成と構造を示したものである．図3.20に反応サイクルを模式的に示した．

シャペロンファミリーのもう一つの重要なメンバーは**Hsp90**（heat shock protein 90；熱ショックタンパク質90）である．もともと，熱を含むストレス条件によって誘導されるタンパク質の一つとして同定されたこのタンパク質は，正常な生理学的条件下で最も多く存在する熱ショックタンパク質である．このタンパク質はタンパク質の折りたたみとタンパク質分解の両方の役割をもち，シグナル伝達を含む複数の生化学的経路に関与している．Hsp90についてはかなりのことがわかっているが（図3.21），どのようにして機能しているのか，なぜそんなに多様な機能を発揮するのかなど，完全には理解できていない．

Hsp90によるATP加水分解はかなり遅い．ヒトにおいては，Hsp90は約20分で1分子のATP分子を加水分解する．遅い加水分解はHsp90二量体に生じる複雑なコンホメーションの再配列がATP加水分解と共役していることを示している（図3.21参照）．そのような共役はATP加水分解を伴う多くの反応において起きている．現在，ATP結合および加水分解はタンパク質をあるコンホメーションから別のコンホメーションに移行させるのに役立つと考えられている．これらのコンホメーション転移はタンパク質の活性も決める．タンパク質の異なるコンホメーション間の平衡は通常，細胞内で調節される．Hsp90の場合は，Hsp90のC末端に結合し，そのATP分解活性を調節する

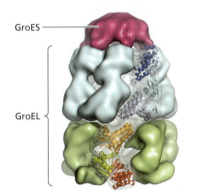

図3.19 GroEL/GroESの構造 電子顕微鏡像から，GroELの二つの七量体リングは二重ドーナツ構造をとっていることがわかった．図は二つのGroELの原子構造のリボンモデルを二重ドーナツ構造に重ね合わせたものである．それぞれのGrELサブユニットはヌクレオチド結合領域を含む赤道ドメイン（翡翠色）と上部ドメイン（青）から成る．先端ドメインは円筒形のGroELの開口部に位置し，GroESおよびシャペロン化ポリペプチドの両方の結合部位を含む．ポリペプチドは中央の溝に面している頂端ドメインの疎水性の溝に結合する．GroESは蓋ともよばれており，ほぼすべてがβシートから成るドーム形状の七量体である．

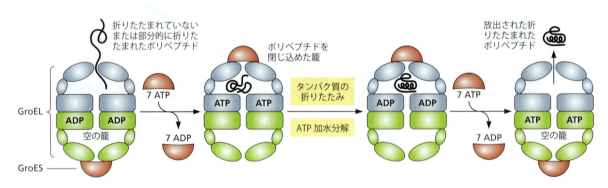

図3.20 細菌のGroEL/GroESシステムの反応サイクル 二つのGroELリングにおけるヌクレオチド結合能は相互排他的であるので，ATPまたはADPは一度に一つのGroELリングにしか結合することができない．GroESの蓋はヌクレオチドが結合したGroELリングに結合し，籠をつくる．折りたたまれていない，または部分的に折りたたまれた基質タンパク質が開いたGroELリングへの結合した後，ATPおよびGroESが結合する．リングの空洞が塞がれて基質タンパク質が籠内に閉じ込められると，折りたたみが可能となる．ATP加水分解後に反対の側のリングにATPが結合する．それによって，GroESおよび折りたたまれたタンパク質の解離が起こる．そしてシャペロニン複合体は次のポリペプチドの受容が可能になる．［Ellis RJ [2006] Nature 442:360–362より改変．Macmillan Publishers, Ltd. の許可を得て掲載］

---

*2 訳者注：GroEL/GroESは50以上あるシャペロンファミリーの一つで，Hsp60やシャペロニンともよばれている．シャペロンファミリーにはこの他にHsp90，Hsp70，Hsp100などがある．

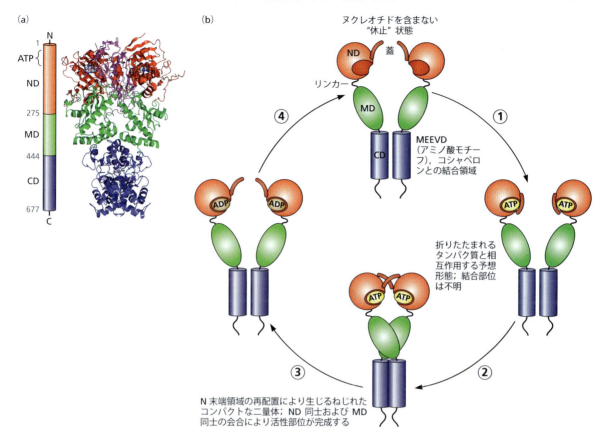

図 3.21 シャペロン Hsp90 およびその ATP 加水分解サイクル (a) 酵母のシャペロン Hsp90 の構造．活性タンパク質は二量体であり，それぞれのサブユニットは三つの異なるドメインから成る．赤で示された N 末端ドメイン（ND）は深い ATP 結合ポケットをもっており，ATP は異常にねじれた構造に結合する．真核生物における N 末端ドメインは緑で示される中間ドメイン（MD）に長く柔軟性のあるリンカー配列によって接続される．紺青で示される C 末端ドメイン（CD）は二量体化ドメインである．真核生物において C 末端ドメインはアミノ酸モチーフの MEEVD を含んでおり，ここに N 末端の ATP 分解活性を調節する種々のコシャペロンが結合する．[Wikimedia より改変] (b) Hsp90 の ATP 加水分解サイクル．① ATP 結合後，蓋により ATP 結合ポケットが塞がれる．② 蓋が他のサブユニットの N 末端ドメインに結合することによりポリペプチド鎖が互い違いになり，一時的に二量体化されたコンホメーションを生じる．③ ATP 加水分解．N 末端ドメインは中間ドメインから分離する．N 末端から単量体に分離し，蓋が開く．④ ADP および無機リン酸が放出される．折りたたまれるタンパク質の正確な結合様式は未知であり，タンパク質折りたたみの実際の機構も不明である．[Mayer MP, Prodromou C & Frydman J [2009] *Nat Struct Mol Biol* 16:2–6 より改変．Macmillan Publishers, Ltd. の許可を得て掲載]

多数のコシャペロン（補助シャペロン）が存在する．

もし，コンホメーション転移がある段階で阻害されると，そのタンパク質は不活性化する．ATP 結合部位を塞ぐことによって Hsp90 を不活性化し，これにより ATP によるコンホメーション転移を阻害する薬は抗腫瘍薬として広く使用されている．Hsp90 は増殖因子受容体を安定化させるので，これらの薬はおそらく増殖因子シグナル伝達経路を阻害することによってアポトーシスを誘導する．

3.5 タンパク質はどのように壊されるのか

すべてのタンパク質は最終的には加水分解により破壊される．このことは，化石中のタンパク質はいずれなくな

ることを説明している．しかし，プロテアーゼ（タンパク質分解酵素）により触媒されない限り加水分解は遅い．また，プロテアーゼは一般的に，細胞内で損傷していたり，もはや必要とされていないタンパク質と必要不可欠なタンパク質を区別できない．したがって，他のタンパク質に影響を与えずにいくつかのタンパク質だけを標識し，その後破壊することができる経路が存在しなければならない．そのような経路は知られており，細胞内で重要な役割を果たしている．

プロテアソームは一般的なタンパク質破壊システムである

プロテアソーム（proteasome）は何百，もしくは何千もの間違って折りたたまれたタンパク質や異常な（変異し

た）タンパク質の分解をひき起こす．プロテアソームはまた，厳密に調節された短時間に細胞内で利用され，機能を果たしたら破壊される必要がある転写因子や細胞周期調節因子などの調節タンパク質を破壊する．このように，一時的な刺激に応答して遺伝子の発現を調節する転写因子は短い時間においてのみ必要とされ，細胞周期の進行を調節するタンパク質であるサイクリンは，細胞周期のある特定のステージの時期にのみ存在する必要があり，細胞が次のステージに移行するためには分解されなければならない．

プロテアソームによる分解を予定されたタンパク質には小さなタンパク質分子である**ユビキチン**（ubiquitin）の鎖が共有結合し，それが分解の目印となる．間違って折りたたまれたタンパク質の表面上に疎水性アミノ酸残基の塊が露出することがユビキチン化システムによって認識される構造的特徴と考えられている．これらの疎水性アミノ酸残基の塊は正常な三次構造をとっているタンパク質には存在せず，通常はタンパク質の内部に埋もれている．これらがタンパク質の表面上に存在したら，正常な構造でないことを示すことになる．ユビキチン化による"死のキス"は，タンパク質をプロテアソームとよばれるマルチサブユニット構造体に導く．

プロテアソームによる分解過程を図3.22(a) に模式的に示す．真核生物のプロテアソームは二つの外側のαリングと二つの内側のβリング（図3.22 b, 図3.22 c）の四

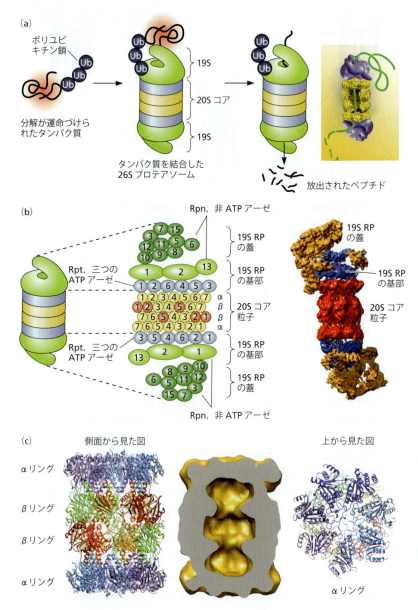

図3.22　プロテアソーム：構造およびタンパク質の分解　(a) 左：プロテアソームによって分解されるタンパク質は通常，ポリユビキチン鎖によって修飾される．ポリユビキチン鎖は19S 調節粒子の構成要素が識別し，結合する．間違って折りたたまれたタンパク質は20S コア粒子の狭い門を通過するようにほどかれる必要がある．右：活動中のプロテアソームの横断面．[左：Hochstrasser M [2009] *Nature* 458:422–429 より改変．Macmillan Publishers, Ltd. の許可を得て掲載．右：Wikimedia] (b) 左：26S プロテアソームのサブユニット構造の模式図．RP；基部と蓋から成る調節粒子，Rpn；ATP 分解活性をもたない調節粒子，Rpt；ATP 分解活性をもつ調節粒子．右：電子顕微鏡を用いた単分子解析によるプロテアソームの三次元再構成像．[右：Lasker K, Förster F, Bohn S et al [2012] *Proc Natl Acad Sci USA* 109:1380–1387. National Academy of Sciences の許可を得て掲載] (c) 左：酵母の20S コア粒子のリボンモデル．中央：原子座標から計算された粒子内容積．粒子内の三つの空間を示すために半分に切断されている．右：αリングの上面．個々のサブユニットのN末端は内部の空間への侵入を遮断する閉鎖した門を形成する．[Cheng Y [2009] *Curr Opin Struct Biol* 19：203–208. Elsevier の許可を得て掲載]

つの七量体リングから形成される20Sコア粒子（Sの定義についてはBox 3.1を参照），および一つか二つの内部βリングによって形成される非常に複雑な組成の19S調節粒子から構成されている．コア粒子中のタンパク質のいくつかは標的タンパク質を加水分解する活性をもつ．19S調節粒子のおもな機能は，最初にユビキチン化タンパク質を認識し，次に20Sコア粒子内の分解のための空間への送り込みを制御することである．この空間への開口部はわずか1.3 nmの直径しかなく，折りたたまれていないポリペプチド鎖しか通過できない．したがって，分解空間への接近は，19S粒子が最初にタンパク質をほどくことにより制御される．それに加え，19S複合体中のいくつかの特定のタンパク質はユビキチン受容体として作用し，また，他のタンパク質のいくつかは標的タンパク質が認識されて結合後にポリユビキチン鎖を除去する働きをする．

質間相互作用についてのこれまでにない洞察が可能となった．細胞のゲノム中にコードされるすべてのタンパク質のセットであるライブラリーを**プロテオーム**（proteome）とよぶ．多くのタンパク質は現在のところ配列決定されたゲノム領域としてのみ認識されており（第7章参照），生化学的実体としてまだ単離されておらず，実際の機能については何もわかっていない．現在，遺伝子およびタンパク質レベルで利用可能な配列情報やよく似た配列をもつタンパク質の機能を予測するための構造データを使用することに多大な努力が払われている．これらの予測は実際の生化学的実験によって検証されなければならない．

もう一つの重要な挑戦として，ある生物種のプロテオームをさまざまなタンパク質クラスに分類することがあげられる．巨大なデータベースが国際的な科学コミュニティにより作成され，これにより整然としたタンパク質クラスが作成され，一見混沌としたデータから生物学的に関連する洞察が導き出されている．図3.23は，ヒトのプロテオーム全体をタンパク質の細胞内局在，タンパク質の分子機能，およびタンパク質が関与する生物学的プロセスのそれぞれに基づいてクラス分けしたものである．酵母（*Saccharomyces cerevisiae*），線虫（*Caenorhabditis elegans*），ショウジョウバエ（*Drosophila melanogaster*）などの他のいくつかのモデル生物の既知のプロテオームもこれらと同じカ

3.6　プロテオームと　タンパク質相互作用ネットワーク

**新しい技術は生体タンパク質と
　　　それらの相互作用の大規模な調査を可能にする**

高度処理（ハイスループット）技術の最近の進歩により，細胞内に含まれるタンパク質の含有量全体およびタンパク

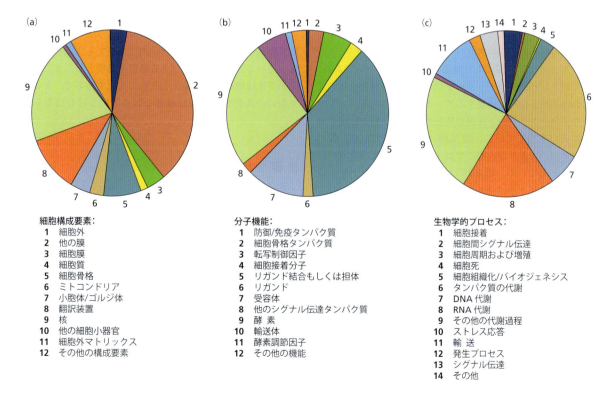

図3.23　**タンパク質のカテゴリーによるヒトプロテオームの三つの分け方**　Gene Ontologyデータベースによって定義されるカテゴリーは，(a) 細胞構成要素，(b) 分子機能，(c) 生物学的プロセスである．

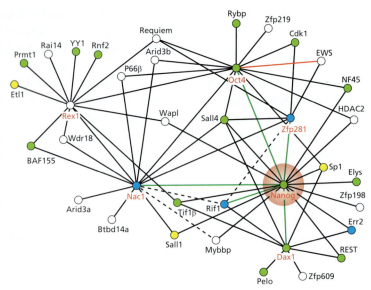

図3.24 **タンパク質Nanogの相互作用ネットワークの一部** Nanogは胚性幹（ES）細胞の多能性状態，すなわち刺激に応じて多数の異なる細胞型に分化する能力に関与することが知られている．親和性によって精製したNanogのパートナータンパク質は以下のように質量分析により同定された．まず，複数回の質量分析による一次パートナーのタンパク質パートナーを同定する．同定されたタンパク質はさらに共免疫沈降法などの他の手法により実験的に検証する．NanogはES細胞の多能性状態にとって重要な核内転写因子の多くとネットワーク形成している．これらの核内転写因子の存在および発現量は幹細胞が異なる細胞型へ分化する間に調整される．この密接なタンパク質ネットワークは多能性に特化した細胞モジュールとして機能すると考えられる．ネットワーク内のタンパク質をつなぐ線の色の違いは相互作用が実験的に検証された方法の違いを示す．さまざまな色がついた丸はある特定の発生段階に必須であるタンパク質を示す．白丸はそれが欠失しても発生が異常にならないタンパク質を示す．
[Wang J, Rao S, Chu J et al. [2006] *Nature* 444:364–368. Macmillan Publishers, Ltd. の許可を得て掲載]

テゴリーに分類されている．これらの成果は強い印象を与えるが，プロテオームの機能を理解するための最初のステップにすぎないことを認識することが重要である．

プロテオーム分野における技術開発のもう一つの面として，**インタラクトーム地図**（interactome map）の作成があげられる．インタラクトーム地図は，プロテオーム全体で考えられうる二つのタンパク質間相互作用のすべてをハイスループット技術により同定したデータベースである．多くのタンパク質パートナーを含むタンパク質複合体の間における相互作用を同定するデータベースもある．いくつかのインタラクトーム地図は特定のタンパク質や特定の経路に焦点を当てている．図3.24はその1例であり，他のデータベースより野心的でプロテオームの大部分をカバーしようとしている．図3.25は大部分の酵母プロテオームの最近のインタラクトームを示している．図3.26はヒトのインタラクトームの一部をさまざまな形で表現したものである．現在の限られた知識の範囲で作られたものであっても，相互作用の範囲は非常に複雑なことは明らかである．

繰返すが，これらの美しく見える地図を作成することは，この複雑さをすべて理解しようとする過程の第一歩にすぎないことに注意する必要がある．実際，大規模で複雑なデータベースを科学と技術の両方において，意味のある方法で表現しようとする試みは視覚的分析とよばれるまったく新しい分野を生み出している．科学者たちはインタラクトームを図的に表現する方法を模索するだけでなく（図3.25および図3.26参照），個々の構成要素の相互作用を制御する基本原則を引き出すために"実際に何があるのか"を見つけようとしている．インタラクトーム地図が生物の機能に新たな洞察を与えるだろうといっても言い過ぎではない．

生物に存在するタンパク質の膨大な多様性は，すべての生物，そして実際にはすべての細胞に多くのタンパク質の一次構造を決めるための情報の倉庫をもっていることを明白に物語っている．同じ生物体内であっても，細胞型が異なっていると異なるタンパク質機能を必要とし，また，その必要性は増殖および発生とともに変化するので，タンパク質の一次情報の発現は厳密な制御下になければならない．

重要な概念

- タンパク質はペプチド結合によって連結されたL-α-アミノ酸の重合体，つまりポリペプチドである．
- 生物には何百万もの種類のタンパク質があり，それぞれがユニークなアミノ酸配列あるいは一次構造をもち，それが機能を決定する．
- 特定の規則的なポリペプチド鎖の折りたたみ方が多くみられる．その最も重要なものはαヘリックスとβシートであり，これらはタンパク質の二次構造とよばれる．
- それに加え，ほとんどのタンパク質は三次構造とよばれる三次元の折りたたみ構造をもっている．
- ポリペプチド鎖の三次構造は，しばしば区別可能なドメインに分けることができる．ドメインを一つしかもたないタンパク質もあり，多くのドメインをもっているものもある．ときにはドメインまたはタンパク質全体が規則

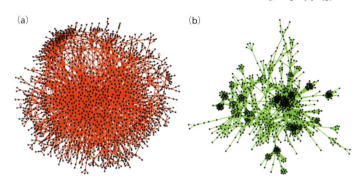

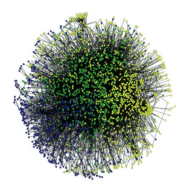

図 3.25　タンパク質-タンパク質の二成分相互作用を表している酵母におけるタンパク質相互作用地図　タンパク質-タンパク質の二成分相互作用は二つのタンパク質間の相互作用のことをいう．これらの地図は二つの異なるハイスループット実験に由来する．個々のタンパク質は点で表され，相互作用は点を結ぶ線で示されている．(a) 2008年10月作製のこの相互作用地図は酵母ツーハイブリッドスクリーニングによって得られた三つの高品質プロテオームデータセットを組合わせたものである．この地図は二成分酵母インタラクトーム全体の約20％に相当し，2018個のタンパク質間の2930の相互作用を含んでいる．(b) 共複合体インタラクトーム地図から抽出した二成分相互作用地図．共複合体インタラクトーム地図は親和性に基づいたハイスループット精製とその後の質量分析により得られたものであり，これはBox 3.9に示されているのと同様の原理である．この地図は1622個のタンパク質の間の9070の相互作用で構成されている．異なるシステム生物学的ツールの使用により構築されたこの二つの地図は基本的に異なるが，本質的に相補的である．つまり，それらは異なる結合および異なる相互作用パートナーの生物学的特性を反映しているのである．特定のタンパク質は多くのパートナーと高度に相互作用しており，これらはハブタンパク質とよばれている．そのようなタンパク質が欠失すると多くのさまざまな表現型がもたらされる．興味深いことに，ハブタンパク質は天然変性によって特徴づけられる．この天然変性は複数のパートナーとの無作為な相互作用がその分子基盤にあるのかもしれない．異なる条件で異なる相互作用パートナーと相互作用することは，同じタンパク質が複数の生化学的経路において異なる役割をもつという多面的効果の分子基盤となっている可能性がある．［(a)，(b) Yu H, Braun P, Yildirim MA et al. [2008] Science 322:104–110. American Association for the Advancement of Science の許可を得て掲載］

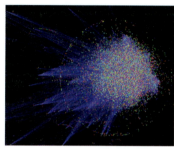

図 3.26　ヒトのインタラクトームの一部分に関する異なる画像表現　これらの表現様式は頻繁に使用されるが，実験的なインタラクトームデータを画像化する方法は数多くある．二成分のインタラクトームの推定サイズは 130 000 ～ 650 000 相互作用であり，このうち約8％しかわかっていない．ヒトインタラクトームのサイズのあいまいさは，可能な生物物理学的相互作用のうちどれが実際に細胞内で起こるかを同定することが困難であることに起因する．現在推定されているヒトタンパク質の数から考えて，ヒトのインタラクトーム全体をマッピングするためには約2億5000万のタンパク質対の実験をする必要がある．そのような膨大な仕事はハイスループット技術によってのみ可能となる．線虫はヒトとほぼ同じタンパク質数をもち，ヒトと線虫の二つのインタラクトームのサイズも同じ桁と考えられる．それでは，ヒトと線虫を分けているのは何か？　その答えはまだない．［上: Seth Berger, Mount Sinai School of Medicine のご厚意による．下: Wikimedia］

的な二次構造や三次構造を欠いていることもある．これらは天然変性タンパク質（領域）とよばれている．

- 折りたたまれたポリペプチド鎖が非共有結合で互いに結合し，より複雑な構造を形成することがある．このように結合した複合体は四次構造とみなされる．
- 多くの場合，タンパク質の折りたたみと会合は自発的に進み，一次構造によって決定される．
- 細胞の複雑な環境においてはタンパク質が誤って折りたたまれることがある．その場合，シャペロンが誤って折りたたまれたタンパク質を包込み，正しく折りたたみ直すことを助けることがある．そうでなかったら，プロテアーゼが異常なタンパク質をその構成アミノ酸に分解する．
- 最近のプロテオーム研究により，細胞内のタンパク質間の非常に複雑な相互作用の解明が進んでいる．

参考文献

成書

Branden C & Tooze J (1999) Introduction to Protein Structure, 2nd ed. Garland Publishing.

Creighton TE (1993) Proteins: Structures and Molecular Properties. WH Freeman.

Kyte J (1995) Structure in Protein Chemistry. Garland Publishing.

Pauling L (1960) The Nature of the Chemical Bond, 3rd ed. Cornell University Press.

Petsko GA & Ringe D (2003) Protein Structure and Function. Primers in Biology series. New Science Press.

van Holde KE, Johnson WC & Ho PS (2006) Principles of Physical Biochemistry, 2nd ed. Pearson Prentice Hall.〔『物理生化学』田之倉優，有坂文雄監訳，医学出版（2017）〕

総説

Anfinsen CB & Scheraga HA (1975) Experimental and theoretical aspects of protein folding. *Adv Protein Chem* 29:205–300.

Clore GM & Gronenborn AM (1989) Determination of three-dimensional structures of proteins and nucleic acids in solution by nuclear magnetic resonance spectroscopy. *Crit Rev Biochem Mol Biol* 24:479–564.

Dunker AK, Oldfield CJ, Meng J et al. (2008) The unfoldomics decade: An update on intrinsically disordered proteins. *BMC Genomics* 9 (Suppl 2):S1.

Ellis RJ (2006) Protein folding: Inside the cage. *Nature* 442:360–362.

Orengo CA & Thornton JM (2005) Protein families and their evolution: A structural perspective. *Annu Rev Biochem* 74:867–900.

Tanaka K (2009) The proteasome: Overview of structure and functions. *Proc Jpn Acad Ser B* 85:12–36.

Wandinger SK, Richter K & Buchner J (2008) The Hsp90 chaperone machinery. *J Biol Chem* 283:18473–18477.

実験に関する論文

Lander ES, Linton LM, Birren B et al. (2001) Initial sequencing and analysis of the human genome. *Nature* 409:860–921.

Waterston RH, Lindblad-Toh K, Birney E et al. (2002) Initial sequencing and comparative analysis of the mouse genome. *Nature* 420:520–562.

Yu H, Braun P, Yildirim MA et al. (2008) High-quality binary protein interaction map of the yeast interactome network. *Science* 322:104–110.

ウェブサイト

CATH: Protein Structure Classification Database at UCL. http://www.cathdb.info

Disprot: Database of Protein Disorder. http://www.disprot.org

4 核 酸

4.1 はじめに

タンパク質の配列情報は核酸内に書き込まれている

　細胞内のタンパク質は多様であり，よってさまざまな役割を構造，機能の両面で担うことができる．各タンパク質は特異的なアミノ酸配列をもち，それによって二次，三次，四次構造が異なってくるので，タンパク質の役割はそれぞれ異なってくる．これらのタンパク質のアミノ酸配列を指定する情報は何らかの形で細胞内に蓄えられ，タンパク質として発現し，細胞や生物の世代を越えて伝達されていかなければならない．これらの生命に関する機能は**核酸**（nucleic acid）あるいは**ポリヌクレオチド**（polynucleotide）とよばれる生体高分子によって担われており，核酸には**リボ核酸**（**RNA**; ribonucleic acid）と**デオキシリボ核酸**（**DNA**; deoxyribonucleic acid）の2種類が存在している．この章では，これらの核酸の構造や可能なコンホメーションについて，また核酸が細胞内で遺伝情報を蓄積し伝達する方法について述べる．

4.2 核酸の化学構造

DNAとRNAは似ているが化学構造が異なる

　DNAとRNAの単量体〔ヌクレオシド一リン酸つまり**ヌクレオチド**（nucleotide）〕の一般的な構造は五炭糖に一つの塩基と一つのリン酸基が結合したものである（図4.1）．単量体としてのモノヌクレオチドはすべてヌクレオシドリン酸であり，これらの多くは他の生物学的役割も担っている．たとえば，**アデノシン三リン酸**（**ATP**; adenosine triphosphate）や**グアノシン三リン酸**（GTP）は細胞内におけるエネルギー通貨として重要である．ATPとGTPはどちらもリン酸基は糖の5′炭素に結合しているが，ポリヌクレオチド鎖の中では隣の残基の3′炭素との間のホスホジエステル連結基として存在する（図4.4参照）．糖に

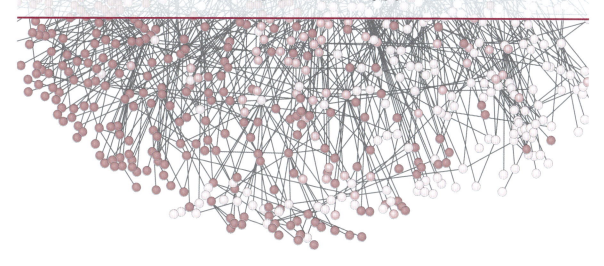

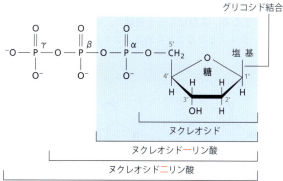

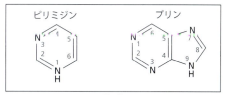

図4.1　ヌクレオチドの化学組成　ヌクレオチドは図示したDNA内のデオキシリボースあるいはRNA内のリボース（図4.2参照）のいずれであっても，窒素を含む塩基，リン酸基，五炭糖（ペントース）を含んでいる．ヌクレオシドは塩基と糖から成る．ヌクレオシドに結合したリン酸基の数によって，ヌクレオシド一リン酸，ヌクレオシド二リン酸，ヌクレオシド三リン酸と名付けられている．核酸は青で区切ったヌクレオシド一リン酸をもとに形成され，窒素を含んだ塩基（ピリミジンまたはプリンのいずれかの誘導体）をもつ．

ついては RNA ではリボース，DNA では 2′-デオキシリボースが使用される．

塩基はプリンあるいはピリミジンいずれかの誘導体（図4.1 参照）であり，核酸内でみられる塩基の種類は図4.2 (a) に示している．これらの塩基は核酸内では常に糖の 1′ 位の炭素に結合している．核酸のうち DNA は 4 種の異なる塩基をもち，それらは**アデニン**（**A**; adenine），**グアニン**（**G**; guanine），**シトシン**（**C**; cytosine），**チミン**（**T**; thymine）である．一方，RNA はチミンの代わりに**ウラシル**（**U**; uracil）を用い，その他の塩基は DNA と同じものを用いる．これらの塩基と糖（デオキシリボースあるいはリボース）が結合したものは**ヌクレオシド**（nucleoside）とよばれる（図4.2 b）．このときリン酸基が糖の 5′ 位の炭素に結合するとヌクレオシド 5′-リン酸とよばれるヌクレオチドとなる（図4.1 参照）．

核酸内の糖部分は環状の β-フラノース型をとる（図4.3 a）．この構造をおおざっぱにみると，環を形成する五つの原子のうちの四つは同一平面上にあるといえる．この平面に対して五つめの原子の位置が C-2′ あるいは C-3′ のいずれであるかによって異なるコンホメーションとなる．たとえば，五つめの原子が C-5′ 原子と同じ側の平面上にある場合は**エンドヌクレオシド**（endonucleoside），反対側の平面上にある場合は**エキソヌクレオシド**（exonucleoside）となる．実際はもっと複雑で，いくぶん異なるコンホメーションとなることもある．ヌクレオシドも，グリコシド結合が自由に回転できないことによって二つのコンホメーションを生じる（図4.3 b）．核酸内でよくみられるヌクレオシドのコンホメーションは，塩基と糖環が互いにできるだけ遠く離れるように配置しているアンチコンホメーションである．例として，デオキシグアノシン一リン酸（dGMP）のヌクレオシド一リン酸基の全体構造を図4.3 (c) に示す．

核酸（ポリヌクレオチド）はヌクレオチドの重合体である

ポリヌクレオチド（核酸）とは，一つのヌクレオチドの 5′ 位のリン酸基と別のヌクレオチドの 3′ 位のヒドロキシ基との間で水分子が除去されたものである．このような反応は，タンパク質合成の場合と同様，細胞内で実際に起こるわけではない．この反応過程を理解するためには，ヌクレオシド三リン酸の添加と二リン酸の除去反応を伴うより詳しい説明が必要である（図4.4，第 9 章，第 19 章参照）．この反応によって合成される鎖は非常に長く，数百万または数十億のヌクレオチド残基を含み，リン酸基が負の電荷をもつので核酸全体としては酸性となる．ほとんどの核酸はタンパク質と同様，特定の配列をもっている．分子が環状構造をとる場合を除き，一方の鎖の末端（5′ 末端）は未反応のリン酸基に，もう一方の鎖の末端（3′ 末端）は未反応のヒドロキシ基となる．これに着目すると，各ポリヌクレオチド鎖は極性をもつことになる（図4.5）．

核酸はいずれも糖-リン酸の骨格部分が均一に繰返す構

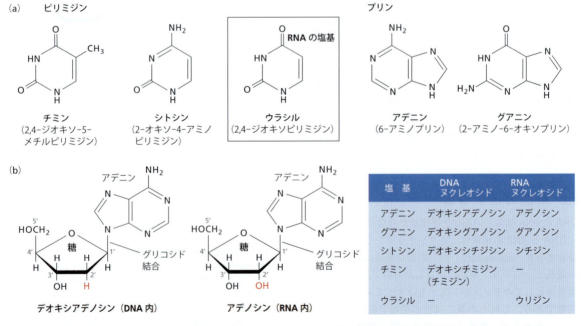

図 4.2 RNA と DNA 中のヌクレオシド (a) ピリミジンとプリンの化学式．ウラシル（四角の枠内）は RNA 中にのみ存在する．(b) DNA と RNA のヌクレオシドで違う部分は赤で強調した．それぞれの五炭糖に各塩基が結合したヌクレオシドの呼び名を表に示す．

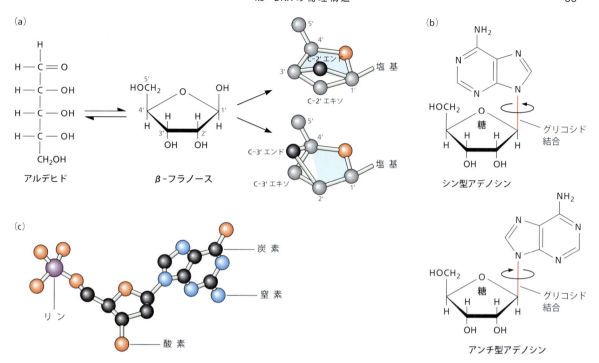

図 4.3　ヌクレオチド成分のコンホメーション　(a) リボース環のコンホメーション．溶液中ではリボースがとる構造（直鎖/アルデヒド，環状/β-フラノース）の間に平衡状態が存在する．RNA は環状形のみを含む．ヌクレオチド内のリボフラノース環はゆがんでおり，二つの異なるコンホメーションをとる．このリボフラノース環内では，五つの原子のうちの四つは一つの平面上にある．第五の原子（C-2′ または C-3′）が，C-5′ 原子と同じ平面上にある場合はエンドヌクレオシドに，反対の平面上にある場合はエキソヌクレオシドとなる．(b) ヌクレオシドのシンとアンチコンホメーション．グリコシド結合部分が回転することによって，二つのヌクレオシドのコンホメーション（シンとアンチ）ができる．溶液中ではプリンは二つのコンホメーションの間ですぐに平衡状態となる．一方，ピリミジンはほとんどがアンチとなる．核酸内ではアンチがよくみられる．(c) デオキシグアノシン 5′−リン酸（dGMP）の三次元構造．わかりやすくするため水素原子は省略している．プリン環がつくり出す平面はフラノース環がつくり出す平面に対してほぼ垂直に配置する．プリン塩基はアンチとなる．糖の環状構造もゆがんでおり，3′-エキソとなる．C-5′ 原子に結合したリン酸基は糖のかなり上部にあり，塩基からは遠くに位置する．

造をとっている．よって，核酸が特異的な配列をもつという特性は塩基が順番に並ぶことによってもたらされる．つまり，ある DNA 分子の特異的な配列は AGTCCTAAGC-CTT（5′ 末端の塩基を左に置いて書き始める慣例に従っている）のように簡潔に表記できる．一方 RNA の場合はチミンをウラシルに置き換えればよいので，先ほどの DNA 配列に相当する RNA ポリヌクレオチド鎖の配列は AGUC-CUAAGCCUU となる．

4.3　DNA の物理構造

B 形 DNA の構造の発見は分子生物学において画期的なものであった

DNA に対する遺伝物質の候補としての関心は 1950 年代初頭までに非常に高まった．いくつかのきわめて重要な実験（Box 4.1，Box 4.2）は，長きにわたって探し求められてきた遺伝物質が DNA であることを強く示唆していた．DNA の構造について当時の科学者たちはまだ理解できているわけではなかったが，いくつかの重要な手がかりはすでに得られていた．たとえば，天然の DNA に含まれる塩基の化学物質量に特有の関係があることが示されていた（A と T の量は互いにほぼ同じであり，G と C の量は互いにほぼ同じである）．Edwin Chargaff は異なる生物種における DNA 試料のヌクレオチド組成分析をもとに，これらの DNA の塩基組成に関する普遍的な法則を導き出した（表 4.1）．第一の**シャルガフの法則**（Chargaff's rule）は，どのような DNA 分子であっても，それぞれ A と T，C と G は等量存在するとしている．つまりこれは，プリンの和（A+G）はピリミジンの和（C+T）と等しいことを意味している．第二の法則は異なる生物種がもつ DNA 全体の組成に関するものであり，これは生物種によって異なっているとしている．したがって，DNA として提案される構造はシャルガフの法則と整合性がなければならない．さらに，細胞分裂や生物の生殖時に遺伝物質がどのようにして正確に複製されるのかという，より謎めいた問題を説明できなければならない．

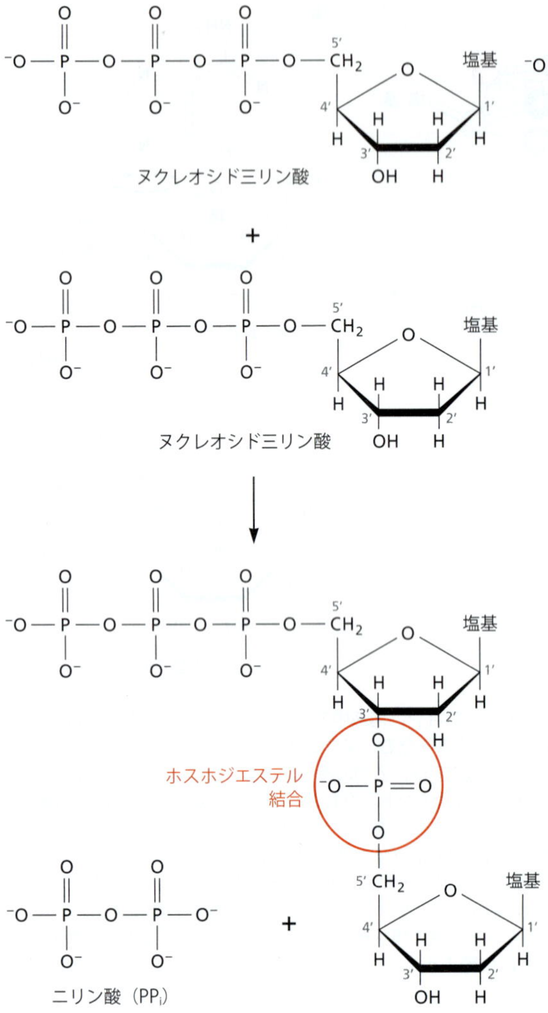

図 4.4　ホスホジエステル結合　DNA と RNA では，一つの糖分子の C-3′ 原子と別の糖分子の C-5′ 原子は 5′–リン酸と 3′–OH 基を介したホスホジエステル結合で連結されている．

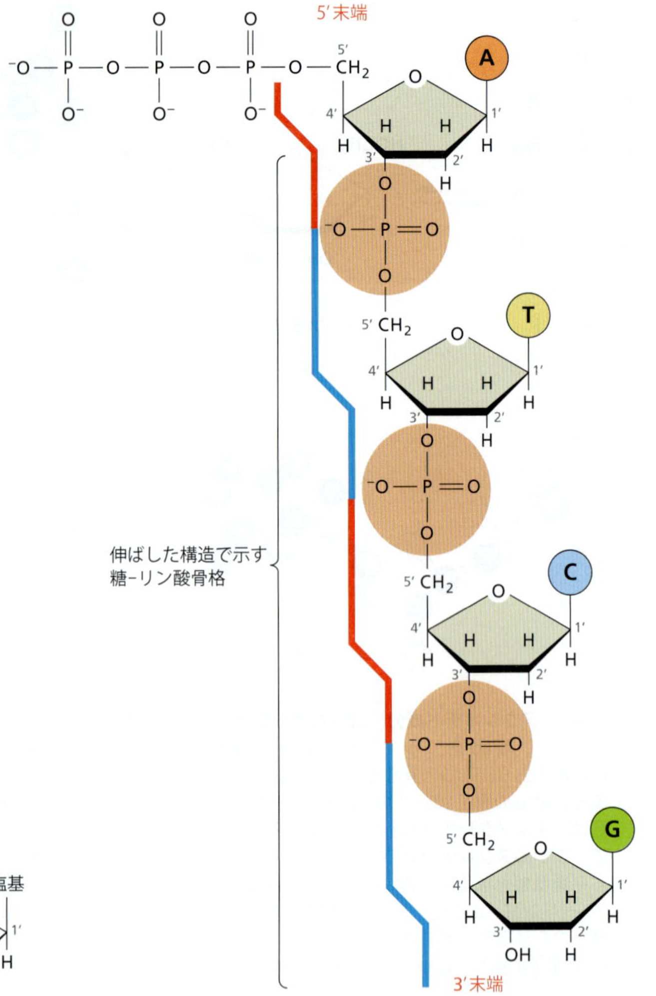

図 4.5　テトラヌクレオチド　DNA 鎖の骨格は青と赤で交互に示したリン酸基と糖で構成され，ヌクレオチド残基は連続して配置している．塩基は丸で囲まれた文字として示している．DNA 鎖は極性をもっており，5′ 末端と 3′ 末端の構造は化学的に異なっていることに留意．上から順（5′→3′ の方向）に配列を読むと ATCG となる．下から順（3′→5′ の方向）に配列を読むと GCTA となる．慣例として，核酸中の塩基（ヌクレオチド）配列は 5′ 末端から 3′ 末端方向に書かれたり読まれたりする．

　これらの問題が James Watson と Francis Crick の見事な洞察によって解決されたことは広く知られているところではあるが，これはシャルガフの法則に加えて Rosalind Franklin と Maurice Wilkins による結晶学的実験成果（**Box 4.3**）を含めて導かれたものである．この Watson と Crick によって提唱された右巻きの二重らせんモデル（図 4.6）は，DNA がまさに遺伝物質そのものであるためのすべての要件を完全に満たすものであった．彼らのモデルはまず，A·T と G·C が塩基対を形成するので 2 本の DNA 鎖間で強い水素結合をつくることができ（図 4.6），シャルガフの法則における塩基の化学量論性（A＝T および G＝C）を説明できた．またこの構造モデルでは，塩基対間の 1′ 位の炭素の距離はどれも同じ（1.08 nm）だけ離れているので，均一でゆったりとした二重らせんをつくることができた．最後に，そして最も重要なことにこのモデルは，"DNA がどのように複製されるか"を提唱するための大きなヒントを Watson と Crick にもたらしたのである．ここで留意しておいてほしいのは，DNA の二重らせん中の二つの鎖の進行方向はそれぞれ逆になっており（逆平行），また互いに相補的になっているということである．つまり，この鎖を分離してできるそれぞれの鎖を鋳型として用いて新しい鎖を合成すると，もとの**二本鎖**（duplex）の正確なコピーとしての二つの新しい二本鎖分子が合成されることになる（図 4.7）．半保存的複製とよばれるこの複製

Box 4.1　DNAは遺伝情報の運搬体である：Griffith，およびAvery，MacLeod，McCartyの実験

Frederick Griffithは肺炎球菌感染症のワクチン開発に携わる英国の衛生官であった．彼は，どうして複数のタイプ（病原性と非病原性）の肺炎球菌（*Streptococcus pneumoniae*）が，しばしば病気の過程で見つかるのかを理解したいと思っていた．Griffithはこの現象について，複数の型の細菌が患者に同時に感染して病気が発症したのではなく，ある細菌型が何らかの形で別の型に変化したのではないかと考えていた．そこで彼はざらざらした表面をもつ細菌（非病原性）と滑らかな表面をもつ細菌（病原性）の2系統の肺炎球菌を用いて，これらをマウスに別々に注射したり，または組合わせて注射したりする実験を行ってみた（図1）．すると興味深いことに，熱で不活性化した病原性菌株と生きている非病原性菌株の混合物を注射したとき，まったく予想してなかった結果が起こった．つまり，病原性菌株が不活性化されているにもかかわらず，マウスは死んだのである．さらにGriffithは死んだマウスから生きた病原性の菌株を回収することもできた．いったいこれはどのようにして起こったのか．明らかに何らかの"遺伝的本体"が非病原性の菌株を病原性の菌株に変えていた．問題は，その遺伝的本体が何だったのかということである．

その答えは約20年後の1944年にわかった．ロックフェラー医学研究所で働くOswald Avery，Colin MacLeod，Maclyn McCartyによって，形質転換の原因となった物質の化学的性質が明らかにされたのである．彼らは当時可能であった簡単な実験方法を用い，加熱殺菌した細菌の生理食塩水可溶成分を化学的に分画した．最終的に彼らは，DNAと物理的性質および化学的組成が一致する物質を遺伝的な活性をもつ部分として同定したのである．その後，酵素処理を用いた実験により，DNAが形質転換をひき起こす遺伝的本体であることが最終的に証明された．つまり，遺伝的本体にプロテアーゼやリボヌクレアーゼを作用させても形質転換能力に影響を及ぼさなかったが，DNA分解酵素の粗精製標品を作用させると形質転換能力が失われたのである．この実験によって，遺伝情報をもっている

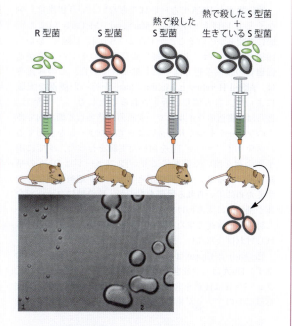

図1　Griffithの実験　マウスに熱殺菌したS型菌と生きているR型菌を注入すると，死んだマウスの組織から生きたS型菌が単離された．何かが生きているR型菌を生きたS型菌に変えたと考えられる．顕微鏡像（下）は肺炎球菌の表面の様子を示している．非病原性のコロニー（左）は表面がざらざらしており，病原性のコロニー（右）は表面が滑らかになっている．細菌の細胞表面上に多糖類でできた莢膜（宿主の免疫系細胞による食作用に対して抵抗性をもつ）があると，表面の滑らかなコロニーとなる．［下：Avery OT, Macleod CM & McCarty M [1944] *J Exp Med* 79: 137-158. Rockefeller University Pressの許可を得て掲載］

のがDNAであることを疑いようがなくなった．しかし，このことは当時ほとんど注目されることはなかった．

表4.1　DNAの塩基組成（モル％）とシャルガフの法則を導いた塩基比　A/T比，G/C比，プリン/ピリミジン比が1.00からずれるのは実験の際に生じる測定上の誤差である．バクテリオファージφX174は一本鎖なのでシャルガフの法則には従わない．［Sober HR [ed] [1970] Handbook of Biochemistry: Selected Data for Molecular Biology, 2nd edで報告されたデータ．CRC Pressの許可を得て掲載］

生物	A	G	C	T	C+G	A/T	G/C	プリン/ピリミジン
ファージφX174	24.0	23.3	21.5	31.2	44.8	0.77	1.08	0.89
大腸菌	23.8	26.8	26.3	23.1	53.2	1.03	1.02	1.02
結核菌	15.1	34.9	35.4	14.6	70.3	1.03	0.99	1.00
酵母	31.7	18.3	17.4	32.6	35.7	0.97	1.05	1.00
ショウジョウバエ	30.7	19.6	20.2	29.5	39.8	1.03	0.97	1.01
トウモロコシ	26.8	22.8	23.2	27.2	46.1	0.99	0.98	0.98
ウシ	27.3	22.5	22.5	27.7	45.0	0.99	1.00	0.99
ブタ	29.8	20.7	20.7	29.1	41.4	1.02	1.00	1.01
ヒト	29.3	20.7	20.0	30.0	40.7	0.98	1.04	1.00

Box 4.2 ハーシー・チェイスの実験

遺伝物質がDNAでなければならないという根拠は，少なくとも1944年のAvery, MacLeod, McCartyによる実験にまでさかのぼることができる（Box 4.1参照）．しかし1950年代までは，より複雑な構造をもつタンパク質が遺伝物質の役割を担うはずだと思われていた．この考え方は，Alfred HersheyとMaltha Chaseが行った簡潔な実験によって，きっぱりと否定されることになった（図1）．彼らは，細菌のウイルスで，大腸菌に感染して細菌内で多くのファージをつくり溶菌によって子ファージを放出するバクテリオファージT2を用いた実験を行った．すでに電子顕微鏡を用いた観察により，T2ファージはDNAの格納容器であるタンパク質頭部とファージが細菌表面に付着するために用いられる尾部をもつが，感染時にファージ全体が細胞内に入るわけではないことがわかっていた．しかし感染をひき起こすためには，何かが細胞内に送り届けられなければならない．それはいったい何なのであろうか．

HersheyとChaseは，タンパク質はリンをほとんど含まず，DNAはリンを含むという事実を利用した．反対に，タンパク質は硫黄を含むが，DNAは硫黄を含まない．彼らは二つのファージ集団として，放射性のリンを加えて増殖させたファージの集団（DNAを選択的に標識）と，放射標識した硫黄化合物を加えて増殖させたファージの集団（タンパク質を選択的に標識）を増殖させた．それぞれのファージの集団を別々に増殖させている大腸菌に感染させた．大腸菌にファージをしばらく付着させた後，強力なミキサーを用いてファージを大腸菌から振り落とし，遠心分離によって感染細菌と空になったファージである"抜け殻"とを分離した．その結果，標識されたリン（つまりDNA）のほとんどは細菌を含む細胞性の沈殿物中にみられたが，標識された硫黄（つまりタンパク質）はすべて抜け殻ファージとして上清中に残っていた．つまりこれは，細菌に挿入されたものはDNAでありタンパク質ではないことを示している．さらにファージによって溶菌された細菌から出てくる子ファージは，標識されたDNAを含んでいることもわかった．この子ファージもタンパク質を含んではいたが，放射能標識した硫黄を含まなかったため，感染させたファージ由来のタンパク質は"ない"ことがわかった．それゆえDNAは何らかの形で，新しいタンパク質を細菌内で合成しなければならないことになる．

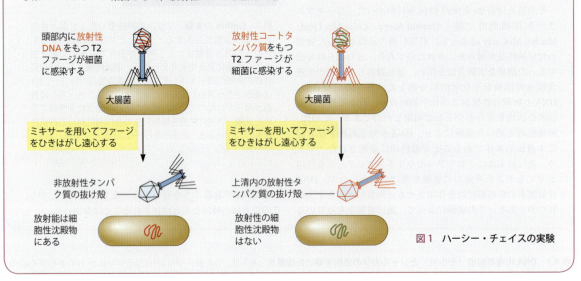

図1　ハーシー・チェイスの実験

法が正しいことは，Matthew MeselsonとFrank Stahlによって実証された（第19章参照）．

ワトソン・クリックのモデルはもともと，DNA繊維のX線回折像に基づいて推測されたものである．実はDNAのX線回折像は，単結晶を用いた解析から得られるような明確なX線回折像とはならない（Box 3.6参照）．小さなDNA分子を用いた真のDNA結晶のX線回折像が得られるまでには多くの年月がかかったが，その結果はワトソン・クリックのモデルによる推測とかなり近いことがわかった（図4.8）．実際には，らせんの各回転は約10 bp（塩基対）であり，塩基はらせん軸に対してほぼ直角となっている（表4.2）．

DNAを高温にさらすとDNAは**変性**（denaturation）し，二本鎖は一本鎖に解離する（図4.9）．この現象は特定の温度で起こることから融解ともよばれる．融解する温度（融点）は高いGC含量あるいは高い塩濃度によって上昇し，これらの事実は実験プロトコールでもよく利用される．変性したDNAを緩やかに冷却しアニーリングさせると，塩基対を形成して二本鎖を再構成する．相補的な塩基配列をもつ一本鎖DNAが二本鎖DNAを形成できる能力は，標識DNA断片をハイブリッド形成させる多くの実験手法の基盤となっている．

4.3 DNAの物理構造

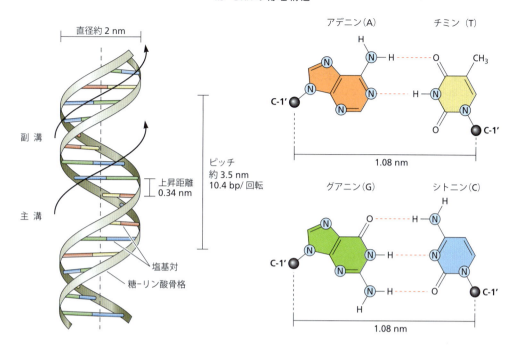

図 4.6　B-DNA の二重らせん構造　塩基対は片方の DNA 鎖上のプリンともう片方の鎖上の対となるピリミジンとの間で形成される。A・T, G・C 塩基対では糖内の C-1′ 間の距離がまったく同じになるので、これらの相補的な塩基間での対合が可能となる。らせんの安定化には相補的な塩基間での水素結合と、連続する塩基対間で積み重ねられる相互作用の両方が重要である。Watson と Crick が提唱したもともとのモデルは図示された構造とよく似ているが、10.0 bp/回転となっている。［the U.S. National Library of Medicine のご厚意による、改変］

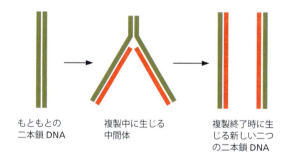

図 4.7　DNA の二重らせん構造により、単純に半保存的 DNA 複製ができる　二本鎖（茶色）を構成する二つの鎖が分離すると、それぞれの鎖を鋳型として、二つの相補的な新しい鎖（赤）が合成される。DNA の構造が解読された直後の 1953 年、この遺伝物質の複製モデルが Watson と Crick によって示された。

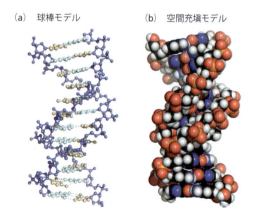

図 4.8　結晶構造解析によって得られた B-DNA の構造
(a) 球棒モデル. (b) 空間充填モデル. 各原子はファンデルワールス半径の球として示されており、この空間充填モデルをみると塩基の積み重なりがよくわかる。

DNA には異なる構造が数多く存在する

　DNA の二本鎖構造は、実際には一つのタイプだけというわけではなく、ポリヌクレオチド鎖内の塩基配列や DNA が置かれた環境条件に応じてさまざまな形をとりうる。Watson と Crick が研究したものは、**B 形 DNA**（**B-DNA**; B-form DNA）とよばれるものであり、水分含有量が高い場合によくみられる形である。したがって、*in vitro*（試験管内）や *in vivo*（生体内）の溶液中では最も一般的にみられる形となる。他にも、水分含有量が低い条件下で存在する **A 形 DNA**（**A-DNA**; A-form DNA）や、特殊な塩基組成を必要とする左巻きの **Z 形 DNA**（**Z-DNA**; Z-form DNA）も存在する。これらの形は図 4.10 に、また構造の詳細な特徴は表 4.2 に示す。自然界ではまれに一本鎖の不対合 DNA がみつかるが、生物学的には B-DNA が

Box 4.3　DNAの構造とFranklin, Watson, Crick

　1953年にJames WatsonとFrancis Crickがどのようにしてdnaの二重らせん構造を発見したかについての話は，多くの人に知られるところとなっている．しかし実際に起こったことは世評よりも複雑であり，科学というものが実際にどのように進んでいくのかについて多くのことを教えてくれる．まず，WatsonとCrickはこのようなDNAの構造解明という画期的な取組みに対しては，あまり縁のなさそうなペアであった．Watsonは生物学の若いポスドク研究者としてケンブリッジ大学のキャヴェンディッシュ研究所に来ていた．Crickはまだ大学の博士課程で研究しており，その研究は第二次世界大戦によって中断されていた．

　二人ともDNAの構造は重要であり，この構造はDNA繊維のX線回折研究によって解明されると強く信じていた．しかしWatsonはX線回折手法に関する経験がなく，Crickも主として理論に関する経験がある程度であった．さらにWatsonとCrickはX線回折研究のデータをとるための設備をもっていなかったし，キャヴェンディッシュ研究所のLawrence BraggはX線回折研究を始めることについては乗り気でなかった．一方，ロンドンのキングズカレッジのMaurice Wilkinsが率いる研究所には立派な装置があり，長年にわたって繊維状ポリマーのX線回折研究を行っていた．この研究所ではRosalind Franklinという若い研究者が，数年前からさまざまな状況下で調製されたDNA繊維を用いてよりよいX線回折像を得ようとしていた．Franklinは非常に慎重なタイプで，結果の妥当性が確信できるまでは発表や研究者間での情報共有を行いたいとは思わない研究者であった．このような状況ではあるものの，1952年までにFranklinは，低い含水量の試料にみられるA形と，高い含水量の試料にみられるB形という二つの形のDNAについての良好なX線回折像を得ていた．これらのX線回折像によると，B-DNAはらせん状で，らせん1回転につき約10残基を含み，残基間の間隔は0.34 nmであることを強く示していた．構造全体に関しては，これらのデータを用いても依然としてよくわからない部分が残っていた．それは，複数の鎖が分子内に存在する可能性があることと，塩基が鎖の外側なのか内側なのか決めきれないことであった．Franklinは，より多くのデータを待ってからこれらを公表しようとしているようにみえた．

　一方WatsonとCrickは，より古くて貧弱なデータと立体化学的な論理的制約に基づき，合理的なモデルを構築しようとしていた．Linus Paulingも，ほとんど同じ方法を用いてタンパク質のαヘリックス構造を推定しており，DNAにおいても同様の方法で構造を推定しようとしていた．どちらの研究においても最初に得られたモデルは，"塩基がらせんの外側に存在し，負に帯電したリン酸基が中心に存在する"といった，ありえなさそうだとすぐにわかるものであった．

　分子生物学の歴史において，1953年1月30日は重要な1日となった．Watsonはロンドンに行き，Rosalind FranklinとMaurice Wilkinsに会った．Franklinとの会合はうまくいかなかったが，その後のWilkinsとの雑談は有意義なものであった．WilkinsはWatsonにFranklinが得たきわめて解像度の高いB-DNAのX線回折像を見せた．Watsonは驚き，即座にその意味を完全に理解した．それは，B-DNAがらせんであることを明示しており，1回転当たり10単位から成るというものだった．これによってWatsonらはDNAモデルの枠組みをつくれるようになった．Franklinも同じ結論には至ってはいたが，モデルを構築することには反対していた．

　少なくともWatsonとCrickは躊躇することなく，すぐにFranklinの発見を用いて三次元モデルの構築を開始した．DNA構造が二つの鎖を含んでいることは，DNA繊維の密度および含水量のデータから導くことができた．さらに構築したDNAの構造モデルは，リン酸骨格が二重らせん内の中心部分に存在するのではなく，らせん内に存在する塩基の周辺に位置していることを示していた．このモデルでは当初，塩基の大きさが異なる（プリンはピリミジンよりも大きい）ことに起因する問題が生じていた．これを考慮してモデルを構築すると，らせんは不規則ででこぼこになってしまった．さらに悪いことに，WatsonとCrickは当初GとTの間違った互変異性体を使ってモデルを構築していた（ポスドク研究員のJerry Donohueがこれを修正した）．しかしすぐにWatsonは，プリンの向こう側はピリミジンで，ピリミジンの向こう側はプリンであると仮定すると，滑らかならせんになることに気づいた．さらに，AとT，あるいはGとCをそれぞれ組合わせると，向かい合う塩基対間に多くの水素結合が形成されることがわかった（図4.6参照）．しかもこれは，AとTが等量，かつGとCが等量で存在するとしたシャルガフの法則と矛盾しない．突如として，遺伝情報が世代間で伝達される機構をも含めて，すべてが納得できるものとなった．つまり，鎖が相補的であるとすると，分離した鎖をそれぞれ別々に複写することによって，二つの二重らせんはもとの鎖と同じ情報をもつことになると理解したのである．

　このすばらしい発見を賞賛する際は，Rosalind Franklinによる長年の緻密な研究データが重要であったことを覚えておくべきである．そうはいうものの，このパズルは明らかにWatsonとCrickのひらめきによって解かれたものであった．1962年のノーベル生理学・医学賞は，Watson, Crick, Wilkinsが共同で受賞することになった．Franklinはその数年前に亡くなっていたので，相応の栄誉を受けられなかったのである．ノーベル賞は死後には授与されない．

4.3 DNAの物理構造

表4.2 DNA二重らせんの三つの形がもつ構造パラメーター

	A形	B形	Z形
巻き（らせん方向）	右巻き	右巻き	左巻き
直径〔nm〕	約2.6	約2.0	約1.8
らせん1回転当たりの塩基対数	11	10.4	12
塩基対当たりのらせんの上昇距離〔nm〕	0.26	0.34	0.37
らせんの軸に対する通常の塩基の傾き〔deg〕	20	6	7
糖のコンホメーション	3′-エンド	2′-エンド	ピリミジンでは2′-エンド，プリンでは3′-エンド
グリコシド結合のコンホメーション	アンチ	アンチ	ピリミジンではアンチ，プリンではシン

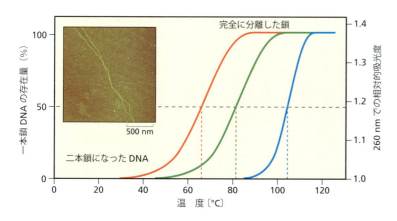

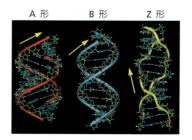

図4.9 **二本鎖DNAの融解** 二本鎖DNAの融解温度は通常，1℃/分のスピードでゆっくり温度を上げることができる高塩緩衝液（100 mM Na$^+$）を利用して，260 nmでの吸光度を測定することによって解析する．DNAの融解温度はDNAの50%がまだ二本鎖の形をとっている温度として定義される．三つの異なる曲線はDNAの塩基組成によってそれぞれ異なる融解の様子を示している．ポリ［d(AT)］は赤，天然のDNAは緑，ポリ［d(GC)］は青で示している．融解温度T_mは，それぞれの色の破線で示している．（挿入図：部分的に変性したDNAの電子顕微鏡像．[Liu Y-Y Wang P-Y, Dou S X et al. [2005] Sci. Technol. Adv. Mater 6:842-847. Elsevierの許可を得て掲載]）

図4.10 **DNA二重らせんのさまざまな形状** DNA二重らせんはおもに三つの形（A形，B形，Z形）をとる．糖-リン酸骨格の巻き方（黄の矢印）に着目すると，A形とB形の構造は右巻きだが，Z形の構造は左巻きとなる．B-DNAは，広い主溝と狭い副溝をもつことに着目．これらの溝はDNAとタンパク質が相互作用する際に重要である（第6章参照）．A-DNAの場合，両方の溝の幅はほぼ同じとなる．[Wikimediaより]

最も重要であり，ワトソン・クリックのモデルはB-DNAのらせん構造についてうまく説明してくれている．

ある種のDNAウイルスは根本的に異なる形のDNAをもっている（リン酸骨格が内側にあり，塩基が外側に飛び出している）．このDNA構造はPaulingが提唱したB-DNA構造の初期モデルとよく一致するため，ポーリング形とよばれている（Box 4.3参照）．

DNA鎖の配列に関しては，片方のDNA鎖の配列に応じて他方の相補的配列が決まるので，二本鎖DNAの両方の配列を書きとめておく必要ない．慣習的には，片方の鎖の配列を5′末端から順に書きとめておくと，それに対応する相補鎖の配列は考えればわかる．

二重らせんはかなり硬い構造ではあるが，タンパク質の結合によって折れ曲がる

B-DNAに関する多くの説明では，DNAが硬い棒状分子であることを示唆しているが，これは正確であるとはいえない．二本鎖DNAは曲げられるし，また曲がったものを含んでいることもある．DNAのような重合体分子の柔軟性は**持続長**（persistence length）という用語を用いて表すことができる．これは，以下のように考えると理解できるだろう．まず，分子の片方の末端を手でしっかりともっているとする．もう片方の末端の位置をどれくらい正確に予測できるだろうか．分子が非常に硬い場合は正確に予測できる．このような硬い分子は非常に大きな持続長をもっているといえる．反対に分子が非常に柔らかくて簡単に曲がってしまえば，もう片方の末端の位置をうまく予測することはできない．このような分子は非常に小さい持続長をもっているということになる．これまでの多くの研究では，溶液中のB-DNA 130塩基対（bp）ほどの長さに対する持続長は約45 nmであった．このようにDNAはわずかな屈曲性しかもたないので，DNAとタンパク質との相互作用には構造的な制約を生じる．それゆえ，たとえばヌクレオソームにおいてコアとなるタンパク質は147 bpの

DNA を 1.67 回転で巻取る（第 8 章参照）が，この巻きにおいては，**ねじれ**（twist）の変更やらせん内の転位だけではなく，大きな屈曲エネルギーも必要となっている．

DNA はこの構造による基本的な屈曲性に加えて，塩基配列に依存して内因的に屈曲する．DNA 内の塩基対の積み重なりは対称ではないこともあり，いくつかの塩基対が片側のらせんでもう片方よりもきつく積み重なることがある．たとえば，規則的な間隔を空けて並んだ dA/dT の五量体〔d(A/T)$_5$ 配列〕は著しく屈曲する．内因的に屈曲する DNA があるということは特定のタンパク質が DNA に結合しやすくなるという点で重要となる（第 6 章参照）．同じ長さでも屈曲した DNA は線状の DNA よりもゲル中をゆっくりと移動するという違いを利用すると，屈曲度合いは DNA の電気泳動度の違いとして検出できる．屈曲度の評価では，小さな DNA をリガーゼ（二つの DNA 断片を分断されていない単一の分子に連結する酵素）を用いて環状化してから電気泳動を行う．実験では，屈曲しなければ環状構造をとれないような，かなり短く剛性が高い DNA 断片が用いられる．分子が屈曲している場合は環状化が非常に起こりやすくなり，その環状化率は，より大きく，鋭く，多くの屈曲がある場合に上昇する．環状分子と線状分子はゲル電気泳動で簡単に分離することができるので，ゲル電気泳動は環状化率を評価するのに便利な手法であるといえる．

DNA は折りたたまれた三次元構造もとれる

DNA 配列が特殊な場合，三次元的な DNA 構造をとることができる．一例として，パリンドローム配列があげられる．言語学において**パリンドローム**（回文；palindrome）とは，どちらの方向からでも同じように読める文字や言葉の配列のことである（ナポレオンが言ったかもしれない "Able was I ere I saw Elba" のような文）．図 4.11 の配列を例にして考えてみると，DNA はパリンドローム配列の特性によって，通常の線状二本鎖，あるいは**十字形**（cruciform）構造のいずれかになりうる．この十字形は通常，トポロジーが拘束された DNA 分子に強い負の超らせんの圧力がかかったときに押出されてできる．一本鎖がパリンドローム配列をもつと，**ヘアピン**（hairpin）構造となる．

より風変わりなのは**三重らせん**（triple helix）構造である **H-DNA** である．この構造は，通常とは異なる水素結合（フーグスティーン型の塩基対形成）で部分的に安定化した三本鎖領域によってつくられる（図 4.12）．この構造は，領域内のすべてがプリン，あるいはピリミジンの配列をもつ場合に生じ，三重らせん形成に高濃度のプロトン（水素イオン，H$^+$）が必要なことから H-DNA とよばれる．この三重らせん構造は一本鎖 RNA と二本鎖 DNA との相互作用においても重要となっている．

実際に特定の一本鎖オリゴヌクレオチド配列を合成し，それらを塩基対形成（アニーリング）させ，相補的領域で二重らせん構造をつくらせると，複雑で多種多様な構造をつくることができる．このような人工的に形状を設計できる能力は，現在 DNA をベースとしたナノ構造複合体の構築を行うナノテクノロジーで利用されている（図 4.13）．

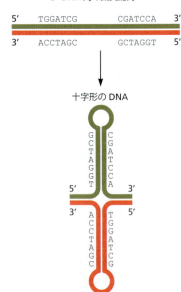

図 4.11　十字形の構造をとる DNA（二つのヘアピン構造をもつ）　二本鎖 DNA のパリンドローム配列が高い負の超らせん圧力を受けると，DNA の一部が押出されてこれらの構造ができる．

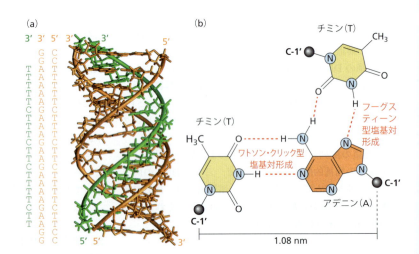

図 4.12　DNA 三重らせん　(a) 第三のピリミジン鎖（緑）がピリミジン-プリン二本鎖 DNA の主溝に結合し，三本鎖 DNA がつくられる．［Taejin Kim と Tamar Schlick, New York University のご厚意による］(b) これらの三本鎖 DNA では，通常のワトソン・クリック型塩基対に加え，フーグスティーン型塩基対が形成される．

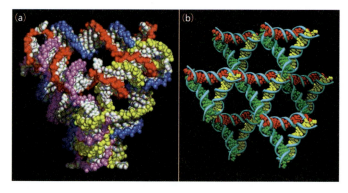

図 4.13 **自己集合によってつくられた三次元 DNA 結晶の論理的構造** 相補的な突出末端をもつ一本鎖オリゴヌクレオチドを対合させると，複雑な人工構造物を数多くつくることができる．これらの突出末端は互いに対合しやすく，B-DNA 構造をもつ三次元結晶ができる．(a) Andrew Turberfield の実験室でつくられた DNA の正四面体．[Goodman RP Schaap IAT, Tardin CF et al. [2005] *Science* 310 1661-1665. American Association for the Advancement of Science の許可を得て掲載] (b) テンセグリティ三角形として知られる構造がつくられ，結晶化，4Å の分解能で解析が行われた．[Zheng J, Birktoft JJ, Chen Y et al. [2009] *Nature* 461:14-77. Macmillan Publishers, Ltd. の許可を得て掲載]

閉じた環状 DNA はねじれて超らせんになれる

DNA がとりうる構造については，閉じた環状の二本鎖 DNA を考慮するとさらに多くなる．多くの DNA 分子，特に細菌細胞内でみられるものは閉環状の DNA である．さらに高等生物の DNA のほとんどは線状分子ではあるが，真核細胞の核内では不溶性のタンパク質粒子に結合して巻き付いている．このような巻き付きによって拘束された DNA は**トポロジカルな拘束**（topologically constrained）を受けるため，環状 DNA のように振舞う．このような DNA 分子はいずれも特別な性質をもち，二重らせんである DNA の長軸そのものがさらにらせん構造をとる超らせんになることができる．この超らせんの構造は電話コードを例にして考えるとわかりやすい．電話コードはらせん状に巻いているが，そのらせんそのものがさらにねじれ，超らせんになっていることがよくある．

この全体像を理解するためには，以下のように考えるとよい．まず，105 bp の線状 DNA がちょうど 10.5 bp/回転で存在していると考える．これが平面上に置かれていると仮定し，超極細ピンセットで DNA の末端をつまんで環状化してみる（図 4.14 a）．さらに，分子生物学実験で使われる酵素を用いて末端を結合し，閉環状の DNA をつくってみる．このようにしてできた閉環状 DNA は回転数が整数であるため（105 bp を 10.5 bp/回転で割ると整数値 10 となる），環の表面は平らで弛緩（リラックス）した円形となっている．このような DNA 分子の場合，それぞれの鎖の 5′ 末端は同じ鎖の 3′ 末端とぴったりと合わさるので，酵素を用いて簡単に環状化することができる（図 4.14 b）．しかしここで，一方の端を固定したまま反対側の端を反時計方向に回転させ，DNA を 1 回転だけ巻戻したとする．そうすると今，環状 DNA は 105 bp で 10 回転ではなく，

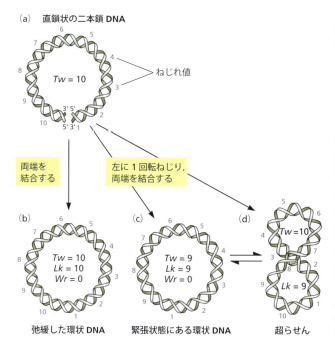

図 4.14 **DNA 超らせんの形成** (a) 105 bp の長さをもつ線状の二本鎖 DNA 分子は，ピッチが 10.5 bp/回転なので，Tw（ねじれ数）= 10 となる．(b) 回転数は整数の値をとるので，回転の最後はそろうことになる．よって，DNA の 5′ 末端と 3′ 末端を分子が弛緩し平面上に置ける閉環状構造をとれるように配置する．弛緩した環では Lk（リンキング数）= 10, Tw = 10, Wr（よじれ数）= 0, ピッチ = 10.5 bp/回転となる．(c) もし，末端を結合する前に回転の数を 1 減らすと，新たに形成される環は 9 回転しかもたないことになる．この環を平らにするためにはピッチ 10.5 bp/回転を 11.67 bp/回転，Lk を 9, Tw を 9, Wr を 0 に変更する必要がある．この分子はらせんの各回転をつくるのに通常の B-DNA よりも多くの塩基対が必要なため，巻き不足とよばれる．この分子は熱力学的に安定な B-DNA に比べ，らせんがねじれ不足なためひずんでいる．(d) ひずんだ分子はねじれは変わらないが，よじれて超らせんとなることがある．このときピッチは 10.5 bp/回転，Lk は 9, Tw は 10, Wr は −1 になる．超らせんとなった分子は平面上でうまく横に置くことができない．DNA 分子はひずんだ際，最初はその応力をねじれを変えることで吸収するが，その直後に超らせん構造に移行する．この移行は，屈曲移行とよばれている．[(a)〜(d) Mathews CK, van Holde KE & Ahern KG [2000] *Biochemistry*, 3rd ed. より改変 Pearson Prentice Hall の許可を得て掲載]

9回転ということになる．これは巻き不足という状態であり，一つの鎖が他の鎖と交差する回数である**リンキング数**（*Lk*；linking number）は1減った状態となる．このDNAは弛緩した状態にはなく，緊張した状態だといえる．この緊張状態は，さまざまな方法で取除くことができる．たとえば図4.14(c)のように，緊張を環全体にわたって広げると11.67 bp/回転（すなわち105 bpで9回転）のDNA分子とすることができる．この環状DNAもまた，平面上に平らに置くことができる．それよりもありえそうなこととしては，DNA軸そのものが1回転して負の超らせん構造をとることである．このとき，実際のDNA二本鎖の交差は，右巻き（あるいは正）となる（図4.14 d）．このようなよじれは，DNAを1回右巻きにねじって戻す超らせんによって相殺することができる．このときDNAは10.5 bp/回転で10回転に戻っている．超らせんとなったDNAはそれ自体が交差しているため，平面上に平らに置くことはできない．

DNA超らせんは曲げられるベルトあるいはゴムバンドを用いるとモデル化することができる．弛緩した状態のバンドを環状化（弛緩した環状二本鎖DNA分子に相当）させると，バンドの縁は二つの鎖の目印として利用することができる．このバンドの片方の端を固定しておき，もう片方の端をねじってから両端をつなぎ合わせると，超らせんのモデルをつくることができる．もし閉じた環状のもの（ゴムバンドのようなもの）からモデル化しようとすると，最初に環を切断しなければねじりやつなぎ合わせを行うことはできない．モデルとして使用しているバンドはB-DNAのらせんを表しており，二次元レベルでのらせんを意味している．バンドをつなぎ合わせる前にさらにバンドをねじると，超らせん構造はより複雑になりかつコンパクト化されて，枝状の形がつくられる．この超らせん化の原理については，DNA超らせんを示した一連の顕微鏡像を見ればよくわかる（図4.15）．**リンキング数** *Lk*，**ねじれ数**（*Tw*；twisting number, ツイスト数），**よじれ数**（*Wr*；writhing number, ライジング数）間の関係は，定量的に扱うことができる（Box 4.4）．

超らせんが過度になると，DNAはかなりゆがんだ状態になる（図4.15）．超らせんは一般に2種類に分けること

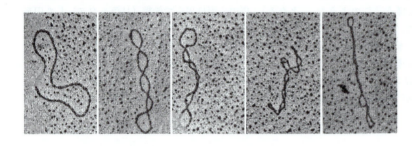

図4.15 視覚化したDNA超らせん 環状DNA分子の電子顕微鏡像．超らせんの程度は左から右に増加する．[Kornberg A & Baker TA [1992] DNA Replication, 2nd ed. University Science Books の許可を得て掲載]

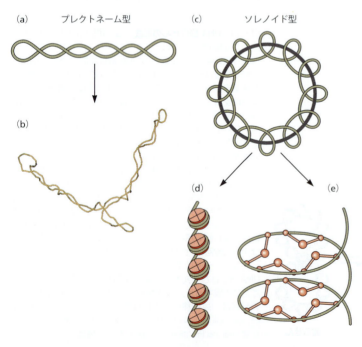

図4.16 DNA超らせんの三次元的な形態 DNA超らせんは，(a) プレクトネーム型と (c) ソレノイド型の2種の形態をとる．[(a), (c) Travers A & Muskhelishvili G [2007] *EMBO Rep* 8:147-151 より改変．John Wiley & Sons, Inc. の許可を得て掲載] (b) プレクトネーム型の典型的なコンホメーション．長さ3500 bpの超らせん分子（生理学的イオン条件下での超らせん密度σが−0.06）のコンピューターシミュレーション．図4.15の電子顕微鏡像とコンピューターモデルが類似していることに注目．ソレノイド型超らせんの二つの形態を示す．[Alex Vologodskii, New York University のご厚意による] (d) ヒストン八量体の周囲へのDNAの巻き付き（赤の円柱として表示）は，左巻きのソレノイド型となり，DNAをコンパクト化する（第8章参照）．(e) 染色体の有糸分裂に関与するコンデンシンタンパク質（赤の球棒構造）は，大きな正のソレノイド型を生じることによって，DNA全体のよじれに影響を与える．[(d), (e) Holmes VF & Cozzarelli NR [2000] *Proc Natl Acad Sci USA* 97:1322-1324 より改変．National Academy of Sciences の許可を得て掲載]

4.3 DNAの物理構造

Box 4.4　より詳しい説明：超らせん，リンキング数，超らせん密度

閉環状二本鎖DNAの形状は定量的に表すことができる．まず，閉環状DNA分子のトポロジー量は変更できない．トポロジー量は，閉環状DNA分子を切断し，ねじって再結合することによってのみ変更できる．このときのトポロジー量とはリンキング数 Lk のことであり，二つの環が交差する数として定義される．この二つの環はDNAの場合，閉環状分子内における2本のDNA鎖それぞれに相当する．リンキング数は整数である必要があり，右巻き交差の場合は正として，左巻き交差の場合は負として表される（図1）．

リンキング数は，DNA鎖をねじる回数 Tw（ねじれ数）と，DNA軸が交差する回数 Wr（よじれ数）から成る．したがって，以下の式が成り立つ．

$$Lk = Tw + Wr \quad (4.1\text{式})$$

これらの関係を示した図4.14(c)と(d)では両方ともリンキング数が9であるが，ねじれ数とよじれ数が異なっている．

環状DNA分子内の超らせんの量は**超らせん密度**（σ；supercoil density）として表せる．したがって，以下の式が成り立つ．

$$\sigma = \frac{Lk - Lk_0}{Lk_0} \quad (4.2\text{式})$$

このとき，Lk_0 は弛緩した分子のリンキング数を表しており，弛緩した分子はよじれていないため Tw_0 と等しくなる．*in vivo* のDNA分子は，典型的には約 −0.05 の値をとっており，これはDNA 100回転（約 1000 bp の長さ）ご

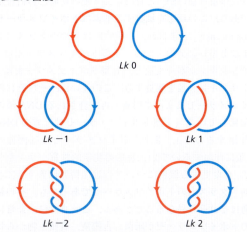

図1　リンキング数　空間内における閉じた2本の曲線はさまざまな方法で移動，切断，再結合することができる．ここでは単純化したいくつかの例を示す．2本の曲線の組合わせによってリンキング数 Lk とその符号が正か負か決まる．右巻きの交差の場合は Lk は正の値となり，左巻き交差の場合は負の値となる．

とに約5個の負の超らせんが存在することを意味している．天然に存在するほとんどの環状DNAは巻きの少ない状態で存在しており，一般には負の超らせんとなっている．

ができ，プレクトネーム型およびソレノイド型（またはトロイド型）とよばれる構造をとる（図4.16）．同じ分子におけるコンパクト化の度合いは，この2種類の超らせんの形態間で異なっており，プレクトネーム型よりトロイド型の方がよりコンパクト化された形となることに留意してほしい．負のよじれ数は，プレクトネーム型の構造では右巻き交差に相当し，ソレノイド型の構造では左巻きらせんに相当する．これを図示することは難しいが，円筒状のものに管を何回かソレノイド型で巻いたあと，管の端を固定した状態で円筒を取外すことを考えてみよう．真核生物のDNAを核内の小スペースに多量に詰込む場合，一般的にトロイド型の超らせん形成が用いられる．真核生物の間期の染色体では，ソレノイド型のDNAがクロマチンと結合するタンパク質に巻き付いている（第8章参照）．しかし通常の細胞では，例として示した大腸菌染色体のように，DNAをコンパクト化するためにソレノイド型とプレクトネーム型の両方の超らせんが用いられる（図4.17）．細菌は通常一つの巨大な環状DNAしかもたないが，この環状DNAはいくつかのドメインに分けられ，それぞれのドメインは構造や程度が異なる超らせんを含んでいる．

細胞はDNAの超らせんの状態を調節できる酵素をもっ

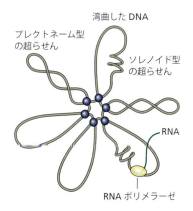

図4.17　大腸菌染色体内における超らせんDNAドメイン　細菌の染色体内にプレクトネーム型とソレノイド型の両方のループが存在することを示す図．関与するタンパク質は描かれていない．染色体は単純化して描いている．実際には，おそらく400以上の異なるドメインが存在している．ループ構造は特異的な構造タンパク質がその基部に結合することによってできる．特定の塩基配列の存在によって自然と曲がる内因性の湾曲したDNAは超らせんの先端に局在する傾向がある．

[Willenbrock H & Ussery DW [2004] *Genome Biol* 5:252-256 より改変．BioMed Central. の許可を得て掲載]

ている．超らせんを調節するためにはリンキング数を変更しなければならないが，これには二本鎖の切断と再結合が必要である．この反応を触媒する酵素は**トポイソメラーゼ**（topoisomerase）とよばれ，一般的には二つのクラス（I型およびII型）に分けられる．I型トポイソメラーゼは1段階でリンキング数を変更し，II型トポイソメラーゼは2段階でリンキング数を変更する．この違いは，それぞれのトポイソメラーゼによって切断・再結合されるDNA鎖の数と関係している（I型トポイソメラーゼは片方のDNA鎖に作用するので1，II型トポイソメラーゼでは両方のDNA鎖に作用するので2）．反応の化学的性質，リンキング数 Lk を変更する機構についての追加情報は表4.3に示す．同一クラス内のトポイソメラーゼであっても，その制御機構はそれぞれ異なることがある．これまでに，非常に多くのトポイソメラーゼが細菌，古細菌，真核生物から報告されており，今後さらに増えると予想される．

IA型トポイソメラーゼは酵素-架橋モデルに従って作用する（図4.18）．IA型トポイソメラーゼは片方のDNA鎖に切れ目（**ニック；nick**）を入れ，そこをもう片方の未切断の鎖を通過させることによって超らせんの張力を緩める．IB型トポイソメラーゼは制御された回転機構を用いる（図4.19）．この機構では，まずトポイソメラーゼは一つのDNA鎖にニックを入れ，そこでDNA鎖に生じた遊離の5′-リン酸基とトポイソメラーゼの**活性部位**（active site）内のチロシン残基とを共有結合する．そのとき，DNA鎖の遊離の3′-OH末端はDNA鎖のリン酸基と反応する前に1回転する．これにより，DNA二本鎖が再結合

するとリンキング数は1変更される．II型トポイソメラーゼ（図4.20，図4.21）は二つのゲートを用いた機構で作用する．II型トポイソメラーゼは二本鎖切断してらせん内にゲートをつくり，未切断の二重らせんを通過させる．大部分のトポイソメラーゼは，超らせんによる緊張状態を弛緩させるように働くが，細菌の**DNAジャイレース**（DNA gyrase）のように負の超らせんをつくれるものもある．このような超らせん張力に逆らった働きには，ATPの加水分解によって得られるエネルギーが必要となる．

トポイソメラーゼは臨床治療で広く使われる抗がん剤の重要な標的となっている（Box 4.5）．DNA凝集における超らせんの重要性と遺伝子の活性調節については他の章で詳しく説明する．

4.4 RNAの物理構造

RNAは多様で複雑な構造をとるが，B形のヘリックス構造にはならない

リボ核酸（RNA）は化学的には二つの点でのみDNAと異なる．一つめは，RNAは糖としてDNA中の2′-デオキシリボースの代わりにリボースをもつ（図4.2b参照）．二つめは，RNAは塩基としてDNAに含まれるチミン（5-メチルウラシル）の代わりにウラシル（U）をもつ．これらの違いはささいなものにみえるかもしれないが，DNAとRNAの機能が細胞内で大きく異なることと密接に関係している．直接的なものとしては，細胞内のDNAにみられるB形の二本鎖構造をRNAは形成することができな

表4.3 DNAトポイソメラーゼのサブファミリー

トポイソメラーゼの サブファミリー[1]	DNAの切断[2]	Lk 変更機構	代表的なメンバー[3]
IA	DNA鎖は1本ずつ一時的に切断される．活性部位のチロシンは5′-リン酸基と共有結合する	酵素架橋を用いる．切断されたDNA末端はトポイソメラーゼによって架橋され未切断の一本鎖DNAはここを通過する	細菌のtopo IとIII，酵母のtopo III，ショウジョウバエのtopo IIIαとIIIβ，哺乳類のtopo IIIαとIIIβ
IB	DNA鎖は1本ずつ一時的に切断される．チロシンは5′-リン酸基と共有結合する	制御された回転を用いる．切断されたDNA鎖の3′末端は，チロシンに結合し続ける．もう片方の末端とイオン的相互作用を行うことで，トポイソメラーゼに固定された二本鎖DNAに対して反対側のDNA部分は回転できる	真核生物のtopo I，哺乳類のミトコンドリアtopo I，ポックスウイルスのtopo
IIA	二重らせん中の1対のDNA鎖は二量体のトポイソメラーゼによって一過的に切断される．DNA鎖の切断反応はIAサブファミリーの場合と同じである	ゲートを用いる．トポイソメラーゼはATP加水分解のエネルギーを用い，第一の未切断の二本鎖DNAを切断した第二の二本鎖DNAの切れ目を通過させる	細菌のジャイレース，topo IV，ファージのT4 topo，酵母のtopo II，ショウジョウバエのtopo II，哺乳類のtopo IIαとIIβ
IIB	IIAサブファミリーと同じ	IIAサブファミリーと同じ	*Sulfolobus shibatae*（好熱好酸性古細菌）のtopo IV

[1] 各サブファミリー IA, IB, IIA, IIB の作用機序はそれぞれ図4.18〜4.21で示す．
[2] 活性部位のチロシンとDNAのリン酸基のエステル転移反応によりDNA骨格が切断され，トポイソメラーゼ-DNA間の共有結合形成が起こる．最終段階ではこの反応を逆にすることで完全なDNA構造を再形成する．
[3] 訳者注：トポイソメラーゼのサブファミリー内の表記I, IIと，代表的なメンバー内の表記I, IIは関連しない．代表的なメンバー内の表記I〜IVはそれぞれの生物で行われた研究をもとに独自に付けられている．

4.4 RNAの物理構造　　75

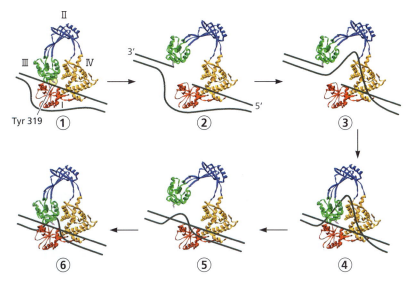

図 4.18　**酵素-架橋モデル**　負の超らせんをもつプラスミド DNA を大腸菌の topo I（IA サブファミリー）を用いて 1 回転分弛緩させる方法．濃い灰色の線は DNA の二つの鎖を示しており，縮尺は一定ではない．トポイソメラーゼ内に存在する四つのドメインは異なる色とローマ数字で示している．この結晶構造の模式図では C 末端ドメインは示していない．活性部位のチロシン，Tyr319 はドメイン III 内に存在する．大腸菌の topo I はドーナツ状をしており，二本鎖 DNA が入れる大きさの正に荷電した穴をもつ．DNA に結合したり弛緩させたりするため，トポイソメラーゼ内の四つのドメインはコンホメーションを変化させることができる．切断される DNA 鎖はまずトポイソメラーゼの表面に結合する．図を単純化するため，開いたゲートを通過している DNA 鎖の長さは誇張して描いている．このトポイソメラーゼは閉じたコンホメーション（①，④，⑥）と内部に DNA が近付ける開いたコンホメーション（②，③，⑤）間を往復している．各段階は以下のように進行する．① DNA の一本鎖部分がトポイソメラーゼに結合する．② 切断された後，DNA 鎖の 5′-リン酸はトポイソメラーゼ内の Tyr319 と共有結合する．もう片方の末端はドメイン I 内のヌクレオチド結合部位にとどまる．ドメイン III は切断されていない DNA 鎖を通過させるため，ドメイン I から離れる．③ 切断されていない DNA 鎖がトポイソメラーゼ内の穴の中に入り込む．④ 切断された DNA 鎖はクランプ状に配置したドメインを閉じるようにして再結合される．⑤と⑥ トポイソメラーゼは通過した DNA 鎖を放出するために 2 回目の開閉を行い，これらの一連の段階はサイクルとして完了する．［Champoux JJ [2001] *Annu Rev Biochem* 70:369-413. Annual Reviews の許可を得て掲載］

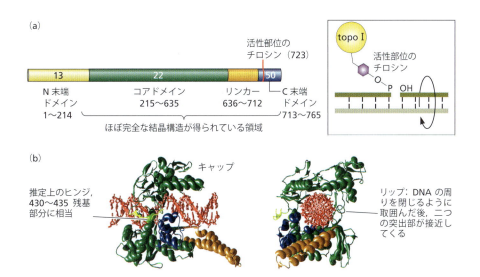

図 4.19　**ヒトの topo I（IB サブファミリー）の模式図**　(a) トポイソメラーゼのドメイン構成，活性部位のチロシンには印を付けている．トポイソメラーゼの作用は回転機構（四角の枠内）によって制御される．(b) DNA と結合したトポイソメラーゼの結晶構造．各ドメインは (a) の図と同様に着色．トポイソメラーゼは DNA（赤）の周囲を締め付けるように配置していることに着目．［Leppard JB & Champoux JJ [2005] *Chromosoma* 114:75-85. Springer Science and Business Media の許可を得て掲載］

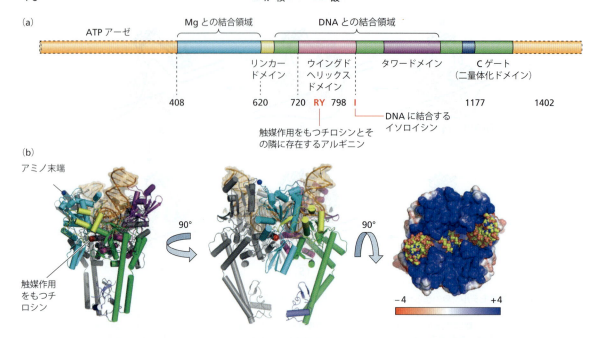

図 4.20　パン酵母の topo II の構造：DNA 結合および切断中心の部分　(a) トポイソメラーゼのドメインの構成（緑は補助的な足場ドメイン）．(b) DNA に結合したトポイソメラーゼをそれぞれの側面から見た図．トポイソメラーゼ内の同種のサブユニットの一つは灰色で，もう一つは (a) の図の配色で表示している．DNA はオレンジ色（半透明）の二本鎖オリゴヌクレオチドとして示している．この DNA は二重らせんの段違い状での切断後に生じる中間体を模倣した 4 塩基から成る相補的な 5′ 突出末端を含んでいる．右側面図は，静電ポテンシャルに従って着色している．赤は負の荷電，青は正の荷電を示している．負に荷電した DNA は正に荷電したトポイソメラーゼの表面にぴったりと収まる．[(a), (b) Dong KC & Berger JM [2007] *Nature* 450:1201-1205 より改変．Macmillan Publishers, Ltd. の許可を得て掲載]

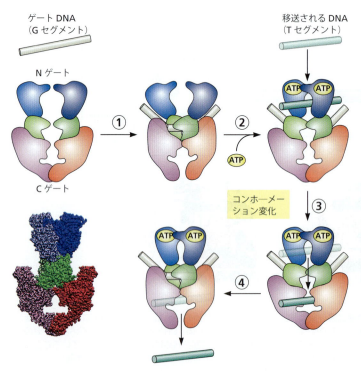

図 4.21　topo II の触媒サイクルにおける DNA 移送の 2 ゲートモデル　topo II は ATP のエネルギーを用い，第二の二本鎖 DNA の切断部位で，第一の未切断の二本鎖 DNA を通過させる．二本鎖 DNA の切断は酵素的に行われ，4 塩基の段違い末端が生じる．反応は以下の段階で進む．① topo II の N 末端の ATP アーゼドメイン（N ゲート）が分かれて第一の DNA 二本鎖（▭）に結合し，第一の DNA 鎖は大きく折れ曲がる．この第一の DNA 鎖は別の第二の DNA 鎖が通過するゲートとして機能するため，ゲート（G セグメント）とよばれる．②と③ N 末端ドメインに ATP が結合すると二量体化し，第二の DNA 二本鎖（T セグメント▭）が捕らえられる．この N ゲートを閉鎖すると連続したコンホメーション変化が起こり，G セグメントの切断と開放，G セグメントの切れ目を通過させる T セグメント DNA の移送をひき起こす．④ T セグメントは C 末端側の開いている二量体の境界面（C ゲート）を通って外に出る．DNA ゲートは G セグメントを再結合するために閉じられる．挿入図：1 番目の構造の下に酵母 topo II の結晶構造を示す．ATP アーゼ（N ドメイン）は青，DNA ゲートは緑，T セグメント DNA が入れる大きさの穴を囲んでいる C 末端部は赤で示している．[Collins TRL, Hammes GG & Hsieh T [2009] *Nucleic Acids Res* 37 112-120 より改変．Oxford University Press の許可を得て掲載]

Box 4.5 抗がん剤としてのトポイソメラーゼ阻害剤

トポイソメラーゼ阻害剤は現在，臨床試験における抗がん剤として広く利用されている．すべてのトポイソメラーゼ反応はDNAの最初の切断，弛緩，ホスホジエステル骨格の再結合といった多くのステップを経て進行する．いくつか薬物はDNAの切断が起こった後にトポイソメラーゼを動けなくすることによってDNAの再結合を妨げる．

I型トポイソメラーゼはヒトを含む高等真核生物では一般的かつ必須の酵素である．このI型トポイソメラーゼを失った*Top1*ノックアウトマウスは，胚発生の初期に死んでしまう．複製や転写中につくられる負の超らせんを弛緩させられるかどうかが，変異体が示す重症度と関連していることがわかっている．

薬物はどのようにトポイソメラーゼとDNAの複合体を動けなくし，DNAの再結合を阻害するのであろうか．DNAの再結合には，DNAの3′-OH末端（切断された場所に存在）がチロシン-DNA-ホスホジエステル結合に対して行う求核攻撃が必要である（表4.3，図4.19参照）．この反応のためには，反応に関与するそれぞれの構造体が適切な配置についていなければならない．既存のDNA損傷によるものか薬物の結合によるものかには関係なく，構造体の配置が乱れればDNAの再結合は阻害されることになる．I型トポイソメラーゼの反応は，DNA損傷が修復されるか薬物が除去されるかによって，構造体が適切な配置に戻った場合にのみ再開される．

ヒトのtopo I-DNA複合体を阻害できる唯一の臨床用薬物は，カンプトテシンおよびその水溶性誘導体である（図1）．カンプトテシンとは植物アルカロイドであり，最初は中国の樹木カンレンボク（*Camptotheca acuminata*）の樹皮から単離された．カンプトテシンは抗がん活性をもつものの非常に毒性が強いため，副作用を軽減するために誘導体化する必要があった．この薬物がもつ最大の利点は，その特異性がきわめて高いことであり，topo Iが唯一の標的となっている．さらにカンプトテシンは脊椎動物の細胞に容易に，かつすばやく浸透し，topo I-DNA複合体との結合が可逆的かつ低親和性であるため，カンプトテシンの作用を細かく制御することができる．カンプトテシンを結合させたtopo Iの結晶構造（図1）をみると，カンプトテシンは切断されたDNA鎖の末端の間に割り込み，DNA鎖の再結合のための配置を妨げるように構造的に作用していることがわかる．

最近の研究では，同様な作用によって細菌のtopo Iを阻害し殺菌する小分子を発見することに力が注がれている．天然に存在するtopo Iの変異体を用いた研究では，活性部位近くのアミノ酸残基の変異によってMg^{2+}の結合が妨げられ，DNAの再結合反応が起こらなくなることがわかった．

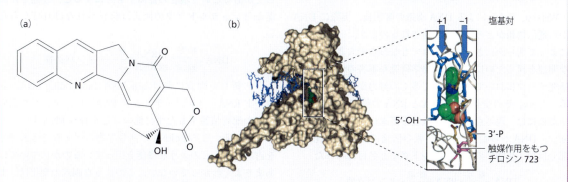

図1　抗がん剤カンプトテシンの作用機構　(a) カンプトテシンの構造と，(b) カンプトテシンによるtopo IのDNA切断部位の阻害．拡大図では，炭素（緑），酸素（赤），窒素（青）を含む薬剤分子がDNAの塩基対（青）の間に積み重なって存在している．切断部位の側面は，茶のリボンで示す．下の方のDNA鎖上にはニックがあるが，薬剤が挿入されているためニックが入ったDNAの5′末端は再結合できない．トポイソメラーゼのN末端の200アミノ酸残基は，原子の配置がわかっていないため示していない．[Pommier Y [2006] *Nat Rev Cancer* 6:789-802. Macmillan Publishers, Ltd. の許可を得て掲載]

い．これは，DNAのデオキシリボース中の小さな水素原子が二本鎖形成の邪魔にならないのに対して，RNAのリボース中のヒドロキシ基は邪魔になることに起因している．相補的なRNA鎖は二重らせんを形成することができるが，その場合はB形ではなく，常にA形の二重らせんとなる．

実際，細胞中にみられるRNAの多くは，片方のDNA鎖に対するコピーとしての一本鎖で存在する．このような転写（transcription）とよばれるコピー（複写）では，DNA中の塩基Aは新しくつくられるRNA鎖中の塩基Uと対になる（他の塩基対の組合わせはDNAの場合と同じである）．しかし，塩基の化学修飾に関しては，RNAの方がDNAよりもはるかによくみられる．転写については他の章でより詳しく述べることとし，ここではRNAの生物学的役割についての概略を紹介する．

RNAは三次元構造をとることができ，一本鎖RNAは無

秩序なランダムコイル（random-coil）構造となることが多い．しかし，RNA鎖上の離れた場所にある相補的な配列をもつ領域が相互作用すると，RNA分子はしばしば独特で複雑な折りたたみ構造をつくる．最も単純な折りたたみ構造はパリンドローム配列によるヘアピン構造あるいは半十字形（図4.11参照）であるが，より複雑な構造の方がよくつくられる．実際，タンパク質の場合と同様，RNAがとりうる構造は多様である．二次構造（タンパク質中のαヘリックスやβシート，RNA中のA形二本鎖など）とよばれる伸びた形状をとる領域はタンパク質とRNAの両方にみられ，これらの領域はさらに折りたたまれて三次構造をつくる．多くの場合，これらの構造では特定の機能を生じるような進化的適応がみられる．タンパク質に結合することで機能を変えられるRNAもいくつか存在する．**リボザイム**（ribozyme）（Box 14.1参照）は酵素のような触媒作用をもっている．それゆえDNAからRNAに伝えられる情報は，タンパク質のための配列情報と機能性RNA分子をつくるといった2種類の機能をもっているといえる．機能性RNA分子はゲノム中の配列の大部分を占めていることが明らかになってきている．

4.5 遺伝情報の一方向の流れ

Watson，CrickによるDNA構造の解明後，実際にDNAから遺伝情報がどのように伝達されるのかが，一連の研究によって明らかにされた．それでもなおこの大きくて複雑な問題を探るために，分子生物学研究や本書の中の多くの研究テーマにおいて依然として多くの努力が続けられている．しかしその全体像やDNAとRNAの役割を明確にするためには，現時点における概要を簡潔に示すことが役に立つ．DNAから始まる遺伝情報の伝達に関する本質的な部分は分子生物学のセントラルドグマと名付けられた．

$$DNA \xrightarrow{転写} RNA \xrightarrow{翻訳} タンパク質$$

RNAは当初，DNA配列からタンパク質配列への情報伝達における媒体として，最初に機能する分子であると考えられた．DNA配列中にコードされているタンパク質のアミノ酸配列情報は，タンパク質コード遺伝子の二本鎖DNAのうち1本の鎖がコピーされた**メッセンジャーRNA**（**mRNA**; messenger RNA）として転写される．このmRNAは暗号（コード）のようなかたちで，4文字の言語（ポリヌクレオチド中の4塩基）から20文字の言語（タンパク質中の20アミノ酸）へと翻訳されなければならない．ヌクレオチドが一つ（4），あるいは二つの組合わせ（4×4=16）の場合，20個のアミノ酸をコードするのには不十分である．実際には，一つ以上の組合わせがある三つ組ヌクレオチドが各アミノ酸に対応していることがわかり，この三つ組の遺伝暗号は地球上の生命すべてにわたって，ほぼ普遍的なものとして使用されている．この暗号とその特徴については，第7章で詳しく説明する．

mRNAによって運ばれる情報は，リボソームRNAと特異的タンパク質との複合体である**リボソーム**（ribosome）とよばれる細胞内の粒子上で翻訳される（詳細は第15章と第16章を参照）．mRNA上の三つ組ヌクレオチドはそれぞれ特定のアミノ酸と対応しており，アミノ酸が小さなRNAである**転移RNA**（**tRNA**; transfer RNA）によって付け加わっていくことによってペプチド鎖が伸長していく．このtRNAはそれぞれ特定のアミノ酸と結合しており，リボソーム上にmRNAとtRNAの両方がある場合，mRNA上の相当する**コドン**（codon）とtRNAの三つ組**アンチコドン**（anticodon）は塩基対を形成する．リボソームはtRNAによって運ばれてくるアミノ酸を伸長中のポリペプチド鎖に結合させる触媒反応を手助けしている（第16章参照）．それゆえ，細胞内でDNAは遺伝情報の倉庫としての役割を担っているのに対して，RNAはその情報をタンパク質に翻訳する過程で役割を担っているといえる．

さらに多くのRNAがさまざまな細胞内情報伝達において調節的に働いており，RNAが幅広い細胞機能を担えることがどんどんわかってきている．RNAが多様な細胞内機能をもつという認識と，情報がRNAからDNAに戻ることがあるという現在の認識をもとにすると，前述した簡潔なセントラルドグマの図式は修正されなければならない．

$$DNA \underset{逆転写}{\overset{転写}{\rightleftarrows}} \begin{matrix}mRNA \\ ncRNA\end{matrix} \xrightarrow{翻訳} タンパク質$$

この新しい図式におけるncRNA（noncoding RNA, 非コードRNA, ノンコーディングRNA）は，タンパク質のための配列情報をもたずに他のことを行うRNAすべてを示している．このncRNAは高等生物のゲノムでは大部分を占めるが，どのような機能を担っているのかについてはあまりよくわかっていない．このような図式の変化は，セントラルドグマ（中心教義）は不変の真実を暗示するものではあるが，決して教義ではなかったことに気づかせてくれる．科学において，変わらないものは何もない．

4.6 核酸の研究で用いられる実験手法

核酸を研究するため，数多くの手法が長年にわたって開発されてきた．これらのうちのいくつかの方法は器具や使い方が比較的簡単であるが，その他のものは高価な機器と高度な操作を必要としている．最も一般的な手法であるゲル電気泳動法（Box 4.6，Box 4.7），密度勾配遠心分離法（Box 4.8），核酸ハイブリダイゼーション法（Box 4.9）およびDNAの塩基配列決定法（Box 4.10）は，一連のBox内で説明する．さらなる手法に関しては，関連する章（おもに第5章）で詳細を述べる．

Box 4.6　線状核酸分子のゲル電気泳動

　核酸の分子生物学において実験の中心となるのは，ゲル電気泳動を用いた解析である．DNAやRNAの混合物を分子サイズに応じて分離するゲル電気泳動法は，簡単ではあるが分解能が高い．その原理はタンパク質のSDSゲル電気泳動（Box 3.3参照）と同じではあるが，より直接的である．異なる長さをもつ一連のDNA分子は長さに比例した電荷をもち，長さにほぼ比例する摩擦係数をもっている．したがってBox 3.2内に示した3.2式をもとにすると，DNAとRNA分子は広範囲にわたってほぼ同じ自由移動度をもつが，分子が長くなればなるほどゲル内での移動は遅くなるので，特定のゲル濃度においては最長の分子が最もゆっくりと移動することになる（図1a）．

　塩基対で表せる分子長の対数に対する移動距離（あるいは相対移動度）のグラフはほぼ直線になる（図1b）．既知の配列（長さも既知）のDNA断片をいくつか組合わせたものは，解析用のゲル上で同時に泳動すると，DNA断片の長さを知るためのマーカーとして使用することができる．ゲル濃度を変えることにより，異なる長さの範囲の核酸を解析することができる．濃い濃度のゲルを用いれば塩基対レベルの長さでの分解能が得られ，非常に薄い濃度のゲルを用いれば100 000 bp以上の分子を解析できる．パルスフィールドゲル電気泳動のような特殊な手法を用いると，さらに長い分子の解析が可能となる．

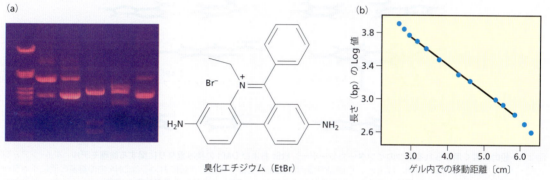

図1　DNAのアガロースゲル電気泳動　(a) 臭化エチジウム（EtBr）で染色したアガロースゲルの例．EtBrはDNA内の塩基の間に挿入され，紫外線（UV）を当てるとオレンジ色の蛍光を発する．EtBrは長年にわたって使われてきたが，このようなインターカレーターは変異誘発性や発がん性をもつ．そのため，ゲル上のDNAバンドを可視化する目的においては代わりとしてサイバーグリーン（SYBR Green）のような色素が使われだしている．新しく利用される色素の中には感度が高いものもある．[左：Markus Nolf, Wikimediaのご厚意による] (b) DNA長の対数に対する電気泳動の移動度は線形となる．[Seminars on Scienceのデータに基づく．American Museum of Natural Historyの許可を得て掲載]

Box 4.7　環状および超らせん状の核酸分子のゲル電気泳動

　ゲル電気泳動でのふるい分け効果は分子の大きさに依存するので，この技術を用いて同じ長さの閉環状分子から線状分子を分離することは驚くべきことでもない．さらに，環状DNA分子のトポアイソマー（topoisomer，トポロジーが異なる異性体）を分離することもできる．DNA分子は超らせんであればあるほどよりコンパクトになる（図4.15参照）ので，同じ環状分子の移動度は，過度な超らせんとしての限界に近づくまで，リンキング数（Lk）の絶対値とともに増加する（図1）．

図1　一次元目のアガロースゲル電気泳動による超らせんDNAの各トポアイソマーの分離　レーン1は細菌細胞から抽出された超らせんDNAを示す．レーン2と3は超らせんを部分的に弛緩させるI型トポイソメラーゼで処理したもので，同じDNAをそれぞれ15分間および30分間処理している．弛緩したDNAのバンドと超らせんDNAのバンドの間にあるそれぞれのバンドは，リンキング数（Lk）が減ったトポアイソマーである．隣接するバンドにおけるDNA分子のLkは一つずつ異なっている．[Keller W [1975] Proc Natl Acad Sci USA 72:2550-2554. National Academy of Sciencesの許可を得て掲載]

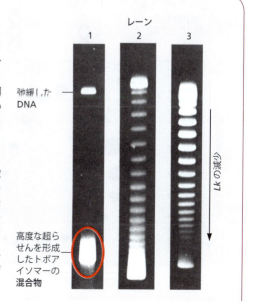

この非常に単純な解析では正の超らせんと負の超らせんが区別できないという問題点があるが，これを区別することができるやり方がある．この方法ではまず，分子の混合物を一次元目として電気泳動する．その結果は一連のバンドとなり，各バンドは Lk の正と負両方の絶対値の超らせんを含むことになる．次に，その一次元目のゲルを DNA のインターカレーター（挿入物質）である臭化エチジウム（EtBr）あるいはクロロキン色素を含む緩衝液に浸す．インターカレーターは平面構造をもつ環状有機化合物であり，隣接する塩基対の間に入り込む（図2）．そうすると塩基対間の距離が増すので，二重らせんは巻戻される．どれだけ巻戻すのかはインターカレーターの性質によって異なっている．EtBr がインターカレートした場合は二本鎖を 1 分子当たり約 $-26°$ 巻戻し（ねじり戻し），クロロキンがインターカレートした場合は二本鎖を 1 分子当たり約 $-8°$ 巻戻す．したがって，全体でどれだけ巻戻されるかに関しては，インターカレートした分子の数によって決まることになり，これはインターカレーターの溶液中濃度と関係する．インターカレーターによるねじれの変化は，よじれを変化させることによって補われなければならない．すると負の超らせんの異性体が減り，正の超らせんが増える．このとき二次元目として垂直方向に再び電気泳動すると，図3 に示すような結果が得られる．

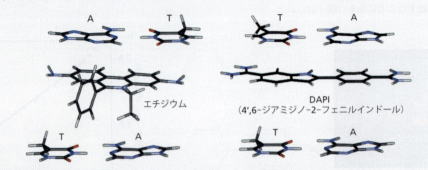

図2 一般的に広く用いられる二つのインターカレーター：EtBr および DAPI の積み重なりに関する論理モデル　4',6-ジアミジノ-2-フェニルインドール（DAPI）は主として DNA の副溝に結合するが，特定の状況においては DNA 内の塩基の間にインターカレートする．DAPI は DNA を視覚化するために広く使用されており，DNA とは異なる研究対象，通常はタンパク質，細胞や核の細胞学的標本では別の色素で染色される分子の対比染色で使用される．[Řeha D, Kabeláč M, Ryjáček F et al [2002] *J Am Chem Soc* 124:3366-3376. American Chemical Society の許可を得て掲載]

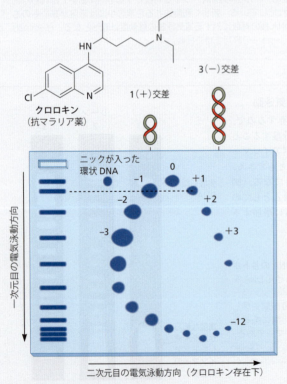

図3 二次元目の電気泳動による正と負の超らせん DNA の識別　破線は一次元目の電気泳動一つのバンドが正と負の両方の超らせんを含んでいる場合，二次元目の電気泳動では二つのスポットとして分離できることを示している．二次元目のゲル中におけるスポットの番号は分子のよじれ数を示している．正のよじれをもつ巻きが過剰な分子の二つの DNA らせんの交差は実際には負である（図4.14参照）．変化する大きさは緩衝液中のインターカレーターの濃度に依存する．この例では，クロロキンのインターカレートによって DNA 分子中の 2 個のらせんの回転は巻戻され，2 個の正のよじれは相殺されている．したがって，もとのトポアイソマー混合物中での +1 のトポアイソマーはクロロキンの挿入によって形状が変化し，1 ではなく 3 の負の交差となっている．このクロロキン濃度ではもとのトポアイソマー混合物中での -1 のトポアイソマーは形状が変化し，1 の正の交差から 1 の負の交差に変わっている．クロロキンのインターカレートによるコンパクト化の程度が異なることで生じる変化によって，一次元目において区別できなかった二つのトポアイソマーを二次元目で分離することができる．分子の Lk は不変であり，DNA 主鎖の切断や再結合による変更はここでは起こらない．つまりクロロキンのインターカレート後の変化は Lk によるものではなく分子の形状によるものということになる．

Box 4.8　密度勾配遠心分離法

密度勾配を利用して物質を沈降させる以下の二つの手法は，特に核酸のような巨大分子を分離するための一般的な方法として使用される．

密度勾配沈降法

この手法では，溶液の密度勾配をつくるためにグリセロールなども使われるが，一般的にはショ糖が最もよく使われ，しばしば**ショ糖密度勾配沈降法**（sucrose gradient sedimentation）とよばれる．非常に単純な原理をもつ手法である（図1）．遠沈管内を滑らかな密度勾配をもつショ糖溶液で満たすためには，高密度と低密度のショ糖溶液を混合する装置を使い，遠沈管の底が最も高密度のショ糖溶液に，上部に向かうにつれて低密度のショ糖溶液になるようにする．この遠沈管のショ糖の密度勾配溶液の上に，目的の高分子を含む低密度の混合物溶液を薄く重層し，遠沈管をスイングローターで遠心分離する．この手法で勾配をつくる目的は，対流混合を起こさずに目的の高分子を沈降させるためである．遠心を行うと，特に核酸のような一連の同族重合体の混合物中の分子は分子量に相対する沈降速度で分離し，異なる位置にバンドを生じる．これらのバンドは，遠沈管から溶液を滴下（図示），あるいは溶液を上から慎重に吸い上げることによって，それぞれ別々に回収することができる．この手法は分析および分取のいずれの目的でも利用できる．

平衡密度勾配遠心分離法

この手法での勾配は，密度の高い塩（塩化セシウムがよく用いられるが他の濃い塩でもよい）の溶液を遠心分離機のローターで超高速回転させることでつくる．これは平衡勾配であり，遠心力が維持される限りずっと安定である．分離目的の巨大分子が混合物として塩溶液に溶けている場合，混合物中の各成分はそれ自身の密度に応じた勾配点でバンドを形成する．したがって，この手法はサイズではなく分子密度に基づいて分離していることになる．この方法では，ごくわずかな密度差であっても分離することができる．平衡密度勾配遠心分離法の例としては，メセルソン・スタールの実験があげられる（Box 19.1参照）．

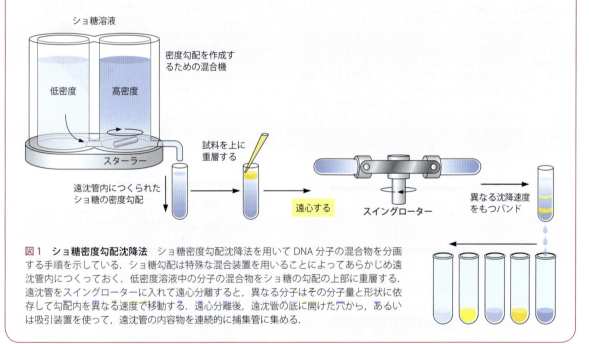

図1　ショ糖密度勾配沈降法　ショ糖密度勾配沈降法を用いてDNA分子の混合物を分画する手順を示している．ショ糖勾配は特殊な混合装置を用いることによってあらかじめ遠沈管内につくっておく．低密度溶液中の分子の混合物をショ糖の勾配の上部に重層する．遠沈管をスイングローターに入れて遠心分離すると，異なる分子はその分子量と形状に依存して勾配内を異なる速度で移動する．遠心分離後，遠沈管の底に開けた穴から，あるいは吸引装置を使って，遠沈管の内容物を連続的に捕集管に集める．

Box 4.9　核酸のハイブリダイゼーション

ハイブリダイゼーションは非常に有用な手法であり，分子生物学および細胞生物学において多種多様な用途で用いられる．ハイブリダイゼーションを用いると，混合液中の短い標識プローブ（検出子）と目的DNA間の配列の相補性が検出できる（図1）．DNAの制限酵素断片を精製したもの，あるいは目的の配列を含む合成オリゴヌクレオチドのいずれかをプローブとして用いることができる．プローブの標識は，放射能標識（図2），化学発光で検出するためのジゴキシゲニンまたはビオチンでの標識（図3），蛍光検出器で可視化できる蛍光色素での標識（図4）などが用いられる．

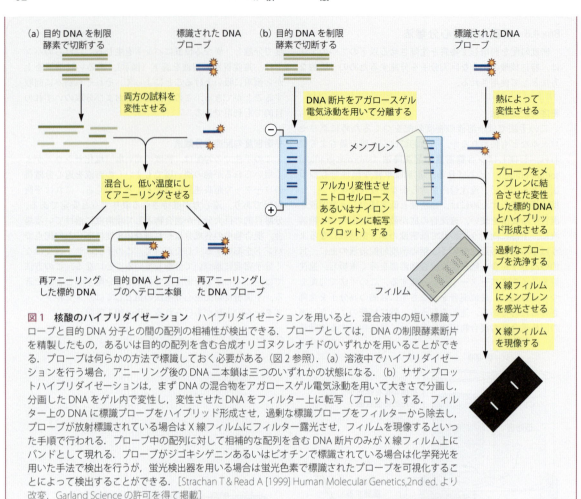

図1 核酸のハイブリダイゼーション ハイブリダイゼーションを用いると，混合液中の短い標識プローブと目的 DNA 分子との間の配列の相補性が検出できる．プローブとしては，DNA の制限酵素断片を精製したもの，あるいは目的の配列を含む合成オリゴヌクレオチドのいずれかを用いることができる．プローブは何らかの方法で標識しておく必要がある（図2参照）．(a) 溶液中でハイブリダイゼーションを行う場合，アニーリング後の DNA 二本鎖は三つのいずれかの状態になる．(b) サザンブロットハイブリダイゼーションは，まず DNA の混合物をアガロースゲル電気泳動を用いて大きさで分画し，分画した DNA をゲル内で変性し，変性させた DNA をフィルター上に転写（ブロット）する．フィルター上の DNA に標識プローブをハイブリッド形成させ，過剰な標識プローブをフィルターから除去し，プローブが放射標識されている場合は X 線フィルムにフィルター露光させ，フィルムを現像するといった手順で行われる．プローブ中の配列に対して相補的な配列を含む DNA 断片のみが X 線フィルム上にバンドとして現れる．プローブがジゴキシゲニンあるいはビオチンで標識されている場合は化学発光を用いた手法で検出を行うが，蛍光検出器を用いる場合は蛍光色素で標識されたプローブを可視化することによって検出することができる．[Strachan T & Read A [1999] Human Molecular Genetics, 2nd ed. より改変．Garland Science の許可を得て掲載]

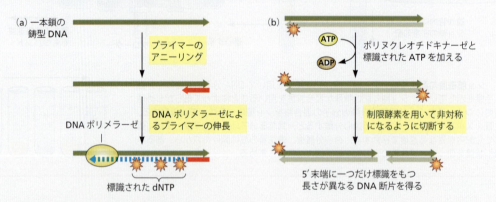

図2 DNA 断片を標識するために一般的には二つの手法が用いられる (a) 標識されたデオキシヌクレオシド三リン酸 (dNTP) の存在下で一本鎖の鋳型 DNA の相補鎖を酵素的に合成する方法．代替法として，プライマー側を標識し，dNTP は未標識のものを用いる方法もある．(b) バクテリオファージがもつ酵素であるポリヌクレオチドキナーゼを使用して，ATP から1個の標識されたリン酸を各 DNA 鎖の 5′ 末端に転移させる末端標識法．他の手法として，ニックトランスレーションもよく用いられる（第19章参照）．(a) の手法では DNA 鎖は全体にわたって均一に標識される．この方法で作成されたプローブは容易に検出できる強いシグナルを生じるので，ハイブリダイゼーションでの利用が適している．一方の末端標識法では，キナーゼによって標識されたリン原子のみが DNA 鎖に結合しており，プローブ内の標識は少量となる．これらのプローブは DNA フットプリント法などの用途においてはきわめて有用である（第6章参照）．この用途では，一つの 5′ 末端に一つの標識のみをもつ断片が必要なため，さらに制限酵素処理を行う．

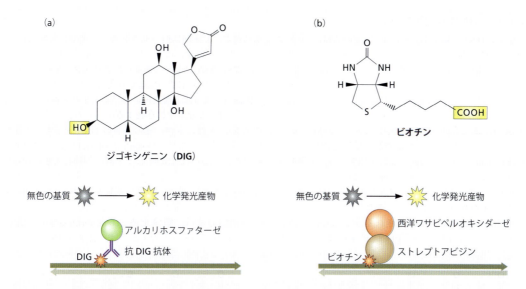

図3 ジゴキシゲニン標識あるいはビオチン標識したDNAの化学発光による検出 (a) ジゴキシゲニン（DIG）標識ヌクレオチドの検出はアルカリホスファターゼを結合させた抗DIG抗体を用いて行われる．dNTP内の塩基とリンカーを介して結合するDIG内のOH基を黄枠で囲んだ．このような修飾されたdNTPも塩基対形成のための塩基として使用できる．アルカリホスファターゼは適当な基質が存在すると基質を分解して光を発する化合物にする．(b) ビオチン化したDNAの検出には通常，ビオチンに対して高い親和性をもつストレプトアビジンやその同族体であるアビジンなどが用いられる．ストレプトアビジンは西洋ワサビペルオキシダーゼにあらかじめ結合させてある．dNTP内の塩基とリンカーを介して結合するビオチン内のCOOH基を黄枠で囲んだ．過酸化ルミノールのような基質を分解すると，発光させることができる．

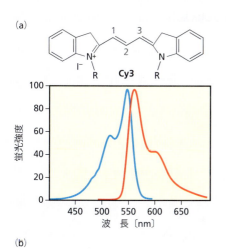

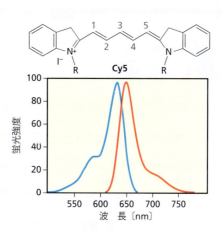

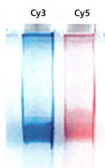

図4 蛍光標識されたDNA分子の検出 (a) Cy3とCy5の非共役 N-ヒドロキシスクシンイミド（NHS）エステルの吸収スペクトル（青の線）と発光スペクトル（赤の線）．Cy3とCy5の2種は最も一般的なヌクレオチド標識用蛍光色素であるが，他にも多くの市販されている蛍光色素が使用される．Cy3は550 nmで最大の励起が起こり，570 nm（波長分布の緑部分）で最大の発光が起こる．Cy5は649 nmで最大の励起が起こり，670 nm（波長分布の赤部分）で最大の発光が起こる．Cy3とCy5のスペクトルに重なっている部分があるので，これらの蛍光色素は**蛍光共鳴エネルギー移動（FRET）**実験に適している（図1.11参照）．[Shanghai Open Biotech, Ltd. のご厚意による，改変] (b) Cy3とCy5で標識されたDNA試料を含むアガロースゲル．蛍光は異なる波長のレーザーによって励起されている．[Ramsay N, Jemth AS, Brown A et al. [2010] *J An Chem Soc* 132:5096-5104. American Chemical Society の許可を得て掲載]

Box 4.10 DNA 塩基配列の決定

あらゆる DNA の塩基配列を決定できる画期的な手法は 1970 年代後半に開発されたが、現在、第二の革命が起こっている。これらの DNA の塩基配列決定法は自動化され、高度なデータ解析と統合され、ヒトゲノムを含むゲノム全体の塩基配列決定がこれまでにない正確さとスピードで行われている（第 7 章参照）。

DNA の塩基配列決定には二大手法として、Maxam と Gilbert によって開発された**化学的塩基配列決定法**（chemical sequencing）と、Sanger によって開発された**酵素的塩基配列決定法**（enzymatic sequencing）がある。どちらの手法も同じ原理を用いており、ヌクレオチドの配列はもとの DNA 分子の長さよりも短い一連の長さの DNA セットを解析することによって決定される。これらの一連の DNA セットでは、同一セット内では 5′ 末端はすべて同じ塩基だが、3′ 末端は同一セット内でも異なる塩基（A, T, C, G のいずれか）になっている。つまり、同一セット内の一連の DNA 分子の長さはそれぞれ異なっており、その長さは共通の 5′ 末端の塩基から異なる 3′ 末端の塩基までの距離（つまり塩基配列内における塩基の位置）によって決まる。DNA 分子中に存在するすべての A のうちの特定の A を 3′ 末端にもつ一連の長さの DNA 分子セットを作成する手法としては、Maxam と Gilbert による化学的切断反応、あるいは Sanger による酵素的伸長停止法が用いられる（例にあげた A 以外の T, C, G を末端にもつ場合も同様である）。現在では化学的切断法はほとんど用いられていないので、酵素的方法を説明する。

酵素的方法は、**鎖停止法**（chain-termination method）ともよばれている。この手法では、通常の DNA 複製過程

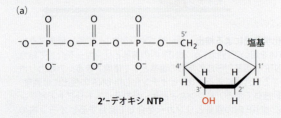
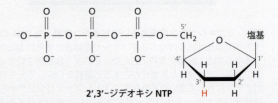
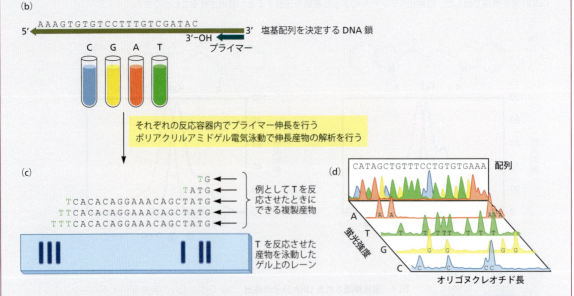

図 1 Sanger による塩基配列決定の反応 (a) 蛍光で標識されたジデオキシ NTP（ddNTP）の存在下において、一本鎖 DNA は一般的な複製反応とよく似た反応で増幅される（第 19 章参照）。ジデオキシチミジン三リン酸（ddTTP）を入れておくと、ポリメラーゼが鋳型 DNA 鎖中の A に遭遇したときに DNA 合成は中断する。(b) 鋳型 DNA、プライマー、DNA ポリメラーゼ、四つすべての dNTP、さらに 4 種のうち 1 種の ddNTP を 100 dNTP に対して 1 の比率で含む 4 種類の反応混合物を準備する。それぞれの ddNTP は異なる蛍光色素分子で標識されている。ddNTP 対 dNTP の比が反応混合物中で 1：100 であれば、平均して 400 ヌクレオチド当たり 1 回の頻度で ddNTP が取込まれて DNA 合成が停止する。(c) その後、DNA 断片をポリアクリルアミドゲル電気泳動により分離し、4 種の異なるレーザービームでそれぞれの蛍光色素を励起し、蛍光発光を可視化する。各反応産物（DNA 断片の混合物）は、異なるレーンで電気泳動を行う。(d) 最後に、コンピューターを用いてデータを変換し、塩基配列を得る。塩基配列決定反応が終わった後の電気泳動の波形図を示す。[*The Science Creative Quarterly* [2009] 4 より改変。Fan Sozzi の許可を得て掲載]

における鎖の伸長反応を *in vitro* でそっくりまねることにより，もとの DNA 断片より短い一連の長さの DNA 分子セットを合成する．このとき，反応溶液内に糖の 3′ 位が OH 基ではないヌクレオシド三リン酸誘導体（図 1）を加えておくと，*in vitro* での新しい DNA 鎖の伸長反応をさまざまな塩基配列上で意図的に終了させることができる．実験は，4 種類のジデオキシ誘導体（ddNTP）を用い，それぞれ別々に伸長反応を行う．もし DNA 鎖の合成中にポリメラーゼが dNTP の代わりに ddNTP を取込むと，DNA 鎖の伸長に必要な 3′ 位の OH 基がないため，DNA の合成はその時点で終了する（第 19 章参照）．

これらの研究に対する 1980 年のノーベル化学賞は，Walter Gilbert，Frederick Sanger，Paul Berg に与えられ，Gilbert と Sanger への賞は，"核酸の塩基配列決定への貢献に対して" というものであった．一方，Paul Berg に関しては，"特に組換え DNA における核酸の生化学的基礎研究" が評価された．

重要な概念

- 細胞内における情報の保存と伝達のために，リボ核酸（RNA）とデオキシリボ核酸（DNA）の 2 種類の生体高分子が用いられている．RNA と DNA は両方とも糖がホスホジエステル結合で繰返しつながった骨格をもつ．RNA 内の糖はリボースであり，DNA 内の糖は 2′-デオキシリボースである．それぞれの糖の 1′ 位の原子に結合するのはプリンまたはピリミジンのいずれかの塩基である．DNA ではプリンはアデニン（A）とグアニン（G）であり，ピリミジンはシトシン（C）とチミン（T）である．RNA ではチミン（T）とウラシル（U）とが置き換わる以外は，DNA と同じ塩基が使われる．ポリヌクレオチド鎖に沿って並ぶ塩基配列は，DNA あるいは RNA に独自性をもたらす．

- *in vivo* では，DNA と RNA はかなり異なる構造と機能をもつ．Watson と Crick によって最初に提案された B-DNA 構造は相補鎖中において A が T と，G が C と塩基対を形成する逆平行の二重らせんである．B-DNA のらせんは右巻きで，ほぼ 10 bp/回転である．特殊な環境下では，DNA は他の構造をとることもある．

- B-DNA の構造は非常に安定で，遺伝情報の保管場所として機能している．また，二本鎖 DNA がもつ相補性により，遺伝情報の正確なコピーと世代間の伝達が行える．

- いくつかの DNA 分子は環状構造をもち，これは特に超らせんでさらなるコンホメーション変化を生み出す．超らせん DNA は，リンキング数 Lk（片方の鎖ともう片方の鎖が交差する数）によって特徴付けられる．リンキング数はトポロジーでは変えることができず，分子の切断と再結合によってのみ変えることができる．リンキング数は，片方の鎖ともう片方の鎖のねじれと，二重らせん軸のよじれとに分けることができる．高度に超らせん化した分子はかなりコンパクト化できる．

- トポイソメラーゼとよばれる酵素は細胞内の DNA 分子のリンキング数を変えることができる．2 種類のトポイソメラーゼ（I 型および II 型）は，それぞれ異なる方法を用いてリンキング数を変更する．

- *in vivo* の RNA は通常，ゲノム DNA の片方の鎖からコピーされた一本鎖分子である．RNA は翻訳機構への関与，転写の調節，リボザイムのような酵素的機能など，細胞内で複数の役割を担うための複雑な三次構造をもつ．

参考文献

成 書

Bates AD & Maxwell A (2005) DNA Topology, 2nd ed. Oxford University Press.

van Holde KE, Johnson WC & Ho PS (2006) Principles of Physical Biochemistry, 2nd ed. Pearson Prentice Hall.〔『物理生化学』田之倉優，有坂文雄監訳，医学出版（2017）〕

Wang JC (2009) Untangling the Double Helix: DNA Entanglement and the Action of the DNA Topoisomerases. Cold Spring Harbor Laboratory Press.

Watson JD (1981) The Double Helix: A Personal Account of the Discovery of the Structure of DNA. Norton Critical Editions.〔『二重らせん：DNA の構造を発見した科学者の記録』江上不二夫，中村桂子訳，講談社（2012）〕

総 説

Champoux JJ (2001) DNA topoisomerases: Structure, function, and mechanism. *Annu Rev Biochem* 70:369–413.

Crick FHC, White JH & Bauer WR (1980) Supercoiled DNA. *Sci Am* 243:100–113.

Frank-Kamenetskii MD & Mirkin SM (1995) Triplex DNA structures. *Annu Rev Biochem* 64:65–95.

Paleček E (1991) Local supercoil-stabilized DNA structures. *Crit Rev Biochem Mol Biol* 26:151–226.

Rich A & Zhang S (2003) Z-DNA: The long road to biological function. *Nat Rev Genet* 4:566–572.

Stellwagen NC (2009) Electrophoresis of DNA in agarose gels, polyacrylamide gels and in free solution. *Electrophoresis* 30 (Suppl. 1):S188–S195.

Wang JC (2002) Cellular roles of DNA topoisomerases: A molecular perspective. *Nat Rev Mol Cell Biol* 3:430–440.

実験に関する論文

Avery OT, MacLeod CM & McCarty M (1944) Studies on the chemical nature of the substance inducing transformation of pneumococcal types: Induction of transformation by a desoxyribonucleic acid fraction isolated from *Pneumococcus* type III. *J Exp Med* 79:137–158.

Griffith F (1928) The significance of pneumococcal types. *J Hyg* 27:113–159.

Maxam AM & Gilbert W (1977) A new method for sequencing DNA. *Proc Natl Acad Sci USA* 74:560–564.

Meselson M & Stahl FW (1958) The replication of DNA in *Escherichia coli*. *Proc Natl Acad Sci USA* 44:671–682.

Sanger F, Nicklen S & Coulson AR (1977) DNA sequencing with chainterminating inhibitors. *Proc Natl Acad Sci USA* 74:5463–5467.

Watson JD & Crick FHC (1953) Molecular structure of nucleic acids: A structure for deoxyribose nucleic acid. *Nature* 171:737–738.

Zheng J, Birktoft JJ, Chen Y et al. (2009) From molecular to macroscopic via the rational design of a self-assembled 3D DNA crystal. *Nature* 461:74–77.

5 組換え DNA：原理と応用

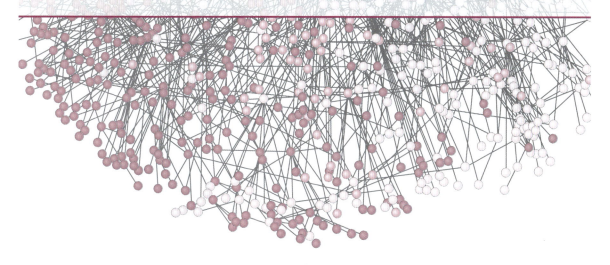

5.1 はじめに

分子生物学は**組換え DNA 技術**（recombinant DNA technology）の導入により大きく飛躍した．1970 年代初頭に導入されたこれらの技術により，どのような遺伝子であっても単離して増幅し，その遺伝子の塩基配列を決定するために必要な量と純度の DNA を得ることができる．さらにこれらの技術により，遺伝子を大量に発現させて遺伝子産物，特にタンパク質を詳細に研究することも可能である．しかも組換え DNA 技術により，遺伝子のあらかじめ決めた位置にどのような変異も導入することが可能であるため，自然界に存在するもとのタンパク質とかなり異なった特性をもつ望みどおりのタンパク質をつくることもできる．遺伝子産物の生化学的性質や生理学的役割を研究する過程で，変異を入れた遺伝子を生きている細胞に導入することも可能である．これにより初めて細胞や生物の遺伝子組成を望みどおりに変えることができるのである．

純粋に実用的な観点からみると，組換え DNA 技術は多数の新薬やワクチンを開発し販売している現代のバイオテクノロジー企業を生み出した．組換え DNA 技術はまた改善された栄養価をもち，害虫や除草剤，旱魃，塩害に耐性をもつなどの有用な遺伝子組換え作物もつくり出している．さらに遺伝性疾患の治療に向けた遺伝子治療プロジェクトも生み出した．これらのプロジェクトは臨床医療に広く応用される段階にはまだ至っていないものが多いが，急速に，また着実に進歩している．

これらの技術は基礎研究と他の人間活動の両面にわたり非常に重要であり，その重要性については以降の章で何度も繰返して言及するであろう．したがってこの章では，組換え DNA 分子を作製し使用するための基礎となる標準的な技術について説明する．まず組換え DNA 技術の中でも基本的な手法，すなわち**クローニング**（cloning）という多数のコピーの DNA 配列をつくる手法の概念と各段階についてのおおまかな説明から始めよう．

DNA のクローニングはいくつかの基本的段階から成る

クローン（clone）とはある生命体の同一のコピーの集団である．たとえば単一の細菌が増殖してできたコロニーの細菌はクローンである．DNA のクローニングという場合には，特定の配列をもった複数のコピーをある生物の中でつくり出すことを意味する．1960 年から 1970 年にかけてのこのような技術が発展して，上記のようなことが可能になったのである．

図 5.1 に示すように，すべてのクローニング実験には二つの要素が必要である．すなわち，クローニングする DNA の断片と，目的の DNA を宿主細胞に導入するために用いるベクターである．ベクターとは，外来の塩基配列を挿入することができ，細胞に導入して細胞内で安定に維持できる比較的小さな DNA 分子と定義される．

次の段階は供与体 DNA 断片をベクターに挿入することである．これは基本的に切って貼り付けるという過程であり，切断に用いる制限酵素と再結合に用いる DNA リガーゼなど，いくつかの酵素を用いる．供与体 DNA 断片をベクターに挿入したら，でき上がった組換えベクターを生細胞に導入する．そのためにはさまざまな方法があるが，宿主が細菌か真核細胞かにより，それぞれに適した独自の方法を用いる．この段階でいくつかの異なった状態の宿主細胞が生じる．すなわち，ベクターが入っていない細胞，自己連結（セルフライゲーション）によりもとと同じ状態になったベクターを含む細胞，そして組換えベクターを含む

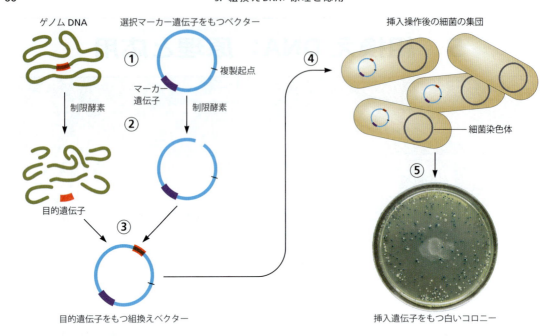

図 5.1 細菌を用いた DNA クローニングの概要 DNA クローニングは数段階の手順で行う．① 生物から DNA を単離し，マーカー遺伝子を含むクローニングベクターを準備する．② 供与体 DNA とベクター DNA の両者を制限酵素とリガーゼで処理し，組換え DNA 分子を作製する．生物の DNA を制限酵素で処理して切断するとさまざまな長さの直鎖状の DNA 断片が多数生じる．断片の末端の形と断片の長さは用いる制限酵素によって異なることに注意すること．③ 制限酵素で直鎖状にしたベクターに上記の DNA 断片を連結する．この段階で 3 種類の異なったベクターが生じる．すなわち，目的遺伝子を含むベクター，それ以外のつないだ DNA 断片を含むベクター，そして自己連結を起こして外来の DNA 断片を含まないベクターである．ここでは簡略化して，目的遺伝子を含んだ組換えベクターだけを示している．④ 一群のベクター分子を導入して細菌を形質転換し，その細菌を固化した寒天プレート上にまき，そのプレート上で細菌を増殖させコロニーを形成させる．この際，個々のコロニーを観察してさらに使用できるように形質転換した細菌を希釈してまく必要がある．こうして 4 種類の異なった細菌が得られる．すなわち，上述の 3 種類の異なったベクターをそれぞれもつ細菌，そしてベクターをまったくもたない細菌である．⑤ 目的遺伝子を含むクローンをスクリーニングして選択する．これは三つの手順で行う．まず，プラスミドを含まない細菌は抗生物質を含む寒天などの固形培地で培養することにより除去する．抗生物質耐性遺伝子はベクターにだけ含まれているので，ベクターをもたない細菌は死ぬ．次に，組換えベクターをもつ細菌と，自己連結した挿入 DNA のないものベクターをもつ細菌を区別しなければならない．これは通常，外来の DNA 断片が挿入されると不活性化されるベクター上の遺伝子の発現をみることにより区別できる．たとえば，別の抗生物質に対する耐性遺伝子に挿入されていると，細菌はこの抗生物質に感受性を示すようになる．これらの感受性を示す細菌が組換えベクターをもつ細菌である．その他にも，β-ガラクトシダーゼのような酵素の遺伝子が挿入により不活性化を示す遺伝子として用いられる．そして最後に，すべての組換え細菌の中から目的遺伝子をもつ細菌のクローンを見つけ出さなければならない．これは目的遺伝子やその一部を含む標識したプローブを用いたコロニーハイブリダイゼーションにより行う．［ペトリ皿の写真は Stefan Walkowski, Wikimedia のご厚意による］

細胞である．組換えベクターを含む宿主細胞のうちで，目的とする DNA 配列を含んでいるものは比較的少なく，大部分は目的の DNA 配列を含んでいないかもしれない．このように多様な宿主細胞の集まりの中から目的のクローンを得るために，図 5.1 と図 5.2 に示すように，さまざまな選択やスクリーニングの方法を用いる．これらの方法については，クローニングベクターの特性についてそれぞれ例を示して解説するときに学ぶことにしよう．

5.2 組換え DNA 分子の構築

制限酵素とリガーゼはクローニングに必須である

ベクターに目的の DNA 配列を挿入するためには，まずベクターを切断して組換えを起こし，そして組換えベクターを連結する．こうして組換え DNA 分子を作製するためには，2 種類の DNA 関連酵素，すなわち制限酵素とリガーゼが必須である．DNA ポリメラーゼも核酸の実験に用いられる非常に重要な DNA 酵素である．しかし DNA ポリメラーゼには多様な酵素が含まれ，それぞれが独自の役割と作用機構をもっているので，これらについては他の関連する章で解説する．

制限酵素（restriction enzyme, restrictase）は**制限エンドヌクレアーゼ**（restriction endonuclease）ともいい，この発見は分子生物学における最も重要な出来事の一つである．この歴史については Box 5.1 で解説する．これらの酵素の大多数は特定の塩基配列での DNA の切断を触媒し，

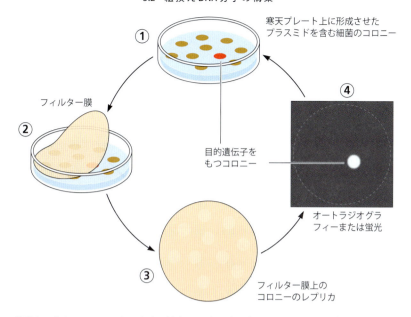

図 5.2　目的遺伝子をもつコロニーを同定する核酸ハイブリダイゼーション　① 寒天プレート上にプラスミドを含む細菌のコロニーを形成させる．目的遺伝子を含むコロニーは赤で示す．② コロニーにフィルター膜を密着させて各コロニーの細胞が付着したコロニーのレプリカをつくる．③ DNAを変性させるためにフィルター膜をアルカリ溶液で洗う．次に，こうして生じた一本鎖DNA（ssDNA）を標識した目的遺伝子とハイブリッド形成させると，目的遺伝子を含むコロニーだけがハイブリッドを形成して標識される．④ 適切な方法で標識を検出する．たとえば，プローブを放射性同位元素で標識すればオートラジオグラフィーで，またプローブを蛍光色素で標識すれば蛍光で検出する．続いて，プローブで検出したコロニーともとのプレートのコロニーの分布を比較して，目的遺伝子を含むコロニーを同定する．

Box 5.1　制限酵素の発見：いかにして基礎研究が科学をはるかに越えて影響するようになったか

　核酸を切断する酵素の存在はすでに1903年に知られていたが，そのわずか50年後には特異的に切断する酵素があることが明らかになった．その最初のきっかけとなったのは，先駆的な分子遺伝学者 Salvador Luria の研究室での酵素とは関係なさそうな遺伝学の研究である．1952年に Luria と Mary Human はさまざまな細菌株のバクテリオファージに対する相対的な感受性に関する研究論文を発表した．これらの結果は不可解なものであった．ある株はあるファージに対してはほぼ完全に耐性を示したのに対し，他のファージに対しては感受性を示した．ここでは"ほぼ"という語に意味がある．耐性株であってもファージが増殖できる細菌がいくらかいて，これらのファージは採取してみると，以前耐性をもっていた細菌株に十分に感染することができた．間もなく他の研究室でも同様の結果が別のファージを用いて得られた．この現象は当初，宿主制御変異とよばれ，後に**宿主制限**（host restriction）とよばれるようになった．

　この不可解な結果が解明されるまでには10年を要した．1962年にジュネーブ大学の Werner Arber らが，耐性細菌株は感染したファージのDNAを分解する酵素をもっているということを提唱した．しかし，なぜその酵素は宿主のDNAを分解しなかったのであろうか．その答えは，宿主のDNAは他の酵素により何らかの修飾を受けて，この分解に耐性を示すようになったということに違いない．メチラーゼによるDNAメチル化が，Arber がすでに1965年に提唱した宿主耐性の原因であろうと考えられていたが，実験的には1972年まで実証されてはいなかった．ときどき観察された感染能の獲得についても，保護酵素の存在を仮定することによって説明できた．すなわち，感染したファージのDNA自体がまれにメチル化されたというわけである．

　制限酵素が作用する過程についての初期の研究は，特定の部位を切断しないⅠ型制限酵素についての研究がおもなものであった．1970年にジョンズ・ホプキンズ大学の Hamilton Smith たちが，配列特異的な部位を認識して切断するⅡ型制限酵素を発見したことが大きな飛躍につながった．1年後に，同じくジョンズ・ホプキンズ大学の Kathleen Danna と Daniel Nathans がⅡ型酵素を用いて SV40ウイルスのDNAを異なる長さの断片に切断し，ゲル電気泳動で分離した．これはやがて，特定のDNA断片を単離してクローニングするための所定の方法となった．制限酵素は分子生物学の多くの重要な手法においてなくてはならないものである．この研究の多大な重要性と発展性が認められて，1978年に Arber, Smith, Nathans の3名に"制限酵素の発見と分子遺伝学の課題への応用"の功績に対しノーベル生理学・医学賞が授与された．

生じた特定の二本鎖DNAの断片は基礎研究やバイオテクノロジーのさまざまな面で利用される．

今日までに3000以上の制限酵素が知られている．これらはすべて**DNAエンドヌクレアーゼ**（endonuclease）で，ポリヌクレオチド鎖中の内部ホスホジエステル結合を加水分解する（図5.3）．それに対し，**エキソヌクレアーゼ**（exonuclease）はポリヌクレオチド鎖を3′末端か5′末端のいずれかから加水分解して，一度に1個のヌクレオチドを除く．各制限酵素の名前は最初に発見された細菌の種と株にちなんでいる．また同じ菌株に由来する複数の酵素を区別するためにローマ数字を用いる．たとえば***Eco*RI**は大腸菌（*Escherichia coli*）のRY13株から発見された二つの制限酵素のうちの一つである．***Hae*III**（図5.3 参照）は*Haemophilus aegyptius*に存在する3番目の制限酵素である．制限酵素は三つの型に大別できる．そのうちII型酵素がここでは重要である．その理由は，特定のDNA配列を認識してその配列中の特定の部分で切断するという性質が，組換えDNA技術にとって有用であるからである．

各制限酵素はおもに酵素が認識する特異的配列とDNA二本鎖を切断する部位によって区別される（表5.1）．多くの場合，認識配列は4, 5, 6 bpの長さであるが，もっと長い場合もある．認識配列が長いほどDNA中に生じる頻度は低下する．たとえば，4 bpを認識する酵素は約256すなわち4^4塩基対ごとに切断するが，6 bpを認識する酵素は平均すると4096すなわち4^6塩基対ごとに切断することになる．図5.3(a)に示すように，制限酵素はホスホジエステル結合中の二つのエステル結合のいずれか一方に作用して異なった産物を生じる．さらに酵素によりDNA二本鎖の切断の様式が異なる．すなわち，二本鎖がずれた**突出末端**（overhang）または**粘着末端**（sticky end）を生じるものと，二本鎖が同じ長さの**平滑末端**（blunt end, flush end）を生じるものとがある（図5.3 b参照）．いずれの切断様式による産物も連結させて整然とつながったDNA分子をつくることができる．しかし平滑末端をもつ断片の連結効率は突出末端をもつ断片の連結効率よりもだいぶ低い．なぜならば，突出末端をもつ断片は互いに塩基対を形成することができ，二つの末端が連結する方向に近接して存在する確率を高めているからである．

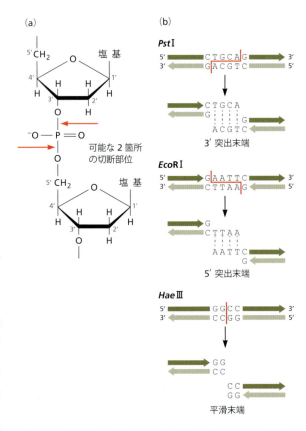

図5.3 **制限酵素の切断作用** (a) 通常，ポリヌクレオチド鎖の内部を切断するエンドヌクレアーゼがホスホジエステル結合のどちらのエステル結合を切断するかは決まっている．そのため図に示すように，異なった末端をもつDNA断片が生じる．II型制限酵素は常に5′-リン酸と3′-OH基を生じる．(b) 2本のDNA鎖の切断部位は4個の場合によってはそれ以上のヌクレオチドの段差をもつ突出末端の状態になる．切断箇所にずれがなければ平滑末端が生じる．

表5.1 **制限/修飾系の分類と特性** すべての酵素は切断にMg^{2+}を必要とする．I型酵素だけがモーターの機能のためにATPを必要とする．Nの文字はいずれかのヌクレオチドを表す．

	I 型	II 型	III 型
例	*Eco*B	*Eco*RI	*Eco*PI
認識部位	TGAN$_8$TGCT	GAATTC	AGACC
切断部位	ランダム，認識部位から10 kbまで離れた箇所	両鎖上のGとAの間	認識部位に対して3′側に24〜26 bpの箇所
メチル化部位	TGAN$_8$TGCT ACTN$_8$ACGA	GAATTC CTTAAG	AGACC TCTGG 一方の鎖だけがメチル化される
ヌクレアーゼ活性	あり	あり	あり
メチラーゼ活性	あり	なし，別の酵素による認識部位のメチル化	あり

II型制限酵素は組換え技術において非常に有用であることが明らかになっている．それはこれらの酵素の切断配列の特異性が明確であり，そのために酵素作用の産物が明らかなためである．これらの酵素は通常パリンドローム配列を認識して，ホモ二量体として結合する．パリンドローム配列とは，両相補DNA鎖において5′→3′の配列と3′→5′の配列が同じものをいう．各II型制限酵素の切断様式はかなり異なっている．図5.4に頻繁にみられるいくつかの切断様式を示し，**アイソシゾマー**（isoschizomer）とメチル化感受性アイソシゾマーという二つの重要な概念を説明する．

アイソシゾマーは同じ認識部位をもつが，異なる細菌種に由来する．これらの酵素は異なった箇所を切断するため，切断様式とDNA末端の多様性を生じる．**メチル化感受性アイソシゾマー**（methylation-sensitive isoschizomer）は，認識配列にメチル基があるかどうかによってその配列を切断するかどうかが決まる．これらの対の酵素は目的の特異的配列のメチル化様式を調べるために有用である．

II型制限酵素は最初に任意の部位に結合し，続いてDNAに沿って一次元的に移動して認識配列を探す．多数の制限酵素が結晶化され，遊離した形や，非特異的DNA断片に結合した形，特異的DNA配列に結合した形の構造が決定されている．図5.5にEcoRVが任意の配列に結合した状態と特異的な認識部位に結合した状態の結晶構造を比較して示す．特異的な塩基配列と相互作用すると，酵素にコンホメーション変化が起こり，DNAをより強固に取囲むことができるようになることに注意．

I型制限酵素は一つの三量体複合体タンパク質にヌクレアーゼ活性とメチラーゼ活性の両方を合わせもつ多機能型の酵素である（図5.6）．一つめのサブユニットRは制限

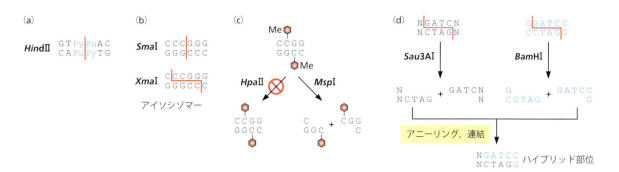

図5.4 制限酵素切断様式の多様性 (a) 最初に述べるII型酵素としてHindIIを例に認識配列のあいまいさを示す．PyはピリミジンのCまたはTを表し，PuはプリンのAまたはGを表す．この組合わせで可能なすべての配列はHindIIにより切断される．(b) アイソシゾマーは同じ標的配列を認識する異なった細菌種に由来する酵素である．ある対のアイソシゾマーは例に示すように標的配列を異なる箇所で切断する．(c) メチル化感受性アイソシゾマー．認識配列が（この場合にはCが）メチル化されていると，アイソシゾマー対の一方の酵素は切断するが，もう一方は切断しない．ここに示した例ではHpaIIはメチル化感受性で，Cがメチル化されていると切断しないが，MspIはCがメチル化されているかいないかに関わらず切断する．すなわちMspIはメチル化非依存性である．このような対の酵素は特定の配列のメチル化の状態を調べる研究に広く用いられる．(d) 異なる二つの酵素によって生じた相補的な突出末端の連結によるハイブリッド部位の生成．これらの酵素の一つ（Sau3AI）は，異なる酵素（この場合にはBamHI）によって認識される6 bp配列中に存在する4 bpを認識する．これらの酵素によって生じた突出末端は塩基対を形成してハイブリッド部位を生じる．新たに形成された部位はSau3AIによって切断されるが，BamHIでは切断されないかもしれない．これはもとのSau3AI部位に隣接するヌクレオチドに依存する．

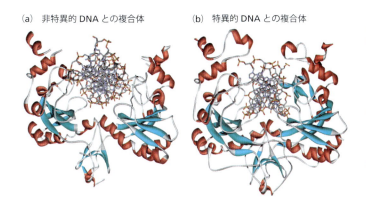

図5.5 EcoRVの非特異的および特異的な酵素–DNA複合体の結晶構造の比較 (a) 非特異的な酵素–DNA複合体．これは最初の認識配列を一次元探査する間にDNAに沿って移動する複合体の構造をよく反映していると考えられる．(b) Ca^{2+}存在下で結晶化させた特異的な酵素–DNA複合体．これは酵素–基質複合体の特徴が現れていると考えられる．切断する配列を酵素が認識するとDNAを取囲むいくつかのらせんにコンホメーション変化が起こることに着目．[(a), (b) Pingoud A, Fuxreiter M, Pingoud V & Wende W [2005] Cell Mol Life Sci 62:685–707. Springer Science and Business Mediaの許可を得て掲載]

酵素活性をもち，DNAを任意の箇所で切断する．その箇所は酵素の認識配列から10 kb（キロ bp）あるいはそれ以上の非常に離れた箇所である場合もある．このサブユニットはDNA上の移動に関わるATP依存性のモーター活性ももっている．二つめのサブユニットMは認識部位内にDNAメチル化反応を行う．三つめのサブユニットSは複合体が結合する特異的配列を認識する．切断が起こるためには，認識/結合部位が切断部位の近傍になければならない．すなわち，介在するDNAは外にループを形成し（同時に超らせんを形成し）なければならない（図5.6参照）．したがってこれらの酵素はDNAに特異的に結合し，そのあとDNAの残りの部分を複合体として移動するいっぽう変わった分子モーターである．

Ⅲ型制限酵素はⅠ型制限酵素によく似ているが，ATPを必要とせず，二本鎖のうちの一方だけをメチル化し，その切断部位は認識配列に比較的近い．

DNAリガーゼも細胞内で最も重要な酵素の一つである．この酵素は，DNA複製，組換え，修復など多数の細胞過程に不可欠で，DNA二本鎖のニックをつないだり，切断されたDNA二本鎖をつなぎ合わせる場合に働く．ここで重要なことは，組換えDNA技術において，二本鎖DNAの断片をつないで連続したDNA分子をつくる場合にこの酵素が必要であるということである．リガーゼはDNA断片の3′-OH基と5′-リン酸基の間にホスホジエステル結合を形成する（図5.7 a）．この反応は数段階から成っている．ファージと真核生物では活性部位のリシンのアデニル化にATPを用いるが，細菌ではニコチンアミドアデニンジヌクレオチド（NAD⁺）を用いる．図5.7(b)と図5.7(c)に，ヒトのリガーゼⅠのドメイン構造，およびDNAと複合体を形成したこの酵素の結晶構造を示す．

組換えDNA技術では，DNAの突出末端だけをつなぐことのできるリガーゼと，DNAの平滑末端を連結することのできるリガーゼとを区別する必要がある．多くの場合には前者の様式であるが，これは相補的な突出末端の塩基対合により近接した断片のホスホジエステル骨格をつなぐため，その機構は比較的容易である．大腸菌の**DNAリガーゼ**（DNA ligase）はこの代表例である．それに対し，平滑末端をつなぎ合わせるのははるかに難しく，これができる酵素であってもその効率はだいぶ悪い．このような酵素の例はバクテリオファージT4由来のDNAリガーゼである．**DNAリンカー**（DNA linker）として知られている突出末端を生じる制限酵素部位をもつ小さなオリゴヌクレオチドを用いることにより，平滑末端を連結する効率を上げることができる．リンカーを用いる方法を図5.8に示す．

1970年代初頭に，部位特異的エンドヌクレアーゼとDNAリガーゼが利用できるようになり，最初の組換えDNA分子の作製が可能になった（Box 5.2）．

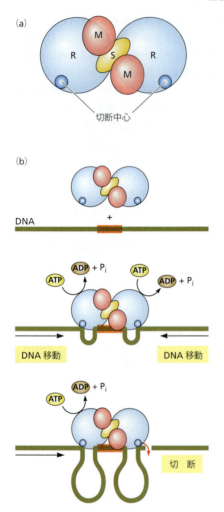

図5.6　Ⅰ型制限酵素 EcoR124Ⅰの構造と活性　(a) この酵素は機能的に異なる三つのサブユニットから成り，R₂M₂Sのサブユニット組成をもつ．SサブユニットはDNA結合特性を担い，MサブユニットはDNAメチル化という修飾活性に必要である．Rサブユニットは中核に位置するMサブユニットとともに制限酵素活性であるDNA切断に不可欠である．このサブユニットはまた，ATP結合と加水分解，そして分子モーターとしてDNA上の移動にも働いている．Rサブユニットはさらにヘリカーゼ活性と複合体の会合に関わるドメインももっている．(b) EcoR124Ⅰのモーター活性における連続的段階．オレンジ色の四角はDNA認識/結合部位を表す．モーター複合体がDNAの認識部位に結合すると隣接したDNA配列にも結合する．その後，モーターはそれ自身で複合体中のDNAのらせんをたどってこれらの隣接配列を移動し始める．こうして超らせんを形成したDNAのループが広がっていく．移動中に複合体全体は認識配列に強く結合したままである．この過程は各Rサブユニットが分子モーターとして働いて両方向に起こり，通常は他の酵素が同様にDNA上を移動するなど，何らかの外的な事象により妨げられるまで進行する．他にはDNAトポロジーなども障害となる．移動の妨害に続いて切断が起こる．移動の妨害はランダムに起こる過程であるため，切断部位はランダムである．［(a), (b) Pennadam SS, Firman K, Alexander C & Górecki DC [2004] J Nanobiotechnol 2 [10.1186/1477-3155-2-8] より改変．BioMed Central の許可を得て掲載］

5.3 クローニングベクター

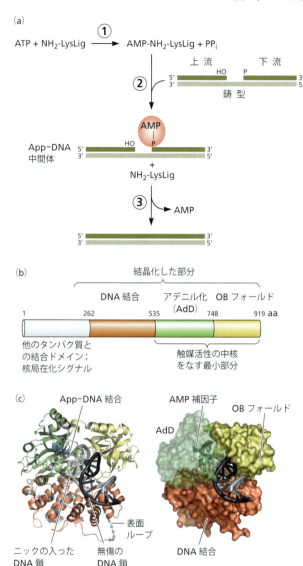

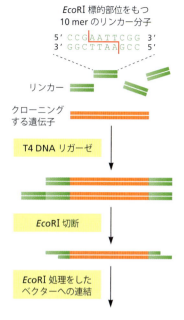

図 5.8 平滑末端をもつ DNA 断片をつなぐための DNA リンカー リンカーは化学的に合成して，どのような制限酵素の標的部位をも含むようにすることができる．大腸菌の DNA リガーゼは巨大分子が密集した特殊な反応条件下以外では平滑末端の連結を触媒しない．そのため平滑末端の連結は T4 ファージ由来の DNA リガーゼを用いて行う．クローニングする平滑末端 DNA 断片の両端にリンカーを連結する．リンカー配列を認識する制限酵素を作用させて突出末端をつくり出す．その後に，突出末端を用いる標準的なクローニング技術により同じ酵素を作用させたベクターに外来の遺伝子を効率よく連結させる．

5.3 クローニングベクター

選択マーカーをコードする遺伝子はベクターの構築中に挿入する

図 5.1 に示したように，ベクターの構築には，ベクターを含む細胞の選択に用いることができる遺伝子の導入という重要な段階を含んでいる．最も一般的に用いられる選択マーカーは，テトラサイクリン，アンピシリン，クロラムフェニコール，カナマイシンのような抗生物質に対する耐性を付与する抗生物質耐性遺伝子である．これらの遺伝子のタンパク質産物はさまざまな経路に作用する．あるものは細胞への抗生物質の侵入を阻害し，またあるものは抗生物質を分解したり，酵素的に修飾して不活性状態にする．

プラスミドやウイルスあるいはこれらの組合わせによる非常に多様なクローニングベクターが組換え DNA 技術に用いられている．どのベクターを用いるかについては，標的細胞や導入する DNA の量，あるいは導入の目的による．

細菌のプラスミドが最初のクローニングベクターであった

プラスミド (plasmid) は細菌に含まれる染色体外の核

図 5.7 DNA 連結 (a) DNA リガーゼにより触媒される段階．① リガーゼのリシン (LysLrg) が ATP の α-リン酸基に作用してリガーゼ-AMP が形成され，無機二リン酸 (PPi) が放出される．② ニックの入った DNA 鎖の下流側の 5'-リン酸がリシン-AMP 中間体に作用して App-DNA 中間体を形成する．ここで pp は AMP の 5'-リン酸基と DNA の 5'-リン酸基との二リン酸結合を示す．③ ニックの入った DNA 鎖の上流側の 3'-OH 末端が App-DNA の 5'-リン酸基に作用して DNA 鎖を共有結合でつなぎ，AMP を遊離させる．こうして DNA 連結には ATP 1 分子のエネルギー価が使われる．(b) ヒトリガーゼ I のドメイン構成．OB フォールドはオリゴヌクレオチド/オリゴ糖結合ドメインである．(c) 左側は(b)で色分けした三つのドメインで，App-DNA 反応中間体をすべて含んでいる．無傷の DNA 鎖は黒，ニックの入った DNA 鎖は灰色，App-DNA 結合は青で示す．灰色の球は残基 385〜392 の整然としていない表面ループを示す．右側は分子表面で，活性部位に包合された AMP 補因子を強調するためにアデニル化ドメイン (AdD) は半透明にしてある．[(a)〜(c) Pascal JM, O'Brien PJ, Tomkinson AE & Ellenberger T [2004] *Nature* 432:473–478 より改変．Macmillan Publishers, Ltd. の許可を得て掲載]

Box 5.2 最初の組換え DNA 分子

1970年のⅡ型制限酵素の発見（Box 5.1参照）は重大な影響をもたらした．1972年にスタンフォード大学のPaul Bergたちのグループは，特に天然のDNAを操作する最初の実験を行った．彼らは同じ大学のHerbert Boyerによって新たに発見された制限酵素 *Eco*RI を用いて，哺乳類ウイルス SV40 の DNA 染色体の特異的な 1 箇所を切断し，閉環状 DNA を線状 DNA にした．さらにその DNA の 5' 末端をエキソヌクレアーゼで切除した後，ターミナルトランスフェラーゼを用いて 3' 側にポリ (dA) またはポリ (dT) の伸長配列を付けた（図 1 a）．この分子は A・T 塩基対合によりアニーリングすることができた．

一本鎖の部分は DNA ポリメラーゼにより埋めて，リガーゼにより連結した．こうしてBergたちはSV40 DNAの二量体とオリゴマーを構築することができ，またウイルス DNA に外来 DNA 断片を挿入することができた．SV40 は真核細胞に感染できるので，彼らはこれらの手順を哺乳類 DNA の操作につなげることができると考えた．

これは大きな影響力をもつ革新的な成果であった．天然の DNA 分子を計画的に操作したのはこれが最初であった．しかしこの方法はポリ (dA) とポリ (dT) 伸長配列を特異的に必要とするため，いくらか不便なやり方である．これにより産物に余分な外来の dA/dT 配列が必然的に入り込んでしまうことになる．

その後間もなく，*Eco*RI による切断だけでも，また他の制限酵素の場合も同様であるが，その切断産物には必ず重なり合う相補的な末端が残ることがわかった（図 1 b）．1973年にStanley CohenとHerbert Boyerは組換えDNA研究の基礎を築いた先駆的な論文でこの性質を利用した．

CohenとBoyerは細菌に導入でき，しかも細菌の細胞内で複製するために必要なすべての要素を含んでいる**プラスミド**（plasmid）を用いた．プラスミドはまたさまざまな抗生物質に耐性を現す遺伝子を含み，これが発現するとプラスミドを含む細菌のコロニーを迅速に効率よくスクリーニングすることができた．さらに，それぞれのプラスミドには，プラスミドの複製と遺伝子発現に影響しない箇所に *Eco*RI 部位が 1 箇所あった．CohenとBoyerは，*Eco*RI 切断によって生じた DNA 末端の自己相補性を利用することにより遺伝子組換え抗生物質耐性プラスミドを作製し，さらに宿主細菌中でこれらのプラスミドを"クローニング"することができた．

CohenとBoyerは彼らの研究をより広範な目的に利用することを忘れなかった．彼らは1973年の論文の結論となる段落の中でこのように述べている．"ここで述べた一般的な手順は，原核生物あるいは真核生物の染色体や染色

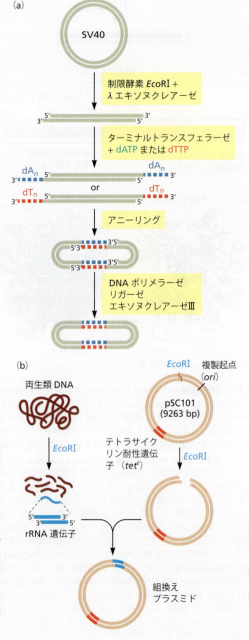

図1　組換え DNA 分子を作製した最初の実験　(a) 共有結合により SV40 閉環状二量体を作製した Berg の実験．これは次のような手順による．環状 SV40 DNA を直鎖状に変換する．一本鎖の相補的ホモデオキシポリマー伸長配列をこの直鎖状分子の 3' 末端に付加する．これらの相補的伸長配列をアニーリングさせ，非共有結合により閉環状二本鎖構造にする．そしてすき間（ギャップ）を DNA ポリメラーゼで埋め，ニックを DNA リガーゼでつないでコンカテマーの閉環状分子を作製する．（コンカテマーとは同一の線状 DNA 分子が二つ以上同方向に連結した DNA 集合体のことである．）同様の手順により，λ ファージ遺伝子や大腸菌のガラクトースオペロンを含む環状 SV40 DNA 分子が作製された．(b) 両生類の rRNA 遺伝子を含む生物学的に機能をもった組換えプラスミドを構築した CohenとBoyer の実験．ここで重要なのは，この組換えプラスミドは大腸菌中で複製することができ，また含まれている抗生物質耐性遺伝子が活性をもっていたため選択することができたということである．これにより，この組換えプラスミドで形質転換した細菌は抗生物質を含む培地中で生存して増殖することができ，一方，形質転換されていない細菌は死滅した．

体外のDNAに由来する特異的配列を，これとは独立に複製する細菌のプラスミドに挿入するために利用できるであろう．"これ以降，きわめて広範な範囲にわたって組換えDNA技術が使用されてきたことを考えると，この記述は非常につつましいものといえよう．

1977年にBoyerの研究室と外部の共同研究者たちは，ソマトスタチンというペプチドをコードする遺伝子の初めての合成と発現についての発表を行った．彼らは1978年8月に合成インスリンの生産を，続いて1979年には成長ホルモンの生産を行った．1980年にPaul Bergの"組換えDNAに関する核酸の生化学的基礎研究"に対してノーベル化学賞が授与された．CohenとBoyerも，組換えDNA技術の基礎的研究と実用的応用に対する彼らの主要な貢献によって多くの高名な賞を受賞している．

酸分子で，細菌の染色体とは独立に複製する．細菌の細胞内に含まれる特定の型のすべてのプラスミドはまったく同じ大きさである．プラスミドはこれらの特性により*Bacillus megaterium*のような細菌種に含まれる多様な環状の染色体外要素とは区別される．すべてというわけではないが，大部分のプラスミドは二本鎖環状DNA分子である．両方の鎖とも連結している場合には共有結合閉環（CCC; covalently closed circle）という．それに対し，一方の鎖だけ連結している場合には開環（OC; open circle）という．細菌の細胞から抽出したCCCは通常，左巻き超らせんを形成している（第4章参照）．プラスミドは細胞当たり数コピーしか維持できない遺伝的要素をもっており，このようなプラスミドを緊縮型プラスミドというが，多数のコピーを維持できる場合には緩和型プラスミドという．

プラスミドは通常，宿主細胞にとって不可欠なものではないが，ある環境下では有用な遺伝子を含んでいることがある．既知のプラスミドに含まれる遺伝子は多数あるが，そのうちの大部分は抗生物質耐性を付与するものか，または抗生物質の産生に働くものである．プラスミドのなかには植物に悪性腫瘍をもたらすものもある．

プラスミドをクローニングベクターとして使用するための必要条件は，プラスミドを多量にそして十分な純度で単離することである．この目的のための第一段階は，宿主の細菌を穏やかに可溶化することである．これにより染色体DNAが高分子量のままで残り，高速遠心により容易に除去できるため，プラスミドを含む清澄な可溶化物が得られる．プラスミドDNAをさらに純化するためには，臭化エチジウム（EtBr）を含む塩化セシウム（CsCl）密度勾配による遠心を行う．DNA二本鎖にEtBrが入り込むと二本鎖がほどける（第4章参照）．CCC型プラスミドは回転するための自由端がないため，限られた程度にしかほどけない．そのため挿入されるEtBrの量は比較的少ない．一方，断片化した直鎖状の染色体片にはより多くのEtBr分子が入り込み，より低密度のDNA-ErBr複合体ができる．この密度の差により，密度勾配遠心分離法によってプラスミドと染色体の2種類の分子を分離することができるのである（第4章参照）．

別の方法では，直鎖状とCCC型DNAの異なった変性の特性を利用する．高pHの狭い範囲12.0〜12.5では，直鎖状DNAは変性するが，環状DNAは正常な状態でいる．この溶液を中和すると染色体DNAは部分的にもとの状態に戻り，著しく不溶性の網状構造をとり，これは遠心により容易に除去することができる．

クローニングベクターとして用いられるプラスミドは次のような性質をもっていることが望ましい．すなわち，低分子量であること，宿主細胞に選択性を付与できること，そして1箇所でだけ切断できる制限酵素部位があるということである．低分子量であることは，単離の過程で無傷の状態でいる小さなプラスミドならば精製が容易であるということから必要である．そのうえ，より小さなプラスミドの方が通常は多コピーで存在するため，プラスミドに含まれる遺伝子が安定に高いレベルで発現できる．これは選択性の表現型を付与する遺伝子にとって特に重要である．

プラスミド由来でクローニングに用いられるものは多数ある．これらは市販されており，研究者は特定の研究のために適切なベクターを選択できる．図5.9に三つの古典的なプラスミドクローニングベクターの例を示し，形質転換した組換え細菌を容易に選択するために各ベクターを用いる方法をいくつか紹介する．

組換えバクテリオファージを細菌ベクターとして用いることができる

プラスミドベクターは10 kbまでの小さなDNA断片をクローニングするためによく用いられる．より大きな断片，たとえばゲノムライブラリーを構築するための個々の大きな遺伝子やそれらの断片のクローニングには，バクテリオファージの誘導体のような代わりのベクターを用いる必要がある．クローニングに最もよく用いられているファージはλファージとその誘導体である．λファージベクターには挿入と置換という二つの型のベクターがある．

挿入ベクター（insertion vector）ではファージの線状DNA分子を1箇所だけ認識する制限酵素で切断する．生じた二つの断片を外来のDNA断片とつなぎ，できた組換え体を感染性の成熟ウイルス粒子にパッケージングする（図5.10）．この手法では，容易に予想できるように，クローニングできる外来DNAのサイズに厳密な制限がある．それはファージの頭部の容量によるものであり，パッケージングできるDNA分子のサイズは野生型λファージゲノム

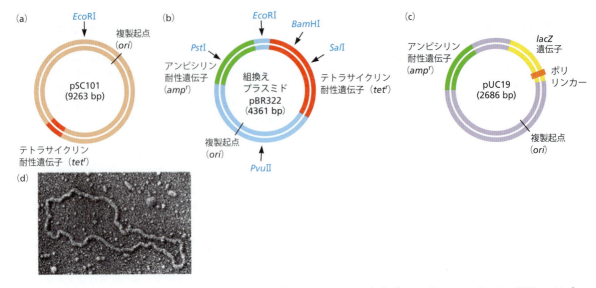

図5.9　細菌クローニングベクターの例　(a) クローニングに用いられた最初の細菌プラスミドpSC101（Box 5.2参照）．pはプラスミドを表し，SCはStanley Cohenにちなんでいる．(b) 初期のクローニングベクターpBR322．このプラスミド自体が組換えDNA分子であり，BRはこのプラスミドを構築したポスドク研究員のBolivar Rodriguezにちなんでいる．これは天然に存在するプラスミドColE1由来の複製起点配列oriと，他の二つのプラスミド由来の二つの選択マーカー遺伝子アンピシリン耐性遺伝子（緑）とテトラサイクリン耐性遺伝子（赤）を含んでいる．クローニングに用いる制限酵素部位がこれらの遺伝子の一方に含まれている場合には外来の配列を挿入することによってその遺伝子は不活性化される．これは外来遺伝子を導入した細菌の選択に用いることができるため有用な性質である．ベクターをもったすべての細菌は組換え体であるか否かに関わらず，無傷の耐性遺伝子によってもたらされる抗生物質耐性を示す．外来遺伝子を導入した細菌は耐性遺伝子が挿入によって不活性化されるため，その抗生物質に影響を受けるようになる．(c) pUC19．UCはこのベクターがJoachim Messingらによって構築されたカリフォルニア大学にちなんでいる．このベクターは標準的な抗生物質選択マーカーと複製起点に加えて酵素のβ-ガラクトシダーゼをコードするlacZ遺伝子（黄）を含んでいる．lacZ遺伝子はクローニングのための多重制限酵素部位の配列であるポリリンカーによって分断されており，このポリリンカーは多重クローニング部位（MCS）とよばれる．したがって挿入遺伝子をもつプラスミドを含む形質転換された細胞は，もとの非組換えプラスミドを含む細胞と，適切な培地中で生じたコロニーの色によって区別できる．非組換え細胞は青くなるが，これは分断されていないlacZ遺伝子から生じる活性をもったβ-ガラクトシダーゼが存在して，培地中の無色の基質を青の複合体に変換するからである．組換え細胞は挿入DNAによりlacZ遺伝子が不活性化されるため白くなる．(d) 単離したプラスミドの典型的な形態を示す電子顕微鏡像．[Cohen SN [2013] *Proc Natl Acad Sci USA* 110:15521–15529. National Academy of Sciencesの許可を得て掲載]

のサイズの±5％以上を超えることができない．この問題を克服するために**置換ベクター**（replacement vector）がつくられた．このベクターは，複製にはλファージゲノムの約1/3は必要ないという事実を利用したものであり，したがって組換えファージの感染性に影響せずにどのような外来DNA断片とも置換できる．組換え置換ファージの構築を図5.11に示す．これらのベクターは考案者Fred Blattnerたちによって，ギリシャ神話の渡し守Charon（死者をステュクス川とアケロン川を渡ってあの世に運ぶ）にちなんで，シャロンベクター（カロンベクター）と名付けられた．このたとえは現実的ではないと思われるかもしれないが，ギリシャ神話における死者の魂の移送とクローニングにおける外来DNAの移送という，移送の概念をよく表している．

次に行うサンガー法によるDNA配列決定にクローニングベクターとしてしばしば用いられるもう一つのバクテリオファージは，大腸菌の繊維状ファージM13である（図5.12 a）．M13の生活環は図5.12(b)に示してある．M13のゲノムは約2700コピーの小さなコートタンパク質から成る外被に包まれた6.4 kbの一本鎖環状DNAである．その他のいくつかのタンパク質はファージが宿主の大腸菌細胞に接着するために関わっている．この外被は驚くほど柔軟性があり，数百ヌクレオチドからもとのゲノムの約2倍の大きさに至る非常に異なった大きさのDNA分子を収容できるように，その大きさを変化させる．図5.12(c)に示すように，M13のゲノムはクローニングベクターとして利用できるように改変されている．

M13由来ベクターは，**ファージディスプレイ**（phage display）という技術に用いることができる．この方法は，繊維状ファージ上にペプチドやタンパク質の大きなライブラリーを発現させて，相互作用できる相手を提示するというものである．これにより，発現したペプチドや抗体を含むタンパク質の選択ができる．これらのペプチドとタンパク質は，特異的タンパク質やDNA配列を含むほとんどす

5.3 クローニングベクター

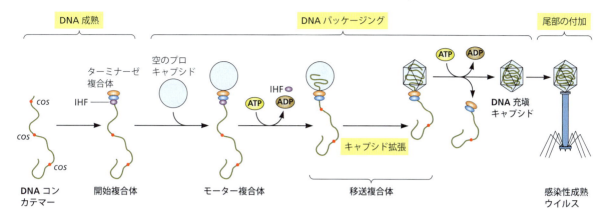

図 5.10　λファージ DNA の感染性成熟ウイルス粒子へのパッケージング　ヘテロ二量体のターミナーゼ複合体と大腸菌の組込み宿主因子（IHF）は DNA コンカテマー中の cos 部位に協同して結合する．（λファージなどのファージでは二本鎖線状 DNA の両 5′ 末端が 12 塩基突出した互いに相補的な一本鎖構造になっている．この 12 塩基の突出部分で塩基対合して形成される二本鎖部分を cos 部位とよぶ．）これは複製中に形成されるウイルスゲノムの形態であり，ウイルスゲノムは cos 配列でつながれたゲノムサイズの断片の多量体から成っている．ターミナーゼは cos 部位を切断するエンドヌクレアーゼ活性，ヘリカーゼ活性，および ATP アーゼ活性をもち，これらは協同してコンカテマー上にパッケージング装置を集合させてパッケージングのために末端をつくり出す．この酵素はまた，DNA と ATP 依存的に DNA を空のプロキャプシドにパッケージングするトランスロカーゼ活性をもち，したがって分子モーターとして働く．プロキャプシドは四つの異なるタンパク質から成る空のタンパク殻であり，一方，尾部は 11 個の異なるウイルス糖タンパク質から成る．開始複合体とよばれるターミナーゼ–コンカテマー複合体はプロキャプシド中の環状構造である入口に結合し，ウイルス DNA をキャプシドに詰込むモーター複合体を形成する．DNA パッケージングはプロキャプシドに他のウイルスタンパク質を結合させてプロキャプシドを拡張させる過程をひき起こす．ひとたびパッケージングモーターがコンカテマー中の次の cos 部位と出会うと，ターミナーゼは再び二本鎖を切断し，そのヘリカーゼ活性によりゲノム DNA が液晶の密度に近い状態でパッケージングされる．入口からの DNA の放出を防ぐためにいくつかのタンパク質が付加された後に，あらかじめ組立てられた尾部が付加されて完全なウイルスができ上がる．こうして 7 個のタンパク質，精製プロキャプシドと尾部，そして成熟 λ DNA から始まって，in vitro で感染性ウイルス粒子が組立てられる．重要なことは，この系は組換え DNA を含む感染性ウイルスを作製するために用いることができるということである．[Gaussier H, Yang Q & Catalano CE [2006] *J Mol Biol* 357:1154–1166 より改変．Elsevier の許可を得て掲載]

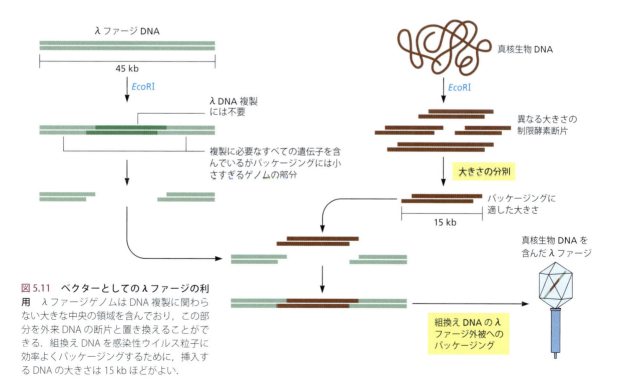

図 5.11　ベクターとしての λ ファージの利用　λ ファージゲノムは DNA 複製に関わらない大きな中央の領域を含んでおり，この部分を外来 DNA の断片と置き換えることができる．組換え DNA を感染性ウイルス粒子に効率よくパッケージングするために，挿入する DNA の大きさは 15 kb ほどがよい．

べての標的に対しても高い親和性と特異性をもつ．ファージ表面のペプチドやタンパク質の特性という実験上の表現型と，ベクターに包含された遺伝子型とを直接結び付けることにより，結合に最適な分子を選択することができる．これを応用した重要な例として，ファージディスプレイにより抗体の大きさ，親和性，エフェクター機能を改良するような設計が容易にできるようになった．

それではファージディスプレイはどのように活用できるのであろうか．DNA 断片は p3 遺伝子の中央に挿入される．ファージは細菌の繊毛を通して細菌に侵入するが，p3 遺伝子のタンパク質産物はファージが細菌の繊毛に接着するために働いている（図 5.12 b 参照）．p3 遺伝子が発現すると，挿入遺伝子によりコードされているアミノ酸配列を含む p3 融合タンパク質がつくられる．この融合タンパク質は野生型 p3 と同様にファージの外被に組込まれるようになる．融合タンパク質をこのように利用して，必要な標

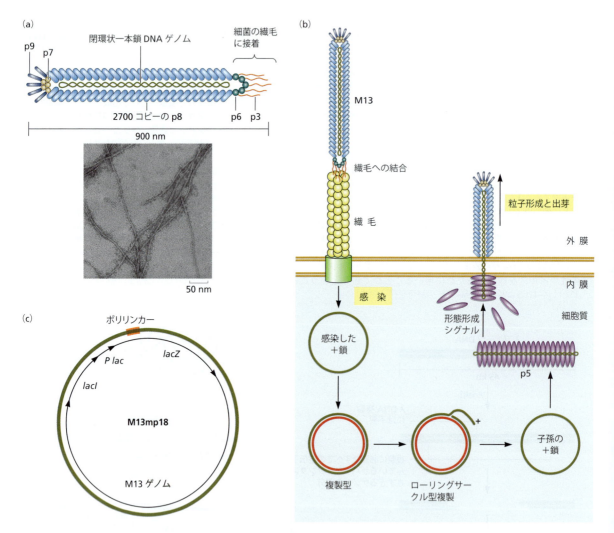

図 5.12　バクテリオファージ M13 の生活環とクローニングベクターとして構築した誘導体　(a) M13 の構造．一本鎖 DNA（ssDNA）の環状ゲノムはファージがコードするタンパク質の一つ p8 が約 2700 分子から成る柔軟なキャプシドにより包まれている．［電子顕微鏡像：Murugesan M, Abbineni G, Nimmo SL et al. [2013] *Sci Rep* 3 [10.1038/srep01820]．Macmillan Publishers, Ltd. の許可を得て掲載］　(b) M13 の生活環．M13 は繊毛を通して細菌細胞に侵入し，脱外被の後に環状 ssDNA は複製して二本鎖の複製型になる．この複製型はその後，ローリングサークル機構により複製し（第 19 章参照），ウイルス粒子に組込まれる ssDNA を産生する．この ssDNA は p5 の働きにより一時的にパッケージングされ，最終的には成熟粒子中に入った形になる．この過程で働くウイルスタンパク質はいずれも膜結合性である．ウイルス粒子の形成に引き続き感染細胞からファージが出芽するが，宿主細胞は溶菌せずに残る．(c) クローニングベクターとしての M13．次の要素がファージゲノムに挿入されている．外来 DNA 断片を含むプラスミドの青白選択を行うための *lacZ* 遺伝子（図 5.9 参照），*lacZ* 遺伝子の上流の *lac* プロモーター，*lac* プロモーターの制御を行う Lac リプレッサーの遺伝子 *lacI*（第 11 章参照）．クローニングベクターとして用いる M13 の誘導体の名称はそれらに含まれる特有のポリリンカー領域にちなんでいる．

的タンパク質との相互作用を容易に探索することができる．この方法を図 5.13 で概説する．

コスミドとファージミドはクローニングベクターのレパートリーを拡大した

コスミドは標準的な複製起点（開始点）と選択マーカー遺伝子に加えて，λファージ由来の cos 部位をもつ修飾プラスミドである．これらを用いて，40 kb 以上の大きな断片をクローニングして，標準的な手順により細菌細胞に導入することができる．cos 部位は in vitro で感染性ウイルス粒子に DNA を詰込むことができ（図 5.10 参照），これにより DNA の精製が容易になる．コスミドは溶菌感染に働く遺伝子をもたず，宿主細菌を殺さないため，プラスミドのように細菌中で維持することができる．

ファージミドはファージとプラスミドの特徴を合わせもっている．よく用いられるファージミドは **pBluescript** II である．これはプラスミド pUC19 に由来し，二つの複製起点，アンピシリン耐性遺伝子，そして *lacZ* 遺伝子をもっている．多重クローニング部位により *lacZ* 遺伝子は分断されており，青白スクリーニング（図 5.9 参照）を行うことができる．**pBluescript** は発現ベクターであり，T3 と T7 ファージ由来のプロモーター配列がクローニング部位の両側にある．

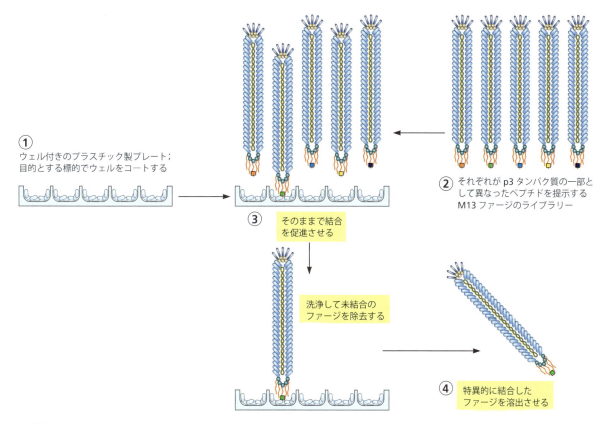

図 5.13 ファージディスプレイは必要とする特徴をもつペプチドやタンパク質をコードする DNA 配列を特定する　一例として，必要とする標的タンパク質や DNA 配列に高い親和性で結合するポリペプチドを同定するためのファージディスプレイスクリーニングの一連の段階を示す．① 標的となるタンパク質や DNA 配列をプラスチック製マイクロタイタープレートのウェルに固定化する．② 外被タンパク質 3 をコードする遺伝子にペプチド/タンパク質をコードする DNA 配列を挿入してこれらの DNA 配列のライブラリーを作製する．これには，主要なタンパク質 p8（図 5.12 参照）などの他のコートタンパク質も用いることができる．したがって，組換え遺伝子の発現産物は p3 と挿入 DNA 配列がコードするペプチド/タンパク質の融合タンパク質である．この融合タンパク質はファージ表面に表れる．③ このファージディスプレイライブラリーをプレートに加えて結合するまで置いておく．次に緩衝液で洗い，結合していないファージを除く．一方，固定化した標的タンパク質や DNA 配列に相互作用する融合タンパク質をもつファージは結合したままの状態で残る．④ 特異的に結合したファージは標的に対する過剰量の既知のリガンドを用いるか，または pH を下げることによって溶出する．溶出したファージは適切な宿主細菌に感染させて，さらに多数のファージを産生させるために用いる．新たなファージ混合物を濃縮し，非特異的（非結合性）ファージの混在が最初の混合物での混在よりもずっと少ない状態にする．⑤ ①〜④ を繰返し，結合タンパク質をもつファージをさらに濃縮する．細菌を用いた増幅をさらに行った後に，相互作用するファージ中の DNA の配列を決定し，相互作用するタンパク質やタンパク質断片を同定する．さらにこの配列に in vitro で部位特異的に変異を導入して（Box 5.4 参照），結合特性を最適化することができる．

5.4 ベクターとしての人工染色体

細菌人工染色体を用いて細菌で巨大な DNA 断片をクローニングできる

細菌人工染色体（**BAC**；bacterial artificial chromosome）は F 因子という機能的な稔性（fertility）プラスミドに基づいている．これらは天然に存在するプラスミドで，それ自体の複製とコピー数を調節している．これらのプラスミドは大腸菌細胞に 1, 2 コピーだけ存在し，このことが大きな断片をクローニングするための利点となっている．というのも，このような大きな断片は，もしも多コピー数プラスミドにクローニングすると配列の再編成が顕著に起こるおそれがあるからである．もとの BAC ベクターはプラスミドの複製とその調節に関わる配列や遺伝子に加えて，クロラムフェニコール耐性マーカーとクローニング部位をもっている．より最近のベクターはスクリーニングが容易になるように，β-ガラクトシダーゼ遺伝子も含んでいる．

真核細胞人工染色体を用いて真核細胞で巨大 DNA 断片を維持，発現できる

真核細胞人工染色体は，真核細胞染色体を特徴づけるすべての重要な構造と機能の要素，すなわちテロメア，セントロメア，および複製起点をもつ大きな人工構築物である．**酵母人工染色体**（**YAC**；yeast artificial chromosome）（図 5.14）は 100〜3000 kb までの断片をクローニングすることが可能である．巨大な遺伝子をクローニングすることができるだけでなく，YAC は複雑なゲノムの物理地図の作成やゲノムライブラリーの構築にも有用である．YAC と他の酵母発現ベクターは，翻訳後修飾を必要とする真核細胞タンパク質の発現にも用いることができるという BAC にはない利点をもっている．YAC の欠点は BAC と比べて不安定なことであり，多コピー数のために遺伝子再編成が高頻度で起こりやすい．

5.5 組換え遺伝子の発現

発現ベクターはクローニングした遺伝子を調節的かつ効率的に発現することができる

もし天然あるいは変異したタンパク質を多量につくりたければ，**発現ベクター**（expression vector）とよばれる特殊なベクターを使う必要がある．このベクターはその名のとおり，ベクター内に挿入された遺伝子を保持するだけでなく，その遺伝子からタンパク質を発現させることができる．発現ベクターは宿主細胞内で遺伝子が転写され，タンパク質として翻訳できるようにする必要があり，理想的には以下のような一般的特性をもつ．

- ベクターは宿主細胞内で数多くのコピー数をつくり，またそれを維持できなければならない．
- ベクターは細胞のゲノム内に組込まれ，細胞増殖ととも

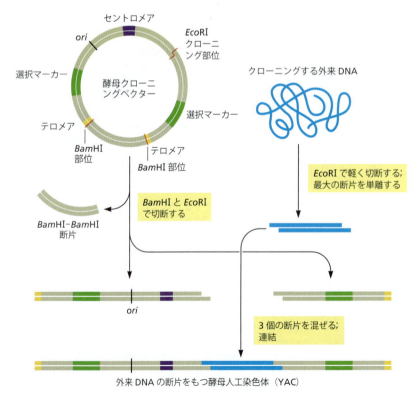

図 5.14 酵母人工染色体を用いて酵母で大きな DNA 断片のクローニングと発現ができる　これらの目的のために構築した酵母クローニングベクターは宿主の酵母細胞中で複製することができるように重要な要素をもっている．すなわち，セントロメア領域，2 箇所のテロメア領域，そして最も重要な複製起点（自律的複製配列）である．すべてのクローニングベクターと同様に，特異的制限酵素部位と選択マーカーももっている．選択マーカー遺伝子のタンパク質産物はマーカーをもっている宿主細胞だけが生存できる選択的条件下で増殖できるようにする．

に目的遺伝子の数を安定して増やせなければならない．
- ベクターは宿主内で機能するプロモーターをもたなければならない．プロモーターとは遺伝子の転写開始の際にRNAポリメラーゼが結合するDNA配列である（第11，12章参照）．
- プロモーターは必要な場合にのみ遺伝子を発現できるような調節可能なものでなければならない（第11，12章参照）．この特性は，タンパク質が宿主細胞に対して毒性をもつ場合は特に重要となる．

クローニングされた遺伝子側において必要な特性もある．遺伝コードには冗長性があるので（第7章参照），同じアミノ酸は複数のコドンによってコードされうる．同じアミノ酸を指定する際，いくつかのコドンを他の生物より頻繁に使用する生物もいるので，外来タンパク質の発現を最適化するためには，その遺伝子の配列が宿主細胞のコドン利用特性にあわせて最適化されていることが望ましい．現在では，決まった手順でコドンの配列を変えることによってコドンの最適化が行えるようになっている．

イントロンを含まない遺伝子を使うことも必須である．イントロンはほとんどの真核生物の遺伝子内にみられる非コード領域である．イントロンは真核細胞の核内ではスプライシングされるが，細菌内ではスプライシングされない．酵母のような真核生物の宿主内で真核生物の遺伝子を発現させる場合でも，選択的スプライシング（第14章参照）による混乱を避けるためには，イントロンを含まないコンストラクト（DNA構築物）にしたほうがよい．

実際の発現実験では他にも潜在的な問題が存在し，たとえば発現したタンパク質が不安定だったり，タンパク質が封入体（不溶性あるいは間違って折りたたまれたタンパク質が蓄積される隔離された細胞内の小胞）に分泌されたりすることがある．このタンパク質を可溶化することが大問題となることがある．これらの問題のいくつかは，発現させたいタンパク質と宿主がもつ正常なタンパク質とを融合させた**融合タンパク質**（fusion protein）をコードする遺伝子を構築することで克服できる．融合タンパク質は通常，外来タンパク質そのままよりも安定であり，より簡単に精製できる．目的のタンパク質を細胞外に分泌させたい場合，タンパク質のN末端に特別なシグナル配列を付加しておけばよい．

シャトルベクターは複数の生物内で複製できる

クローニングの実験ではしばしば，同じベクターを異なる2種の生物（大腸菌と酵母など）で増殖させることが必要となる．たとえば酵母の遺伝子を発現させたい場合，異なる2種の宿主が必要となる．酵母遺伝子は細菌内にクローニングしてベクターの一部として増やせるが，宿主細菌は酵母遺伝子の発現に必要な適切なシステムをもたない

ため，酵母遺伝子を細菌内では発現させられない．細菌ベクター内に酵母遺伝子の発現のためのシステムを遺伝子として挿入することもできるが，配列が大きすぎるので実用的でないことが多い．さらに細菌細胞は，真核生物タンパク質が機能するのに必要なタンパク質合成後の修飾が行えない（第18章参照）．それゆえ，真核生物の組換えタンパク質を発現させて適切に修飾したい場合，まず細菌細胞内でベクター内の遺伝子を増やし，その後適切な真核生物宿主内にベクターを移してから遺伝子を発現させることになる．したがってシャトルベクターは宿主となる細菌細胞と真核細胞の両方で機能する複製起点をもつ必要がある．

酵母エピソームプラスミドベクター（Yep；yeast episomal plasmid vector）はこのようなシャトルベクターの一例である．Yepは大腸菌の *ori*（複製起点配列），*amp*^{r}（アンピシリン耐性遺伝子），2 μmプラスミド（酵母がもつ大きなプラスミド）由来の配列をもつ．2 μmプラスミド部分は酵母の *ORI* と，酵母細胞中に存在する約50コピーのプラスミドの複製と安定的な維持を担う二つの遺伝子 *REP1* と *REP2* をもつ．またYepは，アミノ酸の生合成に関与する酵母のマーカー遺伝子で，通常は *His3* または *LEU2* をもつ．これらのマーカー遺伝子をクローン選択用として用いるためには，宿主細胞がこれらのアミノ酸の生合成機能を失っている必要があり，ベクター内の遺伝子の発現によってその機能欠損が補われなければならない．

5.6 宿主細胞への組換えDNAの導入

数多くの宿主特異的な技術を用い，組換えDNA分子を生きた細胞内に導入する

組換えDNA分子を生細胞内に導入して増やす方法は，宿主細胞の細菌あるいは真核生物と使用されるクローニングベクターの両方において高度に特殊化されている．プラスミドベクターは前もって細菌を塩化カルシウムで低温処理した後，短時間の熱ショックを行う形質転換によって細菌細胞内に導入する．このとき，塩化カルシウムは細胞壁の構造に影響を与えてDNAを細胞表面に結合しやすくさせ，熱ショックは実際のDNA取込みを刺激すると考えられている．

細菌細胞内への組換えDNA分子の導入効率は，ファージクローニングベクターの方がより高い．ファージ頭部に改変したDNAを格納する *in vitro* パッケージング法が開発され，DNA分子の導入効率は大きく改善された．

真核細胞内へのDNA導入のうち，特に酵母と細胞膜に加え外側を保護する多糖層をもつ植物細胞内への導入はより複雑である．形質転換能力をもつ生きた細胞である**プロトプラスト**（protoplast）をつくる際には，通常，細胞膜外の多糖層は酵素処理によって除去される．形質転換した植物プロトプラストは未分化細胞であるカルスを大量に得

るため，選択培地上で増殖させる．その後，特定の成長ホルモンを含む栄養培地にカルスを移し，繁殖能力のある形質転換植物個体を再生させる．

さまざまな微生物，植物，動物細胞内にクローニングされた遺伝子を導入するため，効率的かつより普遍的な手法として，機械を用いた技術の開発が行われた．このような技術の一つに**電気穿孔法**（electroporation）がある．細胞は電気ショック（たとえば 4000〜8000 V/cm の電圧勾配での短時間ばく露）を与えると，細胞膜に開いた穴を通して外因性 DNA を取込む．この際の形質転換効率は，細胞分裂中期で細胞を停止させるコルセミドのような薬物を用いると高くなる．これは，ゲノム内に遺伝子が安定して組込まれるためには核膜の通過が必要なこと，細胞周期の細胞分裂中期には核膜が存在しないことに起因している．

動物細胞，酵母，植物のプロトプラスト，細菌細胞で用いられる他の形質転換法は，リポソームを用いた遺伝子導入法である．**リポソーム**（liposome）は単膜（1 枚の二重層）の陽イオン性脂質から成る小胞で，溶液中の DNA と容易かつ自発的に複合体を形成する．リポソームは正に荷電しており，培養細胞に結合して細胞膜と融合すると考えられる．このようにリポソームを形質転換あるいはトランスフェクションのために用いる方法は，**リポフェクション**（lipofection）とよばれる．

形質転換が困難な細胞への遺伝子導入効率を上げる方法として**遺伝子銃**（gene gun）が開発された．これは単細胞生物だけではなく，植物の葉あるいはショウジョウバエやマウスなど動物全体に使用することができる．遺伝子銃は特に，外来 DNA を導入する他の手法がなかった葉緑体の形質転換において有用であった．遺伝子銃を用いた場合の導入効率はさまざまだが，皮膚細胞は最も形質転換されやすく，B 型肝炎ウイルスのワクチンをマウスやヒトに接種するために使用されている．

遺伝子銃は生物学的に不活性な金やタングステンのような金属粒子に核酸が付着する特性を利用している．DNAと粒子の複合体は真空に近い状況で加速され，その加速経路において標的となる組織と衝突する．加速方法はさまざまであり，空気圧装置，磁気や静電気力，噴霧器などが用いられる．遺伝子銃を用いた変法として，DNA を付着させていない金属粒子を細胞と DNA を含む溶液内に撃ち込む方法がある．この方法では，DNA は金属粒子が移動中に付着し，それが細胞内に入ると考えられる．

5.7 ポリメラーゼ連鎖反応と部位特異的変異導入

組換え DNA 技術のさらなる発展に不可欠な二つの手法が 1970 年代後半と 1980 年代初頭に提唱された．これらの手法は両方とも提唱直後に多くの研究領域に影響を与えたので，すぐにノーベル賞を受賞した．まず**ポリメラーゼ連鎖反応**（**PCR**; polymerase chain reaction）では，変性，アニーリング，ポリヌクレオチド合成のサイクルを繰返すことによって，均質な DNA 断片を *in vitro* で大量に得ることができる．DNA 断片の合成反応は目的の配列末端と相補的配列をもつ小さな合成プライマーから始まる．PCRでは変性とアニーリングを高い温度で行うため，高温でDNA 鎖を合成できる耐熱性 DNA ポリメラーゼを使用する（**Box 5.3**）．PCR を用いれば，クローニングしなくても特異的な DNA 断片を微量な初期試料から相当量にまで増幅させられるので，化石中の微量 DNA の配列情報を得たい場合は特に有用であるとされている．また，実験室条件下では増殖させられない微生物の複雑な自然集団を解析する場合も同様に，PCR は不可欠なものとなっている．

次の**部位特異的変異導入**（site-directed mutagenesis）も重要な手法で，比較的単純な手順を用いて希望する DNA配列内に希望した変異をつくり出すことができる（**Box 5.4**）．状態がわかっている変異を意図的に導入できることは，生化学的，生理学的に遺伝子，発現制御領域，タンパク質などを理解するうえできわめて重要となる．

Box 5.3　ポリメラーゼ連鎖反応

ポリメラーゼ連鎖反応（PCR）とは，DNA の解析あるいは操作に用いるために必要な大量かつ高純度の DNA を得るための手法である．この PCR は 1987 年に Kary Mullis によって開発され，Mullis は Michael Smith とともに "DNA を用いた化学的手法の開発への寄与" に対して1993 年のノーベル化学賞を受賞した．

PCR では通常，一連のサイクルが 20〜40 回繰返され，各サイクルは "変性，アニーリング，伸長" の三つの温度段階で構成される（図1）．最初の変性の段階では，DNAサンプルを 20〜30 秒間，94〜98℃ で加熱する（この高温状態により相補的塩基間の水素結合は壊れ，二つの DNA鎖は分離する）．次のアニーリングの段階では 20〜40 秒間，50〜65℃ まで温度を下げ，15〜30 個の塩基から成る合成 DNA 断片であるプライマーを一本鎖 DNA 鋳型にアニーリングさせる．プライマーは目的の DNA 領域の末端と相補的な配列をもち，DNA ポリメラーゼが伸長段階で用いる遊離の 3′-OH 基をもつ．アニーリング温度は，典型的にはプライマーと DNA の混成二本鎖の融解温度よりも 3〜5℃ 低く設定する．これらの DNA 間における安定した水素結合は，プライマーの配列が鋳型の配列とよく一致する場合にのみ形成されるが，互いに相補的でない塩基対も周囲に存在する二本鎖によって許容されることがあ

る．このように不完全であっても混成二本鎖を安定させられるというDNAの特性は，他の生物の類似する配列情報からプライマー設計を行い，これをもとにDNA配列の増幅を試みる際には有用となる．アニーリング条件には温度やイオン濃度などがあり，これらの条件によってハイブリダイゼーションの**厳密性**（stringency）が決まる．これらの条件が厳しければ厳しいほど，たとえば温度がハイブリッドの融解温度に近いと二本鎖はミスマッチを生じて不完全となり，次の反応サイクルが不安定となる（逆もまた同様である）．

　伸長の段階（プライマー伸長）では，耐熱性DNAポリメラーゼがプライマーを伸長させる（第19章参照）．この段階の温度は使用するDNAポリメラーゼによって異なる．一般的に使用されるポリメラーゼは**Taqポリメラーゼ**（Taq polymerase）であり，75〜80℃が最適温度である好熱性細菌（*Thermus aquaticus*）由来の天然耐熱性酵素である．特殊なPCRにおいてはその他の耐熱性DNAポリメラーゼも使用される．伸長における化学的性質は *in vivo* で通常みられるDNAの伸長過程と同じである．伸長時間は使用するDNAポリメラーゼと増幅対象のDNA断片長の両方に依存する．そして，これらのサイクルの全体は何度か繰返される．最適条件下では，標的DNAの量は各伸長段階で倍増し，特異的DNA断片は指数関数的に増幅する．

　PCR産物はいくつかの方法で検出でき，増幅産物はPCR後に電気泳動によって解析できる．第6章で述べるマイクロアレイへのハイブリダイゼーションは，より複雑な産物の検出と解析に用いられる．

リアルタイムPCRを用いるとDNAの増幅過程を定量化できる

　リアルタイムPCR（real-time PCR）は近年開発された重要な手法であり，通常は増幅中の反応産物の量を蛍光を用いて測定する．リアルタイムPCRでは増幅産物が明確なシグナルとして検出できる**閾値サイクル**（C_T; threshold cycle）と，増幅開始時の反応調製物中の鋳型濃度との間に強い相関関係がみられる．したがってリアルタイムPCRを用いると，もとの試料に含まれていた目的の配列の量についての定量的な情報が得られる．この手法は，量的な情報が得られることから**定量PCR**（qPCR; quantitative PCR）とよばれることもある．

　手動でPCRを行う場合は大変な手間となるが，現在ではPCRの反応過程は自動化されており，ほとんどの分子生物学実験室にプログラムが可能なPCR装置かサーマルサイクラーが普及している．PCR全体は3〜4時間で容易に行える．今日では，法医学事件や化石DNAの研究において自動化されたPCRが広く用いられている．最近の例としては4000年前に生きていたヒトのゲノム解読があげられ，北米の永久凍土地域で見つかった単一の毛から回収されたDNAがPCRで増幅された．ネアンデルタール人の化石に由来する四つの短い遺伝子配列の初期配列決定も2007年と2008年にPCRを用いた手法で行われた．その後，ネアンデルタールゲノム全体のドラフト配列構築のため，ハイスループットな配列決定法が使われた．

RT-PCRはRNA配列をDNAに変換することで増幅できるようにしている

　細胞内で実際に転写される，つまり遺伝子からタンパク質への情報の流れに関与したり，他の構造的，酵素的，調節機能的を担っている遺伝子のみを増幅したいこともある．そのためには，PCRの前に逆転写を行う．この逆転写の段階では，特別なDNAポリメラーゼである**RNA依存性DNAポリメラーゼ**（RNA-dependent DNA polymerase）または**逆転写酵素**（RT; reverse transcriptase）（Box 20.6参照）を用い，細胞から抽出されたRNA分子の集団からRNA分子のコピーとしての二本鎖DNAをつくる（**RT-PCR**）．逆転写によってcDNAをつくってしまえば，その後は標準的なPCRプロトコールが使用できる．

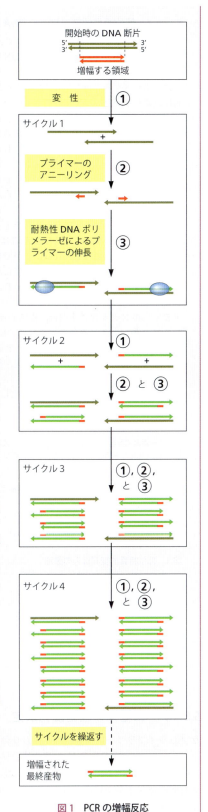

図1　PCRの増幅反応

Box 5.4 部位特異的変異導入：DNA 配列中の希望する場所に変異を導入できる普遍的な手法

変異が遺伝子やそのタンパク質の特性，機能にどのような影響を与えるかを研究するため，DNA 配列を変異させる手法が長年にわたって追い求められてきた．初期の方法では，ポリペプチド鎖のアミノ酸を直接改変して遺伝子配列は改変しないために化学物質を用いたり，タンパク質をコードする DNA を変異させるために，in vivo で物理的，化学的な薬剤を用いたりした．どちらの手法にも大きな欠点が存在し，分子内の特定の 1 箇所において特定の 1 アミノ酸を変化させることはできなかった．またこれらの手法を用いると複雑な分子のセットが生じてしまうので，目的の分子を単離するためにはさらに分画したり特徴づけしたりしなければならなかった．

カナダのバンクーバーにあるブリティッシュ・コロンビア大学の Michael Smith と共同研究者は 1978 年，in vitro で希望する配列に変異を入れることができる比較的単純な方法を思いついた．その後に多くの修正が加えられはしたものの，今でも同じ原理が使われている（図1）．

- まず，20 ヌクレオチド（nt）程度の配列をもつ短いオリゴヌクレオチドを合成する．この際，目的遺伝子のDNA 配列と相補的なオリゴヌクレオチドの配列の中心に変異となる一塩基置換や短い欠失，挿入などの意図的な間違いをもつように設計する．
- 次に，目的遺伝子を含むクローン化した一本鎖 DNA 配列にこのオリゴヌクレオチドをアニーリングさせる．このときアニーリング産物内には塩基対を形成できない部分があるので，オリゴヌクレオチド内の変異に応じてループを形成する．変異の両側にある正しく対合した塩基によりアニーリングした二本鎖は安定した状態を保てる．
- DNA ポリメラーゼを加えると，アニーリングしたオリゴヌクレオチドがプライマーとなって鋳型に相補的な鎖全体が合成される．このとき変異が入ったオリゴヌクレオチドはアニーリングしたままで，DNA リガーゼを加えるとニックは連結される．
- この新しく合成された二本鎖の環状 DNA を細菌細胞内に導入すると，細菌は増殖する．もとの変異を含まない遺伝子は，さまざまな手法を用いることで除去できる．

Michael Smith は 1993 年，"オリゴヌクレオチドをもとにした部位特異的変異導入法の確立とタンパク質研究の発展に対する基礎的貢献"によってノーベル化学賞を受賞した．Smith は科学で成功するために必要なことを以下のように理解していた．"研究では物事が正しいよりも間違っていることの方が多いので，研究を愛し精一杯行う必要がある．研究がうまくいったときほど，わくわくすることはないのだから．"この手法の開発によるノーベル化学賞は，ポリメラーゼ連鎖反応（PCR）法の発明に対する Kary Mullis との共同受賞となった（Box 5.3 参照）．

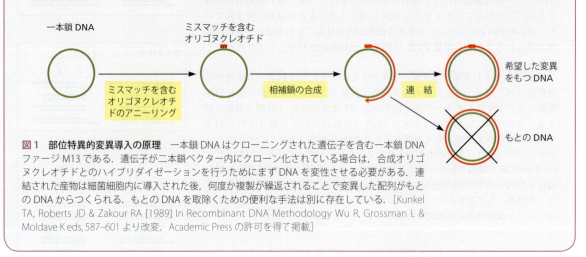

図1 部位特異的変異導入の原理　一本鎖 DNA はクローニングされた遺伝子を含む一本鎖 DNA ファージ M13 である．遺伝子が二本鎖ベクター内にクローン化されている場合は，合成オリゴヌクレオチドとのハイブリダイゼーションを行うためにまず DNA を変性させる必要がある．連結された産物は細菌細胞内に導入された後，何度か複製が繰返されることで変異した配列がもとの DNA からつくられる．もとの DNA を取除くための便利な手法は別に存在している．[Kunkel TA, Roberts JD & Zakour RA [1989] In Recombinant DNA Methodology Wu R, Grossman L & Moldave K eds, 587–601 より改変．Academic Press の許可を得て掲載]

5.8　ゲノム全体の塩基配列決定

ゲノムライブラリーには生物のゲノム全体が組換え DNA 分子の集合体として含まれる

研究領域における組換え DNA 技術の応用は，それぞれの目的の遺伝子をクローニングし，その DNA 配列を決定することから始まった．その後すぐ，この組換え技術を用いれば，ゲノム DNA 全体も互いに重なり合う DNA 配列の集団として組換え DNA 分子（ベクター＋挿入断片）の大きなセットにし，それらの塩基配列を決定すればよいことがわかった．このような組換え DNA 分子のセットであるゲノムライブラリー（genomic library）は細菌内で増幅でき永久保存が可能である．ゲノムライブラリーが利用できるかどうかは，ウイルス，細菌，酵母，高等真核生物のゲノム全体の配列決定研究においては最も重要な前提条件であり，2001 年の全ヒトゲノム解読において全盛期を迎

えることとなった．

　ゲノム全体を完全に含むライブラリーの作成は技術的に難しいことが多い．ゲノム全体の配列を含むために必要となるライブラリーのサイズは，クローニングベクター中に挿入できるDNA断片のサイズとゲノム自体の大きさによって決まる．ヒトのゲノムライブラリーでは，単純計算で70万近くの組換えクローン数があれば99％の確率で希望する配列が含まれる．この計算では，超音波処理のような機械的な剪断によってゲノムはランダムに断片化されているという仮定に基づいている．このような剪断による断片をクローニングするのはあまり効率がよくないため，通常は制限酵素処理を行ってDNA断片の集団を得る．作成される断片は完全にはランダムでないが許容範囲にある．

　ゲノムライブラリーの作製に適したベクターは，ゲノム全体を含むのに必要なクローン数を減らすため大きなDNA断片がクローニングでき，高いクローニング効率をもつことが望ましい．これらの要件を満たしているベクターとしては，λファージベクター，コスミド，細菌人工染色体（BAC）がある．これらのベクターがもつ大きな利点は，高感染性のウイルス粒子を，*in vitro* パッケージングによって効率的につくれる点にある．

大きなゲノムの配列決定には二つのアプローチがある

　全ゲノムショットガン法では，ゲノム全体を一連の組換え体としてクローニングし，それぞれのクローンの塩基配列決定を行う．その後，コンピュータープログラムを用いて互いに重なり合う塩基配列をもとにクローンを整列させ，ゲノム全体の塩基配列を再構成する．ゲノムDNAの断片化は細胞集団を用いて行い，それぞれの細胞のDNA断片が集まるとランダムな断片の集合体となるので，互いに重なり合うクローンは常に存在することになる．ゲノムの塩基配列決定の第二の戦略は，階層的**ショットガンシークエンシング法**（shotgun sequencing approach）で，BACベース法あるいはクローンバイクローン配列決定法ともよばれるものである．この方法では，大きな挿入配列（典型的には100〜200 kb）を含むクローンのセットを制限酵素マッピングによって作成，編成し，解析に適したクローンを選択し，クローンごとにショットガンを行って塩基配列を決定する．この方法は，ヒトゲノム配列決定のための"活発な科学論議"の後で行われるようになった．国際ヒトゲノム配列コンソーシアムが用いた方法を図5.15に示す．

　研究やバイオテクノロジーにおいて重要なライブラリーは，ゲノムライブラリーのみというわけではない．真核細胞内でのmRNAの存在状態を知ることができる有用なライブラリーが存在する．タンパク質をコードする遺伝子は前駆体mRNAに転写された後，一連のプロセシングを経ることによって成熟したmRNA分子となる．このプロセシングの主要な段階は前駆体mRNAに存在するイントロン（非コード配列）を取除くことである．これは，リボソーム上でのタンパク質翻訳に適した分析されていない塩基配列をつくるために行われる（第14章参照）．真核生物の成体の各細胞型は異なるセットのmRNA分子をもつことで特徴付けられる．mRNA分子には全細胞で共有されるものもあれば，特定の細胞型のみがもつものもある．分化した細胞型の表現型と関係するmRNA分子はユニークであり，高度に特殊化した機能をもつタンパク質をコードする．

　ある型の細胞内でどのタンパク質の遺伝子が転写，翻訳されているのかを調べる最良の方法は，成熟したmRNAの集団を細胞質から調製し，逆転写などを用いて *in vitro* で二本鎖DNAのコピー集団をつくることである．この二本鎖DNAは**相補的DNA**（**cDNA**：complementary DNA）または**コピーDNA**（copy DNA）とよばれる．このcDNAの全集団を細菌ベクター内にクローニングすると，**cDNAライブラリー**（cDNA library）となる．これらのcDNAライブラリーは細菌中で安定に維持でき，ゲノムライブラリーと同様に永久保存できる．このようなライブラリーは実務的利用範囲が広く，cDNAクローンはイントロンをもたないので，細菌細胞内で直接発現できる配列として便利である．

5.9　真核生物の遺伝物質を操作する

　組換えDNAの技術が進んだことによって，植物や動物のゲノムを思いどおりに変えることができるようになった．この章では，遺伝子導入技術によってトランスジェニック生物がつくれることについて述べる．このトランスジェニック生物内の遺伝的変化がホモ接合となれば，実際に繁殖可能な新しい生命体ができる．

トランスジェニックマウスは多くの段階を経て作成される

　真核生物のゲノム内に新しい遺伝物質を導入し，後の世代に継承させる技術は1980年代の初め多くの研究所で開発された．この技術ではまず，雌のマウスから卵を取出して *in vitro* で受精させる．そして，卵に侵入した直後の雄性前核（精子の単数体核）に遺伝子発現制御に必要な配列や遺伝子導入の状態をスクリーニング可能なマーカーと目的の遺伝子を含むベクターを顕微注入する．その後，雄性前核は卵の前核と融合して胚の二倍体核となる．導入されたDNAは最初の胚細胞分裂前に起こるゲノム複製前にゲノム内に組込まれなければならないので，顕微注入のタイミングは特に重要である．もしゲノム内への組込みが細胞分裂後になるとマウスはモザイク，つまりあるいくつかの細胞は野生型細胞に，別のいくつかの細胞はトランスジェ

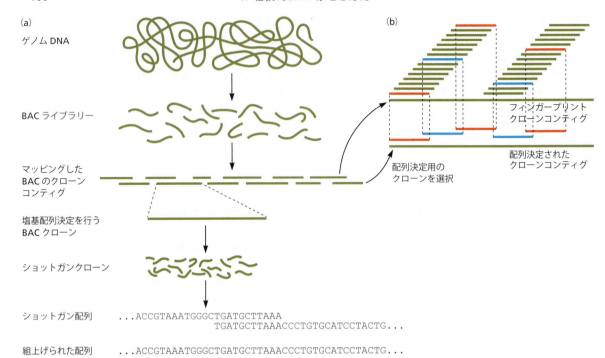

図 5.15　ヒトゲノムの塩基配列決定で用いられた階層的ショットガンシークエンシング法　(a) 塩基配列の決定は以下のような多くの段階で行われる．最初の段階ではゲノム DNA を断片化し，これを大きな DNA 断片を挿入できるベクター（この図では細菌の人工染色体である BAC を使用）内にクローニングし，ライブラリーを作成する．大きなゲノム DNA 断片をもつ数多くのクローンは制限酵素で処理し，得られた制限酵素断片のパターンをコンピューターで解析することにより，ゲノム DNA 断片の重なり具合を示す物理地図を作成する．この物理地図はフィンガープリントクローンコンティグともよばれ，断片は一部重なり合いながら連続して並ぶ．この物理地図は塩基配列決定用の BAC クローンを選択する際に使用され，選択されるクローンではベクター由来の領域を除くすべての制限酵素断片が互いに重なり合って切れ目なく連続している必要がある．(b) このコンティグの作成は隣接するクローン間の重複を最小限に抑えることを目的として行われる．これにより，ランダムショットガンによって塩基配列決定を行う BAC クローンの数を最小にすることができる．重なり合う BAC クローンの塩基配列決定後，コンピューターを用いて連続した塩基配列を組上げる．この際の BAC クローンの重なりは配列決定されたクローンコンティグとよばれる．ゲノム全体の塩基配列は，このようにして再構築される．[(a), (b) Lander ES, Linton LM, Birren B et al. [2001] *Nature* 409:860–921 より改変．Macmillan Publishers, Ltd. の許可を得て掲載]

ニック細胞となる．宿主ゲノム内へのベクターの組込みはゲノム DNA 配列に対してランダムに起こる．

　次の段階で卵は仮親の子宮内に移植され，子が生まれる．ゲノム内への組込みがうまくいくと，組込み領域がヘテロ接合となるマウスが得られる．このヘテロ接合型マウスは毛色を制御するマーカー遺伝子を用いることで検出できる．このようなヘテロ接合型マウス 2 匹を用いて繁殖させると，子孫の一部（25％）は新しい形質に対してホモ接合型となり（第 2 章参照），同じ遺伝的特性をもつ子孫を生み続ける．このトランスジェニックマウスの画像を図 5.16 に示す．

　部位特異的変異導入により，原理的には，新規あるいは改変された配列をもつタンパク質を生物に導入し，生物全体での効果を研究することが可能となる．ただし，これは新しい遺伝子の機能を追加した状態であり，もとの遺伝子は残っていて普通に機能していることが多い．もとの遺伝子を取除いたり，改変された遺伝子と置き換えたりしたければ少々難しくなる．

特定遺伝子の不活性化，置換，改変は特定部位での相同組換えが可能なベクターを用いたターゲッティングで行う

　特定部位での相同組換えは長い間不可能であると考えられていたが，1980 年代後半 Mario Capecchi によって行われた．この方法は**ノックアウト**（knockout）マウスの作成で一般的に使われている手順によって説明でき，特定の遺伝子は外来配列の挿入によって分断され不活性化される．

　この手順ではまず，受容細胞内での相同組換えに十分な長さとなる遺伝子両側の正常な配列と，分断された遺伝子を一緒に含むベクターを構築する（第 21 章参照）．たいていの場合，分断遺伝子内にはスクリーニング用のマーカーも入れておく．この改変された遺伝子をもつベクターはマ

5.9 真核生物の遺伝物質を操作する

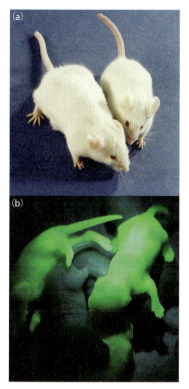

図 5.16 トランスジェニックマウス (a) スーパーマウス．ワシントン大学の Richard Palmiter とペンシルバニア大学の Ralph Brinster は，受精直後のマウス卵にヒトの成長ホルモン遺伝子を顕微注入した．ヒトの成長ホルモン遺伝子はマウスのメタロチオネイン I 遺伝子のプロモーターと融合させることでマウス内で発現させた．この融合遺伝子はかなりの割合でマウスのゲノム内に安定して取込まれ，高濃度のホルモンが血液中に分泌された．融合遺伝子を導入されたトランスジェニックマウスは正常マウスの 2 倍のサイズまで大きくなった．[Ralph Brinster, University of Pennsylvania のご厚意による] (b) 緑色蛍光マウス．大阪大学の岡部 勝と共同研究者は，マウス胚に UV 励起下で蛍光を発するクラゲの緑色蛍光タンパク質（GFP）の遺伝子を注入し，緑色蛍光をもつトランスジェニックマウスを作成した．注入されたコンストラクトはクラゲ GFP の cDNA および検出を容易にするためにタンパク質を高レベルで発現させられる発現制御配列を含んでいた．このトランスジェニックマウスは検査したすべての細胞型（脳，肝臓，副腎などで，精子，赤血球，毛髪は含まない）で GFP を発現していた．新生児マウスは毛皮ができるまでは UV 照射下で体全体が緑色になり，毛が生えていない部分のみが蛍光を発していた．このマウスは単に科学的好奇心によって作成されたものではなく，緑色に発光する細胞はたとえば正常マウスに移植された緑色がん細胞の運命の解析などの基礎研究に利用可能である．さらに，これらの細胞に対する各種の実験操作を行った際の反応を調べるためにも利用できる．[Okabe M, Ikawa M, Kominami K et al. [1997] *FEBS Lett* 407:313–319. Elsevier の許可を得て掲載]

ウス胚の胚性幹細胞（ES 細胞）（Box 2.2 参照）内に化学的手法あるいは電気穿孔法を用いて導入される．ES 細胞は周囲からの適切な分子的刺激があれば，その生物のあらゆる種類の細胞に分化できるといった潜在能力をもつ多能性幹細胞である．改変された遺伝子を導入された ES 細胞は培地内での増殖中に組換えが起こった場合に選択され，その組換え細胞が別のマウス胚の胚盤胞内に注入される（図 5.17）．そして，正常な遺伝子をもつ細胞と分断遺伝子をもつ細胞をともに含む混合胚は仮親の子宮内に移植される．このようにして生まれた新生児マウスはキメラとなり，改変された遺伝子をもつヘテロ接合型の細胞と野生型の細胞とのモザイクとなる．もしこのような雌が成熟して野生型の雄と繁殖すれば，子孫のいくつかは野生型となり，残りの子孫は分断遺伝子のヘテロ接合型となる．ホモ接合型のマウスはヘテロ接合型どうしのマウスを交配させることによって得られる．得られたホモ接合型マウスは遺伝子欠損によって致死にならなければさらに繁殖が可能である．

このような手順をさらに改変すると，改変遺伝子が野生型遺伝子と置換される**ノックイン**（knock-in）生物，あるいは特定遺伝子の制御が改変される**ノックダウン**（knockdown）生物をつくることができる．これらの技術はすべて多くの時間が必要であったり効率があまりよくなかったり

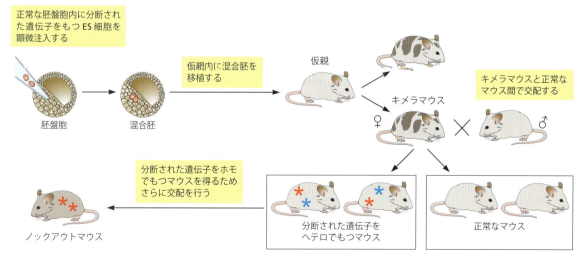

図 5.17 *in vitro* で改変された遺伝子をマウスに導入し，ノックアウトマウスを作製する [Nobel Foundation より改変]

するが，特定の遺伝子の生体内機能に関する事実を最も明確に得ることができる．この手法の開発により，CapecchiはMartin EvansとOliver Smithiesとともに"胚性幹細胞を用いてマウスの特定の変異遺伝子を導入する原理の発見"に対する2007年のノーベル生理学・医学賞を受賞することになった．

5.10 組換えDNA技術の実用化

何百もの医薬化合物が組換え細菌内でつくられている

組換えDNA技術の応用分野において最も発展しているのは，組換え細菌内での医薬化合物作成である．臨床試験で作成，使用された化合物のリストをもとに，すでに何百もの製品がつくられており，その大部分はタンパク質である．ヒトインスリン（Box 5.5），成長ホルモン，血液凝固因子Ⅷ（Box 21.4参照）などの救命用の薬もこれらの製品に含まれている．組換えワクチンの製造も重要な応用分野で，B型肝炎ワクチンの製造の例はよく知られている．世界保健機関（WHO）によると，B型肝炎ウイルスの保有者数は世界中で3億5000万人に達しており，毎年新たに100万人が発症するとしている．このB型肝炎ウイルスにより，推定7500万～1億人の感染者が肝硬変あるいは肝臓がんで死亡していると考えられている．ポリオウイルスのような一般的なウイルスとは異なり，B型肝炎ウイルスはワクチンをつくるための in vitro 増殖ができないため，従来の手法によるワクチンの開発は難しかった．そこで酵母内でB型肝炎ウイルスの表面抗原を発現させ，これを用いることによって組換えワクチンがつくられる．この方法では組換えウイルスのタンパク質のみが使用されるのでウイルス感染の可能性が回避され，従来のような弱毒化ウイルスより安全である．

診断においても，組換え産物は広く用いられ，ヒト免疫不全ウイルス（HIV; human immunodeficiency virus）感染の診断の例がよく知られている（Box 5.6）．

植物遺伝子工学は巨大だが議論の多い産業分野である

これまでに多くの成果があげられたにも関わらず，植物遺伝子工学は依然として流動的であり，議論の多い分野である．植物遺伝子工学がもつ潜在的な可能性はきわめて大きい．たとえば，遺伝子組換え植物（GM植物）は，高栄養価の食品，増加する作物収量，除草剤や殺虫剤に耐性のある農作物をもたらす．これらの特性は通常，さまざまな生物のいくつかの遺伝子を植物ゲノムに導入することによって得られる．

経済的に重要なダイズ，トウモロコシ，アルファルファ，ワタなどの多くの作物は，一般的な除草剤であるグリホサート耐性の組換え遺伝子を導入することによって除草剤耐性をもたせている．他の作物では，特定の昆虫に対して選択的毒性をもつ細菌タンパク質の組換え体を導入することで昆虫耐性をもたせている．この昆虫耐性遺伝子は Bacillus thuringiensis に由来し，この遺伝子は昆虫を殺すBt毒素をコードしている．捕食昆虫に対する伝統的な方法は飛行機からこの細菌を野外に散布することであったが，今はほとんどゲノム中に耐性遺伝子をもつ組換え植物の利用に置き換わっている．

最近では，GM植物をワクチン作成の生物工場として開発する努力が続けられている．例としては，食用となるB型肝炎ワクチン産生植物があげられ，バナナ，ジャガイモ，レタス，ニンジンなどを食べるとB型肝炎ウイルスに対する免疫応答が誘導できるようになっている．このようなワクチンの開発は，他のウイルスに対しても今後行われていくと思われる．

GM植物を取巻く議論はおもに二つの問題を中心に行われている．それは，人間が摂取する作物の安全性と，人工的な植物が自然界の繊細な生態系のバランスを乱すおそれについてである．最初の問題はGM食品側に有利に解決されたように思われるが，2番目の問題は未解決のままである．

植物遺伝子工学の成果としてのゴールデンライスの開発について論じる前に，最もよく使われる植物ベクターについて紹介しておく．この植物ベクターは細菌 Agrobacterium tumefaciens 内に含まれる大きな天然プラスミドの誘導体である．このプラスミドの一部は，植物にできた傷から植物細胞内に転移して腫瘍形成をひき起こす（tumor-inducing）ため，Tiプラスミドと名付けられた．Tiプラスミドの生物学やその構造，ならびに植物の形質転換ベクターとして用いるための改造については Box 5.7 で述べる．

栄養価を改良したイネ品種であるゴールデンライスは，異なる生物に由来するいくつかの遺伝子を植物ゲノム内に導入することによって作成された．イネを主食としている国では特に，おもに2種類の栄養素欠乏を改善するイネ品種を開発することが考えられた．ゴールデンライスは品種開発と育種栽培の普及活動によって広められ，有用な食糧としての利用が進められている（Box 5.8）．既存のイネ品種をゴールデンライスに置き換えることは，世界の栄養問題を解決する大きな一歩になると予測されている．

遺伝子治療は疾患原因である遺伝子欠損あるいは遺伝子機能を修正するため複雑な多段階過程を経る

疾患発症と関係がある遺伝子の欠損あるいは機能を修復するため，組換え技術を用いた遺伝子治療が行われる．タンパク質そのものではなく機能性遺伝子が投与される理由は，タンパク質はすぐに分解されてしまうが，遺伝子の発現は維持されるからである．遺伝子治療ではおもに二つの方法が用いられる．

Box 5.5　治療目的のための組換えヒトインスリンの作製

糖尿病の治療にインスリンを使用してきた歴史は長く，興味深いものがある．インスリンは膵臓の小さな領域であるランゲルハンス島のβ細胞でつくられる．医師 George Zülzer は 19 世紀最初の 10 年の間に，膵臓を摘除したイヌに膵臓の抽出物を注射すると血糖値を制御できることを報告した．その後，彼は瀕死の糖尿病患者に膵臓抽出物を注入することで初期的な改善を得たが，患者はベルリンの地元企業が製造した膵臓抽出物が枯渇した時点で死亡してしまった．

ともに医師であった Frederick Banting と Charles Best は 1922 年，膵臓抽出物からインスリンを精製し，これを用いて 14 歳の糖尿病重症患者の治療に成功した．これにより，Banting は John Macleod とともに 1923 年，"インスリンの発見"に対してノーベル生理学・医学賞を受賞した．しかし，動物の膵臓から抽出するインスリンが不足しがちであること，動物とヒトのインスリンは同一ではないため効果が限定的であることから，動物のインスリンは理想的ではなかった．

そこで組換え DNA 技術が利用できるようになったとき，製薬会社や大学は細菌内で発現させられる組換えインスリンの開発に取組んだ．この開発はおもに二つの戦略を用いて行われた．一つは，生物学的活性をもつ成熟インスリンの 2 本の鎖，A 鎖と B 鎖を別々に発現させて精製する方法である（図 1）．もう一つは，インスリン前駆体であるプロインスリンを発現させ，in vivo のプロセシング段階で成熟インスリンにする方法である．プロセシングの段階については第 18 章で詳しく説明する．

ジェネンテック社の David Goeddel は 1978 年，カリフォルニアのシティ・オブ・ホープ医療センターの板倉啓壱や Arthur Riggs と協力し，初めて組換えヒトインスリンを作成した．その戦略は，インスリンの A 鎖と B 鎖を別々の細菌株でクローニングして発現，それらの鎖を精製後に混ぜ合わせ，両鎖間の二つの S-S 架橋を形成することで in vitro で安定化させ，機能的なインスリンをつくり出す方法であった．図 1(a) のように，A 鎖と B 鎖をコードする DNA 断片はそれぞれ化学的に合成され，lac オペレーター（第 11 章参照）で制御できる β-ガラクトシダーゼ遺伝子をもつ pBR322 由来のベクター内にクローニングされた（第 11 章参照）．それぞれの鎖は融合タンパク質として細菌内で発現させた後，β-ガラクトシダーゼ部分は臭化シアン処理で切断除去された．

一方，ハーバード大学の Walter Gilbert の研究室では同年，ラットのプロインスリンを pBR322 ベクター内にクローニングした（図 1 b 参照）．この方法ではまず，ラット膵臓腫瘍から得たインスリン mRNA の二本鎖 cDNA を作成し，これをベクター内の制限酵素 PstI 部位に挿入することでクローニングした．プラスミドベクター pBR322 もそれ自体が組換え体であり，他の生物に由来する抗生物質耐性遺伝子をもつことに留意してほしい．クローニング用の制限酵素 PstI 部位は抗生物質アンピシリンに耐性をもつ遺伝子内にあり，インスリンとの融合タンパク質は細胞質内に分泌されるため，簡単に精製できる．最近は速効型や長時間作用型のインスリン類似体をつくるための努力が行われている．

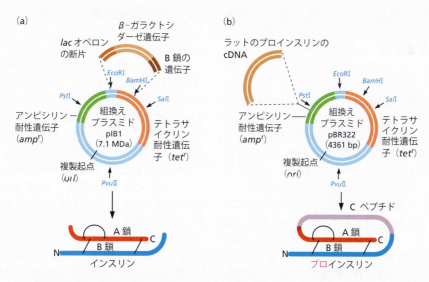

図 1　大腸菌で哺乳類のインスリンを発現させるための 2 大戦略　(a) 2 系統の菌株を用いる方法．成熟インスリンの A 鎖と B 鎖を別々の組換え大腸菌株で発現させる．模式図は B 鎖用の発現コンストラクトを示している．A 鎖を発現する菌株も同様の戦略を用いてつくられた．(b) 単一ポリペプチドとしてのプロインスリンを最初にクローニングした報告．ラットのプロインスリン cDNA は pBR322 ベクターの PstI 部位に挿入されている．結合している C ペプチドは in vivo と同様にプロインスリンから酵素的に取除くことができる．

Box 5.6　HIV 診断は組換え産物または組換え技術を用いて行われる

　HIV 感染診断のための一般的手法は，いずれも DNA 組換えを利用した方法に基づいている．ELISA（酵素結合免疫吸着検定法）やウェスタンブロット法といった免疫学的検査の原理については第 3 章で述べた．これらの検査では，患者の血液試料中に存在する特定の組換え HIV タンパク質に対する抗体を検出している（図 1）．HIV の RNA ゲノムを直接検出できる検査手法は，逆転写ポリメラーゼ連鎖反応（RT-PCR）を用いている．RT-PCR 検査法の開発は HIV のゲノムの分子クローニングと塩基配列の解読によって可能となった．

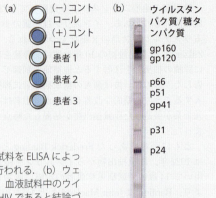

図1　HIV 感染の免疫学的検出　(a) ELISA を用いた検査法．患者 3 人の血液試料を ELISA によって解析した．ELISA の結果が陽性の場合，ウェスタンブロット法による検査が行われる．(b) ウェスタンブロット法を用いた検査法．この検査の解釈は ELISA ほど簡単ではなく，血液試料中のウイルスタンパク質は抗体に反応するバンドとして常に検出できるわけではない．HIV であると結論づけるためには少なくとも 5 本のバンドが得られる必要があると臨床医たちは考えている．[Suthon V, Archawin R, Chanchai C et al. [2002] *BMC Infect Dis* 2 [10.1186/1471-2334-2- 19]．BioMed Central の許可を得て掲載]

---

1. 一つめは，機能不全になった遺伝子を補うため，正常な遺伝子をゲノムのランダムで非特異的な位置に挿入するものである．この方法は機能不全になった遺伝子がゲノム内に残っているため，**遺伝子付加**（gene addition）療法に分類される．例としては，悪性腫瘍治療のためのがん抑制遺伝子や感染症治療のための免疫刺激遺伝子の使用がある．遺伝子付加療法は細胞に変異遺伝子の発現を制御できる遺伝子をもたせるためにも用いられる．

2. 二つめは，相同組換えを用いて変異した遺伝子を正常な遺伝子で置き換えるものである（第 21 章参照）．この方法は，**遺伝子置換**（gene replacement）療法の代表的なものである．

　実際の遺伝子治療には複雑かつ多段階の方法が必要で，導入遺伝子をもつベクターを複数の段階を経て作成する必要がある．ベクターによって細胞内に送り込まれた導入遺伝子は細胞質を通って核内に入り，ゲノム内に安定して組込まれる必要がある．これはゲノム内に組込まれた遺伝子のみが，その後にゲノムの一部として複製され継承されるからである．そして最終的には，遺伝子の発現が適切に制御されなければならない．ほとんどのベクターの場合，遺伝子はゲノム中のランダムな位置に挿入されるので，適切な発現制御はそれほど簡単ではない．このようなランダムな挿入法は，以下のような 2 種の問題をひき起こす可能性がある．まず，ほとんどの場合はヘテロクロマチン的な環境下に置かれることになるので，導入された遺伝子は転写されない可能性がある（第 12 章参照）．他の場合は，導入された遺伝子は他の遺伝子あるいはその調節配列内に位置することになり，これは宿主が本来もっていた遺伝子を不活性化してしまう．不活性化された遺伝子が宿主細胞にとって重要であればあるほど，宿主細胞にとって有害となる．遺伝子治療の方法は，絶えず既存の手法の改善や新しい手法の開発が行われることによって各種の問題の解決が図られている．

　遺伝子治療法の開発における最も大きな問題の一つはベクターの免疫原性の問題である．免疫反応によって形質導入された細胞は高い効率で生体から排除されてしまう一方で，ウイルスベクターに対する獲得免疫によってウイルスベクターがその後再度働くことを防ぐことができる．

特定組織内の十分量の細胞に遺伝子を導入し，その発現を長期間維持することは難しい

　DNA は陰イオン性なので，細胞膜を横切るのは難しい．したがって遺伝子治療を効率的に行うためには，ベクターを介する移送が必要となる．遺伝子治療法では，ウイルスベクターと非ウイルスベクターの 2 種類のベクターが用いられる．

　ウイルスはもともと細胞内や核内に効率よく入る能力をもっている．**ウイルスベクター**（viral vector）の特性はそれぞれ異なっており，それが導入されやすさや安全性に影響している（表 5.2）．

　ベクター内に詰込むことができる導入遺伝子のサイズはベクター容量とよばれる．ベクター容量は，ウイルスゲノム自体の大きさと，ウイルスの感染能力に影響を与えない導入遺伝子で置き換えることができるウイルス内の DNA または RNA の量によって決まる．

　細胞内でのベクターの増幅効率は，ベクター内のウイルス遺伝子部分が導入遺伝子で置換されて失われるにつれて低下する．ウイルスベクターはウイルスそのものはつくらず，導入遺伝子とその発現のための配列のみをもつという

Box 5.7 より詳しい説明：植物遺伝子工学のための天然ベクター，*Agrobacterium*

Agrobacterium 属は土壌性細菌種を含み4種の *Agrobacterium* 種は多種多様な植物，おもに双子葉植物に腫瘍性の形質転換をひき起こす．*A. tumefaciens*（新しい分類法では *Rhizobium radiobacter*）の感染によってつくられた腫瘍は，**クラウンゴール**（根頭がん腫；crown gall）として知られている．

Ti プラスミドは *Agrobacterium* 細胞内に存在し（図1），*Agrobacterium* は根または茎の傷を通じて感染した後，植物細胞を形質転換する．植物は傷ついたときフェノールや糖などの特定の化学的シグナルを放出する．これらのシグナルは *Agrobacterium* の細胞膜にある受容体で認識され，病原性（*vir*）遺伝子のカスケードを活性化する．このカスケードにより，Ti プラスミドから植物染色体に転移する DNA 領域（T-DNA）が植物内に移動する（図2）．その後，T-DNA は植物の核ゲノム内に組込まれて安定化する．*virA* 遺伝子と *virG* 遺伝子を除き，*vir* 遺伝子は自由生活細菌では基本的には機能していない．他の *vir* 遺伝子産物は腫瘍形成の他の段階に関与しており，T-DNA のコピー，T-DNA の宿主への移行準備，T-DNA が通過する細菌細胞膜のチャネルを開くなどの機能をもつ．細胞質中の T-DNA は他の Vir タンパク質と相互作用することによって植物細胞の核内に入ることができる．興味深いことに，これらの Vir タンパク質は植物の核局在シグナルをもっており，細菌と宿主である植物との共進化を示唆するものとなっている．T-DNA が植物染色体内に組込まれる過程についてはあまりよくわかっていない．理論としては，T-DNA は植物 DNA が複製あるいは転写されるまでは待機しており，その後露出した植物 DNA に入り込むというものがある．留意すべきことは，鋳型として DNA を用いる反応にとって DNA に結合したタンパク質は障害となることである．つまり，DNA 結合タンパク質が一時的に取除かれたときだけ，DNA に接近できるようになる．

外来遺伝子を植物細胞内に導入する用途で Ti プラスミドを利用することは，Ti プラスミドが発見されてすぐに考案された．左右2箇所の境界配列は DNA の転移に唯一必須なシスに働くエレメントである．したがって，天然の Ti プラスミド内の野生型がん遺伝子とオパイン合成遺伝子は目的の DNA 配列と置換して植物細胞へ転移した後にゲノム内に組込まれる．転移と組込みに必要な *vir* 遺伝子は，別のプラスミドを用いてトランスに導入する方法がとられ，2成分性（バイナリー）の形質転換システムとなっている（図3）．植物のプロトプラストは細胞壁が酵素処理によって除去された細胞で，希望する遺伝子を用いて形質転換された後，未分化の形質転換細胞塊のカルスを生じるように培養される．植物全体はカルスから再生し，温室内で成熟した種子を形成する植物体にまで育てられる．

Agrobacterium を用いた植物の形質転換は成果をあげているが，経済的重要作物のいくつかがおもに *A. tumefaciens* の感染によって不稔になる問題が残っている．この宿主側のタンパク質に関する研究は進行中であり，その機能を理解することで感受性の高い植物種の範囲を広げることができると考えられている．

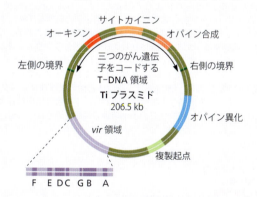

図1　*A. tumefaciens* の Ti プラスミド　Ti プラスミドのゲノムには 196 個の遺伝子が高密度に詰込まれている．これらの遺伝子はおもに三つの領域を形成する．プラスミド内の T-DNA 領域は植物細胞に転移して核ゲノム内に安定的に組込まれる．植物細胞の DNA に転移するプラスミド DNA の量は腫瘍細胞 DNA の 0.0011％ に相当する．T-DNA 領域はオーキシンとサイトカイニンといった二つの植物ホルモンの合成に関わる遺伝子を含んでいる．これらの遺伝子産物は形質転換された植物細胞の増殖を促し，腫瘍塊をつくる．三つめの遺伝子はオパインの合成に関与する酵素をコードしている．オパインは形質転換細胞で合成され，自由生活細菌のみが専用の食物源として使用する糖-アミノ酸結合体である．T-DNA 領域は境界として知られる相同性が高い 25〜28 bp の短い直列反復配列によって区切られる．この左右に存在する境界の配列は，T-DNA の転移に必須である唯一のシスに働くエレメントとなっている．細菌と植物の相互作用に関与する他の二つの領域はトランスで働く．すなわち，この二つの領域は植物細胞内には転移しないが，領域のタンパク質産物は感染と組込み過程において細菌と植物細胞の両方に作用する．このうち第一の *vir* 領域は 7 個のオペロン（A〜G）で編成される 35 個の *vir* 遺伝子を含み，これらは感染過程のいくつかの段階で必須となっている．重要なことは，この *vir* 遺伝子をプラスミドから除去しても植物細胞への DNA の挿入には悪影響を及ぼさないことである．植物遺伝子工学研究ではこの特性をいかし，外来 DNA を植物細胞内に導入するためのツールとして Ti プラスミドをもとにしたベクターの作製が行われている．第二の領域はオパインの摂取および代謝に関与している．

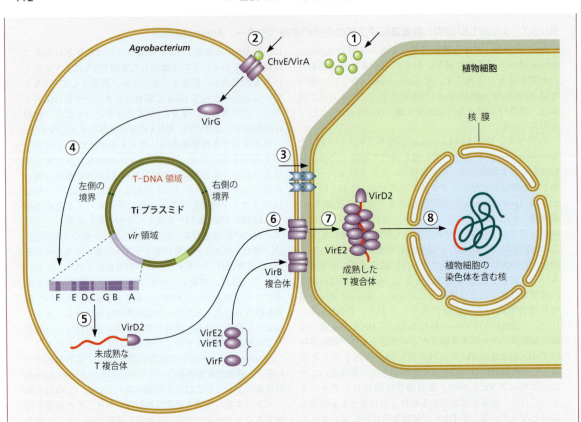

図2　Agrobacteriumを用いた形質転換　それぞれの段階は以下のとおりに進行する．① 傷ついた植物細胞はシグナル分子をつくる．② シグナル分子は Agrobacterium の受容体によって認識される．③ Agrobacterium が植物細胞に付着する．④ VirG は輸送とT-DNA複合体形成に必要なタンパク質を合成するため，vir遺伝子の転写を活性化する．⑤ T-DNA は Ti プラスミドから切出され，未成熟なT複合体をつくる．⑥ 未成熟なT複合体は植物細胞に輸送される．⑦ T複合体は VirE2 タンパク質と結合することによって成熟し，核に移動する．⑧ T-DNA は植物の染色体内にランダムに組込まれ，Agrobacterium の遺伝子が発現する．Ti プラスミドの vir 領域にコードされているタンパク質は以下のとおりである．VirA/VirG（シグナル伝達系），VirD1/VirD2（境界の特異的配列を標的として一本鎖 T-DNA を放出するエンドヌクレアーゼ），VirD2（T鎖の5′末端に共有結合して未成熟T複合体を形成する），VirB と VirD4（未成熟なT複合体と他の病原性タンパク質を植物細胞に転移させる分泌系をつくる），VirE2（結合することによって未成熟なT複合体を成熟したT複合体に形質転換する）．VirE2 と VirD2 は，核に侵入するための核局在化シグナルをもっている．植物側の因子は核膜の通過と染色体への組込みに関与しているが，正確な機能はあまりよくわかっていない．[Păcurar DI, Thordal-Christensen H, Păcurar ML et al. [2011] *Physiol Mol Plant Pathol* 76:76–81 より改変．Elsevier の許可を得て掲載]

図3　植物の形質転換で使用される典型的なバイナリーベクターとヘルパープラスミド　植物を形質転換する前に必要な純度と量のベクターを大腸菌内でつくるため，ベクター内には細菌選択のためのマーカーと複製起点が必要となる．[Păcurar DI, Thordal-Christensen H, Păcurar ML et al. [2011] *Physiol Mol Plant Pathol* 76:76–81 より改変．Elsevier の許可を得て掲載]

Box 5.8　ゴールデンライスはビタミン A と鉄の欠乏に対する解決策である

世界の約 4 億人はビタミン A の欠乏症で, 感染症, 小人症, 失明に対して脆弱になっている. もう一つの世界規模の栄養欠乏症は鉄の欠乏で起こり, 貧血につながる. 開発途上国のほとんどの就学前児童と妊産婦, 先進工業国の少なくとも 30〜40% の人が鉄欠乏症であると推定されている. イネは世界の人口の半分以上が主食としているため, これらの栄養欠乏症の克服のためにイネの栄養品質を改善する取組みは非常に有望である. ゴールデンライス (golden rice) は, イネの可食部分である胚乳が β-カロテン (プロビタミン A) をつくれるように設計されている. 普通のイネも β-カロテンをつくるが, 胚乳ではなく葉でしかつくらないので食用とはならない. さらにゴールデンライスでは鉄の含有量も増加させ, 鉄の吸収も改善できるように設計された.

このゴールデンライスは最初, 二つの研究所の共同研究, スイスの Ingo Potrykus とドイツの Peter Beyer によってつくられた. ゴールデンライスはイネを 2 種の β-カロテン生合成遺伝子, スイセン (*Narcissus pseudonarcissus*) 由来のフィトエンシンターゼをコードする *psy* と土壌細菌 (*Erwinia uredovora*) 由来のフィトエンデサチュラーゼをコードする *crtI* で形質転換させることによってつくられた. 図 1(a) は β-カロテンの生合成経路を示している. *psy* および *crtI* 遺伝子は胚乳特異的プロモーターの制御下に置かれると, 胚乳内でのみ発現する. 改変された生合成経路の最終産物であるリコペンが赤色の色素なので, ゴールデンライスは特有の黄色となる (図 1 b). リコペンはさらに植物の内因性酵素によって β-カロテンにプロセシングされる.

ゴールデンライス作成においてはまず, 異なる遺伝子の組合わせをもつ三つの組換えプラスミドが作製された. その後, これらは別々に *A. tumefaciens* に電気穿孔法で導入され, 細菌は未成熟のイネ胚由来のカルスとともに培養された. このトランスジェニック植物は形質転換体選択用の 2 種の抗生物質に耐性をもつカルスから再形成, 発根させてつくられ, 温室で育てられた.

その後, このゴールデンライスと各地域のイネ品種との交配が行われ, アジアと米国では栽培を行っている. 野外で成育させたゴールデンライスは温室条件下で成育させた

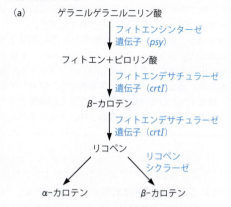

図 1　ゴールデンライス　(a) β-カロテンの合成経路と関連する酵素. ゲラニルゲラニルニリン酸は未成熟の天然のイネ胚乳中で合成される. フィトエンシンターゼとフィトエンデサチュラーゼは未成熟のイネ胚乳の形質転換に用いられる酵素である. β-カロテンの含有量が増加すると穀粒は明るい黄色になる. (b) 野生型とゴールデンライスの穀粒を並べて撮影している. [Golden Rice Humanitarian Board のご厚意による]

ゴールデンライスより 4〜5 倍多くの β-カロテンをつくる. スイセンの *psy* 遺伝子をトウモロコシの *psy* 遺伝子で置き換えると, より多くのカロテノイドをつくるトランスジェニック品種が得られた. 最も高収量な品種を約 150 g 食べることによって, 必要栄養量を容易に摂取することができる.

鉄を補給する研究では, イネに三つの遺伝子を導入した

図 2　栄養品質を高めるためにイネに導入された遺伝子とその起源　(a) イネに 3 種類の外来遺伝子を導入することで鉄の含有量と吸収量を増加させた. (1) サヤインゲン (*Phaseolus*) 由来の鉄貯蔵タンパク質フェリチンの遺伝子はイネの穀粒中の鉄濃度を 2 倍にする. (2) 菌類アスペルギルス (*Aspergillus*) の酵素であるフィターゼの遺伝子を追加した. フィターゼは食物鉄の 95% を結合して食物鉄の吸収を防げる砂糖様分子のフィチン酸を分解する. 調理温度でも活性を失わない耐熱性タンパク質をつくれるフィターゼ遺伝子の変異体は製薬会社 Hoffmann-La Roche から提供された. (3) 野生のバスマティライス (*Zizania*) に由来するメタロチオネイン様タンパク質の遺伝子. このタンパク質はシステインに富み, ヒトの消化器系における鉄の吸収に役立っている. (b) β-カロテンの合成は合成経路における二つの必須遺伝子であるフィトエンシンターゼ遺伝子 (スイセン (*Narcissus*) 由来) とフィトエンデサチュラーゼ遺伝子 (*Erwinia* 属の細菌由来) の導入によってもたらされた.

(図2).実際にはイネは多くの鉄をもつが,鉄は種皮にしかない.熱帯や亜熱帯の気候下では稲穂はすぐに腐ってしまうので,保管の際に種皮は除去されてしまう.

β-カロテンと鉄が豊富なイネ株がそれぞれ利用できるようになると,Potrykusのチームはそれらのイネ株を交配させ,両方の改良点を合わせもつハイブリッドのイネ株を作成した.最近の開発では,多少異なるアプローチを用いて,精米された白米の鉄の含有量をさらに増加させている.イネの品種に導入された遺伝子は,すでに述べたフェリチン遺伝子に加え,ニコチアナミンシンターゼの遺伝子である.ニコチアナミンシンターゼは複雑な生化学経路を経て,土壌からの鉄の取込みを増やす.ニコチアナミンシンターゼの産物であるニコチアナミンは鉄と一時的に結合し,植物への輸送を増やす.組合わせると,これらの遺伝子の発現によって鉄の取込みと穀粒中での貯蔵に相乗効果が生じ,形質転換植物はもとの品種の6倍も多い鉄を含む穀粒をつくる.

ことでなければならない.ベクターからはウイルス粒子をつくるために必要な遺伝子は取除かれているので,ベクターをつくるための細胞株では,ウイルス粒子作成に必要な遺伝子は他のウイルスから提供されることになる.

異なる細胞型の細胞に感染できるウイルスの能力はトロピズムあるいは宿主域とよばれる.ウイルスが細胞表面上の特異的受容体タンパク質に結合するとエンドサイトーシスによりウイルスが細胞内に侵入する.これらの受容体タンパク質はすべての細胞に存在していることもあるし,存在していないこともある.この問題はエンベロープとキャプシドのタンパク質をコードするウイルス遺伝子を改変することで解決できる.ウイルスが細胞内に入ると,ウイルスDNAはキャプシド/エンベロープ構造から出て核内に入る必要がある.いくつかのウイルス,特にレトロウイルスでは,核膜を横切って核内に入ることができない.レトロウイルスが盛んに分裂している細胞でのみ感染できるのはこの理由によるものである.つまり,有糸分裂中に核エンベロープが消失することで,外因性のDNAやRNAが核内に侵入できるようになる.

トランスフェクションの効率全体は,ウイルスの取込み,核内への侵入,分解の回避の各段階の効率によって決まる.一般的に,二本鎖DNAゲノムを含むウイルスは,一本鎖DNAウイルスやRNAウイルスよりも高い形質転換効率をもつ.それは,一本鎖DNAウイルスやRNAウイルスではまずそのゲノムを二本鎖DNAに変換しなければならないからである.

ウイルスベクターを用いる際の免疫原性や安全性の問題を克服するため,**非ウイルスベクター**(nonviral vector)が開発されている.非ウイルスベクターはウイルスベクターよりもはるかに安全ではあるが,核内への侵入能力が低いので,増殖している細胞でのみ使用される.治療用DNAを標的細胞に直接導入する方法としては,最も単純な方法が用いられる.他の方法として,DNAを含む水性コアをもつ人工脂質球のリポソームを用いることもできる.さらに別の方法として,特定の細胞表面受容体に結合できる分子や核内への移行を促進する分子と,DNAとの

表5.2 遺伝子治療のためのウイルスベクター [Waehler R, Russell SJ & Curiel DT [2007] *Nat Rev Genet* 8:573–587 より改変.Macmillan Publishers, Ltd. の許可を得て掲載]

特徴	アデノウイルスベクター	非アデノウイルスベクター	レトロウイルスベクター	レンチウイルスベクター
粒子の大きさ〔nm〕	70〜100	20〜25	100	100
ベクター容量〔kb〕	8〜10	4.9	8	9
染色体への組込み	なし	なし,rep遺伝子含有時はあり	あり	あり
細胞への侵入機構	受容体依存性エンドサイトーシス,核への微小管輸送		受容体結合,ウイルスエンベロープタンパク質のコンホメーション変化,膜融合,細胞内取込み,脱殻,逆転写DNAの核内移行	
導入遺伝子の発現	数週間から数カ月,短期間発現で効果的,がんや急性心血管疾患の治療に適用	1年以上,急性ではない疾患のための中期から長期的発現,導入遺伝子は3週間後から発現を開始する	長期にわたる遺伝的欠陥の補正	
in vivoで複製能力をもつベクターの出現	可能性はあるが大きな問題は懸念されない		リスクが懸念される	
静止期細胞への感染	あり	あり	なし	あり
ベクターによるがん遺伝子活性化のリスク	なし	なし	あり	あり

化学的結合がある．非ウイルスベクターのリストおよび形質転換効率を高める方法は着実に増加している．これらのうち優位性が高いのはヒト人工染色体であり，遺伝子発現が制限されることはなく，安定で，かつ免疫原性をもたない．

遺伝子治療をヒトで行うことに関してはこれまでも議論され，依然として続いている．遺伝子治療は，近代的なバイオテクノロジーを用いることで遺伝病が治せると期待されて当初は盛り上がったが，その効率性や安全性については疑わしくなってきた．遺伝子治療を受けた18歳の少年が多臓器不全で治療4日後に亡くなったり，パリに拠点を置く臨床試験の患者が白血病を発症したりした後，一般社会と特に臨床医は慎重になった．遺伝子治療が成功して人命を救うことも多かったが，危険を伴うことも痛いほど思い知らされた．これらのリスクを減らすための最近の取組みは期待がもてるものであり，"遺伝子治療は新しいチャンスに値する"ということについては，ほとんど疑う余地はない．

動物は核移植を用いてクローン化できる

動物個体のクローニングは厳密には組換えDNA技術ではないが，現代行われている遺伝子技術の応用として紹介しておく．クローン動物は定義上はその動物の正確なコピーであり，これらの動物は同一の遺伝情報をもつと考えられている．

クローン動物は核移植技術によって作成することができ，核移植は供与体の動物から細胞核を取出し，それを核を取除いた卵に顕微注入することによって行う．核移植された卵を受精させ，それを仮親の子宮に移植すると胚として発生させることができる．Robert BriggsとThomas Kingは1952年，初期胚細胞の核を除核卵に移植することによってヒョウガエル（*Rana pipiens*）をクローニングした．BriggsとKingは104個の核移植体から27匹のオタマジャクシをクローニングすることができた．分化した細胞から取出した核からでは正常なオタマジャクシを得ることはできなかった．1960年代，John Gurdonはオタマジャクシの腸上皮細胞由来の核を用いることによって，アフリカツメガエル（*Xenopus laevis*）のカエルをうまくクローニングすることができた．このことにより，John Gurdonは山中伸弥とともに，"成熟細胞の再プログラムによる多能性の発見"に対して2012年のノーベル生理学・医学賞を受賞した．

両生類のクローニングはカエルの卵が大きいため容易だったが，小さな卵をもつ哺乳類のクローニングは難しかった．それでもその後の10年間にマウスからヒツジに至るまで数多くの哺乳類がクローニングされた．1997年，ヒツジのDollyが成体供与体の上皮細胞からクローニングされ，世間の注目を集めるところとなった．カエル，ヒツジ，その他の動物の分化した細胞からのクローニングが成功したことにより，すべての成体細胞は同一の遺伝情報を含み，特定の細胞型では遺伝情報の使用部分が異なるだけであるという**遺伝的等価性の原理**（principle of genetic equivalence）を疑う理由はなくなった．そうすると，分化した細胞由来の核はその生物全体の発生に必要なすべての遺伝情報をもってはいるが，その核は除核された卵の環境下に置かれるなどの再プログラムが必要となる．

一見すると家畜やペットのクローニングは魅力的かもしれないが，商業的にはまだ取組まれていない．動物のクローニングには多くの時間とコストがかかり，成功するまでに何百もの試行錯誤が必要なことがある．そうはいうものの，特定の特性をもつ実験動物の系統をつくる場合に有効なこともあり，絶滅の危機に瀕している種，特に繁殖不可能な動物種を救済する手段として利用することが提案されている．今後，核移植の技術が進歩すれば，この情勢は変わっていくかもしれない．

重要な概念

- 組換えDNA技術を用いることにより，遺伝子あるいはゲノム全体のクローニングとその塩基配列が決定できる．この技術により遺伝子を自由に操作でき，細胞や生物に遺伝子を導入したり欠損させたりできる．組換えDNA技術は分子生物学に革命をもたらした．
- この技術で必須な酵素は，特異的にDNA配列を切断する制限酵素，DNA配列を再連結するリガーゼ，配列を伸長またはコピーするポリメラーゼである．
- クローニングベクターは細胞や生物のゲノム内に目的のDNA配列を導入するために用いられる．一般に用いられるベクターは細菌プラスミド，バクテリオファージ，人工染色体である．
- 発現ベクターは導入された遺伝子を宿主内でタンパク質として発現させるために必要となる．真核生物の遺伝子では，イントロンはベクターの遺伝子コンストラクトから真っ先に取除かれなくてはならない．
- シャトルベクターは異なる宿主内で増幅でき，真核生物の遺伝子クローニングにおいて必要となることが多い．
- いったん遺伝子を適切なベクターに組込んだら，ベクターを宿主細胞内やその核内に送りこむ必要がある．ベクターや宿主細胞で選択できる多種多様な技術を組合わせることによって，真核生物遺伝子を核内に取込ませることができる．
- 目的の遺伝子が宿主に取込まれたことは，通常，ベクター内に組込まれた検出可能なマーカー遺伝子を用いることで確められる．
- ポリメラーゼ連鎖反応はDNA配列の多数のコピーを *in vitro* でつくる．

- 部位特異的変異導入を行えば，特定部位での遺伝子の改変が可能となる．
- クローニングと塩基配列決定によりゲノムライブラリーを構築できる．ゲノムライブラリーはゲノム配列全体を含むことが理想的であり，現在，ウイルスからヒトに至るまでさまざまなゲノムをもとに作成されている．
- 生物学的研究における主要なツールとして，ノックアウトマウスなどの遺伝子導入動物の作成がある．
- 組換えDNA技術によって，ヒトの治療に直接的な価値がある多くのタンパク質を工業的に生産することができる．また，化学物質や昆虫に耐性をもったり，より高い栄養価をもつ遺伝子組換え植物も作成できる．
- 遺伝子治療はヒトの悪性疾患や病状に対抗することができる．
- 現在，多くの種の哺乳類のクローン動物が作成されてはいるが，実用には限界がある．

参考文献

成書

Glick BR, Pasternak JJ & Patten CL (2010) Molecular Biotechnology: Principles and Applications of Recombinant DNA, 4th ed. ASM Press.

Kumar A & Garg N (2005) Genetic Engineering. Nova Science Publishers, Inc.

Old RW & Primrose SB (1994) Principles of Gene Manipulation: An Introduction to Genetic Engineering. Blackwell Science Ltd.〔『遺伝子操作の原理』第5版，関口睦夫監訳，作見邦彦他訳，培風館（2000）〕

Primrose SB & Twyman R (2009) Principles of Gene Manipulation and Genomics, 7th ed. Wiley.

Sambrook J & Russell D (2001) Molecular Cloning: A Laboratory Manual, 3rd ed. Cold Spring Harbor Laboratory Press.

Watson JD, Tooze J & Kurtz DT (1983) Recombinant DNA: A Short Course. WH Freeman.〔『ワトソン 組換えDNAの分子生物学—遺伝子とゲノム』第3版，松橋通生，山田正夫，兵頭昌雄，鮎沢 大監訳，丸善（2009）〕

総説

Beyer P, Al-Babili S, Ye X et al. (2002) Golden rice: Introducing the beta-carotene biosynthesis pathway into rice endosperm by genetic engineering to defeat vitamin A deficiency. *J Nutr* 132:506S–510S.

Capecchi MR (2005) Gene targeting in mice: Functional analysis of the mammalian genome for the twenty-first century. *Nat Rev Genet* 6:507–512.

Cohen SN (1975) The manipulation of genes. *Sci Am* 233:25–33.

Gurdon JB & Byrne JA (2003) The first half-century of nuclear transplantation. *Proc Natl Acad Sci USA* 100:8048–8052.

Mullis KB (1990) The unusual origin of the polymerase chain reaction. *Sci Am* 262:56–65.

Mullis KB & Faloona FA (1987) Specific synthesis of DNA *in vitro* via a polymerase-catalyzed chain reaction. *Methods Enzymol* 155:335–350.

Nathans D & Smith HO (1975) Restriction endonucleases in the analysis and restructuring of DNA molecules. *Annu Rev Biochem* 44:273–293.

Pingoud A, Fuxreiter M, Pingoud V & Wende W (2005) Type II restriction endonucleases: Structure and mechanism. *Cell Mol Life Sci* 62:685–707.

Schell J, Van Montagu M, De Beuckeleer M et al. (1979) Interactions and DNA transfer between *Agrobacterium tumefaciens*, the Ti-plasmid and the plant host. *Proc R Soc London, Ser B* 204:251–266.

実験に関する論文

Briggs R & King TJ (1952) Transplantation of living nuclei from blastula cells into enucleated frogs' eggs. *Proc Natl Acad Sci USA* 38:455–463.

Campbell KH, McWhir J, Ritchie WA & Wilmut I (1996) Sheep cloned by nuclear transfer from a cultured cell line. *Nature* 380:64–66.

Capecchi MR (1980) High efficiency transformation by direct microinjection of DNA into cultured mammalian cells. *Cell* 22:479–488.

Chilton MD, Saiki RK, Yadav N et al. (1980) T-DNA from *Agrobacterium* Ti plasmid is in the nuclear DNA fraction of crown gall tumor cells. *Proc Natl Acad Sci USA* 77:4060–4064.

Cohen SN, Chang AC, Boyer HW & Helling RB (1973) Construction of biologically functional bacterial plasmids *in vitro*. *Proc Natl Acad Sci USA* 70:3240–3244.

Gaussier H, Yang Q & Catalano CE (2006) Building a virus from scratch: Assembly of an infectious virus using purified components in a rigorously defined biochemical assay system. *J Mol Biol* 357:1154–1166.

Goeddel DV, Kleid DG, Bolivar F et al. (1979) Expression in *Escherichia coli* of chemically synthesized genes for human insulin. *Proc Natl Acad Sci USA* 76:106–110.

Hutchison CA 3rd, Phillips S, Edgell MH et al. (1978) Mutagenesis at a specific position in a DNA sequence. *J Biol Chem* 253:6551–6560.

Jackson DA, Symons RH & Berg P (1972) Biochemical method for inserting new genetic information into DNA of simian virus 40: Circular SV40 DNA molecules containing lambda phage genes and the galactose operon of *Escherichia coli*. *Proc Natl Acad Sci USA* 69:2904–2909.

Kunkel TA (1985) Rapid and efficient site-specific mutagenesis without phenotypic selection. *Proc Natl Acad Sci USA* 82:488–492.

Kunkel TA, Roberts JD & Zakour RA (1989) Rapid and efficient sitespecific mutagenesis without phenotypic selection. In Recombinant DNA Methodology (Wu R, Grossman L & Moldave K eds), pp 587–601. Academic Press.

Lander ES, Linton LM, Birren B et al. (2001) Initial sequencing and analysis of the human genome. *Nature* 409:860–921.

Palmiter RD, Brinster RL, Hammer RE et al. (1982) Dramatic growth of mice that develop from eggs microinjected with metallothionein-growth hormone fusion genes. *Nature* 300:611–615.

Pascal JM, O'Brien PJ, Tomkinson AE & Ellenberger T (2004) Human DNA ligase I completely encircles and partially unwinds nicked DNA. *Nature* 432:473–478.

Villa-Komaroff L, Efstratiadis A, Broome S et al. (1978) A bacterial clone synthesizing proinsulin. *Proc Natl Acad Sci USA* 75:3727–3731.

6 タンパク質-核酸相互作用

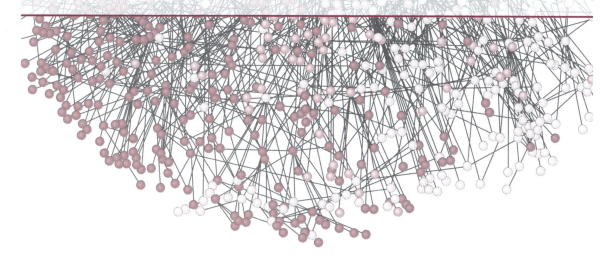

6.1 はじめに

これまでの章では,二つの主要な生体高分子であるタンパク質と核酸の構造といくつかの機能について概説してきた.そしてタンパク質は細胞と組織において多様な役割をもっていることや,構造タンパク質および多数の酵素は単独で,または他のタンパク質とともに働いていることをみてきた.しかし,核酸が関わるほぼすべての過程にもタンパク質が関与している.これらのタンパク質はほとんどの場合,核酸に非共有結合で結合する.これらの非共有結合には水素結合,塩基とのファンデルワールス相互作用,タンパク質の塩基性基と核酸のリン酸基の間の静電的相互作用などがある.タンパク質-核酸相互作用にはタンパク質が特定の塩基配列とだけ結合できる特異的なものと,タンパク質が特定の種類の核酸のほぼどこにでも結合できる非特異的なものとがある.もちろんこれらの定義は極端な場合であり,多くの特異的タンパク質は非特異的にも結合でき,その後,DNA上を探査して特異的部位を検出している.多くの非特異的に結合するタンパク質もある程度の配列選択性をもっている.これら2種類のタンパク質の機能には,厳密にではないが普遍的な違いがあることがわかる.非特異的に結合するタンパク質はより構造に関わる機能,たとえば一本鎖DNAの維持などに働く傾向がある.それに対し,特異的に結合するタンパク質には核酸の機能の制御因子として働いているものが多い.この章では,結合の様式と方式についてみていく.またDNAへの結合とRNAへの結合を区別してみていくことにする.その理由は,DNAとRNAへのタンパク質の結合の機構と機能はいずれも異なるからである.さらにタンパク質と核酸の結合を研究するための実験方法についても簡単に述べる.これらの結合を検出するための古くからある簡便な方法については Box 6.1 と Box 6.2 に示す.

6.2 DNA-タンパク質相互作用

DNA-タンパク質結合にはさまざまな様式と機構がある

DNAへのタンパク質の非特異的結合は,タンパク質の塩基性基とホスホジエステル結合を形成する負に荷電したリン酸基との間に起こる静電的相互作用により容易に起こりうる(図4.5,図4.6参照).実際に,正に荷電したタンパク質はいずれも,特に低イオン強度の溶液中でDNAに付着しやすい.このことは特定の塩基配列に対する認識部位をもつタンパク質にもしばしば当てはまり,DNAの他の部分にも弱くではあるが付着しうる.これは特異的タンパク質結合部位への接近を促進する要因にもなっている.場合によっては,非特異的結合はDNAを覆うことによりDNAを不利な相互作用や分解から保護したり,凝縮させるためにも使われる.ある種のタンパク質はこれらすべての作用をもっている.重要な例は,真核細胞の核内でDNAを凝縮し隔離しているタンパク質-DNA複合体である**クロマチン**(chromatin)にみられる.クロマチンについては第8章で詳しく解説するが,ここではクロマチン中では8個の塩基性タンパク質複合体に核DNAが巻き付いた形をとっていることを知っていれば十分である.この結合は大部分が非特異的で,大部分のゲノムにみられる相互作用はこの結合によるものである.それにも関わらず,このような構造を形成するのに有利または不利な塩基配列の部分も存在している.

Box 6.1　フィルター膜結合

これは特定のタンパク質とDNA間の相互作用を検出するための最も古くからある方法である（図1）．きわめて簡便であるが，この方法により他の多くの方法では得られない結合の強度についての情報も得られる．他の方法と同様に，フィルター膜結合にも欠点がある．試料を作用させた後にフィルター膜を洗浄しなければならないということが，特に弱い相互作用を検出する場合に本質的な問題点となる．洗浄が不十分だとDNAが非特異的に残ってしまい，一方，洗浄が強すぎると複合体が解離してしまうおそれがある．したがって，得られたK_d値については注意を払う必要がある．フィルター膜結合は今日ではほとんど用いられていないが，初期の分子生物学においては主要な方法であった．

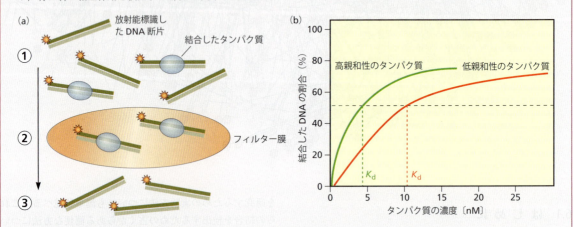

図1　フィルター膜結合分析　(a) 分析は次の3段階で行う．① 結合反応．② 反応混合物をニトロセルロースフィルター膜に通す．③ フィルター膜上に保持された放射能標識DNAの検出．ニトロセルロースフィルター膜は負に荷電しているため，負に荷電しているDNAはタンパク質（ほとんどのタンパク質は正に荷電している）が結合しなければ保持されない．フィルター膜に保持されたDNAの正確な量は放射能量を測定することによって定量する．(b) 反応混合物中のタンパク質の量に対する結合したDNA画分を示す滴定曲線．これによりタンパク質結合の親和性を決定する．

Box 6.2　DNAアフィニティークロマトグラフィー

特定の核酸配列に強く結合するタンパク質を検出するための別の簡便な方法は，クロマトグラフィーカラム中のシリカビーズに核酸の断片を結合させ，そこに結合すると考えられるタンパク質の混合物を通すというものである（図1）．強く結合しているタンパク質は，弱く結合しているタンパク質を溶出する低濃度塩溶液をカラムに通してもカラムに保持されている．次に，強く結合しているタンパク質も高塩濃度の条件下では核酸から解離するという性質を利用して，これらのタンパク質を単離する．

フィルター膜結合によっても，またDNAアフィニティークロマトグラフィーによっても，結合部位の正確な配列を知ることはできない．予想される結合領域のさまざまな変異体を用いれば，結合部位についてある程度知ることはできるものの，手間がかかる．そこで今日では，結合配列を決定するより簡便な方法が使われている．

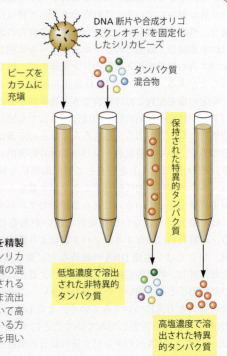

図1　DNAアフィニティークロマトグラフィーによりDNA結合タンパク質を精製できる　タンパク質結合部位を含むDNA断片や合成オリゴヌクレオチドをシリカビーズに固定化し，クロマトグラフィーカラムに充填する．次に，タンパク質の混合物（通常は核抽出物）をカラムにかける．結合タンパク質はカラムに保持されるが，結合しないタンパク質や弱く結合するタンパク質は保持されずにそのまま流出するか，または低塩濃度の緩衝液で溶出される．特異的結合タンパク質は続いて高塩濃度緩衝液で溶出することにより回収できる．最近では，磁気ビーズを用いる方法も使われる．これはカラムに充填する必要がなく，チューブの外から磁石を用いて容易に操作できる．

6.2 DNA-タンパク質相互作用

ある種の非特異的DNA結合タンパク質は一本鎖DNA（ssDNA）と優先的に相互作用して安定化させる．これらの**一本鎖DNA結合タンパク質（SSB; single-strand DNA binding protein）**は，**らせん不安定化タンパク質**（helix-destabilizing protein）とよばれることもあり，遺伝的組換え，DNA複製，そしてDNA修復などの過程に関わっている．これらの過程で，DNAの変性部分はしばらくの間維持される必要がある．SSBは普遍的に存在し，ウイルスでは単量体として，細菌ではホモ四量体として，また真核生物では複製タンパク質Aのようにヘテロ三量体として機能する．これらのタンパク質はらせんの一時的に開いた部分に結合し，その後，開いた部分を拡大するように協調的に並列して結合すると長い間考えられていた．しかし，von Hippelの研究室での最近の研究から，これは普遍的な様式ではないことがわかってきた．SSBが結合する部分は通常は非常に広いため，十分な大きさに自律的に開くことはきわめてまれであろう．この動力学的な障害は，適切な長さのDNAをまずほどくためには**ヘリカーゼ**（helicase）分子が必要であることを意味している．その後，SSBが結合して一本鎖DNAを安定化させる．よく研究されている例として大腸菌のSSBを**図 6.1**に示す．*in vitro*ではSSBは条件により二量体または四量体としてssDNAに結合する．細胞内ではSSBは四量体としてその周囲を囲む約 70 nt の ssDNA に結合する．図 6.1(c) の電子顕微鏡像に示すように，DNAはこのような覆った形をとることにより全体の輪郭の長さが減少する．

部位特異的結合は最も広く用いられている様式である

DNA上の特異的部位にタンパク質が結合することはさまざまな機能や構造にとって基本的なことである．ヒトのプロテオームには数千もの部位特異的DNA結合タンパク質が含まれていると考えられており，これらはそれぞれが特異的塩基配列を認識して結合する．全ゲノム中の1箇所だけを認識する結合タンパク質もあれば，複数の箇所に結合するタンパク質もある．最も重要な問題は，タンパク質分子が特定のDNA配列をどのように区別しているのかということである．具体的なことが明らかになる以前から，B-DNA二重らせんには他の分子により読取られる情報があるということは明らかであった．DNA二重らせんの表面には主溝と副溝という二つの深い溝がある（図 4.6 参照）．塩基の端では独自の組合わせの化学基がそれぞれの溝に突き出ているが，これらの基は溝に入り込んだタンパク質と相互作用する．この組合わせには，たとえば水素結合供与体と受容体の両者が含まれるが，組合わせのパターンは G·C 塩基対と A·T 塩基対とでは異なっている（**図 6.2**）．したがって，それ自体に水素結合受容体と供与体をもつタンパク質はこれらの2種類の塩基対間の違いを認識できる．さらにこれとは異なった相互作用もある．たとえば，DNAのメチル基と塩基対の違いを認識するタンパク質の非極性基の間のファンデルワールス相互作用などである．

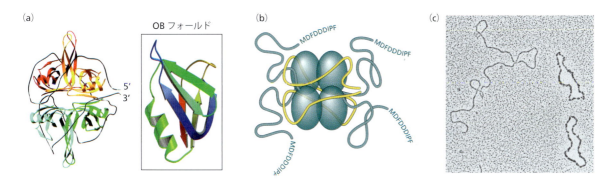

図 6.1　大腸菌のSSB　SSBはDNAの一本鎖の部分に結合し，DNA複製や関連した過程が進行する間に二本鎖が早期の再アニーリングをすることを防いでいる．SSBはまたssDNAが切断されないように保護している．大腸菌SSBは四つの同一の 19 kDa サブユニットから成り，これらのサブユニットは周囲の環境により異なった様式で ssDNA に相互作用できる．ここに示す (SSB)$_{65}$ の結合様式は DNA の約 65 nt が SSB 四量体の周囲を包み 4 個のサブユニットすべてに接触するというものである．この様式は高塩濃度下で優勢になる．低塩濃度下では，約 35 nt が 2 個の SSB サブユニットにだけ結合する (SSB)$_{35}$ の結合様式が優勢になる．(a) (SSB)$_{65}$ の結晶構造．ssDNA の 70 nt は 4 個の SSB サブユニットの周囲を囲む黒線として示してある．このタンパク質は，多くの DNA 結合タンパク質や RNA 結合タンパク質にみられるオリゴヌクレオチド/オリゴ糖結合（OBフォールド）という特徴的な三次構造モチーフを含んでいる．OBフォールドの一般的トポロジーは四角形の中に示してある．〔挿入図：Agrawal V & Kishan RKV [2001] *BMC Struct Biol* 1: 5. Springer Science and Business Media の許可を得て掲載〕(b) SSB 核の周囲を囲む ssDNA を黄色のリボンで示すモデル．これは (a) の構造モデルに相当するが，この結晶構造では観察されない明確な構造をもたない C 末端側尾部を灰緑の線で示す．各 C 末端にある 9 個の 1 文字表記のアミノ酸配列は SSB と他の代謝タンパク質との相互作用に働く．〔(a), (b) Kozlov AG, Jezewska MJ, Bujaloeski W & Lohman TM [2010] *Biochemistry* 49: 3555–3566 より改変．American Chemical Society の許可を得て掲載〕(c) 裸のDNA（左）と SSB が結合した DNA（右）の電子顕微鏡像．輪郭の長さが短くなっているのは SSB の周囲を囲んでいるからである．〔Maria Schnos, University of Wisconsin—Madison のご厚意による〕

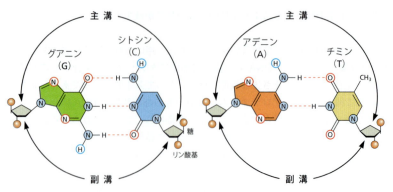

図 6.2 **タンパク質は DNA の主溝に優先的に相互作用することにより DNA の特異的配列を認識する**　DNA らせんを上から見下ろすと主溝に突き出た塩基の端を見ることができる．これらの塩基に接近できるかどうかは溝の幅による．明らかに副溝では接近しにくい．DNA 鎖に沿って積み重なったいくつかの塩基対は溝の中に化学基独自の集団を形成し，これを配列特異的 DNA 結合タンパク質が認識する．

多くの部位特異的結合タンパク質は，はるかに弱い非特異的結合もすることを知っておく必要がある．この弱い非特異的結合はタンパク質表面の正に荷電したアミノ酸と，DNA 表面に常にみられる連続した負の電荷の間の静電的相互作用によって起こる．これによりタンパク質は DNA らせんに沿って移動したり，DNA ループを横切ってある領域から別の領域に跳び越えて特異的部位を検出できるのである．このような一次元の移動は三次元の空間をあちこち移動するよりも効率よく，特異的部位を探査できる．

大部分の認識部位は限られた数のクラスに分類できる

タンパク質による結合部位の認識に働いている特異的アミノ酸-ヌクレオチド相互作用は多数ある（図 6.3）．タンパク質-DNA 複合体についての多くの X 線回折の解析では，そのようなアミノ酸-ヌクレオチド対についての単純な規則はみいだせない．アルギニンが G・C 対の G と対を成したり，グルタミンやアスパラギンが A・T 対と対を成すなど，ある程度の選択性がみられる（図 6.3）．何が働くにしてもそれには進化が関わっていると思われるが，DNA とタンパク質のゆがみのためにこれらが最もうまく対応する様式は多くの場合複雑である．

DNA 認識部位の塩基対の数はタンパク質の機能により大きく異なっている．たとえばある制限酵素の認識部位は，4～6 bp ほどの比較的短いものであるため，ゲノム

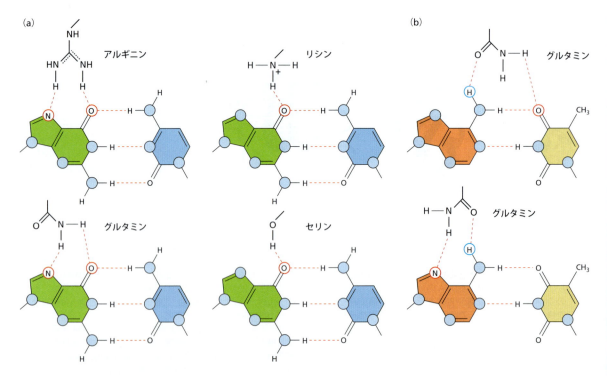

図 6.3 **アミノ酸側鎖が塩基対を認識する場合にみられる水素結合の様式**　(a) アルギニン，リシン，グルタミン，セリンの側鎖による G・C 塩基対の認識．(b) グルタミンの側鎖による A・T 塩基対の認識．可能な水素結合の様式が二つあることに注意．

DNA の多数の箇所を切断できる．ある転写活性化タンパク質や抑制タンパク質はゲノム中の 1 箇所ないし数箇所しか認識しないため，これらの認識部位はより広い範囲であるはずである．これらの範囲は誤って擬似認識が起こらないようにするためにであっても，過剰に広い範囲である必要はない．n bp の長さの部位の可能な組合わせの数は 4^n であるため，10 bp の長さの部位は約 100 万 bp ごとにしか生じない．ヒトの全ゲノム 32 億 bp 中ではこのような部位は数千箇所あることになるが，これらのうちのいくつかの部位はその部位や周囲に結合した他のタンパク質によって隠されてしまうこともあると考えられる．$n=20$ とすると，天文学的な 10^{12} の異なった配列が可能である．したがって，特定の 20 bp の長さの部位はゲノム中のいずれの箇所にも存在しないであろう．

Lac リプレッサー結合タンパク質（図 6.4）などの認識部位はパリンドローム状になっており，そのため二量体のタンパク質を結合でき，特異性と結合の親和性が増す．図 6.4 に示すように，Lac リプレッサーは実質的には隣接する二つのパリンドローム対を認識して四量体として結合し，その働きを現す．実際に他の例でもみられるように，部位特異的結合タンパク質はしばしば縦列反復した結合ドメインをもち，このドメインで DNA の縦列反復した部位と相互作用する．タンパク質の各ドメインと DNA との間の特異的な相互作用をする部分が少ない場合でも，この機構により高い特異性と結合力が得られる．

最後に，結合相手のゆがみ，特に DNA の屈曲は部位特異的結合に共通にみられる特徴であることを強調したい．DNA の屈曲には自由エネルギー対価を必要とするが，相互作用の過程から得られる自由エネルギーによってこれは賄われているはずである．言い換えると，屈曲を補える程度にこの結合は強くなければならない．

大部分の特異的結合には DNA の溝へのタンパク質の挿入が必要である

DNA の均一なリン酸骨格とタンパク質との相互作用により，DNA への結合は安定化する．しかし DNA 鎖に沿った特異的部位を認識するためには，タンパク質の一部が DNA らせんの溝の一つに入り込み，そこで特異的な塩基対を感知する必要がある．大部分の DNA 結合タンパク質は主溝に入り込む．主溝にはより多くの認識部位があり，また B-DNA では主溝は副溝よりもだいぶ広いので，このことは容易に理解できる．実際に主溝は α ヘリックスの一つの分節がぴったり収まるために十分な広さをもっており，これがほぼ共通の結合様式でもある．またそれほど一般的ではないが，並列した二つの β シート，またはより多くの β シートの縁が主溝に挿入される場合もある．α ヘリックスや β シートが主溝にきちんと収まるということは，これらのタンパク質のドメインが DNA のゆがみをほとんど起こさずに DNA の認識部位に結合できるということを意味している．

副溝への結合はこれとは事情が異なる．まず第一に，B-DNA の副溝は正確に配置された一連の水分子によって占められている．その結果，副溝に結合するためにはこの一連の水分子が排除されなければならないが，これにはエントロピーの著しい増加を伴う．これが副溝への結合に必要となる自由エネルギーの主要な源となっているようである．第二に，副溝は α ヘリックスのような要素を収容するためには狭すぎる．そのため，そのような結合が起こるならば，溝は伸長して開かなければならない．DNA がそのように伸長するための様式はいくつかあるが，最も一般的なものは隣接する主溝の圧縮によるものである．これによりタンパク質結合部位の DNA らせんの屈曲が起こることになるであろう（図 6.5）．したがって，副溝結合タン

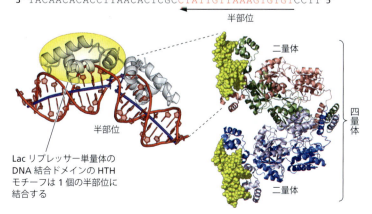

図 6.4 **DNA への Lac リプレッサーの結合** Lac リプレッサーは二量体を形成する 2 個の単量体の DNA 結合ドメイン中にある HTH モチーフを介して DNA に結合する．DNA の認識配列中の 2 個の半部位はパリンドロームを形成するが，この部分には対称な二量体がはまり込む．リプレッサーは四量体，すなわち C 末端の相互作用により形成された 2 個の二量体として DNA に結合する．そして各二量体が 2 個の半部位に結合する．上の二量体中の単量体は緑と桃色で示し，下の二量体中の単量体は青と紫で示す．Lac リプレッサーは中央の C・G 塩基対の部分で DNA を屈曲させる．青で示す屈曲の両側のらせんの軸は，屈曲によって起こるらせんの軌道が急に変化していることを示している．［右：Wilson CJ, Zhan H, Swint-Kruse L & Matthews KS [2007] *Cell Mol Life Sci* 64: 3-16．Springer Science and Business Media の許可を得て掲載．左：Rohs R, Jin.X, West SM et al. [2010] *Annu Rev Biochem* 79: 233-269．Annual Reviews の許可を得て掲載］

122   6. タンパク質−核酸相互作用

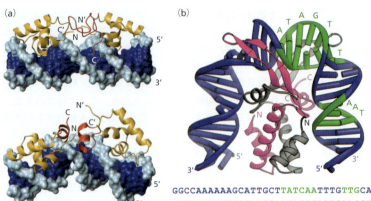

```
GGCCAAAAAAGCATTGCTTATCAATTTGTTGCACC
CCGGTTTTTTCGTAACGAATAGTTAAACAACGTGCC
```

図 6.5　副溝結合タンパク質は DNA の屈曲をひき起こす　(a) 非特異的 (上) および特異的 (下) 塩基配列に結合した Lac リプレッサーの DNA 結合ドメイン．赤で示したヒンジ領域はタンパク質が結合していない状態でも，また非特異的 DNA に結合した状態でも明瞭な構造をとっていない．ヒンジ領域は折れ曲がって特異的複合体の副溝と相互作用する α ヘリックスを形成する．非特異的複合体では DNA は典型的な B 形コンホメーションをとるが，特異的複合体では約 36°まで屈曲する．[Kalodimos CG, Biris N, Bondin AMJJ et al. [2004] *Science* 305: 386–389. American Association for the Advancement of Science の許可を得て掲載］(b) DNA と複合体を形成した組込み宿主因子 (IHF) の結晶構造．α サブユニットは灰色，β サブユニットは赤紫，コンセンサス配列 DNA は緑，配列が保存されていない DNA は青で示す．IHF は 20 kDa の小型のヘテロ二量体タンパク質で，DNA に配列特異的に結合して 160°以上の大きな屈曲をひき起こす．この屈曲は，組換え，転移，複製，転写のような過程における高次構造の形成に役立っている．このタンパク質は副溝のホスホジエステル骨格といくつかの塩基にだけ接触する．これは間接的な読取りの代表的な例であるが，この場合には，タンパク質は DNA 骨格のコンホメーションと柔軟性といった配列依存的な構造的特徴を認識する．この認識様式は，主溝の DNA 塩基独自の官能基を認識するという直接的な読取りとは大きく異なっている．[Lynch TW, Read EK, Mattis AN et al. [2003] *J Mol Biol* 330: 493–502. Elsevier の許可を得て掲載]

パク質はほとんどが DNA 屈曲タンパク質であるといっても過言ではない．そのような屈曲のエネルギーは，前述の水分子の放出によって生じるエントロピーの増加によって賄われるようである．しかしここで，一連の水分子が二重らせんの剛性に働くという興味深い相乗効果が現れる．そのため，水分子が除かれると DNA はより柔軟になるはずである．

主溝への結合も屈曲を生じうるということも忘れてはならない．これは二量体タンパク質やオリゴマータンパク質が DNA の隣接部位に結合するときに起こりうる．DNA の屈曲や，屈曲とタンパク質結合との関連について研究する優れた方法がいくつかある．

あるタンパク質は DNA ループの形成をひき起こす

多くの DNA 結合タンパク質は，非共有結合をした二量体か，またはより大きなオリゴマーとして存在している．このようなタンパク質が DNA 上の少し離れた箇所に複数の認識部位をもっていると，DNA ループの形成につながりうる (図 6.6)．DNA ループの形成は原核生物と真核生物のいずれのゲノムにもみられる．多くの場合にはゲノムの特定の領域を隔離して，その内部の転写の制御に働いているようである (第 12 章参照)．

DNA 結合ドメインにはいくつかの主要なタンパク質モチーフがある

タンパク質が DNA に特異的に結合して機能するためには，少なくとも二つのドメインが必要である．一つはトランス活性化ドメインで，これはたとえば，転写因子にみられるようにタンパク質の結合を促進する外部シグナルを感知したり，あるいは制限酵素のように DNA に何らかの作用をするように働く．

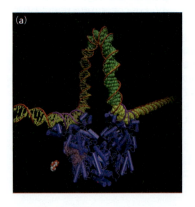

図 6.6　DNA ループの形成　(a) 大腸菌の lac リプレッサー四量体が *lac* オペロン (第 11 章参照) の発現を制御する二つのオペレーターに結合して形成されるループの三次元概観図．四量体は濃紺で示す．DNA は棒と空間充塡モデルを組合わせて，DNA 骨格は赤と紫で示す．[Elizabeth Villa, University of Illinois at Urbana–Champaign Theoretical and Computational Biophysics Group. のご厚意による] (b) 可能なループの幾何学的形状を表す物理モデル．写真は V 字形すなわち結晶学的なリプレッサーのコンホメーション (左列)，およびリプレッサーが開いた場合に生じる形状 (右列) のループモデルを示す．各対において，右側の構造は左側の構造にある二つの四量体 (青と赤のクリップ) の半分が回転して 4 体の α ヘリックスの束の軸 (銀のボルト) から互いに離れることにより生じる．紙のひもは DNA を表し，らせんのねじれがわかるように，片面を黒で他の面を白で色分けしてある．[Wong OK, Guthold M, Erie DA & Gelles J [2008] *PLoS Biol* 6: e232 [10.1371]]

もう一つはこれまでにも説明してきたが，DNAの特異的な部位に結合する結合ドメインである．複数のトランス活性化ドメイン，あるいは結合ドメインに非共有結合で結合するいくつかのトランス活性化能をもつタンパク質から成る複合体が存在するかもしれない．多くの場合，トランス活性化ドメインは結合ドメインにコンホメーション変化をひき起こすことができる．そのため，DNAに結合した精製またはクローニングされたDNA結合ドメインのみを用いる多くの実験，特にX線結晶構造決定については注意が必要であろう．なぜならば，この構造は結合タンパク質全体の構造を反映していないかもしれないからである．

意外にも，結合ドメインの多くはまったく異なる機能を担っているとしても，実際に結合する場合には**認識モチーフ**（recognition motif）として知られているわずかのタンパク質モチーフだけを用いているようである．このことから，タンパク質のDNA結合ドメインはほんのわずかの原型から進化したと考えられる．ここでは，図6.7に模式的に示してある最もよく知られている三つのモチーフについてだけ解説する．

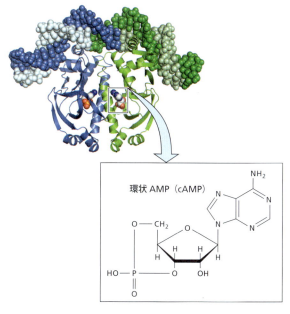

図 6.8　DNA に結合したヘリックス・ターン・ヘリックスタンパク質　CRP は CAP（カタボライト活性化タンパク質）としても知られており，大腸菌のさまざまなオペロンを正に制御している．この活性は cAMP の結合により制御されている．CRP は二量体として緑と青で示してある2箇所の結合部位に結合し，DNA を約90°屈曲させる．単量体はそれぞれ二つの構造ドメインをもっている．N 末端側のアミノ酸1～140のドメインは cAMP ヌクレオチド結合部位を含み，一方，C 末端側のアミノ酸50～60のドメインは DNA と相互作用するヘリックス・ターン・ヘリックスモチーフを含む．

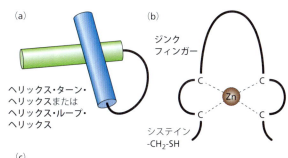

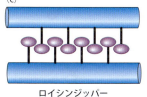

図 6.7　DNA 結合モチーフ　(a) ヘリックス・ターン・ヘリックス，(b) ジンクフィンガー，(c) ロイシンジッパー．

リックスは1ターン当たり3.6残基から成っているためDNAには2ターンだけが入り込み，そのため少数の部分でのみ特異的な接触をする．多くの場合には，HTH タンパク質は二量体または四量体として結合することにより接触する部分の数が増し，その結果，選択性が増す（図6.8参照）．また上述のように，1個以上の単量体が結合することによりDNAを屈曲させるという別の現象も起こりうる．図6.8に示すように，タンパク質-タンパク質相互作用の立体構造は，DNAが屈曲してすべてのHTHモチーフと相互作用できるようになっている．

ジンクフィンガーも主溝に入り込む

DNA結合ドメインにしばしばみられる他のモチーフの一つはその構造に亜鉛（zinc）が必要であることから**ジンクフィンガー**（zinc finger）とよばれている．図6.9に示すように，最もよくみられるジンクフィンガーでは，亜鉛原子を介して短いαヘリックスが短いβシートに結合している．通常，亜鉛はαヘリックス上の2個のヒスチジン側鎖とβシート上の2個のシステイン残基のSH基に配位しているが，4個のSH基に配位することもある．いず

ヘリックス・ターン・ヘリックスモチーフは主溝と相互作用する

ヘリックス・ターン・ヘリックス（**HTH**；helix-turn-helix）モチーフは原核生物と真核生物の転写因子に共通にみられる．このモチーフは連続した約20アミノ酸残基から成り，ターンまたはループで分離されたそれぞれ約7～8残基の二つのαヘリックスで構成されている．二つのαヘリックスのうちN末端から2番目のヘリックスは認識ヘリックスで，DNAの主溝に入り込む．具体的な例として環状AMP受容タンパク質（CRP）活性化因子を図6.8に示す．これは三つのαヘリックスを含んでいる．αヘ

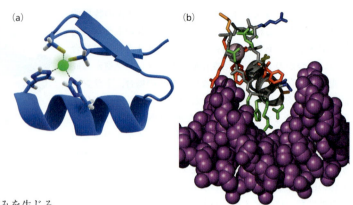

図 6.9 **いくつかのタンパク質は複数のジンクフィンガーで DNA に結合する** (a) 転写因子 Zif268 の三つのジンクフィンガーのうちの一つ。この場合には，亜鉛原子は 2 個のシステインと 2 個のヒスチジン残基間に配位する．[Thomas Splettstoesser, Wikimedia のご厚意による] (b) DNA に結合した Zif268 の中央のジンクフィンガー．DNA を紫で，主溝に入り込んだ Zn(Ⅱ) 原子を球で示す．[Magliery TJ & Regan L [2005] *BMC Bioinf* 6 [10.1186/1471-2105-240]．BioMed Central の許可を得て掲載]

れの場合にも，短いフィンガーが DNA にゆがみを生じることなく主溝に入り込む．生じる相互作用の数が少ないため，多くの場合，特異性は複数のフィンガーによってもたらされる．図 6.10 に示した転写因子 TFⅢA のように，複数のフィンガーがすべて一つのポリペプチド鎖の配列中に含まれることもある．一方，図 6.11 に示したステロイド受容体タンパク質のように，複数のフィンガーが相互作用する両タンパク質に含まれることもある．

ロイシンジッパーは特に二量体を形成する部位に適している

ロイシンジッパー（leucine zipper）はタンパク質二量体の安定な形成に働くタンパク質-タンパク質相互作用モチーフであり，これにより DNA との相互作用の特異性が

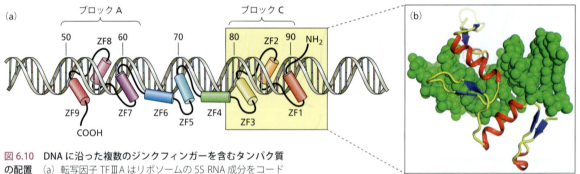

図 6.10 **DNA に沿った複数のジンクフィンガーを含むタンパク質の配置** (a) 転写因子 TFⅢA はリボソームの 5S RNA 成分をコードする遺伝子 5S rDNA に主溝に入り込む複数のジンクフィンガー（ZF）を介して結合する．二つの主要な認識領域であるブロック A と C にはそれぞれ，フィンガー 7〜9 と 1〜3 が結合する．フィンガー 4〜6 はタンパク質が RNA に相互作用するときに用いられる．[Dyson HJ [2012] *Mol BioSyst* 8: 97–104 より改変．Royal Society of Chemistry の許可を得て掲載] (b) DNA に結合したフィンガー 1〜3 の結晶構造．

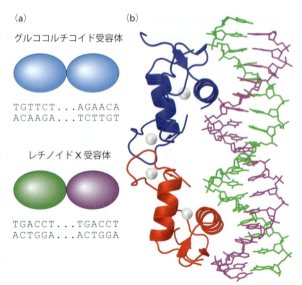

図 6.11 **ステロイド受容体中のジンクフィンガー** (a) ステロイドホルモン受容体を結合する DNA の配列．この配列はステロイド応答配列とよばれ，パリンドロームか繰返し配列のような二つの短い半部位から成っている．受容体タンパク質は頭部と頭部が合わさったホモ二量体としてパリンドローム配列に結合するか，またはヘテロ二量体として繰返し配列に結合する．図はホモとヘテロの結合様式の例を示している．(b) DNA に結合したエストロゲン受容体の結晶構造．受容体の単量体にはそれぞれ二つのジンクフィンガーが含まれている．第一のフィンガーの結合は配列特異的結合に働くのに対し，第二のフィンガーの結合は二量体形成に働いている．すなわち，ジンクフィンガーはタンパク質-タンパク質相互作用に働くドメインでもある．

増す．ロイシンジッパータンパク質は長いαヘリックス同士の疎水性相互作用により，常にホモ二量体またはヘテロ二量体を形成してDNAと相互作用する（図6.12 a）．これらの相互作用するタンパク質の尾部にはそれぞれ，ロイシンまたはイソロイシン残基が3〜4残基ごとの間隔で並んでいる．こうしてこれらのすべての残基はαヘリックスの片側に並んで，疎水性の面を形成している（図6.12 b）．この面は二つのαヘリックスが互いに巻付いて弱いコイルドコイルを形成することにより，溶媒から分離して埋込まれた状態になる．ジッパーというよび名は，二つのαヘリックス上のイソロイシン残基がしばしばジッパーの歯のように互いにかみ合った状態になっていることからきている．このコイルの末端は認識配列そのものに相当し，通常は主溝に入り込むαヘリックスの部分になっている（図6.12 c）．ジッパーは繰返しDNA配列と相互作用するホモ二量体を形成するか，または異なったDNA認識配列をもって1対の異なったDNAと相互作用するヘテロ二量体を形成している．こうして，二つの異なったタンパク質因子が存在してDNA結合に働くという複雑な制御が可能となる．

この節で述べたタンパク質のDNA結合モチーフがタンパク質-DNA相互作用に働いているすべてではない．これらのモチーフには多くの変型があり，また独自の様式で結合するさまざまなタンパク質がある．タンパク質-DNA複合体の重要な例は本書全体を通して要所で紹介する．

6.3　RNA-タンパク質相互作用

細胞のRNA分子は特定のタンパク質と相互作用するが，これはDNA-タンパク質相互作用とはいくぶん異なっている．まずRNA-タンパク質複合体とDNA-タンパク質複合体には概して機能的な違いがみられる．これまでみてきたように，DNA-タンパク質複合体は調節の機能をもつことが多いのに対して，RNA-タンパク質複合体は触媒の機能をもつことが多い．たとえばRNAプロセシング複合体の場合には，タンパク質の部分が触媒であり，一方RNAがリボザイムという触媒の働きをしている複合体においては，タンパク質はおもにその三次元構造の決定に働いているようである（Box 14.1参照）．RNA-タンパク質相互作用を典型的なDNA-タンパク質結合と区別している別の要因は，RNAは細胞内で一本鎖分子として合成されるということである．しかしRNAはしばしば，分子内にヘアピンのような単鎖ループを含む二本鎖構造を形成する相補的な領域をもっている．このような構造は非常に複雑であ

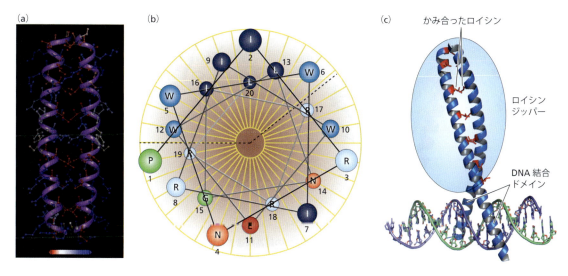

図6.12　ロイシンジッパー　ロイシンジッパーはDNAとの相互作用の特異性を高めるタンパク質二量体の安定な形成に働くタンパク質-タンパク質相互作用モチーフである．(a) ロイシンジッパーは両親媒性αヘリックスの並列相互作用により形成される．両親媒性ヘリックスでは，ヘリックスの筒の片側に疎水性で非極性の残基が存在し，またもう一方の側には親水性で極性をもった残基が存在しており，両側で異なった性質を示す．側鎖の疎水性に基づいて色分けしており，親水性側鎖は青，疎水性側鎖は赤で示す．ヘリックスの片側のロイシン残基はもう一方のタンパク質のヘリックスのロイシン残基とかみ合っている．[David E. Volk, University of Texas Health Science Centerのご厚意による] (b) 両親媒性ヘリックスの構造はヘリカルホイール解析で予測できる．この解析では，αヘリックス中のアミノ酸の配置を模した車輪の中に一連のアミノ酸配列が予測に基づいて配置される．ここではニワトリのカテリシジン（chCATH-B1）のN末端の20個のアミノ酸残基を例として示す．ヘリックスの疎水性部分の上部には，ロイシンに加えて別の疎水性アミノ酸であるイソロイシンがあることに注意する．[Goitsuka R, Chen CH, Benyon L et al. [2007] Proc Natl Acad Sci USA 104: 15063–15068 より改変．National Academy of Sciencesの許可を得て掲載] (c) DNAに結合したロイシンジッパータンパク質ヘテロ二量体の構造．DNA結合ドメインは通常は塩基性である．

る（図15.17参照）．したがってRNA結合タンパク質はDNAの溝にある部位とは異なる多様な折りたたみ構造を認識しなければならないであろう．さらにRNAにみられる多数の塩基修飾により認識の多様性が増している．おそらくこのようにきわめて多様な結合様式のために，DNA-タンパク質認識のような限定的なRNA-タンパク質認識機構は存在しない．

特に優れたタンパク質-RNA相互作用の例はリボソームであり，これはすべての細胞にみられるタンパク質合成装置として働く粒子である（第15章参照）．図15.16に示すように，細菌のリボソームは全長4566塩基の3個のRNA分子と55個の異なったタンパク質から成っている．この巨大で複雑な粒子の構造はX線回折によって解明され，この功績に対して2009年にノーベル化学賞が授与された（Box 15.5参照）．大部分のこれらのタンパク質はRNAと複雑に絡み合って構造形成に働いているが，いくつかのものは触媒機能を担っている．しかしリボソームは単なる巨大なタンパク質-RNA複合体ではない．真核細胞の核で起こるmRNAのプロセシングの多くにはこのような複合体が関わっている（第14章参照）．

RNA分子上の特定の部位の認識に働く共通のタンパク質モチーフがあるとは思えない．あるいはこのようなモチーフはまだ知られていない．それよりもむしろ多様なRNA結合モチーフがあるが，これはおそらくRNA構造に画一性がほとんどないためである（図6.13）．RNA-タンパク質結合を支配していると思われる一つの原理は，モジュールをなした多種多様な部位が用いられるということである．このような場合には，各タンパク質モジュールが高い特異性をもつためにはわずか2,3の塩基，ときにはわずか1塩基を認識するだけでよい．このようなモジュールタンパク質の作用の様式を図6.14に示す．通常，認識されるRNAの長さは，複数のモジュールによって認識される場合であってもかなり短い．したがって，自己相互作用タンパク質や複数のドメインをもつタンパク質は，RNA分子の三次元構造を非常に多様に変化させることができる（図6.15）．

6.4 タンパク質-核酸相互作用の研究

この章を通して，タンパク質-核酸複合体を同定する方法や，その特徴を明らかにする方法についてBoxの中で解説している．しかしこれらの相互作用を詳細に解明する

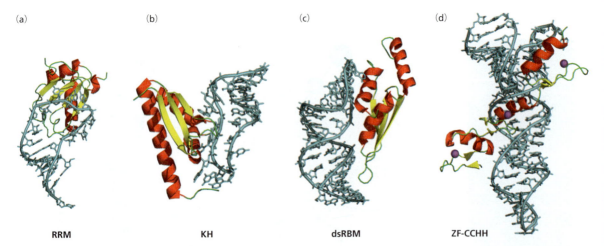

図6.13 RNAに結合したいくつかの一般的なRNA結合ドメインの結晶構造または溶液構造 $\alpha\beta$ドメイン（a〜c）とCCHHモチーフ型のジンクフィンガー（ZF）ドメイン（d）．(a) RNAヘアピン（青緑）と複合体を形成したヒトU1Aスプライソソームタンパク質のN末端RNA認識モチーフ（RRM）．RNAの一本鎖部分の塩基はタンパク質のβシート（黄）と二次構造部分をつなぐ二つのループ（緑）で認識される．(b) 5′-AUCAC-3′に結合したタンパク質NovaのKH（K相同）ドメイン．KHドメインは露出したループ（緑）に保存されたGXXG配列を通してssDNAとRNAの両者の特異的配列に結合する．(c) AGNNの4ループで覆われたRNAらせんに結合したRnt1p RNアーゼⅢの二本鎖RNA結合ドメイン（dsRBM）．タンパク質のループ（緑）はRNAの副溝にある2′-OH基と相互作用する．一方，長いαヘリックス中のLysとArg残基はA形らせん中のリン酸原子の位置を認識する．in vitroでは，大部分のdsRBMが結合するdsRNAの配列は少なくとも一連の12〜13 bpをもち，また多くの突出部や内部ループで遮断されていなければどのような配列でもよい．しかしin vivoでは，dsRBMを含むタンパク質は特定のRNAに結合して作用し，さらにその他のドメインが別のタンパク質に結合する．この配列非特異的ドメインがどのようにして細胞内の特定のRNAに結合するのかについてはまだ不明である．(d) RNA結合ジンクフィンガータンパク質TFⅢAの3フィンガーペプチドであるフィンガー4〜6と，5S RNAの一部との複合体．認識はおもにαヘリックス中の残基により行われる．またこの場合には，配列特異的認識はRNAのループ領域中の露出した塩基を介してなされる．[(a)〜(d) Chen Y & Varani G [2005] *FEBS J* 272:2088–2097. John Wiley & Sons, Inc.の許可を得て掲載]

6.4 タンパク質-核酸相互作用の研究

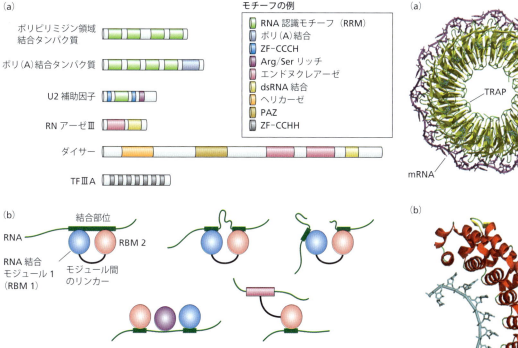

図6.14 RNA結合タンパク質のモジュール構造と作用の様式 (a) いくつかのRNA結合タンパク質ファミリーのポリペプチド鎖に沿った個々のRNA結合モチーフの配置を示した模式図．多くの場合，これらのタンパク質は多様な機能をもつ他のドメインを含んでいる．たとえばダイサーとRNアーゼⅢはいずれもエンドヌクレアーゼ触媒ドメインとそれに付随した二本鎖RNA結合ドメイン（dsRBM）をもち，そのため両タンパク質はdsRNAを認識する．さらにダイサーはマイクロRNA前駆体のステム-ループ構造と相互作用するが，これはこれらのRNA独自の構造的特徴を認識する他のドメインを介して行われる．(b) RNA結合タンパク質はそれらのモジュールの組合わせにより多様な機能を発揮できる．個々のドメインの結合の特異性と親和性は比較的低くても，複数のドメインが同時に結合することによりその特異性と親和性は増大する．上：複数のドメインが連結することにより，長い認識配列に結合したり，一連の長い介在配列によって分離された配列に結合したり，あるいは異なるRNAの配列に結合する．下：二つのドメインが他のモジュールを適切に配置させるためのスペーサーとして機能する．あるいはRNA結合モジュールが基質特異性を決定したり，酵素活性を調節するように働く．[(a), (b) Lunde BM, Moore C & Varani G [2007] *Nat Rev Mol Cell Biol* 8:479–490 より改変．Macmillan Publishers, Ltd. の許可を得て掲載]

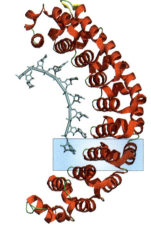

図6.15 RNA認識 RNAはしばしば複数のタンパク質または同じ基本構造モチーフが会合することによりヘテロマーまたはホモマー構造を形成するタンパク質によって認識される．(a) トリプトファンRNA結合アテニュエーションタンパク質（TRAP）リプレッサー．TRAPは生合成酵素をコードするmRNAの翻訳を制御することによりトリプトファン生合成を抑制する．これらの生合成酵素のmRNAはTRAPにより認識される何コピーものRNA配列をもっている．TRAPは11個のサブユニットから成るオリゴマー環を形成する．生合成酵素mRNAは積み重なりによる相互作用とアミノ酸との水素結合によりその環の外側に結合する．(b) 翻訳調節タンパク質Pumilioでは，8コピーの同じタンパク質構造モチーフ（青で強調して示す）がRNAの認識に働いている．各ドメインが単一のヌクレオチドに結合するが，複数のドメインの組合わせにより高度な特異性が生じる．[(a), (b) Chen Y & Varani G [2005] *FEBS J* 272:2088–2097 より改変．John Wiley & Sons, Inc. の許可を得て掲載]

ためにはいくつかの高度な技術を用いる必要がある．いうまでもなく，特定のタンパク質とDNAやRNAとの相互作用について最も詳細に調べるための方法は，その複合体を調製して，X線結晶構造解析（Box 3.6 参照）または高解像度NMR（Box 3.7 参照）により複合体の分子を詳細に解析することである．これにより，結合部位がどこにあり，またタンパク質分子がその結合部位をどのように認識するかがわかる．本書の多数の例はいかにこれがますます実現可能になりつつあるかを示している．これができない場合には，少なくともポリヌクレオチド上の結合部位とその結合に関わるタンパク質のドメインをまずある程度決定する必要がある．これらを決定し，さらに相互作用についての他の情報を得るためのそれほど高度ではないが重要な方法がいくつかある．これらの方法については Box 6.1, Box 6.2, Box 6.3, Box 6.4, そして Box 6.5 で述べる．

多数の核酸結合タンパク質とそれらに結合する他のタンパク質を迅速に同定する技術は，**クロマチン免疫沈降**（**ChIP**；chromatin immunoprecipitation）（Box 6.6）とよばれている．この方法は当初から，そして今でもクロマチンに用いる

ことが多いが，実質的にはどのタンパク質-核酸相互作用にも応用できるため，これはいくぶん誤ったよび名である．

最後に，DNA 結合部位の構造を解析するために大いに有用な方法である部位特異的変異導入についても述べなければならない．これは結合部位を同定する方法ではないが，相互作用に関わる配列を塩基ごとに丹念に探索できる．第5章で述べたように，*in vitro* で DNA に変異を導入できる．1組のそのような変異を導入した配列は結合に対して各ヌクレオチドが働いているかどうかを決定するための *in vitro* 結合実験に用いることができる．さらにこれ以外にも，これらの変異配列を生細胞に導入して表現型の変化を観察することにより，目的とする特定のタンパク質-DNA 結合の生理学的意義を明らかにすることができる．

Box 6.3 バンドシフト法

タンパク質が DNA や RNA に結合すると，その複合体は遊離のポリヌクレオチドよりも電気泳動上の移動度が遅くなる．これはおもに電荷が中和されることによるものである．図1に示すように，これはほとんど材料を用いない容易で迅速な技術に応用できる．研究に用いるプローブとよばれる DNA や RNA 断片は，容易に検出できる放射性同位元素または蛍光色素で標識する．この方法の欠点は，不安定な複合体は解離してしまうおそれがあるということである．そこで安定性を増すために，化学的架橋のような方法が用いられる．基本的なアッセイに特異的または非特異的競合分子を加えて補うことができる．これらの競合反応は標識した目的の DNA 断片とタンパク質との複合体の特異性の度合いを調べるために役立つ．このアッセイの変法では，目的とするタンパク質に対する特異的抗体を反応混合物に加える．この抗体がタンパク質-DNA 複合体に結合するとスーパーシフトが起こる．泳動中に複合体が解離する可能性が常にあるため，バンドの相対的な強度を過度に評価しすぎないように注意すべきである．

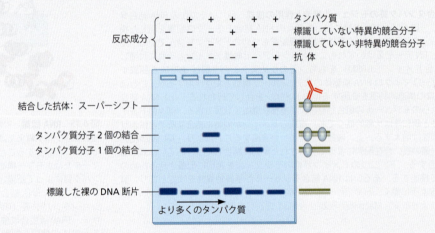

図1 ゲルシフトアッセイ　ゲルシフトアッセイは電気泳動移動度シフトアッセイ（EMSA）またはゲル遅延アッセイとしても知られている．これは次の3段階で行う．(1) 結合反応，(2) 電気泳動，(3) プローブの検出．プローブ DNA 断片を放射性同位元素や蛍光色素で標識する．標識したプローブをタンパク質混合物と反応させて結合できるようにする．タンパク質がプローブと結合すると電気泳動上の移動度が変化する．すなわち複合体は遊離の DNA 断片と比べて移動が遅くなる．電気泳動に続いて，標識したプローブを通常のオートラジオグラフィーや蛍光検出のような方法で検出する．この方法には，不安定な複合体は電場をかけている間に崩壊するという欠点がある．しかし比較的低いイオン強度の泳動緩衝液を用いれば，一過的な相互作用を安定化させることができる．また場合によっては化学的架橋によりタンパク質と DNA 間に共有結合を形成させて，これらの複合体を安定化させることもある．標識していないプローブを結合反応混合物に加えて競合反応を行うことにより，基本的なアッセイを補うことができる．このプローブには特異的競合物として DNA 断片そのものを用いたり，あるいは非特異的競合物として変異DNA や無関係な DNA 断片を用いる．これらの補足的な反応は目的の標識 DNA 断片とタンパク質間の複合体の特異性の度合いを調べるために役立つ．このアッセイの変法では，特に目的のタンパク質を含むと思われるタンパク質混合物を用いて行う場合には，目的タンパク質に対する特異的抗体を反応混合物に加える．この抗体がタンパク質-DNA 複合体に結合するとスーパーシフトが起こる．すなわち抗体の結合により，タンパク質-DNA 複合体の移動がさらに遅くなる．

Box 6.4　DNAフットプリント法

　核酸を切断する多くの技術により，ときに高い精度で結合タンパク質の位置を決定することができる．DNAフットプリント法はタンパク質がDNAに結合するとその結合の領域でDNAが切断されなくなるという現象に基づくものである．高解像度のゲルを用いると1 bpの精度で結合部位を決定することができる場合もある．図1に最も一般的な二つのフットプリント法を示す．さらにこれらの方法は，DNAがタンパク質と結合することによってDNAメチルトランスフェラーゼによるメチル化が起こらなくなる領域を検出するのに用いることができる．フットプリント法をさまざまな塩濃度の条件下で行うと隣接した結合部位の相対的親和性についての情報を得ることもできる．

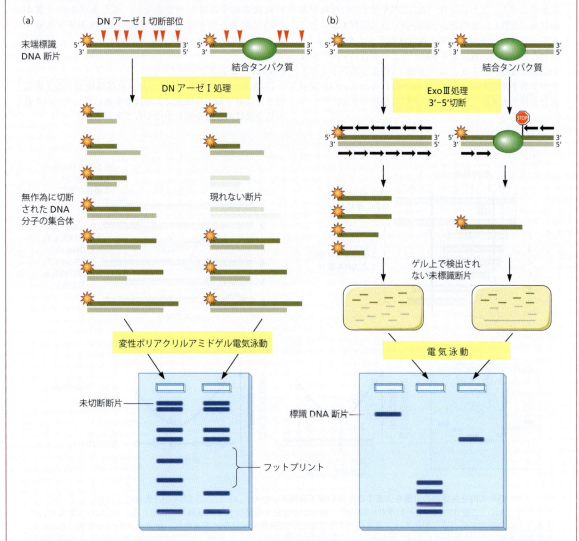

図1　DNAフットプリント法　(a) DNアーゼIフットプリント法．DNA上の特異的部位に結合したタンパク質はDNAを膵臓由来のデオキシリボヌクレアーゼ（DNアーゼI）による酵素的分解から保護する．裸のDNAとタンパク質–DNA複合体を同時にDNアーゼIで，それぞれの裸DNA断片が無作為に平均して1回切断される条件下で処理する．二つの試料は高解像度のDNA配列決定用ゲルで横に並べて解析する．このような高解像度のゲル上のバンドは隣接するバンドと1ヌクレオチドの違いでも区別できる．結合したタンパク質による保護によってフットプリントができる．すなわち保護の起こった領域でバンドが消失したり，バンド強度が著しく低下する．DNアーゼIは切断においてある程度の配列特異性を示すので，有機化合物メチジウムプロピル–EDTA–Fe^{2+}（MPE–Fe^{2+}）のようなDNAを切断する試薬を代わりに用いることもある．よく用いられる他の試薬はDNAを非特異的に切断するヒドロキシラジカルを生じる．そのためこの方法はヒドロキシラジカルフットプリント法として知られている．(b) ExoIIIフットプリント法．エキソヌクレアーゼIIIは大腸菌の酵素でDNAを末端から結合タンパク質に達するまで切断する．切断の方向は3′から5′である．切断反応によって生じた小さな標識DNA断片は高解像度の配列決定用ゲルで解析し，オートラジオグラフィーで検出する．

Box 6.5　タンパク質で誘導されるDNAの屈曲

環状順列アッセイ

中央付近で屈曲したDNA分子は，末端付近で湾曲した同一の配列をもつ分子よりも速く電気泳動ゲル中を移動する．これによりDNA中の内在性の屈曲の位置を決定することができる（図1a）．DNA分子を連結させて環状にし，その後1箇所だけ切断する異なった制限酵素を作用させて直鎖状にする．これにより，あるDNA分子では屈曲が末端付近に位置し，他の分子では中央付近に位置することになる．後者の分子はより速く電気泳動ゲル中を移動する．結合したタンパク質により屈曲が生じた場合にも同じ原理が適用できる（図1b）．この方法はDNAを屈曲させるタンパク質を同定する目的にも，またこれらのタンパク質の結合部位を大まかに決定する目的にも使用できる．

DNA環状化アッセイ

このアッセイは，短いDNAがDNAリガーゼにより環状化する確率を電気泳動の結果から概算することにより，タンパク質がDNAを屈曲させる能力を検出する（図2）．DNA断片は十分に短いので，タンパク質によって屈曲が誘導されないと，直鎖状の二量体や三量体などを形成しなければ連結することができない．もしもタンパク質がDNAの屈曲をひき起こすと，環状DNAを形成する確率はDNA屈曲の度合いに比例して増加する．

DNAルーピングアッセイ

DNAルーピングアッセイでは，直接鏡検法や電子顕微鏡または原子間力顕微鏡による観察を通して，タンパク質の結合部位の位置を明らかにすることができる．

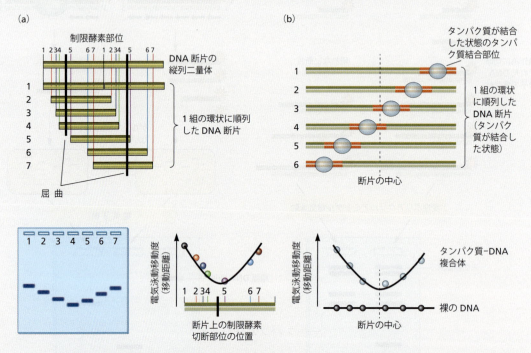

図1　DNA断片の内在性屈曲の位置を決定するための環状順列アッセイ　(a) 目的のDNA断片を縦列二量体としてクローニングする．次に，二量体の試料をそれぞれの配列の1箇所だけ切断する異なった制限酵素で切断する．1組の制限酵素は切断された1組の断片を生じる．たとえば二量体配列の上に記した制限酵素5は断片5を生じ，酵素6は断片6を生じるといった具合である．ここで重要なことは，塩基配列は二量体の中で繰返されているため，これらの制限酵素で切断した断片は同じヌクレオチド組成と長さをもっており，末端からの屈曲の相対的な位置だけが異なるということである．各断片を精製し，非変性ポリアクリルアミドゲル電気泳動で泳動する．各断片の電気泳動上の移動度は屈曲の位置に依存する．すなわち，中央で屈曲した断片は最も速く移動し，屈曲が末端に向かうにつれてより遅く移動する．ゲル中の孔を通過する移動度は長さと形の関数であるということを思い出してほしい．すべての断片が同じ長さならば移動度は断片の形にのみ依存する．中央で屈曲した断片はより小さく詰まった形をとるためより容易に孔を通過する．最後に，移動度を切断位置の関数としてプロットすると曲線の最も低い位置が屈曲の位置となる．(b) タンパク質によって誘導されるDNAの屈曲を検出してみると，裸のDNA断片は直線状，すなわち内在的な屈曲はない．6個の各DNA断片を目的のタンパク質と反応させ，タンパク質-DNA複合体を非変性ポリアクリルアミドゲル電気泳動で泳動する．タンパク質を結合して環状に順列した一連のDNA断片はヌクレオチド組成と長さが同一である．しかし断片の末端からのタンパク質結合部位の位置が異なっている．屈曲中心を決定するためのマッピングは上述のように行う．

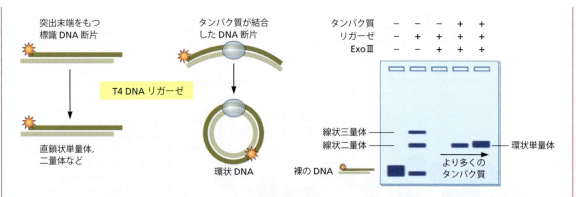

図2　タンパク質誘導DNA屈曲を測定するためのDNA環状化アッセイ　このアッセイではタンパク質によって誘導されるDNA屈曲を平均長が約150 bpよりも短いDNA断片の環状化によって測定する．これらの短いDNA断片はDNA屈曲タンパク質がないと環状化しない．これらのDNA断片は通常，突出末端を生じる制限酵素で切断して得る．標識したDNA断片にタンパク質を反応させ，その後T4 DNAリガーゼを反応させる．反応は縦列二量体や三量体などが形成されるよりも，分子内結合や環状化に好都合なようにDNA断片の濃度を低くして行う．単量体環状DNAが形成される反応はタンパク質の濃度とタンパク質がDNAを屈曲させる能力に依存した速度で起こる．この反応の産物は線状DNAと環状DNAを区別できる電気泳動で解析する．場合によってはここに示すように，線状DNAと環状DNAが同じ移動度で移動する．このような場合には，線状DNAを切断するが環状DNAには作用しないエキソヌクレアーゼIIIで反応溶液を処理する必要があるかもしれない．

重要な概念

- *in vivo* での核酸の多くの構造的，機能的特徴はタンパク質との相互作用により調節されている．いくつかのタンパク質は特定の塩基配列や結合部位に結合する．他のタンパク質は特異性を示さず，多数の部位やポリヌクレオチドのどこにでも結合する．非特異的に結合するタンパク質は構造的な働きをする傾向がある．たとえば，核酸が分解されないように保護したり，一本鎖のコンホメーションを維持するように働く．部位特異的結合は遺伝子の転写を制御するなど，調節的な機能に関わることが多い．
- 部位特異的DNA結合タンパク質は非常に多様である．これらのタンパク質はその一部をDNAの主溝や副溝に挿入することにより，そこで相互作用するために特異的に配列した基を認識して，短い塩基配列と結合する．主溝への結合は副溝への結合よりも頻繁にみられる．
- 大部分の主溝結合タンパク質にみられる分子認識モチーフの数は限られている．これらのモチーフにはヘリックス・ターン・ヘリックス，ジンクフィンガー，ロイシンジッパーなどがある．
- 主溝は主溝結合タンパク質の認識モチーフを収容するためには十分な広さをもっているため，通常，主溝への結合はDNAの大きな変形をひき起こさない．しかしDNA結合タンパク質がオリゴマーを形成してDNA上の二つ以上の部位を認識すると，DNAの屈曲が起こり

Box 6.6　クロマチン免疫沈降

近年，ゲノム中のタンパク質結合部位の位置についての多くの情報が得られ，またこれらの部位に結合しているタンパク質を同定できるいくつかの新たな方法が開発されている．クロマチン免疫沈降（ChIP）という語はやや不正確なよび名である．というのは，この方法はクロマチンそのものが関わるわけではないからである．むしろ元来の考え方は次のようなものであった．架橋タンパク質が結合した大きなゲノム領域を断片化し，次に特定のタンパク質が付いたこれらの断片を抗体を用いて沈降したりまたは選択する．するとそのタンパク質は真核細胞ゲノムのヌクレオソーム部分あるいは非ヌクレオソーム部分に結合していることがわかる．実際には，この方法を細菌の細胞に用いた場合にもクロマチン免疫沈降という語が用いられるが，クロマチンは真核細胞のゲノムにだけ当てはまる．これらの材料をタンパク質を結合している画分と結合していない画分に免疫分画した後に，結合しているDNA配列を即座に解析できるハイスループット法がしばしば使われる（図1）．しかも今では，ゲノム上の多くの部位には，その部位に親和性をもつタンパク質だけでなく他のタンパク質も付着することが明らかになっているので，特定の部位に付着した一群のタンパク質を探索することができる．しかしながら，今では膨大な数のマイクロアレイデータを即座に集めることができるため，問題となる点はこれらのデータの操作と解釈である．

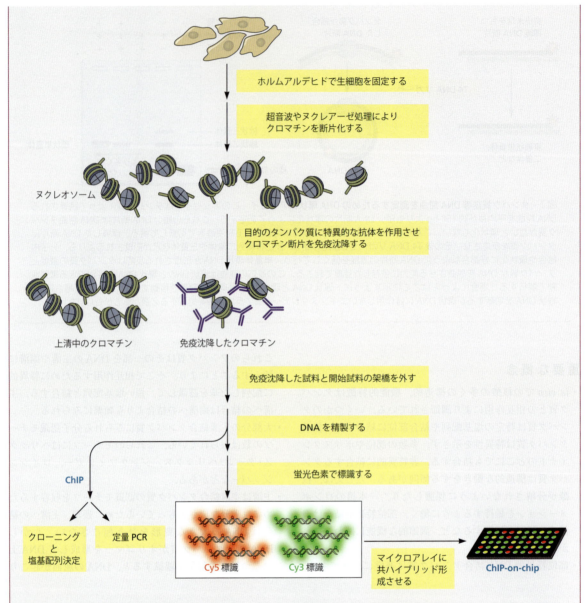

図1 クロマチン免疫沈降と ChIP-on-chip 法 ゲノムワイド局在解析 (GWLA) は *in vivo* でのタンパク質-DNA 相互作用を明らかにすることができる二つの高度な技術，すなわちクロマチン免疫沈降 (ChIP) とチップ (chip) として知られている高分解能で高密度の DNA マイクロアレイが合わさったものである．これらの二つの技術の組合わせにより，GWLA は ChIP-on-chip または ChIP-chip という名前でよく知られている．生細胞にタンパク質-DNA 架橋試薬（通常はホルムアルデヒド）を作用させ，目的のタンパク質をゲノム中のクロマチンの局在箇所に固定する（第8章参照）．次に超音波やヌクレアーゼ処理によりクロマチンを断片化する．このヌクレアーゼには制限酵素や，ヌクレオソーム間のリンカー領域をおもに切断してコア粒子を生じるミクロコッカスヌクレアーゼを用いる．生じたクロマチン断片の混合物を目的のタンパク質に特異的な抗体と反応させ，反応した断片を免疫沈降する．反応した断片を未反応の断片から分離しやすいように，通常，抗体はビーズに結合させる．従来の ChIP では免疫沈降した画分から単離した DNA はクローニングして塩基配列を決定するか，または定量 PCR (qPCR) で増幅し，ホルムアルデヒド処理により架橋された DNA 断片を同定していた．ChIP-on-chip 法では開始 DNA 混合物と免疫沈降した DNA 混合物を増幅し，異なる二つの蛍光物質で標識した後に混合してマイクロアレイに共ハイブリッド形成させる．マイクロアレイプラットフォームは市販のものを利用するか，あるいは独自の研究の場合には特注品を使用する．スライドガラスにはさまざまなプローブが多様な様式で配置されている．これらのプローブはたとえば，オープンリーディングフレーム (ORF) と遺伝子間配列のようなゲノム領域の一群，染色体全体，比較的小さなゲノムサイズの生物のもの，あるいは全ゲノムなどである．さらに，ゲノムをカバーする範囲は約 300 bp を含む 1 個のプローブから各ゲノム領域やヌクレオソームが重複して含まれてタイル状に並んでいるプローブまで，プローブの密度によって異なる．

うる．結合部位が互いに離れていると，タンパク質オリゴマーの結合によってDNAループが形成されることがある．

- DNAの副溝への結合はさほど多くはみられず，しばしばDNAの屈曲やその他の変形をひき起こす．これは，副溝は狭すぎて，大部分の結合モチーフを収容するためには広げられなければならないためである．
- RNA分子にもタンパク質の非特異的結合と部位特異的結合の両者がみられる．この場合にも，RNAを小さく折りたたんだ状態にするような構造的な働きをする場合と，リボザイム活性を促進するような機能的な働きをする場合とがある．タンパク質-RNA結合の共通の特徴は複数の結合モチーフを用いるということであり，各結合モチーフは一個ないし2，3個の部位を認識する．このような複数のモチーフを用いることにより，結合の特異性が保障される．

参考文献

成 書

Kneale GG (ed) (1994) DNA–Protein Interactions: Principles and Protocols. Methods in Molecular Biology, Vol. 30. Humana Press.

Neidle S (2002) Nucleic Acid Structure and Recognition. Oxford Press.

Rice PA & Correll CC (eds) (2008) Protein–Nucleic Acid Interactions: Structural Biology. RSC Publishing.

van Holde KE, Johnson WC & Ho P-S (2006) Principles of Physical Biochemistry, 2nd ed. Pearson Prentice Hall.〔『物理生化学』田之倉優，有坂文雄監訳，医学出版（2017）〕

総 説

Chen Y & Varani G (2005) Protein families and RNA recognition. *FEBS J* 272:2088–2097.

Lane D, Prentki P & Chandler M (1992) Use of gel retardation to analyze protein–nucleic acid interactions. *Microbiol Rev* 56:509–528.

Lunde BM, Moore C & Varani G (2007) RNA-binding proteins: Modular design for efficient function. *Nat Rev Mol Cell Biol* 8: 479–490.

Privalov PL, Dragan AI & Crane-Robinson C (2009) The cost of DNA bending. *Trends Biochem Sci* 34:464–470.

Theobald DL, Mitton-Fry RM & Wuttke DS (2003) Nucleic acid recognition by OB-fold proteins. *Annu Rev Biophys Biomol Struct* 32:115–133.

von Hippel PH (2007) From "simple" DNA–protein interactions to the macromolecular machines of gene expression. *Annu Rev Biophys Biomol Struct* 36:79–105.

実験に関する論文

Kalodimos CG, Biris N, Bonvin AM et al. (2004) Structure and flexibility adaptation in nonspecific and specific protein–DNA complexes. *Science* 305:386–389.

Kozlov AG, Jezewska MJ, Bujalowski W & Lohman TM (2010) Binding specificity of *Escherichia coli* single-stranded DNA binding protein for the χ subunit of DNA pol III holoenzyme and PriA helicase. *Biochemistry* 49:3555–3566.

Lynch TW, Read EK, Mattis AN et al. (2003) Integration host factor: Putting a twist on protein–DNA recognition. *J Mol Biol* 330:493–502.

O'Shea EK, Klemm JD, Kim PS & Alber T (1991) X-ray structure of the GCN4 leucine zipper, a two-stranded, parallel coiled coil. *Science* 254:539–544.

7 遺伝暗号，遺伝子，ゲノム

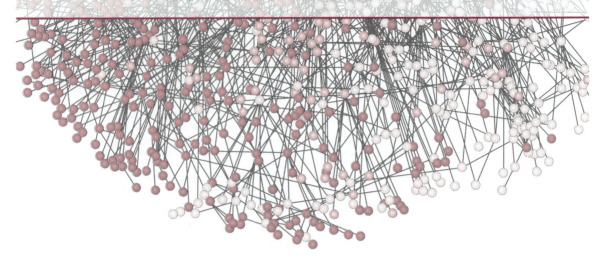

7.1 はじめに

この章では，分子生物学の基本的な考え方をおもに歴史的な観点から概説する．本章でふれる内容は後の章でさらに詳しく解説していく．分子生物学の基本的な考え方は1953年から1963年の約10年間という短期間で大きく発展した．この発見の連続を紹介することで分子生物学の基本的な概念を提示していきたい．分子生物学の進展は図7.1の中で幅広い視点から説明されているが，この進展の過程はまた，"遺伝子"という概念が出現し洗練されていく道のりでもある．

7.2 遺伝子：遺伝情報を貯蔵する核酸

遺伝子の性質に対する理解は常に進化し続けている

第2章で説明した古典遺伝学の黄金時代は，Thomas Hunt Morgan（Box 2.1参照）によるキイロショウジョウバエの優れた研究で最高潮に達した．Morganらの研究から遺伝子の挙動に関する公式な法則が確立され，1930年までに多くの遺伝子の位置が染色体上にマッピングされた（第2章参照）．しかし，遺伝子そのものの実体は完全に未知であり，当時の遺伝学者にとってさえこれは重要なことではないように思われた．実際にMorganは1933年のノーベル賞受賞講演のなかで，"遺伝子が仮説的な単位であるのか，あるいは物質的な粒子であるのかというのはたいした違いではない"と述べている．

しかし，1940年代以降の生化学の急速な発展により細胞の働きを理解するということが現実的な目標になり，またタンパク質，特に酵素の役割が明らかになったことでそれ以前の見解が変化し始めた．たとえば，白化症のような遺伝的代謝機能不全はある特定の遺伝子にマッピングされたが，このような遺伝病はまた，特定の酵素の機能不全や欠乏に関連していた．この知見は，遺伝子とはただ単に遺伝するものであるというだけでなく，何らかの形でタンパク質構造を制御し（一遺伝子一酵素説），各細胞の日常的な機能にも関わるものであるという考えにつながった．この概念は鎌状赤血球貧血などの遺伝病の研究から，酵素以外のタンパク質をも包含するように拡張されていった（Box 2.3参照）．

1949〜1955年のSangerによるインスリンの配列決定が決定的な突破口となった（第3章参照）．Sangerの初期の研究結果から，すでに各タンパク質のアミノ酸配列が同定され，その配列がタンパク質固有であることが示されていた．このことは，遺伝物質はそれが実際にどんなものであれ，タンパク質合成を制御する配列情報を含み，かつ伝達可能であることを実証した．Sangerの研究以前，多くの生化学者はタンパク質はアミノ酸の短い繰返し配列から構築されると予測していた．確かに，繰返し構造は一連の少数の酵素でつくることができ，長い多糖鎖のつくられ方は実際そのようになっている．しかしながら，インスリン分子やその後に配列決定された他のタンパク質はこのような周期的パターンの構造をもっていなかった．

これらの証拠は，遺伝物質が細胞分裂において複製されるだけでなく，タンパク質配列を特定するある種の暗号をもつ特定の配列の鋳型に違いないということを示した．ハーシー・チェイスの実験（Box 4.2参照）や，1953年のDNA構造のワトソン・クリックモデルから，最終的に遺伝物質の正体はDNAであることが明らかになった．歴史上のこの時点で，遺伝子とは染色体上の抽象的な場所というだけでなく，タンパク質をコードする巨大分子の一部を

7.2 遺伝子：遺伝情報を貯蔵する核酸

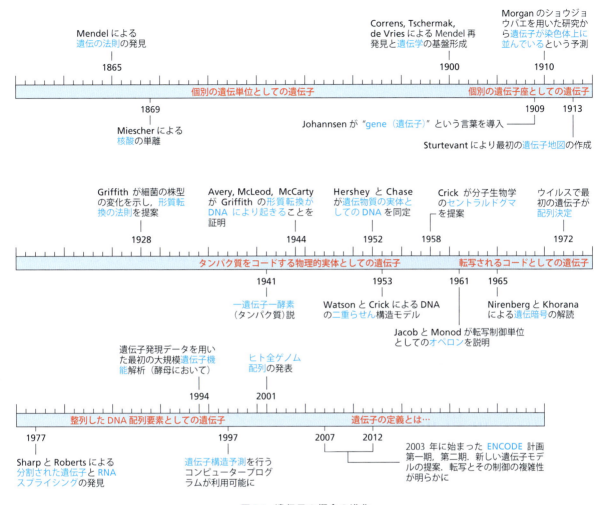

図 7.1 遺伝子の概念の進化

意味するものとなった．ただしこの定義は間違いではないものの，実際の遺伝子の機能よりもはるかに限定されている．というのも，これから説明するとおり，DNAの情報はタンパク質をコードするためだけでなく，他にもさまざまな重要な機能をもっている．遺伝子の定義の問題は依然として難しいところである．

セントラルドグマとは情報が DNA から タンパク質へと流れるという考えである

DNAとタンパク質は二つのまったく異なる言語で同一の情報をもっている．二つの言語が実際には非常に異なっているため，一方から他方への変換がどのように起こるかを知ることは当初困難だった．初期の洞察として，Francis Crickによる配列仮説がある．これは，DNAの糖-リン酸骨格は常に同一で情報がないため，遺伝情報は塩基配列の部分が完全に担っているというものである．さらにCrickはDNA配列をタンパク質配列に翻訳する単純な暗号の存

在を仮定したが，1958年当時では暗号の性質やその働き方はまったくわかっていなかった．同時にCrickは分子生物学の**セントラルドグマ**（central dogma），すなわち情報はポリヌクレオチドからタンパク質にしか流れず，逆方向には決して流れないという考えを提唱した．この仮説は実験的な証拠なしにつくられたものであり，大胆かつ卓越した考えであった．ただし実際のところ，セントラルドグマは"教義（ドグマ）"ではない．というのも，そもそもドグマとは反証できない真実という神学用語であるからだ．科学において反証できないものは何もないが，今のところこのドグマは実際に正しいものと理解されている．加えて重要なこととして，情報が細胞のタンパク質から遺伝物質に逆戻りする可能性がある場合，環境の影響により誘導されるタンパク質の変化を次世代へ継承することになるという点がある．この考えは，進化学的には疑問視されているラマルク説と一致するものである．遺伝情報の流れの方向については最近の発見によりさらに複雑になってきてはい

るものの，タンパク質からDNAに情報が流れるという証拠は今のところなく，依然としてCrickのドグマが支持されている．

しかしこのドグマはある重要な疑問に答えることができていない．それは，4種類の塩基の文字列に暗号化された情報がどのように20種類のアミノ酸から成る文字列に翻訳されるのか，という点である．Francis Crickは再びその直感的な飛躍から正解を導き出した．1955年に，Crickは細胞には**アダプター分子**（adaptor molecule）とよばれるものがひとそろいあるはずだと主張した．これらのアダプター分子それぞれは，ただ一つの種類のアミノ酸に結合する能力をもっているはずである．またアダプターには，DNAまたはRNA鋳型（図7.2）上の特定の塩基配列と特異的な水素結合をつくる小さなオリゴヌクレオチドも必要であると考えられる．この後者の配列のことをコドンとよび，アダプター分子上の相補配列をアンチコドンとよぶ．このアダプター分子はその約5年後に同定され，Crickが予測した性質を確かにもっていることが判明した．これらの新しい問題に関する論考と実験には多くの国の多数の科学者が関わった．ケンブリッジのFrancis Crick, Sydney Brennerと，パリのFrançois Jacob, Jacques Monodの貢献が最も重要である．とりわけFrancis Crickがこの時期に先導して研究を進めていた（Box 7.1）．

アダプターを見つけるために
細胞RNAを分離する必要があった

1950年代後半には，真核細胞においてDNAは核に限定されていてタンパク質合成は細胞質で起きることが明確になった．次の目標は明らかに細胞質RNAの中からアダプター分子を探し出すことだった．しかしながら，細胞質には大小さまざまな分子量をもつ多くのRNAが存在する．1950年代当時利用可能だったRNA分離の技術は超遠心分離であり，これにより核以外の細胞内容物，すなわちDNAと核RNA以外を取出すことができた．細胞を増殖させ，RNAを放射能標識することでRNAを同定することができる．代表的な結果を図7.3に示す．また，密度勾配遠心分離法についてはBox 4.8で詳しく説明している．最も急速に沈降するのは，もともとはミクロソームとよばれていたが現在はリボソームとして知られるコンパクトなRNA-タンパク質粒子群である．これらは，特に細菌や他の急速に成長する細胞で豊富にみられることが判明し，タンパク質合成に何らかの形で関わっていることが推測された．また，少量の不安定な長いRNAについては長らく無視されていたが，実は非常に重要な要素であることが後に判明した．最後に，遠心分離により低分子量でゆっくりと沈降するRNAが大量に存在することが明らかになった．これらのRNAは高分子量のRNAが沈殿した後にも溶液中にも残っていたことから，それまで可溶性RNAとして知られていたものであった．1960年頃Robert Holleyが，この低分子量RNAの中からアダプターに対応する分子を

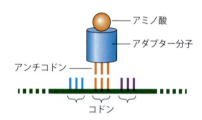

図7.2　Crickにより提案されたアダプター分子の概念
アダプターは特定の単一のアミノ酸に結合する能力をもつはずである．同時にアダプターはコドンの塩基を認識し，塩基対を形成する小さなオリゴヌクレオチドをもつはずである．

Box 7.1　天才Francis Crick

　Francis Crickは，DNAの二重らせん構造の発見につながる記念碑的なひらめきを得た人物として知られている．一方で，遺伝暗号と細胞内情報伝達の理解にも彼が大きな役割を果たしたことはそれほど広くは認識されていない．Crickは実験するよりもむしろ，固定概念にとらわれず自由に想像し，本質的な問題を見極める能力に卓越していた．彼の最も重要な貢献として以下の事柄があげられる．

- 1953年　DNA構造の研究（James Watsonとともに）．
- 1955年　アダプター仮説．アミノ酸とコドンとを対応させる小さな分子の存在を予測し，これは転移RNAとして後に同定された．彼はまた，終止コドンの概念も提案していた．
- 1957年　配列仮説．タンパク質配列の情報はDNAの情報と同一の流れの上にあると予測した．
- 1958年　セントラルドグマ．DNAの情報はタンパク質に流入するが，その逆は起きないと予測した．
- 1961年　mRNAの概念を提案し，その暗号がトリプレット（三つ組）であり，かつ重複していないことをSydney Brenner, François Jacobらとともに遺伝学的に証明した．
- 1962年　遺伝暗号の一般的な特徴．トリプレット，切れ目がない，縮重．
- 1966年　ゆらぎ仮説．コドンの3番目の文字がさまざまな塩基をとりうることで，遺伝暗号の縮重性を促していると予測した．

これらの貢献は，分子生物学と遺伝学の根幹となる主要な部分を構成している．

7.2 遺伝子：遺伝情報を貯蔵する核酸

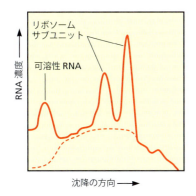

図 7.3 全細胞質 RNA の調製で通常観察される沈降速度分布の模式図 破線の曲線は RNA を示す．mRNA を含むが，可溶性 tRNA やリボソームサブユニットは含まない．この実験では密度勾配沈降法を使用することで低分子量可溶性 RNA 画分を rRNA および他のすべての高分子量 RNA から分けることができる．

すると考えられた．実際の折りたたみ構造は後の X 線回折研究によって決定された（第 14 章参照）．

mRNA，tRNA，そしてリボソームは細胞のタンパク質工場を構成する

遺伝情報が RNA という中間体を通じて DNA からタンパク質へ伝わるという考えは，実験的証拠が示される前から提案されていたようである．DNA が核にある一方，タンパク質合成が細胞質で起こるという事実は何らかのメッセンジャー（伝令）の存在を示唆しており，Crick のドグマから暗示されるものである．しかし 1961 年頃までは，中間体の実体についての仮説はなく，むしろリボソームに存在する RNA がメッセンジャーであるという誤った仮説が広くみられた．何といっても，**rRNA**（リボソーム RNA；ribosomal RNA）は細胞質中で最も豊富な RNA であったし，さらにリボソームが何らかの形でタンパク質合成に関与しているという初期の証拠があった．そこで当時しばらくの間想定されていた仮説は，異なるリボソームには異なる RNA 分子が含まれており，それぞれが異なるタンパク質をコードしているというものだった．しかし，この考えに深刻な問題があることは明らかだった．第一に，タンパク質の種類によりそのポリペプチド鎖長は大きく変化したが，リボソーム中の RNA 分子は常にほぼ均一なサイズのようであった．第二に，細菌はバクテリオファージに感染することで急速に新しいタンパク質を合成するようになるが，これはウイルス DNA の破壊により急速に消滅することが判明した．細胞質のタンパク質をコードする物質はそれがどのようなものであれ，きわめて不安定であるのは明らかだった．しかし，リボソームはきわめて安定した構造であり，あるものは細菌の中で世代を越えてとどまっていた．

この問題について光が見え出したのは，1961 年にケンブリッジの Sydney Brenner のアパートで行われた非公式の議論からであったようだ．Crick, Brenner, François Jacob といったほんの数人の科学者による議論を通して，不安定で分子量の大きい RNA 画分が DNA の一本鎖からコピーされ，これが配列メッセージを運んでいるかもしれないというシナリオが突然浮かび上がった．この **mRNA**（メッセンジャー RNA；messenger RNA）はリボソームと会合すると予想された．ここでリボソームの機能とは，アダプター分子と mRNA 上のコドンとを対合させ mRNA の情報を読取り，ペプチド結合の形成を促すことである（図 7.5）．この考えは一度に証明されたわけではなく，後の実験的な検証を必要とした．たとえば，イリノイ大学の Benjamin Hall と Solomon Spiegelman の研究から，ファージの感染後に合成された新しい RNA がファージ DNA に相補的であることが実験的に示され，この仮説を支持するものとなった．

発見した．この分子は以後 **tRNA**（転移 RNA；transfer RNA）とよばれるようになった．Holley はアラニン-tRNA を酵母から単離することに成功し，6 年の時間をかけてその配列を決定した（図 7.4）．これは配列決定された初めての核酸分子であり，Holley が要した途方もない量の作業と現代の最新技術との間の効率の違いは驚異的である．折りたたみ構造を形成する tRNA 内の水素結合は，アミノ酸付着部位およびアンチコドンループの部位に対応

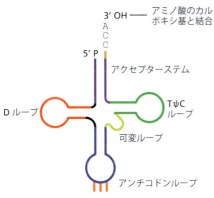

図 7.4 アラニン-tRNA の一次，二次構造 アラニン-tRNA は Robert Holley により最初に配列決定された tRNA である．一次構造，二次構造の間で色は対応している．tRNA は第 15 章でふれているいくつかの塩基修飾を含む．

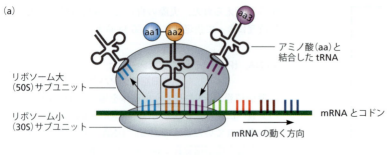

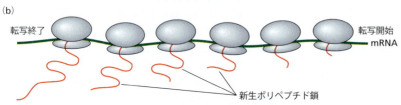

図7.5 **メッセージを翻訳する細菌の70Sリボソームの概念図** (a) 左から右へのmRNAの移動，または右から左へのリボソームの移動としてメッセージを視覚化することができる．第16章でこの複雑なプロセスの詳細を紹介する．(b) 単一のmRNA分子を翻訳するリボソームの連なり．これをポリリボソームとよぶ．この模式図は電子顕微鏡像に基づいている．上記(a)のようにリボソームは右から左に移動するように視覚化することができる．

7.3 遺伝暗号におけるタンパク質配列とDNA配列の関係

最初の課題は遺伝暗号の性質を明らかにすることだった

mRNA，tRNA，リボソームの役割の理解が飛躍的に進んだことで，コード（遺伝暗号）の解明はさらに重要な目標となった（Box 7.2）．コドンは少なくとも3塩基から成る塊（トリプレット）でなければならないことは明らかであった．というのも，アミノ酸ごとに一つまたは二つの塩基が対応していたら，それぞれ4種類あるいは$4^2=16$種類のアミノ酸しかコードできない．一方，トリプレットコードでは$4^3=64$種類の並べ方が可能であり，20アミノ酸すべてをコードするのに十分である．図7.6(a)や図7.6(b)に示すようにコードに関するモデルはいくつか提案されたが，"重複コード"モデルも"中断コード"モデルも正しくないことが後に実験的に証明された．CrickとBrennerは単一または複数の塩基対をファージDNAに挿入することで，中断がなく，かつ重複しないトリプレットコードのみが機能することを示した．重複しないトリプレットコードモデルが正しい場合，配列をどこから読み始めるかによって3種類の**読み枠**（reading frame）が存在する可能性がある（図7.6 c）．よって，特定の開始部位を指定することで特定の読み枠を指定する必要がある．3の倍数でない数の塩基対の挿入または欠失は**フレームシフト**（frameshift，読み枠のずれ）を生じ，異なるタンパク質配列になるはずである（図7.6 d）．

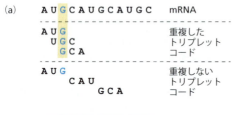

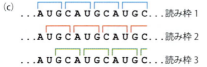

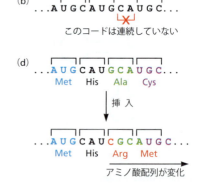

図7.6 **遺伝暗号の基本的な特徴** (a) トリプレットコードの読み方に関する可能な2種類の方法の概念図．コードが重複する場合は同じ塩基が三つのコドンの一部になりうるが，コードが重複しない場合は各塩基はただ一つのコドンの一部である．実際には遺伝暗号は重複していない．(b) コードには中断がない．すべてのヌクレオチドがひとつながりで読まれる必要があり，隙間はない．(c, d) 読み枠の概念とフレームシフト変異．(c) 各ヌクレオチド配列は特定のヌクレオチドから読取られ始めなければならない．先頭のヌクレオチドが指定されることでひとつながりのコドンが決まる．すなわち，ポリペプチド鎖の一次構造が決定される．異なる先頭のヌクレオチドが指定された場合は同じ配列が異なる読み枠で読まれることになり，結果として異なるポリペプチドが産生される．(d) 1ヌクレオチドが挿入されるとその下流のポリペプチド鎖のアミノ酸配列が変化する．このようなフレームシフト変異が生じるとコードされたタンパク質の機能は通常完全に失われる．

Box 7.2 遺伝暗号を解読する

　WatsonとCrickのDNA構造の発見により革命が起こる前から，核酸の言語をタンパク質の言語に翻訳する何らかのコードの存在は予測されていた．実際に，初期の分子生物学者に多大な影響をもたらしたErwin Schrödingerの1946年の著作"生命とは何か"の中にそのヒントを見いだすことができる．それにも関わらず，WatsonとCrickがDNA構造を提示してから8年たった後の1961年後半でさえ，DNAがどのように翻訳されるのかを示唆する実験的証拠はなかった．可能なコード体系を提案する理論やモデルの研究は多かったが，これらは研究者同士の議論を生み出しただけであった．

　その後，モスクワで開催された1961年の国際生化学会議でMarshall Nirenbergが論文を発表した．彼は若く当時はまだ無名であったため，セッションの終わりに約15分与えられただけで，有名な科学者はほとんど聴きに来ていなかった．例外的にその場にいたMatthew MeselsonはNirenbergの仕事の重要性を認識し，Nirenbergに再び発表の機会を与えるよう会議の主催者を説得した．そして今度はNirenbergの発表に多くの反響があった．

　NirenbergはポスドクのJohann Matthaeiとともに，mRNAをタンパク質に変換する新しい翻訳の仕組みに興味をもち，この過程を研究するための無細胞系を構築した．当時他の多くの研究者が考案していた類似の系にはリボソームが含まれていた．リボソームは低分子量RNA（おそらくほとんどはtRNA）とATP駆動型エネルギー生成系の混合物である．低分子量RNAは，ウイルスmRNAまたは非成熟mRNAを加えた際にアミノ酸のタンパク質への取込みを促進することが示されていた．

　NirenbergとMatthaeiはこの実験を単純化した．すなわち，1塩基のみを含む合成ポリヌクレオチドを使用し，反応混合物に異なる放射能標識アミノ酸を加え，ポリヌクレオチドのメッセージごとにどのアミノ酸がポリペプチドに組込まれているかを調べた．ホモポリリボヌクレオチドは1950年代後半にSevero Ochoaが酵素合成の技術を確立したことで利用可能になっていた．まず，ポリ(U)からポリフェニルアラニンがつくられることの実証に成功した．したがって，Uのみから成るコドンはフェニルアラニンをコードすることがわかる．ただし，当時はまだ遺伝暗号が三つ組（トリプレット）であることが示されていなかったためコドンがUUUであるとはいえず，コドンの区切りの問題は未解明だった．むしろNirenbergとMatthaeiの実験の重要性は，遺伝暗号がどのように実証的に研究されうるかについての確かな道を開いたことだろう．誰に聞いても，まだ無名の研究者によりこの重要な発見がなされたことにこの分野の研究者たちはいら立っていたという．

　ウィスコンシン大学のHar Gobind Khoranaの研究などから，より複雑で規則的なポリヌクレオチド配列を合成できるようになったことでNirenbergとMatthaeiの方法がはるかに強力になった．図1に示すように，単一の塩基から成るポリヌクレオチド$(A)_n$は単一のアミノ酸から成るポリペプチドのみをコードし，ジヌクレオチド配列$(AB)_n$の繰返しは交互に変化するアミノ酸の産物を生成し，三量体の繰返し$(ABC)_n$からは3種類の異なる均質なポリペプチドが同時に生成された．これらの結果から，遺伝暗号がトリプレットで，かつ切れ目のないことが証明された．同時に，Francis CrickとSydney Brennerはバクテリオファージを用いた純粋な遺伝学実験から同じ問いに答えていた．彼らの実験を簡単に要約すると，1塩基対または2塩基対の挿入または欠失をゲノム中につくると遺伝子の読み枠が変化するが，3塩基対の挿入または欠失の場合は野生型とほとんど一緒になるというものだった．

　遺伝暗号は1967年に完全に解読されたが，これにはNirenbergによるまた別の技術革新が重要だった．彼は，単一のトリヌクレオチドがリボソームに結合し，適切なtRNAを捕捉できることを発見した．このtRNAは超微細フィルターを通過しないため同定することができた．

　1968年のノーベル生理学・医学賞は遺伝暗号を解読したNirenberg, KhoranaとRobert Holleyに授与された．Holleyは最初のtRNAの配列を決定した（図7.4参照）．興味深いことに，この3人はいずれも初期の分子生物学を支配した"サークル"の中の人とはみなされていない．

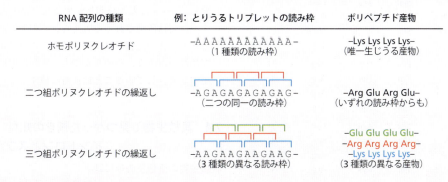

図1　遺伝暗号の性質　無細胞系において，タンパク質合成の鋳型として合成ポリヌクレオチドを使用することでコードがトリプレットであり，重複しておらず，かつ中断がないことを示した．またこの実験系により多くのコドンと特定のアミノ酸との対応も明らかになった．

しかし，どのコドンがどのアミノ酸に対応しているのだろうか．Marshall Nirenberg が単一の塩基から構成されるホモポリヌクレオチド，ポリ(U) からポリフェニルアラニンを合成したことで最初の手がかりが得られた．この知見は，繰返し配列の合成 RNA をメッセージとして用いた Gobind Khorana による実験から速やかに確認，拡張された（Box 7.2 参照）．各アミノ酸に対応する特異的コドンの解明は比較的単調な作業ではあったが，これにより翻訳過程の全貌が明らかになった．遺伝暗号は表 7.1 にまとめられており，現在ほとんどの生物に適用できることが知られている．一連の研究からいくつかの事柄が明らかになった．

- 64 コドンすべてが使用されているが，UGA, UAA, UAG の三つのコドンは通常**終止コドン**（stop codon）として使用され，リボソームに RNA メッセージの読取りの終了およびポリペプチドの放出を指示する．いくつかの生物では，これらの三つのコドンはアミノ酸をコー

表 7.2　例外的なコドン利用

コドン	一般的	例外的
CUU/C/G/A	Leu	酵母のミトコンドリアでは Thr
AGA, AGG	Arg	酵母と脊椎動物のミトコンドリアでは終止コドン
AUA	Ile	酵母，ショウジョウバエ，脊椎動物のミトコンドリアでは Met
CGG	Arg	いくつかの植物のミトコンドリアでは Trp
UGA	終止	マイコプラズマといくつかの植物のミトコンドリアでは Trp．いくつかの種ではセレノシステイン（Sel）
UAA	終止	いくつかの原生動物では Gln
UAG	終止	いくつかの原生動物では Gln．いくつかの細菌と古細菌ではピロリシン（Pyr）
CUG	Leu	*Candida albicans* では Ser

ドすることが知られている（**表 7.2**）．

- 翻訳**開始**シグナル（start signal）があり，これは常にメチオニンをコードする．しかし，すべてのメチオニンコドンが翻訳開始に関わるわけではない．開始メチオニンと内部メチオニンを区別する仕組みは第 16 章で述べられている．
- コードは**縮重**（degenerate）している．トリプトファンとメチオニンを除くすべてのアミノ酸は二つ以上のコドンをもつ．
- 縮重はおもにコドンの 3 番目の文字にみられる．言い換えると，多くの場合コドンの最初の 2 文字でアミノ酸が特定される．Francis Crick はこの説明として**ゆらぎ**（wobble）仮説を提案した．ゆらぎ仮説については，第 15 章で詳しく説明する．
- このコードは生物界でほぼ普遍的にみられる．例外的なコドン使用のコードは，独自の翻訳系をもつミトコンドリアやいくつかの原始的生物で知られている（表 7.2 参照）．コードに大きな変化が生じればほとんどの細胞タンパク質は破壊されると考えられるので，コードが数十億年の進化の過程でほぼ不変であることは驚くべきことではないだろう．そのなかでも，実際にはいくつかの変更が許容されていることは注目に値する．

表 7.1　標準的な遺伝暗号　以下のような特徴がみられる．(1) 暗号はユニークである．各生物において各コドンは特定の一つのアミノ酸のみに対応する．(2) 暗号は縮重している．すなわち，1 アミノ酸が複数のコドンにより指定される．たとえば，セリンは六つのコドンを，グリシンは四つのコドンをそれぞれもっている．(3) 多くの場合，最初の二つのヌクレオチドのみで一つのアミノ酸が特定される．たとえば，セリンは UC のみによって特定される．(4) 類似の配列をもつコドンは化学的性質の似たアミノ酸を特定する．セリンとトレオニンのコドンは最初の文字が異なる．アスパラギン酸とグルタミン酸のコドンは 3 文字目で異なる．この性質により，多くの変異はタンパク質の構造や機能に大きな影響を及ぼさない類似アミノ酸同士の変化にとどまるようになっている．(5) 三つの終止コドンがあり，これがポリペプチド鎖の終末端を規定する．開始コドン AUG は翻訳を始める最初のアミノ酸コードを規定する．

1 文字目 (5′)	2 文字目				3 文字目 (3′)
	U	C	A	G	
U	Phe	Ser	Tyr	Cys	U
	Phe	Ser	Tyr	Cys	C
	Leu	Ser	終止	終止	A
	Leu	Ser	終止	Trp	G
C	Leu	Pro	His	Arg	U
	Leu	Pro	His	Arg	C
	Leu	Pro	Gln	Arg	A
	Leu	Pro	Gln	Arg	G
A	Ile	Thr	Asn	Ser	U
	Ile	Thr	Asn	Ser	C
	Ile	Thr	Lys	Arg	A
	Met	Thr	Lys	Arg	G
G	Val	Ala	Asp	Gly	U
	Val	Ala	Asp	Gly	C
	Val	Ala	Glu	Gly	A
	Val	Ala	Glu	Gly	G

7.4　真核生物で見つかった驚きの知見：イントロンとスプライシング

真核生物の遺伝子の中には通常非コード配列が散在している

分子生物学の基礎は，細菌やウイルスに限っていえば 1967 年までに確立されたようであった．DNA からタンパク質への情報伝達における mRNA，tRNA，リボソームの

役割はもはや明らかだった．遺伝暗号は完全に完成しており，ウイルスや細菌においては普遍的であるようだった．RNA ポリメラーゼとよばれる酵素による DNA から mRNA への転写過程も明らかになった．

そこで多くの研究者は続いて，真核生物の分子生物学に注目するようになった．細菌やウイルスですでに知られていたことと同様の知見が明らかになると思われたが，実際には新しい驚きの連続だった．まず，真核生物は細菌のように一つの RNA ポリメラーゼではなく，それぞれ特殊化した三つの RNA ポリメラーゼをもつことがわかった（第 10 章参照）．いくつかの原始的真核生物とミトコンドリアでは遺伝暗号についての例外がみられた（表 7.2 参照）．さらに大きな発見が 1977 年に Phillip Sharp と Richard Roberts によってもたらされた．それは，真核細胞の細胞質にみられる mRNA は必ずしも核 DNA 中の遺伝子の完全なコピーではなく，核 DNA 中の遺伝子の一部は細胞質 mRNA 中に対応する配列が存在しないというものであった．これらの介在配列〔後に**イントロン**（intron）とよばれる〕はタンパク質配列のいずれの部分にも対応しておらず，タンパク質をコードする配列〔現在は**エキソン**（exon）とよばれる〕の間に位置していた．

イントロンはヒト呼吸器細胞に感染するウイルスであるアデノウイルスの遺伝子で最初に発見された．そのため当初は，イントロンはそれらのウイルスに特異的である可能性が疑われた．しかし，Pierre Chambon がニワトリの卵白アルブミン遺伝子に七つの介在配列と八つのエキソンが含まれていることを証明したことで，この可能性は完全に排除されることになった（図 7.7）．さらにイントロンの

全長は，細胞質へと運ばれタンパク質情報をコードするエキソンの全長よりもはるかに長かった．まもなく，他の真核生物の遺伝子もイントロンをもつことが判明し，現在ではイントロンのない真核生物の遺伝子はむしろ少数であることが明らかになっている．

イントロンが除去された mRNA をつくり出すためには，明らかに何か特別なことが真核細胞の核内で行われなければならない．その後，**スプライシング**（splicing）というエレガントな過程が発見された．各遺伝子では最初にイントロンも含めて完全に転写され，まず **mRNA 前駆体**（pre-mRNA）がつくられることがわかった．これを正確に切断し再びつないで，エキソン領域のみを含む転写産物がつくられる．5′末端および 3′末端のさらなる調節の後，成熟した mRNA は翻訳のために細胞質に送られる．この過程は第 14 章で詳しく説明する．

7.5 遺伝子についてのより広範で新しい視点

タンパク質コード遺伝子は複雑である

真核生物におけるタンパク質コード遺伝子の一般的な構造を図 7.8 に示す．mRNA 前駆体中のイントロンに加え，成熟 mRNA にもアミノ酸をコードしない領域が存在する．これらはコード配列に対する位置に応じてそれぞれ 5′または 3′**非翻訳領域**（**UTR**：untranslated region）とよばれ，翻訳の制御に関与している（第 17 章参照）．また，各遺伝子では転写が開始される場所が決まっているほか，RNA ポリメラーゼが結合する**プロモーター**（promoter）配列とよばれる領域も存在する．第 9 章および第 10 章で詳し

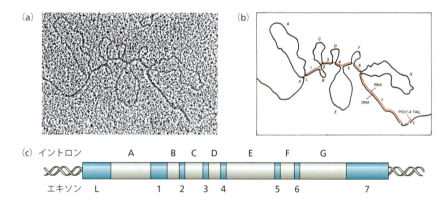

図 7.7 卵白アルブミン遺伝子とその mRNA にみるイントロンにより分割された遺伝子の構造 タンパク質の長さは 386 アミノ酸であり，1158 bp の遺伝子にコードされていると考えられるが，実際の遺伝子の長さは 7700 bp である．(a) 細胞質から精製した卵白アルブミンの mRNA を卵白アルブミン遺伝子にハイブリッド形成し，得られた産物を電子顕微鏡で調べることでこの違いを理解することができた．(b) 電子顕微鏡像の模式図．黒線は DNA を示し，イントロン（A～G）を含む完全な遺伝子である．イントロンは細胞質 mRNA には存在しない．赤で示したのは mRNA であり，5′リーダー領域（L）および七つのエキソン（1～7 と表示）をもつ．(c) 卵白アルブミン遺伝子を直線状に表した模式図であり，リーダー領域および 7 エキソンが青で示されている．A～G のイントロンを灰色で示す．[Chambon P [1981] *Sci Am* 244:60–71 より改変．Scientific American の許可を得て掲載]

図7.8 **タンパク質コード遺伝子の一般的構造** コード領域とよばれるポリペプチドの産生に直接関わる領域に加えて，通常は転写開始部位（TSS），およびコード領域の両側に非翻訳領域（UTR）とよばれるタンパク質生成の制御に関わる領域が存在する．この領域はmRNAには存在するがタンパク質には翻訳されない．真核生物の大部分のタンパク質コード遺伝子はイントロンをもつことに注意する（図7.7参照）．また，各遺伝子はプロモーターをもち，TSSの上流に位置してRNAポリメラーゼの結合部位となる．

く紹介するが，ポリメラーゼによるプロモーター領域の認識は，細菌の場合のように直接的なこともあれば，真核生物の場合のように基本転写因子を伴う仕組みを通じて間接的に起こることもある．タンパク質コード遺伝子にみられる他の領域として**エンハンサー**（enhancer）と**サイレンサー**（silencer）があげられる．これらは遺伝子発現制御に関与し，コード配列からかなり距離が離れていることもある．したがって遺伝子をタンパク質配列をコードする単なるひとつながりの塩基のひもとみなすことはできない．

全ゲノム配列の解読は遺伝子の概念を一変させた

全タンパク質のリストをプロテオームとよぶように，生物の全遺伝情報のことを**ゲノム**（genome）とよぶ（第3章参照）．現代の超高速配列決定技術により多数のゲノム，特にヒトゲノムの配列決定が可能になった．その結果，遺伝子という確立された概念が大きく変化することになった．過去10年間の新しい発見により，古い遺伝子の定義は完全に時代遅れのものとなった．

ヒトゲノムとその機能要素の分析に大きく貢献したのは**ENCODE**（Encyclopedia of DNA Elements）計画コンソーシアムであった．このコンソーシアムは米国立ヒトゲノム研究所の肝入りにより2003年に創設されたもので，ゲノム網羅的な実験手法とコンピューターによるデータ解析に関する幅広い専門知識をもつ大規模な国際的グループである．コンソーシアムは**機能的配列要素**（functional element of DNA）の操作上の定義として，"ある産物（タンパク質やncRNA）をコードするか，もしくは再現性のある生化学的特徴（タンパク質の結合や特異的クロマチン構造）を示す個別のゲノム断片"と設定した．ヒトゲノム上にマッピングされた機能的配列要素としては，RNAに転写されるすべての領域，タンパク質コード領域，転写因子結合部位，DNアーゼI高感受性やヒストン修飾などのクロマチンの特徴（第13章参照），およびDNAメチル化部位などがある．これらのデータはティア1およびティア2と命名された2組のヒト細胞株に由来している．ティア1細胞型は解析の優先順位が最も高く，二つの悪性細胞株と一つのES細胞株の計三つから成っていた．ティア2は二つの悪性細胞株と臍帯静脈内皮由来の正常型初代培養細胞を含んでいた．

ENCODE計画のさまざまな重要な発見は本書の他の部分で紹介されているので，ここではこれまでの遺伝子観を完全に書き変えたENCODE計画の概要を説明する．ENCODE計画では20 687個のタンパク質コード遺伝子が同定されたほか，さらにいくつかタンパク質コード遺伝子が存在することが明らかになった．ただし，これらタンパク質コード遺伝子は全ゲノムのうち3％未満を占めるにすぎなかった．この割合は予想されていたよりもはるかに小さい．特に，ENCODEデータはヒトゲノム全体の約80％が転写されていることを示しているため，DNAの主要な役割はタンパク質をコードすることである，という考えがもはや誤りであることが明らかになった．代わりに，ヒトゲノムの大部分は多くの種類のRNA分子に転写されており，それらの機能は今のところほとんどわかっていない．小さな200塩基未満のRNA分子の数は8801，長鎖ncRNA（lncRNA）の数は9640と推定されている．lncRNAはタンパク質コード遺伝子と同様の転写の仕組みと経路から生成されており，タンパク質コード遺伝子に特異的なRNAポリメラーゼが利用されている（RNAポリメラーゼII，第10章参照）．ENCODE計画は11 224個の**偽遺伝子**（pseudogene）も見いだした．これらはタンパク質として発現しないほぼ正確な遺伝子のコピーである．これまでの理解に反して，これらの偽遺伝子のうち意外にも863個（全体の約7％）が転写され，活性クロマチンの特徴をもっていることがわかった．

これらの新しい情報を踏まえると，もはや広く受け入れられうる遺伝子の定義は存在しないことがわかる．一つ明らかなことは，新しい遺伝子の定義には機能的RNA分子またはタンパク質分子の産生を指示する遺伝子の能力がなくてはならないということである．未解決の重要な問いとして，遺伝子の定義に制御領域であるプロモーター，エンハンサーなど（第12章参照）を含めるかどうかという点があげられる．問題は，これらの領域のほとんどがあまりはっきりと定義付けられておらず，単一の遺伝子と特定の制御領域との間に明確な1対1の対応があるわけではないことがある．言い換えれば，同じ制御領域が多数の遺伝子の転写を調節できるということである．逆もまた同様であ

7.5 遺伝子についてのより広範で新しい視点

り，ある遺伝子はしばしば互いに遠く離れた多数の領域によって調節されうる．

ENCODEの知見は分子生物学の歴史に新しい視点をもたらした．1953年以降にみられた創造的な論考のほとんどは，遺伝子がどのようにタンパク質配列の合成を制御するかという問題の解決に専念していた（図7.1参照）．しかしENCODEにより，これはゲノム機能のごく一部でしかないことがわかった．ただ，分子生物学が他の別の筋道で今ほどまでに，かつ急速に進歩できたかはわからない．

変異，偽遺伝子，選択的スプライシングなどが遺伝子の多様性を生み出している

多様化した細胞型や能力をもつ真核生物の進化には新規のタンパク質コード遺伝子や古い遺伝子の改変が必要だった．後に示すように（表7.3参照），ヒトのもつタンパク質コード遺伝子の数は酵母の約4倍である．多くの仕組みがこのような遺伝子数の増加に関わっている．変異は明らかにその一つだが，その役割は限られているだろう．とい

うのも，フレームシフト変異はほとんどの場合，機能しない遺伝子産物を生み出す．また，点変異そのものが遺伝子産物の機能や性質を変化させ，ときには進化的に選択されるようなこともあるだろう．しかし，点変異により遺伝子数が増加することはなく，単に類似した，あるいは同一の機能の別の遺伝子に置き換わるだけである．

効果的な進化の多くは遺伝子重複によりもたらされる．遺伝子が重複したり，ゲノム上で連続した遺伝子セットをもたらすような仕組みが知られている（第21章参照）．まず遺伝子重複は遺伝子のコピーが複数存在することでより多くのmRNAを産生するという意義が考えられる．ヒストン遺伝子の繰返し重複はDNA複製と同時に起こる膨大なヒストン合成に必要な可能性があり，この例に当てはまるかもしれない（図7.9a）．

一方，新しい遺伝子コピーは機能的なプロモーターもしくは翻訳制御をもたないために発現しない可能性があり，その場合は偽遺伝子となる（図7.10）．偽遺伝子は，プロセシングされたRNAが逆転写酵素により逆転写されるこ

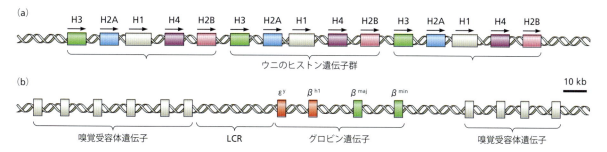

図7.9 多重遺伝子族は同一もしくは類似の遺伝子から構成される (a) ウニのヒストン遺伝子群．クロマチン構造の構成に関わる五つのヒストンをコードする遺伝子がクラスターをなし，クラスターは何個も連なっている．遺伝子の重複数は種によって異なる．(b) マウスのグロビン遺伝子の構成．各遺伝子は互いに少しずつ異なり，それぞれ少しずつ異なるグロビンタンパク質を生成することで結果として複数の種類の酸素含有型ヘモグロビン分子が生み出される．これらの遺伝子の発現は遺伝子座制御領域（LCR）がおもに制御し，胚および成体で発生段階により調節されている．

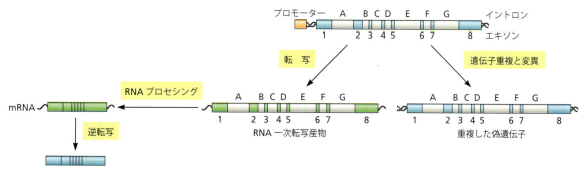

図7.10 偽遺伝子 偽遺伝子とは，機能遺伝子と非常に類似しているが遺伝子発現に必要な配列を欠くDNA配列である．重複した偽遺伝子は遺伝子重複の後に変異が生じることで生まれる．プロセシングされた偽遺伝子は逆転写と変異によって生まれる．すなわち，一次転写産物はまず成熟mRNAへとプロセシングされ，その後二本鎖DNAに逆転写される．

とによっても生じうる（第21章参照）．どちらの場合でも，変異は新しい遺伝子のDNA配列上に累積していくことになる．変異したDNA配列が発現することで，今までとは異なる機能を果たす可能性が生じる．その例としてβグロビン遺伝子があげられる（図7.9 b）．グロビン遺伝子が重複し分化することで生まれたヘモグロビンは，別の発生段階で最も効率的に機能することが知られている（図12.3参照）．

これに加えて近年，タンパク質の多様性のかなりの部分が**選択的スプライシング**（alternative splicing）によりもたらされていることがわかった．これは，エキソンが核内でスプライシングされて成熟mRNAが生成される過程で，一部のエキソンを省くかどうかで複数種の成熟mRNAが生まれるような制御である（図7.11）．選択的スプライシングにより，類似してはいるが機能的に異なる膨大な種類のタンパク質が生まれうる．選択的スプライシングの詳細については第14章を参照されたい．

7.6　全ゲノムの比較がもたらす新しい進化の視点

全ゲノム解読により複雑なゲノムの実体が明らかになった

超高速DNA配列決定技術の開発により，多くの生物の全ゲノム配列を決定できるようになっている．これらの配列の全体的な特徴の比較により進化に関する重要な示唆が得られる．最初に配列決定されたのはウイルスや細菌のゲノムである．1997年にYing Shaoらが大腸菌ゲノムを報告し，その後多くの細菌のゲノム配列が決定された．酵母のような比較的単純な真核生物のゲノム解読が続き，さらに2013年までに少なくとも130種の真菌，30種の昆虫，7種の線虫，21種の植物，および27種の哺乳類（ヒトを含む）のゲノムが解読されるに至っている（図7.12，表7.3）．ゲノムサイズの種間での違いは非常に大きく，ヒトゲノムは酵母ゲノムの200倍である．その一方，ほとんどの後生動物のもつタンパク質コード遺伝子の数は約20 000〜30 000と，おおむね同程度だった．

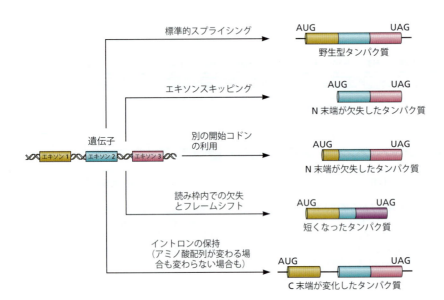

図7.11　**選択的スプライシングが起きるいくつかの過程**　三つのエキソンと二つのイントロンから成る遺伝子を想定する．各過程で別々のタンパク質が生まれることに注意．

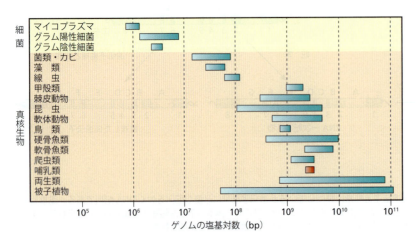

図7.12　**異なる種間でみられるゲノムサイズの多様性**　真核生物でみられる非常に大きなゲノムサイズの多様性に注意する．それに比べると哺乳類の中の多様性は比較的小さい（赤で示した）．2009年半ばの段階で解読されていた全ゲノム配列に基づけば，ウイルス，細菌，古細菌，真核生物の細胞小器官において遺伝子数はゲノムサイズと比例している．しかし，真核生物のゲノムでは遺伝子数とゲノムサイズとで明らかな相関はみられない．加えて，ゲノムサイズと生物の複雑さとの間にも相関はみられない．

7.6 全ゲノムの比較がもたらす新しい進化の視点

表7.3 全ゲノムが解読された生物種におけるゲノムサイズ，遺伝子数，染色体数

種	ゲノムサイズ（×百万 bp）	タンパク質コード遺伝子数	染色体数
λファージ	0.048	73	1[†1]
ヒト免疫不全ウイルス	0.009 75	9	2[†2]
インフルエンザ菌	1.83	1 743	1
枯草菌	4.22	4 422	1
大腸菌	4.6	4 288	1
パン酵母	13.5	5 882	16[†3]
分裂酵母	12.5	4 929	3[†3]
線虫	100	18 424	12
キイロショウジョウバエ	139	15 016	8
シロイヌナズナ	119	25 498	10
イネ	390	37 544	24
マウス	2 500	23 786	40
ヒト	3 200	20 687	46

†1 線状二本鎖 DNA 分子
†2 一本鎖 RNA 分子
†3 単数体

表7.3 を見ているといくつかの疑問がわいてくる．たとえばヒトゲノムには，線虫と同程度のタンパク質コード遺伝子がある．しかし，ヒトの DNA 総量は線虫の約30倍である．この，線虫には不要と思われる我々のもつ余分な DNA はどのような機能をもっているのだろうか．一つの可能性は，線虫よりはるかに複雑なヒトの発生とボディープランをプログラムするためには多くの情報が必要であり，この情報がタンパク質をコードしていない DNA 領域に書き込まれているというものである．この考えに基づけば，遺伝子の主要な機能はタンパク質をコードすることであるという見方は単純すぎることがわかる．この古いものの見方はいわば，工場内にある機械をそれぞれ記述すれば，工場全体の完全な働きがわかるといっているようなものである．だが実際には，各機械が工場の中でどのように配置され，互いに接続され，どのように協調的に制御されているかという情報が工場全体の働きを記述するのには不可欠なのである．

脊椎動物のタンパク質コード領域とタンパク質非コード領域の分布を調べることで，さまざまな特徴が明らかになる．図7.13 は，ヒトおよびマウスの三つの染色体の比較可能な領域がどのように分布しているかを示している（第2章参照）．まず，遺伝子の密度が染色体領域によって異なることがわかる．加えて，異なる染色体間でも遺伝子の密度には違いがみられる．たとえば，ヒトの Y 染色体は約60個の遺伝子しかもたず，これは各染色体の平均遺伝子数である約1000個に比べてはるかに少ない．Y 染色体はごく小さく，かつ遺伝子密度も平均よりはるかに低い染色体である．さらに，Y 染色体は細胞内に1コピーしか存在しないので，Y 染色体上に連鎖した遺伝子群は実質的に単数体である．Box 7.3 では Y 染色体上の遺伝子の構成と機能を紹介している．

真核生物では DNA 配列のタイプや機能がどのように分布しているのか

ここではヒトゲノムのデータを例にあげ，真核生物の DNA にみられる配列のタイプの概要を説明する．各配列要素を厳密に分類することは不可能であるため，図7.14 に示す値のいくつかは概算値と見なす必要がある．また，ENCODE 計画で得られた膨大なデータを体系化し理解する作業は，完遂には依然程遠いということを述べておきたい．

前述の通り，転写される遺伝子のエキソンによって定義されるタンパク質コード配列の部分は，全ゲノムのごく一部を占めるにすぎない．残りの部分の多くはジャンク **DNA**（junk DNA，がらくた DNA）と考えられていたこともあったが，今ではこの見方は正しくないことがわかっている．タンパク質の産生に関連するすべての配列をまとめてみると，その合計はゲノム全体の約40％と非常に大きくなる．これらの配列にはエキソンだけでなく，イントロン，プロモーター領域，エンハンサー，サイレンサー，偽遺伝子，タンパク質の産生において機能する RNA 遺伝子（tRNA, RNA, 調節 RNA など）も含まれる．なお，最後にあげた RNA 遺伝子というカテゴリーは，検出された RNA 転写産物の多くの機能がわかっていないこともあり，明確に定義づけられるものではない．（第10, 12, 13章参

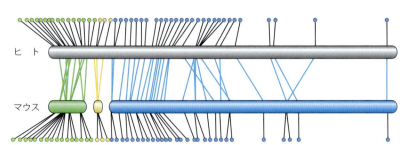

図7.13 ヒトとマウスの染色体の相同領域の比較 ヒト21番染色体を灰色，マウス16番，17番，10番染色体の一部をそれぞれ青，オレンジ，緑で示した．タンパク質コード遺伝子を点で示し，対応するマウス染色体領域によって色分けしている．相同染色体同士は線で結んでいる．遺伝子の分布は不均一であるが，その並び順はおおむね保存されていることに注意．[Hattori M, Fujiyama A, Taylor TD et al. [2000] Nature 405:311-319 より改変. Macmillan Publishers Ltd. の許可を得て掲載]

Box 7.3　より詳しい説明：ヒトY染色体とSRY遺伝子

本文で説明されているように，ヒトY染色体は遺伝子の乏しい染色体の最も極端な例であり，すべての染色体の中で遺伝子密度が最も低い．Y染色体は急速に進化しており，雄性の性決定因子をコードしている領域では特に顕著である．雄個体の細胞ではY染色体上にのみ存在する遺伝子は実質的に単数体である．Y染色体上の遺伝子は図1に記されている．このなかで最も研究された遺伝子は*SRY*遺伝子（*SRY* gene）であり，雄の解剖学的性別の決定に関与することが知られている．そのタンパク質産物を図2に示した．

発見以来，性決定における*SRY*遺伝子の重要性は広く示されている．たとえば，

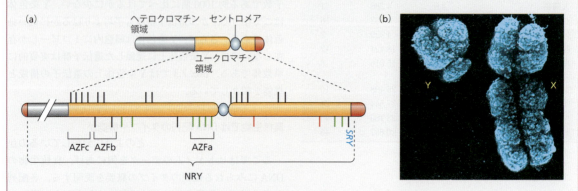

図1　ヒトY染色体の構造　(a) Y染色体の非組換え領域（NRY）のうち，オレンジ色の部分は発現するユークロマチンを，灰色の部分はヘテロクロマチン領域を，薄灰色の丸い部分はセントロメアをそれぞれ示す．赤の領域はX染色体と組換わることができる偽常染色体領域を示す．この偽常染色体領域はX染色体とY染色体が長い相同領域を共有していた時代の進化的な名残りであると考えられていることに留意する．わかりやすくするために偽常染色体領域の遺伝子は省いている．縦棒は遺伝子を示す．染色体の下側に示した遺伝子はX染色体上に活性のある相同遺伝子をもつが，上側に示した遺伝子はもたない．緑の縦棒で示したのは広い部位で発現するハウスキーピング遺伝子である．黒の縦棒で示した遺伝子は精巣でのみ発現している．赤の縦棒で示した二つの遺伝子は性決定にはあまり関係ない組織（歯芽および脳）でのみ発現している．*SRY*遺伝子を除いて，すべての精巣特異的Y遺伝子は重複している．*SRY*はHMGボックスDNA結合タンパク質である転写因子をコードし，イントロンをもたない．複数コピーをもつ遺伝子のうちいくつかは密集したクラスターを形成し，その部位はこのマップの解像度では区別できない．図には不妊の男性でしばしば欠失している領域である無精子症候群因子領域（AZFa，AZFb，AZFc）も示されている．ヒト男性の約1%でみられるこの不妊症患者においては，精子が精液中に測定可能なレベルでは存在しない．[Lahn BT, Pearson NM & Jegalian K [2001] *Nat Rev Genet* 2:207–216 より改変．Macmillan Publishers, Ltd. の許可を得て掲載］(b) 二つのヒト性染色体の形態および大きさを示す顕微鏡像．[Indigo Instruments のご厚意による］

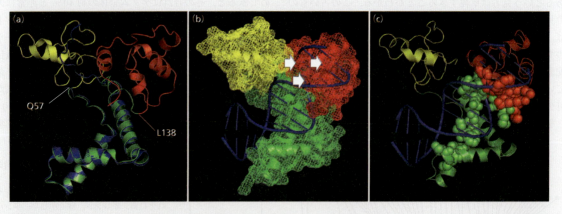

図2　コンピューターにより予測されたDNAに結合しているSRYタンパク質全体の構造　(a) SRYタンパク質のコンピューターモデルとHMGボックスの代表的な構造（青で示した）は，Gln57とLeu138の部位をアラインメント部位として構造的に連結している．SRY領域の色は以下のとおりである．N末端：黄，HMGボックス：緑，C末端：赤．(b) SRY-DNA複合体モデルにおいて，DNAはSRYのC末端部のアミノ酸残基を通る（白い矢印で示した）．HMGボックスの結合部では折れ曲がりがみられるが，これはHMGボックスの一般的特徴である．(c) DNA結合部の空洞はHMGボックス領域（緑色で示した）とSRYのC末端部（赤球で示した）により形成される．［(a)～(c) Sánchez-Moreno I, Coral-Vázquez R, Méndez JP & Canto P [2008] *Mol Hum Reprod* 14:325–330. Oxford University Press の許可を得て掲載］

- 1個のY染色体と複数のX染色体（XXY, XXXYなど）をもつヒト個体は通常は男性である．
- 雄の表現型をもちながらXX（雌性の核型）をもつ個体が観察された．これらの男性は，一方または両方のX染色体に転座した*SRY*遺伝子をもっている．しかし，これらの男性は不妊である．
- 同様に，XXYまたはXYという核型の女性がいる．これらの女性はY染色体に*SRY*遺伝子をもたないか，または*SRY*遺伝子は存在するものの欠損または変異している．後者はスワイヤ症候群として知られている．

*SRY*とオリンピック

1992年と1996年に開催されたオリンピックにおいて，*SRY*遺伝子は性別検査の手段として利用された．*SRY*遺伝子をもつ選手は女性としての競技参加が認められなかったが，1996年の夏季オリンピックにおいて*SRY*遺伝子が検出された例は実際にはみな偽陽性であることが判明し，失格にはならなかった．1990年代後半には，米国の多くの専門家たちが*SRY*に基づく方法は不確実で非効率的であると主張し，性別検査の廃止を求めた．性別検査は2000年の夏季オリンピックで廃止された．

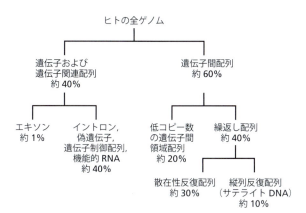

図7.14　ヒトゲノムにおいて推定されるDNAの機能の分布　タンパク質をコードするDNA領域の割合はごく小さいことに注意．コピー数の少ない遺伝子間配列の機能はよくわかっていない．散在性反復配列のほとんどはトランスポゾンである．サテライトDNAはさらにミニサテライトとマイクロサテライトに分類される．

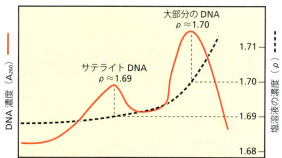

図7.15　サテライトDNAの密度勾配による分離　密度勾配は塩化セシウムのような高密度塩の沈降−拡散平衡により超遠心分離機の遠沈管内で形成される．DNAはその密度が溶液密度と一致する位置で安定してバンドを形成する．この場合，ATを多く含むサテライトDNAはそれ以外のDNAよりも低い密度の位置でバンドを形成する．

照）．ゲノムの残りの60％の配列の性質はある程度調べられてはいるが，その機能は明確ではない．この60％のうちのかなりの部分はゲノム全体に散在するトランスポゾンで構成されている（第21章参照）．全DNAの約10％は短い縦列反復配列であり，**サテライトDNA**（satellite DNA）ともよばれる．サテライトDNAはさらに，10〜15 bpの配列が最大1000回程度繰返すミニサテライト，2〜6 bpの配列が最大100回程度繰返すマイクロサテライトに分類される．

サテライトDNAという名前は以下に述べるような実験結果に由来している．密度勾配平衡遠心分離法を行うと，サテライトDNAは大部分のDNAから分離されたサテライトバンドとして識別できる（図7.15）．反復配列を切断しない制限酵素を用いてDNA全体を切断する場合，繰返しを含む断片は他の大部分のDNAとは大きく異なる塩基組成をもつと考えられる（たとえば（AT）$_n$リピートを考えてみよ）．DNAの密度は塩基組成に依存するため，このDNAは他の大部分とは別のバンドとして現れる（図7.15参照）．マイクロサテライトの分析は法医学で広く使用されている（Box 7.4）．

重要な概念

- 1953年から1963年までの10年間で，分子生物学というまったく新しい分野の学問が登場した．この分野には分子遺伝学という新しい学問分野も含まれる．その発展過程の要約は以下のとおりである．
- DNAの相補的な二本鎖構造から，細胞分裂の過程でどのように遺伝情報が複製されるかが示唆された．
- セントラルドグマとはDNAの核酸配列からタンパク質のポリペプチド配列への一方向の情報の流れであり，この翻訳を可能にするコード（遺伝暗号）が存在するはずだという概念である．
- この情報の流れにおける中間体はmRNAであり，DNAの一本鎖をコピーしてタンパク質へと翻訳される．
- 翻訳が起こる分子機械はリボソームである．

Box 7.4　マイクロサテライトとDNA型鑑定

マイクロサテライトDNAのある性質を利用することでDNA試料から個人を特定できる．この手法をDNAフィンガープリント法とよぶ．マイクロサテライトの反復数はしばしば個人ごとに異なるが，これはDNA複製時の滑りにより起きると考えられている．反復数の変異が生じるのは，DNA複製に関わる分子は通常，反復配列をもつ鋳型上を連続的に動くことが難しいからである．マイクロサテライト領域は多くの場合ヘテロ接合であり，二倍体1個体のもつ2コピー間で反復数が異なることが多い．このような反復数の違いはゲル電気泳動により容易に検出可能である．図1にその仮想的な適用例を示した．

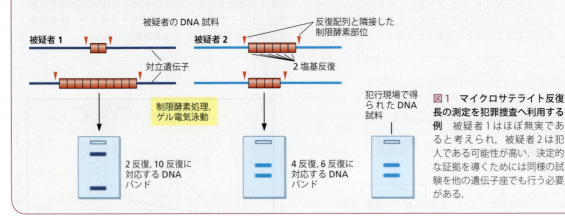

図1　マイクロサテライト反復長の測定を犯罪捜査へ利用する例　被疑者1はほぼ無実であると考えられ，被疑者2は犯人である可能性が高い．決定的な証拠を導くためには同様の試験を他の遺伝子座でも行う必要がある．

- アミノ酸をRNA上の特定のオリゴヌクレオチドコドン配列に対応させるためにtRNAとよばれるアダプター分子が必要となる．tRNAは活性化されたアミノ酸および対応するアンチコドンの両方をもつ．
- 各遺伝暗号は3文字から成る（トリプレット）．遺伝暗号には重複も切れ目もない．
- 64種類の可能な3文字のコドンがすべて使用されている．これは，遺伝暗号が縮重しており，それぞれのアミノ酸は1〜6種類のコドンにコードされていることを意味している．同じアミノ酸をコードするコドンの間の違いはほとんど場合コドンの3文字目にみられる．
- 翻訳の開始シグナルとしてAUGの1コドンが使用され，UGA, UAA, UAGの三つのコドンが一般に終止シグナルとして使用される．
- この遺伝暗号は微生物からヒトに至るまで普遍的であるが，ミトコンドリアなどいくつかの例外がある．
- 細菌のmRNAは対応する遺伝子の忠実なコピーだが，真核生物の遺伝子にはイントロンとよばれる介在配列が含まれている．遺伝子のメッセージの機能的部分，つまりコード領域（エキソン）のみをつなぎ合わせるために，イントロン配列はスプライシングにより取除かれる必要がある．
- 選択的スプライシングとよばれる過程により異なる種類のmRNAが生成され，結果としてタンパク質が再構成される．
- 進化の過程で生まれたタンパク質の多様性は，おもに遺伝子重複やその後の変異，選択的スプライシングによって生じたと考えられる．
- 生物の全遺伝情報はゲノムとよばれる．全タンパク質のセットがプロテオームとよばれるのと同様である．
- ゲノムサイズは真核生物の種間で大きな差があるが，プロテオームのサイズはそれほど変わらない．この理由は不明である．
- ヒトゲノムのうち実際にタンパク質に翻訳されるのはほんのわずかである．多くは機能的だがタンパク質をコードしないさまざまなRNAに転写される．また，ヒトゲノムのかなりの部分は数種類の反復DNAである．

参考文献

成　書

Judson HF (1996) The Eighth Day of Creation: Makers of the Revolution in Biology. Cold Spring Harbor Laboratory Press.〔『分子生物学の夜明け―生命の秘密に挑んだ人たち』野田春彦訳，東京化学同人 (1982)〕

Mount D (2004) Bioinformatics: Sequence and Genome Analysis, 2nd ed. Cold Spring Harbor Laboratory Press.〔『バイオインフォマティクス：ゲノム配列から機能解析へ』岡崎康司，坊農秀雄監訳，メディカル・サイエンス・インターナショナル (2005)〕

Ridley M (2006) Francis Crick: Discoverer of the Genetic Code. Harper Collins Publishers.〔『フランシス・クリック：遺伝暗号を発見した男』田村浩二訳，勁草書房 (2015)〕

Watson JD (1968) The Double Helix: A Personal Account of the Discovery of the Structure of DNA. Atheneum.〔『二重らせん：DNAの構造を発見した科学者の記録』江上不二夫，中村桂子訳，講談社 (2012)〕

総　説

Balakirev ES & Ayala FJ (2003) Pseudogenes: are they "junk" or functional DNA? *Annu Rev Genet* 37:123–151.

Breathnach R & Chambon P (1981) Organization and expression of eucaryotic split genes coding for proteins. *Annu Rev Biochem* 50:349–383.

Chambon P (1981) Split genes. *Sci Am* 244:60–71.

Crick FH (1958) On protein synthesis. *Symp Soc Exp Biol* 12:138–163.

Frazer KA (2012) Decoding the human genome. *Genome Res* 22:1599–1601.

Nirenberg M (1965) Protein synthesis and the RNA code. *Harvey Lect* 59:155–185.

Sharp PA (1994) Split genes and RNA splicing. *Cell* 77:805–815.

Yanofsky C (2007) Establishing the triplet nature of the genetic code. *Cell* 128:815–818.

実験に関する論文

Bailey JA, Gu Z, Clark RA et al. (2002) Recent segmental duplications in the human genome. *Science* 297:1003–1007.

Berget SM, Moore C & Sharp PA (1977) Spliced segments at the 5′ terminus of adenovirus 2 late mRNA. *Proc Natl Acad Sci USA* 74:3171–3175.

Chow LT, Gelinas RE, Broker TR & Roberts RJ (1977) An amazing sequence arrangement at the 5′ ends of adenovirus 2 messenger RNA. *Cell* 12:1–8.

Crick FHC, Barnett L, Brenner S & Watts-Tobin RJ (1961) General nature of the genetic code for proteins. *Nature* 192:1227–1232.

Dunham I, Kundaje A, Aldred SF et al. (2012) An integrated encyclopedia of DNA elements in the human genome. *Nature* 489:57–74.

Jeffreys AJ, Wilson V & Thein SL (1985) Individual-specific 'fingerprints' of human DNA. *Nature* 316:76–79.

Venter JC, Adams MD, Myers EW et al. (2001) The sequence of the human genome. *Science* 291:1304–1351.

Watson JD & Crick FHC (1953) Molecular structure of nucleic acids: a structure for deoxyribose nucleic acid. *Nature* 171:737–738.

Yanofsky C, Carlton BC, Guest JR et al. (1964) On the colinearity of gene structure and protein structure. *Proc Natl Acad Sci USA* 51:266–272.

8 遺伝物質の物理構造

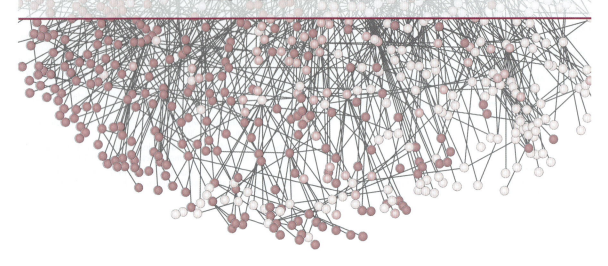

8.1 はじめに

すべての生物のゲノムは一つまたは複数の長いポリヌクレオチド鎖から成る．ウイルスの場合，ポリヌクレオチド鎖は一本鎖あるいは二本鎖，線状あるいは環状，そしてDNAあるいはRNAである．細菌は多くの場合，環状の二本鎖DNAをもつ．真核生物に複数ある染色体はそれぞれ1本の線状二本鎖DNA分子から形成されている．どの生物も，ゲノムのサイズと情報の複雑さにより二つの問題に直面する．一つめは，DNA分子の大きさはそれらが格納されるウイルスキャプシドあるいは細胞の大きさをはるかに超過しているという点である．DNAが伸びた状態で存在していると仮定すると，ヒトDNAの長さは1 mに及ぶ．ヒトの細胞の大きさが数μmであることを考えると，DNAが細胞内に収まるためには高度な凝縮が必要となることは明白である．

二つめは，いついかなるときも，ある細胞内の遺伝子はいっせいに転写されないという点である．ゲノムが単純なウイルスでさえも，宿主細胞への感染の過程では特異的にプログラムされた遺伝子発現パターンがみられる．この問題は，膨大な数とさまざまなタイプの細胞をもち，それぞれが特異的遺伝子発現パターンを必要とする高等生物あるいは後生動物ではさらに複雑になる．遺伝子発現の転換は空間的かつ時間的である．たとえば，細菌は環境変化に適応するために遺伝子発現を転換させなくてはならず，真核生物では胚から成体に至る発生の過程において遺伝子発現の驚くべき転換が起こる．

このようなDNAの凝縮と特異的な遺伝子制御という二つの問題が存在するが，すべての生物に共通して，こうした問題はゲノムに結合するタンパク質によって解決される（第6章参照）．本章では，遺伝物質の機能を調節するタンパク質-核酸複合体についての概要を紹介する．遺伝子の発現制御や複製に関する詳細については後の章で議論したい．ここでは，ウイルス，細菌，真核生物という順に複雑化する生物における細胞内へのゲノムの格納について述べ，後にふれるゲノム機能についての議論のための基礎知識を提供する（表8.1）．

表8.1 ゲノムの構造的特徴

生物区分（生物分類群）	ゲノムの形状	典型的ゲノムのサイズ（bp）	局在	構造タンパク質
ウイルス	dsDNA, dsRNA, ssDNA, ssRNA；線状または環状	$10^3 \sim 10^5$	ウイルスエンベロープ/キャプシド	キャプシド/エンベロープタンパク質
細菌	dsDNA；通常は環状	$10^6 \sim 10^7$	細胞質	HU，IHF，その他（表8.2参照）
古細菌	dsDNA；通常は環状	$10^5 \sim 10^6$	細胞質	ヒストン様タンパク質（ヒストンフォールドをもち，ハンドシェイクモチーフを介して相互作用する．本文参照）
真核生物	dsDNA；線状	$10^7 \sim 10^{11}$	核	ヒストンおよび非ヒストンタンパク質

8.2 ウイルスと細菌の染色体

ウイルス内部には最小のゲノムが格納されている

ウイルスは最小限の情報のゲノムをもつ必要がある．それらは細胞に侵入する粒子形成のための情報，ウイルスの核酸および必須タンパク質を複製するための情報，そして侵入した細胞から出るための情報である．多くの場合，これらに関するいくつかの情報は宿主細胞由来である．たとえば，大部分のウイルスはそのゲノムの複製に宿主由来のポリメラーゼを利用する．ウイルスのゲノムは多種多様であり，ウイルスのヌクレオチド鎖はDNAである場合もあるしRNAである場合もあるし，一本鎖の場合も二本鎖の場合もある．**キャプシド**（capsid）として知られるウイルスを覆うタンパク質で構成される殻はゲノムを格納するのに無駄のない小さなサイズであり，この小ささが宿主細胞への侵入，そして細胞からの脱出と次の細胞への感染を有利にする．ただしこうした過程はウイルスの種類によってさまざまであり，それぞれのウイルスは無駄のない最小限の装置をもっている．バクテリオファージ φ29 の例（図8.1）のように，あるウイルスは宿主細胞にウイルスDNAを注入できる構造をとる．こうしたウイルスの場合，ウイルスDNAはキャプシド内で高度にぐるぐる巻きにされていて，DNAを宿主細胞に注入する際のエネルギーはDNAの屈曲性と，DNAのもつリン酸基間の静電気的反発力から生み出されると考えられている．一方でこれは，DNAをキャプシド内に押込むには，ATP加水分解などのエネルギーが必要であることを意味している．

真核細胞を宿主とするようなウイルスは多くの場合，上で述べたものとはまったく異なる方法をとる．こうしたウイルスはエンベロープとよばれる外膜をもつが，エンベロープは宿主細胞の細胞膜と融合してウイルスゲノムを確実に宿主細胞内に送り込むのに必要となる．ウイルスゲノムを宿主ゲノムに組込むために必要なタンパク質あるいは他の分子は，ウイルスゲノムの誘導により宿主細胞内で合成される．ウイルスゲノムを適切なサイズに折りたたむ際には，ウイルス由来のエンベロープタンパク質が働き，ここでは陽イオン，あるいはDNAに結合してヌクレオチド鎖の電荷を打ち消すような低分子が必要となる．エンベロープをもつ代表的なウイルスであるヒト免疫不全ウイルス（HIV）のRNAゲノムの構成を図8.2に示す．インフルエンザや一般的な風邪の原因となる多くのRNAウイルスのゲノムも図8.2に示す．

細胞質中に存在する構造体としての細菌染色体

例外はあるが，多くの細菌は一つの大きな環状染色体をもち，複数個の小さな環状プラスミドが伴う．この大きな染色体は細胞質中で独立に存在しており，核と定義されるような構造体は存在しない．DNAは細胞質中でタンパク

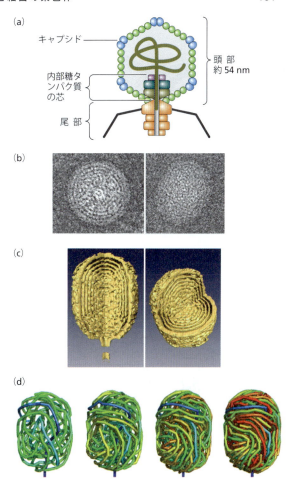

図 8.1　φ29 バクテリオファージ型ウイルス　(a) エンベロープをもたない頭部と尾部から成る構造．尾部に収縮性はなく，襟部と12本の尾繊維をもつ．線状二本鎖構造で約16〜20 kb以下のゲノムをもち，20〜30遺伝子がコードされている．[ViralZone, Swiss Institute of Bioinformatics より改変]　(b) 代表的な成熟 φ29 粒子のクライオ電子顕微鏡像（約50 000倍）．(c) 格納された全長 φ29 ゲノムの三次元再構成画像．中心部からキャプシド側へ向かうに従って整列された構造を示し，縦横の断面には六つの同心円上のDNAの層が観察される．(d) φ29 に格納されたDNAのモンテカルロシミュレーション．それぞれの像はゲノムの30%，50%，70%，100%が格納された状態を表している．青はキャプシド内に入り込み動きの制限されたDNA鎖を示し，赤は比較的自由なDNA鎖を示している．ここではキャプシドを表示していない．[(b)〜(d) Comolli LR, Spakowitz AJ, Siegerist CE et al. [2008] *Virology* 371:267–277. Elsevier の許可を得て掲載]

質と複合体を形成しており，これを**核様体**（nucleoid）とよぶ（図8.3）．核様体は細菌の内部に収まるように折りたたまれていなくてはならない．大腸菌の場合，細菌の直径はおよそ 2 μm なのに対して折りたたまれていない環状DNAの円周の長さは約 1.6 mm になり，DNAはおよそ1000倍に圧縮されなくてはならない計算となる．

8. 遺伝物質の物理構造

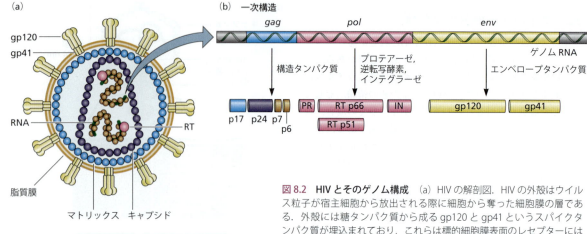

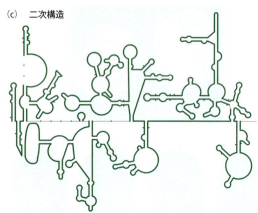

図 8.2　HIV とそのゲノム構成　(a) HIV の解剖図．HIV の外殻はウイルス粒子が宿主細胞から放出される際に細胞から奪った細胞膜の層である．外殻には糖タンパク質から成る gp120 と gp41 というスパイクタンパク質が埋込まれており，これらは標的細胞膜表面のレセプターにはまり込む．この膜の層はマトリックスと遺伝情報を格納しているキャプシド構造を覆っている．マトリックスタンパク質は内部表面を覆って，新しいウイルス粒子が細胞膜表面から出芽する際に役割を果たす．キャプシドタンパク質はウイルス RNA の周りを取囲んだ円錐状の形をしており，感染時には RNA を細胞内へ届ける働きをする．これらのタンパク質はそれぞれの遺伝子の一次構造を表した(b)に対応した色付けをしてある．逆転写酵素（RT），インテグラーゼ，プロテアーゼといったウイルス複製に必須な 3 種のタンパク質はウイルス RNA にコードされ，ウイルス粒子または成熟ウイルス内に存在している．HIV の複製に関しては第 20 章にその詳細が書かれている．(b) RNA 分子中の遺伝情報の配置．(c) ウイルス RNA の二次構造はきわめて複雑で，そのうえ三次元コイル状の形をしている．コイル状構造は非常に密で，電子顕微鏡で観察することは実質困難である．[Watts JM, Dang KK, Gorelick RJ et al. (2009) *Nature* 460:711–716 より改変．Macmillan Publishers, Ltd. の許可を得て掲載]

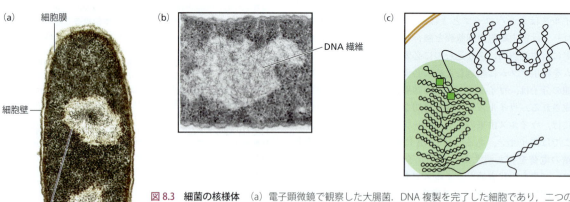

図 8.3　細菌の核様体　(a) 電子顕微鏡で観察した大腸菌．DNA 複製を完了した細胞であり，二つの核様体をもつ．[Menge B & Wurtz M. Photo Researchers, Inc. の許可を得て掲載] (b) 透過型電子顕微鏡像．大腸菌のオスミウム固定によってランダムな向きの DNA 繊維が観察される．[Eltsov M & Zuber B (2006) *J Struct Biol* 156:246.254. Elsevier の許可を得て掲載] (c) 大腸菌核様体中に存在する四つの特徴的なトポロジカル構造をもつ DNA マクロドメインの一つと，それに近接する非構造領域の模式図．環状染色体の一部の領域が細胞内で集中して存在し，マクロドメインを形成している．マクロドメインとその他の領域は構造をつくらない DNA 領域を挟んで分けられている．こうした非構造領域はそれぞれのドメイン同士が衝突することを阻止していると考えられる．マクロドメイン内では緑の四角で示した特異的タンパク質がドメイン内で相互作用することでドメインを凝縮させるように働いている．[Boccard F, Esnault E & Valens M (2005) *Mol Microbiol* 57:9–16 より改変．John Wiley & Sons, Inc. の許可を得て掲載]

DNA凝縮に寄与するおもな要因はDNAの超らせん化である．細菌DNAは負の超らせんを形成している．超らせん密度は約 −0.06 であり，これはゲノムサイズが 4.6×10^6 bp，つまりDNA二重らせんが10塩基で1回転することから 4.6×10^5 回転とすると，超らせんのねじれは 3×10^4 回転であることを意味するこれは，*in vitro* では高度に分岐し絡み合ったDNAのねじれとして観察されることがある（第4章参照）．これが *in vivo* での本当の状態であるかどうかは不明である．超らせんは複数の要因によって生じ，維持される．これらの要因には核様体の構成要素である構造タンパク質のDNAへの結合や，転写や複製といったプロセス（第9章参照），トポロジカルに拘束されたDNA分子に負の超らせんを導入するトポイソメラーゼであるジャイレース（第4章参照）の働きなどが含まれる．他のトポイソメラーゼは超らせんストレスの調節に関与している．

DNA屈曲タンパク質やDNA架橋タンパク質が細菌DNAの詰込みを助けている

細菌核様体に結合するタンパク質の一部を表8.2に示している．これらの中でもDNAを折り曲げる**HUタンパク質**（heat unstable protein, 熱不安定性タンパク質）や**組込み宿主因子**（**IHF**；integration host factor）などは非常によく研究されている因子で，合成後ほとんど修飾を受けず，ヘテロ二量体として機能する．HUとIHFはよく似た構造をしており，DNAの副溝に結合してDNAを鋭角に

表8.2 大腸菌核様体のおもな構造タンパク質　[Johnson RC, Johnson LM, Schmidt JW & Gardner JF [2005]. In The Bacterial Chromosome [Higgins PN ed.], pp 65-132 より改変．ASM Press の許可を得て掲載]

略語	タンパク質名	構造	結合部位の性質[†]	結合部位の大きさ(bp)	結合したDNAの割合（%）	
					指数増殖期	定常期
HU	熱不安定性タンパク質	ホモ二量体	K, NS	36	8	6
IHF	組込み宿主因子	ヘテロ二量体	K, NS, S	36	4	23
H-NS	ヒストン様核様体構造タンパク質	二量体，多量体	C, NS	10〜15	1	1
SMC	染色体構造維持タンパク質	二量体，多量体（ロゼット様）	NS			
StpA	StpA	二量体，多量体	C, NS	10	1	1
Fis	倒置型転写活性化因子	ホモ二量体	C, NS, 一部はS	21〜27	6	<1
Dps	飢餓応答DNA保護タンパク質	十二量体	NS	90?	<1	30

[†] K：よじれ状．C：曲線状，NS：非特異的結合，S：特異的結合

(a)
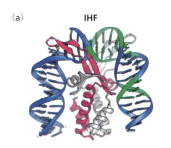
IHF ヘテロ二量体
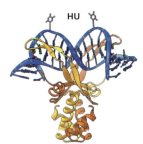
HU ホモ二量体

(b)
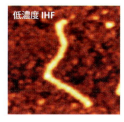
低濃度 IHF
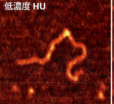
低濃度 HU
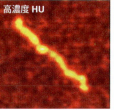
高濃度 HU

(c)
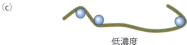
低濃度

高濃度

図8.4　DNA屈曲タンパク質IHF，HUとDNAとの相互作用　(a) タンパク質-DNA複合体の共結晶構造．IHFがλファージ由来のH'領域に結合している（図6.5参照）．[Swinger KK, Lemberg KM, Zhang Y & Rice PA [2003] *EMBO J* 22: 3749–3760. John Wiley & Sons, Inc. の許可を得て掲載]　(b) タンパク質-DNA複合体のAFM像．[Luijsterburg MS, Noom MC, Wuite GJL & Dame RT [2006] *J Struct Biol* 156: 262–272. Elsevier の許可を得て掲載]　(c) それぞれのタンパク質の低濃度条件下でのタンパク質の結合状態を青い球で示す．HUタンパク質は高濃度条件下では右に示されているような硬い繊維状をした構造をとる．IHFもまた高濃度では同様の構造をとるとされている．

折り曲げることができる（第6章参照）．最近の研究から，高濃度のHUとIHFはDNAにらせん状の棒様構造を生じさせることがわかっている．X線解析および原子間力顕微鏡（AFM）で得られた画像を図8.4に示す．

HUとIHFはともにDNAに非特異的に結合するが，超らせん構造をとったDNAに特によく結合する．IHFはまた，特異的DNA配列にも結合するという性質をもち合わせている．こうしたタンパク質はゲノムすべてに影響を与えているわけではないが（表8.2参照），ゲノム構造を調節する役割を果たしていると考えてよいだろう．ただしこれらのタンパク質によって生み出される構造は不安定で，真核生物のゲノムのように安定した高次構造をつくり上げることはできない．しかし，転写，複製，組換え，転移といったプロセスを絶えず繰返している細菌ゲノムにとってはそれくらいの緩さが適している．細菌ゲノムのこうした高い活動レベルは真核生物がもつような安定な構造体では妨げられてしまう可能性があるからである．

H-NSタンパク質（histone-like nucleoid structuring protein，ヒストン様核様体構造タンパク質）と**SMCタンパク質**（structural maintenance of chromosome protein，染色体構造維持タンパク質）はDNAを架橋する．DNA凝縮におけるこれらのタンパク質の作用を図8.5に示す．その他の核様体タンパク質はおもに機能面で重要である．例として**Fis**（factor for inversion stimulation，倒置型転写活性化因子）は，高等生物において転写制御因子が遺伝子プロモーターの上流に結合してRNAポリメラーゼのC末端領域と相互作用することで転写を活性化し転写アクチベーターとして働く．さらにFisはDNAを折り曲げ，DNAを凝縮させる働きももっている（図8.6）．**Dpsタンパク質**（DNA protection during starvation protein，飢餓応答DNA保護タンパク質）は特殊なタンパク質で，細菌が飢餓状態となり静止期に入ったときに細胞内に蓄積する．こうした

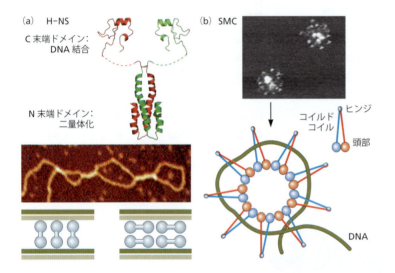

図8.5　DNA架橋タンパク質H-NS, SMCとDNAとの相互作用　(a) H-NSタンパク質．上：タンパク質二量体の構造．中：H-NSの二重架橋によって形成されたDNAループのAFM像．下：H-NSのDNA結合を表す二つのモデル．［上：Luijsterburg MS, Noom MC, Wuite GJL & Dame RT [2006] *J Struct Biol* 156:262–272 より改変．Elsevierの許可を得て掲載］(b) SMCタンパク質．上：ロゼット様（放射状配置）形状をした溶液中でのSMCタンパク質のAFM像．下：SMCタンパク質二量体によるロゼット様構造形成のモデル．SMCタンパク質の頭部が構造の中心部を形作り，腕部は外側へと伸びている．SMCの腕部がDNAループをつかんでいると考えられる．［Mascarenhas J, Volkov AV, Rinn C et al. [2005] *BMC Cell Biol* 6:28 より改変．BioMed Centralの許可を得て掲載］

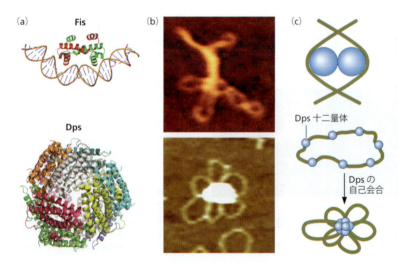

図8.6　核様体随伴タンパク質Fis, DpsとDNAとの相互作用　(a) Fis-DNA複合体およびDpsタンパク質の巨大十二量体の結晶構造．［上：Luijsterburg MS, Noom MC, Wuite GJL & Dame RT [2006] *J Struct Biol* 156:262–272. Elsevierの許可を得て掲載．下：Andrea Ilari, University of Romeのご厚意による］(b) in vitroで生じたタンパク質-DNA複合体のAFM像．［上：Luijsterburg MS, Noom MC, Wuite GJL & Dame RT [2006] *J Struct Biol* 156:262–272. Elsevierの許可を得て掲載．下：Ceci P, Cellai S, Falvo E et al. [2004] *Nucleic Acids Res* 32:5935–5944. Oxford University Pressの許可を得て掲載］(c) 一般的に認知されているAFM像にみられる構造を形成するための結合状態のモデル．

環境で，Dps は DNA とともに広範で規則的な液晶構造を形成し，DNA を保護する．*in vitro* では Dps は自己凝集することで DNA を凝縮させることがわかっている（図 8.6 参照）．全体的にみると，細菌の核様体はきわめて流動的かつ動的で，細菌の活発な代謝によく合った構造をとっている．

8.3 真核生物のクロマチン

真核生物のクロマチンは核内で高度に詰込まれた DNA-タンパク質複合体である

細菌もしくは古細菌から真核生物への進化の飛躍において，ゲノム構造に大きな改変が起こった．より複雑化した高等生物の生活様式は遺伝物質を核内に隔離することを必要とし，そして転写や複製などのプロセスをより複雑に制御することを要求した．

真核生物の染色体はそれぞれの DNA とタンパク質が凝縮した複合体である．細胞周期の中で，真核生物の染色体は DNA 複製，DNA 凝縮，有糸分裂，脱凝縮といった一連の生化学反応と大規模な構造変化を起こす（図 8.7，第 20 章参照）．本章では，遺伝子発現と DNA 複製が行われる間期クロマチン構造について述べる．

ヌクレオソームは真核生物クロマチンの基本的な繰返し単位である

間期における真核生物の核内では，核酸は塩基性タンパク質にしっかりと絡められた構造をとっていることが古くからわかっており，現在この構造体はクロマチンとよばれている．1869 年にはすでに，生化学者であった Friedrich Miescher がこの構造体をヒト細胞から抽出し，その一般的性質を示した（Box 8.1）．しかしこの時点では核酸の真の性質を突き止めるには至らず，普遍的な遺伝学的重要性が解明されたのは 1950 年頃のことであった．これと同様に，主要な DNA 結合タンパク質であるヒストン（histone）もまた早い段階から認知されていたが（Box 8.1 参照），その性質の理解が進んだのは生化学が発達した 20 世紀中頃のことであった．その後，ヒストンは大きく五つのクラスに分けられ，そのうち四つがクロマチンに化学量論的に等量存在していることが明らかにされた（表 8.3）．すべてのクラスのヒストンは小さなタンパク質で，リシンとアルギニンに富んだ強塩基性を示す．現在では，ヒストンタンパク質には一つの生物でも多数のバリアント（変種）が存在していることがわかっている．これらのヒストンタンパク質のうち，四つが *in vitro* で特異的なヘテロ結合性を示した．H3 と H4 は $(H3-H4)_2$ 四量体を形成し，H2A と H2B はヘテロ二量体を形成する．まもなくして，これらのヒストンは普遍的に酵母からヒトに至るまでほぼすべての真核生物種に DNA とほぼ同質量存在することが判明し，ヒストンはクロマチンの構造的役割を担っていることが示唆された．

クロマチンが DNA とヒストンの複合体であることは 1970 年頃の標準的な理解であったが，どのようにしてヒストンと DNA が共存しているのかについては当時はまだ解明されておらず，DNA は超らせん状に巻かれていて，

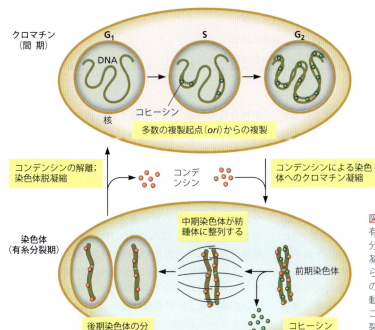

図 8.7 **クロマチン凝縮と脱凝縮の動態**
有糸分裂期の開始時にクロマチンは有糸分裂期染色体へと凝縮され，終了時に脱凝縮される．図は細胞周期に沿ったこれらの変化が起こる時期と，こうした変化の中でのコヒーシンとコンデンシンの挙動を示している．S 期，姉妹染色分体はコヒーシンで束ねられる．核膜は有糸分裂期に崩壊することに留意してほしい．前期染色体の詳細な構造は不明である．

8. 遺伝物質の物理構造

> **Box 8.1　クロマチンの発見**
>
> 生物学の歴史のなかで，我々が現在クロマチンとよんでいるタンパク質-DNA複合体は生物学の歴史のかなり早い時期に発見され，部分的理解がなされていた．1870年頃，ドイツの生物学者である Friedrich Miescher は病院患者の包帯に付着していた膿の細胞から核を単離した．実験に膿の細胞を選択するというのは奇妙に思えたが，これは実際には非常に賢い選択であった．なぜなら，高等生物由来の細胞は硬い組織に存在することが多く，当時の手法ではDNAの切断や核の破壊を避けて核を抽出してくることは難しかったが，Miescherの選択した膿の細胞はこの問題を解決することができたからである．Miescher が抽出した物質はリンとタンパク質に富んでおり，彼はこれをヌクレインとよんだ．これはおそらく，DNAの豊富な粗雑なクロマチン調製物であった．1884年，テュービンゲンの研究室に所属していた Albrecht Kossel は，ガチョウの赤血球の核で酸抽出処理を行った．この抽出によって，Kossel がヒストンと名付けた塩基性タンパク質を主とする混合物が得られた．この頃には核にはリンに富んだ酸性物質と塩基性タンパク質の複合体が含まれていることが判明した．Otto Hertwig は1885年にこの複合体が遺伝形質を伝達することを示唆し，分子生物学は大きく飛躍するかに思われた．
>
> しかし，残念なことに科学の進歩はしばしば迷走することがあり，Hertwig の発見が一般的に認められるまでに70年もの時間を要してしまった．分子生物学の発展に遅れが生じた理由の一つとしては，この時代の生化学技術があまり発展していなかったため，必要とされる十分な実験を行えなかったことがある．また，1900年代まではDNAは単純で規則的な構造をした低分子であると誤認されていたことも問題の一つであった．加えて，この頃タンパク質の複雑さが認識されるようになり，タンパク質のみが遺伝子の実体として働いていると広く認識されてしまったことも状況を難しくした．1950年代になり，ワトソン・クリックモデルが提唱されることでようやくDNAの真の役割が明らかになった．ヒストンの単離と特徴付けによってクロマチンの真の化学的性質が理解されていたものの，正しい構造モデルが提唱されるまでにさらに20年もの歳月がかかることとなったのである．

表 8.3　ヒストン：おもな五つの分類　H1ヒストンとしても知られるリンカーヒストンはヒストンファミリーの一つであり，ヌクレオソーム粒子の間のリンカーDNAに結合する．コアヒストンはそれらのヌクレオソームコア粒子形成における構造的役割にちなんでその名が付けられた．各ヒストンはその大きさ，アミノ酸組成，そしてアミノ酸配列において生物種ごとに多少の差異がある．表中に示されているのはウシヒストンの情報である．なお，ヒストンは進化の過程で最もよく保存されているタンパク質である．

ヒストン	NCBI 遺伝子ID	アミノ酸数	Lys, Arg の数	機能
H1[†]	3005	194	56, 6	リンカーDNAへの結合
H2A	92815	130	13, 13	ヌクレオソームのタンパク質コアであり，2分子がヒストン八量体の形成に関わる
H2B	8349	126	20, 8	H2A に同じ
H3	8350	136	13, 18	H2A に同じ
H4	121504	103	11, 14	H2A に同じ

[†] ヒストン H1 ファミリーのメンバー

ヒストンはワイヤーの絶縁体のようにそれを覆っていると考えられていた．しかしこの頃，多くの研究室がそれぞれ違う方法を用いて，こうした考え方とは根本的に異なるモデルを提唱した（Box 8.2）．そのモデルとは DNA が周期的にヒストンに巻き付いているというものだった．これが，我々が現在**ヌクレオソーム**（nucleosome），より正確には**ヌクレオソームコア粒子**（nucleosome core particle）とよんでいるものである．この発見の鍵となったのは，DNAをヌクレアーゼ処理した際に約200 bpの長さのDNA断片を生じるという実験結果であった．さらに消化するとコア粒子のみを調製できる．それぞれのコア粒子は，1個の $(H3-H4)_2$ 四量体と2個のH2A-H2B二量体から成るヒストン八量体でできている．今では147 bpのDNAはコア粒子に左回りで1.67回転巻き付いていることが知られている．高分解能X線回折によって得られるコア粒子の構造を図8.8に示す．

ヌクレオソームコアを形成するヒストン八量体の構造は特異的なヘテロ会合をするというヒストンの性質を反映している．このように，$(H3-H4)_2$ 四量体は粒子構造の基礎をつくり，二つのH2A-H2B二量体がそれを挟んでいる．全体としては二重の対称構造である．対称軸はダイアド（2回対称軸）とよばれ，$(H3-H4)_2$ 四量体中のH3-H4二量体の間を通る（図8.9）．DNAはそのリン酸基を介してヒストンと相互作用するようだが，この相互作用はヌクレオソーム中で均一なものではない．最も強いDNA-ヒストンの結合は2回対称軸付近のH3-H4四量体辺りで，ヌクレオソームDNAの両末端からおよそ73 bpの距離にある部分である．弱い結合領域は両末端からおよそ40 bpの

Box 8.2　クロマチンのヌクレオソーム構造の発見

　科学におけるある種の重要な前進は個人の科学者の才能によってもたらされるものではなく，多くの科学者の発見が蓄積されてなされるものである．たとえば，数年にわたるクロマチンのヌクレオソームモデルの進展もその一つである．この進展は，1970年頃多くの研究者たちが当時の電子顕微鏡やX線散乱の研究結果から得られていた均一な超らせんモデルに疑問を抱き始めたことから始まった．X線散乱はいろいろな方法で解釈することができ，電子顕微鏡を使った解析では，ある科学者が"まるでスパゲッティ工場の爆発のようだ"と表現した凝縮されたクロマチン繊維が発見された．

　部分的な前進が二つのグループによってもたらされた．一つはマサチューセッツ大学のChris Woodcockらのグループ，もう一つはオークリッジ国立研究所のAda OlinsとDon Olinsで，電子顕微鏡用の試料調製のために新しい伸展技術を使い始めたことがきっかけであった．二つのグループは独立に既存のモデルが適用されない特有の数珠状構造を発見し，その成果は1973年11月に開催された細胞生物学のミーティングにおいて両方のグループから発表された．Olinsらの研究はそれから数カ月後に論文になったが，Woodcockらの仕事はレビューアーによって却下されてしまった．一方で，上の成果，あるいはもう一方の進展をほとんど知らない他の研究者は別の手がかりを追求していた．オーストラリアではDean HewishとLeigh Burgoyneがクロマチンを *in situ*（その場）で温和な条件でヌクレアーゼ消化を行い，200 bp以下の特有の繰返しパターンが生じることを発見した．また，本書執筆者の1人でもあるKensal van Holdeの研究室では，ヌクレアーゼ消化と分析用超遠心分離による解析によって100 bpを超えるDNAと，そのほぼ同質量のヒストンを含むコンパクトなクロマチン粒子を明らかにした．

　その一方でケンブリッジのMRC研究所のRoger KornbergとJean Thomasは架橋法を用いてヒストン間の相互作用を解析し，(H3-H4)$_2$四量体の存在を実証した．Kornbergは1974年にHewish-Burgoyneの結果とクロマチン中のヒストンの化学量論性の知見をもとに，200 bp以下の伸展したDNA分子がヒストン八量体に結合した粒子を形成するというクロマチン構造の仮説を立て，この構造は後にヌクレオソームとよばれるようになった．このモデルはある程度補正すると上記のすべてのデータに当てはまり，クロマチン研究の新たなパラダイムを提起した．

　この粒子構造のさらなる解明はすぐに成し遂げられた．電子顕微鏡観察によって，個々のコア粒子は100 Å以下の直径をもつほぼ球状の構造をしていることが明らかになった．各粒子は約400 Åの長さのDNAを含まなければならないことからDNAがコイル状の構造をとらなければならないことが判明し，ケンブリッジ大学のMarcus NollはDNアーゼI消化実験によってこの粒子の外側にDNAがコイル状に巻かれる構造を示した．また，低角散乱法によってタンパク質でできたコアの外側にDNAが存在する確実な証拠が得られた．日頃は独立して研究を行っている多くの研究者たち全員の手によって，数年の歳月をかけて新しく理路整然としたクロマチン構造の絵図が描かれたのである．

　X線回折によるヌクレオソームの結晶解析がコア粒子を証明する最終的な決め手となった．この研究の先駆者であるケンブリッジ大学のAaron Klugは1977年に最初の25 Åの低分解能の結晶構造解析を発表し，その成果もあり1982年にノーベル化学賞を受賞した．それ以来，図8.8に示されている現在の見事な画像が得られるまで，複数の研究室によって次々に結晶構造解析の研究が進められ，構造が精密化がされてきたのである．

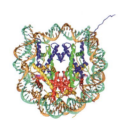 

図8.8　ヌクレオソームコアの2.8 Å分解能での結晶構造　2回対称軸を中心にした二つの視点から見たヌクレオソームコア構造．H3は青，H4は緑，H2Aは黄，H2Bは赤で示してある．構造の高分解能像を得る難しさのおもな理由は優れた結晶を手に入れることであった．核から単離されたヌクレオソーム粒子本来の不均一性をなくすために，翻訳後修飾がなく不安定なN末端を欠失させた精製組換えヒストンを使用することが重要であった．構造中に示されているヒストン尾部の配置は仮想上のものである．加えて，ヒストン再構成に同じ配列を縦列（頭-尾）に連結したDNAを用いた．[Luger K, Mäder AW, Richmond RK et al. [1997] *Nature* 389:251–260. Macmillan Publishers, Ltd. の許可を得て掲載]

部分であり，H2A-H2Bと相互作用している部分である．この結合パターンはヒストン表面から機械的にDNAを引きはがす単一ヌクレオソーム粒子を用いた実験によって証明された．

　配列は大きく異なるものの，コア粒子を形成するすべてのヒストンは**ヒストンフォールド**（histone fold）とよばれるモチーフ構造を共有している（図8.10）．これによってヌクレオソームを形成するのに必要な二量体や四量体が**ハンドシェイクモチーフ**（handshake motif）で相互作用することが可能となる．**コアヒストン**（core histone）間で最も違う部分はそれらの末端である．ヒストン末端部はヌクレオソームコアから飛び出しており，他のヌクレオソームや核タンパク質と相互作用する．これらのヒストン末端はさまざまな種類の翻訳後修飾を受ける絶好の場所であることについては後でふれる．

　第五のヒストン（実際には関連因子に属するタンパク質であるが）は**リンカーヒストン**（linker histone），あるい

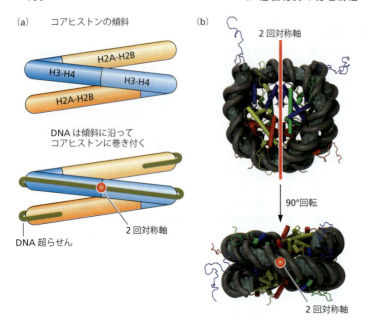

図 8.9　2 回対称軸で対称なヌクレオソームコア粒子　(a) コアヒストン二量体は DNA の巻き付きを誘導するようならせん状の傾斜を形成する．このタンパク質の傾斜面の DNA と接する部分は強く正電荷を帯びている．図はコアヒストン粒子の対称性と 2 回対称軸の場所を示している．(b) 結晶構造情報に基づいたコア粒子構造の全原子シミュレーション．2 回対称軸はヌクレオソームを正面から見た図中に赤い垂直軸として表されている．側面図では中心部の赤い点で示されている．[Jean-Marc Victor, Université Pierre et Marie Curie と Thomas Bishop, Louisiana Tech University のご厚意による]

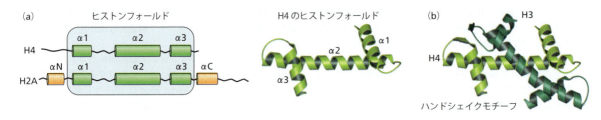

図 8.10　ヒストンフォールドとハンドシェイクモチーフ　(a) 四つのコアヒストンはすべて共通してヒストンフォールドとよばれる構造をもつ．この構造は H4 の結晶構造に示されているような三つの α ヘリックスをもつ．それぞれのヒストンはそれらのポリペプチド鎖の末端にさらなる α ヘリックスをもつかどうかという点で異なる．たとえば，ヒストン H2A では H2A 分子の両末端に α ヘリックス構造をもつ（αN と αC）．(b) 個々のヒストン分子はハンドシェイクモチーフとして知られる長い α ヘリックス構造を介して互いに相互作用している．H2A–H2B および H3–H4 二量体はほぼ重なる構造をとる．[(a), (b) Harp JM, Hanson BL, Timm BL & Bunick GE [2000] *Acta Crystallogr* D56:1513–1534 より改変．International Union of Crystallography. の許可を得て掲載]

はヒストン H1 ファミリーとよばれる．リンカーヒストンはコアヒストンとは異なった役割を果たしている．H1 はすべてではなくいくつかのヌクレオソームに結合している．H1 はヌクレオソームコア粒子の構成因子ではないが，その代わりヌクレオソーム間の**リンカー DNA**（linker DNA）あるいは**スペーサー DNA**（spacer DNA）と始めから結合している．ヌクレオソームの発見とクロマチン構造におけるその役割の解明には種々の技術の開発と利用が必要であった（Box 8.3）．

ヒストンの非対立遺伝子型バリアントと翻訳後修飾によりつくられるヌクレオソームの不均一集団

真核生物ヒストンの H1, H2A, H3 にはアミノ酸配列が多少異なる非対立遺伝子型バリアントが多数存在している．第 2 章を思い出してほしい．真核細胞の全遺伝子は 2 コピーあるいは 2 対立遺伝子が存在し，受精に際して一つは母方から，もう一つは父方からやってくる．いくつかの遺伝子には配列がわずかに異なる別のコピーが存在しており，それらは単一遺伝子の二つの伝統的な対立遺伝子と区別するため非対立遺伝子型とよばれる．非対立遺伝子型バリアントもまた 1 対存在し，一つは母方から，もう一つは父方から受け継がれる．したがって，それらは事実上 "既存の遺伝子対に似ているが，塩基配列が異なり，わずかに異なるタンパク質分子を生じる" 新しい遺伝子対である．ヒストンの非対立遺伝子型バリアントは**置換バリアント**（replacement variant）としても知られている．というのも，それらは細胞周期を通して合成され，もともと存在していた標準的バリアントと置き換わるようにして複製過程以外のクロマチンに配置されるからである．図 8.11 と図 8.12 に例を示した．

Box 8.3　多様な方法を用いた真核生物クロマチンの物理構造の解析

ここまでの章で紹介してきた解析手法は染色体研究あるいはクロマチン研究に役立てられてきた．しかし，この分野において特に重要な手法が二つある．ここではそれら解析技術について紹介する．

クロマチンのヌクレアーゼ消化

ヌクレオソーム構造の最初の発見にはクロマチンを消化する内在性エンドヌクレアーゼの使用が関わっている．後に，二つの外来性エキソヌクレアーゼ，ミクロコッカスヌクレアーゼ（**MN アーゼ**；micrococcal nuclease）とデオキシリボヌクレアーゼ I（**DN アーゼ I**；deoxyribonuclease I）を解析に用いるようになってから，クロマチン繊維中でのヌクレオソーム組成や，ヌクレオソームの内部構造に関する多くの情報が入手可能になった（図 1）．

MN アーゼはエンドヌクレアーゼおよびエキソヌクレアーゼ活性をもち，二本鎖 DNA の両方の鎖を切断する．MN アーゼはまずリンカー DNA でクロマチンを切断し，その後ヌクレオソーム粒子を DNA の端から削っていく．不運なことに，MN アーゼはある程度の DNA 配列選択性をもつため，解析にはクロマチンフリーな DNA 試料を対照にする必要がある．クロマチンを部分的に消化した後，電気泳動で精製 DNA を解析すると **DNA ラダー**（DNA ladder，はしご状 DNA バンド）が生じ，一定の長さ単位で切断された DNA 断片がみられる（図 1 a 参照）．この長さは **リピート長**（repeat length）とよばれ，細胞や組織で特異性がみられる．

DN アーゼ I を使用すると，DNA がヌクレオソーム粒子の内部にあるかそれとも外部にあるかという疑問に対してはあいまいな答えが返ってくる．DN アーゼ I は二本鎖 DNA の一本鎖にニックを入れる．DN アーゼ I 消化されたヌクレオソームから得られた DNA を変性条件下で電気泳動すると，MN アーゼ消化時とは違ったラダーパターンが観察され，一本鎖 DNA 断片が 10 nt 単位でラダーを形成する（図 1 b 参照）．このラダーパターンは DN アーゼ I がヌクレオソーム上で DNA が最もむき出しになっている部分で DNA を切断するために起こるのだろうと考えられた．この初期の説明はすぐに他の実験によって裏付けられた．後の高分解能電気泳動技術の登場によってヒストンバリアントの取込みやヒストン翻訳後修飾，またはクロマチンリモデリング因子の活性の違いなどによって生じるヌクレオソーム粒子のちょっとした構造の違いが DN アーゼ I を用いた方法で検出されるようになった（第 12 章参照）．

クロマチンにおけるヌクレオソーム位置のマッピング

ヌクレオソームのクロマチン上への正確な配置はクロマチン高次構造の形成と転写制御において重要である．ヌクレオソームの位置をマッピングする方法はいくつかある．解析技術の正確さが向上し，ヌクレオソームの多くがはっきりと定められた場所に形成されているということが明らかになった．

ヌクレオソーム研究の初期には **間接末端標識法**（indirect end-labeling）という手法が用いられてきた（図 2 a）．既知の DNA 配列のゲノム領域を解析する場合を考えてみたい．まず MN アーゼを用いて全ゲノムを軽く消化し，ヌクレオソームラダーを生じさせる．MN アーゼ消化された精製 DNA を目的領域の両端を配列特異的に切断する制限酵素で処理する．そして，その DNA を電気泳動し，目的 DNA 断片の片方の末端に相補的な放射能標識プローブをハイブリッド形成させる．これによって，プローブ配列が結合する目的 DNA 領域のバンドがオリゴヌクレオソームの形成状態に応じた長さで検出される．ヌクレアーゼはリンカー DNA のさまざまな場所を切断するため，元来の方法では，せいぜいおよそのヌクレオソーム形成部位を特定できる程度であった．しかしその後，露出した DNA をほぼ塩基単位で正確に切断する試薬と長いゲルを用いた高分解能検出が可能な電気泳動法が用いられるようになり，解析の正確性がはるかに改善された．こうした DNA 切断試薬には，DN アーゼ I やインターカレーターであるメチジウムプロピル-EDTA-Fe^{2+}（MPE-Fe^{2+}），そして鉄を触媒とした酸化還元反応によって生じるヒドロキシラジカルなどがある．最適な条件下では，これらにより短いオリゴヌクレオソームにおいて 1 塩基レベルの分解能が得られる．しかしながら，試料中には常に異なるヌクレオソーム

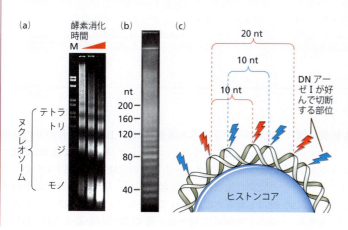

図 1　クロマチンのヌクレアーゼ消化　(a) ニワトリ赤血球を MN アーゼ消化したときの DNA 電気泳動パターン．DNA を泳動したゲルは臭化エチジウムで染色し UV 光下で観察した．M と表示されたレーンは制限酵素断片のサイズマーカーである．[Mathews CK, van Holde KE, Appling DR & Anthony-Cahill SR [2012] Biochemistry, 4th ed. Pearson Prentice Hall の許可を得て掲載] (b) ラット肝臓から単離されたヌクレオソームコア粒子を DN アーゼ I 処理したときの泳動パターン．[Noll M [1974] Nucleic Acids Res 1:1573–1578. Oxford University Press の許可を得て掲載] (c) DN アーゼ I による DNA 切断パターンが生じる原理を表した模式図．DN アーゼ I は DNA がヌクレオソームから最も露出した部分で DNA を切断する．

配置をもつものが含まれている可能性があるので，そうした影響でぶれが生じ結果が不明瞭になる可能性がある．

まったく異なる解析技術に**プライマー伸長法**（primer extension）がある．この方法では一本鎖DNAを鋳型にして，DNAポリメラーゼを用いて合成オリゴヌクレオチドプライマーを伸長させる（第19章参照）（図2b）．

最近の手法では全ゲノム中のヌクレオソーム位置の特定が可能である．これはゲノム領域を広くカバーするマイクロアレイや，超高速並行配列決定技術によって可能となった．ある手法では，ヌクレアーゼで消化された全クロマチンをこうしたアレイにかけ，その後シークエンサーにかける．現在の技術では100万ものヌクレオソームの塩基配列が解読可能で，それらの位置を全ゲノム上にマッピングすることができる．我々のクロマチン構造に関する配列レベルでの知識は一気に網羅的なものになった．

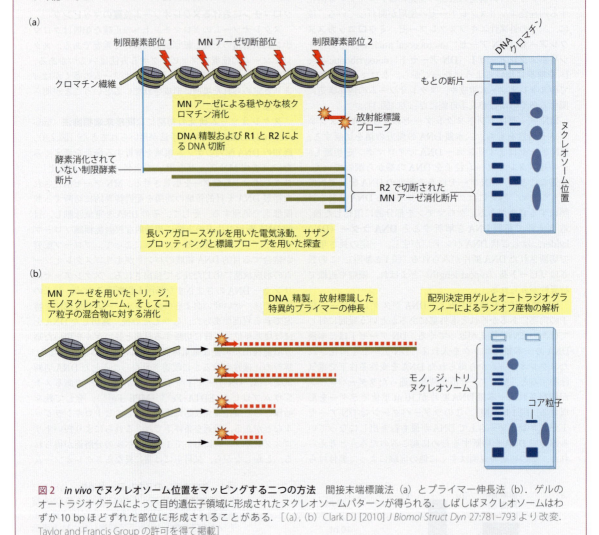

図2　in vivoでヌクレオソーム位置をマッピングする二つの方法　間接末端標識法（a）とプライマー伸長法（b）．ゲルのオートラジオグラムによって目的遺伝子領域に形成されたヌクレオソームパターンが得られる．しばしばヌクレオソームはわずか10 bpほどずれた部位に形成されることがある．［(a), (b) Clark DJ [2010] *J Biomol Struct Dyn* 27:781–793 より改変．Taylor and Francis Group の許可を得て掲載］

標準的ヒストン（canonical histone）はDNA複製と緊密に共役して細胞周期のS期でのみ合成され，クロマチン上に配置される．置換バリアントはヒストンシャペロン複合体として知られるそれぞれに固有の配置因子をもっている．ヒストンシャペロンは置換バリアントをゲノム上に配置するが，標準的バリアントは配置しない．H2Aから H2Aバリアントへの置換はH2A-H2B二量体のみの交換によって起こりうるが，ヌクレオソーム中ではH2A-H2B二量体はヌクレオソーム粒子の辺縁部に位置するため，この交換は比較的簡単に起きる．一方，H3バリアントの置換はもともと配置されていたヒストンがDNAから脱離することを伴って起きる．第12章でわかるように，H2A.Z

8.3 真核生物のクロマチン

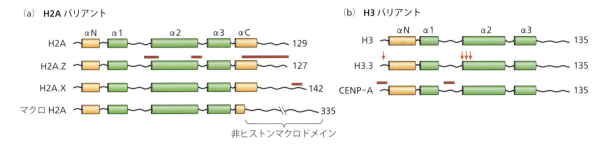

図 8.11 コアヒストンの非対立遺伝子型バリアント それぞれの図の右に示してある数字はポリペプチド鎖の長さ（アミノ酸数）を表す．(a) H2A バリアント．配列の異なっているおもな領域を赤棒で図示している．緑はヒストンフォールドを表す．マクロ H2A は αC の N 末端部分に長い非ヒストンドメインをもつ．(b) H3 バリアント．H3.3 と標準的 H3 で異なる 4 アミノ酸を赤矢印で示す．CENP-A は染色体のセントロメアに局在する H3 バリアントで，異なる配列をもつ部位は赤棒で示す．

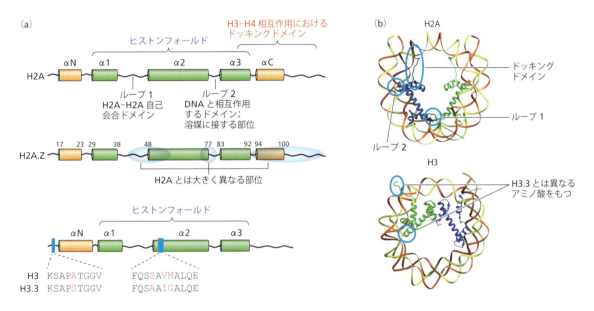

図 8.12 ヒストンバリアント H2A.Z と H3.3 (a) それぞれのヒストンの二次構造．標準的なヒストンフォールドの α1, α2, α3 を青字で示す．赤字で示しているのは，H2A-H2B 二量体と H3-H4 二量体の会合に用いられる H2A のドッキングドメイン．青の楕円は H2A に比べて H2A.Z とは大きく異なる部位である．H3 のアミノ酸配列を示している図では H3 と H3.3 の間でみられるアミノ酸の違いを示す．(b) ヌクレオソームコア粒子の一部の結晶構造．わかりやすくするために，ヌクレオソーム中の DNA と H2A または H3 の 2 分子のみを示す．標準的なヌクレオソームコアとバリアントとの間で異なる部分は青で囲っている．[Amit Thakar, University of Wyoming のご厚意による]

や H3.3 のようなある種のバリアントは転写制御に重要な役割を果たしており，H2A.X などは DNA 修復過程に関与している（第 22 章参照）．

クロマチン繊維に存在する**ヒストンバリアント**（histone variant）のさまざまな組合わせに加えて，非常に幅広い翻訳後修飾が個々のヒストンに起こりうる．具体的には，リシン残基のアセチル化，リシンやアルギニンのメチル化，セリン，トレオニン，チロシンのリン酸化，リシンのユビキチン化などである（図 8.13, 図 8.14）．翻訳後修飾の大部分はコア粒子の構造から飛び出したヒストン尾部に起こるが，粒子の内部に位置するヒストンフォールド内の残基に修飾されることもある（図 8.14 参照）．

ヒストンバリアントとともに，クロマチン中のヒストンの修飾は安定性や動的特性，ひいては転写への影響が異なる膨大な数の識別可能なヌクレオソーム粒子を生じうる．これらのヒストン翻訳後修飾が遺伝子の転写制御に果たす重要な役割は第 12 章でみる．

ヒストンフォールドは細菌の核様体にはみられない．古細菌には真核生物とよく似たほぼ同等の DNA の折りたたみが存在しており，これは DNA を凝縮させ遺伝子活性を制御するという真核生物と同じような機能を果たしているようである．以上のように，このようなクロマチン構造は生物界の 3 ドメインのうち古細菌と真核生物の二つに存在しているが，クロマチンの細胞内局在はこれら二つの間で

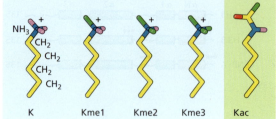
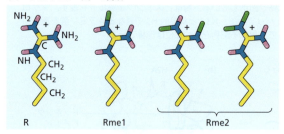

図 8.13 ヒストン翻訳後修飾と，修飾が側鎖の性質に与える影響
異なるクラスの修飾アミノ酸残基を棒モデルで示す．黄は炭素，青は窒素，ピンクは極性水素，赤は酸素，オレンジはリン，緑はメチル基をそれぞれ表している．背景の色付けは生理的 pH 条件下での修飾側鎖の電荷を示し，青は正電荷，ピンクは負電荷，緑は荷電していないことを表す．(a) リシンのメチル化とアセチル化．リシンのアセチル化（Kac）によって電荷は打消される．一方，リシンがメチル化された状態（Kme）では正電荷をもち，生理的 pH 条件下で陽イオン性を示す．緑で示されているように K から Kme3 へのメチル基の付加は疎水性を強め，またメチルアンモニウム基の陽イオン半径を広げて水素結合を形成する性質を低減させる．(b) アルギニンのメチル化．(c) セリン，トレオニン，チロシンのリン酸化は負の電荷を生じさせる．[(a)〜(c) Taverna SD, Li H, Ruthenburg AJ et al. [2007] *Nat Struct Mol Biol* 14:1025–1040 より改変. Macmillan Publishers, Ltd. の許可を得て掲載]

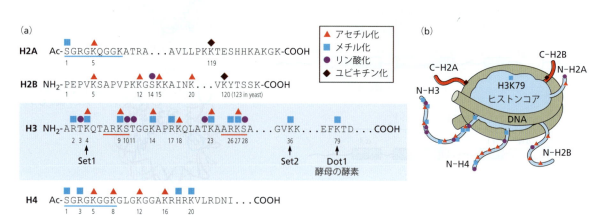

図 8.14 四つのコアヒストンのポリペプチド鎖における翻訳後修飾の分布 (a) 異なる 2 分子間でみられるモチーフ配列は青の下線，同一分子内の繰返し配列は赤の下線で示す．こうした配列をもつことの生理学的意義は明らかにされていない．最もよく研究されている修飾はヒストン H3 の修飾である．異なる残基に同一の修飾をする酵素は環境特異的であり，酵母においては Set1, Set2, Dot1 がそれぞれ 4, 36, 79 番目のリシンを修飾する．(b) 翻訳後修飾の大半はコア粒子構造から飛び出しているヒストン尾部に起こるが，最近の研究ではコア粒子内部のヒストンフォールドにも修飾が起こることが明らかになりつつある．H3K79 のメチル化がその例である．わかりやすくするために図にはコアヒストンの半分のみが表示されている．

異なっている．細菌である古細菌ではクロマチンは細胞質中に存在する一方で，真核生物のクロマチンは核に局在しており，これは真核生物にユニークな特徴である．

ヌクレオソームファミリーは動的である

図 8.8 を見ると，ヌクレオソームは固定された不動の構造を取るようだが，これはまったくの間違いである．現在では，ヌクレオソームはコンホメーションが絶えず変化し，安定したいろいろな構造をとりうることがわかっている．我々は図 8.8 が示すような構造を**標準的ヌクレオソーム**（canonical nucleosome）構造とみなしている．なぜならほとんどの時間，大部分のヌクレオソームはこのような構造に見えるためである．しかし，ヌクレオソームが**ゆらぎ遷移**（breathing transition）または**開放遷移**（opening transition）という状態をとり，DNA が同期的にさまざまな度合いでヒストン表面から剥がれた構造をとっていることを示す証拠が得られている（図 8.15）．こうしたヌクレオソームの変化は二つの方法によって検出された．一つめは，部位特異的ヌクレアーゼによるヌクレオソーム DNA の切断である．DNA がヒストン八量体の周りに堅く固定されているならば DNA の切断は起こらないが，DNA がヒストンから剥がれた状態ではヌクレアーゼによる DNA

8.3 真核生物のクロマチン

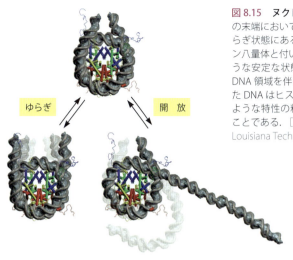

図 8.15　ヌクレオソームの可動性：ゆらぎと開放　ヌクレオソームDNAは八量体の末端においてヒストンとの会合が崩れる可逆的で自発的な遷移を起こしうる。ゆらぎ状態にあるヌクレオソーム粒子ではヌクレオソームDNAは狭い範囲でヒストン八量体と付いたり離れたりする。ほとんどの時間ヌクレオソーム粒子は結晶のような安定な状態をとるが，まれにより開いた状態へと移行する。この現象は広いDNA領域を伴った変化だがそれほど頻繁には起きない。このときコア粒子に残ったDNAはヒストン八量体をほんの1周する程度である。注意すべきことは，このような特性の粒子は生化学実験において以前からしばしば観察されていたということである。[Jean-Marc Victor, Université Pierre et Marie Curie と Thomas Bishop, Louisiana Tech University のご厚意による]

の切断が起こる。こうした切断はおもにヌクレオソーム辺縁部，そしてまれに2回対称軸近辺で起こる。二つめは1分子FRET法（第1章参照）を用いたもので，この方法では"ゆらぎ"と"開放"の直接的な証拠が得られている。

ある条件下では，(H3-H4)$_2$四量体から成るコアをもつような通常とは異なったヌクレオソーム粒子が形成される。標準的なものを**オクタソーム**（octasome）とよぶとすれば，これは**テトラソーム**（tetrasome）とよぶことができる。ちなみに，DNAが右巻きにヒストンコアを巻く構造のR-オクタソームが形成される状況があるため，標準的ヌクレオソームは正確には，L-オクタソームとよばれるべきである。**表 8.4**に示されている構造が報告されているが，どの構造が生理学的に重要なのかは不明である。**図 8.16**は通常とは異なるさまざまなヌクレオソームを示した。

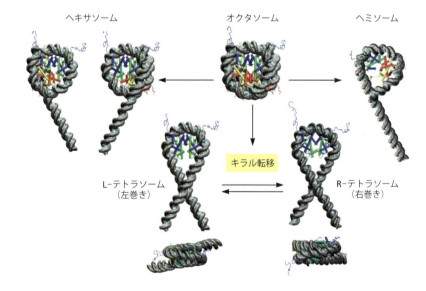

図 8.16　ヌクレオソームファミリー　多くの実験によって標準的なオクタソームとはヒストンの組成や化学量，DNAの巻き付き方が異なるヌクレオソーム粒子が存在していることが明らかにされた。ここに示されているモデルは最高分解能 1.9 Å でのX線構造解析から得られた原子座標に基づいている。これらはオクタソームからいくつかのヒストン分子を抜きとることで生じ，解放されたDNAはB形構造をとる。生理学的な真実を反映していないかもしれないが，このモデルではヒストンはジグソーパズルのピースのように互いに組合わさるがっちりとしたものだと想定されている。オクタソームでは全体で 147 bp の DNA がヒストンに巻き付いている。テトラソームでは H2A および H2B ヒストンの除去によって 48 bp の DNA がヌクレオソーム粒子の両端からほどける。このようにテトラソームでは DNA は1周も巻き付いていない。ちなみに図中で二つの角度から示されているように，テトラソームは標準的な左巻き構造から右巻き構造へといわゆるキラル転移を起こす。ヘキサソームに関しては近位か遠位のどちらのH2A-H2B二量体が解離するのかによって二つの可能性が考えられる。ヘキサソームでは1回転以上に及ぶDNA超らせんターンがヒストンコアと接している。ヘミソームはそれぞれのコアヒストンを一つずつもつ構造である。ヘミソームではヘキサソームのように端から 48 bp の DNA がオクタソームから解放され，さらに H3-H4 の欠失によってもう一方の端から約15 bp の DNA が解放される。ヘミソームはセントロメアクロマチンにみられるとされている。H3 は青，H4 は緑，H2A は黄，H2B は赤で表されている。[Jean-Marc Victor, Université Pierre et Marie Curie と Thomas Bishop, Louisiana Tech University のご厚意による]

表 8.4 新規および伝統的ヌクレオソームファミリーの構成　非ヒストンタンパク質を含むヌクレオソーム粒子は，非ヒストンタンパク質をもつことを表す特殊な名称をもつべきである．たとえば，$Scm3_2(H3-H4)_2$ から成る粒子は Scm3 ヘキサソームとよぶのがふさわしい．

新名称	旧名称	ヒストン組成/化学量論性	DNA超らせんの巻き方
ヌクレオソーム（L-オクタソームまたはL-ヌクレオソーム）	ヌクレオソーム	$(H2A-H2B-H3-H4)_2$	左巻き
R-ヌクレオソーム（R-オクタソーム）	リバーソーム	$(H2A-H2B-H3-H4)_2$	右巻き
ヘキサソーム	ヘキサソーム	$H2A-H2B-(H3-H4)_2$	左巻き
L-テトラソーム	テトラソーム	$(H3-H4)_2$	左巻き
R-テトラソーム	右巻きテトラソーム	$(H3-H4)_2$	右巻き
ヘミソーム	半ヌクレオソーム	H2A-H2B-H3-H4（H2A-H2B-CenH3-H4 のようなバリアントを形成する場合がある）	右巻き

in vivo におけるヌクレオソーム形成はヒストンシャペロンを必要とする

in vitro においてヌクレオソームはDNAとヒストンから自発的に形成されるが，*in vivo* におけるヌクレオソーム形成と修飾にはしばしばヒストンの運び屋である**ヒストンシャペロン**（histone chaperone）が使われる．ヒストンシャペロンは特異的にヒストン二量体を認識，結合し，ヒストン二量体を他の分子へ渡す役割を果たす．ただしシャペロンは最終的な産物の構成因子ではないことに注意してほしい．ヒストンの輸送は，たとえばヒストンシャペロンからDNAへの配置，既存のヌクレオソーム粒子からのヒストンの交換反応，そして修飾酵素へのヒストンの提示などを含む．シャペロンはまた，クロマチンリモデリング（第12章参照）や卵母細胞におけるヒストンタンパク質の蓄積，そしておそらく他の機能において重要な役割を担う．これまでに知られているヒストンシャペロンとそれらのヒストン特異性およびおもな機能について表8.5にまとめた．

8.4　高次クロマチン構造

DNAに沿ったヌクレオソームがクロマチン繊維を形成する

個々のヌクレオソームはクロマチン繊維とよばれる高次構造に組立てられる．特定のDNA配列が強くて特異的な**ヌクレオソームの位置取り**（nucleosome positioning, ヌクレオソームポジショニング）に必要だという証拠がある（図 8.17 a）．また，ひょっとすると最も興味深いことだが，ヌクレオソームが存在しない領域がある．ENCODE 計画（第13章参照）のDNアーゼIマッピング（Box 6.4, Box 8.3 参照）によって，何百万もの**ヌクレアーゼ高感受性部位**（nuclease-hypersensitive site），つまりヌクレオソーム欠失領域が特定された．これらのいくつかは転写開始部位であり，強く位置取りされた二つのヌクレオソーム

表 8.5　ヒストンシャペロンとその機能の代表例　他にもヒストンの翻訳後修飾を行う酵素複合体へとヒストンを運ぶ役割をもつシャペロンが存在する．

ヒストンシャペロン	ヒストンの選択性	機　能
単一シャペロン		
ASF1	H3-H3 と H3.3-H4	CAF-1 と HIRA へのヒストン供与体
HIRA	H3.3-H4	ヒストンバリアントの複製非依存的な埋込み
N1/N2	H3-H4	アフリカツメガエル卵母細胞内の蓄積
ヌクレオプラスミン（アフリカツメガエル），ヌクレオホスミン（ヒト）	H2A-H2B	アフリカツメガエル卵母細胞内の蓄積，細胞質-核間輸送，複製，転写
NAP1	H2A-H2B	細胞質-核間輸送，複製，転写
ヌクレオリン	H2A-H2B	転写伸長，クロマチンリモデリングの補助
シャペロン複合体		
CAF-1 (p150, p60, RbAp48)	H3-H4	DNA複製と修復によるDNA合成に伴ったヒストンの配置
FACT (Spt16, SSRP1)	H2A-H2B と H3-H4	転写伸長

の間に位置することが多い．しばしばインデックスヌクレオソームとよばれる一つあるいは二つのこうした強く位置取りされたヌクレオソームが，インデックスヌクレオソーム近傍ほど等間隔に連続して並ぶヌクレオソームの位置取りの境界となる，いわゆる**統計的位置取り**（statistical positioning）を示す証拠もある（図 8.17 b）．

こうした特異的な位置取りが知られているにも関わらず，ヌクレオソームのDNA上での間隔は全体を見渡すと不規則である．ヌクレアーゼ消化実験で示されているように（Box 8.3 参照），平均ヌクレオソーム間隔は生物種や細胞型によって 160〜240 bp の間でさまざまである．多くの場合，この長さはヌクレオソームコアに巻き付いているとさ

8.4 高次クロマチン構造

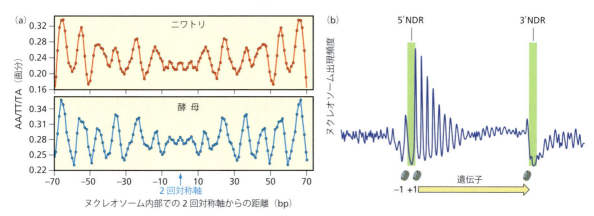

図 8.17 ヌクレオソームの位置取り (a) ヌクレオシド配列がヌクレオソームの位置取りに与える影響．グラフにはヌクレオソーム中心からの AA，TT，TA 配列の位置を示している．生体内のヌクレオソーム解析ではニワトリと酵母のゲノムにおいて 10 bp ごとにこれらの配列がみられる．この解析では対数増殖期のパン酵母からモノヌクレオソームを単離して DNA をヌクレアーゼ消化した後 DNA を抽出し，ヌクレアーゼ消化から保護された 147 bp 以下の DNA をクローニングしてその DNA 配列を解読している．[Segal E, Fondufe-Mittendorf Y, Chen L et al. [2006] Nature 442:772–778 より改変．Macmillan Publishers, Ltd の許可を得て掲載] (b) ヌクレオソームマッピングによって 5' および 3' ヌクレオソーム欠失領域 (NDR) の形成に特徴づけられる境界の存在が示唆される．5' 側の NDR には転写開始部位下流に位置する強い結合のヌクレオソームが接している．[Sergei Grigoryev, Penn State University と Gaurav Arya, University of California, San Diego のご厚意による，改変]

れる DNA 長 147 bp よりも大きな値であり，これはヌクレオソーム間にリンカー DNA が存在していることを示唆している．こうした構造によって数珠構造のような見た目となる（Box 8.2 参照）．後に，リンカー DNA が 5 番目のクラスのヒストンの結合場所であることが判明し（表 8.3 参照），リンカー部分はコア粒子とともに**クロマトソーム** (chromatosome) とよばれる構造を形成する．リンカーヒストンはリンカー DNA がヌクレオソームに入り込む部分と出てくる部分で結合し，ヌクレオソーム粒子を安定化する（図 8.18）．さらに，リンカーヒストンはクロマチンの高次の折りたたみ構造を安定に形成するために重要であると考えられている．こうした折りたたみはクロマチンを核内に収納するため圧縮を可能にする．ただし，ヌクレオソームの形成は，40 nm の DNA を 10 nm 粒子に圧縮する

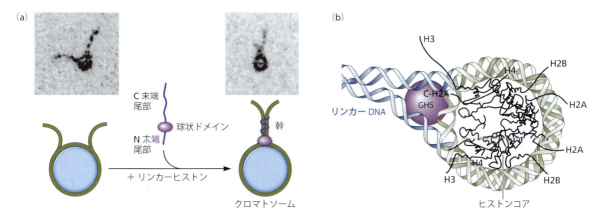

図 8.18 クロマトソーム：147 bp 以上の DNA とリンカーヒストンを含む粒子 (a) リンカーヒストンは DNA がヌクレオソームに入る部分と出る部分でヌクレオソームに結合している．それぞれのリンカーヒストンは N 末端天然変性領域，球状ドメイン（ウィングドヘリックスドメイン），そして長い C 末端天然変性領域をもつ．単離された球状ドメインはヒストン八量体に DNA を 2 回巻き付けた状態で固定する．リンカーヒストンがないと，DNA は 1.67 回転となる．また，リンカーヒストンの C 末端尾部とリンカー DNA の相互作用によって幹状の構造が形成される．二つの模式図の上の電子顕微鏡像はリンカーヒストンなしとありで DNA とヒストン八量体から再構成されたヌクレオソームであり，幹状構造が in situ で観察される．[EM 画像：Hamiche A, Schultz P, Ramakrishnan V et al. [1996] J Mol Biol 257:30–42．Elsevier の許可を得て掲載] (b) クロマトソームコア粒子の結晶構造や既知のリンカーヒストン球状ドメイン GH5 の寸法，そして予測されるリンカー DNA の軌道をもとに描かれた原寸比のクロマトソームの模式図．[Leuba SH, Bustamante C, van Holde K & Zlatanova J [1998] Biophys J 74:2830–2839 より改変．Elsevier の許可を得て掲載]

程度でしかないことに注意してほしい．DNA を核内に収納するには数千倍の圧縮が必要なことを考えれば，この4：1 というヌクレオソーム形成による DNA 圧縮率は非常に小さなものであることがわかる．

クロマチン繊維は折りたたまれるが，その構造はいまだ論争の的である

クロマチン繊維は一定の構造をとっているのだろうか．もしそうであるならば，それはどのような形状だろうか．この問題はおよそ半世紀にわたって研究者たちを悩ませてきた．クロマチンは間期の核内に格納されているので，どのような方法を使っても可視化するのが困難であった．分子の混み合いがすさまじいのである．それゆえ，現代的クロマチン研究が始まった 1970 年頃から，研究者たちはクロマチンを抽出あるいは再構築するためにさまざまな手法を用いた．穏やかに溶解した核からのクロマチン繊維の抽出から，繰返し DNA 配列上に規則的間隔を開けたヌクレオソームの再構成まで，さまざまな物理手法を用いた研究は多かれ少なかれ，直径 30 nm 程度のらせん状繊維があるという一見同じような結果を示した．この 30 nm 繊維は電子顕微鏡（EM）を使った解析でも観察された．典型的な顕微鏡像および同様の条件下で撮影された AFM 像を図 8.19 に示す．

このクロマチン構造に関して現在いえる確かなことは，以下のとおりである．

- 区画化された核内において密な構造が時折みられることから，おそらくこの生理学的に重要性をもつ．
- クロマチン構造はある程度高い塩濃度と特に 2 価イオンにより安定化される．
- クロマチン構造はリンカーヒストンにより安定化される．

共通理解を得られたこれらのこととは別に，何十年もの研究にも関わらずいまだ共通理解に至っていない部分が存在する．おもな問題は，クロマチン繊維はどのようならせんを形成しているのか，という非常に基本的なことである．1976 年 Mellema と Klug は，クロマチン繊維は左巻きのソレノイド型らせん構造をして，リンカー DNA はあるヌクレオソームからせんの渦に沿ってすぐ隣のヌクレオソームへと伸びる one start helix モデルを提案した．しかし，他の研究者たちは two-start helix モデルを提案した．これらの提案されているモデルを図 8.20 に示す．モデルを見てわかるように，通常の電子顕微鏡観察ではそれぞれの構造の違いを見分けることは非常に難しく，より高分解能で観察しない限り，どちらも非常に似通って見えてしまう．

もう一つ根本的な疑問は，提案されているモデルが in vivo のクロマチンと比べてどれだけ妥当性があるかということである．確かに，核から抽出された 30 nm 繊維が滑らかで規則正しいらせん構造をとることはほとんどない．それらは多くがずんぐりして曲がった形状を示す．リンカー DNA の長さは局所的に不均一であるという事実からもこうした不規則な形状が予想されるべき姿なのかもしれない．同時にこの事実は，クロマチンが完全に均一な構造体であるとする仮説を否定している．実際に，AFM 像で観察される凝縮途中のクロマチンは単一の規則的な構造に収束しているようには見えない（図 8.19 b 参照）．

間期核内における染色体の構成はいまだ不確かである

間期の核に関する初期の細胞学的研究から二つのはっきりと区別できるクロマチン構造の存在が明らかとなった．それらは高度に凝縮したヘテロクロマチン（heterochromatin）と比較的分散したユークロマチン（euchromatin）である．これらの区別は現在でも認められており，凝縮したヘテロクロマチンの転写は抑制されるというように，転写活性との関係性があると考えられている．また，これらの領域ではタンパク質構成が明らかに異なり，さらに，それぞれの領域において特異的なヒストンの翻訳後修飾がみられる（第 12 章参照）．新しい解析手法は個々の間期染色体を構成する線状二本鎖 DNA 分子が核内の異なった領域を占有し，染色体テリトリー（chromosome territory）（図 8.21）が形成されていることを示すことを可能にする．それぞれのテリトリーのクロマチン繊維はループドメインを形成し，個々のテリトリーから一時的にはみ出す部分を形成するドメインは互いに連結しあい，そしておそらくは

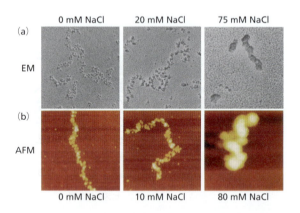

図 8.19　電子顕微鏡（a）または AFM（b）で得られた天然クロマチン繊維の画像　単離されたクロマチン繊維をさまざまな塩濃度条件下でグルタルアルデヒドを用いて固定し，塩を含まない緩衝液で透析した後，それぞれの画像を得た．イオン強度が高まるにつれてクロマチン繊維が凝縮していく様子がうかがえる．［(a) Thoma F, Koller T & Klug A [1979] J Cell Biol 83:403–427. The Rockefeller University Press の許可を得て掲載． (b) Zlatanova J, Leuba SH, Yang G et al. [1994] Proc Natl Acad Sci USA 91:5277–5280. National Academy of Sciences の許可を得て掲載］

8.4 高次クロマチン構造

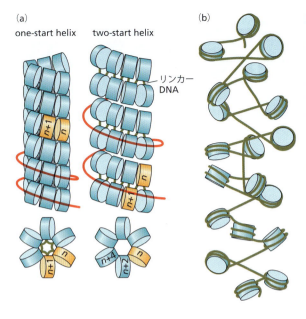

図 8.20 **想定される 30 nm 繊維の構造を示したモデル** どちらのモデルも普遍的に受け入れられているものではないということに注意.（a）二つの主要なモデル, すなわち one-start helix（ソレノイド）と two-start helix における 30 nm 繊維の側面図と上面図. two-start helix は次のように見える. ヌクレオソームのジグザグリボンを想像してほしい. リンカー DNA は 2 列に並んだヌクレオソーム粒子の間を行ったり来たりする形をとっている. このリボンをらせん状にねじってほしい. どちらのモデルでもヌクレオソームは筒状の形状をとる. リンカー DNA は多くのモデルにおいてクロマチン繊維の内側に位置するためソレノイド型の側面図には表示されていないが, two-start helix モデルではリンカー DNA は外から見えるように示しており, リンカー DNA は 2 列のヌクレオソームがジグザグリボンを形作るのを補助している. n または $n+1$ のヌクレオソームはクロマチン繊維中の隣接するヌクレオソームの例であり, 色付けして表示している. ただしこれらのヌクレオソームは二つのモデルの中では異なる空間配置をとり, 異なったヌクレオソームに隣接している. 赤いらせん状の線はこれらのモデルのらせん形状を強調するために示してある.［van Holde K & Zlatanova J [2007] Semin Cell Dev Biol 18:651–658 より改変. Elsevier の許可を得て掲載］（b）直線リンカーモデル. 30 nm 繊維中の連続するヌクレオソームは直線的なリンカーでつながれており, 繊維中を縦横に走るような構造である. らせんモデルのようにヌクレオソームは周辺部に位置する. ヌクレオソームがより凝縮すると図 8.19 で示した 80 mM NaCl 条件下での AFM 画像のような固まった不規則な構造をとると考えられる.［Mikhail Karymov, California Institute of Technology のご厚意による, 改変］

転写ファクトリーと相互作用することで, それらの協調的な制御をしていると考えられている（第 10 章参照）. クロマチン繊維の大部分は**ラミナ結合ドメイン**（lamina-associated domain）とよばれる部位でラミナ構造とつながっており, この状態は転写の抑制状態を示す. また, 染色体内および染色体間の相互作用は活性型および不活性型のリボソーム遺伝子を内部に含む異なる構造の**核小体**（nucleolus）を形成する. そして, ゲノムの空間的, トポロジカルな構成において役割を果たすであろう認識可能な最後の核内構造は, 多数の骨格タンパク質の不溶性網目構造をもつ**核マトリックス**（nuclear matrix）である.

奇妙で, かついまだほとんど解明されていない現象は, 遺伝子に富んだ染色体と遺伝子の乏しい染色体（第 7 章参照）の核内における分布である. 遺伝子の少ない染色体は核辺縁部に位置することが多く, 遺伝子をもつ染色体は核中心部を好む傾向にある（図 8.22）.

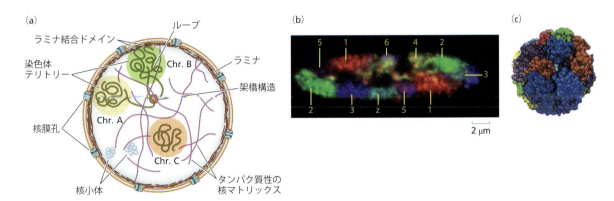

図 8.21 **間期の核内における染色体テリトリー**（a）間期における染色体テリトリーを Chr. A, Chr. B, Chr. C と表記して別々の色で示してある.（b）ニワトリ繊維芽細胞核の顕微鏡像は相互排他的な染色体テリトリーを示す. 個々の染色体テリトリーは複数の化合物とそれを認識する蛍光物質（Cy3, FITC, Cy5）標識二次抗体で染められている. 二つの相同染色体は離れた場所に観察できる. この画像では 4 番染色体と 6 番染色体は二つの染色体テリトリーのうち一つしか表示されていないことに注意.［Cremer T & Cremer C [2001] Nat Rev Genet 2:292–301. Macmillan Publishers, Ltd. の許可を得て掲載］（c）疑似色で表したヒト男性二倍体細胞核の染色体テリトリー三次元コンピューターモデル.［Cremer T, Cremer M, Dietzel S et al. [2006] Curr Opin Cell Biol 18:307–316. Elsevier の許可を得て掲載］

168　　　　　　　　　　　　　　　　　　　　　　　　　　　　　　　　　　　　　　8. 遺伝物質の物理構造

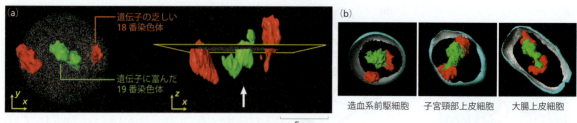

図 8.22　遺伝子に富んだ, そして遺伝子の乏しいヒトの染色体テリトリー　(a) リンパ球核における遺伝子の乏しい 18 番染色体（赤), および遺伝子に富んだ 19 番染色体（緑）の染色体テリトリー三次元再構成図. 18 番染色体は核辺縁部にみられ, 19 番染色体は核中心部に局在している様子が観察される. 左は x, y 軸の画像. 核の切断面は灰色で示されている. この切断面にあるテリトリーの一部分が観察できている. 右は x, z 軸の画像. 矢印はこの断面を観察している方向を示す. [Cremer T & Cremer C [2001] Nat Rev Genet 2:292–301. Macmillan Publishers, Ltd. の許可を得て掲載] (b) 3 種の細胞における同一染色体の三次元再構成図. 核と細胞質の境界線を外側は青で, 内側は銀白色で示している. 通常 19 番染色体テリトリーは中心部に, 18 番染色体テリトリーは核辺縁部に, それぞれ隣り合った形あるいは離れた状態で観察される. がん細胞ではこの位置関係の異常が頻繁にみられる. [Cremer M, Küpper K, Wagler B et al. [2003] J Cell Biol 162:809–820. The Rockefeller University Press の許可を得て掲載]

8.5　有糸分裂期染色体

有糸分裂で染色体は凝縮し分離する

　DNA 複製の後, 細胞が有糸分裂期に入ると核膜が崩壊し, 対になった姉妹染色分体は凝縮を開始する. でき上がった**有糸分裂期染色体**（mitotic chromosome）は顕微鏡で簡単に観察することができる（第 1 章参照）. この現象は 100 年以上も前から科学者たちに知られていた. 有糸分裂期染色体は細胞を特異的色剤で染めて光学顕微鏡で分裂細胞を観察したときに初めて見つかった. 細胞分裂周期の特定の時期に特に強く染まる物体が観察されたため, **染色体**（chromosome）と名付けられたのである（図 8.23）. 有糸分裂期染色体は非常にコンパクトであり, 後に細胞から単離されることとなった. その後, 染色体は遺伝情報をもち, 世代から世代へと引き継がれていく物理的実体をもつものであるということが次第に明らかにされていった. 遺伝情報はまず間期に複製され, 有糸分裂期に二つの娘細胞へと均等に分配される. この章では, 染色体の分子構造と間期染色体から有糸分裂期染色体への移行, そしてまた間期染色体に戻る場合の構造的変化に関与する因子について述べる.

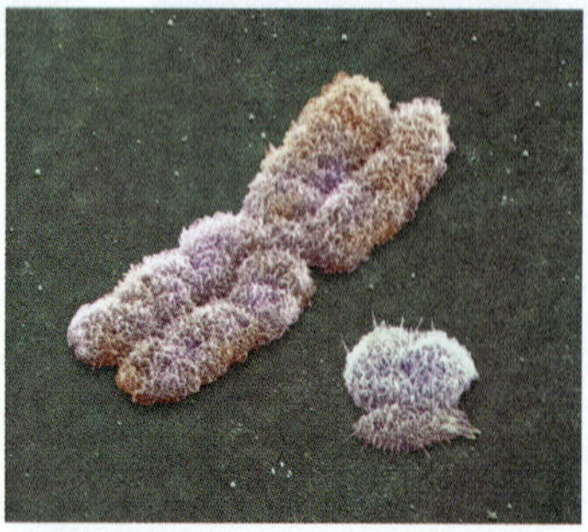

　長い研究の歴史に反して, 染色体の構造に関する我々の知識はまだ限定的なままである. その理由の一つに, 染色体の構造があまりにもコンパクトであることがあげられる. ヌクレオソームは DNA をほんの 4〜5 倍, 30 nm 繊維は 40 倍程度に DNA を凝縮しているだけだが, 有糸分裂期染色体では実に 10 000 倍以上の凝縮が起こる. 過去 40 年で, より洗練されたイメージング技術を駆使しながらこの現象の解明に多くの労力が割かれた. 光学顕微鏡に加え, 透過型電子顕微鏡や走査型電子顕微鏡, 蛍光顕微鏡さらには原子間力顕微鏡が用いられて解析が行われた. これらの顕微鏡の原理に関しては第 1 章を参照してほしい. 近年のプロテオミクスによってすでに存在が知られていた II 型トポイソメラーゼに加えて, 有糸分裂期染色体上に存在しているタンパク質として**コヒーシン**（cohesin）や**コンデンシン**（condensin）が発見されたのだが, それらの機能はわかっていなかった. 最終的には, ゲノムワイド解析によりいくつかの主要な染色体タンパク質がゲノム上のどの位置に結合しているのかということまでがわかるようになってきた. しかしながら, こうした進歩も基本的な構造問題に応えるには不十分であった.

　上に述べたように, 我々の染色体構造に関する知識はおもに顕微鏡を使った解析によって得られたものである. 有糸分裂期染色体の代表的な電子顕微鏡像を図 8.23 に示す. **図 8.24** では, 単一の有糸分裂期染色体内のさまざまな構造上の特徴を示した AFM 像を並べている. AFM イメージングの大きな利点の一つは, 壊したり固定したり染色したりすることなく, 液体中で試料を観察できる点にある. このため, AFM イメージングで得られる画像は *in vivo* の状態をよく反映していると考えられている.

図 8.23　ヒト染色体の電子顕微鏡像　性染色体 X, Y を 10 000 倍で撮影した様子. [Andrew Syred. Science Source の許可を得て掲載]

8.5 有糸分裂期染色体

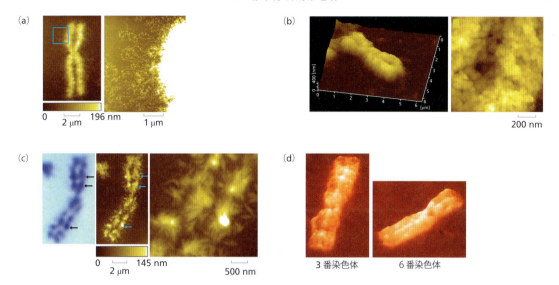

図 8.24 ヒト有糸分裂期染色体の AFM 像 (a) 固定された染色体．試料調製の過程でクロマチン繊維の一部は解けており，その部分を拡大するとループが見える．下部のバーは立体構造の高さを示すスケール．(b) 緩衝液中で観察された固定されていない染色体．斜めから見た画像では有糸分裂期染色体の三次元構造がはっきりと確認できる．拡大画像では球状あるいは繊維状の構造（クロマチン繊維）の凝集が見える．(c) G バンド法で染色した染色体の光学顕微鏡像（左）と AFM 像（右）の比較．軽いトリプシン処理の後ギムザ染色を行って観察した．強く染色された G バンドは染色体構造の堤部分にあたり，染色の弱い G バンドが見えない部分は溝にあたる．拡大図ではクロマチン繊維が堤部分に密に詰込まれ，溝部分では分散して存在している様子が観察できる．［(a)～(c) Tatsuo Ushiki, Niigata University のご厚意による］ (d) G バンド法で染色されたヒト 3 番染色体と 6 番染色体の AFM 像．堤部と溝部が染色体全長にわたって観察できる．［Stefan Thalhammer, Helmholtz Zentrum. のご厚意による］

有糸分裂期染色体の形成と維持には多くのタンパク質が関与している

広範な生化学的解析から，有糸分裂期染色体の形成と維持に関わる複数のタンパク質が同定された．予想外なことに，それらの一つにはⅡ型トポイソメラーゼ（第 4 章参照）が含まれていた．Ⅱ型トポイソメラーゼの酵素活性は一見必要ないように思われ，奇妙なことだがⅡ型トポイソメラーゼは有糸分裂期染色体の形成，維持に純粋に構造的な役割を果たしているに違いない．

有糸分裂期染色体の形成と維持の解明における大きな前進は類似した構造をもつコヒーシンとコンデンシンというタンパク質複合体の発見であった．コヒーシンとコンデンシンのサブユニット構成と全体の構造，そして現在考えられているクロマチン繊維との相互作用モデルを図 8.25 に示す．コヒーシンとコンデンシンに含まれるおもなタンパク質サブユニットはともに，SMC（structural maintenance of chromosome，染色体構造維持）タンパク質ファミリーに属している．さらに，コヒーシンとコンデンシンは二つまたは三つの SMC タンパク質以外のサブユニットをもつ．それらの構成はコヒーシンとコンデンシン間で異なり，また，有糸分裂コヒーシンと減数分裂コヒーシン，コンデンシンⅠとコンデンシンⅡの間でも異なる（図 8.25 参照）．脊椎動物においてコンデンシンⅠとコンデンシンⅡはわずかに異なる構造をもち，間期では異なる細胞内局在を示すが，有糸分裂期にはどちらも有糸分裂期染色体と会合している．

S 期，DNA 複製時のクロマチンに結合するコヒーシンは，有糸分裂前期から前中期にかけてそれらが解離するまでの間，姉妹染色分体を包むようにつなぎ合わせている（図 8.7 参照）．一方で，コンデンシンは有糸分裂期の初期に染色体を凝縮させるように働くが，その作用機序の全容はまだ明らかになっていない．精製タンパク質を用いた in vitro の実験で，コンデンシンは DNA に正の超らせんを生じさせることがわかっており（図 8.25 c 参照），おそらくこの超らせん形成がクロマチンの凝縮に重要な意味をもっているのだろう．コヒーシンにはこのような作用はない．

コヒーシンが姉妹染色分体を取囲んでいるとしたら，両者はどのようにしてこの位相的に関連した構造をとるようになるのだろうか．このプロセスは図 8.26 のように，ATP の加水分解のエネルギーを使って起こる．次の疑問は，姉妹染色分体が紡錘体の対極に向かって移動しなくてはならないとき，この分子リングはどのようにほどけるのかということである．その答えは，分子リングを分解する特異的プロテアーゼの働きにある．**セパレース**（separase）とよばれるこのプロテアーゼが非 SMC サブユニットの一つである Scc1 を特異的に切断し，コヒーシンリングを開くのである．

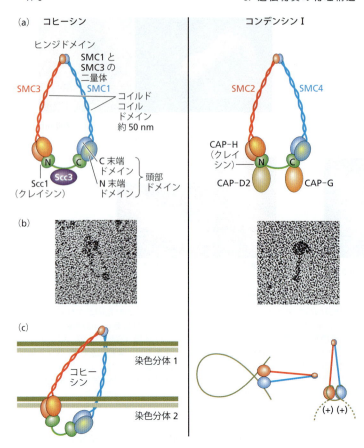

図 8.25 コヒーシンとコンデンシンの構造とクロマチン DNA との相互作用 （a）コヒーシンとコンデンシン I のモデル図．どちらの複合体も 1 組の SMC タンパク質，その他のサブユニットタンパク質を含む．SMC タンパク質は ATP 結合モチーフをもつ N 末端と C 末端，ヒンジドメインと，それによって分けられた二つの長いコイルドコイルドメインの五つのドメインから構成されている．それぞれの SMC サブユニットは折りたたまれ，二つの逆平行なコイルドコイルの中心領域を形成している．中心領域の一方の側はヒンジドメインに，他方は二つの N 末端および C 末端 ATP 結合ドメインから成る頭部ドメインによって挟まれている．二つの異なる組合わせの SMC サブユニットはヒンジドメインを介して二量体化し，頭部ドメインは非 SMC タンパク質と結合している．Scc1 と Scc3 は姉妹染色分体の接着に必要なコヒーシンサブユニットであり，CAP-H，CAP-D2，CAP-G はコンデンシン I の非 SMC サブユニットである．ちなみに二つめのコンデンシン複合体であるコンデンシン II はこれらとは異なる CAP サブユニットをもつ（表示していない）．間期におけるコンデンシン I とコンデンシン II の細胞内局在は異なっているが，どちらも有糸分裂期の初期に有糸分裂期染色体に結合して，染色体の凝縮と分離に重要な役割を果たしている．（b）ヒトのコヒーシンとコンデンシンの電子顕微鏡像．分子全体の形状の違いに着目してほしい．コヒーシンは環状，コンデンシンは棒状をしている．[Anderson DE, Losada A, Erickson HP & Hirano T [2002] *J Cell Biol* 156:419–424. The Rockefeller University Press の許可を得て掲載]（c）クロマチン DNA へのコヒーシン，コンデンシン結合のモデル図．コヒーシンはそのリング内に 1 対の姉妹染色分体を抱え込むと考えられる．細胞周期におけるコヒーシンとコンデンシンのクロマチン DNA への結合と解離の動態に関しては図 8.7 を参照してほしい．コンデンシンは DNA に正の超らせんを導入することが知られており，詳細な分子機構は不明なものの，この活性は多かれ少なかれ染色体の凝縮に寄与すると考えられている．図では提唱されている二つのモデルを示している．

セントロメアとテロメアは特別な機能をもった染色体領域である

有糸分裂期染色体には特別な機能と構造をもったセントロメアとテロメアという二つの領域がある．**セントロメア**（centromere）は，始めは有糸分裂期染色体中の高度に凝縮された領域であると認識されていた．今では，セントロメアは有糸分裂期のキネトコア形成に関与し，染色体の安全で忠実な分離に必要なことがわかっている．キネトコア（動原体）は有糸分裂期紡錘体において微小管と染色体の結合に介在するタンパク質複合体で，有糸分裂期後期にはこの部分を介して染色体が両極に引っ張られる．これに対してテロメアは核タンパク質でできた特別な構造で，染色体の両末端に位置する．テロメアは染色体末端を核酸分解や組換え，DNA 修復機構などから保護する役目をもつ．

セントロメアは数やタイプに関してさまざまである．多くの染色体は一つのセントロメアをもつが，複数のセントロメアをもつ染色体も存在する．また，多くの生物は特定の位置に局在したセントロメアをもつが，線虫などは全セントロメア型の染色体をもっており，染色体全体にセントロメアが拡散して存在している．ここでは最もよく知られて研究されている局在型セントロメアについて説明する．

局在型セントロメアは実に多様なサイズと配列をもち，二つのクラスに分けることができる．パン酵母にみられる**点型セントロメア**（point centromere）と分裂酵母およびその他の大部分の真核生物にみられる**領域型セントロメア**（regional centromere）である．パン酵母の点型セントロメアは必須な 125 bp をもち，そこに CENP-A ホモログの Cse4 を含むセントロメアヌクレオソームが一つ結合している．CENP-A はヒストン H3 の特別なバリアントである．この単一のヌクレオソームが有糸分裂期中期に微小管と安定に結合するキネトコアと相互作用する．領域型セントロメアは通常繰返し DNA 配列をもち，その配列と構造は種によって高度に多様化している．セントロメア DNA 領域の保存性がないことは，DNA 配列がセントロメア領域を決定しているわけではないことを示唆している．事

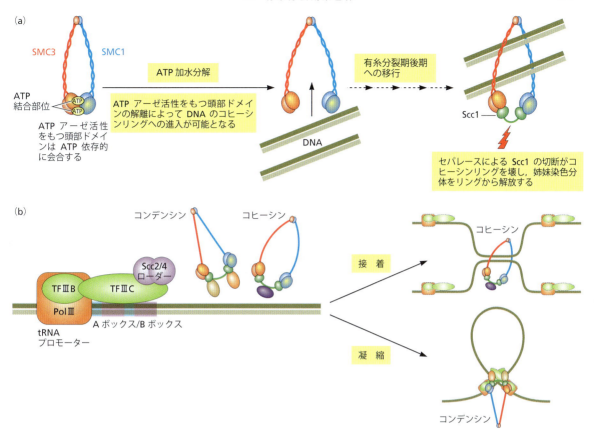

図 8.26 **DNA 上へのコヒーシン，コンデンシンの装填** (a) コヒーシンによる S 期における姉妹染色分体の抱え込み，および有糸分裂期における放出にはコヒーシン複合体のコンホメーション変化を伴う．染色体の放出には Scc1 を特異的に切断するプロテアーゼであるセパレースの活性も必要である．(b) コヒーシンとコンデンシンの DNA への装填は Scc2 と Scc4 の二量体 (Scc2/4) によって行われる．酵母におけるコヒーシン，コンデンシンのゲノムワイド分布の解析により，Pol III 転写開始前複合体または TF IIIC 単体が結合している tRNA プロモーター領域が装填部位であることが判明した．ゲノムには 300 近くの tRNA 遺伝子が散らばっており，これらがコヒーシンやコンデンシンをゲノム上に装填するためのプラットフォームとして働いている．コヒーシンは装填された後，離れた部位へと移動し，S 期から有糸分裂期まで姉妹染色分体を束ねる．一方でコンデンシンは装填部位にとどまり，離れた TFIII 部位と連結して DNA ループを形成する．[(a), (b) Gartenberg MR & Merkenschlager M [2008] *Genome Biol* 9.236 を改変．BioMed Central の許可を得て掲載]

実，多くの実験からセントロメア DNA はセントロメア形成に必要でも十分でもないことが示されている．すべての領域型セントロメアを統一する唯一の特徴は，標準的な H3 部分に CenH3 バリアント（ヒトでは CENP-A）をもつヌクレオソームの存在だけである．

図 8.27(a) には，CENP-A をもつ異なるタイプのヌクレオソーム粒子が描かれている．セントロメアヌクレオソームは，(1) H3 の代わりに CENP-A をもつオクタソーム，(2) CENP-A, H4, H2A, H2B それぞれ 1 分子ずつから成る通常の四量体で**ヘミソーム** (hemisome) とよばれる粒子，(3) そして，通常の CENP-A-H4 四量体に加えて H2A-H2B の代わりの非ヒストンタンパク質を取込んだヘキサソームである．H3 または CENP-A に対する蛍光標識抗体を用いた解析によって領域型セントロメアの構造をさらに解析したところ，標準的ヌクレオソームがセント

ロメアヌクレオソーム対に分散して配置されているという非常に変わった分布が見つかった（図 8.27 b）．おそらくこの組成は，二つの不均等なクロマチン繊維の面をもった高次構造の形成を可能にし，片面はキネトコアと相互作用し，別の片面は姉妹染色分体をつなぎ合わせる働きをしているのだろう．さらに，ある種のヒストン翻訳後修飾が非ランダムに分布するという別の複雑性も加味されている（図 8.27 c）．

DNA 複製が二本鎖 DNA 末端に差し掛かると DNA ポリメラーゼは片方の末端を完全に複製することができないという特有な性質をもつため，**テロメア** (telomere) は細胞にとって必須である．DNA 複製のこの性質から，DNA 複製を繰返すたびに染色体が短くなり，遺伝情報が失われてしまう（第 20 章参照）．テロメアはこの問題を解決するための特殊な染色体末端構造である．ほとんどの生物におい

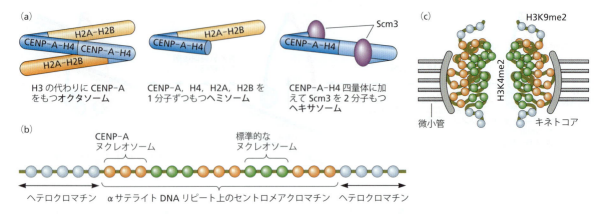

図 8.27　ヒトセントロメア領域でみられるユニークなクロマチンの構成　(a) セントロメアヌクレオソームのヒストンコアの考えうる構成．すべてのヌクレオソーム粒子はセントロメア特異的ヒストン H3 バリアントの CENP-A を含んでいる．CENP-A と H4 の二量体は標準的オクタソームとしてのヒストン八量体形成に関与していると考えられる．そして，それは H2A-H2B 二量体と相互作用し，各コアヒストン 1 分子を含むヘミソームのコアを形成する．最終的に CENP-A と H4 の二量体は非ヒストンキネトコアタンパク質で酵母 CenH3 の配置に関わる Scm3 2 分子と結合している．もしこれが証明されれば，H2A-H2B の代わりに非ヒストンタンパク質をもったヌクレオソーム因子の最初の例となる．(b, c) セントロメアクロマチンの高次構成．セントロメアヒストンである CENP-A を含むヌクレオソームのサブドメイン（オレンジで示す）が標準的な H3 型ヌクレオソーム（緑で示す）の間に散りばめられている二次元クロマチン繊維．標準的粒子はリシン K4 でジメチル化（H3K4me2）されている．このヌクレオソーム構成様式は α サテライト DNA リピート領域のある部分にみられ，残りの領域は青で示されるように，セントロメアドメインの片側または両側においてヘテロクロマチンを形成する．ヘテロクロマチン領域のヒストン H3 は典型的なヘテロクロマチン修飾であるリシン K9 がジメチル化されている．染色体が凝縮する中期には，標準的 H3 と CENP-A が散りばめられているドメインは CENP-A ヌクレオソームを染色体の片面に寄せるらせん構造をつくり，そこでキネトコアタンパク質と相互作用する．一方，H3 をもつヌクレオソーム領域は姉妹染色分体のキネトコアの間に位置をとる．[(a)〜(c) Michael Hendzel, University of Alberta のご厚意による，改変]

て，テロメア DNA には短い縦列反復配列に加えて，グアニンに富んだ（G リッチ）突出末端が存在する（図 8.28）．これらの反復配列は DNA の末端に付加され，染色体の短縮の有害な影響から DNA 末端を保護している．これらの消失は大きな問題ではない．しかしながら，この状態では常に 3′ 突出末端が存在することになる．DNA 3′ 突出末端は，DNA 修復酵素によって認識され，DNA 損傷部位と間違えられてしまい，染色体の他の部位に組込まれてしまう．しかしこの不都合で予期しない DNA 修復は，**グアニン四重鎖**（G-quadruplex）とよばれる一本鎖突出配列によりつくられる風変わりな構造によって阻止されている（図 8.29）．あるいは，テロメアの突出末端は上流に位置する相同な領域と相互作用して，**t ループ**（t-loop）を形成する．このような t ループは**シェルテリン**（shelterin）

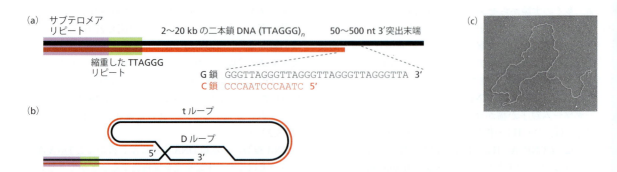

図 8.28　ヒトテロメアの DNA 構造　(a) 多数の TTAGGG リピートから成る染色体末端．このリピートは同一個体においても異なる長さをもつ．TTAGGG リピートは不完全な反復配列とサブテロメア領域の繰返し領域に続いて存在する．長い G リッチ 3′ 突出末端はグアニン四重鎖を形成しやすい．(b) t ループ構造の概略図．ループの大きさはさまざまである．テロメアの 3′ 一本鎖末端ははるか上流の二本鎖 DNA 内に存在する相同領域の DNA 鎖に置き換わってアニーリングし，D ループを形成する．この反応は，TRF2 によって触媒される．[(a), (b) Palm W & de Lange T [2008] *Annu Rev Genet* 42:301–334 より改変．Annual Reviews の許可を得て掲載］(c) t ループの電子顕微鏡像．[Jack Griffith, University of North Carolina のご厚意による]

8.5 有糸分裂期染色体

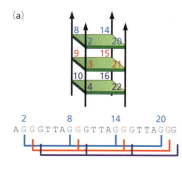

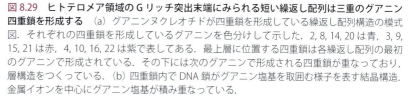

図 8.29 **ヒトテロメア領域の G リッチ突出末端にみられる短い繰返し配列は三重のグアニン四重鎖を形成する** (a) グアニンヌクレオチドが四重鎖を形成している繰返し配列構造の模式図．それぞれの四重鎖を形成しているグアニンを色分けして示した．2, 8, 14, 20 は青，3, 9, 15, 21 は赤，4, 10, 16, 22 は紫で表してある．最上層に位置する四重鎖は各繰返し配列の最初のグアニンで形成されている．その下には次のグアニンで形成される四重鎖が重なっており，層構造をつくっている．(b) 四重鎖内で DNA 鎖がグアニン塩基を取囲む様子を表す結晶構造．金属イオンを中心にグアニン塩基が積み重なっている．

とよばれるタンパク質複合体と相互作用する（図 8.30）．シェルテリンはテロメア末端構造を不都合な修復や分解から防ぐように働く．染色体の構造に関し，下等真核生物の比較的短いテロメアはヌクレオソーム構造をとらず，逆に高等真核生物の長いテロメアはテロメアの全体の構造に寄与するヌクレオソームが密に詰まった状態をとる．

有糸分裂期染色体の構造には多くのモデルが提唱されている

有糸分裂期染色体の構造に関して，少なくとも四つの主要なモデル，すなわち繊維折りたたみモデル，階層的らせんモデル，放射状ループモデル，放射状ループらせん形成モデルが提唱されている（表 8.6）．現在最も一般的なモデルは放射状ループモデルと階層的らせんモデルであり（図 8.31），これらのモデルにはどちらも実在する証拠があり，おそらく共存可能である．Box 8.4 で放射状ループモデルを詳細に説明する．

現在のこれらのモデルをはっきりと証明あるいは否定するためには，さらなる研究が必要なことは明白である．さらに洗練されたイメージング技術の登場により，分子生物学分野におけるこの長年の謎がいずれ解明されることを期待したい．

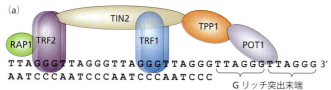

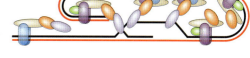

図 8.30 **シェルテリン複合体** (a) シェルテリン複合体にはテロメアの二本鎖 DNA に結合する TRF1 および TRF2 の二量体，一本鎖 DNA の G リッチ突出末端に結合する POT1，架橋構造を形成する TIN2 と TPP1 が含まれる．POT1 は一本鎖 DNA を認識して修復しようとする通常の DNA 修復プロセスを抑制する働きをする．[Palm W & de Lange T [2008] *Annu Rev Genet* 42:301–334 より改変．Annual Reviews の許可を得て掲載] (b) シェルテリン複合体がテロメア t ループの立体構造に結合している様子を表す図．TRF1 と TRF2 はそれぞれ独立に結合しており，そのため TRF1 二量体を欠いた複合体など，いくつかの異なるサブ複合体が存在する．[Denchi EL [2009] *DNA Repair* 8:1118–1126 より改変．Elsevier の許可を得て掲載]

表 8.6 **有糸分裂期染色体構造の主要な四つのモデル**

モデル	方 法	特 徴	研究者，年
繊維折りたたみモデル	光学顕微鏡と電子顕微鏡を用いた観察	さまざまな方向に伸びたクロマチン繊維がもつれた状態	Ernest DuPraw, 1965
階層的らせんモデル	光学顕微鏡と電子顕微鏡を用いた観察	30 nm 繊維が連続的ならせんをつくり，100 nm，200〜250 nm そして最終的には 500〜750 nm（姉妹染色分体の直径に相当）の構造を形成する．最終的ならせんは中空と予測される	Francis Crick, 1977; John Sedat and Laura Manuelidis, 1978
放射状ループモデル	ヒストン除去染色体の電子顕微鏡観察	クロマチン繊維のループが II 型トポイソメラーゼとコンデンシンを含むタンパク質性の足場から放射状に広がる	Ulrich Laemmli, 1977
放射状ループらせん形成モデル	透過型電子顕微鏡と走査型電子顕微鏡を用いた観察	30 nm 繊維の放射状ループをもつ 200 nm 繊維がらせん状に巻かれて姉妹染色分体を形成する	Jerome Rattner, 1992

Box 8.4　有糸分裂期染色体：Ulrich Laemmli の功績

有糸分裂期染色体では DNA の高度な凝縮が起きていることが古くから知られていた．それぞれの有糸分裂期染色体は一つの DNA 分子であり，有糸分裂によって染色体が二つの娘細胞に分配される前に各 DNA 分子は 10000 倍近くに凝縮される．間期に起こるクロマチンの凝縮はせいぜい 40 倍であり，有糸分裂期にはさらに高度な圧縮が必要となる．

Ulrich Laemmli は完全に凝縮した有糸分裂期染色体の構造および凝縮のプロセスについて知りたいと考え，1970 年代半ばに研究を開始した．当時はまだ，クロマチンの染色体への凝縮はクロマチン繊維の連続したらせん形成による自己会合によって起こると考えられていた時代である．彼は，ある種の非ヒストンタンパク質が特定の DNA 領域と特異的に相互作用し，クロマチン繊維をタンパク質の軸から放射状に伸びるループ構造に折りたたむのだと主張し，それゆえ，彼のモデルは**放射状ループモデル**（radial loop model）とよばれる．彼はどのようにしてこのアイデアにたどり着いたのだろうか．

初期に行った実験は，単離された有糸分裂期染色体をヒストン除去してから電子顕微鏡観察するというものだった（図 1）．図 1(a) に示されているように，得られた構造は完全なる非折りたたみ構造ではなかった．むしろ，染色体の全体の形状を維持していたのである．中心部にははっきりとした構造体がみられ，それは**足場**（scaffold）と名付けられた．さらなる研究により，二つの足場構成因子であるⅡ型トポイソメラーゼと，コンデンシンの非 SMC サブユニットの一つである SC2 タンパク質が発見された．足場に接している DNA 領域は**足場結合領域**（**SAR**：scaffold attachment region）と名付けられた．SAR は約 1～2 kb で，A・T 塩基対に富んだ領域であることも明らかにされた．間期の核内において，クロマチン繊維と核マトリックスが接する部分で SAR に非常に似た長さと構成をもつ領域が見つかっていて，こうした領域は**核マトリックス結合領域**（**MAR**：matrix attachment region）とよばれている．MAR と SAR は同じではないがよく似ており，間期の核と有糸分裂期染色体のどちらにおいてもクロマチン繊維に結合し，個々のループドメインの形成を手助けをするという同様の役割を果たす．

ヒストン除去した染色体の初期の画像では，タンパク質で形成された足場から拡散している DNA ループが強いハロー（光背）をつくっている様子が確認できる．現在ではこうした DNA ループが実際に核内の染色体でも実在するのかどうかを解明しようと試みられている．しかし，高度に密集した染色体構造中でこうしたループ構造はどのような方法で観察されるのだろうか．すべてのタンパク質の結合を維持できる程度に 2 価イオンを低減させた状態に染色体を曝露させ，わずかに伸展した染色体の像を得ることがこつである．このような膨張した染色体の電子顕微鏡像（図 1 b 左参照）で明確に DNA ループの存在を確認できる．透過型電子顕微鏡像（図 1 b 右参照）でもクロマチンループを認めることができる．染色体表面にみられる粒状の部分はループの先端部を表している．記憶にあるかもし

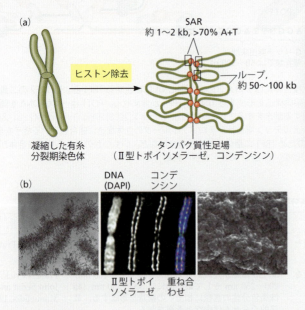
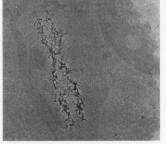

図 1　有糸分裂期染色体　(a) ヒストンを除いた有糸分裂期染色体．［右：Paulson JR & Laemmli UK [1977] *Cell* 12:817–828. Elsevier の許可を得て掲載］(b) 左：低濃度 2 価イオン溶液中の膨らんだ状態の有糸分裂期染色体画像．中央：Ⅱ型トポイソメラーゼとコンデンシン抗体を用いて蛍光染色した蛍光顕微鏡像．右：膨らんだ染色体の透過型電子顕微鏡像．［左と中央：Maeshima K & Eltsov M [2008] *J Biochem* 143:145–153. Oxford University Press の許可を得て掲載．右：Shemilt LA, Estandarte AKC, Yusuf M & Robinson IK [2014] *Philos Trans R Soc Lond A* 372:20130144. Royal Society of Chemistry の許可を得て掲載］

重要な概念

175

れないが，近年の AFM（図 8.24 参照）でもよく似た構造が認められる．

その後，足場タンパク質であるII型トポイソメラーゼとコンデンシンに着目した研究が行われ，これらのタンパク質に対する特異的抗体を用いた蛍光顕微鏡観察によって重要な答えが得られた（図1b中央参照）．II型トポイソメラーゼとコンデンシンは各染色分体の軸に沿ってそれぞれ異なる局在を示すことがわかった．染色体凝縮におけるII型トポイソメラーゼの必要性は生化学実験によって証明されている．

こうして，何年もの研究の末に放射状ループモデルができ上がった（図2）．

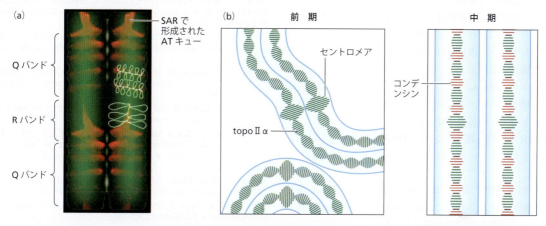

図2　凝縮した中期染色体の Laemmli モデルと染色体構築の2段階足場モデル　(a) 凝縮した中期染色体の Laemmli モデル．それぞれの染色分体が DNA が均一に詰込まれた状態をしており，SAR がタンパク質性の足場に並列に結合することで形成される AT キュー（AT queue）とよばれる内部構造をもっている．AT キューは不規則ならせん様構造でテロメアからテロメアまでつながっている．AT キューの折りたたみは細胞学的に認識されるバンドに合致しているようである．きつくらせんを巻いた部分は Q バンド，緩いらせん部位は R バンドとよばれる．［Ulrich Laemmli, University of Geneva のご厚意による］(b) 染色体凝縮における2段階足場モデル．始めにII型トポイソメラーゼが，そして次にコンデンシンが働く．このモデルは前期染色体にはコンデンシンが結合していないことに由来する．コンデンシンは前期から中期への移行期間でのみ染色体に結合している．前期には緑で示したようにセントロメアに強いII型トポイソメラーゼのシグナルが観察され，染色体上にII型トポイソメラーゼの鎖状のシグナルがみられる．II型トポイソメラーゼの鎖状のシグナルはセントロメアのヘテロクロマチン領域が染色体腕部へ拡張されていくことによって生じている可能性がある．この凝縮によって中期のものよりも長く細い前期特有の染色分体ができ上がる．図には姉妹染色分体を示す．中期の間，染色体は特徴的な理髪店のサインポールのような見た目になる．このような形をとる理由が，II型トポイソメラーゼまたはコンデンシンによるらせん形成が原因なのか，クロマチンの積み重なりによるものなのか，あるいは他の構造的変化によるのかは不明である．［Maeshima K & Laemmli UK [2003] Dev Cell 4:467-480 より改変．Elsevier の許可を得て掲載］

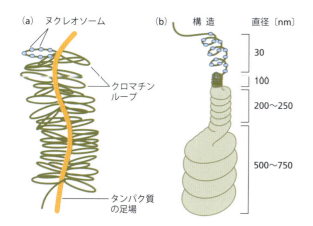

図 8.31　染色体構造に関する二つの主要なモデル　(a) 放射状ループモデル，(b) 階層的らせんモデル．このモデルでは 30 nm 繊維がさらに直径 100，約 250，約 500 nm のらせんに段階的に折りたたまれている．

重要な概念

- すべての生物のゲノムは特異的なタンパク質と相互作用することで凝縮されている．このゲノムの凝縮はしばしば遺伝子発現制御における役割も果たす．
- ウイルスでは，DNA または RNA はキャプシドによって高度に圧縮された構造をとる
- 細菌では，大きな環状染色体が種々のタンパク質によって圧縮され複雑化されているが，転写因子は接近可能な状態になっている
- 真核生物はヒストンとよばれる構造タンパク質を利用してクロマチンの反復構造をつくり出している．古細菌もこれに似たクロマチン構造をもつ．
- 真核生物クロマチンの反復構造はヌクレオソームとよばれ，コア粒子とリンカー DNA から構成される．それぞれのコア粒子では，およそ 147 bp の DNA がヒストン八

量体に左回りで 1.67 回巻き付いている．それぞれの粒子には H2A, H2B, H3, H4 が 2 分子ずつ含まれる．H2A と H2B はヘテロ二量体を形成し，H3 と H4 は四量体を形成する．

- いくつかのヒストンにはバリアントが存在し，それらは何種類かの翻訳後修飾を受ける．これによりヌクレオソームに膨大な多様性が生じる．
- ヌクレオソームの形成はヒストンシャペロンとよばれるタンパク質によって促進される．
- ヌクレオソーム構造は可変的で，特定の状況下でさまざまな構造を見せる．
- クロマチン繊維においてヌクレオソームは特異的な位置に形成されるが，ヌクレオソーム間の間隔には一貫性はあまりなく，種特異的である．
- ヌクレオソーム間のリンカー DNA にはしばしば H1 に属するヒストン，あるいはリンカーヒストンが結合している．
- 生理的塩濃度では，クロマチン繊維は密な 30 nm 繊維に折りたたまれる傾向にある．30 nm 繊維の詳細な構造については現在も議論が続いている．
- 個々の染色体は間期の核内においてそれぞれに固有のテリトリーを形成しているようである．
- 有糸分裂期には姉妹染色分体は目に見える長い有糸分裂期染色体を形成する．有糸分裂期染色体は特異的タンパク質によって高度に凝縮されている．有糸分裂期染色体の折りたたみ機構についてはまだ議論が続いている．
- 染色体には特殊化された領域が存在する．セントロメアは有糸分裂期紡錘体の微小管が結合する領域であり，染色分体の分離のために必要である．テロメアは特殊な構造をとっている染色体の末端領域であり，末端 DNA の分解や偶発的 DNA 修復から保護する役割を果たしている．それぞれの領域にはそれらの構造を維持するための特異的タンパク質が必要である．

参考文献

成書

Catalano CE (ed) (2005) Viral Genome Packaging: Genetics, Structure, and Mechanisms. Springer Verlag.

Higgins PN (ed) (2005) The Bacterial Chromosome. ASM Press.

Sumner AT (2003) Chromosomes. Organization and Function. Blackwell Science Ltd.

van Holde KE (1988) Chromatin. Springer Verlag.

Zlatanova J & Leuba SH (eds) (2004) Chromatin Structure and Dynamics: State-of-the-Art. Elsevier.

総説

Arya G, Maitra A & Grigoryev SA (2010) A structural perspective on the where, how, why, and what of nucleosome positioning. *J Biomol Struct Dyn* 27:803.820.

Cremer T & Cremer C (2001) Chromosome territories, nuclear architecture and gene regulation in mammalian cells. *Nat Rev Genet* 2:292–301.

De Koning L, Corpet A, Haber JE & Almouzni G (2007) Histone chaperones: an escort network regulating histone traffic. *Nat Struct Mol Biol* 14:997–1007.

Hudson DF, Marshall KM & Earnshaw WC (2009) Condensin: Architect of mitotic chromosomes. *Chromosome Res* 17:131–144.

Luijsterburg MS, Noom MC, Wuite GJ & Dame RT (2006) The architectural role of nucleoid-associated proteins in the organization of bacterial chromatin: a molecular perspective. *J Struct Biol* 156:262–272.

Maeshima K & Eltsov M (2008) Packaging the genome: the structure of mitotic chromosomes. *J Biochem* 143:145–153.

Palm W & de Lange T (2008) How shelterin protects mammalian telomeres. *Annu Rev Genet* 42:301–334.

Pisano S, Galati A & Cacchione S (2008) Telomeric nucleosomes: forgotten players at chromosome ends. *Cell Mol Life Sci* 65:3553–3563.

Torras-Llort M, Moreno-Moreno O & Azorin F (2009) Focus on the centre: the role of chromatin on the regulation of centromere identity and function. *EMBO J* 28:2337–2348.

van Holde K & Zlatanova J (1999) The nucleosome core particle: does it have structural and physiologic relevance? *BioEssays* 21:776–780.

van Holde K & Zlatanova J (2007) Chromatin fiber structure: Where is the problem now? *Semin Cell Dev Biol* 18:651–658.

Wood AJ, Severson AF & Meyer BJ (2010) Condensin and cohesion complexity: the expanding repertoire of functions. *Nat Rev Genet* 11:391–404.

Zlatanova J, Bishop TC, Victor J-M et al. (2009) The nucleosome family: dynamic and growing. *Structure* 17:160–171.

実験に関する論文

Luger K, Mäder AW, Richmond RK et al. (1997) Crystal structure of the nucleosome core particle at 2.8 Å resolution. *Nature* 389:251–260.

Paulson JR & Laemmli UK (1977) The structure of histone-depleted metaphase chromosomes. *Cell* 12:817–828.

Segal E, Fondufe-Mittendorf Y, Chen L et al. (2006) A genomic code for nucleosome positioning. *Nature* 442:772–778.

Thoma F, Koller T & Klug A (1979) Involvement of histone H1 in the organization of the nucleosome and of the salt-dependent superstructures of chromatin. *J Cell Biol* 83:403–427.

9 細菌の転写

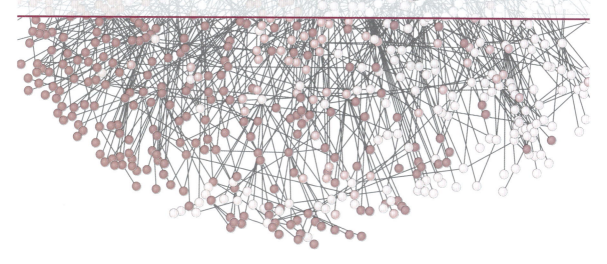

9.1 はじめに

前章でみてきたように，細胞における遺伝情報はDNAに保存されている．しかし，この情報は特異的なRNA分子やタンパク質分子の形態として発現する．実際これらすべての発現には二本鎖DNAのどちらか一方の配列に相補的なRNA分子の合成を必要とする．RNA合成の過程，つまり転写はタンパク質合成の鋳型となるmRNAの産生と，細胞に必要な他のすべての特殊なRNA分子の生成に必須なものである．この章では，まずすべての生物種において共通の基本的な転写機構の概要について学び，その後に細菌において転写がどのように生じているかを詳しくみていくことにする．細菌における転写制御のさらなる詳細ついては第11章で述べる．

9.2 転写の概要

転写にはすべての生物種における共通点が存在する

最初に，転写について語る際に用いられる概念と表記法について紹介する．まず，RNAを合成するために読込まれる配列をもつDNA鎖を**鋳型鎖**（template strand）という．つまり，RNAにおける配列はこの鋳型鎖の相補的なコピーとなる．新生RNA鎖に付加されるヌクレオチドは塩基対形成によって特定され，鋳型上の次のまだ対を形成していないヌクレオチドに対して相補的になる．DNA分子において，A（アデニン）には相補的にT（チミン）が塩基対形成されるが，RNAではU（ウラシル）が形成される点以外，基本的にDNA分子の二つの相補鎖間の塩基対形成とまったく同じ法則に従い，新生RNAに塩基が付加される（図9.1）．鋳型鎖でないもう一方には三つの異なる呼称が使われ，**センス鎖**（sense strand），**コード鎖**（coding strand），**非鋳型鎖**（nontemplate strand）などとよばれる．始めの二つの呼称はDNAにおけるチミンがRNAにおいてはウラシルに置き換わっているものの，このDNA鎖における配列情報はRNAにおけるものとまったく同じであり，そして向きも同様の5′→3′方向である事実を反映している（図9.1の青字の配列を参照）．しかしながらこれらのよび方は紛らわしいので，本書では鋳型として直接

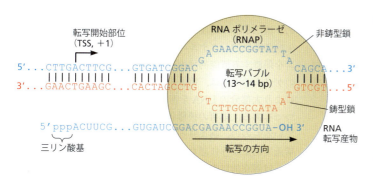

図9.1 遺伝子の向き 慣例により，遺伝子は5′末端から3′末端に転写されるといわれるが，実際には鋳型鎖が3′末端から転写されていく．というのも新生RNA鎖は二本鎖核酸における通常の法則に従うからである．DNA鋳型と新生RNAは逆平行の関係であり，塩基は相補的に配置される．非鋳型鎖はコード鎖，またはセンス鎖ともよばれ，mRNAにおけるコドンとまったく同じである．転写過程においてDNAの13〜14 bpから成る狭い領域が開裂し，転写バブルを形成する．5′→3′方向への遺伝子に沿った移動は下流への移動，逆の3′→5′方向への移動を上流への移動という．

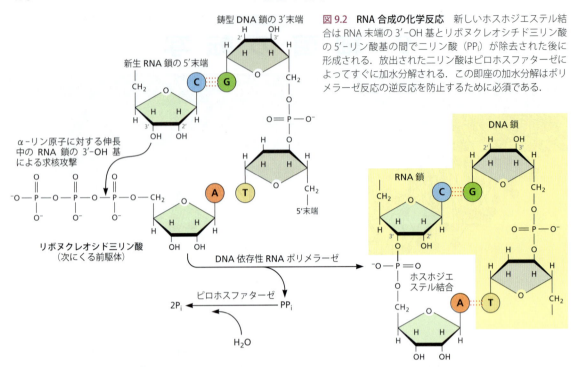

図9.2 **RNA合成の化学反応** 新しいホスホジエステル結合はRNA末端の3′-OH基とリボヌクレオシド三リン酸の5′-リン酸基の間で二リン酸（PP_i）が除去された後に形成される．放出された二リン酸はピロホスファターゼによってすぐに加水分解される．この即座の加水分解はポリメラーゼ反応の逆反応を防止するために必須である．

使われないことを意味する非鋳型鎖という言い方を用いる．

　実際に鋳型鎖は3′末端からコピーされているのだが，RNAは配列上非鋳型鎖に一致するので，この遺伝子は5′末端から3′末端方向に転写されたといわれる（図9.1参照）．したがって，RNAの5′末端は非鋳型鎖の5′末端に対応する．新生RNA鎖での次のヌクレオチドの付加には3′位における非結合状態のヒドロキシ基が必要であり，これにより転写の方向性が規定される．図9.2はヌクレオチド付加における化学反応を示している．また，新生RNA鎖は二本鎖DNAの構造も支配している"相補"と"逆平行"の法則に従って合成される．遺伝子上を5′→3′方向に移動することを**下流**（downstream）に移動するといい，3′→5′方向に移動することを**上流**（upstream）に移動するという．

　転写の古典的な見方では，ゲノム上どこにおいても一方の鋳型鎖のみが転写されるとされていた．現在では我々は常にそれが正しいわけではないことを知っている．つまり，ときには両方の鋳型鎖が逆方向に転写されうるのである．上述した呼称についての決まりごとは両方向性で生じているそれぞれの転写にも適用される．そのような**二方向性転写**（bidirectional transcription）については後の章で詳しく説明する．

転写は多数のタンパク質を必要とする

　鋳型依存的なRNA合成は**RNAポリメラーゼ**（RNAP; RNA polymerase）とよばれる酵素により触媒される．転写産物に付加される残基はヌクレオシド三リン酸としてポリメラーゼに提供され，それらの加水分解によって二リン酸（図9.2参照）と，ポリメラーゼが単一方向にDNAに沿って移動するためのエネルギーが生み出される（**Box 9.1**）．ヌクレオチドの付加は，付加されるヌクレオシド三リン酸のα位リン酸基へのマグネシウムに触媒されたRNA鎖末端の3′-OH基による求核攻撃を必要とする．

　転写は多段階反応であり，**開始**（initiation），**伸長**（elongation），**終結**（termination）を含む．これらの各段階はとても複雑であり，RNAポリメラーゼ自身に加え非常に多くのタンパク質因子が関与する．さらにいくつかの特異的ポリメラーゼは，類似機構が存在するもののそれぞれ独自の特徴と機能により特徴付けられる．この章では，細菌で働いている比較的単純な機構について論じる．より複雑な真核生物の転写は次章で述べる．

　真核生物で機構がより複雑になる理由はこれまでの章から類推できるかもしれない．真核生物のすべての細胞は生物の完全なゲノムをもっているが，各細胞や各組織は特異的な遺伝子群の発現を必要とする．このことは，細胞，発生段階特異的シグナルのみが接近できる核に真核生物ゲノムを隔離する機能的理由になっているのであろう．核内へのゲノムの隔離は，第8章において述べたクロマチン構造により大部分のDNAを密集させ保護するための機能の一つでもある．細菌の核様体は多くの結合タンパク質をもっているものの，あまり明確ではなく，そして安定ではない構造であるように思われる．ほとんどすべての細菌のゲノムへは潜在的に常に接近可能であり，これはより単純な細

Box 9.1　分子運動と熱力学第二法則

RNA ポリメラーゼが DNA に沿って動くときに二つの異なる方式を使う．ポリメラーゼが不規則に DNA に結合してプロモーターの探索を行う際，ポリメラーゼ分子は一次元的ブラウン運動として知られる行ったり来たりのランダムウォークを行う．他方，一度プロモーターを見つけ出して転写を開始すると，ときには数万塩基対にわたってこの移動はもっぱら一方向に限られる．そのような根本的な違いはどのように生み出されるのだろうか．

その問いの回答には，二リン酸の放出に伴うヌクレオチド残基の RNA 鎖への付加が生じる場合のみ一方向への移動があるという事実が手がかりとなる．方向性をもった移動を達成するためには常にエネルギー放出共役反応が必要であることは生物学全般にわたって一般的であり，それは熱力学の第二法則の帰結でもある．第二法則を説明する一つの方法は，自由エネルギーを用いずに役に立つ仕事をできない，ということである．実際，有用な仕事のために利用できる自由エネルギーの変化は全エネルギー変化の一部として定義でき，ある程度のエネルギーは常に熱として放出される．

図1 に示された単分子実験を考えてみよう．RNA ポリメラーゼがスライドガラスに固定されており，そこに DNA が通っている．DNA の片側は原子間力顕微鏡（AFM）のカンチレバーの探針につながれている（第1章参照）．この状態では RNA ポリメラーゼはプロモーターで一時停止しており，ヌクレオシド三リン酸を加えることにより転写が開始されると仮定する．DNA が一方向にポリメラーゼ内を進むと，探針に逆らいそれを曲げる仕事をする．一方，もしヌクレオシド三リン酸なしでポリメラーゼが DNA に沿ってランダムに，プロモーターを探査するのであれば，行ったり来たりするだけでいつまでたっても実質的な DNA の移動は起きず，探針は何も仕事をしないだろう．しかしながら，一方向の運動なら仕事をするための手段になると常に考えることができる．ここで，自由エネルギーなしに環状 DNA の周りをぐるぐる回るタンパク質を仮定しよう．そして，この動きを軸回転運動に変換して仕事を行うナノ機械の構築したとする．しかしこれは熱力学第二法則に背く永久機関となってしまう．つまり何がいいたいかというと，仕事を成し遂げるためには，常に機械に共役したエネルギーの供給が必要なのである．

それではこの自由エネルギーはどこから来るのだろう．

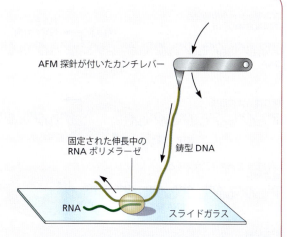

図1　転写においてなされる仕事を論証する単分子実験
DNA 分子はスライドガラスに接着された黄土色の楕円形で示されている RNA ポリメラーゼにより転写されている．AFM のカンチレバーの探針に DNA は結合しており，探針に対して仕事をする．この仕事を行うエネルギーはヌクレオシド三リン酸の加水分解によって生じる．

RNA ポリメラーゼの場合，それはヌクレオチド残基の付加反応からもたらされる．ヌクレオシド三リン酸の加水分解は発エルゴン反応であり，共役するすべての反応に対して自由エネルギーのよい供給源となる．生物における一方向性反応の中に共役反応のよい例がある．それはイオンの膜輸送であり，RNA の核外輸送であり（第14章参照），微小管上のモータータンパク質の運動であり，細菌の鞭毛の回転運動である．これらの過程において ATP の加水分解が駆動力を供給している．

もう一つ，RNA ポリメラーゼの一方向性の移動をより機械的に見る方法がある．分子が移動段階を進むたびにヌクレオチド付加反応が生じる．おそらくこの過程は RNA ポリメラーゼのコンホメーション変化を伴うので，不可逆反応である．このラチェット（逆回転防止歯止め付き歯車）機構は時計の中の仕掛けのようなもので，ばねが時計を1秒前進させるとき，ラチェットフォール（歯止め）が逆回転に滑り戻るのを防いでいる．この説明は機構を可視化するのに容易であるが，熱力学の説明の方がより一般的であり，モデルなどは実際必要ないのである．

菌の生活環に合っているようにみえる．

転写の開始，伸長，終結過程の総論についてからまず始め，それからそれらの機構と制御の詳細について考えていく．図9.3（a）に示されているように，転写の過程はプロモーターとよばれる領域の DNA 配列にポリメラーゼが結合することにより開始する．プロモーターの直後には数塩基対の**転写開始部位**（**TSS**；transcription start site）とよばれるシグナルが存在する．特定のヌクレオチドから成るこの位置は転写開始の目印となる（図9.1 参照）．RNA ポリメラーゼのプロモーターとの最初の結合は**閉鎖複合体**（closed complex）の形成につながる．これは過度な単純化であるが，実際ポリメラーゼは DNA 上に不規則に結合し一次元的にプロモーターを探査する．つまり，プロモーター配列を見つけるまで二重らせん上を移動する．この一方向的探査はタンパク質-DNA 結合の共通な特徴である（Box 9.1 と第6章参照）．次の段階で，ポリメラーゼはプ

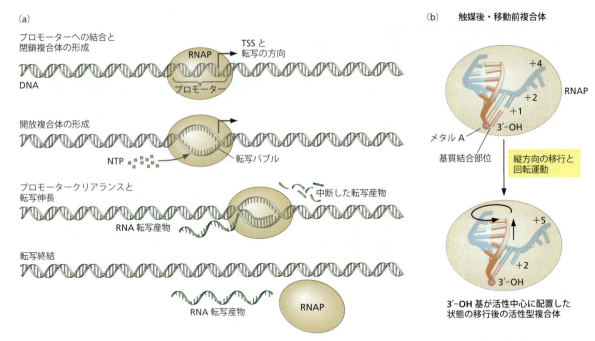

図 9.3 転写の基礎 (a) 転写の各段階．RNA ポリメラーゼ（RNAP）は DNA 上のプロモーター領域に結合し閉鎖複合体を形成する．RNA ポリメラーゼは DNA を開裂させ，13〜14 bp から成る両 DNA 鎖が離れた転写バブルを形成し，開放複合体となる．ポリメラーゼに入ってくるヌクレオチド三リン酸（NTP）はむき出しの鋳型 DNA 鎖上の塩基と対合し，最初のホスホジエステル結合が形成され，ヌクレオチドが新生 RNA 分子へとつながれる．この段階では RNA 合成は未熟であり，ほとんどの場合，短い新生転写産物はポリメラーゼから放出される．一度転写産物がおおよそ 15 塩基以上に伸長すると，ポリメラーゼはプロモーターから離れ，進行的な伸長段階へと突入する．その段階の DNA-RNA-ポリメラーゼ三者複合体はとても安定であり，ポリメラーゼは解離することなく長い DNA を転写する．この特徴的な RNA ポリメラーゼの高いプロセッシビティゆえに，DNA 上を移動して作用するその他の酵素，たとえば DNA ポリメラーゼや大部分のヘリカーゼなどと RNA ポリメラーゼは区別されている．そして最終的に転写は終結し，三者複合体は解離する．(b) 転写伸長中の RNA ポリメラーゼの結晶構造解析に基づく DNA-RNA ヘテロ二本鎖の概要．メタル A と標識されたポリメラーゼの活性中心に対する DNA の二重らせんの推測される動きを示す．DNA は薄い青，RNA 転写産物は赤で示す．上の図は触媒後で移行前の複合体，下の図は移行後の活性型複合体を示す．移行には黒い矢印で示すように二つの異なる運動である二重らせんに沿った縦方向の動きと回転運動が含まれていることに注目．この結果，3′-OH 基は活性中心に配置され，鋳型 DNA 鎖上の +2 の位置にある次のヌクレオチドは次にどのリボヌクレオチドが入ってくるべきかを決定するために正しく配置される．[Zlatanova J, McAllister WT, Borukhov S & Leuba SH[2006] Structure 14:953-966. より改変．Elsevier の許可を得て掲載]

ロモーター領域の DNA を開裂させ，**開放複合体**（open complex）と 13〜14 bp から成る**転写バブル**（transcription bubble）を形成する．この時点で転写バブルにおける DNA の塩基は露出し鋳型として使用可能になり，RNA の合成が開始する．DNA は二重らせんとして RNA ポリメラーゼに入り，そして出ていくので，バブルはポリメラーゼの中にのみ存在することに留意してほしい（図 9.3 参照）．

新生 RNA における最初のヌクレオチド間のホスホジエステル結合の形成はどちらかというと遅い．形成済みの塩基対の数が少ないので，最初は RNA-DNA 二本鎖は非常に不安定である．この不安定性は短い転写産物のポリメラーゼからの解離を頻繁に起こし，**転写中断**（abortive transcription）とよばれる．この段階においてポリメラーゼは鋳型に沿って移動することなく最初の場所に居座っており，すでに転写された鋳型部位はポリメラーゼ内部でたわんだ状態になっている．一度転写産物が約 15 塩基の長さを越えると伸長段階へと移行する．伸長とはポリメラーゼがプロモーターを離れ（クリアランス），遺伝子内部に移動していくことである．この段階は**プロモーターエスケープ**（promoter escape）もしくは**プロモータークリアランス**（promoter clearance）として知られる．一度転写伸長が始まると，反応進行性（プロセッシビティ；processivity）はとても高く，RNA ポリメラーゼは DNA-RNA 複合体から解離することなく，一度に転写される DNA は数千あるいは数万塩基対にもなる．転写開始から転写伸長への遷移はポリメラーゼの大規模なコンホメーション変化により，DNA-RNA 複合体への強固な結合が可能になり達成される．転写の最終段階は通常 DNA 上の転写**終結シグナル**（termination signal）つまり**転写ターミネーター**が認

識され，数々の終結因子の介助により起こる．終結により DNA-RNA-ポリメラーゼ三者複合体は解離する．つまり，転写産物とポリメラーゼは鋳型から解離し，転写バブルは閉じて DNA は完全に二本鎖に戻る．

転写伸長時における各ヌクレオチドの付加は，図 9.3 (b) に示されるように，RNA ポリメラーゼの触媒中心に対する DNA の 2 段階の動きによって生じる．鋳型上の次の塩基を活性中心に位置させるため，DNA 鋳型は縦方向に動かなければならない．同時に，RNA の 3′-OH 基は正確に次のリボヌクレオシド三リン酸の α 位のリン原子を攻撃しなければならないので，DNA は回転する必要がある．このようにして化学反応が継続される．ポリメラーゼのアミノ酸残基と酵素内に入ってくるヌクレオチドとの間にはいくつかの相互作用があり，それによりデオキシリボヌクレオチドではなく，鋳型塩基と塩基対合できる適切なリボヌクレオチドの呼び込みを可能にする．不適切なヌクレオチドは単純に拒絶される．

転写は迅速であるがしばしば一時停止によって中断する

とりわけ細菌において転写は非常に速く，*in vivo* においては平均秒速 45 bp と推定されるほどである．真核生物においてはおよそ 10 倍遅い．もちろんこの値は細胞内における実際の RNA 産生の速度ではなく，細胞内では多数の遺伝子が同時に転写されており，さらに一部の遺伝子では複数のポリメラーゼが同時に遺伝子上を移動していることもある．どの RNA ポリメラーゼも等速度で動いているわけではなく，一時停止と伸長再開を繰返す．停止には 2 種類あり，それは長期停止と短期停止である（図 9.4，Box 9.2）．短期停止は RNA 末端の 3′-OH 基と活性部位の位置，それぞれ片方もしくは両方の散発的な変化に起因する．これらは平均約 100 bp に一度不定期に生じる．これら短期停止の回復は自然発生的であり，非常に速い．長期停止は**逆戻り**（backtracking）によって起こり，転写バブルを DNA-RNA ヘテロ二本鎖に沿って後方へ移動させ，ポリメラーゼの正しい位置から転写産物の 3′ 末端の突出をひき起こす．結果生じる活性部位に対する 3′-OH 基の大きな誤配置は以降の伸長を阻害する．この**一時停止**（pausing）は自然には回復せず，突出した RNA 鎖が除去されない限り伸長は再開されない．この除去はポリメラーゼ複合体自体に内在するエンドヌクレアーゼ活性により行われる．この反応は細菌における GreA や GreB，そして真核生物における TFⅡS といった特異的伸長タンパク質因子により促進される．

長期停止からの回復はゆっくりとした反応である．まずは，そのような逆戻りが起こること，そしてそれに対処する手段が進化してきたことがとても興味深い．一時停止の直接的な証拠は単分子解析によりもたらされ（Box 9.2 参照），個々の RNA ポリメラーゼ分子は伸長過程の異なる点で一時停止することもあるが，停止している間の転写伸長速度は驚くほど均一であった．このような現象の詳細は，従来の反応速度論的研究では解明できなかった．

細菌における転写終結には遺伝子上のある配列が必要であり，その配列を転写することにより転写産物中にそれ由来の特有の配列がもたらされる．これらの RNA 配列には二つの形式があり，それらは別の機構により終結を誘導する．この機構については章の後半で述べることにする．

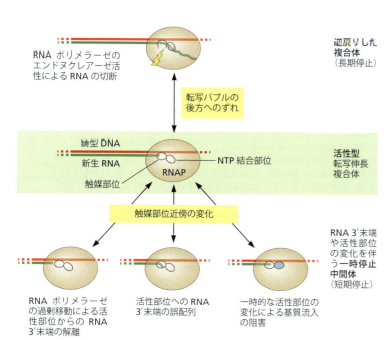

図 9.4　**転写伸長複合体における RNA ポリメラーゼのコンホメーション状態**　活性型複合体においては，新生転写産物の 3′ 末端はポリメラーゼの活性中心に配置されており，効率的な伸長を可能にする．触媒部位におけるコンホメーションのわずかな変化は 3′ 末端の解離をひき起こし，転写を遅延させる．この状態は頻繁にみられる短期停止での状況と考えられている．転写バブルが逆戻りとして知られる動きにより DNA-RNA ヘテロ二本鎖に沿って後戻りすると，転写産物の 3′ 末端はポリメラーゼの溝から飛び出す．逆戻りの状態のときは触媒部位と 3′ 末端が大きく離れているので不活性化している．この状態で停止している複合体はポリメラーゼのエンドヌクレアーゼ活性により RNA の末端が取除かれない限り回復しない（長期停止）．この反応は細菌では GreA や GreB，真核生物では TFⅡS といった因子により促進される．回復はとても遅く，切断された RNA 部位からの最初の RNA 合成は通常の連続的伸長反応より数倍遅い．［Zlatanova J, McAlister WT, Borukhov S & Leuba SH [2006] *Structure* 14:953-966 より改変．Elsevier の許可を得て掲載］

Box 9.2 単分子解析による転写研究

個々の巨大分子の解析法の発達は現代生物学における重要な進歩の一つである．単分子解析はナノメートル（nm）単位，ミリ秒（ms）単位，そしてピコニュートン（pN）単位などといった空間的，時間的に高感度で直接的な計測を可能にしている．一般的な生化学的そして生物物理学的解析法のような溶液中における集団の平均的な特性の計測とは異なり，単分子解析は集団中の個々の特性を評価する．これらの解析は以前では達成不可能だった機能的動力学における分子の不均一性について新たな見識をもたらした．また単分子解析のもう一つの重要な点は1回に一つの分子の挙動を追跡するということであり，それはある現象群の同期化の必要性を回避できるということである．しかしながら，転写のような多段階で確率的現象が解析される際はこの単分子解析の特徴の意義を誇張することはできない．

ここで，転写開始とプロモーター開裂（図1），転写伸長と一時停止（図2），そしてRNAポリメラーゼ分子の活性中心における鋳型DNAの運動（図3）の研究に使われた磁気ピンセット（MT; magnetic tweezer）と光ピンセット（OT; optical tweezers）の応用について説明する．どの場合でも，巨視的な平均化では見つけられなかった情報が得られている．通常，初期のデータはむしろノイズが多く，解釈可能な結果をもたらすためにはコンピューターでの平均化と平滑化がなされなければならない．現在研究者は，高感度データを獲得し，他の方法論を超えた結論にたどり着く段階にいる．

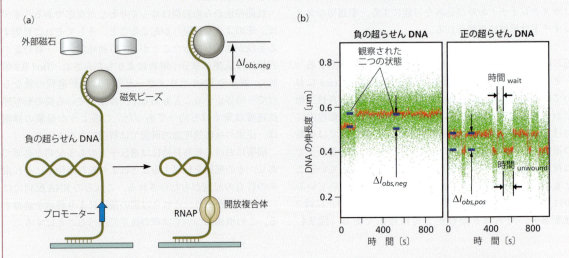

図1 個々のRNAポリメラーゼ分子によるプロモーターの結合と開裂 この過程は磁気ピンセット（MT）で可視化された．(a) 一つのプロモーターをもつ二本鎖DNAはトポロジカルな拘束下にあり，それぞれの末端が磁気ビーズとガラス表面の間に固定されている．鋳型DNAはトポロジカルな拘束を受けていることが重要で，つまりニックなどが存在すべきではなく，そして下流の末端の両鎖が固定され，片方がもう片方の周りを回転することはあってはならない．もしこれが許容されてしまうと，二本鎖DNAの開裂によって生じるDNAの動きが唯一の観察装置であるビーズに伝わらなくなってしまう．引っ張る力は外部の別の磁石によりDNAに与えられる．DNAの末端から末端の伸長度（l），つまりビーズとガラスの表面の距離はビデオ顕微鏡でリアルタイムに観察する．磁石を回転させるとビーズも回転するので，超らせんがDNAにもたらされ，そして二重らせんのさらなるプレクトネーム（よじれ）ができ，lの変化として表れる．リンキング数（Lk）をもつねじれの制約下にあるDNA分子では，二重らせん構造がお互いにクロスしている回数を示すねじれ数（Tw）の変化は超らせんの数であるよじれ数（Wr）を反対に同じ数回転させることにより相補されなければならない．ではRNAポリメラーゼを加え開放複合体を形成させてみよう．負の超らせん状態のDNAではプロモーターDNAはRNAポリメラーゼにより1回巻戻される（$Tw=+1$）．これがプロモーターの開裂である．その結果相補的に一つの負の超らせんを失い（$Wr=-1$），よじれが減少するので，相応するように$\Delta l_{obs,neg}$の値としてlが増加する．ここでは示さないが，逆に正の超らせんDNAではプロモーターの開裂は相補的に一つの正の超らせんが増え，その結果lの減少がみられる．(b) RNAポリメラーゼによるプロモーター開裂を示すDNAの伸長．負の超らせんDNAにおけるプロモーター開裂は安定で事実上不可逆的である（左）．正の超らせんDNAにおける不安定で可逆的なプロモーターの開裂（右）．緑の点は30コマ/秒で観察された実測データ，赤い点は1秒間での平均値，時間$_{wait}$は巻進みと次の巻戻し（プロモーター開裂）の間の間隔，時間$_{unwound}$は巻戻し（開裂）と巻進みの間の間隔を示す．［(a), (b) Revyakin A, Ebright RH & Strick TR [2004] Proc Natl Acad Sci USA 101:4776–4780 より改変．National Academy of Sciences の許可を得て掲載］

9.2 転写の概要

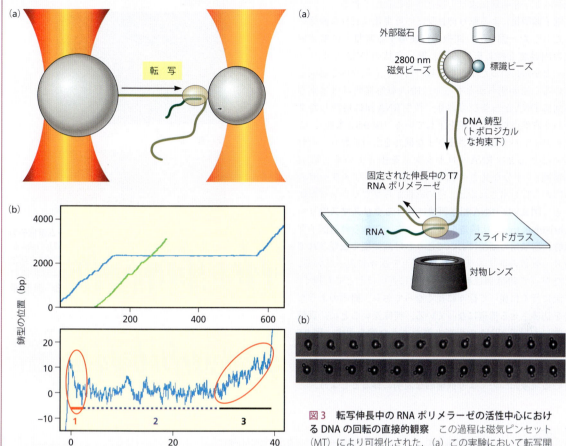

図2 転写伸長と一時停止 この過程は光ピンセット (OT) を利用して研究された. (a) 二つのビーズは別々に2箇所で光学捕捉され, 右の捕捉力は10倍弱い. したがって, 力がビーズに与えられ, ビーズを釣り合いの取れている場所に保持するための力が10倍小さいということになる. 幾何学的に示されているように, 右側の小さなビーズは RNA ポリメラーゼに結合しており, 左側の大きなビーズは DNA 鋳型の下流末端に結合している. 転写伸長は双方のビーズを引っ張り, ほとんどの動きは弱く捕捉されている右側のビーズの位置変化として表れる. (b) 上のグラフは青と緑の線で表現された二つの別個の RNA ポリメラーゼ分子の移動記録で, 同一の鋳型を転写している. 青にはとくに長い停止がみられる. 二つの分子, 青と緑のポリメラーゼは停止していないときは本質的に同等の伸長速度を示していることに注目してほしい. 特殊な実験条件のため, ここで観察されている伸長速度は in vivo での値に比べてとても遅い. 下のグラフは長期停止に突入するときに生じる逆戻りを示している. 第一相 (赤線) は後退段階で曲線は下降していることに注目. 第二相 (青い破線) は停止段階, 第三相 (黒線) は回復段階である. 回復段階の遅さに注目. 回復段階における前進する速度は 0.3 bp/秒であり, 通常の伸長速度 (上のグラフ) では 13 bp/秒である. 回復段階はほんの 10 秒ほどなので, 上のグラフの時間スケールでは青の分子の動きの中には認識できない. [(a), (b) Shaevitz JW, Abbondanzieri EA, Landick R & Block SA [2003] Nature 426:684–687 より改変. Macmillan Publishers, Ltd. の許可を得て掲載]

図3 転写伸長中の RNA ポリメラーゼの活性中心における DNA の回転の直接的観察 この過程は磁気ピンセット (MT) により可視化された. (a) この実験において転写開始は 4000 bp の鋳型 DNA を用いたが, 4種類の基質のリボヌクレオシド三リン酸 (NTP) のうち 3種類のみを用いて試験管内でなされている. ポリメラーゼが鋳型 DNA 上を伸長し, 付加されていないその四つめのヌクレオチドが新生 RNA 鎖に取込まれるべき箇所に到達するとポリメラーゼは停止する. そのような停止したポリメラーゼは磁気ピンセットの装置のスライドガラス上に固定される. 鋳型 DNA の下流は磁気ビーズに固定されており, 磁気ビーズには標識した小さなビーズを付加しており, 回転の視覚化を可能にする. 0.1 pN ほどの小さな磁力が磁気ビーズに与えられており, それを上方へ引くことにより維持している. 四つの NTP が加えられると転写が再開する. 転写伸長中, DNA は二つの種類の運動をする. つまり, ポリメラーゼの活性中心における縦運動と回転運動である. 両方の運動は磁気ピンセットで検出することができる. 縦方向の動きは DNA が下に引っ張られ, ビデオ顕微鏡で観察した際に焦点がずれることにより検知できる. DNA の回転は磁気ビーズを回転させるので, 小さな標識ビーズも同時に回転し, その位置をビデオ顕微鏡で可視化できる. (b) 20 コマ/秒で撮影した連続したビデオ画像. 各コマ間は 0.1 秒で, 標識ビーズの完全な 1 回転は連続する 24 コマで観察されるので, この間転写は 1 回転分のらせん, つまり DNA 二重らせんおよそ 10 bp 分を進んでいることになる. [(a), (b) Pomerantz RT, Ramjit R, Gueroui Z et al. [2005] Nano Lett 5:1698–1703 より改変. American Chemical Society の許可を得て掲載]

転写は電子顕微鏡により可視化することができる

電子顕微鏡による転写伸長反応の可視化は有益な画像をもたらした（図9.5）．顕微鏡に使用する基盤上に細菌細胞の内容物を押し広げると，細い糸状のDNAとポリメラーゼが糸に沿った小さな無数の点として複合体を形成していることが明らかとなった．RNA転写産物はほぼ垂直方向にDNAから伸びており，新生RNA鎖に結合したタンパク質群が粒状の様相を呈している（図9.5 a参照）．これらのタンパク質群はさまざまな機能をもっており，それらのほとんどはRNAプロセシングを担っている（第14章参照）．十分な長さのRNAが合成されポリメラーゼの出口から押し出されると，その直後からプロセシングが始まる．図9.5はrRNA転写領域における**クリスマスツリー**（christmas tree）状構造を示している．これらの遺伝子群は特に増殖期の細菌においてとりわけ高頻度で転写されており，無数のポリメラーゼが鋳型上を次々に走っている．したがってRNA鎖は転写開始部位に近いほどとても短く，下流に行くに従って徐々に長くなっており，樹木のような姿を彷彿させる構造になっている．興味深いことに，真核生物におけるrRNAの転写も似たような像を示す（図9.5 b参照）．

それでは次に，RNAポリメラーゼと各転写段階で生じている現象についてより機構的な説明に移るとしよう．

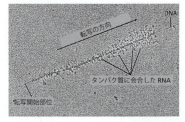

図9.5 大腸菌（a）と酵母（b）におけるリボソーム遺伝子の転写 どちらの遺伝子も左から右に転写されており，RNA転写産物はいわゆるクリスマスツリーの形状を示している．新生rRNA鎖にはその転写が終了する前から核酸分解によりRNAプロセシングを行うためのタンパク質が会合している（第14章参照）．これは転写産物末端の粒として見てとれる[（a）French SL & Miller OL [1989] *J Bacteriol* 171:4207–4216. American Society for Microbiologyの許可を得て掲載．（b）Dragon F, Gallagher JEG, Compagnone-Post PA et al. [2002] *Nature* 417:967–970. Macmillan Publishers, Ltd.の許可を得て掲載]

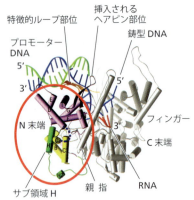

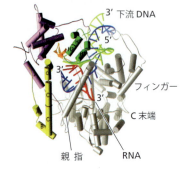

図9.6 T7ファージRNAポリメラーゼは単一サブユニット型の98 kDaの酵素である (a) T7ファージの線状二本鎖DNAゲノムの各領域は三つのクラスの遺伝子群に分けることができる．最初期遺伝子群は宿主のポリメラーゼにより転写される．このクラスの遺伝子群の一つはT7ポリメラーゼをコードしており，感染後期にその他すべてのファージ遺伝子の転写をつかさどる．別の最初期遺伝子群の産物は大腸菌のRNAポリメラーゼを不活性化することにより宿主大腸菌の転写を抑制する．他の二つのクラスの遺伝子群はファージゲノムDNAの合成と成熟ファージ粒子を形成するためのものである．(a) の左はT7ファージ粒子のモデル．(b) 転写開始から伸長段階における複雑な動きを図解しているT7 RNAポリメラーゼの結晶構造．開始から伸長への移行において，二つの複合体間で大きな構造変化を生じるN末端領域の残基は黄，緑，紫で色付けされている．一方C末端の300〜883番目の残基は灰色で示してある．鋳型DNAは青，非鋳型DNAは緑，RNAは赤で示してある．緑で示したサブ領域Hは，開始複合体から伸長複合体への変化において70 Å以上の距離を移動する．茶色で示す特徴的ループ部位は転写開始時にプロモーターを認識し，伸長中にRNAの5′末端のRNAと相互作用する．一方，ヘアピン部位は転写開始時に転写バブルに挿入されて上流末端を開くが，伸長中には関与していない．T7 RNAポリメラーゼのN末端領域における大きなコンホメーション変化がプロモータークリアランスを促進する．[Steitz T [2006] *EMBO J* 25:3458–3468. John Wiley & Sons, Inc.の許可を得て掲載]

9.3　RNAポリメラーゼと転写触媒作用

RNAポリメラーゼはポリヌクレオチド鋳型からRNA転写産物を産生する酵素群の大きなファミリーである

RNAポリメラーゼは細胞内の複雑な機械であり，伸長するRNA鎖にヌクレオシド一リン酸を付加する反応を触媒する．この機能は多様な鋳型からでも可能である．おもな転写ではDNAが鋳型であるが，ある特殊な状況ではRNA自体が鋳型になりうる．したがって，RNAポリメラーゼはDNA依存性，そしてRNA依存性のポリメラーゼに分類することができる．ただもし今後，鋳型についてあえて特記することがなければ，それはDNA鋳型のことを述べていることとする．さらに，RNAポリメラーゼは単一サブユニット型もしくはマルチサブユニット型の両方があるが，単一サブユニット型はおもにウイルス由来である．細菌および古細菌のRNAポリメラーゼは真核生物の核内RNAポリメラーゼと同様に，マルチサブユニット型である．

図9.6は単一サブユニット型のT7ファージRNAポリメラーゼの結晶構造，およびそれが機能する生物学的状況を図解している．図9.6（b）はタンパク質-核酸複合体の二つのコンホメーション，転写**開始複合体**（initiation complex）と転写**伸長複合体**（elongation complex）とよばれるものを示している．これら二つの複合体におけるおもな構造的違いは，転写開始から伸長への遷移の際にポリペプチド鎖の一部が実質的に移動したり，構造変化したりしていることを示唆している．これらの変化は伸長時の処理能力に必要な強固なDNA結合に関わる．

細菌細胞は唯一のタイプのポリメラーゼをもっており，それがゲノムの情報伝達に関与するrRNA，tRNA，mRNAや，その他の機能をもつRNAなどすべてのRNAの転写を直接担う（**表9.1**）．一方，真核生物細胞は三つの異なる型のRNAポリメラーゼを核内にもち，それぞれが異なるクラスの遺伝子の転写を行う（第10章参照）．大腸菌のポリメラーゼのサブユニット構造を**表9.2**に，発見の簡単な歴史的経緯を**Box 9.3**に示す．二つのαサブユニットと構造的関連性のない二つのβサブユニット（βとβ′）は触媒機能に絶対的に必要であり，それらは**コアRNAポリメラーゼ**（core RNA polymerase）とよばれる構造を形成する．ときにωサブユニットもこのコアに含まれるが，それは常に必要ではない．その他，σサブユニットは転写開始時にプロモーターの認識に必要な転写**開始因子**（initiation factor）である．

細菌由来の非結合型RNAポリメラーゼの構造モデルを*Thermus aquaticus*（グラム陰性桿菌好気好熱性真正細菌の一種）を例に**図9.7（a）**に示し，同酵素の伸長複合体におけるDNA結合型を**図9.7（b）**に示す．DNAはRNAポリメラーゼの中で鋭角に曲げられるが，この DNAの曲が

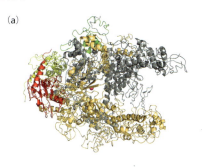

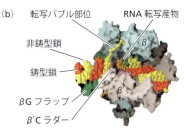

図9.7　細菌の*Taq*ポリメラーゼ　（a）*Thermus aquaticus*由来*Taq*コアRNAポリメラーゼのリボンモデル．二つのαサブユニットは赤と薄い緑，ωサブユニットは濃い緑で示している．βサブユニットとβ′サブユニットはオレンジ色と灰色で示す．活性部位のMg^{2+}は赤の球で示す．[Werner F & Grohmann D [2011] *Nat Rev Microbiol* 9:85–98. Macmillan Publishers, Ltd. の許可を得て掲載]（b）*Taq*コアRNAポリメラーゼの結晶構造から導かれたRNAポリメラーゼと核酸から成る転写伸長三者複合体モデル．βは水色，β′はピンク色，ωは灰色で示す．DNA鋳型鎖は赤，非鋳型鎖は黄，RNA転写産物は金色で示す．塩基対を形成している核酸領域も示す．上流側のDNA二本鎖は下流に対して直角であることに注目．新生RNAはβサブユニットのフラップ部位（βGフラップ）とよばれるしなやかな部位の下からRNAポリメラーゼを出ていく．9 bpのRNA-DNAヘテロ二本鎖はこのポリメラーゼの構造にぴったり合う．このヘテロ二本鎖はポリメラーゼの活性部位からβGフラップ部位とβ′Cラダー部位まで伸びている．[Korzheva N, Mustaev A, Kozlov M et al. [2000] *Science* 289:619–625. American Association for the Advancement of Science の許可を得て掲載]

りはこれまで解析されたすべてのポリメラーゼで確認されている共通の構造的特徴である．

9.4　細菌における転写の仕組み

転写開始にはホロ酵素とよばれるマルチサブユニット型ポリメラーゼ複合体が必要である

細菌における転写開始には，まず特異的転写開始因子であるσ因子がコアRNAポリメラーゼに結合することが必要である．この結果生じるプロモーター認識が可能で転写を開始できる複合体を**ホロ酵素**（holoenzyme）という．どのように転写が開始するかの全体像を**図9.8**に，プロモーターを構成する保存されたヌクレオチド配列を**図9.9**に示す．最もありふれたσ^{70}で認識される多数の細菌，ウ

イルス，そしてファージ由来のプロモーターの解析によりコンセンサス（共通）配列（consensus sequence）が導き出されている．コンセンサス配列とは転写開始部位に対する各位置に最も高い頻度で見いだされる塩基という定義である．これにより細菌のプロモーターは二つの成分に分けられることがわかった．それらは二つのコンセンサス配列から成り，それぞれは16～18 nt で隔てられている．転写

表 9.1 急速に増殖している大腸菌のタンパク質合成装置を構成する RNA の種類

RNA の種類	定常状態での量（%）	合成容量[†1]（%）
rRNA	83	58
tRNA	14	10
mRNA	3	32[†2]

[†1] 任意の時点における各種類の RNA の相対量．
[†2] 緩やかに増殖している細胞では 60% に達する．

表 9.2 大腸菌における RNA ポリメラーゼのサブユニット構造 コア RNA ポリメラーゼ複合体は $\alpha_2\beta\beta'\omega$ より成る．β と β' は構造的な関連性がない．ホロ酵素はコア複合体と転写開始因子 σ サブユニットより成る．

サブユニット	機能	分子質量〔ドルトン〕
β	活性部位	150 600
β'	活性部位	155 600
α	他の因子会合のための足場，制御プラットフォーム	36 500
ω	RNA ポリメラーゼの会合と安定化促進	11 000
σ	転写開始因子	70 300

Box 9.3　RNA ポリメラーゼの発見

　1950 年代後半，強い関心が RNA 合成に関与する酵素（群）の発見につながった．これは 1958 年の Arthur Kornberg による最初の DNA ポリメラーゼの発見という大成功と，DNA からタンパク質への情報伝達に RNA が重要な役割を演じているに違いないという認識の高まりから拍車がかかった．しかしながら，mRNA の存在は 1961 年までは認識されておらず，RNA ポリメラーゼは仮説上の酵素というだけでなくその機能はかなり曖昧であった．この状況が，なぜ初期の結果がほとんど怪しいものだったかの理由かもしれない．たとえば，最初に RNA 合成に関与すると主張された酵素はポリヌクレオチドホスホリラーゼである．しかし，この酵素はヌクレオシド二リン酸だけを高濃度でのみ利用でき，しかも DNA 鋳型を必要としなかったので，その結果はすぐに疑わしいと考えられた．現在ではその機能は RNA の分解と tRNA 前駆体のトリミングに関わっていることが知られている（第 14 章参照）．この頃同時に，ポリ(A)ポリメラーゼが発見された．この酵素はアデノシン三リン酸（ATP）を基質として使うが，これも鋳型 DNA を必要としなかった．この酵素は細菌と真核生物の mRNA にポリ(A)鎖を付加するものとして現在では知られている．

　突破口は，個別に研究し，ほぼ同時に論文を出した四つのグループにより 1960 年にもたらされた．二つのグループは細菌を用い，他の二つのグループは肝臓とエンドウマメの核を用いたものであった．彼らは三リン酸を基質給供源に使うことにより，放射能標識されたヌクレオシドリン酸が RNA に取込まれる活性を粗抽出液中に発見した．重要なことに，十分な放射活性の取込みには二つの必要条件があることがわかった．それらは，(1) 四つすべてのリボヌクレオチド三リン酸，つまり ATP，グアノシン三リン酸（GTP），シチジン三リン酸（CTP），ウリジン三リン酸（UTP）が反応溶液中に存在しなければならないこと，そして四つのうち三つは標識されていなくてもよいこと，また (2) 少なくとも何らかの DNA が存在していなければならないこと，さらに DN アーゼによる DNA の分解は標識の取込みを減少させること，の大きく 2 点である．(1) は四つすべての基質を取込む本物の RNA 合成が生じていることを示している．そして (2) は DNA 鋳型がこの合成をもたらしているということを強く示唆している．Hurwitz の研究における主要な結果を図 1 に示す．

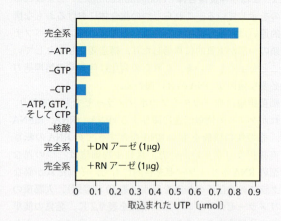

図 1　ウリジン―リン酸の RNA の取込みへの必要条件
完全系は，放射能標識された UTP，標識されていない ATP，GTP，CTP，そして大腸菌 DNA を含む．20 分間合成を進めた後，反応を酸の添加で止め，酸性条件下での不溶画分中の放射活性を計測した．[Hurwitz J, Bresler A & Diringer R [1960] Biochem Biophys Res Comm 3:15–18 のデータによる．Elsevier の許可を得て掲載]

　これらの結果は，Jacob と Monod の mRNA 仮説の提唱と同時期に発表された（Box 11.1 参照）．分子生物学のぼんやりとした輪郭がそのとき樹立されたのである．それから数年後，大腸菌の RNA ポリメラーゼが精製され，そのサブユニット構造が明らかになり，1969 年までに σ 因子の機能が明らかにされた．

9.4 細菌における転写の仕組み

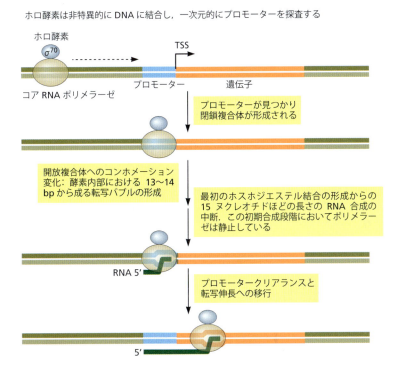

図9.8 **大腸菌における転写の開始** 転写開始から伸長への移行はポリメラーゼのコンホメーション変化を伴う．

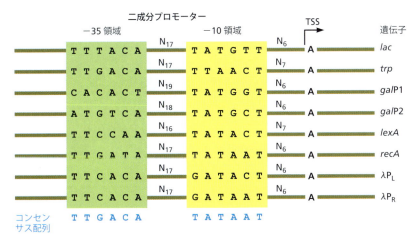

図9.9 **大腸菌プロモーターでの転写開始** σ⁷⁰が認識可能なファージと大腸菌由来の8種類の遺伝子プロモーターおよびコンセンサス配列．Nは任意のヌクレオチド残基，下付きの数字は二つの領域間，および−10領域と転写開始部位間にあるヌクレオチドの数を示す．コンセンサス配列はここに示されている各プロモーターからではなく，300以上のよく解析されているプロモーターから導き出されている．コンセンサス配列はそれぞれの位置において最も高頻度に現れる塩基を反映している．コンセンサス配列に類似してればいるほどより強力なプロモーターで，より高頻度に転写が開始される．

開始部位は通常プリン塩基である．転写開始部位に近いコンセンサス配列は**TATAAAT**であり，これは**−10領域**（−10 region）とよばれている．もう一方は，**−35領域**（−35 region）とよばれ，コンセンサス配列は**TTGACA**である．相対的なプロモーターの強度は一義的にプロモーターのσ因子に対する親和性に依存する．頻繁な転写開始が可能な強力なプロモーターはコンセンサス配列に近似した配列をもつ．弱いプロモーターはコンセンサス配列からより逸脱したものになっているが，それでもこの二つのコンセンサス配列は認識可能である．転写開始部位を同定する新しい方法により，転写開始についての理解をより一層深められるようになってきている．

プロモーター認識は完全にσ因子（σサブユニット）が担っており，特異的な遺伝子群においてわずかずつ異なるプロモーターを認識するいくつかの異なるσ因子が存在する（表9.3）．σ⁷⁰の構造は明らかになっている（図9.10）．このタンパク質は三つのよく保存された部位をもち，それらすべてはコアポリメラーゼと強固に結合している．σ2部位とσ4部位における−10領域と−35領域のDNAプロモーター配列を認識する領域は外部溶液に露出しており，それゆえσ因子がプロモーターに結合するとσ因子はDNAとポリメラーゼに挟まれる格好になる．プロ

表9.3 大腸菌のσ因子 σ⁷⁰ファミリーには6種類存在する。σ⁷⁰とσ^Sはよく似ており、ほぼ同じコアプロモーター配列を認識する。特異的な遺伝子群に対する選択性はこれらタンパク質因子の結合に依存していることがある。σ^{54/N}は別のファミリーを形成している。Nは任意のヌクレオチドを意味する。ハウスキーピング遺伝子は恒常的に発現している遺伝子で、それらは通常の生命活動に必須な因子をコードしている。

サブユニット	遺伝子	転写される遺伝子群	認識するプロモーター配列	
			−35	−10
σ⁷⁰	rpoD	増殖中の細胞におけるほとんどのハウスキーピング遺伝子群	TTGACA	TATATT
σ^{38/S}	rpoS	飢餓/静止期の遺伝子群	TTGACA	TATAAT
σ^{32/H}	rpoH	熱にさらされたときに発現誘導される遺伝子群	GTTGAA	CCCATNTA
σ^{28/F}	rpoF	高速遊泳のための多鞭毛形成に関与する遺伝子群	TAAA	GCCGATAA
σ^{24/E}	rpoE	異常な熱ショック反応に関与する遺伝子群	GAACCT	TCTAA
σ^{19/F}	fecI	鉄イオン輸送に必要なfec〔クエン酸鉄(III)〕遺伝子		
σ^{54/N}	rpoN	窒素代謝に関与する遺伝子群	なし	CTGGCACNNNNNTTGCA

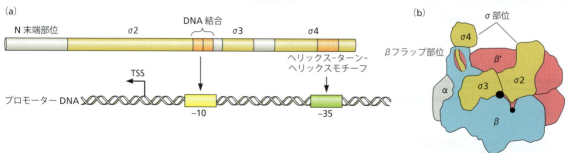

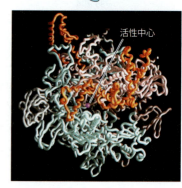

図9.10 T. aquaticus 由来 RNA ポリメラーゼホロ酵素の構造 (a) σ⁷⁰の保存領域と機能。プロモーターのコンセンサス配列と結合するσ因子の領域を矢印で示す。(b) 上はコアRNAポリメラーゼに結合している各σ部位を黄土色で示している。灰色で示されるαサブユニットがこの角度では一つしか見えない。同様の色使いが下の高解像度の構造図でも使われている。ピンク色の球体は活性中心を示す。βサブユニットとβ'サブユニットで形成されるカニのはさみのような構造は活性中心を含む27 Åの溝を形成する。転写伸長の際、下流DNAはこの溝を通って活性中心に到達する。各σ部位はRNAポリメラーゼと強力に結合しており、同時にσ因子のプロモーター認識部位はDNAが結合するまでむき出しの状態となっている。これらプロモーター認識部位の間隔は標的とするプロモーターの各領域間の距離、つまり−35領域と−10領域の距離と一致している。σ因子のこれら各部位はプロモーターDNAとポリメラーゼを橋渡しし、これらのコンホメーション変化が転写開始につながる。〔(a), (b) Young BA, Gruber TM & Gross CA [2002] Cell 109:417–420 より改変。Elsevierの許可を得て掲載〕

モーターDNAまたは非特異的DNAに対するコアポリメラーゼおよびホロ酵素の結合定数や半減期を比較すると、σ因子の存在はポリメラーゼのプロモーターに対する親和性を増加させ、DNA-ポリメラーゼ複合体を安定化することが明らかになっている（表9.4）。

表9.3で示されているように、細菌細胞は異なるグループの遺伝子群を転写するためにわずかに異なるσ因子群を使い分けている。異なる細菌種はそれぞれ異なる数のσ因子をもっている。この数はその細菌が住む環境の複雑性と相関しており、より多様な生活環をもつ生物はより多くのσ因子をもっている。すべてのσ因子は同一のコアポリメラーゼを用いているので、与えられた条件下で適切なσ因子のコアポリメラーゼへの会合を保証する機構がなければならない。ある状況下においては、選択的なσ因子の使用が秩序立って連続的に起きている。細菌がよく出くわす共通の緊急事態は温度上昇へ突発的にさらされる熱ショックである。防御反応にはタンパク質の変化、つまりRNA合成の変化が必要となる。図9.11は細菌がσ^{24/E}とσ^{32/H}を連続的に使うことによりどのように熱ショックに対応しているかを示している。σ^{24/E}はσ^{32/H}の転写に必要であり、σ^{32/H}は熱ショック応答に関連するすべての遺伝子群の転写に必要である。一般的に転写は厳密に制御された過程であり（第11章参照）、σ因子を含む機構に加え、無数の制御機構が関連している。

ある場合、αサブユニットは転写開始においてσ因子とともに機能している。それぞれのαサブユニットは突起

9.4 細菌における転写の仕組み

表9.4 コアRNAポリメラーゼとσ70を含むホロ酵素のDNA結合特性 σ因子の役割は（i）プロモーター配列への親和性を高くしプロモーター以外の配列への親和性を低くすること，そして（ii）複合体をプロモーター配列上では安定化させ，無関係な配列では不安定化させることである．プロモーターへの結合は拡散制限二次元反応において理論上最大限可能な数値より100倍速い．そして，この数値は一次元拡散機構によって説明可能である（探査速度は3秒当たり約2000 bpである）．

	解離定数〔nM〕		複合体半減期	
	プロモーター	非特異的配列	プロモーター	非特異的配列
コアRNAポリメラーゼ	0.1	0.1	60分	60分
ホロ酵素＝コア＋σサブユニット	0.02	1.0	2〜3時間	3秒

図9.11 代替σ因子が熱ショックに対する大腸菌の全体的反応を媒介する 熱ショック下の細胞の反応には二つの代替σ因子の連続的な使用が関わる．$σ^{24/E}$が2番目の代替σ因子$σ^{32/H}$をコードする遺伝子の発現に必要である．そしてこの$σ^{32/H}$が次に$σ^{32/H}$レギュロン（共通の転写制御領域をもつ細菌の遺伝子群，第11章参照）を制御する．$σ^{32/H}$レギュロンは熱ショックによって生じるタンパク質の過度の変性により誘導される．シャペロンのGroELや変性タンパク質を再び正しく折りたたむタンパク質をコードする遺伝子がこのレギュロンに含まれる．

したC末端ドメイン（CTD；C-terminal domain）をもっており，この部位は上述したσ因子の結合するプロモーター領域の上流側と相互作用することもできる．この機構は細菌の転写開始において，プロモーターの差別化を別のレベルでもたらしている（第11章参照）．

細菌の転写の初期段階は頻繁に中断する

転写伸長の最初の段階はとても遅く，転写中断として知られる段階において短いRNA転写産物が頻繁に三者複合体から放出される．この反応はおもに in vitro，そしてごく最近の in vivo での実験により，中断転写産物を大量に生み，プロモータークリアランス速度が非常に遅いプロモーター配列を用いて研究されている．そのようなプロモーターを利用して，電気泳動解析により中断転写産物をゲル上で可視化したものを図9.12に示す．この特異的プロモーターからの転写中断の頻度が極端に高い点に注目してほしい．この条件では，ポリメラーゼは安定な転写伸長に移行するまで300回ほどの転写開始が必要である．より標準的なプロモーターでは全長にわたる転写産物の合成のためにおよそ30〜40回ほどの転写中断が起こる．重要なことに，図9.12は in vitro 反応で産生された中断転写産物と同様のものが，同じ鋳型をもつプラスミドが導入された細菌細胞内でも観察されていることを示している．

一見相反する出来事のつじつまを合わせる必要があったため，転写中断機構の理解は挑戦的であった．つまり，一方ではポリメラーゼは短いRNA鎖を合成するためにDNAに沿って移動せねばならず，この過程は鋳型塩基配列の連続的な読込みが必要である．しかし同時に一方では，一度短い転写産物が放棄された後はポリメラーゼは再び転写を開始するためにプロモーターとの相互作用を維持するか，もしくは即座に再形成しなければならない．では，これらはどのように達成されるのだろうか．

転写中断がどのように起きるかを説明する三つのモデルが提唱されている．一過的近距離往復仮説，尺取り虫仮説，そしてしわ寄せ仮説である（図9.13）．単分子実験系がこれらのモデルのどれが正しいか決定するために必要不可欠である．spFRET（単一ペア蛍光共鳴エネルギー移動；single-pair fluorescence resonance energy transfer）実験を図9.14に示す．磁気ピンセット法を用いた実験も同様の結論を導いている．それは，転写中断はしわ寄せ機構により生じており，追加でおよそもう1らせん分のDNAが開裂し，ストレスのかかった中間形態が形成されるということである．この中間形態におけるストレスはRNAポリメラーゼとプロモーター間，そしてRNAポリメラーゼとσ因子間の相互作用を破壊する駆動力となり，プロモータークリアランスを可能にする．

細菌における転写伸長はトポロジーの問題を乗り越えなければならない

細菌では，たとえばヌクレオソームに対処しなくてもいいので，転写伸長過程は真核生物よりも単純である．細菌における核様体の構造（第8章参照）はポリメラーゼに対して阻害的ではなさそうであるが，**超らせんストレス**（superhelical stress）という問題がある．

RNAポリメラーゼのような酵素がDNAらせんを進むことによりトポロジカルに拘束されると，超らせんストレスがDNAに生じることが長い間知られていた．転写伸長の

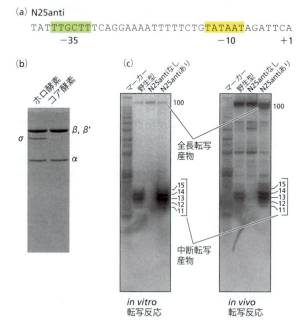

図 9.12 in vitro, in vivo での大腸菌 RNA ポリメラーゼによる転写中断の検出 転写反応は，N25antiプロモーター，100 bpの転写領域，そしてtR2ターミネーターをもつDNA鋳型を用いて行われた．このDNAはN25anti-100-tR2と名付けられている．(a) ファージT5のN25antiプロモーターは転写開始の中断とプロモータークリアランスを研究するための伝統的なモデル系で，Michael Chamberlin研究室で導入された．このプロモーターにおける生産的転写に対する中断の比率は非常に高くおよそ300倍であり，よく似たN25プロモーターの40倍とは大きく異なる．[Goldman SR, Ebright RH & Nickels BE [2009] Science 324:927–928 より改変．American Association for the Advancement of Science の許可を得て掲載] (b) 市販の大腸菌由来精製RNAポリメラーゼのSDSポリアクリルアミドゲル電気泳動．コア酵素はα，β，β′サブユニットより成る．後者二つはこの条件下ではゲル上で同時に移動する．ホロ酵素はσサブユニットも含む．この市販の精製RNAポリメラーゼが(c)の実験に使用された．[Epicentre, an Illumina company のご厚意による] (c) 転写産物はエタノール沈殿の後，尿素を含むポリアクリルアミドゲルを用いて電気泳動され，メンブレンに転写した後，転写産物の最初の部分に相補的なDNAを^{32}Pで標識したプローブとハイブリッド形成させて検出されている．in vivo転写反応はこの鋳型をもつプラスミドを細胞に導入して行った．in vivo転写産物もin vitroで観察された中断転写産物の特徴をよく示していた．RNAポリメラーゼとプロモーター，そしてRNAポリメラーゼとσ因子の結合強度を変化させると11〜15 ntの転写産物の量が変化した．これらの結合は転写中断を終了させ，プロモータークリアランスを可能にするため，逆に強すぎてはいけないことがわかっている．[Goldman SR, Ebright RH & Nickels BE [2009] Science 324:927–928 より改変．American Association for the Advancement of Science の許可を得て掲載]

古典的な認識では，ポリメラーゼは二重らせんに沿ってDNAの周りをらせん状に進むと考えられていた．しかしそのような移動ではもちろん転写産物がDNAに絡まってしまう．今日ではおそらく細胞内ではポリメラーゼは静止していて，直線的な引き寄せる力と回転する力を働かせてDNAを活性中心に通していると認識されている．トポロジカルな拘束下にあるDNAに作用するこれらの二つの運動，つまり横方向の移行と回転（図9.3 b参照）は前進中のポリメラーゼの前方に正の超らせんねじれを，後方には負の超らせんねじれを生むことになる（図9.15）．

細菌の核様体や真核生物の核において，転写伸長はトポロジカルな拘束下にあるDNAのループ状の領域に沿って進む．正の超らせんの形成により過剰に絡まったDNAを解きほぐすための膨大なエネルギー対価はさらなる伸長を妨げ，転写を結果的に止めてしまうと予想されるだろう．トポイソメラーゼがそのストレスを解放することは事実だが，弛緩させるためにはトポイソメラーゼ分子はストレス下にある領域を探して結合しなければならない．したがって転写が高速である場合，かなりのストレスが蓄積する可能性が高い．しかし，転写活性が非常に高い場合に必然的に超らせんストレスを生むという考えは，実は間違いである．通常，転写レベルが高い場合は高頻度での転写開始も起こっており，この状態では遺伝子上に互いに追従するポリメラーゼは列で並ぶ（図9.5参照）．これらの列はそれぞれのポリメラーゼによって生み出される正と負のストレスを部分的に中和する．つまり，ポリメラーゼの後方に生じる負のストレスは，追いかけてくるポリメラーゼ前方での正のストレス発生によって部分的に中和される，といった具合である．しかし，それでも拘束下における転写は超らせん化により生じたストレスの一部に常に鉢合わせすることになる．

ねじれがDNAの末端から解放される短い線状DNAや，環状DNAに沿って逆方向から伝播してくる正や負の超らせんが最終的に相互に解消されるプラスミドDNAを用いたin vitro反応においては，転写によるトポロジカルな影響は常に見過ごされている．

細菌においては二つの転写終結機構が存在する

細菌は二つの大きく異なる転写終結機構をもつ．一つは内在的，つまり配列依存的なもの，もう一つはタンパク質因子依存的なものである．大腸菌においてはこの各機構をもつ遺伝子数はおよそ等分の割合である．しかし一般的に，他の細菌ではこの二つの様式の割合に大きな差がある．ここでは最もよく理解されている大腸菌の転写終結について述べる．

1. **内在的終結（配列依存的終結）**：内在的終結は遺伝子の3′末端にあるヌクレオチド配列によって完全に決定さ

9.4 細菌における転写の仕組み

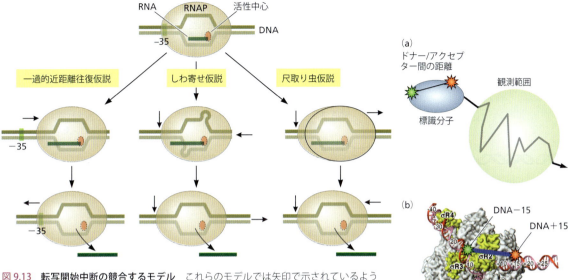

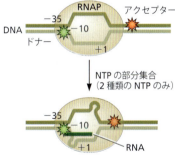

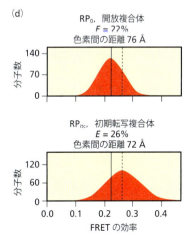

図9.13 転写開始中断の競合するモデル これらのモデルでは矢印で示されているように RNA ポリメラーゼと鋳型 DNA の相対的な動きに注目している．初期の不安定な転写複合体による短い転写産物の放出は素早い新規転写産物の転写再開と同時に起きている．これらの事実は，ポリメラーゼの活性中心は鋳型 DNA に沿って前進しているが，それでも再び転写開始するためにプロモーターとの結合を維持していることを暗示している．この現象を説明するための三つのモデルが長きにわたる多数の *in vitro* 実験により提唱されてきた．左：一過的近距離往復仮説では RNA ポリメラーゼはプロモーター領域との結合を放棄し RNA 鎖の最初の部分を転写するが，一度短い新生転写産物が廃棄されると素早くプロモーター領域に戻るとしている．右：尺取り虫仮説ではポリメラーゼのコンホメーション変化が生じ，ポリメラーゼに占められる DNA 領域が長くなり，DNA-ポリメラーゼ間で相互作用する領域が増えるとしている．RNA ポリメラーゼのイラストが大きくなっていることに注目．したがって，ポリメラーゼはプロモーターとの結合を維持しつつ転写することができる．中断転写産物の放出により RNA ポリメラーゼは弛緩し，通常の大きさに戻る．中央：最近のモデルであるしわ寄せ仮説では RNA ポリメラーゼは形を変えない．DNA 上に占めるポリメラーゼの割合は下流鋳型を自身に引き入れることにより増加させており，結果 DNA は窮屈な形をとっている．短い転写産物が放出されると押しつぶされた DNA は開放され，ポリメラーゼは新規 RNA 鎖の転写開始ができる．しわ寄せ仮説を導き出した単分子実験は図9.14 で述べられている．［Herbert KM, Greenleaf WJ & Block SM [2008] *Annu Rev Biochem* 77:149–176 より改変．Annual Reviews の許可を得て掲載］

図9.14 転写中断における DNA のしわ寄せ機構を証明した spFRET 実験 (a) 実験的アプローチは以下のとおりである．ドナー色素とアクセプター色素は開放複合体のさまざまな位置に付加され，それらの間の FRET は共焦点顕微鏡で観察する．それぞれの分子は fL (フェムトリットル) スケールの観測範囲をおよそ 1 ms で移動する．ジグザグの線は分子が観測範囲を分散移動していることを意味する．(b) この実験で使われたドナーおよびアクセプター色素の位置を示す開放複合体 RP₀ の構造モデル．ドナー色素は ✳ で，アクセプター色素は ✳ で示してある．DNA 上の数字は +1 で表される転写開始部位に対する各塩基の相対位置を示している．二つの色素は両方とも DNA 上にある．RNA ポリメラーゼは灰色で，σ⁷⁰ は黄色で示してある．一過的近距離往復仮説や尺取り虫仮説を検証するための他の標識位置も実験では使われたがここでは示さない．(c) 転写中断の過程がしわ寄せ仮説で生じているとしたときに予想される実験結果．(d) 開放複合体，そして7 nt だけ転写産物の形成が起きている初期転写複合体における FRET データ．失敗転写産物の最大 7 nt 長への制限は四つのリボヌクレオシドミリン酸のうち二つのみが系に添加されることにより達成されている．結果は初期転写複合体における蛍光体間の距離が短くなっていることを明確に示している．しわ寄せ仮説は他の単分子技術，磁気ピンセット法でも確認されていることに注目してほしい．磁気ピンセット法の実験装置は Box 9.2 で示されたものとよく似ている．［(a)～(d) Kapanidis AN, Margeat E, Ho SO et al. [2006] *Science* 314:1144–1147 より改変．American Association for the Advancement of Science の許可を得て掲載］

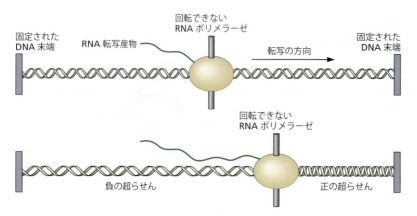

図 9.15 **トポロジカルな拘束下にあるDNAにおいて転写伸長によって生じるトポロジカルな帰結** DNA は超らせんのトポロジーの要求を満たすように固定された両端をもつ形で図で表されている．固定された RNA ポリメラーゼにおいては活性中心はもちろん，転写バブルも回転しない．これは図中で DNA のねじれの違いとして表されるように，正と負の超らせんを生む．転写が 1 回転分のらせんに相当する 10 bp を進むと一つの超らせんを生むので，超らせんストレスが即座に蓄積する．DNA の構造は過度のねじれを許容できないので，このストレスは DNA 軸らせんになるよじれで解放される．

れ，他の因子は不要である．終結部位の近傍にある鋳型上のこの配列は RNA 鎖に転写されるとヘアピン構造をとる．もし DNA が逆向き反復配列を含んでいればこの機構は確実になる（図 9.16）．その他の配列の特徴も内在的終結には必須である．逆向き反復配列の下流には6～7 個の連続するアデニンが鋳型上になくてはならない．RNA 転写産物におけるヘアピン構造の形成は，さらなる伸長が生じる前にポリメラーゼの一時停止と RNA の解離をひき起こす．鋳型上にある連続する A と転写産物内の相補的な U の連続によって形成される弱い塩基対は複合体の解離に寄与する．つまりヘアピンによって一時停止したポリメラーゼは，A・U 塩基対の列に対して解離の機会を与えるのである．NusA のようなタンパク質は RNA ヘアピンを安定化し，それゆえ一時停止の時間を長くし，解離過程を促進する．

2. **Rho 依存的終結**：因子依存的終結は六量体の ATP 依存性 DNA-RNA ヘリカーゼである **Rho 因子**（Rho factor）を利用する．この終結機構について図 9.17 で模式的に描く．RNA 転写産物上の Rho 利用配列（*rut* 配列；rho utilization sequence）に Rho 因子が結合し，この過程が始まる．*rut* 配列は非常に偏ったヌクレオチド成分をもち，C が多く G が少ない．それ以外の点では，転写産物間における *rut* 配列に認識可能な類似性は存在しない．一度 Rho が *rut* に結合すると，RNA を包込むように Rho が開放型から閉鎖型へコンホメーション変化する（図 9.18）．ATP 依存的に Rho は RNA 転写産物上を 5′→3′ 方向に進み，DNA-RNA ヘリカーゼ活性が転写バブル中の DNA から RNA を引き剥がし，転写が終結する．

細菌における転写機構の理解は臨床現場において有益である

現在，科学界は細菌における転写機構を深く理解しており，その知識は細菌の感染と戦うための創薬において絶対に必要である．Box 9.4 では，転写を阻害することにより

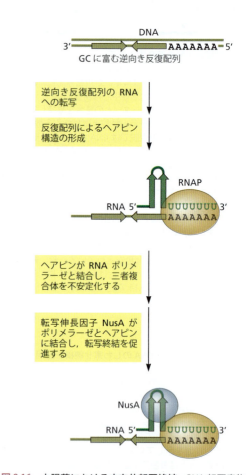

図 9.16 **大腸菌における内在的転写終結** RNA 転写産物における U 連続配列に隣接する逆向き反復配列がヘアピン構造を形成すると転写は終結する．A・U 塩基対は安定性が低く，それゆえヘアピン直後に連続する U をもつ RNA は RNA-DNA ヘテロ二本鎖の安定性を低くし，転写バブル中における RNA-DNA ヘテロ二本鎖の不安定化をひき起こす．RNA ヘアピンは RNA ポリメラーゼと直接結合し，DNA-RNA-ポリメラーゼ三者複合体を不安定化させる．さらに，転写伸長タンパク質因子 NusA はポリメラーゼと RNA ヘアピンに結合し，この解離を促進する．

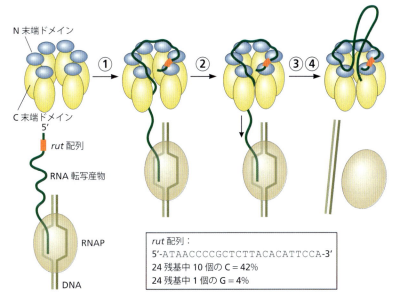

図9.17 大腸菌におけるRho依存的転写終結 Rho因子は六量体のATP依存性DNA-RNAヘリカーゼで，もっぱらDNA-RNAハイブリッドに働く．転写終結は4段階で進む．① 青で示されたRhoのN末端は転写産物中のrut配列に結合する．② 黄で示されたRhoのC末端はrutの下流mRNAに結合し，リングが閉じる．③ C末端は周期的にATPを加水分解し，5′→3′方向に進む．④ ヘリカーゼ活性が転写複合体を解離させる．枠：λファージtR1ターミネーターにおけるrut配列．偏ったヌクレオチド組成に注目．42％がC，4％がGである．これは典型的なrut配列の特徴である．転写終結に対してrut配列が使われる効率はCが多くGが少ない領域の長さとともに増加する．rut配列は実際の終結部位からさまざまな距離に見いだされる．[Kaplan DL & O'Donnell M [2003] *Curr Biol* 13:R714–R716 より改変．Elsevierの許可を得て掲載]

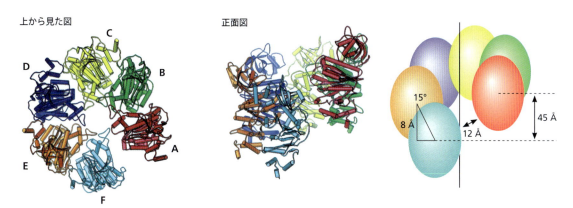

図9.18 Rho因子の結晶構造 各プロトマーA〜Fを上から見た図．正面図では異なる色で示された六つのサブユニット，もしくはプロトマーによる開放型の六量体リングを示す．この開放型はmRNA上のrut配列に結合するときのコンホメーションで，その後RNAを包込むようにリングは閉じる．開放型から閉鎖型リングへの変化は隣のサブユニットに対して回転移動することにより起こる．右の図は隣接するRhoサブユニットに対する相対的な上昇と傾きにより，Rho六量体が垂直線で描かれているリングの軸に巻き付く形となっていることを表す．サブユニットに対する各色は上から見た図，正面図で対応している．六量体の隙間は12 Å，らせんのピッチは45 Åである．[Skordalakes E & Berger JM [2003] *Cell* 114:135–146 より改変．Elsevierの許可を得て掲載]

作用するいくつかのよく知られた抗生物質の作用機序の例を示す．

重要な概念

- 転写とはDNAの配列がRNAの配列に写し取られる過程のことである．新生RNA鎖は一方のDNA鎖に対して相補的に結合しており，それゆえもう片方のDNAと配列上同等である．
- この過程はRNAポリメラーゼ（RNAP）とよばれる酵素により触媒され，ヌクレオシド三リン酸の加水分解によって駆動され，ヌクレオチド残基がRNA鎖に付加されていく．RNAポリメラーゼはDNAを自身の中に引き入れ，RNA鎖は5′末端から3′末端に向けて合成される．
- プロモーター領域内に明確な転写開始部位がある．RNAポリメラーゼはプロモーターに強固に結合し，続いてDNA二本鎖を開裂させる．これが転写開始を可能にするものの，転写は15 ntほどの決定的な長さに到達する前に中断することがある．
- 転写伸長段階においてポリメラーゼはDNA上の長距離を一気に移動するが，時折一時停止する．短期停止は問題にならないが，転写バブルにおける新生RNA転写産

Box 9.4 抗生物質：細菌の転写の阻害

　抗生物質は一般的に細菌や真菌によってつくられる天然に存在するさまざまな化合物である．自然界におけるこれらの化合物の役割は，限られた資源に対して競合的に生存する他の細菌を殺すことである．たくさんの抗生物質が細菌感染に対抗し，戦うために臨床現場に導入されてきた．ここでは，二つのまったく異なるメカニズムにより細菌のRNAポリメラーゼを阻害し，幅広く使用されて作用機構がよく理解されている抗生物質の例を紹介する（図1）．臨床的に使われているほとんどの抗生物質は他の機序で作用するもので，細菌の細胞壁の合成を阻害したり，DNA複製あるいはタンパク質合成を阻害する．後者の例については他の章にて述べる．

　細菌のRNAポリメラーゼは広い抗菌スペクトルをもつ抗菌治療において実績ある標的である．標的としてRNAポリメラーゼが適している理由は三つ考えられる．(1) RNAポリメラーゼは必要不可欠な酵素であり，これが効能を保証する．(2) 細菌間のRNAポリメラーゼの各サブユニットのアミノ酸配列は非常によく保存されており，これが幅広い細菌種への効果を可能にする．(3) 真核生物のRNAポリメラーゼは細菌のものと大きく異なっているので，真核生物のポリメラーゼはこれら化合物による抑制をほとんど受けず，ある見積もりでは3〜4桁以上影響が低いといわれている．

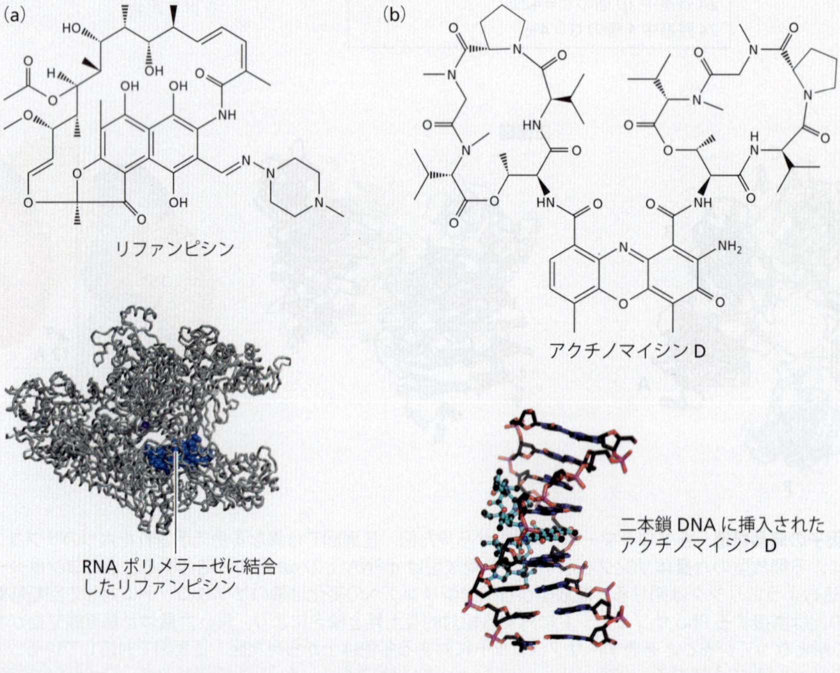

図1　RNAポリメラーゼ阻害作用をもつ汎用抗生物質の例　(a) リファンピシンは複雑な有機化合物で，土壌細菌 *Streptomyces* により産生されるリファマイシンの半合成誘導体である．結核を含むグラム陽性，グラム陰性の細菌感染症に対する治療に幅広く使われている．1959年にこの抗生物質が導入され，結核患者の治療時間を18〜24カ月から6〜9カ月に大幅に減少させることができた．この効果は非複製性の結核菌を殺すことができる能力に起因する．リファンピシンはRNAポリメラーゼの活性中心の溝に結合することにより作用する．この結合はポリメラーゼの鋳型DNAへの結合，および反応自体の触媒段階を阻害しない．その代わり，RNA鎖に2, 3個のヌクレオチドが付加された後，新規に形成される短いRNA-DNAヘテロ二本鎖の結合を立体的に阻害する．RNA-DNAヘテロ二本鎖が通るべき溝をブロックするのである．［下：Ho MX, Hudson BP, Das K et al. [2009] *Curr Opin Struct Biol* 19:715–723. Elsevierの許可を得て掲載］(b) アクチノマイシンDは別の種類の *Streptomyces* 由来の化合物で，ペプチド鎖を含む抗生物質である．これはDNA中の隣接する塩基対の間にそのフェノキサゾン環を挿入することにより作用し，転写の鋳型として働くDNAの能力に影響を与える．低濃度ではDNAの複製に影響を与えず，転写のみを選択的に阻害する．高濃度では急速に分裂しているすべての細胞の増殖を阻害するので，抗がん剤として使われる．

物の 3′ 末端の適切な配置が失われて生じる長期停止には特別な処置が必要となる.

- 細菌におけるプロモーター認識には，RNAポリメラーゼコア酵素と複合体を形成する特殊な σ 因子を必要とする．何種類かの σ 因子が存在し，環境状態に対応した選択的遺伝子発現を可能にする．
- 転写伸長による鋳型 DNA への超らせんストレスの蓄積は転写を阻害するようにみえるが，頻繁に転写される領域における複数の RNA ポリメラーゼの存在はそのようなストレスをおおよそ打ち消す．
- トポイソメラーゼは RNA ポリメラーゼが移動した際に生じる DNA の超らせんストレスを弛緩させる役割をもつ．
- 細菌における転写終結は二つの機構により生じる．配列特異的終結には転写産物の 3′ 末端にある特殊な配列が必要である．この配列はヘアピン構造を形成し，転写産物の解離をひき起こす．もう一つは新生転写産物上のある配列を認識するヘリカーゼ酵素によって生じる終結であり，酵素は RNA 鎖をポリメラーゼに向かって進み，そして文字どおり RNA 鎖をポリメラーゼから引き抜く．

参考文献

成 書

Cooper GM & Hausman RE (2010) The Cell. A Molecular Approach, 3rd ed. Sinauer Associates Inc.〔『クーパー細胞生物学』須藤和夫，堅田利明，榎森康文，足立博之，富重道雄訳，東京化学同人 (2008)〕

Wagner R (2000) Transcription Regulation in Prokaryotes. Oxford University Press.

総 説

Darst SA (2001) Bacterial RNA polymerase. *Curr Opin Struct Biol* 11:155–162.

Dove SL & Hochschild A (2005) How transcription initiation can be regulated in bacteria. In The Bacterial Chromosome (Higgins NP ed), pp 297–310. ASM Press.

Greenleaf WJ, Woodside MT & Block SM (2007) High-resolution, singlemolecule measurements of biomolecular motion. *Annu Rev Biophys Biomol Struct* 36:171–190.

Gruber TM & Gross CA (2003) Multiple sigma subunits and the partitioning of bacterial transcription space. *Annu Rev Microbiol* 57:441–466.

Hurwitz J (2005) The discovery of RNA polymerase. *J Biol Chem* 280:42477–42485.

Kaplan DL & O'Donnell M (2003) Rho factor: transcription termination in four steps. *Curr Biol* 13:R714–716.

Uptain SM, Kane CM & Chamberlin MJ (1997) Basic mechanisms of transcript elongation and its regulation. *Annu Rev Biochem* 66:117–172.

von Hippel PH & Pasman Z (2002) Reaction pathways in transcript elongation. *Biophys Chem* 101–102:401–423.

Zlatanova J, McAllister WT, Borukhov S & Leuba SH (2006) Singlemolecule approaches reveal the idiosyncrasies of RNA polymerases. *Structure* 14:953–966.

実験に関する論文

Harada Y, Ohara O, Takatsuki A et al. (2001) Direct observation of DNA rotation during transcription by *Escherichia coli* RNA polymerase. *Nature* 409:113–115.

Liu LF & Wang JC (1987) Supercoiling of the DNA template during transcription. *Proc Natl Acad Sci USA* 84:7024–7027.

Miller OL Jr & Beatty BR (1969) Visualization of nucleolar genes. *Science* 164:955–957.

Vassylyev DG, Sekine S, Laptenko O et al. (2002) Crystal structure of a bacterial RNA polymerase holoenzyme at 2.6 Å resolution. *Nature* 417:712–719.

Yin YW & Steitz TA (2002) Structural basis for the transition from initiation to elongation transcription in T7 RNA polymerase. *Science* 298:1387–1395.

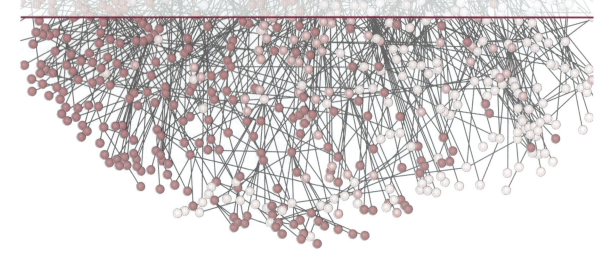

10 真核生物の転写

10.1 はじめに

真核生物の転写は複雑で高度に制御された過程である

　真核生物の転写は開始，伸長，終結の過程における機構の複雑性だけでなく，その制御機構も細菌の転写と比べて複雑になっている．典型的な真核生物は宿主細胞の要求に合わせて転写を適合させなければならないため，複雑になっているのも驚くことではない．この章ではおもにタンパク質をコードしている遺伝子のmRNAの転写について述べたい．mRNAの転写は真核生物の転写の中で特に注目され，研究されている．他の機能をもつRNA分子の遺伝子発現については簡単にしか述べないが，真核生物の転写の中でmRNAの産物はごくわずかであることは認識しておきたい．

　遺伝子発現は，ここでは機能的RNA転写産物の生産と定義するが，転写段階と機能をもつ成熟RNAをつくり上げるプロセシング段階で制御されている．mRNAの場合は核から細胞質への輸送と，タンパク質へと翻訳される段階も制御の過程といえよう．タンパク質は最終的に翻訳後修飾や機能的に異なる分子を生み出すためのいくつかのプロセシングを受ける．タンパク質の安定性や代謝回転もまた細胞内でのタンパク質の濃度を決める一つの要因である．遺伝子発現の複雑性は真核生物の中の後生動物の生存に必須である．細菌は環境の変化に応答すればよいだけだが，後生動物は多くの異なった細胞や組織において異なったタイミングで同一ゲノム上の異なった場所から優先的に発現しなくてはならない．これらの多様で複雑な遺伝子発現を制御している機構は転写の段階が最も重要と考えられている．細胞はおもに転写への影響を通して発生のシグナルや環境に応答する．この章では真核細胞の核内で起こる基本的な転写機構についてみていき，第12章，第13章では真核生物の転写の制御機構について述べる．

　真核細胞の核内で転写装置は細菌のポリメラーゼよりもはるかに制限的で複雑な環境に対処しなくてはならない．第8章で示したが，細菌のゲノムは簡単にDNAに近づきやすいようにタンパク質が緩く結合した核様体となっている．しかし，真核細胞のゲノムは，大容量のDNAがコアヒストンに巻かれたヌクレオソームを形成し，クロマチンとして収納されている．クロマチンは完全に静的な構造ではないが，転写の障害となっている．そのため，転写の開始と伸長の段階では少なくともヌクレオソームの離脱などの一時的なクロマチンリモデリングが必要なことがわかっている．転写制御の多くはそのようなリモデリングを伴っている（第12章参照）．

真核生物の細胞内には異なった機能の遺伝子群それぞれに特異的な複数のRNAポリメラーゼが存在する

　第9章で述べてきたように，細菌の細胞は1種類のDNA依存性RNAポリメラーゼをもつ．このポリメラーゼによって転写される遺伝子のタイプはコア酵素に結合する開始因子のσに依存している．しかし，真核細胞では異なっており，マルチサブユニットから成る3種類の核内ポリメラーゼⅠ，Ⅱ，Ⅲ（PolⅠ，PolⅡ，PolⅢ）をもち，それぞれ異なる遺伝子セットを転写する．さらに，ミトコンドリアや葉緑体で発見された細胞小器官特異的な酵素もある（表10.1）．細胞小器官ポリメラーゼが単量体であることは興味深い．このことは，真核生物の細胞小器官が他の細菌に共生している細菌に由来し，それが真核生物に組込まれたとする細胞小器官の進化的起源に起因する．

　まずは3種類の核内RNAポリメラーゼの構造について

みていく．表10.2で示したように，3種類の酵素はマルチサブユニットをもち，Pol I は12個のサブユニットから，Pol III は17個のサブユニットから成る．活性中心を構成する10個のサブユニットは3種類の酵素で共通である．その他のサブユニットは3種類の酵素で異なっており，たとえばRpb4/7は酵素複合体の似たような周辺部位にある．Pol III は独自のサブユニットとしてC82, C34, C31をもつ．結晶構造解析，クライオ電子顕微鏡（クライオEM）像や構造モデルの結果を合わせるとそれぞれの構造を視覚化できるが，いくつかのサブユニットやサブ複合体の機能はわかっていない．これらの構造を比較すると，酵素機能は3種類のポリメラーゼでほぼ一緒だが，周辺タンパク質によって決定される標的遺伝子群が異なることが推測できる．では，それぞれについて述べていこう．まずはタンパク質をコードする遺伝子の転写に関与するため，最も精力的に研究されているPol II から始めよう．

10.2　RNAポリメラーゼIIによる転写

酵母Pol II 構造は転写機構を理解するうえでの手がかりとなる

RNA Pol II はタンパク質をコードしている遺伝子からmRNA分子を転写するために最も精力的に研究されている．タンパク質をコードすることがゲノムのおもな機能であると長い間考えられていたからである．しかし，現在では多くの長鎖ノンコーディングRNA（lncRNA）分子が核内で産生され，Pol II がそれに関わっていることが知られている．つまり，Pol II は非常に重要な酵素なのである．

酵母Pol II は真核生物のRNAポリメラーゼのなかで唯一結晶構造解析がなされたものである（Box 10.1）．Pol II

表10.1　真核生物のDNA依存性RNAポリメラーゼ

RNAポリメラーゼ	サブユニットの数	転写される遺伝子群	細胞内局在	細胞での分子数
Pol I	14	rRNA前駆体	核小体	40 000
Pol II	12	mRNA前駆体; U1, U2, U4, U5 snRNA[†]; lncRNA	核	65 000
Pol III	17	5SRNA, 7S RNA; tRNA; U6 snRNA[†]; 他の小分子RNA	核	20 000
ミトコンドリアポリメラーゼ	単量体，核遺伝子によりコードされる，T7 RNAPに似る	ミトコンドリア遺伝子	ミトコンドリア	不明
葉緑体ポリメラーゼ	単量体，葉緑体遺伝子にコードされる，シアノバクテリアのポリメラーゼと似る	植物の葉緑体遺伝子	葉緑体	不明

[†] 核内小分子RNA，スプライソソームの成分．

表10.2　真核生物RNAポリメラーゼI, II, IIIの構造比較　Pol I およびPol II の構造は結晶学によって十分に解明されている．Pol III 構造は，クライオEM，コアの相同性モデリング，C17/25のX線構造に基づいている．三つの酵素はすべて10サブユニットから成るコアをもち，この周辺に付加的なサブ複合体が結合している．［左：Engel C, Sainsbury S, Cheung AC et al. [2013] Nature 502:650-655. Macmillan Publishers, Ltd. の許可を得て掲載．中央と右：Cramer P, Armache KJ, Baumli S et al. [2008] Annu Rev Biophys 37:337-352. Annual Reviewsの許可を得て掲載］

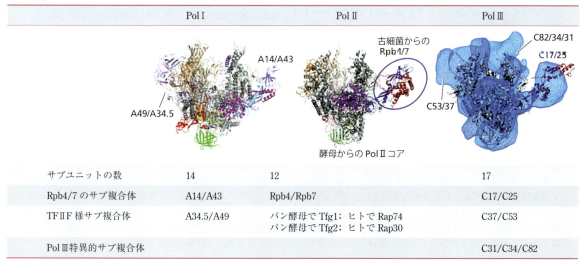

	Pol I	Pol II	Pol III
サブユニットの数	14	12	17
Rpb4/7のサブ複合体	A14/A43	Rpb4/Rpb7	C17/C25
TFIIF様サブ複合体	A34.5/A49	パン酵母でTfg1; ヒトでRap74 パン酵母でTfg2; ヒトでRap30	C37/C53
Pol III 特異的サブ複合体			C31/C34/C82

の基本的な機能は他の真核生物のポリメラーゼとも共有しているので，酵素の機能はこの構造から学ぶことができ，一般的なモデルを提唱できる．図10.1(a)で示されている構造はサブユニットRpb4とRpb7を欠いたコア酵素になっている．この構造から図10.1(b)では1，2と示してあるRpb1とRpb2の二つの大サブユニットが正電荷をもった活性中心の溝の両端に位置し，小さいサブユニットがその周辺に配置されていることがわかる．溝の下にはメタルAとして知られているMg^{2+}があり，これがそれぞれのリボヌクレオシド一リン酸の触媒的付加に作用している．図10.1(c)は伸長段階のコアポリメラーゼの構造である．Rpb1の領域の**可動クランプ**（mobile clamp）は自由に動いている酵素中では，開始段階ではDNAと結合するために開いているが，転写中は転写過程を確実に行うためにDNAとRNA産物を包込むように閉じている．この構造により二つの大サブユニット（Rpb1とRpb2）をつなげている**ブリッジヘリックス**（bridge helix）の位置も明らかとなった．このヘリックスはDNAに対する酵素の移動に関与している．活性中心にあるDNA-RNAヘテロ二本鎖のコンホメーションは図10.1(d)に示すように，DNAのA形とB形の中間である．

PolⅡの最大サブユニットであるRpb1はPolⅠやPolⅢの相当サブユニットではみられない**C末端ドメイン**（**CTD**; C-terminal domain）をもつ．CTDは多数の反復配列から成り，7アミノ酸の反復であるYSPTSPSの単位が酵母では26個，ヒトでは52個連なる．CTDは規則的な構造をもたないために結晶解析では構造は見られない．結晶構造で見ることのできる最後の残基は，Rpb1の構造をとる本体の部分と構造をとらないCTDをつなげるリンカー部分の始まりに位置する（図10.2 a）．CTDはたぶん酵素本体の周辺で無秩序な形をとって密になっており，伸びた状態ではないのだろう．反復配列内の個々のアミノ酸残基はリン酸化，グリコシル化，プロリンのシス－トランス異性化が起こっている（図10.2 b）．セリン残基のリン酸化と，たぶん他の修飾も転写段階中に変化していく（図10.3）．これらの修飾は個々に，または共役してCTDに結合するいくつかのタンパク質因子の結合を決めており，転写伸長を制御していると考えられている．多くのタ

Box 10.1 真核生物転写の分子機構の解明：酵母PolⅡストーリー

2006年ノーベル化学賞はスタンフォード大学のRoger Kornbergの"真核生物の転写の分子機構に関する研究"に与えられた．研究内容である原子レベルでの分解能をもった酵母由来のマルチサブユニットRNAポリメラーゼⅡの構造解析は魅力的であり，科学の困難な問題を解決する際の革新性，永続性，絶対的思考の重要性を証明しているものだった．

Kornbergはスタンフォード大学で化学物理学者として訓練を受け，そこで脂質膜のNMR解析を修得した．この経験は後でPolⅡを結晶化する方法を研究していたときに役立っている（図1）．ポスドク時代は，高分子のX線回折研究の世界的に有名な施設であるケンブリッジの分子生物学研究所のAaron Klugとともに働いていた．クロマチンがどのように転写されるかを理解しようとする試みはPolⅡの構造と基本転写因子に関する後のKornbergの研究につながっている．

このプロジェクトは挑戦的であり，X線回折研究のために十分な品質の結晶をつくり出す主要な技術的問題を克服するのには数年かかった．最初のPolⅡ結晶は二次元であり（図1参照），非常に秩序が悪いものだった．この問題はタンパク質精製において，酵素の2種類の小さい非必須のサブユニットの量が不均一になることが原因であり，酵母でこれら二つのサブユニットを欠損させることによりこの問題は解決した．二次元結晶（図1参照）のエピタキシャル成長によって得られた最初の規則正しい三次元結晶は回折することができなかった．それらのわずかな黄の色合いから酸化が問題であることを認識し，その後の結晶はすべてアルゴンのもとでつくり出し維持した．最後に，

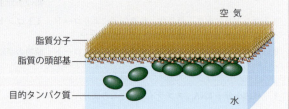

図1 脂質層上の二次元タンパク質結晶化 脂質の急速な横方向の拡散は単層で二次元（2D）結晶を形成する．脂質の頭部基に結合するタンパク質分子は二次元に拘束されるが，平面内で自由に拡散して結晶形成をもたらす．これらの2D結晶は第一の層上にエピタキシャル成長によって追加の層を追加することができ，X線解析のための薄い三次元（3D）結晶を形成する．

どんな構造分解能でも重要となる，構造内のどこに局在するか示す正しい重原子誘導体を見つけるためにかなりの努力が払われた．イリジウム化合物とレニウム化合物が最終的に有効であることが判明するまで，一般的に使用されている50種の重原子成分を試したがうまくいかなかった．

2.8 Å分解能の酵母PolⅡの構造は，真核生物の転写の分子基盤を理解する鍵である（本文と図10.1を参照）．

PolⅡ構造の発見の経緯は，賞のときにKornbergが執筆し，ノーベル財団によって出版された自伝的ノートに書かれている．より詳細な構造とそれがどのくらい真核生物転写を理解するのに重要かを示す．他の情報源は，ノーベル賞受賞講演から得ることができる．

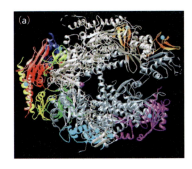
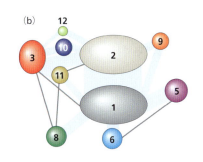
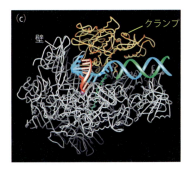
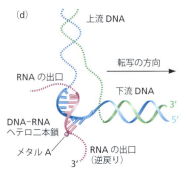

図10.1　酵母RNA PolⅡ構造と転写反応での酵素　(a) 2.8 Å分解能での酵素の構造．サブユニット4と7が結晶から欠けていることに注意．タンパク質はリボンモデルで，活性中心のMg^{2+}はピンク色の球として示されている．薄青の球は結晶化に用いられるZn^{2+}である．構造は3500個のアミノ酸残基を含み，28 000以上の非水素原子を含む．(b) この模式図は個々のサブユニットをリボンモデルに対応する色で表している．それぞれのサブユニットを結んでいる線の太さは対応するサブユニットの表面に接している面積に比例している．つまり，面積が広いほど相互作用も強い．[(a), (b) Cramer P, Bushnell DA & Kornberg RD [2001] *Science* 292:1863–1876より改変．American Association for the Advancement of Scienceの許可を得て掲載] (c) ポリペプチド鎖は白で示されている．可動クランプをもったRpb1のドメインはオレンジ色で示されている．クランプは伸長複合体中のDNAとRNA上で閉じられているが，開始時にDNA結合を可能にしている遊離酵素中では異なる配向をもっている．緑で示されたブリッジヘリックスは二つの最大サブユニットを連結し，移行段階中に起こるコンホメーション変化をつかさどっている．鋳型DNA鎖は青，非鋳型鎖は緑，新生RNA鎖は赤で示す．DNAは約270°以上がタンパク質で囲まれている．DNA上のポリメラーゼによるこのきつい締め付けは酵素の高い効率を保証している．(d) この模式図は転写複合体中の核酸を示している．鋳型DNA鎖は青，非鋳型鎖は緑，新生RNA鎖は赤で示す．実線のリボンは結晶構造に由来し，破線は構造中に明らかにされていない核酸の可能な経路を示す．出入りするDNA二本鎖は互いに約90°の角度をなすことに留意されたい．DNA-RNAヘテロ二本鎖のコンホメーションは標準的なA形とB形のDNAの中間の形である．この模式図はまた，どこで新生転写産物がポリメラーゼから離れるのか，どこで逆戻りが終わるのかを示している．[(c), (d) Gnatt AL, Cramer P, Fu J et al. [2001] *Science* 292:1876–1882より改変．American Association for the Advancement of Scienceの許可を得て掲載]

ンパク質と結合できるというCTDの特性は，第3章で述べたように無秩序なタンパク質ドメインの典型である．CTDはRNAプロセシングにも働くと信じられている（第14章参照）．

PolⅡの構造はそのアミノ酸配列以上に進化的に保存されている

　PolⅡの構造は真核生物間で高度に保存され，酵母とヒトでは53％配列が一致しており，その保存されている領域は全構造にわたっている．予想どおり，酵母と細菌のポリメラーゼで保存されている配列はそんなに広域ではないが，活性中心の周辺に集中している（図10.4 a）．比較的低い保存率であるが，構造の保存は顕著である（図10.4 b）．触媒機構が保存されているため，真核生物の酵素は細菌のものとコアの構造は共通している（第9章参照）．構造の違いは酵素の周辺や他のタンパク質と結合する表面にある．PolⅡ酵素複合体の詳しい構造は特にRNA伸長中の機能と結び付いて明らかにされてきた．そのため，まず伸長について述べ，章の後半で開始と終結について議論しよう．

転写伸長でのヌクレオチド付加は周期的である

　転写伸長は合成しているRNA鎖に一つの新しいヌクレオチドを付加するという繰返しサイクルを経る．そしてDNA上を1塩基分だけ酵素が移動するというポリメラーゼの移行段階の後，次のヌクレオチド付加に向けて準備する．最近のPolⅡ-DNA-RNA三者複合体の異なった伸長過程の段階でのさらなる構造の解読により，このヌクレオチドの付加と移行のサイクルが明らかになった．全サイクルの過程を図10.5に示す．ほとんどの段階は進化的に高度に保存されており，全3種類の真核生物のポリメラーゼで細菌や古細菌と似たような方法が取られてる．

　ヌクレオシド三リン酸（NTP）の装填は挿入前と挿入の2段階で起こる．第9章で述べたように，ポリメラーゼ内のDNAは転写バブルの中で開かれ，変性されている．NTPは鋳型の塩基対をもとに適切なNTPが選ばれた時点で，まず挿入前段階で開いている活性中心に結合する．この結合はNTPとdNTPの区別に貢献している．第二段階として適切なNTPが挿入場所に送り込まれる．この段階の後に新生RNA鎖のヌクレオシド一リン酸（NMP）が触媒反応により組込まれる．二リン酸の放出はサイクルのこ

の段階で起こる.

次に，活性中心で起こるポリメラーゼの連続した複雑な動きによりDNAの移行が起こる．この移行も2段階で行われる．図9.3（b）で描写されているように，移行は2種類の動作により起こる．第一段階としてDNA-RNAヘテロ二本鎖が動き，次の鋳型DNAの塩基が正しい位置に

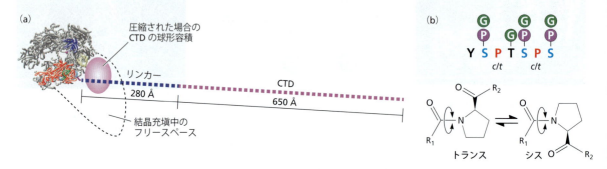

図10.2　PolⅡの最大サブユニットであるRpb1のCTD　このサブユニットはすべての三つのポリメラーゼでよく保存されているが，PolⅡのRpb1のみがCTDを含む．(a) CTDのサイズと位置．破線は完全に伸ばした際のリンカーとCTDの可能な長さを表す．リンカーとCTDに対応する電子密度の不在は無秩序または動きがあるとの証拠を提供するが，たとえ無秩序であってもこれらの領域が伸びた構造をとるとは考えにくい．四つの隣接するPolⅡのポリメラーゼ中のCTDの結晶格子における自由空間の存在はCTDが実際に圧縮されうることを示唆する．[Cramer P, Bushnell DA & Kornberg RD [2001] *Science* 292:1863–1876 より改変. American Association for the Advancement of Scienceの許可を得て掲載] (b) CTDは繰返したヘプタペプチド配列YSPTSPSを含み，三つのセリンすべてに対して個別にまたは組合わせてリン酸化されうる．同じ残基は複数のグリコシル化が起こりうる．(Ⓟ とⒼで示した) Thr4 もグリコシル化される．最後に，両方のプロリンはシス-トランス異性化反応を受けることができる．R₁とR₂はN末端とC末端に向かう連続するポリペプチド鎖をそれぞれ表す．これら修飾のセットは特定のタンパク質のための結合土台として役立つことにより，PolⅡの機能に影響を及ぼす．結合認識単位はヘプタペプチドの対と考えられている．反復数は生物種で異なり，酵母の26からヒトの52までの範囲である．

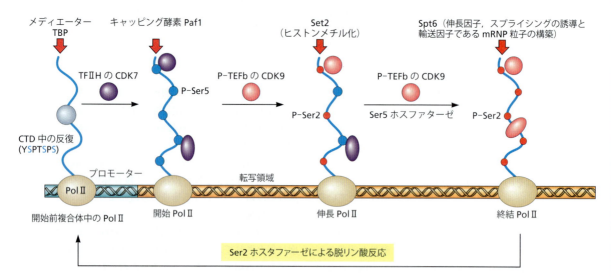

図10.3　CTDのリン酸化パターン　CTDのリン酸化パターンは転写過程中に変化し，どのタンパク質因子が結合するかを決定する．CTD中のYSPTSPS反復の2, 5, 7番目のセリンは転写の段階を反映するパターンでリン酸化されうる．開始前複合体ではCTDは修飾されない．伸長への移行において●として示されるSer5残基上のリン酸化を伴う．伸長過程の後半においてCTDはSer5とSer2の両方にリン酸化される．Ser2のリン酸化は●として描かれている．最後に，酵素が転写領域の終わりに近づくにつれて，リン酸化はおもにSer2残基で起こる．転写終結後，PolⅡは鋳型から脱落し，脱リン酸され，再び転写開始を可能にする．これらのリン酸化/脱リン酸に関与する酵素は各段階のポリメラーゼ間の矢印の上下に示した．正確にはこれらの段階の移行を制御しているもの，すなわち，それぞれのキナーゼの機能は依然として不明である．しかし，CTDのリン酸化パターンがポリメラーゼに結合し，その機能を制御するパートナータンパク質を決定していることは明らかである．CTDと相互作用する100以上の異なるタンパク質が存在する．それらのいくつかは各複合体の上に描かれており，本文中で議論されている．[Phatnani HP & Greenleaf AL [2006] *Genes Dev* 20:2922–2936, and Egloff S & Murphy S [2008] *Trends Genet* 24:280–288 より改変. Cold Spring Harbor Laboratory PressとElsevierの許可を得て掲載]

10.2 RNAポリメラーゼIIによる転写

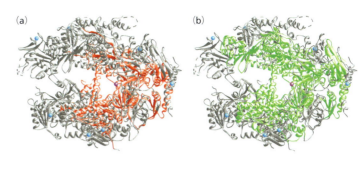

図10.4 **細菌と真核生物RNAポリメラーゼの二つの最大サブユニットの比較** Thermus aquaticus由来の細菌RNAポリメラーゼとパン酵母由来の真核生物RNAポリメラーゼII．二つの構造を重ね合わせ，配列相同性のある領域は赤で示され（a），構造的相同性の高い領域は緑で示されている（b）．ピンク色の球は活性部位のMg^{2+}を示している．構造は活性中心の周りにかなりの保存性があることを示し，触媒機構が保存されていることを示唆している．その構造相同性は配列相同性よりもはるかに高い．二つの酵素での違いはおもにポリメラーゼが他のタンパク質と相互作用する周辺と表面の特徴にある．[Cramer P, Bushnell DA & Kornberg RD [2001] Science 292:1863–1876. American Association for the Advancement of Scienceの許可を得て掲載]

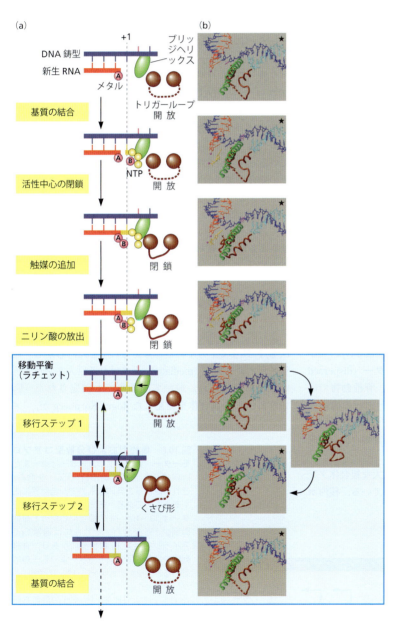

図10.5 **ヌクレオチド付加サイクルのモデル** （a）RNAポリメラーゼ伸長複合体の模式図．青は鋳型DNA鎖，赤は新生RNA鎖，二つの機能的ポリメラーゼ因子であるRpb1残基811〜845のブリッジヘリックスは緑で，そしてRpb1残基1062〜106のトリガーループは赤褐色で，メタルA，Bと称する二つの触媒Mg^{2+}はピンク色で示されている．縦の破線は鋳型DNA塩基の位置+1を示す．このサイクルはブラウンラチェットモデル（第16章参照）をもとにしており，往復矢印で示されるように伸長複合体の基底状態が相互変換している移行の前と後で平衡であることを前提とする．この行き来は基質結合によって一時的に停止し，ヌクレオチド付加後の次の鋳型位置の周りで再開する．このサイクルは黄で示されたNTP基質の開いている活性中心（トリガーループ）への結合により始まる．トリガーループを折りたたむことにより活性中心は閉じられる．合成中のRNA鎖の3' 末端はヌクレオチドの触媒付加によって伸長し，その結果二リン酸イオンの構造をとる．二リン酸の放出は閉じている構造を不安定にし，トリガーループを開く．結果として生じた移行前状態では，取込まれた3'末端ヌクレオチドは基質部位に残る．移行はおそらく二つのステップで行われる．ステップ1では，DNA-RNAヘテロ二本鎖は移行後の位置まで移動し，下流DNAは次の鋳型の塩基の位置+2がブリッジヘリックス上の位置まで移行する．ステップ2では鋳型DNA塩基は90°ねじれ，活性中心の鋳型位置+1に達する．ブリッジヘリックスの構造が崩壊し，開放構造からくさび形トリガーループ構造へと変化したことに注意したい．DNAとRNAの移動後，伸長複合体は次に付加されるNTPを結合するために基質部位が空いた移行後の状態になる．ついで，ヌクレオチド付加サイクルを繰返すことができる．（b）ヌクレオチド付加サイクルの種々の段階の構造モデル．伸長複合体の七つの異なる機能状態のうち★で示した五つは結晶学的に解析されている．他の二つは仮定上のものである．[(a), (b) Brueckner F, Ortiz J & Cramer P [2009] Curr Opin Struct Biol 19:294–299より改変．Elsevierの許可を得て掲載]

来るまで下流のDNAが移動する．第二段階では，活性中心で正しい角度を形成するために鋳型DNA塩基が90°回転する．これらの段階は，Pol IIの特異的な場所がコンホメーション変化することによって可能となる．移行が完了した時点で，複合体は新しいヌクレオチドを加えることができる．

この酵素を介した一方通行のDNAの移行にはエネルギー源が必要である．唯一明らかなエネルギー源は伸長しているRNAへNMPを加える際のNTPの切断と二リン酸の放出である．これはポリメラーゼの機能の唯一の触媒反応で，エネルギー的に非常に有利である．つまり，NTPがあればその過程を推進できる．過程の不可逆性は放出された二リン酸の触媒作用による加水分解によって成り立つ．

転写の正確性，すなわち間違ったヌクレオチドやデオキシリボヌクレオチドの伸長鎖への取込みの回避は2段階の伸長過程によって保証されている．追加されるNTPは2段階目の前にチェックされる．このチェックは真核生物の転写伸長速度が細菌よりも1/10遅いことで可能になっている．

転写開始はコアプロモーターに集まる
複数の因子より成るタンパク複合体に依存している

Pol II コアプロモーター（Pol II core promoter）は転写開始部位（TSS）の周辺のDNA配列により定義され，ポリメラーゼが結合し，転写の開始を指示している．長い間，転写開始部位の上流にある単一の配列モチーフが普遍的プロモーターとして機能していると思われてきた．このモチーフは**TATAボックス**（TATA box）として知られ，細菌の−10領域に似ている（第9章参照）．しかし現在では，真核生物のプロモーター認識はより多様で複雑だということがわかっている．

大きく分けて，2種類のコアプロモーターがある．**集約型（シャープな）プロモーター**（focused (sharp-type) promoter）と，**分散型（広域型）プロモーター**（dispersed (broad-type) promoter）である（図10.6）．脊椎動物では1/3未満が集約型である．集約型プロモーターの構成モチーフはよく解析されているが（図10.7），分散型プロモーターでの特徴的な配列モチーフや開始前複合体を構成する因子についてはよくわかっていない．

真核生物の転写開始はきわめて複雑で巨大な複合体タンパク質群のプロモーターへの集合に依存している．核内ポリメラーゼ自体はプロモーター配列を認識できないため，**基本転写因子**（basal transcription factor），または**普遍転写因子**（**GTF**; general transcription factor）がプロモーターに結合し，過程を開始させる手助けが必要である．基本転写因子は特定の遺伝子が転写される頻度に関係なく転写に必須である．転写のレベルはおもに転写開始の頻度と最小の**開始前複合体**（**PIC**; pre-initiation complex）の安定性により決定されており，アクチベーターやリプレッサーのような制御因子からの刺激に依存している．これらの因子は基本プロモーターとは離れた領域にあるヌクレオチド配列に結合する（詳しくは第12章参照）．

TATAボックスプロモーターへの最小開始前複合体の集合は図10.8(a)で解説し，開始前複合体のそれぞれの構成因子のより詳しい情報は表10.3で示す．in vitroでプロモーターに最初に結合する因子は**転写因子IID**（**TFIID**; transcription factor IID）であり，これは**TATA結合タンパク質**（**TBP**; TATA-binding protein）と，六つのコアサブユニット，**TATA結合タンパク質随伴因子**（**TAF**; TATA-binding protein associated factor）とよばれるいくつかのセットの追加サブユニットより成る（図10.8 b）．TAFは近年同定されたいくつかのプロモーターを識別している（図10.7参照）．TATAボックスへのTBPの結合はその結合領域のDNAによじれを生じさせ，二重らせんの副溝を開かせる（図10.8 c）．多くのタンパク質は二本鎖DNAの主溝のヌクレオチド配列を認識することを思い出してほしい（第6章参照）．タンパク質がDNAの副溝に結合する場合，配列特異的な認識によって塩基へ接近するためには，二重らせんを変形させないとならない．

さらなるタンパク質複合体が
Pol II と制御タンパク質の連絡に必要である

長い間，転写開始には六つの基本転写因子であるTFIIB, D, E, F, H, Jで十分であると考えられてきた．しかし，近年メディエーター（mediator）とよばれる巨大タンパク質が酵母で発見され，続いて哺乳類でも同定された（図10.9 a）．この複合体を発見したRoger Kornbergが，"メ

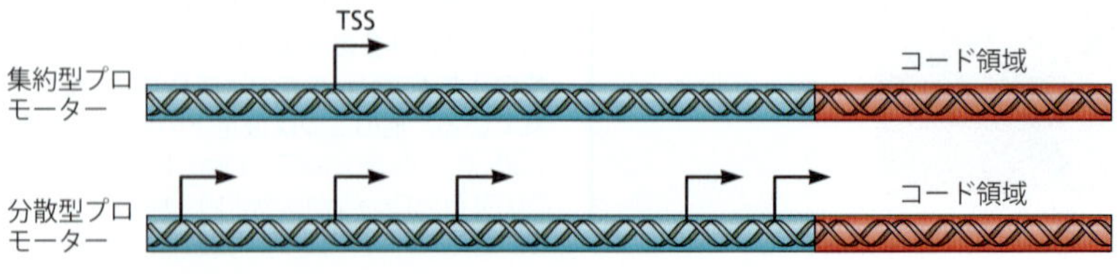

図10.6 集約型および分散型コアプロモーター 集約型プロモーターは単一または密集した転写開始部位（TSS）を含む．これらはより古典的なもので，自然界に広くあるものである．一方，分散型プロモーターは50〜100 ntの領域にわたって複数の弱いTSSを含む．それらには通常CpGアイランド（第12章参照）があり，脊椎動物では集約型プロモーターよりも一般的である．[Juven-Gershon T, Hsu JY, Theisen JW & Kadonaga JT [2008] Curr Opin Cell Biol 20:253–259 より改変．Elsevierの許可を得て掲載]

10.2 RNAポリメラーゼIIによる転写

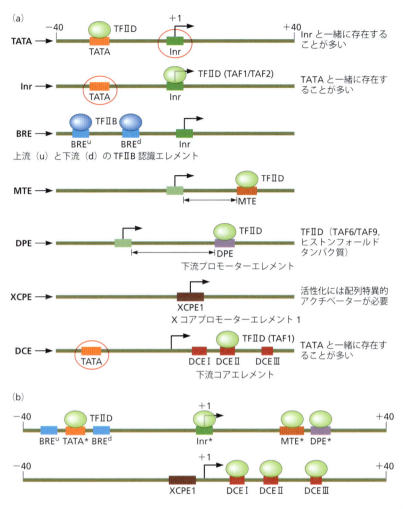

図10.7 **Pol II 転写のための既知のコアプロモーターモチーフ** (a) いくつかの個々のプロモーターとそれらに結合するタンパク質複合体の模式図．各エレメントはすべてのプロモーターの一部にしか存在せず，イニシエーターエレメント（Inr）が最も頻繁に存在する．いくつかのプロモーターで示されている両頭の矢印は二つのエレメント間の距離が重要であることを示す．特異的な遺伝子を調節しているプロモーターエレメントは共役して働いていることもある．特異的なプロモーターで，ときとして存在したりしなかったりするエレメントは丸で囲んである．たとえば，TATA ボックスはいくつかの Inr プロモーターでは 2 番目に重要なエレメントとなっている．MTE（モチーフ 10 エレメント）と他のプロモーターエレメント間の相互作用により最適化された TATA, Inr, MTE を含む SCP（スーパーコアプロモーター）をつくり出す．これらのエレメントは (b) の * でマークされている．SCP は，in vitro 転写反応系および培養中の細胞に導入された場合に最も強いプロモーター活性を示す．SCP は，TFIID に対してきわめて高い親和性を示す．緑の楕円形で示されている TFIID は，七つのプロモーターのうち少なくとも五つでみられている．TFIID はコアサブユニットである TATA 結合タンパク質（TBP）といくつかの TBP 随伴因子（TAF）の複合体である．したがって，特異的プロモーターエレメントを認識する TFIID 複合体には多様性がある可能性がある．[Sandelin A, Carninci P, Lenhard B et al. [2007] *Nat Rev Genet* 8:424–436 より改変．Macmillan Publishers, Ltd. の許可を得て掲載] (b) 種々のプロモーターエレメントの相互配置を示す等縮尺図．下の図は上の図に示されているエレメントと重複するエレメントを示している．すなわち，すべてのプロモーターに普遍的に存在するプロモーターエレメントは存在しない．[Juven-Gershon T, Hsu JY, Theisen JW & Kadonaga JT [2008] *Curr Opin Cell Biol* 20:253–259 より改変．Elsevier. の許可を得て掲載]

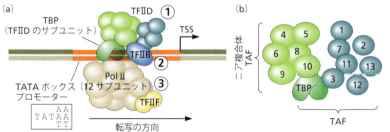

図10.8 **転写開始時の TATA ボックス上の最小の機能的開始前複合体の集結** (a) 部分的開始前複合体の模式図．TBP と TFIID の他の成分は TATA ボックスに結合し，他のすべての基本転写因子（GTF）およびポリメラーゼ自体を呼び込む．さらなる基本転写因子 E, H, J は示されていない．数字は in vitro での結合の順番を示す．(b) TFIID．六つのコア複合体のサブユニットは明るい緑で示された 4〜6，8〜10 であり，他の TAF の組合わせおよび TBP と会合して多種多様な異なる複合体を形成する．これらの異なる複合体は異なるタイプのプロモーターに結合して転写を開始する．(c) TBP の構造は青で示し，赤で示したプロモーター TATA ボックスに結合する．TBP は DNA 鎖によじれを誘発し，TBP が DNA と結合する場所である DNA 二重らせんの副溝を強制的に開く．Pol II 複合体と同様に他の GTF もその周りに集まる．TBP-DNA 複合体はわずかに非対称であり，転写の方向を決定する．すなわち正しい DNA 鎖上で転写が起こる．

表 10.3　開始前複合体形成に関与するタンパク質複合体　以前は基本転写因子と考えられていた TFIIA は実際には転写を促進するためにアクチベーターおよび基本開始機構の因子と相互作用するコアクチベーターである．[Sikorski TW & Buratowski S [2009] Curr Opin Cell Biol 21:344–351 より改変]

タンパク質複合体	サブユニットの数	機能
Pol II	12	すべてのタンパク質コード遺伝子およびスプライソソームのRNA成分を含む一群のncRNAの転写を触媒する
TFIIB	1	プロモーターへのTFIID結合を安定化させる．TFIIF/Pol IIをプロモーターに呼び込む助けとなる．正確な転写開始部位選択を指示する
TFIID	14	サブユニットにTBPとTAFを含む（図10.8）．TATAボックスへのTBP結合または選択的プロモーターへはTAF結合を介して開始前複合体集結の核となる（図10.7）．TAF/アクチベーターの直接相互作用を介して転写を共活性化する
TFIIE	2	TFIIHをプロモーターに呼び込み，そのヘリカーゼおよびキナーゼ活性を刺激するのに役立つ．一本鎖DNAに結合する．プロモーター融解に必須
TFIIF	2～3	Pol IIと密接な複合体を形成し，TBP-TFIIB-プロモーター複合体の親和性を増強する．TFIIE/TFIIHの呼び込みに必要である．転写開始部位選択およびプロモータークリアランスを助ける．伸長効率を高める
TFIIH	10	プロモーターの変性およびクリアランス（転写された遺伝子上で起こるDNA修復のための酵素活性）のためのATPアーゼ/ヘリカーゼ活性．CTDのSer5リン酸化のためのキナーゼ．開始から伸長への移行を促進する
メディエーター	24	遺伝子特異的アクチベーター（またはリプレッサー）と基本転写因子との間の橋渡しとなることによって転写を調節する．ほぼすべてのPol IIプロモーターからの基本転写に絶対に必要とされる（基本転写因子およびシグナル処理装置とみなされている）

ディエーターはPol IIにも劣らず転写に必須である"と述べているように，メディエーターは必須な基本転写因子の役割に加え，Pol IIと遺伝子領域の周辺にある制御エレメントを認識している配列特異的なタンパク質とつなげる橋として働き，転写制御の土台をつくっている．メディエーターとPol II間の連絡は広域で直接的であり，Pol IIサブユニットのRpb4とRpb7により担われている（図10.9 b と図10.9 c）．二つのタンパク質複合体間の結合は転写開始に効果的なように開始前複合体を安定化させる．つまり，Kornbergによると"メディエーターはコアクチベーターでもあり，コリプレッサーでも基本転写因子でもある"ということである．

転写開始を促進するために，これらすべての因子がどのように一緒に働いているかという現在のモデルを図10.10に示した．重要なことは，ポリメラーゼは転写伸長段階に入るために一度プロモーターから外れるが，メディエー

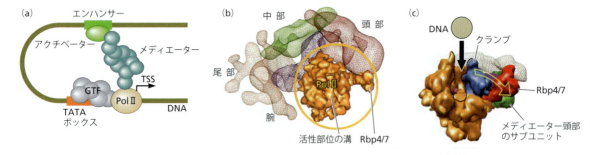

図10.9　メディエーターは20以上のサブユニットの多タンパク質複合体　メディエーターはコアクチベーター，コリプレッサー，基本転写因子である．(a) 転写を活性化または抑制するタンパク質とプロモーター上の転写装置との間の橋渡しとなるメディエーターを示す模式図．アクチベータータンパク質とPol IIの両方に直接接触することに注目．[Kornberg RD [2007] Proc Natl Acad Sci USA 104:12955–12961 より改変．National Academy of Sciences の許可を得て掲載] (b) クライオEM画像に基づくメディエーター-Pol II複合体のモデルはメディエーターの頭部モジュールとPol IIサブユニットRpb4/Rpb7との間の結合を明らかにしている．Pol IIとメディエーターとの相互作用は非常に広範囲であり，メディエーターはおそらくTBP, TFIIB, TFIIFが結合しているポリメラーゼの表面を囲んでいる．これらすべての結合はメディエーターによって開始前複合体が安定化されるという報告と一致する．[Cai G, Imasaki T, Takagi Y & Asturias FJ [2009] Structure 17:559.567. Elsevier の許可を得て掲載] (c) メディエーターの頭部モジュールとRpb4/Rpb7との間の相互作用はポリメラーゼのクランプドメインのコンホメーションに影響を及ぼし，白い矢印で示すように黒の輪郭で囲ったPol IIの活性部位の溝を開き，二本鎖プロモーターDNAのポリメラーゼ活性部位への接近を可能にする．[Cai G, Imasaki T, Yamada K et al. [2010] Nat Struct Mol Biol 17:273–279. Macmillan Publishers, Ltd. の許可を得て掲載]

10.3 RNAポリメラーゼIによる転写

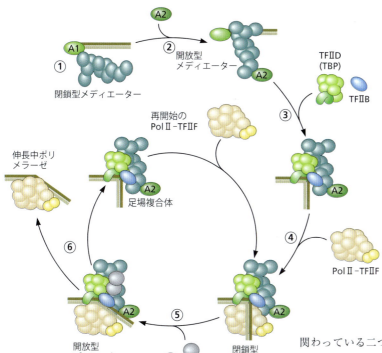

図10.10 開始と再開始のためのメディエーターの構造モデル　工程の各段階は以下のとおりである．① メディエーターはアクチベーターA1の作用を介してプロモーターに呼び込まれる．② 第二のアクチベーターA2の作用によりメディエーターのコンホメーション変化が導かれ，基本転写装置中の因子との結合部位が提供される．③ 転写因子TFⅡBとTFⅡDがプロモーターに位置し，PolⅡ-TFⅡF複合体のための土台を形成する．④ PolⅡ-TFⅡF複合体，つまりPolⅡとTFⅡFはあらかじめ形成されたメディエーター-DNA-TBP-TFⅡB複合体に付随して結合する．⑤ TFⅡEとTFⅡHの作用によりプロモーターが開き，鋳型DNA鎖がポリメラーゼ活性部位に到達する．⑥ 転写後，PolⅡ，つまりPolⅡ-TFⅡF複合体はプロモーターを脱出し，新しい開始前複合体の迅速な組立てを容易にする足場を残して新しいPolⅡ-TFⅡF複合体による再開始を導く．[Asturias FJ [2004] Curr Opin Struct Biol 14:121–129より改変．Elsevierの許可を得て掲載]

ターを含む足場複合体や多くの基本転写因子，アクチベーターはそこにとどまっていることである．この足場は今度は遊離のPolⅡ-ATFⅡF複合体を取込んで再び閉鎖プロモーター複合体を素早く形成させることができ，それにより，次の転写開始のサイクルを早めることができる．

真核生物の転写終結はRNA転写産物の　　　　　　　　　　　ポリアデニル化と連携している

真核生物の転写終結はRNA転写産物の転写後過程と強く供役している（第14章参照）．いくつかの例外を除いて，mRNAの初期転写産物は特異的なポリメラーゼにより3′末端にアデニン残基の鎖が付けられる**ポリアデニル化**（polyadenylation）が起こる．ポリアデニル化部位はポリアデニル化シグナルとよばれる特定の配列によって決められており，RNA転写産物はシグナルの3′末端のある場所で切断され，転写していたポリメラーゼは外される．CTDがここに関わっている可能性もある．ポリアデニル化の一つの機能として，RNAを核から細胞質に輸送することが考えられている．そのため，細菌にポリアデニル化が見つからなくても驚きはしない．

10.3　RNAポリメラーゼIによる転写

表10.1にあるように，PolIはrRNAの前駆体を転写する．このRNAは大小のリボソームサブユニットの形成に関わっている二つの大きなRNA分子と小さな5.8S rRNAである（第15章参照）．転写産物は一本鎖47S RNAであり，その後上記の産物をつくるためのプロセシングが行われる．つまり，PolIは単一の標的遺伝子しかもたない．rRNAの転写は核小体で起こり，遺伝子は縦列反復配列として存在する（図10.11）．これらの遺伝子の転写制御は複雑でよくわかっていないが，リボソーム，つまりrRNAが大量に必要な急速に細胞分裂している細胞ですら，転写はそれらの遺伝子の一部でしか起こっていない．

PolIの開始前複合体の基本転写因子を図10.12で模式的に示す．TBPはPolⅡとPolI両方で使われているが，TAFはそれぞれで特異的である．TAFとTBPの複合体は開始前複合体において多数のその他の因子と結合するPolI選択性因子1（SL1; selectvity factor 1）を含む（図10.12と図10.13参照）．上流結合因子（UBF; upstream binding factor）との結合は重要である．二つのUBF二量体は2箇所のDNA配列であるコアプロモーターと上流制御配列（UCE; upstream control element）と結合し，**エンハンソソーム**（enhanceosome）として知られる非常に特異的な構造を構築する（図10.14）．二つの隣接したエンハンソソームはコアプロモーター配列とUCEを両方もち，TBPの呼び込みを助ける．

PolIの転写サイクルは七つの過程から成る（図10.15）．再開始とよばれる重要な過程は，PolIを開始因子が結合したプロモーターやエンハンソソームの構造に再度組込むことにより開始前複合体全体を迅速に再構成することを可能にしている．最近のPolIのX線回折の研究により構造が明確になり，ポリメラーゼが不活性型から活性型へと移行するのに関わる領域もわかってきた．まず，不活性状態で

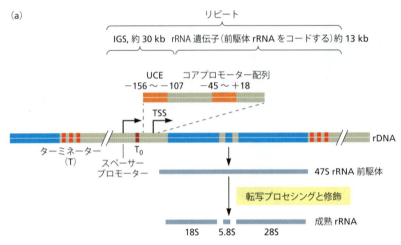

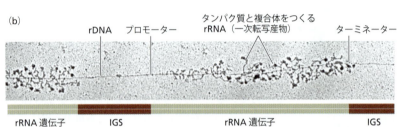

図10.11　真核生物 rRNA 遺伝子の反復性　(a) ヒト rRNA 遺伝子リピートの非等縮尺模式図．遺伝子間のスペーサー（IGS）は転写制御配列を含む．スペーサープロモーターは，機能未知の短寿命 Pol I 転写産物をコードする．すべての rRNA 配列は成熟 RNA 産生のためにプロセシングおよび塩基修飾を受け，小および大リボソームサブユニットにあるそれぞれ 18S および 5.8S/28S RNA の大きな前駆体として転写される．プロモーター配列は二つの領域である必須なコアと UCE とから成る．転写された領域の 3′末端にはいくつかのターミネーターを含む．(b) 酵母核小体クロマチンの電子顕微鏡像．Pol I 複合体に由来することがわかっているタンパク質と結合した合成途上の長い RNA 転写産物が DNA 上の小さな点として見える．[(a), (b) Russell J & Zomerdijk JCBM [2005] *Trends Biochem Sci* 30:87-96 より改変．Elsevier の許可を得て掲載]

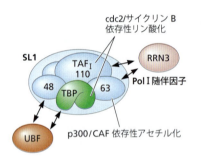

図10.12　真核生物の Pol I 開始前複合体の基本転写因子　SL1 は，ヒトでは TBP と少なくとも 110，63，48 kDa の三つの Pol I 特異的 TAF を含む 300 kDa の複合体である．この複合体は TAF_I63，TAF_I110 サブユニットと Pol I 随伴因子 RRN3 との相互作用を介して Pol I をプロモーターに呼び込む．これらの TAF のいくつかは翻訳後修飾されることが知られている．細胞周期の制御因子であるサイクリン依存性プロテインキナーゼによってリン酸化されるか，または大量にあるアセチラーゼ p300/CAF によってアセチル化される．SL1 は UBF および RRN3 と相互作用する．これらの相互作用はタンパク質と SL1 のそれぞれのサブユニットとを結ぶ両頭の矢印として示される．[Russell J & Zomerdijk JCBM [2005] *Trends Biochem Sci* 30:87-96 より改変．Elsevier の許可を得て掲載]

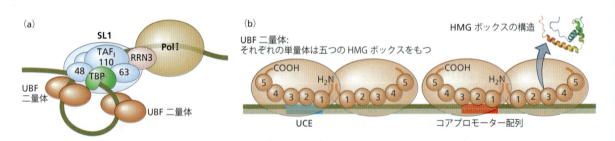

図10.13　哺乳類の Pol I 開始前複合体の分子構造　(a) Pol I 開始前複合体でわかっている相互作用を示す模式図．SL1 は DNA，hRRN3，UBF と相互作用する．UBF は，ここでは示されていない Pol I A49 サブユニットのホモログである RAF53 を介して rDNA と Pol I と相互作用する．[Russell J & Zomerdijk JCBM [2005] *Trends Biochem Sci* 30:87-96 より改変．Elsevier の許可を得て掲載]
(b) 二つの UBF 二量体と二つの DNA プロモーター配列である UCE，コアプロモーター配列との相互作用の拡大図．これらの二つの DNA 領域のそれぞれで UBF は二量体として結合する．各 UBF 単量体は五つの HMG ボックスを含むドメイン構造をもつ．HMG ボックスは配列特異的転写因子および非特異的 DNA 結合因子の両方に存在する特徴的な L 字形三次構造をとる．このボックスは，最初に同定された非ヒストンクロマチンタンパク質 HMG（high-mobility group）より名付けられている．HMG ボックスの DNA への結合は DNA の折れ曲がりを誘発する．[Stefanovsky VY, Pelletier G, Bazett-Jones DP et al. [2001] *Nucleic Acids Res* 29:3241-3247. Oxford University Press の許可を得て掲載]

10.3 RNA ポリメラーゼ I による転写

は活性部位の溝が拡張領域によって開かれている．拡張領域は活性部位の溝が基質 DNA 上で閉じられる前に移動されなくてはならない．次に，不活性型構造は連結領域により二量体になれる．この領域は活性化のためには解離しなくてはならない．おそらく，これらの一方もしくは両方はアロステリック調節下にあるだろう．

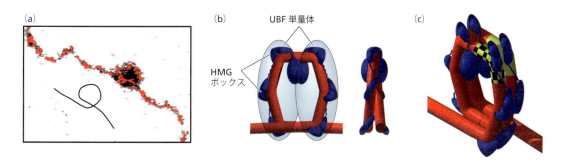

図 10.14 哺乳類の Pol I 開始前複合体の分子構造 (a) UBF 二量体が DNA と複合体を形成したエンハンソームの電子分光分析．このイメージング技術は赤で示された核酸由来のリン原子の位置を構造内で視覚化させ，それを対応する灰色で示す総質量画像上に重ね合わせている．(b) エンハンソームの低分解能モデル．UBF 単量体は半分のエンハンソームをつくり，DNA を 175°曲げる．二つの半エンハンソームは UBF の二量体化によって正確にそろう．したがって，エンハンソーム中でできるループしている DNA は二つの UBF 分子による独立した段階的屈曲の結果である．各 UBF 二量体は約 140 bp の DNA で構成される．[(a), (b) Stefanovsky VY, Pelletier G, Bazett-Jones DP et al. [2001] *Nucleic Acids Res* 29:3241–3247. Oxford UniversityPress の許可を得て掲載] (c) 隣接する二つのエンハンソームは黄で示されているように UCE とコア配列を結び付ける．この構造は開始前複合体形成の引き金となる TBP を呼び込むのに役立つ．[Victor Stefanovsky, Université Laval のご厚意による]

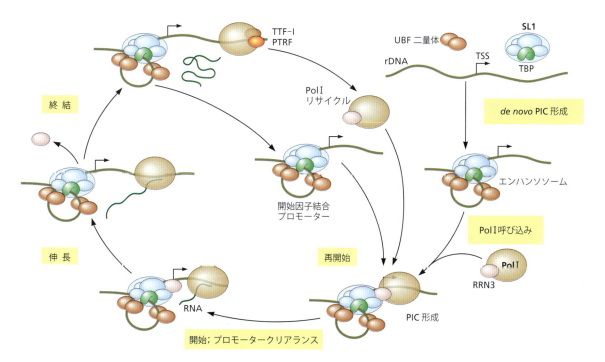

図 10.15 Pol I 転写サイクル このサイクルには開始前複合体集合，Pol I 呼び込み，開始，プロモータークリアランス，伸長，終結，再開始が含まれる．最初のヌクレオチド付加段階は遅く，いくつかの中断した RNA 合成工程を経て，短い新生 RNA 鎖が複合体から放出される．転写産物が 10～12 nt に達すると，ポリメラーゼは連続伸長モードに切り替わり，鋳型鎖から解離することなく何千ものヌクレオチド付加サイクルで伸長することができる．終結は遺伝子の 3′末端の終結配列に結合する特定の終結因子である TTF-I により起こる．TTF-I は終結部位の DNA を曲げ，Pol I を一時停止させる．Pol I および転写産物放出因子として知られる別の因子 PTRF も一緒に作用する．PTRF は T に富んだ DNA 配列と連携してポリメラーゼおよび RNA 転写産物を放出する．SL1 および UBF は常にプロモーターに結合したままであり，迅速に転写を再開始できる足場を提供する．[Russell J & Zomerdijk JCBM [2005] *Trends Biochem Sci* 30:87–96 より改変．Elsevier の許可を得て掲載]

10.4 RNA ポリメラーゼIIIによる転写

Pol IIIは小さい遺伝子の転写に特異的である

表10.1で示されているように，Pol IIIはリボソームの5S RNAやtRNA（第15章参照），スプライソソームに含まれる核内小分子RNAの一つ（第14章参照）や機能の知られていない他の小分子RNAを転写する．これらのRNAをコードしている遺伝子は特異的なプロモーター配列をもつ（図10.16）．いくつかのプロモーターはPol IIプロモーターに似ており，転写開始部位の上流に位置してTATAボックスを含んでいる．他は完全に遺伝子内部にあり，転写開始部位の下流に位置している．図10.16におもな3種類のプロモーターに加え，二つの異なったタイプのプロモーターが組合わさったものも示した．

これらすべてのプロモーターの機能的複雑性はよくわかっていないが，異なったタイプのプロモーターは異なった開始前複合体の構築に必要なことは明らかである（図10.17）．

10.5 真核生物の転写：広域性と空間的な組織化

ほとんどの真核生物のゲノム領域は転写されている

何十年もの間，真核生物ゲノムはタンパク質またはrRNAおよびtRNAなどの構造RNA分子のいずれかをコー

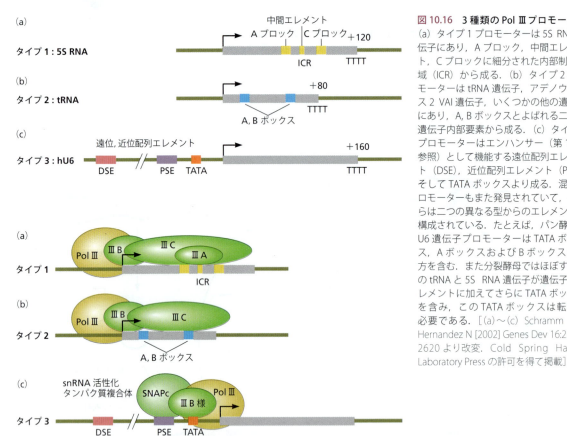

図10.16 3種類のPol IIIプロモーター (a) タイプ1プロモーターは5S RNA遺伝子にあり，Aブロック，中間エレメント，Cブロックに細分された内部制御領域（ICR）から成る．(b) タイプ2プロモーターはtRNA遺伝子，アデノウイルス2 VAI遺伝子，いくつかの他の遺伝子にあり，A, Bボックスとよばれる二つの遺伝子内要素から成る．(c) タイプ3プロモーターはエンハンサー（第12章参照）として機能する遠位配列エレメント（DSE），近位配列エレメント（PSE），そしてTATAボックスより成る．混合プロモーターもまた発見されていて，それらは二つの異なる型からのエレメントで構成されている．たとえば，パン酵母のU6遺伝子プロモーターはTATAボックス，AボックスおよびBボックスの両方を含む．また分裂酵母ではほぼすべてのtRNAと5S RNA遺伝子が遺伝子内エレメントに加えてさらにTATAボックスを含み，このTATAボックスは転写に必要である．[(a)〜(c) Schramm L & Hernandez N [2002] Genes Dev 16:2593–2620 より改変．Cold Spring Harbor Laboratory Press の許可を得て掲載]

図10.17 Pol IIIプロモーター上の転写開始複合体 (a) タイプ1プロモーターはDNA結合タンパク質のC₂H₂ジンクフィンガーファミリー（第6章参照）の メンバーであるTFIIIAを呼び込む．TFIIIAの結合はヒトと分裂酵母では五つのサブユニットをもち，パン酵母では六つのサブユニットより成るTFIIICの結合を可能にする．いったんDNA-TFIIIA-TFIIIC複合体が形成されると，別のBrf1-TFIIIBの結合が可能になり，これによりPol IIIが呼び込まれる．(b) タイプ2プロモーターはTFIIICがAボックスとBボックスに直接結合するためTFIIIAの助けなしにTFIIICを呼び込むことができる．これによりBrf1-TFIIIBとPol IIIとの結合が可能になる．酵母では一度Brf1-TFIIIBがタイプ1,2のプロモーターに結合されると，TFIIIAやTFIIICは高塩またはヘパリン処理でDNAから除去することができる．Brf1-TFIIIBはDNAに結合したままであり，複数回の転写を指示するのには十分である．(c) 後生動物特異的なタイプ3プロモーターは核内小分子RNA活性化タンパク質またはPSEに結合するSNAP複合体（SNAPc）を呼び込む．タイプ3プロモーターはまたSNAPcとのタンパク質-タンパク質結合とBrf2-TFIIIBのTBP成分によるTATAボックスとの直接結合によりBrf2-TFIIIBを呼び込むことができ，次に Pol IIIが複合体に結合する．DSEは転写因子が結合する特異的配列を含むエンハンサー（第12章参照）として機能する．[(a)〜(c) Schramm L & Hernandez N [2002] *Genes Dev* 16:2593–2620 より改変．Cold Spring Harbor Laboratory Press の許可を得て掲載]

ドする遺伝子の線状配列として考えられてきた．後者もタンパク質の合成に関わりをもつため，ゲノムはタンパク質製造に専門に従事していると考えられていた．細菌を研究の対象としている限りはこれは妥当と思われていたが，真核生物のゲノムの探究は当惑する疑問を生み出した．ヒトの細胞にはタンパク質の数から妥当と推測した量よりも大量のDNAが存在する．そのため，何もコードしていないジャンク（がらくた）DNAの概念が提唱された．この考えは多くの生物学者を混乱に陥れた．なぜ細胞は無意味なDNAを複製するためにエネルギーを消費しているのか．なぜ進化の過程で捨てられなかったのか．

ゲノムワイドなスケールによる転写の研究をするためのハイスループット技術の出現により（Box 10.2），この考え方は大幅に変更された．世界中の多くの研究室がENCODE（Encyclopedia of DNA Elements）計画（第13章参照）に参加した．この計画の目的はコードしている機能的な領域を同定し，分類することでヒトゲノムのより生物学的に有益な概念を提唱することだった．2007年に終了したこの計画の事前段階では35のグループが200種類以上の実験データと計算データを提供し，これまでにない詳細な30 Mbの標的，すなわち1％のヒトゲノムを調査した．計画の第二段階ではヒトゲノム全体を分析し，2012年に主要な成果として発表された（Box 10.2参照）．重要なことに，これらの成果は固定観念を覆し，ゲノムの新しい構造的機能を提唱した（第13章参照）．

最初の驚きは単に数％のゲノムのみがタンパク質をコードしていることであった．つまり，タンパク質をコードすることがおもなゲノムの機能ではないことは明らかである．高度に進化した生物はゲノムの最小領域しかこの目的のために使っていないのである．

おそらくENCODE計画で最も重要な成果は真核生物の転写が広域に及んでいることだろう．ヒトゲノムの75％近くの配列が何らかの転写産物を生む．ただし，この数値はすべての種類のヒト細胞の研究で同定されたすべての転写産物を合わせたものであることは注意したい．個々の細胞株では，すべての細胞株で転写される配列の57％以上の転写はみられない．図10.18では真核生物の転写はDNA中にコードされた情報をmRNAに変換するだけではないという，現在の見解を示している．図10.19では仮定上の哺乳類遺伝子やその周りで起こる転写をより詳しくみている．非常に複雑であり，この中のどのくらいの転写産物が単なる転写のノイズであり，どのくらいが本当の機能をもつのかを理解するのは大きな課題である．もしこれらの未知の転写産物のいくつかが機能をもっていたとしたら，それは何なのか．いずれにしろ，多くのDNA領域が転写されているということからジャンクDNAという考えは時代遅れなのである．

一般的に，新たに発見された転写産物は二つの主要なクラスに分類される．**lncRNA**（**長鎖ノンコーディングRNA**, long noncoding RNA）と**短鎖ノンコーディングRNA**（short noncoding RNA）である．特に短鎖ncRNAのいくつかについては，その機能が明らかになり始めている．それについては他の場所で議論するが，図10.20で真核生物の転写の複雑性の概念を示すためにいくつかのlncRNAの機能の可能性を示す．

真核生物の転写は核内で一様ではない

間期の核内のクロマチンは染色体領域で組織化されてい

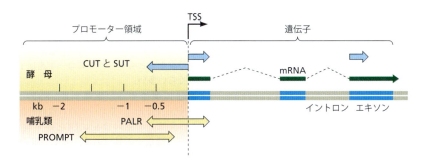

図10.18　真核生物における転写は広域に及んでいる　図の上半分に示されている酵母では，多くのTSS周辺のゲノム配列が意味不明な不安定な転写産物（CUT；cryptic unstable transcript）と，安定な非注釈転写産物（SUT；stable unannotated transcript）とよばれるlncRNAで双方向に転写される．これらのncRNAの転写はmRNAの転写と同様にプロモーター依存性であり，転写産物はmRNAと同様に5′末端がキャッピングされる（第14章参照）．CUTはRNA監視経路によって容易に分解され，これらの経路が無効になっている変異細胞でのみ検出することができる．これらは200〜600 ntであり，通常，それらの3′末端は多様である．SUTはより安定で，正常細胞で検出することができる．平均長は約760 ntである．CUTとSUTの両方は酵母において広範な転写制御因子になりうると提唱されている．図の下半分に示される哺乳類では転写はさらに複雑になる．プロモーター関連長鎖RNA（PALR；promoter-associated long RNA）とプロモーター上流転写産物（PROMPT；promoter-upstream transcript）などの長い非コード転写産物は部分的に同じDNA配列をもつ．PROMPTはPALRよりも安定性が低く，認識されないプロモーターから転写されうる．哺乳類には図10.19に示すように，200 nt未満の短いncRNAも含まれている．[Carninci P [2009] *Nature* 457:974–975より改変．Macmillan Publishers, Ltd.の許可を得て掲載]

る．続く分裂期に伴い染色体はそれぞれ核の異なった部分で解かれていく（図 8.21 と図 8.22 参照）．加えて，遺伝子配列を多く含む染色体は核の中心に局在すると考えられ，比較的遺伝子が少ない染色体は核周辺に局在する傾向にある．何が全体の核の構造を担っているのかは不明である．

近年の洗練されたイメージング技術により，予想されていなかったゲノム構成の特徴が明らかとなった．転写は核内全体にわたって起こっているわけではなく，多くは転写

Box 10.2　ヒトゲノムの機能について ENCODE 計画から学んだこと

初期の事前 ENCODE 計画はヒトゲノムのわずかな選択部分，1% を調べ，第二段階ではこの作業をゲノム全体に拡大した．ここで示している事前段階のおもな成果は 2007 年に ENCODE 計画コンソーシアムから直接引用したものである．この成果の一部は直接転写とその制御に関連し，他は DNA 複製に関連があり，さらに他のものは機能に進化的な保存性と関連性をみることができる．ゲノム全部とその機能に関する我々の包括的な理解にとってその重要性を誇張することは困難であるため，すべての結果をここで示すことにする．ENCODE 計画は事前段階であってさえもその成果は画期的であり，遺伝子やゲノムに関する我々の見解を大きく変えることになる．

- ヒトゲノムは広範囲に転写され，その塩基の大部分は少なくとも一つの一次転写産物の産生に関連し，多くの転写産物はタンパク質コード領域を組立てるために遠位領域とも連結する．
- 多くの新規非タンパク質コード転写産物が同定された．これらの多くはタンパク質コード領域と重複し，以前は転写が起こらない領域と考えられていた遺伝子領域に位置するものもある．
- 以前は認識されなかった数多くの転写開始部位が同定されており，その多くはよくわかっているプロモーターと同様のクロマチン構造と配列特異的タンパク質結合を示す．
- 転写開始点を囲む制御配列は上流領域に対する偏重なしに対称的に分布する．
- クロマチンへの接近性とヒストン修飾パターンは転写開始部位の存在と活性の両方から高確率で予測できる．
- 遠位の DN アーゼ I 高感受性部位は特徴的なヒストン修飾パターンをもち，プロモーターとこれらの部位を確実に区別できる．これら遠位部位のいくつかはインスレーター機能に対応している．
- DNA 複製のタイミングはクロマチン構造と相関する．
- ゲノム中の塩基の合計 5% が哺乳類において進化的制約下にあると確かに同定することができる．これらの塩基の約 60% は現在までに行われた実験的解析の結果により機能があると証明されている．
- 実験的解析よって機能的であると同定されたゲノム領域と進化の制約下にあると同定されたゲノム領域間には一般的に重複があるが，すべてではない．
- 異なる機能的エレメント間では，ヒト集団でのそれらの配列変動性およびゲノムの構造的可変領域内に存在する公算が大きく異なる．
- 驚くべきことに，多くの機能性配列は哺乳類の進化の制約を受けていないようにみえる．これは，生化学的に活性であるが，生物に特定の利益を与えない中立的な配列の大きなプールの可能性がある．このプールは自然選択のための"保管庫"として機能しているかもしれない．つまり系統特異的配列として作用していて，種間で機能的に保存されているが非相同性である配列である．

2012 年の報告書は，ヒトゲノムの組織化と機能のさらなる側面を強調している．以下は，その報告書からの直接引用である．これらの重要な事実のいくつかは第 13 章で転写制御を検討する際に有用であろう．

- ヒトゲノムの大部分（80.4%）が少なくとも一つの細胞型で少なくとも一つの生化学的 RNA やクロマチンに関連する事象に関わる．ゲノムの多くは制御場所の近くに位置する．つまり，ゲノムの 95% は DNA-タンパク質相互作用の 8 kb 以内に位置し，99% は ENCODE によって測定された少なくとも一つの生化学的事象の 1.7 kb 以内にある．
- ゲノムを七つのクロマチン状態に分類すると，エンハンサー様の特徴をもつものが 399 124 領域，プロモーター様の特徴をもつものが 70 292 領域，数十万個の休止領域となる．高分解能解析により，ゲノムはさらに異なる機能的特徴をもつ数千の細かい状態に細分化される．
- RNA の産生と，クロマチンマークの形成やプロモーターへの転写因子結合の間には定量的な関連性がある．つまり，プロモーター機能はさまざまな RNA 発現を機能的に説明できる．
- 個々のゲノム配列中の多くの非コード変異体も ENCODE にアノテーションされた機能領域に存在する．この数は少なくともタンパク質コード遺伝子にあるものと同じくらい多い．
- 疾患に関連する一塩基多型（SNP; single nucleotide polymophism）は非コード性の機能的配列内に多く存在し，大部分の領域は ENCODE が定義するタンパク質コード遺伝子の外にある．多くの場合，疾患の表現型は，特定の細胞型または転写因子と関連している．

アノテーションは科学者がいくつかの共通の特徴に基づいて，タンパク質コード遺伝子および非コード遺伝子を同定した過程である．たとえば，タンパク質コード遺伝子は開始コドンなどが含まれる認識可能なプロモーターを含む．アノテーションは自動または手動で行うことができる．ENCODE 計画は両方を使って GENCODE 参照遺伝子セットをつくり出した．

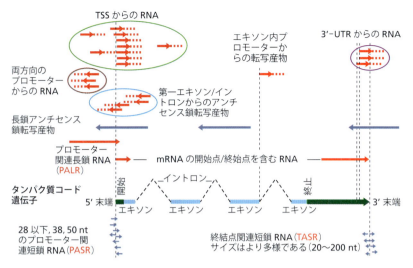

図 10.19　mRNA コード領域を取囲む ncRNA 地図に書かれる仮定上の哺乳類遺伝子　この地図は網羅的なものではない．小さな赤い矢印は RNA の最初の 20 nt を含む短い伸長を描いている．この識別に使用される方法では転写産物の終わりを特定することはできない．したがって，それらは破線で示されている．[Carninci P, Yasuda J & Hayashizaki Y [2008] Curr Opin Cell Biol 20:274–280 より改変．Elsevier の許可を得て掲載]

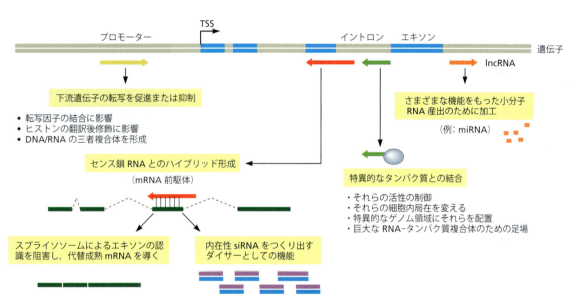

図 10.20　lncRNA の考えられる機能　最近認識された興味深い可能性は成熟した長い転写産物（タンパク質コード mRNA と lncRNA の両方）の転写後プロセシングである．これら RNA はキャップ構造の付加によってさらに修飾されるかもしれない（第 14 章参照）．[Wilsonz JE, Sunwoo H & Spector DL [2009] Genes Dev 23:1494–1504 より改変．Cold Spring Harbor Laboratory Press の許可を得て掲載]

ファクトリーとよばれる特異的な場所で起こっている（図 10.21）．典型的な真核細胞では 10 000 から成るファクトリーが存在し，転写が起こるのに必要とされるポリメラーゼや転写因子などのすべての分子を保持すると考えられている．このファクトリーは通常，さまざまな染色体上にある多くの遺伝子により共有されている．このような共有を可能にするため，転写される遺伝子をもっているゲノム領域は常にではないが，この既存の転写ファクトリーに加わるためにそれぞれの染色体テリトリーから外れてくる．どのような因子や巨大な分子がこのファクトリーの形成に必要なのかはわかっていないが，ポリメラーゼそのものや CTCF（CCCTC-binding factor）などが示唆されている．CTCF は多数の機能をもつ普遍的に発現するジンクフィンガータンパク質で，多くの証拠よりゲノムの主要なオーガナイザーと考えられている．CTCF はシスの関係で同じ染色体上の DNA 同士でクロマチンループを形成できたり，トランスの関係で異なった染色体上の配列を架橋できたりする．ゲノムオーガナイザーといわれるだけあって，数千の CTCF 結合領域がゲノムワイド局在研究で同定されており，転写開始部位付近に多く存在する．2012 年の ENCODE データより，正常な初代培養細胞や不死化細胞を含んだ 19 種類の細胞株で，それぞれ 55 000 の CTCF 部

図10.21　真核生物の核における転写の空間的構成：転写ファクトリー　核内の転写は区画化されている．転写は核内全体に均一には起こらず，おもに転写ファクトリーとよばれる特定の空間的に限定された部位に限定される．核当たりのこれらのファクトリーの数は10 000に近い．これらはいくつかの遺伝子のための転写因子およびポリメラーゼ分子をもつ核内の転写中心になっている．(a) この画像では，転写部位はウリジン三リン酸の誘導体であるブロモdUTPの組込みを蛍光標識された抗体によって検出し視覚化している．[Elbi C, Misteli T & Hager GL [2002] *Mol Biol Cell* 13:2001–2015. American Society for Cell Biology の許可を得て掲載]　(b) 蛍光標識されたRNAプローブを用いた免疫FISH〔RNA免疫蛍光 *in situ* ハイブリダイゼーション（RNA immunofluorescene in situ hybridization)〕．ヘモグロビンβ鎖 RNAは赤で示されている．赤血球関連因子（Eraf; erythroid associated factor）RNA は緑で示されている．二つの遺伝子はマウス7番染色体の1/3に位置し，25 Mb離れている．それらは染色体の一つのファクトリーに共存する．青は免疫蛍光検出によるPol IIの局在を示す．[Chakalova L, DeBand E, Mitchell JA [2005] *Nat Rev Genet* 6:669-677. Macmillan Publishers, Ltd. の許可を得て掲載]

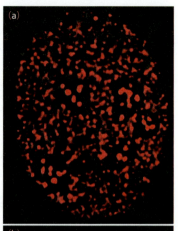

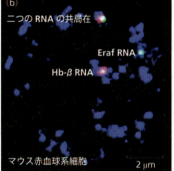

位が報告されている．以前の考えとは反して，実際のCTCFの局在はそれぞれの細胞株で変化に富んでおり，この多様性は転写ファクトリーの動態におけるCTCFの関与を反映しているかもしれない．

活性遺伝子と不活性遺伝子は核内で空間的に分離されている

真核生物の転写の別の興味深い特徴が最近報告されている．図10.22(a)で示す**4C法**（4C methodology）によって，研究者は活性遺伝子と不活性遺伝子は核内で空間的に分かれていることを発見した．図10.22(b)の例では，転写が活発

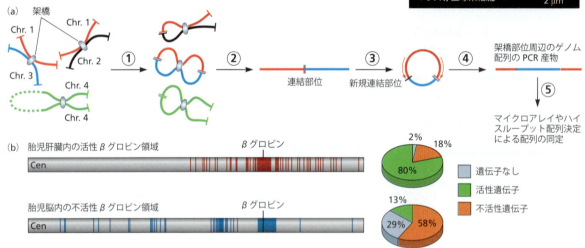

図10.22　活性遺伝子と不活性遺伝子は核内で空間的に離れている　(a) *in vivo* で相互作用する同一または異なる染色体上のDNA領域を同定する4C法の模式図．3C（chromosome confotmation capture）法は以下の4段階で構成されている．① *in vivo* クロマチン架橋，6塩基認識制限酵素での消化，架橋結合した断片の連結．② 脱架橋，連結部位を解析するため4塩基認識制限酵素での消化．③，④ 環状DNAを作製するために連結し，赤で示した目的遺伝子領域に対応するオリゴヌクレオチドプライマーでポリメラーゼ連鎖反応（PCR）する．①〜④の後に，⑤ マイクロアレイまたは相互作用している領域の配列決定をし，同定された領域配列はゲノムにマッピングされる．この段階に4番目の方向性を加える4C法は目的遺伝子と接触する任意の配列の不偏解析を可能にする．(b) マウス胎児肝臓における活性またはマウス胎児脳の不活性β グロビン遺伝子座の同定された長距離の染色体内相互作用．β グロビン遺伝子座がある7番染色体は灰色で示す．縦線はβ グロビン遺伝子座と相互作用する領域を示す．活性β グロビン遺伝子座については赤，非活性遺伝子座については青で示す．染色体の隣にある円グラフは相互作用領域の遺伝子活性に基づく分布．活性遺伝子座と不活性遺伝子座で相互作用に違いがあることに注目．活性遺伝子座は他の活性転写領域と，不活性遺伝子座は不活性領域と相互作用している．恒常的に活性なハウスキーピング遺伝子 *Rad23a* は二つの組織において本質的に同じ領域と接触し，その大部分は転写的に活性である．[(a), (b) de Laat W & Grosveld F [2007] *Curr Opin Genet Dev* 17:456–464 より改変．Elsevier の許可を得て掲載]

な胎児肝臓と遺伝子が発現されない胎児脳でのβグロビン遺伝子のDNAが相互作用している遺伝子群を示している．βグロビン遺伝子がその発現に依存して染色体の異なった領域と相互作用しているのが明らかである．さらに，活性遺伝子は他の活性遺伝子と優先的に接触し，不活性遺伝子は他の不活性遺伝子とおもに接触している．おそらくこの構成は転写ファクトリーによる真核生物の転写の構成を反映しているのだろう．

10.6 真核生物の転写研究法

転写の研究のための一連の方法

長年にわたり転写研究のために多くの方法が開発されてきた．方法の大部分は転写産物を放射線や蛍光で標識し，電気泳動で解析する．より特異的な方法としては転写開始部位を決定したり（Box 10.3），遺伝子の5'末端や3'末端近くの構造を解明するために使われる（Box 10.4）．

Box 10.3　転写開始部位をマッピングするために使用される方法

ゲノム中のプロモーター配列および転写された領域の同定を支援するため，転写が開始される遺伝子の転写開始部位の正確な位置をマッピングすることは重要である．これまでのところ，配列決定された各ゲノムのごく一部が転写開始部位を含む遺伝子としてわかっている．これらの遺伝子の多くはタンパク質をコードしているが，現在ゲノムのかなりの部分が最終産物としてRNAをコードしていることが明らかになっている．

既知の遺伝子の転写開始部位をマッピングするための二つの古典的な方法があり，**S1ヌクレアーゼ保護法**（S1 nuclease protection）およびプライマー伸長法である．これらの方法の概略を図1に示している．

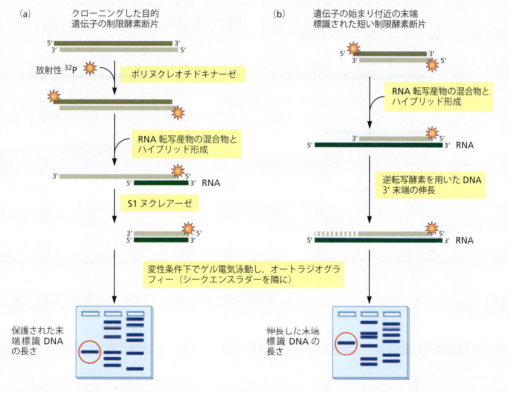

図1　転写開始部位をマッピングする　(a) S1ヌクレアーゼ保護法．クローニングされた遺伝子の5'末端からの制限酵素断片は5'末端で標識され，変性され，遺伝子を発現する細胞からの全RNAとハイブリッド形成される．DNA-RNAヘテロ二本鎖は，二本鎖の境界に達するまで一本鎖DNAまたはRNAを特異的に切断する真菌酵素S1ヌクレアーゼで分解される．同様の作用をもつ他の酵素も使用できることに留意されたい．高分解能電気泳動を行い，保護されたDNA断片の長さを正確に決定する．通常，ゲルは転写が開始される正確な塩基を決定するため配列レーンも含む．(b) プライマー伸長法．転写開始部位を含むと予測される制限酵素断片は意図的に小さく選択される．同種のRNAとのハイブリダイゼーションによって逆転写のための鋳型として使用することができる突出した5'末端をつくる．DNA鎖の3'-OH基は反応においてプライマーとして働くであろう．RNAの5'末端に達するまでDNAを伸長させる．伸長したDNAプライマーの長さはS1ヌクレアーゼ保護法の最後の段階と同じように正確に決定することができる．

最近では，最も完全で明白な情報の得られるヒトゲノムにおいて，全ゲノムにわたり転写開始部位の所在を解析することが可能になった．加えて，ハイスループット配列決定法は，特異的な条件下で活性化されているすべての遺伝子の転写産物を含む完全なトランスクリプトームの解析を可能にした．**トランスクリプトーム解析**（transcriptome analysis）（Box 10.5）とは細胞機能の全体像を構築するために一度に数千の遺伝子の転写活性を測るものである．最近，この解析はヒトゲノムを含んだ全ゲノム配列をカバーできるように改良されている．さらに，このトランスクリプトーム解析はある細菌の種においてある条件下でのゲノムの転写活性を完全にマッピングできる．この解析は変化する環境条件や薬物治療に対する細胞の転写反応をモニターするためにも使用することができる．

Box 10.5 にトランスクリプトーム解析の概要を簡単に示す．手順は，RNAベースのゲノムをもつウイルスの生活環を担っている特殊な RNA 依存性 DNA ポリメラーゼである**逆転写酵素**（reverse transcriptase）の使用を基本としている．逆転写酵素は *in vivo* では，RNA ゲノムを二本鎖 DNA にコピーして，それを通常の細胞が DNA から RNA を生産するように転写して翻訳することで成熟したウイルス粒子の RNA とタンパク質をつくる．この過程は第 20 章で詳しく述べられ，ヒト免疫不全ウイルスである HIV の例で説明されている．RNA 分子をコピーするために実験

Box 10.4　真核生物遺伝子の 5′ および 3′ 領域を同定するために使用される方法

転写開始部位のマッピングに加えて，遺伝子の 5′ および 3′ 領域を同定することはゲノムの機能的エレメントの全体的理解に非常に役に立つ．遺伝子の末端を同定する必要性は，かなり洗練されたさまざまな方法の開発につながった．**RACE**（rapid amplification of cDNA ends；cDNA 末端迅速増幅法）は図 1 に示す．**CAGE**（cap analysis of gene expression；遺伝子発現のキャップ解析）は図 2 に概説する．**PET**（paired-end tags；ペアードエンドタグ）は図 3 に詳述する．

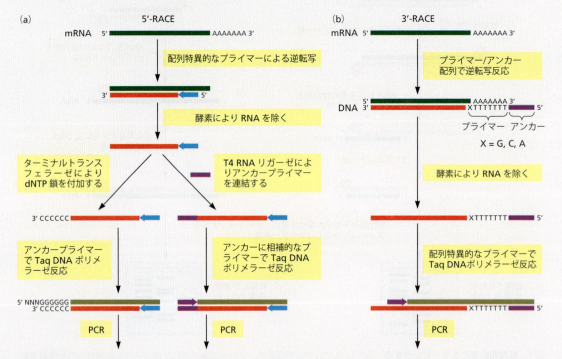

図 1 RACE この方法は RNA の 5′ または 3′ 末端に対応する未知の cDNA 配列を増幅する逆転写ポリメラーゼ連鎖反応（RT-PCR）の応用である．(a) 5′-RACE では，一本鎖 cDNA 合成反応が遺伝子中の既知の配列に相補的なオリゴヌクレオチドの使用により起こる．RNA 鋳型を除去した後，ターミナルトランスフェラーゼがヌクレオチド鎖を付加して一本鎖 cDNA の 3′ 末端にアンカー部位をつくり出す．新たに付加された鎖に相補的なアンカープライマーを用いて第二の cDNA 鎖を合成する．別の方法では，RNA リガーゼを用いて必要なアンカーを付加する．(b) 3′-RACE では，修飾オリゴ(dT)配列が逆転写プライマーとして機能する．このオリゴ(dT)配列は，mRNA のポリ(A)鎖にアニーリングするプライマーオリゴ(dT)配列と 5′ 末端のアダプター配列から成る．プライマーの 3′ 末端の単一の G，C，A のいずれかの残基は，プライマー/アダプターが，mRNA のポリ(A)鎖と 3′ 末端との間の接合部のすぐ隣にアニーリングし，cDNA 合成の開始を確実なものにする．

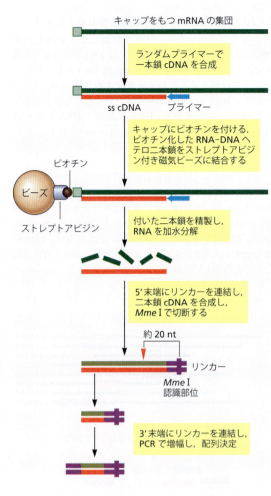

図2 **CAGE** CAGEはRNA転写産物の5'末端に由来する短い配列タグを単離し，配列決定することにより転写開始部位をゲノムワイドに決定する．識別されたタグをゲノムにマッピングすることによりゲノム中の転写開始部位が同定される．この方法は，5'末端が修飾（キャップ付加）されたmRNAの捕捉に基づいている．mRNAのキャッピングは転写と同時に起こることに注意する（第14章参照）．これらはビオチンで標識されているので，ストレプトアビジン付き磁気ビーズに結合する．磁気ビーズは標識された断片の単純な物理的単離を可能にする．キャップされたmRNAが他のすべてのRNAから分離された後，*Mme*I認識部位を含むリンカーが5'末端に連結され，一本鎖cDNAがmRNAの二本鎖cDNAコピーとして変換される．タイプI制限酵素*Mme*Iによる切断は約20 nt下流のDNAを切断し，さらにPCR増幅し，配列決定できる短いCAGEを生成する．［Kodzius R, Kojima M, Nishiyori H et al. [2006] *Nat Methods* 3:211–222 より改変．Macmillan Publishers, Ltd. の許可を得て掲載］

図3 **PET** 制限酵素結合部位をもつリンカーを各DNA末端に付加する．DNA末端はクローニングベクターに組込むか，または環状化により連結する．制限酵素は結合部位から20～27 bp離れた場所を切断し，PETが切出される．それらは市販されているシークエンス解析システムによって配列決定され，配列は参照ゲノム上にマップされる．［Ruan Y&Wei C-L [2010] *Wiley Interdiscip Rev Syst Biol Med* 2:224–234 より改変．John Wiley & Sons, Inc. の許可を得て掲載］

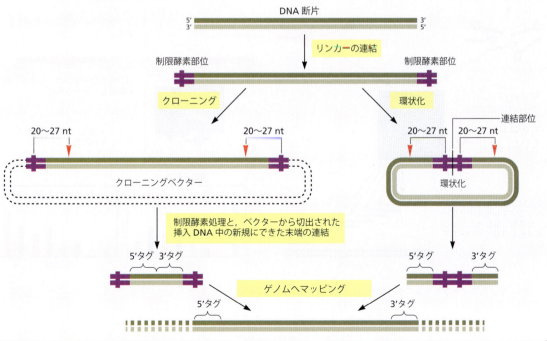

Box 10.5 ゲノムワイドなトランスクリプトーム解析：ゲノムワイド規模でのRNA転写産物のマッピング

トランスクリプトーム解析は細胞機能の全体像をつくり上げるために数千の遺伝子の転写活性を一度に測定する方法である．最近，この分析はヒトゲノムを含む配列決定された全ゲノムを網羅するように拡張された（第13章参照）．ある一定の条件の下で，ある種の細胞型におけるゲノムの転写活性の完全な地図を提供することで，異なる細胞型を比較したり，変化する環境条件に対する細胞の転写応答をモニターすることができる．この方法論は正常細胞と疾患細胞の転写プロファイルを比較することによるか，または薬理学的治療の過程で細胞のプロファイルを追跡し，その成否をモニターすることによって医学に革命を起こす可能性をもつ．

細菌の全細胞由来のRNA，または所定の，たとえば真核細胞の細胞質または核などのRNAは逆転写酵素の助けを借りて，まず二本鎖（ds）cDNAに変換される．逆転写はゲノムがRNAベースであるウイルスの生活環に関わるプロセスの一つであり，特殊な酵素であるRNA依存性DNAポリメラーゼ（逆転写酵素）はRNAゲノムを二本鎖DNAにコピーし，それを通常の細胞DNAとして転写し翻訳して成熟ウイルス粒子を生成する（第20章参照）．実験室でRNA分子をコピーするために逆転写酵素を使用する場合，その産物をcDNAとよぶ．cDNAコピーは**DNAタイリングアレイ**（DNA tiling array）（図1a）またはハイスループット配列決定法（図1b）のいずれかによりさらに分析される．

マイクロアレイは小型の固体支持体であり，そこに何千もの異なる遺伝子からの配列が固定化され，特定の位置に取付けられる．支持体自体は通常はスライドガラスであるが，シリコンチップまたはナイロンメンブレンであってもよい．付着DNAは，形態はDNAであろうと，cDNA，またはオリゴヌクレオチドであろうと，ロボットの使用によって支持体上に直接プリントやスポット，または合成す

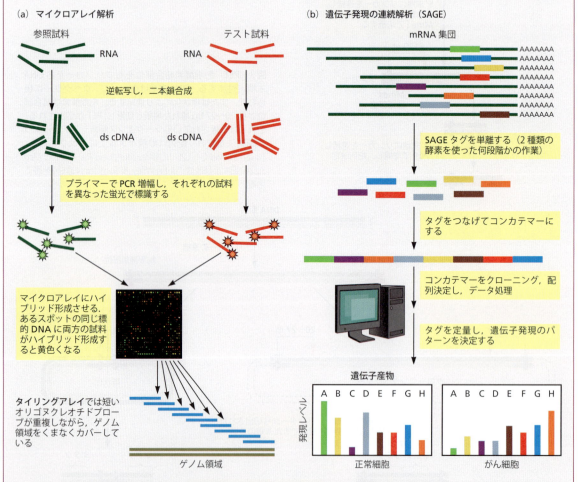

図1 ゲノムワイドなトランスクリプトーム解析 増幅した二本鎖cDNA分子集団の分析に使用される二つの主要な方法の原理を図解する．(a) DNAマイクロアレイ，通常はタイリングアレイ．［マイクロアレイ：John Coller, Stanford Universityのご厚意による］(b) ハイスループット配列決定，たとえばSAGE（serial analysis of gene expression）．

ることができる．分析される RNA 試料を蛍光標識し，アレイとハイブリッド形成させ，ハイブリダイゼーションの程度を個々のスポットの蛍光強度を測定することによって推定する（図2）．タイリングアレイはゲノムの大部分またはゲノム全体をカバーする何百万ものスポットされたオリゴヌクレオチド配列を含む．たとえば，Affymetrix 社タイリングアレイは 640 万個のスポットを提供し，それぞれは長さ 25 nt のオリゴヌクレオチドを含有し，ヒトゲノム全体にわたって 10 bp 離れて配置されている．そのようなアレイは遺伝子および遺伝子間領域，イントロンおよびエキソンなどの事前の知識なしに，ヒトトランスクリプトーム全体の偏りのない解析を可能にする．マイクロアレイは膨大なノイズデータも提供してしまうので，これらのデータの解釈には生物学的知識，統計，機械の知識，およびバックグラウンドノイズを超える機能を選択できる効率的なアルゴリズムの開発などが必要である．

次世代シークエンシング解析システムの登場により，マイクロアレイのデジタル代替品として，配列ベースの発現解析がますます増えた．そのような解析システムは現在市販されている．ついでゲノムにマッピングされた各 RNA 集団に存在する正確な配列を提供できることに加えて，最終データセットにおける遺伝子の発現回数またはヒット数を単純に数えることで，それらは発現レベルに関する情報も得ることができる．したがって，より多くを数えることによりコピー数の測定値が向上し，集団内のまれな転写産物でさえも検出することができる．

マイクロアレイやハイスループット配列決定データが可能になると，コンピューターアルゴリズムを使用してこれらのタグをゲノム上にマッピングすることができる．

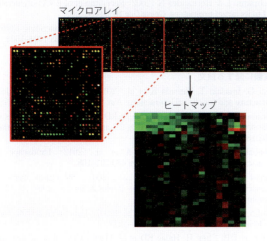

図2 マイクロアレイデータ 拡大した挿入図を含む上の画像はハイブリダイゼーション後の実際のマイクロアレイの蛍光顕微鏡下で撮影した写真である．生データは通常，データマトリックス中のハイブリダイゼーション強度値の二次元表示であるヒートマップに変換される．トランスクリプトーム解析の場合，各細胞は特定の条件下で一つの遺伝子の発現レベルを表す．緑は通常，高発現レベルに使用され，赤は平均レベルよりも低いレベルの発現に使用される．
［マイクロアレイ：John Coller, Stanford University のご厚意による．
ヒートマップ：Miguel Andrade, Wikimedia のご厚意による］

室で逆転写酵素を使用する場合，その産物は**コピー DNA（cDNA；copy DNA）**といわれている．cDNA ライブラリーはマイクロアレイや DNA 配列決定などのハイスループット法により解析され，ゲノムワイドで転写された配列を知ることができる．

重要な概念

- 真核生物はより複雑なため，これらの生物の転写は細菌よりも複雑になっている．この複雑性は転写が起こる領域のクロマチン構造と転写装置そのものに反映されている．
- 真核細胞内には異なった種類の RNA を産生する 3 種類の RNA ポリメラーゼ，Pol I，Pol II，Pol III がある．
- タンパク質をコードする遺伝子から mRNA を転写する Pol II は DNA を抱え込む溝をもつ大きな複合体構造で，ヌクレオチドの付加や移行のための基本的な作用ドメインをもつ．また制御タンパク質と結合するサブユニットももつ．
- Pol II による転写伸長は新しいヌクレオチドの付加と RNA への連結，そして下流への移行という多段階の過程をもつ．この複雑さが転写の選択性とプロセッシビティを確実にしている．
- 核内 RNA ポリメラーゼはそれ自身では転写を開始するプロモーターを認識できない．基本転写因子群である TFs がプロモーター DNA とポリメラーゼに結合し，最小の開始前複合体（PIC）を形成する．
- Pol II 転写の適切な開始のためのもう一つの巨大複合体であるメディエーターは，開始前複合体がプロモーターからいくらか離れたゲノム上の制御配列に応答できるようにしている．
- 真核生物の転写終結は RNA の転写後修飾と結び付いている．
- Pol I は主要な rRNA 遺伝子を転写する．Pol II と同じように，適切な開始のためには上流結合因子を介して上流配列と結合する必要がある．

- Pol Ⅲはリボソームの機能や核内の mRNA のプロセシングに関与する特定の小分子 RNA を転写する．
- 以前は真核生物の DNA の限られた領域のみが転写されると考えられていたが，ヒトゲノムを徹底的に調査した ENCODE 計画により，大部分の DNA 配列が転写され，その多くは機能のわかっていない ncRNA であることが明らかとなった．
- 最近の研究により，多くの Pol Ⅱ転写は核内の密接した転写ファクトリーで行われ，活性遺伝子と不活性遺伝子は空間的に離れていることがわかった．

参考文献

成 書

Conaway RC & Conaway JW (2004) Proteins in Eukaryotic Transcription. Elsevier Academic Press.

Goodbourn S (1996) Eukaryotic Gene Transcription. IRL Press.

Grandin K (ed) (2007) Les Prix Nobel. The Nobel Prizes, 2006. Nobel Foundation.

総 説

Brueckner F, Ortiz J & Cramer P (2009) A movie of the RNA polymerase nucleotide addition cycle. *Curr Opin Struct Biol* 19:294–299.

Carninci P (2009) Molecular biology: The long and short of RNAs. *Nature* 457:974–975.

Carninci P, Yasuda J & Hayashizaki Y (2008) Multifaceted mammalian transcriptome. *Curr Opin Cell Biol* 20:274–280.

Chakalova L, Debrand E, Mitchell JA et al. (2005) Replication and transcription: Shaping the landscape of the genome. *Nat Rev Genet* 6:669–677.

Cramer P, Armache KJ, Baumli S et al. (2008) Structure of eukaryotic RNA polymerases. *Annu Rev Biophys* 37:337–352.

de Laat W & Grosveld F (2007) Inter-chromosomal gene regulation in the mammalian cell nucleus. *Curr Opin Genet Dev* 17:456–464.

Egloff S & Murphy S (2008) Cracking the RNA polymerase II CTD code. *Trends Genet* 24:280–288.

The ENCODE Project Consortium (2007) Identification and analysis of functional elements in 1％ of the human genome by the ENCODE pilot project. *Nature* 447:799–816.

The ENCODE Project Consortium (2012) An integrated encyclopedia of DNA elements in the human genome. *Nature* 489:57–74.

Gerstein MB, Bruce C, Rozowsky JS et al. (2007) What is a gene, post-ENCODE? History and updated definition. *Genome Res* 17:669–681.

Juven-Gershon T, Hsu JY, Theisen JW & Kadonaga JT (2008) The RNA polymerase II core promoter: The gateway to transcription. *Curr Opin Cell Biol* 20:253–259.

Kornberg RD (2007) The molecular basis of eukaryotic transcription. *Proc Natl Acad Sci USA* 104:12955–12961.

Lenhard B, Sandelin A & Carninci P (2012) Metazoan promoters: Emerging characteristics and insights into transcriptional regulation. *Nat Rev Genet* 13:233–245.

Phatnani HP & Greenleaf AL (2006) Phosphorylation and functions of the RNA polymerase II CTD. *Genes Dev* 20:2922–2936.

Russell J & Zomerdijk JCBM (2005) RNA-polymerase-I-directed rDNA transcription, life and works. *Trends Biochem Sci* 30:87–96.

Schramm L & Hernandez N (2002) Recruitment of RNA polymerase III to its target promoters. *Genes Dev* 16:2593–2620.

Wilusz JE, Sunwoo H & Spector DL (2009) Long noncoding RNAs: Functional surprises from the RNA world. *Genes Dev* 23:1494–1504.

実験に関する論文

Cai G, Imasaki T, Yamada K et al. (2010) Mediator head module structure and functional interactions. *Nat Struct Mol Biol* 17:273–279.

Cramer P, Bushnell DA & Kornberg RD (2001) Structural basis of transcription: RNA polymerase II at 2.8 angstrom resolution. *Science* 292:1863–1876.

Djebali S, Davis CA, Merkel A et al. (2012) Landscape of transcription in human cells. *Nature* 489:101–108.

Gnatt AL, Cramer P, Fu J et al. (2001) Structural basis of transcription: an RNA polymerase II elongation complex at 3.3 A resolution. *Science* 292:1876–1882.

Kuhn CD, Geiger SR, Baumli S et al. (2007) Functional architecture of RNA polymerase I. *Cell* 131:1260–1272.

Nikolov DB, Chen H, Halay ED et al. (1995) Crystal structure of a TFIIB–TBP–TATA-element ternary complex. *Nature* 377:119–128.

Wang H, Maurano MT, Qu H et al. (2012) Widespread plasticity in CTCF occupancy linked to DNA methylation. *Genome Res* 22:1680–1688.

11 細菌の転写制御

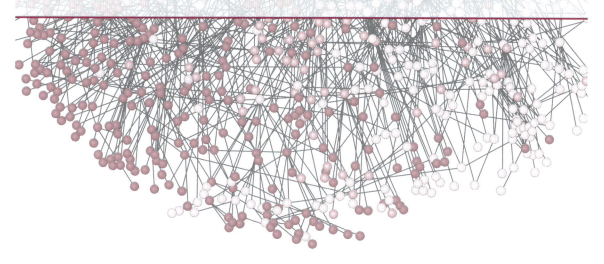

11.1 はじめに

　伝統的に，細菌の転写制御は細菌が置かれたそのときの環境に合うように，これら単細胞生物が自身の活性を適合させる手段とみられている．しかし，転写制御を行う理由はかなり多様である．ある細菌は生活様式の中で胞子形成といった大きな変化を経験する．あるものは単独で生活しない戦略をとるが，そこでは細菌集団中のそれぞれの個体が何らかの機能的な分化を起こし，コロニー（集落）もしくはバイオフィルム（菌膜）を形成するといった特殊な例がみられる．集団生活のよく研究された例の一つにスオーム（多細胞集合体）とよばれるバイオフィルムの形成がある．グラム陰性の *Myxococcus xanthus* は栄養飢餓や他の環境的変化に応答して自己集合し，約10万個の細胞から成るドーム形状の子実体を形成する．子実体内の個々の細胞は全体代謝と胞子形成に関して分化する．しかしこの挙動はまれなもので，大多数の細菌と古細菌はともかくも低い集団密度では独立した生活を営む．このような場合，細菌における転写などの生命過程の制御は後生動物である真核生物よりずっと単純である．ただし，古細菌は転写制御の特徴に関して真核生物と共通点があることに注意する必要がある（第12章参照）．

　この章では，細菌細胞が置かれた環境に合うように，自身の代謝を適合させようとしてとるいくつかの異なる機構に焦点を当てる．これらの機構を論じる前に，**構成的転写**（constitutive transcription）と**制御転写**（regulated transcription）を区別しておくことが重要である．どのような細胞にとっても生存機能に必須な遺伝子は**ハウスキーピング遺伝子**（housekeeping gene）といわれ，構成的様式といわれるように常に転写される傾向にある．ただハウスキーピング遺伝子であっても，異なる成育環境下では異なる強さで発現されうる．他の遺伝子の大部分はある条件下でのみ転写され，それら遺伝子の転写状態は高度に制御されている．調節的遺伝子はその遺伝子産物が必要なければオフ（発現停止）になることができ，他方，細胞が生存機能のためにその遺伝子産物を必要とする場合，たとえばある特異的条件下や栄養欠乏状態のように代謝材料の使用頻度を上げる必要があるときにはオンになることができる．さらなる制御は遺伝子産物が必要な分だけ得られることを保証する．実際問題として，このことは調節的遺伝子が異なる強度で発現あるいは転写されうることを意味する．たぶんこのような制御は遺伝子の単なるオン/オフスイッチというよりも，二量体の制御と見なすべきなのであろう．この章や後の章でわかるように，機能性タンパク質の産物量は転写，一次転写産物のプロセシング，転写産物の安定性とタンパク質への翻訳，タンパク質の安定性，そして翻訳後プロセシングと修飾を含むいくつかの異なる段階で制御される．それでもなお，得られる遺伝子産物量の初期段階の調節は転写の開始，伸長や終結段階での制御を通して行われる．

11.2 転写制御に関する一般的仮説

制御はプロモーター強度の違いか代替σ因子の使用によって可能になる

　異なる遺伝子の転写を制御する最も直接的な方式には，プロモーター自身の構造，またはホロ酵素複合体の組成の違いが関与する．遊離RNAポリメラーゼ分子とσ因子双方の供給が細胞内で制限されているので，そこにホロ酵素獲得のためのプロモーター間の激しい競争が存在する．す

べてのプロモーターは多かれ少なかれ同等に酵素を受入れるため，プロモーター強度はおもに異なるプロモーターからのホロ酵素の相対的解離速度によって決められると思われる．それぞれの遺伝子のプロモーター本来の強さは，コアプロモーター中の−10領域と−35領域でのコンセンサス配列（共通配列）に関する一致度の関数になる．なぜなら，コンセンサス配列中のそれぞれの塩基対は，その部位における配列の中で最もよくσ因子と結合するものと定義することで表されるからである（第9章参照）．−10領域と−35領域がコンセンサス配列に近ければ近いほど結合が強くなり，プロモーターも強くなる．

ある種のプロモーター中にはさらに二つの制御配列が存在しうる．これらは拡張−10領域（TG$_n$領域），および上流配列である．これらを図11.1に模式的に示す．拡張−10領域はσ因子のドメイン3と結合する一方，上流配列はRNAポリメラーゼαサブユニットのC末端ドメインと結合する．このようなプロモーターとホロ酵素との補助的接触は開始複合体を安定化させ，高い効率の転写開始に貢献する．

別の段階での制御は代替σ因子の使用によりもたらされる．これらの因子の詳細については第9章で論じているが，そこではさらに熱ショック遺伝子誘導に関するσ因子の選択的使用の一例についても示している（図9.11参照）．異なる条件下において異なるプロモーターを認識する代替σ因子の存在は細菌細胞内の遺伝子制御に大きく寄与する．

RNAポリメラーゼのリガンド結合による制御は緊縮応答とよばれる

細菌は栄養欠乏といったストレス条件に応答するため，驚くほど高度に制御された多様な機構を発達させてきた．細胞がアミノ酸飢餓に遭遇すると，アミノ酸生合成遺伝子を含む代謝遺伝子の発現を広範囲に構築し直すように細胞はrRNAのような安定なRNA分子の合成を切詰める．この大がかりで調和のとれた代謝応答は**緊縮応答**（stringent response）として知られ，小分子の**アラルモン**〔alarmone，警告（alarm）をもとにした造語〕であるppGpp（グアノシン5′-二リン酸3′-二リン酸）により制御される．

ppGppはRNAポリメラーゼ（RNAP）のβおよびβ′サブユニットの活性中心付近に結合し，rRNA遺伝子の転写を阻害する．ppGppによって起こる負の転写制御では，いくつかの非相互排除的な機構が提唱されている．それらには開放複合体形成の阻害，開放複合体の安定性の低下，プロモータークリアランス過程の阻害，そしてポリメラーゼ一時停止の増加などが含まれる．ppGppとpppGppの両方をもつRNAポリメラーゼ複合体の高分解能構造データは得られてはいるが，ポリメラーゼ阻害の機構はまだ十分には理解されていない．開放複合体安定性の低下はすべてのプロモーターで観察されるが，rRNA遺伝子プロモー

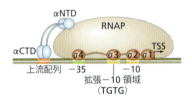

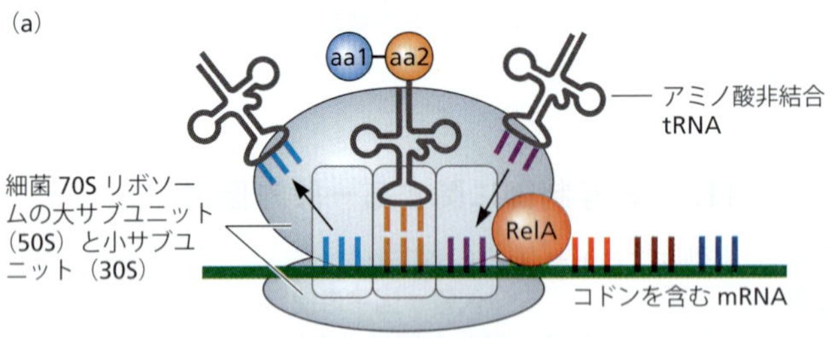

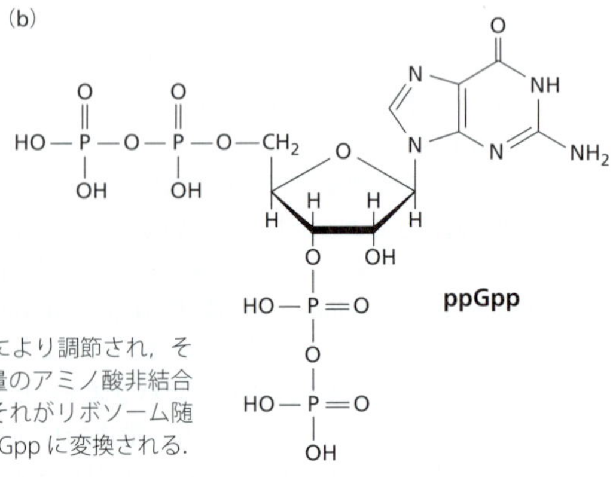

図11.1　一般的なプロモーター構造　−10領域と−35領域に加えさらに二つの遺伝子配列が存在するが，それは拡張−10領域（TG$_n$領域）と上流配列である．拡張−10領域は3〜4 bpのモチーフをもち，−10領域のすぐ上流に位置する．それはTGに富み，RNAポリメラーゼ（RNAP）ホロ酵素のαサブユニットのドメイン3と結合する．上流配列は約20 bpのATに富む配列で強力なプロモーターにみられる．それは−35領域からある程度異なる距離に位置し，αCTDとして知られているRNAポリメラーゼαサブユニットのC末端ドメインと結合する．上流配列の的確な位置取りに関する可変性はRNAポリメラーゼαサブユニットのN末端ドメイン（NTD）とCTDをつなぐリンカー領域が大きな融通性をもつため可能となる．4種すべてのプロモーター配列はRNAポリメラーゼのプロモーター結合の初段階に寄与するが，おのおのの配列の相対的関与はプロモーターごとに異なる．たとえば上流配列は比較的安定な開始前複合体中のRNAポリメラーゼを受入れる比較的強力なプロモーターに特徴的にみられる．

図11.2　細菌のストレスに対する緊縮応答　(a) 応答はアラルモンppGppにより調節され，その合成は栄養ストレスに応答して誘導される．細胞内アミノ酸の欠乏は大量のアミノ酸非結合tRNA分子によって感知される．非結合tRNAはリボソームに結合するが，それがリボソーム随伴酵素のRelAによるpppGpp合成のシグナルとなり，その後pppGppはppGppに変換される．(b) ppGppの構造．

ターのような，本来不安定な開放複合体を形成するプロモーターだけが選択的に阻害される．

　細胞は異なる二つの機構によって，ストレスに応答してppGppを合成する（図11.2）．利用可能なアミノ酸の欠乏がアミノ酸非結合tRNAの蓄積をひき起こし，そのtRNAがリボソームの受容部位に結合するが，受容部位は該当するアミノ酸を運ぶtRNA進入のための結合部位である（第16章参照）．アミノ酸非結合tRNAのリボソーム結合はリボソーム随伴酵素のRelAがpppGppを合成するシグナルとなり，pppGppは次にアラルモンppGppに変換される．第二のあまりよくわかっていない経路では，ppGppは他の大部分のストレスを感知するSpoT酵素により合成される．SpoTは二つの作用をもつ酵素で，ppGppの加水分解も行う．RelAとSpoTの両方を欠く変異体はrRNA合成を阻害できず，そのためそのような変異細胞での緊縮応答は緩慢になる．

　緊縮応答の第二の側面は飢餓で誘導される数多くの遺伝子の正の制御である．この正の制御はタンパク質因子のDskAにより補助されるもので，この因子もまたポリメラーゼと結合する．加えて，阻害されているrRNA遺伝子からのRNAポリメラーゼの放出が利用可能な遊離酵素量を増やし，それら飢餓誘導性遺伝子の活性化に受動的に寄与するという証拠が存在する．

11.3　転写の特異的制御

特異的遺伝子における制御は転写因子のシス-トランス相互作用によって起こる

　これまでずっと，遺伝子制御は遺伝子の近傍にあるシス作動性制御 DNA 配列と，ゲノムの他の場所でコードされるトランス作動性因子との間のシス-トランス相互作用（*cis-trans* interaction）により執り行われると考えられてきている（図11.3）．何年もの間，すべてのトランス作動性因子はタンパク質と信じられてきたが，現在ではncRNAもこの働きをもつことがわかっている．

転写因子はアクチベーターとリプレッサーであり，それ自身の活性は多様な機構で制御される

　大腸菌のゲノムは転写制御のためにプロモーター領域に結合するタンパク質をコードする300以上の遺伝子を含むと予想されている．これら転写因子（TF）のうちの約50％が実験的に調べられている．この章の最後の方でわかるが，これら転写因子の約60個が共通の働きをもつ一群の遺伝子を制御する．このような一群の遺伝子のセットをオペロン（operon）とよぶ．単一のオペロンの制御はオペロンに一つ存在するプロモーターへ転写因子が，高い配列特異性で結合することにより達成される．なかにはある転写因子が複数のオペロンを制御する例もある．このよ

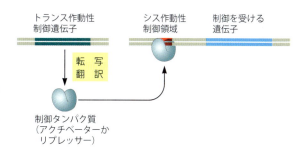

図11.3　**転写制御の一般的原理：シス-トランス相互作用**　それぞれの遺伝子は制御される遺伝子のそばに1個あるいは複数の制御領域をシスにもつ．これらはアクチベーターあるいはリプレッサーである転写因子タンパク質と結合するが，それらはゲノムの他の場所でコードされる拡散性分子で，そのような分子はトランスに作用する．現在では制御分子はある場合には機能性RNAであることがわかっている．

うなグループのオペロンは同一，あるいは非常によく似たプロモーターを共通にもつ．約10個程度の少数の転写因子は多くの遺伝子群を制御するため，**包括的制御因子**（global regulator）として知られている．このような種類の転写因子の存在は細菌の遺伝子制御の順位（階級）構造を反映している．

　何年にもわたって行われた数多くの研究により，タンパク質因子がいかに制御された方式によってプロモーター領域に結合できるかを説明する明快な図式が示された．このようなタンパク質は転写を高める**アクチベーター**（活性化因子：activator）か，転写を抑制する**リプレッサー**（抑制因子：repressor）のいずれかとして機能しうる．以下に大腸菌における3種のオペロン制御の伝統的例について述べる．これら制御システムの詳細説明に進む前にまず，アクチベーターとリプレッサー自身はいずれもそれぞれの遺伝子システムに環境シグナルを伝える，低分子リガンドの結合によって制御されることを指摘しておこう．興味深いことに，制御タンパク質の作用は特異的リガンドの結合によって高められたり抑えられたりする（図11.4, 図11.5）．

　リガンド結合によって調節されることに加え，転写因子の活性は翻訳後修飾によっても制御されうる．よく知られた例であるNarLは包括的制御因子の一つで，リン酸化されたときにのみ標的DNA配列に結合することができる．リン酸化はそれに関わるセンサーである2種類のキナーゼによって行われる．キナーゼは細胞膜タンパク質で，その活性は細胞外の亜硝酸イオンあるいは硝酸イオンによって制御される．

　最後になるが，細胞内でのある種の転写因子の活性はそれら自身の細胞内濃度によって制御されるが，それは引き続き転写因子自身の転写や翻訳の強さ，そしてそれらのタンパク質分解によって制御される．

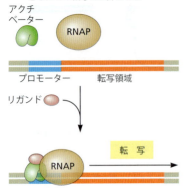
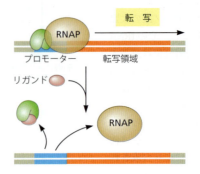

図11.4 **アクチベーターの活性はリガンド結合によって高められたり抑えられたりする**
（a）活性化：アクチベーターはリガンドが結合する場合にのみ活性をもつ．（b）抑制：アクチベーターはリガンド結合によりRNAポリメラーゼ（RNAP）から外れ，それにより転写が抑制される．

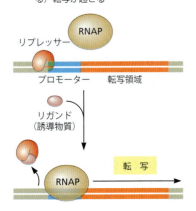
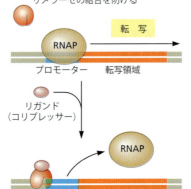

図11.5 **リプレッサーの活性はリガンド結合によって高められたり抑えられたりする**
（a）活性化：リプレッサーがリガンドと結合していない場合に活性をもつので，リガンド結合はリプレッサーを解離させて転写を誘導する．この場合，リガンドを誘導物質とよぶ．（b）抑制：リガンドのリプレッサー結合はリプレッサーの結合と転写抑制に必要である．この場合，リガンドをコリプレッサーとよぶ．

いくつかの転写因子は転写の活性化あるいは抑制のために協調的に作用したり，相反して作用することができる

　ある遺伝子の転写は標的となるプロモーターに関する単一のアクチベーターあるいはリプレッサーの働きによって制御される．ただ大多数の遺伝子においては，転写活性を変化させるために複数の転写因子が相加的，相乗的，または対立する様式で一緒に作用する．

　単一アクチベーターによる転写活性化に関して，少なくとも三つの異なる主要な機構が存在する（図11.6）．機構はアクチベーターがプロモーターのどこに結合し，どのように転写を活性化するかという点で異なる．クラスⅠ活性化ではアクチベーターはプロモーター中の−35領域の上流にある標的部位に結合し，ポリメラーゼのαサブユニットのC末端ドメイン（CTD）との直接結合によってRNAポリメラーゼを呼び込む．CTDとαサブユニットのN末端ドメイン（NTD）を連結するリンカー部分には融通性があるため，アクチベーターは−35領域からさまざまな距離で結合することができる．クラスⅡ活性化はσ因子のドメイン4を介したRNAポリメラーゼの呼び込みに関わる．σ因子結合の空間的拘束はアクチベーターの位置取りに関する融通性をほとんどもたらさない．第三の機構においては，アクチベーターはRNAポリメラーゼの−10領域と−35領域への同時結合ができるようにプロモーターの形状を変化させる．通常はσ因子の最適結合のためにDNAは二つの制御配列が再配向するようにねじられる．第四のこれまでとやや異なる機構には，リプレッサーのDNA結合を防ぐようにするアクチベーターによるリプレッサー分子の形態変化が関わる．

　単一リプレッサーによる転写抑制の機構は立体障害，DNAルーピング，アクチベータータンパク質の形態変化の三つである（図11.7）．これら三つの機構はすべて転写開始時にプロモーター領域その場所，あるいはそのすぐそばのDNA上で働く．単一リプレッサーによる第四の抑制機構は転写伸長時に働き，DNAに結合しているリプレッサーが進行RNAポリメラーゼに対する障害物になるときに起こる．

　ときとして単一のプロモーターが一群の遺伝子をもつオ

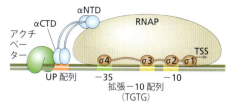

(a) クラスI活性化

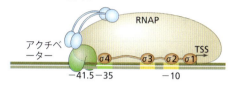

(b) クラスII活性化

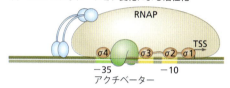

(c) DNA コンホメーション変化による活性化

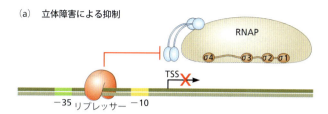

(a) 立体障害による抑制

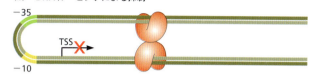

(b) DNA ルーピングによる抑制

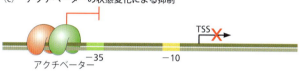

(c) アクチベーターの状態変化による抑制

図 11.6 単一アクチベーターによる転写活性化 (a) クラスI活性化：最もよく研究されている例は *lac* プロモーターにおける CAP の作用である．(b) クラスII活性化：最もよく研究されている例は CI タンパク質による λ ファージプロモーターの活性化である．(c) アクチベーター結合によって起こるプロモーターDNA のコンホメーション変化による転写活性化．[Browning DF & Busby SJW [2004] Nat Rev Microbiol 2:57–65 より改変．Macmillan Publishers, Ltd. の許可を得て掲載]

図 11.7 単一リプレッサーによる転写抑制 (a) 立体障害による抑制．リプレッサー結合部位はコアプロモーター配列と重なり合い，RNA ポリメラーゼによるプロモーター認識を妨げる．最もよく研究された例はLac リプレッサーの作用である．(b) DNA ルーピングによる抑制．リプレッサーはプロモーター両側の遠い位置に結合してオリゴマーを形成し，介在する DNA を外に押し出し（ループアウト）させ，それによって転写開始を妨害する．*gal* プロモーターにおける Gal リプレッサーや *ara* オペロンの例がある．(c) アクチベータータンパク質の形態変化による抑制．この場合，リプレッサーは抗アクチベーターとして機能する．最もよく研究されている例は CytR 抑制性プロモーターで，これは CAPによる活性化に依存する．CytR リプレッサーは CAP アクチベーターと直接結合する．[Browning DF & Busby SJW [2004] Nat Rev Microbiol 2: 57–65 より改変．Macmillan Publishers, Ltd. の許可を得て掲載]

ペロン全体のための転写開始部位となることがあり，それら遺伝子群はしばしば一つの代謝経路に関わるタンパク質をコードする．多くの場合，オペロンを構成する1組の遺伝子の活性は**オペレーター**（operator）とよばれる単一の遺伝子座で調節される．次に，細菌の生理機能にとって重要で，我々の遺伝子制御の理解に関する進展においても重要な役割を果たした例を三つ説明しよう．

11.4 細菌の生理機能にとって重要なオペロンの転写制御

lac オペロンは解離可能なリプレッサーとアクチベーターによって制御される

大腸菌は多数の糖を含む多くの食物を栄養源とすることができる雑食性の微生物である．グルコース（ブドウ糖）が最適の糖だが，ガラクトースのような他の単糖，あるいはラクトース（乳糖）のような二糖も利用可能である（図11.8）．それぞれの糖の代謝のためには特異的酵素が必要

となる．ラクトースの場合，細胞へのラクトースの取込みを促進するパーミアーゼと，二糖をガラクトースとグルコースに切断する酵素のβ-ガラクトシダーゼの両方が必要である（図 11.8 参照）．これら酵素タンパク質の遺伝子は大腸菌染色体上にタンデム（縦列）に並んでいて，その後に第三の酵素であるアセチルトランスフェラーゼの遺伝子が続く（図 11.9）．アセチルトランスフェラーゼはラクトース代謝に必須ではないが，代謝経路の副産物としてつくられる異常なガラクトシド（ガラクトース配糖体）を解毒するように働く．ガラクトシダーゼ遺伝子は *lacZ*，パーミアーゼ遺伝子は *lacY*，アセチルトランスフェラーゼ遺伝子は *lacA* と命名され，それらはゲノム中にこの順番で並ぶ．これら三つの遺伝子が ***lac* オペロン**（*lac* operon）を構成する．*lacZ* 遺伝子は遺伝子クローニング実験の成否を調べるための有用な道具にもなる．多くの場合，この遺伝子を目的遺伝子と一緒に細胞に導入し，その後導入 *lacZ* 遺伝子の産物である β-ガラクトシダーゼで切断され，識別可能な色を呈するガラクトシドによって細胞クローン

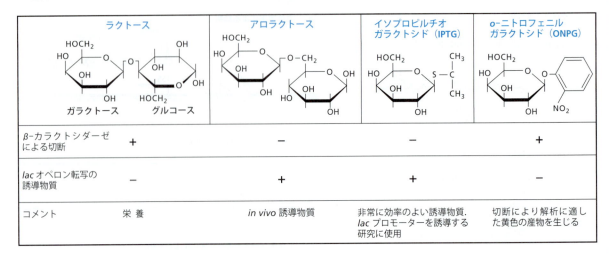

図11.8　lacオペロン研究に使われるラクトースとその類似体　アロラクトースはin vivoで働く天然の誘導物質だが，多くの実験で使用されるIPTGはより強い誘導物質である．β-ガラクトシダーゼ活性の検出が重要な実験ではONPGが基質として使われるが，これは加水分解によって細胞内でも観察可能な呈色物質となる．

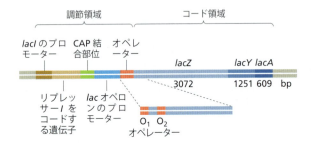

図11.9　lacオペロンの構成　ラクトース代謝全体の過程に関わるタンパク質をコードする三つの構造遺伝子はグリコシド結合の加水分解酵素であるβ-ガラクトシダーゼをコードするlacZ，培地から糖を取込むパーミアーゼをコードするlacY，そして加水分解できないβ-ガラクトシドをアセチル化することによって細胞から毒性化合物を除去する反応を触媒する酵素のアセチルトランスフェラーゼをコードするlacAである．調節領域にはプロモーター，Lacリプレッサーが結合するオペレーター，そしてリプレッサー分子をコードする遺伝子とそのプロモーターが含まれる．調節領域はアクチベーターであるCAPの結合部位も含む．

を調べる．

　大腸菌はグルコース含有培地に出会うと他のどの成分よりも優先的にこの栄養を使おうとする．しかしグルコースが完全に消費されラクトースが利用できるようになると，細菌はlacオペロンのlacZ, lacY, lacA遺伝子をオンにする．このスイッチはどのようにして生まれるのかという疑問が1940年代と1950年代のJacques Monodとその共同研究者たちを虜にした．彼らの研究は細菌の遺伝子制御に関する重要な機構の発見につながったが，その発見の歴史に関してはBox 11.1を見てほしい．彼らは，ラクトースがない場合，lac遺伝子群は基本的にリプレッサーにより

遮断されることを明確に示した．リプレッサータンパク質はlacプロモーター近くのオペレーター部位でDNAに結合し，アロラクトースのような**誘導物質**（inducer；インデューサー）がリプレッサーに結合したときのみDNAから除かれる．アロラクトースは常に存在する弱いガラクトシダーゼ活性でつくられるラクトースの副次的な産物である（図11.8参照）．

　我々は現在**図11.10**に示されたような過程を描写することにより完璧な絵を描くことができる．lacZ, lacY, lacAの全3遺伝子はオペレーターのすぐ上流にあるプロモーターを出発するポリメラーゼによって一緒に転写される．二つのオペレーター部位が二つのリプレッサータンパク質二量体と結合し，それが効率的にポリメラーゼ結合を阻止する．リプレッサータンパク質自身の遺伝子であるlacIはlac制御領域の上流にあり，自身もプロモーターをもつ．この遺伝子がlacIと命名されたのは，このタンパク質が最初は誘導物質（inducer）と考えられたためである．もう一つの制御配列がlacI遺伝子とlacオペロンの間にあるが，これは**カタボライト活性化タンパク質**（CAP；catabolite activator protein）の結合部位で，この因子は広範囲の遺伝子制御に追加的に関わる．CAPはcAMP受容タンパク質（CRP）ともいわれる．Monodの最初の実験では，ラクトースの代謝は培地中のグルコースがほとんど消費されてしまったときにのみ観察された．細胞中グルコース濃度が低い場合ATP産生は制限され，環状アデノシン一リン酸（cAMP）が蓄積する．cAMPはCAPと結合してそのコンホメーション変化を起こし，それによってCAP結合部位に対するこのタンパク質の結合が促進される．すると次に，DNAに結合したCAP二量体との直接結合を介してRNAポリメラーゼがプロモーターに呼び込まれる．

Box 11.1　Lac リプレッサーの発見：予期せぬ結果の真価

1940 年，ソルボンヌのまだ若い大学院生だった Jacques Monod は細菌が異なる種々の糖を栄養として使う能力についての研究を始めた．大腸菌にグルコースとラクトースの混合物を与えたとき，彼は奇妙な現象に気づいた．細菌はグルコースを最初に消費し，その後になって初めてラクトースを消費したのだった．そのときは適切な説明が見つからず，Monod のさらなる研究は第二次世界大戦のために遅れることになった．彼は始めフランス陸軍に従軍し，フランスが崩壊した後はパリで地下レジスタンスのリーダーになった．敵に見つかることを恐れ，Monod は秘密裏にソルボンヌを離れ，パスツール研究所の André Lwoff の研究室で仕事を開始した．Lwoff が細菌代謝分野のエキスパートであったため，これは幸運な選択だった．

客員研究者だった Melvin Cohen の助けを得て，Monod はすぐに，細菌が利用糖をラクトースに切替えるときにラクトースをグルコースとガラクトースに切断する β-ガラクトシダーゼが新たな酵素として合成されることを見いだした．この酵素は多くのガラクトシドを切断することができる（図 11.8 参照）．さらに興味深い事実として，切断されないが β-ガラクトシダーゼ産生を上昇あるいは誘導する他のガラクトシドを見いだした．

しかし，この誘導はどのような機構で起こるのだろうか．誘導物質は遺伝子に直接作用するのだろうか．解明の糸口は Monod のグループの一人だった Georges Cohen のラクトース代謝に必要な第二の酵素の発見によってもたらされた．それはパーミアーゼで，ラクトースが細胞壁を通って細菌の中に入るのを促進する．β-ガラクトシダーゼとパーミアーゼはそれぞれ，*lacZ* と *lacY* と命名される二つの別々の遺伝子にコードされる．誘導能を失った変異体は常にこれら遺伝子機能の両方に影響が及び，どちらか一方だけということは決してなかった．このことは，誘導は間違いなく第三の遺伝子で決まることを意味していたので，その遺伝子には誘導物質（inducer）に関連した名称の *lacI* が与えられた．他の一つを加えたこの遺伝子セットは現在 *lac* オペロンとよばれている．

lacI 遺伝子がつくるその推定タンパク質はどのように働くのであろうか．最も理解しやすい考え方は，それが遺伝子の転写を可能にするある種のアクチベーターだというものだった．1954 年当時，転写はおろか mRNA に関してさえもまだ理解されていなかったことを思い出してほしい．Monod はすでに François Jacob と共同研究をしており，1957 年には客員研究者の Arthur Pardee がチームに加わった．彼らは一緒になってよく PaJaMo 実験とよばれる一つの実験を組立てたが，それらは上の疑問に対して意外な解答を与えるものだった．誘導物質がない場合，あるいはラクトース非存在下の場合でさえも *lac* 遺伝子群を強く発現する大腸菌の変異株が存在していて，PaJaMo 実験はさらに構成的発現（恒常的発現）という現象に対しても光を当てることになった．

PaJaMo 実験はすばらしくかつ深遠な含みをもつものだった．実験はウィスコンシン大学の Joshua Lederberg が細菌が性をもつことを発見したときにさかのぼる 1945 年の観察に基づいている．細菌の一つの型は雄菌といい，**接合**（conjugation）という過程の中でその DNA の一部あるいは全部を雌菌とよばれるもう一つの型の菌に移すことができる．PaJaMo 実験は細菌学者 William Hayes による**高頻度組換え**（**Hfr**: high-frequency recombination）の発見なしには実行されなかったであろう．Hfr 雄菌は野生型と比べ 10 000 倍も高い効率で接合する．このことが，多数の Hfr 雄菌と過剰量の雌菌を混合した後，接合開始をほぼ完全に同調させるという実験を可能にした．接合過程は強力なミキサーを用いた撹拌によって DNA 移入を好きなときに中断させることができ，そうすると雌菌中には雄菌 DNA の一部が残る．遺伝子は染色体上の順序に沿って順次移入されることがわかっていた．

PaJaMo 実験では（図 1 a），野生型 Hfr 雄菌（*lacI*$^+$，*lacZ*$^+$）が誘導物質非存在下で雌菌（*lacI*$^-$，*lacZ*$^-$）と接合させられた．雄菌は *lac* 遺伝子産物合成を行わず，雌菌はもともとそれができない．細菌を接合した後のさまざまな時間で β-ガラクトシダーゼを測定すると，図 1(b) に示すような結果が得られた．接合 3 分後，*lacZ* 遺伝子の発現が始まり，しばらく続いた．しかしやがて発現は緩やかになり，120 分後には完全に停止してしまったのである．これはまったく予想外のことであった．さらに，その後この系は誘導がかかるようになった．

lacI がアクチベーターをコードするという考え方は以上

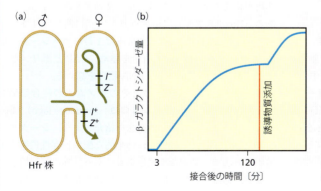

図 1　PaJaMo 実験　(a) 原理：Hfr 雄株で，*lacZ* と *lacI* 遺伝子に関しては野生型の細菌を過剰な雌株（*lacI*$^-$，*lacZ*$^-$）と接合させる．接合の間，野生型遺伝子を含む雄菌染色体の一部が雌菌に移動し，β-ガラクトシダーゼが産生されるようになる．(b) β-ガラクトシダーゼ産生の経時変化．接合開始からいろいろな時間で接合している細菌の一部を抜き取り，ミキサーで撹拌し，β-ガラクトシダーゼ活性を測定した．3 分という短い停滞期の後，活性はリプレッサーが *lacZ* 遺伝子の発現が停止するのに十分な量蓄積するまでは上昇する．この時点の後は添加される誘導物質がリプレッサーを DNA から外すことになるため，酵素発現は誘導的になる．

の結果とは合わない．実際のところ，最も単純な説明は lacI 産物はリプレッサーというものであった．雄菌の DNA が雌菌に入ると，最初はほんの微量のリプレッサーしか存在しないために lacZ 遺伝子の発現は構成的になる．しかし，リプレッサーが組立てられるとそれが lac 遺伝子群の発現を止め，β-ガラクトシダーゼ合成の停止を起こす．誘導物質が加えられると合成が直ちに再開するという事実は，最も単純には，リプレッサーを DNA から解離させるという誘導物質の働きによって説明することができる．この後すぐ，細菌における遺伝子発現制御の全体像は新たな様相を呈することになった．

PaJaMo 実験は細菌の遺伝子調節の説明を大きく超えてさまざまに影響を及ぼすことになった．lac 遺伝子群のタンパク質としての発現がリプレッサーが蓄積したときにどちらかといえば速やかに停止するという事実は，とりわけ Jacob に DNA とタンパク質の間には短命の中間物質があるに違いないという考え方を示唆することになった．1957 年には多くの人が信じていたことであるが，もしメッセージ（伝達要素）が長寿命のリボソームにあるのならば，なぜそれがその合成停止後でさえもまだ周囲に残っていないのだろうか．この問題は Jacob に，何年もの間広く考慮されることのなかった RNA メッセージというアイデアを提起させることになった．

この実験のもう一つの大きな成果は，タンパク質機能のアロステリック調節という考え方である（Box 3.8 参照）．もし誘導物質がリプレッサーと結合してそれを DNA から外すように作用したとするならば，ある分子のタンパク質結合が別の分子（この場合は DNA）に結合するタンパク質結合力に影響を与えることを強く暗示する．今日，アロステリック調節は数え切れないほど多くの過程を制御するタンパク質機能の主要な方式ととらえられている．Monod, Jean-Pierre Changeux, そして Jacob は彼らの記念すべき論文の中でこの概念を発表した．Monod, Jeffries Wyman, Changeux らは 2 番目の論文でこの現象の筋の通った数学的解析を紹介した．Wyman はローマで働いていたアメリカの科学者だが，この考え方をヘモグロビンの酸素結合に適応させることにおもに関わった．

最後になるが，PaJoMo 実験はすべての研究者のための教訓をもたらした．あらかじめ考えたアイデアを実験で確かめることは最も重要で実りが多いが，彼らの実験はそうではない．むしろそれは驚くべき，まったく新しい展望を開いて新たなパラダイムを確立させる予想外の結果だった．うまく行かなかった実験をすぐ見限ってはいけないのである．1965 年，Jacques Monod, François Jacob, André Lwoff にノーベル生理学・医学賞が授与された．

lac オペロン発現における利用可能な栄養素の種々の組合わせの効果は，現在ではたやすく説明することができる（図 11.10 参照）．まとめると，

- ラクトース非存在下，誘導物質濃度は非常に低く，リプレッサーは強く結合するようになるため，lac オペロンは働かない．
- ラクトースとグルコースの両方が存在する場合，RNA ポリメラーゼは弱くだが DNA に結合することができ，lac 遺伝子群は低いレベルで転写される．
- ラクトースが存在してグルコースが存在しないときには誘導物質が存在し，リプレッサーはオペレーターから離れる．さらに cAMP 濃度が高くなると cAMP が CAP に結合しやすくなり，RNA ポリメラーゼが呼び込まれやすくなる．その結果 lac オペロンの転写は上昇する．

Lac リプレッサーと CAP の構造を 図 11.11 に示す．リプレッサーはホモ二量体が会合した四量体として機能し，二量体のそれぞれはオペレーター部位の一つと結合する．CAP も二量体として DNA に結合する．リプレッサーと CAP はともにヘリックス・ターン・ヘリックス（HTH）モチーフを介してそれらの特異的部位に結合し，DNA を折り曲げる（第 6 章参照）．誘導物質がない場合，リプレッサー二量体はかなり弱く非特異的に DNA と結合するので，それによりリプレッサーの DNA に沿った特異的部位の探索が可能になる．このような条件下ではタンパク質は DNA を折り曲げない．誘導物質が結合するとタンパク質のコンホメーションが変化し，HTH モチーフ構造が崩れて DNA との結合が弱まる．

Lac リプレッサーと CAP タンパク質はともに，アロステリック調節の優れた例を提供してくれる（Box 3.8 参照）．事実，Jacob と Monod にアロステリックというまさにその概念を示唆したのは，リプレッサーと誘導物質によるリプレッサー制御という発見であった．リプレッサーに対する誘導物質や CAP に対する cAMP というこの 2 種類の小さな分子のタンパク質結合が正反対の効果をもたらすことに注意しよう．つまり誘導物質はリプレッサーの DNA 結合を弱め，他方 cAMP は CAP の DNA 親和性を強める．似たこととして，ヘテロ二量体中のタンパク質相互作用が正または負のアロステリック効果を現しうる場合がある（Box 3.8 参照）．lac オペロン内部に関し，リプレッサー二量体会合による四量体形成は 1 対のオペレーター部位のそれぞれの場所での結合を強め，CAP とポリメラーゼとの相互作用は両因子の DNA 結合を高める．

最後に，CAP ホモ二量体とそのゲノム上の結合部位という例を用いて，シークエンスロゴ（sequence logo）（Box 11.2）という比較的新しい概念を紹介しよう．シークエンスロゴは定量的かつ視覚的に効果的な配列保存性情報を表示する方法で，緊密な関連性をもつある一群の転写因子結合配列，あるいは転写因子に関して使われる．これはバイオインフォマティクスがもつ能力の一つの例である．

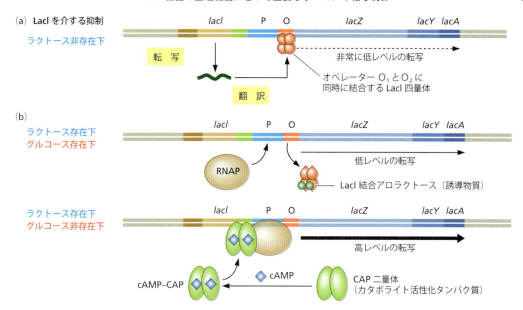

図 11.10　lac オペロンの転写活性は 2 種類の糖によって制御される　培地にグルコースが存在する場合，グルコースは最適の炭素源であるため，ラクトースの有無とは無関係に lac オペロンは抑制される．グルコースの存在は**カタボライト抑制**（catabolite repression）を起こすが，この機構によりさまざまな糖を代謝する酵素をコードするすべてのオペロンの活性が影響を受ける．lac オペロンが活性化されるためには，ラクトースが存在するがグルコースは存在しないという二つの条件が整わなくてはならない．(a) ラクトースがない場合，lac オペロンは抑制される．LacI リプレッサーは lac プロモーターに一部かかる場所に結合し，RNA ポリメラーゼの結合を妨げる．特異性をもつため，LacI は 2 箇所のオペレーター部位 O_1 と O_2 に四量体として結合するが，O_2 は lacZ コード領域内部にあり，O_1 と O_2 の間の DNA はループアウトされる．(b) ラクトースが存在する場合のオペロンの挙動．上図のようにグルコースがあると遺伝子が少しだけ発現する．ラクトース二次代謝物の 1,6-アロラクトースがリプレッサーに結合し，その分子形態を変えてオペレーターとの結合力を低下させる．アロラクトースは誘導物質として作用する．めいっぱいの活性化が起こるためには培地中にグルコースがあってはいけない．下図にあるように，グルコース非存在下の活性化機構にはアクチベーターが関わる．アクチベーターであるカタボライト活性化タンパク質（CAP）は cAMP と結合した場合のみプロモーター上流の制御部位に結合する．CAP と RNA ポリメラーゼとの接触はポリメラーゼの α サブユニットを介すると考えられる．細胞はグルコースがないことを cAMP の細胞内濃度を通して感知する．グルコース濃度が高い場合は cAMP 濃度が低いが，グルコース濃度が低い場合は高濃度の cAMP が存在する．そこで cAMP は CAP に結合し，そのコンホメーションを変化させて CAP の DNA 結合を促進する．

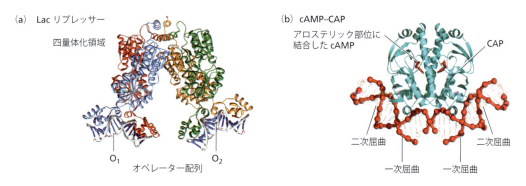

図 11.11　DNA に結合する Lac リプレッサーと cAMP–CAP の構造　(a) O_1 と O_2 に結合する Lac リプレッサー四量体の構造．一方が赤/青，他方が緑/オレンジ色で示されているそれぞれの二量体は主溝と相互作用するヘリックス・ターン・ヘリックス（HTH）モチーフを介して一つのオペレーター部位に結合する．二量体は四量体化領域で連結し，できた四量体が O_1 と O_2 に同時に結合する．[Daniel Parente, University of Kansas Medical Center のご厚意による]　(b) DNA に結合する cAMP–CAP 二量体の構造．結晶化した DNA 断片はそれぞれの DNA 片側の 9 番目と 10 番目の（ヌクレオチドの）間にリン酸 1 個のギャップがあった．cAMP 結合によりもたらされるコンホメーション変化により，それぞれの単量体中の二つの HTH モチーフが近接する主溝に結合できるように適切な距離にまとまって移動する．CAP 結合は DNA を 90°折り曲げる．[Lawson CL, Swigon D, Murakami KS et al. [2004] Curr Opin Struct Biol 14:10–20. Elsevier の許可を得て掲載]

Box 11.2 シークエンスロゴ

シークエンスロゴは，複数の配列アラインメントの中での配列類似性パターンを図形として表したものである．これらは定量的であるため，配列保存性に関してはコンセンサス配列よりも豊富で正確な記述となっている．それぞれのロゴは個々の配列中のそれぞれの位置における文字の積み重なりで構成される．DNA配列は4文字，タンパク質配列は20文字で構成される．それぞれの積み重なりの全体の高さはその部位における全体の配列保存性の尺度で，ビットという単位で測られる．それぞれの積み重なり中のおのおのの文字の高さはその部位に現れる文字の相対的頻度あるいは確率を反映している．図1は，培地中にラクトースがありグルコースがない場合（図11.10参照）の lac オペロンの転写活性化にかかわるパターンのシークエンスロゴを表している．

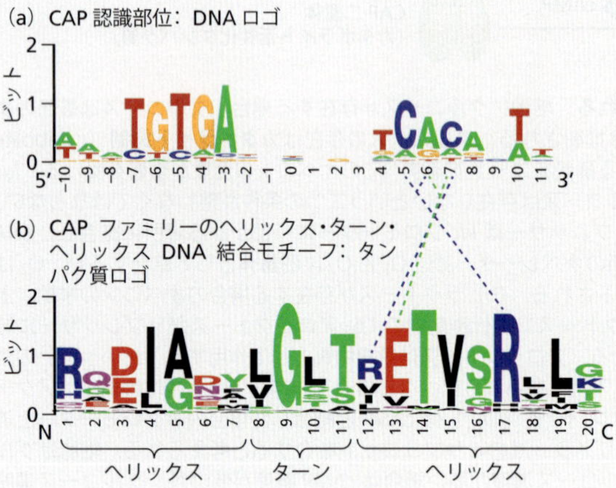

図1 CAP二量体の二つのDNA結合部位とCAPファミリーのHTHモチーフに関するシークエンスロゴ (a) CAPホモ二量体の二つのDNA認識ヘリックスはDNAらせんの連続する回転の主溝にはまり込む．それらの結合部位のDNAロゴはおおよそパリンドロームで，それがよく似た二つの認識部位を提供し，二量体のそれぞれのサブユニットは一つの認識部位に対応する．ただし，シンボルの高さで示されるように，オペロンのプロモーター領域本来の非対称性のため，おそらく結合部位は完全には対称でない．二つの認識配列の間の距離は11 bp，つまりDNAらせんのほぼ1回転分である．これが二量体中の2個の単量体が二重らせんの同じ位置に結合することを可能にする．このロゴ作成に用いたデータは，DNアーゼフットプリント（Box 6.4参照）で決められた59種類の結合部位の配列から構築された．(b) ホモ二量体型DNA結合タンパク質であるCAPファミリーのヘリックス・ターン・ヘリックス．CAPは大腸菌ゲノム内の100以上の部位に結合する．残基1～7は最初のヘリックス，残基8～11はターン，残基12～20はDNA認識ヘリックスを形成する．位置9にあるグリシンは厳密に保存されているが，これはターンの内部にあり，そのぴったりと圧迫された構造でアミノ酸側鎖の挿入を防いでいる．位置4, 8, 10, 15, 19はタンパク質の三次元構造の中に部分的または完全に隠れるため，黒い文字で示すように疎水性アミノ酸が多い傾向にある．位置12, 13, 17は二つのロゴ間の連結線で示すようにDNA主溝の塩基と直接結合するため，配列特異的なタンパク質結合にとって重要である．このロゴ作成に用いたデータは100種類のCAPタンパク質の配列から構築された．
[Computational Genomics Research Group, University of California, Berkeleyのご厚意による]

trp オペロンの制御には転写抑制とアテニュエーションの両方が関与する

細菌において，アミノ酸であるトリプトファンの合成には五つの隣接する一群の遺伝子でコードされる酵素が関与するが，それらの遺伝子はトリプトファン生合成酵素自身とリーダー配列をコードする．lac オペロン内部のように，これら遺伝子はすべて単一プロモーターから転写される（図11.12）．トリプトファンはタンパク質の中ではそれほど多くはないので，アミノ酸が豊富に存在する場合にはたくさんのトリプトファンを合成すること，あるいは多量のmRNAを転写することさえも細胞の栄養やエネルギーの観点からは不経済である．したがってオペロン全体は，その大部分がBox 3.8に示すアロステリックなフィードバック調節によって制御される．図11.12に示すようにオペレーター部位に結合できるリプレッサータンパク質が存在し，それがRNAポリメラーゼの結合を阻止する．Lacリプレッサーと同様に，これは別個の遺伝子にコードされている．しかしTrpリプレッサーはLacリプレッサーとは正反対の方式で作用する．エフェクター（この場合それはトリプトファン自身）が結合するとリプレッサーのオペレーター配列への結合が促進され，その結果転写開始が妨害される．つまりトリプトファンの蓄積はそれ自身の合成に必要な遺伝子群の転写をほぼ停止させる．高いトリプトファン濃度での転写はトリプトファンがないときの約0.1%だけにしかならない．

しかし，この効果のすべてがリプレッサー結合によるものではないという証拠がある．まったく正常な機能のリプレッサーとオペレーターをもつが，それでも同じトリプトファン不足状態で野生型の10倍も高い転写速度をもつ trp オペロン変異体が存在するからである．ここからCharles Yanofskyは抑制に加えて，まったく別のレベルで働く制御方式を発見した．この機構は**アテニュエーション（転写減衰；attenuation）**とよばれ，完全に異なる様式で働く．trp オペロンでみられるアテニュエーション機構を図11.13に示す．この制御は転写の終結において働く．これは，細菌内では転写の最も初期の段階であってもリボソー

11.4 細菌の生理機能にとって重要なオペロンの転写制御

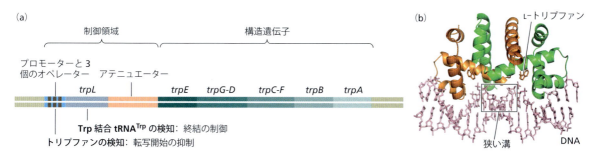

図11.12 大腸菌の *trp* オペロンの構成と制御 トリプトファン生合成に必要な遺伝子は単一転写単位のオペロンとして組織化され制御される．(a) 七つの遺伝子要素，*trpEGDCFBA* はオペロンの先頭に存在する制御領域の支配下にある．二つの遺伝子対，すなわち *trpG* と *trpD*，*trpC* と *trpF* は融合している．これら融合遺伝子産物の切断されたポリペプチド断片はトリプトファン生合成経路中の異なる反応を触媒する．制御領域は二つの異なる機構で二つの異なるシグナルを受取り応答する．第一のシグナルは細胞内のトリプトファン濃度である．トリプトファンに対する応答は Trp リプレッサーのオペレーター配列に対する結合の制御を通して働く．第二のシグナルは Trp 結合 tRNA^{Trp} の割合で，これは細胞内の遊離トリプトファン濃度に依存する．このシグナルに対する応答はアテニュエーション機構を通して働く（図11.13参照）．［Yanofsky C [2007] *RNA* 13:1141–1154 より改変．The RNA Society の許可を得て掲載］(b) オペレーター部位の一つと結合する Trp リプレッサー．Trp リプレッサーはホモ二量体で，一つのサブユニットは緑，他はオレンジに色づけした．DNA に結合する HTH モチーフの認識ヘリックスは DNA 結合部位の主溝にはまり込む．タンパク質二量体自身の構造の中での，二つの単量体上の DNA 結合ヘリックス間の距離は 26.5 Å である．トリプトファンが結合すると二量体のコンホメーションが変化し，DNA 結合ヘリックス間の距離は 32.7 Å に広がる．この変化は Trp リプレッサーと *trp* オペレーター部位の正しい結合を確実にするのに役立つ．タンパク質-DNA 複合体中での両者の距離は 32.1 Å である．リプレッサーとオペレーター部位の結合は DNA の RNA ポリメラーゼ結合能に影響を与え，転写開始を妨げる．プロモーター-オペレーター領域中でのリプレッサー二量体の近接オペレーターへの同時結合はリプレッサー-DNA 複合体の安定性を高め，転写抑制を効果的にする．

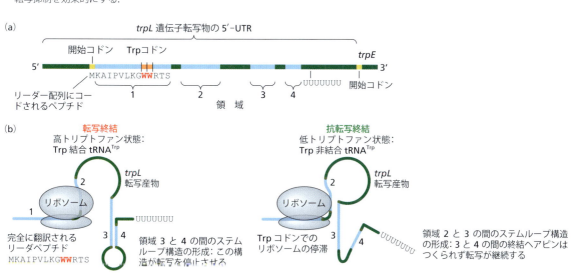

図11.13 *trp* オペロンの制御機構としてのアテニュエーション アテニュエーション機構の働き方はリーダー配列の転写産物の二次元構造と転写と共役するその領域の翻訳（タンパク質合成）に依存する．(a) *trp* オペロンの最初の 141 nt は，転写産物の下部に ⌣ で示す領域 1, 2, 3, 4 が関わる 3 種類の RNA ヘアピン構造のいずれかに折りたたまれる．(b) 左：領域 3 と 4 間のステムループ構造の形成は典型的な内在性転写終結過程に基づく転写終結を導く．右：領域 2 と 3 の間の競合的なステムループ構造の形成は抗転写終結を起こし，3–4 ヘアピンのターミネーターができないため，転写の継続が可能となる．ターミネーター形成とアンチターミネーター構造の競合は共役する翻訳過程により調節される．*trp* オペロン転写産物の 5′ 非翻訳領域（5′-UTR）は二つの隣接 Trp 残基（WW）を含む短いリーダーペプチドに翻訳される小さなヌクレオチド配列を含むことに注意．このペプチド配列をオペロンの対応する領域の脇に示す．5′-UTR が転写されるとすぐにリボソームが開始コドン直上のリボソーム結合部位に結合し翻訳を開始する．Trp 結合 tRNA^{Trp} の濃度が 2 個の Trp コドンの速やかな翻訳にとって十分であればいつでもリーダーペプチドの翻訳は完結し，リボソームは解離し，1–2 と 3–4 のヘアピン構造が形成されて転写は停止する．すべての tRNA^{Trp} に結合するだけの十分なトリプトファンがない場合，リボソームは 2 個の Trp コドンに一つの部位で停滞し，2–3 ヘアピンが形成される．これがその後ターミネーターである 3–4 ヘアピン構造の形成を防止し，オペロンは活発に転写される．したがってオペロン全体の制御はオペロンにコードされる合成経路の最終産物であるトリプトファンの存在に対する二重のフィードバック応答を受ける．［(a), (b) Michael King, Indiana University のご厚意による，改変］

ムが mRNA へ結合するということ，つまり転写と翻訳が共役しているという事実に基づく．さらに重要なことは，オペロンの 5′ 末端付近のまさにその塩基配列構造に原因がある．開始コドンに続いてリーダー配列が存在し，それに続いて 3 種類の配列があるが，そこで転写される RNA はヘアピン構造をとりうる．これらの配列は二つの異なる場所，すなわち領域 2 と 3 の間，あるいは領域 3 と 4 の間でヘアピン構造をとることができる．

転写抑制状態にあってさえも *trp* オペロンではある程度の転写開始が起こっている．トリプトファン濃度の高いとき，ポリメラーゼはリーダー配列領域を通して転写し，そのときリボソームは新生 RNA に沿って効果的に翻訳を実行する．このリボソームは物理的にヘアピン 2-3 の形成を妨害し，その結果ヘアピン 3-4 がポリメラーゼ通過後すぐに形成される（図 11.13 参照）．ヘアピン 3-4 にはその後すぐに DNA として 7 個のアデニン（A）があるので，それが転写されて 7 個のウラシル（U）が RNA に入る．しかし，このヘアピンの後に数個の U があるという構造は，第 9 章で述べたまさに本来の終結シグナル（ターミネーター）そのものなのである．そのため，このような条件下ではポリメラーゼはターミネーターに出会うことになるために鋳型から解離し，オペロンの転写は中断される．

ここでトリプトファンの供給が少なくなって合成が必要になったときに何が起こるかを考えてみよう．アテニュエーションはともかくも回避されるはずである．リーダー配列内部には Trp コドンが隣接して 2 個存在する．トリプトファンが乏しいと，リボソームが十分量のトリプトファンをもつ tRNA^{Trp} と結合するのが困難になり，そこで Trp コドンを越えて RNA を翻訳するのが難しくなるであろう．そのためリボソームはリーダー配列内部で立ち往生し，その間ポリメラーゼは DNA 上を進んでいく．立ち往生したリボソームは 2-3 ヘアピン構造の形成を可能にし，その構造はヘアピン 3-4 の形成を妨害する（図 11.13 参照）．結果的にターミネーターは形成されず，ポリメラーゼは *trp* オペロンの残りを転写すべく進行することができる．

同じタンパク質がアクチベーターあるいはリプレッサーとして働くことができる: *ara* オペロン

最後にいくつかの際立った特性をもつ細菌に共通なオペロンをさらにもう一つ述べる．細菌は糖であるアラビノースを利用することができ，それがキシルロース 5-リン酸に代謝された後ペントースリン酸経路に入る．*ara* オペロンはこの経路に関わる三つの酵素 AraB, AraA, AraD に加え，制御タンパク質 AraC をコードする．*araB*, *araA*, *araD* 遺伝子は一つの独立したプロモーターをもち，一方 *araC* は上とは別のプロモーターがあり，それらと逆の方向に転写される（図 11.14 a）．AraC 結合部位は 4 箇所あり，また $araO_1$ と $araO_2$ は *araC* プロモーターの上流に，$araI_1$ と $araI_2$ は二つのプロモーターの間にある．

AraC はアラビノースと結合することができ，その DNA 結合部位選択性はアラビノースがあるかどうかに依存する．アラビノースがある場合，AraC は二量体として $araO_2$ と $araI_1$ の間に結合する．図 11.14（b）に示すように，それによって DNA はループ状になり，それが *araBAD* プロモーターからの転写阻止効果を発揮するため，オペロンは抑制される．ループの形成が決定的であることは Lobell と Schleif による見事な方法で示されたが，彼らは $araO_1$ と $araO_2$ の間に 5 bp を余分に挿入した．この操作は DNA に余分な半回転のねじれを生み出し $araO_1$-$araO_2$ 結合部位をそれぞれに対して 180° 分回転させたので，AraC とこれら二つの結合部位の間の相互作用が妨害されたのである．結果として *araBAD* 発現抑制の解除という効果がみられた．まるまる 10 bp 相当の回転を加えたり減らしたりするとそのような効果が出ないことが見事な対照実験となった．

アラビノースがある場合，AraC はもはやループを形成したりリプレッサーとして作用しない．むしろ図 11.14（b）に示すように二量体として $araI_1$ と $araI_2$ 部位に結合し，CAP タンパク質がそばに結合することを促進する．このような効果により *araBAD* 遺伝子の転写が高められる．つまり AraC はアラビノース濃度に依存してリプレッサーかアクチベーターのいずれかとして働くことができるのである．

AraC が大過剰になることは単純な自己制御機構によって回避される．$araO_1$ は *araC* 遺伝子と同じ向きで，*araC* プロモーターのすぐ下流にあることに注意しよう．AraC が高濃度だとこの部位に結合する傾向となり，進行阻止機構を介してそれ自身の遺伝子を抑制するだろう（図 11.14 c）．*trp* オペロンと *ara* オペロンの間の制御の対比に注目しよう．*trp* オペロンでは代謝経路の最終産物がオペロンの転写を制御し，他方 *ara* オペロンは代謝経路の最初の基質によって制御される．転写制御には多くの異なる方式が存在するのである．

11.5 細菌における他の遺伝子制御方式

DNA 超らせんは全体および局所での転写制御の両方に関わる

第 8 章でみたように，細菌の染色体は超らせんループの中で組織化されている．個々の**超らせんドメイン**（supercoiled domain）中の超らせん張力の程度はトポイソメラーゼに加え，結合によって DNA にねじれや屈曲，あるいはループをつくる構造タンパク質によって綿密に制御されている（第 4 章参照）．さらに，DNA に沿って移動する RNA ポリメラーゼやヘリカーゼなどの酵素は進行の前方

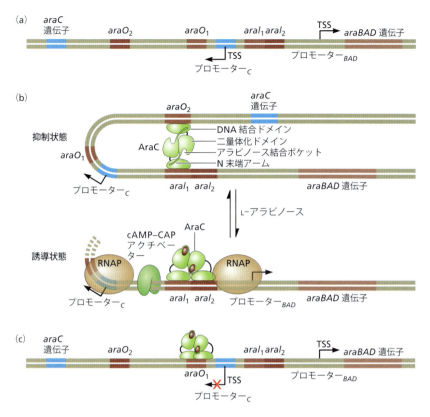

図 11.14　大腸菌における ara オペロンの転写制御　(a) アラビノース制御領域の地図．転写因子 AraC の 4 箇所の結合部位（茶色で図示）はアラビノースオペロン構造遺伝子である araB，araA，araD のプロモーターのすぐ上流にある．araC 遺伝子のプロモーターは反対側の鎖からの転写を開始させる．(b) 二量体として働く AraC の作用を通したアラビノース非存在下での負の転写制御とアラビノース存在下での正の転写制御．それぞれの単量体は融通性をもつリンカーを介して，N 末端二量体化ドメインに連結する C 末端 DNA 結合ドメインをもち，二量体化ドメインはさらにアラビノース結合ポケットを含む．アラビノースがない場合，二つの単量体は N 末端アームを介して結合し，それによって二つの C 末端ドメインは $araO_2$ および $araI_1$ 制御配列に結合し，中間部の DNA をループアウトさせる．プロモーターはこのような立体配置の中ではポリメラーゼを受入れることはできない．アラビノースが利用できるようになるとそれが AraC と結合し，二量体がコンホメーション変化を起こし，そこで $araI_1$ と $araI_2$ 配列に結合する．これにより araBAD プロモーターが開きポリメラーゼが結合する．めいっぱいの転写活性化のためにはグルコースが培地中にあってはいけない．この状態は細胞内 cAMP 濃度として感知され，それはグルコースがない場合に上昇する．つまり cAMP が結合した正の制御因子である CAP が araC 遺伝子のプロモーター領域に結合してその転写を高める．グルコース欠乏に対する細胞の応答は lac オペロン制御の場合とまったく同じである．[Weldon JE, Rodgers ME, Larkin C & Schleif RF [2007] *Proteins* 66:646–654 より改変．John Wiley & Sons, Inc. の許可を得て掲載] (c) araC 遺伝子の自己制御．この現象は $araO_1$ 配列の利用を介して起こるが，それは araBAD 遺伝子制御には関わらず，AraC それ自身の合成を制御する．AraC 濃度が上がるとそれが $araO_1$ に結合し，結果 araC プロモーターへのポリメラーゼ結合を妨害し，下部 DNA 鎖からの自身の遺伝子転写を阻害する．

に正の超らせんをつくり，通過した後方に負の超らせんをつくる．

包括的超らせん（global supercoiling）レベルは異なる環境条件下で異なる．DNA に負の超らせんストレスを入れる酵素であるジャイレースは反応のために ATP を用いる．したがって，細胞の全エネルギー収支が包括的超らせんレベルの決定に役割を果たすことになる．**エネルギー充足率**（energy charge）として知られる (ATP＋0.5ADP)/(ATP＋ADP＋AMP) 比は，大腸菌を好気的条件から嫌気的条件に移したときに低下することがよく知られている．この変化は全体として DNA 超らせんレベルの低下を伴う．最適な増殖条件下でのエネルギー充足率は約 0.85 と高く，超らせん密度 σ は -0.05 になる．一方嫌気的条件下では σ は -0.038 に低下する．想像に難くないように，包括的超らせんレベルにより行われる転写の調節は大雑把にならざるをえない．しかし，局所の超らせんレベルを調節する因子が非特異的で全体的な効果を微調整するように働いている．

局所の超らせんは転写にどのように影響するのだろうか．第一の機構は DNA 二本鎖のねじれの変化に関わる．ねじれの変化は影響の及ぶ領域での塩基対の間の間隔を変え，そのため 2 点の間の物理的距離が変化する．最適な

遺伝子発現を生む超らせんレベルは，プロモーター中の−35領域と−10領域の間のスペーサー領域の塩基対数に依存する（図11.15）．二つの領域間の最適な配置はσ^{70}がプロモーターに位置し結合する活性を最大にし，−35から−10の間のスペーサーの実際の物理的距離に依存する．17 bp のスペーサーをもつようなプロモーター構造は通常の生理的レベルでの超らせんが利用されるように進化の過程で最適化されてきたものである．認識配列がσ^{70}結合に対して最適な位置をとるように，より長いスペーサーでは過剰にねじれ，より短いスペーサーでは少ないねじれになるはずである．

DNA超らせんはよじれの変化を通して転写を制御することもできる．短い領域ではDNAがループアウトし，長い領域ではプレクトネーム型らせんが形成される．これらいずれの構造も配列要素をそばに引き寄せることができ，それにより配列要素が直接あるいは結合タンパク質を介して相互作用できる．RNAポリメラーゼ結合を阻害するループ構造の1例が，アラビノースがないときの*ara*オペロンを例に示されている（図11.14 参照）．

最後になるが，負の超らせんストレス下では転写は局所的なDNAの変性構造，十字形DNA，Z-DNA，あるいは三本鎖構造DNAといった**選択的DNA構造**（alternative DNA structure）の形成を介して制御されうる．もしこれらがプロモーター下流に形成されれば転写伸長は阻害されるだろう．また制御領域中の選択的DNA構造は転写因子やポリメラーゼ自身のための認識部位として振舞うこともできる．

DNAメチル化は特異的制御をもたらすことができる

DNAメチル化は細菌で広くみられ，シトシンとアデニンの両方に起こりうる．わかっている三つの塩基修飾としては5-メチルシトシン（^{m5}C），N^6-メチルアデニン（^{m6}A），N^4-メチルシトシン（^{m4}C）がある（図11.16）．^{m5}Cと^{m6}Aは細菌，原生生物，カビにみられるが，^{m4}Cは細菌特異的である．これらの修飾マークは，それぞれの酵素のヘミ（半）メチル化DNA認識能と酵素活性により，世代から世代へ伝達されうる．このヘミメチル化DNAは複製直後のDNAの状態で，親鎖はそこのメチル基を保持しているが，新生鎖は少しの間メチル化されない．その後メチルトランスフェラーゼが新しいメチル基を新生DNA鎖に付加する（図12.25 b 参照）．この修飾を行う特異的酵素は^{m5}Cを生成するDNAシトシンメチルトランスフェラーゼ（Dcm），^{m6}Aを生成するDNAアデニンメチルトランスフェラーゼ（Dam），^{m6}Aを生成する細胞周期制御メチルトランスフェラーゼ（CcrM）である．異なる分類群の細菌はおそらくこれら酵素のうちのどれか一つをもつ．^{m4}C

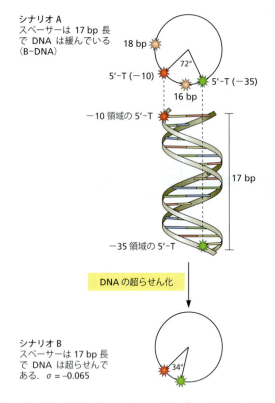

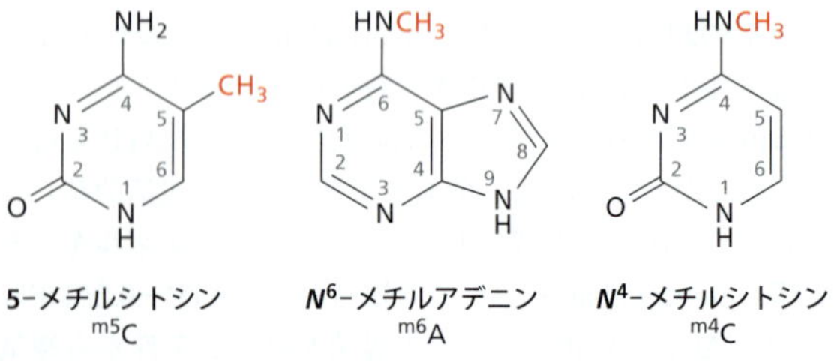

図11.15　らせんのねじれの変化によるプロモーターの−35と−10領域の相互配置の変化　領域はそれらの5′-T残基で代表して表し，✸と✸で描いている．円で表したσ^{70}プロモーターの投影図はらせん軸に対して直角になっている．シナリオAの場合，スペーサーは17 bp長でDNAは緩んでいて，B-DNAでの平均回転角は塩基対当たり34.5°である．この場合，投影図上での二つの5′-T間の角度は72°となる．対照のため，スペーサーが16 bpまたは18 bp長の場合の−10領域のTも✸として示した．シナリオBの場合，DNAは今度は負の超らせんまたはねじれない構造をとるため，超らせん密度σは−0.065となり，プロモーター二つの領域の5′-Tの角度が34°に減少し，それによって投影面上ではそれぞれはより接近して位置する．言い換えれば，そこでは二つの領域がらせんの同じ側に接近して位置する．このシナリオは2本の鎖のリンキング数の変化の2/3がねじれの変化，1/3がよじれの変化によって吸収されると仮定している．二つの投影図の比較からわかるように，超らせんDNA中で17 bpの距離をとる二つの領域は，緩んだDNA中では二つの領域が16 bpの距離をとるので，それぞれに関して似たような位置取りをすることになる．

図11.16　細菌におけるDNAメチル化　細菌のDNAは分子構造で示すようにシトシンとアデニンでメチル化される．

は制限/修飾系の酵素群によって修飾される．したがって，DNAメチル化は真のエピジェネティック（後成的）なマークである．エピジェネティクスに関するさらなる議論に関しては第12章を参照のこと．DNAメチル化はミスマッチ修復（第22章参照）を含む膨大な数の細胞過程に使われる．

転写制御を考えた場合，シス制御領域にあるGATC配列中のアデニンのメチル化は，制御タンパク質結合への影響を介して転写を上昇あるいは低下させうる．尿路病原性大腸菌の病原遺伝子の発現がDNAメチル化を介してどのように制御されるかに関する興味ある例がBox 11.3に示されている．

11.6　細菌における遺伝子発現の協調

細菌細胞中での遺伝子発現制御は，独立した遺伝子あるいはオペロンに関してさえもそれぞれの挙動のために限定して起こるのではない．むしろ，そこにはいくつかのレベルの協調現象が存在する．特異的オペロンを制御するDNA結合タンパク質は，通常は個々のオペロンの制御領域に関して非常に特異的で比較的少量しか存在しておらず，ときには細胞当たりほんの数分子しかない．いくつかのオペロンがまとまり，それが限定的に発現制御されるレギュロン（regulon）を形成する場合，より高いレベルの調節がみられる．レギュロンを構成するオペロンは窒素源利用や炭素源利用といった一般的な機能に関わり，アクチベーターかリプレッサーを共通の制御因子に使う．それら因子は構成要員のオペロンすべてに関して共通のDNA配列を認識し，栄養条件や環境条件に応答する．レギュロンの制御因子は個々のオペロンの制御因子よりもっと多量に存在し，複数の標的部位に結合する．熱ショックレギュロンの制御はその一つの例である（図9.11参照）．この制御には熱ショックオペロンプロモーターを認識する因子である$\sigma^{32/H}$を含む複数の代替σ因子が連続して関わる．

Box 11.3　相変異による細菌病原性の制御

相変異（phase variation）とは，特異的表面抗原の存在状態を異にする細菌バリアントの可逆的出現として定義される．尿路病原性大腸菌の腎盂腎炎関連繊毛（Pap; pyelonephritis-associated pili）の合成を例に，相変異の制御について図示した．繊毛の合成はオンあるいはオフになっていて，二つの細菌集団が形成されている．一つは繊毛をもち尿路中の粘膜に付着するので病原性である．他のものは繊毛をもたず非病原性である．Pap発現の変換はDamメチルトランスフェラーゼによるDNAメチル化（図11.16参照）とロイシン応答性制御タンパク質（Lrp; leucine-responsive regulatory protein）（図1）が関わる機構により，転写レベルで調節されている．

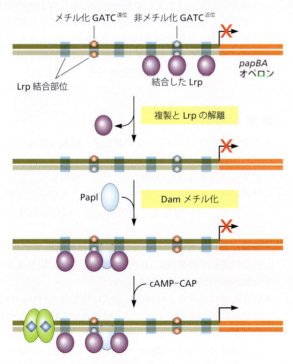

図1　papオペロンのオフからオンへのスイッチ　オペロン上流領域には6個のLrpの結合部位が存在する．部位2と5はGATC配列中にメチル化可能なアデニンを含む．papBAオペロンがオフのとき，Lrpは転写開始部位に近い部位1〜3に結合してGATC近位のメチル化を防止し，それによって複製フォークが通過する（第19章参照）．部位1〜3へのLrpの結合は，Lrpと部位4〜6の親和性とRNAポリメラーゼ結合を低下させる．毎回の複製は転写状況をオフからオンへスイッチする機会を提供し，PapIが存在することの必要条件となる．Lrp結合部位5のGATC近位配列はLrpが結合しないためメチル化から保護されず，オフ状況でメチル化される．非メチル化GATCに対するLrpの高い親和性と，メチル化された遠位の相当部位にLrpが結合できないことによりオフ状態が持続する．オン状態へのスイッチは補助タンパク質PapIの作用により始まるが，このタンパク質はLrpを遠位GATC配列へ移動させやすくし，このことがLrp結合部位2のメチル化を進め，遠位GATC配列をメチル化から防ぐ．したがってオン状態は複製過程でのGATC遠位の受動的脱メチル化とGATC近位のメチル化により決められる．活性化はlacオペロン活性化の例としてすでに示されているcAMP-CAPの存在に依存する．pap産物の一つであるPapBはpapI転写を活性化し，オン状態を持続させる正のフィードバックループをつくり出す．両鎖でのDNAメチル化と受動的DNA脱メチル化が連続する二つのヘミメチル化過程として起こるため，両方向のスイッチにはDNA複製が必要であることに注意．

複数のレギュロンは協調的にも調節されるが，そのようなレギュロンのまとまりは**スティミュロン**（stimulon）あるいは**モジュロン**（modulon）とよばれている．あるモジュロン中のオペロンは共通で多面的機能をもつ制御タンパク質による調節に加え，個別の機構によっても調節されうる．たとえばCAPモジュロンには*lac*オペロンや*ara*レギュロンなどcAMP結合性CAPによって制御されるすべてのレギュロンやオペロンが含まれるが，それぞれのオペロンには他の制御因子もある．最後になるが，細胞には**全体的遺伝子発現パターンの包括的制御**（global controls of overall expression patterns）という現象がみられ（図11.17），DNA超らせんの細胞全体のレベルはそのような包括的制御の一つを表している．

転写因子ネットワークが協調的遺伝子発現の基盤となる

細菌において，それぞれの遺伝子で異なるレベルの転写制御は転写因子の高度な相互作用ネットワークに頼る必要がある．多くの場合，二つ以上の転写因子が1個の遺伝子を調節する．他方，制御を受けるレギュロンの中の標的遺伝子セットは同一の転写因子セットによりともに制御される．それはあたかも"*x*と*y*が転写され，*z*が転写されないとするならば…"といったキーワードをもとにしたブーリアンアルゴリズムによる高性能コンピューター検索を生物が実行しているようなものである．バイオインフォマティクスを道具として使うことにより今では転写制御ネットワークを解明することが可能になっており，ネットワークは細菌ゲノムの転写活性の全体にわたる制御の中における個々の転写因子の複雑な相互作用を描写している．

大腸菌中のこのようなネットワークはおもに10個程度の包括的制御因子により支配されている．このような包括的制御因子の多くはIHFやH-NSなどのような細菌染色体の組織化を調節する核様体随伴因子である（第8章参照）．前述の*lac*オペロンや*ara*オペロンのアクチベーターであるCAPもまた包括的制御因子であり，CAP調節モジュロンを構成する多数のオペロンを制御する．局所的制御因子は，通常は包括的制御因子と調和をとって働く．大部分の局所的転写因子は制御される遺伝子かオペロンの近傍のDNAによってコードされる傾向にある．このような近さは，少量の局所的転写因子が大量の細胞容量の中で希釈されることなしに，制御する遺伝子にたどり着かなくてはならないという事実によって説明される．しばしば，このような因子の標的探査は細胞内空間を通ってではなく，ゲノムに沿って行われる．一般に，包括的転写因子はお互いを制御することはせず，より局所的な転写因子を制御する．加えて，包括的および局所的転写因子は別々の機構で作用を及ぼす．包括的制御因子とDNA超らせんは転写速度の継続的変化をひき起こすが，他方，局所的転写因子は発現のオン/オフスイッチの調節を行う．

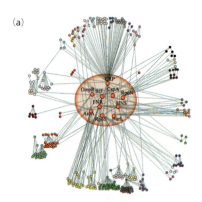

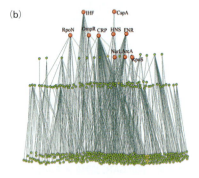

図11.17　大腸菌の転写制御ネットワーク　(a) オペロンはモジュール（基本単位）によって組織化される．異なるモジュールは異なる色で示されている．楕円内部に示される10個の包括的制御因子はネットワークのコアの部分を構成している．(b) 制御の階層構造の別の表示法においては，すべての制御の結び付きを下向きに表している．グラフ中の結節部位はオペロンである．連結線は転写制御の関連性を表す．包括的制御因子は頂上部に記されている．〔(a), (b) Ma H-W, Buer J & Zeng A-P [2004] *BMC Bioinformatics* 5:199. BioMed Centralの許可を得て掲載〕

重要な概念

- 細菌細胞の中で，いくつかの遺伝子の発現は環境変化に応じて制御される．他の構成的あるいはハウスキーピング遺伝子は細胞機能を維持するため一様に転写される．
- 制御は多くの経路を介して起こりうる．大部分の経路にはプロモーター強度または代替σ因子の利用の違いが関わる．
- 細菌における普遍的制御方式の一つに緊縮応答がある．多くの遺伝子の発現における主要な変化は必須栄養素が全般的に枯渇した場合に起こる．
- 転写制御におけるより精密な方式は特異的オペロンの活性化や抑制である．オペロンとは関連する機能をもつ遺伝子群で，共通のプロモーターをもち，特異的環境変化に応答する．多くの場合，オペロンは通常，プロモーターDNAに結合するある種の転写因子により効果を現

す.
- 転写因子による調節の例には，リプレッサーとアクチベーターの両方の因子が含まれる lac オペロン，DNA ルーピングの関わる機構を通じて一つの因子がアクチベーターかリプレッサーのいずれかの作用を発揮する ara オペロン，そして細菌内で起こる翻訳と転写の結び付きが関わる trp オペロンがある.
- 転写因子は多くの場合アロステリックタンパク質で，その特異的 DNA 結合能をもつ分子状態は低分子エフェクター分子の有無により決まる.
- 細菌の転写は包括的あるいは局所的規模の DNA 超らせんの調節によっても制御されうる.
- DNA メチル化が特定遺伝子の転写に影響することもある.
- 細菌の転写制御は階層的で，異なるレベルの調節機構がいくつか存在する．最も特異的な調節はオペロンの段階で働く．しかし，関連する機能をもつ一群のオペロンはレギュロンとよばれて，共通の制御配列をもつことがあり，さらに機能的に関連するいくつかのレギュロンは少数のモジュロンに分類される.

参考文献

成書

Dame RT & Dorman CJ (eds) (2010) Bacterial Chromatin. Springer Verlag.

Wagner R (2000) Transcription Regulation in Prokaryotes. Oxford University Press.

総説

Balleza E, López-Bojorquez LN, Martinez-Antonio A et al. (2009) Regulation by transcription factors in bacteria: Beyond description. FEMS Microbiol Rev 33:133–151.

Browning DF & Busby SJ (2004) The regulation of bacterial transcription initiation. Nat Rev Microbiol 2:57–65.

Crooks GE, Hon G, Chandonia J-M & Brenner SE (2004) WebLogo: A sequence logo generator. Genome Res 14:1188–1190.

Dillon SC & Dorman CJ (2010) Bacterial nucleoid-associated proteins, nucleoid structure and gene expression. Nat Rev Microbiol 8:185–195.

Dorman CJ & Deighan P (2003) Regulation of gene expression by histone-like proteins in bacteria. Curr Opin Genet Dev 13:179–184.

Gao R & Stock AM (2010) Molecular strategies for phosphorylationmediated regulation of response regulator activity. Curr Opin Microbiol 13:160–167.

Gruber TM & Gross CA (2003) Multiple sigma subunits and the partitioning of bacterial transcription space. Annu Rev Microbiol 57:441–466.

Hatfield GW & Benham CJ (2002) DNA topology-mediated control of global gene expression in Escherichia coli. Annu Rev Genet 36:175–203.

Henkin TM & Yanofsky C (2002) Regulation by transcription attenuation in bacteria: How RNA provides instructions for transcription termination/antitermination decisions. BioEssays 24:700–707.

Jacob F (1966) Genetics of the bacterial cell. In Les Prix Nobel: The Nobel Prizes, 1965 (Grandin K ed). Nobel Foundation.

Magnusson LU, Farewell A & Nyström T (2005) ppGpp: A global regulator in Escherichia coli. Trends Microbiol 13:236–242.

Pruss GJ & Drlica K (1989) DNA supercoiling and prokaryotic transcription. Cell 56:521–523.

Roberts JW (2009) Promoter-specific control of E. coli RNA polymerase by ppGpp and a general transcription factor. Genes Dev 23:143–146.

Schleif R (2003) AraC protein: A love–hate relationship. BioEssays 25:274–282.

Schleif R (2010) AraC protein, regulation of the l-arabinose operon in Escherichia coli, and the light switch mechanism of AraC action. FEMS Microbiol Rev 34:779–796.

Srivatsan A & Wang JD (2008) Control of bacterial transcription, translation and replication by (p) ppGpp. Curr Opin Microbiol 11:100–105.

Stock AM, Robinson VL & Goudreau PN (2000) Two-component signal transduction. Annu Rev Biochem 69:183–215.

Travers A & Muskhelishvili G (2005) Bacterial chromatin. Curr Opin Genet Dev 15:507–514.

Travers A & Muskhelishvili G (2005) DNA supercoiling—A global transcriptional regulator for enterobacterial growth? Nat Rev Microbiol 3:157–169.

van Hijum SAFT, Medema MH & Kuipers OP (2009) Mechanisms and evolution of control logic in prokaryotic transcriptional regulation. Microbiol Mol Biol Rev 73:481–509.

van Holde K & Zlatanova J (1994) Unusual DNA structures, chromatin and transcription. BioEssays 16:59–68.

Wang J-Y & Syvanen M (1992) DNA twist as a transcriptional sensor for environmental changes. Mol Microbiol 6:1861–1866.

Wilson CJ, Zhan H, Swint-Kruse L & Matthews KS (2007) The lactose repressor system: Paradigms for regulation, allosteric behavior and protein folding. Cell Mol Life Sci 64:3–16.

Wion D & Casadesús J (2006) N6-methyl-adenine: An epigenetic signal for DNA–protein interactions. Nat Rev Microbiol 4:183–192.

Yanofsky C (2007) RNA-based regulation of genes of tryptophan synthesis and degradation, in bacteria. RNA 13:1141–1154.

実験に関する論文

Jacob F & Monod J (1961) Genetic regulatory mechanisms in the synthesis of proteins. J Mol Biol 3:318–356.

Lewis M, Chang G, Horton NC et al. (1996) Crystal structure of the lactose operon repressor and its complexes with DNA and inducer. Science 271:1247–1254.

Lobell RB & Schleif RF (1990) DNA looping and unlooping by AraC protein. Science 250:528–532.

Monod J, Changeux J-P & Jacob F (1963) Allosteric proteins and cellular control systems. J Mol Biol 6:306–329.

Monod J, Wyman J & Changeux J-P (1965) On the nature of allosteric transitions: A plausible model. J Mol Biol 12:88–118.

Soisson SM, MacDougall-Shackleton B, Schleif R & Wolberger C (1997) Structural basis for ligand-regulated oligomerization of AraC. Science 276:421–425.

12　真核生物の転写制御

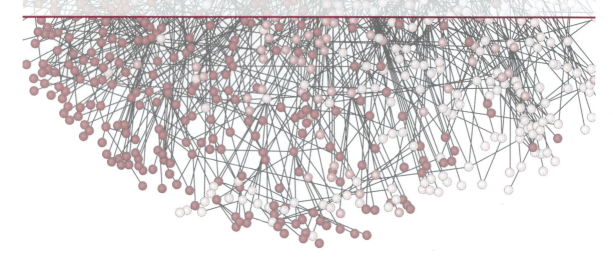

12.1　はじめに

　細菌がするように，真核生物も環境シグナルのみならずプログラムされた発生や分化の指示にも適応できるように転写出力を制御しなくてはならない．このような応答の多様性には制御機構に関する膨大な複雑性が必要となる．しかし，第11章で述べた細菌の転写制御の基本原則は真核生物においても当てはまる．つまりDNA中のシス配列は，タンパク質やncRNAから成るトランスの因子と結合するのである．しかし，さらに2種類の制御が細菌から真核生物への進化の過程で付け加わった．真核生物では，クロマチン構造あるいはDNAメチル化に関する変化が転写制御のなかの主要な部分になっている．

　残念なことに，真核生物転写のトピックスは用いられる名称が法則や一貫性を欠いてつくられてきたためとりわけ難解になっている．しばしば，異なる生物のよく似たタンパク質が発見者の考えで完全に別の名称や接頭語を付けられたりする．命名に関する体系化は必要であるが，それはまだ始まったばかりである．

　本章ではこの複雑な分野についての背景と概要について述べるが，ヒトゲノムの配列決定はまったく新しい展望を開くことになった．細胞全体のRNA，転写因子の結合，クロマチン構造の解析，そしてDNAメチル化の研究が合わさったゲノム配列解析がENCODE計画によってもたらされ，それによりゲノムの幅広い機能が明らかにされ始めている．これらの解析は多くの見方をもたらし，さらに多くが見込まれているので，その内容については別途第13章で扱うのが適当と考える．

12.2　転写開始の制御：制御領域と転写因子

　真核生物の巧妙な遺伝子制御に必要なものとして複雑な配置を示す制御配列の存在があるが，それにはコアプロモーター領域から近いもの（近位）と遠いもの（遠位）がある．真核生物におけるいかなる転写の状況を考えても，転写はクロマチン状態の中で起こるということを忘れてはならず，したがっていかなる制御配列もその利用状況は局所のクロマチン構造によって調節される．転写におけるクロマチンの効果は章の後半で詳しく議論する．

コアプロモーターと近位プロモーターが基本転写と制御転写に必要である

　真核生物のプロモーター領域は転写開始部位（TSS）のすぐ上流にあり，通常数百bpの長さをもつ．多くの場合，プロモーター領域はヌクレオソームのない部分であることが知られている（本章と第13章参照）．プロモーター全体は**コアプロモーター**（core promoter）と**近位プロモーター**（proximal promoter）の二つの領域に分けることができる．コアプロモーターは基本転写装置が結合する場所であるが，この装置は転写の開始前複合体の形成に必要なポリメラーゼと複数の随伴因子を含むことを思い出してほしい．コアプロモーターはこの複合体形成のための配列要素を含む（第10章参照）．最初に性質が明らかにされた真核生物のプロモーターはその中にTATAボックスをもつが，知ってのとおり，コアプロモーターには多様性があり，そこへはそれぞれ異なるタンパク質性の因子が結合する（PolⅡプロモーターに関しては図10.7，PolⅢプロモーターに関しては図10.16参照）．最近の研究により，約20％の真核

生物プロモーターしかTATAボックスをもっていないことが明らかになった．

通常，近位プロモーター領域はコアプロモーターのすぐ上流にあり，コアプロモーターの活性を制御するように働く．これらプロモーター領域は複雑な制御ネットワークの一部として遠方の遺伝子活性の調節にも関わることができる（第13章参照）．近位プロモーターは特異的遺伝子発現を制御する多様な因子と結合するため，きわめて遺伝子特異的である．たとえばヒト*Hsp70*遺伝子（図12.1）では，コアプロモーター領域と近位プロモーター領域はともに複雑であり，それぞれは多数の配列要素とタンパク質結合部位を含む．制御配列はしばしば相乗的に働くが，相乗効果は転写因子同士，あるいはそれらと結合する転写因子との間の物理的結合の結果生じる．酵母では近位プロモーター配列要素が一つの**上流活性化配列**（**UAS**；upstream activating sequence）に置き換わっており，単一のUASが多くの制御配列を調節する．

エンハンサー，サイレンサー，インスレーター，そして遺伝子座制御領域は遠位制御配列である

真核生物の遺伝子発現の制御は多面性をもつ．プロモーターの外側には多数の遠位制御配列があり，それらはある特定の遺伝子の転写を高めたり抑制したりするシグナル経路に対応するように働く．

エンハンサーとサイレンサーは遺伝子活性に対して相反する効果を示すが，次のようないくつかの基本的性質を共有する．(1) 遠方からでも遺伝子に作用でき，数kbにも及ぶ．(2) 遺伝子に対していずれの側にも位置することができ，イントロンの中にあることさえもある．(3) 方向性に依存しない様式で作用する，つまりこれらの制御配列は制御する配列に対して逆に置いても働く．それぞれのエンハンサーはいくつもの転写因子と結合できる．

エンハンサーやサイレンサーが遠くから働く機構はまだ完全には明らかになっていない．エンハンサーは比較的理解されており二つの機構が提唱されている．**エンハンサーやサイレンサー作用のルーピング仮説**（looping model of enhancer or silencer action）では，エンハンサーやサイレンサー中の特異的配列に結合する転写因子がプロモーターと結合するタンパク質と相互作用し，内部のDNAがループアウトされると考える．もう一つの**エンハンサー作用のスキャニング（トラッキング）機構**（scanning or tracking mechanism of enhancer action）では，まずエンハンサーにアクチベーターが結合し，その後すでにプロモーターに結合している別のタンパク質に出会うまでDNA上を連続的に移動すると考える．もし予想したように，トラッキングモデルが実際に関与して二重らせんDNAを糖-リン酸骨格に沿って動くならば，鋳型DNAの超らせんがもつ張力や正常な状態のヌクレオソーム構造に影響してしまうかもしれない．現在では，発生過程で制御される遺伝子のエンハンサーの多くは標的遺伝子からメガ塩基対遠方にあることがわかっており，場合によってはその間に1～2個の活性のある遺伝子を含むため，そういう状況でのスキャニング機構はほとんど考えられていない．ENCODE計画が以前では考えられなかったいくつかの魅惑的なエンハンサーの特徴を明らかにしたが，これについては第13章で議論する．

インスレーター（insulator）は近傍のゲノム領域から伝播してくる活性化や抑制の影響を遮断するようにゲノムを区分けするための制御領域である．**エンハンサー妨害活性**（enhancer-blocking activity）をもってエンハンサーとプロモーターの間の相互作用を防害するものと，**障壁活性**（barrier activity）として知られている転写抑制的なヘテロクロマチン構造の拡散を物理的に抑えるものの二つのタイプの主要なインスレーターが報告されている．図12.2は

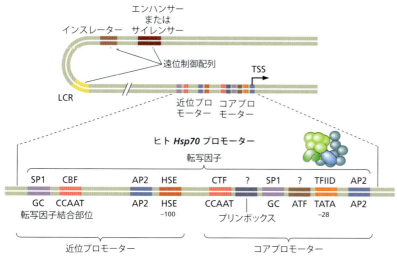

図12.1 真核生物のタンパク質コード遺伝子の典型的な遺伝子制御領域 プロモーターそれ自身の長さが1 kbを超えることはまれである．遠位制御配列にはエンハンサー，サイレンサー，インスレーター，そして遺伝子座制御領域（LCR）が含まれる．拡大して描かれた図中の部分は，ヒト*Hsp70*遺伝子の近位プロモーター領域とコアプロモーター領域を表している．多くの制御配列が多くの転写因子と結合することにより，合成されたmRNA前駆体量の厳密な調節が可能になる．それら因子の多くは互いに共同して同じ刺激要因に応答するように働く．

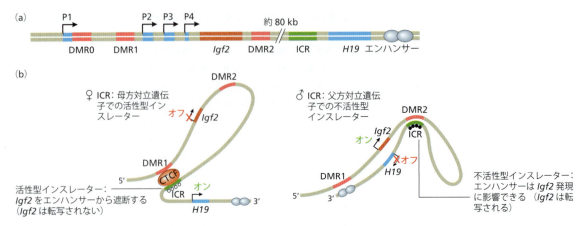

図 12.2 刷込み遺伝子座での相互排除的遺伝子発現におけるエンハンサー妨害インスレーターの作用 Igf2-H19 刷込み遺伝子座の母方と父方の対立遺伝子中の別々のループの形成には二つの対立遺伝子中での Igf2 遺伝子と H19 遺伝子の異なる転写状況が関わる．(a) この領域の地図は Igf2 遺伝子と H19 遺伝子，そしてこの遺伝子座の制御に関わる DNA 配列，すなわち別々にメチル化された DNA 領域である DMR0，DMR1，DMR2，刷込み制御領域 (ICR) を表している．青い部分の上部の矢印はいくつかあるプロモーターの転写開始部位を示す．(b) 模式的に示される母方と父方の対立遺伝子での異なる遺伝子発現．母方対立遺伝子ではループの形成は転写因子 CTCF が非メチル化 ICR と，もう 1 箇所の異なってメチル化される Igf2 遺伝子の上流領域である DMR1 に結合することで進む．このコンホメーションは活性型インスレーターをつくり出し，それが H19 遺伝子の下流にある二つの隣接したエンハンサーが Igf2 プロモーターのために利用されるのを妨げている．これにより Igf2 遺伝子は不活性化される．父方対立遺伝子では ICR はメチル化されていて CTCF と結合できない．その結果異なる空間的配置ができ，それによりエンハンサーが Igf2 遺伝子の発現に影響を及ぼし，ICR のエンハンサー妨害活性は消失する．母方対立遺伝子と父方対立遺伝子でのこの領域の空間的配置の選択的形成が Igf2 遺伝子の発現を制御する．ただ，H19 遺伝子を制御するのが何かは明らかになっていない．

よく研究されている刷込み遺伝子座における相互排除的な転写を制御するインスレーターのエンハンサー妨害活性について描いている．

刷込み遺伝子（imprinted gene；インプリント遺伝子）の二つの対立遺伝子の発現パターンは，対立遺伝子の起源，すなわちそれが母方か父方かのいずれに由来するかによって決まる．二つの対立遺伝子は特異的な DNA 配列における異なる DNA メチル化パターンによって特徴づけられ，この異なるメチル化パターンはある種のタンパク質が該当する DNA 配列に結合できるかどうかを決める．つまり，DNA メチル化パターンが二つの対立遺伝子を区別する遺伝性の刷込みとなる．母方のものか父方のものかという特異的な親の DNA メチル化パターンは，配偶子形成時に刷込み遺伝子座において形成される．異なる状態でメチル化された配列へのタンパク質の結合の有無が DNA ループの選択的形成を決める．あるループはプロモーターをエンハンサーから遠ざけ，それによって転写を阻害する可能性がある．

障壁活性をもつインスレーターは結構みられるが，その好例は図 12.3 に示した遺伝子座制御領域内のインスレーターである．この例の場合，この領域内の DN アーゼ I 高感受性部位，つまり DN アーゼ I 切断頻度が平均よりも高いクロマチン部位の一つが高度に凝集したヘテロクロマチンが嗅覚受容体遺伝子を含む領域からグロビン遺伝子群領域への拡散に対しての障壁として働く．転写因子が結合している DN アーゼ I 高感受性部位はヌクレオソーム欠失部分なので，このようなことが起こりうる（第 13 章参照）．

最後に**遺伝子座制御領域**（**LCR**；locus control region）について考えてみるが，これはおそらくすべての遠位制御配列のなかで最も複雑である．この領域は遺伝子集団中の個別遺伝子の発現を発生的に制御する．最もよく研究された例の一つはマウス β グロビン遺伝子座の LCR である．この遺伝子座は 4 個のグロビン遺伝子を含み，それぞれは赤血球系細胞分化の異なる段階で発現する．ε^γ と $\beta h1$ は胚発生時初期の未熟な赤血球で発現する．一方 β^{maj} と β^{min} は胚発生のより後期から成体器官において分化最終段階の赤血球で発現する．グロビン遺伝子群は，赤血球系細胞で転写されず高度に凝集したクロマチン構造をとっている嗅覚受容体遺伝子群の中央部に埋込まれている．二つの DN アーゼ I 高感受性部位，HS5 と 3′ HS1 は β グロビン遺伝子座の脇にある（図 12.3 参照）．図 12.3 は赤血球系細胞の分化過程で起こるこの遺伝子座の構造変化も表している．これらの変化は EKLF や GATA-1 といった転写因子の作用を通して始まり，配列特異的転写因子の CTCF（CCCTC 結合因子）が 4 箇所の結合部位へ結合することによって進む．興味あることに，この図ではこれら 4 箇所のうちの 2 箇所はグロビン遺伝子群の上流で，嗅覚受容体遺伝子群内の遺伝子間領域にあり，一方他の 2 箇所は遺伝子座両脇の DN アーゼ I 高感受性部位の中にあることも示されている．

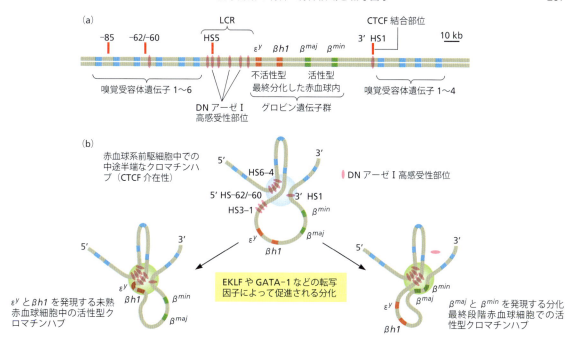

図12.3　マウスβグロビン遺伝子座の遺伝子座制御領域　(a) この遺伝子座は4個のグロビン遺伝子を含み，それらは赤血球系細胞分化の異なる段階で発現する．オレンジ色で示した $ε^y$ と $βh1$ 遺伝子は胚発生の初期に未熟な赤血球で発現する．緑で表した $β^{maj}$ と $β^{min}$ 遺伝子は胚発生後期の分化最終段階赤血球および成体で発現する．これら遺伝子の発生における制御は遺伝子座制御領域（LCR）の作用を通して行われる．二つのDNアーゼI高感受性部位，HS5と3'HS1はβグロビン遺伝子座の脇に位置する．この領域は転写不活性で高度に凝集したクロマチン構造をもつ嗅覚受容体遺伝子群領域の中央部に埋込まれている．転写因子のTCTFは赤い線で示した4箇所に結合するが，そのうちの2箇所は嗅覚受容体遺伝子群内の遺伝子間領域にあるグロビン遺伝子の上流に位置する．CTCFが結合すると，CTCF結合部位は前駆細胞および赤血球系細胞の中でクロマチンハブを形成するように互いに接触する．(b) グロビン遺伝子が基底状態の発現を示す赤血球系前駆細胞内では，上流の5'H5-60/-62と下流の3'HS1とLCRの5'側にある高感受性部位 HS4-HS6 との間の相互作用を介してクロマチンハブが形成される．転写因子 EKLF や GATA-1 の作用を介して始まる赤血球分化において高度に活性化され始めるβグロビン遺伝子とLCRの残りの部分がこの部分構造と結合して相互作用し，それにより緑の陰をつけた円で示す機能をもつ活性型クロマチンハブ（ACH）が形成される．つまり，βグロビン遺伝子の高い発現はLCR依存的である．ACHにおける転写因子結合部位の集合は，そこに結合するタンパク質とそれに結合する転写活性化に関わるクロマチン修飾因子の局所的集積を起こすが，このことがグロビン遺伝子の効率的転写の推進に必要である．青で示す不活性なグロビン遺伝子と嗅覚受容体遺伝子はループアウトされる．［(a), (b) Wouter de Laat, Hubrecht Institute のご厚意による，改変］

βグロビン遺伝子座の制御の研究により，クロマチン集合拠点，すなわち**クロマチンハブ**（chromatin hub）という新たな分子生物学的概念がもたらされたが，これはクロマチン領域と遺伝子群の動的な空間組織化あるいは集約化が内部遺伝子の転写活性に影響を与えるという考え方である．グロビンが基底レベルで発現されている赤血球系前駆細胞では，中途半端なクロマチンハブがCTCF結合部位とDNアーゼI高感受性部位の相互作用を通して形成される（図12.3参照）．赤血球分化の間，十分に活性化された1対の特異的グロビン遺伝子とLCRが，それまでの中途半端なクロマチンハブとしっかり相互作用し，機能をもつ活性型クロマチンハブ（ACH）が形成される．すなわちβグロビンの高い発現はLCR依存的である．活性型クロマチンハブでの転写因子結合部位の集積はそこに結合するタンパク質に随伴して転写に正に働くクロマチン修飾因子の局所的蓄積を起こすが，それがグロビン遺伝子群の効率的転写推進に必要である．ハブ再組織化過程で，不活性なグロビン遺伝子と嗅覚受容体遺伝子はループアウトされる．

クロマチンハブの重要な特徴はクロマチンループの存在であり，ループは異なる部位に結合するタンパク質のタンパク質-タンパク質相互作用を通してつくられる．遺伝子活性化は準備状態にあるハブの動的な再組織化を起こし，活性型クロマチンハブが形成される．

真核生物のある種の転写因子はアクチベーターで他のものはリプレッサーだが，作用部位に応じてそのいずれにもなるものがある

転写因子はアクチベーター（活性化因子）とリプレッサー（抑制因子）という二つの一般的な分類基準のいず

れかに属する．アクチベーターはモジュール構造をとるタンパク質で，明瞭な **DNA 結合ドメイン**（**DBD**; DNA-binding domains）と**転写活性化ドメイン**（**AD**; transcription activation domain）をもつ．活性化ドメインは転写因子（TF）が実際に機能する部分である．初期に信じられていたこととは異なり，転写活性化ドメインは DNA とは直接結合せず，転写装置中のタンパク質成分と結合する．ドメインのなかには，シグナル応答やタンパク質-タンパク質相互作用に関わるものもある．ある場合，これらのドメインは同じポリペプチド鎖中に含まれ，また別の場合では多タンパク質複合体中の別々のサブユニットに振り分けられる．図 12.4 によく研究されているいくつかの例を示す．マルチサブユニットから成る因子は，因子の組合わせによって多様な制御ができるという点において有利である．すべてのアクチベーターがモジュール構造をもつわけではなく，ある種のタンパク質ではある一つの機能に関わるアミノ酸残基が別の機能を発揮するためのアミノ酸残基としても利用される．このような分類群に属する代表的なアクチベーターに，筋肉特異的遺伝子の発現で鍵となる発生制御因子の MyoD や，グルココルチコイド受容体がある（図 12.4 c 参照）．

DNA 結合ドメインとして知られる DNA と結合するタンパク質ドメインの構造については第 6 章で詳しく議論している．しかし転写活性化ドメインの構造と機能についてはほとんど知られていない．転写活性化ドメインは，タンパク質によっていろいろな型をもつ DNA 結合ドメインと連結したときに転写を活性化するタンパク質領域として機能的に定義された．このドメインは直接あるいは間接的に，**コアクチベーター**（転写活性化共役因子）を介して基本転写装置の成分と結合する．アクチベーターというのは誤った名称であるという専門家もいる．なぜなら，アクチベーターは DNA 結合を介して直接転写を活性化するのではなく，単にプロモーターに転写装置を呼び込むだけだというのである．この見解は**転写活性化に関する呼び込み仮説**（recruitment model for transcriptional activation）の基礎となっており，多くの実験的証拠によって支持されているようである（図 12.5）．活性化に関わる正確な機構についてはほとんどわかっておらず，活性化ドメインの分類は

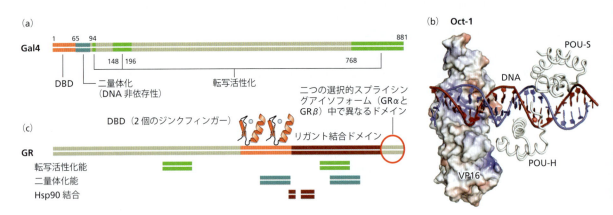

図 12.4 真核生物転写因子の汎用性　(a) Gal4 はガラクトースによって誘導される遺伝子群全体発現のための正の制御タンパク質で，それら遺伝子群はガラクトースをグルコースに変換する一連の酵素をコードする．Gal4 はこれらの遺伝子の上流活性化配列（UAS）にある 17 bp の DNA 配列を認識する．Gal4 の DNA 結合ドメイン（DBD）は活性化ドメインをコードするゲノム配列を同定する道具としてよく用いられる．同定を行う場合，まず活性化ドメインと推定される被検コード配列を組換え DNA 技術によって Gal4 の DBD をコードする配列と融合させる．もし DBD の結合配列を含む鋳型 DNA の転写が構築された融合タンパク質によって活性化されれば，調べられた活性化ドメインの転写におけるトランス活性化能が示される．Gal4 には 3 個の転写活性化領域があるが，94〜100 番目のアミノ酸の領域は酵母細胞内では機能がないことに注意しよう．(b) Oct-1 は混成型転写因子の一つで，複数のサブユニットから成る複合体の別々のサブユニットの中に個々の機能ドメインがある．Oct-1 は哺乳類ではホメオドメインとそこから離れて存在する POU ドメインをもつ遍在性の DNA 結合タンパク質である．POU ドメインは離れた二つの DBD，すなわち融通性のあるリンカーで結ばれる POU 特異的ドメイン（POU-S）と POU ホメオドメイン（POU-H）をもつ．二つのドメインは DNA のそれぞれ反対側に結合する．Oct-1 はそれ自身で 8 bp 配列に弱く結合するが，この結合は OCA-B や VP16 といったパートナータンパク質との相互作用によりかなり増強される．VP16 はウイルス感染終期に関わる単純ヘルペスウイルスのタンパク質である．モデル図に示すように，VP16 は Oct-1 の POU ドメインが結合する TAATGARAT 配列に結合する．VP16 は Oct-1 と基本転写因子の間の架け橋として働き，Oct-1 に活性化ドメインが付与されることになる．(c) グルココルチコイド受容体（GR）は内部個々のドメインはそれと識別できず，ドメインがさまざまに重複するタイプの転写因子の一例だが，ポリペプチド鎖中の一つの部分が複数の機能に関わる．GR の N 末端領域は正や負の調節因子の呼び込みに重要な働きを果たすホルモン非依存性活性化領域を含む．DNA 中の GR 結合配列と結合する DNA 結合ドメインはタンパク質の核移行と二量体化に関わる 2 個のジンクフィンガーをもつ．リガンド結合ドメインはステロイドホルモンと結合するが，加えてホルモン結合に必要な溝の開口を補助する Hsp90 と結合する．Hsp90 は結合したステロイドを一時的に引き離すが，この過程は細胞質で起こる．ホルモンの結合はホルモン依存的な活性化ドメインのコンホメーション変化を誘導し，コアクチベーターとの相互作用を可能にする．

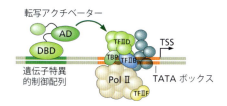

図 12.5 転写活性化に関するプロモーターへの基本転写装置呼び込み仮説 タンパク質コード遺伝子における TATA ボックスプロモーターについての例を示す。典型的アクチベーターは DNA 結合ドメイン（DBD）と活性化ドメイン（AD）、そして他のさまざまな機能ドメインを含む。活性化ドメインは TFIID や Pol II のようなコアプロモーター結合タンパク質がプロモーター配列に結合することにより作用する。

酸性でグルタミンに富む領域などというように、おもにアミノ酸組成に基づいて行われている。

大部分のアクチベーターは一つ以上の活性化ドメインを含む。図 12.4 に示す例では、Gal4 は 3 個の同定可能な転写活性化ドメインを含み、グルココルチコイド受容体は 2 個の活性化ドメインを含む。これらの領域は相加的あるいは相乗的に働いて個別ドメインそれぞれの活性化効率を高める。また複数の領域があることで活性化ドメインが基本転写装置中の標的部分と結合する確率が上がる。加えて、異なる活性化ドメインは異なる標的と結合できる。構造の点からみると活性化ドメインはおもには α ヘリックス構造をもち、ある場合では α ヘリックスは明らかに両親媒性である（第 6 章，図 6.12 参照）。

一つの転写因子が、特異的な状況によってはアクチベーターあるいはリプレッサーとして作用しうることにも注意すべきである。このような状況は細菌の *ara* オペロンにおける制御、つまり AraC タンパク質がアラビノース非存在下ではリプレッサーとして働き、アラビノースがあればアクチベーターとして働くことを思い出させる（第 11 章参照）。

最後になるが、転写因子間のさまざまな組合わせによる相互作用が組織特異的遺伝子発現パターンの決定に重要なことは明白である。転写因子はしばしばそれぞれが物理的に相互作用し、ホモあるいはヘテロ二量体やさらに大きな複合体を形成する。第 6 章で指摘したように、このような相互作用は協調的に働き、標的に対する相互作用を高める。後生動物転写因子の約 75％ は他の因子とヘテロ二量体をつくると推定され、そこで得られる情報は遺伝子制御に関する膨大な複雑性と巧妙さを可能にしている。最近のハイスループット解析技術はこのような相互作用を感度よく精密に検出することを可能にし、その情報はさまざまな組合わせから成る転写制御地図の作成に使うことができる（第 13 章参照）。ヒトとマウスにおいては、すでに完全な転写因子相互作用ネットワークが存在している。このような地図によって、結び付きの高い転写因子はさまざまな組織で遍在的に発現しているという一般性が明らかにされ始めており、そのような転写因子はヒトとマウスで高度に保存されている。他方、相互作用に乏しい転写因子は組織特異的な発現様式をとる傾向にある。

転写制御には基本転写装置の代替成分が使われうる

長い間，遺伝子特異的な転写制御には遺伝子特異的アクチベーターやリプレッサーが必要で、それ以外の転写開始前複合体の形成に関与する因子、つまり基本転写装置の成分は一様ですべての遺伝子で共通と信じられていた（図 10.9 参照）。しかしそうではないかもしれないという手がかりが、異なる構造のコアプロモーターにはたとえ同一細胞内にあっても TATA 結合タンパク質（TBP）と種々の TBP 随伴因子（TAF）の組合わせから成るユニークな複合体が結合するという発見によってもたらされた（図 10.8 参照）。つまり、基本因子複合体のバリアントが異なる遺伝子セットを制御しうるということである。細胞特異的 TAF や特異的 TBP 関連因子といった細胞型特異的基本因子が報告されるようになるとこの図式はさらに複雑になった。さらに細胞分化に関わる過程で、基本転写装置構成のダイナミックな変化を指摘する納得いく証拠も出てきた。転写制御のこの新しい側面を筋分化過程で起こる変化を例に図解する（図 12.6）。

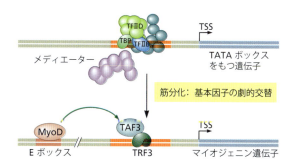

図 12.6 細胞分化での遺伝子発現の抱括的な変化は基本転写装置の大きな変化によって起こる この図ではマイオジェニン遺伝子プロモーターの例について描かれている。上：筋芽細胞、すなわち成熟した多核の筋肉細胞（筋管）の前駆細胞中では TATA ボックス上の転写開始前複合体の形成に関与する通常の因子がみられる。複合体には TBP, TFIID の成分で TBP に結合する TAF, そしてメディエーターが含まれる。分化過程ではこれら因子の利用に関する抜本的な変化が起こり、TBP も含めた原型 TFIID のほぼ全体の排除とメディエーターの消失がみられる。下：マイオジェニンのような筋分化の鍵となる調節因子をコードする筋特異的遺伝子の活発な転写は TFIID サブユニットの一つである TAF3 と TBP 関連因子 3（TRF3）のみから成るかなり簡単な複合体によって駆動される。TRF3 は TATA ボックス結合領域，TFIIA 結合領域, TFIIB 結合領域をもつ TBP の C 末端領域とほぼ同じ構造をもつが、N 末端領域とはかなり異なる。マイオジェニン遺伝子は古典的な細胞型特異的転写アクチベーターで，TAF3 と直接結合する MyoD によって制御される。

遺伝子座制御領域や転写装置の成分の変異はヒトの病気をひき起こす

真核生物転写におけるシス-トランス制御の複雑性は，もし変異によって一つあるいはいくつかの制御配列や該当するタンパク質が変化したりすると特別な問題をひき起こす．このような変異はしばしば種々の疾患を起こすが，特筆すべきいくつかの例を表12.1に示す．転写制御と疾患の関連性に関するこれらの知識は日ごとに増えており，将来は診断手段あるいは治療手段につながると期待される．

12.3 転写伸長の制御

RNAポリメラーゼはプロモーター近くで停滞する可能性がある

転写開始複合体の形成のみならず，転写伸長過程も複雑な制御下にある．ショウジョウバエの熱ショック遺伝子（*HS*遺伝子）のようなある種の遺伝子では，RNAポリメラーゼの**停滞**（stalling）という現象が起こることがかなり前から知られていた．つまり遺伝子本体部分を転写し始めようとするRNAポリメラーゼがプロモーター領域のすぐ近くで停滞しうるということである．このプロモーター近傍での停滞という現象は，一時期*HS*遺伝子の特異な性質と見なされていた．しかしゲノムワイド解析により，プロモーター近傍の停滞はおそらくあちこちでみられるもので，たとえばショウジョウバエではおよそ10～15％の遺伝子がこのような影響を受けていることが明らかにされた．並行して行われたヒト細胞の研究では，同じようなプロモーター近傍での停滞が広範に起こっていることが明らかになった．この現象は現在では，適当な誘導シグナルが発生したときに十分に早い転写誘導を可能にするという誘導性遺伝子制御の重要な側面と考えられている．つまり停滞した転写装置がシグナル発生後にすぐに動けるように準備しているということである．停滞それ自身は負の転写因子を必要とし，そのような因子は停滞したRNAポリメラーゼの転写再開時には除去される必要がある．このような停滞は，どのような遺伝子でも転写伸長時に頻発する一過的で非計画的な一時停止（第9章と本章参照）とは区別されるべきである．

転写伸長速度は転写伸長因子によって制御される

転写伸長速度は遺伝子全体にわたって一様ではない．RNAポリメラーゼは頻繁にいろいろな時期で一時停止状態になるが（図9.4参照），このような一時停止から抜け出るには特異的な転写伸長因子の働きが必要である．細

表12.1 ヒトの疾患に関わりのある転写制御配列と転写装置の成分 [Maston GA & Green MR (2006) *Annu Rev Genomics Hum Genet* 7:29–59 より改変]

制御配列	疾　　患	病因遺伝子†	変異（結合因子）
コアプロモーター	βサラセミア	βグロビン	TATAボックス，CACCCボックス（EKLF），DCE
近位プロモーター	血友病 遺伝性高胎児ヘモグロビン血症 δサラセミア	因子IX Aγグロビン δグロビン	CCAAT（C/EBT） TSSの上流175 bp（Oct-1, GATA-1） TSSの上流77 bp（GATA-1）
エンハンサー	X連鎖性難聴	*POU3F4*	ミクロ欠失900 kb
サイレンサー	喘息とアレルギー	*TGF-β*	TSSの上流509 bp（YY1）
インスレーター	ベックウィズ・ヴィーデマン症候群	*H19-Igf*	CCCTC結合因子（CTCF）
LCR	αサラセミア βサラセミア	αグロビン βグロビン	遺伝子クラスターの上流約62 kbの欠失 5′ HS2-5が除かれる約30 kbの欠失
転写因子の成分	疾　　患		変異因子
基本転写因子	色素性乾皮症，コケイン症候群，硫黄欠乏性毛髪発育異常症		TFIIH
アクチベーター	先天性疾患 急性巨核芽球性白血病を伴うダウン症候群 前立腺がん X連鎖性難聴		Nkx2-5 GATA-1 ATBF1 POU3F4
リプレッサー	IPEX症候群		FOXP3
コアクチベーター	パーキンソン病 2型糖尿病		DJ1 PGC-1
クロマチンリモデリング因子	がん 網膜変性症 レット症候群		BRG1/BRM アタキシン-7 MeCP2

† POU3F4: POUドメイン，クラス3, 転写因子4, TGF-β: トランスフォーミング増殖因子β, Igf: インスリン様増殖因子

菌ではこのような伸長因子に GreA や GreB があるが，真核生物の因子としては TFIIS が最もよく調べられている．TFIIS は RNA ポリメラーゼの逆戻りによって起こる転写の一時停止に打勝つように作用する．逆戻りによって新生 RNA 鎖の 3′ 末端が酵素分子内の狭い通路を通って押出され，それにより，3′-OH 基と活性部位がうまく並ばなくなる（図 9.4 参照）．TFIIS は転写中の Pol II に作用して，普段は働かないポリメラーゼの新生 RNA 切断活性を刺激して伸長促進機能を発揮する．構造解析の結果，TFIIS は孔を通してポリメラーゼの表面から内部の活性中心まで延びていることが示され，その距離は 100 Å に及んでいた（図 12.7）．二つの必須で保存された TFIIS のアミノ酸残基はポリメラーゼの活性中心を補い，RNA 切断に必要な金属イオンと水分子が正しい位置にくるように働く．さらに TFIIS は核酸と活性中心が再び並ぶように Pol II の広範囲にわたる構造変化も誘導する．

12.4 転写制御とクロマチンの構造

転写の最中，ヌクレオソームでは何が起こっているのか

転写時，ヌクレオソームに何が起こるのかという疑問は約 30 年間研究者を悩ませ続け，転写過程がどのようにしてヌクレオソームとうまく対処しているのかは正確にはわかていない．一つはっきりとしていることは，ヌクレオソームは少なくとも部分的あるいは一時的に移動する必要があるということである．なぜなら，DNA 二重らせんがヒストンコアの周りに巻付いていると，ポリメラーゼが働くための鋳型となるように開かれないからである．プロモーター領域と遺伝子内部ではこの問題を克服する別々の機構が働きうるが，大部分の場合プロモーター領域は全体にわたってヌクレオソームがなく，**ヌクレオソーム欠失領域**（**NDR**: nucleosome depleted region）を形成している．この領域は一義的には折れ曲がりにくくてヌクレオソームのヒストンコア周囲に容易に巻付くことのできない特異的ヌクレオチド配列と定義される．このような領域は該当する遺伝子の転写状態に関わらず，ヌクレオソーム欠失領域として保持されるだろう．不活性プロモーター領域がヌクレオソームを含む場合は，活性化のために何らかのクロマチンリモデリング（再構成）が必要になる．

図 12.8 は，ショウジョウバエの熱ショックタンパク質 70 遺伝子座（*Hsp70Ab*）のクロマチン構造と，熱ショック処理によって起こるその構造変化を示している．熱ショック遺伝子群は真核生物遺伝子の誘導的転写制御を研究する有益なシステムである．それら遺伝子の発現は熱ショックなどの種々のストレス状況に置かれると数秒のうちに迅速かつ強力に誘導され，mRNA レベルは約 500 倍に上昇する．この迅速な応答はヌクレオソーム欠失領域で停滞しているポリメラーゼにとって好都合である（図 12.8 a 参照）．誘導後，遺伝子にはクロマチン構造の変化が同調的に多数起こるが，このような変化は細胞学的には多糸染色体中の緩んだ構造であるパフの出現としても認識される（図 2.7, 図 2.8 参照）．

転写領域ではクロマチンリモデリング因子による古典的リモデリングも起こりうるが，転写伸長がヌクレオソーム領域に沿ってどのように進むかということに関して最もよく提唱されている仮説は，進行するポリメラーゼがヌクレオソームに物理的に侵入し，ヌクレオソーム障壁を除去するという機構である．ポリメラーゼが通過するときにヒストン八量体が一度にすべて除去されるのか，あるいは順番に崩壊するか，そしてその後ポリメラーゼの通過に伴って再集合するかはわかっていない．

我々は現在，ヌクレオソームの解体はたぶん遠くから駆動され，その駆動力は動いているポリメラーゼの前方に正の超らせんができることで生み出されることに気づいている．転写伸長では DNA の周りで相対的に酵素が回転す

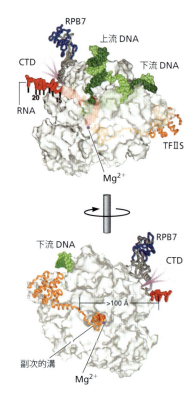

図 12.7　伸長中の酵母 RNA ポリメラーゼ II に結合する TFIIS の位置　RNA ポリメラーゼ II（Pol II）の各部位は赤で示した RNA，緑で示した DNA，オレンジ色で示した TFIIS などが酵素内部の溝の中にあっても見えるように半透明に描いている．抜け出る RNA と，抜け出る RNA から TFIIS までのおおよその距離を示した．酵素から突き出ている C 末端ドメイン（CTD）は赤紫，ポリメラーゼの RPB7 サブユニットは青と灰色，RNA 切断のために弱く結合している Mg^{2+} は球形で示した．
[Palangat M, Renner DB, Price DH & Landick R [2005] *Proc Natl Acad Sci USA* 102:15036–15041. National Academy of Sciences の許可を得て掲載]

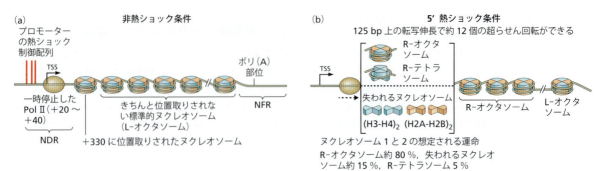

図12.8 転写伸長は遠くからヌクレオソーム構造に影響を与える この距離効果は鋳型DNAに沿ったポリメラーゼ進行により生み出される正の超らせんストレス，あるいは回転力により生まれる．(a) 通常条件，すなわち非熱ショック時のショウジョウバエのHsp70Ab遺伝子座のクロマチン構造．プロモーター上にある熱ショック制御配列は熱ショック転写因子（HSF）の結合部位となり，結合によって遺伝子が誘導される．遺伝子上にはTBP，GAGA，Spt5，PARP-1，そして負の伸長因子であるNELFを含む多くのタンパク質が存在する．重要なことであるが，遺伝子は一時停止しているPol IIを+20と+40の間に保持している．Hsp70Ab遺伝子を覆うクロマチン構造は，二つのヌクレオソーム欠失領域（NDR）ときちんと位置取りされた1番目のヌクレオソームにより特徴づけられる．遺伝子本体の内部にあるヌクレオソームは転写開始部位（TSS）の下流にあればあるほど，徐々によりあいまいな位置取りを示すようになることに留意しよう．(b) 熱ショック後のこの遺伝子座のクロマチン構造変化．最初の段階として，停止中のポリメラーゼが正の転写伸長因子であるP-TEFbの働きによって生産的転写伸長過程に入る．P-TEFbはプロテインキナーゼで，Pol IIのC末端領域とNELFのSer2をリン酸化する．リン酸化されたNELFは複合体を置き去りにし，そこに他のいくつかのタンパク質が加わってポリメラーゼとともに遺伝子に沿って移動する．転写が活発に行われていれば，新たな非リン酸化型Pol II分子がプロモーターに結合する．この分子もまたプロモーター近くで一時停止するが，停滞時間は不活性な遺伝子に比べて劇的に短い．重要なことは，DNA鋳型に沿ったポリメラーゼ移動の結果生じる正の超らせんの力が下流のヌクレオソームを壊すということである．Pol IIは約5秒間で125 bp進み，約12個の正の超らせん回転を生み出すが，これはPol IIの転写速度をはるかに超えて，6個のL-ヌクレオソームをR-オクタソームに変換するには十分である（図9.15参照）．［(a), (b) Zlatanova J & Victor J-M [2009] HFSP J 3:373–378 より改変．Taylor and Francis Groupの許可を得て掲載］

ることが必要となる．**1対の超らせんドメイン仮説**（twin supercoil domain model）によると，おそらくポリメラーゼは，転写ファクトリーや核マトリックスなどといわれる，ある種の核構造体に固定されていて動かず，代わりにDNAがスクリューのように内部で回転することになる．このことは，ポリメラーゼとRNAがらせん骨格に沿ってDNAの周りを回転することによって起こるRNAのDNAへの絡みつきを抑える．しかしこの絡みつき問題を解決しようとすると，今度は別のトポロジーの問題が発生してしまう．つまり固定されてトポロジカルに拘束された鋳型の転写が鋳型下流に正の超らせんを発生させ，上流では負の超らせんができてしまうからである．転写と共役する超らせんの発生は，in vitroでもin vivoでもPol IIで転写される遺伝子でみられる．ヌクレオソーム構造を保持した状態での転写誘導性超らせん形成の効果に関する一つの仮説を図12.8(b)でHsp70遺伝子を使って示す．この仮説の要点は，ポリメラーゼ進行によって発生する超らせんの形成が下流ヌクレオソームでのキラリティー（鏡像異性）の逆転を生むということである．ヌクレオソームは異なるヒストン構成や異なるキラリティーをもつ（ヌクレオソーム）粒子の一群として存在するという第8章の記述を思い出してほしい．つまりDNAは左巻きあるいは右巻きのいずれか向きで，ヒストンコアの周りで巻かれるかもしれない．たとえ大部分のヌクレオソームがすぐにばらばらにならず，単にヒストン八量体の周りのDNA超らせんキラリティーが変わるとしても，このような右巻き粒子は非常に不安定なため自身の力で簡単に崩壊されうるが，この力にはポリメラーゼの進入も含まれうる．

正の超らせん張力下で起こるヌクレオソーム粒子の別の変化も報告されている．たとえばヌクレオソームが二つに分割され，活発な転写領域においてDNアーゼI感受性が上昇するというよく知られた現象を起こすかもしれない．

すでに多くの別の仮説が，転写伸長時のヌクレオソームの運命を説明するものとして提案されてきた．最低限，H2A-H2B二量体が除かれその後再結合するはずだということは多くの人が同意している．ある仮説によれば，H2A-H2B除去によって，ヌクレオソームから遊離したDNAはポリメラーゼに占有されるループを形成し，そこでポリメラーゼがヌクレオソームの周囲を移動する．ただ，今のところ決定的な証拠によって支持される仮説はまだない．

どのような機構であっても，転写過程でのヌクレオソームの崩壊にはポリメラーゼに加えて特異的なタンパク質因子が必要となろう．これまでin vitroで示されてきたタンパク質のなかで，転写伸長を助けるものとして**FACT**（ファクト）（facilitates chromatin transcription；クロマチン転写活性化）があるが，これはDNAとヒストンH2AおよびH2Bに結合する．FACTのH2A-H2B結合はそれらヒストンの

12.5 ヒストン修飾とヒストンバリアントによる転写の制御

ポリメラーゼ直前ヌクレオソーム粒子からの遊離と，ポリメラーゼ通過後に続いて起こる再結合を加速する．事実，FACT は H2A-H2B 二量体のシャペロンとして働くように見える．

ヒストン修飾はエピジェネティックな転写制御をもたらす

今では，転写を制御する機構は DNA ヌクレオチド配列で直接コードされていないことは明らかである．そうではなく制御機構はそれら配列以外の部分，つまり DNA 分子自身の複製後の修飾に加え，タンパク質やその修飾といった形で働く．この状況に似た日常のこととして，ある莫大な文書が存在し，それらのほとんどが読者にはとるに足らないものだが，中に重要でおもしろい一節が眠っているという状況を考えてみよう．それらのあるものは読む必要があり，他は必要がない．すさまじい量の的外れなものをやり過ごして必要なものを収集する検索作業を節約するためには，文書が全部用意された後で文書に当たり，重要な一節にアンダーラインするなどのマークを付ければよいのではないだろうか．これがエピ（*epi*）マークということである．*epi* は英語の on, upon, over に相当するギリシャ語に由来し，最初から存在するのではなく後から付け加えられたという意味をもつ．DNA の塩基配列中の情報を越えた制御情報を運ぶそれらすべての分子機構は，現在 **エピジェネティック（後成的）制御**（epigenetic regulation）という用語でくくられている．しかしこの呼称には一つ問題がある．

エピジェネティクス（epigenetics；後成的遺伝）という用語はもともと 1930 年代に，遺伝の原理では説明できない遺伝性の細胞現象を述べるために遺伝学者によって導入された．この用語はその後，DNA に生じる変化あるいは変異に基づかない遺伝子発現の遺伝的制御として定義されるようになった．今ではこの用語はより幅広い意味合いをもつようになり，それぞれの状況における遺伝性を考慮することなしに，遺伝子発現や他のプロセスに影響を与えるタンパク質，DNA，ncRNA に起こるすべての合成後修飾をよぶために用いられる．この幅広い定義は，遺伝性に焦点を当てた *epi* と *genetics* というもともとの意味からは逸脱している．この新しく広い意味の下では，ヒストンのすべての翻訳後修飾（PTM）はエピジェネティックと記述される．しかし，それらの修飾は非常に動的でしかも細胞分裂を通して遺伝されないため，筆者らはそれらの引用にエピジェネティックという用語を用いることを好まない．ただし DNA メチル化に関しては，転写の制御に関わる DNA メチル化パターンが遺伝性であるためこの用語は適切である．DNA メチル化パターンは有糸分裂において母細胞から娘細胞に引き継がれる．

遺伝子制御という観点において，いくつかの種類の合成後修飾は制御機構の一部になっている．本章ではヒストンの翻訳後修飾と DNA メチル化を分けて議論する．加えてクロマチンリモデリング因子や長鎖 ncRNA（lncRNA）といった制御に関わる他の作用因子や機構についても議論する．

遺伝子発現はしばしばヒストンの翻訳後修飾によって制御される

第 8 章で取上げたように，ヒストンは自身の性質に影響するさまざまな化学修飾を受ける．転写制御でとりわけ重要な修飾はアセチル化，メチル化，ユビキチン化，ポリ ADP リボシル化である．ほとんどの場合，これらの修飾はヒストンの N 末端側あるいは C 末端側の尾部に起こるが，この部分はヌクレオソームから突き出ているために他のタンパク質を受入れやすくなっている．これにより，多くの場合これらの修飾が，同一または別のヒストン分子中にある別のアミノ酸残基のさらなる修飾の推進あるいは阻害に関し互いに情報交換することができるようになる．いくつかの機構が修飾間の情報交換に用いられる．最初のヒストン修飾が別のヒストン修飾酵素活性の上昇あるいは下降を起こすかもしれず，また場合によっては，異なる複数のヒストン修飾酵素活性が一つの複合体タンパク質中にあるかもしれない．このようにして，望む転写の成果を生み出すため，いくつもの修飾反応あるいは脱修飾反応の同時進行が，調和しながら進んでいく．

一つのアミノ酸残基のある修飾が同じヒストン分子中の他のアミノ酸残基の修飾に影響する現象は，**シスのクロストーク**（cross-talk in *cis*）として知られる（図 12.9）．他方，一つのヒストン分子中の修飾されたアミノ酸残基がクロマチン繊維内部の同じヌクレオソーム粒子，あるいは異なるヌクレオソーム粒子中の別のヒストン分子の修飾パターンにも影響を与えるかもしれない．このような相互作用は **トランスのクロストーク**（cross-talk in *trans*）として知られている（図 12.10）．以上のようなクロストークはクロマチン修飾の調和を確実にし，一緒になって転写における独自の成果をもたらす．

ヒストンの翻訳後修飾マークの読出しには特化した役割をもつタンパク質が関与する

3 種類の異なるタイプのタンパク質がヌクレオソームヒストンと相互作用して転写を制御する．最初のものは **ライター**（writer；書込み因子）でさまざまな修飾反応を触媒する酵素である．次は **リーダー**（reader；読取り因子）で特異的ヒストンマーク（ヒストンに付けられた目印）を認識するタンパク質である．最後のものは **イレーサー**（eraser；消去因子）でヒストンから翻訳後修飾を除去する酵素

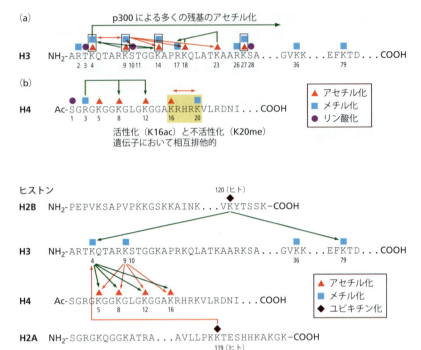

図 12.9 ヒストン H3 と H4 の翻訳後修飾の間にあるシスのクロストーク (a) ヒストン H3. (b) ヒストン H4. 修飾の阻害は赤い矢印で示す. 矢印の向きは阻害反応の方向を示す. たとえば, H3K9 メチル化は H3K14, H3K18, H3K23 のアセチル化と H3K4 のメチル化を阻害する. 修飾の促進は緑の矢印で示した. したがって, たとえば H3K4 メチル化はアセチルトランスフェラーゼ p300 による他の多くのアセチル化を促進する. アセチル化残基上にメチル化が起こるためにはアセチル基が除かれる必要があるが, それを枠で囲んだ ▲ と ■ で示す.

図 12.10 異なるヒストン分子の翻訳後修飾の間にあるトランスのクロストーク 修飾の阻害は赤い矢印で示す. 矢印の向きは阻害反応の方向を示す. 修飾の促進は緑の矢印で示した. H2AK119 のユビキチン化は H3K4 のジおよびトリメチル化を阻害するが, モノメチル化は阻害しない. H2A は後生動物でのみユビキチン化される.

である.

たくさんのライター酵素が存在し, 多くの場合明確に定義された特異性をもつ. それらのすべてを記述することはできないが, 代表的な酵素についてのいくつかの情報を表 12.2 に載せた. 異なる酵素はまったく異なる特異性をもち, 特異的ヒストンの特異的残基を修飾することに留意しよう. 図に示したアセチル化に関しての例は, 大部分の修飾はヌクレオソームの表面あるいはその近傍のヒストンの末端にある, ということに関する典型例である (図 12.11).

この分野でまだ確定されないで残っていることに, どのヌクレオソームのどのタンパク質のどの部位にどんな修飾マークが付くのかを決めるものが何かということがある. ある修飾がある別の修飾に好都合だったり不都合だったりするという観察により, この質問に対する解答がある程度はなされてきた. しかし, そこには依然として"ニワトリが先か, 卵が先か"に類する問題があるように思える.

ヒストン修飾が転写における効果をもつようになるには, 修飾がヌクレオソーム構造やクロマチン繊維構造, あるいはクロマチンと他の因子との相互作用に影響を与えるはずである. このような結果それぞれはクロマチンと他のタンパク質あるいはタンパク質複合体の相互作用による調節によって変化するであろう. 特異的ヒストンマークを認識するタンパク質はリーダーとよばれる (図 12.12). 一般的に, アセチル化リシンを認識するタンパク質中のモジュールは**ブロモドメイン** (bromodomain) ファミリーに属すが, ブロモドメインモジュールはリシン残基の ε-N-アセチル化を選択的に標的とする唯一の認識モチーフである. それらはショウジョウバエの brm 遺伝子にコードされるタンパク質中のドメインとして最初に見つかったので, ブロモドメインという名前になった. ヒトのプロテオームには 60 種以上の多様なブロモドメインをもつ 40 個以上のタンパク質が含まれている. これらのドメインは一様に低い配列同一性を示すという特徴をもつが, そのすべては 4 本の α ヘリックスの束から成る α バンドルという保存性のある折りたたみ構造を共有する (図 12.12 a 参照).

メチル化された残基を認識するタンパク質中のモジュールは**クロモドメイン** (chromodomain; chromatin organization modifier motif) というグループを形成する. 第 8 章で, リシンとアルギニンは 1〜3 個のメチル基をもつことができ, 修飾タンパク質の物理化学的性質におけるかなりの多様性を示すと述べたことを思い出してほしい. このような多様なメチル化状態を認識する必要性は, 膨大な数のクロモドメインのバリアントの存在につながる. メチル化マークを読取るタンパク質はロイヤルスーパーファミリーといわれる大きなスーパーファミリーに属し, 高メチル化状態と低メチル化状態を読取るタンパク質群に細分化される. クロモドメインの塩基性折りたたみは不完全 β バレル構造を構成し, 修飾残基周囲の芳香族籠型構造を形成する連結ループをもつ (図 12.12 b 参照).

最後になるが, リン酸化セリンマークにはそれら独自のリーダーが存在する. リン酸化はかさばって負電荷をもつリン酸基をセリン残基の OH 基に付加し, それによって

12.5 ヒストン修飾とヒストンバリアントによる転写の制御

表12.2 おもなヒストン修飾酵素 この表に載せた酵素は構造は多少違うが，ヒトと酵母の両方に存在するよく知られたものを規準に選択している．新たな命名法では一次構造やドメイン構造/構成の密接な類似性が考慮されている．相同なドメイン構造はタンパク質全体にわたって広がってはおらず，進化的に関連があるということで明らかに認識できる．もしドメイン構造が認識できないならば，次の考慮点は触媒ドメインや基質特異性に関する配列相同性である．一つの種に由来する関連酵素には同じ名称の次にAやBといった区別可能な大文字アルファベットの接尾辞が付けられている．一方，異なる種に由来する関連酵素には同じ名称の前にもとになった種を示すような接頭辞が付けられる．たとえば，ヒトであればh，ショウジョウバエであればd，パン酵母であればSc，分裂酵母であればSpという具合である．表には示されていないが，一つの例としてヒトのデメチラーゼLSD1/BHC110はhKDM1，ショウジョウバエの相同タンパク質Su(var)3-3はdKDM1，分裂酵母の相同タンパク質SpLsd1/Swm1/Saf110はSpKDM1となる．[Allis CD, Berger SL, Cote J et al. [2007] *Cell* 131:633-636 より改変]

新しい名称†	ヒト	パン酵母	基質特異性	機能
KMT2		Set1	H3K4	転写活性化
KMT2A	MLL		H3K4	転写活性化
KMT3		Set2	H3K36	転写活性化
KMT3A	SET2		H3K36	転写活性化
KMT4	DOT1L	Dot1	H3K79	転写活性化
KMT6	EZH2		H3K27	ポリコーム抑制
KAT1	HAT1	Hat1	H4K5/12	ヒストン配置，DNA修復
KAT2		Gcn5	H3K9/14/18/23/36; H2B	転写活性化，DNA修復
KAT2A	hGCN5		H3K9/14/18; H2B	転写活性化
KAT4	TAF1	Taf1	H3>H4	転写活性化
KAT5	TIP60	Esa1	H4K5/8/12/16; H2A	転写活性化，DNA修復
KAT8	HMOF/MYST1	Sas2	H4K16	クロマチン境界，遺伝子量補償，DNA修復
KAT9	ELP3	Elp3	H3	

† KMT: K-メチルトランスフェラーゼ，以前のリシンメチルトランスフェラーゼ
KAT: K-アセチルトランスフェラーゼ，以前のアセチルトランスフェラーゼ

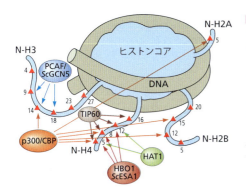

図12.11 ヒトのアセチルトランスフェラーゼの作用特異性 模式図は4個の突出したヒストン尾部をもつヌクレオソームで，尾部中のアセチル化リシン残基は▲で表している．異なる色の矢印で示したように，異なるアセチルトランスフェラーゼはある特異的な配列中にあるリシンを修飾する．p300/CBPのような酵素は広い特異性もち，複数の尾部にある多くの残基を修飾する．他のものはある特異的ヒストン尾部上にある数個の残基を修飾する．たとえば，HBO1はH4尾部のみをアセチル化するが，PCAFはH3尾部特異的に作用する．いくつかの場合，酵母のなかにはヒトの酵素とよく似た相同タンパク質があり，名称の前にScと書かれている．残基特異的ヒストンデアセチラーゼとしてSIRTあるいは酵母のScSir2が一つだけ同定されており，ここには示していないがH4K16を脱アセチル化する．

修飾残基のイオン対形成能と水素結合能を十分に高める．ここでは14-3-3タンパク質のリーダードメインの構造のみについて示す（図12.12c参照）．第22章では，リン酸化セリンリーダーの話題に戻り，そこで二本鎖DNA切断の修復におけるBRCA1とリン酸化ヒストンバリアントH2A.Xの作用について述べる．

翻訳後ヒストンマークは転写活性状態のクロマチン領域と不活性状態のクロマチン領域を区別する

活性遺伝子と不活性遺伝子を識別する主要なマークにはヒストンのアセチル化，メチル化，ユビキチン化がある．

ヒストンのリン酸化はある種の特異的遺伝子の転写活性化時にもみられるが，その転写制御に関する一般的な法則があるかどうかに関しては，特にヒストンH1やH3において高リン酸化状態が細胞分裂時の染色体凝集でみられ，凝集が転写活性状態と合わないことからまだ議論の余地がある．他の二つの翻訳後修飾であるポリADPリボシル化とユビキチン化の役割についてはそれらが独特なため，別に説明する．

約半世紀も前から，転写活性状態にあるクロマチンはアセチル化ヒストンに富むということが知られていたが，この修飾や他のヒストン修飾と構造との因果関係はまだ完全

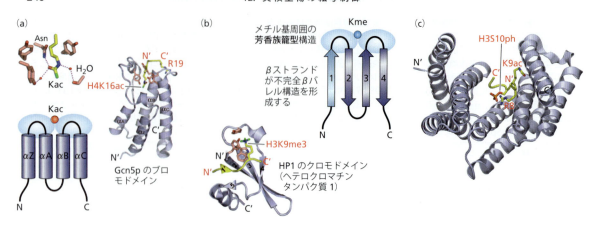

図12.12 リーダータンパク質のドメインは翻訳後修飾されたヒストンを認識して結合する (a) ブロモドメインモジュールはアセチル化リシンと結合する．ブロモドメインはいくつかのヒストンアセチルトランスフェラーゼ，ヌクレオソームリモデリング因子，TAFの中にみられる．折りたたみ全体のトポロジーは4個のαヘリックスから成り，ヘリックスをつなぐループ部分はアセチル化リシン（Kac）リーダーが入り込むくぼみになっている．このくぼみは本来疎水性かつ中性で，直接あるいは水分子を介する水素結合形成のための重要な水素原子結合能をもつ．図に示す具体的な構造はGcn5pヒストンアセチルトランスフェラーゼ（HAT）のブロモドメインである．アセチル基マークのリーダーにHAT活性をもつことは，クロマチン内でアセチル基マークが広がることの潜在的機構を示唆する．(b) クロモドメインモジュールはメチル化アミノ酸残基と結合する．リシン残基とアルギニン残基は1か2，あるいは3個のメチル基をもつことができ，そのように修飾されるタンパク質のかなりの物理化学的性質の多様性を生むという第8章で述べたことを思い出してほしい．この多様なメチル化状態を認識する必要性は塩基性結合モジュールであるクロモドメインの膨大な種類のバリアントの存在と関わりがある．上：クロモドメインの塩基性折りたたみ領域は不完全βバレル構造から成り，修飾残基周囲で芳香族籠型構造を形成する連結ループをもつ．下：ここで描かれた構造，つまりヘテロクロマチンタンパク質1（HP1）のクロモドメインではドメインは3個のコアストランドであるストランド2～4，および1個の独立したβストランドであるストランド5をもつ．複合体形成後，ヒストン中のペプチドは別のβストランドであるストランド1'の挿入によってβバレル構造を完成させる．ストランド1はストランド2と5の間に挟まれており，図では黄で示されている．(c) 14-3-3タンパク質はH3Ser10位のリン酸化セリンを読込む．リン酸化反応はかさばって負電荷をもつリン酸基をアミノ酸側鎖のOH基に付与し，それにより修飾残基のイオン対形成能と水素結合能を十分に高める．リン酸化マークを認識する哺乳類の14-3-3タンパク質ファミリーはシグナル伝達，染色体凝集，アポトーシスで役割を果たす．H3のN末端尾部にリン酸基をもつヒストンペプチド（H3S10ph）は，全α-ヘリックスタンパク質であるV字形14-3-3タンパク質の中に埋込まれている．このリン酸基は複数の接触点として働き，その電荷は14-3-3中の2個のアルギニン残基の塩基性側鎖によって中和される．［(a)～(c) Taverna SD, Li H, Ruthernburg AJ et al. [2007] *Nat Struct Mol Biol* 14:1025–1040 より改変．Macmillan Publishers, Ltd. より許可を得て掲載］

には理解されていない．しかしそうであったとしても，たくさんの情報が個別の遺伝子を使った研究により集められてきており，最近では個々のヒストンマークに関するゲノムワイド局在解析も進んでいる（第13章参照）．その結果，活性遺伝子や不活性遺伝子において，少なくともある種の修飾の有無に関してはより明瞭なマークの分布図が描き出されている（図12.13）．

実質的にすべての修飾は真核生物の遺伝子に沿って勾配をもって分布しているということもまた明らかになってきた（図12.14）．ヒストンH3のK4残基における異なるメチル化レベルに関する例はとりわけ印象的なものである．トリメチル化はDNAの転写開始地点では頻繁にみられるが，転写終結点に向かって急速かつ劇的に低下する．このとき，H3K4me2とH3K4me1は遺伝子に沿って異なる緩やかな変化を示す．我々は，なぜこのような勾配が存在するのかをまだ理解していない．この勾配は転写制御に必要なのか．それとも転写伸長の結果として生じるのか．にも関わらず，この勾配が異なる酵素によりつくられるという

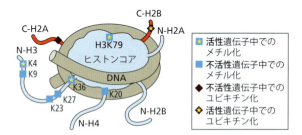

図12.13 活性遺伝子と不活性遺伝子に共通に存在するヒストンマーク リシン残基のヒストンアセチル化は活性遺伝子に特徴的な性質である．この翻訳後修飾はヌクレオソーム粒子の安定性やクロマチン繊維中のヌクレオソーム間相互作用を変化させることによるか，または修飾認識モジュールを含むリーダータンパク質と相互作用することによって働く可能性がある．

事実は驚きに値する．これらの酵素の活性を調節する制御システムの複雑性を理解することは今後の研究に託されている．

12.5 ヒストン修飾とヒストンバリアントによる転写の制御

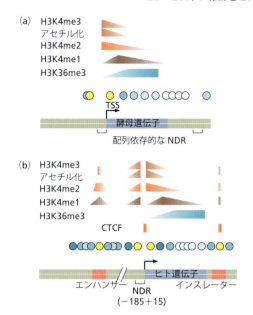

図12.14　酵母とヒトの典型的な活性遺伝子の部分的クロマチン地図　酵母とヒトの両方において，転写開始部位（TSS）はヌクレオソーム欠失領域（NDR）中に存在する．このような領域の存在は DNA 配列をよく見ることで判断できる．たとえばそれは dA/dT 連続配列を含む可能性がある．加えて，NDR はその両側に黄の円で示されたヒストン H2A 置換バリアントである H2A.Z を含むヌクレオソームをもつ．ヌクレオソームの位置取りの厳密さは青の濃淡で示す．遺伝子の先頭に近いヌクレオソームはよく位置取りされるが，遺伝子の下流側になるほど厳密な位置取りが失われていくことに留意しよう．位置取りのシグナルは遺伝子の先頭部分にある H2A.Z を含むヌクレオソームの存在によって判断されると認められている．このヌクレオソームは下流と上流ヌクレオソームの位置取りのための境界装置として働く可能性がある．(a) 転写と関連するヒストンマーク分布を示す典型的な酵母遺伝子．異なるヒストン修飾が遺伝子に沿った特徴的勾配として現れることに留意しよう．したがって，たとえば H3K4 トリメチル化は遺伝子の先頭部分で最大になり，遺伝子の中央部に向かって 0 になるように弱まる．これとは対照的に，H3K4 モノメチル化は遺伝子先頭部分では比較的弱く，それから増加し，そして再び減少する．(b) エンハンサーとインスレーターが連結する典型的ヒト遺伝子．遺伝子に沿って存在するヒストンマークの分布にみられる勾配を再度考えよう．また，エンハンサーとインスレーターの修飾状態の明確な違いにも注意しよう．エンハンサーとインスレーターはともに H2A.Z ヌクレオソームを含み H3K4 モノメチルでマークされるが，トリメチルによってはマークされない．加えて，エンハンサーはアセチルトランスフェラーゼ p300 を多くもち，プロモーターには存在しないが，ここでは示していない．したがってエンハンサーとプロモーターのクロマチン識別要素は新規エンハンサーの位置と機能を予測できるに十分なほど異なる．NDR とインスレーターに関するもう一つの注視すべき特徴は CCCTC 結合因子（CTCF）のような転写因子が高度に濃縮していることである．エンハンサーとインスレーターは双方とも DN アーゼ I 高感受性部位を含み，一般的にはやや緩んでいるクロマチン構造に起因するので，結果的にヌクレオソームを欠き，転写因子が結合している．［(a), (b) Rando OJ & Chang HY [2009] Annu Rev Biochem 78:245–271 より改変．Annual Reviews の許可を得て掲載］

ある細胞株の中である種の遺伝子は翻訳後修飾によって特異的にサイレンシングされている

ヒストンの翻訳後修飾が遺伝子サイレンシングに関して決定的な役割を果たすこともまた明らかである．**遺伝子サイレンシング**（遺伝子抑制；gene silencing）は恒久的で不可逆的な遺伝子転写能の喪失と定義される．サイレンシングされている遺伝子は，細胞学的には密な**構成的ヘテロクロマチン**（constitutive heterochromatin）として編成されている．構成的ヘテロクロマチンは**条件的ヘテロクロマチン**（facultative heterochromatin）として知られている凝集密度の低いものとは区別される．条件的ヘテロクロマチンとして詰込まれている遺伝子は発現してはいないが，活性のある発現状態に戻ることは可能である．このようなタイプのヘテロクロマチンはヒストン修飾の性質や程度において，それぞれの間や転写活性化状態にあるユークロマチンとの間でかなり異なっている．その状態は特異的トランス作動性因子や他のクロマチン成分の有無によっても特徴づけられる．最後，それらは結合 RNA の存在状態や DNA メチル化状態において異なる．このような特徴的な性質を表 12.3 に簡潔にまとめた．

次に，よくわかっているいくつかの遺伝子サイレンシングの例について議論する．それぞれの特異的な事例における特定のヒストン修飾の関与に注目しよう．しかしこの知見はまだ現象記述の段階にあるということをいっておく必要がある．なぜなら，我々はこのような現象の根底にある分子機構を正確には理解していないからである．

ポリコームタンパク質複合体は H3K27 のトリメチル化と H2AK119 のユビキチン化によって遺伝子を抑える

ポリコーム複合体は広い範囲の植物や動物で，重要な発生制御因子をコードする数百もの遺伝子のサイレンシングをもたらす．古典的な例として**ホメオボックス**（homeobox）遺伝子があるが，これはショウジョウバエで最初に発見され，その後多くの真核生物の器官発生と体の形成を制御することが示された．これらの遺伝子は初期発生時には活性があるが，発生の後期になってもう必要がなくなるとサイレンシングされる．二つの必須な抑制複合体である**ポリコーム抑制複合体**（polycomb repressive complex；**PRC1，PRC2**）がサイレンシングされる遺伝子に呼び込まれる．両複合体とも特異的ヒストン修飾酵素活性をもつサブユニットを含んでいる（**図 12.15**）．PRC2 は DNA 中の特異的配列要素を認識するが，PRC1 の呼び込みは，通常 PRC2 による修飾である H3K27me3 との相互作用を介して起こる．PRC1 と PRC2 が多くのメカニズムを介して作用し，そのうちのあるものだけがヒストン修飾活性をもつことに注意する必要がある．

表 12.3　ユークロマチン，構成的ヘテロクロマチン，条件的ヘテロクロマチンの分子特性　[Trojer P & Reinberg D [2007] *Mol Cell* 28:1–13 より改変]

	ヒストン修飾		クロマチン成分とトランス作動性因子	DNA メチル化	RNA 成分
ユークロマチン	高アセチル化	H3K4me2/3 H3K36me3	ATP 依存性クロマチンリモデリング H3.3, H2A.Z, H2ABbd	−	−
構成的ヘテロクロマチン	低アセチル化	H3K9me3 H4K20me3		+	+
条件的ヘテロクロマチン 局所的遺伝子サイレンシング	低アセチル化	H3K9me2 H4K20me1 H2AK119ub1	PRC1, PRC2, 他のポリコーム群タンパク質；HP1γ, MBT タンパク質[†1]	?	?
Hox 遺伝子群の場合などの長い範囲でのサイレンシング	低アセチル化	H3K27me2/3 H4K20me3 H2AK119ub1	PRC1, PRC2, 他のポリコーム群タンパク質	+	+
常染色体ゲノムで刷込みを受ける遺伝子座	低アセチル化	H3K9me2/3 H3K27me3 H4K20me3	PRC2；マクロ H2A；CTCF	+[†2]	+
不活性 X 染色体，Xi	低アセチル化	H3K9me2 H3K27me3 H4K20me1 H2AK119ub1	PRC1, PRC2, 他のポリコーム群タンパク質；マクロ H2A；CULLIN3/SPOP[†3]	+	+

[†1]　MBT（悪性脳腫瘍ドメインタンパク質）は低メチル状態特異的リーダーである．MBT ドメインを含むタンパク質はリシン 26 がメチル化されたヒストン H1.4 と特異的に結合し，クロマチンを凝集させる．
[†2]　不活性対立遺伝子に関連する．
[†3]　CULLIN3/SPOP はユビキチン E3 リガーゼで不活性 X 染色体のマクロ H2A をユビキチン化する．この修飾は Xi 結合にとって重要である．

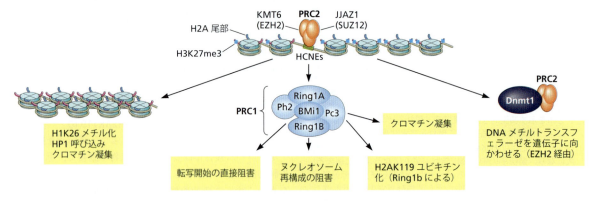

図 12.15　ポリコームタンパク質複合体によるエピジェネティックな遺伝子サイレンシング　ポリコーム抑制複合体 2（PRC2）がポリコーム群（PcG）標的遺伝子と結合すると，KMT6 の酵素活性による H3K27 メチル化が誘導される．KMT6 は，以前は EZH2（enhancer of zeste homolog 2）として知られていた．H3K27me3 は第二のポリコーム複合体である PRC1 により Pc3 のクロモドメインを介して認識される．PRC1 の呼び込みはおそらく遺伝子サイレンシングにつながる異なる機構を通して作用する．図中の HCNE はポリコーム複合体によってサイレンシングされる遺伝子中で高度に保存されている非コード DNA 配列を表している．以上のような機構の一つには H2AK119 のユビキチン化が関わっている．修飾の後で起こることはいまだわかっていない．PRC2 の二つのサブユニット（EZH2 と JJAZ1/SUZ12）と PRC1 の Bmi1 サブユニットはある種のヒトのがんで高度に過剰発現していて，高レベル EZH2 は予後不良に関連があり，がん転移の指標となる．

酵母テロメアのヘテロクロマチン形成は H4K16 の脱アセチル化を介して遺伝子をサイレンシングする

ヒストンの翻訳後修飾が関わる遺伝子サイレンシング機構のもう一つのよくわかっている例として，酵母テロメアのヘテロクロマチン構造の形成がある（図 12.16）．3 種類のタンパク質がそこに関わっている．最初の段階には珍しい酵素である **Sir2**（silent information regulator 2）が作用するが，この酵素は NAD 依存性ヒストンデアセチラーゼのグループで最初に同定されたものである．反応の過程で，ニコチンアミドアデニンジヌクレオチド（NAD）は *O*-アセチル-ADPリボースに加水分解され，それが，Sir3 分子が Sir2-Sir4 複合体に複数結合することを促進する

12.5 ヒストン修飾とヒストンバリアントによる転写の制御

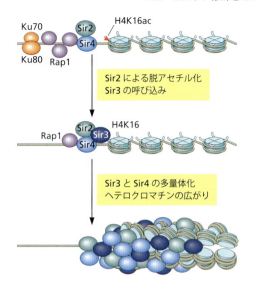

図 12.16 **出芽酵母テロメアのヘテロクロマチン形成に関する段階的集合仮説** 最初の段階には Sir4 とテロメア結合タンパク質 Ku70/Ku80 と Rap1 (リプレッサー/アクチベータータンパク質) の間の相互作用を介した Sir2–Sir4 複合体の DNA への呼び込みが関わる. Rap1 は置かれた結合部位の状況に依存して転写のリプレッサーかアクチベーターになる. テロメア内部にある連続的な 16～20 個という多数の Rap1 結合部位が Rap1 結合とその後の Sir2–Sir4 呼び込みを保証する. 第二段階として, ヌクレオソーム近傍にある H4K16 のアセチル基が Sir2 によって除去されるが, Sir2 は NAD 依存性ヒストンデアセチラーゼという興味深いタイプの分子の初めての例となった因子である. Sir3 は Rap1, Sir4, 脱アセチル化ヒストン尾部との相互作用によって呼び込まれる. Sir3 と Sir4 の多量体化は Sir 複合体の結合をヌクレオソームに沿って拡張させ, それにより凝集したクロマチン構造がテロメアにつくられる. 酵母では Sir2 をわずかに強制発現させると寿命が約 30% 延びるが, ヒトのホモログである SIRT1 もまた寿命延長に関係がある.

(図 12.16 参照). この過程がヘテロクロマチンの広がりを高める. 好奇心をそそられることであるが, Sir2 は酵母やヒトの長寿因子と考えられており, このことでさらなる注目を浴びている.

真核生物中の大部分の HP1 調節性遺伝子抑制には H3K9 メチル化が関わる

出芽酵母以外の生物は別の遺伝子サイレンシング機構をもっている. この過程には **HP1** (ヘテロクロマチンタンパク質 1 ; heterochromatin protein 1) の作用が関わるが, このタンパク質はショウジョウバエで最初に発見された. HP1 のドメイン構造は異なる機能をもつよく似た二つのドメイン, すなわちクロモドメイン (CD) とクロモシャドウドメイン (CSD) (図 12.17) をもつことで特徴づけられる. クロモドメインは特異的に H3 のメチル化リシンを認識する. 一方, クロモシャドウドメインはショウジョウバエではメチル化酵素 SUV3-9 〔マウスやヒトではその相同タンパク質〕を含む他のタンパク質と結合する. このドメインはヒストン H3, H4, H1 とも結合し, それによってクロマチン, DNA メチルトランスフェラーゼの Dnmt1 と Dnmt3a, MeCP2, ヒストンデアセチラーゼ (HDAC), そして他の構造のよく似た HP1 アイソフォームとの相互作用が強くなる. クロモシャドウドメインは転写アクチベーターや TFIID のような基本転写装置の成分との結合面にもなる. HP1 はモノ, ジ, あるいはトリメチル H3K9 を認識することでヘテロクロマチン形成に関わる. 予想に反し, 図 12.17 に示す機構によって HP1 はユークロマチン中の遺伝子を抑制するだけではなく, 逆に活性化したりすることもできる. つまりこのタンパク質は, 遺伝子制御でみられる相反する役割を正確に反映しない名前が付けら

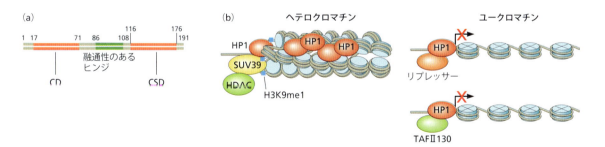

図 12.17 **分裂酵母とヒトでの HP1 を介した転写抑制** (a) 進化的に保存されているクロモドメイン (CD) とクロモシャドウドメイン (CSD) をもつ HP1 のドメイン構造. CD は H3K9me/me2/me3 を認識して結合する. 緑で示した融通性のあるヒンジ分は RNA, DNA, クロマチンと結合し, 多数の調節性リン酸化部位を含む. CSD は二量体およびタンパク質結合に関わる部位である. (b) ヘテロクロマチンとユークロマチンでのさまざまな転写抑制機構. ヘテロクロマチン化には多くの HP1 分子の関与によってつくられる高度に凝集したクロマチンの形成が関わる. 加えて, ヘテロクロマチンは脱アセチル化およびメチル化されたヒストンをもつ. メチル化に関わるライター酵素を図に示す. ユークロマチン中での HP1 による抑制機構はここには示していないが, 同様の高度凝集クロマチンの形成によって起こったり, あるいは非常に短いクロマチン繊維上のごく狭い範囲の中, ときには単一ヌクレオソームの中にあっても起こりうる. ユークロマチン中での遺伝子抑制はプロモーター領域においては基本転写装置の成分, たとえば TAFII130 あるいは TFIID との抑制的相互作用を介しても起こる. HP1 は転写を活性化することもでき, その場合は通常, 転写アクチベーターとの相互作用が関わる.

れてしまっている．このような例はこれだけではなく，特異的な状況によってアクチベーターあるいはリプレッサーのいずれかとして働きうる他のタンパク質はこれまでも多く記載されている．

タンパク質のポリ ADP リボシル化は転写制御に関わる

ポリ ADP リボシル化（poly(ADP)ribosylation, PARylation）は他の修飾とはかなり異なる大規模なタンパク質翻訳後修飾で，真核生物遺伝子の転写状況にかなりの影響を与える．この修飾は 1 個かそれ以上のアデノシン二リン酸リボース（ADP リボース）を供与体である NAD^+ 分子から標的タンパク質に付加する（図 12.18 a）．この反応は**ポリ ADP リボースポリメラーゼ 1**（**PARP-1**; poly(ADP-ribose)polymerase 1）という酵素やそのホモログにより触媒される．この酵素は三つのドメインから成るモジュール構造をとっており（図 12.18 b），自己修飾として知られる自身の修飾を行うことができる．一方，他のタンパク質の修飾はヘテロ修飾といわれる．**ADP リボシル化**（ADP-ribosylation）に関しこの酵素は適当な活性化刺激が現れるまでは不活性である．自己修飾は次にさらなるポリ ADP リボシル化のために酵素の活性化を起こす．ポリ ADP リボシル化の特筆すべき特徴に，共有結合を介する標準的な修飾に加え，ヒストンを含む多くのタンパク質が非共有結合的に修飾されるということがある（図 12.18 b 参照）．

PARP-1 は約 100 万～200 万分子/細胞ときわめて大量に存在するタンパク質でヒストンについで多い．PARP-1 は数多くの生命過程，たとえば DNA 損傷の認識と修復，DNA メチル化と遺伝子刷込み，インスレーター活性，そして染色体編成などに関わる．PARP-1 のこれらの見かけ上異質な役割は二つの大きなカテゴリー，すなわち緊急応答とハウスキーピングに分けることができる．緊急の機能は DNA 損傷の後で働き，通常，核内に不活性な非ポリ ADP リボシル化状態で存在する多数の PARP-1 分子が関わる．これら非ポリ ADP リボシル化 PARP-1 は DNA 損傷が起こると急速に自己ポリ ADP リボシル化される．ハウスキーピングに関する役割は通常の非ストレス状態で発揮され，その条件でポリ ADP リボシル化されるごく少数の PARP 分子が関与する．ハウスキーピングのおもな役割はさまざまな機構を介する転写の制御である（図 12.19）．

最初に明らかになった転写制御におけるポリ ADP リボシル化の役割はクロマチン構造の変化である．クロマチン構造はクロマチンへの PARP-1 直接結合，もしくは多くのクロマチンタンパク質のポリ ADP リボシル化によって変化し，修飾が起こるとタンパク質のあるものはクロマチンから遊離してくる．より詳しい説明を図 12.19 の説明文

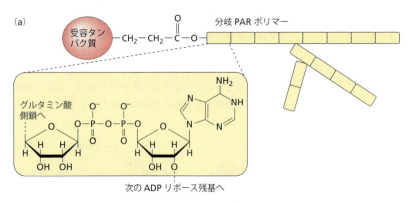

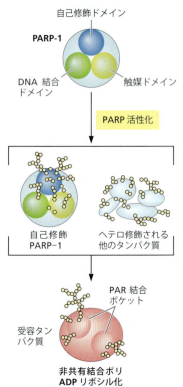

図 12.18 ポリ ADP リボシル化 （a）受容タンパク質に付着するポリ ADP リボース（PAR）ポリマーの構造．このポリマー鎖は受容タンパク質のグルタミン酸残基に付けられる．このポリマーは通常は長く，重合の単位が 200 にも及び，多くの分岐構造をもつ．モノ ADP リボースが付く場合もある．（b）共有結合型および非共有結合型ポリ ADP リボシル化．共有結合型ポリ ADP リボシル化はポリ ADP リボースポリメラーゼ 1（PARP-1）の触媒活性の活性化で始まり，通常は DNA 中に生じるニックに応答して起こる．この酵素は複数の独立に折りたたまれるドメインから成るモジュール構造をもつ．最も顕著な三つのドメインとして N 末端の DNA 結合ドメイン，中央の自己修飾ドメイン，そして C 末端の触媒ドメインがある．酵素は膨大な数の長くて分岐した PAR ポリマーを自己修飾ドメインに組立てるが，さらに多くの他のタンパク質の修飾もヘテロ修飾といわれる機構によって行う．さらに多くの受容タンパク質の修飾が PAR ポリマーの特異的結合ポケットへの非共有結合型付加反応によって起こる．相互作用するポリマーは自己修飾された PARP-1 あるいはヘテロ修飾されたタンパク質上でそのままとどまるかもしれない．以上とは別に，ポリマーを切断する PAR グリコシラーゼによって細胞内で一過的に生成する遊離ポリマーがタンパク質に結合して非共有結合型修飾が起こるという可能性もある．PARP-1 は触媒ドメインに類似の構造をもつ少なくとも 17 種の分子を含む分類群の中で最初に見いだされた．

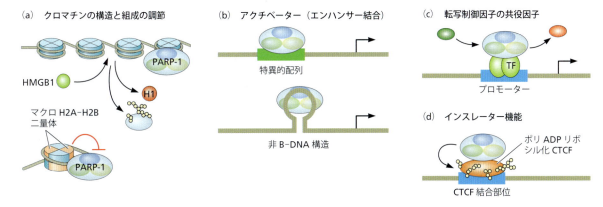

図 12.19　ポリ ADP リボースポリメラーゼは多様な機構によって転写を制御する　(a) 上：ポリ ADP リボースポリメラーゼ 1 (PARP-1) は H1 と直接競合するか，H1 をポリ ADP リボシル化することによってヌクレオソーム結合部位から除くか，クロマチンの非ヒストンタンパク質で転写活性化能をもつ HMGB1 の結合を促進するか，または修飾後に他のタンパク質を遊離させるかしてクロマチンの構造と構成成分を変化させる．ポリ ADP リボシル化されたタンパク質はクロマチン結合または DNA 結合とは相入れない大きな負の電荷を得る．下：PARP-1 はヒストンバリアントのマクロ H2A を含むヌクレオソームとも結合する．結合は PARP-1 の酵素活性を阻害し，その結果マクロ H2A が含まれる特異的領域でのクロマチンの構造と機能に影響を与える．(b) PARP-1 はエンハンサー中の特異的配列への結合や，ヘアピン DNA，十字形 DNA，交差 DNA，二本鎖切断 DNA といった非 B-DNA に結合することにより典型的アクチベーターとして挙動することができる．(c) PARP-1 は置かれたクロマチン環境によってコアクチベーターあるいはコリプレッサーになりうる．PARP-1 は共役因子としてプロモーター特異的機構でいくつかの因子の解離と別の因子の結合を促進し，結果として交換因子として働く可能性がある．(d) PARP-1 はインスレーター因子の CTCF をポリ ADP リボシル化することによりインスレーター配列の働きに影響を与える．

に記した．さらに，PARP-1 は伝統的な転写アクチベーターあるいは転写制御の補助因子としての役割を果たすことができる．4番目に，ポリ ADP リボシル化がインスレーターにある CTCF タンパク質のポリ ADP リボシル化を介してインスレーター機能に関わるというものがある（図 12.2 参照）．これらのすべてのシナリオにおいて，ポリ ADP リボシル化がどのようにして特異的な遺伝子に起こるのか，またどのようにしてそのような大規模で標的を限定しない修飾が多くの特異的効果を現すのかについてはまだよくわかっていない．

ヒストンバリアント H2A.Z, H3.3, H2A.Bbd は活性クロマチン中に存在する

第8章で述べたいくつかの非対立遺伝子型バリアントは，転写制御に，もしくは少なくとも転写されやすさに関わると考えられる．このような状況に置かれた**ヒストン H2A.Z**（histone H2A.Z）の役割（**図 12.20**）はいくつかの理由によりとりわけ興味深い．たとえば(1) H2A.Z はゲノム全体の中ではプロモーター領域に有意に集中している．(2) 少なくとも全遺伝子の 2/3 では転写開始部位において H2A.Z をもつヌクレオソームが 2 個，ヌクレオソーム欠失領域の脇に隣接して存在する．(3) 酵母では H2A.Z 量は転写と逆相関するが，ヒトではそれらは転写と相関するという事実がある．そして(4) H2A.Z を含むヌクレオソームは非常に高い代謝回転速度を示し，このことが最も多い普通のヌクレオソームの中での存在を際立たせている．ただ H2A.Z の作用はいまだ推測の域を出ていない．

転写活性に関連があるとされる他の置換バリアントは**ヒストン H3.3**（histone H3.3）である．第8章で述べた置換バリアントは S 期にのみ合成される標準的ヒストン H2A と H3 とは違って細胞周期を通して合成され，クロマチンに組込まれるということを思い出してほしい．H3.3 は活発に転写されている領域のマークであり，そこではヌクレオソームは絶えず解離したり集合したりしている（図 12.20 参照）．ゲノムワイドでみると，プロモーター中のヌクレオソーム欠失領域に隣接する二つのヌクレオソームは H2A.Z とともに H3.3 を含んでいる．このようなハイブリッドヌクレオソームの正確な特徴と機能はまだよくわかっていない．さらに H3.3 を含むヌクレオソームはショウジョウバエゲノムの中ではシスに働く境界配列全体にわたって濃縮されているが，このことはこれら領域のクロマチン構造が絶え間なく揺らいでいて，おそらく因子が結合するためのシス制御配列の露出を確保する機構の一部になっていることを暗示する．H2A.Z と H3.3 バリアントの存在は単に頻繁なヌクレオソームの代謝回転を反映しているのか，それとも H2A.Z と H3.3 がヌクレオソームあるいはクロマチン繊維に何らかの構造的な特徴を付与してそれらの挙動に直接影響するのかはまだ明らかになっていない．最近の in vitro 解析の結果により，実際にはその答えが二つのバリアントで違うかもしれないことが示唆されている．

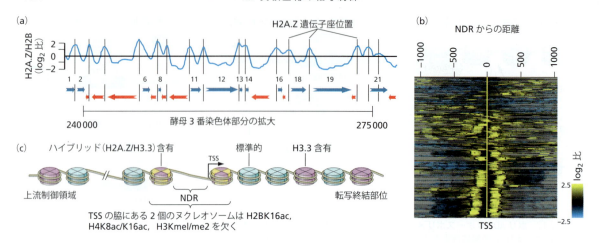

図 12.20 ヒストンバリアント H3.3 と H2A.Z のゲノムでの局在 (a) 酵母 3 番染色体中の約 40 kb における H2A.Z のゲノム規模の局在パターン．この領域を使用している遺伝子の転写方向を青と赤の矢印で表した．H2A.Z 位置の中心は縦線で印してある．プロモーター領域における H2A.Z のかなりの濃縮に注目しよう．すべての読み枠（ORF）の上流に A2A.Z 部位が存在する．1 点に集まるように転写される 2 遺伝子の連結部分のようなプロモーターを含まない遺伝子間領域では H2A.Z は濃縮しておらず，他方，別々の方向に転写される 2 遺伝子の間の遺伝子間領域には分離できる二つの H2A.Z 濃縮部位がみられる．[Guillemette B, Bataille AT, Gevry N et al. [2005] *PLoS Biol* 3:e384 より改変．Luc Gaudreau, Université de Sherbrooke の許可を得て掲載] (b) それぞれのプロモーターにおけるヌクレオソーム欠失領域（NDR）周囲 2000 bp に関する H2A.Z 含有ヌクレオソームの高分解能地図．データベース中に存在する遺伝子をそれらの NDR に関してそろえ，おのおのの並び（横線）は一つのプロモーター領域を表す．黄は H2A.Z が豊富なことを示し，青は H2A.Z が欠乏していることを示している．TSS 周囲の二つのヌクレオソームが H2A.Z を含んでいることに注意．[Raisner RM, Hartley PD, Meneghini MD et al. [2005] *Cell* 123:233-248. Elsevier の許可を得て掲載] (c) 転写活性化領域に存在すると考えられる二つのヒストンバリアント（H2A.Z と H3.3）のゲノム局在の模式図．H3.3 は遺伝子内領域のみならず，上流制御領域にも豊富に存在することに留意．抑制されている遺伝子もこのような制御領域やプロモーター領域内に H3.3 を含む．したがって H3.3 濃縮はヌクレオソームが常時離散集合している流動的なゲノム領域に特徴的な性質である可能性があり，活発な転写に特異的なマーカーではないのかもしれない．

他にもう一つ，非常におもしろいヒストンバリアント **H2A.Bbd**（Barr body-deficient histone H2A，最近は H2A.B ということが多い）があるが，これは哺乳類の不活性 X 染色体であるバー小体（Barr body）から大部分が排除されている．さらにこのタンパク質のゲノム結合様式はヒストン H4 アセチル化と重なっており，このことはこのタンパク質が転写活性化状態にあるユークロマチン領域に存在することを示唆する．このタンパク質のポリペプチド鎖は比較的短く，C 末端尾部と標準的 H2A がもつドッキングドメインの一部を欠く．ドッキングドメインとは H2A の中の H3 と結合する部分のことで，結合によりヌクレオソームが安定化される．H2A.Bbd は今まで知られているすべてのヒストンバリアントの中でも，その H2A とのきわめて低い配列類似性（48 % しかない）ゆえに最も特異なものと見なされている．このタンパク質の進化速度は非常に速い．

H2A.Bbd を含むヌクレオソームは高い代謝回転速度を示し，その現象は H2A.Bbd がヌクレオソームを安定化するという観察と一致する．事実 H2A.Bbd を含むヒストン八量体はヌクレオソームに DNA を 120〜130 bp 分しか保持しておらず，両端の約 10 bp はヒストンと結合しない状態で存在する．このようなヌクレオソームはより緩んだ繊維構造を形成する．

以上の性質すべては，転写活性化状態のクロマチン機能を支えるように思われる．*in vitro* 解析により，H2A.Bbd を含む再構成ヌクレオソームアレイ（ヌクレオソーム繊維）は標準的ヌクレオソームアレイよりもより効率的に転写が起こることが示されている．しかし，このバリアントが *in vivo* で転写を促進するかどうかは依然としてわかっていない．このバリアントには別の役割，たとえば哺乳類の精子形成においてプロタミンによるヒストン置換機構の一部として働くことがあるかもしれない．この置換はヒストンのアセチル化も必要とし，そのことはヒストンバリアントとヒストン翻訳後修飾の同調的働きを示唆する．

マクロ H2A は不活性クロマチンに広く存在するヒストンバリアントである

マクロ H2A（macroH2A）は最近発見されたもう一つのヒストン H2A バリアントで，脊椎動物のみに存在する．これは不活性 X 染色体に豊富にみられ，加えて一般的にその染色体中の存在は転写抑制につながる．平均すると 30 ヌクレオソームの中に 1 個のマクロ H2A が含まれる．図 8.11 に描かれているようにマクロ H2A は長い C 末端非ヒストン領域を含み，そこがマクロドメインとよばれてい

る．マクロドメインはクロマチンに PARP-1 を呼び込み，その酵素活性を阻害し，転写に関する結果を多くもたらす．加えてマクロ H2A を含むヌクレオソームは標準的なものに比べるとより安定で，転写阻害における制御因子になるかもしれない．遺伝子サイレンシングの別の機構に，転写因子の結合とクロマチンリモデリングに対する干渉があるかもしれない．

クロマチン構造により起こる問題はリモデリングによって解決される

クロマチン構造とその修飾が転写において主要な効果をもつことを考えると，クロマチンを再構成する機構が存在することは驚くことではない．**クロマチンリモデリング**（chromatin remodeling；クロマチン再構成）とはリモデリング複合体が ATP 加水分解のエネルギーを使い，基盤となる DNA 配列に対してヌクレオソーム粒子の構造や粒子の位置を変化させる能動的プロセスである．DNA に沿ったヌクレオソームの相互排他的配置や間隔がクロマチン繊維の折りたたみに影響する潜在的能力があるものの，大部分の研究は，特にプロモーター領域においては個々のヌクレオソームにおけるリモデリング因子の作用の理解に注がれてきた．したがってクロマチンリモデリング因子はヌクレオソームリモデリング因子ともよばれる．

クロマチンリモデリング因子は大きなスーパーファミリーを形成して少なくとも三つあるいは四つのサブファミリーを含み，それぞれのサブファミリーには複数の複合体が含まれる．ヒトでは下記に述べる 4 種類のサブファミリーがわかっている．それらのサブファミリー間にはかなりの違いがみられるものの，それぞれは共通の ATP アーゼサブユニットをもつことで特徴づけられる（図 12.21）．

- **SWI/SNF**（switch/sucrose nonfermenting；スイッチ/スクロース非発酵性）：この名称は，接合型変換能やスクロースを炭素源として利用する能力に影響が出る変異で見つかった酵母の遺伝子に由来する．ヒトおよび原型の酵母 SWI/SNF 複合体の組成を図 12.22 に示す．この 2 種では異なるサブユニットも含まれるが，ATP 加水分解を行ういくつかのサブユニットは共有されていることに注意しよう．
- **ISWI**（imitation switch；イミテーションスイッチ）サブファミリー：四つの異なる複合体，RSF, hACF/WCFR, hCHRAC, WICH を含む．
- **CHD**（クロモ-ヘリカーゼ-DNA 結合タンパク質）ファ

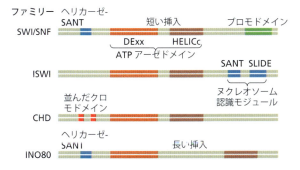

図 12.21　特定されているリモデリング因子ファミリーの ATP アーゼサブユニット　保存されている ATP アーゼドメインは特異的アミノ酸配列によって特徴づけられる二つの部分，DExx と HELICc に分割される．それぞれの分類群は ATP アーゼドメインの片側あるいは両側に異なる独自ドメインをもち，それらドメインは各分類群特有の機能を規定している．この独自ドメインは異なる様式で修飾されたヒストンを認識する．たとえばブロモドメインはアセチル化ヒストンを認識し，クロモドメインはメチル化ヒストンと結合する．ISWI の SANT-SLIDE ドメインは非修飾ヒストン尾部と DNA に結合する．ヘリカーゼ-SANT ドメインはアクチンと機能未知のある種のリモデリング複合体のサブユニットになっているアクチン関連タンパク質と相互作用する．

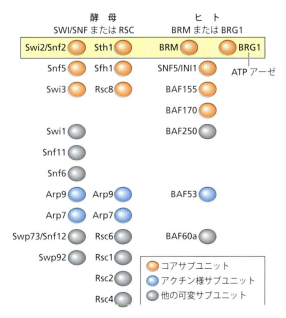

図 12.22　酵母とヒトの SWI/SNF 複合体　縦の列はそれぞれの複合体のサブユニット組成を表す．横の列は各個別サブユニットのホモログを示す．それぞれの複合体は可変サブユニットに加えてコアとなるサブユニットを含み，その一つは ATP アーゼ活性サブユニットであることに注意しよう．コアサブユニットは in vitro における十分な活性発揮に必要である．可変サブユニットの役割はよくわかっていないが，タンパク質-タンパク質相互作用を通じて複合体の特異性を支配している可能性がある．奇妙なことに，あるサブユニットは収縮タンパク質であるアクチンと配列類似性があるが，アクチンは細胞骨格と核骨格構造の形成にも関わる．ATP アーゼサブユニットである BRM と BRG1 のアミノ酸配列は 75% 一致し，双方とも普遍的に発現するタンパク質である．しかし，1 個の複合体中でのこれらサブユニットの存在は相互排他的である．

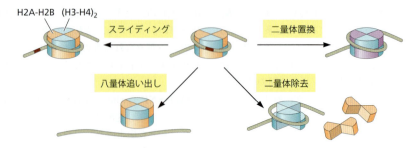

図12.23　ヌクレオソームリモデリング仮説　リモデリング因子は置かれた生物学的状況に応じてさまざまな様式で働きうる．基盤となるDNA配列に対してヒストン八量体をスライドさせ，それによってタンパク質結合部位を利用しやすくさせる．ヒストン八量体を全体として追い出すことができ，この過程は転写活性化に向かう遺伝子のプロモーター中で頻繁に起こる．転写伸長中に1個ないし2個のH2A–H2B二量体を除くことができる．この活性はリモデリング因子に特有なものではなく，ときにはヒストンシャペロンを含む関連性のないタンパク質複合体でも発揮される．この例の一つとしてよく研究されているものにFACTがある．最後になるが，リモデリング因子はH2A–H2B二量体をH2A.Zなどのヒストンバリアントを含む二量体に置き換えることができる．

ミリー：ヒトでは少なくとも9個のサブファミリー（CHD1〜9）が見つかっている．CHD3はヒストンデアセチラーゼとヌクレオソーム依存性ATPアーゼの両方のサブユニットを含むMi2/NuRD複合体の成分でもある．
- INO80/SRCAP（イノシトール要求/SNF-2関連CREB結合性活性化タンパク質）

リモデリング因子はさまざまな様式で働くことができる（図12.23）．実際，それぞれのサブファミリーはリモデリング活性の特異的な成果によって特徴づけられる．図12.24は最もよく知られているリモデリング因子であるISWIについて考えられている機構を示しているが，ISWIは基盤となるDNA配列に対してヒストン八量体のスライディング（滑り）をひき起こす．他のリモデリング因子はヌクレオソームの内部構造を変化させたり，ヌクレオソーム粒子を不安定化させたりして，ヒストンの置換や解離をひき起こす．このような不安定性は，基質としてDNAを利用するこのような装置のヌクレオソームDNA接近を可能にするために決定的に重要なのかもしれない．

最後になるが，クロマチンリモデリング因子をコードする遺伝子に生じる変異とがんのような病気の間にはよく知られた関連性がある．たとえば，ヒトのSWI/SNF複合体中のhSNF5/INI1サブユニットの変異が侵襲性の小児がんやいくつかの急性白血病で特徴的に存在する．*hSNF5*をがん抑制遺伝子と見なす確実な証拠が，ヘテロ接合でノックアウトしたマウスに腫瘍が生じるという観察によってもたらされている．ヒトSWI/SNFのATPアーゼサブユニットである BRG1 の変異はすでにいくつかの株化がん細胞で同定されている．*BRG1*$^{+/-}$マウスも腫瘍ができやすく，やはりBRG1ががんリプレッサーとしての役割をもつことが確認できる．

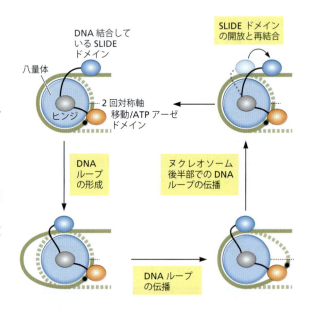

図12.24　ISWIのスライディングリモデリング運動に関するループ仮説あるいはバルジ仮説　DNAの2番目の輪は，DNAの巻き付きの透視表示を補強するように点線で表されている．✻はDNA上の参照となる点を示し，それによりヒストン八量体表面に沿ったDNAの移動を見えやすくしている．リンカー部分に連結するDNA結合SLIDEドメインと，DNAの2回対称軸の近くに結合する移動ドメイン（ATPアーゼドメイン）との協調した動きはヌクレオソーム表面を伝播する小さなバルジ（膨らみ）を発生させる．ループは最初，DNAをヌクレオソームへ押すDNA結合ドメインによってつくられる．ループの発生はSLIDEドメインのコンホメーション変化を伴う．方向性をもったループの伝播はその後，ヌクレオソーム上のその場所に係留されているATPアーゼドメインによって執り行われるが，これがDNAをリンカー部分から引き出し，それをヒストンコアを包む2回対称軸の方に向かって移動させ，その後粒子の後半部DNAの中に押し出す．ヒストンとDNAの接触はループ前方の端で壊され，後方の端で再形成される．[Clapier CR & Cairns BR [2009] *Annu Rev Biochem* 78:273–304 より改変．Annual Reviewsの許可を得て掲載]

内在性代謝産物は転写の可変制御能を発揮させることができる

最近は翻訳に加えて転写も小分子代謝産物により直接，あるいはクロマチンの構造やリモデリングへの影響を介することによって制御されることが知られてきている（第17章参照）．転写活性の水準は代謝産物濃度に従って連続的に変動し，その現象はときに**可変制御**（rheostat control）などといわれる．

直接制御は代謝産物が転写アクチベーターやリプレッサーに影響を与えることにより起こる．このため，たとえばエストロゲン受容体はステロイドホルモンが結合したときにのみ転写を活性化する．同じように，C末端結合タンパク質（CtBP）と転写アクチベーターやリプレッサーとの相互作用は $NAD^+/NADH$ によって制御される．代謝産物によるクロマチン介在性制御はヒストンや他のクロマチン成分へのマークの付加や除去に使われる代謝産物の有無やその濃度に依存する．このため，たとえばヒストンとDNAのメチル化は両方とも S-アデノシルメチオニンをメチル基供与体として要求し，アセチル CoA はヒストンのリシン残基のアセチル化に必要であり，酵母ヘテロクロマチンでの遺伝子抑制に必要な Sir2 デアセチラーゼは NAD 依存的である．もちろん，NAD はタンパク質にポリ ADP リボースポリマーを付加するために必要な前駆体である．このようなタンパク質機能やクロマチン構造の代謝産物誘導性の変換は，細胞内代謝産物量の変化や，広い意味では環境に応答して遺伝子発現の微調整を可能にする．

12.6 DNAメチル化

DNAメチルトランスフェラーゼ（**DNMT**；DNA methyltransferase）によるDNAメチル化はDNAの主要なエピジェネティック修飾である．真核生物のメチル化は S-アデノシルメチオニンからメチル基をシトシンに移すことによって実行され，それによって 5-メチルシトシン（^{m5}C）ができる（図 12.25）．この修飾は CpG ジヌクレオチド優先的に起こる．シトシンのメチル化は塩基対形成に

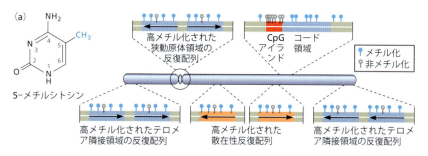
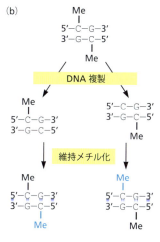

図 12.25 DNAメチル化 (a) ❢で示したCpGジヌクレオチドに富んだ領域に関する染色体の模式図．それらのメチル化/非メチル化のパターンは正常な細胞機能にとって必要である．メチル化シトシンの構造を左に示す．[Paola Caiafa, University La Sapienza のご厚意による．改変] (b) DNA複製を経た後のDNA CpG部位のメチル化の維持．新たに合成されたDNA鎖は一時的にはまだメチル化されていないが，その後鋳型となる反対の鎖を使ってメチル基が付けられる．

表 12.4 哺乳類の DNA メチルトランスフェラーゼ

哺乳類の酵素	機　能	ホモ欠失変異体の表現型
Dnmt1	維持メチル化．すでにあるメチル化パターンを保存するためにヘミメチル化されたDNA上で複製後に働く．ヒストンデアセチラーゼに随伴する．	$Dnmt1^{-/-}$[†1] は in utero（子宮内）致死．これら胎児のDNAは低いメチル化状態で，刷込み遺伝子が両対立遺伝子で発現している．$Dnmt1^{-/-}$ マウスの胚性幹（ES）細胞は生存可能で，de novo メチル化が起こる．
Dnmt3a	de novo メチラーゼ	$Dnmt3a^{-/-}$ マウスは生後4週で死亡する．$Dnmt3a^{-/-}$ 胎児とES細胞ではセントロメアサテライト反復配列の脱メチル化がみられる．$Dnmt3a^{-/-}$ マウスのES細胞は生存可能で，de novo メチル化が起こる．
Dnmt3b[†2]	de novo メチラーゼ	$Dnmt3b^{-/-}$ マウスは in utero 致死．$Dnmt3b^{-/-}$ マウスのES細胞は生存可能で，de novo メチル化が起こる．$Dnmt3b^{-/-}$ の胚とES細胞ではセントロメアサテライト反復配列の脱メチル化がみられない．

[†1] −/− という記述は該当する遺伝子における両対立遺伝子あるいはホモ接合性の欠如を表す．
[†2] DNMT3b の触媒ドメインに影響を与えるヘテロ接合変異はヒトの ICF 症候群で見いだされたが，この疾患は免疫不全，セントロメア不安定性，顔貌異常を特徴とする．この疾患はいろいろな程度で起こる血清免疫グロブリン低下が特徴で，小児期に重篤な感染症罹患をひき起こす．顔貌異常では眼球距離が広がる両眼解離，耳介低位，内眼角贅皮（上まぶたが目頭を覆う部分にできるひだ．かつては蒙古ひだとよばれていた），舌が異常に肥大化するマクログロシア（巨舌症）がみられる．

影響を与えないため，付加されたこの複製後マークはDNAの遺伝情報に影響することなくさまざまな過程を制御することができる．加えて，DNA複製を通してこの修飾が伝播する機構が存在するため（表 12.4, 図 12.25 b），修飾パターンは細胞分裂の過程で母細胞から娘細胞へ引き継がれる．この理由により，ヒストンの翻訳後修飾とは違って，このマークは真にエピジェネティックであると見なすことができる．このマークは DNA 配列にコードされていない制御情報をもち，世代を超えて細胞から細胞へ受け継がれていく．

多くの生物において，DNA メチル化パターンは有性生殖の間に直接遺伝するわけではない．その修飾は初期発生のときにいったん消去され，その後 de novo（新規）に構築される（図 12.26）．新たに生まれる生物個体の体細胞で修飾パターンを完成させる機構は明らかにはなっていない．しかし，DNA メチル化パターンが全体として決められた仕組みに従ってつくられることは明らかなので，間接的で不明確な部分はあるにしても，新たな個体における修飾パターンの保存性を確実に実行するための機構は必ずあ

るはずである．脊椎動物では ^{m5}C はときとして C, A, T の前のシトシンにもみられる場合があるが，メチル基付加の最良の基質は CpG ジヌクレオチドのシトシンである．

ゲノム DNA のメチル化パターンは転写制御に関わりうる

2009 年に論文発表された最初のヒト DNA メチローム（ヒト全メチル化 DNA パターン）の完全な地図では，23 対のヒト染色体上の 2700 万個の CpG ジヌクレオチドの位置に関するメチル化状態が調べられた．そこでは，他の（CpG以外の）ジヌクレオチド中のCのメチル化の検索も行われた．この作業はバイサルファイト処理とハイスループット配列決定による．この処理では DNA をバイサルファイト試薬の亜硫酸水素ナトリウムによって非メチル化シトシンをウラシルに変換するが，メチル化シトシンは変換されずにそのまま残る．方法上の制約があって，配列決定作業は全ゲノム 57 回分相当量に達したが，それがどちらかといえばいくつかの驚くような結果をもたらしたためこの努力はやりがいのあるものとなった．第一に，多能性幹細胞と繊維芽細胞のような分化細胞との間でメチル化さ

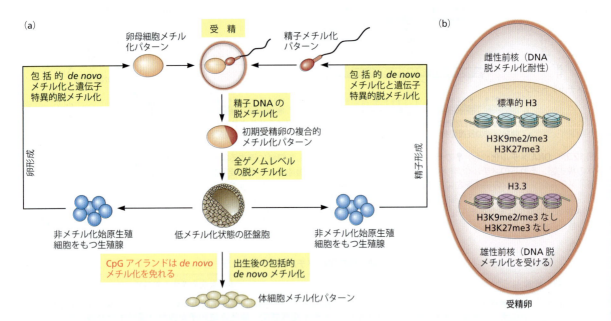

図 12.26 マウス発生過程における DNA メチル化パターンの変動 DNA メチル化パターンは体細胞系譜で遺伝的に伝播するが，個体発生過程ではメチル化はきわめて動的な過程である．(a) 精子ゲノムは受精に伴って急速に脱メチル化されるが，これにより初期受精卵では複合的なメチル化パターンが生み出される．精子由来前核中の DNA メチル化の大規模な消失は複製に依存しないで起き，そのため積極的な脱メチル化がみられる．第二卵割から第三卵割という卵割の初期，メチル化シトシンの量はさらに減少し，胞胚期を通して低い状態が続く．雌性前核でのメチル化消失は受動的で複製依存的に起こる．着床後，胚のゲノムは de novo メチル化を受ける．ただ CpG アイランドの大部分は非メチル化状態のまま残る．始原生殖細胞も非メチル化状態のまま残る．配偶子形成の時期になると特異的な親（父方あるいは母方）の DNA メチル化パターンが刷込み遺伝子座において形成される．(b) 初期接合体での DNA 脱メチル化とクロマチン構造との相関．父方と母方の前核は DNA 脱メチル化においてまったく異なる挙動をとる．つまり雄性前核は脱メチル化を受けるが，雌性前核は抵抗性を示す．それらはまた，いくつかのクロマチン構造に関する特徴についても異なる．母方クロマチンは不活性クロマチンマークと標準的 H3 を含むが，父方クロマチンはこれらの不活性クロマチンマークを欠き，その代わりにバリアントである H3.3 をもつ．胚では多くの遺伝子の転写は最初の細胞分裂の後でなければ始まらないので，雄性前核と雌性前核の間のクロマチン構造の違いはおそらく転写とは関連がなく，DNA 脱メチル化因子を DNA 結合させることに関わるのであろう．

れるジヌクレオチドに関する劇的な違いが見つかった．繊維芽細胞では全メチル化の99.98%はCpGジヌクレオチドで起こるが，幹細胞では約25%のメチル化はCpG配列の中では起こっていなかった．第二に，活発に転写される遺伝子にはメチル化レベルの低いCpGが含まれていた．重要なことであるが，もし最終分化細胞が人為的に多能性幹細胞に初期化されると，それらは再びCpG部位とは異なる部位で通常とは異なる修飾を獲得するようになる．今後明らかにすべき課題は，観察される違いが異なる遺伝子活性の結果なのか，それとも転写制御に積極的に関与するかということである．

分化細胞はメチル化シトシンのむらのある染色体分布が特徴である．とりわけおもしろいのは**CpGアイランド**（CpG island）で，ここは著しくCpGジヌクレオチドに富んでいるにもかかわらず，どういうわけか高度なメチル化から免れている（図12.27）．さらに，プロモーター中のメチル化DNAは下流遺伝子の抑制に直接関係している．プロモーターDNAのメチル化がいかに遺伝子発現に影響を与えうるかを示唆する多くの機構が提唱されており，そのなかにはDNAメチル化とヒストン修飾，あるいはクロマチンリモデリングとの相互作用が含まれる．DNAメチル化がクロマチンを凝集することでクロマチン繊維に直接影響することもありうる．事実，メチル化シトシンを含むクロマチン領域が対照となる非修飾領域以上に凝集されているということが説得力をもって示されている．しかしクロマチン凝集はDNAメチル化だけでは不十分であり，結合しているリンカーヒストンの存在も必要と思われる．

発がんはCpGのメチル化パターンを変化させる

発がんが二つの相反する機構でCpGのメチル化パターンを変化させるという重要なことがある．つまり，ゲノムは発がんで全体としては低メチル化状態になるが，種々のがん抑制遺伝子，細胞周期関連遺伝子，DNAミスマッチ修復遺伝子，ホルモン受容体遺伝子などを含むハウスキーピング遺伝子の発現を制御するCpGアイランドは高度にメチル化される．高メチル化CpGアイランドは連結する遺伝子の抑制をひき起こし，それにより細胞が悪性形質転換するという悲劇的な結末をもたらす．DNAの高メチル化は現在最もよく性格づけされている腫瘍に関連するエピジェネティックな変化であり，事実上すべてのタイプのヒトのがんで見つかっている．プロモーター領域の高メチル化によるがん抑制遺伝子の発現低下は，少なくとも遺伝子変異で起こる抑制と同じくらい一般的である．数多くの遺伝子が，がんにおいてプロモーター部分で高メチル化されていることが示されており，高メチル化されたCpGアイランドでのユニークなメチル化パターンがそれぞれのがんで明らかにされている．したがって，ある遺伝子マーカーに関する高メチル化をがん診断のために使うことができ，またこのメチル化パターンを治療効果を予測するツールとして用いる試みもなされている．最後になるが，高度にメチル化されているプロモーターの脱メチル化と，それによる不活性化がん抑制遺伝子の再活性化を狙って薬の開発が進められている．ただ残念なことに，このような薬は発がんの原因となる遺伝子に関する選択性がなく，非常に多くの遺伝子に影響を与えてしまうために高い細胞毒性を示し，不都合な副作用を起こしてしまう．

DNAメチル化は胚発生時に変化する

これまで述べてきたように，DNAメチル化パターンは細胞分裂を通じて安定に伝達される．しかし多くの脊椎動物の胚発生の初期，DNAメチル化は大きく変動する．二つの大きな連続した脱メチル化過程が受精卵あるいは接合体にみられるが，最初にみられるのは受精直後の雄性前核においてであり，次は胞胚期に至る発生の遷移時期である（図12.26参照）．異なる形でDNAメチル化の変動を示す父方および母方の前核がヒストンH3のK9およびK27の明瞭なヒストンメチル化パターンの違いによっても特徴づけられることは注目に値する．それらはさらに活性型ヒストンバリアントであるH3.3の量においても違いがあるが，このバリアントは雄性前核のみに存在する．DNAメ

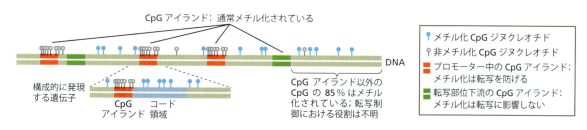

図12.27　ゲノムDNA中のメチル化CpGの分布とそれらの転写に対する効果　全体のうちの約70〜80%のCpGジヌクレオチドが脊椎動物ゲノム中でメチル化されている．で示すmCpGはランダムにゲノム中に分布しているが，CpGアイランドとして知られている著しく凝集したCpG分布を示す領域には含まれていない．大部分のCpGアイランドは遺伝子のプロモーターに付随して存在し，で示すようにすべてのタイプの体細胞において脱メチル化状態が維持されている．CpGアイランドにおける異常なメチル化はがん細胞の中でみられ，それはがん抑制遺伝子やその他の重要な遺伝子の抑制につながっている．

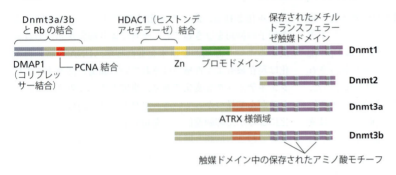

図12.28 **哺乳類DNAメチルトランスフェラーゼのドメイン構造** 知られているすべてのDNAメチルトランスフェラーゼは保存されているアミノ酸モチーフをもつ保存性触媒ドメインを含む．それぞれのDNAメチルトランスフェラーゼは多くの制御タンパク質と相互作用する．それらのいくつかは酵素活性を調節するが，他のものは転写抑制機構に関与する．DNAメチルトランスフェラーゼ1が転写を抑制するときは，直接，またはコリプレッサーDMAP1や網膜芽腫タンパク質Rbといった他のタンパク質を介してHDAC1のようなヒストンデアセチラーゼと相互作用する．

チル化量は着床後の *de novo* メチル化によって保持される．配偶子形成もまた，動的で高い選択性をもつメチル化パターンの変化によって特徴づけられる．しかしゲノム全体の脱メチル化および再メチル化は，すべての脊椎動物にとって絶対的なものではなく，顕著な例外としてゼブラフィッシュがある．アフリカツメガエルではもっと限定的なメチル化の低下しか起こらない．このようなすべての変化がなぜ，そしてどのようにして起こるのかは発生学における未解決問題の一つとなっている．他の未解決問題は純粋に構造に関するものである．DNAメチル化や脱メチル化はクロマチン構造の中で起こるはずである．したがって，ヌクレオソーム粒子やクロマチン繊維構造とその密集の中で，どのCpGが反応を受容できるのかという見地をもとにした解明に向けての取組みがなされるに違いない．しかしこれらの取組みはいまだ実行されてはいない．

DNAメチル化は複雑な酵素活性をもつ分子装置により実行される

CpGという環境の中でシトシンをメチルシトシンに変換する酵素には二つのタイプがある．一つめは**DNAメチルトランスフェラーゼ1**（**Dnmt1**；DNA methyltransferase 1）で，DNA複製の過程で生じるヘミメチル化部位での非修飾Cを認識してメチル化し，それによって両鎖でのゲノムのメチル化パターンが保存される．高等真核生物では，この過程は複製後1〜2分以内に起こる．他のタイプに属する二つの酵素，**Dnmt3a**と**Dnmt3b**はいずれのDNA鎖でもそれまでメチル化されていなかった部位に新しいメチル基を導入するのに関わるが，これらの酵素は発生過程においてゲノム全体の *de novo* メチル化に関与する（図12.26参照）．*in vivo* におけるこれらすべてのDnmt酵素の重要な役割についてのさらなる情報に関しては表12.4を参照のこと．構造の観点で見ると，すべてのDnmt酵素は1個の保存されている触媒ドメインとそれ以外のドメインを含んでおり，後者はおもにタンパク質-タンパク質相互作用に関与する（図12.28）．

CpGにメチル化マークを付ける酵素はよく理解されている．しかしDNAの能動的脱メチル化酵素を同定するた

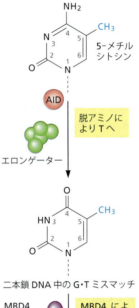

図12.29 **哺乳類DNAの能動的脱メチル化** 能動的脱メチル化は発生や遺伝子活性化を含む数多くの生物学的状況のなかで起こる．DNA脱メチル化はいくつかの段階を経て進む．最初，活性化誘導シチジンデアミナーゼ（AID）がメチルシトシンからアミノ基を除き，それによりチミジンが生成する．転写伸長に関わるエロンゲーターなどの追加タンパク質がおそらく必要である．続いて，生じたミスマッチ塩基のTが塩基除去修復経路によってシトシンに置き換えられるが，ここにはチミン特異的グリコシラーゼであるMBD4の作用が関わる．この機構は始原生殖細胞で活性を発揮し，そこでみられる包括的なゲノムレベルの脱メチル化に効果を現す．AIDはまた，転写活性化を受ける遺伝子のメチル化されたプロモーターからメチル基を速やかに除去することにも関わる．

めの継続的な研究は，おそらく過去10年間で最も議論になる研究領域をつくり出した．聞くところによると，いくつかの酵素がこの機能を果たすとして論文が投稿されたが，すぐに却下されるばかりであった．しかし長く探求された謎めいた反応経路がついに見つかったのかもしれない．2010年，シトシンからのメチル基の能動的な除去過程が実際は複数の反応から成り，どちらかといえば間接的で入り組んだ機構で起こることが報告されたのである（図12.29）．最初の段階はシトシンの脱アミノ反応によってチミジンを生成し，2番目の段階では生じたミスマッチT・G塩基対が塩基除去修復機構によって認識され（第22章参照），ミスマッチしたTがCに置換される．この経路を使うと，細胞はシトシン-CH_3という非常に強い化学結合を切断するという反応を避けることができるのである．

DNAのメチル化マークを読取るタンパク質が存在する

分子生物学では通例になっていることだが，もしある分子上に合成後に付加される特異的マークがあるならば，そこにはマークを識別する分子と機構が存在するだろうと考える．そのような分子は認識後に効果を発揮するが，実際にはマークとして与えられるシグナルを生化学的な成果に読みかえる．DNAメチル化もこの例外ではない．ゲノムのメチル化領域は**メチル化CpG結合タンパク質**（methyl-CpG-binding protein）と名付けられた種類のタンパク質によって認識される．これらのすべては共通のメチル化CpG結合ドメイン（MBD）を共有する．MBDタンパク質を**表12.5**に載せ，それぞれのタンパク質の構造，DNA結合部位の特徴的な性質，転写における特異的な働き，そして最後にそれぞれのタンパク質の *in vivo* での発現と局在に関する情報を提供した．**Box 12.1** はこれらタンパク質のうちの一つ，MeCP2について述べるが，このタンパク質の変異はレット（Rett）症候群として知られている神経発達障害に関係がある．間違いなく，将来はもっと多くのMBDタンパク質が発見されるだろう．

12.7 転写制御における長鎖ncRNA

ncRNAは転写制御において驚くべき役割を果たす

最後に新たにわかった，予期されていなかった転写制御の様式について述べよう．第10章ですでに議論したように，ゲノムワイドレベルの転写研究からもたらされた最大の驚きの一つは，ゲノムを通して広がっている転写の活性化状態である．最近の論文で記されたように "転写は予想を超える数の転写事象によって実行されている"．およそ18万個のマウスcDNAが同定されたが，既知のタンパク質コード遺伝子はほんの20200個程度にすぎない．ヒトゲノムの3％以下しかタンパク質をコードしておらず，残りの転写されるRNAの多くは機能未知である．マウスとヒトのトランスクリプトーム（全転写産物）の分析は，かくして膨大な数のタンパク質をコードしない転写産物（RNA）を明らかにしている．それらRNAは**ノンコーディングRNA**（**ncRNA**；noncoding RNA）といわれる．ただ転写のこの分野において大きな疑問が依然として残っている．つまり，これらncRNAは単なる転写のノイズで，ゲノム中で思いがけず発生する擬似プロモーターからの転写産物なのか，それともそれらのいくつかは真の細胞機能をもつのか，ということである．もし後者がイエスならば，その存在を我々が今日まで気づいていなかったその謎めいた機能とは何なのであろうか．これは分子生物学におけるいわば暗黒物質である．他の可能性もある．つまりncRNA転写の機能的重要性がRNA産物それ自身というより転写過程それ自身にあるのかもしれないということである．この見解は，転写中にクロマチン構造に生じる変化が何か重要なことであることを仮定させる．なぜなら転写領域は外見上，より開かれた状態にあり，この解放性がさらなる転写を促進するからである．つまりncRNAの転写は，機能性RNAコード遺伝子やタンパク質コード遺伝子の転写可能

表12.5 メチル化CpG結合タンパク質

タンパク質	タンパク質構造とDNA結合の特徴	転写における効果；他の性質	*in vivo* での発現と局在
MBD1	MBDとCxxCxxCモチーフを含む．いくつかのスプライシングバリアントが存在	*in vitro* と *in vivo* でメチル化プロモーターからの転写を抑制	体細胞組織で発現するがES細胞では発現しない
MBD2a	MBDと(Gly-Arg)$_{11}$ [(GR)$_{11}$] ドメインを含む	転写抑制．Mi2/NuRDデアセチラーゼ複合体の成分	マウス細胞において，高度にメチル化されたサテライトDNAと共局在する
MBD2b	(GR)$_{11}$ ドメインを欠く欠失型MBD2a．欠失はMBD2aの2番目のメチオニンコドンで始まる	転写抑制．Mi2/NuRDデアセチラーゼ複合体の成分	体細胞組織で発現するがES細胞では発現しない
MBD3	MBDと12個のグルタミン酸から成るC末端の鎖をもつ．哺乳類のMBD3は *in vivo* でも *in vitro* でもメチル化DNAに結合しない	Mi2/NuRDとSMRT/HDAC5-7デアセチラーゼ複合体の成分	体細胞組織で発現するがES細胞では発現しない
MBD4	MBDとT·Gミスマッチグリコシラーゼの修復ドメインを含む	メチル化CpG部位で脱アミノ産物に結合するチミングリコシラーゼ	マウス細胞において，高度にメチル化されたサテライトDNAと共局在する．体細胞組織とES細胞で発現する
MeCP2	MBDと転写抑制ドメインを含む．対称的にメチル化された単独のCpGに結合	*in vitro* と *in vivo* でメチル化プロモーターからの転写を抑制．Sin3a/HDAC1-2, NCoR/Ski, Rest/CoRestといったいくつかのコリプレッサー複合体中にある．メチル化および非メチル化双方のプロモーターからの転写を活性化	マウス細胞において，高度にメチル化されたサテライトDNAと共局在する．体細胞組織とES細胞で発現する

Box 12.1　メチル化 CpG 結合タンパク質 2 とレット症候群

レット症候群（RTT）は誕生する女児 15000 人に 1 人の割合で症状が出る X 連鎖性の神経発生に関わる疾患で，女性の精神遅延の主要な原因になっている．この疾患では初期は見かけ上正常の発達を示すがその後退行するという特徴を示し，多くの自閉症の兆候と，習得した言語能と運動能の消失を伴う．続いて手の常同運動と歩行異常が現れるが，通常は他の多くの症状を併発する．レット症候群患者の約 80% が *MECP2* 遺伝子に多数の変異をもつという発見により病因の理解が一挙に進んだ．この遺伝子はヒトのメチル化 CpG 結合タンパク質のなかのよく知られた一つをコードする（表 12.5 参照）．この変異により，欠陥をもつタンパク質が産生される．変異の範囲は遺伝的性質とタンパク質分子中の変異点の分布の双方に関して非常に広い（図1）．膨大な数の異なる変異――2003 年までの報告では 2100 人以上の患者で 218 の変異が見つかった――にも関わらず，変異ホットスポット（高頻度変異部位）は 8 箇所に存在し，おもにアルギニンに影響するものである．

MeCP2 が転写のアクチベーターとリプレッサーのいずれでもあることを示している（図2）．発現解析によって MeCP2 が調節する 2184 個の遺伝子の活性化と 377 個の遺伝子の抑制が明らかになった．さらなる研究により，MeCP2 結合部位の約 60% は遺伝子の外側にあり，CpG アイランドにあるものは約 6% にすぎないことが示された．なお MeCP2 結合プロモーターのわずか 6% しかメチル化 CpG を含んでいない．かくしてそれまでいわれていたリプレッサー仮説は，5 年以内にまったく異なるいくつかの仮説が取って代わった（図2参照）．これらの新しい発見は，レット症候群治療は，MeCP2 機能不全が原因で患者で脱抑制されている脳の遺伝子を抑えることに焦点を当てるべきだ，という見方を変えた．むしろ MeCP2 活性の全体性を保ち続けることに留意すべきであろう．この挑戦は途方もないものであり，達成は簡単ではない．

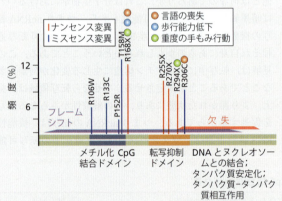

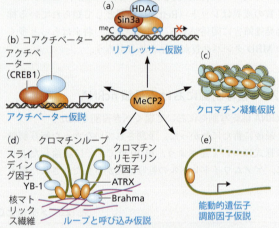

図1　MeCP2 の全体構造　MeCP2 分子内の約 60% は定まった構造をとらず，DNA やタンパク質の結合相手と複合体を形成した後で二次構造をとると予想される 9 個のポリペプチド区分を含む．最もよく特徴づけられたドメインが模式図中で描かれ，さらにレット症候群患者中の変異ホットスポットも示されている．異なる変異が異なる臨床症状につながることに注意しよう．

MeCP2 作用を理解するための重要な進展が，ヒトの病気の条件とされる手もみ行動を含む症状を示す疾患モデルマウスの開発によってもたらされた．モデルマウスのいくつかは *MECP2* 遺伝子を欠き，他では点変異や欠失があったが，一方において神経細胞では依然としてタンパク質が過剰発現していた．重要なことに，変異マウスに導入した *MECP2* 遺伝子の発現がレット症候群の形質を正常に戻したので，MeCP2 の機能不全と疾患との間の因果関係が示された．

始め，MeCP2 はプロモーター中のメチル化 CpG に結合して脳特異的遺伝子を抑制する因子として作用すると考えられていたが，最近のゲノムワイドレベルの研究は，

図2　*in vivo* の MeCP2 作用の分子機構に関する多様な仮説　(a) リプレッサー仮説．●で表した MeCP2 がプロモーター領域にある●で示した CpG ジヌクレオチド中のメチル化シトシンに結合し，Sin3a のようなコリプレッサー複合体とヒストンデアセチラーゼ（HDAC）を呼び込むことで作用を現す．(b) アクチベーター仮説．MeCP2 はプロモーター領域に結合し，CREB1 のようなアクチベーターとの相互作用を通して転写を活性化する．(c) クロマチン凝集仮説．MeCP2 は自分自身と DNA に会合して密集したクロマチン構造を形成し，その局在は核のヘテロクロマチンと一致する．(d) ループと呼び込み仮説．MeCP2 は核マトリックスの成分と結合し，クロマチンループを形成する．MeCP2 は RNA スプライシング因子や ATRX のようなクロマチンリモデリング因子を呼び込む．(e) 能動的遺伝子調節因子仮説．ゲノムワイドレベルでの位置の解析により，MeCP2 は約 60% が優先的に遺伝子間部位に結合し，遠方から働くことが示された．以上の仮説のそれぞれは MeCP2 の別々の機能を述べていることに注意しよう．つまり仮説同士は相互排他的なものではない．今後の取組みは，多様な MeCP2 の役割のどれが出生後の脳の発達に重要で，それが明らかにレット症候群患者で影響を及ぼしているかを決めることである．

状態の維持に効く可能性がある．我々が情報としてもっている少数の例によると，これらの分子の機能はきわめて多様である（図12.30）．

ncRNAの大きさやゲノム上の位置は著しく多様である

ncRNAは約200 ntを任意の境界線として，相対的に短いものと長いものとに分けられる．短鎖ncRNAには明確に定義された複数の分類群のものが存在する．それらの生成については第14章で述べ，他のものについての役割は第17章で述べることとする．ここではいくつかの**長鎖ncRNA（lncRNA；long noncoding RNA）**についての特徴と転写制御能について述べるが，それらはすべて最近報告されたものである．

多くのncRNAはタンパク質コード遺伝子の5′末端あるいは3′末端から離れた場所で転写される傾向にある．lncRNAに関しては，プロモーター付近，第一エキソン付近，そして第一イントロン付近で有意に濃度が高い．少なくともこれらRNA分子のあるものは通常のmRNA分子のように，キャッピングとポリアデニル化を受けている（第15章参照）．いくつかの分子はタンパク質結合にとって重要と思われる短くて安定なステムループ構造ももっている．結合タンパク質は基本転写因子もしくは遺伝子特異的転写因子，転写伸長因子，クロマチンリモデリング因子でありうる．図12.30に転写制御の役割をもつよくわかっているいくつかのlncRNAを示した．関与する作用機構はきわめて変化に富んでおり，共通の特徴は見あたらない．図12.31には生存推進遺伝子の転写を抑えることにより，一つのlncRNAがいかにストレスに対する細胞のアポトーシス応答を調節するのかについての別の魅惑的な例が描かれている．作用機構の多様性は驚くべきものである．確かな

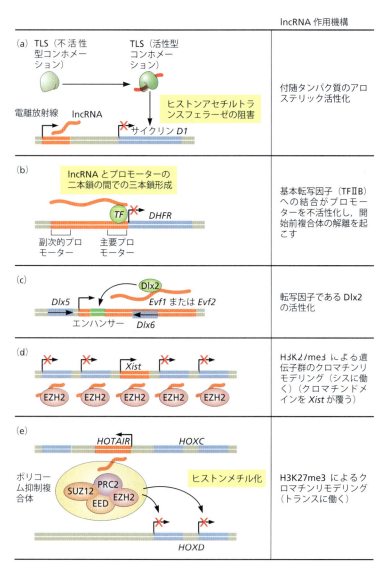

図12.30　真核生物におけるlncRNA介在転写制御の機構（a）サイクリンD1遺伝子の上流で転写されるlncRNAは，ストレスに応答して脂肪肉腫で翻訳されるRNA結合タンパク質のTLSと結合し，タンパク質のコンホメーション変化を誘導する．活性化TLSはヒストンアセチルトランスフェラーゼ活性を阻害し，それによってサイクリンD1遺伝子の転写が阻害される．（b）*DHFR*（ジヒドロ葉酸レダクターゼ）遺伝子は，lncRNAが基本転写因子のTFⅡBと結合し，転写開始が妨害されることで阻害される．この機構には一本鎖lncRNAと二本鎖の*DHFR*プロモーターDNAとの間で形成されるプリン-プリン-ピリミジンという安定な三本鎖複合体の形成も関わる．（c）lncRNAの*Evf1*-*Evf2*はホメオドメインタンパク質のDlx2と結合して，神経細胞の分化と移動に関わる*Dlx5*遺伝子と*Dlx6*遺伝子のためのエンハンサーを活性化する．*Evf2*の発現は発生期のマウス脳において強く制御されている．（d）シスに働くlncRNAによる遺伝子群のエピジェネティックなサイレンシング　例は*Xist*について示したが，このncRNAは哺乳類のX染色体不活性化にとってきわめて重要である．*Xist*は安定的に不活性化される方のX染色体を覆う．*Xist*による被覆はPol Ⅱを欠く特別な核内区画を形成すると考えられている．これはまた，H3K27に抑制性メチル化マークを入れるPRC2のサブユニットであるEZH2とも結合する．(E) トランスに働く遺伝子のエピジェネティックな抑制．*HOTAIR* lncRNAはヒトの*HOXC*遺伝子クラスター内で転写される．その後この分子は直接PRC2のようなエピジェネティック修飾因子を標的として結合し，それが*HOXD*遺伝子クラスターに向かう．G9aメチルトランスフェラーゼのような他のヒストン修飾に関わる複合体もこのlncRNAの標的となる可能性がある．

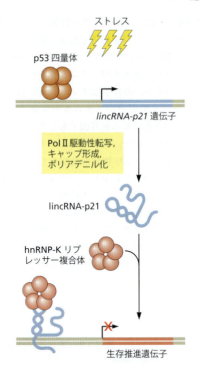

図 12.31 p53 介在性転写抑制における lincRNA の関与 *p53* は重要ながん抑制遺伝子で，ヒトがんのおよそ 50% で変異している．p53 タンパク質は四量体となって DNA に結合する．p53 は DNA 損傷に応答して安定化し，複雑な転写応答をひき起こすが，そこには多数の遺伝子発現の活性化や抑制が含まれる．転写応答は細胞周期停止かアポトーシス（プログラム細胞死）につながる．p53 介在性遺伝子抑制はアポトーシスの一局面であるが，長い遺伝子間 ncRNA（lincRNA；long intergenic ncRNA）の lincRNA-p21 が関わる機構が関与して起きる．この RNA は p53 標的遺伝子である *p21* の近傍に位置することで命名されているが，*p21* 自身は lincRNA 経路には含まれない．この出来事の順序は次のようである．まず p53 が lincRNA-p21 の転写を誘導し，次にできた lincRNA-p21 が抑制性の RNA-タンパク質複合体 hnRNP-K と結合する．結合には応答遺伝子上での hnRNP-K の適切な局在が必要である．できた抑制複合体はリンカーヒストンバリアントである H1.2 を含み，ヒストンアセチルトランスフェラーゼ p300 によるヒストンのアセチル化を妨害する．クロマチン編成の変化は連携する生存推進遺伝子の転写抑制の一つの原因であり，それが細胞死をひき起こす．

ことは，lncRNA やその機能に関心を寄せている限り，我々は単に氷山の先端を見ているにすぎないということである．より多くの識見はヒトゲノムとトランスクリプトームの全体を系統的に解析する ENCODE 計画から収集された（第 13 章参照）．

12.8 転写制御配列の活性を測定する方法

我々が定義する真核生物ゲノム中の制御配列のほとんどすべては組換え DNA 技術を使って目的 DNA 配列を何らかの DNA コンストラクトに組込み，それを生細胞に導入した後でコンストラクトの転写活性を測定するという方法に依存している（第 5 章，第 13 章参照）．このような方法が使えるまでには何年も要したが，現在ではすべての種類の制御配列を研究するための多様な戦略のすべてを好きなように使える（Box 12.2）．しかしこのようなレポーター解析によって同定された配列が，本当に予想されたように *in vivo* で機能するかどうかという大きな問題は，まだ解決されずに残っている．

重要な概念

- 成長や環境要因に応答する必要があるため，真核生物の転写制御はウイルスや細菌よりずっと複雑である．
- 真核生物のプロモーター領域は通常コア配列と近位配列に分けられ，コアプロモーターはポリメラーゼ結合部位を含み，近位プロモーターは制御能をもつ．
- 遠位制御 DNA 配列はエンハンサー，サイレンサー，インスレーター，遺伝子座制御領域を含む．それぞれは自身の機構を通して働く．
- 真核生物の転写因子は DNA 制御配列に結合する分子複合体である．典型的には特異的遺伝子の特異的 DNA 配列に結合し，基本転写装置の呼び込みを通して転写の活性化に働く DNA 結合ドメインと活性化ドメインの両方を含む．
- 遺伝子座制御領域あるいは結合するタンパク質因子に起こる変異はがんを含む病的状態をひき起こす．
- 制御は転写伸長段階でも起こる．ときとしてポリメラーゼはプロモーター近くに留め置かれ，その後細胞情報がそれを解放すると転写が続く．ある種の転写伸長因子はポリメラーゼが転写の一時停止を克服することを助け，それによりポリメラーゼは遺伝子本体に沿って動く．
- ポリメラーゼがヌクレオソームを通過するのを助けるタンパク質因子も存在する．ヌクレオソーム内 DNA の転写の仕組みは依然としてまだよくわかっていない．
- 真核生物の転写はヌクレオソーム上のヒストンの翻訳後修飾，あるいはマークの付加によりかなり影響を受ける．マークにはアセチル化，メチル化，リン酸化，ユビキチン化，ポリ ADP リボシル化がある．これら化学修飾のそれぞれには特異的酵素が存在し，酵素は個別ヒストン分子上の個別アミノ酸残基に関してきわめて特異的である．さらにそれら修飾の間には相互作用も存在する．
- これらマークの特異的なリーダーが存在するが，それはマークを認識し，遺伝子発現の修飾をひき起こす．リシンのアセチル化などのある種の修飾は遺伝子の活性と強く相関する．他のものは遺伝子サイレンシングに関係がある．

Box 12.2 転写制御配列活性の in vivo 測定

転写制御配列の活性測定法は，転写活性を容易に検出できるレポーター遺伝子コンストラクトの使用に基づく（図1）．最もよく使われているレポーター遺伝子はクロラムフェニコールアセチルトランスフェラーゼ（CAT），β-ガラクトシダーゼあるいはルシフェラーゼ遺伝子である．CAT は抗生物質のクロラムフェニコールをアセチル化することで無毒化し，薬剤のリボソーム結合を阻止する（第16章参照）．CAT を発現する細胞は抗生物質の入った培地中でも成育することができる．β-ガラクトシダーゼは β-ガラクトシドを単糖に加水分解する反応を触媒する．X-gal は無色の修飾ガラクトシド糖で，この酵素によって不溶性産物の 5-ブロモ-4-クロロインドールに変換されるが，この物質が明るい青のため酵素反応の指示薬として働く．最後のルシフェラーゼはホタルに由来する酵素でルシフェリン色素の酸化に関わり，反応は光あるいは生物発光の産生を伴う．

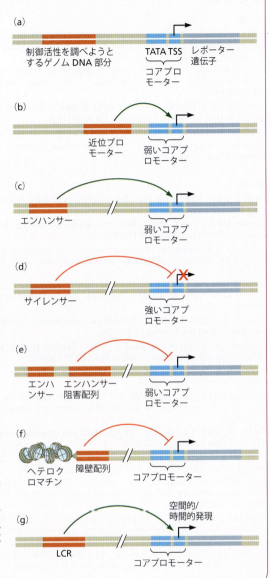

図1 転写制御配列の活性測定のための機能的 in vivo 解析 (a) 制御活性に関して調べるべき DNA 領域をレポーター遺伝子が含まれるプラスミドへクローニングし，そのコンストラクトを一過的あるいは安定的に細胞に DNA 感染させ，レポーター遺伝子の活性を検出する．断片をコアプロモーター活性に関して調べようとする場合は，ここには示されていない内在性プロモーターを欠くレポーター遺伝子のすぐ上流にそれを置く．(b) 近位プロモーター配列の検討．転写の上昇が予測できる．(c), (d) エンハンサーやサイレンサーの検討には適当な強度をもつプロモーターを使うことが必要となる．(e), (f) 二つの異なる型のインスレーター活性の検討．潜在能力をもつエンハンサー妨害配列はエンハンサーと遺伝子の間に挿入されたときに活性を示すはずである．障壁配列は近傍領域からのヘテロクロマチン構造の拡散を阻止するに違いない．この解析では導入DNA のゲノムへの安定的組込みが必要となる．障壁配列は遺伝子コンストラクトを組込み位置効果が出ないようにするので，遺伝子の組込みがゲノムのどこで起きても常に活性をもつはずである．(g) 遺伝子座制御領域（LCR）の最終的な同定も安定的組込みが必要である．LCR は連結した遺伝子の制御された発現に関わり，導入DNA の組込み場所とは独立に機能する．[(a)〜(g) Maston GA, Evans SK & Green MR [2006] *Annu Rev Genomics Hum Genet* 7:29–59 より改変．Annual Reviews の許可を得て掲載]

- ヒストンの置換バリアントも遺伝子制御に役割を果たす．たとえば H2A.Z はしばしば転写開始部位周辺にできるヌクレオソーム欠失領域の脇のヌクレオソームにみられる．H3.3 と H2A.Bbd はしばしば転写活性化状態に関連する．
- 場合により，クロマチン構造は転写が可能になるためにリモデリングされなくてはならない．これはひとそろいの ATP 依存性クロマチンリモデリング因子によって実行される．これら因子はヌクレオソームを DNA 上でスライドさせてその構造を変換したり，ヌクレオソーム粒子を部分的に解離させたりする．
- 遺伝子は 5-メチルシトシンを形成するシトシン残基．とりわけ CpG 部位のメチル化によっても制御されうる．メチル化は細胞分裂を通じて維持されるので，真のエピジェネティックな修飾とみなされる．
- DNA メチル化の大きな変化が発生過程，多能性幹細胞の分化後，そして発がん時に起こる．
- DNA をメチル化する酵素，DNA のメチル化マークを読込むかもしくは取除く酵素が存在する．
- 上述した他のすべての機構に加え，lncRNA が膨大な数の制御を実行することが現在明らかになり始めている．

参考文献

成書

Allis CD, Jenuwein T & Reinberg D (eds) (2007) Epigenetics. Cold Spring Harbor Laboratory Press. 〔『エピジェネティクス』堀越正美訳, 培風館 (2010)〕

Carey M & Smale ST (2000) Transcription Regulation in Eukaryotes: Concepts, Strategies, and Techniques. Cold Spring Harbor Laboratory Press.

Chapman KE & Higgins SJ (eds) (2001) Essays in Biochemistry, Vol. 37: Regulation of Gene Expression. Portland Press.

Latchman DS (2010) Gene Control. Garland Science.

Zlatanova J & Leuba SH (eds) (2004) Chromatin Structure and Dynamics: State-of-the-Art. Elsevier.

文献

Ausió J (2006) Histone variants—the structure behind the function. Brief Funct Genomic Proteomic 5:228–243.

Barsotti AM & Prives C (2010) Noncoding RNAs: the missing "linc" in p53-mediated repression. Cell 142:358–360.

Bulger M & Groudine M (2010) Enhancers: The abundance and function of regulatory sequences beyond promoters. Dev Biol 339:250–257.

Caiafa P, Guastafierro T & Zampieri M (2009) Epigenetics: Poly (ADPribosyl) ation of PARP-1 regulates genomic methylation patterns. FASEB J 23:672–678.

Clapier CR & Cairns BR (2009) The biology of chromatin remodeling complexes. Annu Rev Biochem 78:273–304.

D'Alessio JA, Wright KJ & Tjian R (2009) Shifting players and paradigms in cell-specific transcription. Mol Cell 36:924–931.

Davis PK & Brachmann RK (2003) Chromatin remodeling and cancer. Cancer Biol Ther 2:23–30.

Elsaesser SJ, Goldberg AD & Allis CD (2010) New functions for an old variant: No substitute for histone H3.3. Curr Opin Genet Dev 20:110–117.

Fischle W, Wang Y & Allis CD (2003) Histone and chromatin crosstalk. Curr Opin Cell Biol 15:172–183.

Hiragami K & Festenstein R (2005) Heterochromatin protein 1: A pervasive controlling influence. Cell Mol Life Sci 62:2711–2726.

Kraus WL (2008) Transcriptional control by PARP-1: Chromatin modulation, enhancer-binding, coregulation, and insulation. Curr Opin Cell Biol 20:294–302.

Kraus WL & Lis JT (2003) PARP goes transcription. Cell 113:677–683.

Ladurner AG (2006) Rheostat control of gene expression by metabolites. Mol Cell 24:1–11.

Maston GA, Evans SK & Green MR (2006) Transcriptional regulatory elements in the human genome. Annu Rev Genomics Hum Genet 7:29–59.

Mercer TR, Dinger ME & Mattick JS (2009) Long non-coding RNAs: Insights into functions. Nat Rev Genet 10:155–159.

Moazed D (2001) Common themes in mechanisms of gene silencing. Mol Cell 8:489–498.

Narlikar L & Ovcharenko I (2009) Identifying regulatory elements in eukaryotic genomes. Brief Funct Genomic Proteomic 8:215–230.

Ooi SKT & Bestor TH (2008) The colorful history of active DNA demethylation. Cell 133:1145–1148.

Ponting CP, Oliver PL & Reik W (2009) Evolution and functions of long noncoding RNAs. Cell 136:629–641.

Ptashne M (2005) Regulation of transcription: From lambda to eukaryotes. Trends Biochem Sci 30:275–279.

Rando OJ & Chang HY (2009) Genome-wide views of chromatin structure. Annu Rev Biochem 78:245–271.

Sanz LA, Kota SK & Feil R (2010) Genome-wide DNA demethylation in mammals. Genome Biol 11:110.

Schübeler D (2009) Epigenomics: Methylation matters. Nature 462:296–297.

Shahbazian MD & Grunstein M (2007) Functions of site-specific histone acetylation and deacetylation. Annu Rev Biochem 76:75–100.

Simon JA & Kingston RE (2009) Mechanisms of polycomb gene silencing: Knowns and unknowns. Nat Rev Mol Cell Biol 10:697–708.

Sparmann A & van Lohuizen M (2006) Polycomb silencers control cell fate, development and cancer. Nat Rev Cancer 6:846–856.

Suganuma T & Workman JL (2008) Crosstalk among histone modifications. Cell 135:604–607.

Taverna SD, Li H, Ruthenburg AJ et al. (2007) How chromatin-binding modules interpret histone modifications: Lessons from professional pocket pickers. Nat Struct Mol Biol 14:1025–1040.

Trojer P & Reinberg D (2007) Facultative heterochromatin: Is there a distinctive molecular signature? Mol Cell 28:1.13.

van Holde KE, Lohr DE & Robert C (1992) What happens to nucleosomes during transcription? J Biol Chem 267:2837.2840.

Zlatanova J & Thakar A (2008) H2A.Z: View from the top. Structure 16:166.179.

Zlatanova J & Victor J-M (2009) How are nucleosomes disrupted during transcription elongation? HFSP J 3:373.378.

実験に関する論文

Heintzman ND, Hon GC, Hawkins RD et al. (2009) Histone modifications at human enhancers reflect global cell-type-specific gene expression. Nature 459:108.112.

Heintzman ND, Stuart RK, Hon G et al. (2007) Distinct and predictive chromatin signatures of transcriptional promoters and enhancers in the human genome. Nat Genet 39:311.318.

Ravasi T, Suzuki H, Cannistraci CV et al. (2010) An atlas of combinatorial transcriptional regulation in mouse and man. Cell 140:744.752.

13　ヒトゲノムの転写制御

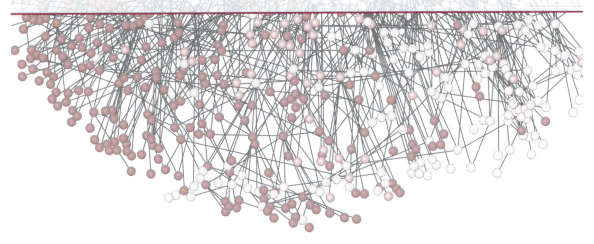

13.1　はじめに

　2012年，ENCODE（Encyclopedia of DNA Elements）計画のすべての結果が公開されたことにより，分子生物学に革新がもたらされた．この計画はヒトゲノム計画の終了直後に開始されたものである．ENCODEはヒトの全ゲノム配列を明らかにし，機能部位とされているさまざまなゲノム機能に特徴的な配列をすべて記載することを目的とすることにほかならない．これらの領域はきわめて多様な転写開始部位（TSS）やプロモーター，エンハンサー，ヌクレオソームの位置やメチル化部位などを含んでいる．2007年に発表されたENCODEの第1報はゲノムのたった1％を対象として解析したものであった．しかし強力な新規方法の開発により著しい飛躍がもたらされ，そこからわずか数年で全ゲノム，すなわち100％の解析がなされた．総計すると，ヒト由来で由来の異なる細胞147種が解析された．この一大計画を完遂するには数百人に及ぶ世界中の研究者の協力が必要とされ，それぞれがこの大きな問題の特別な観点に焦点を当てていた．

　第12章では，従来の古典的な手法により得られた転写制御機構について概説した．機能的に重要と考えられる遺伝子配列が同定された場合は，たとえばすでに機能が判明した部位を体系的に欠失あるいは変異させ，それを生細胞に導入し，その機能を従来の手法により解析した．これまでみてきたように，これらのアプローチは限定された長さをもつ短い特定のゲノム領域の機能とそこに結合する因子に関する豊富な情報をもたらした．

迅速な全ゲノム配列決定は高度な解析を可能にする

　研究者は"signature（シグネチャー，識別構造）"とよばれる生化学的あるいは生理学的な特徴によって機能的な配列要素が定義づけられることを徐々に認識してきた．この認識は，全ゲノム中の個々の機能配列の出現および分布を探査するためのこれら特定の生化学的なシグネチャーを探すことを目的としたゲノムワイドな実験的および計算的な手法の開発につながった．この生化学的シグネチャー戦略は，ゲノム配列によって明記されるヒトゲノム内のすべての機能的配列要素を明らかにすることを目的としたENCODE計画実行の基礎となった．この章では，ENCODE計画の第二段階である生産的段階の主要な成果について，転写に関するものを紹介する．発見のいくつかは遺伝子特異的解析で得られた研究により予想されたものであったが，その他にも転写制御の複雑な絵図を示し，多くの新しい見方をもたらした．わくわくすることに，情報が埋まっている鉱山はまだ掘りつくされておらず，実際，まだその十分な能力には届いていない．ここでは，転写やその制御に関して今日までに明らかとなったことを示す．

　この章に記載した材料と方法は，今後分子生物学分野の発展において非常に重要なものになると予想されるが，これらの内容はより一層前進すると考えられる．我々は現時点では，未知の地点を望む最前線に立っている．ENCODEの結果はこの章以外においてもいくつか言及しているが，分子生物学の最先端を完全に理解したい場合はこの章とそこに掲げた参考文献に焦点を当てるのがよいであろう．

13.2　ENCODEの基本概念

ENCODEはハイスループットで大規模な連続的配列決定と解析のための洗練されたコンピューターアルゴリズムによっている

　数千，あるいは数百万に及ぶ機能配列の位置を決めるために，何らかの方法でゲノムを断片化する必要がある．既

知の全ゲノム配列と対応付けるために配列要素を含んだ断片を分離し，配列決定を行う．単離のための技術はさまざまであり，ここで詳述するにはあまりにも事細かすぎる．Box 13.1 にその一例を示す．この際問題となるのは数千，数百万に及ぶ断片を配列決定しなければならないことである．これは第4章で述べた従来の手法ではまったくもって解決できないものである．しかしながら，ここ10年で迅速かつ自動的なハイスループット配列決定法が開発されてきた．これらの方法のほとんどは大規模並列処理によるものであり，数千に及ぶ試料を同時並行して解析することが可能になった．繰返すが，いつの時代でも，現状のどんな方法も，改良や新しい方法の出現によって衰退するものなのである．現在の技術では 50 000 試料を同時に処理することができ，それぞれで数千塩基対を1時間以内に 99.9%

Box 13.1 より詳しい説明：FAIRE 法，制御領域をゲノムワイドに分離する手法

伝統的に制御領域に見いだされる開いたクロマチン領域は DN アーゼ I に対する高感受性によって同定されてきた．活性制御領域を特定し解析するために，より選択的で，単純かつ高効率な方法が近年導入された．**FAIRE**（formaldehyde-assisted isolation of regulatory elements）法はホルムアルデヒドによるタンパク質-DNA 架橋，剪断による DNA の細断化，フェノール/クロロホルム抽出により架橋されていない DNA 断片を回収する（図1a）．

非ヌクレオソーム内にある DNA は，DNA 結合タンパクを含む開いたクロマチン領域よりもホルムアルデヒドで高率に架橋される．そのため，架橋されていない DNA はフェノール/クロロホルム抽出では水層に回収されるが，これはヌクレオソーム欠失領域に由来する（図1b）．これらの領域は転写開始部位，活性プロモーター，エンハンサー，インスレーターと同様に DN アーゼ I 高感受性部位に一致する（図2）．

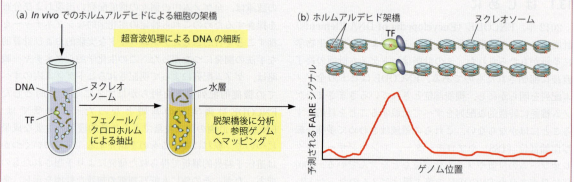

図1 FAIRE-seq はホルムアルデヒドによる架橋効率に依存する (a) FAIRE の概要：架橋後細断化した DNA フラグメントのうち，フェノール/クロロホルム抽出後，水層に回収される DNA をハイスループットな配列決定やマイクロアレイにより解析する．(b) 架橋は潜在的にタンパク質-DNA 結合のある部分のみを捕捉する．ヒストン-DNA の結合はゲノム内において架橋可能な結合の大部分を占めるため，これらの結合は優先的に捕捉される．その他の DNA 結合タンパク質と DNA の結合はたまにしか架橋されない．二つの横並びの列は細胞集団のうちの二つの細胞を示す．[(a), (b) Giresi PG & Lieb JD [2009] *Methods* 48:233–239 より改変．Elsevier の許可を得て掲載]

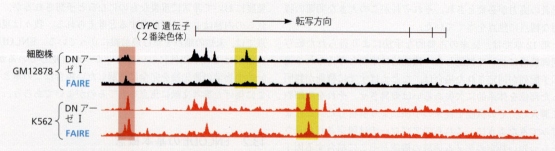

図2 異なる細胞株2種の DN アーゼ I 高感受性および FAIRE-seq により特定された開いたクロマチン領域の一致 *CYPC* 遺伝子はヒトの2番染色体内の 90 kb に満たないこの領域に唯一存在する遺伝子である．黄色で囲った部分は一方の細胞株において両方の方法で同定される開いたクロマチン領域を示す．開いた領域は遺伝子領域内にも存在することに注意．赤で囲った部分は両方の細胞株で認められる開いた領域である．[Song L, Zhang Z, Grasfeder LL et al. [2011] *Genome Res* 21:1757–1767 より改変．Linyung Song の許可を得て掲載]

の精度をもって解析することができる．そのうえ，ランニングコストは百万塩基当たり1ドルに満たない．

ENCODE 計画はヒトゲノムにおける転写と関わりのある多様なデータを統合する

ENCODE 計画は転写と関連したゲノム内の領域，すなわち転写領域や転写因子とその結合部位，クロマチン構造やヒストン修飾およびDNAのメチル化を，ゲノム配列上に体系的にマッピングするものである．さらに，この計画は制御要素における進化的保存性と配列多型の両方に関わる問題に取組んだ．これらの結果は前例のないほど膨大なものであり，1冊の教科書で書き切るのは不可能である．それでもなお，本章では分子生物学が向かう方向性を理解し，第12章で示されたより親しみのある事実を拡大するために，これらの研究から得られたデータと結論のいくつかを述べる．

この計画は機能的なゲノム構成のさまざまな側面を解析し，しばしば特異的なゲノム配列を中心に重複する一連のデータをもたらした．たとえばプロモーターや転写開始部位の解析は，これら要素中のクロマチン構成の多くの関連する特徴（ヌクレオソームの位置取りやヒストン修飾パターンなど）に関する情報をもたらすと同時に，これらの要素とその他の認識された制御領域との関連性も検討できる．我々はENCODE計画で得られる最も重要な知見を提示するパターンに注目し，とりわけ特定の配列要素や注目されるすべての特徴に焦点を当てる．始めに，転写に関連する識別可能な配列についてのゲノム構成を概説する．前述した先端的配列決定解析の要求に加えて，膨大な量の生データのデータ解釈，とりわけ機能的な配列間の相互関与を調べる場合には多くの新しいコンピューターアルゴリズムの構築が必要不可欠となる．

13.3 制御配列要素

七つにクラス分けされた制御配列要素が転写の景観をつくり上げる

ENCODE 計画は互いに物理的に結合し，遺伝子発現を制御する可能性のある多数の候補制御配列を見いだした．制御配列とは関連する以下の三つで特徴づけられるDNA配列である．（1）多くは協調的な様式により，配列特異的転写因子が結合する．（2）転写因子の結合領域はヌクレオソーム欠失領域である．（3）DNアーゼIに対する高感受性を示す．（3）の性質は1980年代に特定の遺伝子を用いて初めて同定されたもので，共通性があり結果がはっきりしているため，プロモーター，エンハンサー，サイレンサー，インスレーター，遺伝子座制御領域などの制御配列を同定するために何年にもわたって用いられてきた．後述するが，DNアーゼIに対する高感受性はENCODE計画によって体系的に検出された制御配列の主要な特徴の一つである．

一般に，七つのゲノム区分（genome segmentation）つまりゲノム状態の主要なクラス（major classes of genome states）が，転写に果たす役割に関してゲノムの領域を特徴づけるものとして決められた．それらはすなわち，転写されている遺伝子（T），転写開始部位（TSS），プロモーター（PF），二つのクラスの推定上のエンハンサー〔強力な活性をもつエンハンサー（E）と弱い活性をもつエンハンサー（WE）〕，CTCF結合部位（CTCF），転写抑制領域（R）である（図13.1 a）．活性プロモーターと転写されている遺伝子は，転写開始部位とともにあるという前提が確認され，続いて，三つの活性遠位状態が認識された．このうちの二つはDNアーゼI高感受性，かつヒストン修飾H3K4me1が高頻度にみられる開いた領域であることから，推定エンハンサーおよび弱い推定エンハンサーと標識された．この特異的ヒストン修飾の高い占有率は遺伝子基盤で解析されたエンハンサー配列の大部分においてみられる．三つめの活性状態は高CTCF結合である．CTCFは転写因子，インスレーター，およびゲノムのマスター形成因子として多様な機能をもつタンパク質である（第10章参照）．これらすべての役割のなかで，CTCFは転写制御に密接に関わっている．最後に，抑制状態は能動的に抑制されるか不活性化される配列を含み，おそらく抑制され休止状態にあるクロマチンを指す．エンハンサーおよび転写されている遺伝子の状態は細胞ごとに大きく異なり，それが長い間認識されている各細胞型はゲノムの発現する部位が特異的に異なるという事実を反映していることは疑うべくもない．

図13.1（a）はヒトの22番染色体内のある選ばれた領域のゲノム構成をDNアーゼIによる感受性パターン，ヒストンの翻訳後修飾およびCTCFやRNAポリメラーゼIIの結合領域を用いて描いている．図はさらにホルムアルデヒドを用いた制御配列の単離法であるFAIRE法（Box 13.1 参照）により決定されたヌクレオソーム欠失領域も示している．図13.1（b）は転写因子占有率と上記七つのゲノム区分の間の相関を示す．どのようにこのクロマチンパターンが遺伝子発現に関わるのか，その機構的解釈はいまだに十分になされていない．

13.4 ENCODE がもたらしたクロマチン構造に関する具体的な発見

数百万のDNアーゼI高感受性部位は転写因子が結合可能なクロマチン領域の位置を示す

DNアーゼIによる高感受性はすべての制御領域に共通する特徴であり，開いたクロマチン構造であることを示している．DNアーゼI高感受性部位（DHS；DNase I

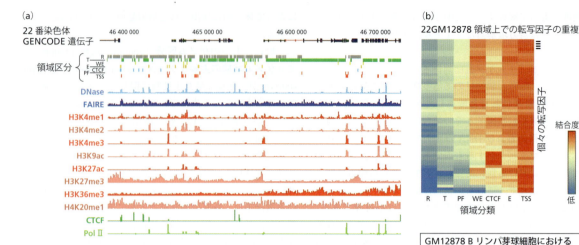

図 13.1 ゲノムの転写状態の主要分類 (a) ヒト 22 番染色体におけるゲノム状態の七つの領域区分群とそれらの特徴．FAIRE（Box 13.1 参照）により，ヌクレオソームと配列特異的制御因子の架橋効率の差を利用してヌクレオソーム欠失ゲノム領域を分離する．CTCF に富んだ領域はヒストン修飾が失われた CTCF 結合部位から構成されている．これらはしばしば開いたクロマチンにみられるが，インスレーターのような他の機能をもつ可能性もある．(b) 選ばれた転写因子と組合わさった領域区分との関わり．ヒートマップ内のそれぞれの横線は一つ一つの転写因子を示す．これまでの研究で示されてきたように，転写開始部位（TSS）とエンハンサー（E と WE）には転写因子の結合が高度にみられる．CTCF に富む配列もまた有意に転写因子に富む．領域区分群の略語は (a) と同様である．[(a), (b) The ENCODE Project Consortium [2012] *Nature* 489:57–74. Macmillan Publishers, Ltd. の許可を得て掲載]

hypersensitive site) が転写因子の結合に関わるという以前から考えられてきたことは，ENCODE 計画で得られたゲノムワイドな DN アーゼ I 高感受性解析により疑う余地もなく確かめられた．125 の細胞型を用いたこの DN アーゼ-seq 解析は 289 万の固有で重複のない DHS を同定し，大多数は転写開始部位から離れた所に位置していることが明らかとなった．図 13.2 はヒトの 19 番染色体のある特定の部位における DHS と転写因子の結合領域との一致の例を説明している．この図はまた，GENCODE 中の全遺伝子中の認識された遺伝子アノテーションにわたっての DHS の分布を表し，DHS の高い細胞特異性を示している．全 DHS 領域のうちわずか 0.1 % のみが解析したヒトの細胞株すべてで共通する領域であることは意義深く，細胞分化における DHS の関与が強調されている．

プロモーター領域における DN アーゼ I 感受性のパターンは非対称かつ典型的である

遺伝子制御におけるプロモーターの関与を明らかにしたこと（第 12 章参照）は，これら要素のゲノムワイドな特徴付けに従事してきたハードワークを支える原動力であった．RNA 合成はプロモーター部分およびその周囲のクロマチン構造や転写因子の結合によって予測可能であるという仮説に基づいて ENCODE 計画が行われた．一般的に，

また過去の知見と合致して，2 種類の異なるタイプのプロモーターが明らかとなった．それは範囲が広く GC 配列に富んで TATA ボックスをもたないプロモーターと，範囲が狭く TATA ボックスを含むプロモーターである（図 10.6 参照）．

新規プロモーターの発見は，DN アーゼ I 感受性解析や転写産物の 5′ 末端マッピングから得られた生化学的知見と，プロモーターが高度に H3K4me3 修飾を受けているという認識に基づいて行われた．これまでによく研究されてきたプロモーターが以下のことについて体系的に調べられた．DN アーゼ I 切断パターンが 56 細胞種の H3K4me3 に対する ChIP-seq データと対応付けられ，それらはきわめて典型的で非対称なパターンを示すことが明らかとなった（図 13.3 a）．転写開始部位の直前に位置するプロモーター領域は，DN アーゼ I 切断に対し高感受性を示す一方で，転写領域は H3K4me3 量の高い波形がみられ，その H3K4me3 量は転写開始部位から遠ざかるにつれて減少する．このゲノムワイドのパターンは次にコンピューターによる解析に使われ，そこでこのようなパターンの存在の可能性の検討のために全ゲノムがくまなく探査された．その結果，合計で 113622 個の個別のプロモーター候補が同定され，そのうち 39.5 % は新規のものであった．すでにアノテーション済みのものと新たに認識されたものとの両方

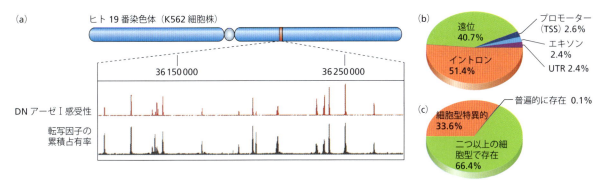

図 13.2　DN アーゼ I 高感受性または DN アーゼ-seq によって特定された接近可能なクロマチンの一般的特徴　(a) クロマチンの近接性は転写因子の結合によって決められる．K562 細胞株の 19 番染色体内の 175 kb 領域におけるデータは DN アーゼ I 高感受性領域と転写因子結合領域の一致を表す．下のグラフは ChIP-seq によって解析された 45 個の転写因子の累積を示す．(b) GENCODE 遺伝子アノテーションに関する 2 890 742 個の DN アーゼ I 高感受性部位（DHS）の分布．プロモーター DHS は転写開始部位上流 1 kb 以内にあるものと定義される．プロモーター DHS はすべての DHS のごく一部であり，エキソンと非翻訳領域（UTR）に実質的に同じ割合で存在することに注意．大多数の部位はイントロン領域と，遺伝子間領域または遠位領域の間にほぼ均等に分布している．(c) 細胞特異的な DHS．二つ以上の細胞型で共有されているが，多くは細胞型特異的で，すべての細胞型に存在するものはごく少数である．[(a)〜(c) Thurman RE, Rynes E, Humbert R et al. [2012] Nature 489:75–82 より改変．Macmillan Publishers, Ltd の許可を得て掲載]

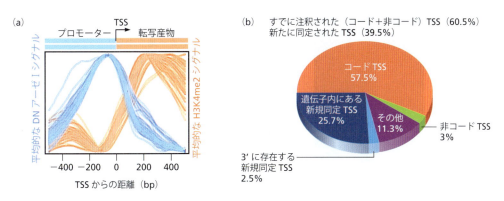

図 13.3　プロモーター内クロマチン構造における二つの特徴に関する一定方向性シグネチャー　図は DN アーゼ I 感受性と H3K4me3 の存在量の特徴を示す．(a) 同じ 56 種の細胞を対象に，H3K4me3 の存在と DN アーゼ I 感受性を示すために ChIP-seq で解析した．10 000 個の無作為に選択された 5'→3' の方向性をもつ TSS における平均化された H3K4me3（オレンジ色）を平均化された DNA 感受性シグナル（青）に対してプロットする．それぞれの曲線は異なる細胞種のものである．これらの二つのクロマチンがもつ特徴のパターン形成は高度に指向性，または非対称で，TSS 位置と厳密に関連していることに留意．このパターンはプロモーター内 DHS のすぐ下流に正しく位置取りされたヌクレオソーム位置と一致している．[Thurman RE, Rynes E, Humbert R et al. [2012] Nature 489:75–82. Macmillan Publishers, Ltd. の許可を得て掲載] (b) 新規プロモーターを同定するため，(a) に示されたパターンのゲノムにわたるパターン一致検索を行った．ゲノム中 TSS の全体的分布を円グラフで示す．アノテーションされた遺伝子内，あるいはその 3' 領域に新たに同定されたプロモーターの約 60 ％ がアノテーションされた転写方向に対して反対側に向いているということは非常に重要かもしれない．

を加えた．ゲノムに存在するすべてのプロモーターの分布を図 13.3（b）に示す．ここで新規の特徴が見いだされ，新たに同定されたプロモーターはすでに同定された遺伝子の遺伝子内や 3' 領域に存在していた．これらは，転写がアノテーションされたものの方向に対してセンスまたはアンチセンスのいずれかに向けられている．

新たに発見されたプロモーターの位置および方向はマウスのゲノムですでに観察されている状況を強く思い起こさせるが，そこでは広範囲に及ぶ転写が最初に認識された（第 10 章，図 10.18，図 10.19 参照）．遺伝子の mRNA 部分の間に挟み込まれたそれら膨大な数の転写産物の機能はいまだに明らかにされていないが，広範囲に及ぶ転写は少なくとも高等な後生動物において共通してみられる現象であることは明らかである．

ENCODE 計画により明らかにされたその他の重要な特徴は，機能的な転写開始部位のごく直前に存在する非常に典型的なモチーフ配列である．プロモーターを象徴する DN アーゼ I 高感受性部位の中央には 50 bp の強いフット

プリント領域が存在する（図 13.4）．細胞 41 種類のゲノムの DN アーゼ I フットプリント法により，840 万もの異なるフットプリント領域が同定された．de novo モチーフ探索方法は数百の新規モチーフとともに 90％ に及ぶ既知の転写因子結合配列を明らかにした．それらの大多数は細胞選択性を示すことから，分化の制御要素としての関与が示唆される．

プロモーター部位と転写因子結合部位周辺における
　　　ヌクレオソームの位置取りは非常に不均一である

プロモーター領域におけるヌクレオソームの位置取りをゲノムワイドに理解するため，ENCODE 計画の研究者たちはミクロコッカスヌクレアーゼ（MN アーゼ）によるクロマチン切断を 2 種類の細胞株において行い，その DNA 配列を決定した．それら細胞株の転写開始部位付近の解析に加えて，ヌクレオソームの位置取りのシグナルを多数の細胞種において，119 の DNA 結合タンパク質の結合部位と関連付けた．

慣例では，ゲノムワイドなシグナルの相関量は凝集図を用いて表される．凝集図において，調べたいシグナルは一つのアンカー部位を中心としてあらかじめ定められた区画サイズ内のそれぞれの位置ごとに平均化される．アンカー部位は共通の機能をもつ場所にすべて配置されている．たとえば，転写開始部位あるいは転写因子結合部位がアンカー部位として定められた場合，ヌクレオソームの位置取りはそれらの形や度合い，対称性を解析されたシグナルとなる．しかしこの方法は，汎用性や有効性に関わらず，大きな欠点を含んでいる．たとえば転写開始部位において，すべてのアンカー地点からの平均をとることで，重要な生物学的意義をもちうる多様性がぼやけてしまう可能性があり，誤解を招く凝集図を生み出す．この欠点を避けるために，CAGT（clustered aggregation tool）とよばれる新たな手法が導入された（図 13.5）．

転写開始部位付近に存在するヌクレオソームの位置取りの解析のために行われた CAGT により，異なるパターンをもつ 17 個の集団が明らかにされた．図 13.6 は転写開始部位を 2％ 以上含んだ 11 個の集団を示す．大まかには，集団はその上流か下流かという転写開始部位に対してのヌクレオソームの位置取りの規則性の観点により，二つの分類群に分けられる．驚くべきことに，転写開始部位を中心に両方に強く位置取りする集団は存在せず，図 13.6（a）左上に示されるような凝集図は平均化がもたらした人為的産物であることが示唆された．それぞれの集団の転写活性レベルを，それら多様なパターンに関連付けても整合性のある位置取り特性はみられなかった．一般的な傾向として，高発現レベルと転写開始部位の上流またはすぐ下流におけるとりわけ明確なヌクレオソームの位置取りのピークを見分けることができる．この構造不均一性が転写制御においてどのように役割を果たすのか，またはそもそも関与するかについては，あまり明らかになっていない．

制御領域および遺伝子内のクロマチン環境もまた
　　　　不均一であり左右非対称である

遺伝子発現はヌクレオソームの位置取り，ヒストン修飾，転写因子の結合の複合的な作用により制御されるので，ENCODE 計画はそれらの関係性をゲノムワイドに解

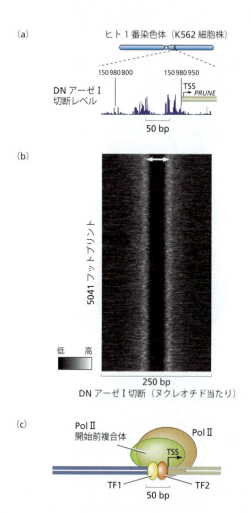

図 13.4 転写開始部位は 80 bp 以内で高度に類型的なクロマチン構造モチーフを示す このモチーフは DN アーゼ I 切断レベルが均一に高まった約 15 bp の領域が対称的に隣接する約 50 bp の中心となるフットプリントから成る．(a) 1 番染色体上の PRUNE 遺伝子のプロモーター領域を一例として示す．モチーフと遺伝子 TSS の密接な空間的な連携に注目．(b) この典型的なシグネチャー 5041 領域におけるヌクレオチド単位の DN アーゼ I 切断パターンのヒートマップ．(c) シグネチャーを強調した模式図．この解釈は，ここでは示さないが，中央のフットプリント内には二つの異なる進化的に保存されたピークが存在するという知見に由来し，対をなす標準的な配列特異的転写因子に相当する．TSS は厳密にフットプリント内に位置している．[(a)〜(c) Neph S, Vierstra J, Stergachis AB et al. [2012] Nature 489:83–90 より改変．Macmillan Publishers, Ltd. の許可を得て掲載]

13.4 ENCODE がもたらしたクロマチン構造に関する具体的な発見

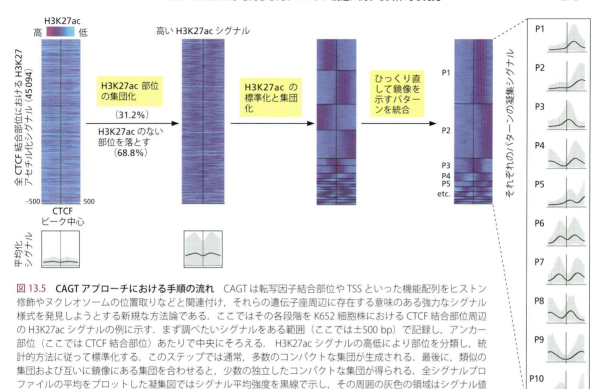

図 13.5　CAGT アプローチにおける手順の流れ　CAGT は転写因子結合部位や TSS といった機能配列をヒストン修飾やヌクレオソームの位置取りなどと関連付け，それらの遺伝子座周辺に存在する意味のある強力なシグナル様式を発見しようとする新規な方法論である．ここではその各段階を K652 細胞株における CTCF 結合部位周辺の H3K27ac シグナルの例に示す．まず調べたいシグナルをある範囲（ここでは±500 bp）で記録し，アンカー部位（ここでは CTCF 結合部位）あたりで中央にそろえる．H3K27ac シグナルの高低により部位を分類し，統計的方法に従って標準化する．このステップでは通常，多数のコンパクトな集団が生成される．最後に，類似の集団および互いに鏡像にある集団を合わせると，少数の独立したコンパクトな集団が得られる．全シグナルプロファイルの平均をプロットした凝集図ではシグナル平均強度を黒線で示し，その周囲の灰色の領域はシグナル値の 10% と 90% を示している．この図は，いかに多くの特異的シグナルパターンが，見るからに混沌とした大きなデータ集団から演繹されうるかを描いている．[Kundaje A, Kyriazopoulou-Panagiotopoulou S, Libbrecht M et al. [2012] *Genome Res* 22:1735–1747 より改変．Anshul Kundaje の許可を得て掲載]

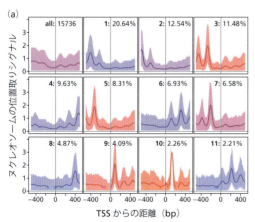

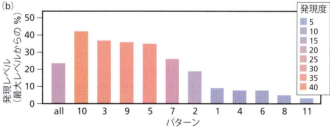

図 13.6　K562 細胞株における TSS 周辺のヌクレオソームの位置取りパターン　(a) 左上はすべてが含まれるヌクレオソームの位置取りの伝統的な的な凝集図である．GENCODE によりアノテーションされた 15736 個のそれぞれの TSS を中心に置き，1001 bp のウィンドウで表示した．残りのプロットは CAGT によって明らかにされたヌクレオソームの位置取りパターンを示し，それぞれのパターンを追うように TSS のパーセンテージの順に示している．すべての TSS は配置し直されており，転写は左から右に進む．(b) これらパターンのそれぞれと，これらのパターンでまとめられた TSS の相当する発現レベル．(a) と (b) の色は同じになっている．[(a), (b) Kundaje A, Kyriazopoulou-Panagiotopoulou S, Libbrecht M et al. [2012] *Genome Res* 22:1735–1747 より改変．Anshul Kundaje の許可を得て掲載]

析した（図 13.5 参照）．CAGT 法による解析データの一例を図 13.7 に示す．見て取れるように，DN アーゼ I の高感受性シグナルはおもに転写因子の結合領域に対して左右対称に認められる．しかしこれは，DN アーゼ I による切断は結合した転写因子のすぐ脇で優先的に起こることを考えるとけっして驚くべきことではない．その一方で，ヌクレオソームの位置取りの分布は顕著に非対称であり，90% の転写因子の結合配列において約 90% 以上のヌクレオソームの位置取りが明白な非対称性を示している．この非対称性は前述した転写開始部位付近のヌクレオソームの位置関係と類似しており，おそらく転写開始部位付近の左右非対称性は転写因子の結合により決定されると考えられ

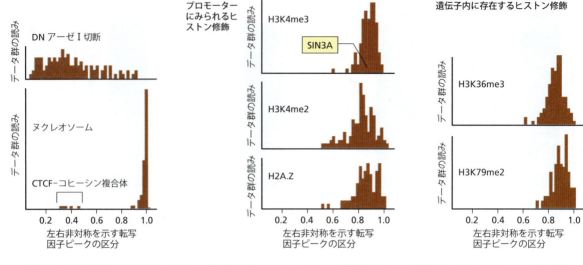

図 13.7 転写因子結合部位周囲の DN アーゼ I 高感受性，ヌクレオソームの位置取り，および特異的ヒストンマークの非対称的形状 転写因子とクロマチン修飾マークの各組合わせにおいて，非対称的な CAGT 集団（図 13.5 参照）中の高シグナル結合部位の区分が計算された．共通して利用可能な転写因子と各クロマチンマークのデータ群を，解析されたすべての細胞株において平均化され，各マークに関してすべての因子を非対称区分のヒストグラムとしてプロットした．データ群の読みは縦軸で示される．DN アーゼ I のパターンは全体にわたって左右対称であることに注意．他方，ヌクレオソームの位置取りは高度に左右非対称であり，非対称部位の区分は 1.0 に近づく．枠で囲んだ転写因子 SIN3A からの伸びた線はこの因子の非対称性を指し示している．[Kundaje A, Kyriazopoulou-Panagiotopoulou S, Libbrecht M et al. [2012] *Genome Res* 22:1735–1747 より改変．Anshul Kundaje の許可を得て掲載]

る．転写因子の結合部位周囲の左右非対称なヌクレオソームの位置取りという標準的状態に対する唯一の特筆すべき例外は，CTCF-コヒーシン複合体の結合部位の周りで生じるが，なぜこのような分布をとるかは明らかになっていない．プロモーター領域や遺伝子内に存在するすべてのヒストンマークは高度に左右非対称な分布となっている．

したがって，概して転写因子の結合部位付近のクロマチンマークの不均一性および非対称性は標準的な現象であり，それはおそらく制御配列内の機能的な非対称性を反映している．転写因子結合領域の大部分とポリメラーゼ結合部位は切替え地点の目印となっており，そこではクロマチン構造は個々の結合部位の両端で異なっている．この制御ゲノミクスの法則は今まさに明らかにされ始めたばかりである．

13.5 遺伝子発現制御に対する ENCODE の洞察力

遠位制御領域は複雑なネットワークの中でプロモーターと連絡する

ENCODE 計画の中で，細胞特異的な既知エンハンサーの DN アーゼ感受性の出現と，それにより制御されるプロモーターの動的変化を，遺伝子活性化操作を行ってから比較する実験が行われた．多くの場合，遺伝子の活性化に伴ってそれら両方の配列が同時に高感受性を示したことから，起こりうるプロモーターとエンハンサーの連絡をゲノムワイドに捕らえる試みがなされた．1454901 の遠位 DHS（遠位とは少なくとも 1 個の他の DHS により転写開始部位から分離された DHS を意味する）のパターン形成が調べられた．研究者は 79 種の異なる細胞株を用いて個々の遠位にある DN アーゼ I シグナルと ±500 kb 内の全プロモーターのシグナルを相関させた．全部で 578905 個の DHS が少なくとも 1 個のプロモーターと高度に相関していた．これらのデータから，特異的遺伝子を調節するエンハンサー候補の地図が得られた．この相関における実験的な検証は，**5C 法**（5C methodology）によりクロマチンの結合を同定することによりもたらされた（**Box 13.2**）．DN アーゼ I 高感受性解析および 5C 法から得られたクロマチン結合性をフェニルアラニンヒドロキシラーゼ遺伝子（*PAH*）を例に 図 13.8(a) に示す．図 13.8(b) はそれらの制御配列間のクロマチン結合性のゲノムワイドな様式を示す．大部分のプロモーターは一つ以上の遠位 DHS と結合性を示し，逆もまた同様で，大部分の遠位 DHS は一つ以上のプロモーターと結合していた．ある特定のプロモーターに連結する遠位 DHS の数は，その特定遺伝子の全体にわたる制御の複雑性の定量的手段を最初にもたらした．

制御ネットワークは，そのほとんどが結合パートナー間でループ状に結合するように思えるが，ヒトゲノムにおけるネットワークの視覚化は今まさに取組まれていることである．図 13.9 は一つの特定の解析領域の挙動を制御する複雑なネットワークを表現するためのある一つの試みを示

している。このような構成図から個々の結合をすべて抽出するのはほぼ不可能だが、この可視化はプロモーター（ここでは転写開始部位）と遠位制御配列との相互作用は数が多く、きわめて複雑であることを明確に示している。あるゲノム領域におけるこれらのネットワークは細胞種特異的かつしっかりしたもので、それにより機能的挙動の予測ができるということが重要である。そのようなパターンを解釈することの難しさは、複雑なシステムにおけるデータ表示のための改善された方法の必要性を示している。

転写因子の結合は制御領域の構造と機能を決める

我々はすでに転写因子が真核生物転写の制御に果たす役割を認識している（第12章参照）。ヒト全ゲノムのENCODE解析は転写因子の役割を確認するとともに、転写因子の新規の特徴や遺伝子の転写状態決定における協調作用、より広い視野で見れば、細胞の素性の決定における協調作用を明らかにした。

転写因子のゲノム内に存在する制御領域への結合はDNアーゼIによる切断から土台となるDNAを保護し、DNアーゼI切断パターンの解析に用いられる高分解能電気泳動像でみられるフットプリントを生み出す（Box 6.4参照）。フットプリントはもともと、既知の遺伝子特異的シス調節配列の研究に使用され、他の多くのなかでも最初のヒト配列特異的転写因子であるSP1の発見につながった。

Box 13.2 より詳しい説明：
5C法、ゲノムワイドな染色体結合をゲノムに対応づけるための大規模並列解決法

5C（chromosome conformation capture carbon copy）法は2002年に提案された染色体の結合を調べる方法である3C（chromosome conformation capture）法を拡張して開発された。3C法では、結合したゲノム内の配列を共有結合させるためにホルムアルデヒド架橋を利用し、次に制限酵素処理によりゲノムを切断し、連結により相互作用部分をつなぎ合わせる。連結産物はPCRにより定量評価する（図10.22参照）。3C法は比較的小規模な候補配列の間の結合を検出するのに向いているが、未同定の結合性を包括的に検出するのには適していない。それを克服するために5C法が開発された。5C法はLMA（ligation-mediated amplification）を始めのコピーとして用い、ついで3C法の最終産物としての3Cライブラリーを増幅する。LMAは同じDNA鎖上で隣り合ってアニールするプライマー対を用いることで、特異的標的配列を検出、増幅するために広く使用されている。このとき、互いに隣接してアニールしたプライマーのみが標的DNA上に連結される。これらのプライマーの末端に強力なユニバーサルプロモーター配列を含ませることにより、その後の増幅が可能になる。LMAに基づいた手法は単一の反応に何千ものプライマーを使用して、高レベルの多重処理を行うことができる。増幅されたライブラリーはマイクロアレイか網羅的な配列決定により解析される（図1）。

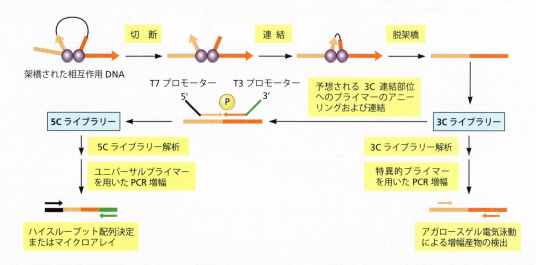

図1 5C法は3Cライブラリー中の連結産物を検出する 3Cライブラリーを従来の手法により作製し、5Cオリゴヌクレオチドをアニーリングおよび連結することで5Cライブラリーに変換する。この5Cライブラリーを配列決定およびマイクロアレイにより解析する。5Cライブラリーは多重処理中に予測された3C接合部において5Cプライマーをアニールさせ、そのプライマーをNAD依存性DNAリガーゼにより特異的に連結させて作製する。5Cプライマーの共通の末端配列は黒と緑の線で示し、それぞれT7およびT3プロモーター配列を含む。これらのプロモーターはPCRによりライブラリーを増幅するために使用する。［Dostie J, Richmond TA, Arnaout RA et al. [2006] *Genome Res* 16:1299–1309 より改変．Josee Dostie の許可を得て掲載］

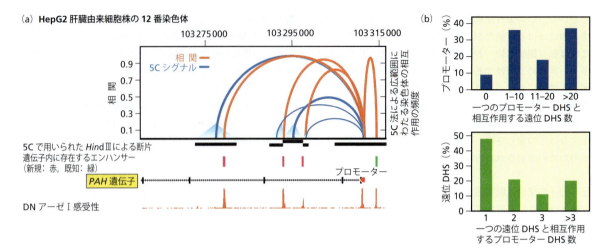

図 13.8 PAH 遺伝子座におけるプロモーターと遠位 DHS との連結性 (a) 遠位 DHS と PAH プロモーターの細胞種間相関（左側の縦軸で計られ，オレンジ色の弧で表されている）は 5C 法で解析されたクロマチン相互作用（右側の縦軸で計られ，青の弧で表されている）と密に対応する．横の黒線は 5C 法で用いた HindⅢ 断片を示す．既知および新規エンハンサーをそれぞれ緑と赤の縦線で示す．(b) 連結配列数の比率．上：それぞれのプロモーターはその数の DHS と連結する．半数以上のプロモーターが 11 個以上の DHS と結合することに注目．下：それぞれの遠位 DHS は 1, 2, 3 個，あるいは 3 個以上のプロモーターと連結する．[(a), (b) Thurman RE, Rynes E, Humbert R et al. [2012] Nature 489:75–82 より改変．Macmillan Publishers, Ltd. の許可を得て掲載]

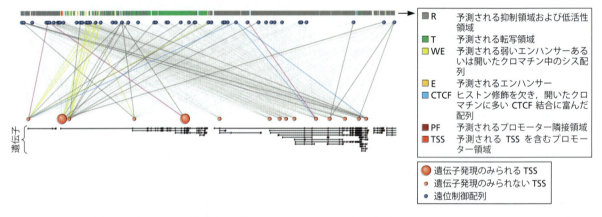

図 13.9 5C 解析から予測されるループ相互作用のネットワーク 示されたゲノム領域 ENr132 は ENCODE 予備計画によって調査されたゲノム領域の一つで，K562 細胞株を用いてヒトゲノムの 1 % を分析した．遠位配列要素および TSS はゲノム座標に従って配置されている．GENCODE 遺伝子アノテーションを下に示す．細い灰色の直線は解析された全連結性を示す．着色線は TSS と遠位配列との間の有意なループ結合性を示す．最も重要なことは，連結性は排他的な 1：1 の関係ではなく，複数の遺伝子および遠位配列が大きな集団を形成しているということである．[Sanyal A, Lajoie BR, Jain G & Dekker J [2012] Nature 489:109–113 より改変．Macmillan Publishers, Ltd. の許可を得て掲載]

現在，DN アーゼⅠフットプリントをゲノムワイドで行うことが可能となった．大きなゲノムで効率的なフットプリントを行うためには，DN アーゼⅠ切断部位が実質的に濃縮されている，ゲノムの 1～3 % という小さな画分を集中的に分析する必要がある．細胞株 41 種にみられる DN アーゼⅠ切断が濃縮された領域の解析により，6～40 bp のフットプリント部位が細胞種当たり平均して 110 万箇所同定された．ほぼすべて（99.8 %）の DHS が少なくとも 1 箇所のフットプリントをもつことから，DHS は単に開かれた，あるいはヌクレオソーム欠失クロマチン領域を表すのではなく，DN アーゼⅠフットプリントとともに存在することが示された．DN アーゼⅠフットプリントは 図 13.10 に示すように，定量的な様式でゲノム全体に分布している．重要なことに，フットプリントは DNA のメチル化で失われるので，フットプリント内の CpG 配列は同じ DHS の非フットプリント領域の CpG 部位と比較して有意にメチル化が少ない（**Box 13.3**）．

DN アーゼⅠフットプリント解析に加え，ENCODE 計

Box 13.3 より詳しい説明：DNAメチル化パターンはゲノム規模でどのように研究されるのか

　CpGジヌクレオチドの環境の中でのシトシンメチル化の関与が認識され，この修飾を効率的かつ費用効果的な方法で解析する努力がなされた．結果として多くの方法が工夫されたが，中でも高温かつ低pHで亜硫酸水素ナトリウム処理が最もよく使用される方法である．この条件下ではメチル化されていないシトシンは特異的に脱アミノされてウラシルに変換される一方，メチル化されたシトシンは変化を受けない．この状態でPCR増幅が行われると，ウラシルはチミンに置き換えられ，メチル化特異的な単一ヌクレオチド変異が生じる．これは，従来の配列決定および参照配列に並びそろえることによって検出できる（図1a）．最近では，マイクロアレイおよびハイスループット配列決定のような多くの技術革新により，メチル化解析の規模が増大している．すべての網羅的解析においては，メチル化DNAを最初に濃縮することが重要である．これは，5meCpGまたはメチル化結合タンパク質に対する抗体を用いたメチル化DNAのアフィニティー精製により行うことができる．しかしアフィニティー精製は，5meCpGを含んだDNA断片を同定することができるものの，断片に沿った一つ一つのCpGのメチル化状態を解析することはできない．そのため，亜硫酸水素ナトリウムによる上記の実験系にハイスループット配列決定を適用したことで大きな進展がもたらされた．この方法はシロイヌナズナのCpG単位の分解能でのメチロームの評価において首尾よく用いられた．しかしそのやり方でさえ，シロイヌナズナのゲノムよりも約30倍大きいヒトのようなより大きなゲノムの解析には法外なコストがかかってしまう．

　この方法の別の変法である**RRBS**（reduced representation bisulifite sequencing）は，CpGを含んだモチーフに特異的なヌクレアーゼでゲノムDNAを切断して，解析対象となるライブラリーを濃縮する．メチル化非感受性制限酵素による消化では，脊椎動物のゲノム内に根源的に存在するCpGの非対称性を利用する（図12.26，図12.27参照）．大部分のCpGジヌクレオチドはそれほどには生じないため，ゲノムDNAが超音波処理で断片化される場合，個々の断片にはCpGが含まれないことが多いかもしれないので，これらの断片をすべて配列決定することは大きな無駄を生じる．ヌクレアーゼ切断に基づくDNA濃縮は，CpGが制限酵素の標的配列の一部であることから，どの配列も少なくとも一つのCpGを確実に含むことになる．たとえば，*Msp*Iは最初のCに続いてCCGGを切断するので，*Msp*I消化によってつくられたライブラリーはマウスゲノム内のCpGアイランドのほぼ90％のメチル化状態に関する情報をもたらすと期待できる．RRBSの一つ一つのステップを図1(b)に示す．

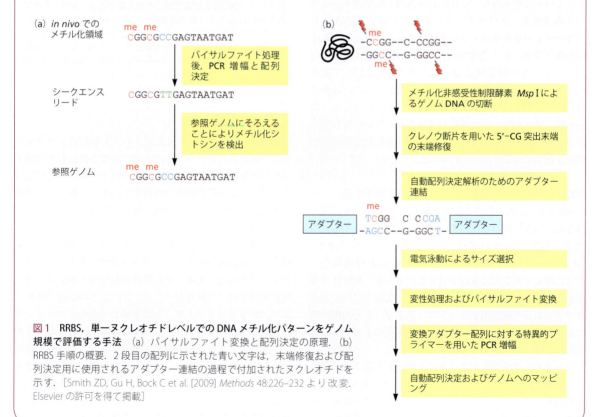

図1　RRBS，単一ヌクレオチドレベルでのDNAメチル化パターンをゲノム規模で評価する手法　(a) バイサルファイト変換と配列決定の原理．(b) RRBS手順の概要．2段目の配列に示された青い文字は，末端修復および配列決定用に使用されるアダプター連結の過程で付加されたヌクレオチドを示す．[Smith ZD, Gu H, Bock C et al. [2009] *Methods* 48:226–232 より改変．Elsevier の許可を得て掲載]

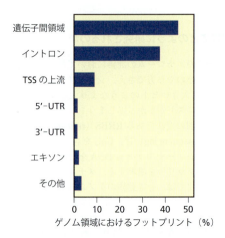

図 13.10 ゲノムの各配列要素における DN アーゼ I フットプリントの分布 ゲノムの遺伝子内部および TSS の上流に位置する制御領域に集中してフットプリントがみられる．フットプリントはこれらの領域にみられる DN アーゼ I の切断頻度と比例している．DN アーゼ I フットプリントの多くはイントロンで生じる．興味深く，また予期しなかったことに，フットプリントの 2% がエキソン内にも局在していた．イントロンおよびエキソンにおけるフットプリントの機能的意義は不明である．

画は ChIP-seq 法を通して，ゲノムワイドに 72 細胞種で 119 種の DNA 結合タンパク質の結合部位をマッピングした．それらは標準的もしくは配列特異的な転写因子，ヒストン修飾酵素，クロマチンリモデリング因子，RNA ポリメラーゼ II や III の構成タンパク質やそれらに付随する基本転写因子であった．全体では，ENCODE 計画は解析が行われたすべての細胞種において，ゲノムの 8.1% に及ぶ 636336 箇所の結合領域を同定した．加えて，この計画は既知，および新規の DNA 結合モチーフを探し出した．高親和性，低親和性の結合部位が認知され，さらに転写因子が他の因子を介して間接的に結合するような転写因子標的領域を同定することが可能になった．

転写因子は巨大なネットワークの中で相互作用する

ENCODE 計画における主要な発見の一つは，細胞選択的な転写制御に関わる配列や，それら配列に結合する転写因子の複雑な組合わせパターンに関わるものである．John Stamatoyannopoulos は，"ENCODE は配列情報を一次元に組立てることに焦点を当ててゲノムを注釈付けする計画だったが，今やスプライシングから広範囲にわたるクロマチン結合や転写因子ネットワークまで一次元的な配列間の連結性を考えることがこの注釈付け作業の本質であると明らかになりつつある"と述べている．

ネットワークを構築することにより，転写因子相互作用のシステム全体としての視点を得ることが可能であるが，比較的単純なネットワークについてはこれまでの数章でみてきた．可視化することを目的として，すべてのネットワークはノード（節）と線で構成されている．ノードは転写因子を示し，それを結ぶ線は一つの転写因子と他の因子との制御関連性を示す．ENCODE において ChIP-seq により解析された 119 個のヒトの転写因子の連結ネットワークはざっと三つのレベルに分類される（図 13.11）．最上位の転写因子は他の多くの因子を制御する最も強力なものである．一方で下層のものは他の因子を制御するというよりは自身が制御される転写因子である．特異的細胞種内の特異的因子の連結性は www.regulatorynetworks.org で見ることができる．

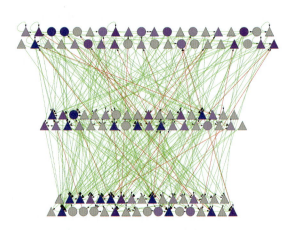

図 13.11 ENCODE 計画で解析された階層的ネットワーク中でのヒト転写因子 119 個の配置図 上位の因子は他の多くの因子を制御する管理型因子である．下位の因子は現場監督タイプで，制御するよりは制御される側の因子である．各ノード（節）は転写因子で，配列特異的転写因子は三角形，非配列特異的転写因子は丸で示され，線は連結性を表す．[Gerstein MB, Kundaje A, Hariharan M et al. [2012] *Nature* 489:91–100. Macmillan Publishers, Ltd. の許可を得て掲載]

これらの研究の主要な結論は，ヒトの転写因子は多くの方法で結合するということである．異なる組合わせの因子はやや異なる標的に結合し，一つの因子の結合はしばしば他の因子による結合相手の選択を左右する．転写因子は遺伝子近位領域および遠位領域で異なる共会合パターンを示すことが多い．

転写因子ネットワーク構築に対するもう一つの強力な取組みは，*in vivo* DN アーゼ I フットプリントのゲノムワイドマップの利用である．それぞれの転写因子遺伝子の近位制御領域における転写因子フットプリントの網羅的解析により，転写因子ネットワークの包括的で公平なマッピングの理論的枠組み（パラダイム）がつくり上げられた．このパラダイムを多様な細胞型に反復適応させることは，複雑な生物内の転写因子ネットワークの動態解析のための強力なシステムをもたらす．フットプリント法の概説図を図 13.12 に示す．また，制御ネットワークにより明らかにされた細胞型特異性を図 13.13 および図 13.14 に示す．

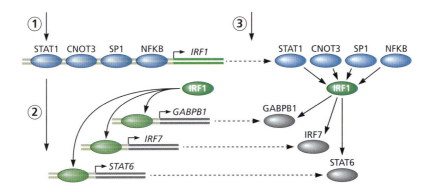

図 13.12　DNアーゼ I フットプリントを用いた包括的転写調節ネットワークの構築　① 41 個の多様な細胞型から得られたゲノム DNアーゼ I フットプリントを収集する．よくアノテーションされたデータベースを用いてフットプリント部分を占める転写因子が何かを推定する．② DNアーゼ I フットプリントを用いて，各転写因子のプロモーター近位領域内（TSS の±5 kb 以内）の占有される結合配列を決定する．調べようとする転写因子遺伝子のタンパク質産物が標的とする他の転写因子を同定する．③ それらの特異的転写因子のネットワークを構築する．認識モチーフをもつ 475 個の転写因子すべてを 41 の細胞型において繰返す．各転写因子のノードは，近位制御領域内の転写因子フットプリントにより"入力"をもつと定義されるもの，あるいは他の転写制御遺伝子の制御領域内のフットプリントにより"出力"をもつと定義される遺伝子を示す．入力と出力は制御ネットワークの相互作用あるいは連結線を形成している．Th1 細胞における *IRF1* 遺伝子を例として示す．[Neph S, Stergachis AB, Reynolds A et al. [2012] *Cell* 150:1274–1286 より改変．Elsevier の許可を得て掲載]

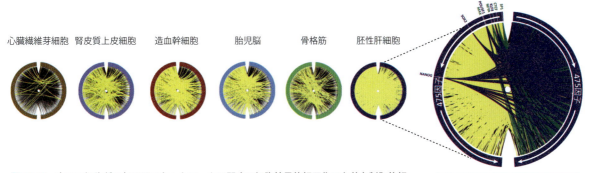

図 13.13　六つの細胞種の転写因子ネットワークに関する細胞特異的相互作用と共有制御的相互作用の対比　この図と図 13.14 に示される細胞型のいくつかは同じものを示す．それぞれの円プロットの各半円は 475 点に分割され，それぞれが一つの転写因子を示す．各点はこの尺度では見えない．左と右の半円を結ぶ線は各因子とそれに結合する因子間の制御的連結性を表す．各半円に沿った転写因子の順位は胚性幹細胞（ESC）ネットワークにおける連結性の程度，すなわち他の転写因子との連結数に準じて降順に並べられている．右の ESC ネットワークの拡大図において，紫（KLF4, NANOG, POU5F1, SOX2）で示される四つの多能性分化因子と緑（SP1, CTCF, NFYA, MAX）で示される四つの構成的因子の連結性に焦点を当てている．[Neph S, Stergachis AB, Reynolds A et al. [2012] *Cell* 150:1274–1286 より改変．Elsevier の許可を得て掲載]

転写因子結合部位と転写因子構造の共進化

　前述のように，ゲノム制御配列の DNアーゼ I フットプリント法は，数百の DNA 結合タンパク質の認識景観を規定する．認識モチーフを得るためのフットプリント配列の発掘はヒトの**シス制御配列レキシコン**（*cis*-regulatory lexicon）をこれまでに明らかとされていた数から倍増させ，膨大な数の新規シス制御領域が特徴的な構造的，機能的特性をもって同定された．重要なことは，すべてのシス制御配列を含むシス制御領域は転写因子と共進化してきたので，制御配列の構造はそれに結合する転写因子の構造に非常によく合致する．図 13.15 はこの点を USF1（upstream stimulatory factor 1）を具体例に用いて示す．また，USF1 が *in vivo* で結合するすべての認識配列は，共通したヌクレオチドレベルの DNアーゼ I 切断シグネチャーをもつことも指摘できる．DNアーゼ切断パターンはタンパク質-DNA 接触面のトポロジーと密接に相関しており，そこではヌクレオチド切断の著しい低下がタンパク質-DNA の結合に直接関わる一方で，露出したヌクレオチドでは

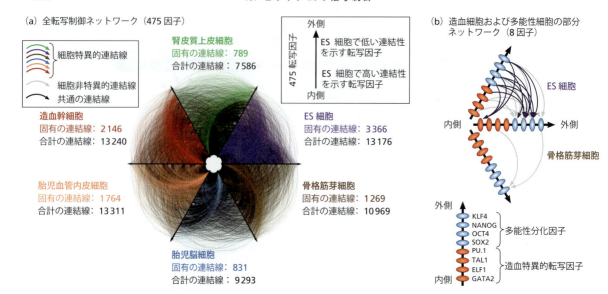

図13.14 転写制御ネットワークは際立った細胞特異性を示す (a) 六つの多様な細胞種の制御ネットワークにおける475個すべての転写因子間の相互制御作用。因子は各軸に沿って同じ順序で配置され、相互制御作用は時計回りに示されている。(b) (a) の完全なネットワークの説明を助けるため、わずか4種の多能性分化因子の間の相互制御作用を示した。それら因子は幹細胞に存在し、発生の後半に多くの細胞型に分化する能力を決定する。また4種の造血因子は2種類の血液細胞型の分化に関与する遺伝子を制御する。図下部に示されるように、転写因子は各軸上で同順に配置されている。制御因子間の相互制御作用は時計回りの矢印で示されている。[(a), (b) Neph S, Stergachis AB, Reynolds A et al. [2012] *Cell* 150:1274–1286 より改変。Elsevier の許可を得て掲載]

DNアーゼⅠ切断が増加している。したがって、高分解能での凝集したDNアーゼⅠ切断シグネチャーは、タンパク質-DNA結合面の基本的な特徴を反映する。興味深いことに、脊椎動物におけるDNA残基の保存性はDNアーゼⅠ切断パターンと密接に相関し、制御DNA配列が転写因子-DNA結合面の形に適合するように進化したことを暗示している。

DNAのメチル化パターンは転写との複雑な関係を示す

すでに第12章で示したように、DNAのメチル化は遺伝子発現制御、具体的には遺伝子発現抑制の主要な要素である。ENCODE研究者たちはCpGメチル化の重要性を認識し、数百万のCpGジヌクレオチドのメチル化を定量的に測定し、19の細胞種のDHSに該当する部分に焦点を当てた。その目的はDNアーゼⅠ高感受性とDNAメチル化パターンの相関を理解することであった。図13.16でみられるように、それら部位はおおまかに二つのクラスに分けられた。一つは薄い赤の色付けで示すように、DNAメチル化とDNアーゼⅠのクロマチン近接性に強い負の相関がみられるものである。もう一つは黄の色付けで示すように、クロマチン近接性が細胞ごとに異なるものの構成的な低メチル化を伴うものである。さらなる解析により、細胞種に関しての多様なメチル化のクラスが概観された（図13.17 a）。重要なことに、さまざまな細胞種で異なるメチル化状態がみられ、連携したDNアーゼⅠ感受性を示す

部位のクラスでは、メチル化の増加とクロマチン近接性はほぼ一様に負に相関していた（図13.17 b）。研究者は、この関連性は制御DNAから転写因子が離れた後にメチル基が受動的に入ることで生じると考えている。

DNAメチル化とCTCFの占有率との関係も明らかになった。第12章ですでに指摘したように、CTCG結合部位の占有率は強い細胞選択性を示す。19種の細胞を対象としたChIPシークエンスおよびバイサルファイトシークエンスで得られたゲノムワイドなデータの比較は、細胞特異的部位の約40％が異なってDNAメチル化されることを示した。とりわけ、局所のCpGメチル化が減少するに伴ってCTCF結合部位占有率は定量的に増加した。この結果は、DNAのメチル化はCTCFの結合領域を隠すという初期の *in vitro* の観察と一致する。

13.6 ENCODEの全体像

ENCODEは我々に何を教え、どこへ行こうとしているのか

前述したとおり、ENCODEにより多くの個々の新事実が得られたが、今日までENCODEデータから得られた主要な教示は何だろうか。それは二つのことではないだろうか。一つめは今では明らかであるが、ヒトの細胞はこれまで予測されたよりもはるかに多くのDNAに刻まれたゲノム情報を何らかの方法で利用しているということである。ひょっとしたらすべての細胞種が解析されたときにその情

13.6 ENCODE の全体像

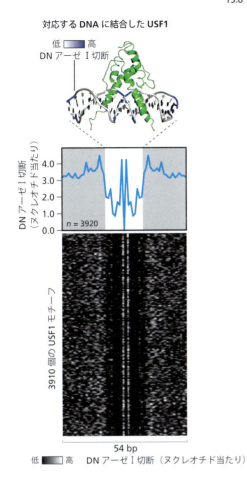

図13.15 DNアーゼIのフットプリント構造は該当する転写因子の構造に相関する 特異的結合部位に結合した転写制御因子USF1と認識DNAの共結晶構造を平均的ヌクレオチドレベルのDNアーゼI切断パターンの上に配置している。DNアーゼIの切断に対し、感受性のヌクレオチドは、共結晶構造図では青に着色されている。下のヒートマップは個々のUSF1結合モチーフにおけるDNアーゼI切断シグネチャーを示す。個々シグネチャーを平均化し、青線で示すプロファイルを作成した。[Neph S, Vierstra J, Stergachis AB et al. [2012] *Nature* 489:83-90 より改変。Macmillan Publishers, Ltd. の許可を得て掲載]

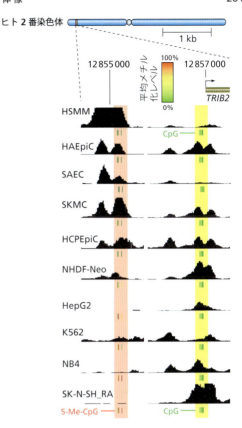

図13.16 RRBS および DNアーゼI 近接性によって決定されたDNAメチル化パターン 示す例はTRIB2遺伝子を含む2番染色体内の領域で、左にあげた10の細胞種で調べられた。横軸は遺伝子領域を表し、縦軸はDNアーゼI近接性の程度である。CpG配列は小さい縦線で表され、示された目盛りに従って色付けされている。メチル化が増加するにつれてDNアーゼIの近接性が減少する領域は □ で示す。また、細胞型全体にわたりCpGメチル化の変化がほとんどなく、近接性とメチル化との間の相関が低い領域は □ で示す。[Thurman RE, Rynes E, Humbert R et al. [2012] *Nature* 489:75-82 より改変。Macmillan Publishers, Ltd. の許可を得て掲載]

報は100％になるかもしれない。いずれにせよジャンクDNAという表現はもはや適した言葉ではない。確かに、同定された転写産物の一部はいまだにその機能的な重要性はわかっておらず、新たなスクリーニング法が確立されない限りそれらの機能は長きにわたって知られることはないだろう。しかし、もしこれまでの分子生物学の歴史からの何らかの実用的な教示があれば、新たな強力な手法が必要に応じて頻繁かつ迅速に現れるということである。

二つめの驚くべきことは、新しく検出された機能的な要素の大部分およびそれらの間の結合は細胞特異的という発見である。発生が完了したヒトがかなりの数の非常に多様な細胞をもつことを考えれば、この発見は驚くべきことで

はないかもしれない。このことの複雑化する局面として、与えられた遺伝子または調節配列の機能が存在する細胞の環境に応じて変化するということがあるかもしれない。このことは、相互連結する制御経路の解読をなお一層複雑化するが、報酬を付加的にもたらすだろう。もしかしたらこの流れの研究は発生生物学や進化生物学に対して、大きな恩恵を与えるだろう。哺乳類ゲノムと無脊椎動物ゲノムのサイズが異なることの根本的な理由が細胞型の多様性にあるというヒントがすでに出されている。現在、それは分析と定量化が可能となっており、生物学の新しい時代が今まさに生まれようとしているのかもしれない。

ENCODE計画研究には確かな方法が不可欠である

ENCODEのような歴史的な計画を有意義に成功させる

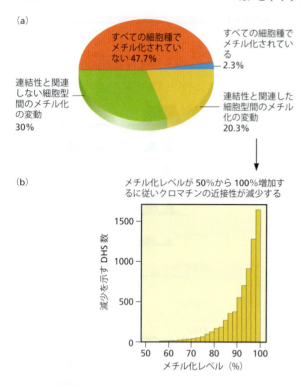

図 13.17 クロマチンの近接性に対するメチル化の影響の網羅的特徴 RRBS データが利用可能な 34376 個の DHS においてクロマチンの近接性に対するメチル化の効果を調査した．(a) 複数細胞種の解析により，大半がすべての細胞種においてメチル化されていない DHS である一方，少ない割合の DHS のみがすべての細胞種でメチル化されていることが明らかになった．細胞型にわたってメチル化の違いを示す部位では異なる二つのクラスが形成されるが，それは違いがクロマチン近接性の違いと相関するものとそうでないものである．(b) (a)で黄色の区分として示されるように，細胞型にわたってメチル化の違いと付随する近接性の違いを示す部位をもつ集団の中でメチル化と近接性の間には強い負の相関がみられる．[(a), (b) Thurman RE, Rynes E, Humbert R et al. [2012] *Nature* 489:75–82 より改変．Macmillan Publishers, Ltd. の許可を得て掲載]

ためには，関与する研究組織で用いられる実験的および計算的方法を開発し，標準化することが重要である．すでにこの章のしかるべき場所において，それらの具体的な方法を紹介してきた．ここでは ENCODE 計画の第二段階となる生産段階での優れた論文で使用されている形式に従って，より一般的な方法をリストし，簡単に紹介する．これらすべての手法をたっぷりと記述してしまうと，それだけで非常に大きな冊子ができるだろう．

- **RNA-seq（RNA シークエンシング）**：異なる RNA 集団を分離する．しばしば異なる RNA 画分に対しては異なる精製法を組合わせ，その後ハイスループットな配列決定を行う．
- **CAGE**：mRNA の 5′ 末端を選択的に手得し，5′ 末端のメチル化キャップ近傍の低分子タグからハイスループットな配列決定を行う．
- **RNA-PET**：mRNA の 5′ キャップとポリ(A) を同時に捕捉し，全長合成された RNA のみを得たうえで，それぞれの末端からハイスループットな配列決定を行う．
- **ChIP-seq**：*in vivo* でクロマチン上に結合するタンパク質を架橋によって固定し，DNA を断片化後，特定のタンパク質抗体を用いて免疫沈降することでそのタンパク質に結合する DNA 断片を選別する．それにより濃縮された DNA をハイスループット配列決定により解析する．この方法はクロマチンに結合したタンパク質に加えて，特異的なヒストン翻訳後修飾や DNA メチル化のような特徴を同定するために使うことができる．DNA メチル化検出の場合，メチル CpG あるいはメチル化 DNA 結合タンパク質を直接認識する抗体が用いられる（Box 6.6 参照）．
- **DN アーゼ-seq**：DN アーゼⅠによるクロマチンの切断は露出している DNA 部分で優先的に起こるので，この方法は開いたクロマチンを探知するプローブとして用いられる．開いている部分はヌクレオソームがないことや転写因子の結合により定義される．DN アーゼⅠにより切断された DNA 断片をハイスループット配列決定し，既知ゲノム領域上の DN アーゼⅠ高感受性部位を決定する．
- **FAIRE-seq**：ヌクレオソーム欠失ゲノム領域をヌクレオソームヒストンと DNA 間の架橋効率の違いを利用して分離する．ヌクレオソームヒストンと DNA の架橋効率は高く，配列特異的制御因子と DNA は低い架橋効率を示す．架橋後にフェノール抽出を行い，水層中の DNA 断片を配列決定する（Box 13.1 参照）．
- **5C 法**：第 10 章で紹介した 3C 法の変法である（図 10.22 参照）．物理的なクロマチン結合を PCR ベースの方法によって定量化できる特異的な連結産物に変換するように設計されている．この方法はクロマチン結合の網羅的検出を可能にする（Box 13.2 参照）．
- **RRBS**：バイサルファイトを用いて DNA 中の非メチル化シトシンをウラシルに変換し，それを配列決定することで各シトシンのメチル化状態を定量的に測定する．RRBS では，CpG ジヌクレオチドの周りを切断して CpG を濃縮するゲノム DNA の制限酵素処理から始まる．それによりゲノムは比較的小さな CpG に富んだ部分に切詰められ，さらにバイサルファイト配列決定により解析される（図 13.3 参照）．

重要な概念

- ENCODE 計画は全ヒトゲノム配列および高度なデータ解析アルゴリズムを用いて，転写機能配列およびそれら

- の制御を深く探索する.
- この計画は転写される遺伝子,それらの転写開始部位とプロモーター,二つのクラスのエンハンサー(強力および弱いエンハンサー),CTCF結合部位,そして転写が抑制された領域という七つの主要なクラス配列を定義する.
- DNアーゼI高感受性部位(DHS)はよく開いたクロマチン構造を示し,転写される遺伝子や転写開始部位,プロモーターおよび強力なエンハンサーと強く相関する.
- ヌクレソームはしばしば,転写開始部位近くの転写因子の結合部位あたりに正確に配置される.
- DHS領域のフットプリントは特定の転写因子の結合に対応する.これらのDHS領域の形状は転写因子の構造と合い,両者の共進化を示している.
- 転写因子および他の配列要素は細胞種依存的に広くかつ多重に相互連結している.
- DNAメチル化は,ENCODE計画によって同定された七つのクラスの制御DNA配列要素と転写因子の占有により,複雑な様式で相関する.
- ゲノムの大部分は転写されるが,転写される遺伝子のパターンとそれらの制御は細胞種に大きく依存する.

参考文献

総　説

Chanock S (2012) Toward mapping the biology of the genome. *Genome Res* 22:1612–1615.

Ecker JR, Bickmore WA, Barroso I et al. (2012) Genomics: ENCODE explained. *Nature* 489:52–55.

Frazer KA (2012) Decoding the human genome. *Genome Res* 22:1599–1601.

Stamatoyannopoulos JA (2012) What does our genome encode? *Genome Res* 22:1602–1611.

実験に関する論文

Arvey A, Agius P, Noble WS & Leslie C (2012) Sequence and chromatin determinants of cell-type-specific transcription factor binding. *Genome Res* 22:1723–1734.

Ball MP, Li JB, Gao Y et al. (2009) Targeted and genome-scale strategies reveal gene-body methylation signatures in human cells. *Nat Biotechnol* 27:361–368.

Cheng C, Alexander R, Min R et al. (2012) Understanding transcriptional regulation by integrative analysis of transcription factor binding data. *Genome Res* 22:1658–1667.

Derrien T, Johnson R, Bussotti G et al. (2012) The GENCODE v7 catalog of human long noncoding RNAs: Analysis of their gene structure, evolution, and expression. *Genome Res* 22:1775–1789.

Djebali S, Davis CA, Merkel A et al. (2012) Landscape of transcription in human cells. *Nature* 489:101–108.

Dong X, Greven MC, Kundaje A et al. (2012) Modeling gene expression using chromatin features in various cellular contexts. *Genome Biol* 13:R53.

Dostie J, Richmond TA, Arnaout RA et al. (2006) Chromosome Conformation Capture Carbon Copy (5C): A massively parallel solution for mapping interactions between genomic elements. *Genome Res* 16:1299–1309.

The ENCODE Project Consortium (2012) An integrated encyclopedia of DNA elements in the human genome. *Nature* 489:57–74.

Gerstein MB, Kundaje A, Hariharan M et al. (2012) Architecture of the human regulatory network derived from ENCODE data. *Nature* 489:91–100.

Harrow J, Frankish A, Gonzalez JM et al. (2012) GENCODE: The reference human genome annotation for The ENCODE Project. *Genome Res* 22:1760–1774.

Kundaje A, Kyriazopoulou-Panagiotopoulou S, Libbrecht M et al. (2012) Ubiquitous heterogeneity and asymmetry of the chromatin environment at regulatory elements. *Genome Res* 22:1735–1747.

Natarajan A, Yardimci GG, Sheffield NC et al. (2012) Predicting celltype-specific gene expression from regions of open chromatin. *Genome Res* 22:1711–1722.

Neph S, Stergachis AB, Reynolds A et al. (2012) Circuitry and dynamics of human transcription factor regulatory networks. *Cell* 150:1274–1286.

Neph S, Vierstra J, Stergachis AB et al. (2012) An expansive human regulatory lexicon encoded in transcription factor footprints. *Nature* 489:83–90.

Pei B, Sisu C, Frankish A et al. (2012) The GENCODE pseudogene resource. *Genome Biol* 13:R51.

Sanyal A, Lajoie BR, Jain G & Dekker J (2012) The long-range interaction landscape of gene promoters. *Nature* 489:109–113.

Schaub MA, Boyle AP, Kundaje A et al. (2012) Linking disease associations with regulatory information in the human genome. *Genome Res* 22:1748–1759.

Thurman RE, Rynes E, Humbert R et al. (2012) The accessible chromatin landscape of the human genome. *Nature* 489:75–82.

Vernot B, Stergachis AB, Maurano MT et al. (2012) Personal and population genomics of human regulatory variation. *Genome Res* 22:1689–1697.

Wang H, Maurano MT, Qu H et al. (2012) Widespread plasticity in CTCF occupancy linked to DNA methylation. *Genome Res* 22:1680–1688.

Wang J, Zhuang J, Iyer S et al. (2012) Sequence features and chromatin structure around the genomic regions bound by 119 human transcription factors. *Genome Res* 22:1798–1812.

Whitfield TW, Wang J, Collins PJ et al. (2012) Functional analysis of transcription factor binding sites in human promoters. *Genome Biol* 13:R50.

Yip KY, Cheng C, Bhardwaj N et al. (2012) Classification of human genomic regions based on experimentally determined binding sites of more than 100 transcription-related factors. *Genome Biol* 13:R48.

14　RNA プロセシング

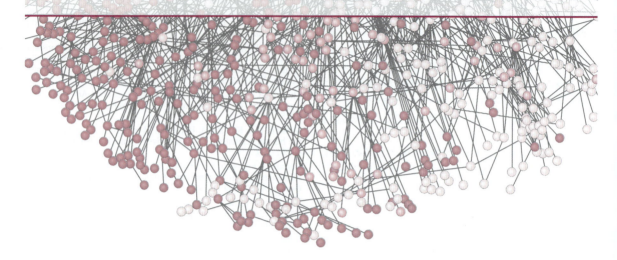

14.1　はじめに

ほとんどの RNA 分子は転写後にプロセシングを受ける

　これまでの章において，我々はゲノムの大部分が RNA に正確に写しとられることをみてきた．しかしながらほとんどの場合，これらの一次転写産物はまだ細胞にとって適切ではなく，修飾されなければならない．そのような一次転写産物から成熟した機能的な RNA への変換は **RNA プロセシング**（RNA processing）と総称される．生理学的な寿命を迎えた RNA 分子を分解するため，あるいは欠陥をもつか誤って折りたたまれた RNA 分子を分解するためにはさらなるプロセスが起こる．実際に，細胞内のすべての RNA は一つあるいはほとんどの場合にはいくつかのプロセシングを受ける．

プロセシングには四つの一般的なカテゴリーが存在する

　カテゴリーの一つめは一次転写産物からのヌクレオチドの除去に関係する．これは，たとえば真核生物の mRNA からのイントロン除去のように転写産物の大部分に関係するかもしれない．二つめは，鋳型の塩基配列情報とは独立に起こる RNA 鎖の 3′ 末端および 5′ 末端のヌクレオチド付加である．三つめは，DNA により規定されたもとの RNA 配列内におけるヌクレオチドの除去や挿入による編集である．四つめは，多数の異なる酵素に触媒された反応による塩基の共有結合による修飾である．

真核生物の RNA は細菌の RNA よりもはるかに多くのプロセシングを受ける

　この章では最も特徴的なプロセシング反応について扱う．細菌の RNA は転写後の修飾をほとんど受けないため，おもな焦点は真核生物の mRNA となる．細菌において起こる修飾はおもに縦列（タンデム）に並んだ長い転写産物を機能的な tRNA と rRNA 分子をつくり出すための分割に関わっている．

　細菌のタンパク質をコードする mRNA は細胞質で合成されるためいかなるプロセシングも受けずに直ちにリボソームと結合して翻訳される．一方，真核生物の mRNA は核内で合成されるため，翻訳の際には細胞質へ輸送されなければならない．さらに，真核細胞においてゲノムから直接写しとられた mRNA には成熟した翻訳可能な形態の mRNA をつくり出すために切出されなければならないイントロンがほぼ必ず含まれている．他に二つの修飾，すなわち 5′ 末端のキャッピングと 3′ 末端のポリアデニル化〔ポリ（A）鎖の付加〕が一般的である．真核生物の mRNA プロセシングを説明するにあたり，5′ 末端と 3′ 末端の修飾を始めに考える必要があり，次にスプライシングを実行し制御する複雑な反応について説明する．

14.2　tRNA と rRNA のプロセシング

tRNA プロセシングはすべての生物においてよく似ている

　tRNA プロセシングには一次転写産物から tRNA 前駆体へのヌクレアーゼによる切断が常に関わる．大腸菌のような細菌において，いくつかの tRNA の遺伝子は rRNA をコードする遺伝子クラスターに埋込まれているが，tRNA 遺伝子の大半は 1〜7 のグループにまとまって長い隣接配列に囲まれてクラスター化されている．これら tRNA 遺伝子クラスターに由来する一次転写産物のプロセシングは，多数のエンドヌクレアーゼとエキソヌクレアーゼが関わる多段階の過程である（図 14.1）．このポリヌクレオチド鎖

を最終的な長さに整える切断反応の後，**tRNA ヌクレオチジルトランスフェラーゼ**（tRNA nucleotidyltransferase，CCA 付加酵素）が，整えられた鎖の 3′末端に普遍的な三つ組配列の CCA を付加する反応を開始する．付加された末端アデノシン（A）の 2′-あるいは 3′-OH 基がタンパク質合成におけるアミノ酸の付着部位となる（第 15，16 章参照）．tRNA プロセシングの最終段階には塩基を修飾するいくつかの化学修飾が関わり，これらの修飾にはメチル化，チオール化，ウラシルからジヒドロウラシルへの還元，プソイド（シュード）ウリジル化が含まれる．

すべての tRNA の成熟 5′末端をつくり出す酵素である **RN アーゼ P**（RNase P）はこれまでに初めて記載されたリボザイムであり（Box 14.1），Sidney Altman が発見し，この研究により 1989 年にノーベル化学賞を受賞した．RN アーゼ P は最も風変わりな酵素で，377 nt の高度に構造化された RNA 分子と小さなタンパク質から構成される（図 14.1 参照）．非生理的な状態ではあるが，RN アーゼ P の反応にタンパク質は必要とされず，この触媒反応が RNA 構成要素により行われることが証明されたときは大きな驚きとなった．

3 種の成熟した rRNA 分子はすべて長い単一の RNA 前駆体から切断される

多数のリボソームタンパク質とともに細菌のリボソームの構造を形成する三つの rRNA 分子（23S，16S，5S）は，始めは非常に長い rRNA 前駆体分子として転写される（図 14.2）．リボソームはこれら三つの分子それぞれのコピーを一つしか含まないので，これらを一つの転写産物としてもつことにより正しい化学量論性で産生できることが保証される．長い一次転写産物は個々の rRNA 分子が生じるように処理される．関与する最初の酵素は RN アーゼⅢであり，16S，23S，5S の配列を含むステムループ構造中の塩基に二本鎖切断を導入する．さらなるプロセシングの段階は三つの rRNA 配列それぞれに特異的であるエンドヌクレアーゼが関与し，転写と同時に起こるリボソーム会合の最初の段階の後にのみ起こる（第 15 章参照）．真核生物の rRNA のプロセシングは長い前駆体から真核生物のリボソームに存在する 28S，18S，5.8S の RNA 分子を産生するためによく似た経路をたどる．それは広範囲にわたってエクソソーム複合体の作用に依存する．

14.3 真核生物の mRNA プロセシング：末端の修飾

真核生物の前駆体から mRNA へのプロセシングは通常，三つの異なる段階，すなわち 5′末端のキャッピング，スプライシング（イントロンの除去およびエキソンと一緒の継ぎ合わせ），ポリアデニル化〔転写産物の 3′末端へのポリ(A)鎖の付加〕を含む（図 14.3）．スプライシングの複雑さを考慮する前に，最初に 5′末端と 3′末端に

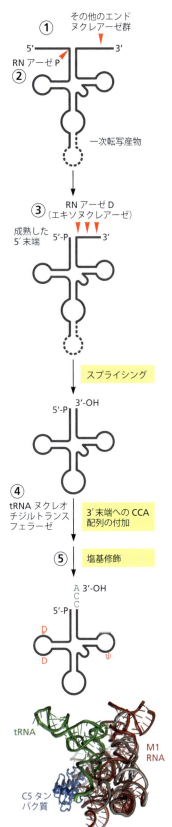

図 14.1 縦列に並んだいくつかの tRNA 前駆体を含む真核生物の一次転写産物からの tRNA プロセシング　各段階は以下のように触媒される．① エンドヌクレアーゼが一次転写産物から tRNA 前駆体を切断する．② RN アーゼ P がそれぞれの tRNA 配列の 5′末端で転写産物を切断して成熟した 5′末端をもつ単量体の tRNA 前駆体を切離す．③ エキソヌクレアーゼである RN アーゼ D が 3′末端の長さを短くする．同時に点線で示されたループが tRNA 前駆体から除去され，生じた切断末端が再接合される．④ tRNA ヌクレオチジルトランスフェラーゼが CCA 配列を tRNA の 3′末端に付加する．これは鋳型 DNA なしにヌクレオチド付加が起こる例の一つである．⑤ 行程の最終段階は塩基修飾であり，特異的な修飾反応を触媒するさまざまな特異的な酵素が関与する．下：tRNA と結合した大腸菌 RN アーゼ P の結晶構造．この酵素の RNA 構成要素である M1 RNA の構造は同軸上に積み重ねられた多数のらせん状の領域を示している．この構造は古細菌，細菌，真核生物で高度に保存されている．tRNA 基質は緑で示され，この酵素のタンパク質構成要素である C5 は青で示されている．*in vivo* では RNA とタンパク質の両方の構成要素が活性に必要である．一定の *in vitro* の条件，たとえば高濃度の Mg^{2+} 存在下ではタンパク質は触媒反応に必要ではなく，RNA は正真正銘のリボザイムとして機能する．〔結晶構造は Wikimedia より〕

Box 14.1　リボザイム

多くの RNA プロセシングは in vivo でタンパク質から成る酵素の性質をもつリボザイム (ribozyme) とよばれる RNA 分子により触媒される．このような分子の存在は 1968 年に Francis Crick と Leslie Orgel がそれぞれ発表した論文で早くも示唆された．両者は生命の起源に関する難問，すなわち核酸の処理を触媒するタンパク質が先か，あるいはそれらのタンパク質をコードする核酸が先かに関心をもっていた．タンパク質のように複雑な三次元構造をもつ RNA 分子が触媒反応と情報の伝達の両方を実行するかもしれないというアイデアはこのジレンマからの抜け道となるように思われた．おもに，核酸は酵素の機能に一般的に関与するさまざまな側鎖を欠いているという理由で，この考えは長年にわたり真剣には考慮されなかった．さらにこの仮説を支持する実験的証拠もなかった．

大きな突破口は 1982 年にやってきた．Thomas Cech と共同研究者たちはテトラヒメナの rRNA のイントロンはタンパク質補因子を用いることなく自身によって切出され，再接合できることを発見した．このイントロンはすなわちリボザイムであった．この突破口は当初は懐疑的な姿勢で迎えられたが，まもなくさまざまなリボザイムの発見がもたらされ，生命の初期進化に関する RNA ワールド仮説へとつながった．

多くの他のリボザイムもまた自己の切断反応に関与している．したがって，触媒反応の後にもとの状態のままであって反応を繰返すことのできる酵素の真の類似体とはみなされないかもしれない．しかし，このより厳しい基準を

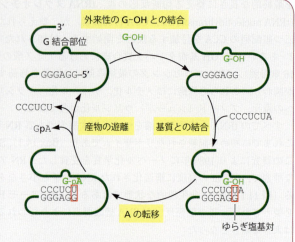

図1　テトラヒメナのグループⅠ rRNA イントロンに対応する遊離リボザイムの酵素活性　リボザイムの G 結合部位は補因子として遊離 G–OH に非共有結合することができる．このリボザイムの 5′ 末端において GGAGGG モチーフはゆらぎの G·U 塩基対を 1 組含むワトソン・クリック型塩基対形成を介してオリゴヌクレオチド CCCUCUA と結合することができる．突出した A は G–OH に転移され，切断された基質とともに放出される GpA を形成する．全体の反応は CCCUCUA + G → CCCUCU + GA となる．[Hougland JL, Piccirilli JA, Forconi M et al. [2006]. In The RNA World, 3rd ed. [Gesteland R, Cech TR & Atkins JA eds], pp 133–199 より改変．Cold Spring Harbor Laboratory Press の許可を得て掲載]

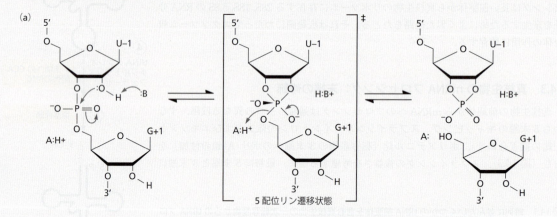

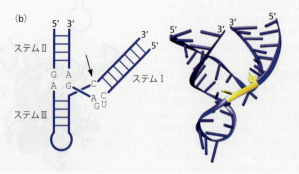

図2　RNA で触媒される自己切断のメカニズム　(a) 反応の化学．リボースの 2′–OH 基は隣接する解離しやすく切断可能なリン酸基に求核攻撃を行う．この反応は 5 配位リン遷移状態を経て進行し，2′,3′–サイクリックリン酸基および 5′–OH 末端をもつ産物を生成する．(b) ハンマーヘッド型リボザイムの構造．左：二次構造．触媒活性に重要なヌクレオチドが示され，切断部位が矢印で示されている．右：結晶学的データに基づく三次構造．切断しやすい結合に隣接するヌクレオチドは黄で示されている．[(a), (b) Doudna JA & Cech TR [2002] Nature 418:222–228 より改変．Macmillan Publishers, Ltd. の許可を得て掲載]

満たす RNA 分子が存在する。図1で示されたリボザイムはテトラヒメナの rRNA の短縮型であり、酸塩基反応において図に示された転移反応を非常に効率的に触媒する。自己転移プロセスのモデルは図2に示される。金属イオン、特に Mg^{2+} の存在は5配位リンの遷移状態を安定化させると思われる。

ほとんどの既知のリボザイムは二つの一般的なクラスに分類される。最初は、単純な自己切断反応を行う小さなリボザイムのグループである。これらは一般に、ローリングサークル機構により複製するウイルス RNA において見いだされる（第19章参照）。このような複製は縦列で共有結合した RNA ゲノムのコピーを産生する。各コピーはリボザイム配列を1コピー含む。これらのコピーの自己切断は新しいウイルス産生のための多数の RNA 遺伝子をもた

らす。よく研究された例は、いくつかの植物ウイルスでみられるハンマーヘッド型リボザイムである（図2bを参照）。X線構造は Y 字の接合部付近にある切断に必須な切断部位および残基の両方をもつ Y 字形の分子を示す。切断反応は 3′-OH 基と 5′-環状リン酸基を生じる。

これらの産物はイントロン（おもにグループⅠ、グループⅡイントロン）のスプライシングに関与する第二の主要なリボザイムの産物とは根本的に異なる。これらのリボザイムのために、切断の段階はエキソンの再スプライシングを可能にするために 5′-エキソン上に 3′-OH 基を、3′-エキソン上に 5′-リン酸基を生成しなければならない。一つの例は上記のテトラヒメナの rRNA イントロンである。

Sidney Altman と Thomas R. Cech は "RNA の触媒性質の発見" により1989年にノーベル化学賞を受賞した。

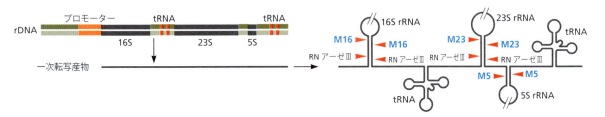

図 14.2 大腸菌における rRNA 前駆体のプロセシング 一次転写産物は三つの rRNA それぞれのコピーを含み、いくつかの散在した tRNA 前駆体も含みうる。成熟した rRNA の 5′ と 3′ 末端は塩基対形成領域に見いだされる。始めにこれら塩基対形成領域は RN アーゼⅢにより切断され、続いて 16S rRNA は M16 エンドヌクレアーゼ、23S rRNA は M23 エンドヌクレアーゼ、5S rRNA は M5 エンドヌクレアーゼという特異的なエンドヌクレアーゼにより切断される。プロセシングはリボソーム形成と連動している。

図 14.3 プロセシング後の典型的な真核生物 mRNA の構造
コード領域と隣接する二つの非翻訳領域（UTR）が含まれる。コード領域は一次転写産物にエキソンとイントロンの両方を含むが、リボソーム上で翻訳される準備ができている成熟 mRNA にはエキソンのみが存在する。分子中の 5′ 末端のキャップ構造と 3′ 末端のポリ(A)鎖に注意。すべての mRNA がポリアデニル化されるわけではなく、後生動物のヒストン mRNA はポリ(A)鎖を欠く mRNA の有名な例である。

起こる修飾について議論する。すべての mRNA がすべてのタイプのプロセシングを経験するわけではない。たとえばヒストン遺伝子はイントロンを含まないので、成熟した mRNA を産生するためにスプライシングは起こらない。ほとんどのヒストン mRNA はポリアデニル化も受けず、これらの成熟 3′ 末端の生成には他の特殊な経路が関係する。

真核生物の mRNA のキャッピングは転写と同時に起こる

キャッピングとは mRNA 前駆体の 5′ 末端にメチル化さ

れたグアノシン一リン酸のキャップを 5′-5′ 三リン酸結合という珍しい結合を介して付加することである（図14.4）。新生 RNA 鎖の長さが 30 nt 未満のとき、キャッピングは転写中の非常に早い時期に核内で起こる。キャップは複数の役割を果たす。5′ 末端からのエキソヌクレアーゼによる分解から mRNA を保護し、スプライシングに適した基質をつくり、翻訳開始の際に開始因子の結合部位として働く。キャッピング反応を行う酵素は転写をプロセシングと共役させる他の多くのタンパク質と同様に、PolⅡの C 末端ドメインに結合している。キャップ構造が形成されると二量体のキャップ結合複合体（CBC；cap-binding complex）が結合し、mRNA が細胞質に輸送されるまで結合し続ける。CBC はこの過程の早い段階で転写-核外輸送複合体（TREX；transcription-export complex）を mRNA に呼び込む役割を果たす。

3′ 末端のポリアデニル化は多くの機能を果たす

ポリアデニル化として知られている mRNA の 3′ 末端への連続したアデニル酸（A 残基）の鎖の付加は、真核生物 mRNA のプロセシングにおける重要な段階である。図14.5 はその過程と関係する主要なタンパク質を示している。ポリ(A)付加の実際の部位が転写終結部位の 5′ 側に位

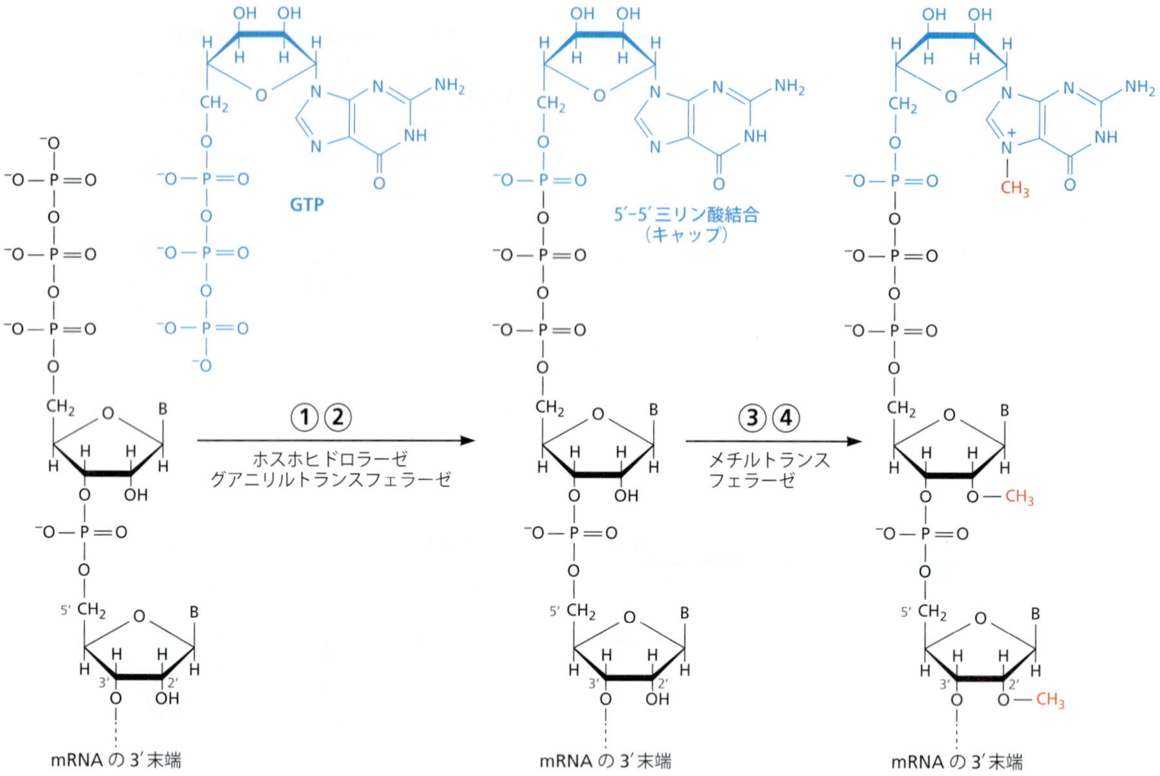

図 14.4 真核生物の mRNA 前駆体の 5′末端におけるキャッピング 反応は複数の段階で進行する．① ホスホヒドロラーゼは前駆体の 5′末端のリン酸基の除去を触媒する．② 次に，5′末端はグアニリルトランスフェラーゼにより触媒される反応において，GTP からの二リン酸の放出を伴って GMP 基を受取る．③ グアニル酸基の塩基は N-7 位がメチル化される．④ 前駆体の末端と最後から 2 番目のリボース基の 2′-OH 基もメチル化される場合がある．

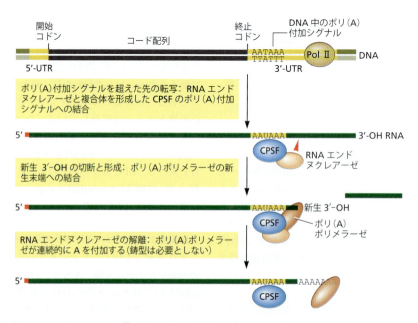

図 14.5　mRNA 前駆体のポリアデニル化

置するという発見は予想外であり，mRNAの3′側の非翻訳領域（3′-UTR）として転写される部位に位置するDNA中のポリ(A)付加シグナルの発見へとつながった．一時転写産物中の実際のポリ(A)付加シグナル（AAUAAA）は，活性のあるポリ(A)付加シグナルを形成するために下流のポリ(U)配列と共同して作用する．mRNA中のポリ(A)付加シグナルはRNAエンドヌクレアーゼと複合体を形成するCPSF（cleavage and polyadenylation specificity factor, 切断/ポリアデニル酸化特異性因子）とよばれるタンパク質因子と相互作用する．このエンドヌクレアーゼはRNAを切断して，鋳型に依存せずにA残基を付加する特別なポリ(A)ポリメラーゼ（PAP）の重合活性に必要な3′-OH基を生成する．

ポリ(A)鎖は非常に不均一な長さであり，アデニル酸残基数は数個から200～300以上の幅がある．この長さは生物種，発生段階，RNAの種類によって異なる．ポリ(A)鎖の重要な役割の一つはエキソヌクレアーゼによる分解に対するmRNAの安定化であると考えられている．したがって，長い間存続することが必要なmRNAは長いポリ(A)鎖をもつ．古典的な例は哺乳類赤血球におけるグロビンのmRNAである．この細胞は末梢血循環に入ると核を失い，したがって細胞の機能は完全に細胞質内の長寿命のmRNAに依存しなければならない．ゆえに，赤血球のグロビンmRNAは赤血球の寿命と同じくらいの約3カ月もの間存在する．これはもちろん長寿の記録であるが，mRNAは一般に半減期が短く分単位であることに留意する．このような短い半減期は遺伝子発現のより柔軟な調節を可能にしていると思われる．短期間に発現する必要のある遺伝子は不安定なmRNAを産生するし，その逆もまた同様である．

ポリ(A)鎖はmRNAの一生の間に次第に短くなる．この短縮はエキソヌクレアーゼにより実行され，mRNAが核を離れる以前に始まる．このようなmRNAの短縮が望ましくない場合には，ポリ(A)鎖の長さを回復させる細胞質の機構が働く．これはいくつかのmRNAの3′-UTRに存在する細胞質のポリアデニル化配列の作用によりなされる．細胞質における修飾の十分な議論は翻訳制御を考える際に紹介する（第17章参照）．

ポリ(A)鎖はどのようにmRNAを安定化させるのだろうか．核内における安定化は，エキソヌクレアーゼによる分解から保護するポリ(A)結合タンパク質（PABP; poly (A)-binding protein）のポリ(A)鎖への結合を介してなされる．PABPはまた，ポリメラーゼが長いポリ(A)鎖を合成するのを助ける．短いポリ(A)鎖が合成されるとPABPはそこに結合してCPSF，ポリ(A)ポリメラーゼ，基質RNAから成る四者複合体を形成する．この複合体は一時的にポリ(A)ポリメラーゼの結合を安定化し，迅速な重合の触媒反応を助ける．別のクラスのPABPは細胞質性であり，場合によってはポリ(A)の除去にも必要である．

ポリ(A)鎖のさらなる機能が認められている．細菌内および真核生物の核内監視機構において，ポリ(A)鎖の付加はmRNAの崩壊をひき起こす．ポリ(A)鎖は核膜孔チャネルのすぐそばにあって核外輸送の応答能をもつmRNAの3′末端に存在するタンパク質のNab2に結合する．したがって，ポリ(A)鎖はmRNAの核外輸送に重要な役割を果たす．さらに，ポリ(A)鎖はまだよくわかっていない機構により翻訳開始を促進する．

14.4 真核生物のmRNAプロセシング：スプライシング

スプライシングの過程は複雑であり高い精度を必要とする

ほとんどの真核生物の遺伝子はイントロンとして知られる非コード配列を含み，これは一次転写産物から除去される必要がある．そのときに隣接するエキソンは一緒にスプライスされなければならない．これはフレームシフトが起こらないように非常に正確に行われる必要がある．これらの厳しい要求を満たすために，**スプライソーム**（spliceosome）と名付けられた複雑で高度に制御された核内装置が進化してきた．スプライソームが正しく機能するためにはエキソンとイントロンの境界を正確に認識しなければならない．この認識を容易にするために，エキソンとイントロン両側の境界を示す保存された配列が進化した（図14.6）．境界の配列に関するコンセンサス配列が導き出されている．しかしこれらの配列はとても短く，スプライソームに十分強くは結合しないため，選択的スプライシングが起こりうる．スプライソームの結合は多少保存された内部イントロン配列中に埋込まれた一つのA残基から成る**分枝部位**（branch site）により増強される．分枝部位はスプライソームを構成するいくつかのタンパク質の結合部位として機能する10～40 ntのポリピリミジン配列により隔てられた3′スプライス部位の比較的近傍に位置する．スプライシング反応は図14.6と図14.7に詳述されているように，連続する2回のエステル転移反応により起こる．

スプライシングはスプライソームにより行われる

スプライソームは粒子の質量の約45％を構成する41個の異なるタンパク質と複合体を形成する．U1, U2, U4, U5, U6として知られる五つの核内小分子RNA（snRNA; small nuclear RNA）を含む巨大な高分子装置である．U snRNAはファミリーの五つすべてのメンバーでとりわけ多い塩基であるウラシルから命名された．すべてのU snRNAには広範囲に鎖内の塩基対合があり（図14.8 a），多くの塩基は転写後に修飾される．U snRNAは非常に大量にあり，核1個当たり約10万コピー存在する．この数

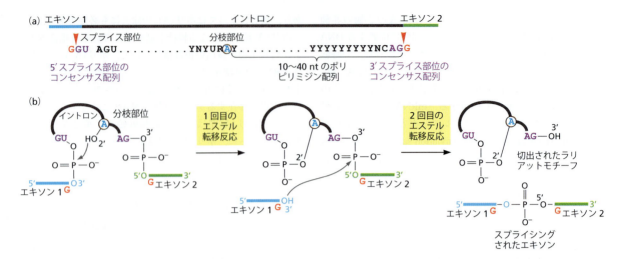

図 14.6 スプライス部位と 2 段階のスプライシング反応の化学 (a) スプライシング反応が起こるために必須な 5′および 3′スプライス部位とイントロン領域における典型的なヌクレオチド配列．イントロンはエキソン中の G 残基に隣接しており，イントロン自体は保存されたジヌクレオチド GU を 5′末端に，AG を 3′末端に含む．イントロン中にある A 残基は分枝部位として機能する（b を参照）．これは通常，10～40 nt のポリピリミジン配列により分けられた 3′スプライス部位に近接している．(b) スプライシング反応には二つの連続したエステル転移反応の段階が関わる．第一段階では分枝部位の A 残基の 2′-OH 基が 5′スプライス部位を攻撃し，結果として分枝部位 A の 2′-，3′-OH 基の両方がホスホジエステル結合に関与する．したがってイントロンとその下流のエキソン 2 を含むラリアット（投げ縄）構造をつくり出す．第二の反応の間にエキソン 1 の末端の G に新生された 3′-OH が 3′スプライス部位を攻撃する．結果として二つのエキソンが一緒に連結され，イントロンは短縮されたラリアット構造として放出された後，壊される．

はほぼすべての mRNA 前駆体が受けるスプライシングの程度と，各 mRNA 前駆体のイントロンの平均数が大きいことを考え合わせると驚くべきことではない．いまだ説明できない不思議なことは，五つの U snRNA のうち四つが Pol II により転写されるが，U6 は Pol III により合成されることである．全体として，スプライソソームに結合する 300 以上のタンパク質が知られている．これらのタンパク質のいくつかはスプライシング因子として作用するが，これらの大部分のタンパク質の機能はまだ明らかにされていない．

スプライシングに関するほとんどの研究は通常，基質として一つのイントロンと二つの隣接するエキソンを含む単純な合成 mRNA を用いた *in vitro* の系で行われている．これらの研究はスプライソソーム複合体が転写の過程で段階的に組立てられるという考えを導き出した（図 14.9）．U2 snRNP（核内小分子リボ核タンパク質；small nuclear ribonucleoprotein）の分枝部位への結合は，保存されたポリピリミジン配列を認識して結合するタンパク質二量体 U2AF によって促進される．

大規模な *in vitro* 研究はまた，個々のスプライソソームの構成因子の役割を明らかにするのに役立ち，A, B, C 複合体それぞれの電子顕微鏡像が得られた（図 14.8 b）．一方で，天然のスプライソソーム粒子をプロセシング中に新生 mRNA と結合した状態で単離した実験では少し異なる構造を示す顕微鏡像が得られた．密に詰まった 4 個の単量体のスプライソソームを含むスープラ（超）スプライソソーム（supraspliceosome）粒子が電子顕微鏡により明らかにされている（図 14.8 c）．さらにクライオ電子顕微鏡像の取得と再構成実験により，これら天然の単量体スプライソソームの比較的高分解能の構造がもたらされた．これらの研究は四つのスプライシングの事象が長い mRNA 前駆体においてどのように同時に起こるかを説明するモデルの作成を可能にした．

スプライシングは複数種類の選択的な mRNA をつくり出すことができる

選択的スプライシングはいくつかのスプライス部位を利用して他のスプライス部位を無視するという処理であり，エキソンあるいはイントロンの内部に位置する潜在的な部位を使用することもある．したがって選択的スプライシングは最適なスプライス部位の抑制や，準最適あるいは潜在的なスプライス部位の使用と考えることができる．このような選択的なスプライス部位の使用は，通常のスプライシングにより産生される成熟 mRNA とは配列や構造が逸脱した別の mRNA の創出という結果につながる．原理的にはこれはまたタンパク質配列の別のバリアントの生成をもたらすはずであり，後に述べるように，ときには実際そうである．そうして生じた mRNA の形状は通常さまざまな方法でスプライスされた形状とは異なる場合がある．

数年前に選択的スプライシングが個々の遺伝子システム

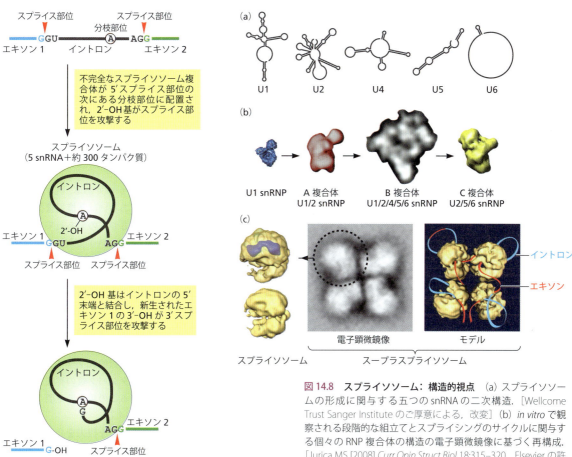

図14.7 スプライシング反応の概要 mRNA前駆体におけるイントロンの除去はスプライソソームとよばれる特殊なリボ核タンパク質 (RNP) 装置により行われる．また，この図はスプライソソームにより触媒される図14.6(b)に示された主要な化学反応も示している．[Sharp PA [1987] *Science* 235:766–771 より改変．American Association for the Advancement of Science の許可を得て掲載]

図14.8 スプライソソーム：構造的視点 (a) スプライソソームの形成に関与する五つの snRNA の二次構造．[Wellcome Trust Sanger Institute のご厚意による，改変] (b) *in vitro* で観察される段階的な組立てとスプライシングのサイクルに関与する個々の RNP 複合体の構造の電子顕微鏡像に基づく再構成．[Jurica MS [2008] *Curr Opin Struct Biol* 18:315–320．Elsevier の許可を得て掲載] (c) すべての新生 Pol II による転写産物の 85% を含む核画分から単離された天然のスプライソソームの構造．転写産物と会合した粒子は中央の電子顕微鏡により視覚化されるように大きな四量体構造であり，これらはスープラスプライソソームと名付けられた．クライオ電子顕微鏡像から再構成された単量体スプライソソームの構造が左側に示されている．二つの別個のサブユニットがこれらの間を走るトンネルで相互接続された形で識別可能である．このトンネルは mRNA 前駆体が通過するのに十分な大きさである．紫の領域はスプライソソームの五つの snRNA の位置を表している．右はスープラスプライソソームのモデルである．スープラスプライソソームはスプライシングが起こる前にエキソンを並べることができ，スプライス部位の確認可能な場を提供する．mRNA 前駆体がまだプロセシングを受けていないときには折りたたまれスプライソソームの空洞内で保護される．スプライシングが起こるときに RNA は開いて切断されるようになる．スープラスプライソソームの存在は mRNA 前駆体における四つのエキソンの同時スプライシングを可能にする．エキソンは赤で，イントロンは青で示されている．選択的エキソンはモデルの左上隅に赤で描かれている．[Sperling J, Azubel M & Sperling R [2008] *Structure* 16:1605–1615．Elsevier の許可を得て掲載]

において発見されたが，最近になってゲノムワイドな手法の出現に伴いその広汎性が認識されるようになった．実際にヒトの mRNA 前駆体の 90% 以上が選択的スプライシングを受け，成熟した mRNA 分子のファミリーと最終的には密接に関連したタンパク質のアイソフォームをもたらす．ほとんどの研究は単一の mRNA 前駆体の選択的スプライシングから生じる mRNA 分子の不均一性について取

組んできた．技術的にはこれは単一細胞内の mRNA 集団から cDNA ライブラリーを作製し，次に cDNA クローンをクローニングおよび配列決定することによって達せられる．しかし，実際にはタンパク質のアイソフォームが同定

14. RNA プロセシング

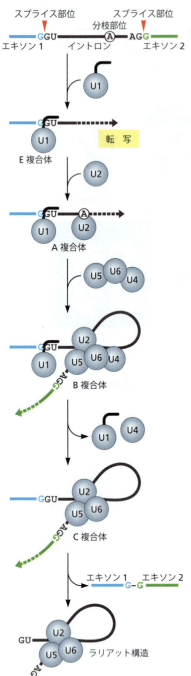

図 14.9 転写における段階的なスプライソソームの組立て 5′スプライス部位は転写複合体を出るとすぐに，GGU と U1 RNA の間の塩基対形成を介して U1 snRNP と結合し，できた複合体は初期の頃から E 複合体として知られている．次の段階で U2 snRNP は ATP 依存的工程により分枝部位に結合して A 複合体を形成する．この複合体は U2 snRNP を呼び込むのに役立つタンパク質因子 U2AF も含んでいる（ここには示していない）．3′スプライス部位が転写複合体から出る場合，U4, U5, U6 は三重 RNP 複合体として結合し，B 複合体を形成する．U1 および U4 snRNP の放出と U2-U5-U6 複合体におけるコンホメーション変換に続いて，触媒的に活性な C 複合体が形成される．スプライシングに関与する化学反応の両方が C 複合体上で起こる．最後に U2-U5-U6 複合体はラリアット構造から解離し，個々の RNP 複合体は再利用されてラリアット構造は壊される．

質構造の有害な変化をもたらすからである．したがって，選択的スプライシングが別の，あるいは新機能獲得として知られる最終的に異なる機能をもつものであっても，タンパク質の大きな多様性を創出するという受入れられた見解は，限定された数の遺伝子に関する研究に基づくものであり，再評価が必要となるかもしれない．この不確実性にも関わらず，選択的スプライシング自体が細胞の生理学的な必要性に従って調節され，頻繁に起きていることは明らかである．2012 年の ENCODE 計画の直近のデータによると，ヒトの各遺伝子は平均すると 6.3 個の異なるスプライスされた転写産物を産生する．選択的スプライシングが高等生物にみられる複数の形状のタンパク質の存在を説明できるという事実は，進化におけるこの現象の重要な役割を示しているかもしれない（**Box 14.2**）．

選択的スプライシングはさまざまな機構を介して起こりうる．主要な様式は図 14.10 に概説されている．これら四つの機構に加えて，選択的 mRNA は選択的プロモーターあるいは選択的ポリアデニル化部位の使用によって生じる（図 14.11）．特異的システムで起こる特異的機構の例が **Box 14.3** に示されている．

選択的スプライシングと特定の型のがんの間には十分に確立された結び付きがある（表 14.1）．**Box 14.4** はこの結び付きに関する概要の説明で，いくつかの有名な例を紹介する．

タンデムキメリズムは離れた遺伝子のエキソンを連結する

これまで説明および図解された選択的スプライシングの機構は一つの遺伝子の転写産物である一つの mRNA 前駆体が選択的な mRNA 産物を生じるという古典的な例に関わっている．しかし最近，研究者たちは選択的スプライシングが 2 個以上の隣接する遺伝子のエキソン，あるいはアノテーションされた遺伝子のエキソン，そして非常に遠くに存在するこれまでにアノテーションされていない遺伝子の 5′エキソンが関わる可能性を理解するようになった．399 個の遺伝子の 5′末端は ENCODE 計画の初期段階で選ばれたヒトゲノムの領域からマッピングされた．この解析により，多くの遺伝子がアノテーションされた 5′末端から数十または数百 kb 離れた別の 5′末端を使用することが

され，それらの構造や機能が決定されているものはほとんどない．適切なハイスループット技術の欠如もあり，タンパク質のアイソフォームの特徴付けは依然として大きな課題である．

これまで使用されてきた計算方法は可能性のあるアイソフォームが機能することは非常に少ないことを示唆している．なぜなら，選択的スプライシングはしばしばタンパク

Box 14.2　選択的スプライシングと進化

最近の多種多様な種の全ゲノム解析は驚きと当惑という結果をもたらした．すなわち，タンパク質をコードする遺伝子の数は生物の構造および行動の複雑さと十分には相関しない．第7章で指摘したように，ヒトは線虫のような下等無脊椎動物よりもはるかに多くのタンパク質をコードする遺伝子をもっているわけではない．実際，我々はほとんどの科学者が考えていたよりもはるかに少ない遺伝子しかもっていない．選択的スプライシングの利用は高等生物の複雑な構造をつくり出すうえで重要な役割を演じてきたのかもしれない．一例をあげると，ヒトは横紋筋から脳に至るまでさまざまな組織において異なるトロポミオシンを用いている．しかし，これらは選択的スプライシングによってただ一つの遺伝子から生じる．一般に，マウスとヒトはショウジョウバエと線虫よりも高度な選択的スプライシングをするようである．ここで注意すべき点があり，この主張はいまだ最適化され続けているゲノムワイドな計算方法に基づいている．特に，これらの推定値はヒトのデータよりもはるかに少ないハエと線虫のデータに基づいている．

たとえばある種のDNA結合ドメインが多種多様な活性化ドメインまたは抑制ドメインに結合することが可能な転写因子のように，モジュール構造が多くのタンパク質に頻繁に見つかることも指摘されている．このような多様性がドメインモジュールという限られた語彙から生成されうる一つの機構はトランススプライシングによるものなのかもしれない．最後になるが，このような推論は合理的のようだが実験的な検証はなく，おそらくしばらくの間そのままであることに注意を要する．

明らかになった．しばしば，アノテーションされた遺伝子とこれまでにアノテーションされていない遠位の5′末端との間に他の遺伝子が位置している．長距離の転写の結果として，異なるタンパク質コード遺伝子からの複数のエキソンを一緒にスプライシングして，遺伝子間のスプライシング産物を生み出すことができる．この種の遺伝子間産物の生成は**タンデムキメリズム**（tandem chimerism，縦列のキメラ化）とよばれている．二つの隣接遺伝子が関係す

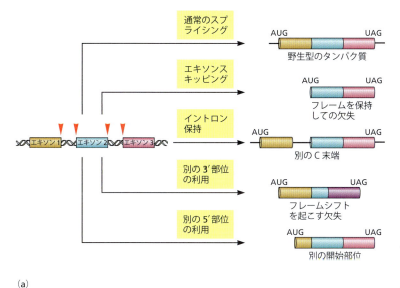

図14.10　選択的スプライシングは異なるタンパク質産物をもたらすさまざまな機構により起こりうる　エキソンスキッピング（エキソンカセットモードとしても知られる）は一つ以上のエキソンが最終的な遺伝子転写産物から除去され，短縮されたmRNAバリアントをもたらす最も一般的な選択的スプライシング機構である．イントロン保持（イントロンリテンションモードとしても知られる）ではイントロンが最終転写産物に保持される．イントロンの保持はイントロンの長さに依存して，フレームシフトおよびイントロンの下流の別のアミノ酸配列の生成をもたらすことが可能となる．ヒトにおいては20 687個の既知の遺伝子セットの約15％が少なくとも一つのイントロンを保持すると報告されている．最終的に選択的な3′や5′スプライス部位の利用は多種多様なタンパク質の生成をもたらすことが可能である．このスプライシング機構では二つ以上の選択的5′スプライス部位が二つ以上の選択的3′スプライス部位との結合のために競合する．

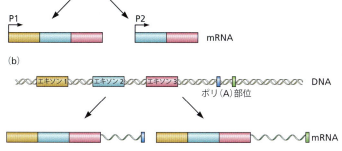

図14.11　プロモーターおよび切断/ポリアデニル化部位の択一的選択　(a) ヒトp53 mRNAのアイソフォームの産生は三つの選択的なプロモーターの利用の一例である．得られたタンパク質のアイソフォームは完全長であるか，あるいはN末端で切断されている．(b) トロポミオシンをコードする遺伝子などのいくつかの遺伝子はその3′末端が異なるmRNAを産生するために使用されうる二つの選択的ポリアデニル化部位をもつ．

表14.1 選択的スプライシングとがん

疾患	遺伝子	変異した配列	選択的スプライシングにおける変異の結果
肝細胞がん	*CDH17*, LIカドヘリン	イントロン6 A35G エキソン6 コドン651	エキソン7スキッピング エキソン7スキッピング
前立腺がん	*KLF6*, がん抑制	イントロン1 G27A (IVSDAアレル)	ISE[†]の生成，SRp40との結合部位，スプライスバリアント産生の増加，新しいスプライスバリアントはwtKLF6[†]の増殖抑制の性質に機能的に拮抗する
乳がんと卵巣がん	*BRCA1*, がん抑制	エキソン18 G5199T または E1694X 複数の他の変異	エキソン18をスキップするESE[†]の破壊 スプライシングエンハンサーおよびサイレンサーへの影響

[†] ISE: イントロンスプライシングエンハンサー，ESE: エキソンスプライシングエンハンサー，wt: 野生型

Box 14.3 より詳しい説明：選択的スプライシングの機構と結果の例

選択的スプライシングの高い発生率は，多数の選択的mRNA分子とおそらくいくつかの機能的タンパク質のアイソフォームを生成する．ここでは多細胞の真核生物におけるプロセスの複雑さを説明するよく研究されたいくつかの例を示す．図1は，構成的エキソンと選択的エキソンに隣接する選択的5'および3'スプライス部位の利用が単一の一次転写産物から500種を超える異なるmRNA分子を生成する例を示す．

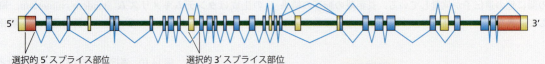

図1 選択的5'および3'スプライス部位の利用による選択的スプライシング ヒト*KCNMA1*のmRNA前駆体を例として示す．青の四角は構成的エキソンを表し，他の色は選択的エキソンを表す．可能性のあるスプライシングパターンは青のつながった線として示されている．選択的スプライシングの機構は図で示されたように複数の選択的5'および3'スプライス部位を利用する．選択的スプライシングは単一のmRNA前駆体分子から500種を超えるmRNAのアイソフォームを生み出す．
[Nilsen TW & Graveley BR [2010] *Nature* 463:457–463 より改変. Macmillan Publishers, Ltd. の許可を得て掲載]

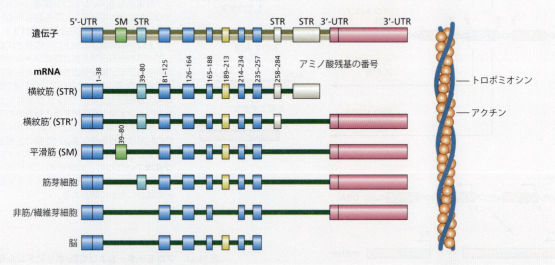

図2 トロポミオシン遺伝子の選択的スプライシング トロポミオシンはミオシンとアクチンの結合を調節するアクチン結合タンパク質であり，この相互作用は筋収縮および他のアクトミオシンの機能に重要である．異なるトロポミオシンバリアントはいくつかの組織特異的アイソフォームに選択的に存在または存在しないいくつかのエキソンを用いて異なる組織で発現される．選択的スプライシングの一般的な様式であるエキソンスキッピングに加えて，いくつかのアイソフォームの産生には選択的ポリアデニル化部位の利用が関わる（いちばん上といちばん下のバリアント）．[Breitbart RE, Andreadis A & Nadal-Ginard B [1987] *Annu Rev Biochem* 56:467–495 より改変. Annual Reviews の許可を得て掲載]

14.4 真核生物のmRNAプロセシング：スプライシング

図2は，選択的スプライシング機構により産生されるタンパク質アイソフォームの多様性と組織特異性を示す．最後に，図3では単一の遺伝子から40 000種近くのmRNAバリアントを生成する極端な例を説明する．このような大規模な選択的スプライシングの生理学的な意義はまだよくわかっていない．

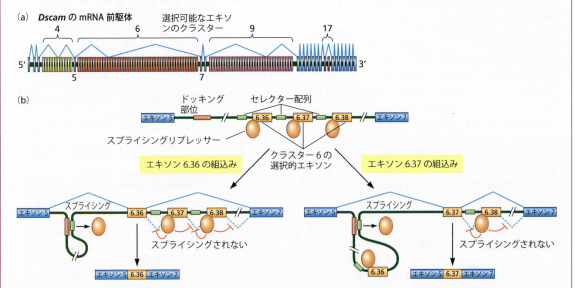

図3 選択的スプライシングによる多様なmRNAレパートリーの生成 ショウジョウバエ *Dscam*（Down syndrome cell adhesion molecule，ダウン症候群細胞接着分子）の極端な例が示されている．青の四角は構成的エキソンを表し，他の色は選択的エキソンを示す．可能性のあるスプライシングパターンは青のつながった線として示されている．*Dscam* のmRNA前駆体は12個，48個，33個，2個の計95個の選択的エキソンをそれぞれもつクラスター4, 6, 9, 17を含んでいる．各クラスターにおいて成熟したmRNA産物では一つのエキソンのみが利用されることに留意する．95個の選択的エキソンと20個の構成的エキソンの組合わせは38 016種の選択的mRNAの産生を可能にする．青の線はそのなかの可能性のある成熟mRNAの一例を示す．[Nilsen TW & Graveley BR [2010] *Nature* 463:457–463 より改変．Macmillan Publishers, Ltd. の許可を得て掲載]
(b) 構成的エキソンであるエキソン5と7の間の領域の拡大，可変領域である6.36, 6.37, 6.38のみを示す．保存されたエレメントの二つのクラス（構成的エキソン5の下流のイントロンに位置するドッキング部位，およびクラスター中の各エキソンバリアントの上流に位置するセレクター配列）はクラスター6における48個のエキソンのうちの1個だけを排他的に組込むように調節する．各セレクター配列はドッキング部位の一部と相補的であり，上流の構成的エキソン5に対して選択的エキソンを一つだけ並列することができる．このモデルの中心的存在はスプライシングを抑制する各選択的エキソンに結合するスプライシングリプレッサーである．ドッキング部位と所定のセレクター配列の間の塩基対形成は未知の機構により下流のエキソン上のスプライシングリプレッサーを不活性化し，その結果としてエキソン5の下流のエキソンのスプライシングを活性化する．エキソン5に連結されたエキソンは残りのエキソン6バリアントのすべてが結合したスプライシングリプレッサーにより積極的に抑制されたままであるため，構成的エキソン7にのみ連結することができる．最終産物はエキソン5，エキソン6バリアントのなかの一つ，エキソン7を含むmRNA分子である．[Graveley BR [2005] *Cell* 123:65–73 より改変．Elsevierの許可を得て掲載]

る場合と，広範囲に分布したエキソンに影響を与える場合の二つの例を図14.12に示す．したがって，ある特異的遺伝子の個別のモジュールとして最近まで考えられてきたエキソンは，現在は複数のRNA分子で一緒に利用することが可能な，より一般的な機能モジュールと捉えるべきである．ENCODE計画で検証された遺伝子の約65％がキメラRNAの形成に関与している．これらは次に，キメラタンパク質の生成をもたらす可能性がある．実際にタンパク質中にみられるモジュラードメイン構造の多くは，このようなスプライシングに進化的起源をもつ可能性がある．

トランススプライシングは二つの相補的なDNA鎖に存在するエキソンを組合わせる

通常，キメラRNAは同じ方向に転写される同じ染色体上の遺伝子に由来する．この場合，基盤となる分子機構として，これらのエキソンを含む非常に長い転写産物を生成する長距離転写が関係する．次に，エキソンの新しい組合わせを生み出すための選択的スプライシングが行われる．しかしながら，選択的スプライシングはこの機構のみに依存しているわけではない．我々はスプライシングされたエキソンが一つの遺伝子の二つの相補的なDNA鎖に由来す

Box 14.4 選択的スプライシングとがんとの関係

タンパク質のスプライスバリアントは普通にスプライスされた分子とは非常に異なる機能を示す．正しいバリアントが適切な時と場所で発現することが重要である．遺伝性疾患をひき起こす変異の少なくとも15％がmRNA前駆体のスプライシングに影響すると推定されている．伝統的に，エキソンにおける単一塩基の変化はコードされたタンパク質の品質への影響の観点から考えられてきた．いくつかの点変異はスプライス部位を破壊または創出しうるが，その他の点変異は機能的エキソンエンハンサーあるいはサイレンサーに影響を与えることがわかっている．このような変異は選択的スプライシングに影響し，産生されるタンパク質のアイソフォームの変動の幅を変化させる．スプライス部位やスプライシングの調節配列に影響を与える変異は多数のがんにおいて記載されている（表14.1参照）が，因果関係が明らかにされている例はわずかである．

ヒトがん抑制遺伝子 *p53* は複数のアイソフォームをコードしている

p53は多数の生化学的経路に関与する主要ながん抑制タンパク質である（第3章，図3.13参照）．重要なことに，*p53*の変異はヒトの腫瘍の50％以上で見いだされている．*p53* mRNAは複雑な選択的スプライシングを受ける（図1）．これまでに明らかにされている選択的mRNAが翻訳された場合，9種類の異なるタンパク質が産生されると予想される．通常，これらは組織依存的に発現される．これに関連して，ヒトの乳がんは正常な乳房組織で発現されるものとは異なる一連のアイソフォームにより特徴付けられる．さらに個々の腫瘍は別個のアイソフォームをもつ．あるp53のアイソフォームは36個の内部アミノ酸残基を欠いている．このアイソフォームは多くの通常と異なる性質をもっている．それは細胞周期のS期以外においてのみプロモーターDNAに結合する野生型p53とは対照的に，通常のp53標的遺伝子の一部を認識して結合し，さらに細胞周期のS期にのみ標的遺伝子と結合する．内部が欠失したアイソフォームは細胞増殖およびがんの制御に関与する*p21*および*14-3-3*のような遺伝子の転写を抑制する．

ATBF1 の変異は前立腺がんにつながる

ATBF1 (AT-binding transcription factor 1) をコードするがん抑制遺伝子は散発性の前立腺がんにおいてしばしば変異している．広範囲の変異が同定されており，そのなかにはタンパク質構造を完全に崩壊させるフレームシフト変異，いくつかのジンクフィンガーおよびホメオドメインが除去されているためにコードされたタンパク質のDNA結合能に影響を及ぼすナンセンス変異，mRNA前駆体の正常なス

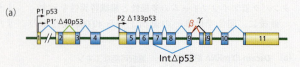

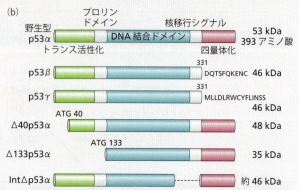

図1 ヒト *p53* 遺伝子は複数の p53 アイソフォームをコードする
(a) エキソンを四角で示した遺伝子構造：非コード配列は黄で，コード配列は青で示す．正常ヒト大腸由来の全RNA抽出物をキャップ構造をもつmRNAの特異的増幅に使用した．増幅されたRNAを逆転写およびポリメラーゼ連鎖反応 (PCR) してクローニングし，配列決定した．その結果三つのプロモーター P1, P1', P2 の存在がわかり，P2 はエキソン4に存在していた．これらの選択的プロモーターで転写が起こると，産生されるmRNAは Δ40p53 および Δ133p53 と名付けられたN末端から40あるいは133個のアミノ酸をそれぞれ欠いたタンパク質をコードする．三つのさらなるスプライシング変異型はイントロン9を含む．(b) p53α ともよばれる野生型タンパク質は393アミノ酸長である．二つの変異型は四量体化ドメインを欠き，p53β では10アミノ酸残基，p53γ では15アミノ酸残基が異なる配列に置き換わっている．イントロン9での同様の選択的スプライシングはN末端短縮型の変異型 Δ40p53 と Δ133p53 を生じ，ここでは示されていない Δ40p53β, Δ40p53γ, Δ133p53β, Δ133p53γ を産生する．したがって，これらの同定された選択的mRNAが翻訳されると9種の異なるタンパク質が産生されることになる．p53変異型は正常なヒト組織において組織依存的な様式で発現される．最後に，やはり選択的スプライシングによって生じる別のアイソフォーム IntΔp53α は，DNA結合ドメインの大部分とDNA結合ドメインと四量体化ドメインの間のリンカー領域を含む66個の内部アミノ酸残基（残基237〜322）を欠く．[(a), (b) Prives C & Manfredi JJ [2005] *Mol Cell* 19:719–721 より改変．Elsevier の許可を得て掲載]

図2 *ATBF1* mRNA 前駆体のスプライシング異常 この種のスプライシングはイントロン8のポリピリミジン配列の欠損を含む前立腺がん細胞株で観察された．実線と破線は正常スプライシングと異常スプライシングをそれぞれ示す．エキソンは緑の四角で示されている．[Sun X, Frierson HF, Chen C et al. [2005] *Nat Genet* 37:407–412 より改変．Macmillan Publishers, Ltd. の許可を得て掲載]

プライシングを妨害する変異が含まれる．最後にあげた変異はしばしば，スプライシング境界の近くのイントロンにあるポリピリミジン配列における欠損を含む（図2）．場合によってはATBF1もまた転写の下方制御（ダウンレギュレーション；抑制）を受けるようである．分子および細胞レベルでのATBF1の発現は細胞増殖率の低下，がん抑制遺伝子 *p21* の上方制御（アップレギュレーション；活性化），がん関連タンパク質AFPの下方制御に関係する．

腫瘍において選択的にスプライシングされたmRNAをつくり出す分子の変化が何であれ，多くの場合，腫瘍関連アイソフォームの過剰発現は培養細胞の悪性形質転換をひき起こすのに十分である．この事実はこれらアイソフォームと発がんとの因果関係を証明している．

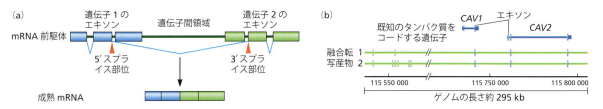

図14.12　タンデムキメリズム：長距離転写に基づいた長距離スプライシング現象　(a) この場合，転写領域は二つの連続した遺伝子とその間の遺伝子間領域に及ぶ．mRNA前駆体のスプライシングには上流の遺伝子中の5′スプライス部位と下流の遺伝子中の3′スプライス部位が関係する．したがって，遺伝子間領域は成熟mRNAから除去される．[Akiva P, Toporik A, Edelheit S et al. [2006] *Genome Res* 16:30–36 より改変．Cold Spring Harbor Laboratory Press の許可を得て掲載] (b) 二つの異なる融合転写産物は，カベオリン遺伝子 *CAV1* と *CAV2* から選択されたエキソンを，この二つの既知の遺伝子から遠く離れた新規のアノテーションされていない5′エキソンと組合わされる．このような融合転写産物の産出はヒトおよびショウジョウバエゲノムの両方において非常に一般的である．ENCODE計画の予備的試験の段階では，調べられた遺伝子の65％がキメラ型RNAの形成に関与している．エキソンは垂直の棒線，イントロンは水平線で示される．斜線は約200 kbのギャップを示す．[Kapranov P, Willingham AT & Gingeras TR [2007] *Nat Rev Genet* 8:413–423 より改変．Macmillan Publishers, Ltd. の許可を得て掲載]

る例を知っている．最終的なmRNA産物中のいくつかのエキソンはセンス方向に転写される遺伝子に由来し，他のエキソンは同じ遺伝子のアンチセンスの転写産物に由来する．この現象は**トランススプライシング**（*trans*-splicing）として知られている．トランススプライシング現象の報告は増加し続けている．同じ染色体上，あるいは別の染色体上であっても，遠く離れた場所にある遺伝子がそれぞれのエキソンの一部を新しい産物に用いる可能性がある．別の染色体の場合は，トランススプライシングされたmRNAの形成のもっともらしい解釈として，非常に長い一次転写産物の転写に続く選択的スプライシングという機構は除外される．トランススプライシングの分子機構はいまだ解明されていない．

14.5　スプライシングと選択的スプライシングの制御

スプライシングは多数の異なる機構を介して起こる微調整の対象となる．スプライシングを制御する機構は選択的スプライシングの決定に関与する機構でもあるため，これらを一緒に取上げる．

スプライス部位の強さは異なる

異なるスプライス部位の利用は比較的弱いタンパク質-RNA相互作用とタンパク質-タンパク質相互作用に依存するので，特異的なスプライス部位の認識はこれらの相互作用の制御を介して容易かつ巧妙に変えられる．スプライス部位の配列が図14.6(a)に示したコンセンサス配列から多少ずれた場合，この弱い部位はスプライソームタンパク質パートナーに対する親和性がより低いので，この部位は低い効率で使用される．このより弱い部位の選択的利用は選択的スプライシングが起こり制御されるための主要な機構となっている．

エキソン-イントロンの構造はスプライス部位の利用に影響する

予想外なことだが，エキソンおよびイントロンの長さがスプライス部位の利用を決定する因子として浮かび上がっている．スプライス部位の認識はイントロンとエキソンが小さいときに最も効率的である．特にヒトのゲノム全体にわたってさまざまな長さのイントロンが分布していることを考えると，これは重要な制御機構である．この**イントロン決定モデル**（intron-definition model）では，スプライソームの形成はイントロンの5′および3′スプライス部位で起こる．対する**エキソン決定モデル**（exon-definition model）では，スプライス部位の最初の認識はエキソンの両端のスプライス部位で起こるとしている．この二つのモデルでは，U1とU2 snRNPの間の相互作用の向きが異

なっており，snRNPの相互作用がイントロンをまたぐかエキソンをまたぐかという違いがある．エキソン決定モデルではU1は下流のイントロンの5'スプライス部位に結合し，上流のイントロンの3'スプライス部位に結合したU2と相互作用する．エキソン決定モデルは，科学者が二つのエキソンに挟まれた一つのイントロンから成る単純な構造の人工スプライシング基質を用いた *in vitro* 研究から，複数のイントロンを含む基質を用いた研究に移行した際に見いだされた．図14.13はイントロン決定とエキソン決定の背景にある概念を説明している．速度論的な実験により，イントロン中でのスプライス部位の優先性はイントロン部位が200～250 bpより大きい場合には失われることが示された．この長さを越えるとスプライス部位はエキソン中で認識される．イントロン決定はエキソン決定よりもはるかに効率的であるため，イントロンの長さは弱いスプライ

部位をもつエキソンの選択的スプライシングの間に生成される最終的なmRNAにおけるエキソンの組込み，またはスキッピングの起きやすさに深く影響する．最後に，実験的および計算的アプローチの両方により，上流イントロンの長さが下流イントロンの長さよりも選択的スプライシングにおいてより重要であることが示された．したがって，エキソン-イントロン構造はスプライス部位認識のまさしくその機構を規定し，選択的スプライシングの頻度に影響を及ぼす．

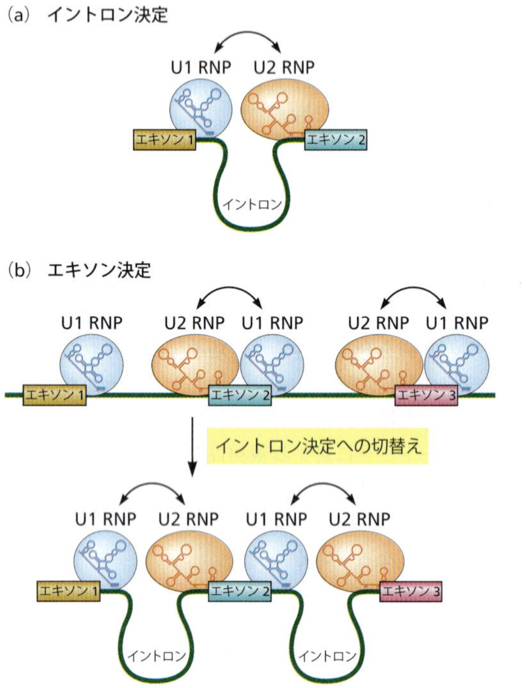

シス-トランス相互作用はスプライシングを刺激または阻害する可能性がある

スプライス部位の配列に加えて，他の配列もシス-トランス相互作用の形成によりスプライシングの効率に影響しうる．イントロンとエキソンの両方に見いだされるこれらの配列はスプライシングに刺激あるいは阻害のどちらかの効果を発揮することができる．位置と効果の違いにより，これらの配列は**エキソンスプライシングエンハンサー**（**ESE**；exonic splicing enhancer），**エキソンスプライシングサイレンサー**（**ESS**；exonic splicing silencer），**イントロンスプライシングエンハンサー**（**ISE**；intronic splicing enhancer），**イントロンスプライシングサイレンサー**（**ISS**；intronic splicing silencer）と名付けられている（図14.14）．エンハンサーおよびサイレンサーは弱いスプライス部位の使用に影響を及ぼす単体あるいはクラスターとして見いだされる約10 bpの比較的短い保存配列である．これらの制御配列は実験上，配列中の変異がスプライシングの増強をもたらした場合はサイレンサーと，スプライシングの阻害をもたらした場合はエンハンサーと同定される．シス-トランス制御のすべての場合において，シス配列はトランス因子として知られるゲノム中の別の場所にコードされたタンパク質により認識され結合する．

スプライシングに影響を及ぼす制御タンパク質の二つの一般的な分類群がある．第一のクラスは**SRタンパク質**（Ser-Arg（SR）protein）で，通常はスプライシングアクチベーターであるが，特定の状況下ではリプレッサーとして機能することもできる．このクラスのタンパク質は，N末端に1ないし2個のRNA結合ドメイン，C末端にRS（Arg-Ser）ジペプチドの反復配列から成るさまざまな長さのドメインをもつという類似した構造をしている．RSドメインは活性化機能を発揮し，広範囲にリン酸化される．スプライシングの活性化は5'および3'スプライス部位へのスプライソームの構成要素の呼び込みを増強することによって起こる（図14.15a）．

SRタンパク質の翻訳後修飾がその活性に及ぼす影響は，ストレス下にあるスプライシングの阻害に関与するSRp38タンパク質を例として説明される（Box 14.5）．さらにSRタンパク質はナンセンス変異依存性mRNA分解，核外移

図14.13 スプライソーム形成におけるイントロン決定とエキソン決定 (a) イントロン決定．一つのイントロンと二つのエキソンを含むmRNA前駆体分子において，U1 RNPとU2 RNPおよび補助因子の相互作用がイントロン中で生じる．(b) エキソン決定．複数のエキソンとイントロンを含むmRNA前駆体において，スプライス部位に結合した因子間での最初の相互作用がエキソンにわたって起こる．スプライシングの二つのエステル転移反応がイントロン決定複合体において起こる．したがって，エキソン決定複合体が形成されると，この反応を起こすためにイントロン決定複合体への切替えが必要になる．この切替えに関与する因子として，ポリピリミジン配列結合タンパク質が同定されている．[(a), (b) Schellenberg MJ, Ritchie DB & MacMillan AM [2008] *Trends Biochem Sci* 33:243–246 より改変．Elsevierの許可を得て掲載]

14.5 スプライシングと選択的スプライシングの制御

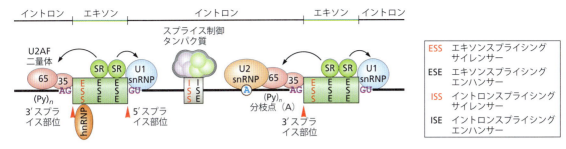

図14.14 スプライシングのシス-トランス制御の概要 イントロンの除去はシス-トランス相互作用における特定のヌクレオチド配列と相互作用する特定のタンパク質因子により誘導される．このような配列は緑で示されるエキソンと黒で示されるイントロンの両方に存在する．スプライス制御タンパク質にはESEとの結合により作用するSRタンパク質，およびESSまたはISSに結合するhnRNPが含まれる．［Schwerk C & Schulze-Osthoff K [2005] *Mol Cell* 19:1–13 より改変．Elsevierの許可を得て掲載］

(a) スプライシングの活性化

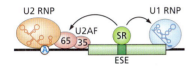

(b) スプライシングの抑制

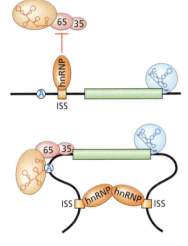

図14.15 古典的なスプライシング制御の最も一般的な機構に関するモデル (a) SRタンパク質はESEに結合してU1 snRNPの5′スプライス部位への結合およびU2補助因子U2AF（65 kDaと35 kDaタンパク質のヘテロ二量体）のポリピリミジン配列と3′スプライス部位の保存されたAGへの結合を刺激する．U2AFはU2 snRNPを分岐点のAヌクレオチドに導く．(b) イントロンとエキソンの両方に存在するサイレンサー配列に結合するhnRNPによるスプライシングの阻害のための二つの選択的な非相互排他的モデル．hnRNPの結合は上の図に示すように，U2AFの3′スプライス部位への結合を干渉することができる．あるいはhnRNPはエキソンに隣接するイントロン中のISSに結合し，次にhnRNPとISSが相互作用し，間にあるエキソンをループアウトする．このエキソンは最終的な成熟mRNAから排除される．[(a), (b) Graveley BR [2009] *Nat Struct Mol Biol* 16:13–15 より改変．Macmillan Publishers, Ltd. の許可を得て掲載]

行，翻訳のようなmRNAの代謝に関する他の多くの局面に関与する．

　トランス因子の第二のクラスはサイレンサーとの結合を介して作用し，通常はスプライシングを阻害するが，アクチベーターとしても機能することもある．これらのタンパク質は通常，小さなRNA分子と複合体を形成する構造的に多様なRNA結合タンパク質群のメンバーであるため**ヘテロ核リボ核タンパク質**（**hnRNP**; heterogeneous nuclear ribonucleoprotein）と命名される．hnRNPはスプライソソームのsnRNPの呼び込みを妨げること，エキソンをループアウトすること，あるいはエキソンに沿った多量体化を含む多くの機構を介して作用しうる．最初の二つの機構を図14.15(b)に示す．

　スプライシングアクチベーターまたはリプレッサー，およびスプライソソーム構成因子の濃度は生理的に意味のある方法で調節され，同時に多くの遺伝子座でスプライシングを変更することができるので，シス-トランス相互作用も選択的スプライシング制御の主要な部分を構成している．したがって，これらの濃度は異なる最終分化細胞型の間で異なり，分化，発生プログラム中で変化しうるか，または細胞周期の間に変動しうる．これらの変化の結果として，エキソンの組込みあるいは排除は細胞の必要性を反映するように特異的に制御される．

RNAの二次構造は選択的スプライシングを制御することができる

　mRNAあるいはその前駆体の構造はしばしば直線または波線として描かれる．これはもちろん過度に単純化されたものであり，すべてのmRNA前駆体および成熟mRNAの重要な部分は二重らせんで，さまざまな長さのヘアピン構造のステムを形成することが明らかにされている．このような二次構造の動力学的安定性はmRNAの半減期を決定するであろう．この持続する構造はスプライス部位の認識および利用を制御する可能性がある．たとえば局所的な二次構造がスプライス部位またはエンハンサー結合部位を

Box 14.5　細胞ストレス，RNAスプライシング，およびSRタンパク質の翻訳後修飾の役割

細胞は，遺伝毒性ストレスとして知られるタンパク質の変性，脂質の過酸化，あるいは細胞の酸化還元状態の障害をひき起こすことで，ゲノムの健全性を脅やかす因子に絶えずさらされている．さまざまなストレスによって誘発される最もよく研究されたストレス応答は，分子シャペロンをコードする一連の熱ショック遺伝子の転写活性化を伴う（第3章参照）．いくつかのストレスの別の標的は，制御されたスプライソソームの形成に関与する多数のタンパク質-タンパク質およびタンパク質-RNAの弱い相互作用のいずれかに影響を及ぼすことで起こりうるmRNA前駆体のスプライシングの阻害である．熱ショック時に観察されるスプライシングの阻害はほとんど即時的で非常に強いにも関わらず，かなり選択的である．第一に，豊富なHSP70を含むこれらの遺伝子の大部分はイントロンを含まないため，スプライシングの阻害は熱ショック遺伝子の実際の発現には影響を及ぼさない．第二に，HSP90a，HSP90b，HSP27のようなイントロンを含むシャペロン遺伝子の一次転写産物は，熱ショックを受けたヒト細胞において高温にさらされることで起こるタンパク質変性に対抗するために必要なので，正常にスプライスされる．

スプライシング阻害に関わる一つの要因は，U4-U5-U6の三量体snRNP（図14.9参照）集合体で機能するHSLF（heat-shock labile splicing factor）と名付けられた因子の不活性化に依存する．この阻害における別の因子は珍しいSRタンパク質ファミリーメンバーであるSRp38のリン酸化状態で制御される．SRp38の際立った特徴は，M期に脱リン酸された場合，または熱ショックに応答した場合に，強いスプライシングリプレッサーとして機能する能力である．この抑制作用の基盤となる分子機構は図1に示されている．

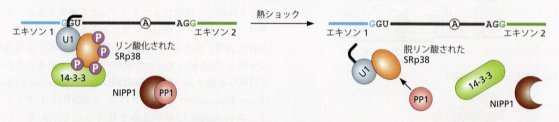

図1　SRp38のリン酸化状態はU1 RNPとmRNA前駆体の相互作用に影響を及ぼす　ストレスのない通常細胞では，リン酸化されたSRp38はU1 RNPと5'スプライス部位の相互作用を安定化させる．リン酸化状態は14-3-3タンパク質のリン酸化残基への結合により保護される．14-3-3の構造的情報については図12.12(c)を参照のこと．多数の標的タンパク質の脱リン酸に関与するプロテインホスファターゼ1（PP1）はPP1の核内阻害因子であるNIPP1に結合することにより不活性化される．熱ショックはSRp38からの14-3-3およびPP1からのNIPP1の解離を促進し，SRp38の脱リン酸をもたらす．脱リン酸SRp38がU1 RNPと安定に相互作用すると5'スプライス部位との結合が妨げられ，スプライシングが阻害される．［Biamonti G & Caceres JF [2009] *Trends Biochem Sci* 34:146–153より改変．Elsevierの許可を得て掲載］

それらの結合パートナーから隠す場合，スプライシングを干渉する可能性がある．局所的なRNA構造がスプライシングリプレッサーを隠す場合は逆の効果が生じる．したがって，RNAの二次構造の存在および安定性は，ただでさえ非常に複雑なスプライシングの調節に別レベルの複雑さを加える．

選択的スプライシングの制御に補助的因子が必要ない場合がある

最近発見されたある制御機構では，SRまたはhnRNPクラスの補助因子は関与していない．スプライス部位に近い配列は5'スプライス部位と相互作用するU1 snRNPの構成を変化させることによりスプライシングに影響を与えうる．この種の制御の発見につながった *in vitro* の実験を図14.16に示す．したがって，スプライス部位に近い部位での変異は *in vivo* での選択的スプライシングの異なるパターンにつながる可能性がある．

転写速度とクロマチン構造がスプライシングの制御を促進する可能性がある

スプライシングが転写と同時に起こることは長年にわたって知られている．これら二つのプロセスが同時に起こるということは必ずしもそれらが機構的に連結していることを意味するものではないが，少なくとも機構が共役する舞台を提供している．実際，このような共役は多くの実験的な研究において示されており，クロマチン構造との連結の可能性が多数ある．

転写とスプライシングの共役を説明する二つのモデルが存在する．これらのモデルの一つでは，前進するポリメラーゼのC末端ドメイン（CTD）がさまざまなスプライシング因子を呼び込む積み台として機能する（図14.17）．そのため，このモデルは呼び込みモデルとして知られるようになった．実際に，スプライシング因子の呼び込みはクロマチン成分との直接的な相互作用によっても起こる．共役の第二のモデルは動力学モデルとして知られている．こ

14.5 スプライシングと選択的スプライシングの制御

図 14.16 補助因子なしの選択的スプライシング制御 T. Nilsen の研究室で行われた実験は，SR または hnRNP に属する補助因子の関与なしに起こる選択的スプライシングの新しいタイプの制御を明らかにした．彼らは競合する二つの 5′スプライス部位（一つの弱いスプライス部位と一つの強いスプライス部位），および一つの 3′スプライス部位を含む合成スプライシング基質を設計した．*in vitro* で U1 snRNP が両方の 5′スプライス部位に結合するという事実にも関わらず，下流にある強い 5′スプライス部位がスプライシングサイレンサーの非存在下でおもに使用された．ランダムな配列を挿入し，弱いスプライス部位が優勢に使用されるものを選択することにより ESS を作製した．重要なことに，新しく作製された ESS は U1 snRNP が相互作用する構成が変更されたものの，U1 snRNP の強い 5′スプライス部位への結合を妨げない（U1 snRNP 粒子の色の変化として図に示されている）．ESS が両方の 5′スプライス部位の近くに存在する場合，同じ方法で U1 snRNP と両方の 5′スプライス部位の結合を変化させる．その結果，下流の強い 5′スプライス部位への効率的なスプライシングは回復する．これらの結果は，新たに作製されたサイレンサーは U1 snRNP が 5′スプライス部位を認識して結合する能力を損なってはおらず，むしろ U1 snRNP と 5′スプライス部位の複合体がスプライシングに関与する効率を変えることを示唆した．この効率は U1 snRNP がスプライス部位と相互作用する方法の微妙な変化により変更される．したがって，5′スプライス部位に隣接する配列自体が補助因子を必要とせずに選択的スプライシングを制御する．
[Graveley BR [2009] *Nat Struct Mol Biol* 16:13–15 より改変．Macmillan Publishers, Ltd. の許可を得て掲載]

図 14.17 スプライシング，転写，クロマチン構造の間の複数の関連 中央の模式図はエキソンにおけるヌクレオソーム領域の増加を示す．比較的短い配列のエキソンのため，単一のヌクレオソームがエキソン全体を構成することが最もよく起こることに注意．左：呼び込みモデルは Pol II がその C 末端ドメイン (CTD) を介してスプライシング装置を mRNA にもたらすのを助けると説明している．あるいは，呼び込みはクロマチン成分への直接結合を介して起こりうる．右：動力学モデルの考えられるシナリオ．ヌクレオソームの存在はポリメラーゼの進行を遅らせることができる減速帯として働く．ヒストン修飾はポリメラーゼの移動速度に影響を与えうる．そして最後に，SWI/SNF 複合体のようなリモデリング因子によるクロマチンリモデリングもまた転写の速度に影響しうる．

のモデルでは遺伝子に沿ったポリメラーゼの移動速度が弱いスプライス部位の認識に重要であると述べられる．よく起こることだが，ポリメラーゼの進行が遅くなったり停止したりすると，弱いスプライス部位がスプライソームに認識され，使用される機会が増える．

転写速度は鋳型の基盤となるクロマチン構造に依存するため，転写とスプライシングの間の関係もまたクロマチン構成と関係しうる．ここ 10 年間で多数の独立した研究がこの考えを支持している．真正の ATP 依存性クロマチンリモデリング因子およびヒストン修飾酵素の両方がスプライシング制御に影響を及ぼすことが示されている．バイオインフォマティクスの最近の進歩により，異なる方法で得られた異なるゲノムワイドな実験データセット間での比較

が可能になっている．あるデータセットはヌクレオソームとして構成された配列を同定した．他のデータセットはさまざまなヒストン修飾に対する抗体を用いたクロマチン免疫沈降由来 DNA の配列決定によって得られた．

重要なことに，イントロンと比較すると，エキソンにおけるヌクレオソーム占有率は約 1.5 倍の濃縮があることが明らかにされた．表面的にはこの程度の差は小さく些細にみえるかもしれないが，単純な計算はそれが重要であろうことを示している．たとえば，長さ 4800 bp の DNA 鎖は *in vivo* でわかっているヌクレオソームの繰返しの最短の長さである約 160 bp の 30 個のヌクレオソームに対応する．この DNA の同じ鎖上のヌクレオソームの数が 2/3 に減少して 20 個になると，ヌクレオソームの繰返しの長さ

は240に変化する．このヌクレオソームの繰返しが天然でみられる最大の長さであることは単なる偶然かもしれない．いずれの場合でも，上記二つの間の違いは80 bpのリンカー長であり，これはクロマチン繊維の構造およびDNAとタンパク質の結合の起こりやすさに大きな影響を与える．イントロンがヌクレオソームにより凝集していないことが重要なのかもしれない．遺伝子制御におけるイントロンの関与についての現在の考え方（第13章参照）によれば，より緩んだクロマチン構造がこの機能を助けるかもしれない．また，後生動物の平均的なエキソンの長さは約140〜150 bpであり，ヌクレオソーム内で構成されたDNAと同じ長さであることも興味深い．したがって，大部分のエキソンは特異的なヒストン修飾をもちうる一つのヌクレオソームを含む．実際，ヌクレオソーム占有率を考慮したとしても，エキソンおよびイントロンのヌクレオソームのヒストン修飾のパターンには違いがある．

14.6 自己スプライシング：イントロンとリボザイム

イントロンの一部は自己スプライシングRNAにより切除される

大部分のmRNA前駆体はスプライシングのためにスプライソソームを用いるが，一部は切除する必要があるイントロンそのものによって触媒される自己スプライシング機構を用いる．RNアーゼPと自己スプライシングイントロンは1980年代初めに発見された最初のリボザイムであり（Box 14.1参照），RNA分子自体が酵素活性をもつためそうよばれている．リボザイムはしばしば，触媒に必要とされる複雑に折りたたまれたRNAの構造を安定化するタンパク質に結合する．構造および生化学的活性において異例のものと考えられていた初期の少数の既知リボザイムは急速に広がりをみせ，ハンマーヘッド型，ヘアピン型，デルタ肝炎ウイルス由来のリボザイムなど，他の分子も含むようになった．さらに，タンパク質合成中にペプチド結合をつくり出す酵素活性もまたリボザイムであることが明らかにされた（第16章参照）．

自己スプライシングイントロンは多くの生物に存在するが，RNアーゼPと異なり，ほとんどは生存に必須ではない．これらはイントロンを含む遺伝子の正常な構成要素としてゲノムに残っているが，RNAの段階で自己スプライシングして宿主の破壊をひき起こさないようにすることによって子孫に伝わる方法を発見した，利己的な遺伝的要素と考えることができるかもしれない．しかし，以前はジャンク（がらくた）と考えられていたほとんどのDNA配列が，実際には遺伝子制御に関与している可能性があるので（第13章参照），この見解は変わっていく可能性がある．

自己スプライシングイントロンには二つのクラスがある

自己スプライシングイントロンには二つの主要なクラス（グループⅠとグループⅡ）が存在する．この二つのグループはおもに必要な補因子が異なる．グループⅠイントロンは補因子としてグアノシン分子を使用するが，グループⅡは一般に，スプライソソームが触媒するスプライシングに関与する分枝部位のAに類似した内部アデノシンを用いる．第二の特徴は大きく異なる構造である．

グループⅠイントロン（group I intron）は非常に豊富に存在し，おもに細菌および下等真核生物で記載される2000以上の種類がある．動物ではまれで，今日まで古細菌では見つかっていない．これらはmRNA, tRNA, rRNA前駆体から自身の切除を触媒する．これらの構造はP領域とよばれる九つの二重らせん要素の特定の配置により形成され，ループによってキャップされ，接合部によって接続されている．自己反応の間に10番目のらせんが形成される（図14.18，図14.19）．触媒作用に関するG結合部位はヘリックスP7に位置する．いくつかのグループⅠイントロンは活性にタンパク質を必要とする．よく研究された例はアカパンカビ（*Neurospora crassa*）とパン酵母（*Saccharomyces cerevisiae*）によるものである．このタンパク質は触媒作用に直接は関与せず，個々のP領域を構成する配列の間の長距離の相互作用を増強することにより触媒コアの安定化に関与している．

グループⅡイントロン（group II intron）はグループⅠイントロンと系統的に無関係であり，真菌，原生生物，植物の細胞小器官のmRNA, tRNA, rRNA, および細菌のmRNAにおもにみられる．グループⅡイントロンは2′-5′ホスホジエステル結合形成の触媒作用とイントロンにコードされたタンパク質の助けを借りてDNAに自身を再挿入する能力を含む通常では考えられないほど多様な化学活性のレパートリーをもつ．後者のプロセスは第21章で説明されている．グループⅡイントロンは構造的に六つのヘリックスドメインをもつ（図14.20）．最もよく保存されたドメインDVは30〜34 ntのステムループ構造から成り，ヘリックス中の2 ntの膨らみ構造から5 bp離れた位置に触媒作用のための高度に保存されたヌクレオチドの三つ組配列が存在する．この構造上の配置はU6スプライソソームのRNAの配置と酷似している．この類似性はグループⅠイントロンにおいて外部の補因子ではなく内部配列中のAを使用すること，およびラリアット構造の形成などの自己スプライシングのプロセス中に起こる他の類似性とともに，グループⅡイントロンとスプライソソーム装置は進化的につながっているという仮説を導いた．この仮説が正しいか否かを証明するにはより詳細な解析が必要である．最後になるが，グループⅡイントロンは実際には自己スプライシングが起こるとイントロン全体が分解されるため，純粋な触媒作用ではないことに注意する必要がある．

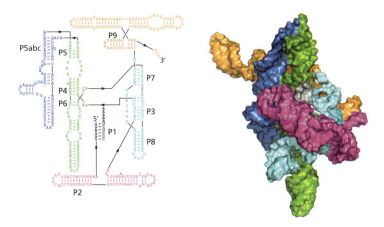

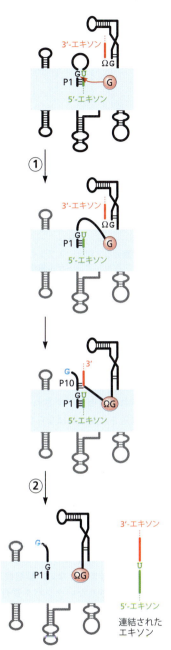

図 14.18 グループ I イントロンの代表的な二次構造と三次構造 このイントロンは繊毛虫テトラヒメナ（*Tetrahymena thermophila*）のものである．二次構造での色付けは三次構造で使用される色に対応している．このイントロンは高度に構造化されており，9本のステム（P1～P9 の番号が付けられた塩基対領域）を含む．この構造は進化的に高度に保存されており，テトラヒメナ，紅色細菌（*Azoarcus*）および黄色ブドウ球菌のファージである Twort の結晶学的に解明された構造はほぼ重ね合わせられる．この構造の保存性は，活性部位（G 結合部位）に位置するいくつかの重要なヌクレオチドを除いて配列保存性が非常に乏しいことを念頭に置くと印象的である．イントロンは *in vitro* で大部分は間違って折りたたまれ，*in vivo* での適切な折りたたみを助けるためにシャペロンタンパク質が必要である．[Jarmoskaite I & Russell R [2011] *Wiley Interdiscip Rev: RNA* 2:135–152 より改変. John Wiley & Sons, Inc. の許可を得て掲載]

14.7 概要: mRNA 分子のたどる道筋

一次転写産物から機能する mRNA への進行には多くの段階を必要とする

これまで mRNA 分子がプロセシングされる多くの筋道を説明してきた．ここで今一度，全体のプロセスを振り返ってみることは有意義であろう．合成から細胞質へ輸送されるまでの mRNA 前駆体のたどる典型的な道筋を図 14.21 に示す．細胞が転写と密接に関連している非常に複雑な一連の mRNA プロセシング現象を進化させたことは明らかである．実際に，すべての個々のステップは制御され，その結果，適切な量と種類の mRNA が適切な時と場所で生産される．

mRNA 分子が適切にプロセシングされると，タンパク質合成のために細胞質にある翻訳装置で利用される．細菌では転写と翻訳の両方が細胞質において起こ

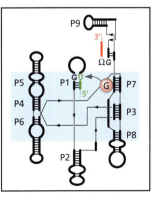

図 14.19 グループ I イントロンの自己スプライシング機構 示されている例は紅色細菌のイントロンである．水色の囲みはグループ I イントロンの触媒コアの範囲を示す．この部分については，9本のステムが触媒コアおよび分枝の周辺要素を形成する保存された二次構造を描いた形として下の枠内で詳細に示されている．イントロンは黒，5′エキソンは緑，3′エキソンは赤で示されている．単純化するために触媒コアから分岐する周辺配列のみが示されている．5′スプライス部位は保存された一つの G•U 塩基対を含み，G はイントロンに，U はエキソンにある．ΩG とよばれる保存されたグアニンはイントロンの 3′末端に位置する．スプライシング反応は次の 2 段の触媒段階で進む．① グアノシン補因子の 3′-OH 基は P7 の G 結合部位でイントロンに結合し，5′スプライス部位を攻撃する．この反応後，G はイントロンの 5′末端に共有結合する．② コンホメーション変化が起こり，イントロンと 3′エキソンの間の塩基対形成を含む別のステムである P10 が形成される．3′スプライス部位の認識の一部は G 結合部位からグアノシンを置き換える ΩG により達成される．次に，ΩG の 3′-OH 基が 3′スプライス部位を攻撃する．二つのエキソンが連結され，イントロンは放出される．[Vicens Q & Cech TR [2006] *Trends Biochem Sci* 31:41–51 より改変. Elsevier の許可を得て掲載]

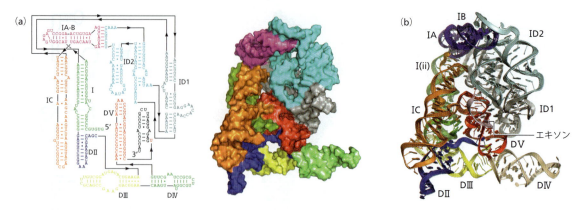

図 14.20　グループⅡイントロンの二次構造と三次構造　示された例は好塩性で好アルカリ性の細菌である *Oceanobacillus iheyensis* のものである．この細菌は日本沿岸の 1 km の深さの海底泥から単離された．イントロンを触媒的に活性な状態で得るための重要な工程は，スプライシングと適切な折りたたみの両方を確認したら直ちにそれを単離することであった．この方法は変性ポリアクリルアミドゲル電気泳動に続いて再生操作を行う通常の構造解析のための RNA 精製法からは逸脱している．（a）二次構造での色付けは三次構造で使用される色に対応している．触媒作用に関与する保存されたＤＶドメインは赤で示されている．
[Jarmoskaite I & Russell R [2011] *Wiley Interdiscip Rev: RNA* 2:135–152 より改変．John Wiley & Sons, Inc. の許可を得て掲載]　（b）同じ構造がリボン状で描かれており，ＤＶ内の RNA ヘリックスが赤で，触媒コアと結合したエキソンが紫で示され，残りのドメインがこの活性部位を包込んでいる．二つの三次構造においてドメインⅠA–B を示すために異なる色が使用されていることに注意．
[Toor N, Keating KS & Pyle AM [2009] *Curr Opin Struct Biol* 19:260–266．Elsevier の許可を得て掲載]

るのでこの問題を生じない．しかし真核生物では，核内で転写されプロセシングされた mRNA は核膜を通って細胞質に輸送されなければならない．この輸送を行い調節するための一貫した分子機構が存在する．

最後になるが，すべての mRNA 分子は最終的に分解されなければならない．これにはまったく異なる二つの理由がある．第一に，プロセシングされ完成した RNA 分子でさえ正しい細胞機能を妨げる可能性のある配列，プロセシング，あるいは RNA パッケージングの間違いを含む可能性がある．これらは取除かなければならない．第二に，細胞がタンパク質合成活性のある mRNA 分子を絶えず保持することは好ましくない．細胞機能の適切な制御には，もはや必要とされないタンパク質合成の遮断が必要である．Jacob と Monod が mRNA の存在を導き出した糸口は，遺伝子発現において短時間存在する中間体の証明だったことを思い出してほしい．制御的役割を果たす多くの小分子 RNA も短命である．ほとんどの細胞における長寿命のRNA は rRNA および tRNA などのタンパク質合成機構に関係するものだけである．したがって，細胞質における適切な mRNA 分解のための選択的機構が存在しなければならない．

mRNA は核膜孔複合体を通って核から細胞質に輸送される

巨大分子あるいはその複合体の核移行と核外輸送はいずれも**核膜孔複合体**（NPC；nuclear pore complex）を介して起こる（Box 14.6）．特異的な輸送経路の特徴的でユニークな特性にも関わらず，輸送のすべてのプロセスは共通の特徴と機構をもっている．すべてのカーゴ（積荷）は可溶性担体タンパク質の助けにより核膜孔のチャネルを 3 段階のプロセスで通過する．（1）細胞のドナー（供与体）区画におけるカーゴ-キャリア（担体）複合体の生成，（2）NPC を介する複合体の通過，（3）標的区画におけるカーゴの放出に続いてキャリアをドナー区画に戻して再利用する．この輸送は NPC チャネルに並ぶ FG ヌクレオポリンにより促進されるブラウン運動（ランダムウォークプロセス）である．ブラウンラチェット機構の概念の説明については Box 16.4 を参照すること．タンパク質や小分子 RNA を輸送する大部分の核輸送経路は，キャリアとして β-カリオフェリンスーパーファミリーに属するタンパク質を利用している．一方，mRNA は Mex67-Mtr2 のヘテロ二量体を担体として使用する（図 14.22）．RNA と担体の複合体はメッセンジャーリボ核タンパク質（mRNP；messenger ribonucleoprotein）とよばれる．

ドナーと標的細胞区画の認識を可能にする機構も存在し，カーゴ-キャリア複合体の適切な集合あるいはカーゴの放出が確実に起こる．β-カリオフェリンがキャリアとして使用される場合，区画の認識は核内の GTP に結合し細胞質中の GDP 結合状態に維持される Ran GTP アーゼのヌクレオチド状態によって行われる．mRNA の核外輸送では，一つの区画から他の区画への移行は，二つの異なる DEAD ボックスヘリカーゼである核内の Sub2 と細胞質の Dbp5 による mRNP 複合体の広範な再編成によると考えられており，したがってこれらは区画認識分子である．核内の Sub2 はカーゴ-キャリア複合体の再編成に必要である

14.7 概要: mRNA 分子のたどる道筋

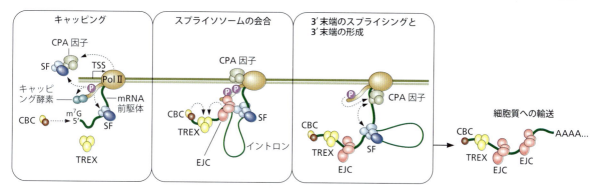

図 14.21 共転写-RNA プロセシングの概要 mRNA 前駆体は緑の線で示している．エキソンは太線でイントロンは細線で示す．隣合った三つの枠はポリメラーゼ（おもに CTD を介する）または新生転写産物のいずれかに結合したタンパク質複合体の構成を示す．この複合体は遺伝子に沿ったポリメラーゼ移動の特定の段階で特異的な RNA プロセシング機能を果たす．破線の矢印は複合体の安定化またはそれぞれの酵素機能を果たす相互作用を示す．左: 5′末端のキャッピング．キャッピングは RNA 転写産物の 5′末端が RNA ポリメラーゼ (Pol) II により合成されるとすぐに起こり，CTD の Ser5 のリン酸化を介してキャッピング酵素が呼び込まれる．キャップ構造が形成されると，キャップ結合複合体 (CBC; cap-binding conplex) が結合し，転写-核外輸送複合体 (TREX; transcription-export complex) を呼び込む．スプライス因子 (SF; splicing factor) といくつかの CPA（切断・ポリアデニル化因子）もこの段階で複合体に加わる．中: スプライソソームの形成．形成反応の最初はイントロンが CTD と新生 RNA の両方に結合するタンパク質因子によって増強され，その結果第一エキソンと第二エキソンを近接させる．エキソン-ジャンクション複合体 (EJC; exon-junction complex) はスプライシング装置により呼び込まれ，エキソン-エキソンジャンクションのすぐ上流に置かれる．TREX 複合体はこの段階で CBC，SF，EJC との相互作用を介して新生 RNA と安定に会合する．右: 3′末端エキソンのスプライシングと mRNA の 3′末端の形成．これらの二つの過程は転写が遺伝子の末端部位に近付くとき（最終イントロンと 3′末端エキソンが転写された後）に起こる．CPA 装置の呼び込みは CPA シグナル上で起こる．右端の図は細胞質に輸送されたときにプロセシングされた mRNA に結合したタンパク質を示す．多くのタンパク質は依然として結合したままであり，その後の工程に影響を及ぼす可能性があることに注意．［Pawlicki JM & Steitz JA [2010] *Trends Cell Biol* 20:52–61 より改変．Elsevier の許可を得て掲載］

ため，Mex67-Mtr2 の mRNP への呼び込みに使用されるアダプタータンパク質の一つが核外輸送される資格をもつ mRNA から放出される．細胞質の DEAD ボックスヘリカーゼである Dbp5 は，NPC の細胞質側の mRNP を再編成し，Mex67-Mtr2 キャリアが再利用のために放出される

（図 14.22 参照）．

RNA 配列は転写後でも酵素修飾により編集される

いくつかの状況では，mRNA 前駆体の配列は編集され，実際，残基の挿入，欠失，化学修飾により変化する．この

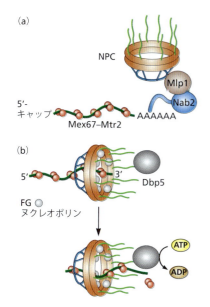

図 14.22 酵母における mRNA の核外輸送 (a) いくつかの輸送タンパク質が結合した輸送されうる状態の mRNA．さらなるタンパク質は mRNP とともに細胞質に移動するが，転写とプロセシング間の多くの段階を調整する TREX，EJC，CBC などのように，輸送には直接関与しない（図 14.21 参照）．キャリア複合体 Mex67-Mtr2 は mRNA にわずかに結合し，アダプタータンパク質として機能する Yra1 と Nab2 により mRNA に呼び込まれる．Yra1 は Mex67-Mtr2 キャリアの呼び込み後，輸送前に mRNA から解離する．この解離はおそらく mRNA のコンホメーションを変化させることにより，mRNP を再編成する核 DEAD ボックスヘリカーゼ Sub2（図中では示されていない）の作用を何らかの形で必要とする．Nab2 は核バスケット因子の Mlp1 に輸送される mRNA の 3′末端を配置して，mRNA が NPC チャネルの入口を通り抜けるのを助ける．(b) NPC を介した mRNA 輸送のブラウンラチェットモデル．輸送される mRNP に結合した Mex67-Mtr2 キャリアは，熱運動，つまりブラウン運動による mRNP の行ったり来たりする運動を容易にするため，NPC チャネルに並んだ FG ヌクレオポリンと相互作用する．Mex67-Mtr2 キャリアの一つが NPC の細胞質面に到達すると，ATP アーゼ活性が核膜孔の同じ面に結合した他の因子によって刺激される細胞質 Dbp5（DEAD ボックスヘリカーゼ）により取除かれる．キャリアの除去は，それが結合した mRNP がチャネルに戻ることを妨げるため分子ラチェット（逆戻りしない爪の付いた歯車）として機能する．ATP の ADP への加水分解はラチェットを一方向に作用させる．これらのステップは mRNP 全体が細胞質に入り込むまで何度か繰返される．放出されたキャリア分子は核に戻り，別の mRNP 複合体の輸送に再利用される．［(a), (b) Stewart M [2007] *Mol Cell* 25:327–330 より改変．Elsevier の許可を得て掲載］

Box 14.6　核膜孔複合体

核膜孔複合体（NPC）は巨大なタンパク質集合体であり，おそらく真核細胞で最も大きい．NPCの直径は約125 nmで，分子質量は後生動物で約125 MDa，酵母で約60 MDaである．コア構造であるスポーク-リング複合体は8回対称性をもち，細胞質のリングと核のリングの間に挟まれている（図1, 図2）．八つのスポークは分子が細胞質と核の間を行き来するチャネルを取囲んでいる．

NPCは生化学的にヌクレオポリン（nucleoporin）とよばれる約30種類の異なるタンパク質からつくられ，三つの主要なクラスに分類される．第一のクラスはFGヌクレオポリンから成り，これらはPhe-Glyに富む縦列反復配列（FGリピート）を含むためにそう名付けられた．FGリピートは決まった構造をとらず，輸送チャネルを満たし，高密度のブラシ状構造を形成するか，あるいは他のモデルによれば40 kDaより大きい高分子の自由運動に対する障壁として働く架橋されたヒドロゲル（水溶性ゲル）を形成する．したがって，より大きな分子はNPCを通過するために，キャリア分子と能動的にエネルギーを消費するプロセスを利用しなければならない．FGヌクレオポリンはキャリア表面上の疎水性のパッチを介してカーゴ-キャリアと直接相互作用する．第二の最も一般的なクラスのヌクレオポリンはFGリピートが欠けており，孔の構造的構成要素である．最後に，ヌクレオポリンの第三のクラスであるNupは，核膜に孔を固定する統合された複数の膜タンパク質から成る．

大部分のヌクレオポリンは構造の両側に対称的に配置されるが，細胞質側または核側のいずれかに結合しているものも存在する．これらは輸送の方向性を確実にすることに関与していると考えられている（図14.22参照）．いくつかはmRNA輸送に特異的に関与し，他のものはsnRNAまたはrRNAの輸送に役立つ可能性があるが，その他のものはすべてのRNA分子により共有されうる．

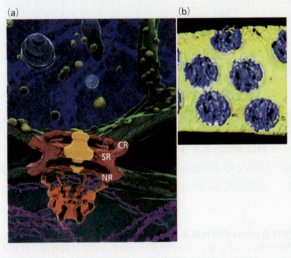

図1　NPCの構造の概要　(a) 核膜（緑で示す）に埋込まれたNPCの模式図．SR；スポーク-リング複合体，CR；細胞質リング，NR；核リング．核面ではオレンジ色で示されたバスケット状の構造が赤で示された中央の枠組みから飛び出している．紫で示されたラミンフィラメントはNPCおよび核内膜に結合している．核膜は小胞体と続いており，核外膜は黄で示されたリボソームで飾られている．[Elad N, Maimon T, Frenkiel-Krispin D et al. [2009] *Curr Opin Struct Biol* 19:226–232. Elsevierの許可を得て掲載] (b) 天然の状態のNPCの構造を解析するために，タマホコリカビ（*Dictyostelium*）の輸送活性のある無傷な核をクライオ電子断層撮影法により画像化し，得られた核の断層像をコンピューターにより *in silico* 解析した．この画像ではNPCは青であり，周囲の核膜は黄である．NPCの数は約45個/mm² であった．[Beck M, Förster F, Ecke M et al. [2004] *Science* 306:1387–1390. American Association for the Advancement of Scienceの許可を得て掲載]

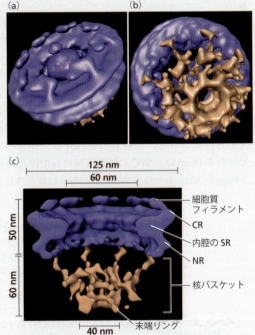

図2　NPCの構造の概要　(a) 中央のチャネルの周りに配置された細胞質フィラメントから成る細胞質面．フィラメントはねじれており，輸送中のカーゴを表す中央のプラグ（輸送体）の方を向いている．(b) 核面では，バスケットの末端リングは核フィラメントにより核リングに接続されている．(c) 実際の孔構造を露出させるためにプラグを外したNPCの断面図．[(a)〜(c) Beck M, Förster F, Ecke M et al. [2004] *Science* 306:1387–1390. American Association for the Advancement of Scienceの許可を得て掲載]

残基の挿入および欠失はトリパノソーマなどの特定の原生動物のミトコンドリアRNAに限定されるようである．この場合，Uの短いオリゴマーの挿入または欠失が配列中の特定の位置で起こる．この配列は標的RNAに相補的であるが一部ミスマッチ部位（バルジ）を含むオリゴマーであるガイドRNAにより規定される．ガイドRNAはmRNAが切断されオリゴ（U）が挿入または欠失される間，結合を維持する．その後リガーゼが改変されたmRNAを再結合する．

哺乳類を含むいくつかの高等生物では大きく異なる種類の編集（エディティング）が観察される．いくつかの場合，シチジンをウリジンまたはアデノシンをイノシンに変換することができる（図14.23）．これらの反応を触媒する酵素は修飾部位から数ヌクレオチド離れた特定の配列を認識するRNA結合ドメインを含む．一般的ではないが，このような編集によってもたらされるアミノ酸配列の変化は意味のある効果をもつ可能性がある．たとえば，筋萎縮性側索硬化症（ALS，ルー・ゲーリック病としても知られている）は，神経細胞膜におけるカルシウム伝導に関与するタンパク質をコードするmRNAの編集に欠陥を伴う可能性があるという証拠がある．

最後になるが，tRNA分子は多数の部位で種々の塩基修飾を含む広範な転写後修飾を受ける．これらについては第15章で詳しく説明する．

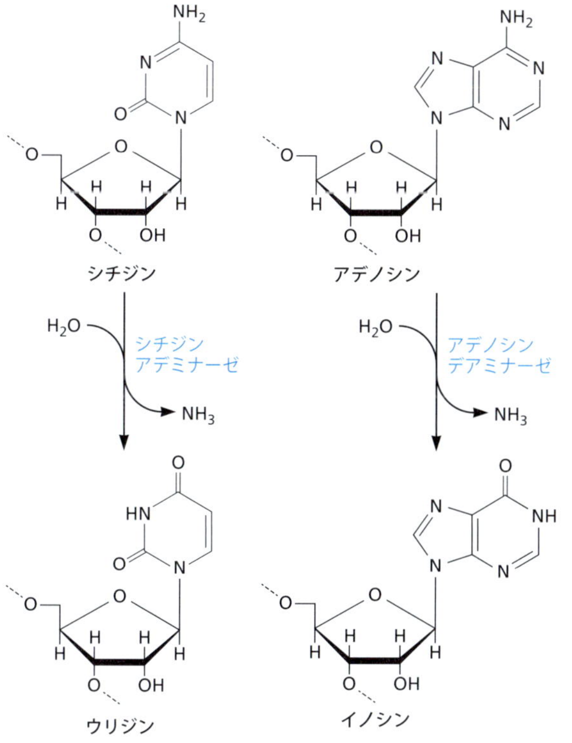

14.8 RNAの品質管理と分解

細菌，古細菌，真核生物はすべてRNA品質管理のための機構をもつ

十分に機能的なRNA分子の重要性は，生物界の三つのドメイン（細菌，古細菌，真核生物）すべてにおいて多数の品質管理機構を進化させてきた．品質管理は翻訳前，翻訳中，翻訳後の多くのステップで行われる．たとえば，mRNAが不完全に，または誤ってスプライスされたりポリアデニル化された場合，mRNAは細胞質に輸送されず，核内で分解される．これは，異常なrRNAおよびtRNA分子にも当てはまる．RNA分子はまた，それらが機能する寿命の終わりに細胞質で分解される．最初に，品質管理と寿命においてRNAの分解に使用される主要なタンパク質

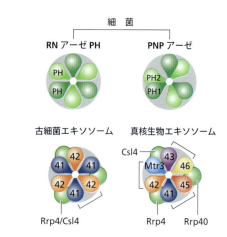

$RNA_n + 無機リン酸 (P_i) \rightarrow RNA_{n-1} + ヌクレオシド\ 5'-二リン酸$

図14.24　細菌，古細菌，真核生物のRNA分解複合体の保存された構造　細菌は二つの異なる複合体をもつ．細菌のRNアーゼPH複合体中の緑の濃淡は，隣接するサブユニットの向きが反対になっていることを示す．PNPアーゼにおける複合体の形状は同じポリペプチド鎖から成るPHドメインを示す．すべての図は構造を下から見ている．中央に穴があいた複合体の環状の形に注意．古細菌と真核生物のエキソソームのRNA結合キャップは環状構造を形成するサブユニットの背後に緑で描かれている．古細菌のエキソソームの構造はヘテロ二量体Rrp41-Rrp42のホモ三量体である．環状構造を安定化する三つのキャップタンパク質はRrp4，Cs14，またはこれら二つの組合わせのいずれかである．真核生物のエキソソームは三つの異なるヘテロ二量体であるRrp41-Rrp45，Rrp46-Rrp43，Mtr3-Rrp42の複合体である．これらの二量体はキャップタンパク質Rrp40，Cs14，Rrp4によりつなぎ止められている．複合体の安定化に加え，キャップタンパク質は分解されるRNAと相互作用するRNA結合ドメインを含む．古細菌および真核生物の環状構造のサブユニットは，細菌のRNアーゼPH酵素の配列および構造に類似している．これらの酵素のPHドメインは図の下に示すように，加リン酸分解反応で機能する．[Lykke-Andersen S, Brodersen DE & Jensen TH [2009] *J Cell Sci* 122:1487–1494 より改変．The Company of Biologistsの許可を得て掲載]

図14.23　哺乳類における脱アミノ反応によるエディティング

複合体の構造を紹介する（図14.24，図14.25）．古細菌および真核生物において，RNA分解を行う複合体は**エキソソーム複合体**（exosome complex）として知られている．エキソソーム複合体はRNAの切断に無機リン酸を利用する酵素である細菌のRNアーゼPHに配列および構造の両方の面で類似している．このクラスのRNA分解複合体はすべて6個のタンパク質サブユニットのリングを含み，その中央に分解されるRNAが通過する穴がある．古細菌および真核生物のエキソソームのリングはそれ自身だけでは不安定で，構造を安定化するためにキャップタンパク質を必要とする．エキソソーム複合体はエキソヌクレアーゼのようにRNAを3′→5′の方向に分解する．

細菌におけるRNAの分解は連続した工程として起こり（図14.26），それぞれ一つあるいはそれ以上の酵素が触媒する四つの異なる酵素学的プロセス（エンドヌクレアーゼ切断，オリゴアデニル化，エキソヌクレアーゼ切断，ヘリカーゼ作用）が関与する．正常なエキソヌクレアーゼ分解を妨げるであろう安定な二次構造の除去にはオリゴ(A)鎖の付加とヘリカーゼ活性が必要である．

古細菌および真核生物は異なるRNA欠陥に対処するために特異的経路を利用する

RNAの分解に関与する経路は進化の過程で，特定の欠

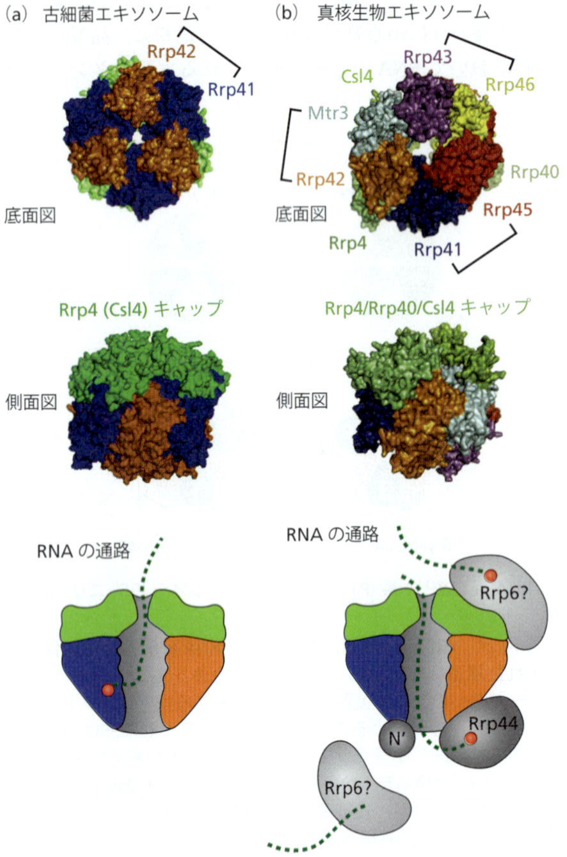

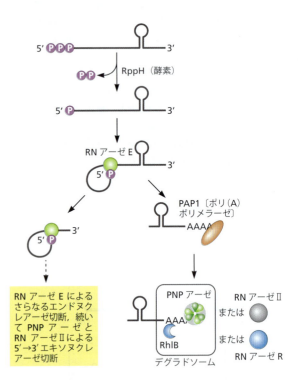

図14.25 古細菌および真核生物由来のRNA分解複合体の保存された構造 個々のタンパク質は色分けされている．(a) Rrp41, Rrp42, Rrp4を含む超好熱性硫黄還元古細菌（*Archaeoglobus fulgidus*）のエキソソームの構造．(b) ヒトのエキソソームの構造．構造の下にある図は切断された側面図を表し，中央の空洞と活性中心（赤の点）へのRNAの通路を示している．真核生物のエキソソームは，環状構造の主要部位に酵素活性をもたない．むしろ，活性中心はRrp44上に位置し，Rrp44のN末端の頭部ドメインがRrp41と相互作用する．RNAは中央のチャネルまたはエキソソームコアとは独立した通路を通って活性中心に到達することができる．酵素活性Rrp6をもつ他のサブユニットの位置は不明である．[(a), (b) Schmid M & Jensen TH [2008] *Trends Biochem Sci* 33:501–510 より改変．Elsevierの許可を得て掲載]

図14.26 細菌におけるRNA分解経路 RNAの代謝回転はRNAの5′末端からの二リン酸（PP）の除去とmRNAを二つに切断するエンドヌクレアーゼであるRNアーゼEで生じる5′-一リン酸の認識により始まる．5′断片はRNアーゼEと，PNPアーゼおよびRNアーゼIIのエキソヌクレアーゼ活性の複合作用によりさらに分解される．3′末端がステムループ構造とその関連タンパク質により保護された場合，最初に細菌のポリ(A)ポリメラーゼであるPAP1によりオリゴアデニル化される．オリゴ(A)鎖は細菌のデグラドソームであるPNPアーゼとRhlBヘリカーゼを呼び込むか，二つの他の加水分解3′→5′エキソヌクレアーゼの一つであるRNアーゼIIまたはRNアーゼRにより分解される．広範囲の加リン酸分解酵素と加水分解酵素が利用可能であるが，細菌におけるRNA分解はおもに加水分解性のようである．[Lykke-Andersen S, Brodersen DE & Jensen TH [2009] *J Cell Sci* 122:1487–1494 より改変．The Company of Biologistsの許可を得て掲載]

陥をもつRNAの分解に特化した別個の経路をもつように，複雑で高度に制御され，多様化したものになった．分解は核または細胞質のどちらでも起こりうる．いくつかの分解は，RNAのプロセシングやパッケージングに欠陥が見つかるとすぐ，転写と同時あるいは転写終了直後に起こる．核内での分解は rRNA，tRNA，mRNA の三つの主要な RNA クラスのすべてで起こりうる．不良 RNA 分子の核内分解の詳細な説明は図 14.27 に示されている．

分解は細胞質において，RNA 分子の使用寿命の終わりか，あるいは核内監視機構を逃れた翻訳されるべきではない不良 RNA 分子を壊すことのいずれかで起こる．三つの主要なプロセスであるナンセンス変異依存性 mRNA 分解（NMD），リボソーム停滞型 mRNA 分解（NGD），ノンストップ **mRNA 分解**（**NSD**；non-stop decay）はすべて翻訳に密接に関わり，第 17 章で説明されている．

14.9 小分子サイレンシング RNA の生合成と機能

すべての ssRNA は大きな前駆体からのプロセシングによりつくられる

小分子サイレンシング RNA（ssRNA; small silencing RNA）は転写，転写後制御，翻訳のレベルで遺伝子発現をサイレンシング（抑制）する際に別個の機能を果たす異なる種類の RNA 群である．ssRNA の特徴は通常 30 nt を超えない短い長さとサイレンシング経路においてエフェクター機能を果たす**アルゴノート**（**Ago**；Argonaute）ファミリーのメンバーとの会合である．Ago タンパク質はリボヌクレアーゼドメインである PIWI と ssRNA 結合ドメインである PAZ という二つのドメインにより特徴付けられたリボヌクレアーゼである．ssRNA の機能はエフェクターである Ago タンパク質を標的核酸に導くことである．表 14.2 は三つの主要な ssRNA のクラスのいくつかの特徴を一覧にしている．これら小分子 RNA の作用機序は RNA の共有結合の変化を伴わないので，RNA 合成後のプロセシングとして厳密に定義できないことに注意すべきである．しかし，小分子 RNA の生合成は，いずれの場合においてもより大きな RNA 前駆体のプロセシングを必要とするので，ここで考察する必要があるだろう．

標的 mRNA の制御に関する限り，すべての ssRNA は標的との相互作用に同様の機構を使用している．図 14.28 に示すように，ssRNA は非常に広範囲あるいは部分的な塩基対形成により標的と相互作用する．実際に塩基対形成の程度はサイレンシング反応の機構的結果を決定する．広範囲な塩基対形成は mRNA の分解を導くが，部分的な塩基対形成は翻訳阻害をもたらす．どちらの場合も，生物学的結果は遺伝子発現のサイレンシングである．

ssRNA には大きく三つのタイプがある．

1. **マイクロ RNA**（**miRNA**；microRNA） 最初に発見された miRNA は線虫における *lin-4* の遺伝子産物であり，これは二つの重要な発生関連遺伝子である *lin-14* および *lin-28* の発現制御に関与している．この発見の後，直ちに多様な生物における miRNA 分子の全容に関して

表 14.2　ssRNA の主要な三つのタイプ

タイプ	生物	長さ (nt)	機能
miRNA	ウイルス，原生生物，藻類，植物，動物	20〜25	mRNA 分解，翻訳の阻害
siRNA	すべての真核生物（おもに植物）	21〜24	転写産物とトランスポゾンの転写後サイレンシング，場合により転写のサイレンシング
piRNA	後生動物	21〜30	トランスポゾンの調節と未知の機能，生殖系幹細胞を維持し，その分裂を促進する

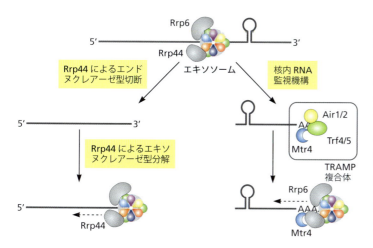

図 14.27　真核生物における核内 RNA 分解経路
真核生物において RNA 分解はエキソソーム構成因子 Rrp44 によるエンドヌクレアーゼ切断と，ヘリカーゼ Mtr4，二つのポリ(A)ポリメラーゼ Trf4/5 のうちの一つ，二つの RNA 結合タンパク質 Air1/2 のうちの一つから成る核内 TRAMP 複合体による 3′オリゴアデニル化により始まる．ヘリカーゼである Mtr1 はエキソソームと直接結合することもできる．TRAMP は分解のためではない安定な RNA の 3′末端のプロセシングにも関与している．したがって，TRAMP とエキソソームは RNA 集団の全体を検査するが，保護的な二次構造または特定の RNA 結合タンパク質を欠いた転写産物のみを分解する可能性がある．[Lykke-Andersen S, Brodersen DE & Jensen TH [2009] J Cell Sci 122:1487–1494 より改変．The Company of Biologists の許可を得て掲載]

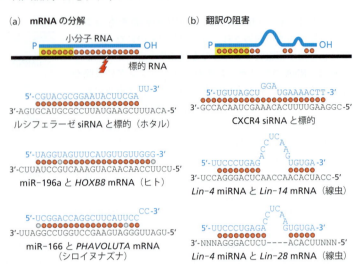

図 14.28　小分子 RNA と標的 mRNA の結合の二つの様式が異なる作用機序を決定する　(a) 小分子 RNA と標的 mRNA の 3′-UTR の広範囲な塩基対形成は，触媒的に活性な Ago タンパク質を特定の mRNA 分子に導く．Ago タンパク質は次に mRNA 中の単一のホスホジエステル結合を切断し，mRNA 分解を誘発する．この結合様式は植物といくつかの哺乳類 miRNA において一般的である．示された三つの例は 3 種類の ssRNA とそれぞれの標的の間で起こる広範囲な塩基対形成を示す．(b) 小分子 RNA と標的 mRNA の 3′-UTR の間の部分的な塩基対形成は Ago タンパク質を標的 mRNA につなぎ止める．また，miRNA-Ago 複合体は翻訳を妨げる．線虫で見いだされた最初の miRNA である Lin-4 miRNA は Lin-14 と Lin-28 遺伝子から転写された二つの密接に関連する mRNA がこの様式で作用する．複合体は対応する mRNA と塩基対形成する miRNA ヌクレオチドにおいてわずかに異なることに注意．幼虫の発生中，Lin-4 は LIN-14 と LIN-28 タンパク質の濃度の下方制御に働き，発生段階特異的な発現を順に制御する．(a) (b) の両図で miRNA は標的との結合のためのエネルギーの大部分に貢献する黄で塗られた短いシード配列を 5′末端に含む．すなわち，それは標的選択のための特異性決定因子である．シード領域は小さいため，単一の miRNA で多くの異なる遺伝子を制御することが可能となる．[(a), (b) Zamore PD & Haley B [2005] *Science* 309:1519–1524 より改変．American Association for the Advancement of Science の許可を得て掲載]

の報告が続いた．今日までに約 7000 種類の miRNA 遺伝子が動物およびウイルスから同定されており，それとは別に少なくとも約 1600 種類が植物に存在する．ショウジョウバエの発生中の心臓組織における *Hand2* 遺伝子のサイレンシングを例に miRNA の生合成について説明する（図 14.29）．このプロセスは一連の段階および関連するタンパク質の両方に関してすべての miRNA で非常に類似している．一般に，このプロセスは細胞質 RN アーゼⅢエンドヌクレアーゼである

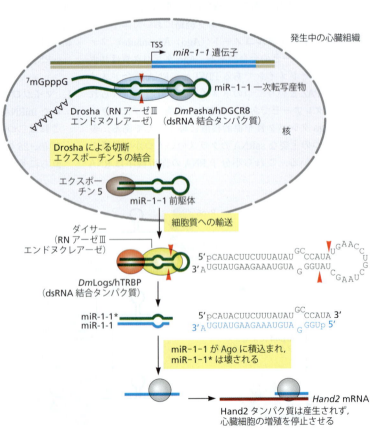

図 14.29　遺伝子制御に関与する miRNA のプロセシング　この miRNA の例はショウジョウバエの発生中の心臓組織に関するものである．プロセシングの連続的段階は以下のとおりである．① 転写因子 SRF（血清応答因子）と MyoD は *miR-1-1* 遺伝子の Pol Ⅱによる転写を刺激する．② 一次転写産物は RN アーゼⅢエンドヌクレアーゼである Drosha とその dsRNA 結合パートナーである Pasha（ヒトの場合パートナーは DGCR8）によりプロセシングされる．その産物である miR-1-1 前駆体は細胞質への輸送のためにエクスポーチン 5 により認識される 2 nt の一本鎖の 3′突出末端を含む．③ 細胞質では独自の dsRNA 結合パートナーをもつ 2 番目の RN アーゼⅢエンドヌクレアーゼであるダイサーが miRNA-miRNA* の二本鎖を解離させるために 2 度目の切断を行う．成熟した 21 nt の miRNA は特別な積込み装置（ローダー）により Ago ファミリーに属するタンパク質に積込まれ，miRNA* 鎖が壊される．④ 小分子 RNA 指向性サイレンシングのエフェクターである Ago タンパク質は miRNA によって *Hand* mRNA の 3′-UTR に誘導されて Hand2 タンパク質の翻訳を抑制する．これが心臓細胞の増殖を停止させる．[Zamore PD & Haley B [2005] *Science* 309:1519–1524 より改変．American Association for the Advancement of Science の許可を得て掲載]

ダイサー（Dicer）の作用によって特徴付けられる．

2. **小分子干渉RNA**（**siRNA**：small interfering RNA） 短鎖干渉RNAまたはサイレンシングRNAともよばれる．siRNAの特徴的な性質はダイサーのRNアーゼ活性により生じる二本鎖RNAに由来することである（図14.30）．哺乳類と線虫はmiRNAおよびsiRNAの両方の生合成に関与する単一のダイサーをもつ．一方，ショウジョウバエには2種類のダイサーがある．ダイサー1はmiRNAの生成に関与しているが，ダイサー2はsiRNAの生合成の初期段階において二本鎖RNAを切断するリボヌクレアーゼである．

3. **PIWI結合RNA**（**piRNA**：PIWI-interacting RNA） これは2001年にショウジョウバエの生殖細胞系列において発見されたが，トランスポゾンを抑制することにより生殖細胞系列のゲノムを安定化させる．piRNAの配列は非常に多様であり，150万種以上の異なるpiRNAがショウジョウバエで同定されている．piRNAは数百箇所のゲノム領域にクラスターとして存在している．同定されたpiRNAのうち何種が生理学的な意味をもつかはまだ解明されていない．これらのもとになるのは100 000〜200 000 ntの非常に長いssRNA転写産物で，通常はアンチセンスである．piRNAはAgoタンパク質スーパーファミリー中の分岐群（クレード）の一つであるPIWIタンパク質に結合し，piRNAの生合成のためにダイサーを必要としない点で他のsiRNAとは異なる．piRNA生合成のプロセスは図14.31で説明されている．

重要な概念

- 多くの種類のRNA分子は細胞内で適切な役割を果たすようになる前に，一つ以上の転写後プロセシングを受けなくてはならない．
- 細菌ではmRNAはプロセシングなしで翻訳に直接使用されるが，機能的なtRNAとrRNAは縦列に並んだ転写産物の切断とトリミング（末端切除）により生成する．tRNA分子はさらに種々の塩基修飾を受ける．
- 真核細胞の核内で合成されたmRNA前駆体は細胞質に輸送される前に一連の修飾を受ける．この修飾には5′末端キャッピング，イントロンの除去とエキソンのスプライシング，3′末端ポリアデニル化，さらに場合によりヌクレオチド残基の挿入や欠失，塩基の化学修飾が含まれる．
- キャッピングはmRNAの5′末端に5′-5′の位置でGMPを付加することである．キャップはエキソヌクレアーゼからmRNAを保護するタンパク質を呼び込み，プロセシングされたmRNAの細胞質への輸送を助け，翻訳の開始時にリボソームの結合部位として働く．
- ポリアデニル化によりmRNAの3′末端にポリ(A)鎖が

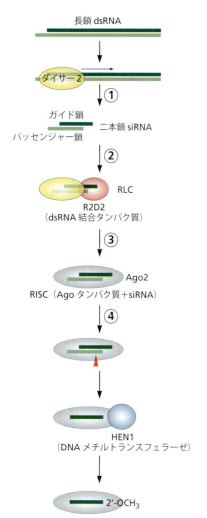

図14.30　ショウジョウバエにおけるsiRNAのプロセシング　siRNAのプロセシングの連続的段階は以下のとおりである．① dsRNA前駆体はダイサー2により処理され，サイレンシングを担う生理的に意味をもつガイド鎖と，後で分解されるパッセンジャー鎖を含むsiRNA二本鎖を生成する．それぞれ約21 ntから成るこの二本鎖は5′-リン酸基および3′-OH基をもち，それぞれの3′末端に2 ntの突出末端をもつ．② ダイサー2はdsRNA結合タンパク質であるR2D2と組になり，RISC積込み複合体（RLC；RISC-loading complex）を形成する．③ 遺伝子サイレンシングにおける活性の実体はAgoタンパク質であるAgo2とsiRNAから成るRISC（RNA-induced silencing complex，RNA誘導性サイレンシング複合体）である．siRNAはAgoタンパク質を標的RNAに導く．Agoタンパク質はRISCの触媒作用のための構成成分であり，相補的な塩基対形成によりsiRNAにより認識されるmRNAを分解するエンドヌクレアーゼ活性をもつ．Agoタンパク質はsiRNAのガイド鎖の選択とパッセンジャー鎖の破壊にも一部関与する．Agoタンパク質は約20 kDaのN末端のPAZドメインと約40 kDaのC末端のPIWIドメインの二つのドメインにより特徴付けられる．PAZドメインはRNAと相互作用し，siRNAの3′末端のアンカー（いかり）として働く．④ その後，パッセンジャー鎖は壊され，DNAメチルトランスフェラーゼであるHEN1がsiRNAの2′-OH基にメチル基を付加しRNAを安定化させる．最後に触媒作用をもつAgoタンパク質と結合したsiRNAが標的mRNAと相互作用してそれを切断する（このステップは示されていない）．[Ghildiyal M & Zamore PD [2009] *Nat Rev Genet* 10:94–108より改変．Macmillan Publishers, Ltd.の許可を得て掲載]

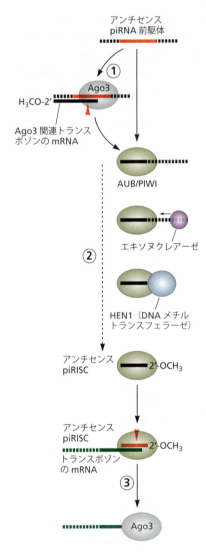

図 14.31 piRNA 生合成に関する現在の仮説 piRNA は ssRNA 前駆体に由来すると考えられ, ダイサーによる切断を経ない. piRNA 生合成の現在の仮説は PIWI Ago 系統群に属する三つの Ago タンパク質 [PIWI, Aubergine (AUB), ショウジョウバエ Ago3] に結合した piRNA 配列に由来する. PIWI と AUB に結合した piRNA は典型的にはトランスポゾンの mRNA に対してアンチセンスであるが, Ago3 に結合した piRNA はトランスポゾンの mRNA 自体 (センス鎖) の一部に対応する. アンチセンス piRNA の最初の 10 個のヌクレオチドはしばしば Ago3 にみられるセンス piRNA に相補的である. この予想外の相補性はトランスポゾンの mRNA の転写後においてのみ活性化される piRNA 増幅機構の一部となる. プロセシングの連続的な段階は次のとおりである. ① piRNA 前駆体は Ago3 関連トランスポゾンの mRNA に結合し, アンチセンスガイド piRNA の 10 位から切断する. センス piRNA は次にアンチセンス piRNA 前駆体の転写産物の切断を誘導する. ② いくつかの副次的なステップはトランスポゾン mRNA との相互作用を促進することができるアンチセンス piRISC の生成を導く. ③ 切断されたトランスポゾンの mRNA 産物の 5′末端が Ago3 に積込まれる.
[Ghildiyal M & Zamore PD [2009] *Nat Rev Genet* 10:94–108 より改変. Macmillan Publishers Ltd. の許可を得て掲載]

付加される. ポリ (A) 鎖は呼び込まれたタンパク質とともにエキソヌクレアーゼの攻撃から mRNA の末端を保護する.

- ほとんどのイントロンの除去とエキソンの再スプライシングにはスプライソソームとよばれる複雑な核内装置が必要である. これらは 3′ および 5′ スプライス部位, ならびに内部イントロン部位を認識し, 切断を触媒し, ついで隣接するエキソンを再連結する. スプライソソームは多数の RNA 分子と多くのタンパク質の巨大な複合体である.
- いくつかの場合, イントロンはエキソンを連結しながら RNA から自分自身を切除する自己スプライシングを行う. この場合, そこに結合したタンパク質が構造を維持するかもしれないが, 触媒活性はイントロン中の RNA がもっている. タンパク質から成る酵素のように作用するこのような RNA 分子はリボザイムとよばれる.
- 多くの場合, スプライシングは選択的な経路を取ることが可能であり, エキソンの追加または排除, 選択的または潜在的スプライス部位を使用することができる. このような選択的スプライシングは一つの遺伝子内で起こったり, 離れた別の遺伝子からのエキソンを含んだりする. 選択的スプライシングはしばしば一つの遺伝子が異なる組織あるいは異なる発生段階で異なるタンパク質産物を産生するという効果をもつ.
- 選択的スプライシングの調節にはスプライス部位の強さ, タンパク質から成るエンハンサーまたはサイレンサー, RNA の二次構造, クロマチン構造を含む多くの要因が関わる.
- プロセシングされた真核生物の mRNA は, ブラウンラチェット機構を介して核膜孔を通り, 細胞質に輸送される.
- 上記のすべての過程により mRNA 分子をプロセシングした後, それらが不完全である場合, あるいは細胞がもはやその mRNA からのタンパク質産物を必要としない場合, その mRNA は後に分解される. この分解は核または細胞質のいずれかでも起こりうる.
- miRNA, siRNA, piRNA などの ssRNA ははるかに大きな遺伝子産物から生成される.

参考文献

成 書

Gesteland RF, Cech TR & Atkins JF (eds) (2006) The RNA World, 3rd ed. Cold Spring Harbor Laboratory Press.

Lilley DMJ & Eckstein F (eds) (2007) Ribozymes and RNA Catalysis. RSC Publishing.

総 説

Bentley DL (2005) Rules of engagement: Co-transcriptional recruitment of pre-mRNA processing factors. *Curr Opin Cell Biol* 17:251–256.

Black DL (2003) Mechanisms of alternative pre-messenger RNA splicing. *Annu Rev Biochem* 72:291–336.

Chen M & Manley JL (2009) Mechanisms of alternative splicing regulation: Insights from molecular and genomics approaches. *Nat Rev Mol Cell Biol* 10:741–754.

Doma MK & Parker R (2007) RNA quality control in eukaryotes. *Cell* 131:660–668.

Doudna JA & Cech TR (2002) The chemical repertoire of natural ribozymes. *Nature* 418:222–228.

Fedor MJ (2008) Alternative splicing minireview series: Combinatorial control facilitates splicing regulation of gene expression and enhances genome diversity. *J Biol Chem* 283:1209–1210.

Ghildiyal M & Zamore PD (2009) Small silencing RNAs: An expanding universe. *Nat Rev Genet* 10:94–108.

Gingeras TR (2009) Implications of chimaeric non-co-linear transcripts. *Nature* 461:206–211.

Graveley BR (2009) Alternative splicing: Regulation without regulators. *Nat Struct Mol Biol* 16:13–15.

Hamma T & Ferré-D'Amaré AR (2010) The box H/ACA ribonucleoprotein complex: Interplay of RNA and protein structures in post-transcriptional RNA modification. *J Biol Chem* 285:805–809.

Kapranov P, Willingham AT & Gingeras TR (2007) Genome-wide transcription and the implications for genomic organization. *Nat Rev Genet* 8:413–423.

Köhler A & Hurt E (2007) Exporting RNA from the nucleus to the cytoplasm. *Nat Rev Mol Cell Biol* 8:761–773.

Kornblihtt AR, Schor IE, Allo M & Blencowe BJ (2009) When chromatin meets splicing. *Nat Struct Mol Biol* 16:902–903.

Licatalosi DD & Darnell RB (2010) RNA processing and its regulation: Global insights into biological networks. *Nat Rev Genet* 11:75–87.

Lykke-Andersen S, Brodersen DE & Jensen TH (2009) Origins and activities of the eukaryotic exosome. *J Cell Sci* 122:1487–1494.

Nilsen TW & Graveley BR (2010) Expansion of the eukaryotic proteome by alternative splicing. *Nature* 463:457–463.

Schellenberg MJ, Ritchie DB & MacMillan AM (2008) Pre-mRNA splicing: A complex picture in higher definition. *Trends Biochem Sci* 33:243–246.

Schmid M & Jensen TH (2008) The exosome: A multipurpose RNA-decay machine. *Trends Biochem Sci* 33:501–510.

Schwartz S & Ast G (2010) Chromatin density and splicing destiny: On the cross-talk between chromatin structure and splicing. *EMBO J* 29:1629–1636.

Sperling J, Azubel M & Sperling R (2008) Structure and function of the pre-mRNA splicing machine. *Structure* 16:1605–1615.

Srebrow A & Kornblihtt AR (2006) The connection between splicing and cancer. *J Cell Sci* 119:2635–2641.

Stewart M (2010) Nuclear export of mRNA. *Trends Biochem Sci* 35:609–617.

Toor N, Keating KS & Pyle AM (2009) Structural insights into RNA splicing. *Curr Opin Struct Biol* 19:260–266.

Vicens Q & Cech TR (2006) Atomic level architecture of group I introns revealed. *Trends Biochem Sci* 31:41–51.

Zamore PD & Haley B (2005) Ribo-gnome: The big world of small RNAs. *Science* 309:1519–1524.

実験に関する論文

Alt FW, Bothwell ALM, Knapp M et al. (1980) Synthesis of secreted and membrane-bound immunoglobulin μ heavy chains is directed by mRNAs that differ at their 3′ ends. *Cell* 20:293–301.

Cech TR, Zaug AJ & Grabowski PJ (1981) In vitro splicing of the ribosomal RNA precursor of Tetrahymena: Involvement of a guanosine nucleotide in the excision of the intervening sequence. *Cell* 27:487–496.

Early P, Rogers J, Davis M et al. (1980) Two mRNAs can be produced from a single immunoglobulin μ gene by alternative RNA processing pathways. *Cell* 20:313–319.

Fire A, Xu S, Montgomery MK et al. (1998) Potent and specific genetic interference by double-stranded RNA in *Caenorhabditis elegans*. *Nature* 391:806–811.

Fong N & Bentley DL (2001) Capping, splicing, and 3′ processing are independently stimulated by RNA polymerase II: Different functions for different segments of the CTD. *Genes Dev* 15:1783–1795.

Guerrier-Takada C, Gardiner K, Marsh T et al. (1983) The RNA moiety of ribonuclease P is the catalytic subunit of the enzyme. *Cell* 35:849–857.

Kruger K, Grabowski PJ, Zaug AJ et al. (1982) Self-splicing RNA: Autoexcision and autocyclization of the ribosomal RNA intervening sequence of Tetrahymena. *Cell* 31:147–157.

Moss EG, Lee RC & Ambros V (1997) The cold shock domain protein LIN-28 controls developmental timing in *C. elegans* and is regulated by the *lin-4* RNA. *Cell* 88:637–646.

Olson S, Blanchette M, Park J et al. (2007) A regulator of Dscam mutually exclusive splicing fidelity. *Nat Struct Mol Biol* 14:1134–1140.

Sperling R, Sperling J, Levine AD et al. (1985) Abundant nuclear ribonucleoprotein form of CAD RNA. *Mol Cell Biol* 5:569–575.

Tress ML, Martelli PL, Frankish A et al. (2007) The implications of alternative splicing in the ENCODE protein complement. *Proc Natl Acad Sci USA* 104:5495–5500.

15 翻訳に関わる分子

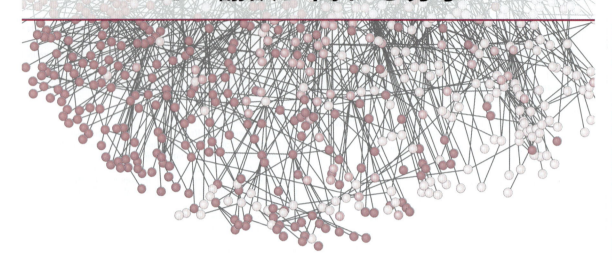

15.1 はじめに

　ここまで，本書はおもに転写について議論してきた．転写は確かに複雑で細かい現象だが，その基礎は本来単純である．それはDNAらせんを規定するのと同様に塩基対合の規則に従って一方の鎖に相補的なポリヌクレオチド鎖をつくることだからである．しかし，ポリペプチド配列を指定するためにさらなる工程を踏んでRNA配列を用いるのは，本質的により難しい問題を提起する．

　転写では遺伝情報の送り出しと受取りの両方が核酸という一つの言語を利用する．しかし，RNAからタンパク質への情報変換ははるかに複雑な現象である．そこではコドンとアンチコドンの認識の際や，アミノ酸と結合したtRNAを形成する最初の段階での核酸とタンパク質の認識の際にも，核酸言語の協調的利用が必要とされる．**翻訳**（translation）についての予備知識はすでに第7章に示した．本章では翻訳に関わる分子を説明することで翻訳現象の細部に注目し，第16章では翻訳工程の各段階を議論する．第17章では翻訳の複雑な制御について知られていることを明らかにし，また最終的なタンパク質構造と機能を決める主要なプロセシングと修飾（翻訳と同時に起こるものと翻訳後に起こるものがある）の詳細についても記述する．

15.2 翻訳の概要

翻訳が起こるためには3種類の分子の関与が必要である

　第7章で説明したように，翻訳には3種類の分子が必要である．翻訳されるメッセージを提示するmRNA，適合するアミノ酸を結合した1組のtRNA，そして翻訳の土台で触媒粒子のリボソームである．

　これら主要分子の役割の全体像を理解するため，まず翻訳について多少単純化した概略図を使った説明から始めよう．図15.1に示す概略図は翻訳過程における主要な段階である開始，伸長，終結を簡単に表わしている．この後第16章でみるように，伸長の際に新生ポリペプチド鎖にアミノ酸を付加するペプチド結合の形成とトランスロケーション（転位）は3段階から成る微小周期の一部をなす．ここで開始，伸長，終結の3段階に分けて説明するのは，翻訳過程の全容を理解するのには各段階それぞれが重要なためである．

　これらすべての段階はリボソーム，すなわち翻訳において舞台と監督の両方として働くRNAとタンパク質の複雑な装置の上で行われる．リボソームはP（peptidyl），A（acceptor），E（exit）とよばれるtRNA分子を受入れることのできる三つの部位をもつ（図15.1参照）．翻訳は特別な開始tRNA（tRNAi）がP部位に結合することにより始まる．細菌の開始tRNAはホルミルメチオニン，真核生物ではメチオニンを必ず運搬する．どちらの場合もこのアミノ酸はmRNAのメチオニンコドンによってコードされ，このコドンはリボソームのP部位に配置される必要がある．したがって開始段階では，開始tRNAのアンチコドンはmRNA上の開始メチオニンコドンの一つと相互作用しなくてはいけない．この相互作用を行うことのできるコドンは細菌ではAUG，GUG，UUGで，真核生物ではAUGだけである．この時点で新しいアミノ酸がそれに特異的なtRNAによってリボソームのA部位に運ばれてくる．アミノ酸と結合していてA部位に入ることのできるtRNAはmRNAのコドンと一致するアンチコドンをもつという事実により，配列情報の転送は確実なものとなる．このときmRNAの隣り合うコドンにより指定され，ペプチド結合

15.3 tRNA

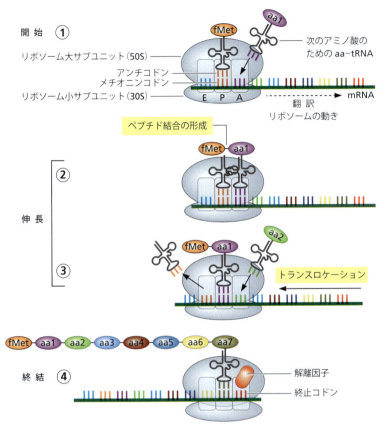

図 15.1 **翻訳の概観** リボソームとその中の三つの部位の概略図. E 部位はアミノ酸との結合がなくなって脱アシル化した tRNA と相互作用する. P 部位は新生ポリペプチド鎖を運搬する tRNA と相互作用する. A 部位は新しく入るアミノ酸 (aa) を運搬する tRNA と相互作用する. ① 細菌ではホルミルメチオニン (fMet) を, 真核生物ではメチオニンを運搬する特別な開始 tRNA が開始コドンを収容したリボソームの P 部位に結合する. 新しいアミノアシル tRNA (aa-tRNA) が A 部位に入り, 複合体に加わる. リボソームに入ってくるアミノ酸は適合していなくてはいけない. すなわち, mRNA にコードされていた情報をポリペプチド鎖のアミノ酸配列に間違いなく確実に伝達するために tRNA のアンチコドンは mRNA のコドンと一致する必要がある. ② ペプチド結合の形成. ③ mRNA に対してリボソームは結合した tRNA とともにトランスロケーションする. その結果, 次のコドンが A 部位に入り, mRNA のコドンによって指示された次のアミノ酸を受入れる準備ができる. ④ 終止コドンが A 部位に入ると, 特別な解離因子の助けを借りて翻訳は終結する.

形成の触媒段階のために正確に配置された二つの隣接するアミノ酸が存在する. 開始段階では開始 tRNA によって運ばれたアミノ酸が, あるいは続く伸長段階では新生ポリペプチド鎖が, A 部位にある tRNA に結合するために P 部位から転送される. 伸長段階において, 新来のアミノ酸が P 部位に停留するペプチド鎖に飛び乗るのではなく, 数百または数千のアミノ酸残基長にさえなるかもしれない伸長中のポリペプチド鎖全体が A 部位のたった一つのアミノ酸に転移されるというのは直感に反しているが, 実際にはそれが起こっている. この反応とリボソームでのコンホメーション変換の化学は第 16 章で詳しく説明する.

次の重要な段階はリボソームとそれに結合した tRNA が mRNA に対してトランスロケーションすることで, その結果, 新しいコドンが A 部位に配置される. トランスロケーションでは一つのアミノ酸へ結合したことで, 伸長したペプチド鎖を運搬する tRNA が A 部位から P 部位へ移動する. そして脱アシル化してアミノ酸との結合がなくなった tRNA は P 部位から三つめのリボソーム部位である E 部位に移動し, そこでリボソームから離脱する. これらの運動がすべて完了すると, 1 個のアミノ酸の付加によりポリペプチド鎖が伸長する. その結果, リボソームは新しく A 部位に配置された mRNA のコドンにより指定される

アミノアシル tRNA (aa-tRNA; aminoacyl-tRNA) を A 部位に受入れられるようになり, アミノ酸を付加する新しいサイクルに入る用意ができる.

翻訳の最終段階は合成の終結で, これは終止コドンが A 部位に入ると起こる. この段階はどの種類の tRNA の関与も必要としない. 代わりに, 終止コドンに向き合う A 部位に収まることができる特異的タンパク質である解離因子の働きを介して起こる. ポリペプチド鎖合成が終わると結合していたすべての構成要素は解離し, リボソームはサブユニットに分かれる. その結果, 小サブユニット上で再び開始反応が始まる.

以上, 翻訳過程について概要を非常に簡単に説明したが, それでは翻訳に関わる分子の tRNA, mRNA, リボソームについて詳細に考察することにする. 第 16 章ではこれらの分子がタンパク質合成のためにどのように一緒に働くのかを説明する.

15.3 tRNA

Crick がアダプター仮説 (Box 15.1) を提唱したちょうど 2 年後, 科学者たちはアダプター分子とそのアダプターに特定のアミノ酸を付加させる酵素の両方を発見した. こ

> **Box 15.1　RNA タイクラブとアダプター仮説**
>
> 　RNA タイクラブは James Watson と George Gamow によって 1954 年に設立された，遺伝暗号とその解読について論じあう選ばれた科学者の同好会である．このクラブでは 20 人の会員にそれぞれ 1 種類のアミノ酸が称号として与えられた．さらに 4 人の名誉会員には 4 種類の核酸が称号として与えられた．クラブは年に 2 回非公式の会合を開いたが，会議の合間にも会員たちは書簡を通して自分たちの考えを互いに検討した．
>
> 　George Gamow の "複数のヌクレオチドの組合わせにより一つのアミノ酸を指定する暗号が存在する" という考えが受入れられた後も，そのような暗号がどのような仕組みで働くのかという疑問は残ったままだった．暗号が読まれる物理的実体の DNA 上にポリペプチド鎖のアミノ酸配列を直接乗せて合わせてみるという理論的な試みも行われた．しかし，1955 年に Francis Crick は RNA タイクラブにあてた書簡 "変性した鋳型とアダプター仮説について" の中でこのような試みでは説明不可能であることを主張し，核酸からアミノ酸への情報変換の仕組みに関する大胆なアイデアを新たに提案した．
>
> 　この書簡の中で Crick は，DNA の物理的な長さは直鎖状の場合で塩基対当たり約 3.4 Å となり，ポリペプチド鎖中のアミノ酸間の距離約 3.7 Å とは一致しないと論じている．さらに，アミノ酸側鎖の物理的，化学的性質を考慮するなら，アミノ酸と核酸との間には相補的な特徴はないと述べている．代わりに Crick は，特殊な酵素の働きによってアミノ酸と化学的に結合し，同時に核酸の鋳型にも結合する小さなアダプター分子が存在する可能性を述べた．その書簡で Crick は，"最も単純な形として，一つ一つがそれぞれのアミノ酸に対応する 20 種類の異なるアダプター分子と，そのアミノ酸を対応するアダプターに結合させる 20 種類の酵素があるだろう" と語っている．この仮説の名前は，そのアイデアを Crick とともに論じた Sydney Brenner によって "アダプター仮説" と提唱された．
>
> 　いまや我々は，この神秘的なアダプター分子が tRNA で，特殊な酵素はアミノアシル tRNA シンテターゼであることを理解している．

のアダプターは 1958 年，Paul Zamecnik の研究室で研究していた発見者の Mahlon Hoagland たちによって見つけられた可溶性 RNA 画分に含まれていることが明らかになり，その後，それらは転移 RNA (tRNA) と命名された．Hoagland はさらにアミノ酸をそれに対応する特異的な tRNA に結合させる酵素，**アミノアシル tRNA シンテターゼ**（aminoacyl-tRNA synthetase；アミノアシル tRNA 合成酵素）が細胞の粗抽出液中に存在することにも気づいていた．

tRNA 分子は四つのアームをもつクローバー葉構造に折りたたまれる

　細菌，古細菌，真核生物のどの細胞でも，翻訳の際に，タンパク質に存在する 20 種類の標準的なアミノ酸の一つをポリペプチド鎖へ組込むことを仲介するひとそろいの tRNA 分子をもつ．我々は 20 種類のアミノ酸を指定する 61 種類の意味のあるコドンが存在することを知っている．遺伝暗号は縮重しているため，複数のアミノ酸は一つ以上のコドンによってコードされていることを第 7 章で学んだことを思い出してみよう．このことは細胞に 61 種類の異なる型の tRNA が存在すること意味するのだろうか．答えはノーである．なぜならいくつかの tRNA は一つ以上のコドンを認識することができるからだ．この分子基盤は 1966 年に Crick によって提唱されたゆらぎ仮説によって明らかにされている．たとえば大腸菌では 20 のアミノ酸と 61 の意味のあるコドン（センスコドン）を適合させるために 40 種類の tRNA が存在する．同じアミノ酸を指定するがアンチコドンが異なる tRNA のことを**アイソアクセプター tRNA**（isoacceptor tRNA）分子とよぶ．tRNA の特異性は "tRNA^{Thr}" のように，運搬するアミノ酸を上付きで書くことで明示される．残り三つのコドンはふつう終止コドンを受けもつが，まれに特殊なアミノ酸を指定するコドンとして働くこともできる（第 7 章参照）．

　tRNA は通常 73〜74 nt の比較的短い RNA 分子である．その配列は分子内で塩基対をつくることで四つの異なるアームを形成する．tRNA の二次元（2D）構造は**クローバー葉構造**（cloverleaf structure）を示し，水素結合の全体的な様子を見るのと，それぞれのアーム（ステムループ構造）を表すのに有効である（図 15.2，図 15.3）．これらの図には tRNA の三次元（3D）的な折りたたみも示されており，2D 構造と比べてより複雑なことが推測される．tRNA の二つのアームはその機能からアンチコドンアームとアクセプターアームと名付けられた．他の二つのアームは tRNA にとりわけ多い不変部位と修飾塩基の大部分を含むことから，TΨC アームと D アームと名付けられた．図 15.4 に tRNA にみられるいくつかの典型的な修飾ヌクレオシドの化学構造を示した．

　アンチコドンアームはその名のとおりアーム中にアンチコドン配列をもつ．アンチコドンを構成する三つの塩基が溶液中に露出することで（図 15.3 参照），タンパク質合成時における mRNA のコドンとの相互作用が促進される．アンチコドンがコドンと対合する際には核酸の二重らせん構造を決定する相補性と逆平行性の規則に従って，非常に短い A 形 RNA 二重らせんが形成されることを理解することは重要である．そのため，コドン-アンチコドンの相互作用について文章や図を書くときには，これらの規則を反

15.3 tRNA

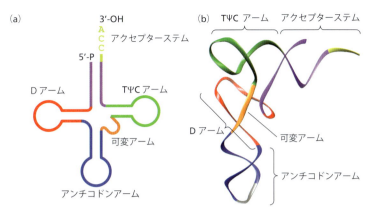

図15.2 **tRNAのクローバー葉二次構造と三次元(3D)折りたたみ構造の模式図** (a) クローバー葉モデル. (b) 3D構造. どちらの図も同じ特徴的な領域が同じ色で表されている. いくつかのアーム構造の名称はその領域のポリヌクレオチドにしばしばみられる特異的な修飾塩基の名前に由来する. D: ジヒドロウリジン, T: リボチミジン, Ψ: プソイドウリジル酸. アクセプターステムの末端に位置する普遍的なCCA配列にあるアデニン(A)残基のリボースの3′- または2′-OH基に, アミノ酸がカルボキシ基を介して結合する. アンチコドンアームはアンチコドンを含む. アンチコドンのトリプレットはmRNAのコドンと相互作用することにより伸長するペプチド鎖に組込まれるアミノ酸を指定する.

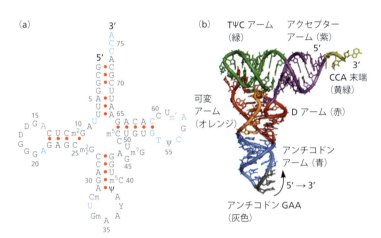

図15.3 **酵母tRNA^Pheの一次, 二次, 三次構造** (a) ヌクレオチド配列とクローバー葉二次構造. 二次元(2D)での塩基対合を赤い点で, すべてのtRNAに普遍的に存在する塩基を青で表す. (b) 結晶構造解析から明らかになったtRNAの3D構造. それぞれのドメインを異なる色で表す. 3D構造はTΨCループとDループの間での非ワトソン-クリック型塩基対合とTΨCアームとアクセプターアーム, およびDアームとアンチコドンアームに沿った塩基の積み重なりによる相互作用によって安定化する. アンチコドンの塩基が外側に露出することでmRNA上のコドンとの間で相互作用が起こりやすくなることに注意. 〔(a), (b) Wikimediaより改変〕

映させることに注意しなければならない. たとえば図15.5のようにtRNAのアンチコドンはふつう5′→3′の方向にIGCと描かれ, mRNAのコドンは3′→5′の向きにUCGと描かれる. しかしコドンの正しい読み方は5′→3′なので, この場合はもちろんGCUと読むべきである.

上で説明したように, アミノ酸を指定するセンスコドンの数よりもtRNAの方が少ないということはいくつかのアンチコドン, つまりはいくつかのtRNAが, 翻訳の際に複数のコドンを認識できることを意味している. すなわちCrickにより提唱され, その後の研究者によって実験的に証明されたように, アンチコドンの1番目(5′側)の塩基は"ゆらぐ"ことができ, それによってコドンの3番目に位置する複数の異なる塩基と, 非ワトソン-クリック型の水素結合を形成することができる. 図15.5に一般的なゆらぎの規則と, 酵母のアラニンtRNAのアンチコドンにおいて5′末端に位置する修飾イノシンの"ゆらぎ"の例を示した.

アクセプターアームはクローバー葉構造の頂点, すなわち3′末端に位置する. 普遍的なトリプレットCCAがそのアームの末端から一本鎖として突出している. このトリプレットは転写後に特異的酵素のtRNAヌクレオチジルトランスフェラーゼの働きによって, 鋳型配列なしにすべてのtRNAに付加されるという, 第14章で学んだことを思い出してほしい. 末端にあるアデノシン(A)の2′- または3′-OH基は, アミノアシル化反応時にアミノ酸の受け手(アクセプター)として使われる.

その他のアームはtRNA分子の三次元的な折りたたみとその安定化に働き, それが特徴的なL字形の立体構造(図15.2参照)を生み出すが, そこにはアームでの非ワトソン-クリック型塩基対合と塩基の積み重なりの相互作用が関わる.

tRNAはひとそろいの特別な酵素, アミノアシルtRNAシンテターゼによりアミノアシル化される

tRNAはmRNAとアミノ酸の間のアダプターとして働くために, アクセプターアームで該当アミノ酸(cognate amino acid)を運搬して, アンチコドンアームでmRNA上のそれぞれのコドンと相互作用する必要がある. どのような仕組みで適切なアミノ酸が結合するのだろうか. また, 遺伝暗号の正確さはどのような仕組みで保証されるの

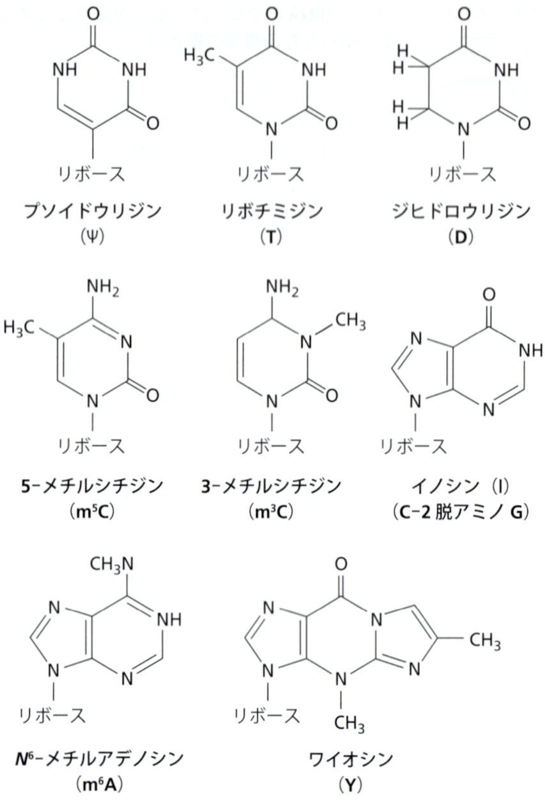

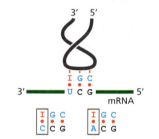

(a)
tRNA アンチコドンの 5′ 側塩基	mRNA コドンの 3′ 側塩基
A	U
C	G
G	C または U
U	A または G
I	A または C または U

(b) tRNA^{Ala} のアンチコドンアーム

5′---m²GCUCCCUUIGCmIψGGGAGA--- 3′

アンチコドンの 5′ 側イノシンは mRNA の 3′ 側コドンの U，C，A と対合できる

図 15.5　酵母 tRNA^{Ala} を例としたゆらぎの規則　(a) Crick によって 1966 年に提唱されたゆらぎの規則．その後，実験データに基づき，アンチコドン領域内の特殊な修飾塩基を含むことでこれらの規則は拡張された．(b) アンチコドンアームの一部分の配列を青字で表す．アンチコドンの修飾ヌクレオシド，イノシン（赤字）の塩基であるヒポキサンチン（図 15.4 参照）はゆらぎ塩基で，(a) に記した規則に従いコドンの U，C，A と対合できる．

図 15.4　tRNA にみられる典型的修飾ヌクレオシドの例

だろうか．言い換えれば，アミノ酸はどのように選択され，それにより運搬体である tRNA が他ではなく，このアミノ酸を指定するアンチコドンをもつのであろうか．アミノアシル tRNA シンテターゼとよばれる一群の酵素の反応に特異性があるというのがその答えである．

1974 年に Albert Claude と George E. Palade とともに"細胞の構造と機能の組織化に関する発見"でノーベル賞を受賞した Christian de Duve が指摘したように，遺伝暗号の翻訳精度は連続する二つの独立した整合がいかに正確かに依存する．すなわち，最初はアミノ酸と tRNA の整合性で，2 番目はアミノ酸が結合した tRNA とリボソームとつながった mRNA の整合性である．2 番目の整合は，コドンとアンチコドンにおけるトリプレットのヌクレオチド配列間の相補的な相互作用だけが関与しているので，むしろ直接的で単純な識別機構である．一方，アミノ酸と tRNA の整合はそれとはまったく異なり，間接的でバイリンガル的である．すなわちアミノアシル tRNA シンテターゼは酵素自身の構造的特徴とアミノ酸を結合した tRNA の構造的特徴の間の識別により整合する．De Duve は，アミノ酸と該当 tRNA から成るアミノアシル tRNA はその構造中に第二の遺伝暗号をもっていると考え，それをパラコドンと名付けさえした．彼はパラコドンという名前がコドン-アンチコドン相互作用とは異なり，タンパク質-tRNA の識別に関わる暗号を説明するのに都合がよいことを見いだした．

tRNA のアミノアシル化には 2 段階の反応過程がある

アミノ酸と tRNA の識別問題について深く考える前に，tRNA のアミノアシル化反応に関する化学的側面を先に考えよう．これは 2 段階の反応から成り立っている（図 15.6）．(1) アミノ酸の活性化と (2) 活性化したアミノ酸がその後 tRNA の CCA 末端へ付加されることである．どちらの段階もアミノアシル tRNA シンテターゼに組込まれた tRNA のアデノシン残基（A）の 2′- または 3′-OH で起こる．あるアミノ酸が 3′- または 2′-OH に結合するかの選択は，そのアミノ酸と適合するアミノアシル tRNA シンテターゼが構造的な特徴から分類されるどちらのクラスに属するかに依存する．クラス I のアミノアシル tRNA シンテターゼは特徴的なロスマンフォールド触媒ドメインをもつ．単量体として機能して活性化したアミノ酸のアミノアシル基を tRNA の CCA 末端の 2′-OH に結合させる．一方，クラス II のシンテターゼは α ヘリックスで挟まれた逆平行 β シートを触媒ドメインとする．多くの場合二量体か多量体を形成し，tRNA の 3′-OH にアミノアシル基を結

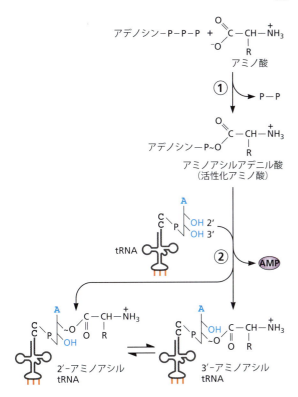
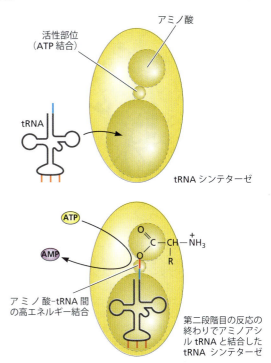

図 15.6　tRNA アミノアシル化の化学　① アミノ酸のカルボキシ基はアデノシン三リン酸（ATP）のα位のリンを求核攻撃する．この過程で遊離した二リン酸は大量に存在するピロホスファターゼによって速やかに2分子の無機リン酸へ加水分解される．これによりアミノ酸の活性化反応は不可逆的となる．② tRNA に普遍的な CCA 末端にある A の 3′- または 2′-OH が活性化したアミノ酸のカルボキシ基を攻撃する．その結果，アミノ酸と tRNA 間にエステル結合が生じ，アデノシン一リン酸（AMP）が遊離する．アミノ酸はこのような形をとって，新生のポリペプチド鎖に組込まれるためにリボソームに運ばれてくる．この 2 段階の反応はアミノアシル tRNA シンテターゼ上で起こる．

図 15.7　tRNA シンテターゼの全体構造　上に ATP 結合活性部位，tRNA 結合部位，アミノ酸結合部位を示した．最初に ATP とアミノ酸が結合し，その後 tRNA が結合する．青線は普遍的な一本鎖の CCA 末端を表す．下はアミノアシル tRNA を放出する前の触媒反応の最終段階を描いたものである．しばしば一つのアミノアシル tRNA シンテターゼが複数のアイソアクセプター tRNA を認識する．

合させる．3′-OH に結合したアミノ酸だけが翻訳の基質として用いられるので，もしあるアミノ酸が最初に 2′-OH へ結合してもその後の付加反応で 3′位に移動する．二つのクラスには構造上大きな違いが存在するにも関わらず，tRNA への結合は両者の間で保存されたαヘリックス構造が関与している．

　アミノアシル tRNA シンテターゼは，アミノ酸活性化のために ATP を結合させる触媒作用をもつ活性部位と，アミノ酸と tRNA のそれぞれが結合する二つの部位をもつ（図 15.7）．アミノアシル tRNA シンテターゼと該当 tRNA から成る複合体の三次元結晶構造の例を図 15.8 に示した．酵素と tRNA の接触の大部分は**アクセプターステム**（acceptor stem）とアンチコドンステムで生じる．しかしその他の相互作用もまた，**tRNA 識別配列**（identity element in tRNA）を介した特異的な tRNA の識別にとって重要で

ある（図 15.9）．識別配列には正しい tRNA を正しいシンテターゼに提示する能力があることが *in vitro* の反応で明らかにされた．すなわち，1988 年に Paul Schimmel の研究室で大腸菌のアラニン tRNA（tRNA^{Ala}）のアクセプターステムに存在する一つの塩基対 "G3U70（3 番目のグアニンと 70 番目のウラシル）" が，該当アミノアシル tRNA シンテターゼへの結合にとってきわめて重要な識別配列であることが明らかにされたことは大きな前進であった．そのうえ，tRNA^{Ala} とは異なる二つの tRNA のアクセプターステムにこの塩基対を組込むと，その特異性が tRNA^{Ala} と同じものに変わることが明らかにされた．図 15.9 の tRNA^{Ala} の例で示すように，アクセプターステムの他の塩基対も識別の過程に関与する．アンチコドンが実際に識別配列として多くの場合で利用されているのにも関わらず，複数の tRNA が特有のアンチコドンの関与なしに該当酵素を認識できるということは識別配列を考えるうえで大きな驚きである．

　識別配列についてより深く考えるために，もう一度アミノアシル tRNA シンテターゼ複合体の構造と動力学的ネットワークについて復習しよう（図 15.8 参照）．アミノ酸の

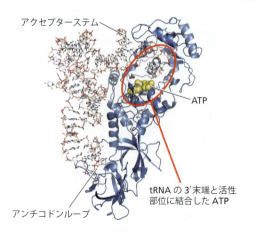

図 15.8　グルタミニル tRNA シンテターゼと結合した大腸菌の tRNA^{Glu}　酵素をリボンモデル，tRNA を棒モデルで表した．酵素が tRNA のアクセプターステムとアンチコドンの両方と相互作用していることに注意．分子動態シミュレーションから，両者が結合する際には酵素-tRNA 接触面を介して，活性部位の中で tRNA のコンホメーションが変化することが示唆される．アミノ酸付加反応は酵素と tRNA 識別配列（多くの場合アクセプターステムから離れた場所にある）との間の相互作用により活性化される．そのため，アンチコドンとそこから離れた所にある活性部位の間でアロステリックシグナルが通わなければならない．これらアロステリック相互作用に関わるアミノ酸残基と tRNA のヌクレオチドは進化的に保存されている．

付加反応がシンテターゼと tRNA 上の識別配列間の特異的相互作用によって刺激されることは知られているが，それがどのように起こるのか，特に関係する部位が離れて遠いときに起こる仕組みは正確には明らかにされていない．理論的な解析により，この共役には可能性のある多数のシグナル変換経路とともに，酵素内で離れた所にある tRNA のアンチコドンと活性部位の間でアロステリックシグナルが通過することが示された．これらシグナル伝達経路に関わるアミノ酸残基とヌクレオチドは進化的に保存されている．

品質管理または校正はアミノアシル化反応の過程で起こる

tRNA シンテターゼによる分子認識では，該当アミノ酸と構造が似たアミノ酸が間違った tRNA に誤って結合される可能性がある．なぜ間違った結合が起こってしまうのだろうか．アミノアシル化酵素は二つの別々な識別問題を処理しなくてはいけない．すなわち酵素は該当するアミノ酸とそれに符号する tRNA の両方を正確に識別する必要がある．ただ，酵素にとって tRNA の選択は難しい問題ではない．なぜならアミノアシル tRNA シンテターゼは 2500〜5700 Å^2 という広い接触面積を介して tRNA とさまざまな特異的相互作用ができるからで，本当に難しいのは該当する正しいアミノ酸を識別することである．アミノ酸は小さな分子で，側鎖が異なるだけで構造も化学反応性も非常に似通っている．なかには側鎖がメチレン基（−CH$_2$）かヒ

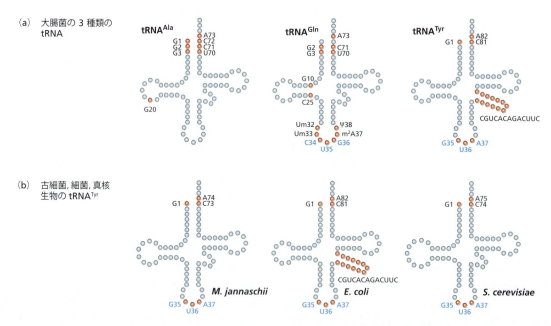

図 15.9　tRNA-シンテターゼが該当 tRNA を同定するのに用いられる tRNA 中の主要な識別配列の多様性　(a) 大腸菌の tRNA^{Ala}，tRNA^{Gln}，tRNA^{Tyr} の識別配列の多様な位置と化学的性質を示した．識別配列は赤い点で表す．青字で示すアンチコドンヌクレオチドが tRNA^{Ala} の場合のように常に該当 tRNA の認識に関わるわけではないことに注意．一般に，アクセプターステムのヌクレオチドは識別の特異性に関わる主要な部位となる．(b) *Methanocaldococcus jannaschii*（古細菌），*E. coli*（細菌），*Saccharomyces cerevisiae*（真核生物）由来 tRNA^{Tyr} の識別配列．すべての種において普遍的に保存された配列が認められることに留意する．

ドロキシ基（-OH）かというわずかな違いしかないような見分けにくいアミノ酸もある．このような類似したアミノ酸を通常は**近該当アミノ酸**（near-cognate amino acid）とよんで，該当アミノ酸とまったく異なる非該当アミノ酸とは区別する．近該当アミノ酸が間違って tRNA に組込まれる理論的な自然発生率は高いが，*in vivo* では少なくとも数桁のオーダーで予想値よりも低い．いったいその秘密は何だろうか．

生化学と構造解析の研究から，たとえ間違ったアミノ酸が tRNA に結合しても，加水分解によってそれを除去することができる 2 番目の活性中心が複数のアミノアシル tRNA シンテターゼに発見された．このことから，この活性中心がシンテターゼにおける**校正**（proofreading）や**編集**（editing）に関わる活性をもつドメインとみなされた．校正がどのように起こるのかという理論の進化の歴史を Box 15.2 に示す．それは**二重ふるい機構**（double-sieve mechanism）を介した該当アミノ酸の立体的選別という，主流ではあるが唯一の校正の観点に焦点を当てている．

tRNA のアミノアシル化反応における品質管理は，全体としていくぶん複雑な一連の工程が関わる．一つは転移前機構として知られるもので，アミノ酸が活性化した後でtRNA に結合する前に働く．もう一つは転移後機構として知られ，アミノアシル tRNA が生成された後に働く．図15.10 にタンパク質合成の際に起こるアミノアシル化の正常な一連の工程と，その後の現象の関係についての概略を示した．複雑な現象ではあるが，転移後編集はシスまたはトランスのどちらかで作用する．シス作用ではアミノアシル化反応を行ったシンテターゼ自身が編集を行う．一方トランス作用では，誤ったアミノ酸と結合した tRNA は最初のシンテターゼから放出された後，別のアミノアシルtRNA シンテターゼにより編集される（図 15.11）．二つめの酵素が関与する過程は再サンプリングとして知られ，タンパク質合成の別の局面でも使われる（第 16 章参照）．最後になるが，アミノアシル tRNA シンテターゼとは異なる独立したタンパク質性編集因子が，転移後編集のトランス作用に関わる可能性がある（図 15.11 参照）．

興味深いことに，tRNA から立体異性体の D-アミノ酸を引き離すのは D-アミノアシル tRNA デアシラーゼとよばれる特殊な性質の因子によって行われる．アミノアシル tRNA シンテターゼに内在する編集部位は生物を通して高度に保存されているが，トランスに働く因子は非常に多様化しているので，進化の過程で複数のものから生じたのであろう．その結果，D-アミノアシル tRNA デアシラーゼは細胞の生存に普遍的に必要であるにも関わらず，関連性

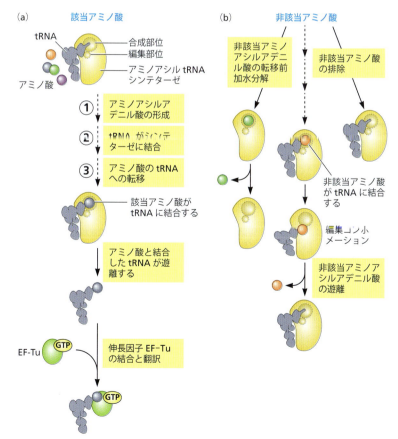

図 15.10 アミノアシル tRNA 形成過程の品質管理は 2 段階で起こる （a）該当アミノ酸を運搬する tRNA 分子が形成される tRNA へのアミノ酸付加反応の望ましい結果．（b）非該当アミノ酸が tRNA に結合することを防ぐ品質管理の二つの異なる段階．すなわち活性化したアミノ酸が tRNA に転移する前か転移した後で働く．1 番目の転移前機構では，該当アミノ酸より大きい分子や酵素と適切に特異的接触を確立できないアミノ酸を合成部位から排除する．別の転移前機構は，間違って結合した不安定なアミノアシルアデニル酸を単に加水分解することかもしれない．この加水分解はアミノアシル tRNA シンテターゼの編集部位で起こることができるか，あるいは酵素から非該当アミノアシル AMP が放出された後に溶液中で自発的に起こりうる．2 番目の転移後編集は，もし非該当アミノ酸がtRNA に結合してもアミノ酸は合成部位から編集部位に移動して，そこで RNA-アミノ酸間のエステル結合が加水分解される．このアミノ酸の移動は tRNA のアクセプターステムの CCA 末端に柔軟性があることにより可能となる．[(a), (b) Cochella L & Green R [2005] *Curr Biol* 15:R536-R540 より改変．Elsevier の許可を得て掲載]

Box 15.2 アミノアシル tRNA シンテターゼは二重ふるい機構により間違ったアミノ酸を校正する：
進化し続ける機構論

分子認識がタンパク質合成の精度に影響を及ぼすだろうという考えは，分子生物学者が転写の過程を理解した 1958 年よりも前に流布していた．Linus Pauling と Francis Crick の 2 人は間違いを訂正するための仕組み，すなわちタンパク質に組込まれる際に構造のよく似たアミノ酸を選別する"校正機構"が存在することを予測した．Pauling は，たった一つのメチレン基だけが違うイソロイシンとバリンのように，よく似たアミノ酸では分子認識による間違いの頻度はタンパク質が許容できる限界をはるかに超えるので，校正機構が存在するはずと言及した．

その後この問題は実験データにより実際の数字として示された．たとえばオボアルブミンやグロビンのようなタンパク質では，イソロイシンの代わりにバリンが間違って組込まれるのが 3000 回に 1 回だけ起こっている．すなわち

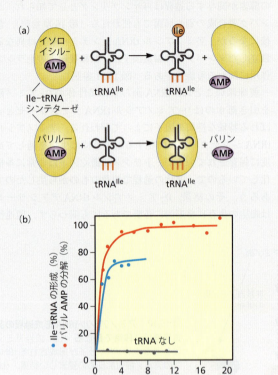

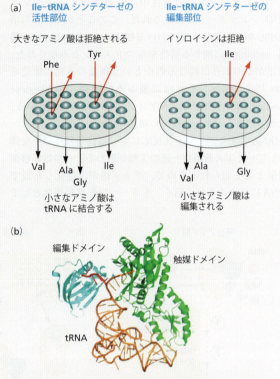

図1 Ile-tRNA シンテターゼに内在性の校正活性が存在することを示す Baldwin と Berg の生化学実験 (a) 実験の概略．放射能標識した AMP と結合した活性型イソロイシンまたは活性型バリンを運ぶ Ile-tRNA シンテターゼをアルカリホスファターゼ存在下で tRNA^{Ile} と反応させた．ホスファターゼはシンテターゼ複合体から AMP が放出されたことを標識無機リン酸の生産により明らかにするために加えられた．反応の結果，溶液中に放出された産物は Ile-tRNA かバリンであった．(b) 二つの反応の時間経過を示す実験結果．tRNA^{Ile} を加えない場合は放射性物質の放出はなかった．同様に，大腸菌由来 tRNA^{Val} と酵母由来 tRNA^{Ile} (大腸菌 Ile-tRNA シンテターゼによって触媒される反応においてイソロイシンを受入れられない) は Val-AMP の加水分解をひき起こさなかったことに注意せよ．このように，この反応は該当する tRNA の種類に厳密に依存している．[Baldwin AN & Berg P [1966] *J Biol Chem* 241: 839-845 のデータによる]

図2 アミノアシル tRNA シンテターゼが該当アミノ酸を立体障害に基づいて選別するための二重ふるい機構
tRNA シンテターゼの触媒ドメインと編集ドメインの構造を示した．(a) 第一段階では該当アミノ酸と小さな近該当アミノ酸は活性化され，その後 tRNA に付加される．大きなアミノ酸は立体障害により活性中心に収まることができず，その結果拒絶される．第二段階は逆のふるい現象が編集ドメインで起こる．該当アミノ酸のイソロイシンは編集部位に入るには大きすぎてそこから拒絶される．一方，小さな近該当アミノ酸は編集部位に入ることで加水分解される．[Fersht AR [1998] *Science* 280:541 より改変．American Association for the Advancement of Science の許可を得て掲載] (b) 古細菌の Thr-tRNA シンテターゼをリボンモデルで表す．赤で示す tRNA の CCA 末端はセリンが間違って tRNA^{Thr} に結合した場合は触媒ドメインから編集ドメインに反転する．[Hussain T, Kamarthapu V. Kruparani SP et al. [2010] *Proc Nat Acad Sci USA* 107:22117-22121. National Academy of Sciences の許可を得て掲載]

間違いの割合は約 3×10^{-4} となる．この値は二つのアミノ酸の活性化の割合や Ile-tRNA シンテターゼに対する活性化アミノ酸の相対的な親和性（活性化イソロイシンよりも活性化バリンの親和性は 150 倍弱いだけである）では説明できない．この謎は Michael Chamberlin, Robert Baldwin, Paul Berg のしっかりとした実験結果により明らかにされた（図1）．

1977 年 Alan Fersht は二重ふるい機構を提唱し，その中で "小さな基質は大きな触媒ポケットの中に容易に入ることができるが，小さな基質用ポケットに大きな基質を詰込むのはエネルギー的に非常に難しいので，特異性をもたらす強い力は立体障害的な反発力である" と言及している．アミノ酸選別のための二重ふるい仮説（図2）は二つのふるいが連続的に働くと主張する．最初のふるいは小さな物質を通すが，大きな物は通さない粗いふるいである．2番目のふるいは最初のふるいを通り抜けた物質に対してだけ逆の仕組みで働くもので，より小さな物を通すことで望みの大きさの物質を留める細かいふるいである．その結果，アミノ酸のサイズに応じた識別が成し遂げられる．

二重ふるい仮説が提唱されて 40 年経ち，高分解能の結晶解析データが，少なくとも粗いふるいがどのように働くかをはっきりと示したことから，この仮説はさらに進展した．現在ではアミノアシル化のための活性部位が粗いふるいとして働き，該当アミノ酸のサイズと同じか，より小さいアミノ酸だけが有意な割合で活性化することがわかっている．編集機能をもつ加水分解部位が，該当アミノ酸より小さいアミノ酸を分解する細かいふるいと思われる．しかし 2010 年からの構造解析のデータは，基質の機能的配位の仕方の方が立体障害的な反発力よりも編集部位での識別に重要な鍵として働くことを示した．編集部位における RNA 介在による基質補助的な触媒機構を介し，戦略的に配位された触媒のための水分子は該当アミノ酸が加水分解されるのを避けるために排除される．校正活性において，RNA による機械的な校正が重要な役割をもつということは，該当アミノ酸と非該当アミノ酸の選別問題に対するまったくユニークな解答である．したがって立体障害的な二重ふるいモデルは，触媒部位で粗く立体障害的にふるいをかけ，編集部位で機能的にふるいをかけるという，別種の二重ふるいモデルに進化した．

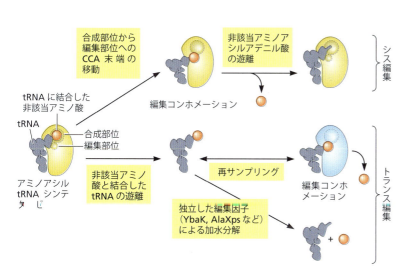

図 15.11 非該当アミノ酸結合後のシスおよびトランス転移後編集の違い　シス編集では編集がアミノアシル化反応を触媒したものと同じアミノアシル tRNA シンテターゼの編集部位で行われる．トランス編集にはおそらく以下の二つの経路があり，どちらも間違ったアミノ酸を結合したアミノアシル tRNA が最初の酵素から放出された後で働く．(1) 非該当アミノ酸と結合した tRNA は別のシンテターゼと結合して，その編集部位で編集を行う．(2) シンテターゼとは別の編集因子で加水分解反応が起こる．

のない三つの型として，細菌とある種の真核生物，古細菌と植物，そしてシアノバクテリアで見つかっている．

該当アミノ酸を tRNA に結合させる反応に校正機構が存在して正しく機能することは，翻訳の精度を確保するうえできわめて重要である．それは翻訳精度を調節する二つの主要な手段のうちの一つであり，二つめの手段は翻訳の伸長段階でコドン-アンチコドンの認識の際に起こる（第16章参照）．仮に何らかの理由でこの機構が正常に働かず，間違ったアミノ酸が tRNA に結合すれば，その結果は生物にとって非常に深刻なものになるだろう．Box 15.3 でアミノアシル tRNA シンテターゼの校正活性とヒトの病気との関連について説明する．

非標準アミノ酸のポリペプチド鎖への挿入は終止コドンにより誘導される

重要な非標準アミノ酸の一つにホルミルメチオニンがあり，これは細菌，ミトコンドリア，葉緑体で新しいポリペプチド鎖の合成開始アミノ酸として使われる（第16章参照）．このアミノ酸の挿入には特殊なアミノアシル tRNA シンテターゼの追加は必要としない．なぜならホルミル基の付加は通常のメチオニル tRNA シンテターゼによって tRNAi^{Met} にメチオニンが付加された後に起こるからである．

長い間，N-ホルミルメチオニンを除けば 20 の標準アミノ酸だけがタンパク質に挿入されることが可能だと信じら

> **Box 15.3 より詳しい説明：アミノアシル tRNA シンテターゼの校正活性，翻訳精度とヒトの病気の関係**
>
> 間違ったアミノ酸がポリペプチド鎖に組込まれると，誤って折りたたまれたタンパク質がつくられる．その結果，細胞においてタンパク質シャペロン遺伝子の転写の上昇，翻訳阻害，究極的には細胞死などの複雑な応答が誘発される．別の理由でも起こるが，間違ったアミノ酸が組込まれたことによるタンパク質の折りたたみの失敗は，遺伝暗号の使用に曖昧さをひき起こす．すなわちポリペプチド鎖のランダムな部位で同じコドンが複数のアミノ酸を指定するため，結果として統計的ポリペプチドとよぶようなものをつくり出してしまう．今のところアミノアシル tRNA シンテターゼが働く編集機構における障害がヒトの病気をひき起こすという直接的な証拠はない．しかしヒトの培養細胞やマウスを用いた明快な実験結果から，編集の失敗が病気をひき起こす可能性が示されている．
>
> 間違ったアミノ酸と結合した tRNA がわずかに存在することが原因となって，最終分化した小脳のプルキンエ神経細胞の中に誤って折りたたまれたタンパク質の蓄積がひき起こされることが，変異マウスを用いた興味深い研究の一つで明らかにされた．この実験はホモ接合性の *sticky* 変異マウス（ざらざらし，べたついて乱れている体毛を特徴とする）で行われた．このマウスは加齢に伴い，毛包ジストロフィー，斑状の脱毛，軽い震えが起こるようになり，ついには全身性の運動失調や著しい筋運動協調の欠如へと進行する．このマウスの脳を組織学的に解析した結果，広範囲にプルキンエ細胞が消失していることが明らかにされ，その脳ではアポトーシスのマーカーが陽性であった．さらに解析した結果，*sticky* 変異において実際に tRNA^{Ala} の編集ドメインにミスセンスの1塩基変異が起こっていた．図1に示すように，この変異はエキソン16にある2201番目
>
>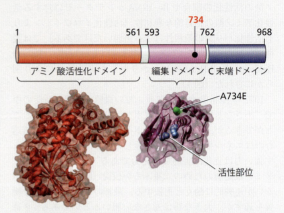
>
> **図1 tRNA^{Ala} シンテターゼの触媒ドメインとその三次元構造** アミノ酸活性化ドメイン（赤）は *Aquifex aeolicus* のアラニル tRNA シンテターゼを，編集ドメイン（紫）は *Pyrococcus horikoshii* の独立したホモログのアラニル tRNA 編集ドメインをモデルで示した．青い球は重要な活性部位の残基の位置を示す．緑の球で734番目のアラニン（Ala^{734}）を示した．[Lee JW, Beebe K, Nangle LA et al. [2006] *Nature* 443:50-55 より改変．Macmillan Publishers, Ltd. の許可を得て掲載]
>
> の塩基で生じ，その結果，進化的に保存されている734番目のアラニンがグルタミン酸に置換されていた．tRNA のアミノアシル化の際に酵素の校正活性が損なわれると，翻訳精度全体に影響が及び，神経細胞に神経変性がひき起こされる．

れていた．しかし今では，セレノシステインとピロリシンの少なくとも二つのアミノ酸（図15.12）がポリペプチド鎖に組込まれることが知られている．セレノシステインはシステイン類似体で，側鎖にある硫黄がセレンに置き換わっている（セレンは周期表において硫黄の真下に位置する同族元素である）．セレノシステインは複数の必須酵素に存在し，酵素活性に必要である．セレン含有タンパク質は生物界の三つのドメインすべてにみられ，ヒトでは代表的なタンパク質が25種存在する．ピロリシン含有タンパク質はそこまで広くは存在してはおらず，一握りの古細菌と細菌に限定される．

これら二つのアミノ酸は，対応するアミノ酸が該当 tRNA に結合した後，複雑な一連の生化学反応を経てつくられる．その後，特異的な mRNA 配列をもつ終止コドンに指定されてポリペプチド鎖に誘導される．これらアミノ酸の tRNA は，その特異的な終止コドンを認識するアンチコドンをもっている（図15.12 参照）．さらに，これら特殊なアミノ酸でアミノアシル化された tRNA は，翻訳伸長過程でリボソームの A 部位に運ばれるために特異的な伸長因子を必要とする．

分子生物学の実験技術はいまや非常に進歩し，人工的な**非天然アミノ酸**（unnatural amino acid）をタンパク質に導入することも可能になった（Box 15.4）．この技術の可能性はタンパク質研究や生物工学などの他の研究領域にも，まさに影響を与え始めている．このような改変は非常に有益な特性をもつ人工タンパク質の主要な材料となることが見込まれる．

15.4　mRNA

では次に翻訳における第二の主要分子である mRNA について考えよう．細菌と真核生物の両方において，mRNA の長さと安定性はさまざまである．細菌の mRNA は転写されるとすぐに翻訳に利用できるが，真核生物の mRNA は細胞質で翻訳に使えるようになるまで分子全体にわたるプロセシングを受ける（第14章参照）．当然，スプライシ

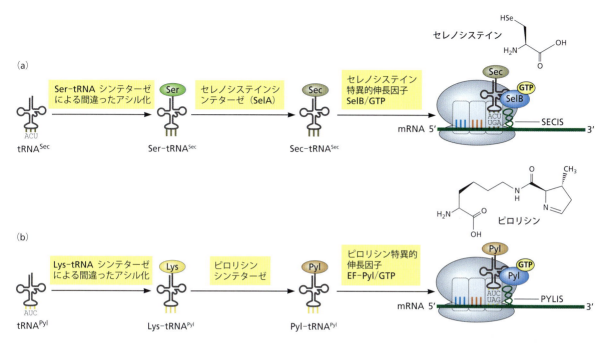

図 15.12　**非標準アミノ酸は翻訳的に伸長中ポリペプチド鎖へ挿入される**　(a) セレノシステイン（Sec），(b) ピロリシン（Pyl）．どちらの場合も二次構造をとる mRNA 特異的な配列の前の終止コドンによって誘導され，組込まれる．同じ機構がこれら二つのアミノ酸の挿入に関わっている．最初に，この終止コドンを認識するアンチコドンをもつ特別な該当 tRNA が正規のアミノアシル tRNA シンテターゼによって間違ってアシル化される．このことをミスアシル化とよび，酵素は本来このアンチコドンを認識すべきではない．その後，tRNA に結合したアミノ酸（このアミノ酸は tRNA のアンチコドンとは符合しない）は特異的酵素の助けを借りて tRNA に該当するセレノシステインやピロリシンに変換される．これらアミノ酸がリボソームの A 部位に結合するためには特異的伸長因子（EF）を必要とする．これは標準的な EF である EF-Tu がこれらアミノ酸の構造を認識しないからである．これら特異的 EF の結合は，隣接する挿入配列によって補強される．細菌におけるセレノシステイン挿入配列（SECIS；selenocysteine insertion element）の正確な位置は古細菌や真核生物のものとは異なる．細菌の SECIS は UGA に隣接するが，古細菌と真核生物の SECIS は 3′-UTR に位置する．PYLIS：ピロリシン挿入配列（pyrrolysine insertion element）．

ングされた後の mRNA の長さはコードしたタンパク質のポリペプチド鎖の長さでほぼ決まる．必要なときだけタンパク質が利用でき，また内外のシグナルに応答してタンパク質合成ができるように，mRNA の安定性は注意深く制御されている（第 14 章，第 17 章参照）．

我々は他の RNA の構造を知っているので，mRNA において自己相補的なポリヌクレオチド鎖領域でヘアピン構造がつくられるというのは驚くことではない（図 15.13）．リボソーム内部の通路は高度に折りたたまれた RNA が入るには狭すぎるので，mRNA の三次構造は進入と同時かその前にほどかれる必要がある．三次構造はおそらく自発的にほどかれるので，この偶然できた相補的な構造は小さなものと思われる．

細菌の mRNA にあるシャイン・ダルガノ配列はリボソーム上に mRNA を配置させる

多くの細菌は mRNA の 5′ 末端に共通配列をもつ．この配列は翻訳開始時に mRNA がリボソームに結合することと，リボソームの P 部位のごく近傍に開始コドンを配置することを助ける（第 16 章参照）．この配列は**シャイン・ダルガノ配列**（**SD 配列**；Shine-Dalgarno sequence）として知られる．この配列は開始コドンから数塩基上流に位置しており，リボソーム小サブユニットに含まれる 16S rRNA の 3′ 末端に近い保存領域との間で塩基対を形成することで機能する（図 15.14）．しかし，細菌には 5′-UTR（5′ 非翻訳領域）に SD 配列を欠く mRNA や，5′-UTR 配列そのものをもたないリーダー配列を欠いた mRNA が存在することに注意しなくてはいけない．大多数の古細菌 mRNA もシャイン・ダルガノ配列をもつが，mRNA のかなりのものは翻訳を開始するために最初の開始コドンを利用する．

真核生物の mRNA はシャイン・ダルガノ配列をもたないが，より複雑な 5′- と 3′-UTR をもつ

真核生物の状況は原核生物とはまったく異なる．第 14 章でみたように，真核生物の mRNA は核の中の一次転写産物から細胞質の成熟した機能的 mRNA に変わる間に複数の重要な修飾を受ける．これらの修飾には 5′ 末端キャッ

Box 15.4　非天然アミノ酸のタンパク質への組込み：遺伝暗号を拡張する

もしタンパク質の任意の部位に，自分で選択し設計した非天然アミノ酸を挿入する方法があるならば，自由にタンパク質の特性を変えるための強力な道具になるであろう．その道具はいまや利用可能で，多くの展望が開かれている．

話は1960年代初頭に戻るが，Seymour Benzerの研究室の学生たちはアミノ酸をコードするコドンがポリペプチド鎖の合成を終わらせる終止コドンに変異するような変わった特性をもつ変異体を探していた．その学生の1人，Harris Bernsteinは"もし変異体をみつけたら，それに僕の名前をつけてくれ"と言って帰宅した．同僚たちはUGGコドンがUAGに代わった変異体を見つけ，アンバー変異と名付けた．なぜならドイツ語のBernsteinは英語のamber〔琥珀（色）〕を意味するからである．このような変異体は他にも見つかり，ochre（オーカー，黄土色），opal（オパール，乳白色）と名付けられた．

その後すぐにMario CapecchiとGray Gussinがサプレッサー tRNAを発見した．この tRNAは終止シグナルに変異した中途のコドンを認識するのだが，その部位にアミノ酸を挿入してしまう．たとえば変異した tRNA^{Tyr}はUAGコドンを認識してチロシンを挿入することで，ポリペプチド鎖の伸長を続けさせてしまう．

その約40年後，Peter Schultzと共同研究者たちはこの仕組みを使って，アンバー部位にまったく人工的な非天然のアミノ酸を挿入させることを成し遂げた．最近の技術を用いれば，部位特異的にアンバーコドンに変異させるのは容易である．同様に，適当なアミノアシル tRNAシンテターゼが手に入れば，サプレッサー tRNAは非標準アミノ酸を受取るのに有用なものになるだろう．これらの分子は抗生物質耐性と共役する選択的な進化と淘汰により作成することが可能になった．今では30種類以上の非天然アミノ酸が広くさまざまなタンパク質に組込まれている．

この技術は，分子内構造変化を明らかにするための蛍光共鳴エネルギー移動（FRET）のドナーとアクセプターの特定部位への組込みや，NMRプローブとして正確に配置された^{19}Fを含むアミノ酸の組込み，タンパク質生物発光の改変，酵素の触媒活性の改変など，多くの研究と目的に利用されている．触媒活性改変の一例はRyan Mehlの研究室から発表されたニトロレダクターゼの活性部位周辺の改変である．天然のニトロレダクターゼはがん治療のプロドラッグ*であるCB1954とLH7の活性化に用いられる．図1(a)は酵素に組込まれた一連の天然アミノ酸と非天然アミノ酸を，図1(b)はこれらアミノ酸をもつ酵素のLH7に対する活性を示した．改変した酵素の活性が天然のものに比べて30倍以上高くなったのは重要なことである．

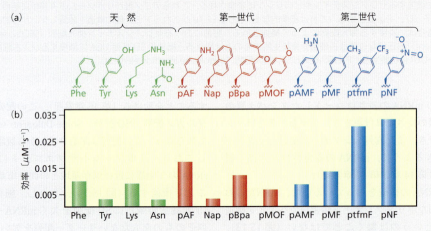

図1　非天然アミノ酸は酵素活性を天然のものよりも向上させる　(a) ニトロレダクターゼの改変．ニトロレダクターゼの124番目の部位に組込まれた天然アミノ酸と非天然アミノ酸．第一世代；pAF: p-アミノフェニルアラニン，Nap: ナフチルアラニン，pBpa: p-ベンゾイルフェニルアラニン，pMOF: p-メトキシフェニルアラニン．第二世代；pAMF: p-アミノメチルフェニルアラニン，pMF: p-メチルフェニルアラニン，ptfmF: p-トリフルオロメチルフェニルアラニン，pNF: p-ニトロフェニルアラニン．(b) 非天然アミノ酸の組込みによるニトロレダクターゼのLH7に対する触媒効率の改善．非天然アミノ酸が組込まれることで酵素活性は天然のものに比べて有意に上昇する．
[(a), (b) Jackson JC, Duffy SP. Hess KR & Mehl RA [2006] *J Am Chem Soc* 128: 11124-11127 より改変．American Chemical Society の許可を得て掲載]

---

*　訳者注：体内で代謝されて初めて作用が現れる前駆薬とよばれる薬物．

15.4 mRNA

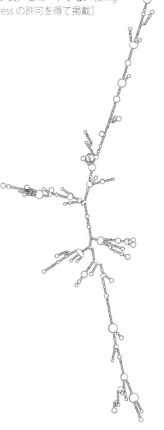

図15.13 **mRNAの二次構造モデル** ポリヌクレオチド鎖は自分自身を折り返すことで，さまざまな大きさのループによって分断された多数の短い二重らせんを形成する．この二次構造は多数のタンパク質と結合することで安定化される．図に示したmRNAはEPPIN（human epididymal protease inhibitor，精子の機能と雄の受精能力において重要な役割をもつタンパク質）をコードする．[Ding X, Zhang J, Fei J et al. [2010] *Hum Reprod* 25:1657-1665. Oxford University Pressの許可を得て掲載]

ピング，3′末端ポリアデニル化，頻繁なスプライシングが含まれる．図15.15に典型的な真核生物mRNAにおける5′-および3′-UTRの非常に詳細な図をその機能領域ならびに機能配列とともに示す．

5′-UTRの長さは真核生物を通してだいたい一定で，おおよそ100～200 nt前後である．対照的に，3′-UTRの長さは植物と真菌の200 nt前後から，ヒトを含む脊椎動物の800 ntまで，その長さは非常に多様である．同じ種の中でも5′-と3′-UTRの長さはmRNAが異なるとかなり変化する．興味深いことに，UTRに対応するDNA領域はイントロンを含む可能性がある．

第14章で述べたように，選択的UTRは選択的転写開始部位，ポリアデニル化部位，スプライスドナー部位やアクセプター部位の活用を通して形成される．同じタンパク質をコードするが可変UTRを含むmRNAがつくられることは翻訳制御に貢献し，結果として全体の遺伝子発現パターンを決定するのを助ける．

全体の翻訳効率は多数の要因に依存する

遺伝子発現が多くの異なるレベルで調節されているというのは議論の余地がない．このことは細胞中のmRNAとタンパク質の存在量を比較すると明白である．多数の分泌タンパク質を含むタンパク質量の25％未満がそれらをコードするmRNAの存在量と相関する．他のタンパク質ではmRNA量とそれがコードするタンパク質量には大きな差がある．これらの差はおもにそれぞれのmRNAの翻訳開始頻度の違いに起因し，またmRNAとタンパク質の安定性によっても影響を受ける．5′-UTRにおける構造的特徴はおもに翻訳開始を抑制する安定した二次構造（ときにタンパク質が結合している）を介してmRNAの翻訳効率を調節する．さらに**内部リボソーム進入部位**（**IRES**；internal ribosome entry site）として知られる

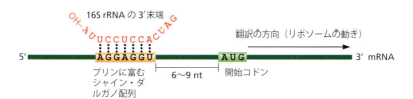

図15.14 **原核生物mRNAの5′末端に存在するリボソーム結合部位** リボソーム結合部位はシャイン・ダルガノ配列として知られており，開始コドンの6～9 nt上流に位置する．この配列はコドンがリボソームのP部位に結合すること，すなわち正しい読み枠をとるのを助ける．結合はリボソーム小サブユニットにある16S rRNAの3′末端との塩基対合により起こる．

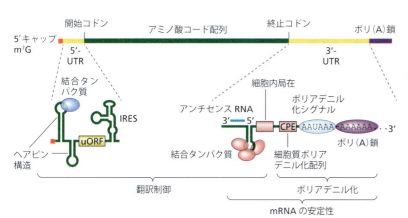

図15.15 **典型的な真核生物の成熟mRNAの構造** アミノ酸コード領域と隣接する二つの非翻訳領域を示した．5′末端にキャップ構造が，3′末端にポリ(A)鎖が存在することに留意．mRNAの下の拡大図は非翻訳領域にみられる構造とその機能を表す．IRESはキャップ構造をもたないmRNAにしばしばみられる．[Mignone F, Gissi C, Liuni S & Pesole G [2002] *Genome Biol* 3:reviews0004より改変．BioMed Centralの許可を得て掲載]

配列によっても調節される．ストレスやアポトーシス，有糸分裂の間など，通常のキャップ依存性翻訳開始が損なわれるような状況下では，一部の mRNA は IRES で翻訳を開始できる．翻訳開始のための IRES の利用には，キャップ構造や eIF4F 複合体のキャップ結合サブユニット（eIF4E）のような二次構造をほどくための因子は要求されない（Box 16.1，図 16.6 参照）．一部のウイルス mRNA も IRES 依存的な方法で翻訳を開始する．5′-UTR はときに短い上流オープンリーディングフレーム（uORF）をもつことがあるが，この配列から翻訳される分子が実際に存在するかはわかっていない．

3′-UTR にはポリアデニル化シグナルが存在する（第 14 章参照）．さらに，**細胞質ポリアデニル化配列（CPE；cytoplasmic polyadenylation element）**が存在することもある．CPE はポリ(A)鎖をほとんど失った mRNA や，さらに安定化が必要とされる mRNA の細胞質でのポリ(A)鎖伸長を担う配列である．CPE が働くには CPE 結合タンパク質とよばれる特別なタンパク質の結合を必要とする．3′-UTR はさらに mRNA の細胞質局在を決定する配列ももつ．

最後に，一部の 3′-UTR にはその UTR 部位に相補的な短いアンチセンス RNA（miRNA として知られる）が転写されるという興味深い特徴がある．これらアンチセンス RNA は翻訳を直接阻害するか，mRNA の安定性を下げることにより翻訳制御に働くと考えられている．これらについては第 17 章で詳しく扱う．

15.5 リボソーム

始めミクロソームとよばれていたリボソームは，1941年という早い時期に暗視野顕微鏡により初めて認められ（Box 15.5），その後 1950 年代の半ばに電子顕微鏡により観察された．細胞生物学者の Gerge Palade はリボソームに関する研究で 1974 年にノーベル生理学・医学賞を共同受賞した．

リボソームは rRNA と多数のリボソームタンパク質を含む二つのサブユニット構造から成る

生物界の三つのドメインすべてにおいて，リボソームは異なる機能特性をもつ大小二つのサブユニットからできている．小サブユニットはポリペプチド鎖の新生時に mRNA の土台として役立つ．また，暗号解読中心（DC；decoding center）も存在する．暗号解読中心は伸長中のポリペプチド鎖に組入れる適切なアミノ酸を選択するために，tRNA のアンチコドンが mRNA の対応するコドンと相互作用する部位である．大サブユニットにはペプチジルトランスフェラーゼ中心（PTC；peptidyl transferase center）という二つの tRNA が相互作用する領域がある．一つは伸長中のポリペプチド鎖の末端にあるペプチジル tRNA で，もう一つは次にやってくるアミノアシル tRNA であるが，両者は新しいペプチド結合の形成を伴う新しいアミノ酸の転移のために，ごく近傍に正しい向きで入る．大サブユニットには新生ポリペプチド鎖がリボソームから離れ，周囲の細胞質へ移動するための出口となるトンネルが存在する．トンネルの構造と機能については第 16 章で詳しく説明する．

リボソームサブユニットは，一つまたは複数の rRNA と多種類のタンパク質から成るリボ核タンパク質（RNP；ribonucleoprotein）複合体である（図 15.16）．細菌と古細菌の小サブユニットは 30S 粒子として沈殿する．一方，真核生物の小サブユニットは 40S の沈降係数を示す．細菌と古細菌の大サブユニットは 50S で，真核生物のものは 60S である．真核生物のリボソームサブユニットは細菌や古細菌のものと比べてより多くの RNA とタンパク質を含んでいる（図 15.16 参照）．真核生物の細胞小器官のミトコンドリアと葉緑体には独自のリボソームが存在し，それらは細菌のものと似ている．このことは細胞小器官の共生起源に関する議論でしばしば引用される．

機能的リボソームには特異的補完因子の RNA とタンパク質が結合した二つのサブユニットが必要である

すべてのタイプの細胞において，大小一つずつのサブユニットが会合することで細菌と古細菌では 70S，真核細胞では 80S の完全なリボソームが形成される．ここではさまざまな生化学的手法，顕微鏡技術や結晶解析によって得られた構造と機能に関する知識が豊富にある細菌のリボソームに焦点を当ててみよう．真核生物リボソームに関しては普遍的特徴はあまりよくわかっていない．

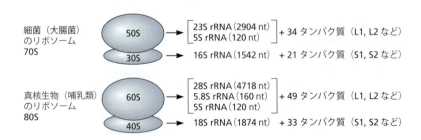

図 15.16　リボソーム：大小の RNP サブユニットの集合体　それぞれのサブユニットは rRNA と 1 組のリボソームタンパク質を含む．二つのサブユニットと rRNA は通常固有の沈降係数（s 値）でよばれる．真核生物の 5.8S rRNA の塩基配列は細菌の 23S rRNA の 3′末端の配列と一致する．

Box 15.5　リボソーム研究の長い歴史

リボソームは Albert Claude がロックフェラー研究所でさまざまな細胞型の細胞質の暗視野顕微鏡研究を始めた 1941 年に初めて観察された．この方法は試料を光散乱の点として見ることで光学顕微鏡の分解能の限界より小さい試料を観察することができる．Claude はすべての細胞型の細胞質に非常に小さな粒子が豊富に存在することを見いだし，ミクロソームとよんだ．次の 10 年間で調製的分離によりこれらの粒子を分画し単離する手法が発達し，解析の結果それがタンパク質と RNA から成ることが明らかにされた．そして，これらの粒子にはリボソームという名前が付けられた．

大きな突破口は 1956 年にやってきた．Howard Schachman は分析用超遠心機（Box 3.1 参照）を使って酵母のリボソームが 80S の沈降係数をもつ均一な粒子として沈殿することを示した．驚いたことに，それらは 60S と 40S の二つのサブユニットに可逆的に分離することができた．数年後，Alfred Tissières と James Watson が大腸菌のリボソームでも同様な結果を得た（ただし，大腸菌のリボソームは 70S で，二つサブユニットは 50S と 30S である）．その当時多くの研究者は，リボソームは一つ，または数個の外被タンパク質をもつ RNA ウイルスのような構造をしているだろうと予想した．

リボソームタンパク質の数と性質に関するさらなる研究が多くの研究室で行われ，2D ゲル電気泳動法という強力な解析技術によりこの予想した構造がまったく間違いであることがすぐに示された（図1）．さらに，1960 年代に別の研究からタンパク質合成におけるリボソームの役割が明らかにされた．この研究に大きな進歩をもたらしたのは，1968 年の Peter Traub と野村眞康による 30S サブユニットが RNA とタンパク質を組合わせることで再構成できるという発見であった．この研究の最終段階では，新しい技術によりリボソーム RNA（rRNA）とリボソームタンパク質の塩基配列が 1970 年代に決定された．

このようにして，およそ 1980 年までにリボソームの組成については多くのことがわかったが，リボソームの内部構造と機能様式については実質的には何も理解されていなかった．当然次の段階は X 線回折で微細構造を決定することなのだが，多くの科学者は実現不可能だと思っていた．なぜならリボソームのように巨大で複雑な構造がこれまでに X 線回折によって明らかにされたことはなかったからである．そのため，1980 年代にリボソームの内部構造を推測するために，タンパク質-タンパク質またはタンパク質-RNA の架橋実験や免疫電子顕微鏡法，また中性子散乱法などの間接的な解析方法を使った多くの努力が費やされた．しかし，これらの方法はどれもリボソームの機能を解き明かすのに必要な構造細部の情報をもたらすことはできなかった．

1980 年から始まる 10 年の間，ベルリンにあるマックス・プランク分子遺伝学研究所の Heinz Wittmann の研究室で働いていた Ada Yonath は，X 線回折にふさわしいリボソームサブユニットの結晶作製の方法を学んだ．ここはその設備に加えてリボソーム研究の先駆者の一人である Wittmann の指導によって特にこのような仕事をするには素晴らしい所であった．数人の研究者が彼女の実験に続き，ほぼ 20 年後の 1998 年，初めてイエール大学の Thomas Steitz と彼のグループが 50S リボソームサブユニットの 9 Å 低分解能構造を発表した．その後 2 年のうちに Steitz と Yonath とケンブリッジ大学の Venkatraman Ramakrishnan の三つのグループが 2～4 Å の分解能でサブユニット構造を明らかにした．さらに 1999 年にはカルフォルニア大学デイビス校の Harry Noller によって 5.5 Å の分解能で 70S リボソームの全体像が解読された．このストーリーは mRNA と tRNA すべてを含む 70S リボソームの完全構造が Ramakrishnan により発表されたことで頂点を迎えた．これら"リボソームの構造と機能の研究"という先駆的な研究により，2009 年に Thomas A. Steitz，Ada E. Yonath，そして Venkatraman Ramakrishnan はノーベル化学賞を受賞した．

高分解能の構造情報が得られたことでリボソームの機能に関する理解は飛躍的に進んだ．たとえば，リボソームと結合する抗生物質の研究は多くの抗生物質がどのように働くかを明らかにした（Box 16.2 参照）．単ペア蛍光共鳴エネルギー移動（spFRET）やクライオ電子顕微鏡のような技術を用いることで，今ではリボソームが機能しているときの内部運動の動力学が分子サイズ以下のレベルで解釈できるようになった．さまざまな点で，リボソームは最もよく理解されている分子機械の一つとなった．

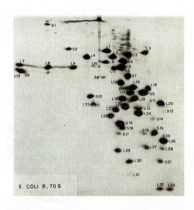

図1　大腸菌 70S リボソームタンパク質の 2D ゲル電気泳動像　一次元目は 4% アクリルアミド，pH 8.6 で，二次元目は 18% アクリルアミド，pH 4.6 で電気泳動した．
[Kaltschmidt E & Wittmann HG [1970] *Proc Natl Acad Sci USA* 67:1276-1282. National Academy of Sciences の許可を得て掲載．写真は H-J Rheinberger のご厚意による]

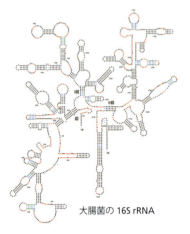

図 15.17　大腸菌 16S rRNA の 2D 構造コンピューターモデル　このモデルの全体的な狙いは，ヌクレオチドの線状配列を熱力学的に安定で生物学的活性をもつ 3D 構造にする折りたたみ方を予測することで，多数の可能性のあるコンホメーションから正しい折りたたみパターンを見分けることにつきる．16S rRNA を構成する 1500 のヌクレオチドは理論上約 15000 のヘリックス構造をつくることができるが，最終構造において実際に存在するのは 100 以下である．また 23S rRNA で理論上つくることのできるヘリックス構造は 50000 にも及ぶが，最終構造にはたった 150 しか認められない．取りうるすべてのヘリックス構造の組合わせは 16S rRNA では約 4.3×10^{393} 通り，23S rRNA では 6.3×10^{740} 通りという莫大なパターンが可能となる．この数は宇宙に存在する物質の数よりはるかに多い．二次構造から導かれる三次元的な相互作用を理論的に予測するのはさらに難しい．この図は 1980 年代初頭に Noller, Woese, Gutell によって示された構造モデルである．ヌクレオチドは色のついた点（当時のモデルと現在のモデルで変わっていないものは黒で，変わったものは赤，青，緑で示す）で表されている．このモデルや他のコンピューターモデルの精度を上げるために 30S と 50S リボソームの結晶解析データが使われた．[Gutell RR, Lee JC & Cannone JJ [2002] *Curr Opin Struct Biol* 12:301-310. Elsevier の許可を得て掲載]

大腸菌の 16S rRNA

それぞれのサブユニットは大きな RNA 分子を含有する．細菌では小サブユニットに 16S rRNA が一つ，大サブユニットに 23S rRNA が一つ存在する．これらの rRNA 分子は転写後に修飾された塩基を含む．大腸菌では，成熟した 16S rRNA は 11 個の修飾残基（そのうち 10 個がメチル化で，1 個はプソイドウリジン）を含み，23S rRNA は 25 個の修飾残基（14 個がメチル化，9 個がプソイドウリジン，1 個がメチル化プソイドウリジン，1 個が不明な修飾）を含む．これらの大きな rRNA 分子は図 15.17 に示すコンピューターモデルのように，多数の分子内ステムループを含む複雑な 2D 構造として表現できる．RNA の 3D 構造を明らかにする高分解能結晶構造解析からこのようなモデルは実験的に検証され，2D 構造予測の精度をさらに上げ，改善することができる．大サブユニットも小さな rRNA を含む．細菌では 5S rRNA，真核生物では 5S と 5.8S の二つである．それぞれのリボソームサブユニットは多数の異なるタンパク質を含んでいる（図 15.16 参照）．これらのタンパク質は 2D ゲル電気泳動により完全に分離することができ，すべて配列が決定された．リボソームの質量の約 40% がタンパク質によるものである．

リボソームのおよその 3D 構造は通常の透過型電子顕微鏡とクライオ電子顕微鏡による画像で最初に示されたが，その後，構造細部の分解能は上昇し続けた（図 15.18）．個々のサブユニットまたは完全なリボソームをリガンドとの結合の有無に関わらず結晶化できるようになり，多数の結晶構造が高い分解能で再び発表された（図 15.19, 図 15.20, Box 15.5 参照）．30S 粒子は 50S サブユニットのおよそ半分の質量を占め，頭部，肩部，プラットフォーム（胸部）と名付けられた領域に構造的に分けることができる（図 15.18 参照）．大サブユニットとの内部接触面側から 30S をみると，頭部は肩部越しにやや曲がる細い首の領域をもち，mRNA との結合のための溝をつくっている．暗号解読中心はそのくぼみの底のプラットフォームに位置する．

50S サブユニットは特徴的な形状をしている．30S との接触面から見ると，50S サブユニットには 5S rRNA と付

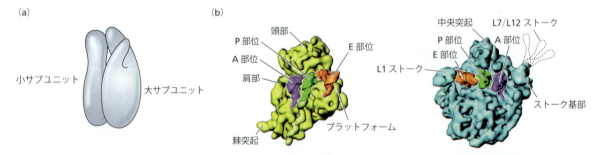

図 15.18　電子顕微鏡（EM）像をもとにした細菌リボソームの構造モデル　(a) 低分解能の電子顕微鏡像によるモデルにより，70S リボソームが各 1 個の大小のサブユニットからできているのがわかる．(b) 高分解能のクライオ EM 像によるモデル．30S サブユニット（左）と 50S サブユニット（右）の接触面の構造．どちらの場合もそれぞれのサブユニットが相互作用する表面を直接見ることができる．3 箇所の tRNA 結合部位（A 部位，P 部位，E 部位）の位置を示す．これらの部位の形成には両方のサブユニットが関わる．他の特徴的な構造部位も示した．L7/L12 ストークはその柔軟性により通常見ることはできない．そのため小サブユニットと接触する L7/L12 ストークの位置，およびその数さえも明らかにするのは難しく，ここでは破線でばく然と示した．[Frank J [2003] *Genome Biol* 4:237. BioMed Central の許可を得て掲載]

15.5 リボソーム

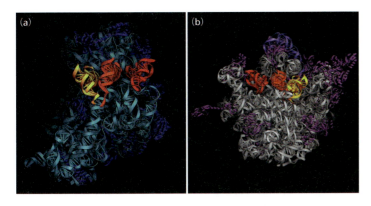

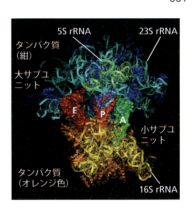

図15.19 *Thermus thermophilus* リボソームの5.5Å分解能の結晶解析構造　30S サブユニット（a）と50S サブユニット（b）の接触面に三つの tRNA の位置が見える．異なる構成分子を色分けしている．16S rRNA は青，23S rRNA は灰色，5S rRNA は薄紫（50S サブユニットの頂上にある），30S タンパク質は紫，50S タンパク質は赤紫で示す．三つの tRNA 結合部位は A を金色，P をオレンジ色，E を赤で表している．[(a), (b) Yusupov MM, Yusupova GZ, Baucom A et al. [2001] *Science* 292: 883-896. American Association for the Advancement of Science の許可を得て掲載]

図15.20　mRNA と tRNA を含む完全な70S リボソームの2.8Å分解能の構造モデル　A 部位のtRNA（緑），P 部位の tRNA（赤），E 部位の tRNA（赤茶色）が二つのサブユニットの間に収まっている．これら三つの部位の mRNA は赤紫の鎖としてかろうじて見ることができる［Ramakrishnan V [2008] *Biochem Soc Trans* 36:567-574. Biochemical Society の許可を得て掲載]

随タンパク質を含む突き出た中央突起が見える．そして側面には二つの柔軟性のある腕（ストーク）が見える．L1 タンパク質により形成される L1 ストークは新しいアミノ酸をペプチド鎖へ組込んだ後のトランスロケーション段階で役割を果たす（図16.13参照）．他の柔軟性のあるストークは L7/L12 と名付けられる（L7 は L12 のアセチル化型）．このストークはリボソームに入ってくるアミノアシル tRNA を引き入れるのに役立つ．

小サブユニットは mRNA を受容できるが，ペプチド合成が起こるには大サブユニットの結合が必要である

ポリペプチド合成の開始にあたりつくられる最初の複合体は30S サブユニットと mRNA，そして特別な開始 tRNA を含む．この時点で50S サブユニットは複合体に結合し，翻訳の次なる段階で機能する完全なリボソームを形成する（このことは第16章で詳しく説明する）．この二つのサブユニットの結合は接触面における複雑で動的な相互作用のネットワークを通して起こる．接触面は比較的タンパク質が少ない．むしろ rRNA 鎖の柔軟性が，サブユニット間の適切な連絡と運動の連携を確実にするための接触あるいはサブユニット間の RNA 連結の絶え間ない再編成を可能にする．

上述したように，完成したリボソームには tRNA と結合するための三つの部位が存在し，これらはクライオ EM と結晶解析の構造により見ることができる（図15.18，図15.19，図15.20参照）．これらは **A 部位**（アミノアシル部位：aminoacyl site），**P 部位**（ペプチジル部位：peptidyl site），**E 部位**（出口部位：exit site）とよばれる．各部位はサブユニット間の接触面をまたいで広がる．したがって，これらの部位は分離したサブユニットのどちらにも認めることができ，ときに半部位とよばれる．これらの部位の役割はすでに図15.1 の概略図で簡単に説明したが，第16章でさらに詳しく説明する．

リボソームの構築は *in vivo* と *in vitro* の両方で研究された

リボソーム粒子の形成には複雑で高度に調和した一連の段階が関わる．リボソーム形成に際し，細胞は多くのタンパク質と rRNA 前駆体を最初に合成する必要がある．RNA 一次転写産物はプロセシングと修飾の過程を経て成熟しなくてはならず（第14章参照），その後，構成要素は機能できるリボソーム粒子へと集合する必要がある．この過程は細菌でよく研究されているが，まだ大きな問題が残されている．そのうちの一つはリボソーム構成要素の高度に調和し調整された合成である．細菌の増殖がタンパク質合成の能力に大きく依存することはよく知られている．どんなときでも存在しているリボソームが翻訳に関わる比率は約80％と一定で，合成過程そのものの割合は細胞増殖率で有意に変わることはない．したがって，増殖の要求に応じてタンパク質合成を上昇させる唯一の方法は細胞中リボソームの総量を増やすことである．この増加には驚くべきものがある．栄養不足や生育環境が適さないなどで，細胞が増殖しないときはわずか2000個のリボソームしか存在しない．しかし，急速に増殖する細胞は容易に70000～100000個のリボソームをもつことができる（一見するとこの数字は高いように思えるが，バランスをもって行っている）．特筆すべきは，細菌はリボソームの数を急激に増やすために三つの複雑な RNA 分子と55種類のタンパク質の産生を調和を保って行わねばならないことである．

in vivo におけるリボソーム生合成の調節問題はいずれ主要な研究課題になるだろうが，精製された構成要素を用いた *in vitro* の研究は著しく成功しており，**リボソーム生合成のための集合図**（assembly maps of ribosome biogenesis）が作成されている（図15.21）．これらの研究の主要な結論は構成要素の集合が多段階で起こり，複数のタンパク質が異なる時間に決められた順番で rRNA に結合するということである．あるタンパク質が裸の RNA 分子と結合するのか，または結合の土台として RNA-タンパク質複合体を必要とするのかどうかによって，リボソームタンパク質を第一期，第二期，第三期の三つに分類にできる（図15.21 a 参照）．図15.21(b) で示すように，明確に決められた中間体がこの過程に含まれる．重要なことに，集合反応には RNA 結合タンパク質は最初に 5′ 末端，最後に 3′ 末端に結合するという絶対的な方向性がある．このような方向性は集合反応が rRNA の転写中に起こることを暗示し，この推測は *in vivo* での実験によって支持された．

in vitro での集合の進行過程が技術的に高度な実験により直接的に明らかにされた．図15.22 にそのような方法の一つを説明する．電子顕微鏡を用いた単粒子解析法と生化学的な研究から得られたデータを組合わせることで集合経路が構築できた．全体として予想外ではないが，集合に至る 2, 3 の主要な経路と，あまり重要ではない経路が主要な経路と平行にまたは枝分かれして存在する．経路の多様性

と中間体間の熱力学特性あるいは自由エネルギーレベルの類似性により，しばしば機能しない産物ができてしまう．しかしこのような物質の産生は，*in vivo* ではおそらく補助因子やシャペロンにより最小に抑えられる．

リボソーム形成が自発的に起こる細菌に対して，真核生物は成熟したリボソームサブユニットを形成するために多数の補助因子を必要とする非常に複雑な過程を経る．さらに，3種類すべての RNA ポリメラーゼ（第10章参照）がこの過程に関わる．すなわち，Pol I は 28S, 5.8S, 18S rRNA それぞれの前駆体を転写し，Pol III は 5S rRNA を生成する．Pol II はリボソームタンパク質や集合に必要な他の補助因子の遺伝子を転写する．

rRNA とリボソームタンパク質の構造は酵母からヒトまで高度に保存されている．同様にリボソーム生合成に関わる非リボソーム因子も進化の過程で高度に保存されている．そのような補助因子が，おもに質量分析をもとにするプロテオミクス（プロテオーム解析）の手法により 150 種以上同定された．その中のタンパク質因子にはエンドヌクレアーゼ，エキソヌクレアーゼ，プソイドウリジンシンターゼ，メチルトランスフェラーゼなど rRNA 前駆体を加工したり修飾するもの，RNA ヘリカーゼや RNA シャペロンのようにリボ核タンパク質（RNP）の折りたたみや再構築に関わるもの，そして GTP アーゼや ATP アーゼのようなタンパク質因子の集合と解離を促進するものが含まれ

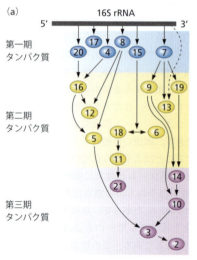

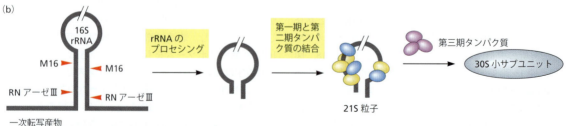

図15.21　*in vitro* の実験から示された 30S リボソームの構築図　(a) 30S サブユニットは精製された 16S rRNA と，細胞の粗抽出物由来，または個々に精製されたタンパク質か組換え体タンパク質を由来とするリボソームタンパク質の混合物から *in vitro* で再構築させることができる．数字はリボソームタンパク質の名称を短くして示した．矢印はタンパク質同士の相互作用を表す．タンパク質の rRNA への結合は協調的かつ階層的で，先に結合したものが次に結合するタンパク質の結合部位をつくる．リボソームタンパク質はその集合の階層から三つに分類することができる．第一期タンパク質は直接 RNA に結合し，第二期タンパク質はその結合に第一期タンパク質がすでに rRNA に結合していることが必要で，第三期タンパク質は複合体への正しい集合に少なくとも一つの第一期タンパク質と一つの第二期タンパク質が必要である．*in vitro* の集合反応は 5′→3′ の極性をもって進行する．このことはタンパク質の結合が転写と同時に起こることを示唆している．*in vivo* の実験でこれが実際に起こっていることが証明された．[Kaczanowska M & Ryden-Aulin M [2007] *Microbiol Mol Biol Rev* 71:477-494 より改変．American Society for Microbiology の許可を得て掲載］(b) 左の概略図で *in vivo* におけるリボソームの構築は一次転写産物が転写と同時にプロセシングされた後に起こることを思い出そう．*in vitro* での構築は明確に決められた 2, 3 の中間体を経て起こる．最初の中間体は 21S 粒子で，rRNA と第一期と第二期タンパク質から成る．21S 粒子はその後第三期タンパク質と結合して 30S サブユニットをつくる．

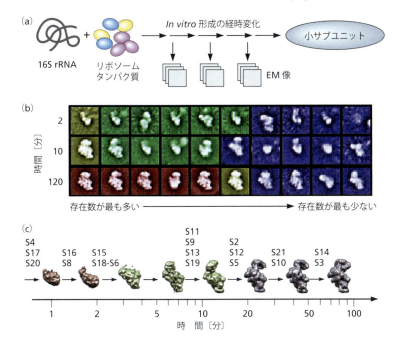

図15.22 時間分解された単粒子電子顕微鏡によるリボソーム形成の可視化 電子顕微鏡による単粒子解析法は，不均一な分子の集団を解析して，2Dと3Dで捉えられる均一な亜集団に分けることができる．(a) 実験手法の概略．30S サブユニットの in vitro での同調的構築は精製された構成要素から始まる．折りたたみおよび形成中のさまざまな時点での形成中間体の形状が可視化された．形成中の30S サブユニットの100万以上のこま撮り写真を解析した結果，14の形成中間体にクラス分けされ，それぞれの中間体数の時間変化が記録された．結合依存度ならびに速度定数と中間体の構造特性を組入れたリボソーム構築機構の理論をつくるために，電子顕微鏡観察の結果が質量分析データと統合された．この種の統合手法は個々の実験では得られない洞察をもたらし，将来の研究の道筋を示す．(b) いくつかの中間構造のこま撮り写真の例．横の列は一つの時点を示し，粒子のクラスを色分けして示した．あるクラスで多数を占める粒子の割合順に，左から右へ粒子の平均像を並べた．(c) 反応速度と熱力学および単粒子電子顕微鏡のデータを組合わせて構築経路がつくられた．そのような主要な経路の一つを示すが，他にも有効な平行経路が存在する．このようにして示される経路が他の実験から推測されるものとほぼ一致することに注意する．中間粒子のいくつかは機能的な30S サブユニットにつながらない行き詰まった産物のようにみえる．in vivo ではそのような非機能性中間体の形成は，30S 粒子集合転写共役的性質と補助因子の存在により最小にされるのだろう．[(a)〜(c) Mulder AM, Yoshioka C, Beck AH et al. [2010] *Science* 330:673-677 より改変．American Association for the Advancement of Science の許可を得て掲載]

る．多数の核小体小分子リボ核タンパク質（snoRNP; small nucleolar ribonucleoprotein）もまた rRNA 中のウリジンを部位特異的にプソイドウリジンに変換することでリボソームの成熟過程に関わる．これは snoRNA（核小体小分子 RNA）と特異的な rRNA 配列の間に塩基対が直接形成されることで達成され，その結果プソイドウリジンシンテターゼによって修飾される特定のウリジンが露出する．他の snoRNA はメチル化塩基の形成を導く．

真核生物のリボソーム生合成に関する我々の知識はまだ不完全であるが，図 15.23 に今わかっていることをまとめた．この図は 90S 前駆体という大きな複合体前駆体の形成にそれぞれ複数の RNA とタンパク質を含む少なくとも五つの異なる成分が関わることを強調している．rRNA 前駆体が配列特異的に切断されることにより 60S サブユニットと 40S サブユニットに分離

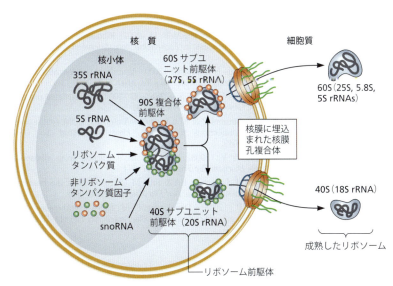

図15.23 酵母の 40S および 60S リボソームサブユニットの最初の集合，成熟，核外輸送の概略図 核小体において 90S 複合体前駆体が形成された後，35S rRNA の一次転写産物は 18S と 5.8S rRNA の間のスペーサー領域で切断され，60S と 40S のリボソームサブユニット前駆体の形成を導く．その後のサブユニット前駆体の成熟と細胞質への輸送は二つの各サブユニット独立に起こる．これらのサブユニットを核外へ輸送させる反応のさまざまな過程で多数の補助因子が必要となる．酵母では成熟した大サブユニットは 25S rRNA を含むが，哺乳類では 28S rRNA である．[Tschochner H & Hurt E [2003] *Trends Cell Biol* 13:255-263 より改変．Elsevier の許可を得て掲載]

した前駆体粒子が形成され，その後これらは成熟し，それぞれ独立に核膜孔を通って輸送される．

そのまったくの複雑さにも関わらず，リボソームは進化の歴史を越えて構造的，機能的に非常によく保存され続けている．真核生物のリボソームは細菌や古細菌のリボソームと比べて多少複雑にはなっているが，基本構造と働く仕組みは祖先の細菌のものと本質的に同じである．生合成はより複雑だが，それはリボソームが核外に輸送されなくてはならないことが原因の一つであろう．現世のすべての生物において，タンパク質合成は細胞質で起こり，そこで行われ続けている．

重要な概念

- 翻訳はタンパク質生成のためにmRNAを解読する必要があり，転写に比べて複雑である．なぜなら，RNA-RNAとRNA-アミノ酸の二つの識別が必要だからである．
- 翻訳には開始，伸長，終結の三つの段階がある．伸長は新生ポリペプチド鎖にアミノ酸を組込むことを繰返し行う循環過程である．
- 翻訳にはおもに三つの分子が関わる．遺伝情報を運ぶmRNA，ポリペプチド鎖に組込まれるアミノ酸を運ぶtRNA（アダプター分子），そして翻訳が起こるための活性化した土台を提供するリボソームである．
- tRNAはmRNAのコドンに符号するアンチコドンと，新生ペプチド鎖に組込まれるアミノ酸の両方を運ぶ．
- アミノ酸のtRNAへの結合はアミノアシルtRNAシンテラーゼとよばれる1組の酵素によって触媒される．アミノ酸は最初にアデニル化によって活性化され，次に該当するtRNAのアクセプター末端に結合する．
- 符合するアミノ酸とtRNAの整合の精度はさまざまな校正機構によって保証される．
- 通常の遺伝暗号表にはないアミノ酸を組み込む特別な場合がある．最も重要な事例は細菌で，開始コドンに対してN-ホルミルメチオニンを利用することである．他の事例は，終止コドンを使ってペプチド鎖にセレノシステインやピロリシンを挿入する場合，そしてタンパク質に非天然アミノ酸を挿入する生物工学の場合である．
- 生物界の三つのドメインすべてにおいて，機能的なリボソームは二つのサブユニットから成り，これらはその沈降係数によって名付けられる．細菌と古細菌では30Sサブユニットと50Sサブユニットが結合することで70Sリボソームを形成する．一方，真核生物では40Sサブユニットと60Sサブユニットにより80Sリボソームが形成される．
- すべてのリボソームはいくつかのRNAと多数のタンパク質を含むリボ核タンパク質である．
- 翻訳の開始段階は細菌と真核生物では異なる．ほとんどの場合，細菌ではmRNAの5′末端近くにある特別な配列を利用する．この配列はリボソーム小サブユニットの16S rRNAの配列に相補的である．真核生物のリボソームはキャップ構造に付着した後，下流の最初のメチオニンコドンを探す．
- リボソームは大サブユニットと小サブユニットに挟まれるtRNA結合部位を三つもつ．翻訳の伸長段階でtRNAはこれらの部位の間を一方向性に転移する．
- 翻訳の終結には特別な終止コドンと，tRNAの代わりにリボソームに結合する終結因子の両方が関わる．
- *in vivo* において，リボソームの生合成には複数のRNA分子とリボソームタンパク質のすべてが必要である．
- 細菌のリボソームをRNAとタンパク質から構築させるのは複雑な工程で，いまだ *in vitro* ではできていない．真核生物リボソームの構築ははるかに複雑で，RNAのプロセシングと補助的なタンパク質因子が必要である．

参考文献

成 書

Nierhaus KH & Wilson DN (2004) Protein Synthesis and Ribosome Structure: Translating the Genome. Wiley–VCH.

Rodnina M, Wintermeyer W & Green R (eds) (2011) Ribosome Structure, Function, and Dynamics. Springer Verlag.

総 説

Antonellis A & Green ED (2008) The role of aminoacyl-tRNA synthetases in genetic diseases. *Annu Rev Genomics Hum Genet* 9:87–107.

de Duve C (1988) The second genetic code. *Nature* 333:117–118.

Hernandez G (2009) On the origin of the cap-dependent initiation of translation in eukaryotes. *Trends Biochem Sci* 34:166–175.

Hernandez G, Altmann M & Lasko P (2010) Origins and evolution of the mechanisms regulating translation initiation in eukaryotes. *Trends Biochem Sci* 35:63–73.

Ibba M & Söll D (2004) Aminoacyl-tRNAs: Setting the limits of the genetic code. *Genes Dev* 18:731–738.

Kaczanowska M & Rydén-Aulin M (2007) Ribosome biogenesis and the translation process in *Escherichia coli*. *Microbiol Mol Biol Rev* 71:477–494.

Ling J, Reynolds N & Ibba M (2009) Aminoacyl-tRNA synthesis and translational quality control. *Annu Rev Microbiol* 63:61–78.

Mignone F, Gissi C, Liuni S & Pesole G (2002) Untranslated regions of mRNAs. *Genome Biol* 3:reviews0004.

Park SG, Schimmel P & Kim S (2008) Aminoacyl tRNA synthetases and their connections to disease. *Proc Natl Acad Sci USA* 105:11043–11049.

Ramakrishnan V (2008) What we have learned from ribosome structures. *Biochem Soc Trans* 36:567–574.

Reynolds NM, Lazazzera BA & Ibba M (2010) Cellular mechanisms that control mistranslation. *Nat Rev Microbiol* 8:849–856.

Schimmel P (2008) Development of tRNA synthetases and connection to genetic code and disease. *Protein Sci* 17:1643–1652.

実験に関する論文

Baldwin AN & Berg P (1966) Transfer ribonucleic acid-induced hydrolysis of valyladenylate bound to isoleucyl ribonucleic acid synthetase. *J Biol Chem* 241:839–845.

Ban N, Nissen P, Hansen J et al. (2000) The complete atomic structure of the large ribosomal subunit at 2.4 A resolution. *Science* 289:905–920.

Cate JH, Yusupov MM, Yusupova GZ et al. (1999) X-ray crystal structures of 70S ribosome functional complexes. *Science* 285:2095–2104.

Lee JW, Beebe K, Nangle LA et al. (2006) Editing-defective tRNA synthetase causes protein misfolding and neurodegeneration. *Nature* 443:50–55.

Mulder AM, Yoshioka C, Beck AH et al. (2010) Visualizing ribosome biogenesis: Parallel assembly pathways for the 30S subunit. *Science* 330:673–677.

Nureki O, Vassylyev DG, Tateno M et al. (1998) Enzyme structure with two catalytic sites for double-sieve selection of substrate. *Science* 280:578–582.

Voss NR, Gerstein M, Steitz TA & Moore PB (2006) The geometry of the ribosomal polypeptide exit tunnel. *J Mol Biol* 360:893–906.

Wimberly BT, Brodersen DE, Clemons WM Jr et al. (2000) Structure of the 30S ribosomal subunit. *Nature* 407:327–339.

Yusupov MM, Yusupova GZ, Baucom A et al. (2001) Crystal structure of the ribosome at 5.5 Å resolution. *Science* 292:883–896.

16 翻訳の工程

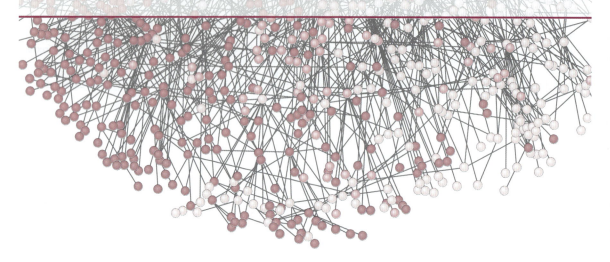

16.1 はじめに

　第15章では翻訳の工程に関わる三つの主要な因子について解説した．この章では翻訳工程における構造とメカニズムについて紹介する．特に真核生物よりも単純でよくわかっている細菌の翻訳を中心に解説する．近年のX線結晶構造，クライオ電子顕微鏡，動態解析，単一ペア蛍光共鳴エネルギー移動，コンピューターモデリングなどを組合わせた解析結果が理解の根幹となり，翻訳工程の詳細な機構が明らかにされてきた．

16.2 翻訳の概要：速度と正確性

　細胞の要求に応じるため，翻訳工程は急速に代謝回転されうるタンパク質でも必要量を維持できる十分な速度と，適切なタンパク質を供給するための十分な正確性，これら両方をもたねばならない．直感的には速度と正確性は競合的と考えられるが，実際に細胞内で行われる翻訳にはそのような考えは当てはまらない．たとえば，DNAは1秒当たり約1000 ntで複製され，誤りの頻度は100000個当たり一つ，1×10^{-5}である．これに校正される結果を加えると誤りの頻度は1×10^{-10}まで下がる（第19章参照）．タンパク質への翻訳はこれよりも遅く，細菌では1秒当たり新生ポリペプチド鎖に15個のアミノ酸を結合するが，真核生物ではおそらくこの半分以下の速度である．しかしながらポリペプチド鎖の誤りの頻度は校正機能を考慮しても1×10^{-4}以下である．細菌のタンパク質翻訳は転写と共役しているため，翻訳速度を理解することは複雑であるが，典型的には1秒当たり約45 ntのmRNAを転写する．つまり1秒当たり約15個のコドンに相当し，mRNAの伸長速度は翻訳速度と一致する．細菌において翻訳の速度に合うように転写の速度が進化したのか，またはその逆なのかは不明である．真核生物では転写と翻訳は細胞内の別々の区画で行われるため，当然そのような共役はない．

　簡単な計算から，誤りの頻度が1×10^{-4}のときに被る影響を知ることができる．ポリペプチド鎖内のいずれか一つのアミノ酸が不正確になる可能性をrとすると，1番目のアミノ酸が正しい可能性は$1-r$となり，1番目と2番目の両アミノ酸が正しい可能性は$(1-r)(1-r)$となる．タンパク質の残基数をNとした場合，ポリペプチド鎖全長が正確である可能性Pは$(1-r)^N$となる．典型的なタンパク質は300アミノ酸である．したがって$r=1 \times 10^{-4}$であるため，$P=0.97$つまり97％である．もしrが1×10^{-2}まで大きくなると，300残基のタンパク質のうちたったの5％しか正しいアミノ酸にならない．これは校正機能がないと仮定した場合に予想される値である．以上のことから校正機能が必須であることがわかる．実際に翻訳の誤りは医学的に深刻な結果を生む（Box 16.1）．しかし高い頻度の誤りはRNAやDNAに比べてタンパク質では寛容である．なぜなら細胞内の一つのDNAもしくはRNA中の誤りは不正確な多くのタンパク質分子を合成する結果を生じてしまうが，翻訳の誤りにより一つの不正確なタンパク質分子が細胞内に生じてもほとんど悪影響を及ぼさないからである．

　細胞はどのようにして十分な量のタンパク質をつくるのだろうか．答えは，遅いタンパク質合成速度を補うために膨大な数のリボソームをもっているからである．増殖の速い細菌は約100000個のリボソームをもつ．典型的な哺乳類細胞では100万個以上のリボソームをもち，1億個ほどのタンパク質を合成する．また真核細胞は非常に多くのタ

> **Box 16.1　翻訳の開始因子と伸長因子はがんタンパク質となる可能性がある**
>
> 翻訳因子が発がん性に関わるという最初の証拠は，mRNA のキャップ結合因子である eIF4E（図 16.6 参照）をマウス NIH 3T3 細胞に過剰発現させ培養すると形質転換したことから得られた．培養 NIH 3T3 細胞は不死化しているため無限に分裂する能力をもつが，免疫不全マウスやヌードマウスに移植しても固形腫瘍を形成しない．しかし eIF4E を過剰発現させると，マウス体内で固形腫瘍を形成できる能力を獲得する．つまり悪性形質転換するのである．実際にさまざまなヒトの原発性がんでは eIF4E 遺伝子が増幅していることがあり，eIF4E タンパク質が異常に高発現していることが観察されている．通常，初期治療の後に eIF4E が増加することで予後不良となり，再発の可能性を高めることが知られている．マウスの腫瘍形成は eIF4E に対するアンチセンスオリゴヌクレオチドの投与によって副作用もなく有意に減少する．したがって，eIF4E に対するアンチセンスオリゴヌクレオチドはがん治療剤として臨床でも試されている．
>
> 伸長因子である eEF1A1 と eEF1A2 もがんタンパク質と考えられている．これらのタンパク質が形質転換する能力があるという発見までの道のりは長い紆余曲折があり，未解決の問題も残っている．なぜなら当時は野生型の翻訳因子ががんタンパク質になるとは思いもよらなかったため，適切な対照実験を欠いていたからである．
>
> eEF1A1 と eEF1A2 は eEF1A のアイソフォームであり，DNA とタンパク質のレベルで 95% 以上の相同性をもつ．これら両タンパク質はタンパク質翻訳においてリボソームの A 部位に tRNA を呼び込むための同じ酵素活性をもっていると考えられており，細菌の EF-Tu と機能的に相同である．eEF1A1 はほとんどの組織で普遍的に発現しているが，eEF1A2 の発現は心臓，脳，骨格筋においてのみみられる．この発現の違いが起きる理由はわかっていない．両タンパク質は腫瘍内で過剰発現していることがわかっているが，驚くべきことに eEF1A2 のみが実験的にがんタンパク質であることが証明されている．実際に培養細胞に野生型の eEF1A2 を過剰発現させるとヌードマウス内での腫瘍形成能力に寄与する．他の伸長因子も発がんにおける役割をもっている可能性があるかもしれない．
>
> eEF1A1 または eEF1A2 の過剰発現はがん細胞の細胞増殖促進と一致するが，これらのタンパク質の発現低下は老化細胞の増殖が低下することにも関連していると思われる．哺乳類の通常の培養細胞は細胞分裂が停止して老化しても，遅い速度ではあるが通常と同じ代謝機能をもち続けている．しかし老化したヒトの培養細胞は eEF1A1 の mRNA と酵素活性の減少を示す．マウスにおいて，タンパク質の伸長速度は老化に伴い 80% にまで減少する．eEF1A1 と eEF1A2 間の発現量や酵素活性と老化の間の因果関係は今後実験的に明らかにされていくだろう．

ンパク質分子を保持しているだけではなく，それらのタンパク質は代謝回転，つまり合成と分解を常に繰返しているため，合成過程は常に活発な状態にある．

多数のリボソームが一つの mRNA を同時に翻訳することができる．そのため，一つの mRNA 上に複数の翻訳中のリボソームが結合した**ポリリボソーム**〔polyribosome，またはポリソーム（polysome）〕が電子顕微鏡によって観察できる（図 16.1）．上述したように，細菌では転写と翻訳は共役して起きる．DNA に結合して転写中の RNA ポリメラーゼの出口から新生 RNA 鎖が露出し，リボソームが結合して翻訳を開始する．したがって，真核生物とは異なり，細菌の RNA は二次構造を形成することがない．一つ

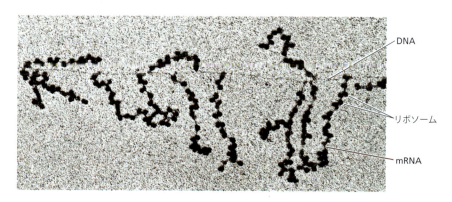

図 16.1　ポリリボソームの電子顕微鏡観察によって細菌の転写と翻訳が共役していることがわかる　新生 mRNA 転写産物の長さは DNA 鎖の左から右に沿って増加しており，これが転写の方向を示している．RNA ポリメラーゼの出口から mRNA の短い末端が出現するとすぐにリボソームが mRNA 分子の 5′末端に結合し，タンパク質合成が開始される．mRNA が粒状の翻訳中リボソームで覆われ，ポリリボソームを形成する．遺伝子の後ろ側の末端にある長いポリリボソームは転写が終結すると DNA から離れる．〔Oscar L. Miller, University of Virginia のご厚意による〕

のmRNAは通常複数回翻訳に利用される．たとえば大腸菌では平均して約30回翻訳される．それぞれのmRNAがどのくらい利用されるかは遺伝子により異なっており，細胞は特定の時期に必要とするタンパク質を厳密に調節している．真核生物では，mRNAの3′末端のポリ(A)配列と非翻訳領域（UTR）がmRNAの安定性に寄与することでmRNAが翻訳される回数を調節している．

mRNAは一つのRNA内に一つのポリペプチドをコードする**モノシストロニック**（monocistronic）と複数のポリペプチドをコードする**ポリシストロニック**（polycistronic）に分類される．細菌においてポリシストロニックmRNAは一般的であり，mRNA上のシャイン・ダルガノ配列をもつすべての開始コドンから翻訳が開始できるようになっている．最近の研究により，真核生物ではポリシストロニックmRNAがほとんど存在しないことが明らかになった．

一般に古細菌のタンパク質翻訳機構は細菌と似ている．真核生物の翻訳機構はいくぶんか異なり，またより複雑になっている．たとえば上述したように，真核生物では転写と翻訳が共役していないことが一つの原因であり，また核から細胞質へmRNA分子を輸送する場合や細胞質内において，mRNAをヌクレアーゼから守る必要がある．

16.3 タンパク質翻訳機構解明のための最新の方法論

翻訳機構の各ステップを説明する前に，翻訳機構を解明するため，近年急速に発展したクライオ電子顕微鏡（クライオEM），単一ペア蛍光共鳴エネルギー移動（spFRET；single-pair fluorescence resonance energy transfer），X線回折などのいくつかの方法について簡単に紹介する．翻訳の異なる段階で形成するさまざまな複合体の一過性の形態と，各段階で生じる動的なリアルタイム情報の両方を得るうえで，それぞれの方法論は利点，欠点，相補性をもつ．各方法論の原理はこれまでの章ですでに紹介されているので，本章では翻訳の応用研究に絞る．一方で，現在のリボソームの機能に関する多くの知見はストップトフロー法あるいはクエンチフロー解析を用いた動力学的解析が大きな貢献を果たした．この新しい解析は分子レベルで翻訳機構の可視化を可能にしている．

クライオ電子顕微鏡がリボソームの個々の動的な状態を可視化する

クライオ電子顕微鏡（第1章参照）では，他の画像解析方法が行うように試料をスライドなどの表面に貼り付けるのではなく，液体窒素を用いて急速に凍結させガラス化した水の層に浮かべる．個々の分子や複合体はこの層にさまざまな角度で存在し氷の結晶を含まないため，構造がゆがめられることはない．顕微鏡観察から得られた各画像は低い分解能であるが，数千に及ぶ方向から観察した個々の粒子の情報の平均化で得られる三次元密度分布を構築することできわめて高分解能の構造の観察が可能となった．つまりこれは個々の分子または複合体から得られるデータの集合平均を一つのものとしてとらえる方法である．試料が不均一な分子や複合体を含む場合は，コンピューターによる自動識別によって同質の目的分子のみを振り分けることもできる．目的分子の構造が推定される場合だけでなく，目的分子が比較的豊富に存在する場合も有効である．電子顕微鏡像による同様の識別方法は図15.22の30Sリボソームサブユニットを構築する経路の説明にも使用されている．

リボソームの構造と動態をクライオ電子顕微鏡による単粒子再構成法によって解析することは困難であった．なぜなら細胞から集めたリボソームはばらばらの状態にあるからである．しかしリボソームを標的とする抗生物質（**Box 16.2**）や加水分解しないか加水分解反応が遅いGTP類似体を用いることで均一な状態のリボソームの解析が可能になり，GTPの加水分解には翻訳において大きく五つの段階があることが判明した（**表16.1**）．リボソーム複合体中の適切な場所に結合するが加水分解されないGTP類似体は構造解析だけでなく，翻訳過程の動力学的パラメーターを調べる生化学実験にも非常に役立っている．

クライオ電子顕微鏡法の欠点は可変性の高い周辺構造や構成成分の観察が困難なことである．そして，最も大きな欠点は低分解能であるため，個々のタンパク質や核酸分子内の原子間のつながりを解析できないことである．だがX線構造解析はこの点を補うことができる．原子構造情報がすでに利用可能であれば，クライオ電子顕微鏡の解析結果と組合わせることができる．この解析法はますます洗練されており，構造データの解析を容易にする．

X線結晶構造解析は最も分解能の高い方法である

高分解能の原子構造を解明した結晶構造解析のおかげで分子と複合体の機能を理解するための基礎が確立したといっても過言ではないだろう．第15章で述べたように，すでにリボソームの詳細な構造が明らかとなっており，中間体，二つのサブユニット，単独またはリガンドと結合した状態のリボソームの結晶構造が解析され，生化学的，遺伝学的解析のための重要な情報となっている．さらにはリボソームと結合するすべての抗生物質との構造も原子レベルの分解能で解析されている．これらの解析は抗生物質がどのような分子機構でリボソームを阻害するのかを解明するために有用なだけでなく，リボソームを標的としたドラッグデザインやリボソームの構造と機能を理解するための手段としても役立っている．

X線結晶構造解析にも欠点はある．この方法は結晶格子

Box 16.2　リボソームの機能と抗生物質

今日、細菌の増殖を阻害することが知られている数多くの天然および半合成化合物が多数同定され、その数はまだ増加している。それらの化合物は阻害機構によってさまざまな異なる種類に分けられる。細胞壁合成阻害や DNA 複製、転写の阻害をするもの (Box 9.4, Box 19.6 参照)、またタンパク質合成を標的とする抗生物質などがある。タンパク質合成を阻害する場合は、その伸長サイクルのいずれかの段階を阻害する (図1)。そのような広範囲にある翻訳阻害抗生物質は臨床の現場でも数多くの感染症を標的とした治療薬として使用されている。実際に翻訳装置を標的とした抗生物質は抗感染症薬として最も広く使われている。

さらに、抗生物質はタンパク質合成の基礎的メカニズムを調べるための強力な道具となる。抗生物質の臨床と研究への応用は 30S と 50S サブユニットに結合する多くの抗生物質の立体構造を解き明かした。今日、実質的にリボソームを標的とする主要な種類の抗生物質とリボソームとの複合体が可視化されている。大サブユニットのペプチジルトランスフェラーゼ中心、リボソームトンネルや小サブユニットの tRNA や mRNA が通過する経路など、細菌のリボソームの高度に保存された機能部位を標的とする抗生物質の構造が明らかになっている。

一方で抗生物質耐性菌が出現したため、新しい抗生物質が常に必要とされている。少なくとも三つの種類の抗生物質耐性菌が出現し、公衆衛生や医療費を脅かしている。それらは (1) メチシリン耐性黄色ブドウ球菌 (MRSA)、(2) *Acinetobacter baumannii*、大腸菌、*Klebsiella pneumoniae*、緑膿菌などの多剤耐性グラム陰性細菌、(3) 多剤耐性結核菌である。多くの薬剤は今日と同じく将来にわたって効果的に使用できるだろう。しかし耐性菌の出現は必然的に今日の抗生物質を侵食していく。グラム陰性細菌に対する新しい抗生物質の発見は特に乏しい。なぜならグラム陰性細菌は細胞膜が薬剤の通過を阻害することや、薬剤を排出する活性をもつポンプを備えているからである。

新しい抗生物質の発見には障害もある。慢性的な疾患の治療用薬剤を取扱っている製薬会社にとって抗生物質の産生や販売は利益率がよくないからである。このように、耐性菌は確実に増加しているが、抗生物質の発見と開発は減少している。実際に 1962 年から 2000 年の間には重要な新規クラスの抗生物質は導入されていない。

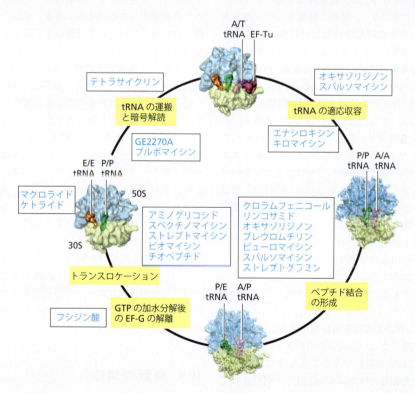

図1　抗生物質による翻訳の阻害　翻訳伸長サイクルの一般化した模式図。サイクルのそれぞれの主要な反応と、それを阻害する抗生物質を示す。[Blanchard SC, Cooperman BS & Wilson DN [2010] *Chem Biol* 17:633–645 より改変. Elsevier の許可を得て掲載. 構造は Frank J & Gonzalez RL Jr [2010] *Annu Rev Biochem* 79:381–412 より Annual Reviews の許可を得て掲載]

表 16.1　GTP の加水分解を必要とする細菌の翻訳の段階　下記のすべてのタンパク質は大サブユニットの GTP アーゼ中心によって刺激される触媒活性をもつ．GTP 型としてリボソーム複合体に結合するタンパク質因子は GTP の加水分解によってコンホメーション変化が誘導され，リボソーム複合体から放出される．

翻訳の段階	関連因子	役割
開始	IF2	30S 開始複合体の形成．P 部位へ開始 tRNA を輸送する．70S 開始複合体を形成するためのサブユニットの結合を促進する
伸長，70S リボソームの A 部位へのアミノアシル tRNA の運搬	EF-Tu	アミノアシル tRNA のアンチコドンと mRNA のコドン間で正しく塩基対形成されて加水分解される．EF-Tu の放出は適応収容の後に起こる
伸長，トランスロケーション	EF-G	EF-G-GTP の結合はリボソームのハイブリッドコンホメーションである P/E と A/P 状態を安定化する．加水分解により典型的な P/P と E/E コンホメーションに戻り，次の伸長反応の準備を行う
終結，ペプチド放出	RF3	ペプチド放出の後に RF1 と RF2 の解離を促進する．GTP の加水分解はリボソームから RF3 を放出する
終結，リボソームの再利用	RRF-EF-G	GTP の加水分解はリボソームの分割を促進し，50S サブユニットと 30S-mRNA-脱アシル化 tRNA 複合体を生じる

中の分子または複合体を解析するが，結晶の中の構造体が常に生理的に適切とは限らない．観察される結晶格子中の分子間結合が減少している可能性もある．また，結晶中にみられる分子の結合は生理的な環境，つまり細胞質で実際に起きている分子間の結合とは異なる場合もある．リボソームのような巨大複合体では，結晶構造を精製するためには天然のリガンドではなく，特殊な修飾をしたリガンドや短くしたリガンドを利用しなければいけない場合も多い．細胞内では，tRNA によるコドン-アンチコドンの認識が起きると，**暗号解読中心（DC; decoding center）**から**ペプチジルトランスフェラーゼ中心（PTC; peptidyl transferase center）**の近傍に位置する GTP 活性中心へシグナルが伝達される．そのため全長の tRNA の代わりにアンチコドンアームを利用する場合がある．約 30 nt から成る合成したアンチコドンアームはリボソームの小サブユニットの暗号解読中心だけに結合し，大サブユニットのペプチジルトランスフェラーゼ中心や他の部位に結合し構造変化をひき起こさない．別の問題は，リボソームの内部可動性が外気温に影響されやすいことである．そのような場合，室温では他の生物由来のリボソームよりも内部の可動性が低い高熱性生物由来のリボソームを使用することで外気温の影響を受けにくくなる．代わりに，結晶構造解析を超低温で行うことでもこの問題を解決できる．

spFRET は 1 粒子レベルでの動態解析を可能にした

巨大分子上で標識した二つ蛍光の距離のダイナミックな変化を spFRET によって解析できることをすでに述べた（第 1 章参照）．また転写の研究にも spFRET が利用されている（図 9.14 参照）．翻訳過程の研究においては，クライオ電子顕微鏡と結晶構造解析から得られた構造情報をもとにドナーとアクセプターの蛍光の位置を厳密に決定しなければならない．なぜなら，FRET はリボソーム複合体の一部に付加した蛍光とダイナミックな変動をするであろうリガンドに付加した蛍光間の距離の変化を観察するため，二つの蛍光の距離が大きく変化することが必要条件になるからである．またリボソームの動態を測定するための絶対的な条件は，粒子の定められた位置に蛍光マーカーを正確に付加することである．これは蛍光標識された RNA もしくはタンパク質分子を含む構成因子から機能的なリボソームを再構成するために必須である．現在では，少なくとも細菌由来のリボソームでは問題なく蛍光をリボソーム上に結合させることができる．このように既知の構造情報を必要とするが，興味ある過程を捉えた一連の静的な情報を，動的な情報へ補完するために spFRET は役立つ．

spFRET は二つの蛍光プローブを配置した間の 1 箇所の距離を測定することしかできない．最近は 2 箇所の距離を同時に測定する 3 カラー FRET も開発された．つまりそれは一つのドナーに対して二つの識別可能な異なる波長を発するアクセプターを用いることで可能になる．しかしながら，リボソームの適切な位置に適切な蛍光プローブを結合させることは高い技術を必要とする．さらに測定結果の時間分解能が目的の過程が生じる時間よりも低く，測定できない場合もある．たとえばペプチド転移は実際には非常に速く，FRET を用いて捕らえることは困難であろう．またこの方法によってリボソーム内部の変化を明確に捉えるには，片側の蛍光プローブを構造変化の生じない内側部分に配置し，もう一方を構造変化の生じる外側に配置しなければならない．

16.4　翻訳の開始

全体の翻訳工程は大きく三つの段階，開始，伸長，終結に分けられる．一部の研究者の間では第四の段階として 70S リボソームが別のペリペプチド鎖の合成に再利用されるために 50S と 30S サブユニットへ解離する過程を加える場合もある．ここでは翻訳の工程に起きるそれぞれの段

16.4 翻訳の開始

階について順序立てて紹介する．前述したように，細菌の翻訳工程を主軸にしつつ，真核生物の翻訳との大きな相違点についても説明する．

翻訳開始は遊離のリボソーム小サブユニット上から始まる

翻訳の開始は**開始 tRNA**（initiator tRNA），つまり細菌ではホルミルメチオニンと結合した tRNA である fMet-tRNAi^{fMet}，真核生物ではメチオニンが結合した tRNA である Met-tRNAi^{Met} がリボソーム小サブユニットの P 部位に結合することから始まる．もちろんメチオニンに対応するコドンを含む mRNA との結合も必要である．細菌の開始コドン認識は，mRNA の開始コドンのすぐ上流に存在するシャイン・ダルガノ配列が 16S rRNA の 3′末端配列と塩基対形成することに依存している．さらに三つの開始因子 IF1，IF2，IF3 の結合も必要である（図16.2）．開始 tRNA である tRNAi は AUG 開始コドンを認識して結合するが，mRNA の内部に位置する他の AUG コドンには結合しない．AUG はメチオニンをコードする唯一のコドンであるが，開始コドンと内部のメチオニンコドンの識別には 2 種類のメチオニン tRNA が使い分けられている．これら tRNA の塩基配列は異なり，特に片側のアームの部位の構造が違う．開始 tRNA は翻訳開始時に 30S サブユニットによって認識される唯一の tRNA であり，一方で他のすべてのアシル化された tRNA，つまりアミノ酸の結合した tRNA は完全なリボソームにしか結合しない．そのため，それぞれの細胞は少なくとも 2 種類のメチオニン tRNA をもち，一つは開始時に，もう一方は伸長反応時にポリペプチド鎖にメチオニン残基を組込むために働いている．

細菌では開始 tRNA に結合するメチオニンはホルミル化されて N-ホルミルメチオニンとなっている．ホルミル基は特別な酵素であるホルミルトランスフェラーゼ（ホルミル基転移酵素）が tRNA に結合したメチオニンへホルミル基を移す．ほとんどの場合，ホルミル基はペプチド鎖の伸長時に除かれる．またほとんどのタンパク質において，開始メチオニン自身も後で除去されるため，ポリペプチドの N 末端にメチオニンをもつものはむしろ少ない．古細菌や真核生物のメチオニンはホルミル化されていないが，開始 AUG コドンと内部の AUG コドンは構造的に異なる 2 種類のメチオニン tRNA によってやはり識別されている．

翻訳の開始は複数のステップから成る（図 16.2 参照）．その一連の過程について解明されてきたが，構造解析の情報がまだ不足しているため全体としての過程は実質的にほとんどわかっていない．細菌の最初のステップは 30S サブユニットに IF3 が結合することで始まる．これは実際にはタンパク質合成を終えたリボソームが二つのサブユニットに解離した後に起きる．さらに他の開始因子，

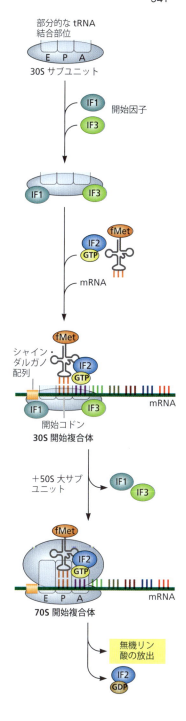

図 16.2　細菌の 70S 開始複合体の形成　翻訳の開始では，リボソームの P 部位にあたる mRNA の開始コドン上に開始因子 fMet-tRNAi^{fMet} が配置される必要がある．この位置決め機構には三つの開始因子 IF1，IF2，IF3 が関与しているが，詳しい役割は不明のままである．この過程はおそらく小サブユニットに開始因子 IF3 が結合することで始まると考えられている．前の回の翻訳終結後に，リボソームが小サブユニットと大サブユニットに分割される．30S サブユニットが解離し，脱アシル化 tRNA と mRNA が放出された後に IF3 が結合する．IF3 は 30S サブユニットと 50S サブユニットの再結合を防ぐための抗結合因子として働き，さらに P 部位にある fMet-tRNAi^{fMet} 以外の他の tRNA を排除するためにも働く．IF1 の役割はよくわかっていない．次に IF2 が fMet-tRNAi^{fMet} を認識して 30S サブユニットへの結合を促進させる．30S サブユニットはシャイン・ダルガノ配列の認識を介して mRNA に結合する．三つの開始因子，つまり小サブユニット，fMet-tRNAi^{fMet}，mRNA が結合している複合体を 30S 開始複合体とよぶ．さらにこの複合体に 50S サブユニットが結合することで 70S 開始複合体が形成される．開始因子がいつ離れるのか正確にはわかっていない．IF3 と IF1 は 50S サブユニットが結合する前に離れると考えられている．IF2 はサブユニットの結合を促進し，少なくとも IF2 に結合している GTP が加水分解されるまでは 70S 複合体にも結合している．fMet の構造を図の下部に示す．

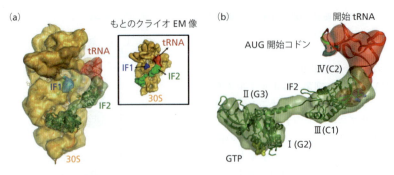
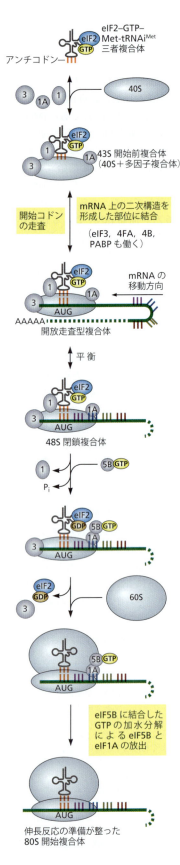

図 16.3 部分的な 30S 翻訳開始複合体の構造 30S サブユニット上の IF1, IF2, fMet-tRNAi^fMet の結合様式を示すクライオ EM 解析と分子モデル．IF3 はこの構造上では同定されていない．解釈しやすいように，30S-IF1 の結晶構造と tRNA, IF2 の相同モデル，eIF5B をクライオ EM 像に当てはめている．(a) サブユニット接合部からの眺め．挿入図はもとのクライオ EM の復元像を示す．(b) IF2-fMet-tRNAi^fMet の部分複合体．(a) の全体構造と比較してわずかに左に回転している．tRNA アンチコドンループは mRNA に対して湾曲しており，tRNA の 3'-CCA 末端は IF2 のドメインⅣ (C2) とつながっている．アンチコドン（緑）は AUG 開始コドン（深緑）の分子密度と一致する．複合体の安定性は二つの相互作用，すなわち（1）tRNA アンチコドンループは 30S の P 部位に埋まっていることと，（2）IF2 の C ドメインは fMet-tRNAi^fMet のアクセプター末端と強く結合していることに依存する．この構造は 30S 開始複合体に 50S サブユニットが結合することによる GTP 加水分解の急速な活性化を説明する．つまり IF2 の GTP 結合ドメインは 50S サブユニットの GTP アーゼ活性化中心に直接面しており，結合が容易なように IF2 の大部分は 50S の表面と相補的な形である．
[(a), (b) Simonetti A, Marzi S, Myasnikov AG et al. [2008] Nature 455:416–421. Macmillan Publishers, Ltd. の許可を得て掲載]

mRNA, アミノ酸の結合した tRNAi と結合することで 30S 開始複合体が形成される．さまざまな開始因子の役割は断片的にしか解明されていない．

クライオ電子顕微鏡による開始複合体の詳細な解析

30S リボソームを含む部分的な開始複合体の詳細な構造はクライオ電子顕微鏡で解析されており（図 16.3），特に 50S リボソームと結合する前の 30S リボソー

図 16.4 真核生物での翻訳の開始 この多段階の反応から成る最初の段階は三者複合体 eIF2-GTP-Met-tRNAi^Met の 40S リボソーム小サブユニットへの結合である．さらに小サブユニットに三つの開始因子が協調して結合する．eIF1A は細菌の IF1 のホモログであり，eIF3 は哺乳類では 13 個のサブユニットから構成され，複合体形成の足場となる．eIF1 と細菌の IF3 の両者の間に配列上の相同性はないが，機能的ホモログであり，小サブユニットの同じ場所に結合し，異種因子による開始実験でも機能することがわかっている．この開始因子群と小サブユニットの複合体の沈降係数は 43S である．もし mRNA に安定な二次構造が含まれていなければ，43S 複合体は他の因子を必要とせずに mRNA に直接結合できる．一方で，二次構造を形成する mRNA に結合し走査するためには別の因子が必要とされる．図中ではこれらの因子を省略している．どちらの場合においても，開放複合体は小サブユニットの P 部位の AUG コドンと Met-tRNAi^Met が塩基対形成するまで 5'末端から mRNA に沿って走査を行う．走査を行えないが P 部位のコドンの認識に働く閉鎖複合体と開放複合体は動的な平衡状態にある．AUG コドンが同定されると，この平衡状態は閉鎖状態に遷移し，tRNA が AUG に結合する．開始コドンを認識するとリボソーム内のコンホメーションが変化して eIF1 が解離する．複合体からの eIF1 の解離，もしくは他の因子がまだ結合している複合体の rRNA 結合部位からの eIF1 の分離は，不可逆的加水分解となるリン酸基放出の助けとなる．これにより P 部位の現在のコドンからの開始が開始前複合体に決定付けられる．次に eIF5B-GTP が複合体に結合し，eIF1A の C 末端側と重要な結合をする．48S 複合体への eIF5B-GTP の結合は大サブユニットとの相互作用を触媒し，80S 開始複合体を形成させる．この段階で，結合していた大サブユニットによって開始因子は解離させられる．最後の段階ではリボソーム大サブユニットを介した GTP 加水分解により eIF5B が放出され，伸長のための準備が整う．[Jackson RJ, Hellen CUT & Pestova TV [2010] Nat Rev Mol Cell Biol 11:113–127 より改変．Macmillan Publishers, Ltd. の許可を得て掲載]

ムにどのようにして IF2 が結合するのかが明らかにされている．IF2 は fMet-tRNAi^{fMet} のアンチコドンステムだけでなく，アクセプターステムにも接している．そしてリボソーム大サブユニットの GTP アーゼ活性化中心と IF2 の G ドメインに結合することで，IF2 の GTP アーゼ活性が促進される．注目すべきことに，翻訳に関わるすべてのステップは GTP 加水分解で駆動されており，それぞれの因子に隣接した領域に適切な触媒となる GTP アーゼ中心がある．GTP アーゼ中心をもつリボソームがそれぞれの因子から刺激を受ける（表 16.1 参照）．fMet-tRNAi^{fMet} と非加水分解性 GTP 類似体に結合した IF2 を含む 70S 開始複合体の構造解析から，IF2 は GTP アーゼ活性がなくとも GTP アーゼ中心に結合できるが，P 部位に適切に結合している fMet-tRNAi^{fMet} との結合を保つことができないことがわかっている．

複雑な真核生物の開始部位選択

真核生物の翻訳の開始はより複雑であり，20 個以上のポリペプチドから成る少なくとも 12 個の開始因子が必要である（図 16.4）．真核生物で多くの開始因子（eIF; eukaryotic initiation factor）が必要とされる理由は，細菌と真核生物間では**開始部位選択**（start site selection）に重要な違いがあるからである．すでに述べたように，30S サブユニットの P 部位に相当する位置に mRNA の AUG 開始コドンを配置させるため，mRNA の 5′ 末端にあるシャイン・ダルガノ配列が 16S rRNA の一部と塩基対形成する．そのような塩基配列がポリシストロニック mRNA を含むほぼすべての開始コドンの上流に存在する．しかし，真核生物では mRNA と rRNA が塩基対形成する相補的な配列は見つかっていない．その代わりに開始前複合体が mRNA の 5′-UTR から開始コドンを探査する．通常，ただ常にではないが，最も 5′ 末端側の AUG がポリペプチド鎖の開始コドンとなる．開始コドンの走査過程はまだ解明されていない分子シグナルによる応答が関わっていると考えられる．もし間違った開始コドンが使用されると，細胞にとって無駄な産物を生むだけでなく，さらに悪いことには毒性をもつ産物を生む可能性があるため，そのような分子シグナルが重要なことは明らかである．

Met-tRNAi^{Met} は真核生物のリボソームである 40S サブユニットの P 部位に搬送され，eIF2 と GTP とともに三者複合体を形成する．三者複合体と複数の翻訳開始因子が 40S に結合して形成される **43S 開始前複合体**（43S pre-initiation complex）のクライオ電子顕微鏡構造を図に示す（図 16.5）．複数の開始因子から成る**多因子複合体**（MFC; multifactor complex）の 40S サブユニットへの結合は，小サブユニットの頭部が広範囲に配置することができる構造を形成するため，高い可動性をもつと考えられる．この可動性により小サブユニットの頭部，胴部，プラットフォー

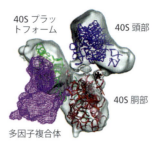

図 16.5　真核生物開始因子の多因子複合体　40S リボソームサブユニットのドメインが mRNA へ結合しやすくなるように多因子複合体が構造変化を手助けしていると予想されており，これにより開始が促進される．左：多因子複合体（紫）に結合した 40S サブユニットの頭部，胴部，プラットフォームの原子モデルをクライオ EM 像と合わせて再構築した．右：同じ方向の 40S サブユニットのクライオ EM 像．[Gilbert RJC, Gordiyenko Y, von der Haar T et al. [2007] *Proc Natl Acad Sci USA* 104:5788–5793. National Academy of Science の許可を得て掲載]

ムの位置関係に変化が起こり，mRNA 結合部位が再構築され，mRNA へ接近しやすくなると考えられている．

真核生物の翻訳開始のための次のステップは，さらなる因子の結合による **48S 開放走査型開始前複合体**（48S open scanning pre-initiation complex）の形成である．この複合体は 5′-UTR で安定な二次構造をとる mRNA 上でのみ形成される．もし mRNA がそのような二次構造を含んでいなければ，43S 複合体は直接 mRNA に結合することができる．ある仮説によると，この段階の mRNA は 3′ 末端のポリ(A)鎖にあるポリ(A)結合タンパク質（PABP; poly (A)-binding protein）と 5′ 側の eIF4F キャップ結合複合体と結合して環状構造を形成している．48S 複合体の機能は走査の過程を阻害するような mRNA の二次構造を除くことである（図 16.6）．真核生物，細菌どちらの mRNA でも二次構造が形成されうるが，真核生物の方が転写や細胞質への輸送に時間がかかるため，二次構造がより多くみられる．一方で細菌では転写と翻訳が共役して起きるため，転写された直後の mRNA の 5′ 末端にリボソームが結合することを思い出そう（図 16.1 参照）．図 16.4 と図 16.6 を比較すると，eIF4F がいつ機能するのか，つまり 43S 開始前複合体の形成前もしくは後に機能するのか不明瞭である．これに関しては研究者たちによる論争がまだ続いている．eIF4G の位置に関する限り，開始複合体のクライオ電子顕微鏡解析から（図 16.7），mRNA の 5′ 末端に当たる 40S サブユニットの端に eIF4G が局在することが示唆されている．

図 16.4 で示したように，48S 開放走査型複合体は P 部位のコドンを判別するための **48S 閉鎖複合体**（48S closed complex）と動的平衡の状態にある．開始コドンの判別が

でき次第 GTP の加水分解によりリン酸基が遊離し，不可逆的に次のステップに移行する．これにより開始前複合体が P 部位の開始コドンを利用して翻訳開始することが決定される．60S サブユニットが開始前複合体に加わり，翻

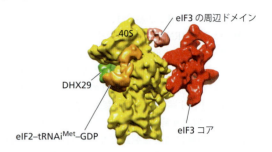

図 16.7 **クライオ EM による 11.6 Å 分解能の真核生物 43S 開始前複合体の構造** 生体由来のタンパク質や組換えタンパク質を *in vitro* で混ぜて形成した 43S 複合体をゲル沪過により精製した．明確に同定しうる eIF2-tRNAi^Met-GDP 三者複合体，eIF3，二次構造を形成した mRNA の走査に必要な DHX29 の位置を示す構造に再構築したクライオ EM 像を示す．ここに含まれていると考えられている eIF1 のこの立体構造中の位置は不明である．eIF と DHX29 がリボソームタンパク質に結合しても，40S リボソームサブユニットに大きなコンホメーション変化は起きなかった．[Hashem Y, des Georges A, Dhote V et al. [2013] *Cell* 153:1108–1119．Elsevier の許可を得て掲載]

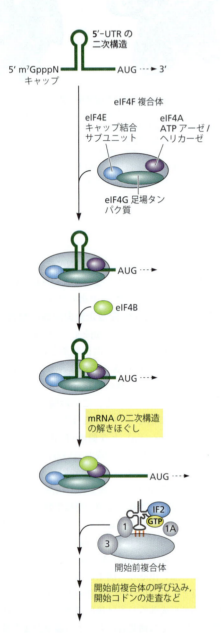

図 16.6 **安定な二次構造をとる mRNA の翻訳開始における eIF4F の働く機構** eIF4F 複合体は eIF4E のキャップ結合能を介して mRNA の 5′ キャップ構造に結合する．eIF4A ヘリカーゼは mRNA 上にリボソームが結合できる場をつくるために 5′-UTR 内にある二次構造を解きほぐすと考えられる．RNA 結合タンパク質 eIF4B はヘリカーゼの働きを助ける．その後で，43S 開始前複合体が結合できるようになる．[Sonenberg N [2008] *Biochem Cell Biol* 86:178–183 より改変．Canadian Science Publishing の許可を得て掲載]

訳機能をもつ 80S 開始複合体が形成される．

開始コドンや選択的開始コドンの位置を決定するなどの翻訳開始に関する知見は，**トウプリント法**（toeprinting）によって得られている（Box 16.3）．

16.5　翻訳の伸長

翻訳の三つの工程のなかでも伸長は最も複雑である．新生ペプチドへの各アミノ酸を付加は三つのステップを繰返しながら進む．(1) リボソームの A 部位への正しい該当アミノアシル tRNA（aa-tRNA）の配置（暗号解読），(2) ペプチド結合の形成（ペプチジル転移），(3) コドン一つ分のリボソームに対する mRNA の移動（**トランスロケーション**；translocation）．P 部位と A 部位上の二つの tRNA が E 部位と P 部位へそれぞれ同時に移動する．全体のサイクルの模式図を図 16.8 に示す．この章で紹介しているそれぞれのステップに関する現在の知見は，この章の前半で説明した三つの解析方法で解き明かされた．

**暗号解読：コドンに対応するアンチコドンをもつ
　　　　　　　アミノアシル tRNA を合わせる**

伸長サイクルの開始時，リボソームは P 部位にポリペプチド鎖をもつ tRNA であるペプチジル tRNA，もしくは開始が始まった直後のリボソームであれば開始 tRNA をもつ．A 部位は空いており，コドン-アンチコドンに合致する次のアミノアシル tRNA を受取る準備をする．アミノ酸はアミノアシル tRNA，GTP と結合した**伸長因子 Tu**（**EF-Tu**；elongation factor Tu）とともに三者複合体として運ばれてくる．コドン-アンチコドンによる適切なアミノ酸の

Box 16.3　トウプリント法: リボソーム–mRNA 複合体によるプライマー伸長阻害

　mRNA のリボソームの挙動や補助因子，他の分子の役割などに関する多くの情報はトウプリント法とよばれる技術から得られた．いくぶんかおかしな名前であるが，すでに紹介したようなフィンガープリント法やフットプリント法と同じようなネーミングに由来する．原理はとても単純である（図1）．*in vitro* でリボソームは既知の mRNA 配列に結合して，mRNA 上を移動し，また場合によっては翻訳を行う．阻害剤の添加や必須因子の欠損によりリボソームを停止させた後に，逆転写酵素を用いて mRNA の 3′ 側から DNA に逆転写する（第 20 章参照）．放射線もしくは蛍光で標識したプライマーを mRNA の 3′ 末端近くに結合させて逆転写反応により伸長させることで DNA 産物を標識する．リボソームが存在する場合は，そのリボソームの P 部位から約 15 nt 下流で逆転写酵素がリボソームとぶつかり，停止する．

　実験ではリボソームが結合した mRNA と結合していない mRNA を同じプライマーで逆転写反応を行う．合成した一本鎖の DNA 断片を単離し，それぞれを DNA のサイズマーカーと並べて電気泳動を行う．結果より，リボソームが結合する mRNA の 5′ 末端から距離を測ることができる．

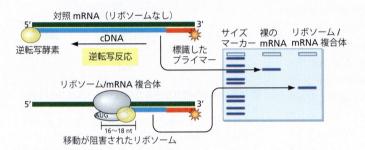

図 1　トウプリント法の原理　リボソームは mRNA 上を移動するが，この移動は阻害剤の添加や必須因子の欠損により停止する．リボソーム複合体が mRNA 上に存在するとその地点より先に逆転写酵素が移動できなくなるため，リボソームがない mRNA に由来する転写産物（青い線）よりも短い転写産物が合成される．mRNA 上に沿って移動したリボソームの距離は電気泳動を用いて転写産物の長さを比較することで測定する．長さを決定するためには電気泳動の際にサイズマーカーを並べて行う．

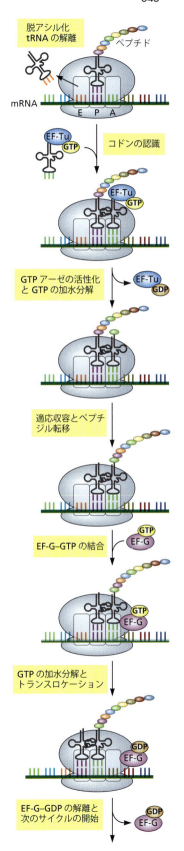

図 16.8　細菌の翻訳伸長　開始時，fMet を輸送する開始 tRNA は P 部位に結合する．伸長は周期的な過程であり，三つの主要な段階でポリペプチド鎖にアミノ酸を付加していく．つまり，リボソームの A 部位に正しいアミノアシル（aa-）tRNA の配置，ペプチド結合の形成，リボソームをコドン一つ分だけ mRNA 上を移動させるトランスロケーションである．ちなみに P 部位と A 部位にある二つの tRNA も移動することとなる．これら三つの主要な一連の反応に付随して起こる他の反応は，主要な反応のための適した状態をつくるために必要である．次の aa-tRNA は GTP と結合した伸長因子 EF-Tu によって A 部位に運ばれる．正しい塩基対形成やコドンとアンチコドン間の認識がリボソームの GTP アーゼ中心を活性化することで GTP 加水分解がひき起こされ，EF-Tu がコンホメーション変化を起こすことでリボソームから離れる．このコンホメーション変化が今度は rRNA と tRNA のコンホメーション変化を導き，二つの tRNA 間でペプチジル転移反応を起こす．ペプチジル転移により P 部位にある tRNA の新生ポリペプチド鎖が A 部位の aa-tRNA に移る．ペプチジル転移反応が起こると，次のコドンを利用可能にするために mRNA の 3′ 側へリボソームが動く必要があり，この移動には aa-tRNA と類似した構造をもつ GTP 結合型 EF-G が働く．図で示すとおり，GTP 加水分解が二つの tRNA の移動を導く．この状態になることでリボソームの次の伸長段階への準備が完了する．[Steitz TA [2008] *Nat Rev Mol Cell Biol* 9:242–253 より改変．Macmillan Publishers, Ltd. の許可を得て掲載]

選択は小サブユニットの暗号解読中心で行われる．このステップでは，少数の該当するアミノアシルtRNA複合体が豊富に存在するアミノアシルtRNA複合体と競合するため，伸長反応の律速段階になっていると考えられる．

該当アミノアシルtRNAの選択に重要な正確性はコドン3塩基とアンチコドン3塩基が形成する水素結合のエネルギー論では説明しきれない．実際にコドン-アンチコドンの結合エネルギーはEF-Tu-tRNA複合体とリボソーム間の結合の総エネルギー量と比較しても低い．1960年代の初期の研究は溶液中のコドン-アンチコドンによる3ヌクレオチドの安定性が弱いため，リボソーム自体がその結合を安定化させていることを示唆していた．しかし，リボソームが単純にコドン-アンチコドン結合を安定化しているのか，正しい結合特異性をさらに強固にする役割をもっているのかはよくわかっていなかった．

抗生物質特異的な表現型を示す大腸菌の変異体を用いた遺伝学的解析から，リボソームが次にくるアミノアシルtRNAと多段階の結合をすることで，暗号解読を正確に調節していることがわかった．さらに最近の構造解析から，リボソームがどのようにして暗号解読の選択性を行っているのかが明らかとなった．実際，リボソームの小サブユニットの普遍的に保存されている三つの塩基がコドン-アンチコドンヘリックスの最初の2塩基にある副溝と相互作用した後，塩基対の形状を認識する30Sサブユニットの機能によって正しい結合が補強されることがわかった．V. Ramakrishnanが言及したように，リボソームによる塩基対形状の厳重な監視はコドンの3番目の塩基では起きず，遺伝暗号の縮重と矛盾しない．コドン-アンチコドンとリボソーム間のこのようなさらなる結合は30Sサブユニットのドメイン閉鎖を誘導し，暗号解読を次のステップに推し進める．これは酵素活性の誘導適合モデルの一例とみなされている．逆に，もしリボソームが適切なコドン-アンチコドン塩基対を見つけられない場合は不正確に挿入されたアミノアシルtRNAの放出が起きやすくなり，翻訳の正確性が向上する．

適応収容：
ペプチド結合形成を可能にするゆがんだtRNAの弛緩

EF-Tu-GTP複合体内においてtRNAのコンホメーションはゆがんでいる（図16.9の概要と，図16.10の詳細を参照）．しかし，GTPの加水分解によってリボソームからEF-Tu因子が解離すると熱力学的に安定なコンホメーションに弛緩される．この過程を**適応収容**（accommodation）とよび，ペプチド結合を形成するための化学基が反応できるように適切な位置に移る．そのためゆがんだ状態のtRNAの弛緩は翻訳の駆動力となるが，加水分解により放出されたGTPからのエネルギーの役割であることに着目しておきたい．

ペプチド結合の形成はリボソームによって促進される

A部位のアミノアシルtRNAとP部位のペプチジルtRNA間で生じるペプチド結合形成つまりペプチジル転移は，50Sリボソームのペプチジルトランスフェラーゼ中心（PTC）で起きる．この反応では，次にくるアミノアシル

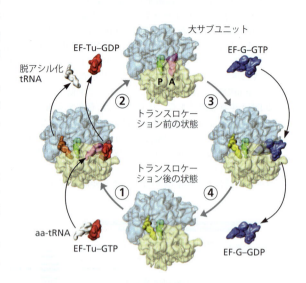

図16.9 構造の視点からみた伸長サイクルに関わる因子　リボソームへのEF-TuとEF-Gの結合部位を決定するために使用されたクライオEM像と三次元像再構築に基づく概略図．二つの伸長因子の構造は結晶構造解析に由来する．リボソームの全景を小サブユニットは薄黄で，大サブユニットは薄青で示す．全体のサイクルは各コンホメーション間の一連の段階を進んでいく．①下のトランスロケーション後の状態の複合体から反応が始まる．これはリボソームが新しいaa-tRNA（灰色），EF-Tu-GTP（赤）から成る三者複合体の受入れ準備が整った状態である．②左側の構造は三者複合体（濃いピンクと赤）と結合したリボソームの構造である．三者複合体がリボソームに結合するとP部位にあったtRNA（茶色）はE部位に移動して放出される．ここでは暗号解読の一部を表しており，A部位にmRNAの次のコドンと適合したアンチコドンをもつaa-tRNAが選ばれて入り，その後GTP加水分解とコンホメーション変化が起きる．もしコドンとアンチコドンが正しい組合わせであれば，GTPの加水分解によりGDP結合型EF-Tuがリボソームから遊離することでA部位のRNAの構造が引っ張られるように弛緩してコンホメーション変化する．このコンホメーション変化を適応収容とよぶ．またE部位のtRNAも放出される．上部に示すように，リボソームはA部位とP部位にtRNA（それぞれマゼンタと緑）をもち，トランスロケーションの前段階を示す．ペプチジル転移後，図では示していないが新生ペプチドはA部位のtRNAと共有結合する．③GTPと結合したEF-G（青）はリボソームと結合し，P部位のペプチジルtRNA（緑）とE部位の脱アシル化tRNA（黄）のトランスロケーションを促進する．GTP加水分解によって誘導されるトランスロケーションはEF-Gとリボソームに一過的なコンホメーション変化を起こす．④GTP加水分解によるEF-Gの放出により伸長サイクルの最終段階が終了したリボソームのトランスロケーション後の状態を示す．[Cheng RH & Hammar L [eds] [2004] Conformational Proteomics of Macromolecular Architecture. World Scientific Pressの許可を得て掲載]

tRNAのα-NH₂基がペプチジルtRNAのペプチド部分とつながるため,エステル結合しているカルボニル炭素を求核的に攻撃する(図16.11).もしペプチジル転移が触媒されなかったら,室温の場合は約 10^{-4} $M^{-1}s^{-1}$ の速度で進行するが,実際には,リボソームはこの反応を $10^6\sim10^7$ 倍の速度で行う.いかにしてこれが可能になるのだろうか.長年の考えに従って23S rRNAのドメイン5が酸と塩基として利用され化学的触媒に直接的に関与するのか,それとも遷移状態を安定化するのだろうか.さもなければ,正しい方向に近接するよう単純に二つの基質を近づけるように働くのだろうか.構造研究や,動力学的,生化学的,遺伝学的,コンピューターを用いる解析でついにその答えが明らかとなった.

rRNAのペプチジルトランスフェラーゼ中心内にあるA2451残基が酸塩基触媒として働くと当初は提唱されたが,ペプチジル転移反応にこの残基が不要であることがわ

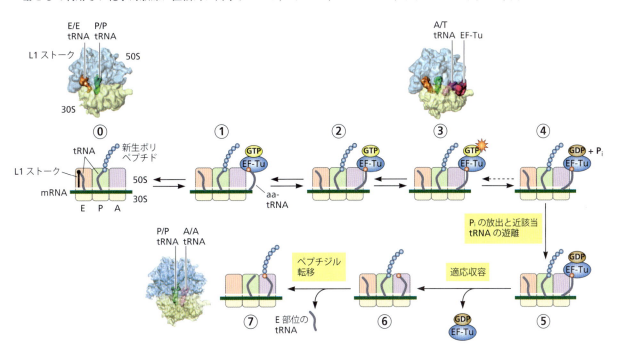

図16.10 暗号解読とペプチジル転移における識別できる異なる状態,および可逆的段階と不可逆的段階 生化学的動力学解析,spFRET,クライオ EM 像に基づく概略図. ⓪ トランスロケーション後の A 部位が空いている状態.30S の P 部位と 50S の P 部位から成る P/P 型の配置をもつ P 部位にはペプチジル tRNA がある.同様に E/E 型である E 部位には脱アシル化 tRNA があり,50S サブユニット内の高可動性ドメインである開放型 L1 ストークと相互作用している. ① EF-Tu,GTP,aa-tRNA による三者複合体がリボソームに L7/L12 ストークを介して結合している状態で,⓪ の状態と同じく停止期である. ② への移行の際には aa-tRNA のアンチコドンが小サブユニットの A 部位近傍にある暗号解読中心(DC)で mRNA のコドンを識別する. ② aa-tRNA が DC でコドンに結合する.aa-tRNA がない状態の DC はコンホメーション的に動いているが,該当コドン-アンチコドン複合体が形成されると特別なコンホメーションで安定化する.さらに 30S サブユニットは全体のコンホメーション変化が起きることで閉鎖型となる. ③ への移行に際して該当と一部の近該当の tRNA をもつ三者複合体は EF-Tu の GTP 活性化を誘導するために十分な時間結合する.非該当と一部の近該当の三者複合体はリボソーム上で不安定なため排除される.これは該当 aa-tRNA を選択する最初の段階である. ③ EF-Tu が GTP 加水分解によって活性化する.DC の該当 aa-tRNA が認識されると三者複合体内で aa-tRNA が A/T 状態をとる(A/T の T は EF-Tu を示す).これにより tRNA のアンチコドンは DC のコドンに固定されるが,一方で aa-tRNA のアクセプターステムは EF-Tu と結合したままである.この結合は知られている tRNA の X 線構造と比較してコンホメーションが大きく変化する必要があり,実際にねじれ曲がった構造をとる.したがって aa-tRNA 自体がコドン-アンチコドンの認識シグナルを DC から 50S サブユニットの GTP アーゼ中心への伝達に関わっており,これにより GTP 加水分解が誘導される. ④ GDP-Pi と結合した状態の EF-Tu.GTP 加水分解に伴い Pi が放出されるこの過程は不可逆的である. ⑤ GDP と結合状態の EF-Tu.GTP の加水分解と Pi の放出によって起こる EF-Tu-GDP のコンホメーション変化は伸長因子の遊離を誘導する.近該当の aa-tRNA もまたこの段階でリボソームから遊離させられるため,該当 aa-tRNA のための第二の選択段階となる. ⑥ aa-tRNA が A 部位で適応収容する.適応収容は EF-Tu-GDP が遊離することで tRNA の緊張がなくなり,熱力学的に安定な構造に戻ることで起きる.このコンホメーション変化によりアミノ酸と結合しているアクセプターステムの再配置が生じ,ペプチド結合の形成が促進される.ペプチジル tRNA C 末端の反応性カルボキシル基は,aa-tRNA のアミノ末端が求核攻撃のために適した距離に位置しており,P 部位に結合したペプチジル tRNA から A 部位に結合した aa-tRNA へ新生鎖が転移する. ⑦ E 部位の脱アシル化 tRNA が放出され(最近の研究ではここよりも早い段階で放出が起こると考えられている),トランスロケーション前複合体となる.A 部位の tRNA は新生ポリペプチド鎖と共有結合しており,P 部位の tRNA は脱アシル化されている.[Frank J & Gonzalez RL Jr [2010] Annu Rev Biochem 79:381–412 より改変.Annual Reviews の許可を得て掲載]

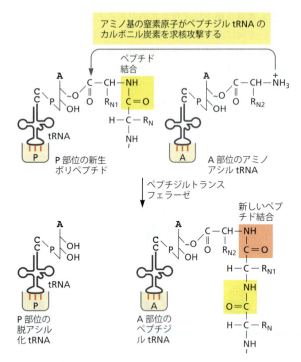

図16.11 ペプチド結合の形成 コドンと該当アンチコドンの暗号解読（適合）は小サブユニットのA部位近傍の遺伝暗号中心において起こるが，ペプチド結合の形成は大サブユニットの23S rRNA上で起きる．単純化のため，ここでは小サブユニットのA部位とP部位のみを示す．

かり却下された．高分解能の結晶構造のデータから，触媒に関与すると考えられていたA2451残基のN3原子は求核剤として必要とされる距離に位置していないことが示された．最後には動力学的解析のデータからペプチジル転移反応はpHに強くは依存しないことが示されたことにより，酸塩基触媒は関与しないという動かぬ証拠がもたらされた．

ペプチド結合形成の触媒機構を解くための動力学的解析は，in vivoで起きる反応を完全に再現する in vitro 翻訳系の再構成を必要とする．in vitro における系はpH，温度，イオンなどを異なる条件で調べることができる．しかし問題が一つある．基質結合や適応収容，他のコンホメーション変換など，多くの複雑なステップではなく，ペプチド結合形成の段階を反映した産物の形成速度をどのように確定すればいいのだろうか．A部位へアミノアシルtRNAが適応収容する一次速度定数は約 10 s^{-1} であり，ペプチド結合の形成はその後すぐに起きる．当然，適応収容はこの反応の律速段階である．したがって，適応収容とペプチド結合の形成が共役して起こらない場合に限り動力学的解析を用いることができる．

これは巧みな二つの実験によって実証された．最初の方法は求核性反応基である $\alpha\text{-}NH_2$ 基をより反応性の低いOH基に置換して用いた．この置換が反応経路に大きく影響しないことは事前に確かめられていた．これにより反応速度は 10^{-3} s^{-1} であることがわかり，適応収容よりもはるかに低いことが判明した．もう一つの方法では，A部位に結合するが適応収容を起こさない類似体が用いられた．その実験にはアミノアシルtRNAの類似体である抗生物質のピューロマイシンと70Sリボソーム，mRNA，fmet-tRNAi^fMet またはP部位のペプチジルtRNAが使用された．

いかにしてリボソームがこの反応を加速させているのかという現在の見解を図16.12(a)に示す．ペプチジルトラ

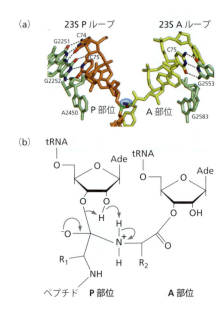

図16.12 ペプチジルトランスフェラーゼ中心（PTC）の構造とペプチド結合形成の化学反応 PTCはリボソーム50Sサブユニット内にある．(a) A部位とP部位のtRNAに対するアクセプターアームは50Sの接合部分の溝に位置する．普遍的に保存されているtRNAのCCA末端は活性部位近くの23S rRNA残基と相互作用することで保持される．P部位ではtRNAのC74とC75残基が，23S rRNAの二次構造を形成しているPループのG2251とG2252残基と塩基対結合する．A部位のaa-tRNAのCCA末端のC75残基もまた，23S rRNAの二次構造を形成しているAループのG2553塩基と塩基対結合する．両方のtRNAの3'末端のA76残基もまた23S rRNAと相互作用している．金属イオンはこの反応の近傍では観察されない．重要なことに，A部位のtRNAの $\alpha\text{-}NH_2$ 基（青球）は，P部位のtRNAのペプチド部分（薄緑）とCCA末端のAをつなげるエステル結合内のカルボニル炭素を求核攻撃できるように位置している．[Beringer M & Rodnina MV [2007] *Mol Cell* 26:311–321. Elsevier. の許可を得て掲載] (b) ペプチジル転移反応における想定されている反応中間体が崩壊する機構．協調したプロトン輸送にはペプチジルtRNAのA76の 2'-OH基が関与しており，$\alpha\text{-}NH_2$ 基からプロトンを受取ると，3'-Oの脱離基に受渡す．2'-OH基をHまたはF残基に置換すると少なくとも 10^6 倍まで反応速度の低下が観察されることから，2'-OH基の役割が確かめられている．[Schmeing TM & Ramakrishnan V [2009] *Nature* 461:1234–1242 より改変．Macmillan Publishers, Ltd. の許可を得て掲載]

ンスフェラーゼ中心内の核酸と二つの反応物の間で広範囲に水素結合のネットワークが接しており，反応が起きる方向に配置されている．リボソームによる反応速度の増強のほとんどをおそらくこのネットワークが担っている．リボソーム大サブユニットL16とL17もまたこの反応を促進するためにRNA因子を補助している．注目すべきことに，ペプチド結合形成の位置的触媒を助けるために，ペプチジルトランスフェラーゼ中心の壁面に限定された方向に沿ってA-tRNAの3′末端が回転運動をすると想定されている．実際の化学触媒反応では，NH_2 からプロトンを抽出するのに良い位置にあるペプチジルtRNAの2′-OH基が働いており，プロトンを脱離基に提供している（図16.12b）．

ハイブリッド状態の形成はトランスロケーションに必須な過程である

ペプチド結合の形成に続き，3′→5′方向へ正確にコドン一つ分だけmRNAを移動させるという複雑な一連の反応が起こる（図16.13）．このとき一つのtRNAはA部位からP部位に移り，もう一つの脱アシル化tRNAはP部位からE部位に移ることとなる．tRNAが小サブユニットと大サブユニットのそれぞれの異なる部位に同時に結合する状態を**ハイブリッド状態**（hybrid state）とよび，50Sサブユニットに対してtRNAが自発的かつ可逆的に動くとハイブリッド状態となりトランスロケーションが始まる．たとえば，ペプチジルtRNAが30SサブユニットのA部位と50SサブユニットのP部位に同時に結合している状態がハイブリッド状態である（図16.13の⑨，⑩，⑪参照）．このハイブリッド状態が協調的かつ可逆的に移行できるのは，小サブユニットと大サブユニットがお互いに，自発的に部分回転するか滑かする結果であると考えることができる（Box 16.4）．EF-G-GTP結合とGTP加水分解のステップのみが不可逆的反応となり，トランスロケーションを前に進める．このように，トランスロケーション過程は**ブラウンラチェット**（Brownian ratcheting）の一例である（Box 9.1とBox 16.4参照）．なお，GTPの加水分解がどのようにして標準的なP/PとE/Eコンホメーションへ戻す動きを起こすか，という構造上の条件は不明なままである．

二つの不可逆的ステップであるペプチジル転移とトランスロケーションは翻訳の正確性にも寄与している．A部位にアミノアシルtRNAが入った後でも，図16.10の状態②と③の間の必須ステップ，つまりGTP加水分解の活性化は適切なコドンに正しいtRNAがある場合にのみ促される．同じ基質が何度も出し入れされるのも正確性に貢献しており，**動的校正**（kinetic proofreading）として知られている．さらなる校正は，ペプチジル転移へ続く後の段階で起こる．

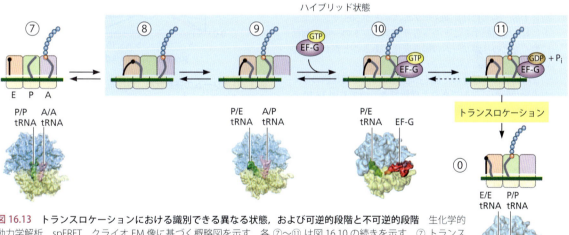

図16.13 トランスロケーションにおける識別できる異なる状態，および可逆的段階と不可逆的段階 生化学的動力学解析，spFRET，クライオEM像に基づく概略図を示す．各⑦〜⑪は図16.10の続きを示す．⑦ トランスロケーション前の複合体．新生ポリペプチド鎖はA部位（A/A配置）のtRNAに共有結合しており，P部位（P/P配置）のtRNAは脱アシル化されている．E部位は空いている．L1ストークは開放型となっている．⑧ トランスロケーション前の複合体がラチェット機構の中間状態に移行する．つまりリボソームが半回転することでtRNAがA/Aとハイブリッド P/E配置となる中間状態となる．L1ストークはハイブリッドP/E配置にあるtRNAと直接結合して閉鎖型となる．⑨ リボソームが回転することでtRNAがハイブリッドA/P配置とP/E配置に入り，L1ストークはハイブリッドP/EのtRNAと直接結合して閉鎖型となる．状態⑧を介さずに⑦から⑨へ直接移行することもできる．⑩ EF-G-GTPが結合し，ハイブリッド複合体が安定化する．⑪ GTP加水分解が起き，EF-GがGDP-P_iに結合する．EF-G-GDPが放出されると状態⓪へ不可逆的に移行する．リボソームは非回転型の配置に戻り，新しく形成されたペプチジルtRNAと脱アシル化tRNAはそれぞれP/P配置とE/E配置に移る．L1ストークは開放型に戻る．⓪ 次のサイクルの準備をするトランスロケーション後の複合体．［Frank J & Gonzalez RL Jr [2010] *Annu Rev Biochem* 79:381–412 より改変．Annual Reviewsの許可を得て掲載］

細菌の伸長因子の立体構造解析から詳しい機序が明らかにされた

すでに紹介したように伸長サイクルに関与する伸長因子は二つある．EF-Tu はリボソームの A 部位にアミノアシル tRNA を搬入し，EF-G はトランスロケーションを助ける．高分解能の構造解析からそれぞれの伸長因子がリボソームにどのようにして結合するのか詳細が明らかになった（図 16.14）．特に重要な点が二つある．一つめは，EF-Tu 複合体中の tRNA がハイブリッド A/T 状態を占めているときは折れ曲がり，GTP 加水分解と EF-Tu の遊離に伴う分子ばねによってもとのコンホメーションに戻る．二つめは，EF-G のドメイン III と IV が EF-Tu 複合体内の tRNA を模倣した形をとっていることである．この形が類似性がトランスロケーションにおける EF-G 作用の構造基盤となっている．

リボソームは新生ペプチド鎖を出すためのトンネルをもつ

伸長過程の間，伸長するポリペプチド鎖は 50S サブユニット中の出口トンネルを通ってリボソームから押し出される．翻訳を説明するためには出口トンネル，およびタン

Box 16.4　より詳しい説明：伸長サイクルの詳細な研究；ブラウンラチェット機構

本文ではリボソームの伸長サイクルの広範囲に及ぶ概略を示した．現状では，本質的に正しい．しかしそのサイクルはより複雑で，リボソーム自身の部分的な変化も伴うはずであるという認識が古くから存在した．リボソームと他の因子が結合する構造の重要な情報を X 線結晶構造解析が明らかにしたが，クライオ電子顕微鏡と spFRET を用いることがこの過程の動きをより深く理解することにつながった．

これらの研究から得られた洞察を図 16.10 と図 16.13 に示す．このサイクルは図 16.9 で示された 4 段階ではなく，11 段階であることが新しい実験よりわかった．この違いはおもに各段階が A，P，E 部位との古典的占有状況を示すだけでなく，ハイブリッド状態となるからである．つまり tRNA が 30S のそれぞれの部位と異なる 50S の部位に結合する．さらには，30S サブユニットが 50S サブユニットに対して回転することや，各サブユニットの一部が側面に動くなどのリボソームの構造変化もあることがわかっている．

この研究から得られた驚くべき結果は，中間状態の多くが実際は動的に平衡であると理解でき，つまり図 16.10 と図 16.13 で示した往復矢印の箇所は可逆的であるということである．これはリボソーム-mRNA-tRNA 複合体がそれぞれの中間状態を行ったり来たりしていることを意味している．にもかかわらず全体の過程は一方向矢印で示した重要な段階があるように不可逆的になっている．この不可逆性は全体のサイクルに熱力学的駆動力を与える GTP の加水分解があるからである．この段階を一つ進むと戻ることができなくなる．つまり全体のシステムがブラウンラチェットとよばれている由縁である．熱エネルギーは回転基盤を一方へ動かすために足りるが，歯止め（ratchet）がかかると不可逆的な段階となり，システムの逆戻りが防がれる．したがって全体の方向は進むだけであり，熱力学の第二法則に従う（Box 9.1 参照）．

基質がどのくらい広くまた調和して動くことができるのかを図 1 に示しており，翻訳後の状態において 16S rRNA を回転軸として 30S サブユニットが動く回転角度の幅を表している．もしクライオ電子顕微鏡のための試料を 4 ℃におくと，粒子は安定な接地型のコンホメーションのよう

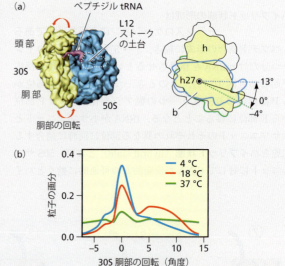

図 1　リボソームの運動状態　異なる 3 種類の温度における 200 万個の個々のトランスロケーション後の複合体をクライオ EM により解析した結果から推論された運動状態を示す．(a) 左：18 ℃における未分類のクライオ EM 像から得られたトランスロケーション後の複合体の三次元再構成図．右：胴部の回転を図式的に表す．胴部は 16S rRNA のヘリックス 27 を中心軸に回転し，頭部と非依存的に動く．(b) 30S 胴部の回転は温度依存性であり，回転角に対する粒子の画分を図示している．リボソームがブラウンラチェット機械であるとすると，強い温度依存的なリボソームの運動性が期待される．[(a), (b) Fischer N, Konevega AL, Wintermeyer W et al. [2010] *Nature* 466:329-333 より改変．Macmillan Publishers, Ltd. の許可を得て掲載]

に観察でき，図 1 (b) で示すように 0° 近辺に大きなピークをもつ．18 ℃では二つの大きなピークがみられることから，二つの回転型コンホメーションをとりやすくなる．試料をさらに高い温度に移すと，より広い分布がみられる．実際に生理的な温度である 37 ℃では，分布はほぼ平らとなり，どの特定の角度にも強い傾向がみられないため，リボソームはほぼ自由にどの内角にも動けるようである．

16.5 翻訳の伸長

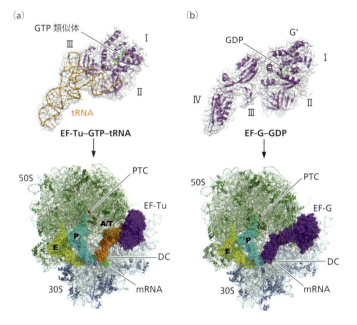

図16.14 EF-Tu および EF-G の構造とリボソーム内の位置 (a) 上：非加水分解性の GTP 類似体存在下における Phe-tRNA^{Phe} と結合している *Thermus aquaticus* の EF-Tu. このような類似体や小分子は同じ凍結状態の分子を多数捉えるために一般的に使用され，さらなる反応を起こらないようにできる．下：EF-Tu，aa-tRNA と複合体形成をしたリボソームの結晶構造．EF-Tu がリボソームと tRNA に結合している限り，A/T 状態の tRNA は曲がった構造をとる．GTP の加水分解による EF-Tu の放出により tRNA が A 部位内に移動することで，結合しているアミノ酸が PTC へ配置される．(b) 上：GDP に結合した *Thermus aquaticus* の EF-G．下：トランスロケーション後のリボソーム内の EF-G．EF-Tu，GTP，aa-tRNA による三者複合体と EF-G の形態は驚くほどよく似ている．特に EF-G の構造から突出しているドメインⅣが tRNA アンチコドンアームと類似の形状をしている．二つの因子とリボソームの結合様式の点でも相同性に着目しよう．トランスロケーションにおける EF-G の分子機構はこの相同性に基づいている．[(a), (b) Nakamura Y & Ito K [2011] *Wiley Interdiscip Rev RNA* 2:647–668. John Wiley & Sons, Inc. の許可を得て掲載]

パク質の折りたたみにおけるその役割についての情報を得る必要がある．50S サブユニット中のトンネルの位置とその全体構造を図 16.15 に示す．トンネルはあまりにも狭く，とりわけくびれた部位をもつため，αヘリックス形成以上のタンパク質折りたたみができない．Thomas Steitz は次のように評している．"rRNA の構造はスポンジと比較されるぐらいきわめて多孔質であり，その構造の頑健性はエッフェル塔に匹敵する．絡み合っている RNA ヘリックスの多くはお互いに，またはタンパク質と特異的に相互作用をして安定化することで特有な構造を強化しているため，トンネルが 10～20 Å の範囲で伸縮することは絶対にありえない．" X 線回折による空間充填モデルが示すように，リボソームは高密度の構造である．さらに，出口トンネルをもつポリペプチドの直接の構造解析からトンネルの拡張はまったくみられなかった．タンパク質がトンネルから出た後にどのようにして折りたたまれるのかは第3章で説明した．

真核生物の翻訳伸長にはより多くの因子が必要である

真核生物での翻訳の伸長機構は完全には研究されていないが，細菌と似ている．最初の段階ではより多くの因子が関与し，それらのいくつかはアイソフォームである．たとえば，eEF1A は機能的に細菌の EF-Tu と相当し，二つのよく似たアイソフォーム eEF1A1 と eEF1A2 がある．Box 16.1 に詳しく述べたように，これらのアイソフォームの一つは発がん性の性質をもつが，もう片方はそのような性質を示さない．この奇妙な違いの理由はまだ説明できない．

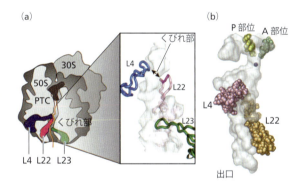

図16.15 50S サブユニット中の出口トンネル トンネルの長さは 80～100 Å あり，直径は最も大きい所で 20 Å，最も細い所で 10 Å ある．トンネルはチューブ形をしており，伸長したペプチドの場合は約 30 アミノ酸ほど，αヘリックスコンホメーションの場合は 60 アミノ酸まで収容できる．αヘリックス以外のタンパク質の折りたたみはトンネル内で生じないと考えられる．(a) リボソームの出口トンネルを通る新生鎖の通り道．左：トンネルに沿って切断したリボソームの断面（灰色）．新生鎖（オレンジ色）は PTC から伸長して外部に出る．新生鎖と相互作用する三つのリボソームタンパク質を色つきで示す．右：トンネルの表面外側の拡大図．トンネル内で最も細いくびれ部を形成するリボソームタンパク質 L4 と L22 のループ構造を示す．リボソームタンパク質 L23（緑）は出口付近に配置されている．[Kramer G, Boehringer D, Ban N & Bukau B [2009] *Nat Struct Mol Biol* 16:589–597. Macmillan Publishers, Ltd. の許可を得て掲載] (b) 目印の位置を示した描写図．A 部位に対してわずかに回転した構造を示す．上部には tRNA 結合部位，下部には出口がある．●は α-アミノ基の活性部位を表している．[Voss NR, Gerstein M, Steitz TA & Moore PB [2006] *J Mol Biol* 360:893–906. Elsevier の許可を得て掲載]

16.6 翻訳の終結

伸長サイクルは，A 部位に mRNA 上の終止コドンがくるまで続く．複数の**終結因子**（**RF**；release factor），**リボソーム再生因子**（**RRF**；ribosome releasing (recycling) factor），上述した EF-G-GTP，開始因子 IF3 などの因子が翻訳終結因子として働く（図 16.16）．これらの因子の一連の結合がポリペプチド鎖の放出と 70S リボソームの各サブユニットへの解離を導く．

終結因子は mRNA 上の終止コドンを認識する．細菌では，クラス I 因子に属する二つの終結因子 RF1 と RF2 が 3 種類の終止コドンを認識する（図 16.17）．真核生物では 1 種類の終結因子 eRF1 が三つすべての終止コドンを認識でき，細菌の RF1 と RF2 とのアミノ酸配列上の相同性はない．遺伝学的研究と構造学的研究から，RF1 の P(A/V)T と RF2 の SPF に終止コドンの認識に関わる推定上の**トリペプチドアンチコドンモチーフ**（tripeptide anticodon motif）が同定された．mRNA の下流の塩基はクラス I 終結因子による終結の効率に影響する．RF1 と RF2 の全体構造とそれらの位置を図 16.17 に示す．図 16.18 に 30S サブユニットの暗号解読中心および 50S サブユニットのペプチジルトランスフェラーゼ中心と RF1 の結合様式の拡大図を載せた．

ポリペプチド鎖放出のためには，最後のアミノ酸と該当 tRNA 間の結合を切断しなければならない．この反応はペプチジル転移のように進行するが，転移が水分子へ向うことが異なる．クラス I 終結因子の高度に保存されている GGQ ループが加水分解を助ける立体的に重要な結合を担うことにより，この反応に関与する．

RF3 による RF1 と RF2 の除去

クラス II 終結因子 RF3 は GDP 結合状態でリボソームと結合する（図 16.16 参照）．おそらくこの結合が GDP から GTP への交換を誘導する．GTP 結合型 RF3 は RF1 または RF2 の結合を不安定にさせるようにリボソームのコンホメーション変化を誘導し，それらの因子の解離を導く．その後 GTP は加水分解され，RF3 がリボソームから離れる．図 16.19 はクライオ電子顕微鏡像で判明した RF3 結合による結合 RF1 のコンホメーション変化を示す．

リボソームは終結後に再利用される

リボソームがポリペプチド鎖を放出した後，脱アシル化 tRNA と mRNA の終止コドンは P 部位に残る（図 16.16 参照）．リボソームからこれらを取除く仕組みが存在し，リボソームを構成する各サブユニットに解離し，それにより再利用されたサブユニットが新しいポリペプチド鎖の合成を行う．細菌のこの過程は 3 種類の因子，つまりリボソーム再生因子（RRF），トランスロケーションのときにリボソームをラチェットで動かす EF-G-GTP，そして開始の際に抗会合因子として働く IF3 が関わる．

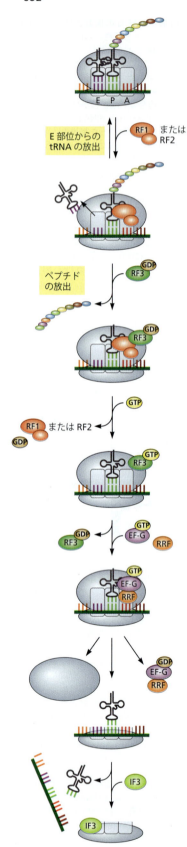

図 16.16 細菌の翻訳終結 終止コドン（赤）に終結因子 RF1 か RF2 が呼び込まれると加水分解によって P 部位の tRNA からペプチドが放出される．これは RF3-GDP の結合をひき起こすシグナルとして働く．RF3 上の GDP が GTP に交換された後 GTP 加水分解が起こると，RF1 または RF2 が放出されると考えられている．残ったリボソーム，mRNA そして P 部位の脱アシル化 tRNA から成る複合体はリボソーム再生因子 RRF と伸長因子 EF-G の結合によってばらばらになる．50S サブユニットの解離には GTP の加水分解が必要とされる．開始因子 3（IF3）は P 部位からの tRNA の解離と mRNA の放出に必要で，両者は同じ速度で起こり，おそらく同時に働く．[Steitz TA [2008] *Nat Rev Mol Cell Biol* 9:242–253 より改変．Macmillan Publishers, Ltd. の許可を得て掲載]

16.6 翻訳の終結

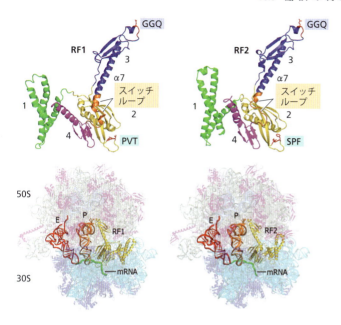

図16.17 X線結晶構造解析によるRF1とRF2の構造
上：*Thermus thermophilus* のRF1とRF2のリボソーム結合型または開放型コンホメーション．遊離の非結合因子はより小さくまとまって閉鎖型で，リボソームに結合すると開放型となる．機能的に重要な分子構造の名称を囲み内に示す．それぞれの因子のドメイン2にはコドン特異性の決定に働く部位（RF1のトリペプチドP(A/V)T，RF2のSPF）がある．終止コドンUAGはRF1，UGAはRF2，UAAは両方の因子によって認識される．これらの認識特異性は近年の結晶構造解析ではまだ確認されていないため，推測である．細菌，古細菌，真核生物で保存されたドメイン3のGGQモチーフはグルタミン（Q）残基の主鎖のアミドを介してペプチジルtRNAの加水分解に関与している．ドメイン3と4の間に位置するスイッチループは，強固な連結部を形成することで50Sサブユニットのペプチジル tRNAトランスフェラーゼ中心にあるペプチジルtRNAのエステル結合と接するようにドメイン3とGGQモチーフを配置する．下：それぞれの終結因子に結合したリボソームの構造．上の図に対して約180°回転している．
[Korostelev A, Asahara H, Lancaster L et al. [2008] *Proc Natl Acad Sci USA* 105:19684–19689. National Academy of Sciences の許可を得て掲載]

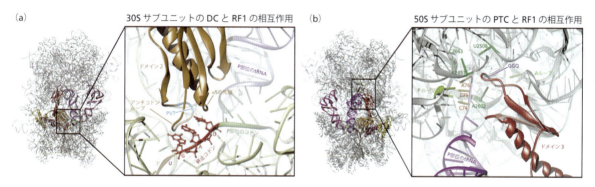

図16.18 リボソームとRF1の相互作用 (a) 30SサブユニットのDCとRF1の相互作用．終止コドンUAGはトリペプチドPVT（薄青）を含むループに囲まれており，遺伝学的実験からこのトリペプチドがUAGの特異的認識に働くことが示唆されている．RF2ではトリペプチドのアンチコドンモチーフSPFがもう一つの終止コドンUGAの特異的な認識に働くが，第三の終止コドンUAAはRF1とRF2両方で認識される．トリペプチドモチーフと周囲のアミノ酸残基は終止コドン近傍に配置されており，特に終止コドンの第二，第三ヌクレオチドに近い．さらにヘリックスα5の先端は第一コドンの塩基に接近しており，3種の終止コドンすべての共通塩基であるウリジンの認識に関わっているのかもしれない．終結因子による終止コドンの認識は校正機能をもたないが，伸長反応時のtRNAの暗号読解よりはるかに正確である．(b) RF1に対する50SサブユニットのPTCと23S rRNAのAループおよびPループ（黄緑）との相互作用．ペプチドの放出に関わると考えられ高度に保存されているGGQループはPTCの保存されている塩基（緑）に囲まれており，さらにこのループの先端がP部位にあるtRNAのA76残基に面している．ペプチジルtRNAのエステル結合を求核攻撃する際に水分子を利用するため，RF1とRF2の結合がPTCのコンホメーション変化を誘導すると考えられている．つまりGGQループは立体的に加水分解を手助けしているのであって，直接加水分解に関わるわけではない．A76のリボースまで達することができる唯一長い側鎖をもつグルタミン（Q）は普遍的に保存されているが，その変異は終結因子の活性に影響しない．変異体解析からもA2602がペプチド結合の形成ではなくペプチドの加水分解に役割を果たしていることが示されている．GGQループは単離された結晶構造中では無秩序だが，リボソーム中では秩序立っている．[(a), (b) Petry S, Brodersen DE, Murphy FV IV et al. [2005] *Cell* 123:1255–1266. Elsevier の許可を得て掲載]

RRFの構造を図16.20に示す．遊離RRFの形はtRNAの構造をほぼ完全に模倣していることから，この模倣した構造がリボソームへの結合に重要であると予想されていた．しかしさらなる構造学的，生化学的研究から，予想とは異なることが判明している．RRFのドメイン1は小サブユニットのアンチコドンアームを模倣しているというよりも，50SサブユニットのA部位からP部位にまたがっている．他の領域は柔軟性があり，この柔軟性がリボソームの分割に働くことが示唆されている．構造的に相同性があったとしてもそれが当てにならないこともあるのであ

る．最後にそれほど驚くことではないが，IF3はP部位からのtRNAの解離と付随するmRNA放出に必要とされる．リボソームの再利用におけるIF3の関与はタンパク質合成の最後の段階と最初の段階を共役させ，タンパク質合成の全体の過程をより効率化する．

真核生物におけるリボソーム再利用の詳細と関与するいくつかの因子について図16.21に示す．真核生物の80Sリボソームの分割は三つの開始因子eIF1，eIF1A，eIF3と多くの特別な因子を必要とする．eIF3は哺乳類では13個以上のサブユニット，酵母では5個以上のサブユニットから成る複合体を形成しており，細菌のIF3と同様にリボソームに対する抗会合活性をもつ．翻訳終結後のリボソームは60Sサブユニットと，tRNAとmRNAに結合してい

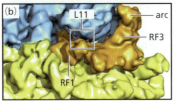

図16.19　終結因子と結合したリボソームの終結複合体　高分解能クライオEM像と単粒子再構成解析に基づくモデル．50Sサブユニットを青で，30Sを黄で示す．(a) RF1のみをもつリボソーム．(b) RF1, RF3をもつリボソーム．L11はリボソームタンパク質11，arcはRF3のドメインの一つを表している．二つの複合体の比較からRF3の結合に応じてRF1の大きなコンホメーション変化が生じ，RF1を介してRF3からL11に橋渡しが形成される．これと，さらに付随するリボソームのコンホメーション変化が，RF1またはRF2の解離を促進すると考えられている．[Pallesen J, Hashem Y, Korkmaz G et al. [2013] *eLife* 2:e00411. eLife Sciences Publications, Ltd. の許可を得て掲載]

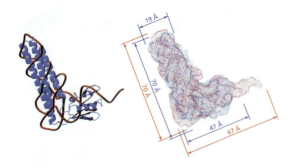

図16.20　2.55 Å分解能での*Thermotoga maritima*由来のリボソーム再生因子の結晶構造　EF-Gと結合したRRFの機能はタンパク質合成の各サイクルの後にリボソームを再利用することである．RRFは独特なL形の構造をしており，その一つのドメインは長い3本のヘリックスの束を形成する．また一方で，他のドメインは3層のβ/α/βサンドイッチ構造を形成している．この分子形状以外はtRNAとほぼ完全に重なり合い，tRNAの3'末端のアミノ酸結合部位のみが異なる．このtRNAへの擬態はEF-GのドメインIIIとIVの擬態よりもさらに完全なものである（図16.14参照）．左：RRFのリボン構造を青で，酵母のtRNA^{Phe}を赤で示す．右：左の図と同じく重ね合わせた分子の表面構造を同じ色を用いて示す．[Selmer M, Al-Karadaghi S, Hirokawa G et al. [1999] *Science* 286:2349–2352. American Association for the Advancement of Science の許可を得て掲載]

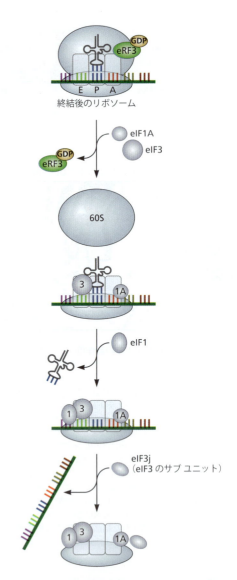

図16.21　真核生物の翻訳終結後の80Sリボソーム解離のモデル　真核生物唯一の終結因子であるeRF1は三つすべての終止コドンを認識し，他の機能は細菌の終結因子と同じである．終結後の80Sリボソームの分割は開始因子eIF1, eIF1A, eIF3によって行われる．[Pisarev AV, Hellen CUT & Pestova TV [2007] *Cell* 131:286–299 より改変．Elsevierの許可を得て掲載]

る 40S サブユニットの二つに分割される．P 部位にある脱アシル化 tRNA の放出は，eIF1 と続く eIF3 に緩く結合しているサブユニット eIF3j による mRNA の解離によって促進される．

進化を続ける翻訳の眺望

過去数十年の研究はタンパク質生合成におけるリボソームの役割についての新しい知見を大きく変化させた．リボソームは以前考えられていたような反応のための不活性な土台でもなく，最近知られた触媒作用をもつリボザイムでもない．むしろ適切な部位に翻訳に関わる因子を結合させたり，翻訳サイクルを通してそれらの因子を取去るために必要な構造変化を起こす動的な舞台である．特に真核生物でのより複雑な過程に関しては学ぶべきことがたくさんあるに違いない．

重要な概念

- リボソームとその複合体の高分解能 X 線回折研究，クライオ電子顕微鏡による単粒子解析，spFRET などの新しい研究手法を用いた動力学的解析から多くの翻訳工程が明らかとなった．
- 翻訳の全体の工程は三つの主要な反応，開始，伸長，終結に分けられる．それぞれはリボソーム上にあるアクセプターとしての A 部位，ペプチジル基のための P 部位，出口となる E 部位の三つの部位が関わる複雑な多段階の過程である．
- 細菌における翻訳の開始は，開始ホルミルメチオニン tRNA（fMet-tRNAi^{fMet}）と結合するための開始コドンが P 部位として配置されるようにリボソームと mRNA が結合することで始まる．これは多くの場合，細菌の mRNA 上にある特別な共通配列であるシャイン・ダルガノ配列が rRNA の相補的な配列と並ぶことで果たされる．GTP 結合型開始因子 IF2 はリボソーム上の P 部位に fMet-tRNAi^{fMet} を結合させ，GTP は IF2 が複合体から放出される際に加水分解される．さらに二つの開始因子が 30S 開始前複合体の形成に必要である．開始過程は 50S リボソームサブユニットの付加で終了する．
- 真核生物はシャイン・ダルガノ配列をもたない．40S サブユニットはキャップ部から下流の mRNA に結合し，開始部位となる最初の AUG コドンが見つかるまで mRNA 上を進む．多くのタンパク質因子と GTP の加水分解が必要とされ，開始メチオニン tRNA（Met-tRNAi^{Met}）と 60S サブユニットが集合することで 80S 開始複合体が形成される．
- 伸長もやはり多段階の過程で，二つの主要な移行反応を含む．一つはペプチジル転移である．伸長中のポリペプチド鎖が P 部位にある tRNA から A 部位の新しいアミノ酸をもつアミノアシル tRNA に移される．新しいアミノアシル tRNA は GTP に結合した伸長因子 EF-Tu によって運ばれる．もう一つはトランスロケーションである．P 部位と A 部位にある二つの tRNA がそれぞれ E 部位と P 部位に移動し，mRNA は 1 コドン分だけリボソーム上を移動する．
- 伸長過程の多くの中間段階は可逆的である．しかしペプチジル転移とトランスロケーションの重要な段階は GTP の加水分解が関わるため不可逆的である．したがってリボソームはブラウンラチェットのように振舞う．
- 伸長過程は次にくるアミノアシル tRNA の校正の機会になっており，タンパク質合成の忠実性を増加させている．
- ペプチジル転移の重要な触媒反応は，リボソームタンパク質よりも RNA によって触媒されると考えられる．実際には A 部位のアミノアシル tRNA の NH$_2$ からプロトンを抽出するリボソームによってしかるべき距離に配置されているペプチジル tRNA の A76 の 2′-OH 基によって触媒され，プロトンを脱離基に提供する．リボソームの役割は反応の場となる適切な環境をつくることにある．
- 伸長中のポリペプチド鎖はリボソーム大サブユニットのトンネルから押し出される．このトンネルはおそらく α ヘリックスにきっちり合った狭いサイズであり，タンパク質コンホメーションの折りたたみには適していない．
- リボソームが終止コドンに出会うと翻訳が終結する．これが一連の終結因子の結合をひき起こし，加水分解を介してポリペプチド鎖が放出され，リボソームがそれぞれのサブユニットに解離し，次の翻訳の準備をする．

参考文献

成 書

Nierhaus KH & Wilson DN (2004) Protein Synthesis and Ribosome Structure: Translating the Genome. Wiley–VCH.

Rodnina M, Wintermeyer W & Green R (eds) (2011) Ribosomes Structure, Function, and Dynamics. Springer-Verlag.

総 説

Aitken CE, Petrov A & Puglisi JD (2010) Single ribosome dynamics and the mechanism of translation. *Annu Rev Biophys* 39:491–513.

Bashan A & Yonath A (2008) Correlating ribosome function with highresolution structures. *Trends Microbiol* 16:326–335.

Beringer M & Rodnina MV (2007) The ribosomal peptidyl transferase. *Mol Cell* 26:311–321.

Blanchard SC (2009) Single-molecule observations of ribosome function. *Curr Opin Struct Biol* 19:103–109.

Blanchard SC, Cooperman BS & Wilson DN (2010) Probing translation with small-molecule inhibitors. *Chem Biol* 17:633–645.

Fischbach MA & Walsh CT (2009) Antibiotics for emerging pathogens. *Science* 325:1089–1093.

Frank J & Gonzalez RL Jr (2010) Structure and dynamics of a

processive Brownian motor: The translating ribosome. *Annu Rev Biochem* 79:381–412.

Jackson RJ (2007) The missing link in the eukaryotic ribosome cycle. *Mol Cell* 28:356–358.

Kramer G, Boehringer D, Ban N & Bukau B (2009) The ribosome as a platform for co-translational processing, folding and targeting of newly synthesized proteins. *Nat Struct Mol Biol* 16:589–597.

Marshall RA, Aitken CE, Dorywalska M & Puglisi JD (2008) Translation at the single-molecule level. *Annu Rev Biochem* 77:177–203.

Mitchell SF & Lorsch JR (2008) Should I stay or should I go? Eukaryotic translation initiation factors 1 and 1A control start codon recognition. *J Biol Chem* 283:27345–27349.

Petry S, Weixlbaumer A & Ramakrishnan V (2008) The termination of translation. *Curr Opin Struct Biol* 18:70–77.

Ramakrishnan V (2010) Unraveling the structure of the ribosome (Nobel Lecture). *Angew Chem Int Ed Engl* 49:4355–4380.

Rodnina MV, Beringer M & Wintermeyer W (2007) How ribosomes make peptide bonds. *Trends Biochem Sci* 32:20–26.

Rodnina MV & Wintermeyer W (2001) Fidelity of aminoacyl-tRNA selection on the ribosome: Kinetic and structural mechanisms. *Annu Rev Biochem* 70:415–435.

Rodnina MV & Wintermeyer W (2009) Recent mechanistic insights into eukaryotic ribosomes. *Curr Opin Cell Biol* 21:435–443.

Rodnina MV & Wintermeyer W (2010) The ribosome goes Nobel. *Trends Biochem Sci* 35:1–5.

Schmeing TM & Ramakrishnan V (2009) What recent ribosome structures have revealed about the mechanism of translation. *Nature* 461:1234–1242.

Steitz TA (2008) A structural understanding of the dynamic ribosome machine. *Nat Rev Mol Cell Biol* 9:242–253.

Wilson DN (2009) The A–Z of bacterial translation inhibitors. *Crit Rev Biochem Mol Biol* 44:393–433.

Yonath A (2005) Antibiotics targeting ribosomes: Resistance, selectivity, synergism, and cellular regulation. *Annu Rev Biochem* 74:649–679.

Zaher HS & Green R (2009) Fidelity at the molecular level: Lessons from protein synthesis. *Cell* 136:746–762.

実験に関する論文

Ban N, Nissen P, Hansen J et al. (2000) The complete atomic structure of the large ribosomal subunit at 2.4 Å resolution. *Science* 289:905–920.

Fischer N, Konevega AL, Wintermeyer W et al. (2010) Ribosome dynamics and tRNA movement by time-resolved electron cryomicroscopy. *Nature* 466:329–333.

Gromadski KB & Rodnina MV (2004) Kinetic determinants of highfidelity tRNA discrimination on the ribosome. *Mol Cell* 13:191–200.

Korostelev A, Asahara H, Lancaster L et al. (2008) Crystal structure of a translation termination complex formed with release factor RF2. *Proc Natl Acad Sci USA* 105:19684–19689.

Petry S, Brodersen DE, Murphy FV IV et al. (2005) Crystal structures of the ribosome in complex with release factors RF1 and RF2 bound to a cognate stop codon. *Cell* 123:1255–1266.

Schmeing TM, Voorhees RM, Kelley AC et al. (2009) The crystal structure of the ribosome bound to EF-Tu and aminoacyl-tRNA. *Science* 326:688–694.

Simonetti A, Marzi S, Myasnikov AG et al. (2008) Structure of the 30S translation initiation complex. *Nature* 455:416–420.

Voss NR, Gerstein M, Steitz TA & Moore PB (2006) The geometry of the ribosomal polypeptide exit tunnel. *J Mol Biol* 360:893–906.

Wimberly BT, Brodersen DE, Clemons WM Jr et al. (2000) Structure of the 30S ribosomal subunit. *Nature* 407:327–339.

17 翻訳の制御

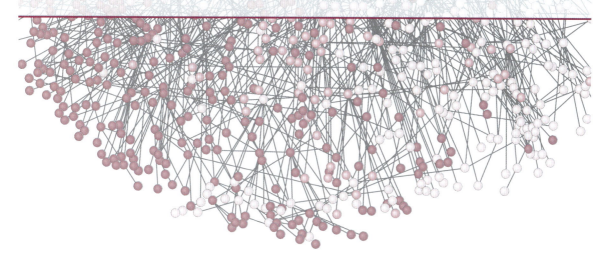

17.1 はじめに

　細胞は含まれるタンパク質の種類や相対的な量を必要に応じて絶え間なく変化させなければならない．このような変化は環境条件の変動に対応したり，真核生物では発生や分化のシグナルを取込むために必要である．調節の大部分は転写レベルで起こるが，この章では翻訳レベルでの調節も同様に広く重要であることを紹介する．翻訳の制御はリボソームの供給量から翻訳開始と伸長の速度の調節までのさまざまな段階で起こる．mRNAの量，結合性，安定性もまた重要な要素である．翻訳の伸長は細菌と真核生物で非常に似ているが，リボソームによるmRNAの開始部位の認識方法など開始の過程は両生物ドメインでかなり異なる．これらの機構の違いが異なる制御経路をもつことになる．したがって，必要に応じて細菌と真核生物を区別しなければならない．まずはリボソームの量の調節という，きわめて一般的な制御モデルを概説する．

17.2　リボソーム数調節による翻訳の制御

細菌のリボソーム数は環境に応答する

　細菌は劇的に変化する環境下で生活している．このような状況に適応し生存するために，細菌は転写，翻訳，mRNAやタンパク質の安定性などを含むすべての細胞内の過程を広範囲に調節できる機構を発展させている．最も一般的で非特異的にタンパク質合成量を調節する方法は，細菌内のリボソーム数を厳密かつ正確に調節することである．それぞれの環境に応じた増殖速度を保つために，細菌は細胞当たりのリボソームを少ない場合は2000個，多い場合では100 000個含む．

　リボソームの数はリボソーム因子の合成速度と分解速度の両方に依存する．**リボソームタンパク質（rタンパク質；ribosomal protein）** とrRNAの合成の調節は完全に解明されているが，分解についてはあまりよくわかっていない．近年，リボソームはとても安定であり増殖期では分解されないことが示されている．一方で，増殖が低下したとき，たとえば栄養が枯渇したときなどにrRNA，つまりリボソームの分解が始まる．また，Murray Deutscherの研究室は最近，70Sリボソームはエンドリボヌクレアーゼに比較的耐性であるが，30Sと50Sサブユニットは分解されやすいことを発見した．これは単純ですばらしい機構を示唆している．つまり，増殖が遅くなるとタンパク質の翻訳が減少するため70Sリボソームが解離して30Sと50Sリボソームが蓄積する（第16章参照）．蓄積した30Sと50Sは不要なため分解される．さらに多量なリボソームの分解産物はストレス下の優れた栄養源として供給される．

細菌のリボソーム成分の協調的合成

　リボソームの合成はrRNAとリボソームタンパク質の合成が協調していなければならない．これらの過程の制御はrRNA遺伝子の転写とリボソームタンパク質をコードするmRNAの翻訳に依存する．大腸菌では7個のrRNAオペロン（*rrnA, rrnB, rrnC, rrnD, rrnE, rrnG, rrnH*）が増殖期に高発現する．実際に増殖期のrRNAオペロンによる転写は全RNAの50％以上に達する．これらのオペロンは塩基配列がほとんど同じであり，rRNAのための遺伝子に加えていくつかのtRNA遺伝子も含む．オペロンの構造と制御については以前の章ですでに述べたとおりである．ここではリボソームタンパク質をコードするオペロンの活性の制御方法について説明する．

大腸菌では19個のリボソームタンパク質もしくはリボソームタンパク質のオペロンがある．ほとんどの場合で，いくつかの大サブユニットLタンパク質と小サブユニットSタンパク質を含むリボソームタンパク質遺伝子がクラスター化している．しばしばEF-TuやEF-Gなどの翻訳に関わる他のタンパク質も，これらのオペロンの一部にコードされている．RNAポリメラーゼホロ酵素のサブユニット α, β, β', σ^{70} をコードしている遺伝子もまたこれらのクラスターに含まれる．それぞれのオペロン内で，リボソームタンパク質の合成の割合を協調させるための主要な機構は自己フィードバック調節である（図17.1）．ポリシストロニックmRNAの翻訳により合成されたタンパク質は，リボソーム内の対応するrRNA分子とオペロンmRNAの5'側の制御配列内の認識配列に結合することができる．もしくはこの制御配列はオペロン内の遺伝子間に位置しているかもしれない．その結合は翻訳開始部位を塞ぐようなmRNAの構造形成を介してポリシストロニックmRNAの全体の翻訳を阻害する．現在，19個あるリボソームタンパク質オペロンのうちの10個を制御するリプレッサータンパク質が同定されている．

フィードバック機構は多くのリボソームタンパク質の合成量を協調させるための方法として説明されているが，完全には説明できない場合もある．第一に，rRNAに直接結合しないリボソームタンパク質をコードするオペロンはこのフィードバック機構を利用することができないため，リボソームタンパク質をコードするすべてのオペロンがこの方法によって制御されているわけではない．リボソームタンパク質のごく一部がrRNAに直接結合し，他は新生リボソーム粒子にすでに結合しているタンパク質を必要とするという第15章の内容を思い出してほしい．これら第二，第三のリボソームタンパク質は転写またはタンパク質分解によって制御されている．第二に，異なるオペロンによってコードされているリボソームタンパク質がどのようにして協調的に制御されているのか，またはrRNAの合成とリボソームタンパク質の合成はどのようにして連携しているのかはまだ不明なままである．

真核生物のリボソーム成分の合成制御にはクロマチン構造が関わる

第15章で説明したとおり，リボソームサブユニットによる実際の複合体形成より前であっても，真核生物のリボソームの生合成は非常に複雑である．なぜならば，真核生物のリボソーム成分の合成は3種類すべてのポリメラーゼを必要とし，異なる種類の調節によって行われるからである．

真核生物では，rRNAをコードする反復遺伝子群は二つの異なるエピジェネティック状態下，つまり異なるクロマチン構造の中にある．クロマチン状態の違いは，rRNA遺伝子群が転写活性状態にあるか抑制下にあるかにより，機能的に二つに区別することができる．驚くべきことに，タンパク質合成が高く要求される増殖中の細胞内でさえ，rRNA遺伝子群の一部は休止している．rRNA遺伝子群は反復性をもつため，rRNAの制御には概念上二つの戦略が想定される．(1) 活性遺伝子の転写速度を変化させる．(2) 転写の反復数を変化させる．短期間で影響を与えられる制御機構は前者であり，開始前複合体やプロモータークリアランスなどによって転写の割合を変化させる．他方，長期的な制御をするため，発生や分化時に活性状態と不活性状態のrDNAの比率を変えることもある．

転写活性化している真核生物のrRNA遺伝子の比率はソラレン架橋法によって同定することができる（Box 17.1）．新生rRNA前駆体と相互作用し，ソラレンが接近可能な遺伝子領域は活性状態であり，ほとんどヌクレオソームに占められていない（Box 17.1参照）．逆に，不活性状態にある遺伝子領域はヌクレオソームによって占められており，Pol Iやその転写因子をよせつけない．DNAメチル化パターンもまた活性型と不活性型の遺伝子領域で異なる．DNAメチル化はメチル化感受性または非感受性の制限酵素を利用することで評価できる（Box 17.2）．さらに，結合しているヒストンの翻訳後修飾も違っている．不活性rDNA遺伝子はプロモーターとエンハンサー領域内で大部分がメチル化を受けている．メチル化の効果はクロマチン特異的であり，ヒストンが結合していないrDNAを鋳型とした場合の転写には影響しない．翻訳後のヒストンの修飾において，活性遺伝子はヒストンH3とH4のアセチル化，さらにヒストンH3の4番目のリシンのトリメチル化

図17.1 S10オペロンでコードされるリボソームタンパク質翻訳におけるフィードバック調節 大腸菌は19個のリボソームタンパク質オペロンをもつ．クラスター内の個々の遺伝子の発現を協調させる主要な機構は翻訳のフィードバックに依存している．オペロンから合成されたタンパク質の一つ（ここではL4）はポリシストロニックmRNAの5'側の制御部位に結合し，さらなる翻訳を阻害する．L4タンパク質はリボソーム内の部位にも結合するので，リボソームの形成と翻訳抑制の間には明らかに競合がある．

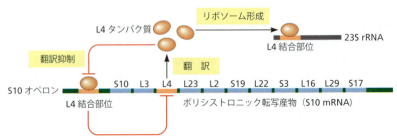

と相関する．不活性 rDNA 遺伝子はヒストン H3 の 9, 20, 27 番目のリシンがメチル化されている．これらのヒストンの修飾は他の活性遺伝子と不活性遺伝子において一般的な分布として観察されている（第 12 章参照）．最後に，最近では rDNA の転写を促進する（たとえばコケイン症候群プロテイン B），もしくは阻害する（たとえば NoRC）クロマチンリモデリング複合体があることも知られている．

哺乳類のリボソームタンパク質の合成は互いに，そしてリボソーム rRNA の合成とどのようにして連携しているのだろうか．リボソームタンパク質の合成は酵母と哺乳類で異なる制御を受けているようである．酵母のリボソームタンパク質遺伝子のプロモーター領域には転写因子 Rap1 の結合部位が 1 箇所または 2 箇所あることで正確に連携している．

対照的に，転写の制御は哺乳類リボソームタンパク質の合成調節では重要な役割をもっておらず，制御は翻訳レベルで起こる．リボソームタンパク質遺伝子の配列比較から，転写開始部位周辺が予想以上に特徴的な構造であることが明らかとなった．その転写開始部位はピリミジンが豊富な領域に位置しており，転写産物の最初の塩基はシトシンとなる．しかし大多数の mRNA の開始部位はプリンであり，多くはアデニンとなることを思い出そう．たとえば，リボソームタンパク質遺伝子の一つである S6 遺伝子の転写開始部位は 5′-TGG**C**CCTCTTTTCC-3′ であり，ピリミジンが豊富にある（開始点の C を太字で示す）．このように 5′ 末端にオリゴピリミジン（TOP; 5′-terminal oligopyrimidine）をもつ mRNA が翻訳制御される．TOP 配列は La トランス作動性因子が相互作用するシス作動性配列として働く．La タンパク質は細胞内の広範囲な種類の RNA と結合する RNA 結合タンパク質であり，3′ 末端側

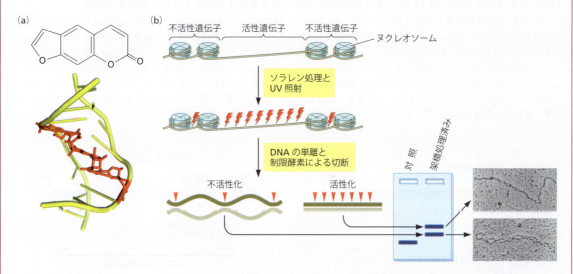

Box 17.1　ソラレン架橋法と rDNA のクロマチン構造

ソラレンは三環系のフラノクマリンであり，食物由来の天然化合物である．一般的には漢方薬 *Psoralea corylifolia*（オランダビユ）から抽出されるが，イチジク，パースニップ，ライム，パセリ，セロリなど，他の植物にも含まれる．この化合物は DNA 塩基対の間に入り込み（図 1a），紫外線照射によって DNA 鎖内や鎖間のチミンと共有結合体を形成する．これらのソラレン結合体は複製停止をひき起こすため，白斑や乾癬の治療に用いられる．

ソラレンはクロマチン構造の研究にもよく使用されている．一般的に，コンパクトなヘテロクロマチン内の不活性遺伝子よりもユークロマチン内の活性遺伝子領域は開かれた構造をしているため，ソラレンによって架橋されやす

図 1　ソラレン架橋法　(a) ソラレンの構造と二本鎖 DNA の鎖内架橋．(b) rRNA 遺伝子のソラレンによる光架橋は異なるクロマチン構造によって不活性型と活性型，二つのクラスの遺伝子があることを明らかにした．通常の酵母細胞か単離した核にソラレンの存在下で UV-A 光を照射した．DNA を精製し，適当な制限酵素で消化後ゲル電気泳動によって分離した．DNA 断片は取込まれたソラニンの量に応じて移動する．移動が遅い DNA バンドは活性 rRNA 遺伝子に由来し，移動が速い DNA バンドは不活性 rRNA 遺伝子に由来する．対照として非架橋 DNA を隣のレーンに泳動した．二つのバンドから DNA を抽出し，変性条件下において電子顕微鏡観察した．架橋が存在する部位では二つの DNA 鎖の分離はみられない．したがって移動の遅い活性領域はほとんどが架橋した二本鎖 DNA から成り，実質的にすべての部位で DNA に結合していることを示唆している．一方で，不活性領域は周期的架橋と規則的な一本鎖の泡構造だけを示す．[電子顕微鏡画像：Dammann R, Lucchini R, Koller T & Sogo JM [1993] *Nucleic Acids Res* 21:2331–2338. Oxford University Press の許可を得て掲載]

い，架橋されたDNA断片はされていないDNA断片よりもアガロースゲル内を遅く移動するため，不活性遺伝子と活性遺伝子を電気泳動によって識別することができる．真核生物の核を用いたソラレン架橋結合解析によってrDNAに二つのクラスがあることが示された．新生rRNA前駆体に関連する活性遺伝子はヌクレオソームによる一定間隔の隙間がみられない．対照的に，不活性遺伝子は一定間隔のヌクレオソームの隙間を示し，Pol IやPol Iの転写因子との会合はない．リボソーム遺伝子の二つのクラス間の違いは免疫染色と in situ ハイブリダイゼーションを組合わせた免疫FISH解析による直接可視化で確かめられているが，この方法はrDNAとPol I特異的上流因子 UBF の局在を同時に検出することができる（第10章参照）．ソラレン架橋実験の概要とおもな結果を図1(b) に示す．

このように，電子顕微鏡解析とソラレン架橋実験から転写活性化しているrRNA遺伝子はヌクレオソームを欠いているかに思われた．しかし悲しいことに話は単純ではない．Nick Proudfoot の研究室では酵母の強力な遺伝学を用いて，rDNAの遺伝子すべてが転写活性化を起こすようにrDNAの遺伝子数を減少させた株を作成し，実際にすべてのrDNAを活性化させることができた．つまりこの株はAA（all active）とよばれるにふさわしかった．しかし，クロマチン免疫沈降を用いた解析から，非化学量論的な量ではあるが，その株のrDNAクロマチンはヒストンH3とH2Bを含むことがわかった．第8章で学んだようにMNアーゼはヌクレオソーム間のDNAリンカー部位を優先的に切断し，電気泳動によって約200 bpの多様なDNAラダーを生じることを思い出そう．その株におけるMNアーゼラダーは野生型株のラダーと非常によく似ていた．両方の株から単離した単一ヌクレオソームを用いてPCRによるrDNA領域の増幅やサザンブロットによるrDNAの確認を行ったところ，rDNA配列がヌクレオソームを形成していることが示された．興味深いことに以前の結果と一致して，一つの遺伝子座の18S，5.8S，28S遺伝子間の間隔領域は十分に開かれた構造であった．最後に，特定のクロマチンリモデリング因子に対する抗体を用いた免疫沈降法はリモデリング因子がrDNAクロマチンにも存在することを示した．したがって，活性状態のrDNAは不定間隔な動的クロマチン構造中に存在し，クロマチンリモデリング因子がヌクレオソーム上の転写を助けていると結論付けられる．これらの研究から学ぶべきことは明らかである．一つの方法から得られた実験結果から結論を導くべきではない．可能な限り多くの異なる技術を用いて，食い違っていると思われる結果をうまく調和させるように努めなくてはいけない．そうできない場合は，方法論の限界を反映しているのかもしれない．

Box 17.2　rRNA遺伝子のプロモーター領域内の CpG ジヌクレオチドのメチル化：転写との関連

長い間，真核生物の多くの遺伝子のプロモーター領域におけるDNAメチル化は，遺伝子の転写状態と相関していることが知られてきた（図12.27参照）．いくつかの遺伝子の場合はメチル化が転写抑制を導くという因果関係がある．この一般的な関係は活性および不活性 rRNA 遺伝子でも成り立つのだろうか．答えはイエスであり，図1に示す．これらの実験に加え，プロモーターのメチル化と転写抑制の一致はシトシンメチル化の阻害剤 5-アザ-2′-デオキシシチジン（aza-dC）で処理した細胞を用いた in vivo 実験によって確かめられた．つまり aza-dC 処理が転写を増強したことから，DNAメチル化とrRNA遺伝子コピーの抑制をつなげる機構が明らかにされた．また，プラスミドなどの裸のrDNAをクロマチンに組込むと，メチル化されているrDNAは転写されなかった．

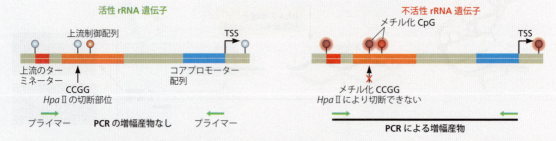

図1　活性および不活性 rRNA 遺伝子コピーは異なる DNA メチル化パターンをもつ　マウス rDNA のプロモーターと主要な制御配列の構造を示す．遺伝子上の🔵は−167，−143，−133，+8 に位置する CpG ジヌクレオチドを表す．🔵は重要な CpG ジヌクレオチドの位置を表しており，その部位がメチル化されるとヌクレオソーム rDNA への転写因子 UBF の結合はかなり損なわれ，結果として転写が阻害される．シトシンがメチル基を付加される CpG ジヌクレオチドをもつ DNA 断片のメチル化状態は，メチル化感受性制限酵素（*Hpa*II）による切断によって評価できる．つまり *Hpa*II は塩基配列 CCGG の2番目のシトシンが非メチル化の場合のみ切断する．メチル化非感受性の制限酵素は対照実験として用いられる．もし切断されたならば，活性 rRNA 遺伝子コピーがある場合となり，PCR増幅に用いるプライマーペアの結合配列が分析されてしまうので，PCR産物は生じない．もし CCGG 配列がメチル化されるならば不活性遺伝子のコピーであることを示し，*Hpa*II は切断できず，PCR 産物は十分生じる．

に共通してみられる UUU にも結合することで Pol III の転写反応を促進すると考えられているが，リボソームタンパク質をコードする mRNA の翻訳にこれらが関与する機構はまだよくわかっていない．

TOP 配列に加えて，哺乳類のリボソームタンパク質 mRNA の 5′-UTR の長さは約 40 nt，3′-UTR は約 35 nt しかなく，比較的短いことが特徴である．3′-UTR は TOP 配列と協調したあまりよくわかっていない調節機構をもっているかもしれない．

最後に，酵母のいくつかのリボソームタンパク質合成は，転写産物のスプライシングの抑制によって阻害されることが観察されている．これはタンパク質自身が mRNA 前駆体に結合してスプライシングを阻害する，自己調節機構である．

17.3 翻訳開始の制御

翻訳開始の制御は普遍的できわめて多様である

リボソーム数の制御は大規模な，またはゆっくりとした環境の変化に応答するための効果的な機構であるが，すばやいまたは選択的な反応ではない．翻訳開始の制御は細胞のタンパク質構成を変化させることができるより速く最も経済的な方法である．さらにこのような調節は，限られたタンパク質の合成を制御するために高い選択性をもつことができる．したがって，この機構は進化の主要な段階でみられ，多様な形がとられている．細菌やそのウイルスであるファージは翻訳開始の調節に mRNA 内の二次構造を巧みに利用している．図 17.2 は最も洗練された古典的な例として，単純な RNA ファージである MS2 の調節機構を示している．MS2 はポリシストロニック RNA 分子にコードされている四つのタンパク質が異なる量になるように制御している．細菌もまた**リボスイッチ**（riboswitch）や，マイクロ RNA（miRNA），小分子干渉 RNA（siRNA）などの制御能をもつ ncRNA を利用した方法をもつ．これらの機構は本章の後半で詳しく紹介する．しかし，ここでのおもな強調点は真核生物に関連することであり，翻訳開始に関するほとんどの知識は真核生物に関することである．

制御は mRNA の 5′ または 3′ 末端に結合する
タンパク質因子に依存しうる

第 16 章で詳細を説明したように，真核細胞の翻訳開始は複雑であり，多くのポイントでの制御を可能にする代替経路を伴う多段階の過程から成る．ここでは最初キャップ依存性翻訳開始の制御について紹介し，次におもにストレス条件下のタンパク質合成で使用される低頻度の**内部リボソーム進入部位**（**IRES**；internal ribosome entry site）によるキャップ非依存的な翻訳の開始について説明する．最後に，他のまったく異なる開始の制御機構についても考えてみる．

キャップ依存性制御は翻訳開始を調節する主要経路である

キャップ依存性翻訳開始は三つの eIF タンパク質（eIF 4E, eIF4G, eIF4A）から成る **eIF4F**（eukaryotic initiation factor 4F）複合体の mRNA 5′ キャップ構造への結合を必要とする（図 17.3）．この結合は eIF4E に非常に強く結合する eIF4E 結合タンパク質ファミリーによって除かれ，結

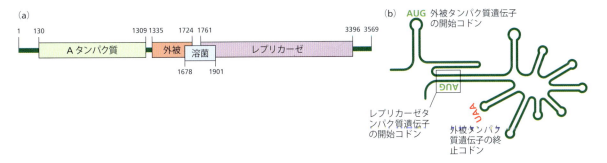

図 17.2 ファージ MS2 の RNA ゲノムの二次構造は翻訳に影響する （a）MS2 は RNA ファージの一種であり，小さな RNA ゲノムに生活環で必要な四つのタンパク質をコードしているウイルスである．A タンパク質はウイルスの集合に働き，溶菌タンパク質は細菌細胞からウイルスを放出させるために働く．溶菌タンパク質をコードする RNA 領域は外被タンパク質とレプリカーゼの RNA 領域と重複しているが，異なる読み枠で翻訳される．新しいウイルス粒子の産生には多くの外被タンパク質と多量のレプリカーゼを必要とするが，一方で他の二つのタンパク質は少量で十分である．したがって，ウイルスはポリシストロニック RNA の全体を翻訳して四つのタンパク質を等量産生しないようにする機構をもつ．RNA の 5′ 末端側のリボソーム結合部位は通常折りたたまれて塞がれている．このため外被タンパク質の開始部位近くにある配列が利用され，ときおりレプリカーゼの近くからも開始する．レプリカーゼはウイルス RNA を複製し，新しい RNA コピーはすぐには折りたたまれないため，A タンパク質を翻訳する機会ができる．溶菌タンパク質の翻訳も散発的であり，外被タンパク質の翻訳間にフレームシフトが起きた場合に起きる．（b）レプリカーゼの翻訳は外被タンパク質遺伝子の翻訳に依存し，この依存性は RNA の二次構造によって決定される．外被タンパク質遺伝子が翻訳されないとき，レプリカーゼの開始コドンは黒枠で示した塩基対形成領域に収まっている．外被タンパク質遺伝子が翻訳されるときにこの塩基対形成が解かれ，レプリカーゼも翻訳される．

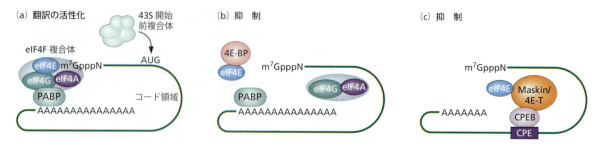

図 17.3　遊離型または結合型の eIF4E 結合タンパク質によるキャップ依存性翻訳抑制機構　(a) 真核生物におけるキャップ依存性翻訳開始は 5′キャップへの eIF4F 開始因子複合体の結合を必要とする．複合体はキャップ結合タンパク質 eIF4E と RNA ヘリカーゼ eIF4A，足場タンパク質 eIF4G から成る．eIF4G はキャップ結合タンパク質と PABP（ポリ(A)結合タンパク質）に結合することで mRNA を環状化し，効率的な翻訳に寄与する．(b) eIF4G と 4E-BP（4E 結合タンパク質）関連ファミリータンパク質を介した競合阻害による翻訳抑制の一般的な機構．4E-BP はリン酸化されると eIF4E との結合が弱まる．(c) 翻訳抑制が必要な特定の mRNA のみを特異的に抑制する他の機構．たとえばアフリカツメガエル卵母細胞では，CPEB（細胞質ポリアデニル化配列結合タンパク質）と結合する Maskin タンパク質によって eIF4G が置換されると，3′-UTR に CPE（細胞質ポリアデニル化配列）を含む mRNA は抑制される．卵の初期発生では，母方の mRNA の翻訳抑制は Maskin の代わりに 4E-T（4E 輸送体）を介して起きる．
[(a), (b) Sonenberg N & Hinnebusch AG [2009] *Cell* 136:731–745 より改変．Elsevier の許可を得て掲載]

果として eIF4F 複合体は分解され，翻訳開始が抑制される．この機構は他の多くの eIF4E 結合ファミリーも行うどちらかというと一般的な制御機構である．いくつかの特殊な場合では，この機構は eIF4E 結合タンパク質の呼び込みに利く mRNA の 3′-UTR のシス作動性配列とトランス因子を用いる機構に重ねられる．

歴史的にみて，真核生物の翻訳開始の調節に関わる因子として最初に見つかったものは，共通の翻訳開始因子 **eIF2α** とストレス下におけるそのリン酸化を利用する機構である．eIF2α のリン酸化を介した翻訳の抑制はさまざまなストレス応答の主要な経路である．なぜなら eIF2α の 51 番目のセリンをリン酸化するために，四つの異なるリン酸化酵素が多様なストレスシグナルによって活性化するからである（図 17.4）．興味深く重要なことに，この機構はすべての mRNA の翻訳を抑制するわけではなく，ストレス応答時に存在するタンパク質をコードする mRNA は代替的なキャップ非依存的機構を介して翻訳される．

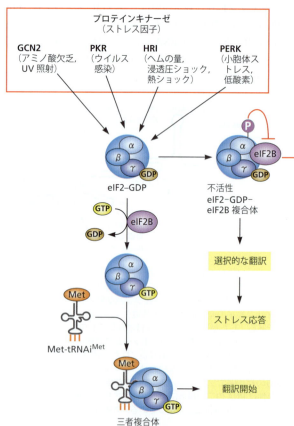

図 17.4　eIF2α のリン酸化は真核生物のさまざまなストレス要因に対する応答を統合する　四つの異なるプロテインキナーゼ；GCN2（general control non-derepressible 2），PKR（protein kinase RNA），HRI（heme regulated inhibitor kinase），PERK（protein kinase RNA-like endoplasmic reticulum kinase）は別々のストレスシグナルを感知し，eIF2α をリン酸化する．eIF2α は eIF2 複合体の三つのサブユニットのうちの一つである．GTP とメチオニンを結合した開始 tRNA とともに eIF2 は三者複合体を形成し，翻訳開始時にリボソームへ開始 tRNA を搬送する．eIF2α のリン酸化はヌクレオチド交換因子である eIF2B を阻害することで GDP から GTP への交換を抑制する．その結果，全体の翻訳開始が阻害される．しかしストレス応答に必要なタンパク質をコードしている一部の mRNA の翻訳は阻害されない．[Holcik M & Sonenberg N [2005] *Nat Rev Mol Cell Biol* 6:318–327 より改変．Macmillan Publishers, Ltd. の許可を得て掲載]

翻訳開始では内部リボソーム進入部位が利用されうる

第15章ではある種のmRNAの5′-UTRはIRESを含んでいることを紹介した（図15.15参照）．この部位にある塩基配列は安定な二次構造を形成することでトランス因子と他のタンパク質の結合を介して翻訳の開始に利用されうる（図17.5）．

IRESは5′キャップと共存しうるか，または翻訳開始の唯一の配列となりうる．両方の翻訳開始部位を含むmRNAの例として，キャップ構造と二つのIRESから成るヒトc-myc mRNAがあげられる（図17.6）．このmRNAは一つのmRNA上に存在する別々のオープンリーディングフレーム（ORF）から翻訳開始するために二つのIRESを利用する．このような配列は例外的ではなく，細菌のみに存在すると考えられていたポリシストロニックmRNAを連想させる．IRESをもつ相当数のmRNAは5′-UTRに小さなORFが同定されている．これらが機能的であるかどうかはよくわかっておらず，いくつかは翻訳されているかどうかも不明である．c-mycの場合，二つのIRESが二つの別のORFの翻訳を調節しており，少なくともそれらORFはタンパク質に翻訳されることがわかっている．これらの上流にあるタンパク質が機能的なのか，翻訳されているだけなのかは不明である．論理的に単純に考えると，翻訳の制御は洗練された機構として進化しているため，一つのmRNAから一つ以上の機能的なタンパク質が産生されることは理にかなっているかもしれない．しかし進化が常に理屈で起こる保証はどこにもない．

より興味深い制御機構は，**アポトーシス（apoptosis）**の主要な調節因子XIAP（X染色体連鎖アポトーシス阻害因子；X-chromosome-linked inhibitor of apoptosis）とApaf1（アポトーシスプロテアーゼ活性化因子；apoptotic protease-activating factor）においてみられる．プログラム細胞死としても知られているアポトーシスの生理学，細胞生物学，そして分子細胞学はBox 18.2

(a) キャップ依存性翻訳開始

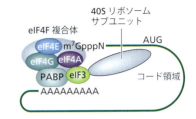

(b) IRES依存性翻訳開始

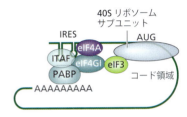

図17.5　真核生物におけるキャップ依存性とIRES依存性翻訳開始の比較　(a) キャップ依存性翻訳開始はmRNAの5′末端のキャップ構造にキャップ結合タンパク質eIF4E，RNAヘリカーゼeIF4A，足場タンパク質eIF4Gから成るeIF4F複合体を呼び込み，開始前複合体の集合を開始する．PABPはeIF4Gとの結合を介してmRNAを環状化する．(b) IRES依存性翻訳開始は5′側の安定な二次構造であるステムループ構造を形成する配列を利用する．IRESは翻訳を開始するために，トランス作動性因子，ITAFとeIF4GIのタンパク質分解断片と結合する．[(a), (b) Holcik M & Sonenberg N [2005] *Nat Rev Mol Cell Biol* 6:318–327 より改変．Macmillan Publishers, Ltd. の許可を得て掲載]

図17.6　ヒトc-mycの遺伝子座とプロモーター0から転写されるmRNAおよびその翻訳産物の構造　c-mycがん原遺伝子は細胞増殖，分化，アポトーシスを調節する遺伝子発現制御性の転写因子である．この遺伝子は四つ別々のプロモーターP0〜P3をもち，通常の細胞ではc-mycの転写産物の90％がP1とP2から転写される．バーキットリンパ腫ではP0からの転写が非常に増強され，いくつかのリンパ腫の細胞株では100％にまで及ぶ．(a) 遺伝子座，三つのエキソンの位置，四つのプロモーター，二つのポリ(A)付加部位pA1とpA2の概略図．(b) c-myc P0 mRNAの三つのORF．c-Myc1とc-Myc2は近接した二つの開始コドンから翻訳を開始し，それぞれ細胞増殖に対して異なる機能をもつと考えられる．c-myc配列の上流に二つのORFと二つのIRES配列がある．IRES2は二つのc-Mycタンパク質のキャップ非依存的翻訳開始を促進する．IRES1は第二のORF MYCHEX1のキャップ非依存的翻訳開始に関わる．このようにc-myc P0 mRNAは二つの独立したIRESから二つの異なるORFを翻訳する真核生物のポリシストロニックmRNAである．[(a), (b) Nanbru C, Prats A-C, Droogmans L et al. [2001] *Oncogene* 20:4270–4280 より改変．Macmillan Publishers, Ltd. の許可を得て掲載]

で説明する．特定のストレス下において，アポトーシスの負の制御因子 XIAP と正の制御因子 Apaf1 の翻訳機構は，キャップ依存性翻訳開始から IRES 依存性翻訳開始へ変換される．アポトーシスの細胞死シグナルを伝達または実行するプロテアーゼであるカスパーゼの標的の一つに，eIF4F 複合体の足場タンパク質として働く聞き覚えのある eIF4G がある．eIF4G の分解はすべてのキャップ依存性翻訳開始を停止させるが，IRES 依存性翻訳開始はカスパーゼが仲介する eIF4G の切断が起きても影響を受けない．したがって，アポトーシスにおいて，XIAP と Apaf1 は IRES 依存性翻訳開始に切換わり，合成される．両方の場合において，複雑な相互作用ネットワークがそれぞれの状況に応じて細胞の生存か死かの適切な結果をもたらす．

5′- および 3′-UTR の結合は真核生物の翻訳開始を制御する新規の機構である

最近，mRNA が環状化するように 5′ と 3′-UTR の相補的配列の二本鎖を RNA 形成を用いる新規の独特な機構が見つかった（図 17.7）．これらの二本鎖領域は翻訳を促進する特別なタンパク質と結合する．Michael Kastan の研究室で解析された特別な例としてがん抑制タンパク質 p53

の調節機構がある．*p53* 遺伝子は DNA 損傷応答に関わる遺伝子であり，散発性のヒトの腫瘍の 50% 以上に *p53* の変異がみられる．そのため生殖系列への *p53* 変異の遺伝はがんに対する感受性の増加につながる．ストレスのない細胞内では p53 タンパク質は非常に不安定であるが，DNA 損傷や他の細胞内ストレスは p53 タンパク質の安定化を導く．p53 はがんの抑制機能だけでなく，細胞内で著しい数々の役割を果たす真核生物のなかの非常に重要なタンパク質である．

リボスイッチは刺激に応答して翻訳開始を制御する RNA 配列要素である

リボスイッチは mRNA の 5′-UTR にある配列で，生理的なシグナルを直接監視することで細胞の必要に応じて転写や翻訳を制御する（表 17.1）．細菌で最初に発見され，とても重要な調節を担っている．リボスイッチは温度の上昇を感知して反応することができる温度センサーとして知られており，最も単純なスイッチである．RNA の二次構造が温度に対して非常に感受性が高いので，単純なステムループはセンサーとしての役割を果たすことができる．低温では，センサーはリボソーム結合部位を隠すような構造をとることでリボソームの結合を防ぐ．温度が上昇すると

```
                    -54 C  U    U         -34       +1
5′-UTR . . . . . GAGGACAGCUUCCCUGG . . . AUG . . .        コード領域
3′-UTR . . . . . CUCCCUGUCGAAGGGACC . . . AGU . . .
                 +352              +335
```

図 17.7　5′- および 3′-UTR の結合によるがん抑制タンパク質 p53 の翻訳制御　DNA 損傷を受けると p53 の安定化に加えて *p53* mRNA の翻訳も増加する．*p53* mRNA の 5′-UTR に RPL26 が結合するとポリソームと *p53* mRNA の相互作用が増強され，翻訳が増加する．RPL26 は実際には 5′-UTR と 3′-UTR の相補配列による二本鎖 RNA 領域と結合する．そのような構造が存在することが見つかった最初の糸口は，最小自由エネルギーとなる mRNA の二次構造を予測した際の数学的モデルに由来する．実際に相補的な UTR の二つの配列どちらか片方のわずか 3 塩基に変異を加えると，翻訳を促進する RPL26 の機能が消失することが実験的にも確認されている．したがって，この二本鎖形成を壊すオリゴヌクレオチドを投与することで，翻訳制御に関わるこの新規の機構を介するタンパク質発現量の調節が可能になる．［Chen J & Kastan MB [2010] *Genes Dev* 24:2146–2156 より改変．Cold Spring Harbor Laboratory Press の許可を得て掲載］

表 17.1　翻訳段階で遺伝子発現を制御するリボスイッチのおもなクラス　tRNA の感知や T ボックスリボスイッチのような他のリボスイッチはアテニュエーションに類似した過程による転写終結の段階で遺伝子発現を制御する．

クラス	グループ	天然のリガンド	大きさ (nt)	生物種
熱センサー			さまざま	ファージ，細菌，真核生物
代謝産物	補酵素	チアミン二リン酸（TPP）	100	細菌，古細菌，真菌，植物
		フラビンモノヌクレオチド（FMN）	120	細菌
		S-アデノシルメチオニン（SAM）	60〜105	細菌
		アデノシルコバラミン（AdoCbl）	200	細菌
	アミノ酸	リシン	175	いくつかの細菌
		グリシン	110	細菌
	塩基	グアニン，ヒポキサンチン	70	グラム陽性細菌
		アデニン	70	細菌
マグネシウム		Mg^{2+}	70	グラム陰性細菌

二次構造が局所的に壊れ，リボソーム結合部位が露出する．実際によく知られている熱センサーの二つの例として，動物宿主に病原体が侵入すると活性化する熱ショック遺伝子と宿主動物への侵入時に活性化される病原遺伝子がある．場合によっては重症に至る食物媒介性の感染をひき起こす病原性微生物リステリアの病原遺伝子の翻訳活性化機構を示す（図17.8）．リステリア感染の致死率が25%というのは，サルモネラ感染の致死率が1%以下であることを考えるととても高いことがわかるだろう．

代謝産物に応答するより一般的なリボスイッチが2002年に報告された．ニューヨーク大学のEvgeny Nudlerの研究室はロシアの研究者たちと共同研究して，桿菌の新生RNA鎖にあるリーダー領域は，そのオペロンにコードされているタンパク質によって合成される代謝低分子と結合する構造を形成することができることを発見した．言い換えるならば，遺伝子活性の最終産物がそれらの遺伝子をフィードバック調節するということである．彼らが研究した特別な経路にはアテニュエーションに類似した機構も含まれる．つまり，終結ヘアピン構造を介して働くということである（第11章，特に図11.13参照）．この時期に大腸菌の同じオペロンを研究していたエール大学のRonald Breakerの研究室はチアミン（ビタミンB$_1$）の生合成に関わる酵素をコードするmRNAがタンパク質因子を介さず直接チアミンに結合することを発見した．その複合体はmRNAとエフェクター間で形成され，リボソーム結合部位やシャイン・ダルガノ配列を隔離して翻訳の開始の段階に影響を与える．

小さな代謝産物と反応するリボスイッチは補酵素，ヌクレオチドの塩基，アミノ酸，その他の低分子やイオンを感知するリボスイッチとして最大のカテゴリーを構成する．もう一つの小さなカテゴリーはMg^{2+}のような特定イオンの濃度を感知する．すべての場合において，シグナルはリボスイッチである二次構造を変えることでRNA構造の下流にアロステリックな変化をひき起こす役割を手元で果た

す．このようにリボスイッチは二つの領域，つまり特別なエフェクターの認識に関わる感知領域と，感知する領域から来た指令を実行する効果発揮領域から成る．基質と結合した感知領域の構造が再構成され，効果発現部位に特異的な構造の形成がつくられる．

生化学と系統学的な解析から始まったこの分野の発展はまもなくNMRと結晶学による構造解析につながった．特にリボスイッチと低分子リガンドがどのくらい高い特異性で認識されるかに大きな関心がもたれていた．各主要クラスのリボスイッチとリガンドの複合体の構造情報は現在利用可能で，いくつかの結論がすでに導かれている．（1）構造要素の全体の形と配向性はらせんの接合部によって決定される（図17.9）．（2）接合部と隣接するヌクレオチドは翻訳制御配列を隔離することで遺伝子発現の制御に寄与する．（3）リボスイッチはしばしば長距離間の相互作用により密集した平行なRNAヘリックスによって形成されるらせんの束を含む．RNAによってリガンドをほとんど包み込むような多くの相互作用をもつので，小さなリガンドでも高い特異性で認識できると考えられる．これらの原理について，これまでで唯一生物界の三つのドメインすべてにおいて発見されているチアミン二リン酸を感知するリボスイッチを例に説明する（図17.9参照）．

気をつけておくべきことは，リボスイッチはRNAレベルで，制御タンパク質によくあるアロステリック的な挙動をとる．特異的なRNA構造をとる可能性は当初考えられていたよりもはるかに広い．

miRNAはmRNAに結合でき，それにより翻訳を制御する

第14章では生合成の観点からマイクロRNA（**miRNA**；microRNA）について紹介した．またmiRNAが翻訳を制御するためにmRNAの3′-UTRの標的配列に結合する二つの異なる方法についても説明した．広範な塩基対形成は標的mRNA分子の破壊を導き，他方で部分的な塩基対形成は翻訳阻害を導く（図14.28参照）．この章では，

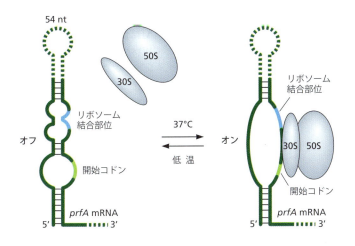

図17.8 温度感知型リボスイッチ（温度センター）の作用 病原性微生物 *Listeria monocytogenes* の病原遺伝子の活性化を例に温度の感知を紹介する．温度センサーは今日では最も単純なリボスイッチであり，外気温に対する多様な適応反応を調節する．温度センサーはリボソーム結合部位や開始コドンとなるステムループ構造と同じような原始的なものである．低温度ではリボソーム結合を防ぐためにリボソーム結合部位を隠す二次構造をとり，オフ状態となる．温度が上昇すると二次構造が局所的に解け，リボソーム結合部位が露出するため，オン状態となり翻訳が開始される．まれではあるが潜在的にリステリア症として知られている致死性の食物媒介感染症の原因となることがわかっている *L. monocytogenes* の *prfA* mRNAを例として示す．[Serganov A & Patel DJ [2007] *Nat Rev Genet* 8:776–790 より改変．Macmillan Publishers, Ltd. の許可を得て掲載］

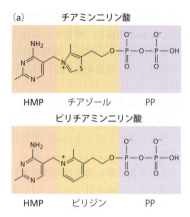
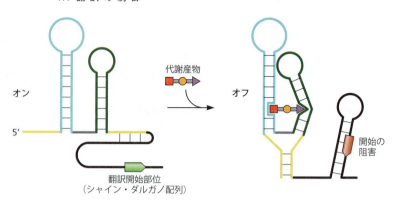

図17.9 代謝産物を感知するリボスイッチの作用 チアミンニリン酸（TPP）特異的リボスイッチと薬剤の標的となる可能性を例に，代謝産物の感知機構を説明する．TPPはビタミンB_1の補酵素である．HMPは4-アミノ-5-ヒドロキシメチル-2-メチルピリミジンを示す．TPP合成における酵素の翻訳はそのmRNA内のリボスイッチの調節下で行われる．(a) これらのリボスイッチはTPPの結合に応じて異なる構造を形成する．リボスイッチの代謝産物感知ドメインの構造配列を異なる色で示す．黒で示した発現制御部位はTPPによって制御され，シグナルを伝える．この場合，制御部位は翻訳開始部位を決定するmRNAのヌクレオチド配列である．TPP非結合時のオン状態では翻訳開始部位（緑）が露出するように感知ドメインが折りたたまれるため，mRNAが翻訳される．TPPが結合したオフ状態では翻訳開始部位をふさぐように感知ドメインがヘアピン形に折りたたまれる．高濃度下TPPではより合成が阻害される．したがってこのリボスイッチはフィードバック機構によってオンとオフのスイッチとして働く．[GR Kantharaj, Bangalore Universityのご厚意による，改変] (b) リガンドと結合した大腸菌 *thiM* mRNAのTPPリボスイッチ内の感知ドメインの構造モデル．(a) と同じ配色で構造配列を示し，TPPを赤で示す．感知ドメインは，並行に走っている二つの大きならせん状ドメインとそれを連結する短いヘリックスP1（灰色）から成る．TPPは伸長した構造内のリボスイッチに入り，TPPの両端が特別なRNAポケット中にそれぞれが結合するようにらせん状ドメイン間に対して垂直に位置する．したがってTPPリボスイッチはリガンドの長さを測定する分子定規と考えることもできる．実際にリン酸基を一つ二つ欠損した類似体は十分な長さが足りず，効率的に翻訳を制御することができない．つまりTPPの中央部分が特異的認識に必要ないという事実は，ドラッグデザインに応用できる．TPPと中央部分のみ異なるピリチアミンニリン酸化合物はこのリボスイッチと結合でき，TPPを代替できる．そのためTPPを枯渇させたままチアミン関連細菌遺伝子の発現を減少させることが可能である．ヒトゲノムにはこのようなリボスイッチがないため，この薬は人間に対して毒性がない．[Serganov A, Polonskaia A, Phan AT et al. [2006] *Nature* 441:1167–1171. Macmillan Publishers, Ltd.の許可を得て掲載]

mRNA上に存在するmiRNA標的部位の種類とmiRNAの実際の作用機構について考察する．

豊富に存在する後生動物のmiRNAについて，大規模な配列解析が行われた．miRNAの配列データベースとmRNAの配列データベースを比較すると，mRNA上に複数の異なるmiRNAの標的部位があることがわかった（図17.10）．標準的なカテゴリーに分類される大多数の部位は3'-UTRの7 mer, 8 mer部位がmiRNAのシード領域と塩基対結合する．標的に結合するエネルギーの大部分に寄与するmiRNAの5'末端側にあるシード領域は短い塩基配列で，miRNAとmRNA上の標的配列間の特異的な相互作用を決定する（第14章参照）．6 mer部位のシード領域も存在するが，短い配列が標的上に偶然保存されている可能性が高いため，生物情報学を駆使したアルゴリズムによって除かれる．シード配列の相互作用に加えて，補足的な部位がいくつかの隣接する塩基対を含む場合がある．最後に，補償部位はより長く，シード領域内の1塩基バルジやミスマッチを補償する．

miRNAが最終的な成熟型を形成すると（図14.29参照），アルゴノート（Ago）ファミリータンパク質のメンバーと結合する．これらのタンパク質の種類は生物間で異なり，ショウジョウバエでは二つのAgoタンパク質があり，ヒトには四つある．ファミリー内の個々の因子は少し異なる機能をもつ可能性があり，いくつかの機能は互いに相補しない．Agoタンパク質はポリ(A)結合タンパク質（PABP; poly(A)-binding protein）とGW182タンパク質を含む**miRISC**（miRNA誘導性サイレンシング複合体；miRNA-induced silencing complex）の構成成分である．ヒトにおける三つのmiRISC構成タンパク質のドメイン構造を図17.11に示す．

標的mRNAとシード配列間の塩基対形成の重要な役割は，AgoタンパクとmiRNAシード配列の相互作用を観察することで理解できる（図17.12）．AgoがmiRNAに結合すると最初にシード配列を組立て，mRNAの標的領域とシード配列が効率的に塩基対を形成する．Agoが結合したシード領域は一本鎖のA形らせんの形をとり，それは

17.3 翻訳開始の制御

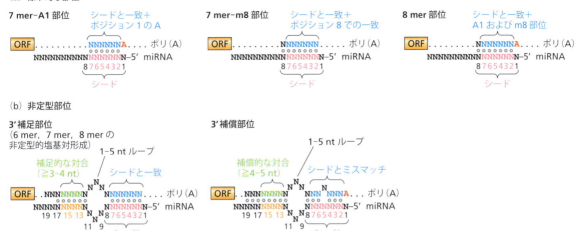

図 17.10 mRNA 内の miRNA 標的部位の種類 灰色の点は連続するワトソン・クリック型塩基対を表す．(a) 標準的な 7 mer，8 mer シード適合部位．(b) 非定型部位．3'補足部位では，miRNA の 3'側のヌクレオチド 13～16 の部位が余分な塩基対を形成する．余分な塩基対の安定性は予想される熱安定性よりも塩基対形成の形状によって決定される．少なくともバルジ，ミスマッチ，ゆらぎによって中断されていない連続した三つか四つのワトソン・クリック型塩基対が必要とされる．シード領域外の塩基対形成は結合の親和性と特異性の両方を増強するため，補足部位は高頻度にあるだろうと予測されるにも関わらず，ショウジョウバエや哺乳類でこれらの部位が広く使用されている有力な証拠はまだない．シード領域の 1 塩基バルジやミスマッチを補償するために使われる miRNA の 3'部位の塩基対は 3'補償部位として知られている．この部位ではたぶん追加の塩基対領域の長さがより重要であり，四つまたは五つの塩基対を形成する．[(a), (b) Bartel DP [2009] *Cell* 136:215-233 より改変．Elsevier の許可を得て掲載]

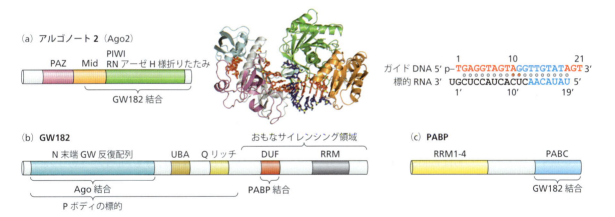

図 17.11 ヒトの miRISC の三つの主要タンパク質のドメイン構造 (a) アルゴノート 2（Ago2）は PAZ（PIWI-Argonate-Zwilli），Mid，miRNA の 3'と 5'末端に結合する PIWI の三つの進化的に保存されたドメインをもつ．PIWI ドメインは miRNA のシードドメインと完全に塩基対形成する標的 RNA のヌクレオチド鎖を切断する能力をもつ．*Thermus thermophilus* の Ago タンパク質のホモログと 21 nt DNA 鎖（赤）と 19 nt 標的 RNA 鎖（青）の複合体の結晶構造を示す．Ago2 タンパク質の PAZ と PIWI を含む領域の間の結合チャネルに DNA があることがこの構造から同定された．ガイド DNA と標的配列間の二つのミスマッチ部位（赤点）は切断反応を防ぐためにつくられ，複合体の結晶構造を可能にした．両鎖の無秩序な区域（青文字）の構造は捉えられていない．(b) GW182 は N 末端領域に珍しい GW（glycine-tryptophan）反復配列をもつ．N 末端領域はさらに UBA（ubiquitin-associated）ドメインと Q リッチ（glutamine-rich）ドメインを含み，タンパク質を P ボディへ向かわせるために働く（本文参照）．C 末端領域は DUF モチーフと RRM（RNA recognition motif）を含み，mRNA の脱アデニル反応と翻訳の抑制を仲介する．PABP の C 末端ドメインと結合する DUF ドメインの結晶構造が解かれており，哺乳類細胞抽出液中においてこの二つのタンパク質の結合が miRNA 遺伝子サイレンシングを損なう変異体は脱アデニル反応活性を失うことから，GW182 と PABP の相互作用が miRNA 遺伝子サイレンシングに関わっていることが示唆されている．(c) PABP は四つの RNA 認識モチーフをもち，保存されている C 末端ドメインは GW182 のドメインと相互作用することで miRNA サイレンシングに働くと考えられている．[(a)～(c) Fabian MR, Sonenberg N & Filipowicz W [2010] *Annu Rev Biochem* 79:351-379 と Wang Y, Juranek S, Li H et al. [2008] *Nature* 456:921-927 より改変．Annual Reviews と Macmillan Publishers, Ltd. の許可を得て掲載]

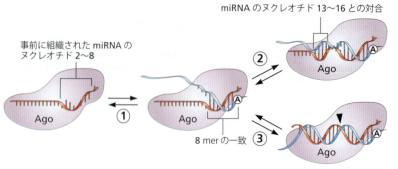

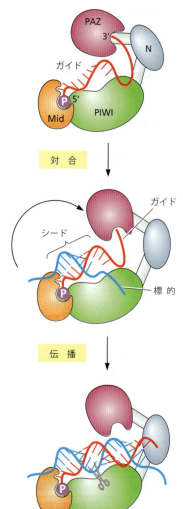

図17.12　Ago-miRNA 複合体による標的 mRNA 認識の推定される構造モデル　miRNA が Ago に結合すると miRNA の 5′末端から 2〜8 nt にあるシード配列が標的 mRNA と効率的に塩基対形成するようにまず組織化される．Ago の結合は一本鎖 A 形らせんの形成を導き，シード配列（赤）と mRNA（青）の領域が対合するための親和性と特異性の両方を増強する．らせんの長さは過剰ならせんのゆがみのない十分な結合ができるように最適化している．ヌクレオチド 1 はらせんからねじれ出ており，おそらく塩基対を形成できない．ヌクレオチド 9〜11 は mRNA の方を向いておらず，二つの RNA 間の対合に関与しない．① 標的 mRNA によるシード領域の認識．相互作用はシード領域に限定的であり，短い二重らせん構造を形成することに注意．② ヌクレオチド 13〜16 の補足的な 3′塩基対によって mRNA と結合し，短いらせん部位を形成する．miRNA と mRNA は塩基対形成しているが，二重らせん構造を形成しているわけではないことに注意．③ まれに発生する広範囲に塩基対形成した複合体のコンホメーション．余分な塩基対形成がシード領域の外側で起きる場合は対合はシード領域で始まり，それから miRNA の他の領域に広がる．標的 RNA 認識に関わるこの二状態モデルでは対合の後に拡大が起こり，広範なワトソン・クリック型塩基対を形成するために Ago 内に実質的な構造適応が起こると考えられる．この複合体は mRNA の切断に適している．Ago は広範囲な二本鎖の塩基対を閉じ込め，黒の矢頭で示した活性部位を mRNA の切断可能な位置に向かわせる．［Bartel DP [2009] *Cell* 136:215-233 より改変．Elsevier の許可を得て掲載］

一本鎖 mRNA と非常によく相互作用する．図17.13 はシード配列外の配列と結合するための Ago のコンホメーション再編成を示す．

miRISC はどのようにして遺伝子発現抑制を導くのだろうか．この問題はまだ解決されていないが，miRISC はキャップ依存性翻訳開始に影響を与える二つの異なる経路を介して遺伝子発現の抑制を行っているのではと考えらている．一つめは mRNA への開始前複合体の結合を減少させるように PABP-eIF4G の結合を直接破壊する経路で．二つめは miRISC がポリ(A)鎖の脱アデニル反応に関わる経路である．脱アデニル反応は 5′→3′または 3′→5′分解経路における最初の段階である．miRISC が働くモデルの詳しい機構を図17.14 に示す．

最後に，miRNA 生合成機構の脱制御が細胞内に深刻な影響を与え，疾患をひき起こす可能性があることを紹介する．miRNA と糖尿病との間に確かな関連性があるという二つの例が報告された（Box 17.3）．細胞内には miRNA が非常に多く存在していることを覚えておくことで，今後このような関連性がより多く見つかるだろう．

17.4　真核生物 mRNA の安定性と分解

細胞内のタンパク質量を決定する要因の一つは各 mRNA の安定性である．それぞれ異なるタンパク質をコードする mRNA は常に合成と分解を繰返しており，半減期は数分から数時間，例外的な場合では数カ月ある．第 14 章では，細菌と真核生物両方における RNA 分解の基礎について紹介し，真核生物のエキソソーム複合体や細菌の相当する重要な RNA 分解複合体の保存された構造を考察した．

図17.13　シード配列を越えた相互作用を可能にするアルゴノートのコンホメーション再編成　標的を認識する前に，おそらく核酸分解から逃れるため miRNA の全長が Ago タンパク質と結合する．ガイドとして示す miRNA の両末端は，Ago タンパク質内のそれぞれの結合ポケットにつなぎ止められる．5′末端は PIWI と Mid ドメインの間の溝に，3′末端は N 末端側の PAZ ドメインに位置する．標的 mRNA と対合した後，相互作用をさらに広げるために RNA 上の Ago タンパク質が大きくコンホメーション変化して開放型コンホメーションになる．これは Mid と PIWI ドメインを含む突出部分から離れた N 末端と PAZ ドメインが回転することで達成される（中央の図の曲がった矢印）．［Jinek M & Doudna JA [2009] *Nature* 457:405-412 より改変．Macmillan Publishers, Ltd. の許可を得て掲載］

17.4 真核生物 mRNA の安定性と分解

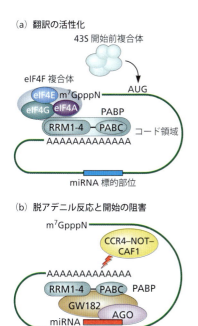

(a) 翻訳の活性化

(b) 脱アデニル反応と開始の阻害

図 17.14 キャップ依存性翻訳開始における miRISC のタンパク質成分の相互作用と遺伝子サイレンシング (a) キャップ依存性翻訳開始は 5′mRNA キャップと eIF4F 複合体の一部であるキャップ結合タンパク質 eIF4E の結合を必要とする．eIF4G はこの複合体の足場としての役割をもち，eIF4A と PABP に結合することで mRNA の環状化に働く．環状化は mRNA の 5′-UTR への 43S 開始前複合体の呼び込みを促進する．(b) miRNA は miRISC のエフェクターを引き連れながら標的 mRNA の配列と特異的に塩基対形成する．miRNA は GW182 と結合する Ago と相互作用する．さらに GW182 の DUF ドメイン（図 17.11 b 参照）は PABP の C 末端と結合し，miRISC の近傍にポリ(A)鎖を隔離する．ポリ(A)鎖は CCR4（carbon catabolite repression 4 protein），NOT（negative on TATA-less protein），CAF1（CCR4-associated factor）から成る CCR4–NOT–CAF1 複合体が仲介する脱アデニル反応に適した場所に位置する．Ago と GW182 は miRNA が仲介する脱アデニル反応に必要とされる．人工的に GW182 を直接 mRNA 上に結合させると Ago の必要性が減ることから，Ago は遺伝子サイレンシングの実際のエフェクタータンパク質である GW182 の足場として働くことが示された．GW182 が CCR4–NOT デアデニラーゼ複合体を呼び込む．もう一つのデアデニラーゼである CAF1 はしばしばこの複合体に結合している．また脱アデニル反応は GW182 と PABP の直接な結合を必要とする．脱アデニル反応後，mRNA キャップは DCP1–DCP2 脱キャッピング複合体によって取除かれ，5′→3′方向への核酸分解能をもつ Xrn1 によって mRNA が分解される．さらに，miRISC は PABP–eIF4G の結合の阻害と 43S 開始前複合体の呼び込みを減らすことで開始を阻害する．60S サブユニットと開始複合体の結合を介する開始阻害も考えられている．[(a)，(b) Jinek M, Fabian MR, Coyle SM et al. [2010] *Nat Struct Mol Biol* 17:238–240 より改変．Macmillan Publishers, Ltd. の許可を得て掲載]

ここでは，真核生物の mRNA の寿命を調節する洗練された mRNA の分解機構について焦点を当てながら，また欠陥のある mRNA を分解する経路についても概説する．厳密に言えば，mRNA 分解はそれ自体は翻訳工程の制御とはみなされないが，直接的な翻訳制御機構とともに細胞内の最終的なタンパク質レベルを決定するので，ここで紹介することが適切である．安定性制御は決してまれな mRNA の制御方法ではなく，細胞のシグナルに応答する遺伝子発現変化の 50 % まで影響を与えると推定されている．

mRNA の脱アデニル反応で始まる非欠陥 mRNA 分解の二つの主要経路

5′→3′および 3′→5′方向へ mRNA を分解する二つの主要経路の概要を図 17.15 でまとめている．重要なことに，両経路ともポリ(A)鎖を短縮させる**脱アデニル反応**（de-adenylation）から始まる．そのため脱アデニル反応は主要な律速段階である．また短くなったポリ(A)鎖を伸長する経路もあるため，脱アデニル反応は可逆的であることも重要である．つまりポリ(A)鎖は翻訳の制御に直接的な役割をもっていることを意味する．

脱アデニル反応後の経路は二つに分かれる．一つは

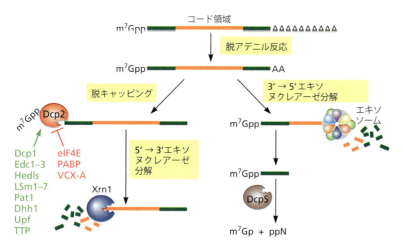

図 17.15 真核生物の二つの主要な mRNA 分解経路 両経路はポリ(A)鎖の短縮から始まり，mRNA の 5′→3′または 3′→5′方向へ核酸が分解される．図左側で示す 5′→3′分解は脱キャッピング酵素 Dcp2 によって mRNA が脱キャッピングされて m^7Gpp と 5′-一リン酸 RNA になる．Dcp2 は加水分解酵素 NUDIX（nucleotide diphosphate linked to moiety X）ファミリーのメンバーであり，一般的に 25 nt 以上の RNA に結合し，キャップ構造のみを加水分解する．つまり Dcp2 はキャップと RNA 本体に同時に結合することで基質となる mRNA かどうかを認識する．Dcp2 は多くのタンパク質により正（緑で表示）または負（赤で表示）に調節されている．脱キャッピングされると mRNA は 5′→3′エキソヌクレアーゼ Xrn1 によってさらに分解される．右側に示す 3′→5′分解にはエキソソームのエキソヌクレアーゼ活性が関わる．RNA の長さが 10 nt 以下のときは，DcpS（scavenger decapping enzyme）が働いて脱キャッピングされる．[Li Y & Kiledjian M [2010] *Wiley Interdiscip Rev RNA* 1:253–265 より改変．John Wiley & Sons, Inc. の許可を得て掲載]

Box 17.3 miRNA と糖尿病

糖尿病は世界中で数百万人が罹患している慢性的な代謝性疾患である．この疾患の原因は小さなタンパク質ホルモンであるインスリンの産生，分泌，シグナル伝達経路の欠損である．1型糖尿病は膵臓のインスリン産生β細胞の自己破壊が原因であり，2型糖尿病はインスリンの分泌調節の異常や機能低下が原因である．糖尿病は心血管疾患や腎不全などを含む多数の重大な二次的合併症を生じさせるとても重篤な病気である．

長年の研究にも関わらず，糖尿病の分子機構は未解明のままである．最近の多くの研究は病気の原因と合併症にさまざまな miRNA が主要な役割を果たしていることを明らかにしてきた．多様な miRNA（省略表記 miR）は，インスリン合成と分泌，グルコース代謝，脂質代謝など，異なる代謝過程の重要な制御因子として働く．糖尿病関連 miRNA の種類は日に日に増している．ここでは，スイスのチューリッヒ分子システム生物研究所の Markus Stoffel 研究室から得られた重要な例を紹介する．

研究された二つの miRNA，miR-103 と miR-107 はインスリン感受性を調節する．これら二つの miRNA は 22 番目の一つのヌクレオチドだけが異なり，遺伝的または食事誘導性肥満のマウスで上昇する．ノーザンブロット解析から，両方の肥満マウスの肝臓には 2〜3 倍の miR-103 と miR-107 が発現していることがわかった．これらの miRNA は特に糖尿病に関連する状態を患っているヒトの患者の肝生検でも上昇していた．野生型マウスに miR-107 を発現する組換えアデノウイルスを投与すると高グルコースを誘発し，インスリン感受性を減少させる．逆に miR-107 の発現抑制はインスリン感受性を増加させる．

さらなる実験からインスリン受容体の重大な制御因子として**カベオリン-1**（caveolin-1）をコードする *CAV1* 遺伝子が直接的な標的として同定された．カベオリン-1 は 1980 年代に George Palade と Eichi Yamada によって初めて可視化された細胞膜の 50〜100 nm の陥入構造カベオラの鍵となるタンパク質成分である．カベオラはインスリンシグナルなどの多くのシグナル伝達の機能を担う特別な脂質を含む脂質ラフトである．カベオリン-1 の単量体と七量体の構造を図1に示す．

図2にはカベオリン-1 mRNA の標的配列の認識に関わる miR-103 と miR-107 のシード配列を示す．図3にはカ

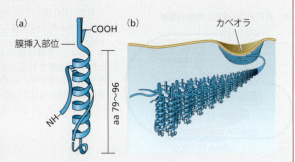

図1　単量体と七量体のカベオリン-1 の構造　(a) 単量体の構造．アミノ酸 79〜96 間のαヘリックスのモデルを示す．アミノ酸 1〜80 間の領域はヘリックス周辺を包んでいる．この領域の両末端の切断されている部分は位置が不明瞭である．(b) 細胞膜に埋込まれた七量体構造．モデルは単量体のαヘリックス間の側面が結合することで形成される七量体がさらに重合して，いかにカベオラ膜の 10 nm 厚のフィラメントを形成するかを示している．[(a), (b) Fernandez I, Ying Y, Albanesi J & Anderson RGW [2002] *Proc Natl Acad Sci USA* 99:11193–11198 より改変．National Academy of Sciences の許可を得て掲載]

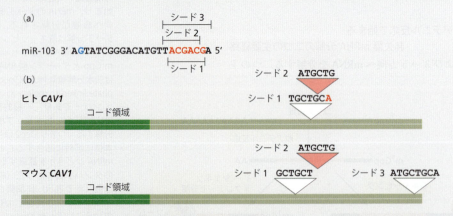

図2　カベオリン-1 の発現は miR-103 と miR-107 によって制御される　(a) 同定されたシード配列と miR-103 の塩基配列．miR-107 の塩基配列は 2 番目のヌクレオチドが G の代わりに C（青で示す）のみ異なる．(b) ヒトとマウスのカベオリン mRNA とコード配列，3′-UTR 内のシードの標的配列の模式図．ヒトのカベオリン mRNA は二つの標的配列をもち，マウスのカベオリン mRNA は三つもつ．赤い三角で示した配列は二つの種でよく保存されている部位である．これらのシードの標的領域が miR-103 と miR-107 のシード配列に結合するとカベオリン発現の減少とインスリン受容体の不安定化をまねく．[(a), (b) Trajkovski M, Hausser J, Soutschek J et al. [2011] *Nature* 474:649–653 より改変．Macmillan Publishers, Ltd. の許可を得て掲載]

ベオリン-1がどのようにしてインスリン受容体と相互作用するのか示す。Stoffelたちは miR-103/miR-107 が仲介するカベオリン-1の発現抑制がその相互作用を介してインスリンシグナル伝達に影響することを示唆している。つまりカベオリンの減少はカベオラに富んだ細胞膜マクロドメイン内のインスリン受容体の数を少なくし、インスリンシグナル伝達を減少させるというのである。

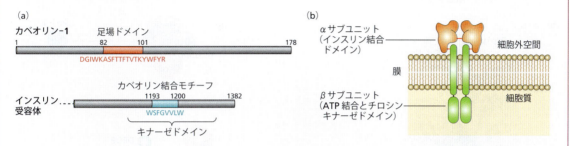

図3　想定されているカベオリン-1とインスリン受容体の相互作用の模式図　(a) カベオリン-1のアミノ酸82～101は、カベオリン-1とインスリン受容体を含むさまざまなシグナル分子とのタンパク質間相互作用を仲介する足場ドメインである。インスリン受容体（等比率では示していない）はほとんどのカベオリン結合タンパク質内でみられる特徴的なカベオリン結合アミノ酸モチーフを含む。インスリン受容体前駆体1～1382は翻訳後修飾によってシグナル配列1～27が除かれ、その後αサブユニット28～758とβサブユニット763～1382に切断される。キナーゼドメインは1023～1298に存在する。[Cohen AW, Combs TP, Scherer PE & Lisanti MP [2003] *Am J Physiol Endocrinol Metab* 285:E1151–E1160 より改変。American Physiological Society の許可を得て掲載]（b）ジスルフィド結合（赤線）によって結合したα、βという二つのサブユニットから構成されるインスリン受容体の全体構造。αサブユニットは細胞外部を占め、インスリンと相互作用する。βサブユニットは膜貫通ドメインとキナーゼドメインを含む。インスリンが結合すると受容体は自己リン酸化によって活性化し、さまざまなシグナル分子をリン酸化する。[A. Malcolm Campbell, Davidson College のご厚意による、改変]

---

mRNAが脱キャッピングされ、豊富に存在する5′→3′エキソヌクレアーゼ Xrn1 の働きにより分解される。もう一つはエキソソーム（エキソソームの構造と機能の詳細については図14.25と図14.26を参照）によって3′→5′方向に核酸が分解される。多くのmRNAは脱アデニル反応後に5′→3′と3′→5′両方の分解を受ける。両方の経路ともmRNAの脱キャッピングを伴うが、それぞれ異なる反応段階と異なる酵素で脱キャッピングされる。

5′→3′経路は脱キャッピング酵素 Dcp2 の活性によって開始する

5′→3′経路において脱キャッピング酵素 **Dcp2** は多くの因子によって正にも負にも広範に調節されている（図17.15参照）。Dcp2のドメイン構造と正の補因子 Dcp1 との結晶構造を図17.16に表す。この構造からDcp2の正の制御因子であるDcp1がなぜ、そしていかに機能するのかが明らかになっている。Dcp1が結合すると、Dcp2 は mRNAの脱キャッピングを行うために活性部位が再配向を起こし、開放型からより活性をもつ閉鎖型コンホメーションへの移行を促進する。

他の正の制御因子はmRNAの3′末端部分のシス作動性配列に結合してトランス作動性因子として働く。二つの共通した活性化機構が特定のmRNAの3′-UTRにあるARE（AU-rich element）（図17.17 a）と、mRNAの3′末端にあるオリゴ（U）配列（図17.17 b）を介して機能する。両経路にはヘテロ七量体環のLSm1-7タンパク質複合体が関わる。LSmとSmタンパク質の発見に関する歴史や構造、全身性エリテマトーデスや前立腺がん、乳がんを含むさまざまな疾患との関連について Box 17.4 で述べる。同じ複合体のLSm1-7複合体はS期の終わりにmRNAを分解する珍しい経路にも関与する。ほとんどのヒストンの合成はDNA複製と密接に共役しており、そのmRNAはS期の終わりや薬剤、および他の因子によってDNA複製が阻害されるときには分解されなければならない。ヒストンmRNAの分解経路は図17.17(b)で示したU配列を介した経路の一つの変形である。

5′-UTRの5′最末端に対してステムループ構造を伴う別の機構も存在する。この配列は他のタンパク質を必要とせずにDcp2の呼び込みを増強し、おそらく他のタンパク質の関与なしで脱キャッピングを促進する（図17.17 c）。

3′→5′経路ではエキソソームによる分解の後に異なる脱キャッピング酵素 DcpS が働く

完全に脱アデニル化されたmRNAの3′末端にはエキソソームが結合できるようになり、5′末端近くまで分解される。それからスカベンジャー酵素 DcpS によって脱キャッピングされる。DcpSはエキソソームによって産生される比較的短いRNAに関してのみ働く。DcpS活性はキャッ

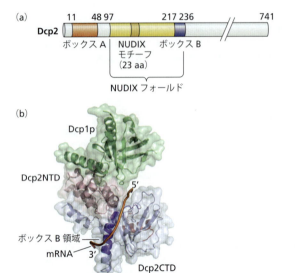

図17.16　Dcp2の模式図と正の補因子Dcp1とDcp2複合体の結晶構造　分裂酵母から得られた結晶構造．(a) Dcp2は三つの保存された領域をもつ．NUDIXは触媒部位を含む．ボックスAはm⁷GMPではなくもっぱらm⁷GDPを生成する忠実な脱キャッピング触媒活性とDcp1との結合にとって重要である．ボックスBはNUDIXの一部でありRNAの結合に重要である．[Wang Z, Jiao X, Carr-Schmid A & Kiledjian M [2002] *Proc Natl Acad Sci USA* 99:12663–12668 より改変．National Academy of Sciences の許可を得て掲載] (b) Dcp1-Dcp2複合体の表面眺望で推測されたRNA結合チャンネルとモデル化された12 mer RNAから，提唱されたRNA本体の通路が示唆される（ボックスBを紫で示す）．このモデルから長いRNA基質に優先性が高いことがわかる．つまり活性部位とボックスBの両方に結合するためにはRNAは少なくとも12残基以上が必要である．開放型からより活性のある閉鎖型へ移行するため，活性化部位に向かってDcp2のN末端（Dcp2NTD）を再配向することによりDcp1がDcp2を活性化すると考えられている．[She M, Decker CJ, Svergun D et al. [2008] *Mol Cell* 29:337–349. Elsevierの許可を得て掲載]

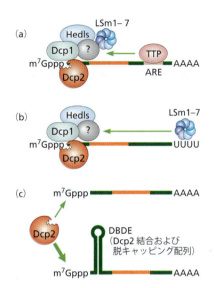

図17.17　Dcp2の活性化を促進するシス作動性RNA配列　(a) ARE (AU-rich element) による脱キャッピングの活性化は，おもに転写因子や細胞増殖促進タンパク質などの特定のmRNAの3'-UTRにみられる．AREはDcp2を直接または間接的に呼び込む一連のタンパク質（たとえばTPP）の結合を介して働く．LSm1-7 (Box 17.4参照) はDcp2の呼び込みに関与すると思われる．(b) mRNAの3'末端の短いU連続配列による脱キャッピングの活性化．U連続配列は植物やマウスにおいてmiRNAによるmRNA切断によってつくられ，これらのUを含む断片はその5'切断産物と一致する．U連続配列による活性化はU連続配列に結合するLSm1-7によって媒介される．U連続配列とLSm1相互作用によるmRNA分解の重要な例はS期の終わりやDNA合成阻害によって起きるヒストンmRNA分解でみられる．(c) 5'末端の10 nt内にステムループ構造をもつmRNAは，脱キャッピングをより効率的に刺激するためにDcp2を呼び込む．[(a)〜(c) Li Y & Kiledjian M [2010] *Wiley Interdiscip Rev RNA* 1:253–265 より改変．Wiley & Sons, Inc. の許可を得て掲載]

プ近くのmRNA前駆体スプライシングなど，いくつかの他の細胞内過程に影響する．DcpSは*SMN2*遺伝子を負に制御することで脊髄性筋萎縮症の病因に関連すると考えられている（Box 17.5）．

他にもあるmRNA分解経路

　完全を期すために，まれではあるが，他のmRNA分解経路についても言及しなくてはならない．特別なmRNAのいくつかの例では，ポリ(A)鎖が分解されないまま脱キャッピングが直接進行する．とても効率のよい潜在的分解は特別なエンドリボヌクレアーゼによってmRNAの内部が切断されることである．すると新しい両末端から5'→3'と3'→5'方向へ分解が進行する．そのような働きをする酵素はいうまでもなく厳密に調節されなくてはならない．

使われないmRNAは　　Pボディとストレス顆粒内に隔離される

　真核細胞では翻訳抑制されたmRNAや翻訳されていないmRNAがしばしば蓄積する．これらは**Pボディ** (processing body) と**ストレス顆粒** (stress granule) とよばれる特別な細胞内凝集体に隔離される．Pボディは特に5'→3'経路に関わるRNA分解装置の主要成分を含んでおり，mRNAが分解される実際の場所であるとも考えられている．Pボディは**ナンセンス変異依存性mRNA分解** (**NMD**; nonsense-mediated decay) やARE依存性mRNA分解（図17.17 a参照），そしてmiRNA駆動性遺伝子サイレンシングなどの特異的mRNA分解経路に関するタンパク質も含んでいる．ストレス顆粒は翻訳開始因子など他のタンパク質を含む．酸化ストレスを受けた後，Pボディとストレス顆粒を含む細胞の観察像を図17.18に示す．図に

Box 17.4　Sm タンパク質とその類似体：全身性エリテマトーデスとの関連

Sm タンパク質（Sm protein）は 1959 年に全身性エリテマトーデス（SLE；systemic lupus erythematosus）と診断され 1969 年に 22 歳で亡くなった女性患者から初めて発見された．全身性エリテマトーデスは自己の生体内高分子（おもな二本鎖 DNA やヒストンに加え，多くのタンパク質も）に対する抗体をつくる重篤な自己免疫疾患である．その患者は未知のタンパク質に対する抗体を産生していることが発見され，彼女の名前（Smith）にちなみ Sm タンパク質と命名された．その後エリテマトーデス患者の 30 ％ が同じタンパク質か，もしくはとてもよく似た LSm タンパク質（like-Sm protein）に対する抗体を産生していることがわかった．

Sm タンパク質と LSm タンパク質は細菌と古細菌でもホモログがあり，よく保存されたファミリーを構成している．これらのタンパク質は RNA の代謝に関する多くの機能をもつ．Sm タンパク質はスプライソソームの一部であるウリジンに富んだ核内小分子 RNA と安定な複合体を形成する．LSm タンパク質は幅広い種類の RNA に結合し，それら RNA の運命に影響する．環状構造を形成する七つのタンパク質のうちの一つだけが異なる 2 種類のヘテロ七量体の環状構造が存在する（図1）．片方の複合体は LSm2-8 から成り，核に局在し，mRNA 前駆体，tRNA 前駆体，rRNA 前駆体の切断に機能する．もう一つの複合体は LSm1-7 から成り，細胞質において mRNA 分解に重要な役割をもつ．特にシス作動性活性化配列が関与する経路で働く（図 17.17 参照）．

LSm1-7 複合体は真核生物でポリアデニル化されない唯一の mRNA であるヒストン mRNA の分解にも役割をもつ（図2）．ヒストンの 5 種類すべての mRNA の発現レベルは S 期で起きる DNA 複製と共役している．クロマチンの形成に利用される DNA とヒストンの量的バランスを確実にするため，ヒストン mRNA の半減期は DNA 複製の速度の変化と協調している．このヒストン mRNA の半減期の制御はすべてのヒストン mRNA の 3′ 末端に保存されている独特な保存配列によって仲介されている．この配列は特別なタンパク質 SLBP（stem-loop-binding protein）が結合するための短いステムループ構造を形成する．

興味深いことに，LSm1 は前立腺がんや乳がんと関連がある．LSm1 タンパク質の発現は前立腺がんで減少していた．乳がんの 15～20 ％ では LSm1 タンパク質遺伝子を含む染色体の領域 8p11-12 の増幅が見つかった．さらに二つの重要な結果によって，LSm1 の発がんにおける役割が確認された．一つめは，正常な乳腺上皮細胞に *LSm1* 遺伝子を過剰発現させると細胞は悪性形質転換した．つまり，増殖因子非依存的な増殖能が獲得され，軟寒天培地でコロニーを形成したのである．二つめは乳がん細胞株における LSm1 タンパク質産生の阻害は軟寒天培地でコロニー形成を劇的に減少させた．さらにマイクロアレイ解析から，LSm1 発現レベルの上昇が細胞周期の調節や細胞増殖に働くさまざまな遺伝子の発現量を変化させることが示されている．

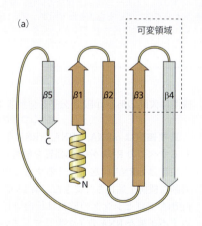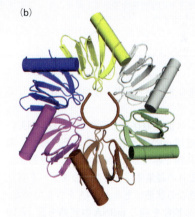

図1　LSm1-7 ヘテロ七量体複合体の構造　(a) 一つのタンパク質サブユニットの二次構造．バレル様構造を形成する β ストランドをもつ小さな五つの逆平行 β シート構造で，N 末端側には 2～4 回転する小さな α ヘリックスがある．二つの配列モチーフは LSm ファミリーメンバー間の配列比較から同定された．薄茶色で示した最初のモチーフ SM1 は 32 アミノ酸長あり，β1～3 のストランドに相当する．灰色で示したモチーフ SM2 は 14 アミノ酸長で，β4 と β5 を構成する．これら二つのモチーフはタンパク質ファミリー間で保存されていない領域によって分けられている．[Robert Plaag, Wikimedia のご厚意による]　(b) 細菌 Hfq 六量体環状モデル．各サブユニットは異なる色で示し，中心の穴に隣接して結合している弓状の短い RNA オリゴヌクレオチド鎖を茶色で示す．Hfq は Sm と LSm タンパク質の大きなファミリーに属する．真核生物の LSm1-7 環は七つの異なるサブユニットから成る．

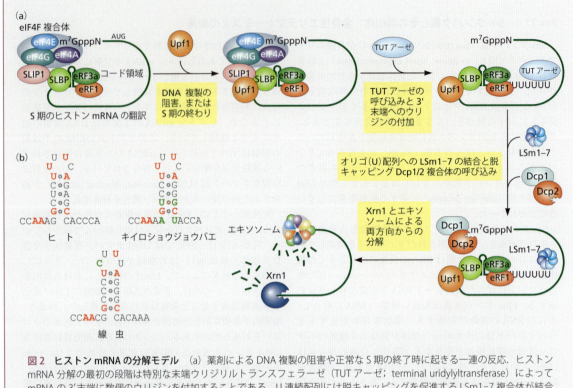

図2 ヒストンmRNAの分解モデル (a) 薬剤によるDNA複製の阻害や正常なS期の終了時に起きる一連の反応．ヒストンmRNA分解の最初の段階は特別な末端ウリジリルトランスフェラーゼ（TUTアーゼ；terminal uridylyltransferase）によってmRNAの3′末端に数個のウリジンを付加することである．U連続配列には脱キャッピングを促進するLSm1-7複合体が結合する．脱キャッピングされたmRNAは5′と3′両末端から同時に分解される．これらの反応は分解中間体のクローニングと配列解析によって明らかにされた．両末端から同時に分解される様式は他にも例があり，個々のARE含有mRNAもまたこの方式で分解される．［Mullen TE & Marzluff WF [2008] Genes Dev 22:50–65.. Cold Spring Harbor Laboratory Press の許可を得て掲載］
(b) 三つのモデル生物（ヒト，キイロショウジョウバエ，線虫）の間のステムループ配列と構造の比較．哺乳類のSLBP結合に重要なヌクレオチドの部位を赤で示す．ステムループの共通配列から逸脱している塩基を緑で示す．ワトソン・クリック型塩基対を灰色の丸印で示し，ショウジョウバエ配列中の赤い丸印は塩基対形成されていない箇所を示す．［Marzluff WF, Wagner EJ & Duronio RJ [2008] Nat Rev Genet 9:843–854 より改変．Macmillan Publishers, Ltd. の許可を得て掲載］

は二つの顆粒の主要なタンパク質因子についても記載している．

　Pボディとストレス顆粒の存在とその中でのmRNAの蓄積は，細胞質に遊離mRNAが存在するのと同様に，細胞質とそれら凝集体間で起こるmRNAの活発な流動を反映している．それぞれの凝集体はさまざまなタンパク質と複合体を形成し，異なる状態にあるmRNAを含んでいる．Pボディとストレス顆粒を経るmRNAの回路を図17.19に描く．使用されないmRNAの，Pボディおよびその後のストレス顆粒内での一時的な貯蔵は，将来利用されるときのためのある種のmRNAの保存および保護の機構として働く．つまりPボディに貯蔵されるmRNAの一部は分解され，他は再利用される．特別な状態にあるmRNA分子がすべて顕微鏡下で観察できるような凝集体にあるわけではないことに注意すべきである．形態的に明瞭な構造体に集合せずとも，mRNAは細胞質内で非翻訳状態として存在することができる．

細胞は欠陥のあるmRNA分子を分解する いくつかの機構をもっている

　真核細胞はmRNA，tRNA，rRNAなどの翻訳過程に関わるすべてのRNA分子の品質を厳密に管理している．真核生物はmRNAに起こりうるすべての欠陥を取扱える特異的な機構を進化させてきた．第14章で説明したように，mRNAプロセシングの監視は核内で行われる．にも関わらず不正確なRNA分子が生じてしまい，細胞質へ運び出され，翻訳過程に入ってしまう．ここでは，特別な欠損をもつmRNA分子を取除く三つの最も頻出する機構について概説する．

未成熟終止コドンを含むmRNA分子は ナンセンス変異依存性mRNA分解によって分解される

　未成熟終止コドンは正常より短いタンパク質をつくる可能性があると長く考えられていたが，現在では未成熟終止コドンを含むmRNAは，正常より短く毒性をもつ可能性

Box 17.5　より詳しい説明：脱キャッピングと X 連鎖精神遅滞や脊髄性筋萎縮症との関連

mRNA の脱キャッピングは遺伝子発現の重要な調節過程であり，現在では少なくとも二つの神経疾患，X 連鎖精神遅滞と脊髄性筋萎縮症に関連していることがわかっている．両疾患ともに二つの脱キャッピング酵素 Dcp2 と DcpS の機能に影響する遺伝子あるいはタンパク質欠陥がある．

X 連鎖精神遅滞（X-linked mental retardation）は三つの特性，つまり IQ70 以下を伴う知的機能障害，対人能力と自立生活の限界，18 歳以前の発症によって特徴づけられる複合疾患である．先進諸国の人口 2～3％ にこの疾患が見つかる．精神遅延の遺伝学的原因は VCX-A（variable charge X-linked protein）をコードする VCX-A 遺伝子の欠損と認識されている．このタンパク質は高塩基性であり，第二エキソンは未知の機能をもつ 30 bp の繰返し配列をもち，ヒトにおいてもこの繰返しは 1～14 回と多岐に渡る．霊長目において，脳を含むほとんどすべての組織でこのタンパク質が発現しており，神経発生に関与する一群の mRNA 分子に結合する．興味深いことに，相同性のあるタンパク質は下等な哺乳類や他の生物種では見つかっていない．

VCX-A の機能は巧妙な実験から明らかとなった．つまりこれが霊長類のみがもつ遺伝子のため，VCX-A タンパク質をもたないラットの海馬ニューロンに VCX-A タンパク質を発現させて実験を行った．VCX-A は X 染色体上の四つの異なる遺伝子と Y 染色体上の二つの同じ遺伝子によってコードされている VCX/Y タンパク質ファミリーのうちのたった一つのメンバーであることに留意．この実験によってラットニューロンの神経軸索伸長が促進することがわかった．さらに，ヒトの神経芽細胞腫細胞株の遺伝子ノックダウンを行うと神経細胞の分化が阻害された．分子レベルでは，VCX-A は mRNA の 5′ 末端キャップに特異的に結合し，Dcp2 による脱キャッピングを阻害する．図 17.15 の VCX-A は Dcp2 の知られている三つの抑制因子のうちの一つであることを思い出してほしい．興味深いことに，VCX-A の結合は Dcp2 との相互作用を増加させる．VCX-A のキャップ結合能は，おそらくキャップ結合開始因子 eIF4E とキャップ接近を競合阻害することで，翻訳開始も阻害する．結果として非翻訳 mRNA はストレス顆粒に隔離される（図 17.18 参照）．

脊髄性筋萎縮症（SMA; spinal muscular atrophy）は筋肉の動きの調節に影響を与える疾患である．この疾患にはさまざまなタイプがあり，ほとんどは小児期に影響が出て，成人期には発症しない．脊髄性筋萎縮症は常染色体劣性型や常染色体優性型，X 染色体連鎖型など，種類に応じて遺伝し，6000 人に 1 人の割合で見つかる．脊髄性筋萎縮症の臨床症状は歩行，起き上がり，頭の動きの調節に使われる筋肉の萎縮である．重症例では呼吸や嚥下に関わる筋肉に影響し，死に至る．細胞レベルでは脊髄性筋萎縮症は脊髄と脳幹の特別な神経細胞である運動ニューロンを欠損する疾患である．

遺伝性の常染色体劣性の分子レベルでの理解も進んでおり，脊髄性筋萎縮症では SMN1（survival motor neuron protein）をコードする必須遺伝子 SMN1 遺伝子が両染色体で欠損または変異している．ヒトのゲノムにはこの遺伝子の第二のコピーである SMN2 という遺伝子があり，転写活性はあるが 1 塩基変異のためスプライシングが不正確に起きる．この変異により mRNA のエキソン 7 は欠落し，翻訳されるタンパク質の約 90％ は短く機能しない．SMN2 の mRNA 前駆体の残りの約 10％ は正確にスプライシングされ，野生型の全長タンパク質を産生する．このタンパク質の存在は SMN1 タンパク質の欠損を部分的に補完し，この疾患の重症化を緩和している．

研究者たちは SMN1 遺伝子欠損に対処する方法として，ヒト SMN2 遺伝子の発現レベルを増加させる方法を探索している．こうした努力のなか，製薬会社は大学の研究者と協力し，SMN2 遺伝子の発現を増加させる低分子化合物の探索を行った．培養下でも増殖できるマウスの脊髄細胞と神経芽細胞腫を融合させたハイブリッド細胞株を利用したレポーターアッセイが行われた．簡便に発現レベルを測定できる細菌の β-ラクタマーゼ遺伝子をヒト SMN2 プロモーター下で発現できるようにレポーターとして組込んだプラスミドをハイブリッド細胞に導入して使用した．さらに SMN2 を含むすべての遺伝子の発現を 2％ 増加させることが知られているヒストンデアセチラーゼ阻害剤を用いてこの細胞を刺激した後に，β-ラクタマーゼの活性を増加させる低分子化合物のスクリーニングを行った．予想されたとおりに応答する細胞株とコンストラクトが確立した後，約 550 000 個の化合物を用いて，この遺伝子プロモーターの活性を上昇させる化合物があるかどうかが探索された．その結果，SMN2 の発現を 2 倍に上昇させる化合物としてキナゾリンが同定された．放射能標識したキナゾリンをプローブに用いたタンパク質マイクロアレイの結果，驚くべきことに DcpS（scavenger decapping enzyme）（図 17.15 参照）がキナゾリン結合タンパク質として同定された．キナゾリンと結合した DcpS は触媒的に不活性な開放型となるため，脱キャッピングが阻害される．

脊髄性筋萎縮症と DspS のつながりを発見するため，研究者は関連性が複雑なつながりを追求してきた．それは疾患，SMN1 と SMN2 遺伝子の同定，SMN2 遺伝子の過剰発現が症状の緩和に役立つかもしれないというアイデア，培養細胞で SMN2 を発現増加させる化合物の同定，化合物の標的として DcpS の同定である．険しい道ではあったが，脊髄性筋萎縮症治療のために DcpS が新しい標的になることを同定するまでに至った．もちろん，これは治療薬を開発するための長い過程のほんの最初の段階なのである．

ストレス顆粒（赤点）の主要成分
ポリ(A)-mRNA
翻訳開始（40S, eIF4E, eIF4G, eIF3, eIF2）
翻訳制御（CPEB, PABP, DHH1）
mRNA 分解（DHH1, Staufen）
snRNP 集合，RNA プロセシング，ユビキチンリガーゼ
足場（FAST）

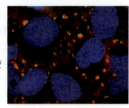

P ボディ（緑点）の主要成分
mRNA
5'→3' エキソヌクレアーゼ（XRN1）
脱アデニル反応（CCR4, CAF1, NOT1–4）
脱キャッピング（LSM1–7, DCP1–2, PAT1, DHH1）
翻訳制御（eIF4E, eIF4E-T, PAT1, DHH1, CPEB）
ナンセンス変異依存性分解（SMG5,7, UPF1）
miRNA 経路（miRNA, Ago1–4, GW182）
足場（FAST）

図 17.18 ストレス顆粒と P ボディ 酸化ストレスを受けたヒト HeLa 細胞の免疫蛍光像．固定した細胞をポリクローナル抗 eIF3 抗体（赤）と Dcp1 を認識する抗血清（緑），核内 DNA をヘキスト色素（青）で染色した．黄部分はストレス顆粒と P ボディの一過性的な結合または部分的な共局在を表している．ストレス顆粒は 40S 小サブユニットを含む翻訳前複合体，翻訳制御と特異的 mRNA 分解に関わるさまざまな RNA 結合タンパク質，翻訳停止したポリ(A)-mRNA の凝集体を含む．有糸分裂期の細胞はストレス下でストレス顆粒や P ボディが形成できない．［画像：Sivan G, Kedersha N & Elroy-Stein O [2007] *Mol Cell Biol* 27:6639–6646. American Society for Microbiology の許可を得て掲載］

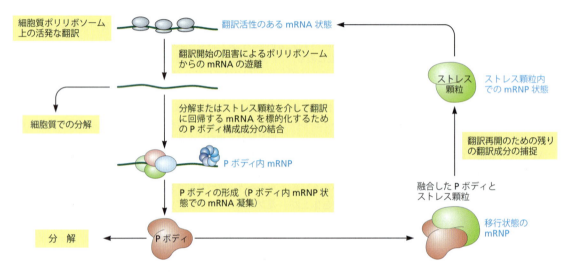

図 17.19 三つの異なる細胞質状態を経過する mRNA の流れ 三つの状態はポリリボソーム内の翻訳活性状態にある mRNA，P ボディ内の mRNP，ストレス顆粒内の mRNP を表す．ある状態から他への移行は RNP 複合体の再構築，すなわちいくつかのタンパク質成分の解離や他の成分との会合を伴う．［Buchan JR & Parker R [2009] *Mol Cell* 36:932–941 より改変．Elsevier の許可を得て掲載］

のあるタンパク質を蓄積することはなく，翻訳の最初の段階で分解される運命にあると考えられている．ヒトにおける選択的スプライシングの 1/3 は未成熟終止コドンを出現させ，NMD をひき起こす．多くの研究者は，未成熟終止コドンの出現はスプライシングの不規則な誤りではなく，転写後遺伝子制御の一環として機能していると考えている．NMD 経路の主要因子を欠損したノックアウトマウスが胎生致死であるという事実からもこの説は強く支持されている．この NMD 経路にはエキソン-エキソンジャンクションに結合する**エキソン-ジャンクション複合体**（EJC; exon-junction complex）が関与している（図 17.20）．

リボソーム停滞型 mRNA 分解は翻訳中のリボソームが停止したときに働く

品質管理に働くリボソーム停滞型 mRNA 分解（NGD; no-go decay）機構の存在は 2006 年に Roy Parker の研究室によって発見された．この機構はリボソームが mRNA のある一定の場所で停止するときに働く．その mRNA はそれから停止部位の近くで切断され分解される．リボソームは放出されて再利用される．NGD は通常の終結過程と似た機構である．実際，NGD の開始に働く二つの進化的に保存されているタンパク質 Dom34 と Hbs1 は，通常の終結時に終結因子として機能する eRF1 と eRF3 と似ている（第 16 章参照）．しかしながら，Dom34 と Hbs1 非依存的に起きる NGD もあり，その機構は不明である．NGD の作業仮説を図 17.21 に示す．

ノンストップ mRNA 分解は終止コドンを含まない mRNA で働く

細胞は終止コドンを含まない mRNA を扱う特別な機構も進化させた．もしこれらの mRNA が翻訳されれば，3'-UTR であるはずの C 末端領域から異常な配列が翻訳され，

(a) 正常な mRNA 上の初回翻訳時

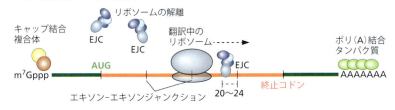

(b) 未成熟終止コドンをもつ mRNA 上の初回翻訳時

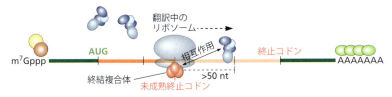

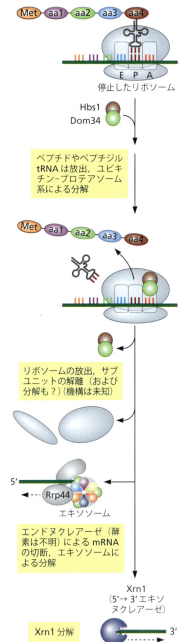

図 17.20　哺乳類のナンセンス変異依存性 mRNA 分解の分子機構　mRNA の初回翻訳で NMD が働く．未成熟終止コドンはエキソン-エキソンジャンクションの空間的な関係で認識される．(a) 通常の mRNA を翻訳するときにリボソームはポリヌクレオチド鎖に沿って進行し，エキソン-エキソンジャンクションの上流 20〜24 nt に結合しているエキソン-ジャンクション複合体 (EJC) を取除く．リボソームが正常な終止コドンに到達すると終結複合体を形成して翻訳が完了する．(b) mRNA が未成熟終止コドンを含んでいる場合は翻訳中のリボソームがそれを認識して，その場所で終結複合体を形成する．通常エキソン-エキソンジャンクションの約 20 nt 上流に結合している EJC と次のエキソン-エキソンジャンクションが終結複合体の 50 nt 以内の下流にあると，未成熟終止コドンと EJC が直接結合し分解反応が開始する．さらにこの過程は Upf タンパク質と終結複合体との結合も伴う．生物種や細胞型に依存して，NMD は異常な mRNA の脱キャッピングや Xrn1p エキソヌクレアーゼによる 5′→3′ 分解，エンドヌクレアーゼによる切断，脱アデニル反応の促進，エキソソームによる 3′→5′ 分解を誘導することができる．[(a), (b) McGlincy NJ & Smith CWJ [2008] *Trends Biochem Sci* 33:385-393 より改変．Elsevier の許可を得て掲載］

図 17.21　哺乳類におけるリボソーム停滞型 mRNA 分解の作業仮説　リボソームの A 部位が空いている状態のまま翻訳伸長の停止が長引くと NGD が機能する．NGD は Hbs1-Dom34 複合体の A 部位への結合を導き，ペプチジル tRNA またはペプチドの放出を誘導する．この過程は通常の翻訳終結と類似している．実際に Hbs1 と Dom34 は通常の翻訳終結に関わる終結因子 eRF1 と eRF3 に似ている．NGD を要求する異常なリボソーム停止と生物学的役割をもつ正常な翻訳停止それぞれを識別する方法はまだよくわかっていない．[Harigaya Y & Parker R [2010] *Wiley Interdiscip Rev RNA* 1:132-141 より改変．John Wiley & Sons, Inc. の許可を得て掲載］

正常より長いタンパク質が生じてしまう．**ノンストップ mRNA 分解** (**NSD**; non-stop decay) 機構は酵母からヒトまで保存されており，エキソソームと Ski7 アダプタータンパク質，SKI 複合体 (superkiller complex) を必要とする (図 17.22)．

17.5　翻訳の機構

　細胞内でのタンパク質生産量は，転写と翻訳の両方の制御を含むさまざまな方法で調節されている．この章では翻訳に焦点を絞り，ここで多くの非常に複雑な機構が存在することを知った．これらには合成のための利用できるリボソーム数の制御，翻訳開始の制御，リボスイッチや miRNA による制御が含まれる．最終的に，翻訳の機会は個々の mRNA の安定性に依存する．転写と翻訳に関する制御因子の多さは複雑さと巧妙さにおいて驚くべきものである．だが，生存，繁殖，進化を経る一生を乗りきるために，複雑で順応性ある生命体を可能にするためには欠かせ

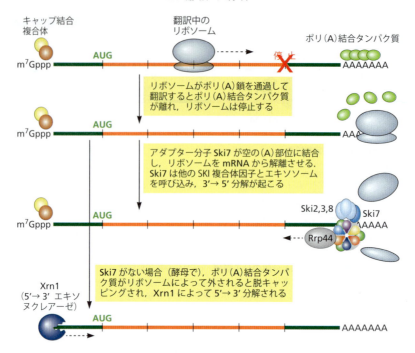

図 17.22　ノンストップ mRNA 分解の分子機構　終止コドンを欠損した mRNA 産物は終止コドンの変異や mRNA の切断, 未成熟ポリアデニル鎖など, さまざまな原因によって発生する. 実験的な証拠から, 特別なアダプター分子 Ski7 が存在するかどうかによって, NSD は二つの異なった経路に分かれるとされている. Ski7 の C 末端は翻訳伸長因子 eEF1A および終結因子 eRF3 と構造的に似たドメインをもち, NGD 経路に関わる Dom34 と同じようにリボソームの空の A 部位に結合でき, リボソームを mRNA から解離させる. Ski7 はエキソソームを mRNA 上に呼び込み, Ski2 と Ski3, Ski8 から成る SKI 複合体を形成してエキソソームを活性化する. 活性化したエキソソームは 3′→5′ 方向へ核酸分解を行う. パン酵母で Ski7 がない場合は別の経路が機能する. [Garneau NL, Wilusz J & Wilusz CJ [2007] *Nat Rev Mol Cell Biol* 8:113–126 より改変. Macmillan Publishers, Ltd. の許可を得て掲載]

ないものであり, 驚嘆すべきことではないのかもしれない.

重要な概念

- 最も一般的かつ非特異的な翻訳制御は細胞内のリボソームの数を調節することである.
- 翻訳を軽減する必要がある場合は, 翻訳工程の最後に放出されすぐには再利用されない 30S と 50S サブユニットを分解することで細菌内リボソーム数を減少させることができる.
- 新しいリボソームの産生は rRNA とリボソームタンパク質合成の協調に依存している. 少なくともいくつかの細菌のリボソームタンパク質の合成は, リボソームタンパク質オペロンのフィードバック調節によって制御されている.
- 真核生物では, 通常一部の rRNA 遺伝子のみが発現しており, クロマチン構造と DNA メチル化によって制御されている.
- 翻訳を最も素速く特異的に制御する方法は翻訳開始を調節することである. 細菌とファージでは mRNA の二次構造が利用されている.
- 真核生物における翻訳の開始による制御はキャップ配列, 内部リボソーム進入部位 (IRES), 3′-UTR に結合するタンパク質によって行われている.
- リボスイッチは温度, 代謝産物, 特異的なイオンに直接応答するコンホメーションをもつ特別な mRNA の二次構造配列であり, リボソームの mRNA への結合を制御する.
- miRNA は mRNA 分子の 3′-UTR の配列に Ago タンパク質を結合させることで翻訳の開始の阻害や mRNA の分解を導く.
- 翻訳は mRNA の安定性に対しても感受性がある. ほとんどの mRNA の分解は脱アデニル反応から始まり, その後 5′ もしくは 3′ 末端から分解される.
- 真核生物は翻訳が途中で停止した mRNA をストレス顆粒に貯蔵し, 分解する場合は P ボディへ輸送する.
- 欠陥のある mRNA は誤りの種類に応じてさまざまな機構により分解される. 未成熟終止コドンはナンセンス変異依存性 mRNA 分解によって, リボソームが途中で停止した場合はリボソーム停滞型 mRNA 分解, 終止コドンがない場合はノンストップ mRNA 分解が誘導される.

参 考 文 献

成 書

Hershey JWB (ed) (2009) Progress in Molecular Biology and Translational Science, Volume 90: Translational Control in Health and Disease. Elsevier.

Hershey JWB, Sonenberg N & Matthews MB (eds) (2012) Protein Synthesis and Translational Control. Cold Spring Harbor Laboratory Press.

Nierhaus KH & Wilson DN (2004) Protein synthesis and ribosome structure. Translating the genome. Wiley.VCH.

総 説

Balagopal V & Parker R (2009) Polysomes, P bodies and stress granules: States and fates of eukaryotic mRNAs. Curr Opin Cell Biol 21:403.408.

Bao Q & Shi Y (2007) Apoptosome: A platform for the activation of initiator caspases. Cell Death Differ 14:56.65.

Bartel DP (2009) MicroRNAs: Target recognition and regulatory functions. Cell 136:215.233.

Buchan JR & Parker R (2009) Eukaryotic stress granules: The ins and outs of translation. Mol Cell 36:932.941.

Caldarola S, De Stefano MC, Amaldi F & Loreni F (2009) Synthesis and function of ribosomal proteins: Fading models and new perspectives. FEBS J 276:3199.3210.

Fabian MR, Sonenberg N & Filipowicz W (2010) Regulation of mRNA translation and stability by microRNAs. Annu Rev Biochem 79:351.379.

Filipowicz W, Bhattacharyya SN & Sonenberg N (2008) Mechanisms of post-transcriptional regulation by microRNAs: Are the answers in sight? Nat Rev Genet 9:102.114.

Garneau NL, Wilusz J & Wilusz CJ (2007) The highways and byways of mRNA decay. Nat Rev Mol Cell Biol 8:113.126.

Gottesman S (2005) Micros for microbes: Non-coding regulatory RNAs in bacteria. Trends Genet 21:399.404.

Grundy FJ & Henkin TM (2006) From ribosome to riboswitch: Control of gene expression in bacteria by RNA structural rearrangements. Crit Rev Biochem Mol Biol 41:329.338.

Harigaya Y & Parker R (2010) No-go decay: A quality control mechanism for RNA in translation. Wiley Interdiscip Rev RNA 1:132.141.

Holcik M & Sonenberg N (2005) Translational control in stress and apoptosis. Nat Rev Mol Cell Biol 6:318.327.

Jinek M & Doudna JA (2009) A three-dimensional view of the molecular machinery of RNA interference. Nature 457:405.412.

Kaczanowska M & Ryden-Aulin M (2007) Ribosome biogenesis and the translation process in Escherichia coli. Microbiol Mol Biol Rev 71:477.494.

Li Y & Kiledjian M (2010) Regulation of mRNA decapping. Wiley Interdiscip Rev RNA 1:253.265.

McGlincy NJ & Smith CWJ (2008) Alternative splicing resulting in nonsense-mediated mRNA decay: What is the meaning of nonsense? Trends Biochem Sci 33:385.393.

McStay B & Grummt I (2008) The epigenetics of rRNA genes: From molecular to chromosome biology. Annu Rev Cell Dev Biol 24:131.157.

Pop C & Salvesen GS (2009) Human caspases: Activation, specificity, and regulation. J Biol Chem 284:21777.21781.

Riedl SJ & Salvesen GS (2007) The apoptosome: Signalling platform of cell death. Nat Rev Mol Cell Biol 8:405.413.

Serganov A & Patel DJ (2007) Ribozymes, riboswitches and beyond: Regulation of gene expression without proteins. Nat Rev Genet 8:776.790.

Serganov A & Patel DJ (2008) Towards deciphering the principles underlying an mRNA recognition code. Curr Opin Struct Biol 18:120.129.

Sonenberg N & Hinnebusch AG (2007) New modes of translational control in development, behavior, and disease. Mol Cell 28:721.729.

Sonenberg N & Hinnebusch AG (2009) Regulation of translation initiation in eukaryotes: Mechanisms and biological targets. Cell 136:731.745.

Song M-G, Li Y & Kiledjian M (2010) Multiple mRNA decapping enzymes in mammalian cells. Mol Cell 40:423.432.

Tang X, Tang G & Ozcan S (2008) Role of microRNAs in diabetes. Biochim Biophys Acta 1779:697.701.

実験に関する論文

Alnemri ES, Livingston DJ, Nicholson DW et al. (1996) Human ICE/CED-3 protease nomenclature. Cell 87:171.

Chen J & Kastan MB (2010) 5′.3′-UTR interactions regulate p53 mRNA translation and provide a target for modulating p53 induction after DNA damage. Genes Dev 24:2146.2156.

Herrero AB & Moreno S (2011) Lsm1 promotes genomic stability by controlling histone mRNA decay. EMBO J 30:2008.2018.

Johansson J, Mandin P, Renzoni A et al. (2002) An RNA thermosensor controls expression of virulence genes in Listeria monocytogenes. Cell 110:551.561.

Mironov AS, Gusarov I, Rafikov R et al. (2002) Sensing small molecules by nascent RNA: A mechanism to control transcription in bacteria. Cell 111:747.756.

Morita MT, Tanaka Y, Kodama TS et al. (1999) Translational induction of heat shock transcription factor σ 32: Evidence for a built-in RNA thermosensor. Genes Dev 13:655.665.

Mullen TE & Marzluff WF (2008) Degradation of histone mRNA requires oligouridylation followed by decapping and simultaneous degradation of the mRNA both 5′ to 3′ and 3′ to 5′. Genes Dev 22:50.65.

Nanbru C, Prats A-C, Droogmans L et al. (2001) Translation of the human c-myc P0 tricistronic mRNA involves two independent internal ribosome entry sites. Oncogene 20:4270.4280.

Piir K, Paier A, Liiv A et al. (2011) Ribosome degradation in growing bacteria. EMBO Rep 12:458.462.

Singh J, Salcius M, Liu SW et al. (2008) DcpS as a therapeutic target for spinal muscular atrophy. ACS Chem Biol 3:711.722.

Trajkovski M, Hausser J, Soutschek J et al. (2011) MicroRNAs 103 and 107 regulate insulin sensitivity. Nature 474:649.653.

Wang Y, Juranek S, Li H et al. (2008) Structure of an argonaute silencing complex with a seed-containing guide DNA and target RNA duplex. Nature 456:921.926.

Winkler W, Nahvi A & Breaker RR (2002) Thiamine derivatives bind messenger RNAs directly to regulate bacterial gene expression. Nature 419:952.956.

Zundel MA, Basturea GN & Deutscher MP (2009) Initiation of ribosome degradation during starvation in Escherichia coli. RNA 15:977.983.

18 タンパク質のプロセシングと修飾

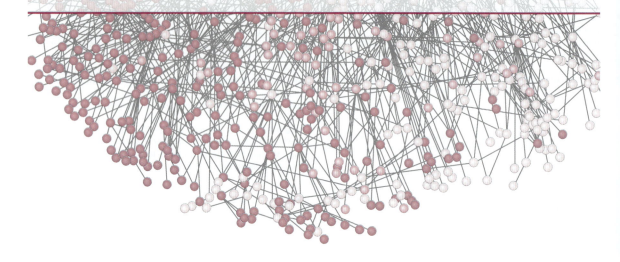

18.1 はじめに

　ここまで DNA の塩基配列が対応する細胞内タンパク質のアミノ酸配列を一義的に決めるという見事な経路についてみてきた．しかし，細胞は多くの異なることを要求するので話はここで終わらない．遺伝子塩基配列が転写され翻訳された後，多くのタンパク質の構造は調整される．このさらなる調整はまとめて翻訳後プロセシングとよばれているが，そこにはさまざまなものがある．いくつかのタンパク質はプロテアーゼによって分断され，なかにはそれらの断片が新たな配置でつなぎ合わされることもある．ある種の細胞あるいは組織においてはつくったタンパク質を破壊する必要がある．それは選択的なこともあればすべてまとめて行われることもある．さらに，タンパク質側鎖の多様な修飾は性質および他の分子との相互作用に不可逆的影響を与えうる．タンパク質プロセシングによって実に多くのことが起こる．プロセシングは新生タンパク質の細胞内輸送先を決め，機能を変え，ときにはその分解までも規定する．

　この章で述べる多くの修飾は小胞体やゴルジ体といった膜で囲われた特別な区画内で行われる．プロセシングを受けるタンパク質はそれら細胞小器官に入り，また出てこなければならない．実際，どのような指令を受けて膜を通過するかによってそのタンパク質が細胞内のどこへ，あるいは細胞外に送られるかが決まる．したがって，タンパク質の翻訳後プロセシングの初段階にはしばしば膜内部への，あるいは膜を透過する輸送が関わっていることを考慮しなければならない．この輸送がどのように起こるかを説明するために，まず生体膜とそこにおける輸送について短く述べることにする．

18.2 生体膜の構造

生体膜はタンパク質に富んだ脂質二重層である

　すべての生体膜は共通の構造をもつ．それは脂質分子が疎水性尾部を内部に埋込み，親水性頭部を両側の表面に向ける二重層である（図 18.1 a）．生体膜内の脂質分子のほとんどは脂肪酸の誘導体であり，その炭化水素鎖は 14～26 の炭素を含み，不飽和の度合いもさまざまである（図 18.1 b）．この範疇に入らない重要な脂質がコレステロール（cholesterol）で，ステロールに分類される（図 18.1 c）．しかし，コレステロールも分子内に疎水性末端と親水性末端をもち，膜面に垂直に入り込む．コレステロールは脂肪酸よりも頑丈な構造をもつので，コレステロール含量の多い膜は丈夫になる．さらに，すべての生体膜は表面に結合したり内部に埋込まれたりするタンパク質を含んでいる．

　リン脂質や糖脂質のヒドロキシ基とエステル結合あるいはホスホジエステル結合によって結び付いた頭部基は糖，アルコール，アミノ酸などから成り，親水性で電荷を帯びていることもある．ホスホジエステル結合は膜表面の負電荷に寄与していることに注意してほしい．それらすべての親水性基は膜表面付近に水分子を引き寄せるので，膜の断面図は図 18.2 に示すようになる．膜内での横方向の動きは容易だが，頭部あるいは親水性分子が膜を通り抜けることはとても難しい．物理的な柔らかさと構成成分の不均一さのため，生理的条件下での生体膜は結晶のようではなく，横方向にかなりの動きの自由度をもつ液体のような構造をとる．コレステロールを含む整然とした分子集合体がつくられ，それがラフト（いかだ）のように二重層の面内を動き回ることもある．

18.2 生体膜の構造

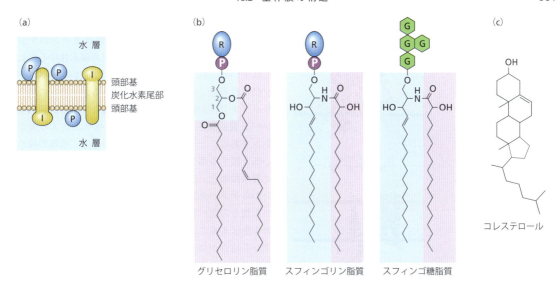

図 18.1 生体膜 (a) すべての生体膜の基本となる二重層構造．P は膜表在性タンパク質，I は膜内在性タンパク質である．(b) 典型的膜脂質の構造．グリセロリン脂質はグリセロール（青い部分）に炭素数が 16〜18 の脂肪酸（紫の部分）が 2 個結合している．グリセロールの 2 番目の OH 基に結合した脂肪酸はシス二重結合をもつことが多い．この二重結合はアシル鎖を曲げるので，脂質を密に詰込めなくなる．3 番目の OH 基に結合したリン酸基には R で示した頭部基が結合する．この基は中性であったり，正か負の電荷をもっていたりする．動物のスフィンゴリン脂質はスフィンゴシン（青い部分）の窒素に炭素数 16〜26 の飽和脂肪酸（紫の部分）が結合したものである．スフィンゴ糖脂質も基本構造は同じだが，グルコースまたはガラクトースが頭部基として結合し，そこに余分な単糖が結合することもある．(c) ステロール誘導体であるコレステロールの構造．コレステロールは哺乳類にだけ存在する．真菌類や植物には他のステロール誘導体が存在する．[(b), (c) Holthuis JCM & Levine TP [2005] *Nat Rev Mol Cell Biol* 6:209–220 より改変．Macmillan Publishers, Ltd. の許可を得て掲載]

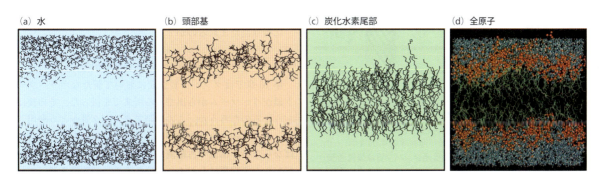

図 18.2 水和したホスファチジルコリン二重層の原子モデル このモデルは実験データに基づくものではなく，NMR，X 線回折，中性子回折などから得られたパラメーターをもとにコンピューターでシミュレーションしてつくったものである．この中には 100 個のホスファチジルコリン分子と 1050 個の水分子がそれぞれの側に配置され，ピコ秒の時間スケールで自由に動けるようになっている．100 ピコ秒間の動きをシミュレーションするのにコンピューターを数週間働かせねばならなかった．(a) に示したのは水分子で，膜外の濃度および頭部基領域のヒドロキシ基の辺りまで浸透していることが示されている．(b) リン脂質の極性領域．(c) リン脂質の炭化水素鎖．(d) (a)〜(c) を合わせた全体像．極性原子をオレンジの球，水の酸素を青の球，水の水素を白の球，炭化水素鎖を緑の棒で示した．(a)〜(c) の図も分子を棒で表している．[Chiu SW, Clark M, Balaji V et al. [1995] *Biophys J* 69:1230–1245. Elsevier の許可を得て掲載]

生体膜には多数のタンパク質が結合している

生体膜には多くのタンパク質が結合している．図 18.3 にいくつかの例を示し，それらの機能を表 18.1 にまとめた．膜タンパク質は大きく二つのクラスに分類できる．膜表在性タンパク質と膜内在性タンパク質である．名前が表すように，膜表在性タンパク質は二重層のどちらかの表面に係留されているタンパク質である（図 18.3 a 参照）．そうしたタンパク質の本体は二重層に近接した水溶液中にある．膜表在性タンパク質は通常，静電的あるいはファンデルワールス相互作用によって脂質頭部基と結合している．場合によっては，膜内在性タンパク質との相互作用によって膜と結合することもあり，疎水性尾部が膜の内部に埋込

(a) 膜表在性タンパク質

ウマ
ミトコンドリアの
シトクロム c

ラット
ホスホリパーゼ C∆1 の
PH ドメイン

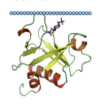

ヒト
細胞質ホスホリパーゼ
A2 の細胞質ドメイン

(b) 膜内在性タンパク質

大腸菌
ラクトース透過酵素 LacY

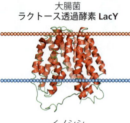

イノシシ
Na^+/K^+ ポンプ

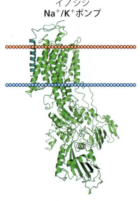

黄色ブドウ球菌
α-ヘモリシン

図 18.3　二つのクラスの膜タンパク質の例　それぞれのタンパク質の名称と材料となった生物を示した．(a) 膜表在性タンパク質でほとんど α ヘリックスから成るもの（上），ほとんど β 構造から成るもの（下），両者が混在するもの（中）．(b) 膜内在性タンパク質，すなわち膜貫通タンパク質は膜貫通部分の二次構造によって二つの主要なクラスに分けられる．それは α ヘリックスの束（上と中）と β バレル（下）である．プロテインデータベース（PDB）に登録されている膜タンパク質は数千あるが，生体膜内での配置が正確にわかっているものはあまりない．この図はコンピューターシミュレーションによってタンパク質の構造をリン脂質二重層内に配置したものである．赤い粒は外側の膜，青い粒は内側の膜を表している．

まれることにより係留されることもある．

膜内在性タンパク質，すなわち膜貫通タンパク質は一部，あるいはかなりの部分が二重層の疎水性中心部に埋込まれている（図 18.3 b 参照）．たった 1 本の α ヘリックスが膜を貫通しているだけのこともあるが，多くの場合はポリペプチド鎖が膜の中を何回も貫通している．膜内在性タンパク質が膜を貫通する部分は α ヘリックスの束か β バレルであることが多い．どちらの場合も二重層の疎水性中心部と接する部分は疎水性である．多くの膜内在性タンパク質は微細孔，輸送体，あるいはポンプとして働き，イオンからタンパク質分子までさまざまなものを膜の一方の側から他方の側へ移動させる．ときには，物質ではなくシグナルを伝えることもある．一方の側の膜外ドメインへのリガンド結合がコンホメーション変化を介してアロステリックシグナルとなって膜の反対側ドメインに伝わり，そこで応答をひき起こす．膜表在性タンパク質が膜内在性タンパク質の膜外ドメインと相互作用して機能性複合体を形成することもある．

18.3　タンパク質の生体膜透過

この節では以下の二つの疑問に答える．
1. 新たに合成されたタンパク質はどのように膜を通過して細胞内の適切な区画に到達するのか？
2. 膜内在性タンパク質はどのように膜に挿入され，適切に折りたたまれるのか？

タンパク質の膜透過は翻訳中あるいは翻訳後に行われる

第 16 章ではタンパク質合成において新たなポリペプチド鎖がリボソームから出てくる所までを扱った．その後はどうなるのだろうか．この段階でタンパク質がどう利用され，どこに送られるかといった重要な決定がなされなければならない．細菌や古細菌では多くのタンパク質が合成の行われた細胞質にとどまり，他のものは細胞膜を通って分泌されるか膜に取込まれる．真核細胞では行き先がもっと複雑になる（図 18.4）．あるものは細胞質にとどまり，あるものはさまざまな細胞小器官に送り込まれ，あるものは分泌される．たとえば，膵臓のある種の細胞は消化管に酵

表 18.1　膜内在性タンパク質のタイプと機能

タイプ	機　能	働き方	例
孔	おもにイオンの輸送	イオン濃度勾配により駆動される．開閉するものもある	神経細胞の電圧依存性 Na^+/K^+ チャネル．筋肉細胞の Ca^{2+} チャネル
輸送体	低分子や基質の輸送	基質そのものの濃度勾配により駆動される場合もあるが，等方輸送あるいは対向輸送される物質の濃度勾配による場合もある	グルコース輸送体．ミトコンドリアの ATP/ADP 対向輸送体
ポンプ	イオン，低分子あるいは高分子の輸送	ATP 加水分解で放出されるエネルギーにより駆動され，濃度勾配に逆らった輸送が起こる	ロドプシンによる光駆動 H^+ 輸送．細菌の SecY/SecA によるタンパク質輸送

18.3 タンパク質の生体膜透過

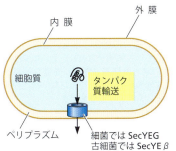 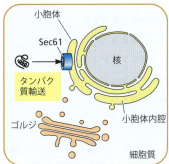

図 18.4 膜を通り抜けてタンパク質を輸送する保存された原理を示す模式図 (a) 細菌と古細菌ではタンパク質を細胞内からペリプラズムや細胞外に送り出す. (b) 真核生物では細胞質で合成され始めたタンパク質を小胞体内腔を経てゴルジ複合体へ送り, タンパク質の特性や機能に応じて細胞膜, 細胞外部, またはリソソームなどの細胞内区画に送り込む. 膜を通り抜ける輸送は翻訳後または翻訳時に行われ, どちらもよく保存された膜貫通チャネルを利用する. 細菌ではSecYEG, 古細菌ではSecYEβ, 真核生物ではSec61が使われる. [(a), (b) Cross BCS, Sinning I, Luirink J & High S [2009] *Nat Rev Mol Cell Biol* 10:255–264 より改変. Macmillan Publishers, Ltd. の許可を得て掲載]

素を送り込むことに特化している. 輸送先がどこになるかには, かなり親水性のこともある合成されたばかりのポリペプチドが疎水性膜を横切って輸送される**膜透過**（translocation）が関わる. では, どのようにそれは行われるのだろう.

タンパク質の膜透過は, 合成が終わってポリペプチドがリボソームから離れた後に行われるのか, それともリボソーム上でポリペプチド鎖が伸長中に行われるのかにより, 翻訳後透過と翻訳時透過に分類される. どちらの場合にも透過には**トランスロコン**（translocon）とよばれる特殊な膜内チャネルが使われる（図18.5）. トランスロコンは進化において保存されたヘテロ三量体タンパク質で, 透過の際に大きな動きをみせる. すなわち, ポリペプチドが通る中央孔は膜貫通ドメインの一部である栓によって通常塞がれていて, 透過が起こるときだけその栓が中央孔から移動する. 翻訳後および翻訳時透過のどちらにおいてもトランスロコンが果たす役割は同じで, タンパク質を中央孔へ運び込むさまざまな複合体と相互作用する.

細菌および古細菌における膜透過はおもに分泌のために使われる

細菌および古細菌には細胞小器官がないので, 細胞質で合成されたタンパク質の多くは細胞質にとどまる. しかし, 多くの細菌が特定のタンパク質を細胞外液中あるいは細胞膜と細胞壁の間のペリプラズムに分泌する（図18.4参照）. それらのタンパク質はどのように選別されるのだろう. 実は, それらのタンパク質のN末端には**シグナル配列**（signal sequence）が付いている. シグナル配列は15～30個のアミノ酸から成り, N末端には正電荷をもつアミノ酸があり, それに続いて多数の疎水性アミノ酸が連なっている（図18.6）. 類似したシグナルペプチドが真核細胞でも使われている. ただ, すべての分泌タンパク質がシグナルペプチドをもっているわけではなく, シグナル配列をもっていないタンパク質は古典的な透過経路を通らないだけということを強調しておきたい. 真核細胞におけるこのようなタンパク質の代表は繊維芽細胞増殖因子および

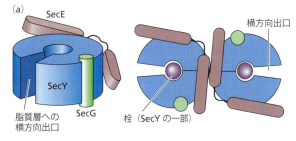

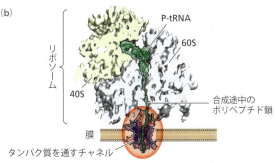

図 18.5 進化の過程で保存されてきたタンパク質透過装置であるトランスロコン トランスロコンはさまざまな生物が使う膜を貫通する導管で, 翻訳時と翻訳後のタンパク質輸送に使われる. (a) 細菌のトランスロコンはSecY, SecE, SecGから成るヘテロ三量体で細胞膜内に局在している. 輸送するタンパク質がない状態のトランスロコンでは, 水を通してしまう導管すなわち中央孔はSecYの第二膜貫通ドメインの一部によって栓をされる. タンパク質が透過する際, この栓は移動する. SecYの膜貫通ヘリックス群は膜脂質層への出口をつくるように配置されている. この出口は膜内在性タンパク質を膜に挿入する際に使われる. [Cross BCS, Sinning I, Luirink J & High S [2009] *Nat Rev Mol Cell Biol* 10:255–264 より改変. Macmillan Publishers, Ltd. の許可を得て掲載] (b) 真核生物の小胞体膜にトランスロコンを形成する複合体はSec61α, Sec61β, Sec61γから成り, これらはSecY, SecG, SecEに対応している. ここに描かれているのはクライオ電子顕微鏡像をもとにして酵母のリボソーム-Sec61複合体が翻訳しながらポリペプチド鎖を透過させている状態の図である. 赤い丸で囲んだトランスロコンはリボソームからポリペプチド鎖が出てくる出口トンネルと結合している. 細菌のものと同じように, 働いていないときのトランスロコンにも中央孔がみられる. [Becker T, Bhushan S, Jarasch A et al. [2009] *Science* 326:1369–1373. American Association for the Advancement of Science の許可を得て掲載]

細菌	リポタンパク質	MKATKLVLGAVILGSTLLAGCS
	アルカリホスファターゼ	MKQSTIALALLPLLFTPVTKART
	酸性ホスファターゼ	MRKITQAISAVCLLFALNSSAVALASS
真核生物	インスリン	MALWMRLLPLLALLALWGPDPAAAFV
	アンチキモトリプシン	MERMLPLLALGLLAAGFCPAVLCHP
	血清アルブミン	MKWVTFLLLLFISGSAFSR

図 18.6 細菌と真核生物における N 末端のシグナル配列 シグナルペプチドはアミノ酸 15〜30 個から成る．単純なコンセンサス配列はなく，組成の異なる三つの領域をもつ点が共通している．多くの場合 N 末端付近の領域には正電荷をもった残基が含まれ，それに少なくとも 6 個の疎水性残基（青字）を含む領域が続き，C 末端領域には電荷をもたない極性残基が含まれる．⚡ は切断部位を示す．

インターロイキンであるが，細菌タンパク質の中にはシグナルペプチドに依存しない分泌機構を利用するタンパク質が多数ある．

細菌のように単純な生物では翻訳後透過経路が多く使われている．シグナル配列があまり疎水性でなく，シグナル認識粒子に見落とされがちな可溶性分泌タンパク質は翻訳後透過するものが多い．目印が付いているほどけたタンパク質は SecA とよばれる細胞質複合体に捕獲され，細胞膜のトランスロコンと結合する（図 18.7）．SecA は ATP 加水分解のエネルギーを使って分子の指を動かし，ポリペプチド鎖を中央孔に押し込む．通過中のポリペプチドがないときのチャネルは狭まっており，栓もあるので，細胞内のイオンや低分子が漏れ出ることはない（図 18.5 参照）．

真核生物における膜透過はさまざまな役割を果たす

細胞質から小胞体内腔への膜輸送が真核細胞内でのタンパク質プロセシングおよび修飾に大きく関わっている（図 18.4 参照）．この細胞小器官は輸送先への最終選別が行われるゴルジ体への通過点となっている．ゴルジ体はとても動的で，シス面とトランス面がはっきり区別できる多数の重なり合った囊から成る特徴的な形態をとる．ゴルジ体発見の歴史および今までにわかっているその構造と機能については Box 18.1 に記した．

真核生物における大部分の膜透過は翻訳時に行われる．膜透過は翻訳と直接的に共役している．粗面小胞体の外側表面にはタンパク質合成中のリボソームが多数結合している．リボソーム上で合成されているポリペプチド鎖が十分長くなり，シグナル配列がリボソームから出てくると膜透過過程が始まる（図 18.8）．それが合図となってリボソームに**シグナル認識粒子**（**SRP**；signal recognition particle）が結合する．SRP はいくつかのタンパク質と S RNA とよばれる 300 nt ほどの短い RNA を含み，その沈降係数は 7S である（図 18.9）．

翻訳はこの時点でいったん止まり，リボソーム-SRP 複合体は SRP 受容体とよばれる膜上のタンパク質を探す．それらが一緒になってからトランスロコンの Sec61 と結

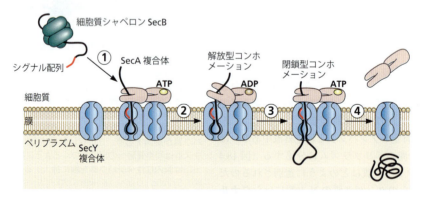

図 18.7 細菌における翻訳後膜透過のモデル この経路では SecY というトランスロコン複合体と細胞質 ATP アーゼである SecA が協力して働く．SecA には ATP が結合するヌクレオチド結合部位が 2 個あり，ATP 加水分解サイクル中に相対的位置を変えるように動く．SecA の他の部分も同じように相対的位置を変え，開放型と閉鎖型という二つのコンホメーションを交互にとる．その一連の段階とは以下のとおりである．① 膜透過基質が細胞質のホモ四量体シャペロンである SecB と結合した状態でチャネルに運ばれてくる．この状態は透過に適したコンホメーションとよばれ，容易に引き伸ばせてチャネルの中に送り込める緩やかに折りたたまれた状態と考えられている．タンパク質がチャネルに結合するとシャペロンは解離する．SecA はシグナル配列とそれに続く配列の両方と結合してポリペプチド鎖を受取る．SecA は SecY と結合してポリペプチド鎖を膜に挿入する．② SecA は開放型コンホメーションに変わり，捕まえていたペプチドを離す．この変化には ATP の加水分解が必要である．③ ATP が再結合すると SecA は閉鎖型コンホメーションに変わり，ポリペプチド鎖の少し先をつかみ，膜に押し込む．④ ポリペプチド鎖全体が透過するまでこのサイクルが繰返され，そこで SecA はチャネルから離れていく．[Rapoport TA [2007] Nature 450:663–669 より改変．Macmillan Publishers, Ltd. の許可を得て掲載]

Box 18.1　より詳しい説明：ゴルジ複合体は謎だらけ

ゴルジ体あるいは単にゴルジともよばれるゴルジ複合体は，1897年に医者であり科学者でもあったCamillo Golgiが神経系の研究をしている際に発見した．彼は神経組織を鍍銀染色する方法を発明し，この染色法によって脳のニューロンのつながりを見ることに初めて成功した．Golgiは"神経系の構造を明らかにした功績"により，Santiago Ramón y Cajalとともに1906年のノーベル生理学・医学賞を受賞した．

過去30年間のゴルジ研究におけるとてもおもしろい話と将来への展望について，エール大学のJames Rothmanが2010年の細胞生物学会賞を受賞した際のエッセイで述べている．この間ずっと，世界中の多くの研究室が協力して研究してきたにも関わらず，ゴルジはわかっていることも多いがわからないことの方が多いいまだに謎の多い細胞小器官である．なぜゴルジが存在するかについてのよくある説明に関連して，Rothmanは"この細胞小器官については，我々が説明するのを忘れている核心的概念に基づくもっと深い説明があるはずで，それは1960年代の後半にそう思い，今もそう思っている"と書いている．生化学と再構成系によってゴルジの区画とその機能がかなり明らかになった2000年においても，Rothmanは"ゴルジにおいてはっきりと解決された問題は一つもないように見え始めた"と認め，"木が邪魔をして森全体がわからなくなってきたのかもしれない"とも述べている．一流のゴルジ専門家によるこうした悲観的な考えは，ゴルジの機能を分子レベルで理解するための技術的進歩がないことによる．

必要なのはゴルジを経由して周りの小胞体およびエンドソームとの間を行き来する個々のタンパク質の活発な動きを直接観察することのできる分解能の高い手法である．電子顕微鏡は高分解能ではあるが，得られる画像は静的なものである．緑色蛍光タンパク質（GFP; green fluorescent protein）で標識したタンパク質を蛍光顕微鏡で観察すれば必要な時間分解能は得られるが，この種の研究に必要な空間分解能は得られない．約50 nmの分解能が必要だが約250 nmの分解能しか得られないのである．最近開発された超分解能顕微鏡がこのギャップを埋めてくれるのではないかと期待されている．ゴルジ嚢は中央から中央までの距離が100 nmと非常に接近して重なり合っているので，分解能不足が問題となる．もともと重なり合いのない酵母のゴルジ嚢を使うとこの問題の一部は解消されるが，それはごく一部である．なぜなら，哺乳類のゴルジの機能は多細胞生物のより複雑な要求を満たすためにかなり進化しているからである．幸いなことに，Rothmanおよびこの分野の研究者たちは，適切な手法の開発に目途がついたと思っているようである．

ゴルジとは何か

ゴルジは活発に変化する細胞小器官で，その機能の一つは新たに合成されたタンパク質および脂質を受取り，細胞内外の最終目的地に向けて送り出すことである．糖鎖付加およびプロテアーゼによる切断といったいくつかの翻訳後プロセシングもゴルジで行われる．この細胞小器官はいくつかの重なり合った嚢で構成され，識別可能な二つの面をもつ．それは，小胞体から来るタンパク質を受け入れるシス面およびその反対側にあってタンパク質などが細胞内外の目的部位に向けて出ていくトランス面である．シスからトランスへの順行性すなわち前進する動きに加え，反対方向への逆行性の動きも起こっている．逆行性の動きはトランスからシスへのこともトランスから小胞体へのこともある．順行性あるいは逆行性の動きに関与する構成成分のいくつかは同定されているが，それらの方向への動きがどのように，そしてなぜ起こるのかについては明らかになっていない．図1にゴルジの構造の模式図および最新の顕微鏡像や断層画像を示した．

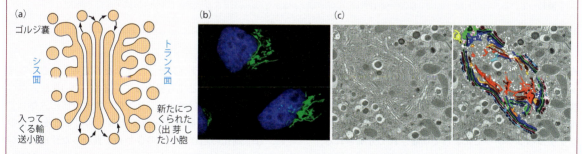

図1　ゴルジ　(a) ゴルジ体の重なり合った嚢を示した模式図．シス面とトランス面の位置も示した．[Alberts B, Bray D, Hopkin K et al. [2014] Essential Cell Biology, 4th ed. より改変．Garland Scienceの許可を得て掲載] (b) ゴルジに局在するグリコシル化酵素GalNAc-T2を緑色蛍光タンパク質で標識し，固定した後に蛍光顕微鏡で観察したヒトHeLa細胞．4',6-ジアミジノ-2-フェニルインドール（DAPI）で染色した核が青く見えている．この写真でわかるようにゴルジは核と密着している．[Grabenbauer M, Geerts WJC, Fernandez-Rodriguez J et al. [2005] Nat Methods 2:857-862．Macmillan Publishers, Ltd.の許可を得て掲載] (c) インスリンを分泌するマウスの膵臓β細胞の断層画像．右側に示した同じ画像上では，ゴルジ嚢の配置がわかるようにシスからトランスに向けて空色，ピンク，緑，青，金，赤と色付けした．小さな白い点がゴルジに付随する小胞である．[Emr S, Glick BS, Linstedt AD et al. [2009] J Cell Biol 187:449-453．The Rockefeller University Pressの許可を得て掲載]

ゴルジ内で異なる機能を果たすいくつかのタンパク質群の性質が明らかになってきた．その中に，膜融合においての役割がよくわかっており研究も進んでいる SNARE がある（図 18.11 参照）．興味深いことに，SNARE はシナプス小胞の融合を阻害する特異的プロテアーゼであるボツリヌス毒素や破傷風毒素の標的として同定された．ボツリヌス毒素はボツリヌス菌（*Clostridium botulinum*）がつくる最も強い神経毒素である．もう一つの主要なタンパク質群であるゴルジンはトランスゴルジ網の構造と機能を調節している．それらの構造と関与する経路を図 2 に示した．

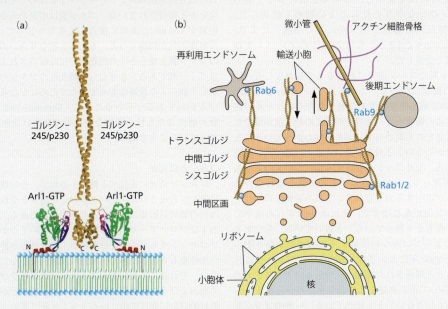

図2　ゴルジン　ゴルジンと膜の結合モデル，および提唱されているトランスゴルジ網（TGN; *trans*-Golgi network）の構造と機能を調節する働き．(a) ゴルジ嚢のシス面とトランス面の両方に筒状構造の網目があり，そこが積荷の入口と出口になっている．ゴルジンはコイルドコイル構造をもった膜表在性タンパク質で，ゴルジ膜の細胞質側表面に結合している．コイルドコイル領域は 200 nm にもなる長いフィラメントを形成し，さまざまな経路に関与する無数のタンパク質の結合の場となる．ゴルジンはホモ二量体で，膜に結合している ADP リボシル化因子様タンパク質 1（Arl1; ADP-ribosylation factor-like protein 1）とよばれる低分子量 GTP アーゼと GRIP ドメインで相互作用することによってゴルジ膜と結合している．(b) 膜に結合したゴルジンはさまざまなタンパク質と相互作用する．そのなかにはチューブリンやアクチンといった細胞骨格タンパク質またはそれらを結び付けるタンパク質と Rab ファミリーの低分子量 G タンパク質などが含まれる．Rab タンパク質はゴルジンをエンドソームのような他の TGN 膜と結合させたりシスゴルジ網と結合させたりする．ゴルジに積荷を運んできた小胞は膜と融合する前に Rab とゴルジンによって膜につなぎ止められる．ゴルジンは積荷を積んでゴルジから出ていく小胞の形成にも関わっている．[(a), (b) Goud B & Gleeson PA [2010] *Trends Cell Biol* 20:329–336 より改変．Elsevier の許可を得て掲載]

合する（図 18.5 参照）．リボソームの出口トンネルはトランスロコンの中央孔の真上に固定され，SRP と受容体は解離し，翻訳が再開されてポリペプチド鎖は中央孔の中へ押し出される．翻訳が終わるとシグナルペプチドは特殊なシグナルペプチダーゼによって切離されて分解される．

真核生物タンパク質のいくつかは翻訳後に膜を透過する（図 18.10）．目印が付いたポリペプチドはシャペロンに付き添われて Sec62/63 複合体と一体となった Sec61 の透過孔へと向かう．BiP とよばれる Hsp70 型 ATP アーゼとの結合を繰返すことによって中央孔を通過すると考えられている．ポリペプチド鎖はブラウン運動によって中央孔内で前後に動くが，戻ろうとする動きだけが ATP 加水分解後の BiP の結合によって阻止される（図 18.10 参照）．この仕組みはまさにブラウンラチェットなのである．それら三つの膜透過機構はとても異なっているが（表 18.2），すべて究極的にはヌクレオシド三リン酸の加水分解に依存しているということは興味深い点である．同じことを行うのに，なぜ進化の過程で三つのきわめて異なった仕組みがつくり上げられたのかはわかっていない．さらにわからないことは，酵母には翻訳時透過がないのに翻訳後透過があることだ．

膜内在性タンパク質は特別な仕組みによって膜に挿入される

膜を通り抜けるのではなく，膜に挿入されるタンパク質も上で述べた膜透過の際に使われるものと同じ基本的機構

18.3 タンパク質の生体膜透過

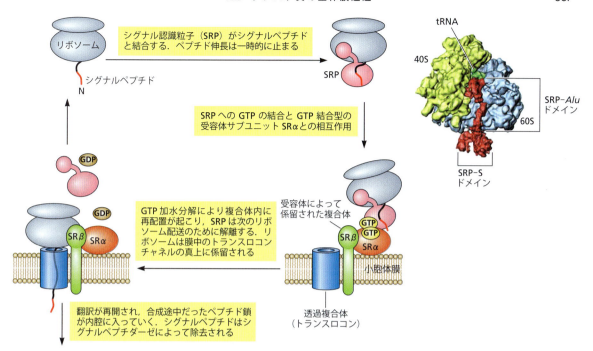

図18.8 シグナル認識粒子依存性タンパク質係留サイクル 真核生物タンパク質が小胞体膜を透過して内腔に入る際，合成途中のポリペプチド鎖のシグナル配列がリボソーム60Sサブユニットから出てくるとすぐにシグナル認識粒子（SRP）によって認識される．シグナルの認識はある特異的配列によるものではなく疎水性と二次構造によって行われる．シグナル配列の中央部はリボソームから出る通路の中でαヘリックスとなっている．SRP54タンパク質がシグナル配列と相互作用する部分はMet残基が多い疎水性の裂け目になっていて，Mドメインとよばれている．クライオ電子顕微鏡像から再構成したSRPと結合したリボソーム-合成途中ポリペプチド鎖複合体の構造を右側に示した．SRPと伸長因子がリボソームとの結合において競合するので，翻訳は一時的に止まる．シグナル配列に結合するとSRPに構造変化が起こり，GTPが結合できるようになる．シグナル配列が認識された後のSRP-リボソーム-合成途中ポリペプチド鎖複合体は膜受容複合体のサブユニットであるSRαとの相互作用により膜と結合する．それが起こるためにはSRPとSRαの両方がGTP結合型でなければいけない．この二つのタンパク質が対称性のよい二量体をつくって複合型の活性部位を形成するので，お互いのGTPアーゼ活性が同調して活性化される．リボソームがSRP結合からトランスロコン結合に変わるためにもGTP加水分解が起こらねばならない．GTP加水分解によって起こるコンホメーション変化によってSRPが解離し，リボソームはトランスロコンの上に納まる．合成途中のポリペプチド鎖がトランスロコンに入っていくと翻訳が再開する．合成途中のポリペプチド鎖はトランスロコンを通り抜けて内腔に入り，シグナルペプチドはそこで除去される．［左：Batey RT, Rambo RP, Lucast L et al. (2000) Science 287:1232-1239 より改変．American Association for the Advancement of Science の許可を得て掲載．右：Halic M, Becker T, Pool MR et al. (2004) Nature 427:808-814. Macmillan Publishers, Ltd. の許可を得て掲載]

表18.2 ペプチド透過の機構とエネルギー源

過程	機構	自由エネルギー源
細菌タンパク質の翻訳後透過	分子の指がポリペプチドを孔に押込む	ATP加水分解が指の動きを駆動する
真核細胞タンパク質の翻訳後透過	連続したBiP結合によるラチェット機構	ATP加水分解がBiPをポリペプチドに固着させる
真核細胞タンパク質の翻訳時透過	リボソームにおける翻訳過程がポリペプチドを孔に押込む	GTP加水分解がリボソーム内でポリペプチドを押す

を使っている．膜を貫通するタンパク質には疎水性アミノ酸が20個ほどつながった配列がある．それがαヘリックスだと長さは約3 nmになり，炭化水素で満された膜中央部の厚さとほぼ同じである（図18.2参照）．そのような配列は頭から膜に入っていくのではなく，トランスロコンの横方向出口（図18.5参照）から膜内に送り込まれる．複数回膜貫通型タンパク質ではその方向を反転させ，またもとの方向に戻すということを行っているので，ときには器械体操のような分子の動きが必要となる．この反転の仕組みについての仮説はあるが，断定的情報は得られていない．

真核細胞において区画間小胞輸送を行うタンパク質

小胞体の膜を通り抜けたタンパク質の多くは他の細胞小器官に送られる．輸送にはもとになる細胞小器官から出芽する小胞を使う．それは細胞骨格の軌道に沿って移動し，標的となる細胞小器官の膜と結合し融合する．小胞輸送と膜融合の分子機構は真核生物において高度に保存されている．

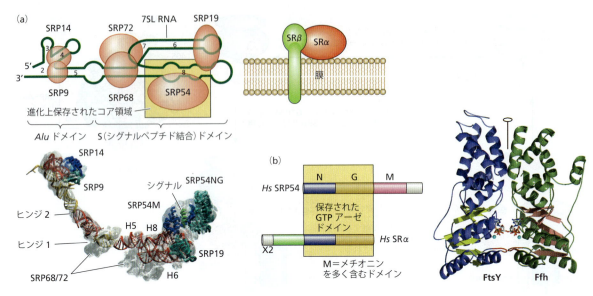

図18.9 ヒトSRPおよびその膜受容体の構成成分と構造 (a) 上左：哺乳類SRPは300 ntの7S RNAと6個のタンパク質から成る．この複合体はヌクレアーゼ活性をもつかどうかでAluドメインとSドメインの二つに分けられる．哺乳類SRP RNAの5′末端と3′末端領域はヒトゲノムに大量に存在する反復配列Aluファミリーのものと似ている．この配列はSRP9とSRP14のヘテロ二量体と結合し，ペプチド鎖伸長停止に関わる．Sドメインはシグナル配列および膜内受容体と結合して膜透過を促す．四角で囲ったSRPコア領域は非常によく保存されていて，SRP54とSRαというタンパク質とRNAのヘリックス8で構成されている．SRPの分子構造モデルを模式図の下に示した．上右：SR受容体はヘテロ二量体で，それぞれがGTPアーゼである．SRαは膜表在性タンパク質で，SRβは膜内在性タンパク質である．[Grudnik P, Bange G & Sinning I [2009] Biol Chem 390:775–782 より改変．Walter de Gruyterの許可を得て掲載．下：Halic M, Becker T, Pool MR et al. [2004] Nature 427:808–814. Macmillan Publishers, Ltd. の許可を得て掲載] (b) SRP54とSRαのドメイン構造．両方ともGTPアーゼで，保存されたGTPドメインNおよびGをもち，他のGTPアーゼと同じようにαヘリックスから成るNドメインがGドメインに詰込まれている．右側に示したものはSRP54とSRαに対応する細菌のヘテロ二量体タンパク質Ffh-FtsYのNGドメイン複合体の立体構造である．FtsYのαヘリックスを青，βストランドを黄で示し，Ffhのαヘリックスを緑，βストランドを茶色で示した．棒で表したヌクレオチド分子が示すように，二つのGTPアーゼ活性部位はすぐそばに配置されていて，Gドメイン中央部に活性部位空間を形成している．その構造はとても対称性が良く，すべての二次構造要素はそれぞれのタンパク質中で同じ方向を向いている．コンホメーション変化はアロステリックに機能してSRP，その受容体，トランスロコンの他のドメインと連携する．また，二つのGTPアーゼが互いにGTPアーゼ活性化タンパク質として働くという観察結果も，共有する触媒空間をつくっていることから理解できる．[Grudnik P, Bange G & Sinning I [2009] Biol Chem 390:775–782 より改変．Walter de Gruyterの許可を得て掲載．右：Egea PF, Shan S, Napetschnig J et al. [2004] Nature 427:215–221. Macmillan Publishers, Ltd. の許可を得て掲載]

小胞の融合に関わる重要なタンパク質群は比較的小さくほとんどが膜結合タンパク質であり，**SNARE**（SNAP receptor）とよばれるスーパーファミリーを形成している．SNAREは伝統的に，出芽した輸送小胞（vesicle）の膜に含まれるv-SNAREと標的（target）となる区画の膜に含まれるt-SNAREとに分類される．最近は構造上の特徴も考慮し，R-SNAREとQ-SNAREに分類される．R-SNAREはSNARE複合体を形成する際の特定部位でアルギニン（R）が，Q-SNAREはグルタミン（Q）が関与するもののことである．膜上でのSNAREの配置と小胞膜融合において果たす役割を図18.11に示した．

ちなみに，SNAREはボツリヌス毒素や破傷風毒素といった細菌神経毒素の標的としてもよく知られている（Box 18.1参照）．神経細胞間シグナル伝達においては，シナプス小胞を前シナプス細胞の膜近傍に係留しておく際にそれらのタンパク質が重要な働きをしている．

18.4 プロテアーゼによるプロセシング：切断，スプライシング，分解

ある種のタンパク質は前駆体として合成されるので，機能をもつ成熟したタンパク質にするためにプロテアーゼによる切断などの翻訳後プロセシングが必要となる．他のものでは，RNA一次転写産物を転写後にスプライシングするように（第14章参照）タンパク質スプライシングが行われる．場合によってはタンパク質を破壊しなくてはならないことがある．それは選択的に行われることもあればすべてまとめてということもある．そうしたプロセシングを一つずつ説明していく．

前駆体から成熟したタンパク質をつくる際にプロテアーゼによる切断が行われる

成熟したタンパク質の機能にとって不要な部分を除去す

るため，多くのタンパク質が合成後に短くなる．たとえば，ある種のタンパク質が膜を横切る際には，それを助けるシグナル配列は膜透過過程の早い段階で除去される．場合によってはそれだけで最終的なタンパク質が形成される．他のタンパク質前駆体は機能をもったものになるために，特異的プロテアーゼによる一連の特異的切断を受け

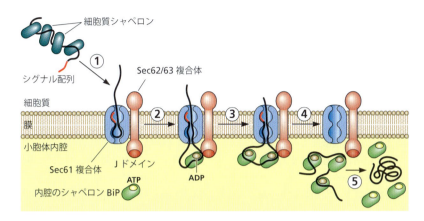

図18.10　真核生物における翻訳後透過にはラチェット機構が使われている　この経路ではSec61トランスロコン複合体が膜に結合したSec62/63複合体と内腔のシャペロンであるBiPと一緒に働く．BiPはHsp70ファミリーに属するATPアーゼである．工程は次のように進む．① タンパク質はシャペロンと結合して膜透過可能なコンホメーションでチャネルに運ばれてくる．タンパク質がチャネルに結合するとシャペロンは解離する．② ポリペプチドはラチェット機構により膜を透過する．ポリペプチドはチャネルの中でブラウン運動により前後に動き，小胞体内腔のシャペロンであるBiPがそれに結合して細胞質に戻ろうとする動きだけを止める．したがって，全体の動きは一方向性となる．ATP結合型のBiPはペプチド結合部が開放型コンホメーションをとり，Sec63のJドメインという特別な部位と結合する．この結合によりATPは速やかに加水分解され，膜透過途中のペプチドの近傍でBiPのペプチド結合部は閉じることになる．BiPはチャネルから出てくるどのようなペプチドとも結合する．すなわち結合特異性が低い．③ ポリペプチドの内腔に出てきた部分が長くなると新たなBiPがそこに結合する．④，⑤ ポリペプチド全体が内腔に入るとBiPのADPがATPに置換されてペプチド結合部位が開きBiPはペプチドから離れる．シグナルペプチドも切離される．
[Rapoport TA [2007] *Nature* 450:663–669 より改変．Macmillan Publishers, Ltd. の許可を得て掲載]

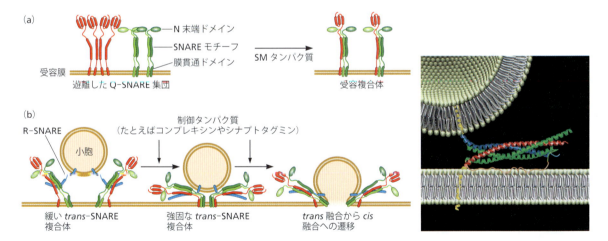

図18.11　小胞の結合と融合のモデル　受容膜には少し色の違う緑と赤の3種類のQ-SNAREがあり，小胞膜には青のR-SNAREがあるとする．(a) 受容膜上のSNARE群はコレステロールによって安定化された微小ドメインに集合している．それらは一群のSMタンパク質（Sec1/Munc18 like protein）に助けられ，受容複合体を形成する．ここには描かれてないが，それらのタンパク質はQ-およびR-SNAREの両方と結合してクランプのように働く．(b) 受容複合体は小胞のR-SNAREと相互作用し，4本のヘリックスから成る複合体のもととなる緩い複合体を形成する．この状態では両者が別々の膜に存在するのでトランス複合体とよぶ．この緩い複合体ではSNAREモチーフのN末端部分だけが相互作用しているが，そこから全長にわたる相互作用が起こり，右図に示すような絡まり合った強固な複合体となる．この絡まり合いで膜に機械的な力がかかり，それが融合に必要なエネルギー障壁を越えさせるのだろう．膜が融合すると複合体は同一の膜内に存在することになるのでシス複合体とよばれ，絡まり合いも少し緩やかになる．[(a), (b) Jahn R & Scheller RH [2006] *Nat Rev Mol Cell Biol* 7:631–643 より改変．Macmillan Publishers, Ltd. の許可を得て掲載．(b)の右：Dirk Fasshauer, University of Lausanne のご厚意による]

る．その代表例であるインスリンのプロセシングを図18.12に示した．最初につくられるポリペプチド鎖は110個のアミノ酸から成るが，最終的な形はS-S結合でつながった2本のポリペプチド鎖で，アミノ酸数は51になっている．プレプロインスリンとよばれる最初の前駆体は小胞体膜を透過した後，先端のシグナル配列が除去される．するとタンパク質は折りたたまれ，S-S結合ができてプロインスリンとなる．その後，特異的エンドペプチダーゼが続けて作用してCペプチドとよばれる中央部分を除去し，その際に生じた二つの末端から塩基性アミノ酸を2個ずつ除去する．ホルモンとしての活性のないプロインスリンがつくられる理由は，不活性なものは高濃度で蓄えておくことができ，必要に応じてすぐに活性なものに変えられるという利点があるからと考えられている．

成熟して機能をもった状態になるために切断を必要とする酵素は多い．例としてエラスターゼ，カルボキシペプチダーゼ，キモトリプシンといった消化管で働く多数のプロテアーゼがあげられる．これらの酵素は消化管に分泌されるまでは不活性前駆体として蓄えられている．他の例として，この章で取上げるカスパーゼおよび血液凝固カスケードに関わる酵素群（Box 21.4参照）があげられる．血液凝固反応においてカスケードを起こすそれぞれの酵素はその前段階の酵素で切断されることによって活性化され，最終的にフィブリノーゲンを切断して凝固しやすいフィブリンにするトロンビンという酵素をつくり出す．このように，連鎖的切断によるタンパク質修飾は生物において重要な役割を果たしている．

ある種のプロテアーゼはタンパク質スプライシングを行う

プロテアーゼはペプチド結合の加水分解という比較的単純な反応を触媒するので平凡な酵素と見なされてきた．多くのプロテアーゼは役目を終えたタンパク質の分解に関与する．この役割ならほとんど制御する必要はないだろう．一方で，高度に制御されたタンパク質分解過程がある．細胞間シグナル伝達，短い期間だけ機能する制御タンパク質の代謝回転，およびタンパク質の成熟と活性化に関与する場合である．機構的にみると，プロテアーゼは加水分解反応を逆転させることも可能なはずである．すなわち，ペプチド結合をつくることができるはずである．しかし，細胞内の水溶液中ではペプチド結合反応は熱力学的に不利であり，共役した自発的反応によって自由エネルギーが供給される場合のみ進行可能である．実際，**タンパク質スプライシング**（protein splicing）では共役反応が使われていて，エネルギーはタンパク質分解活性部位内で同時に近傍のペプチド結合を加水分解することにより供給される．

タンパク質スプライシングではポリペプチド鎖の離れた部位が切断され，つなぎ合わされて新たな分子がつくられる．タンパク質スプライシングはアミノ酸あるいはペプチドを一方のペプチドから他方のペプチドに転移する**ペプチド転移**（transpeptidation）反応の一つである．よくわかっているペプチド転移反応は細菌のもので，細胞壁のペプチドグリカンにタンパク質を結合させる過程で使われている．

2004年以降に動植物細胞で行われた実験から，真核生物においてもタンパク質スプライシングが行われていることが明らかになった．真核生物でこの修飾が長い間気づかれずにいた理由は，タンパク質に目立った変化がみられず，違いはタンパク質のアミノ酸配列とその遺伝子，あるいは前駆体タンパク質を比較しないとわからなかったからである．真核生物にタンパク質スプライシングが起こっていることの最初の確証は哺乳類免疫系の研究から得られた．Tリンパ球が認識する細胞表面がん特異的抗原を同定しようとしていた研究者が主要組織適合抗原複合体（MHC; major histocompatibility complex）と結合しているペプチ

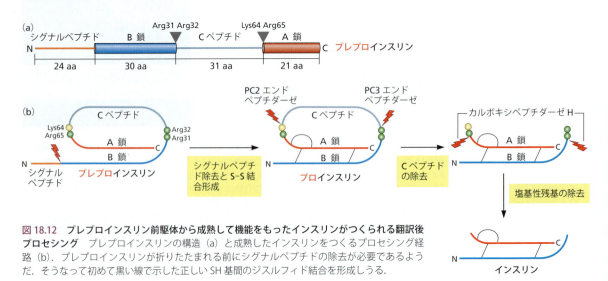

図18.12　プレプロインスリン前駆体から成熟して機能をもったインスリンがつくられる翻訳後プロセシング　プレプロインスリンの構造（a）と成熟したインスリンをつくるプロセシング経路（b）．プレプロインスリンが折りたたまれる前にシグナルペプチドの除去が必要であるようだ．そうなって初めて黒い線で示した正しいSH基間のジスルフィド結合を形成しうる．

18.4 プロテアーゼによるプロセシング：切断，スプライシング，分解　　391

ドを発見したが，そのペプチドは細胞内で発現しているどの隣接タンパク質の断片とも一致しなかったのである．この場合，ペプチド転移反応を行っているプロテアーゼはプロテアソームであった．重要なことは，プロテアソームによるタンパク質スプライシングが腫瘍細胞でのみ起こるのではないということである．どのようにしてタンパク質スプライシングが起こるかを説明するモデルを図18.13に示した．

タンパク質スプライシングのもう一つの例はコンカナバリンA（ConA）とよばれるタチナタマメ（*Canavalia ensiformis*）のレクチンの循環置換（circular permutation）である（図18.14）．レクチンとは特定の糖と特異的に結合するタ

前駆体

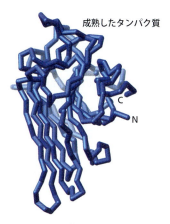

成熟したタンパク質

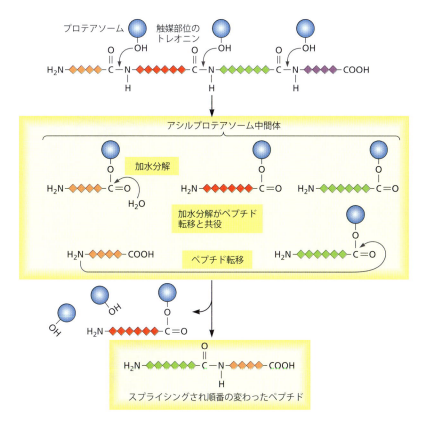

図 18.13　プロテアソーム内で起こるタンパク質スプライシング反応のモデル　青い球は触媒活性をもつ20Sコアプロテアソームβサブユニット（図3.22参照）で，OH基はN末端のトレオニン側鎖を表している．ひし形はスプライシングを受けるペプチド鎖内のアミノ酸残基を表しており，わかりやすくするために部分ごとに色を変えてある．スプライシングはペプチド転移によって行われる．この反応ではアシル化酵素中間体が一時的につくられ，それはすぐにタンパク質分解の途中で加水分解される．中間体内のペプチドのN末端のアミノ基は水分子と競合して他の中間体のC末端にあるエステル結合を攻撃し，その結果ペプチド転移反応が起こりスプライシングを受けたペプチドが生じる．この機構だと再連結する前にペプチド断片の順番を変えることができる．ここに示した反応では4アミノ酸から成るオレンジ色断片と6アミノ酸から成る緑断片が切取られ，順番が逆になって連結されている．C末端の紫尾部断片が存在していなかったら遊離した緑とオレンジ色のペプチド断片の再連結反応は起こらない．プロテアソームはペプチド結合の加水分解と共役したときだけペプチド結合をつくらせることができるということがこうした観察から示唆される．ペプチド結合の加水分解は新たなペプチド結合の形成に必要なエネルギーを供給しているのである．さらに，スプライシングされる部位は保存的なものでなくてもよいということをこのモデルは示している．プロテアソームの活性部位で中間体がつくられるとどんな遊離N末端とでも連結は起こりうる．[Warren EH, Vigneron NJ, Gavin MA et al. [2006] *Science* 313:1444-1447 より改変．American Association for the Advancement of Science の許可を得て掲載]

図18.14　プロテアーゼが触媒するタンパク質スプライシングの例　この例は，タチナタマメのコンカナバリンA（ConA）という237個のアミノ酸から成るレクチンが翻訳後循環置換されることを示している．ConAはおもにβシート構造から成り，ヘリックス領域はごくわずかしかない．リボソームでつくられたこのタンパク質の前駆体には青い点で示したように余分な尾部とループがある．ループを切取ることで新たなペプチド鎖末端をつくり，もとの両末端をつないでループとすることで成熟したタンパク質がつくられる．ループの切断に関わっている酵素はレグマインとよばれるプロテアーゼ群に属し，アスパラギン残基の所で特異的にペプチド結合を切るので，アスパラギニルエンドペプチダーゼでもある．スプライシングによりもとのアミノ酸配列が循環置換されたものができることに注目してほしい．[Goodsell DS [2010] Molecule of the Month [10.2210/rcsb_pdb/mom_2010_4]]

ンパク質の総称で，ConA はマンノースおよびグルコースと結合する．植物にはさまざまなレクチンがあり，種子の貯蔵タンパク質のプロセシングに関わっている．ConA の場合，そのペプチド結合を切るとともに新しい結合をつくるプロテアーゼはレグマインとよばれるプロテアーゼ群に属す．このプロテアーゼ群はアスパラギン残基の所で特異的にペプチド結合を切るので，アスパラギニルエンドペプチダーゼでもある．一連の反応の最終産物はもとのアミノ酸配列が循環置換されたものとなる．

今日，100 以上の環状になったタンパク質が知られている．哺乳類，植物，細菌の環状タンパク質の例を図 18.15 に示した．ほとんどの場合，環状化することの生理的意義はわかっていない．はっきりしていることは，D. J. Craik が言うところの"緩んでいるタンパク質の両端を結び合わせる"ことによりタンパク質の構造と活性が非常に安定化するということである．環状タンパク質は煮沸，極端な pH，およびプロテアーゼの攻撃にさらされても構造や機能を保っていられる．Craik が言うように，それらは"頑丈な連中"なのである．

不要タンパク質の破壊にも調節されたタンパク質分解が用いられる

細胞の成熟に伴い特定のタンパク質が不要になるということがある．実際，それがいつまでも存在すると害をもたらすことさえある．細胞周期の調節に関わるタンパク質がその例である．また，真核生物の分化において特定の細胞あるいは組織全体がもはや不要になるという状況が起こる．古典的な例としてヒトの発生において胎児の指の間にある組織が生まれる前に破壊される．これら二つの状況では異なったタンパク質加水分解が行われる．

高度に制御された特異的タンパク質破壊の重要な例はユビキチン-プロテアソーム系である．この系では，破壊してもよいという目印を不要になったタンパク質に共有結合で付ける．これについては次の節で説明する．それほど特異的でないタンパク質破壊がプログラムされた細胞死であるアポトーシスにおいて行われる．これは細胞あるいは組織全体のタンパク質を破壊するものである．その際には適切なシグナルによってカスパーゼ（caspase）という一群のプロテアーゼが活性化される．アポトーシスについては Box 18.2 で説明する．

18.5 側鎖の翻訳後化学修飾

側鎖の修飾はタンパク質の構造と機能に影響を与える

合成後のタンパク質の構造と機能を微妙に変化させる方式が側鎖の化学修飾である．こうした修飾はタンパク質活性の重要な調節法である．側鎖修飾の多くのものは可逆的である．それぞれにおいて，ある特定の配列中の特定のア

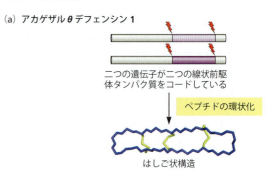

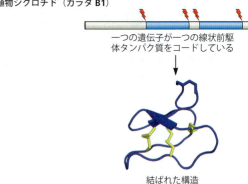

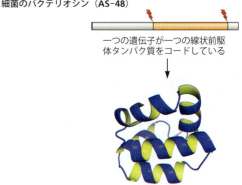

図 18.15　異なる生物の環状タンパク質　これらのタンパク質は mRNA の正常な翻訳によって線状前駆体として合成され，⚡で示した特異的な切出しにより断片化され，先頭と後尾がつなぎ合わされる．（a）アカゲザルのデフェンシンの場合，18 個のアミノ酸から成る成熟ペプチドの半分ずつを二つの遺伝子がコードしている．切出されたそれぞれのものの先頭と後尾を連結して成熟ペプチドがつくられる．環状になったペプチドは三つの S-S 結合によって安定化されるのではしごのように見える．（b）植物のシクロチドであるカラタ B1 はコンゴの部族の女性が出産を楽にするために飲む薬用茶の有効成分である．この小さなタンパク質は S-S 結合により結ばれた構造をとるととても安定で，煮沸，極端な pH，プロテアーゼにも耐えられる．（c）細菌のバクテリオシンはおもにグラム陽性の幅広い病原菌に対して抗菌活性をもち，菌の細胞膜を破壊する．バクテリオシンはアミノ酸数が 35〜70 で非常に安定である．AS-48 などいくつかのものは環状ヘリックス束構造をとる．
[Craik DJ [2006] *Science* 311:1563–1564 より改変．American Association for the Advancement of Science の許可を得て掲載]

Box 18.2 アポトーシス：生理的，細胞性，分子レベルでの展望

アポトーシス，すなわちプログラムされた細胞死は19世紀中頃からずっと認識されてきたが，研究が活発になったのは，1960年代半ばにアバディーン大学のJohn Kerrと二人の共同研究者が大きな影響力をもつ論文を発表し，アポトーシスという概念を導入してからである．この用語はギリシャ語で"離れる"という意味のaphoと落ちるという意味のptosisを組合わせたもので，花から花びらが，枝から葉がというように"抜け落ちる"という意味である．

組織や器官の形成だけでなく成体組織の恒常性維持も細胞の増殖とアポトーシスのバランスによって行われるため，アポトーシスは多細胞生物の正常な発生にとって非常に重要である．たとえば，胎児の足や手の指が分かれるのはそれらの間にある細胞がアポトーシスを起こすからである．アポトーシスは免疫系の調節にも関与する．Tリンパ球は脾臓から血流中に放出される前に外部抗原に対して効果的に働くこと，および自身の分子に対しては攻撃しないことを確認される．効果をもたないものや自身を攻撃するものはアポトーシスによって破壊される．

アポトーシスが不適切なため起こる病気もいくつかある．たとえば，がんはアポトーシスがほとんど起こらないため，制御がきかなくなって増殖してしまう病気だとみなされている．さらに，アポトーシス経路に変異が起こると，通常だったらアポトーシスが起きる放射線や化学物質にも抵抗性を示すようになる．リウマチのような自己免疫疾患もアポトーシスを起こしにくくなった滑膜細胞の過剰増殖によって起こる．一方で，アルツハイマー病やパーキンソン病のような神経変性疾患ではアポトーシスが過剰に起こってニューロンが次々と失われていくようにみえる．

アポトーシスを起こす細胞は一連の典型的形態変化を示す．(1) 細胞はタンパク質でできた細胞骨格が分解されることにより丸くなって縮む．細胞質密度が高まり細胞小器官も密着した状態になる．(2) クロマチンは凝縮して小さ

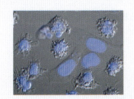

図1 アポトーシスの最終段階になった細胞 培養HeLa細胞にストレスを与えた．写真にはアポトーシスを起こした細胞と生存可能な細胞が写っている．アポトーシスを起こしている細胞は縮み，多数の泡状突起を出す．核は凝縮していくつかに分断される．核はヘキスト染色により青く見えている．[Taylor RC, Cullen SP & Martin SJ [2008] Nat Rev Mol Cell Biol 9:231–241．Macmillan Publishers, Ltd. の許可を得て掲載]

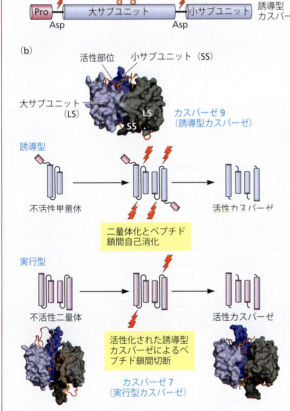

図2 2種類のカスパーゼの構造と活性化 すべてのカスパーゼは最初は不活性な一本鎖構造をもつが，プロテアーゼによる限定的切断で活性化される．(a) 不活性なチモーゲンカスパーゼのドメイン構造．誘導型カスパーゼはプロドメインと触媒ドメインから成り，触媒ドメインには共有結合でつながった二つのサブユニットが含まれている．実行型カスパーゼの不活性型にはプロドメインがない．すべての成熟したカスパーゼは二つに分かれたサブユニットをもち，プロドメインは除去されている．(b) チモーゲンを成熟型にするプロセシングはプロテアーゼがAsp残基のすぐ後を部位特異的に切断することで行われる．誘導型カスパーゼは自己タンパク質分解によって自分自身を切断するが，実行型カスパーゼは経路の上流にあるカスパーゼによって切断される．不活性な誘導型カスパーゼは単量体である．それが二量体化し切断が起こると活性化される．それに対して不活性な実行型カスパーゼは切断を受けてない二量体で，切断を受けるだけで活性化される．活性化された後にさらなる切断を受けると，より安定で活性調節も可能な成熟したカスパーゼになる．誘導型カスパーゼであるカスパーゼ9と実行型カスパーゼであるカスパーゼ7のそれぞれについて結晶構造から得られた不活性型と活性型の表面構造図を対応する模式図の上または下に示した．各単量体のサブユニットは同じ色調で濃淡を変えて示した．[(a), (b) Tait SWG & Green DR [2010] Nat Rev Mol Cell Biol 11:621–632 より改変．Macmillan Publishers, Ltd. の許可を得て掲載．(b) の構造はRiedl SJ & Salvesen GS [2007] Nat Rev Mol Cell Biol 8:405–413．Macmillan Publishers, Ltd. の許可を得て掲載]

な塊になり，核膜に張り付く．この現象は，ギリシャ語で"濃くする"あるいは"濃縮する"という意味の pyknono から核濃縮（pyknosis）とよばれ，このときクロマチンDNAはヌクレオソームの大きさにまで断片化されている．(3) 核は小さなものに分かれ，細胞膜には不規則な泡状突起が生じてそれが膜に包まれた小胞となって離れていく．最終段階では，それらのアポトーシス小体はマクロファージによって食べられる（図1）．

アポトーシスは2段階の過程で，プロテアーゼであるカスパーゼが2個連続して活性化される．カスパーゼ（caspase）という名前は Cys-dependent Asp-specific protease から付けられた．その活性にはよく保存されたシステイン残基が必要である．実際にはシステインとヒスチジンの二つが組んで触媒しており，それらが Asp 残基のC末端側でだけペプチド鎖を切断するという非常に高い特異性を示す．したがって，カスパーゼはタンパク質を完全に分解するのではなく，1～2箇所切れ目を入れるだけである．

カスパーゼはチモーゲンという不活性な状態で存在しており，プロテアーゼによる限定的切断で活性化される（図2）．初めの切断は細胞死シグナルに応じて行われる．誘導型カスパーゼあるいは先端カスパーゼとよばれるこの最初のカスパーゼの活性化は実行型カスパーゼあるいは執行者カスパーゼとよばれるカスパーゼの切断をひき起こし，それが細胞内のさまざまなタンパク質を切断し，細胞を破壊する．

アポトーシスの引き金を引き，それを執行する二つの主要なアポトーシス経路である**外因性経路**（extrinsic pathway）および**内因性経路**（intrinsic pathway）を図3に示した．そのどちらを使うかは細胞死シグナルの性質によって決まる．細胞外から来るシグナルは外因性経路を活性化す

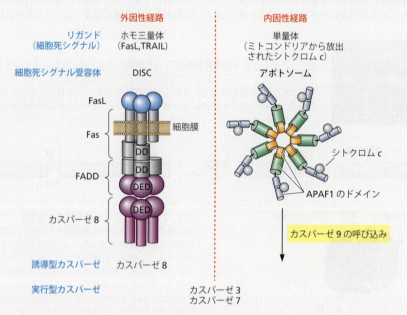

図3 アポトーシスを誘導し実行するタンパク質分解によるカスパーゼカスケードの概観 二つの主要な経路がある．一つは外からの細胞死シグナルによるもので外因性経路とよばれる．もう一つは細胞内シグナルによるもので内因性経路とよばれる．どちらの場合も細胞死シグナルとよばれるリガンドが受容体によって認識される．外因性経路の受容体は膜貫通タンパク質で，リガンドと結合するとオリゴマーになる．その受容体である Fas がオリゴマーになり，DISC（細胞死誘導シグナル伝達複合体；death-inducing signaling complex）が形成される過程は膜貫通シグナル伝達の古典的な例と見なされている．実際の受容体以外に FADD（Fas 結合細胞死ドメイン；Fas-associated death domain）というタンパク質も DISC 形成に関与する．Fas と FADD の両方が DD（細胞死ドメイン；death domain）をもっており，それによって相互作用する．DISC の一員である FADD とカスパーゼ8は別の DED（細胞死実行ドメイン；death effector domain）とよばれるドメインをもち相互作用している．誘導型カスパーゼがカスパーゼ8で，実行型カスパーゼがカスパーゼ3とカスパーゼ7である．DNA 損傷などのストレスによって起こる内因性経路においてミトコンドリアから放出されるシトクロム c が細胞死シグナルとなる．このシグナルは細胞質のアポトソームという可溶性受容体によって感知される．アポトソームには APAF1（アポトーシスプロテアーゼ活性化因子1；apoptotic protease-activating factor 1）の七量体と ATP または dATP のどちらかが含まれている．結合している dATP が dADP に加水分解されると APAF1 に構造変化が起こり，それが活性をもったアポトソームの形成に重要である．dATP が変換されると APAF1 がオリゴマーとなり，活性をもったアポトソームになる．車輪状構造となった活性型アポトソームはシトクロム c と結合するとカスパーゼ9を活性化できるようになる．誘導型カスパーゼはカスパーゼ9で，実行型カスパーゼはカスパーゼ3とカスパーゼ7である．このように，外因性経路と内因性経路の最終到達点は収束する．[左：Bao Q & Shi Y [2007] Cell Death Differ 14:56–65 より改変．Macmillan Publishers, Ltd. の許可を得て掲載．右：Riedl SJ & Salvesen GS [2007] Nat Rev Mol Cell Biol 8:405–413 より改変．Macmillan Publishers, Ltd. の許可を得て掲載]

る．細胞内のストレスによる場合は内因性経路を使う．細胞による細胞死シグナルの感知のされ方，およびカスパーゼカスケードの最初となる酵素がそれぞれ異なっているが，両経路とも収束して細胞破壊という最終的執行段階に向かう．

タンパク質分解は不可逆的なのでカスパーゼ活性化の制御が必要となる．実際，ひとたびカスパーゼが活性化されるとアポトーシスが起こってしまう．細胞はカスパーゼの活性化を調節するために三つの戦略を使う．カスパーゼ阻害剤，カスパーゼの分解，デコイ（おとり）の阻害剤である．カスパーゼ阻害において生理的基質に構造のよく似たタンパク質あるいはペプチドが基質結合部位への基質の結合を妨害する．ある種のウイルスは宿主の天然の防衛機構を打ち破るためにこの戦略を使う．ヒトにおける非常に選択的な阻害機構ではアポトーシスの負の制御因子であるXIAPを使う（図4）．この阻害機構は，IRES依存性翻訳開始機構によるタンパク質濃度の上昇に依存する．IRES依存性翻訳開始機構は正の制御因子Apaf1によるアポトーシス制御にも組込まれている．カスパーゼはユビキチン化によりプロテアソームで分解されうる．XIAPのRINGドメインがこの反応に関与しているかもしれない．最後のデコイタンパク質はカスパーゼの前駆体に似た構造をもち，活性化段階でカスパーゼと競合する．

このように，アポトーシスは非常に複雑で多段階に及ぶ高度に調節された過程である．この過程には，特異的条件下でのその翻訳が生物学的に重要な意味をもつ正および負の制御因子となるタンパク質が使われている．それらのタンパク質の翻訳にはキャップ依存性およびIRES依存性開始機構が交互に使われている．どのようにして一方の開始機構から他方の開始機構への移動が調節されているかを理解するにはまだ多くの研究が必要である．

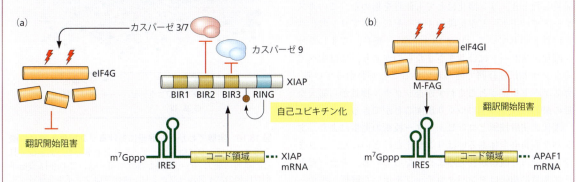

図4 二つの主要なアポトーシス制御因子であるXIAPとAPAF1の翻訳制御　XIAP（X染色体連鎖アポトーシス阻害因子；X-chromosome-linked inhibitor of apoptosis）はマルチドメインタンパク質で，BIR3（バキュロウイルスIAP反復配列；baculoviral IAP repeat）ドメインでカスパーゼ9の活性を，BIR2ドメインでカスパーゼ3とカスパーゼ7の活性を阻害する．XIAPのRINGはE3ユビキチンリガーゼで，標的となるタンパク質をユビキチン-プロテアソーム系に送り込むためにユビキチン化するだけでなく，活性部位の近傍を自己ユビキチン化する．ストレスの状況によってこの相互作用の複雑なネットワークが細胞を生き延びさせることもあれば殺すこともある．(a) ある種のストレスが細胞にかかると，開始因子eIF4Gがカスパーゼによって切断され，キャップ依存性翻訳開始が阻害される．カスパーゼ阻害因子XIAPの翻訳開始はmRNAの5′-UTRにあるIRES（内部リボソーム進入部位）を介して行われるので，そのようなときでも影響を受けない．全体のタンパク質合成が減っているときでもXIAPの濃度は上昇し，カスパーゼ活性を抑えて細胞の生存率を上げる．ストレスが取除かれると細胞は正常な代謝活性を取戻す．(b) 別なストレスがかかった場合，翻訳開始をキャップ依存性からIRES依存性に変えることで細胞死を制御するが，この場合はアポトーシスをひき起こすAPAF1が関与する．APAF1は可溶性受容体アポトソームの骨格となり誘導型カスパーゼ9を活性化する．カスパーゼによりeIF4GIが切断されると中央部の断片M-FAGが増加し，それが選択的にIRES依存性APAF1翻訳を促す．APAF1濃度の上昇はアポトーシスを加速する．[(a), (b) Holcik M & Sonenberg N [2005] Nat Rev Mol Cell Biol 6:318–327 より改変．Macmillan Publishers, Ltd. の許可を得て掲載]

ミノ酸を修飾する酵素を利用している．遺伝子発現の制御にヒストンのポリADPリボシル化およびメチル化が関わっていることを第12章で紹介し，他の修飾についても第3章で述べた（表3.3参照）．ここでは，主要な翻訳後修飾であるリン酸化，アセチル化，グリコシル化，ユビキチン化，SUMO化についてより体系的に説明する．これらの修飾の多くは単独では起こらず，それらの間には正あるいは負の協調がある．どのような修飾が一つのタンパク質分子上で共存するかを知るための手法が開発されつつある．そうした手法で得られたデータは修飾間の協調および生物における役割に対する理解を深めるうえでかけがえのないものになるだろう．翻訳後修飾とそれらの協調を大々的かつ選択的に利用することによって，脊椎動物ゲノムに遺伝子が比較的少ないということが一部補われているのかもしれない．

リン酸化はシグナル伝達において重要な役割を果たす

リン酸化は翻訳後修飾のなかで最も早く発見されたものの一つである．その歴史についてはBox 18.3を読んでいただきたい．リン酸化は可逆的な修飾で，セリンあるいはトレオニンにリン酸基が付加される．ごくわずかだがチロシンとヒスチジンにも付加が起こる．リン酸基の付加は**キナーゼ**（kinase）によって行われ，除去は**ホスファターゼ**（phosphatase）によって行われる．リン酸化は細胞内でのさまざまな過程に関与する酵素の活性を変えるので，その調節に使われる．リン酸化による調節が発見されるまで，酵素の活性は合成される速度と分解される速度の差，つまり代謝回転によって調節されると信じられていた．しかしその過程は比較的遅いため，早い環境変化に応じた調節を説明できなかった．Edmond FischerとEdwin Krebsがホルモンによる調節においてリン酸化のカスケードを最初に発見したとき，リン酸化はとても注目を集めた．このカスケードではキナーゼが前段のキナーゼによってリン酸化され活性化されていく（Box 18.3参照）．現在，こうしたリン酸化カスケードにはさまざまなものがあり，ほぼすべてのシグナル伝達経路で使われていることがわかっている．カスケードを使うとごくわずかなシグナル物質から膨大な量の最終産物を急速につくり出すことができる．

現代の実験技術とコンピューター技術の進歩により，タンパク質修飾全体あるいはリン酸化だけといった，これまでになかった観察が行えるようになっている．キナーゼとその基質の関係はタンパク質チップを用いた解析，キナーゼ過剰発現法を使った大規模遺伝子スクリーニング，および大規模遺伝子相互作用解析を使って調べられている．最後の解析は二つの遺伝子が変異したとき両者に関係がないときと比べてより強い発育障害が現れるという負の遺伝子相互作用，および一つの遺伝子変異より二つの遺伝子変異の方がむしろ健康になるという正の遺伝子相互作用を調べるものである．酵母を使った解析ではキナーゼ，ホスファターゼおよびそれらの基質の間で予想を上回る数の正の遺伝子相互作用が見つかった．遺伝子解析によって得られた相互作用地図を図18.16に示した．

全プロテオームのシステム解析の結果を見るとリン酸化の意義の大きさが際立つ．定量的質量分析により，人体内における驚くほどの数のリン酸化タンパク質およびその部位が明らかになっている（図18.17）．そうしたタンパク質の多くが複数のリン酸化部位をもっており，それらの何

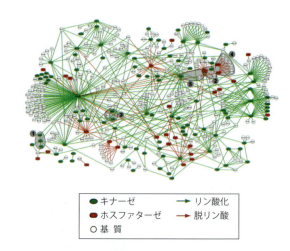

図18.16 実験でわかった酵母におけるリン酸化と脱リン酸 このネットワークにはキナーゼ，ホスファターゼ，およびそれらの基質の間の795の関係が描かれている．これらは遺伝子相互作用のハイスループットリン酸化プロファイルを確証するため，Nevan Krogan と共同研究者によって手動で選び抜かれたものである．このプロファイルではすべてのキナーゼ，ホスファターゼ，およびそれらの基質の間の10万組の遺伝子相互作用が同定されている．当然のことだが，2種類のキナーゼあるいは2種類のホスファターゼが同一の基質に作用することもあり，キナーゼ/ホスファターゼの対が共通の基質をもつこともある．灰色で塗りつぶした領域はそのような所で，これからさらに調べないといけない [Fiedler D, Braberg H, Mehta M et al. [2009] Cell 136:952-963. Elsevier の許可を得て掲載]

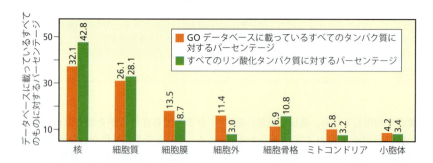

図18.17 ヒトリン酸化プロテオームのin vivo解析 この解析はGene Ontology (GO) データベースをもとにしている．Matthias Mann と共同研究者は定量的質量分析を使い，HeLa 細胞内の2244種のタンパク質内に6600箇所のリン酸化部位を見つけた．この図はデータベース内の全タンパク質とリン酸化タンパク質の細胞内分布を表している．核タンパク質にリン酸化されたものが多く，細胞外，ミトコンドリア，細胞膜のタンパク質にはリン酸化されたものが少ない．ここで使われているリン酸化ペプチド検出法だと量の少ないタンパク質は見落とされるかもしれないので，このデータはすべてを包括したものではない．[Olsen JV, Blagoev B, Gnad F et al. [2006] Cell 127:635-648 より改変．Elsevier の許可を得て掲載]

Box 18.3 タンパク質リン酸化とリン酸化カスケードの発見：Edmond Fischer と Edwin Krebs の仕事

タンパク質のリン酸化，酵素活性の調節におけるその役割，およびリン酸化カスケードの発見は生命科学の多くの，一見すると関係なさそうな分野にも強い影響を与えてきた．カスケードは環境刺激により活性化され，ほんのわずかなシグナルを大きな生化学的応答に変える．シアトル市ワシントン大学の Edmond Fischer と Edwin Krebs はグリコーゲンホスホリラーゼというあまり目立たない酵素の調節機構を調べていてタンパク質リン酸化を発見した．彼らが興味をもったのは，この酵素が糖代謝に関与し，ホルモンによって調節されていたからである（図1）．1950年代半ばに研究を始めた頃，Fischer と Krebs は自分たちが研究していることがとても基本的で広い範囲にわたって使われている現象だとは考えていなかった．この"タンパク質の可逆的リン酸化が生物における調節機構であることの発見"に対して1992年ノーベル生理学・医学賞が与えられた．

すべては Fischer と Krebs がこの酵素を精製しようとしたことから始まった．彼らは，当時一般的に行われていた，すりつぶした筋肉から水で抽出して何回も沪過するという Carl Cori と Gertie Cori のやり方ではなく，もっと"現代的"な手法を使った．面倒な沪過作業を最新設備であった冷却遠心機による遠心操作に置き換えたのである．しかし，彼らは活性のあるホスホリラーゼを得られなかった．沪紙を使った沪過はただ面倒なだけだと感じていたのだが，もとの方法に戻すしかなかった．彼らは Cori 夫妻のやり方に従いながら，最初から最後まですべての段階で得られた分画について調べてみた．驚いたことに，最初の抽出物の中にある酵素は不活性で，その後の過程でなぜかそれが活性化されるのであった．彼らは，沪紙が含むかもしれない活性化因子を除去するため薄めた酸で沪紙を洗い，マッフル炉でそれを焼き，灰を最初の抽出物に混ぜてみた．そして，ホスホリラーゼを活性化するのは沪紙に含まれていたカルシウムであることを突き止めた．ATP と Mg^{2+} も活性化に必要であった．

ATP が必要であることから何らかのリン酸化反応が起こっていると示唆された．しかし何がリン酸化されるのだろう．当時放射能標識された ATP は市販されていなかったので，彼らは Arthur Kornberg から $\gamma\text{-}^{32}\text{P-ATP}$ を分けてもらって実験をし，グリコーゲンホスホリラーゼ自身がリン酸化によって活性化されていることを明らかにした．ポリペプチド鎖の N 末端付近にある一つのセリン残基をリン酸化するだけで活性化は起こった．その後に他の研究者が明らかにしたことだが，残基1個だけが修飾を受けるということはむしろ例外的なことで，いくつかの酵素では何種類ものキナーゼによって多数の部位がリン酸化される．たとえば，グリコーゲンシンターゼは8種類ものキナーゼにより7個の異なる部位がリン酸化される．

単一のキナーゼからリン酸化カスケードへと話が進んだのは精製された不活性な酵素が活性化されるためには Mg^{2+} と ATP さえあればよいという観察だった．一方で，粗抽出液では Ca^{2+} が絶対に必要であった．このことから Ca^{2+} はその前の段階，たぶんホスホリラーゼを活性化するキナーゼを活性化する際に働くのではないかと考えられた．さらに研究が進み，図1(b) に示したリン酸化カスケードの全容が明らかになった．

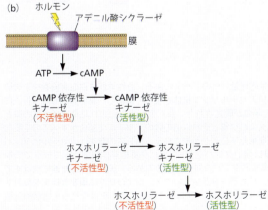

図1　グリコーゲンホスホリラーゼとリン酸化による活性調節
(a) 生物が闘争か逃走かを迫られてエネルギーが必要になったときのように，ストレスがかかる状況下でグリコーゲンホスホリラーゼは瞬時に活性化される．ストレスシグナルが脳に送られると脳からの指令で副腎からアドレナリンが分泌される．アドレナリンは血液によって速やかに運ばれ，蓄えられていたグリコーゲンをグルコース 1-リン酸にする．グルコース 1-リン酸が代謝されるとエネルギーが ATP として供給される．一方で，インスリンはグリコーゲンホスホリラーゼを阻害し，グリコーゲンシンターゼを活性化してグルコースをグリコーゲンとして蓄えさせる．(b) リン酸化カスケードを使ったグリコーゲン分解のホルモン調節．副腎ホルモンであるアドレナリンがアデニル酸シクラーゼを活性化する．この酵素は ATP から cAMP を合成する．cAMP は外部からの刺激に応じて活性化される多くのシグナル伝達経路に関わるセカンドメッセンジャーである．ここに示した経路では cAMP が cAMP 依存性プロテインキナーゼを活性化し，それがホスホリラーゼキナーゼを活性化し，それがさらにグリコーゲンホスホリラーゼを活性化する．今日知られているシグナル伝達経路の多くでこのようなリン酸化カスケードが使われている．

箇所かが同時にリン酸化されることもある．解析によると 68% が1箇所，23% が2箇所，5% が3箇所，2% が4箇所，そして 1% が5箇所以上の部位が同時にリン酸化されるものであった．リン酸化されたアミノ酸は 86% が Ser，12% が Thr，2% が Tyr である．HeLa 細胞を上皮増殖因子（EGF; epidermal growth factor）で刺激した後に，同じタンパク質内の別々な部位のリン酸化を追跡したところ，EGF で調節される部位をもつタンパク質のほとんどが，異なる反応特性を示すリン酸化部位を少なくとも一つ余分にもっていたのである．この観察結果は，タンパク質のリン酸化は部位によって異なる機能を果たすというある種のシグナル伝達タンパク質に関する初期の研究結果を再確認することとなった．細胞内の異なる部位に局在するタンパク質はリン酸化の受け方も異なるということも明らかになった．つまり，核タンパク質および細胞骨格タンパク質は修飾を受けやすいが，ミトコンドリアなどのタンパク質はあまり修飾を受けない．こうしたデータは個々のシステムあるいは過程を実験的に確認する際の手がかりとして使われるが，それらを生命現象と関連させて理解することはまだこれからである．

アセチル化はおもに相互作用を変化させる

タンパク質の翻訳後修飾で次に多いのがリシン残基のアセチル化である．リン酸化もアセチル化もタンパク質の電荷を変え，どちらもタンパク質-タンパク質あるいはタンパク質-DNA 相互作用に影響を与える．第 12 章でヒストンアセチル化が遺伝子発現に及ぼすいくつかの効果について紹介した．それらの効果はアセチル化によるクロマチン構造変化の場合もあるが，特異的な修飾を読み取るリーダーとよばれるタンパク質によってひき起こされる場合もある（図 12.9～12.14 参照）．このような特定部位を修飾する酵素はライターとよばれる．

リン酸化のときと同様に，プロテオーム全体にわたる研究がアセチル化に対する理解を大いに深めた．定量的質量分析データに基づく最近の研究結果を図 18.18 に示した．アセチル化タンパク質を機能によりグループ分けすると，ほぼすべての主要な細胞機能にアセチル化が関与しており，細胞周期や RNA スプライシングの分野でその数が特に多いことがわかる．さらにわかったことは，アセチル化タンパク質-タンパク質ネットワークの複雑さである．図 18.18 に示しているのは DNA 修復に関与するタンパク質-タンパク質ネットワークという特別な例である．この機能分野でアセチル化されていることがわかった 54 個のタンパク質のうち，これまでに修飾を受けていると認識されていたものはわずか 5 個であったということには驚かずにはいられない．RNA スプライシング，細胞周期，リボソー

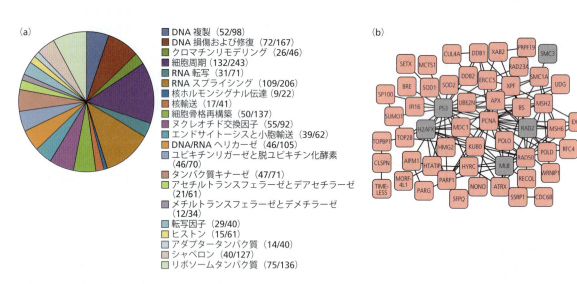

図 18.18　プロテオミクス規模でのアセチル化の量　この測定は定量的質量分析のデータによる．急性骨髄性白血病細胞株を破砕して得た全抽出物のトリプシン消化産物中のアセチル化ペプチドを抗アセチルリシン抗体を使って濃縮し，高分解能質量分析法によって同定した．1750 種のタンパク質中に 3600 以上のアセチル化部位が同定された．(a) アセチル化されたタンパク質の数と部位を細胞の主要な機能分類でグループ化した．多くのアセチル化タンパク質とそれ以上の数のアセチル化部位がすべての主要な核内過程に関与しており，そうした過程にアセチル化が大切な役割を果たすことが示唆される．括弧内の数字はアセチル化タンパク質の数/アセチル化部位の数である．(b) アセチル化タンパク質は強いタンパク質-タンパク質相互作用ネットワークでつながっている．図に描かれているネットワークは DNA 損傷修復に関与するタンパク質群のものである．灰色で示した連結点はすでにアセチル化がわかっていたタンパク質である．直接の実験で発見されたデータが少ないこと，および新たに重要な事実を発見するうえでプロテオミクスによる解析に威力があることをこの図は強く示している．プロテオームのデータはこれらを実験的に確認する際の手がかりとして使われる．[Choudhary C, Kumar C, Gnad F et al. [2009] *Science* 325:834–840 より改変．American Association for the Advancement of Science の許可を得て掲載]

ムタンパク質などの分野では，プロテオーム解析によってアセチル化がわかったタンパク質に対する通常の方法でアセチル化がわかったタンパク質の比はずっと小さい．

いくつかのクラスのグリコシル化タンパク質には糖鎖が付加されている

多糖がタンパク質あるいはペプチドと結合する**グリコシル化**（glycosylation）は広く使われている修飾で，細胞内でさまざまな役割を果たしている．一般に，そうした化合物はプロテオグリカン，ペプチドグリカン，糖タンパク質の三つに分類される．

プロテオグリカン（proteoglycan）は二糖単位の繰返しでつくられる枝分かれのない多糖が結合したタンパク質複合体である．通常，それらは多細胞動物の結合組織に存在する．よく知られている例は，関節の潤滑剤となる粘液に含まれるヒアルロン酸との複合体である．

ペプチドグリカン（peptidoglycan）は短いペプチドに多糖が結合したもので，通常，架橋により大きな複合体をつくる．それらは細菌の細胞壁に存在する．1884年に細菌学者 Hans Christian Gram は二つの主要な細菌群を染色によって区別する方法を見つけた．二つの細菌群はペプチドグリカン構築が違うため染色剤との相互作用が異なることを利用したのである．グラム陰性細菌のペプチドグリカン層は非常に薄く，内膜と外膜の間に挟まれている．それに対してグラム陽性細菌は外膜をもたず，ペプチドグリカンの細胞壁が非常に厚い．この厚い層がグラム染色液を保持する．グラム染色は医学微生物学においては今も広く使われている．

ペプチドグリカン合成を阻害すると細菌の成育が阻害されることから，細菌にとってペプチドグリカンが重要であることがわかる．**ペニシリン**（penicillin）という抗生物質はペプチドグリカンの生合成に関わる酵素と結合し，不可逆的に阻害する．これにより細菌の成育と増殖が抑えられる．Alexander Fleming は1928年にペニシリンを発見した功績により1945年にノーベル生理学・医学賞を授与された．Fleming は臨床で使えるように抗生物質を精製することに成功した Howard Florey および Ernst Chain とともにこの賞を分かち合った．

糖タンパク質（glycoprotein）はタンパク質と糖の化合物のなかで最も変化に富んでいる．含まれている糖鎖の多様性が高く，通常枝分かれしていて，その長さも1個から30個以上とさまざまである．ときには複合体質量の80％以上を糖鎖が占めることもある．糖鎖構造が多様化する要因としては糖の種類（六炭糖，ヘキソサミン，五炭糖，シアル酸など），グリコシド結合の種類およびそれに使われる糖内の炭素の違い，そして枝分かれ様式の違いなどがあげられる．同種のタンパク質であっても，オリゴ糖鎖の組成と構造が個々のもので異なることがある．このわずかな不均質が機能にどう影響を与えるのかはわかっていない．

糖鎖が付加されるアミノ酸残基により O 結合型グリコシル化および N 結合型グリコシル化と区別している．O 結合型とは，オリゴ糖がセリンあるいはトレオニンのヒドロキシ基に付加されたものであり，N 結合型とはオリゴ糖がアスパラギンのアミノ基に付加されたものである（図 18.19）．脊椎動物にみられる N 結合型糖鎖の主要なものを図 18.20 に示した．

グリコシル化の仕組みは修飾のタイプによる

多くの場合，タンパク質のグリコシル化は粗面小胞体内で始まり，その後糖鎖は小胞体やゴルジ複合体でさらに修飾される．修飾機構は修飾のタイプによる．N 結合型グリコシル化は翻訳と同時に起こり（図 18.21），過程は以下のとおりである．小胞体膜の細胞質側で基本となるオリゴ糖鎖がつくられ，ドリコールリン酸という脂質でできた運搬体と結合する．この基本分子が**フリッパーゼ**（flippase）という特異的酵素により小胞体膜内で反転させられて内腔側に移る．リン脂質は膜二重層の一方の面内では高速かつ自由に拡散できるが，その極性頭部基は膜の中央にある疎水性部分を通り抜けられないので反対側の膜面に移れない．そこで細胞は通り抜けを助けるためにフリッパーゼをもつように進化した．小胞体膜の細胞質側の面に取込まれたリン脂質分子を細胞質と反対側の面に送り込むときにも反転が行われている．ポリペプチドと結合する糖鎖が小胞体内腔側に来ると，糖鎖はさらに修飾を受けたうえで，合成途中のポリペプチドのアスパラギン残基に付加される．場合によっては，さらなる糖鎖修飾がゴルジ複合体内で行われる．O 結合型グリコシル化は小胞体あるいはゴルジ複合体内で段階的に単糖が付加されて進行する．ほとんどの

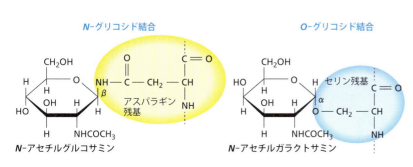

図 18.19 プロテオグリカン中の N, O-グリコシド結合 主要な N-グリコシド結合は N-アセチルグルコサミン-アスパラギンの結合で，主要な O-グリコシド結合は N-アセチルガラクトサミン-セリン/トレオニンである．N-グリコシド結合のときの糖は β 配置で，O-グリコシド結合のときの糖は α 配置である．

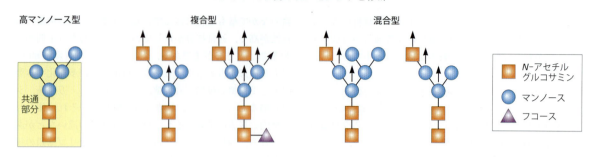

図 18.20　**脊椎動物の主要な N 結合型糖鎖の構造**　N 結合型糖鎖に共通する 5 個の糖から成る構造を黄色の四角で囲って示した．共通構造をもつということはすべての N 結合型糖鎖の生合成の始まり方を反映している．ほとんどの N 結合型オリゴ糖鎖は三つのサブクラスに分類できる．それらは高マンノース型，混合型，複合型である．高マンノース型糖鎖は生合成経路の初期につくられる．複合型糖鎖合成ではオリゴ糖プロセシングとよばれる過程により，高マンノース型糖鎖からいくつかのマンノースが除去されて他の糖が付加される．混合型糖鎖は枝分かれが多く，その枝の一つは高マンノース型で，他の枝は複合型となっている．矢印はそこに他の糖が結合して糖鎖が枝分かれしうる部位を示す．C-2, C-3, C-4, C-6 を使い，通常の 2 個より多くの結合ができると枝分かれ構造を生じる．こうした伸長およびいくつかの異なる糖を使うことにより，非常に多様な糖鎖ができる．

O 結合型オリゴ糖鎖は短く，4 個の糖残基しか含まない．グリコシル化されたタンパク質はさまざまな役割を果たしており，特に細胞間認識過程およびシグナル伝達経路で重要な働きをしている．血液型の違いは赤血球表面のタンパク質や脂質に結合したオリゴ糖鎖の多様性によるという古典的例を Box 18.4 に示した．輸血時に赤血球の凝集という致命的な事故を起こさないためにも，供血者と受血者の血液型を知っておくことは絶対に必要である．

ユビキチン化とは酵素カスケードによりタンパク質に 1 個または複数個のユビキチン分子を付加することである

ユビキチン化とはタンパク質にユビキチン（Ub）という 76 個のアミノ酸から成る小さなタンパク質を共有結合させることである．ユビキチンおよびユビキチン化の発見の歴史については Box 18.5 に記した．タンパク質にユビキチンを結合させる酵素経路を図 18.22 に示した．

タンパク質は 1 個あるいは複数個のモノユビキチン付加で修飾されることもあれば，ユビキチンの上にユビキチンを付加した鎖状ユビキチン付加で修飾されることもある．モノユビキチン付加において，ユビキチン C 末端のグリシンのカルボキシ基が受容タンパク質リシン残基の ε-アミノ基と**イソペプチド結合**（isopeptide bond）する．結合には三つの酵素の連携した働きが必要である．それらは，図 18.22 に示した E1 という**ユビキチン活性化酵素**（ubiquitin-activating enzyme），E2 という**ユビキチン結合酵素**（ubiquitin-conjugating enzyme），E3 という**ユビキチン-タンパク質リガーゼ**（ubiquitin-protein ligase）で，よく調べられている酵母の系での反応の詳細を図 18.23 に示した．この図では，ユビキチンが酵母のゲノムでは融合遺伝子としてコードされているという，通常とは異なる点も示されている．図 18.23 が示すように，酵母は E1 酵素を一つしかもたないが，E2 酵素を 13 個，そして E3 酵素は約 200 個もっている．哺乳類ゲノムには少なくとも 1000 個のユビキチンリガーゼ（E3）が存在する．

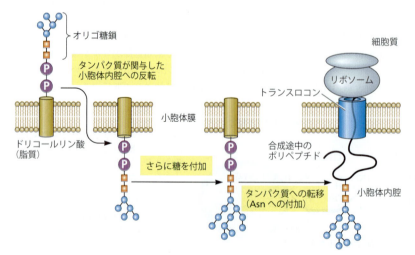

図 18.21　**タンパク質の N 結合型グリコシル化機構**　N 結合型グリコシル化において，ポリペプチドへのオリゴ糖の付加はアスパラギン側鎖とオリゴ糖鎖の共有結合による（図 18.19 参照）．基本となるオリゴ糖は小胞体膜の外側においてドリコールリン酸という脂質運搬体の上で組立てられる．この脂質-オリゴ糖複合体はフリッパーゼという酵素によって脂質二重層内で反転する．その後，オリゴ糖鎖は特異的酵素によって伸長する．最後の段階でオリゴ糖は合成途中のポリペプチドに移される．［Graham Thomas, Pennsylvania State University のご厚意による，改変］

Box 18.4 タンパク質グリコシル化，血液型，および輸血

今日，輸血は頻繁に使われる安全な救命処置である．しかし，19世紀の終わりまではそうではなかった．輸血を受けた多くの人たちがその最中あるいはすぐ後に亡くなっていた．1901年にKarl Landsteinerという科学者が血液型および輸血を受けた人の赤血球が凝集する理由を見いだした．彼は血液凝集が免疫反応で，輸血を受けた人が輸血された赤血球細胞に対して抗体をもっていると凝集が起こることに気付いた．Landsteinerは"ヒト血液型の発見"によって1930年にノーベル生理学・医学賞を授与された．

血液型は分子レベルで何が違うのだろう．国際輸血学会が認めている血液型の分類法は30もあるのだが，ここでは一般的なABO式血液型のA，B，AB，O型について説明する．それぞれの人は赤血球の表面に3種類のオリゴ糖鎖（抗原H，A，B）のうちのどれか一つをもつ（図1）．**抗原H**（antigen H）は基本となるオリゴ糖鎖で，それをもつ人の血液型はOとなる．この血液型の人は非常に多く，国によるが人口の30〜40％を占める．血液型Aの人がもつ**抗原A**（antigen A）というオリゴ糖鎖および血液型Bの人がもつ**抗原B**（antigen B）というオリゴ糖鎖は基本となる糖鎖にその他の糖が付加されたものである．糖鎖付加反応はそれぞれAおよびBとよばれる特異的酵素によって触媒され，ゲノムにその酵素の遺伝子をもつ人だけがそれを行える．

なぜ人はそれらの遺伝子のどれかをもつのか．答えはそれらの遺伝子の配置あるいは発現にある．ABO式血液型の酵素は一つの遺伝子にコードされており，複数の対立遺伝子として存在している．もとの遺伝子はN-アセチルガラクトサミンを基本となるオリゴ糖鎖に付加する酵素AをコードしているBからつくられる酵素はガラクトサミンだけを基本となるオリゴ糖鎖に付加できる．AとBで異なるのはわずか4塩基だけである．たった1個のアミノ酸置換が構造変化をひき起こし，基質特異性を変えているのである．O型の人では，N末端近くのコード領域における1個のヌクレオチドの欠損がその後の読み枠をずらしてしまい，酵素の機能を失わせている．機能を失った対立遺伝子をホモ接合でもっている人は赤血球表面に基本となるオリゴ糖鎖，すなわちH抗原だけしかもたないことになる．上で述べたが，こうした人がかなり多い．

血液型の違いは成長や発育に影響を与えないが，病気には少し関連がある．よく知られている例がO型の人はコレラにかかりやすいというものである．

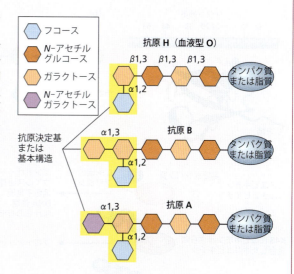

図1 ABO式血液型における抗原の構造 ほとんどの霊長類は赤血球の表面に3種類のOまたはN結合型オリゴ糖鎖をつけている．ここで示した構造は一例で，実際の構造では糖の構成とそれを結合しているタンパク質や脂質が異なることもある．糖鎖そのものが非常に不均一で，枝分かれや繰返しモチーフがあり，他のものを含んでいることもある．O型の人の赤血球の表面にはそのように多様なオリゴ糖鎖の基本構造があり，H抗原とよばれている．それらのオリゴ糖鎖には抗原性がないので免疫応答をひき起こさない．基本となるオリゴ糖鎖はさまざまに修飾されうる．B酵素によりガラクトースが付加されるとB抗原，A酵素によってN-アセチルガラクトースが付加されるとA抗原となる．[National Institutes of Healthのご厚意による，改変]

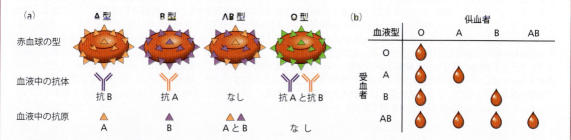

図2 ABO式血液型の主要な4種の型の特徴 （a）それぞれの血液型の人が赤血球表面にもつ抗原と血清にある抗体．健常人は自己のもつオリゴ糖鎖に対する抗体はつくらないが他の糖鎖に対する抗体はつくる．（b）提供者と受容者の血液型が異なる場合の安全な輸血のための基本規則．赤い水滴は輸血ができることを表す．たとえば，A型の人がB型の人から輸血を受けた場合，A型の人の血液中にある抗体が輸血された血液の赤血球と反応して凝集反応が起こってしまう．したがって，B型からA型への輸血は禁止されている．

以上のことから，輸血には厳しい規則が適用される．図2にそうした規則およびそれぞれの血液型の特徴を示した．基本となる糖鎖のすべてがAあるいはB抗原に変換されるわけではないので，すべての血液型の人がいくらかのH抗原をもっている．そのためH糖鎖は抗原性がなく，それに対する抗体はつくられない．なぜO型の人が抗Aおよび抗B抗体をもつのかはあまりはっきりしていない．この遺伝子の発現は単一対立遺伝子だけに限られているからはっきりとした血液型の違いが生じるのであるが，少量の異なる酵素が発現するという遺伝子発現の漏れが生じ，それにより抗体ができたのかもしれない．

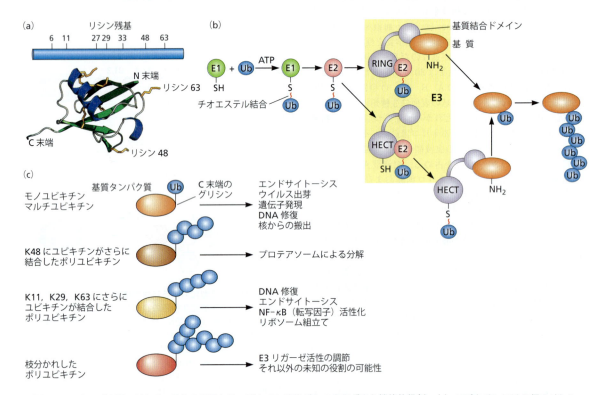

図18.22　タンパク質ユビキチン化および異なるユビキチン修飾がもつさまざまな機能的役割　(a) ユビキチンには7個のリシン残基があり，それらの位置を構造図中にオレンジ色で示した．[下: Wikimedia] (b) ユビキチン化は3種の酵素による連続した反応によって行われる．それらはE1というユビキチン活性化酵素，E2というユビキチン結合酵素，E3というユビキチン-タンパク質リガーゼである．E3にはRINGフィンガー型およびHECTドメイン型の2種類があり，E2の活性部位にあるCysから基質のLysへユビキチンを転移させるやり方が異なる．RINGフィンガーE3はユビキチンをリシンに直接移す．厳密にいうとそれは化学反応を触媒する酵素ではなく，E2と基質を適切に並べてユビキチンが移りやすくしているだけである．それに対してHECT E3は，まずHECTドメインのC末端にあるCysとユビキチンとの間でチオエステル結合をつくり，それから基質にそのユビキチンを移している．したがって，RINGフィンガーE3とは違ってHECT E3は本当の触媒活性をもつ．2種類のE3の例についてはBox 18.6で紹介する．[Wenzel DM, Stoll KE & Klevit RE [2011] *Biochem J* 433:31–42 より改変．Biochemical Society の許可を得て掲載] (c) ユビキチンが何個ついているかによりモノユビキチン化あるいはポリユビキチン化とよぶ．ある種のタンパク質では単一のユビキチンが複数の部位に結合していることがある．こうしたものはマルチユビキチン化とよぶ．ユビキチンと受容タンパク質との結合はユビキチンC末端のグリシンと基質タンパク質のリシン残基との間のイソペプチド結合である．その上にさらにユビキチンが結合するときにユビキチンの7個のリシンのどれを使うかで異なったポリユビキチン鎖がつくられ，それによって修飾の生物学的役割が異なる．2個のリシン残基を使えば枝分かれ構造もつくれる．[Woelk T, Sigismund S, Penengo L & Polo S [2007] *Cell Div* 2:11 より改変．BioMed Central の許可を得て掲載]

特別な酵素によってユビキチン化されるタンパク質の特異性が決まる

ユビキチン化される基質の特異性は，E3酵素によって決まる．E3はRINGフィンガードメインをもつものとHECTドメインをもつものとに大きく分けられる（図18.22 b 参照）．RINGは really interesting new gene から，HECTは homologous to the E6 carboxy-terminus から名付けられた（**Box 18.6**）．このグループ化は，E2の活性部位にあるシステインに結合しているユビキチンを標的タンパク質に移し替える際のE2と相互作用するドメインの構造

Box 18.5 ユビキチン−プロテアソーム系の発見

ユビキチン−プロテアソーム系の発見は，独創的な手法が開発され既存の枠組みでは説明困難な結果が得られたとき，科学における考え方がどう進化し，パラダイムがどう変わっていくかを示すとても教訓的な例である．

Rudolf Schoenheimer が ^{15}N 標識アミノ酸を使った実験を行うまで，タンパク質の代謝回転は広く認識されていなかった．タンパク質は安定なものではなく，常につくられ分解されているということを彼の結果は示唆した．食物中のタンパク質は分解され燃料として使われるが，体内のタンパク質は一度つくられると安定で，わずかに傷んだものがつくり替えられるだけだと考えられていたので，この考えが受け入れられるまでには時間がかかった．Schoenheimer はラットに ^{15}N 標識チロシンを食べさせ，(1) 約 50 % が体内のタンパク質に取込まれ，(2) ^{15}N の大半は他のアミノ酸の α-アミノ基に組込まれてしまい，チロシンに残っているものはわずかであるということを発見した．すなわち，タンパク質だけではなくアミノ酸も常に入れ替わっているのである．

細胞内でタンパク質が分解される場所として最初に同定されたのは**リソソーム**（lysosome）で，1950 年代半ばに Christian de Duve によって発見された．リソソームは膜に囲われた細胞小器官で，内部に最適 pH が酸性領域である種々のプロテアーゼを含む．分解されるべきタンパク質はリソソームに送り込まれる．このように，プロテアーゼ群は隔離されて細胞内の正常なタンパク質を攻撃しないようになっている．リソソームに関する概念も時代とともにずいぶん変わり，今日ではリソソーム/液胞系はエンドソームのように消化酵素がないものも加えた不連続で異質な成分から成る消化系と考えられている（図1）．

第一に，リソソームは複雑な熟成過程を経る．第二に，さまざまな分解過程に関わる．すなわち，**ミクロオートファジー**（microautophagy）および**マクロオートファジー**（macroautophagy）とよばれる過程でそれぞれ細胞内タンパク質および細胞小器官の消化を行う．また，受容体依存性エンドサイトーシスおよび細胞外液を非特異的に飲込むピノサイトーシスで取込まれたタンパク質，あるいはファゴサイトーシスで細胞が食べた粒子も分解する．外部からのタンパク質や粒子の分解は**ヘテロファジー**（heterophagy）とよばれる．オートファジーやヘテロファジーについての理解がとても進み，どちらの過程も特定のタンパク質だけを分解するものではないことがはっきりした．したがって，タンパク質ごとに寿命が異なるということはリソソームにおける分解では説明できない．

そうした特異性の欠如，およびリソソームプロテアーゼを阻害した際の結果を説明することが困難であったことから第二のタンパク質分解系の存在が示唆された．リソソームにおける分解だけでは説明できないもう一つの重要な点は，哺乳類細胞でのタンパク質分解にはエネルギーが必要という初期の観察であった．タンパク質分解そのものは発エルゴン的なのでこの要求性は奇異なものであった．この観察はタンパク質分解経路中のある未知の過程において自由エネルギーが必要であることを意味している．1970 年代中頃にはこの考えが広まっていたが，エネルギー要求性でタンパク質特異的な第二の分解系についての実験的証拠はなかった．

そうしているとき，図2 の時系列に示したようにユビキチンが発見され，ユビキチン C 末端のグリシンとヒストン H2A の Lys119 の ε-アミノ基との間のイソペプチド

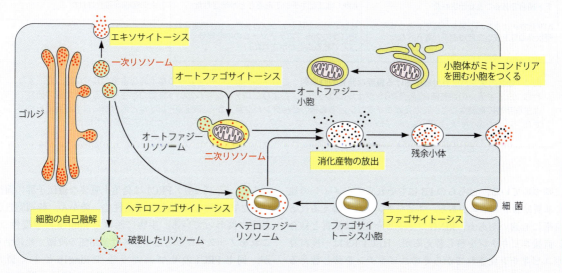

図1　一次および二次リソソームとさまざまな分解を行う細胞内経路　一次リソソームはゴルジ複合体から出芽し，いくつかの異なる経路で働く．(1) エキソサイトーシスで細胞外に放出される酵素を輸送する．(2) 古くなり欠陥を生じた細胞小器官の破壊に関与する．この過程はオートサイトーシスとよばれる．(3) 細菌やウイルスのような外来の物質を消化し，その産物を栄養として利用する．この過程はヘテロファゴサイトーシスとよばれる．(4) 細胞自身も破壊する．この過程は自己融解（オートリシス）とよばれる．

結合が発見された．そのような結合が認識されたのはこれが最初であった．イソペプチド結合があれば二股になったり枝分かれしたりするペプチドが可能であり，その後ユビキチンと標的タンパク質との結合でイソペプチド結合が数多く同定された．当初，ユビキチンはすべての細胞に存在すると考えられたのでこのように名付けられた．しかし，大腸菌にも存在するという報告は間違いであり，それは培養液に含まれていたユビキチンの混入であった．したがって，ユビキチンは真核生物にだけ存在するので，厳密には遍在する（ubiquitous）とはいえない．

本来リソソームをもたないウサギ網状赤血球を使った無細胞系によりATP依存性タンパク質分解を in vitro で調べられるようになって研究は大きく進展した．網状赤血球系を分画して生化学的に調べたところ，そこには特定のタンパク質分解に必要な二つの異なるATP要求性活性があった．その一つはユビキチン結合カスケードを行う3種の酵素で（図18.22 b 参照），もう一つは大きな26Sプロテアソーム複合体という実際のプロテアーゼだった（第3章，特に図3.22参照）．こうしてパズルのすべてのピースが統合され，細胞内タンパク質分解という美しく筋の通った絵が完成した．ユビキチン-プロテアソーム系の解明に貢献した Aaron Ciechanover, Avram Hershko, Irwin Rose は"ユビキチンによるタンパク質分解の発見"に対して2004年のノーベル化学賞を授与された．

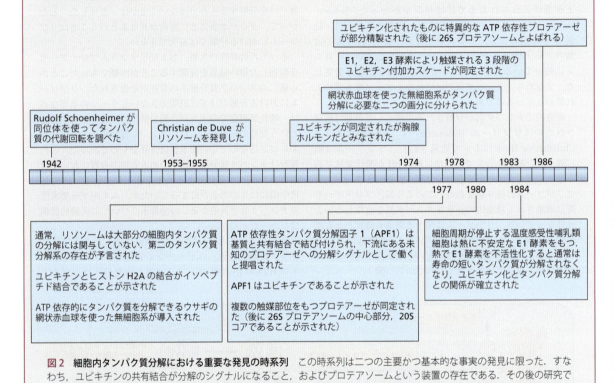

図2　細胞内タンパク質分解における重要な発見の時系列　この時系列は二つの主要かつ基本的な事実の発見に限った．すなわち，ユビキチンの共有結合が分解のシグナルになること，およびプロテアソームという装置の存在である．その後の研究では生理学的に重要なこと，たとえばサイクリン，ある種のがんタンパク質，がん抑制因子 p53 などの分解に焦点が当てられてきた．[Ciechanover A [2005] *Nat Rev Mol Cell Biol* 6:79–87 より改変．Macmillan Publishers, Ltd. の許可を得て掲載]

に基づいている．どちらのE3にもそれらのドメインの他に基質結合ドメインがある．ユビキチンを移し替える反応機構にも違いがある．RINGフィンガーE3は基質と結合し直接ユビキチンを移し替えるが，HECT E3 は一度自身がユビキチン化されてからそのユビキチンを移し替える（図18.22 b 参照）．

RINGフィンガーE3はしばしばヘテロ二量体として働く．この点を示す例として，重要な複合体である **Ring1b-Bmi1** を選んだ．この二つはポリコーム抑制複合体1（PRC1; polycomb repressive complex 1）のサブユニットである（図18.24）．PRC1は発生上重要な遺伝子群の調節（図12.15参照），X染色体不活性化，発がん，幹細胞自己再生に関わっている．生物におけるRing1bの重要性は，これをノックアウトしたマウスは初期胚の段階で死に至るが，同じPRC1のサブユニットでRing1bとよく似たRing1aをノックアウトしてもわずかな骨格の異常で済んでしまうことからわかる．B細胞特異的モロニーマウス白血病ウイルス組込み部位1（Bmi1; B-cell-specific Moloney murine leukemia virus integration site 1）はがんタンパク質で，その量は厳密に調節されており，量が2倍

18.5 側鎖の翻訳後化学修飾

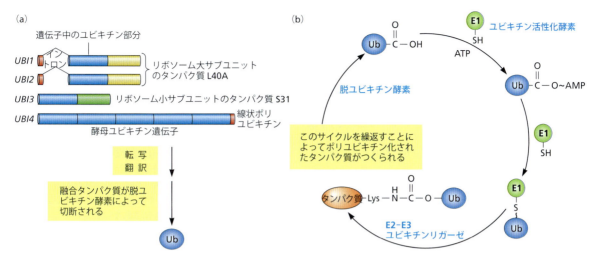

図 18.23　パン酵母のユビキチン系　ユビキチン系の構造は真核生物の中でよく保存されている．(a) しかし酵母のユビキチンは通常と異なり，融合遺伝子 *UBI1–UBI4* にコードされている．そのうちの三つの遺伝子は，76 個のアミノ酸から成るユビキチン全長の遺伝子がリボソームタンパク質遺伝子 *L40A* または *S31* と融合したものである．第四の遺伝子である *UBI4* はユビキチン遺伝子の最後尾に次のユビキチン遺伝子がつながるようにしてできていて，翻訳されたポリユビキチン前駆体タンパク質が脱ユビキチン酵素により切断されてユビキチン単量体ができる．この *UBI4* 遺伝子はストレスがかかったときに発現が誘導されるもので，実際，この遺伝子を欠除させるとさまざまなストレスに対して過敏になる．[Özkaynak E, Finley D, Solomon MJ & Varshavsky A [1987] *EMBO J* 6:1429–1439 より改変．John Wiley & Sons, Inc. の許可を得て掲載]　(b) タンパク質にユビキチンを共有結合で付加する反応は E1, E2, E3 という 3 種類の酵素群を使った複雑な機構によって行われる．酵母は 1 個の E1, 13 個の E2, 約 200 個の E3 をもつ．哺乳類ゲノムには少なくとも 1000 個のユビキチンリガーゼ（E3）が存在する．反応の第一段階でユビキチンはユビキチン活性化酵素 E1 によって AMP-Ub にされてから E1 の Cys 残基とチオエステル結合を形成する．その後，ユビキチンはいくつかあるユビキチン結合酵素 E2 の Cys 残基に転移させられる．最終段階である基質タンパク質のリシン残基への転移には E2 に基質特異性を与えるユビキチンリガーゼ E3 が必要である．[Mathews CK, van Holde KE, Appling DR & Anthony-Cahill SJ [2013] Biochemistry, 4th ed. より改変．Pearson Prentice Hall の許可を得て掲載]

になっただけで白血病になる．Bmi1 の RING フィンガードメインはがん化において重要な役割を果たしている．PRC1 は転写抑制機能の一部としてヒストン H2A の Lys119 をユビキチン化する（第 12 章，特に図 12.15 参照）．Ring1b は E3 酵素としての機能をもち，Bmi1 によって強く活性化される．Ring1b と Bmi1 はともに RING フィンガードメインをもち，それらは互いに強く相互作用するが，触媒活性をもつのは Ring1b の RING フィンガードメインだけである．ここで重要なことは，Ring1b-Bmi1 複合体の構造が RING フィンガータンパク質である BARD1 と複合体になった乳がん感受性遺伝子 1 (*BRCA1*,

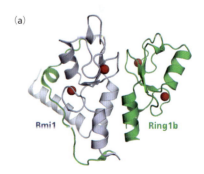

図 18.24　ミニ Ring1b-Bmi1 ヘテロ二量体複合体の構造　(a) ミニ Ring1b-Bmi1 ヘテロ二量体複合体の結晶構造．この結晶は Ring1b の 5～115 までのペプチド断片と Bmi1 の 1～102 までのペプチド断片からつくったものである．これらは RING フィンガー構造をつくって赤球で示した Zn 原子を配位する部分である．両者がつくる RING ドメイン構造は重ね合わせることができるほどよく似ており，それらは疎水性および極性相互作用によって広範囲にわたって相互作用している．Ring1b の N 末端は Bmi1 の周りを包んでいる．この複合体の全体構造は BRCA1-BARD1 複合体（Box 18.6 参照）などの他の E3 RING フィンガーヘテロ二量体のものとよく似ている．(b) Ring1b-Bmi1 と E2 である UbcH5c が複合体となって，ヌクレオソームにユビキチンを付加しようとしている構造のモデル．モデルはヘテロ二量体が基質であるヌクレオソームと E2 を適切に配置して，ヒストン H2A の Lys119 を効率よくユビキチン化させることの説明となっている．ヒストンはピンク色，DNA は赤，Ring1b は薄紫，Bmi1 はオレンジ色，UbcH5c は灰色で示した．DNA 結合に影響を与える表面の塩基性残基は緑，そうでないものは黄色にした．[Bentley ML, Corn JE, Dong KC et al. [2011] *EMBO J* 30:3285–3297. John Wiley & Sons, Inc. の許可を得て掲載]

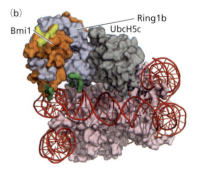

Box 18.6　より詳しい説明：E3リガーゼとヒトの病気

本文で指摘したように，ユビキチンリガーゼE3は受容タンパク質にユビキチンを付加する最終段階を触媒する．E3は細胞内のさまざまな過程に関わっている．したがって，HECTドメインをもつもの，およびRINGフィンガードメインをもつもののどちらの型であれ，それらの遺伝子に変異が起きたり発現が異常であったりすると病気になるということは驚くに当たらない．

HECT E3ファミリーのなかで最初に発見されて研究された哺乳類のE3は，E6関連タンパク質（E6-AP；E6-associated protein）あるいはUBE3Aとよばれるものである．分子質量100 kDaのこのタンパク質は子宮頸がんをひき起こす危険性の高いヒトパピローマウイルス（HPV；human papillomavirus）のE6タンパク質と相互作用する．HPVによる子宮頸がんは世界中で毎年50万人の女性を苦しめており，死亡率は50%に近い．子宮頸がんの99.7%がHPVによるものである．

ウイルスのE6タンパク質はE6-APと結合し，がん抑制タンパク質p53をポリユビキチン化してプロテアソームで分解させる．他の多くの腫瘍細胞がp53遺伝子に変異をもつのに対し（図17.7参照），子宮頸がん細胞のp53は野生型である．子宮頸がん細胞の場合はプロテアソームによる分解が激しく，p53濃度が非常に下がっていることが問題なのである．興味深いことに，危険性が低いタイプのHPVのE6は安定なE6-AP-E6複合体をつくらない．したがって，そうした危険性の低いウイルスが感染してもp53は分解されず，がんにもならないのである．

E6-AP遺伝子は精神発達の遅れ，発作，痙攣，およびその他の神経症状をひき起こすゲノム刷込みによる病気であるアンジェルマン症候群（Angelman syndrome）と関連づけられてきた．小児科医のHarry Angelmanによってこの病気が学童の間で認められたのは1964年から1965年にかけてであった．すべてのゲノム刷込みと同様，父由来あるいは母由来の対立遺伝子のどちらか一方だけが発現される．第12章を思い出してほしいのだが，この刷込みの分子レベルの原因は両対立遺伝子のメチル化の違いであった．海馬および小脳という脳の二つの特別な領域では父方のE6-AP遺伝子の転写がサイレンシングされ，母方の対立遺伝子が活発に転写されている．もし母方の対立遺伝子が染色体欠損などによって失われているか変異を起こしていたりすると子がこの病気を発症する．ウイルスが感染してない正常な細胞内でのE6-APの結合相手はわかっていないが，E6-APが標的とするタンパク質の一つあるいは複数のものが脳内でユビキチン化されないとこのような症状となるのではないかと推測されている．

触媒活性をもつHECTドメインとHPVに結合する中央部の短い領域がはっきりわかるE6-APの全体図を図1(a)に示した．図1(b)にはHECTドメインとその相手のE2であるUbcH7との複合体のX線結晶構造解析によって明らかになった三次元構造モデルを示した．

RINGという名はreally interesting new geneからきている．RINGフィンガーE3の構造を示すために乳がん感受性遺伝子（breast cancer susceptibility gene）BRCA1にコードされたタンパク質を例にとろう．BRCA1はゲノムの保守および転写制御に必要な多くの基本的細胞過程に関与するがん抑制タンパク質をコードしている．BRCA1の生化学的挙動でよく知られているものの一つがヒストンH2AおよびH2Bを含む多数のタンパク質に対してRINGフィンガー型のE3リガーゼとして働くことである．興味深いことに，BRCA1はBARD1というRINGドメインとともにPol IIホロ酵素の一部となり，転写伸長の際にポリメラーゼと一緒に移動する．DNA上の傷害を受けた部分でPol IIが立ち往生してしまうと，BRCA1-BARD1は止

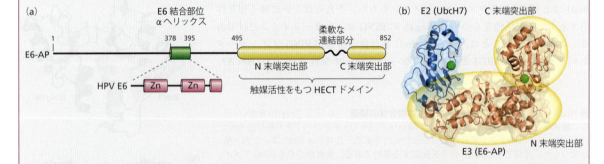

図1　HECTドメインE3リガーゼの基本形であるE6-APの構造モデル　(a) E6-APのドメイン構造の模式図．下に描いたヒトパピローマウイルス（HPV）のタンパク質E6との結合部位が示されている．[Beaudenon S & Huibregtse JM (2008) *BMC Biochem* 9 (Suppl 1):S4より改変．BioMed Centralの許可を得て掲載] (b) ピンクで示したE6-APのHECTドメインとそれと相互作用する青で示したE2酵素の複合体の結晶構造．E6-APのHECTドメインには二つの丸い突出部があり，そのつなぎ目の所に触媒作用をもつ広いくぼみがある．アンジェルマン症候群の患者はこのくぼみに変異が起きている．二つの緑の球で示したE2の活性部位にあるシステインとE3のシステイン間でユビキチンを転移させるためには両者が接近していなければならない．しかし，この構造が示すように両者はかなり離れている．したがって，ユビキチン転移の際にはかなり大きなコンホメーション変化が起こることが示唆される．ユビキチンを結合したE2はまずHECTドメインのN末端突出部と結合し，その後で二つの突出部が互いに回転するのだろう．

まってしまったRNAポリメラーゼをポリユビキチン化して分解させ、その部分の修復ができるようにする。さらに、BRCA1は修復因子をその部分に呼び込む。

BRCA1遺伝子に変異が起こると乳がんおよび卵巣がんになる。病気をひき起こすBRCA1の変異の約20％がRINGフィンガードメインのN末端から100残基以内で起きている。BRCA1はBARD1も含め多数のタンパク質と安定な複合体をつくる（図2）。

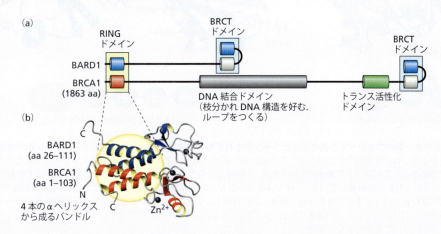

図2　BRCA1とBARD1によるヘテロ二量体の溶液中での構造　BARD1はBRCA1のRINGフィンガードメインと結合して活性化する5種類のタンパク質のうちの一つである。(a) 両タンパク質のドメイン構造を示した模式図。BRCA1はRINGフィンガードメインの他に大きなDNA結合ドメインと多数の遺伝子の転写を活性化するトランス活性化ドメインをもつ。BRCA1のC末端ドメイン（BRCT）は酵素活性をもたない他のタンパク質との接触部位として働く。興味深いことに、この複合体をつくっている両方がRINGフィンガードメインとBRCTドメインをもっている。[Baer R [2001] *Nat Struct Biol* 8:822–824 より改変。Macmillan Publishers, Ltd. の許可を得て掲載] (b) 単離した両者のRINGフィンガードメインがつくる構造。4本のヘリックスがつくるαバンドルを円で囲い、結合しているZn^{2+}の位置も示した。この構造は他の代表的なRINGフィンガータンパク質においても高度に保存されている。その重要な例の一つがヒストンH2Aのモノユビキチン化に関与するがんタンパク質Bmi1とRing1bの複合体である。この複合体の構造を図18.24に示した。[Brzovic PS, Rajagopal P, Hoyt DW et al. [2001] *Nat Struct Biol* 8:833–837 より改変。Macmillan Publishers, Ltd. の許可を得て掲載]

Box 18.6参照）などの他のRINGフィンガーE3ヘテロ二量体のものとぴったり重なるようによく似ているということである。

同じ酵素系がユビキチン化されたタンパク質にさらにユビキチンを付加して**ユビキチン鎖**（ubiquitin chain）をつくり上げる。ユビキチンC末端のGly76ともう一方のユビキチンのリシンのε-アミノ基との間でイソペプチド結合は起こる。ユビキチンには7個のリシン残基があるのでユビキチン間の結合も7通りある。同型結合によるユビキチン鎖の伸長では同じリシン残基、たとえばLys63あるいはLys48が使われる（図18.22 a 参照）。それ以外に、異なるリシン残基が伸長に関与する異型結合によるユビキチン鎖が多数ある。リシンが7個あるのでいろいろな枝分かれも可能である。こうした多様性のため、ユビキチン鎖の長さ、結合型、枝分かれのパターンは実にさまざまである。

異なる結合型を使うことにより非常に異なるユビキチン鎖構造をつくりうるが、そのなかで最も一般的な二つの同型結合を例として取上げよう。それらはLys48あるいはLys63をユビキチン鎖伸長に使ったものである。構造を調べたところ、Lys48を使ったユビキチン鎖はユビキチン同士が重なり合って密集した構造をとっていた（図18.25）。一方、Lys63を使ったユビキチン鎖は伸長しており、ポリユビキチンの新しい仲間である線状ポリユビキチンと構造が似ていた。線状ポリユビキチンとはユビキチンのC末端と他のユビキチンのN末端が通常のペプチド結合を起こしてできたものである。多数の細胞内タンパク質がもつさまざまなユビキチン結合ドメイン（UBD; ubiquitin-binding domain）によって認識されるユビキチン鎖のコンホメーションは150種以上と推定されている。UBDはユビキチンシグナル系のエフェクタータンパク質がもつモジュール要素である。UBDがどのユビキチン結合を好むかは複数の相互作用によって決まる。UBDは複数のユビキチン分子と相乗的な結合ができるか、あるいはユビキチン間の結合様式そのものを認識できるのだろう。ユビキチンと結合した状態のUBDの構造が多数解明されていて、そこから、ユビキチンは相手に応じて構造を合わせる性質をもつことが示されている。興味深いことに、UBDと結合した状態のユビキチンの構造を溶液中で遊離ユビキチンがとるさまざまな構造と比較したところ、結合状態でとる

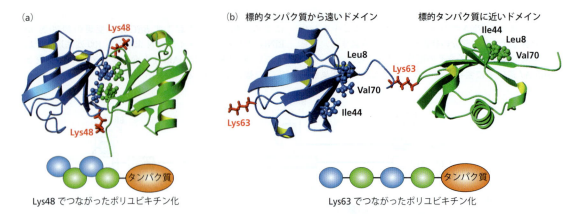

図 18.25 ユビキチン鎖のつながり方と長さがユビキチン化されたものの運命を決める この図はユビキチン鎖の構造の違いを示したもので，その違いは同じ結合だけによってつながるときに顕著になる．この構造はNMRによって明らかになったLys63，またはLys48でつながったユビキチン二量体のものである．Lys48でつながったものはユビキチンが重なり合って密集した構造をとり，Lys63でつながったものは伸展している．(a) Lys48でつながった密集構造において一方のユビキチンのLeu8, Ile44, Val70といった疎水性残基が他方のユビキチンのそれらの残基と相互作用している．(b) Lys63でつながった伸展構造にはそうした相互作用がない．標的タンパク質にそれらの四量体が結合した際の構造模式図をそれぞれの図の下に示した．[(a), (b) David Fushman, University of Maryland のご厚意による，改変]

いろいろな構造は遊離したものが全時間のなかでとることの多かったいくつかの構造と同じになったのである．

タンパク質-ユビキチン結合体の構造が修飾の果たす生物学的役割を決める

ユビキチン化によって起こる生物学的結果の複雑さはユビキチン-タンパク質複合体の構造にかなり依存している．したがって，タンパク質をユビキチンで標識するやり方は高度に統制されている．ユビキチン化に欠陥があるとどんな生物でも大きな問題が起こり，ヒトではさまざまな病気をひき起こす．Box 18.6ではヒトの病気に関わるE3リガーゼの代表的例をHECTドメインをもつものとRINGフィンガードメインをもつものから一つずつ紹介した．

ポリユビキチンはプロテアソームにより分解されるタンパク質に付けられる目印である

ユビキチン化のさまざまな役割のなかで（図18.22 c 参照）いちばんよくわかっているのがプロテアソームによるタンパク質分解である．新たに合成されたタンパク質が適切に折りたたまれることは生物活性のために絶対に必要である（第3章参照）．適切に折りたたまれなかったタンパク質はシャペロンという特別な機構によって再度折りたたまれるか，プロテアソームによって分解される．プロテアソームは何らかの理由で正常に機能しなくなったタンパク質も分解する．立ち往生したPol IIがまさにその例である（Box 18.6参照）．最後に，転写因子やサイクリンのように短時間だけ存在すればよいものを分解するために，細胞はプロテアソームによるタンパク質分解を日常的に使っている．ノーベル賞を授与されたユビキチン-プロテアソーム系の発見についてはBox 18.5で紹介した．

プロテアソームによるタンパク質分解のシグナルとなるポリユビキチン鎖は一部異なるものはあるが，通常K48を介して連結したものである．プロテアソームにより分解されるタンパク質はどのようにしてユビキチン化装置により認識され，このように特殊な修飾を受けるのだろう．Alexander Varshavskyの研究室はこの認識を行う二つの連携した経路に気付いた．一つはArg/N末端規則経路で，もう一つはユビキチン融合による分解経路である．

プロテアソームによるタンパク質分解に向かわせるのはタンパク質のN末端にあるアミノ酸残基の性質だというのが**N末端規則**（N-end rule）である．第一アミノ酸とよばれるある種のアミノ酸はRINGフィンガー E3リガーゼであるUbr1によって直接認識される．この酵素はRad6というE2と協力してLys48を使ったユビキチン鎖をつくり上げる．AspおよびGluというアミノ酸がN末端にあるときは特別な酵素反応によってアルギニン残基が付加されて初めてUbr1の標的となる（図18.26）．こうしたアミノ酸は第二アミノ酸とよばれる．もしN末端が第三アミノ酸であるAsnあるいはGlnの場合，これらの残基は脱アミノ反応によってAspあるいはGluにされてからアルギニン化される．

2番目の経路である**ユビキチン融合による分解経路**（UFD；ubiquitin-fusion degradation pathway）はごく限られたものしか使わない．この経路はN末端のユビキチンが脱ユビキチン化によって切離されなかった融合タンパク質に働くものである．N末端のユビキチンは特異的リガーゼによって分解シグナルとして認識される（図18.26 b 参照）．

(a) **Arg/N 末端規則経路**

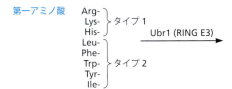

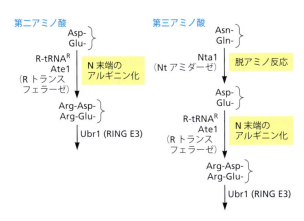

(b) **ユビキチン融合による分解（UFD）経路**

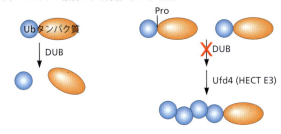

図 18.26 **酵母においてタンパク質をポリユビキチン化してプロテアソームにより分解する二つの主要な経路** (a) Arg/N 末端規則経路．タンパク質をプロテアソームによる分解に導きやすい N 末端のアミノ酸を不安定化残基とよぶ．それらのアミノ酸が RING フィンガー E3 である Ubr1 で直接認識される場合，第一アミノ酸に分類される．タイプ 1 およびタイプ 2 アミノ酸はそれぞれ塩基性および疎水性でかさ張った N 末端アミノ酸残基で，Ubr1 上の異なる基質結合部位に結合する．Ubr1 は N 末端ではなく内部分解シグナルであるデグロンを認識する部位ももっている．Ubr1 および他の E3 で特定の N-デグロンを認識するものは N-リコグニンとよばれている．N 末端が Asp, Glu, Asn, Gln であるものは Ate1（Arg-tRNA protein transferase）という特異的酵素によってアルギニン化されて初めて Ubr1 の標的となりうる．それらの残基は，Ubr1 によるポリユビキチン化を受ける前に何段階の処理が必要かによって第二あるいは第三アミノ酸とよばれる．第二アミノ酸はアルギニン化の 1 段階でよいが第三アミノ酸は脱アミノ後にアルギニン化という 2 段階の反応が必要である．［Varshavsky A [2011] *Protein Sci* 20:1298-1345 より改変．The Protein Society の許可を得て掲載］(b) ユビキチン融合による分解（UFD; Ub-fusion degradation）経路．この経路の基質は N 末端のユビキチンが *in vivo* で脱ユビキチン化（DUB; deubiquitylation）酵素によって切離されなかった融合タンパク質である．ユビキチンが切離されない理由はユビキチンとタンパク質の結合部分に Pro 残基が存在することかユビキチンの構造変化と考えられている．N 末端にユビキチンが残っていると特異的ユビキチンリガーゼによって分解シグナルとして認識される．そうした酵素とは E2 酵素 Ubc4，または Ubc5 と一緒になった HECT ドメインをもつ E3 酵素 Ufd4 である．

以上をまとめると，ユビキチン化はさまざまな細胞過程への関与が証明されている複合的，多型的な多機能修飾ということになる．ユビキチン-プロテアソーム系は細胞内タンパク質を特異的に分解する高度に統制された手段として進化を遂げてきたのである．

SUMO 化とは 1 個あるいは複数個の SUMO 分子をタンパク質に付加することである

タンパク質の可逆的翻訳後修飾としてごく最近仲間に加わったものが SUMO 化である．**小分子ユビキチン様修飾因子**（**SUMO**; small ubiquitin-like modifier）が 1995 年に発見されてから，その構造，SUMO を付加したり除去したりする酵素群，標的タンパク質群（すでに数百発見されている），そしてその役割が集中的に調べられた．

SUMO タンパク質は分子質量が約 12 kDa と小さく，全体の三次構造がユビキチンと似ている（図 18.27）．しかし，一次構造におけるユビキチンとの同一性は約 20 % とそれほどでもない．すべての SUMO タンパク質は N 末端に 10〜25 アミノ酸から成るほどけた構造をもつ．これは

独特な性質で，SUMO が鎖をつくる際に機能すると考えられているが，ほとんどの場合，標的に付加される SUMO は 1 個である．酵母，線虫，キイロショウジョウバエなどは SUMO 遺伝子を 1 個しかもたないが，植物や脊椎動物は数個もつ．ヒト SUMO タンパク質のうち SUMO1〜SUMO3 の 3 種は広範囲に発現しているが，第 4 番目のものは組織特異的である．ほとんどの生物において SUMO 化は欠くことのできない過程であり，マウスの SUMO1 を

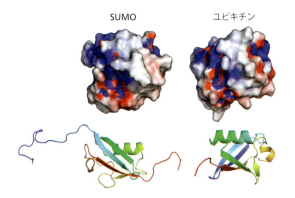

図 18.27 **SUMO とユビキチンの構造類似性** 上：全体的構造の類似性だけではなく，両者は表面電荷の分布も似ている．灰色は非極性残基，青は塩基性残基，赤は酸性残基を表す．相手となるタンパク質の多くは灰色の疎水性部分と結合する．下：同じものをリボンモデルで示した．［上：Winget JM & Mayor T [2010] *Mol Cell* 38:627-635. Elsevier の許可を得て掲載］

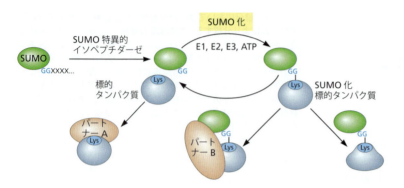

図18.28　SUMO化　SUMO化は非常に動的かつ可逆的な修飾であり，SUMO化されたタンパク質とその相手との相互作用を変えることにより効果を表わす．基本的修飾経路はユビキチン化とよく似ており，3段階の連続した酵素反応が行われ，SUMOの活性化のためにATPを使う．このように似ているにも関わらず，付加反応カスケードで使われる酵素で共通のものはない．結合反応の前にタンパク質分解によるSUMOのプロセシングが起こる．SUMOタンパク質によって異なるが，C末端から2～11個のアミノ酸が除去される．その結果，標的タンパク質のリシン残基との結合に使われるGly-Glyジペプチドが末端に現れる．標的タンパク質はSUMO化により以下の三つのうちのどれかの形式で影響を受ける．第一は標的タンパク質のうちSUMO化されてないものだけが相手となるタンパク質（パートナーA）と相互作用できる．第二はSUMO化された標的タンパク質だけが相手となるタンパク質（パートナーB）との結合部位をつくる．この場合，相手となるタンパク質はSUMOと非共有的に結合するSUMO相互作用/結合モチーフ（SIM/SBM）という特別なモチーフをもっている．第三はSUMOの結合が標的タンパク質の構造を変え，性質を変えることである．[Geiss-Friedlander R & Melchior F [2007] *Nat Rev Mol Cell Biol* 8:947–956 より改変．Macmillan Publishers, Ltd. の許可を得て掲載]

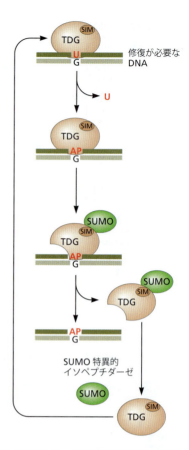

図18.29　チミンDNAグリコシラーゼの作用にSUMO化が必要であることを示すモデル　塩基除去修復におけるグリコシラーゼの役割については第22章で述べる．ここではチミンDNAグリコシラーゼ（TDG）を例として取上げ，関与する酵素回路において可逆的SUMO化/脱SUMO化がいかに必要かを示す．TDGはDNA中のG・UあるいはG・Tといったミスマッチ部分に結合し，脱ピリミジン（AP）部位をつくり出して間違った塩基を取除く．TDGはAP部位に対して強い親和性をもっており，それをDNAから引き離すにはコンホメーションを変化させなければいけないのでSUMO化が必要になる．修復のためにはこの引き離しがどうしても必要である．TDGのコンホメーション変化をへこんだ形で表したが，この変化にはTDGがもつSIMモチーフへのSUMOの非共有結合が影響を与えている．DNAから離れたTDGはすぐに脱SUMO化され，次のミスマッチ部分と結合する．[Geiss-Friedlander R & Melchior F [2007] *Nat Rev Mol Cell Biol* 8:947–956 より改変．Macmillan Publishers, Ltd. の許可を得て掲載]

破壊すると胚の段階で死んでしまう．

　SUMO化タンパク質の生成過程は驚くほどユビキチン化と似ている．その過程には3種の酵素E1，E2，E3によるカスケードが使われ，最初の結合段階ではSUMOの活性化が必要である（図18.28）．ユビキチン化とは対照的に，SUMO化ではE2酵素が1種類しか存在しない．SUMO化過程はSUMOのC末端からいくつかのアミノ酸が除去されることで始まる．その数は2～11の間でSUMOタンパク質によって異なり，その結果，結合に使われるGly-Glyジペプチドが末端に現れる．標的タンパク質側ではリシン残基が修飾される．この修飾には妙な点がある．ほとんどの標的タンパク質において，定常状態で修飾されている分子はわずか5％ほどなのである．どの標的タンパク質においてもSUMO化されているものの量が少ないにも関わらず，下流への影響は劇的である．SUMO化と脱SUMO化を高速で行うことで短い時間内に修飾を経験した標的分子数を増やしているようだ．

　今日までの研究からSUMOが働く仕組みのいくつかが示唆されている．すべてのSUMO化は修飾を受けたタンパク質と相手となるタンパク質との相互作用を変化させていた（図18.28参照）．詳しく調べられているSUMO化の例では，標的タンパク質の可逆的修飾がなぜ必要なのかがよくわかる（図18.29）．この例では修飾された分子が少ないのになぜ大きな効果が出るのかについてもよくわか

る．SUMO化された酵素がDNAから離れ，SUMOイソペプチダーゼによって脱SUMO化されるまでの時間は短い．したがって，大部分のチミンDNAグリコシラーゼ分子は修飾されていない．全体の反応の枠組みの中で定常状態で修飾されている酵素が少ないということは，修飾されてない酵素が次の補修サイクルにすぐ入れるので実は好ましいことなのである．修飾と脱修飾の目まぐるしい変化でSUMO化に転写の抑制効果があることも説明できる．こ

の場合，標的は抑制すべき遺伝子の部位に阻害複合体を呼び込むことのできる転写因子である．その複合体が呼び込まれると，SUMOは抑制複合体の安定性に影響を与えることなく除去されうる．

　SUMO化は核内でのみ起こっているのではない．他の細胞内区画においてもSUMO化に依存した過程の存在がわかっている．たとえば，ミトコンドリアの融合と分裂を適切に釣り合わせるためにSUMO化が必要である．小胞体膜においてはチロシンホスファターゼ1Bを不活性化する．この酵素は重要な受容体型チロシンキナーゼを脱リン酸して細胞増殖を負に制御する．SUMO化はカリウムチャネルの活性や細胞表面受容体の調節にも関わっている．Geiss-FriedlanderとMelchiorが述べているように，"考えうるすべての現象にSUMO化が関与している"．この反応の分子メカニズムについてはさらなる研究が必要である．

18.6　タンパク質のゲノム起源

　この章で明らかになったように，細胞内で働いているタンパク質が遺伝子によって規定されたポリペプチドとかなり異なったものになっている例が多い．このことは分子生物学のセントラルドグマが間違っていることを意味するのだろうか．決してそうではない．タンパク質が翻訳後修飾を受けるすべての場合において，修飾はアミノ酸配列の特定の部位で起こり，そこは遺伝子によって規定されているのである．さらに，それらすべての修飾反応はその部位を探して反応を促す特異的酵素により触媒されるが，そうした酵素は遺伝子によって規定されている．タンパク質の合成だけでなく，プロセシングもそのすべての情報の起源はゲノムにあるようだ．

重要な概念

- 細胞内の適切な部位へ輸送されたり，生理的機能を果たせるようになるために，多くのタンパク質は翻訳後さらにプロセシングを受ける必要がある．プロセシングには，ペプチド鎖共有結合の切断やスプライシング，あるいは残基側鎖の修飾がある．
- 多くのプロセシングと修飾が小胞体やゴルジ体内で行われる．そのためには膜を横切る輸送が必要となる．
- 生体膜はリン脂質二重層から成り，表面は親水性だが内部は疎水性である．その膜には膜表在性タンパク質と膜内在性タンパク質が組込まれている．
- 膜を横切るタンパク質輸送を膜透過といい，トランスロコンとよばれる多タンパク質複合体が使われる．細菌および真核生物において多くの異なる仕組みが使われる．翻訳時透過ではリボソームから出てきたタンパク質がそのまま透過し，翻訳後透過では細胞質のタンパク質が透過する．
- タンパク質プロセシングでは特異的プロテアーゼによるポリペプチド鎖の切断が行われる．その際，ペプチド区分の配置が変わるスプライシングも起こる．両末端の間でスプライシングが起こると環状タンパク質ができる．
- タンパク質プロセシングの大多数はアミノ酸側鎖の特異的修飾である．その反応は特異的酵素が触媒し，しばしばそれは可逆的である．
- リン酸化と脱リン酸は酵素の調節および細胞内シグナル伝達に広く使われている．ある場合には，カスケードとよばれる連続した酵素の活性化が起こる．リン酸化されるのはおもにセリンおよびトレオニン残基である．
- リシン残基のアセチル化はタンパク質同士，あるいはタンパク質と核酸の間の相互作用を変化させる際に多く使われる．
- 単糖あるいは糖鎖をセリンあるいはトレオニンに付加することをO結合型グリコシル化，アスパラギンに付加することをN結合型グリコシル化という．修飾はさまざまな機能に関与するが，血液型因子の認識もそのうちの一つである．
- ユビキチン化とは小分子タンパク質ユビキチンをタンパク質のリシン残基側鎖に付加することである．単量体，あるいは線状か枝分かれしたポリマーのユビキチンが付加される．ユビキチン化はしばしばプロテアソームによるタンパク質分解の目印として用いられる．ユビキチンによる分解シグナルの付加されやすさはタンパク質自身がもつ情報によって決まる．
- SUMO化は多くの点でユビキチン化と似ているが，その機能はより限定的である．
- すべてのタンパク質プロセシングと修飾は修飾部位やそれに関わる酵素がゲノムによって指定されるので，究極的にはゲノムによって決まると考えられている．

参考文献

成書

Pollard TD, Earnshaw WC & Lippincott-Schwartz J (2007) Cell Biology, 2nd ed. Saunders.

Walsh CT (2005) Posttranslational Modification of Proteins: Expanding Nature's Inventory. Roberts and Company Publishers.

総説

Bernassola F, Karin M, Ciechanover A & Melino G (2008) The HECT family of E3 ubiquitin ligases: Multiple players in cancer development. *Cancer Cell* 14:10–21.

Brown FC & Pfeffer SR (2010) An update on transport vesicle tethering. *Mol Membr Biol* 27:457–461.

Ciechanover A (2005) Proteolysis: From the lysosome to ubiquitin and the proteasome. *Nat Rev Mol Cell Biol* 6:79–87.

Craik DJ (2006) Seamless proteins tie up their loose ends. *Science* 311:1563–1564.

Cross BCS, Sinning I, Luirink J & High S (2009) Delivering proteins for export from the cytosol. *Nat Rev Mol Cell Biol* 10:255–264.

Deshaies RJ & Joazeiro CAP (2009) RING domain E3 ubiquitin ligases. *Annu Rev Biochem* 78:399–434.

Dikic I, Wakatsuki S & Walters KJ (2009) Ubiquitin-binding domains: From structures to functions. *Nat Rev Mol Cell Biol* 10:659–671.

Fischer EH (2010) Phosphorylase and the origin of reversible protein phosphorylation. *Biol Chem* 391:131–137.

Geiss-Friedlander R & Melchior F (2007) Concepts in sumoylation: A decade on. *Nat Rev Mol Cell Biol* 8:947–956.

Grudnik P, Bange G & Sinning I (2009) Protein targeting by the signal recognition particle. *Biol Chem* 390:775–782.

Hunter T (2007) The age of crosstalk: Phosphorylation, ubiquitination, and beyond. *Mol Cell* 28:730–738.

Rapoport TA (2007) Protein translocation across the eukaryotic endoplasmic reticulum and bacterial plasma membranes. *Nature* 450:663–669.

Rothman JE (2010) The future of Golgi research. *Mol Biol Cell* 21:3776–3780.

Sudhof TC & Rothman JE (2009) Membrane fusion: Grappling with SNARE and SM proteins. *Science* 323:474–477.

Varshavsky A (2011) The N-end rule pathway and regulation by proteolysis. *Protein Sci* 20:1298–1345.

Wickner W (2010) Membrane fusion: Five lipids, four SNAREs, three chaperones, two nucleotides, and a Rab, all dancing in a ring on yeast vacuoles. *Annu Rev Cell Dev Biol* 26:115–136.

Winget JM & Mayor T (2010) The diversity of ubiquitin recognition: Hot spots and varied specificity. *Mol Cell* 38:627–635.

実験に関する論文

Becker T, Bhushan S, Jarasch A et al. (2009) Structure of monomeric yeast and mammalian Sec61 complexes interacting with the translating ribosome. *Science* 326:1369–1373.

Choudhary C, Kumar C, Gnad F et al. (2009) Lysine acetylation targets protein complexes and co-regulates major cellular functions. *Science* 325:834–840.

Fiedler D, Braberg H, Mehta M et al. (2009) Functional organization of the *S. cerevisiae* phosphorylation network. *Cell* 136:952–963.

Focia PJ, Shepotinovskaya IV, Seidler JA & Freymann DM (2004) Heterodimeric GTPase core of the SRP targeting complex. *Science* 303:373–377.

Halic M, Becker T, Pool MR et al. (2004) Structure of the signal recognition particle interacting with the elongation-arrested ribosome. *Nature* 427:808–814.

Kerr JFR, Wyllie AH & Currie AR (1972) Apoptosis: A basic biological phenomenon with wide-ranging implications in tissue kinetics. *Br J Cancer* 26:239–257.

Lomize MA, Lomize AL, Pogozheva ID & Mosberg HI (2006) OPM: Orientations of proteins in membranes database. *Bioinformatics* 22:623–625.

Olsen JV, Blagoev B, Gnad F et al. (2006) Global, *in vivo*, and sitespecific phosphorylation dynamics in signaling networks. *Cell* 127:635–648.

Warren EH, Vigneron NJ, Gavin MA et al. (2006) An antigen produced by splicing of noncontiguous peptides in the reverse order. *Science* 313:1444–1447.

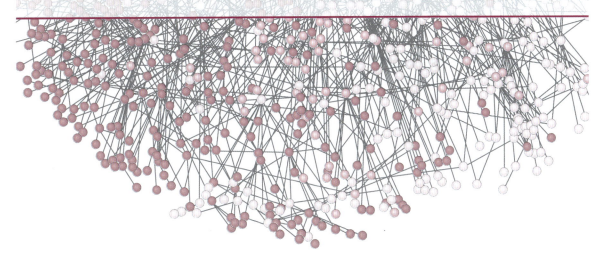

19 細菌のDNA複製

19.1 はじめに

　この本を通して，細胞や生物個体が生きていくために必須な特異的RNAおよびタンパク質分子がDNAのもつ情報をもとにどのように合成されているかが述べられている．生物個体の生殖過程では遺伝情報が子孫に正確に継承されなければならない．生物個体内では分裂する細胞は自分のDNAを正確に複製しなければならず，それにより二つの娘細胞は母細胞と同一の遺伝情報を正確に受継ぐ．生物個体やウイルスはそのような正確な遺伝情報の継承のために複雑かつ高度に制御された複製装置を進化させてきた．残りの章では，DNAが複製され，ときに再編成され，高頻度に修復される仕組みについての問題を取上げる．この章では細菌細胞およびウイルスにおけるDNA複製の仕組みを述べ，次の第20章では体細胞分裂と減数分裂の両方における真核生物の複製に関するより複雑な過程に焦点を当てる．

19.2 すべての生物に共通なDNA複製の特徴

両鎖の複製は複製フォークをつくる

　第4章で学んだように，1953年にWatsonとCrickにより提唱されたDNA構造の二重らせんモデルはDNA複製の様式として**半保存的複製**（semiconservative replication）が可能であることを意味していた．メセルソン・スタールの実験によりDNAの複製が実際そのような様式で起きていることが示された（Box 19.1）．このとき，もとになるDNA二重らせんの両鎖が複製するのでらせんはほどかれ，二つの鎖は別々にコピーされる．したがって，複製は**複製フォーク**（replication fork）とよばれるY字の形をした構造で進行する（図19.1 a）．フォークは生じた二つの娘らせん（これがY字の二つの腕となる）を背後に残しながら親DNAらせん上を徐々に進行する．

　この反応は化学的にはヌクレオシドーリン酸のリボースの遊離3′-OH基に毎回新たなヌクレオシドーリン酸が付加される反応である（図19.1 b）．このため，それぞれの鎖の複製は常に5′→3′の方向となる．この点と二重らせんの二つの鎖が逆平行の方向性をもつ点が複製に関する深刻な問題を生じさせる．すなわち，DNAの親鎖のうち連続的なDNA合成が可能なのは片方の鎖のみであり，もう一方の鎖は不連続な機構によって複製されなければならない（図19.2）．

機構的に，新しいDNA鎖の合成には鋳型，ポリメラーゼ，プライマーが必要である

　DNA合成には基本的に以下の三つの因子が必要となる．(1) 鋳型鎖：相補鎖を合成するために必要なヌクレオチド配列情報を提供する．(2) **ポリメラーゼ**（polymerase）：新しい鎖をつくる際，残基の付加反応を触媒する．(3) **プライマー**（primer）：DNAポリメラーゼの反応が開始されるために必要な遊離3′-OH基のもととなる．DNAポリメラーゼがそれ自身で新しい鎖の合成開始ができないことが原因で，DNA合成には**プライミング**（priming）が必要となる．すなわち，DNAポリメラーゼは次のデオキシリボヌクレオシド三リン酸を付加することができる3′-OH基をもつDNAもしくはRNAが存在する場合にのみ鎖を伸長することができる（図19.1 b参照）．これとは対照的に，転写の場合，RNAポリメラーゼは転写開始点において鋳型の相補的な塩基にヌクレオシド三リン酸を合わせるだけで新たな鎖の合成を開始することができる．加えて，転写

は一方の鎖のみをコピーするため合成は連続的である．

複製を開始するのに必要な遊離 3′-OH 基は通常は RNA プライマーにより提供される．プライマーは DNA 依存性 RNA ポリメラーゼである**プライマーゼ**（primase）により合成される．細菌ではプライマーゼは *dnaG* 遺伝子によってコードされている．真核生物のプライマーは RNA とそれに続く DNA から成る二つの部分に分かれたオリゴヌクレオチドである（第 20 章参照）．ときにはプライミングタ

Box 19.1　メセルソン・スタールの実験

科学ではときに，立案や解釈の明晰さにおいて見事な実験が古典的傑作となる場合がある．1958 年の Matthew Meselson と Franklin Stahl による DNA の複製様式を確立した実験がその例である．DNA が複製する様式の一つとして考えられたのは半保存的複製（図 1）であり，その理由は産物が二つの二本鎖 DNA 分子であり，その産物それぞれが親 DNA 鎖と新しく合成された DNA から成る鎖を含むからである．この様式は DNA をコピーする方法として理にかなっているようではあるが，これが唯一の方法ではなく，1958 年当時，少なくとも他の二つの様式も考えられていた．まず，親 DNA 鎖の全体が何らかの方法で新しい二本鎖（全体が新しい DNA から成る）にコピーされるという保存的様式が考えられる．もう一つは DNA がパッチワーク状にコピーされ，生じる四つの DNA 鎖がすべて新旧 DNA の混ざり合ったものになるという分散的複製によるというものである．

どのように DNA が複製されるかという問題を解くため，Meselson と Stahl は Jerome Vinograd と共同研究者により開発された超遠心技術を上手に使用した．この方法では，超遠心管中で密度勾配を形成する塩溶液中で DNA を遠心分離する．塩化セシウムのような塩の濃い溶液を使用すると，局所的な塩密度が DNA の密度と正確に一致する所が溶液内に生じる．DNA はその場所に移動し，そこにバンドをつくる．DNA の局在は紫外線の吸収により調べることができる．この方法は同位体組成が違う DNA のような，ごくわずかに密度の違う DNA 分子を分離することができる．

Meselson と Stahl は重い同位体 ^{15}N のみを含む窒素源で大腸菌を培養した．培養後の大腸菌から得られた DNA は密度勾配中で決まった位置に正確にバンドを形成し，一方通常の同位体 ^{14}N で培養した大腸菌は別の位置にバンドをつくった（図 2）．次に，研究者たちは大腸菌を ^{15}N で 14 世代培養した後，^{14}N で 1, 2, 3, 4 世代培養した．結果は以下のようになった．1 世代後はすべての DNA が中間の密度でバンドをつくった．2 世代後は，半分の DNA が中間の密度を示し，残りの半分は軽い所にバンドを形成した．密度勾配中の DNA 分布の世代ごとの変化を図 2 に示す．この結果は半保存的複製と矛盾がなく，最初の世代で重軽二つのバンドが生じることを予想する保存的複製とは一致しない．

最後に，DNA 鎖が分離される高 pH で遠心実験をやり直すことで，分散的複製の可能性は除外された．その実験では，すべての世代で ^{15}N と ^{14}N に相当する二つのバンドのみが検出された．つまり，鎖は全体がコピーされていた．科学がこのようなはっきりとした答えを出せるのはまれなことである．

図 1　可能性があると考えられた DNA 複製の三つの様式

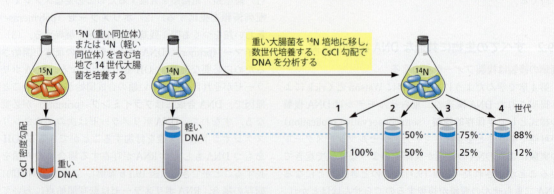

図 2　メセルソン・スタールの実験　実験は実際には分析用超遠心機を使って行われたが，原理はここで図式化した通りである．[Mariana Ruiz Villarreal, Wikimedia のご厚意による]

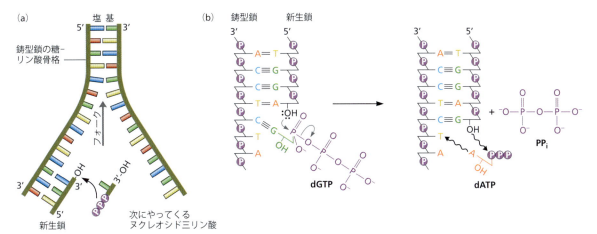

図 19.1　DNA 複製　(a) 複製フォークにある DNA ポリメラーゼはポリメラーゼ反応の基質としてデオキシヌクレオシド三リン酸（dNTP）を用いる．新生 DNA 鎖に付加されるべきヌクレオチドは DNA 構造を決める塩基対規則に従って選ばれる．二重らせん中の2本の鎖が逆平行の方向性をもつこと，および遊離 OH 基が必要であることによって親鎖のうちの一方のみで連続した合成が行われる．もう一方の鎖は不連続機構によって合成される．(b) DNA 合成反応の化学．新しいヌクレオシド一リン酸が先行するヌクレオシド一リン酸のリボースの遊離 3′-OH 基に付加される．ホスホジエステル結合が新生 DNA 鎖の 3′-OH 基が dNTP の α-リン酸基に求核攻撃することにより形成される．この反応の逆行を防ぐために豊富に存在する酵素であるピロホスファターゼ活性により遊離した二リン酸が速やかに無機リン酸に変換される．[Mathews CK, van Holde KE & Ahern KG [1999] Biochemistry, 3rd ed. より改変．Pearson Prentice Hall の許可を得て掲載]

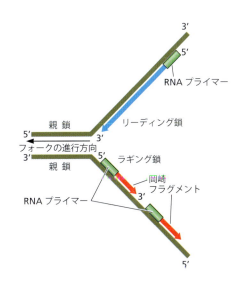

図 19.2　複製フォークと DNA 合成の開始　遊離 3′-OH 基への新たなヌクレオチドの付加と二重らせんの二つの鎖の逆平行の方向性により青で示す連続的合成は親鎖の一方の上でしか起こらない．連続的に合成される鎖はリーディング鎖として知られ，その合成は複製フォークと同じ方向に進行する．もう一方の鎖，ラギング鎖は不連続機構によって逆方向に合成される．すなわち，短い岡崎フラグメントがまず合成され，次にそれらがつなげられて連続したポリヌクレオチド鎖となる．リーディング鎖合成に必要なプライマーは一つであり，これは複製開始の際に合成される．ラギング鎖合成には複数のプライマーが必要であり，それぞれがフォークで新しい岡崎フラグメントの合成が開始される際につくられる．細菌の RNA プライマーは 10 nt ほどの長さであり，DNA 依存性 RNA ポリメラーゼであるプライマーゼによりフォークで合成される．

ンパク質が使用されることもある．**ニック**（nick），すなわち DNA 鎖の一方におけるホスホジエステル結合の切れ目が鎖に新たな複製単位を付加する開始点として使われることもある．また，複製装置が同じ方向性の RNA ポリメラーゼと衝突したような場合に，新生 mRNA 分子がプライミング機能を果たすこともある．

DNA 複製には二つの DNA ポリメラーゼの同時作用が必要である

すべての生物で，どんなときでも複製フォークでは二つの DNA ポリメラーゼ複合体が働いている（図 19.2 参照）．その一方は連続的に複製フォークの進行方向の向きに移動し，リーディング鎖鋳型の相補的コピーである**リーディング鎖**（leading strand）を合成する．リーディング鎖は転写の際に形成される RNA と同等である．

もう一方のポリメラーゼはラギング鎖 DNA 鋳型を使用し，短い**岡崎フラグメント**（Okazaki fragment）の繰返しとして**ラギング鎖**（lagging strand）を合成する（岡崎の発見に関するより詳細な説明は Box 19.2 参照）．両ポリメラーゼがすべてのポリメラーゼと同様に，5′→3′の方向に進行していることに注目してほしい．岡崎フラグメントの開始には複数のプライマーが必要となる（図 19.2 参照）．生じた複数のフラグメントは後で連結され，成熟化し，連続したラギング鎖となる．成熟ではプライマーが除去されることが必要である．細菌ではプライマー RNA を除去し，その場所に DNA を挿入する DNA ポリメラーゼ I（Pol I）がこの働きを担う．その後，それぞれの断片は

Box 19.2 岡崎フラグメントとDNA複製

メセルソン・スタールの実験は大腸菌のDNA複製が半保存的であること,すなわち各鎖が新しい娘鎖の合成の鋳型となることを決定的に示した.しかし,そのことは一つの謎を生み出した.一方の鎖,リーディング鎖が$5'→3'$方向に進むポリメラーゼにより連続的にコピーされることに関してははっきりしているが,もう一方の鎖,ラギング鎖についてはどうなのだろうか.ラギング鎖が並行して連続的に複製されるためにはポリメラーゼは$3'→5'$方向に進まなくてはならない.10年経ってもどんな生物種からも$3'→5'$に複製するDNAポリメラーゼは見つけられなかった.

若手分子生物学者,岡崎令治がその答えを見つけ出した.岡崎は1960年代初頭,Arthur Kornberg研究室においてRNAポリメラーゼを研究していた.日本の自分の研究室に戻り,早くも1966年,岡崎はDNAが小さな断片の状態で不連続的に複製されることがあることを示唆する実験に着手した.1968年までに岡崎,彼の妻恒子と共同研究者によりラギング鎖合成がDNA鎖の小さな部分の反復的開始と連結によって不連続的に起きることを多くの科学者に納得させる論文がアメリカ科学アカデミー紀要に発表された.1968年の夏に開かれたコールド・スプリング・ハーバー会議では1セクション全部がDNA複製の中間体に割かれた.このセクションでは岡崎による見事な発表を始めとして,岡崎仮説を支持するいくつかの発表があった.

岡崎グループによってなされた決定的実験を図1に示す.この実験系はT4ファージに感染した大腸菌を使用し,ここでは大腸菌の複製は止められ,ファージの複製が作動している.そのような細胞をさまざまな期間[³H]チミジンでパルス標識し,その後DNAを抽出し,DNAが一本鎖に解離するアルカリ条件下でショ糖密度勾配沈降法により解析する.短い標識時間ではほとんどすべての放射能が短いDNA断片に取込まれていた.仮説に一致して,標識時間を長くするにつれてより長い断片の蓄積がみられた(図1a参照).連結過程を直接示すため,T4リガーゼが温度感受性であるT4変異体を用いて実験が繰返された(図1b参照).その結果,長期間標識した後であってもDNAの多くは短い断片のままであった.大腸菌や他の細菌のDNA合成においても同じ原則が適用されることが示された.その後の実験ですべてのDNA合成が$5'→3'$方向であるという考え方が強く支持された.

このように,分子生物学者を10年間惑わせた問題は岡崎グループによりとても短い期間に解決された.

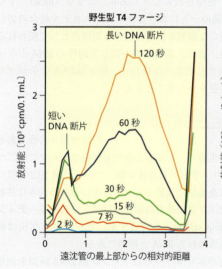
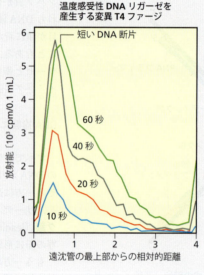

図1 DNAの不連続合成を示したパルスチェイス実験の結果 [Weaver RF [2008] Molecular Biology, 4th ed. より改変. McGraw-Hill の許可を得て掲載]

DNAリガーゼによって連結される.それぞれの鋳型鎖を合成している二つのポリメラーゼは鋳型鎖から外れないように補助タンパク質によってつなぎ止められている.

他のタンパク質因子が複製フォークでの工程に必須である

親DNA二本鎖に沿って複製フォークを進行させる分子装置はDNAポリメラーゼ複合体に加えていくつかのタンパク質から成る.それぞれのタンパク質は特別な機能をもっている.

通常,らせんの内側に隠されている塩基を露出させてポリメラーゼが配列をコピーできるようにするためにはDNAらせんをほどくことが必要である.DNAらせんはATP加水分解のエネルギーを使い,鋳型鎖に沿って一方向に素早く移動して親らせんを解離させる酵素である**DNAヘリカーゼ**(DNA helicase)の働きによりほどかれる.細菌では,DnaBヘリカーゼがラギング鎖鋳型上を$5'→3'$方向に移動する.このヘリカーゼが受動的,能動的,いずれの機構で働くのかは正確には明らかになっていない.受動

的機構ではこのヘリカーゼは二重らせんの自発的な揺らぎの一瞬を使ってDNAの一本鎖上を移動していく．このモデルでは自発的に融解する領域にまでヘリカーゼが移動することでその領域が一本鎖のコンホメーションに固定され，これによりらせんは効率的にほどかれる．能動的モデルでは，ヘリカーゼは二重らせんをエネルギーを使って能動的にほどいていく．このエネルギーはヘリカーゼが移動するために必要なエネルギーとは別である．移動は一方向性で，エネルギー源が何らかの形で関わることが必要と思われる．

複製に重要なもう一つのタンパク質はDNAトポイソメラーゼである．この酵素はDNAヘリカーゼが移動する前方に蓄積する正の超らせんストレスを解消する．二重らせんを1周分ほどくことで，その代償として正の超らせんが一つ生じるという第4章の記述を思い出してほしい．複製フォークは1秒当たり約1000 ntという非常に速い速度で動く．トポイソメラーゼ活性なしでは，正の超らせんレベルは二重らせんをさらにほどいて複製フォークが進むことを阻害する水準にまですぐに達してしまうだろう．

最後に，一本鎖DNA結合タンパク質（SSB）が一時的に一本鎖領域となるラギング鎖鋳型を覆い，分解されることを防いでいる．加えて，SSBの結合はその領域が望ましくない二次構造を形成することを防ぐ．さらに，この結合は複製用に塩基を露出した開放型コンホメーションにDNAを保つ働きがある．

DNAポリメラーゼはDNAの長い領域を複製する間，複製フォークに結合し続ける．したがって，この酵素は高プロセッシブ酵素として働く．このプロセッシビティは必要な酵素が少数で済むことを表わし，速い複製速度を可能とする．プロセッシビティはDNAを取囲む輪を形成する**スライディングクランプ**（sliding clamp）サブユニットによっている．この点についてはこれ以降および第20章でさらに詳しく述べる．スライディングクランプは進化的に保存されており，タンパク質のコンホメーションがタンパク質の配列よりも進化的に保存される場合があるという顕著な例となっている．この例では三つの異なるタンパク質によって同じ形状のDNAクランプがつくり出されている．

複製が伸長する間のこれらのタンパク質間の相互作用はきわめて複雑であるだけでなく動的でもある．したがって，二本鎖DNA分子の迅速かつ忠実な複製のための必要最低条件を解明する過程では，細菌や真核生物における複製の主要な特徴を要約したより単純な複製システムが有用であった．これまで最も広く使われてきたモデルシステムはファージ由来のものである．T7ファージシステムはおそらく最も単純な利用可能な系である．この系ではDNA複製に必要なタンパク質は4種のみであり，そのうち三つはウイルスによりコードされ，一つは宿主因子である．

T4ファージシステムからはスライディングクランプとクランプを積込むローダー（クランプローダー）に関する重要な知見が得られている．しかし，ある種のウイルスの複製が他の生物の複製とはまったく別の機構で進行することに留意することも重要である．

19.3　細菌細胞内での複製

細菌の染色体複製は二方向性で，単一の複製起点から始まる

多くの細菌では染色体は1個の環状DNA分子であり，染色体上に単一の**複製起点**（replication origin, 複製開始点）をもつ．この特定の配列から開始される複製は二方向性である．すなわち，二つの複製フォークが形成され，互いに反対方向に進行する（図19.3）．それぞれのフォークで機

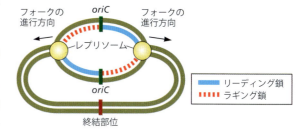

図19.3　細菌染色体の二方向性DNA複製　大腸菌の環状染色体の概略と複製過程を示す．複製は特異的配列 oriC で始まり，二つの複製フォークは反対方向に移動する．球はフォークに存在し複製するために必要な酵素活性を含むタンパク質複合体のレプリソームを示す．複製中の構造とギリシャ文字 θ の類似性から，この複製過程は θ 型複製とよばれている．

能するタンパク質複合体は**レプリソーム**（replisome）とよばれる．DNA複製の二方向性は図19.4に示されるような細胞学的実験によって説得力をもって示されている．新生DNA鎖の放射能標識とその後のオートラジオグラフィーに関する洗練された実験手法によってこのプロセスの全体像が明瞭に理解された．同様の実験手法は速い速度で分裂している細菌中でよく観察される複製の再開始を可視化することにも使用された．再開始とは最初の複製が完了する以前に次の複製が始まる現象である．このとき，二つの娘細胞はすでに部分的に複製している染色体を受継ぎ，次回の細胞分裂速度を加速している．

すべての複製プロセスと同様に，さまざまな生化学的活性がこの過程に関与する．まずは，最も重要な分子について考える．最初に，開始ではなく伸長プロセスに関して説明する．これは伸長可能なレプリソームの集積という観点からみると開始がよく理解できると考えられるからである．

DNAポリメラーゼIIIが細菌の複製反応を触媒する

マルチサブユニット複合体であるDNAポリメラーゼIII（PolIII）が大腸菌および他の細菌における主要な複製酵素である（図19.5，表19.1）．その触媒コアは三つのサブユニットから構成されている．(1) αサブユニットはポリメラーゼ活性をもつ（図19.6）．(2) εサブユニットは3′→5′エキソヌクレアーゼであり，複製と共役した校正を行う．(3) θサブユニットはεと結合しεの活性を促進する．大腸菌のレプリソームは対になったPolIIIコア酵素を

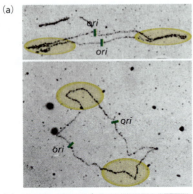

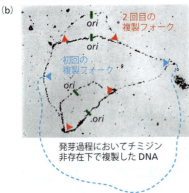

図19.4 枯草菌（*Bacillus subtilis*）における二方向性複製と再開始 (a) 枯草菌の芽胞を放射性物質［メチル ^{3}H］チミンが少量存在する条件下で発芽させ，新しく形成されたDNA複製領域にできる膨らみ（複製の目，あるいは複製バブル）を弱く標識した．標識部位は反対方向に移動する二つの複製フォークの間のDNA部分に該当する．次に，細胞を高い放射能をもつ物質でパルス標識し，このパルス中に複製されたDNA部分を強く標識した．黄の楕円で示した二つの複製フォークが強く標識された部分になっていることに注目してほしい．このことは複製フォークが高放能標識中も活性をもっていたことを示している．別の言い方をすれば複製は二方向性である．[Gyurasits EB & Wake RG [1973] *J Mol Biol* 73:55–63. Elsevierの許可を得て掲載] (b) 環状染色体の複製された部分のみを可視化するため，枯草菌の thy$^-$ trp$^-$ 株の芽胞をチミン非存在下で150分間発芽させ，その後［メチル ^{3}H］チミンを含む培地で30分間成育させた．この条件では三つの複製の目が見られる．大きな目は標識培地に移した後の初回の複製の間に取込まれた標識に由来し，一方小さな二つの目はすでに部分的に複製した染色体上での複製の再開始を示している．[Wake RG [1972] *J Mol Biol* 68:501–509. Elsevierの許可を得て掲載]

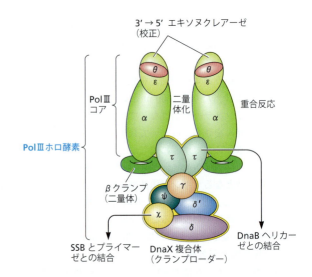

図19.5 非対称的なDNA PolIIIホロ酵素複合体の組成 900 kDaのホロ酵素は，(1) ポリメラーゼ活性をもつαサブユニット，3′→5′の校正エキソヌクレアーゼ活性をもつεサブユニット，エキソヌクレアーゼを活性化するθサブユニットから成る2コピーの触媒コア，(2) それぞれがβサブユニットのホモ二量体2コピーのクランプ，(3) レプリソームの集合とラギング鎖合成ポリメラーゼの結合解離周期を補助する1コピーの5サブユニット性DnaX複合体クランプローダーをもつ．図では，各サブユニット間の正確な相互作用や実際の形や大きさは反映されていない．χサブユニットはクランプの積込みに必須ではなく，クランプローダーをSSBやプライマーゼとつないでいる．ψサブユニットもクランプの積込みに必須ではなく，χの連結因子として機能し，クランプローダーを安定化する．[Mathews CK, van Holde KE, Appling DR & Anthony-Cahill SJ [2012] Biochemistry, 4th ed. より改変. Pearson Prentice Hallの許可を得て掲載]

表19.1 大腸菌の二つの複製DNAポリメラーゼの性質

ポリメラーゼ	遺伝子	分子質量 [kDa]	ファミリー[†]	細胞当たりの分子数	最高速度 [nt/s]	プロセッシビティ [nt]	生化学的活性	生物学的機能
PolI	polA	103	A	400	16〜20	100〜200	ポリメラーゼ，3′→5′エキソヌクレアーゼ，5′→3′エキソヌクレアーゼ	プライマーの分解を伴う岡崎フラグメントの成熟化
PolIII	polC	130	C	10	250〜1000	500 000	ポリメラーゼ，3′→5′エキソヌクレアーゼ	複製鎖伸長

[†] すべてのDNAポリメラーゼは一次構造の類似性に基づきいくつかのタンパク質ファミリーに分類されている．

19.3 細菌細胞内での複製

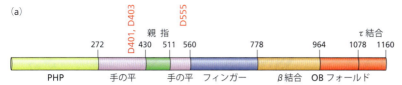

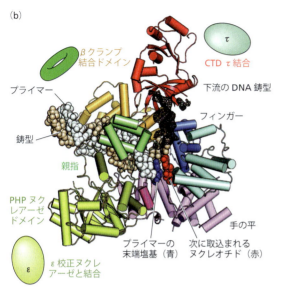

図19.6 複製中のThermus aquaticus Pol III αの三者複合体の4.6Å分解能での構造 三者複合体はPol III α，鋳型DNA鎖，RNAプライマーから成る．(a) Pol III αの分子構成．数字は大腸菌酵素のドメインの境界を示す．ドメインは以下のように色分けされている．PHPヌクレアーゼ：黄緑，手の平：ピンク，親指：緑，フィンガー：青，β結合ドメイン：オレンジ色．C末端ドメイン（CTD）：赤．活性部位の3箇所の酸性残基は赤で示されている．(b) 標準的な右手の平，フィンガー，親指ドメインをもつPol III αの模式図．ドメインは(a)と同様に色付けされ，名前が付けられている．DNA鋳型鎖の下流は黒の網目で示されている．3′-プライマーの末端塩基は青い球で表現され，取込まれるヌクレオチドは赤の球で示されている．β結合ドメインはDNA-RNAらせんとβクランプに結合する．C末端にあるOBフォールドドメインは一本鎖DNA鋳型との結合に寄与し，最もC末端のドメインはτと結合する．PHPドメインはMg^{2+}依存性のε校正ヌクレアーゼとの結合部位となる．ある種の細菌ではこのドメインは第二のZn^{2+}依存性校正ヌクレアーゼを含み，この活性はたとえば3′-リン酸基を末端にもつヌクレオチドなど，多様な基質に対して機能する．これら二つの相補的エキソヌクレアーゼは協調して働くことができるだろう．[Wing RA, Bailey S & Steitz TA [2008] J Mol Biol 382: 859–869．Elsevierの許可を得て掲載]

使ってリーディング鎖，ラギング鎖を同時にコピーする．

スライディングクランプβはプロセッシビティに必須である

βクランプ（β clamp）の構造を**図19.7**に示す．プロセッシビティ因子であるスライディングクランプβは高度に保存された構造をとっている．すなわち，この因子は一般的に環状構造をとることで，DNA Pol IIIコアにプロセッシビティを付与している．大腸菌のような細菌では三つのドメインから成るタンパク質の二量体だが，ファージや真核生物では二つのドメインから成るタンパク質の三量体である（**図19.8 a**）．スライディングクランプは新たに形成された二本鎖（新規に合成されたDNA鎖とその一本鎖鋳型から成る）を取囲み，付随するポリメラーゼとともに鋳型鎖に沿って移動することによって働く（**図19.6**参照）．ポリメラーゼ，スライディングクランプ，一本鎖DNA鋳型，鋳型と新生DNA鎖がつくる二重らせんから構成される四者複合体はクランプがポリメラーゼのプロセッシビティをどのように保証するかを明確に示している（**図19.8 b**）．

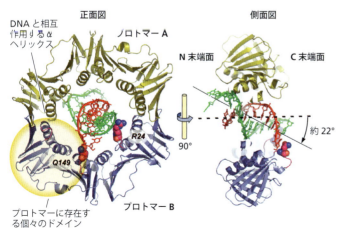

図19.7 スライディングクランプβの構造 示した構造はプライマーと結合したDNAと複合体を形成した大腸菌の因子のものである．クランプは同一のプロトマーAとB二つを含む環状構造の二量体であり，それぞれのプロトマーは三つの別々の球状ドメインをもち，一緒になって6ドメインの環状構造を形成する．プロトマーは頭尾方向に並べられ，その結果クランプの二つの面の表面に構造的な違いが生じる．C末端側の面からはC末端が突出しており，この面は多くのβクランプと他のタンパク質との相互作用に関わる．クランプローダーとポリメラーゼはβリングのC末端面への結合に関して競合する．DNAは中央の通路の中で鋭角に傾けられており，この傾きがDNAとC末端面のR24とQ149との接触を可能にしている．[Georgescu RE, Kim S-S, Yurieva O et al. [2008] Cell 132: 43-54．Elsevierの許可を得て掲載]

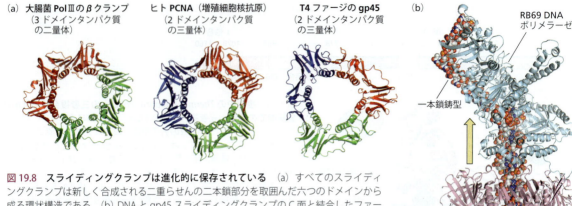

図 19.8　スライディングクランプは進化的に保存されている　(a) すべてのスライディングクランプは新しく合成される二重らせんの二本鎖部分を取囲んだ六つのドメインから成る環状構造である．(b) DNA と gp45 スライディングクランプの C 面と結合したファージ RB69 DNA ポリメラーゼ（薄青）のモデル．新生 DNA 鎖の 3′末端に活性中心が位置し，鋳型鎖の一本鎖領域が左方向に伸びている．ポリメラーゼと結合しているスライディングクランプの移動方向を矢印で示している．

クランプローダーはレプリソームを組織化する

単一フォーク中の逆方向の二つの鎖の複製を協調させるためにこれらの要素は構造的にどのように組織化されているのだろうか．鍵となるまとめ役は**クランプローダー**（clamp loader）であり，細菌では DnaX 複合体として知られている．クランプローダーは 5 サブユニット構造をとり，プライマーと鋳型の接合点でクランプを DNA 上に積込む機能を果たす．かなり長い間，どのサブユニットがどんな化学量論比で結合してローダーを形成しているかについて正確にわかっていなかった．詳細について図 19.9 に示した．おもしろいことに，5 サブユニットのうちの二つが同じ遺伝子，dnaX によってコードされていることが発見された．そのうち，τ サブユニットは全長の遺伝子産物であり，一方 γ サブユニットは C 末端ドメインの二つを欠いた短縮型である．τ サブユニットのエキストラドメインⅣ，Ⅴにより，このサブユニットはヘリカーゼと PolⅢ コアのポリメラーゼ活性をつかさどる α サブユニットの両者に同時に結合できるようになる．このタンパク質相互

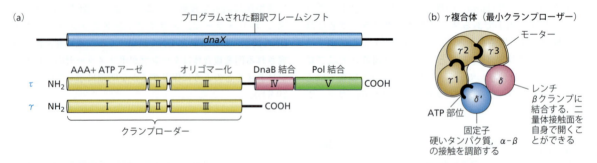

図 19.9　大腸菌のクランプローダー　(a) いずれも dnaX 遺伝子にコードされている τ および γ サブユニットのドメイン構造．τ は全長 71 kDa のタンパク質．一方 γ は終止コドンを生成するプログラムされた翻訳フレームシフトにより生じる後半が欠けた 47 kDa の産物である．この二つのポリペプチド鎖は最初の三つのクランプローダードメインを共有する．このドメインはクランプローダー機能に必要な活性の ATP アーゼである．τ がもつドメインⅣと Ⅴ はヘリカーゼ DnaB および PolⅢコアの α ポリメラーゼサブユニットと結合する．このため，τ だけがヘリカーゼとコアポリメラーゼと結合する能力をもち，レプリソームの中心的まとめ役として働くことができる．(b) 大腸菌の最小クランプローダー，γ 複合体の一般化した構造．かつて，クランプローダー複合体は三つの γ サブユニットだけを含むと信じられ，そのため γ 複合体という名前をもつ．実際にはここで示した組換えサブユニットから再構成された最小の $\gamma_3\delta\delta'$ 複合体がクランプを適切な DNA 構造上に積込む能力をもつ．現在クランプローダーについて言及する際には，より一般的な名として DnaX 複合体が使用されている．なぜならリーディング鎖，ラギング鎖合成のためには 2 分子の PolⅢコアを結合するので，少なくとも二つの τ サブユニットがローダーに含まれることが予想されているからである．δ と δ′ も ドメインⅣと Ⅴ をもつ．DnaX 複合体における各サブユニットの役割は以下のとおりである．三つの τ/δ サブユニットが ATP を結合後に加水分解し，この複合体のモーターとなる．δ サブユニットは二量体の接触面で β クランプをこじ開けるレンチである．δ′ サブユニットはその硬さから固定子となり，遊離タンパク質と複合体が同じ向きになるように働く．[Pomerantz RT O'Donnell M [2007] Trends Microbiol 15:156-164 より改変．Elsevier の許可を得て掲載]

19.3 細菌細胞内での複製

作用は，対をなすポリメラーゼ複合体の複製フォークにおける機能的形成に絶対的に必要である．この分野の研究者は，大腸菌のクランプローダーがサブユニットτ, γ, δ, δ′から構成され，その化学量論比が$\tau_2\gamma\delta\delta'$であることをついには合意した．この組成は二つのτサブユニットがリーディング鎖およびラギング鎖鋳型の両者の上を同時に動く1対のPol IIIコアポリメラーゼを保持する必要があることを考えると理にかなっているように思える．ただ，この組成と化学量論比は *in vitro* の実験から示されたものであり，*in vivo* での状況は依然として不明である点には注意すべきである．

クランプローダーがエネルギーを消費しながらどうやってβクランプをDNAに積込むかに関する現時点までの知見を**図 19.10**に示し，またその構造的詳細を**Box 19.3**に示した．ローダーとポリメラーゼがクランプの同じ面に対して競合的であることに注目してほしい．ポリメラーゼがβクランプに結合するためには，クランプローダーはクランプから離れる必要がある．このため，クランプローダーは複製フォークにおいて二つの必須機能を発揮する．すなわち，一つはプライマーと鋳型の接合点でクランプを適切な位置に配置する．もう一つはτサブユニットを介してリーディング鎖およびラギング鎖のポリメラーゼを架橋し，複製ヘリカーゼと結合することによってレプリソーム全体の中心的まとめ役として働くことである．

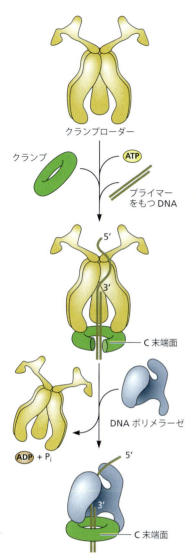

図 19.10 大腸菌のクランプローダー作用の一般化された機構 ATP存在下で多タンパク質から成るクランプローダーは環状構造のスライディングクランプと結合し開口する．ATP結合状態ではクランプローダーはプライマーと鋳型の接合点に対して高い親和性をもつ．DNAに結合するとATPの加水分解が起こり，クランプローダーが外れ，閉じたクランプがDNA上に残される．この際クランプは複製DNAポリメラーゼにとって適切な方向を向いている．ローダーとポリメラーゼはクランプの同じC末端面を取合う．この競合のため，クランプローダーがクランプから離れることが複製DNAポリメラーゼに結合に必要となる．細胞周期制御，DNA複製，DNA修復，アポトーシスに関与するさまざまな結合タンパク質パートナーがクランプに結合する．[Indiani C & O'Donnell M [2006] *Nat Rev Mol Cell Biol* 7:751–761 より改変．Macmillan Publishers, Ltd. の許可を得て掲載]

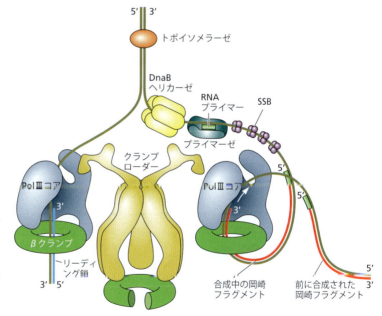

図 19.11 DNA複製フォークのコアタンパク質 二つのDNAコアポリメラーゼがどんなときもフォークで働いており，リーディング鎖とラギング鎖の同時合成を保証している．ラギング鎖鋳型によってループ（トロンボーン構造）が形成され，二つのコアポリメラーゼを同じ方向に移動できるようになることに注目してほしい．両方のポリメラーゼはスライディングクランプとクランプローダーという補助タンパク質によって鋳型に固定され，脱落しなくなる．フォークにおける他の必須タンパク質因子はATP依存的に親らせんをほどくDNAヘリカーゼ，移動するDNAヘリカーゼの前方に蓄積する超らせんストレスを緩和するDNAトポイソメラーゼ，RNAプライマーを合成するプライマーゼもしくはDNA依存性RNAポリメラーゼ，ラギング鎖鋳型を覆って分解から保護し，塩基が露出された開放型コンホメーションでDNAを保持するSSBである．[Pomerantz RT & O'Donnell M [2007] *Trends Microbiol* 15: 156–164 より改変．Elsevier の許可を得て掲載]

レプリソーム中のタンパク質の全体は複雑かつ動的に組織化されている

複製フォークにおけるヘリカーゼとプライマーゼを加えたコアタンパク質の全体の構成を図19.11に示した．この複合体は機能的なレプリソームを構成している．βスライディングクランプとPolⅢαの間の鍵となる相互作用に加えて，他の特異的相互作用が複製フォークにおけるホロ酵素の安定性に重要である．そのような相互作用にはPolⅢαとτの間の相互作用，τとDnaBヘリカーゼの間の重要な相互作用などがある．

二つのDNA鎖の同時合成のために特に必要となるのはラギング鎖DNA上につくられるきわめて特異な構造で，鋳型が折りたたまれてループとなった**トロンボーンモデル**（trombone model）として知られるものである．ループ形成の必要性はBruce Albertsによって1983年に最初に認識され，後に電子顕微鏡観察により直接可視化された．このループは複製フォークにおいて二つの鎖が逆方向の極性をもつのにも関わらず，対をなすPolⅢコアポリメラーゼが同じ物理的方向性で動くことを可能にする．遊離3′-OH基が伸長部位として必要であり，鋳型鎖が反対の極性をもっているので，このような構造がなければ二つの新しい鎖は逆の方向に合成されることになる．この問題を克服する唯一の方法はラギング鎖鋳型をループ構造に折りたたむことであり，それにより両鎖がポリメラーゼに対して同

Box 19.3　より詳しい説明：クランプローダーが働く仕組み

クランプローダーはこの本で取上げる多くの分子機械のうちでも最も優れたものの一つである．クランプローダーは二つの高分子集合体，すなわちDNA-プライマー二本鎖およびスライディングクランプと作用しなければならない．また，複合体から離れる前に二本鎖の周りにクランプを巻付けなければならない．細胞内でDNA複製が高速で行われ続けるためにはこのような任務を繰返し，かつ迅速に実行しなければならない．

ファージを使ったモデル系と高分解能の構造的研究を組合わせることによりこの過程に関する洞察が得られている．たとえば，John Kuriyan, Mike O'Donnellの研究室では細菌，真核生物のどちらのものにもよく似ているT4ファージローダーのクランプ積込みサイクルが研究されている（図1）．機能部位はA-Eと命名されたAAA+ATPアーゼ型サブユニットのヘテロ五量体であり，これが環状の襟によってまとめられている．ATP/ADP結合部位は隣り合ったサブユニットの間に存在する．

サイクル中のさまざまな段階の，またATP類似体の存在もしくは非存在下のクランプローダーとクランプの複合体がX線回折により研究され，クランプローダー活性の機構に関する納得いく証拠が得られている（図2）．活性ドメインもしくはモジュール間に引き入れられる形でATPが結合するとクランプローダーのコンホメーション変化が起こり，クランプと結合して開裂させることができるようになる．こうして，この構造はプライマーと鋳型DNAの二本鎖に作用可能となる．*in vivo*でみられる長いDNAはおそらくモジュールAのドメインAとA′の間の間隙を通り抜けていくのであろう．プライマー-DNA複合体のクランプローダーの中心部への侵入は次にATPの加水分解とそれに伴うコンホメーション変化をひき起こす．その変化によってクランプの閉環とその後のクランプ-プライマー-DNA複合体の解離が可能になる．

この過程を通してATPの結合と加水分解はコンホメーション変化に必要となるアロステリックなきっかけとなるようである．ATP類似体の結合は協同的であることがわかっており，このことはATP-ADPの比率に依存して異なるコンホメーションの間のアロステリック転移が起きることと矛盾しない．また，続いて起こる加水分解の段階はこのサイクルが一方向のみに進むことを保証する駆動力を提供している（図2参照）．

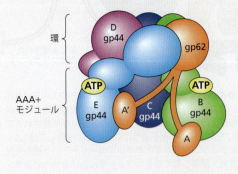

図1　T4ファージのクランプローダー　クランプローダーはファージから細菌，真核生物まで高度に保存されている．クランプローダーはAAA+ATPアーゼスーパーファミリーのサブファミリーの一つである．ただ，クランプローダーは五量体であるが，典型的なAAA+ATPアーゼは六量体である．6番目のサブユニットがないことで複合体に間隙が生じ，それがプライマー-鋳型接合点の特異的認識に必須であると考えられている（図19.10参照）．クランプローダーの五つのサブユニットは一般にA, B, C, D, Eと命名されている．細菌のサブユニットはτ, γ, δ, δ′であり，真核生物ではヘテロ五量体のRFC複合体を形成する．T4ファージではクランプローダーは4コピーのgp44と1コピーのgp62で構成されている．それぞれのサブユニットは三つのドメインから成る．最初の二つのドメインはAAA+ATPアーゼモジュールを形成する．五つのAAA+ATPアーゼモジュールが完全なクランプローダーに集まるとATPが接触部位に結合できるようになる．それぞれのサブユニットの第三ドメインはまとめられてATP非存在下で複合体を保つ環状の襟を形成している．[Kelch BA, Makino DL, O'Donnell M & Kuriyan J [2011] *Science* 334:1675-1680 より改変．American Association for the Advancement of Science の許可を得て掲載]

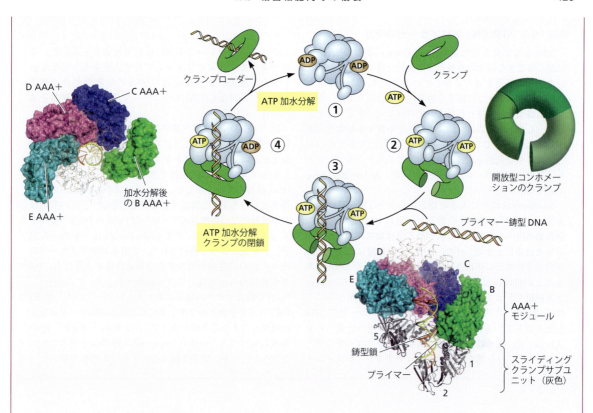

図2　クランプローダーの作用機構　この機構はATPと結合したT4クランプローダー，開いたクランプ，20 bpの二本鎖DNA領域と10 ntの一本鎖領域から成るプライマー－鋳型DNAが形成する複合体の結晶構造から考えられた．ATP類似体をATPの代わりに使用している．クランプローダーは図1で示される全体構造の輪郭のみを示している．ATP/ADPは図1に描かれている視点で見えるもののみを示す．①ATPが結合していない状態ではクランプローダーAAA+モジュールはらせん状態を組織できない．②ATP結合により複合体の形が変化し，クランプに結合して開くことができるらせん形になる．この状態ではすべてのAAA+モジュールはクランプ結合部位にちょうど合うような位置取りになる．③プライマー－鋳型がクランプサブユニットのIとIII，クランプローダーサブユニットgp62のドメインAとA'の間の間隙を通される．下図は③に相当する結晶構造である．表面表示で示されているAAA+モジュールのらせん状構造はDNAの副溝をたどっていく．わかりやすくするためgp62は省略している．DNAを取込む際，ATPの加水分解がクランプサブユニットの相互作用を変化させる．BサブユニットのAAA+モジュールの接触面を壊し，プライマー－鋳型DNAを取囲んでクランプが閉じることを可能にする．④さらにC，Dサブユニットが加水分解し，それによってAAA+モジュールの対称的らせん構造が解消され，クランプローダーが外される．これはローダーとDNAとクランプの間の認識が失われるためである．[Kelch BA, Makino DL, O'Donnell M & Kuriyan J [2011] *Science* 334:1675–1680より改変．American Association for the Advancement of Scienceの許可を得て掲載]

一の方向に位置するようになる（図19.11参照）．

DNAポリメラーゼIは岡崎フラグメントの成熟化に必要である

Pol Iは，Arthur Kornberg研究室で発見され特徴付けされた，最初のDNAポリメラーゼである．その歴史についてはBox 19.4に説明がある．この酵素は複数のプライマーによりラギング鎖鋳型上に不連続的に合成された岡崎フラグメントを成熟化するうえで重要な役割を果たす（図19.12）．このプロセスは同一のペプチド鎖上に存在するPol Iの三つの触媒活性のうちの二つを必要とする．Pol Iは5′→3′ポリメラーゼであり，この活性でPol IIIによって合成された岡崎フラグメントを伸長する．またPol Iは5′→3′エキソヌクレアーゼ（5′→3′ exonuclease）でもあり，この活性は成熟過程のうちのニックトランスレーション時にRNAプライマーを除去する．Pol IIIはこのような活性をもっていない．

精製したPol Iをズブチリシンというプロテアーゼで処理すると，複製時にプライマー除去を行う5′→3′エキソヌクレアーゼ活性を取除くことができる．ズブチリシン切断の結果得られる605アミノ酸から成る大きなポリペプチド断片はこの手法を考案したHans Klenowにちなんでクレノウ断片（Klenow fragment）として知られ，実験室でさまざまな研究に応用されている．このことの詳細はBox

Box 19.4 細菌 DNA ポリメラーゼの発見

1953 年に発表された Watson と Crick による DNA 構造に関する著名な論文の最後の文は複製に関わるかもしれないある種の機構をほのめかしている．実際，Meselson と Stahl は 1958 年までに細菌の複製が半保存的であり，新しい鎖は鋳型として使われた古い鎖のコピーであることを示した．しかしそれ以前に，この過程を触媒する酵素を探索することによってこの機構を調べている研究者たちがいた．その中で先頭を走っていたのはワシントン大学セントルイス校の医学部にいた若手生化学者，Arthur Kornberg であった．

Kornberg は新たに入手可能となった ^{14}C 標識チミジンを使い 1955 年に研究を開始した．彼は DNA と大腸菌の細胞抽出液の存在下で，標識が酸不溶性物質にごくわずか取込まれることを見つけた．DN アーゼ処理によって標識が酸可溶性画分に溶出されることから，これが DNA であることが明確になった．このアッセイにより，Kornberg と共同研究者はこの取込みに関連する酵素を精製することに成功した．この酵素は現在 DNA ポリメラーゼ I（Pol I）とよばれている．1958 年に始まった一連の目覚しい論文において，彼らはこの酵素が鋳型とプライマーを必要とすること，二リン酸を遊離しながらデオキシリボヌクレオシド三リン酸を 5′→3′ 方向に付加することを示した．この酵素が 3′→5′ エキソヌクレアーゼ活性をもつことも示された．Arthur Kornberg は"DNA の生物学的合成機構の発見"に対して 1959 年のノーベル生理学・医学賞を共同受賞している．

10 年後，DNA 複製の理解という課題全体が突然より複雑な事態に直面することになった．John Cairns と Paula de Lucia は Pol I の遺伝子が欠損した大腸菌を単離した．しかしこの菌は生存可能であり，複製はできるものの DNA 修復の欠損を示した．この結果は Pol I が細菌の染色体複製を行う主要な酵素ではないことを示す．この問題は数年後他の二つの細菌ポリメラーゼ Pol II と Pol III の存在を示した Malcolm Gefter と Thomas Kornberg（Arthur の息子）の研究によって解明された．これらのポリメラーゼのそれぞれの温度感受性変異株を多数作成したところ，Pol III 変異株のみが高温での増殖抑制を示した．したがって，Pol III が細菌のゲノム複製に最もよく関わっている．現在，Pol I の主要な働きがラギング鎖における岡崎フラグメントの成熟化であることがわかっている．Pol I と Pol II は DNA 修復に関与する．Arthur Kornberg の酵素は不可欠なものではなかったが，彼の業績はこの領域全体を切り開いた．

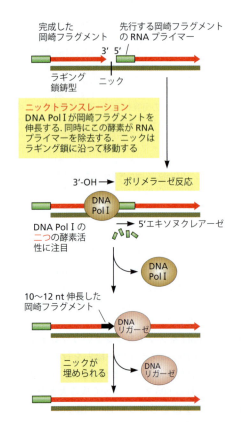

図 19.12 岡崎フラグメントの成熟化：DNA Pol I と DNA リガーゼの共同作用

19.5 で図示している．

加えて，Pol I は 3′→5′ エキソヌクレアーゼ（3′→5′ exonuclease）活性をもっている．この活性は校正に役立っており，Pol III のサブユニット ε にも同じ活性がある．校正は複製において必須であり，この機能により誤りが生じる頻度が低く抑えられ遺伝情報を複製する過程に寄与している．伸長過程ではポリメラーゼ反応の 10^5 回に 1 回の頻度で誤った塩基が取込まれるが，全体としての誤りの頻度はそれより 4 桁低い 10^{-9} であり，これは Pol III と Pol I の両者に校正活性があるためである．誤りの中には複製後に DNA 修復過程によって修正されるものもある（第 22 章参照）．概算してみると，およそ 3.2×10^9 bp から成るヒトゲノムの毎回の複製において誤りが生じるのは平均わずか 1 箇所で，これが二つの娘細胞の一方に伝わることになる．

クレノウ断片の結晶構造解析によって二つの活性部位のそれぞれに DNA が適切に配置していることを示す高分解能の情報が得られたことにより，Pol I の校正活性はよく理解されている（図 19.13）．しかしながら，Pol I の校正過程を理解するためにはポリメラーゼの活性部位に取込まれたミスマッチ塩基対がおよそ 25〜30 Å 離れた 3′→5′ エキソヌクレアーゼ活性部位で除去されるために，ポリメラーゼの活性部位と 3′→5′ エキソヌクレアーゼ活性部位がどのように協調して働くのかという謎に満ちた問いの答えが得られなければならない．Thomas Steitz 研究室で行われた研究によると，二つの活性部位は両部位間の DNA

スライディングによって相互作用しているらしい．3′末端がポリメラーゼ活性部位からエキソヌクレアーゼ活性部位に進む際にたどる経路には 4 bp の二本鎖 DNA と 4 塩基のほつれた一本鎖 DNA 末端が含まれる．

実は，Pol I の 3′→5′ エキソヌクレアーゼ活性は正しく取込まれたヌクレオチドの 10％ 程度を切除しており，このことがこの問題を解くヒントとなっている．すなわち，Pol I のポリメラーゼ活性とエキソヌクレアーゼ活性は新しく形成された 3′末端に対して "上品に気取った競争" と Steitz が名付けた状態にある．この酵素はどうやって

Box 19.5　クレノウ断片と実験室でのその利用

クレノウ断片は大腸菌の Pol I をプロテアーゼであるズブチリシンで切断した際に生じる大きい方の断片で，クレノウ酵素，Pol I ラージフラグメントともいう（図1）．クレノウ断片は 5′→3′ ポリメラーゼ活性と校正のための 3′→5′ エキソヌクレアーゼ活性は保持しているが，N 末端の小さい方の断片に存在する 5′→3′ エキソヌクレアーゼ活性を失っている．クレノウ断片は 5′→3′ の分解を伴わない DNA 合成反応を必要とする実験室操作に広く適用されている．その例のいくつかを以下に示す．

- **一本鎖鋳型からの二本鎖 DNA の合成**　たとえば，サンガー法によるジデオキシ塩基配列決定法では一本鎖 DNA を鋳型として使用する（Box 4.10 参照）．
- **制限酵素消化により生じた DNA 断片にある突出末端の 3′陥没のフィルイン（相補塩基の埋込み）による平滑末端の生成**　完全な Pol I を使用するとフィルイン反応の鋳型として使われる前に 5′突出末端が分解されてしまう．フィルイン反応により断片の 3′末端に放射能標識あるいは蛍光標識を導入することができる（第 5 章参照）．

- **3′突出末端の分解による平滑末端をもつ DNA 断片の生成**　3′末端からのヌクレオチドは除去され続けるものの，dNTP の存在下ではポリメラーゼ活性により平滑末端がつくられることになる．この反応は通常エキソヌクレアーゼ活性がより高い T4 DNA ポリメラーゼによって行われる．

```
5′ GACGACCT       クレノウ断片            5′ GACG
3′ CTGC      (3′→5′エキソヌクレアーゼ)  →   3′ CTGC
```

- **プライマー伸長**　この方法は DNA や RNA 断片の 5′末端の位置決定や，ポリヌクレオチド鎖の切断や修飾塩基の場所を決定する際に使われる．オリゴヌクレオチドプライマーを通常 ^{32}P や蛍光色素で 5′末端標識し，5′末端の下流位置にアニールさせる．プライマーはクレノウ断片もしくは逆転写酵素により伸長させる．後者は DNA 鎖の合成に DNA と RNA の両者を鋳型として用いることができるため，RNA 断片の 5′末端の位置決定にもお

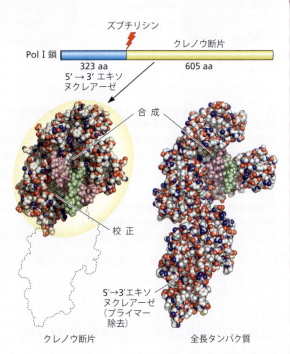

図1　クレノウ断片　Pol I のポリペプチド鎖とズブチリシン処理により得られる二つの断片を図示する．図の下に示した表面表示による結晶構造は全長タンパク質とクレノウ断片の違いをはっきり示している．薄緑とピンク色の球で示された DNA を取込んだ酵素における深い裂け目に注目．この裂け目はタンパク質でほぼ完全に取囲まれている．

に使用される（第 20 章参照）．プライマー伸長を行うためには，オリゴヌクレオチドプライマーを合成する必要があり，少なくとも調べようとする配列の一部に関する情報が必要である．

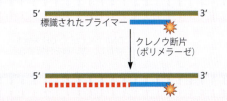

残された 3′→5′ のエキソヌクレアーゼ活性が望ましくない，もしくは不必要な反応において，研究者はポリメラーゼ活性のみをもつ変異型クレノウを使用する．この変異型酵素は，exo⁻クレノウと名付けられている．

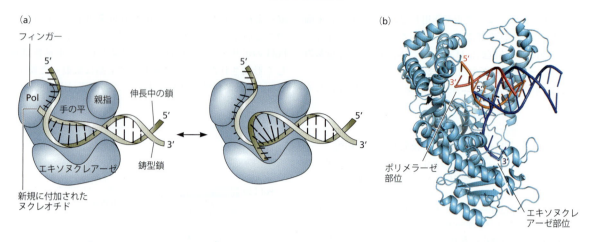

図19.13　校正：DNA合成中のミスマッチヌクレオチドの除去　(a) DNAポリメラーゼ反応中（左）および校正反応中（右）のDNAポリメラーゼI-DNAの構造モデル．モデルはすべてのポリメラーゼに共通のフィンガー，手の平，親指ドメインを示す．ミスマッチヌクレオチドが伸長中の3′末端に付加されるとポリメラーゼの進行が停滞し，鋳型鎖と新生鎖の間の二本鎖の末端にミスマッチ塩基が残る．ポリメラーゼの進行速度の低下によってDNA二本鎖末端の自発的融解が起き，3′末端が遊離してエキソヌクレアーゼ部位と接触できるようになり，その部位で間違って取込まれたヌクレオチドが除去される．[Baker TA & Bell SP [1998] *Cell* 92: 295-305 より改変．Elsevierの許可を得て掲載] (b) ポリメラーゼとエキソヌクレアーゼという二つの異なる活性部位を示したクレノウ断片の空間充填モデル．ポリメラーゼ反応中のプライマー鎖の3′末端を赤で示す．これは二本鎖であり，ポリメラーゼ活性部位にある触媒活性に重要な三つのカルボキシ基の近傍にある．一方，エキソヌクレアーゼ部位にある校正中のプライマー鎖の3′末端を青で示す．これは一本鎖状態である．

3′末端の正しい塩基とミスマッチ塩基を識別し，ポリメラーゼ反応を続けるべきか切除に向かうべきかを知るのだろうか．3′末端の4 bpの融解が，末端がエキソヌクレアーゼ部位に到達するのに必要であるという事実は，ミスマッチを含む二本鎖の融解しやすい傾向が識別の構造的基盤であることを意味している．

最後になるが，全長のDNA Pol Iにも実験室での応用例がある．たとえば，この酵素はDNA鎖の内部標識に使われている（図19.14）．

19.4　細菌の複製過程

伸長時のレプリソームの構造は変化に富む

レプリソームの構成因子について，それぞれ伸長においてどんな機能を果たしているかをこれまで考えてきたが，次にそれらが複製の動的過程でどのように協働しているかについて話を進める．これまで対をなす二つのPol IIIコアポリメラーゼがホロ酵素のτサブユニットを介して常に結合していることを述べてきた．状況は実際にはもっと複雑で，ラギング鎖ポリメラーゼは常に循環しており，ポリメラーゼは岡崎フラグメントが完成すると次の岡崎フラグメントのためのプライマーの3′末端に集積した新たなクランプまで移動する（図19.15）．クランプローダーは内部で複雑な動きをみせる一方，レプリソームの総体的健全性を維持するうえでの中心的な役割を担う．

もう一つの問題はプライマー合成部位で発生する．プライマーゼが機能するためにはヘリカーゼと結合していなければならないことが知られているが，プライマーはラギング鎖の合成と同じ方向性，すなわちヘリカーゼの進行と逆方向に合成される．加えて，プライマー合成はヘリカーゼの動きと比較してゆっくりである．この問題を解決する方法として以下の三つが考えられ（図19.16），生物種ごとにこれらの機構の一つないし二つを用いているようである．まずはレプリソームが停止し，プライマーが合成されるまで待っている可能性がある．次にプライマーゼがヘリカーゼとの相互作用から一時的に解放されるかもしれな

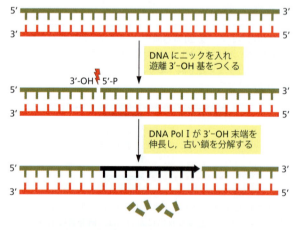

図19.14　実験室でのPol Iの利用（ニックトランスレーション法）　この方法は主としてDNA鎖を放射性同位元素もしくは蛍光で内部標識する際に使われる．

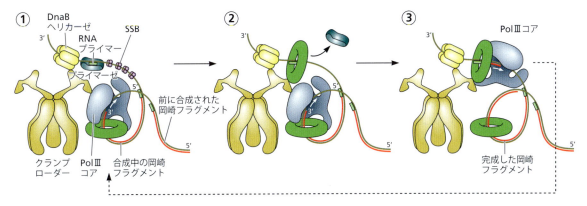

図19.15 大腸菌の複製フォーク進行におけるレプリソームの動態 大腸菌のレプリソームは対をなす二つのPol IIIコア酵素を使ってリーディング鎖とラギング鎖を同時に複製する．わかりやすくするために，この図ではラギング鎖鋳型上でのレプリソームの動きのみを表示している．リーディング鎖ポリメラーゼはスライディングクランプを1回だけ使用する．一方，ラギング鎖ポリメラーゼは岡崎フラグメントの合成ごとに新しいクランプを使用する．① 現在進行中の岡崎フラグメントの合成．完成した，以前に合成された岡崎フラグメントも描かれている．RNAプライマーゼはDnaBヘリカーゼとの相互作用を介して複製フォークのごく近くに配置される．次のプライマーを合成する過程が示されている．② 新しいスライディングクランプの新規プライマー部位への積み込み．クランプローダーはATPを使ってβクランプを開裂させ，この部位に結合させる（機構はここでは示さない）．クランプが結合するとクランプローダーが離れ，クランプのみが残される．プライマー合成が完了するとプライマーゼがDNAから外れる．③ 完成した岡崎フラグメントからプライマーの3'末端に位置する新しいクランプへのラギング鎖ポリメラーゼの循環．以前に伸長した岡崎フラグメントの5'末端にぶつかると，ラギング鎖Pol IIIはクランプから解離する．その後，ポリメラーゼは新しい岡崎フラグメントの合成に再び使われる．古いβクランプは完成した岡崎フラグメントの部分に残される．［Pomerantz RT & O'Donnell M [2007] *Trends Microbiol* 15:156–164より改変．Elsevierの許可を得て掲載］

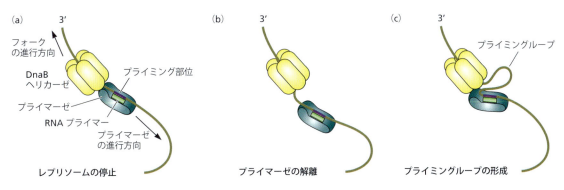

図19.16 DNAプライミング（DNA合成反応開始の引き金）仮説 この三つのモデルはすべて方向性の問題を解決し，それを支持する実験結果がある．(a) プライマー合成が起きるためにレプリソームが停止するという停止シナリオの想像図．これは，T7ファージのレプリソームにおいて起きることが示されている（Box 19.7 参照）．(b) プライマーゼがヘリカーゼによってラギング鎖鋳型にいったんつなぎ止められた後，一時的にヘリカーゼとの相互作用が解かれてプライマーを合成するという第二のモデル．ヘリカーゼとプライマーゼの解離は大腸菌のレプリソームで起きることが知られている．(c) 一時的にループを形成し，レプリソームが前方に進みつつプライマーゼ-ヘリカーゼの正常な相互作用は保たれるという第三のモデルの想像図．最終的に，おそらくプライマーがプライマーゼからラギング鎖ポリメラーゼへと受渡されたときにプライミングループは崩壊してラギング鎖トロンボーンループと一緒になる．このモデルはT7とT4の複製系の単分子実験によって支持されている．［(a)～(c) Dixon NE [2009] *Nature* 462:854–855より改変．Macmillan Publishers, Ltd.の許可を得て掲載］

い．最後に，単分子解析により最近示されたように，ラギング鎖合成鋳型のトロンボーンループの内側に小さなプライミングループがつくられるかもしれない．このプライミングループは最終的には崩壊してトロンボーンループと一緒になる．

動的なレプリソームにはさらに別のレベルの複雑性もある．ポリメラーゼを伴うスライディングクランプの移動に加えて，第二の機構がレプリソーム複合体の高プロセッシビティに寄与していることがわかっている（図19.8参照）．レプリソームは実際には二つではなく三つのコアポリメラーゼを含んでいるらしく，ラギング鎖ポリメラーゼとヘリカーゼに結合している予備ポリメラーゼとの間で自由交換（スイッチング）が起きうる．予備のコアポリメラーゼは複製中のポリメラーゼが何らかの理由により一時的に停

止したときにラギング鎖合成を引き継ぐのかもしれない．この機構は細胞内の Pol Ⅲ が低濃度であると考えられるときに特に重要となる．ポリメラーゼが細胞当たり 10 コピー程度の場合，ラギング鎖ポリメラーゼが溶液中に失われると，合成を続けることはとても難しくなるだろう．3 ポリメラーゼレプリソーム（three-polymerase replisome）の詳しいモデルを図 19.17 に示した．

レプリソーム動態に関する最後の興味深い展開は，同じ DNA 鎖が DNA 複製と転写の鋳型として使われている場合に，高速で動くレプリソームがそれより 20 倍ゆっくり移動する RNA ポリメラーゼに追いついた，もしくは衝突した状況に関することである．この状況は同方向もしくは後方からの衝突であるが，これは二つのポリメラーゼが 2 本の DNA 鎖のそれぞれの上を反対方向から移動した場合に起きる正面衝突とは対照的である．正面衝突は複製フォークの停止をひき起こして DNA 組換えを誘導するが（第 21 章参照），同方向の衝突はフォークの進行を妨げない．RNA ポリメラーゼの永続的な脱離，Pol Ⅲ の DNA からの一時的な解離，それに続く新生 mRNA 分子の DNA 複製のためのプライマーとしての利用という興味深い機構によって RNA 複合体が単にバイパスされるだけである（図 19.18）．ここで指摘しておきたいのは，このバイパス機構が，細菌の必須遺伝子とたいていの転写単位がリーディング鎖鋳型にコードされているように観察される理由を説明するかもしれないということである．また，このことは正面衝突を避ける自然選択が働いていることも示唆する．同方向の衝突はヒトの細胞でも選択されている．

細菌の DNA 複製に関する知識は臨床目的で細菌の成育を抑制する戦略を立てる際に有用である．このことは Box 19.6 で述べる．

19.5　細菌の複製の開始と終結

DNA 複製の開始と終結の両者には特定のメカニズムが存在する．たとえば，細菌の細胞は単一のよく制御された複製起点（replication origin）をもち，大腸菌では *oriC* として知られている．これまでみてきたように複製フォークはこの場所から二方向性に進行し，細菌の環状染色体では複製フォークは環の反対側にあるおよそ 180°離れたある地点で停止する（図 19.19）．

開始には特定の DNA 配列要素と多数のタンパク質が関わる

開始過程について，参画する因子とそれが実際に起きる仕組みを考えるうえで最もよく理解されている大腸菌で明らかにされた過程に焦点を当てることにしよう．複製起点は 250 bp 程度の配列であり，9 bp の多重反復配列から構成されている．この配列は **DnaA ボックス**（DnaA box）とよばれ，配列特異的なイニシエータータンパク質 **DnaA**（initiator protein DnaA）の結合部位となっている．図 19.

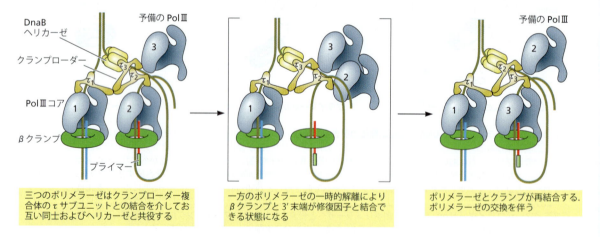

三つのポリメラーゼはクランプローダー複合体の τ サブユニットとの結合を介してお互い同士およびヘリカーゼと共役する

一方のポリメラーゼの一時的解離により β クランプと 3' 末端が修復因子と結合できる状態になる

ポリメラーゼとクランプが再結合する．ポリメラーゼの交換を伴う

図 19.17　大腸菌の 3 ポリメラーゼレプリソームモデル　*in vitro* 研究から T7 と T4 の複製は予想外に高いプロセッシビティをもつことが示されている．この説明として，ポリメラーゼは基質から一時的に解離するが，ヘリカーゼとの相互作用を介してフォークに結合し続けると考えられている．重要なことは，ヘリカーゼは第三の保管または予備のポリメラーゼと結合できるということで，このポリメラーゼがあるとラギング鎖合成を直ちに引き継ぐために鋳型に素早く結合できるようになる．研究者は大腸菌ではこれが起きていることを観察している．β クランプの積込み活性に関して同等である 4 種のクランプローダーの再構成型（τ₃δδ', τ₂τδδ', γ₂τδδ', γ₃δδ'）を使って Pol Ⅲ ホロ酵素が三つのポリメラーゼを含む複合体に集まることが示されている．三量体 τ₃δδ' ポリメラーゼは γτ₂δδ' 複合体よりも少し短い岡崎フラグメントをつくることから，三量体酵素はラギング鎖のプライマー利用の効率がより高くなっていることが示唆される．二つのポリメラーゼがラギング鎖で機能し，活性をもつポリメラーゼが一時的に停止した場合は予備ポリメラーゼがそれを引き継ぐ機構が提案されている．したがって，三つのポリメラーゼは同時に DNA 複製に参画する．この図ではホロ酵素に関係するサブユニットを図 19.11 と同じ図柄で示している．簡単にするためにクランプローダーの τ サブユニットのみを示した．［Lovett ST [2007] *Mol Cell* 27:523–526 より改変．Elsevier の許可を得て掲載］

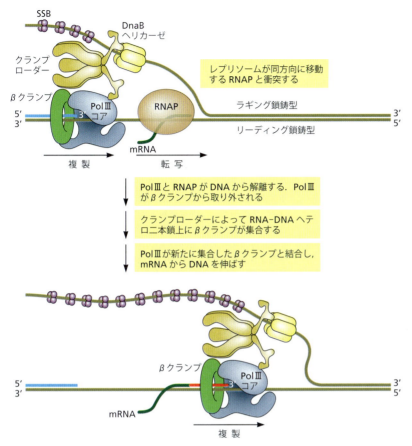

図 19.18 **レプリソームによる同方向性 RNA ポリメラーゼのバイパスモデル** レプリソームと RNA ポリメラーゼ（RNAP）が同方向で衝突すると mRNA の乗っ取りが起こる．RNA ポリメラーゼは DNA 複製フォークの進行と同様の向きにリーディング鎖鋳型を転写している．Pol Ⅲ と RNA ポリメラーゼが衝突すると両方のポリメラーゼが DNA 鋳型から解離するが，新しくつくられた mRNA 転写産物はその場所に残り，その後新しく集合したリーディング鎖ポリメラーゼによる DNA 伸長のためのプライマーとして使用される．このモデルはラギング鎖の通常の合成にならったものであり，ラギング鎖合成では，完成した岡崎フラグメント上のクランプから新しく集合した RNA プライマー−DNA ヘテロ二本鎖上のクランプへ Pol Ⅲ が素早く移動する．[Pomerantz RT & O'Donnell M [2008] Nature 456:762–766 より改変．Macmillan Publishers, Ltd. の許可を得て掲載]

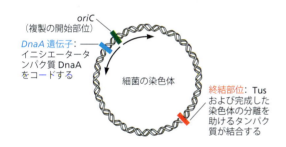

図 19.19 **大腸菌の環状染色体の簡略図** DNA 複製が開始する oriC 部位と，複製が終結する部位が示されている．

20 に DnaA 結合部位をより詳細に記述する．開始には DnaA と二つの付随タンパク質，六量体 DNA **ヘリカーゼ DnaB**（helicase DnaB）および**ヘリカーゼローダー DnaC**（helicase loader DnaC）が必要不可欠である．DnaA と DnaC はマルチサブユニット性の右巻きタンパク質フィラメントを形成する．その構造を図 19.20 に示す．DnaA のオリゴマー形成は，DnaA フィラメントの外側に正のドーナツ状 DNA 超らせんを形成することで，oriC 中の DUE（DNA unwinding element；DNA 巻戻し配列）領域にある AT に富む DNA 巻戻し配列の融解（図 19.21，図 19.22）

に働く．DnaC が同様の構造をつくる理由はよくわかっていない．DnaA と DnaC は AAA+（さまざまな細胞機能に関連する ATP アーゼ）スーパーファミリーの ATP アーゼである．DnaA と DnaC の両者において ATP 加水分解はその機能に必須である．DnaA と DnaC の構造と酵素活性の類似性から，ATP により活性化された DnaA は，DnaB ヘリカーゼを複製起点に動員し正しい方向性に配置させるためのドッキング部位となり，DnaA の分子アダプターとして DnaC が使われていることが示唆されている．2 分子のヘリカーゼは反対の鎖に結合し，別々の方向に配向する．これが二つのレプリソーム複合体が oriC に集積するためのドッキング部位となる．James Berger と共同研究者により示唆された DnaA と DnaC のフィラメント間で考えられるクロストークモデルを図 19.23 に示す．

豊富に存在する細菌のヌクレオイドタンパク質は DNA を折り曲げ，架橋することによって，おもに細菌染色体を圧縮する能力をもつことが知られているが（第 8 章参照），複製の開始にも重要な役割をもつことが最近次第に明らかになってきている．配列非特異的な熱不安定性タンパク質（HU タンパク質）が DnaA を介した oriC の巻戻しを in vitro で劇的に促進することが示されているが，これには

Box 19.6 臨床治療における DNA 複製阻害薬

細菌の細胞増殖や感染を阻止する薬剤の探索では細胞壁合成，RNA およびタンパク質の合成，そしてこれらに劣らず重要な DNA 合成のプロセスの阻害に焦点が当てられてきた．DNA 複製の阻害にはいくつかの異なる戦略がとられており，ドキソルビシンのようなインターカレーター（DNA の二重らせん構造内に入り込む分子）や，複製のさまざまな段階に関わる酵素を阻害する化合物が使用されている．細菌の複製を阻害する薬剤を治療で利用する際にはヒトの複製酵素を阻害しないことを慎重に調べ，副作用を避けなければならない．

シプロフロキサシンのようなフルオロキノロンは細菌の DNA 合成の直接阻害剤として現在臨床利用されている合成抗微生物薬の唯一のものである．この薬剤はグラム陽性，グラム陰性の好気性細菌に対しては広範な効果を示すが，嫌気性細菌に対しては効果がない．ここ最近，この薬剤は炭疽菌により生産される毒素が原因となる炭疽病の治療と予防で選択されている．フルオロキノロンはⅡ型トポイソメラーゼである DNA ジャイレースと topo Ⅳ をいずれも阻害する．DNA ジャイレースは DNA に負の超らせんを導入する（第 4 章参照）．この機能は DNA 複製と転写の両方に必須である．topo Ⅳ は DNA 複製の終結段階で娘染色体中に生じる互いに鎖状に連結した構造であるカテナンを除去する．フルオロキノロンは両方の酵素を阻害するため，細菌がこの薬剤に対して抵抗性を獲得する可能性はかなり低いと考えられている．この薬剤はこれらの酵素が DNA とつくる複合体に結合し，DNA 複製酵素複合体の進行を阻害する．

ジャイレースと topo Ⅳ はさまざまな放線菌がつくる天然の抗生物質アミノクマリンの標的でもある．この抗生物質はフルオロキノロンよりも高い親和性でこれらの酵素に結合する．最近，生化学および X 線結晶構造解析から，アミノクマリンの一種シモシクリノン D8 が新たな機構でジャイレースを阻害することが示された．この薬剤は酵素の 2 箇所の離れたポケットと相互作用し，それにより DNA への結合を阻害する．

薬剤の標的となるもう一つの酵素の組合わせはヘリカーゼ-プライマーゼ複合体である．そのような薬剤は開発が進んでおり，炭疽菌や黄色ブドウ球菌に対して高い効果を示すことが期待されている．それらは現在，前臨床試験が行われている．

ヒドロキシ尿素（**HU**; hydroxyurea）はリボヌクレオチドをデオキシリボヌクレオチドに還元する必須酵素，リボヌクレオチドレダクターゼ（RNR; ribonucleotide reductase）を標的として細胞増殖を阻害する．これを添加すると細胞の DNA 前駆体が枯渇し，その結果 DNA 複製フォークが停止する．HU 処理の実際の応答には，当初は細胞の生存を保証するが，最終的には細胞死を誘導する一連の事象がある．図1 はこれらの事象を示したもので，この反応における遺伝子発現の重要性および複数の細胞システム間の相互作用が強調されている．

リボヌクレオチドレダクターゼは真核生物においても必須なため HU は真核細胞に対しても効果をもつ．HU はがん，鎌状赤血球貧血，乾癬などの臨床治療に使われている．HU は病気の細胞と通常増殖中の細胞の両方に影響し，高い細胞毒性を示すため，処置の過程は注意深く監視され管理されなければならない．HU は実験室で細胞周期中の細胞を同調する目的にも広く使われている．HU 処理は細胞集団を S 期の初期に停止させる．この薬剤を除去すると細胞は同調的に細胞周期を進行する．

最後に，特定の細菌種のみに存在する別の酵素を標的にできれば，ヒト細菌叢に影響を与えることなくその細胞の DNA 複製だけを選択的に阻害することに役立つであろう．最近の例としては，多数の水生の細菌種から構成され，コレラの原因であるコレラ菌（*Vibrio cholerae*）のようなヒ

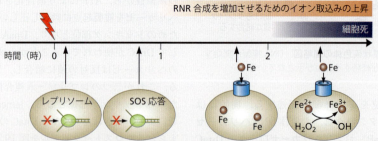

図1 曝露後の遺伝子発現制御を含む一連の細胞応答 HU への曝露により，DNA 損傷修復，HU の阻害を補償するためのリボヌクレオチドレダクターゼ（RNR）の上方制御と停止した複製フォークの再開を助ける機構であるプライモソームの上方制御を含む保護的反応が誘発される．しかし，HU 曝露 2 時間後には主としてヒドロキシルラジカルの生成により細胞は死滅し始める．細胞はおそらく HU の影響に対抗するために鉄取込みに関わる遺伝子を上方制御するが（鉄は RNR の活性中心を構成する），その過程でフェントン反応によるヒドロキシルラジカルの形成が進行する．したがって，細菌細胞は究極的には自らの死を導く仕組みにより RNR 阻害に対して特異的に応答する．[Bollenbach T & Kishony R [2009] *Mol Cell* 36:728–729 より改変．Elsevier の許可を得て掲載]

トの病原菌を含む Vibrio 属細菌の複製イニシエーター RctB を標的とした薬剤がある．Vibrio 属のすべての細菌は2本の染色体をもち，小さい染色体の複製は Vibrio 属にのみに存在する遺伝子 rctB に依存する．ハーバード大学医学部の研究者たちは，2番染色体上の複製起点の巻戻しを，おそらく RctB の機能しない巨大複合体の形成を促進することで阻害するビブレピンという化合物を同定した．ビブレピンには RctB 以外の標的もありそうだが，この研究は RctB が Vibrio 属特異的な抗菌薬創成のための標的として有用であることを示唆している．Vibrio 属特異的な薬は現在臨床用途に使われている抗生物質とは異なり，通常のヒト細菌叢や Vibrio 属以外の環境微生物に耐性菌を生じさせることはないだろう．

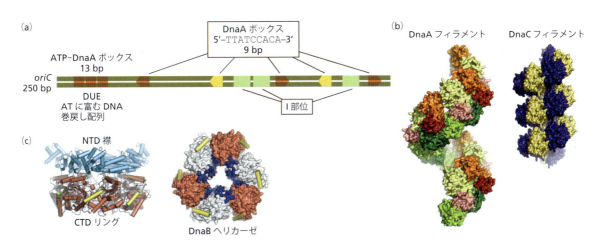

図19.20 大腸菌染色体の oriC と複製開始に関わるタンパク質 (a) oriC には3タイプのDNA結合部位がある．（1）高および低親和性のDnaAボックス（それぞれオレンジ色，黄色にて表示．上のDNA鎖に対するDnaAボックスの向きを矢じりで示している）（2）DnaAボックスコンセンサス配列とはわずかに異なり，DnaAボックス間に散在するI部位．（3）I部位と類似し，ATP-DnaA のみが結合するATP-DnaAボックス．[Mott ML & Berger JM [2007] Nat Rev Microbiol 5:343–354 より改変．Macmillan Publishers, Ltd. の許可を得て掲載] (b) 左：ATP 結合型 DnaA はらせん状のフィラメントを形成する．タンパク質のそれぞれのドメインは赤，緑，オレンジの三つの異なる色で示されている．個々のサブユニットはそれぞれ色の濃淡で区別されている．右：DnaC のヌクレオチド結合性 ATP アーゼドメインは DnaA とは異なる幅と周期をもつ高次のらせん集合体を形成する．サブユニットの違いを青と金色で色分けし，区別できるようにした3周の超らせんを示す．[James Berger, Johns Hopkins University のご厚意による] (c) DnaB ヘリカーゼは六量体の環状構造である．左：DnaB 六量体の側面図のリボン表示．単量体は濃い赤で示す C 末端ドメイン（CTD）と，薄い青で示す N 末端ドメイン（NTD）をもち，その間は黄色で示す柔軟性のあるリンカーでつながっている．六量体は2層の環状構造であり，1〜152残基に相当するNTDは硬い三角形の襟構造にまとめられ，緩く充填された186〜454残基に相当するCTDリングの上に位置している．右：ヘリカーゼCTDリングの表面表示サブユニットは一つおきに白と赤で色付けされ，予測されるDNA結合ループは青，リンカーらせんは黄色の円柱で示している．[Bailey S, Eliason WK & Steitz TA [2007] Science 318:459–463. American Association for the Advancement of Science の許可を得て掲載]

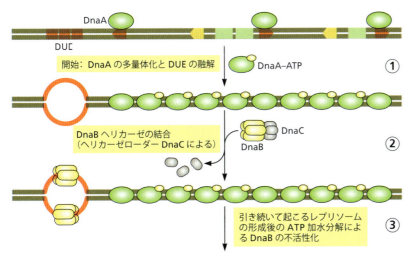

図19.21 大腸菌 oriC での複製の開始 細胞周期を通じて DnaA はオレンジ色の矢じりで示す3箇所の高親和性 DnaA ボックスに結合する．複製が始まるときのみ，ATP に結合した DnaA が弱い結合部位と相互作用する．① DnaA-ATP 分子が複製起点に結合し，そこで重合して図19.20に示した巨大な核タンパク質複合体を形成する．これにより近接する DNA 巻戻し配列（DUE）の融解が促進される．② DnaB ヘリカーゼが，ヘリカーゼローダー DnaC の助けを借りて，巻戻された一本鎖に結合する．③ レプリソームの形成時に，他の制御機構による刺激で ATP が加水分解し，DnaA が不活性化される．

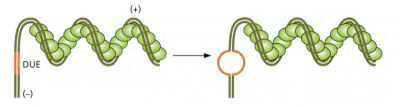

図 19.22　ATP-DnaA フィラメントによる複製起点リモデリングに関して提唱されている機構　ATP-DnaA フィラメントにより覆われた正のドーナツ状 DNA の形成が補償的に生じる負の超らせんを介して DNA 巻戻し配列（DUE）にひずみを入れ，これが DNA の融解を促して複製起点を不安定化するのかもしれない．DNA 開裂に一致して，または DNA 開裂後に多量体化した ATP-DnaA の内部が直接巻戻された DUE と結合するかもしれないが，ここでは示していない．[Mott ML & Berger JM [2007] *Nat Rev Microbiol* 5:343–354 より改変．Macmillan Publishers, Ltd. の許可を得て掲載]

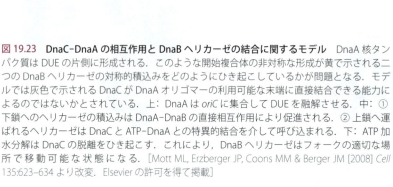

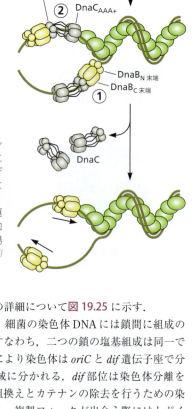

図 19.23　DnaC-DnaA の相互作用と DnaB ヘリカーゼの結合に関するモデル　DnaA 核タンパク質は DUE の片側に形成される．このような開始複合体の非対称的形成が黄で示される二つの DnaB ヘリカーゼの対称的積みこみをどのようにひき起こしているかが問題となる．モデルでは灰色で示される DnaC が DnaA オリゴマーの利用可能な末端に直接結合できる能力によるのではないかとされている．上：DnaA は *oriC* に集合して DUE を融解させる．中：① 下鎖へのヘリカーゼの積みこみは DnaA-DnaB の直接相互作用により促進される．② 上鎖へ運ばれるヘリカーゼは DnaC と ATP-DnaA との特異的結合を介して呼び込まれる．下：ATP 加水分解は DnaC の脱離をひき起こす．これにより，DnaB ヘリカーゼはフォークの適切な場所で移動可能な状態になる．[Mott ML, Erzberger JP, Coons MM & Berger JM [2008] *Cell* 135:623–634 より改変．Elsevier の許可を得て掲載]

おそらくこのタンパク質が DNA に結合して二本鎖 DNA を不安定化させる能力が関わっているのであろう．それ以外の二つの DNA 折り曲げタンパク質，IHF（組込み宿主因子）および Fis（倒置型転写活性化因子）の関与はこれらの二つのタンパク質の結合部位が *oriC* の DnaA 結合部位内に散在しているため，より DNA 配列特異的である．これらのタンパク質と DnaA の間の動的相互作用の基盤となる一連の事象を図 19.24 に示す．二つのレプリソームが上に述べた構造中にいったん集まった後，2 方向への伸長開始が可能となる．

複製の終結は特異的 DNA 配列とそれに結合するタンパク質因子によって行われる

複製終結の重要性，および終結が果たす染色体分配と細胞分裂における役割にも関わらず，複製の終結が起きる場所についてはあまり解析が進んでいない．その塩基配列と配列に相互作用するタンパク質はどちらも細菌ごとに異なっており，進化的な保存性はほとんどない．実際，今日，研究者は終結部位よりも**終結ゾーン**（termination zone）について議論し，終結ゾーンは染色体全体のかなりの領域，少なくとも 5％ を占める．一般に，終結は反対方向からきた二つの複製フォークが同時に到着し，その後それらが統合されるということだけではない．大腸菌の終結ゾーンの構成の詳細について図 19.25 に示す．

興味深いことに，細菌の染色体 DNA には鎖間に組成の非対称性がある．すなわち，二つの鎖の塩基組成は同一ではなく，このことにより染色体は *oriC* と *dif* 遺伝子座で分断される二つの領域に分かれる．*dif* 部位は染色体分離を完結するために，組換えとカテナンの除去を行うための染色体上の中核である．複製フォークが出会う際にはトポイソメラーゼが作用するものの，二つのフォークの前方に超らせんが相当量蓄積することになる．RNA ポリメラーゼが二本鎖に沿って移動すると超らせんストレス，具体的には前方に正の超らせん，後方に負の超らせんが蓄積することを述べた第 9 章を思い出してほしい．同様のことがここでも起きている．その結果，二つの娘らせんは最後にはお互い鎖状に連結してカテナン状態となり，それらが二つの娘細胞に一つずつの染色体として分配されるためには分離されるもしくは切離されなければならない．

これまで受入れられてきた終結に関する考え方は ***Ter* 部位**（termination site，終結部位）の同定に端を発する．この部位の配列は複製フォークの進行を一方向のみ止める．すなわち，この部位には極性がある．大腸菌では 10 箇所の *Ter* 部位，*TerA*〜*TerJ* が同定されており，これらは向きが違う二つのグループとなって配置されている（図 19.25 参照）．二つのグループはそれぞれフォークを捕獲す

19.5 細菌の複製の開始と終結

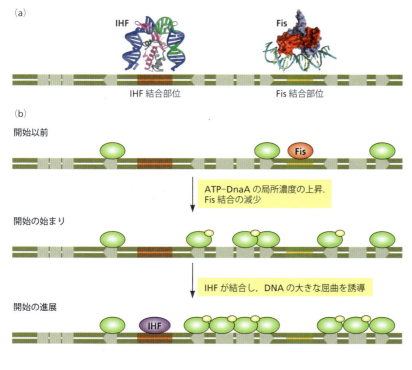

図 19.24 **複製開始における DNA 構築タンパク質 IHF, Fis と DnaA の間の動的相互作用モデル** (a) DnaA 結合部位に加え，IHF と FiS に対する結合部位を描き入れた *oriC* マップ．これらのタンパク質の構造は結合部位の上に示しており，それぞれの DNA 結合部位に結合すると DNA の屈曲をひき起こす．DnaA 結合部位は高親和性のものも低親和性のものもすべて灰色で示している．[左上：Lynch TW, Read EK, Mattis AN et al. [2003] *J Mol Biol* 330:493–502. Elsevier の許可を得て掲載．右上：Nowak-Lovato K, Alexandrov LB, Banisadr A et al. [2003] *PLoS Comput Biol* 9: e1002881. Public Library of Science の許可を得て掲載] (b) 初期状態の複製開始以前，DnaA は高親和性 DnaA ボックスのみに結合し，Fis も結合している．複製開始時には ATP 結合型 DnaA の局所濃度が上昇し，Fis の濃度が減少する．開始過程が進むと IHF が結合して DNA を 180°屈曲させる．この屈曲は DnaA が結合部位と弱い相互作用するのを助け，最終的な右回りの核タンパク質複合体が形成されて DUE が巻戻される．[(a), (b) Mott ML & Berger JM [2007] *Nat Rev Microbiol* 5:343–354 より改変．Macmillan Publishers, Ltd. の許可を得て掲載]

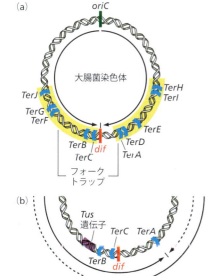

図 19.25 **大腸菌における DNA 複製の終結** (a) 大腸菌では 10 箇所の *Ter* 部位が同定され，*TerA*〜*TerJ* として知られている．二つの反対の極性をもった *Ter* 部位がフォークトラップとして知られる構造をつくっている．*TerC, TerB, TerF, TerG, TerJ* は時計回りに進むフォークを遮断する方向を向いており，*TerA, TerD, TerE, TerI, TerH* は反時計回りのフォークの進行を遮断する方向に置かれている．(b) フォークトラップの内部領域の拡大図．実線で表した矢印は停止させられる最初のフォークの動きを示す．すなわちどちらのフォークが最初に到達するかによって，反時計回りに進む場合は *TerA* で，時計回りに進む場合は *TerC* でフォークが停止する．破線矢印はそれぞれの場合において遅れて到達したフォークを示す．このように時計回りの複製フォークが何らかの理由で遅れた場合は *TerA*，反時計回りのフォークが遅れた場合は *TerC* で，というように終結は異なる場所で起こりうる．最も頻度が高いのは *TerA* と *TerC* の間の領域で複製が終結する場合であろう．[(a), (b) Duggin IG, Wake RG, Bell SD & Hill TM [2008] *Mol Microbiol* 70:1323–1333 より改変．John Wiley & Sons, Inc. の許可を得て掲載]

るトラップ（**フォークトラップ**：fork trap）の役割をもち，*TerC, TerB, TerF, TerG, TerJ* は時計回りに進むフォークのみを阻止するように配置され，他方 *TerA, TerD, TerE, TerI, TerH* は反時計回りのフォークのみを阻止する配置になっている．終結は時計回り，反時計回りのどちらのフォークが最初に極性のある *Ter* 部位に到着したかに依存して異なる部位で起きる．最も頻度が高いのは *TerA* と *TerC* の間の領域で複製が終結する場合である．

大腸菌の *Ter* 配列には **Tus**（タス）(termination utilization substance；終結利用物質)とよばれるタンパク質が結合する（図 19.26）．枯草菌は大腸菌以外で終結が詳細に研究されてきた唯一の細菌であり，枯草菌では *Ter* は RTP（replication termination protein；複製終結タンパク質）と結合する．Tus と RTP という二つのタンパク質は配列的もしくは構造的な相同性をもたない．結合したタンパク質はヘリカーゼの動きに対する非対称的な標識として機能する．

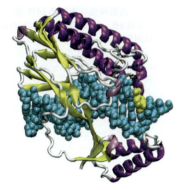

図 19.26 **大腸菌の Tus** Tus は終結部位の特異的配列に非対称的な単量体として結合する．Tus に 2 回対称軸がないことが複製フォークの動きを極性に応じて停止させる Ter 部位の作用の一方向的機構に重要だと考えられている．Tus–Ter 複合体は DNA 二本鎖上の DnaB ヘリカーゼの移動と巻戻し活性を Tus とヘリカーゼの物理的相互作用を介して停止させる．中央の塩基性に富む割れ目が Ter の DNA 主溝と接触し，DNA の B 形配置を変形させる．Tus のドメイン間の二つの β ストランドが DNA の認識に関わる．[Mulcair MD, Schaeffer PM, Oakley AJ et al. [2006] *Cell* 125:1309–1319. Elsevier の許可を得て掲載]

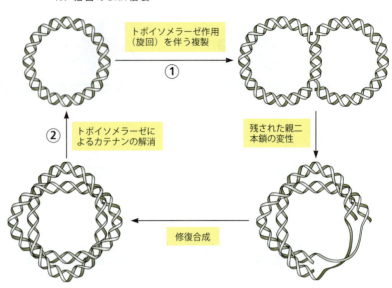

図 19.27 **複製中の DNA の分離に関する 2 段階モデル** ① 正の超らせんストレスはトポイソメラーゼの作用により伸長中に軽減される．にもかかわらず，複製の終結段階における物質供給およびトポロジー問題から ds（二本鎖）DNA の最後の領域は依然として過剰にねじれている．このとき，ヘリカーゼもしくはらせん不安定化タンパク質が DNA を二つの別々のリングから成るカテナンに変換するが，それらは依然として連結している．これらの分子に存在する一本鎖部分は修復合成により埋められ，その後 II 型トポイソメラーゼの作用により DNA 環が分離する ②．[Adams DE, Shekhtman EM, Zechiedrich EL et al. [1992] *Cell* 71:277–288 より改変．Elsevier の許可を得て掲載]

Ter 部位あるいは一般的な細菌の終結の機能的重要性にはまだ多くの疑問が残っている．なぜ複製トラップは最も内側の部位から 270 kb も離れた巨大なものなのだろうか．これまでの研究から重複した機能をもつと推定される Ter 部位は，最も内側の部位に対するバックアップとして働いていることが示唆されているが，もしそうであれば，なぜそれらは想定される終結部位より遠く離れた部位に位置し，推定される終結部位より実際には oriC に近い部位に存在する場合まであるのだろうか．なぜ tus 遺伝子の欠損は目立った表現型を示さないのだろうか．なぜ Ter 部位に結合するタンパク質は進化的に保存されていないのだろうか．バイオインフォマティクス解析により，終結はたいていの場合 dif 部位上もしくはその近辺で起こることが示されている．Ter 部位は DNA 修復過程に由来する複製フォークを止めることにも関わっているのかもしれない．

二つのフォークが Ter 部位に接近すると両者はお互いをすり抜けたりせず，両者の間に二本鎖の親 DNA 鎖が残ることになる（図 19.27）．この部分は融解し，それにより二つの一本鎖 DNA 領域が複製され連結されると提唱されている．その結果，鎖状に連結しカテナンとなった二つの二本鎖環状娘 DNA が生じ，それが II 型トポイソメラーゼの働きでカテナンが除去され分離される．

DNA 複製のために進化してきた機構はとても見事なものである．その機構はきわめて高速にコピーをとる一方，異常なほどの正確性を保持するように巧みに処理している．このことは二つの鎖を複製フォークで別々に扱い，同じ方向にコピーできるようにすることで達成されている．複製を行うタンパク質複合体は自己形成し，高いプロセシビティをもつ．複製が細菌からヒトに至るまでの進化の歴史において基本的に同じ形で維持されているようにみえるという事実は，この機構の有効性が確保されていることを示している．

19.6 ファージとプラスミドの複製

これまで述べてきた機構は細菌および真核生物一般に適用されるが，ある種のウイルスおよびプラスミドなどの特殊化したゲノムや生活環は特殊な機構を必要とする．細菌や真核細胞と違って，ファージは宿主細胞内で迅速に自身のゲノムの多重コピーをつくらねばならない．そのことにより，ある種のウイルスの複製装置は細菌や真核生物に比べてずっと単純となり，そのようなウイルスを用いることで複製の基礎的仕組みの研究が促進されてきた．T7 ファージ（Box 19.7）がまさにその例である．このファージはわずか 2, 3 種類のタンパク質から成る複製複合体を使用する．このため *in vitro* の研究にとても有用である．ここではファージとプラスミドの DNA 複製機構の二つの例を述べる．

Box 19.7　T7 ファージ複製系：解析が困難な過程に道を開く手頃な道具

T7 ファージは大腸菌に感染する溶菌性ファージである。このファージは 39936 bp という比較的大きなゲノムをもち，50 個程度のタンパク質をコードする。そのうち三つのタンパク質が宿主因子一つと共同してウイルス DNA の複製を行う。ウイルスの複製が四つのタンパク質のみで行われるため，DNA 複製の基本的側面を調べる *in vitro* 再構成系として利用された。T7 ファージの複製過程は比較的単純な系ではあるが，より複雑な細菌および真核生物の系とよく似ている。開始は一つの複製起点で起こり，複製は二方向性であり，ラギング鎖 DNA 合成は通常の岡崎フラグメントの合成と成熟化を介して進行し，複製ループの形成を必要とする（図 19.11 参照）。関与するタンパク質分子は（1）gp5；プロセッシビティ因子である大腸菌のチオレドキシンと強固に結合している DNA ポリメラーゼ．（2）gp4；六量体ヘリカーゼ-プライマーゼ．（3）gp2.5；一本鎖 DNA 結合タンパク質である。ポリメラーゼ自体がクランプの半分となり，クランプの残りの半分はチオレドキシン（Trx）によって供されるため（図 1），T7 ファージの複製はクランプを必要としない。レプリソームの形成は T4 ファージ，大腸菌，真核生物の場合とは違って，クランプローダーのような付属タンパク質の存在なしで起こる。T7 ファージがタンパク質因子を経済的に利用していることは，単一タンパク質でヘリカーゼとプライマーゼの両方の活性をもつ gp4 の例からも示される。他の系ではこの二つの活性は別々のタンパク質によって担われている。T7 ファージは自身の DNA 複製を効率的かつ経済的な機構へと進化させ，その機構は二本鎖 DNA 分子を迅速かつ忠実に複製するための最小必要条件の理解に役立っている。

リーディング鎖合成の際，gp5-Trx 複合体は鋳型に沿って移動し，鋳型鎖の露出した塩基に正しく合致した dNTP の取込みを検出しながら何度もコンホメーションを変化させる。gp5 は 1 回の結合当たり数ヌクレオチドしか付加することができない非プロセッシブな酵素であるが，Trx の結合によりプロセッシビティはおよそ 100 倍増加する。Trx はその機能に関わる一見風変わりな候補である。この小さなタンパク質は多数の生物学的機能をもっているが，そのほとんどは酸化還元に関係する。岡崎フラグメントのそれぞれが合成され成熟化する際には，gp4 のプライマーゼドメインで合成された 4 ヌクレオチドのプライマーが伸長される。*in vivo* で機能する際には，5′→3′ エキソヌクレアーゼ gp6 や DNA リガーゼ gp1.3 のような，成熟過程を完了するうえで他の付属タンパク質が必要となる。gp4 は

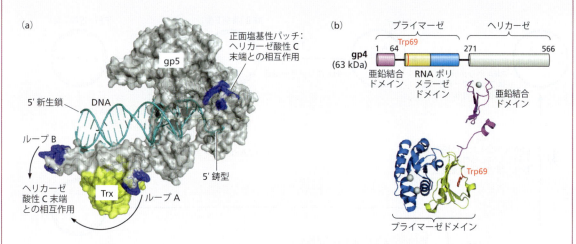

図 1　gp5-Trx 複合体とヘリカーゼ-プライマーゼ gp4 の構造　(a) gp5 ポリメラーゼ-チオレドキシン複合体（gp5-Trx）のプライマー-鋳型と結合した状態の結晶構造．4 個の塩基性残基が溶液にさらされている塩基性パッチ内に存在する．パッチは gp4 ヘリカーゼの酸性 C 末端に対する相互作用表面を形成し，相互作用はリーディング鎖合成の開始に重要である．塩基性ループ A と B はプロセッシビティ因子 Trx 結合ドメインに存在し，このループは gp4 の酸性 C 末端と一本鎖 DNA 結合タンパク質 gp2.5 との相互作用表面にもなっている．gp5-Trx と gp4 の間の静電的相互作用は，複製中に鋳型からごく短期間解離する gp5-Trx 分子を保持する働きがあり，これによりプロセッシビティが 5 kb から 17 kb 以上に増加している．[Zhang H, Lee S-J, Zhu B et al. [2011] *Proc Natl Acad Sci USA* 108: 9372–9377. National Academy of Sciences の許可を得て掲載] (b) gp4 はヘリカーゼとプライマーゼの活性を単一ポリペプチド鎖内に内包しており，プライマーゼドメインは N 末端半分，ヘリカーゼドメインは C 末端半分に位置している．リボン構造は gp4 のプライマーゼ部分を示している．Cys4 亜鉛結合モチーフはプライマーの鋳型として機能する DNA の短い特異的配列であるプライマーゼ部位の認識に重要である．プライマーゼドメインには触媒部位も存在する．Trp69 残基は DNA 合成開始のために 4 nt RNA プライマーをプライマーゼから gp5-Trx ポリメラーゼ複合体へ送るうえで重要である．ヘリカーゼは T7 複製系においてきわめて重要であり，リーディング鎖およびラギング鎖ポリメラーゼの両者との結合部位をもつ．この結合により両鎖の合成が同方向に同一速度で進む．この状況は，主としてクランプローダーによって二つのコア Pol III 複合体が互いに結合している細菌の複製に類似している．[Zhu B, Lee S-J & Richardson CC [2010] *Proc Natl Acad Sci USA* 107: 9099–9104 より改変．National Academy of Sciences の許可を得て掲載]

一本鎖ラギング鎖鋳型上で六量体として集合し，dNTPの加水分解のエネルギーを使いながら5′→3′方向に移動する．他のヘリカーゼと同様，六量体はサブユニットの接触面にNTP結合部位をもっている．ヘリカーゼは複製中のDNAポリメラーゼに対して高い親和性を示す．

図2は2個のポリメラーゼgp5-Trx複合体，gp4ヘリカーゼ-プライマーゼ，および一本鎖DNA結合タンパク質gp2.5を含むT7レプリソーム全体の構成を図示したものである．ヘリカーゼは二本鎖DNAを巻戻し，リーディング鎖およびラギング鎖合成のための2個の鋳型を生成する．プライマーゼは岡崎フラグメントの開始に必要な4 ntのRNAプライマーを合成し，その後プライマーはDNAポリメラーゼに受け渡される．Gp2.5はラギング鎖鋳型を覆い，不要な二次構造が形成されることを防ぐ．

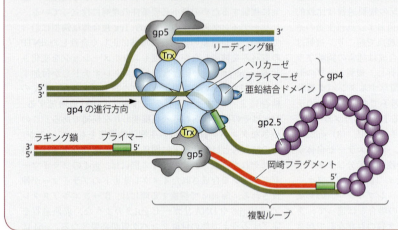

図2 T7レプリソームモデル このモデルは大腸菌レプリソームとの類似点を強調して描かれている．図19.11と比較せよ．四つのタンパク質（そのうちの二つはgp5-Trxの強固な複合体）だけで複製系が再構成できるため，この系は細菌における複製の基本的性質を研究するうえでの手軽な道具として使われている．[Lee S-J & Richardson CC [2011] Curr Opin Chem Biol 15: 580-586 より改変．Elsevierの許可を得て掲載]

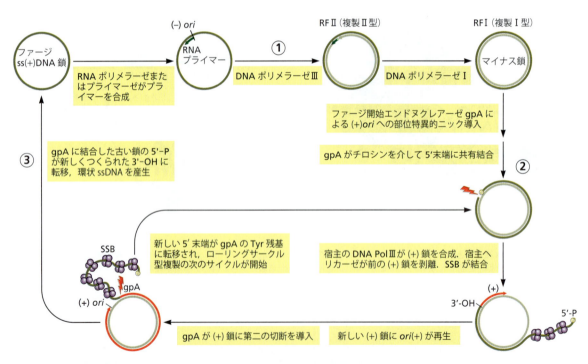

図19.28 ssDNAファージφX174のローリングサークル型複製 この複製過程は三つの段階に分けることができる．① ssDNAファージゲノムの二本鎖型への変換．この二本鎖は複製I型（RF I）として知られている．② RF Iのローリングサークル型複製による多重複製．③ 新しいファージ粒子へ格納されるssDNAゲノムの生成．RF Iは転写の鋳型として使われ，次にそれがウイルスタンパク質の合成を開始する．ゲノムDNAは10秒以内に合成され，一つのローリングサークル中間体からは20以上の環状ゲノムDNAができる．簡単にするために図では1ゲノム長の中間体の生成を示している．しかし，この機構は通常長いコンカテマーを合成し，それがその後1ゲノムの長さの断片に切断される．この過程はおもに宿主タンパク質の作用に依存しているが，例外はファージのgpAタンパク質であり，このタンパク質は図に示す二つの過程に関与するイニシエーターエンドヌクレアーゼである．最初の切断反応は超らせんのRF Iを必要とし，これは宿主のジャイレースでつくられる．一方，次の反応は弛緩した鋳型で起きる．

ローリングサークル型複製は代替的な機構である

ある種の小さなファージのゲノムは一本鎖DNA（ssDNA）の環状構造から成る．そのようなファージは**ローリングサークル型複製**（rolling-circle replication）を用いてゲノムを複製する．球状のφX174ファージ（図19.28）および繊維状のM13ファージという二つの系がこれまで精力的に研究されている．φX174における複製過程は通常以下の三つに分類される過程から成る．(1) ssDNAゲノムから複製I型（RFI; replicative form I）として知られる二本鎖構造への変換，(2) RFIのローリングサークル型複製，(3) ファージ粒子に格納するためのssDNAゲノムの生成．複製過程全体は宿主タンパク質の利用に依存するところが大きく，ファージがコードする唯一の必須タンパク質は部位特異的ニックを二本鎖RFIに導入し，細菌のPol IIIが働いて伸長が起きるための遊離3′-OHをつくり出すイニシエーターエンドヌクレアーゼgpAであることに留意しよう．

グラム陽性細菌はssDNAファージをもたないが，内包する小さなプラスミドの多くはローリングサークル機構によって増幅される．それらのプラスミドは部位特異的にニックを導入するイニシエータータンパク質をコードしている．イニシエータータンパク質はgpAと配列類似性があり，切断のために似た塩基配列を認識する．この類似性は共通祖先から進化してきたことを示すものと解釈される．

ある種のファージの複製には二方向性機構とローリングサークル機構の両方が関わる

ある場合には，複製は細菌の環状染色体の複製で典型的にみられる二方向性複製と，ローリングサークル型複製の組合わせで行われる．よく研究された例の一つはλファージゲノムである（図19.29）．ウイルス粒子の状態でのゲノムは線状である．次の章で学ぶように，線状ゲノムの複製には末端問題とよばれるものがある．RNAプライマーが各末端に付加されて複製が始まると，プライマーの除去により娘鎖は不完全になる．λファージゲノムはこの問題を以下の方法で免れている．まず宿主への進入時，ファージDNAは環状化する．環状ゲノムはまず環状ゲノムを迅速に多数つくり出すために二方向性に複製され，できたゲノムが転写，翻訳されて必須ウイルスタンパク質が産生される．後半の生活環では，ゲノムはローリングサークル型複製に転換され，その結果長いコンカテマー構造がつくり出され，その後新しいファージ粒子に格納されるためのゲノム相当の長さの線状断片に切断される．

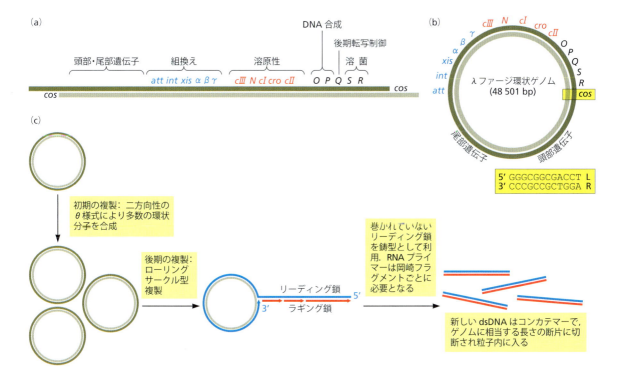

図19.29 λファージの複製 (a) 成熟したウイルス粒子ではdsDNAゲノムは線状である．ゲノムの両側にはcos配列があり，相補的部分をもつ200 ntにもわたる一本鎖の5′突出末端がある．(b) 濃い黄で示した相補的配列は宿主細胞への侵入後の生活環における環状化期に，ゲノム末端同士で塩基対形成するのに使用される．(c) λファージの複製は生活環の初期は正規の二方向性複製であり，後期にはそれがローリングサークル型複製へと切替わる．

重要な概念

- 細菌，真核生物，多くのウイルスにおいて複製はきわめて類似した方法で（半保存的に相補鎖の両方をコピーして）進行する．
- ポリメラーゼは5′→3′の方向にのみ複製を行うため，片側の鎖（リーディング鎖）は連続的に合成され，もう一方の鎖（ラギング鎖）は非連続的に合成されなければならない．
- 親鎖はヘリカーゼによって分離され，複製フォークを形成する．
- 両鎖の合成はプライマーの3′-OH基から始まる．プライマーは細菌やウイルスでは一つながりの短いRNAである．ラギング鎖合成は繰返し開始され，岡崎フラグメントがつくられる．
- 細菌のDNA複製の主要酵素はDNAポリメラーゼIII（PolIII）である．複製フォークの酵素複合体（レプリソーム）にはこの酵素が2コピー存在し，そのうち一方がリーディング鎖を，他方がラギング鎖を合成する．
- ラギング鎖の成熟化にはDNAポリメラーゼI（PolI）が必要である．この酵素はエキソヌクレアーゼ活性をもち，プライマーを除去してDNA鎖中のギャップを埋める．断片はその後リガーゼにより連結される．
- 複製のプロセッシビティはスライディングクランプにより保証されている．これはポリメラーゼの後ろでDNAを取巻く環状構造を形成し，鋳型からポリメラーゼが離脱するのを防いでいる．
- スライディングクランプはクランプローダーとよばれる複数のATPアーゼから成る複合体によりDNAの周りに巻付けられる．これはレプリソームをまとめる足場タンパク質複合体としても機能する．
- レプリソームの構造形成と両鎖の協調的合成のためにはラギング鎖鋳型のトロンボーンループコンホメーションの形成が必要である．
- 細菌の複製の忠実性はPolI，PolIII複合体の両者の校正能力により保証されている．これらにより，あわせて約10^{-9}もの低い誤り頻度が達成されている．
- 細菌の複製は通常一つの開始領域（複製起点）から二方向性に開始される．この領域にはイニシエータータンパク質DnaAとDnaCが結合する部位がある．これらのタンパク質がヘリカーゼDnaBを呼び込み，二本鎖の巻戻しを開始する．
- 細菌の複製の終結はTer部位を含む終結ゾーンで起きる．それぞれのTer部位はタンパク質Tusと結合でき，特異的方向に進行する複製フォークを停止させることができる．
- フォークが停止した後，短い親二本鎖領域はそれぞれの一本鎖の上で複製が完了する．その結果，二つの娘二本鎖は連結した状態のカテナンとなり，その二つはトポイソメラーゼ活性により分離される．
- 広い意味ではこれまでの記述は細菌，真核生物，多くの細菌に当てはまるが，ウイルスの中にはローリングサークル型複製というまったく別の戦略を用いるものがあり，また二方向複製とローリングサークル型複製の組合わせを使うものもある．

参考文献

成 書

Cox LS (ed) (2009) Molecular Themes in DNA Replication. RSC Publishing.

Kornberg A & Baker TA (1992) DNA Replication, 2nd ed. University Science Books.

Kušić-Tišma J (ed) (2011) Fundamental Aspects of DNA Replication. InTechOpen.

総 説

Alberts B (2003) DNA replication and recombination. *Nature* 421:431–435.

Bollenbach T & Kishony R (2009) Hydroxyurea triggers cellular responses that actively cause bacterial cell death. *Mol Cell* 36:728–729.

Dixon NE (2009) DNA replication: Prime-time looping. *Nature* 462:854–855.

Duggin IG, Wake RG, Bell SD & Hill TM (2008) The replication fork trap and termination of chromosome replication. *Mol Microbiol* 70:1323–1333.

Indiani C & O'Donnell M (2006) The replication clamp-loading machine at work in the three domains of life. *Nat Rev Mol Cell Biol* 7:751–761.

Labib K & Hodgson B (2007) Replication fork barriers: Pausing for a break or stalling for time? *EMBO Rep* 8:346–353.

Langston LD, Indiani C & O'Donnell M (2009) Whither the replisome: Emerging perspectives on the dynamic nature of the DNA replication machinery. *Cell Cycle* 8:2686–2691.

Lee S-J & Richardson CC (2011) Choreography of bacteriophage T7 DNA replication. *Curr Opin Chem Biol* 15:580–586.

Lovett ST (2007) Polymerase switching in DNA replication. *Mol Cell* 27:523–526.

McHenry CS (2011) DNA replicases from a bacterial perspective. *Annu Rev Biochem* 80:403–436.

Mott ML & Berger JM (2007) DNA replication initiation: Mechanisms and regulation in bacteria. *Nat Rev Microbiol* 5:343–354.

Pomerantz RT & O'Donnell M (2007) Replisome mechanics: Insights into a twin DNA polymerase machine. *Trends Microbiol* 15:156–164.

Steitz TA (1999) DNA polymerases: Structural diversity and common mechanisms. *J Biol Chem* 274:17395–17398.

Wang T-CV (2005) Discontinuous or semi-discontinuous DNA replication in Escherichia coli? *BioEssays* 27:633–636.

実験に関する論文

Bailey S, Eliason WK & Steitz TA (2007) Structure of hexameric DnaB helicase and its complex with a domain of DnaG primase. *Science* 318:459–463.

Cooper S & Helmstetter CE (1968) Chromosome replication and the division cycle of Escherichia coli B/r. *J Mol Biol* 31:519–540.

Georgescu RE, Kim S-S, Yurieva O et al. (2008) Structure of a sliding clamp on DNA. *Cell* 132:43–54.

Hamdan SM, Johnson DE, Tanner NA et al. (2007) Dynamic DNA

helicase-DNA polymerase interactions assure processive replication fork movement. *Mol Cell* 27:539–549.

Kelch BA, Makino DL, O'Donnell M & Kuriyan J (2011) How a DNA polymerase clamp loader opens a sliding clamp. *Science* 334:1675–1680.

Mott ML, Erzberger JP, Coons MM & Berger JM (2008) Structural synergy and molecular crosstalk between bacterial helicase loaders and replication initiators. *Cell* 135:623–634.

Nossal NG, Makhov AM, Chastain PD II et al. (2007) Architecture of the bacteriophage T4 replication complex revealed with nanoscale biopointers. *J Biol Chem* 282:1098–1108.

Okazaki R, Okazaki T, Sakabe K et al. (1989) *In vivo* mechanism of DNA chain growth. *Cold Spring Harbor Symp Quant Biol* 33:129–143.

Okazaki R, Okazaki T, Sakabe K et al. (1968) Mechanism of DNA chain growth. I. Possible discontinuity and unusual secondary structure of newly synthesized chains. *Proc Natl Acad Sci USA* 59:598–605.

Pomerantz RT & O'Donnell M (2008) The replisome uses mRNA as a primer after colliding with RNA polymerase. *Nature* 456:762–766.

Sugimoto K, Okazaki T & Okazaki R (1968) Mechanism of DNA chain growth, II. Accumulation of newly synthesized short chains in *E. coli* infected with ligase-defective T4 phages. *Proc Natl Acad Sci USA* 60:1356–1362.

Wing RA, Bailey S & Steitz TA (2008) Insights into the replisome from the structure of a ternary complex of the DNA polymerase III α-subunit. *J Mol Biol* 382:859–869.

Yang J, Zhuang Z, Roccasecca RM et al. (2004) The dynamic processivity of the T4 DNA polymerase during replication. *Proc Natl Acad Sci USA* 101:8289–8294.

Zhang H, Lee S-J, Zhu B et al. (2011) Helicase-DNA polymerase interaction is critical to initiate leading-strand DNA synthesis. *Proc Natl Acad Sci USA* 108:9372–9377.

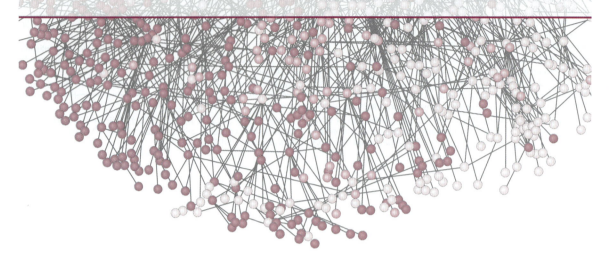

20 真核生物のDNA複製

20.1 はじめに

いくつかの理由により，真核生物のDNA複製は本質的に細菌の複製に比べて複雑である．まず，真核生物ゲノムのサイズは細菌ゲノムに比べてはるかに大きいため，合理的な時間内に複製過程を完了するには複数の複製起点を用いる必要がある．高等真核生物におけるフォークの進行は1秒当たり100 bp程度と見積もられており，これは細菌のフォークの進行に比べておよそ10倍ゆっくりである．ヒト染色体のそれぞれにおいて1箇所から二方向性複製が進行したとするとゲノム全体の複製には数日かかるはずだが，実際の観察値は数時間である．

第二に，真核生物の核DNAはクロマチンに格納されており（第8章参照），ヌクレオソームあるいはそれより高次の構造で複製の開始および伸長の段階は間違いなく複雑になる．クロマチン構造は遺伝子発現制御の主要決定因子であるので，その構造はDNA複製時に再形成されなければならない．最後に，クロマチン構造はエピゲノム情報を含んでおり，その情報は体細胞が分裂する際に何らかの方法で伝達されなければならない．複製が注意深く監視されなければその情報はごちゃごちゃになって，失われてしまう．この章では，真核生物のDNA複製がこのような追加課題をどのように処理しているかを述べる．

20.2 真核生物における複製開始

真核生物の複製開始は多数の複製起点から始まる

真核生物における複製起点の多重度は酵母の数百から後生動物の数万まで広がっており，最近の見積もりによると後生動物では30000と50000の間である（図20.1）．同時に活性化する多数の複製起点の存在により，真核生物の核内では典型的な複製フォーカス（斑点状構造体）の像が観察される（図20.2）．活性化した複製起点を可視化するには，放射能標識したヌクレオシド三リン酸（NTP）の前駆体とオートラジオグラフィー，蛍光色素を付けた前駆体，蛍光標識した抗体によって可視化可能なブロモデオキシウリジン（BrdU）のような前駆体誘導体の利用など，多くの手法がある．最近はレプリソームのタンパク質構成因子に緑色蛍光タンパク質（GFP; green fluorescent protein）をタグ付けした組換えコンストラクトを使う方法も用いられている（図20.2参照）．分子レベルでは複製起点の位置はいくつかの手法によって決められている（Box 20.1）．ゲノムワイドレベルではクロマチン免疫沈降（ChIP）を開始複合体のタンパク質構成因子に対して行うことで複製起点の位置が決められる．

多数ある真核生物の複製起点は三つの一般的カテゴリーに分類することが可能である（図20.3）．**構成的**（constitutive）複製起点とは，転写やクロマチン構造による制約によって規定されるどんな条件においてもすべての細胞で活性をもつ複製起点である．不活性もしくは休眠状態の複製起点は通常条件では実質的に常に活性をもたないが，ストレス条件や細胞分化の際に目を覚ます，つまり活性化される複製起点である．柔軟な複製起点とは同じ細胞集団において個々の細胞においてランダムに活性化される複製起点である．このような複製起点は別の側面における柔軟性も示す．ある複製起点に変異が入るか別の機構によって永続的な不活性化が生じた場合，近隣の複製起点が活性化したり，より効率が上昇したりすることがありうる．柔軟な複製起点は最も数が多いカテゴリーであり，通常DNAに沿ってクラスター（塊）を形成している．特定の柔軟な

20.2 真核生物における複製開始   441

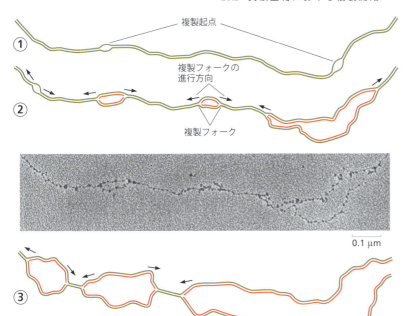

図 20.1　**真核生物の染色体は多数の複製起点から二方向性に複製される**　複製の連続的時点（①, ②, ③ で示す）における DNA 分子の同じ部分を図示している．緑茶色の線は二つの親 DNA 鎖を示し，赤い線は新たに合成された DNA 鎖を示す．それぞれの複製起点は反対向きにお互い遠ざかる二つの複製フォークを生む．② の模式図はショウジョウバエの初期胚における DNA 複製を示す電子顕微鏡像に対応する．DNA に沿って観察される粒子はヌクレオソームである．[Alberts B, Bray D, Hopkin K et al. [2009] Essential Cell Biology, 4th ed. より改変．Garland Science の許可を得て掲載．写真は Victoria Foe, University of Washington のご厚意による]

図 20.2　**複製フォーカスの可視化**　GFP でタグ付けされた増殖細胞核抗原（PCNA）ないしクランプを発現しているヒト HeLa 細胞の像を超分解能顕微鏡により得た．写真は S 期後期において点として現れる複製フォーカスの空間的構成を示している．挿入図は複製中のヘテロクロマチン領域（*）を含む場所を 2 倍に拡大したものである．このように高度に凝集した領域であっても個々の複製部位が多数存在する．細胞像の下に示されているのはコーミング法によりガラス表面上で伸ばされた DNA 繊維である．DNA コーミングとは，スライドガラス上で DNA 分子をまっすぐ伸ばして平行な繊維として並べる手法である．緑の線は特異的なヌクレオチドでパルス標識されたレプリコン（複製単位．一つの複製起点から複製される核酸領域）を示す．緑の矢印はそれぞれのレプリコンの複製起点を示している．レプリコンによっては複製を協調的に開始するクラスターに近接して存在しているものもある．それらは環状に配置している．伸びた DNA 繊維上の標識されたレプリコン数と共焦点画像のレプリコン数を比較すると，一つの複製フォーカスが破線で示されている空間的に組織化されたレプリコンクラスターに対応することがわかる．[Chagin VO, Stear JH & Cardoso MC [2010] Cold Spring Harb Perspect Biol 2: e000737 より改変．Cold Spring Habor Laboratory Press の許可を得て掲載]

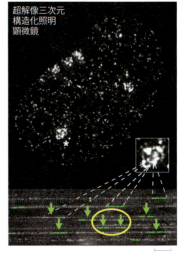

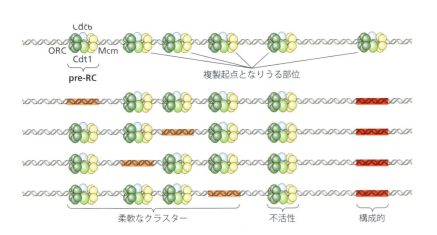

図 20.3　**DNA 複製起点のタイプ**　開始点となりうる部位は M/G$_1$ 期に複製前複合体（pre-RC）の形成によってセットされる．次の S 期において発火（活性化）する複製起点の選択は G$_1$ 期に起こる．[Méchali M [2010] Nat Rev Mol Cell Biol 11: 728-738 より改変．Macmillan Publishers, Ltd. の許可を得て掲載]

Box 20.1 複製起点のマッピング

　細菌やたいていのウイルスは複製起点が単一かつ特徴的なため、複製起点の位置を決めるのは比較的容易である。大まかな開始位置は電子顕微鏡観察によって複製起点を取囲むバブルとして示される。一つあるいはそれ以上の制限酵素によって切断した試料を繰返し解析することでそのだいたいの位置が決められ、したがって複製起点の位置もおおよそ決まる。それが複製起点であることをより正確に決めるには複製中のDNAをパルス標識し、その後オートラジオグラフィーを行う。標識は複製起点の周囲に集中するだろう。

　二次元ゲル電気泳動を異なる条件で行った際のバブル、分岐した分子、線状分子の動きが違うことを利用して、複製起点をマップする比較的単純な方法があり、これは特別な装置や技術を必要としない。複製中の環状DNA分子の均一な集団に対してこの方法を適用した場合を図1に示す。まず想定される複製起点を取出せる適切な制限酵素部位で分子を切断する。切断された分子は複製バブルを含んでいるだろう。想定される複製起点の周囲の制限酵素断片をおもにDNA長に基づいて分離する条件で電気泳動する。次に、ゲル内の物質はおもにコンホメーションに基づいて分離されるゲルで再び電気泳動を行う。この条件では、環状もしくは分岐した分子は選択的に泳動が遅延する。分離されたDNAを次に適切な標識プローブを用いたハイブリダイゼーションにより分析する。

　複製の度合が異なる分子がたどる曲線は複製起点と制限酵素部位との位置関係に依存する。複製起点が断片の中央に近ければ、バブルは両末端に到達するまで対称的に伸びて、図1に示す青い曲線になる。しかし複製起点が非対称の位置にある場合は、フォークやバブルの一方が先に末端に到達するため図1の赤い曲線のようになる。その後分子はY字構造に代わり、この構造はゲル内でバブルとは異なる泳動遅延を示す。その結果、赤と緑の曲線の間に断絶が生じる。Y字構造は複製が完了するまで、もとのDNAの2倍の長さの線状構造に近づいていく。

　上で述べた手法からは複製起点のだいたいの場所がわか

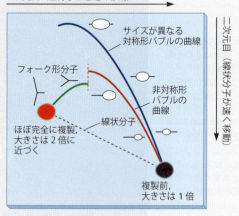

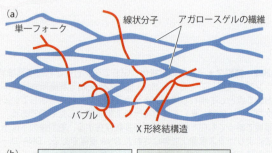

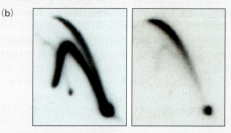

図1　複製開始点のゲル電気泳動によるマッピング　異なる複製段階の複製中DNAの断片の混合物をゲルで泳動し、標識プローブを使ったハイブリダイゼーションにより検出する。一次元目の電気泳動は移動度がほぼDNA断片の大きさに依存するゲル中で行う。ほぼ複製が終わった断片はゆっくり流れ、左側に位置する。二次元目の泳動はバブル状ないしフォーク分子がより停滞する条件で行われる。分子ごとの予想される挙動は以下のとおりとなる。異なる大きさの線状分子は複製していない1倍から複製がほぼ終了した2倍まで黒の破線で示すような分布をとる。対称的に広がっていく同一断片内の大きさの違うバブルは青の曲線、非対称的に広がっていく同一断片内の大きさの違うバブルは赤の曲線、フォーク形分子は緑の曲線となる。非対称形バブルの集団に対応する曲線で調べたように、一方向のフォークの通過によって非対称形バブルが開いた所で切断点が生じる。この方法で断片内の複製起点の位置を決めることができる。[Mesner JD & Hamlin JL [2009] *Methods Mol Biol* 521: 315-328 より改変．Springer Science and Business Media の許可を得て掲載]

図2　真核細胞から複製起点ないしバブルを単離するために使用されるゲノムワイドなバブルトラップ法の手順　(a) 複製中の細胞に由来する制限酵素消化物には4種類の形（バブル、単一フォーク、線状分子、X形終結構造）がある。複製バブルを含む制限酵素断片には環状の性質があり、これによりアガロースゲル基質に断片がトラップされる。その後のゲル電気泳動時、トラップされた断片は泳動されず、一方、他の構造は容易に電気泳動される。(b) チャイニーズハムスター卵巣細胞 CHO 由来の複製中間体の二次元ゲルパターン。左はS期のごく初期に単離された複製中間体のトラップ前、右はトラップ後の結果。ゲルの左に向かう下側の曲線は、すべてが制限酵素処理により片側の末端で開いた転写バブルによってつくられたフォーク分子に相当する。右の画像が示すようにこれらはトラップ操作を行うと定量的に95％以上が除去され、その結果バブルだけが残る。[(a), (b) Mesner LD & Hamlin JL [2009] *Methods Mol Biol* 521: 315-328 より改変．Springer Science and Business Media の許可を得て掲載]

20.2　真核生物における複製開始

るだけである．塩基対レベルの分解能に近づくためには，部位特異的変異導入を行って**レプリコン**（replicon）に対して複製アッセイを行う必要がある．

このような手法が1個ないし数個の複製起点しかもたないゲノムには適用可能であることは容易に理解できる．では，10000個の複製起点をもつ真核生物ゲノムではどのようにアプローチすればよいのだろう．

最近 Joyce Hamlin の研究室で開発された技術はゲノム全体で複製部位のライブラリーを単離することを可能にした．複製が進行しているちょうどよい時期のゲノム DNA 全体を制限酵素で切断し，適当な大きさの断片の混合物を得る．そのうちのあるものは複製バブルを含み，別のものは含まないだろう．前者を得るためには切断物を重合中のアガロースと混合する．アガロースの鎖は成長し，あるものはバブルのループを突き抜ける（図2）．ゲルを電気泳動すると線状断片とほとんどの分岐断片は除かれるが，バブルは動かずに止まる．アガロース基質を酵素的に消化することでそれらを回収することができる．この方法で得られたライブラリーはマイクロアレイプローブとして使用され，またハイスループット法で塩基配列が決められる．

複製起点がランダムに活性化する分子機構に関しては今も解析が進められている．

真核生物における複製は細胞周期と厳密に共役している．細胞周期の概要は第2章で議論したが，細胞周期制御を含むより複雑な内容については **Box 20.2** に説明がある．

特定の複製起点は特定の時期，すなわち細胞周期のS期の初期，中期，後期に活性化され，そのことがS期進行に伴う複製フォーカスの出現パターンの変化を生み出す（図 20.4）．図 20.5 は S 期中で複製起点が時間に伴って活性化される様子を示している．直前の細胞分裂の M 期および G₁ 期の期間に複製起点に集合した複合体は，S期の異なる段階に発火，つまり活性化できるようになる．ここでの核心をつく質問は，S 期の違う段階で発火するように複製起点を選択するためにどのような制御がなされているか，ということである．まだこの点についてははっきりしないが，複製のタイミングは GC 含量や核内におけるその領域の局在性，あるいはその領域の転写活性など，ゲノム領域のさまざまな静的特性と複雑に関係していることは明らかである．これらの複雑な相関関係は **Box 20.3** で議論されている．

真核生物の複製起点は生物種ごとに異なる DNA とクロマチン構造をもつ

真核生物の複製起点は多様性が大きく種ごとに異なっている．パン酵母では**自律複製配列**（**ARS**；autonomous replicating sequence）と名付けられている決まった DNA

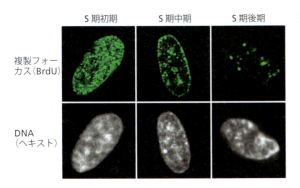

図 20.4　細胞が S 期を通過する際の複製フォーカスのパターン　上：ブロモデオキシウリジン（BrdU）で 30 分パルス標識した DNA を免疫学的に検出し，フォーカスを可視化している．下：DNA 全体をヘキスト色素により染色した．S 期初期，核全体に数百もの小さなフォーカスが分布する．S 期中期にはフォーカスは核小体の周りと核周縁部に選択的に局在する．最後に，S 期後期にはフォーカスの数個のクラスターがヘテロクロマチン領域に見られる．[Méndez J [2009] Crit Rev Biochem Mol Biol 44: 343-351. Informa Healthcare の許可を得て掲載]

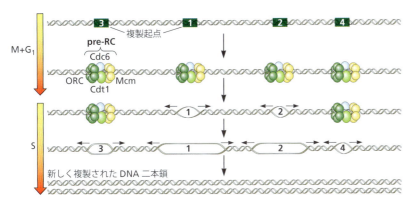

図 20.5　S 期における複製起点の時期に応じた活性化　pre-RC（複製前複合体）は M，G₁ 期に開始配列上に集まる．その後，複製起点の活性化（発火）が S 期を通じて起きる．複製起点は初期，中期，後期活性化複製起点に分類されるが，それはその複製起点が S 期の初期，中期，後期のどこで活性化されるかによる．図はゲノムの一部分を示しており，この領域では潜在的な複製起点のすべてが活性化されている．実際には各細胞周期で複製起点となりうる配列の一部しか使われない．[Mechali M [2010] Nat Rev Mol Cell Biol 11: 728-738 より改変．Macmillan Publishers, Ltd. の許可を得て掲載]

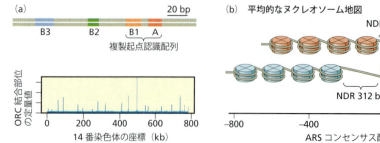
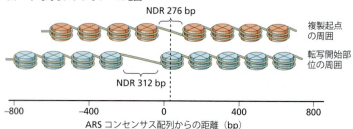

図 20.6　パン酵母の複製起点の DNA およびクロマチン構造　(a) DNA 構造．上：100～300 bp から成る酵母の複製起点には A，B1，B2，B3 という四つの領域があり（この順で複製に対する効果が減少する），これらの領域があれば自律複製配列（ARS）の活性に十分である．ARS における各領域を関係のない配列に体系的に入れ替えた変異 ARS が作製され，酵母に導入されて in vivo での ARS 活性が調べられた．A ボックスは 11 bp から成る ARS コンセンサス配列 TTTTATATTTT を含む．A および B1 ボックスから成る複製起点認識配列に起点認識複合体（ORC）が結合する．B2 ボックスは二本鎖 DNA らせんの融解が始まる場所である．B3 ボックスは ARS に屈曲を導入し，ABF1 タンパク質因子を結合するのを助けると考えられている．下：クロマチン免疫沈降とハイスループット配列決定を組合わせてゲノム中の ORC とヌクレオソーム局在を調べ，酵母の複製起点を正確に位置付けた結果．ここでは 14 番染色体を示している．その後の研究で複製起点はきちんと位置取りされたヌクレオソームに隣接したヌクレオソーム欠失領域（NDR）に複製起点が関係していることが示された．［上：Bielinsky A-K & Gerbi SA [1998] *Science* 279: 95-98 より改変．American Association for the Advancement of Science の許可を得て掲載．下：Eaton ML, Galani K, Kang S et al. [2010] *Genes Dev* 24: 748-753 より改変．Cold Spring Harbor Laboratory Press の許可を得て掲載］(b) 222 個の複製起点と 222 個のランダムな転写開始部位における周囲の平均的クロマチン構造の比較．複製起点の NDR は平均するとプロモーター部位の NDR よりは狭く，複製起点の A ボックスの最初のヌクレオチドの右側 36 bp を中心としている．［Berbenetz NM, Nislow C & Brown GW [2010] *PLoS Genet* 6: e1001092 より改変］

配列が複製起点に対応する（図 20.6）．ARS が融合した配列は酵母内で複製する能力を獲得する．この性質は真核生物の大きな遺伝子が適切に発現，複製，プロセシングされるようにクローニングしなくてはならない場合の利点となっている．通常使用されている細菌のクローニングベクターでは比較的小さな断片を挿入し増幅することのみ可能であり，大きな遺伝子のクローニングはうまくいかなかった．そのような大きな遺伝子をクローニングするには**酵母人工染色体**（YAC；yeast artificial chromosome）を構築する必要がある．YAC は通常の選択マーカーに加えて，受容細胞中で機能する小さな染色体を構築するためのセントロメアおよびテロメア配列をもつ．ARS をその構成に含ませることで，その小さな染色体の複製が保証される．YAC とその利用についての詳細は第 5 章で議論した．

Box 20.2　細胞周期の制御

細胞の有糸分裂は細胞遺伝学者 Walther Flemming により 1879 年発見され，数年のうちに細胞周期の一般的特徴が認識された．この発見は実は初期の光学顕微鏡を使った大きな成果の一つである．しかし，この一連の過程において DNA 複製の役割が十分評価されるされるようになったのは 1950 年代になってからである．細胞周期自体に関しては Box 2.2 に解説がある．

この解明の後も細胞周期を制御する機構は何十年もの間はっきりしないままであり，実際ほとんど研究されていなかった．最初の重要な進展は 1970 年代に Leland Hartwell の研究からであった．Hartwell は出芽酵母（パン酵母）を研究し，芽の出現と細胞サイズの増加を使って細胞周期の進行を計測した．温度感受性変異株の特に興味深い一群が細胞周期自体の遮断ないし早期遷移のような変化に対応していた．Hartwell はこれを**細胞分裂周期変異株**（cell division cycle mutant），略して *cdc* と命名した．その後何年もかけてさまざまな生物種から *cdc* 変異株が集められたが，それらの機能様式は依然として不明であった．

重要な手がかりは初期に Murdoch Mitchison とともに研究をしていた Paul Nurse の研究がきっかけとなった．Nurse は分裂酵母を用いたが，この生物は線状に成長するため膨張と出芽によるパン酵母の成長に比べて計測が容易であった．1980 年の重要な発見は，野生型株と同じ代謝状態であるにも関わらず非常に小さい細胞サイズで有糸分裂に入る *wee* 変異株である．このような変異株があることは通常の周期においてチェックポイントが存在することを明確に示している．同様に重要な発見はそのような変異の多くがプロテインキナーゼに影響を与えるということで，このことは細胞周期制御にリン酸化と脱リン酸が関係していることを強く示唆している．

この制御がどのようになされているかは Timothy Hunt により明らかにされたが，これは分子生物学における偉大な偶然の発見の一つである．Hunt は細胞周期制御に注目さえしておらず，海産無脊椎動物の翻訳制御を調べてい

20.2 真核生物における複製開始

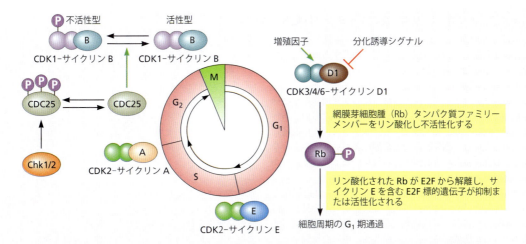

図1 細胞周期制御：概観 細胞周期の四つの時期への進入と進行は別々のCDK-サイクリンヘテロ二量体複合体によって制御されている．サイクリンD1のような，D型サイクリンはCDK3，CDK4，CDK6との複合体を介してG₁期初期の事象を制御する．CDK2-サイクリンEはS期を始動させる．CDK2-サイクリンAはS期の完了を制御し，最後にCDK1-サイクリンBがM期への移行に関わる．特定の複合体は特異的な阻害因子によって阻害されうる．たとえば，サイクリンDに結合したキナーゼはINK4またはCDK4ファミリー阻害因子に属する一群のタンパク質によって阻害され，一方サイクリンEとサイクリンAキナーゼはp21^{waf1}，p27^{kip1}，p57^{kip2}によって阻害される．増殖因子への応答による細胞増殖の決定や分化シグナルへの応答による細胞分化の決定は細胞周期のG₁期でなされる．有糸分裂の開始に関わる決定はCDK1-サイクリンB複合体によって制御され，それには細胞分裂周期25（CDC25）のホスファターゼ活性によって複合体がリン酸化型から脱リン酸型になって活性化される必要がある．CDC25自身も別のホスファターゼによって活性化されるが，ここでは示していない．CDC25活性はChk1/2（有糸分裂チェックポイントキナーゼ1/2）によるリン酸化によって阻害され，有糸分裂への早すぎる移行を防いでいる．

た．彼と同僚はモデルとしてウニ卵の受精後のタンパク質の蓄積を研究していた．この生物の受精後の初期の卵割は同調的に起こるが，ある種のタンパク質が細胞周期のある時期に量が増加するだけでなく後の時間に特異的に分解されることを発見し，Huntは驚いた．このタンパク質を**サイクリン**（cyclin）と名付け，すぐに他の生物種にも同じタンパク質があることを見つけた．すぐその後，多くの研究室においてサイクリンがcdcキナーゼと結合していることが明らかにされた．

このように，Hartwell，Nurse，Huntの研究が合わさって細胞周期制御を理解するうえでの機構的基盤がもたらされた．2001年，彼らの"細胞周期の鍵制御因子の発見"に対してノーベル生理学・医学賞が授与されている．

いまでは細胞周期制御にはキナーゼとホスファターゼの複雑な相互作用が関係していることが知られている．サイクリン依存性キナーゼ（CDK；cyclin-dependent kinase）は細胞周期制御（図1）のみならず，転写制御など，他の過程にも関与するセリン/トレオニンプロテインキナーゼである．CDKの活性は上流の他のキナーゼによるリン酸化を介しており，加えて重要なことに，機能特異的サイクリンとの結合によって制御されている．CDK-サイクリン複合体は次に，CDK阻害因子による可逆的結合と細胞周期中のサイクリンの周期的分解を介して阻害される．四つの細胞周期依存的なサイクリンの量の振動を図2で示す．ヘテロ二量体化により自発的に活性型コンホメーションをとるCDK-サイクリン複合体に対して阻害因子が作用す

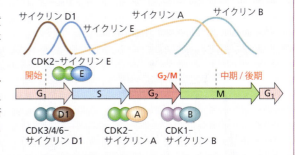

図2 細胞周期の各時期におけるサイクリンの量 CDK-サイクリン複合体のサイクリンサブユニットは高い特異性をもつユビキチン介在性タンパク質分解によって分解される．[Hochegger H, Takeda S & Hunt T [2008] *Nat Rev Mol Cell Biol* 9: 910-916 より改変．Macmillan Publishers, Ltd.の許可を得て掲載]

る．複合体形成によって自発的に活性型コンホメーションとならないヘテロ二量体は補因子もしくは基質の結合によって制御されている．

後者の例はCDK4-サイクリンD1複合体であり，これは核移行，基質結合，もしくは特異的残基のリン酸化のいずれかによって活性化されるようである．この複合体はヒトの多数のがんと関係があることから特に興味深い．複合体がG₁チェックポイントで働くことから，監視されないもしくは過剰活性化したCDK4-サイクリンD1経路が細胞の過剰増殖と関係している可能性がある．

Box 20.3 より詳しい説明: 複製タイミングは転写と相関するか

しばらくの間，進行中の S 期の中での複製タイミングと存在する遺伝子の転写活性との間に相関があるかもしれないという議論があった．これはどちらにもおそらくクロマチン構造が関係していると考えられるからである．しかし，公表されたデータの多くはばらばらな無関係な細胞株を使って少ない数の遺伝子について解析されたものであったので，解釈が難しく一般化ができなかった．この混乱に輪を掛けたのは，出芽酵母や分裂酵母においてそのような関連が存在するという証拠が得られないことである．しかし，後生動物では状況が違っているようであり，ゲノムワイドな手法がこの混乱を救った．図 1 に描かれた戦略を用いて研究者は制御と相関に関する複雑な実態を見つけ出し，細胞分化において複製タイミングと転写が協調的に変化することが明確にされた．このとき，核内の複製フォーカス（図 20.2 参照）の位置変化も相関してみられ，局所的なクロマチン変化とは関係のない 100 万塩基の大きさの巨大ドメインの変化とも相関していた．

哺乳類のゲノムは**アイソコア**（isochore）に分けられている．chore はギリシャ語で文法用語の"連結形"を意味し，iso は等しい，もしくは同一を意味する．アイソコアは 300 kb 以上の DNA の大きな領域であり，領域内では GC 含量（高いか低い）や遺伝子密度に均一性がある．アイソコアにおける GC 含量の均一性はゲノム全体におけるその不均一性とは対照的である．アイソコアの存在は沈降実験によって示されてきた．哺乳類ゲノムは GC に富む領域と GC に乏しい領域のモザイク構造であり，60％ 程度の GC 含量を示す GC に富む領域がある一方で，GC に乏しい領域では 30％ の GC 含量しかない．今日，全体的な GC 含量の違いによりアイソコアは五つのファミリーに分けられている．加えて，高 GC アイソコアは遺伝子に富み，低 GC アイソコアは比較的遺伝子に乏しい．

複製タイミングという点では，GC に富み遺伝子が多いアイソコアは S 期初期に複製され，一方 GC に乏しく遺伝子が少ないアイソコアは後期に複製される（図2）．しかし，この二つのアイソコアカテゴリーのそれぞれの中では複製タイミングと転写の間に相関はない．したがって，S 期の前半 1/3 で複製されるすべての遺伝子は等しく高い確率で発現され，この時期の中で複製タイミングが大きく変わっても核内局在や転写活性の変化は起きない．GC 含量と遺伝子密度に逆相関の関係があるアイソコアは（図2 で中−低および低−中の関係），分化の際に複製タイミングの制御をしばしば受けている（図1 参照）．

このように，複製タイミング，複製フォーカスの核内局在，転写の間には複雑な関係性がある．我々はこの関係性を表面的に理解しているにすぎない．David Gilbert と同僚が述べたように，"私たちの複製タイミングの理解は現時点では原理としてまとめることが不可能な，中途半端な真実の断片的なセットにとどまっており，……さまざまな中途半端な真実が交わって，より完全な像が描かれるようになるのを待っている"のである．

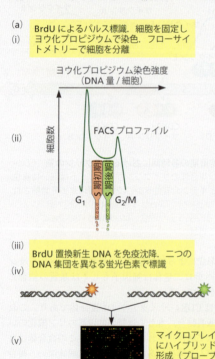

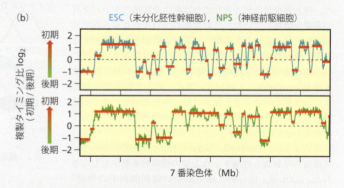

図 1 **胚性幹細胞分化における複製ドメインの全体的再構成** マウスの胚性幹細胞（ESC）は細胞分化につながる成育条件の変化に応答した複製プログラムを研究するうえで便利な系であり，この解析に選ばれた．ここでは神経前駆細胞（NPS; neuronal precursor cell）への分化について解析されている．(a) 実験プロトコルは (i) BrdU によるパルス標識，(ii) 蛍光活性化細胞選別（FACS; fluorescence-activated cell sorting）を用いた細胞集団の S 期初期と後期画分の分離，(iii) 各画分から抗 BrdU 抗体を用いて BrdU 置換 DNA を免疫沈降，(iv) 異なる蛍光による標識，(v) マウスの全ゲノムオリゴヌクレオチドマイクロアレイに対する共ハイブリダイゼーション．初期，後期画分のそれぞれのプローブの結合量の比（複製タイミング比）を使い，複製タイミングのプロファイルを作成．[上: Hiratani I, Ryba T, Itoh M et al [2008] *PLoS Biol* 6: e245 より改変．下: John Coller, Stanford University のご厚意による] (b) ESC と NPC の 7 番染色体の一部分における複製ドメインプロファイルの比較．

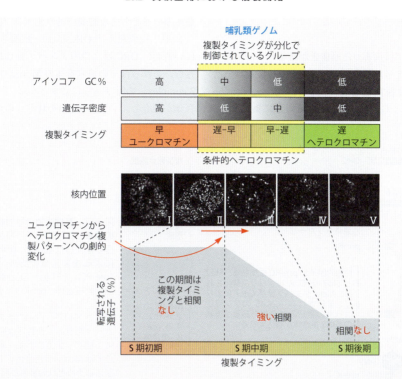

図2　後生動物における複製タイミング制御，アイソコアの性質，核内位置，転写の関係性　この図では哺乳類ゲノムのアイソコアはGC含量と遺伝子密度により分類されている．アイソコアの4グループは複製タイミング，複製フォーカスの核内位置，複製タイミングと含まれる遺伝子の転写活性の間の相関の有無という点で違いがある．複製タイミングが分化において変化するグループはGC含有と遺伝子密度の相関が中–低と低–中のカテゴリーに属する．中–低グループは細胞が分化すると後期から初期複製へ変化する傾向があり，一方低–中グループは初期から後期複製へと変わる．この二つのカテゴリーのアイソコアにおける複製タイミング変化は核内位置と転写活性の変化を伴う．核内位置を示した写真はBrdUでS期の異なる時期にパルス標識した細胞のものである．パターンⅠとⅡに示すS期初期の複製は核内部のユークロマチン区画で起こる．それ以降は核と核小体の周縁部（パターンⅢ），核内部のヘテロクロマチン区画（パターンⅣとⅤ）で複製が起きる．複製タイミングと転写の間の強い相関はS期の中期から後期の間に複製される遺伝子についてのみ観察されることに注目．図の破線は空間的複製パターンの違いと転写可能性の関係を示している．［Hiratani I, Takebayashi S, Lu J & Gilbert DM [2009] *Curr Opin Genet Dev* 19: 142-149 より改変．Elsevierの許可を得て掲載］

分裂酵母のARSはパン酵母のARSのような特定の共通配列をもっていない．複製起点はATに富む領域であるATリッチアイランドに存在しており，それはBrdU標識実験やChIPアッセイによって確かめられている．これらのATリッチアイランドは**起点認識複合体**（ORC；origin recognition complex）の特定のサブユニットであるOrc4の標的となる．このサブユニットはATに富む配列と好んで相互作用するATフックドメインを含むが，他の生物種のOrc4はこの領域をもたない．

高等真核生物の複製起点には認識できるような配列特異性はほとんど，あるいはまったく存在しない．ChIPによる高等真核生物の複製起点の探索は他の種に比べてうまくいっておらず，これは複製前複合体に関わるある種のタンパク質の存在量が原因であるか，そのタンパク質が別の機能ももっていることが原因と考えられる．ATに富む配列の優先性に関する証拠はあり，このことは複製起点が特定のDNA構造を好む性質があることを示唆している．また，多くの複製起点はメチル化されていないCpGアイランドの中に存在するようである．

いずれにせよ，真核生物の複製起点として機能するための必須条件がORCとよばれる六量体タンパク質複合体の結合であることははっきりと示されている．ORCはDNA上のヌクレオソーム欠失領域（NDR）に結合しなければならない（図20.6参照）．ヌクレオソームの位置取りの優先性が土台となるDNA配列により何らかの形で決められていると信じるのであれば，ORC部位としての必要条件はその観点で理解されるかもしれない．複製起点におけるヌクレオソーム欠失領域は，多くの転写開始領域にみられるヌクレオソーム開放領域と興味深い類似性をもっている．にもかかわらず，複製起点のヌクレオソーム欠失領域と転写開始部位との詳細な比較によって，両者が長さにおいて異なり，隣接領域のヌクレオソームの位置取りもわず

かに違いがあることが示されている.

開始複合体の形成には決まった筋書きがある

複数の事象が決まった順番で起きることで複製起点の活性化が起きる.**複製前複合体**（**pre-RC**; pre-replication complex）はM期とG_1期に複製開始配列上に集まり,S期の間のさまざまな時間に活性化する（図20.7）.

まず,複製起点がORCにより認識される.まだM期にいる間にORCは二つのタンパク質Cdc6とCdt1を呼び込む.これらはその後六量体の**Mcm2-7複合体**（Mcm2-7 complex）の呼び込みに必要となる.一つのMcm2-7複合体が結合しているORCのそれぞれの側に反対向きに結

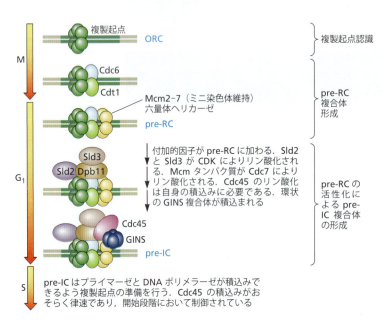

図20.7 真核生物の複製開始につながる一連の事象 真核生物では複製起点は3段階の過程で整えられる.（1）起点認識複合体（ORC）による複製起点の認識,（2）複製前複合体（pre-RC）の形成,（3）pre-RCの活性化による開始前複合体（pre-IC）の形成.pre-ICはプライマーゼとDNAポリメラーゼを受入れる準備ができている.pre-ICは2個のMcm2-7ヘリカーゼを含み,それらは結合したORCの両側に1個ずつ配置される.簡単にするため,ここではMcm2-7複合体を1個のみ示している.図にはそれぞれの事象が起きる細胞周期の時期も示している.この図は複合体の構造的見地は反映されていない.[Boye E & Grallert B [2009] *Cell* 136: 812-814 より改変.Elsevierの許可を得て掲載]

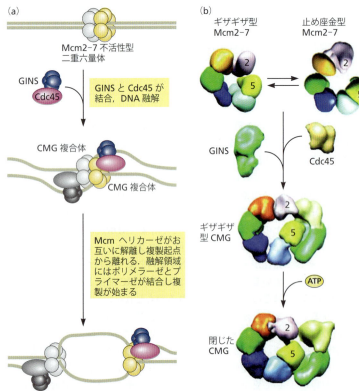

図20.8 複製フォークヘリカーゼの活性化とCMG複合体の構造モデル (a) ヘリカーゼの活性化モデル.Mcm2-7ヘリカーゼは複製起点の二本鎖DNA上に不活性型の二重六量体として集合する.いくつかのタンパク質因子の助けによりGINSとCdc45がMcm2-7に結合し,それにより2個のCMG複合体ができ上がる.CMGはCdc45,Mcm構成因子の6タンパク質,および四つのGINSタンパク質から成る.DNAは部分的に融解している.2個のCMG複合体が解離するとそれぞれが複製起点から反対方向に移動して離れる.複製起点の融解領域にはプライマーゼとDNAポリメラーゼが結合し,複製を開始する.(b) 単粒子電子顕微鏡解析により明らかになったCdc45とGINSによるMcm2-7ヘリカーゼ活性化の構造的基盤.他の因子と結合していないMcm2-7は開いた"止め座金"配置と,"ギザギザ"の平面配置の間で動的平衡状態にある.どちらの配置でもMcm2とMcm5サブユニットの間はつながっていない.Cdc45-GINSの結合によりギザギザ配置が安定化され,一方ATPの結合によりリングが閉じる.[(a), (b) Costa A, Ilves I, Tamberg N et al. [2011] *Nat Struct Mol Biol* 18: 471-477 より改変.Macmillan Publishers, Ltd.の許可を得て掲載]

20.2 真核生物における複製開始

合する．こうしてできた複合体は向きが異なる二つの複製フォークにおいてDNAを巻戻すヘリカーゼである．この部位はその時点で開始のためのライセンスを得た，といわれる．実際には，これは最初にpre-RCを形成し，その後G_1期とS期の境界の時期に**開始前複合体（PIC; pre-initiation complex）**を形成する際に他の必須因子（図20.7参照）と結合できる状態になったことを意味する．図20.8に示される詳しい構造的知見は，より機構的レベルでこの過程を理解することに役立つであろう．この図はさらにMcm2-7が経験するコンホメーション変化に関する情報と，DNAを取巻くヘリカーゼの最終的な締め付けの成立において最近発見された**GINS複合体**（GINS complex）の役割に関する情報も提供している．GINSは複合体の四つの関連サブユニットSld5, Psf1, Psf2, Psf3にちなんだ，数字の日本語の読み方（go, ichi, ni, san）から名付けられた．開始前複合体はこれでポリメラーゼを受入れ，複製を開始する準備が整う．

再複製は阻止されなければならない

開始に関して言及すべきもう一つの側面がある．多くの複製起点が同時に活性をもつので，1周の複製の間に2度発火する複製起点が存在しないことが肝要である．娘二本鎖上ですでに再形成された複製起点はすべてORCを結合する能力をもちうることを思い出してほしい．もしもそのような部位がもう一度の複製を時期尚早に始めてしまったならDNA構造は破滅的に絡まってしまうだろう．図20.9に示すように，まさにこのような可能性を防ぐ機構が存在する．

再複製を防止する主要な機構は，CDK（サイクリン依存性キナーゼ）ファミリーメンバー（これはpre-RCのいくつかのタンパク質因子をリン酸化し不活性化もしくは不安定化する），Cdc6, Cdt1, Mcm2-7と両方あるいは一方のORC（図20.7参照）から成る．Mcm2-7がCdc7というもう一つのキナーゼによりリン酸化されることに注目してほしい．CDK活性はG_2期とM期にピークを迎えるので，これによりG_2期では新たなpre-RCの形成が防止され，M期において古いpre-RCが不安定化される．もう一つの経路にはS期におけるCdt1の分解が関与する．このような分解は複製に依存して起きる．

より最近わかってきた再複製を防止する機構は，複製起点においてCdt1の阻害タンパク質として働くタンパク質ジェミニン（geminin）である．この機構は細胞周期を通じてジェミニンの利用可能量が変動することに依存する．すなわち，ジェミニンのレベルはS, G_2, M期で高く，G_1期で低い．ジェミニンの分解は中期から後期への遷移で起こり，プロテアソーム/ユビキチン化反応を介している．G_1期においてジェミニンが低レベルであるため，Mcm2-7がその呼び込み因子であるCdt1と結合することができる．

ヒストンメチル化がライセンス化の開始を制御する

最近の研究でヒストンH4のリシン20のメチル化H4K20me1が同定され，その部位に修飾を行う酵素PR-Set7が哺乳類細胞におけるライセンス化の開始の鍵となる正の制御因子であることが明らかになった．PR-Set7のレベルと修飾のレベルはともに細胞周期により制御を受けており，M期とG_1期の間は高く，S期が始まると低下す

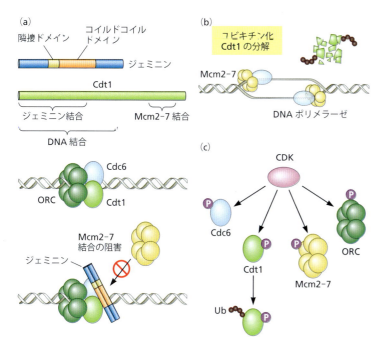

図20.9 **再複製または2周目のpre-RC形成が阻害されるための三つのありうる機構**　(a) ジェミニンはMcm2-7へのCdt1の結合を阻害することにより複製起点でのCdt1の機能を阻害する．上の図は相互作用に重要なジェミニンとCdt1のドメインを示す．ジェミニンは中央のコイルドコイルドメインを介して二量体化し，それにより1分子のCdt1との結合面ができる．ジェミニンは細胞周期のS, G_2, M期に蓄積し，中期-後期遷移の際に分解される．(b) 複製を介した複製起点の不活性化．Cdt1は複製に依存してS期に分解される．(c) CDKはG_2とM期で高い活性をもち，pre-RC構成因子のCdc6, Cdt1, Mcm2-7, ORCをリン酸化し，不活性化または不安定化する．これにより新しいpre-RCの形成が防がれ，古いpre-RCが不安定化する．この制御機構はG_2期で新しく複製が起きるのを防ぐのに重要なのかもしれない．その一方でヒト細胞におけるCdc6の安定化は休止期から細胞周期に入る際に重要である．これは酵母における主要経路であるが，後生動物においても重要である．[(a)〜(c) Machida YJ, Hamlin JL & Dutta A [2005] Cell 123:13–24より改変．Elsevierの許可を得て掲載]

る．PR-Set7 タンパク質の分解は再複製を防止するのに必要となる．さらに興味深いことに，クロマチン繊維上の非複製起点を標的にしてこの酵素を作用させると H4K20 修飾が誘導され，pre-RC の形成が起きる．

20.3 真核生物における複製の伸長

真核生物のレプリソームは細菌のレプリソームと類似はしているが，有意に異なっている

一般に真核細胞の複製伸長の基本的機構は細菌の機構ととてもよく似ている．類似点は複製が 5′→3′方向にのみ起き，その結果連続的なリーディング鎖と不連続的なラギング鎖の合成の必要があることである．2 番目の共通の特徴はプライマー（primer）が必要であるという点で，プライマーはプライマーゼと複合体を形成する特殊な DNA ポリメラーゼα（**Pol**α）によって合成される．

細菌と真核生物のポリメラーゼ反応は全体としては類似しているが，レプリソームの編成と動態には大きな違いがある．細菌の複製伸長は同じポリメラーゼ，コア Pol Ⅲ ポリメラーゼがクランプローダーによってつながれ，対になって働きながら進行するが，真核生物のリーディング鎖およびラギング鎖合成には二つの異なるポリメラーゼ，すなわちリーディング鎖には **Pol**ε が，ラギング鎖には **Pol**δ が使われる．

このように，真核生物の核にはマルチサブユニットから成る三つの複製ポリメラーゼが存在する（表 20.1）．明確な異なる役割をもつ一方で，それらは構造的な類似性をもっている（図 20.10）．三つの酵素のすべてがもつ統一的特徴は，それぞれの触媒サブユニットの C 末端ドメイン（CTD）と保存された付属サブユニット B とにより形成される共通の機能コアの存在である．機能コアは三つのポリメラーゼごとに異なる他のサブユニットを組織化する場合の足場として機能する．

真核生物のプライマーゼは細菌のプライマーゼと同様の頻度，すなわち 1 秒間に 1 プライマーという速度で複製を開始するが，細菌の酵素に比べて明らかに進化しており，RNA の後に続く 20 nt の一本鎖 DNA（ssDNA）という**二要素プライマー**（two-part primer）を合成する．このことはプライマーゼが**プライモソーム**（primosome）とよばれるより大きな複合体の一部であることを説明する（図 20.11）．プライモソームは RNA を合成するプライマーゼ（それ自身が大小のサブユニットから成るヘテロ二量体である）と酵素 Polα から成り，プライマーゼからポリメラーゼ活性への切替えが起きる．このポリメラーゼは忠実度が低く，誤りの頻度が $10^{-4} \sim 10^{-5}$ であり，伸長ポリメラーゼの誤りの頻度 $10^{-6} \sim 10^{-7}$ とは対照的である．これは Polα が校正能力をもたないためである．Polα/プライマーゼによって導入された誤りはラギング鎖の岡崎フラグメントを合成する際に Polα/プライマーゼに取って代わる Polδ により訂正されると信じられている．興味深いことに，Polα とリーディング鎖を合成するポリメラーゼ Polε の単独または二重変異株に関する遺伝学的研究から，このような校正はリーディング鎖プライマーに対しては起きないことが示されている．ラギング鎖合成の際の複数のプライマー上の誤りの校正は理にかなっている．もしもそのような誤りが修復されずに残されると，できた DNA 二本鎖はおびただしい数の誤りをもつことになってしまうであろう．もちろん，リーディング鎖合成では一つのプライマーしか使用しないのでこの限りではない．

不正確な塩基対に加え，挿入や欠失という誤りは通常複

表 20.1 真核生物の核で働く三つの複製ポリメラーゼ パン酵母の三つの複製ポリメラーゼをサブユニット組成とともに示している．括弧内の数字はそれぞれのサブユニットの分子質量を示す．それぞれの複合体の最大サブユニットがポリメラーゼ活性をもち，Polδ と Polε はエキソヌクレアーゼ活性ももっている．プライマーゼ活性は Polα/プライマーゼの Pri1 サブユニットにある．
[Kunkel TA & Burger PM [2008] *Trends Cell Biol* 18:521-527 より改変]

	Polα/プライマーゼ	Polδ	Polε
生化学活性	ポリメラーゼ，プライマーゼ	ポリメラーゼ，3′→5′エキソヌクレアーゼ	ポリメラーゼ，3′→5′エキソヌクレアーゼ，dsDNA 結合
過程	複製の開始，岡崎フラグメントの開始，プライマー合成	ラギング鎖合成，岡崎フラグメントの伸長と成熟化，Polα で生じた誤りの校正，DNA 修復	リーディング鎖合成，複製チェックポイント
サブユニット	4; Pol1 (167), Pol12 (79), Pri1 (48), Pri2 (62)	3; Pol3 (125), Pol31 (55), Pol32 (40)†	4; Pol2 (256), Dpb2 (78), Dpb3 (23), Dpb4 (22)
固有のプロセッシビティ	中	低	高
PCNA 存在下でのプロセッシビティ	中	高	高
誤りの頻度	$10^{-4} \sim 10^{-5}$	$10^{-6} \sim 10^{-7}$	$10^{-6} \sim 10^{-7}$

† 他の生物種には追加サブユニットがあり，ヒトでは PolD4 (12) である．

20.3 真核生物における複製の伸長　　451

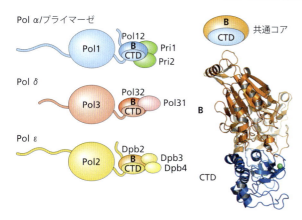

は**増殖細胞核抗原**（**PCNA**：proliferating cell nuclear antigen）であり，これは細菌のβクランプの相当因子である．第19章で学んだように，この二つのクランプがとても似た構造をしていること（図19.8参照），これらが鋳型鎖と新生娘鎖とにより形成される二本鎖（ds）DNA部分を環状に取囲むことで複製における高いプロセッシビティを保証していることを思い出してほしい．真核生物におけるクランプローダーは**複製因子C**（**RFC**：replication factor C）であり，この因子の全体的構造と機能はこれもまた細菌の五量体クランプローダーDnaXの構造と機能と高い類似性を示す．この類似性を図20.12に示す．

最後に，ヘテロ三量体の**複製タンパク質A**（**RPA**：replication protein A）はssDNA結合タンパク質として働き，

図20.10　酵母の核の複製に関わる三つのDNAポリメラーゼのサブユニット構成　Polα/プライマーゼ，Polδ，Polεの三つのポリメラーゼは機能的ヘテロ二量体コアを共通にもち，このコアは他の付属タンパク質（ここでは示していない）の呼び込みに働いている．このコアはそれぞれの触媒サブユニットPol1，Pol2，Pol3のCTDと付属する制御Bサブユニットから成る．付属サブユニットの種類には違いがあるが，Bサブユニットのみ三つのポリメラーゼ複合体のすべてに存在する．結晶構造は酵母のPolα CTD-Bサブユニットのものである．緑の球はCTDにある二つの亜鉛原子のうちの一つである．CTDとBサブユニットは進化的に高度に保存されており，増殖に必須である．触媒サブユニットPol1，Pol2，Pol3は系統学的に関連がある．[Klinge S, Núñez-Ramírez R, Llorca O & Pellegrini L [2009] *EMBO J* 28: 1978-1987 より改変．John Wiley & Sons, Inc. の許可を得て掲載]

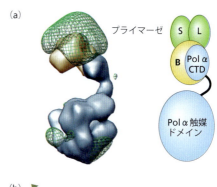

製過程で生じると予想される．この誤りは別の過程，たとえばDNA修復や組換えによっても生じうる．DNA複製に特有だと思われる別のタイプの誤りも存在する．これは反復配列複製の際に簡単に起きる**複製スリップ**（複製の滑り；slippage）の結果である．複製スリップはいくつかの遺伝病の原因となる（Box 20.4）．

細菌レプリソームの他の構成成分の機能的相当因子が真核生物に存在する

真核生物のポリメラーゼのためのプロセッシビティ因子

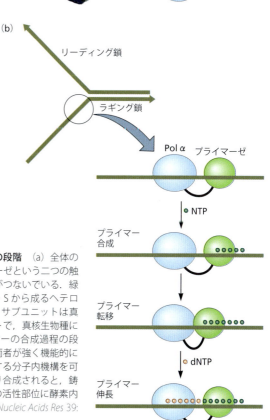

図20.11　酵母プライモソームの分子構造とRNA-DNAプライマー合成の段階　(a) 全体の三次元構造は非対称なダンベル形粒子であり，プライマーゼとポリメラーゼという二つの触媒活性が別々の出っ張りに存在し，その間を高い柔軟性をもつリンカーがつないでいる．緑の網目で示したプライマーゼは大サブユニットLおよび小サブユニットSから成るヘテロ二量体である．右の模式図は構造を説明している．黄色の球で示したBサブユニットは真核生物の三つのポリメラーゼ複合体のすべてに存在する付属サブユニットで，真核生物種において明らかに保存されている．(b) RNA-DNAハイブリッドプライマーの合成過程の段階．プライマーゼとポリメラーゼの活性が物理的に連結していることが両者が強く機能的に共役し，RNAプライマーがプライマーゼの活性部位からPolαへと転移する分子内機構を可能とする基礎となっている．1単位長のプライマーがプライマーゼにより合成されると，鋳型に結合したプライマーの3'末端は溶液中に放出されることなくPolαの活性部位に酵素内で転位する．[(a), (b) Núñez-Ramírez R, Klinge S, Sauguet L et al. [2011] *Nucleic Acids Res* 39: 8187-8199 より改変．，Oxford University Press の許可を得て掲載]

Box 20.4 DNA複製スリップ，伸長する反復配列，およびヒトの疾患

細胞には1回の細胞周期に1回のみ正確にゲノム全体を複製することを保証するチェックポイント制御のような多様な機構がある．しかし，完全に働く機構というものは存在せず，DNA複製を妨げる因子はゲノムの健全性を脅かす．そのような因子は一般に三つに分類される．(1) DNAに損傷を与える，もしくはヌクレオチドプールを枯渇させる外的因子，(2) 複製機能を果たす遺伝子に変異をもたらす遺伝的因子，(3) DNA結合タンパク質，転写単位，通常と異なるDNA構造，内因性の複製遅延領域などの内的要因．

短い反復配列が通常と異なるDNA構造を形成し，DNA複製を始めDNA組換えや修復を阻害するという事実は，

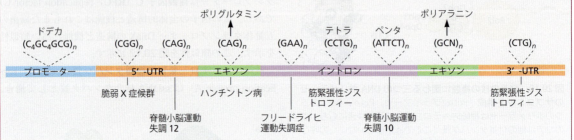

図1 架空のヒト遺伝子上の伸長性疾患原因反復配列の場所 いかなる遺伝病においても特定の遺伝子で単一の反復配列が伸長する．伸長可能な反復配列はそれが含まれる遺伝子のさまざまな領域に位置しうる．反復配列がコード領域にある場合はポリアミノ酸部位を含むタンパク質を生じさせる．それ以外の領域にある場合は反復配列は直接タンパク質の構造に影響を与えることはないが，その領域がもつ制御機構を破綻させることで効果を発揮する．図中のすべての反復配列は少なくとも一つの病気と関連がある．ここにはよくみられる病気だけを記載した．[Mirkin SM [2007] *Nature* 447: 932-940 より改変．Macmillan Publishers, Ltd. の許可を得て掲載]

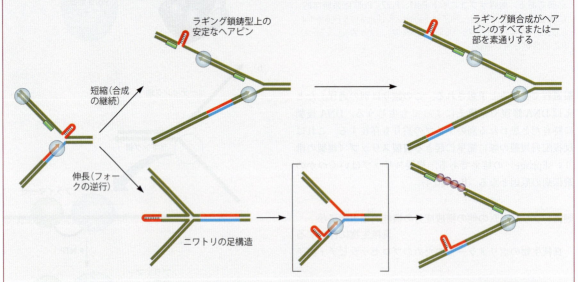

図2 反復配列での複製フォークの停止と再開が原因となる反復配列不安定性モデル 反復配列が新生鎖，鋳型鎖のいずれにあるかに依存してこの過程の結末がはっきりと分かれる．前者は結果として伸長し，後者は短縮する．反復配列を赤で示し，その相補配列を青で示す．DNAポリメラーゼは円で示されている．異常構造，この場合はヘアピンが一本鎖状態のときに反復配列上につくられる．その構造に何が起きるかは複製装置がその配列にどのように反応するかに依存する．上の経路で示すように複製フォークは単にこの部分を通過するだけかもしれない．この場合，反復配列はしばらくの間一本鎖の状態でラギング鎖に残り，ヘアピンになりうる．次の岡崎フラグメントの合成ではヘアピンのすべてまたは一部が素通りされ，反復配列が欠けた娘鎖が形成される．次回の複製でこの変化がゲノムに固定される．または下の経路で示されるようにおそらくヘアピンが形成され始めたため複製フォークが停止するかもしれない．実はこのときフォークは逆方向に進み，いくらか合成を続けながらニワトリの足構造をつくり出す．この構造ではリーディング鎖の反復配列部分は一本鎖構造になり，その結果ヘアピン構造に折りたたまれる．リーディング鎖複製が再開されるとさらに反復配列が足されてリーディング鎖へコピーされる．この場合，次回の複製で反復配列が伸長した娘二本鎖が一つつくられることになる．[Mirkin SM [2007] *Nature* 447: 932-940 より改変．Macmillan Publishers, Ltd. の許可を得て掲載]

短い DNA 反復配列が 30 以上のヒト遺伝性疾患をもたらす理由を説明する。図1 はヒト遺伝子一般という意味で病気の原因となる反復配列の種類と遺伝子内の位置を示したものである。この種の反復配列の多くは 3 ヌクレオチドであるが，4 ヌクレオチドリピート，5 ヌクレオチドリピートのものもある。また，12 ヌクレオチドリピートが進行性ミオクローヌスてんかんの原因遺伝子内に見つかっている。

疾患関連遺伝子の正常対立遺伝子はごく短い長さの反復配列（短い正常対立遺伝子とよばれる）か，間に中断が入ることで安定化した長めの反復配列（長い正常対立遺伝子とよばれる）から成る。たとえば，脆弱 X 症候群（図1 参照）の原因である（CGG）$_n$ の連続が AGG の挿入により中断されると，長い反復配列は病気をひき起こさなくなる。中断がない反復配列の長さが 100～150 bp の閾値を超えると，反復配列の伸長が細胞世代ごとに起きやすくなり病気が起きる。この一般的法則には例外がある。ポリアラニンをコードする反復配列は多くの病気の原因となるが，1.5 倍以上は伸長せず，その伸長閾値は 30～60 塩基とごく短い。

反復配列では通常とは違うさまざまな種類の DNA 構造がつくられる。それらには，ヘアピン，グアニン四重鎖により安定化される 4 本ヘリックス構造（第4章，第8章参照），3 本ヘリックス，DNA 巻戻し配列などがある。これらの構造の多くは負の超らせんストレスにより形成が促進される。二つの DNA 鎖の間でヘアピンを形成しうる能力の違いから，鋳型鎖と新生鎖は非対称的になることに気付くことが重要である（図2）。異常な構造が鋳型鎖と新生鎖のどちらにあるかによって反復配列を含む DNA 領域は次回の複製後に違う結末となる。すなわち，鋳型鎖上に構造がある場合は繰返し長が短縮し，リーディング鎖上に構造がある場合は伸長する（図2 参照）。この構造がある所で複製が止まることが反復配列の不安定性につながる最初の段階と考えられている。

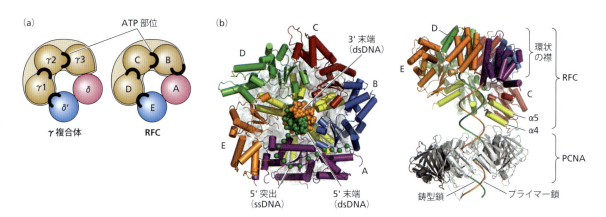

図 20.12 真核生物のクランプローダーとクランプの構造 (a) 大腸菌の γ 複合体と真核生物のクランプローダーの RFC はよく似たらせん構造をとっている。両複合体において ATP 部位はサブユニットの接触面にある。DnaX 複合体は 3 箇所 ATP 部位をもち，RFC には 4 箇所の ATP 部位がある。[Pomerantz RT O'Donnell M [2007] *Trends Microbiol* 15: 156-164 より改変．Elsevier の許可を得て掲載] (b) プライマーがセットされた DNA と結合した RFC-PCNA 構造のモデル．タンパク質とプライマーがセットされたモデル DNA との共結晶．左：RFC の環状の襟側から見た構造（明確にするため襟は除いてある）．鋳型鎖の 5' 末端の出口となりうる通路を緑の球で示している．右：複合体の断面図．DNA 二本鎖がそれぞれのサブユニットの二つのヘリックス α4 と α5（黄で示す）によって探知される．

細菌の SSB に対応する。複製フォークで ds DNA を開裂させるヘリカーゼはヘテロ六量体タンパク質 Mcm2-7 複合体であり，この因子に対応する細菌因子は DnaB である。S 期の開始において 2 コピーの Mcm2-7 が ORC の両側に反対向きに結合し（図 20.7 参照），一つの複製起点から二つのフォークが両方向に移動することを保証している。

真核生物の伸長はある特別な動的な特徴を示す

真核生物における複製伸長の詳細を図 20.13 で示す．真核生物の複製伸長における最初の二つの段階，プライマーの合成と RFC による PCNA の呼び込みはリーディング鎖，ラギング鎖で同じように起きる。この過程はそれぞれの鎖に異なる複製ポリメラーゼ，すなわちリーディング鎖に Polε，ラギング鎖に Polδ が呼び込まれるときに分岐が起きる（図 20.14，図 20.15）．Polδ は岡崎フラグメントの成熟化でも役割を果たす（図 20.14，図 20.15）．Polδ は短いフラップおよび長いフラップ経路において短いフラップの形成に関わる。真核生物と細菌の複製の大きな違いを生む原因は，前者がクロマチンという環境の下で起きるという事実である。このことはクロマチン構造をどのように乗り越えることができるのか，どんな構造が娘細胞へと伝わるか，という疑問を生じさせる。

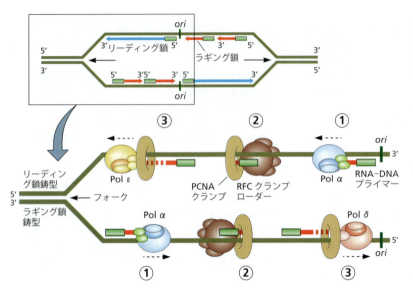

図 20.13　真核生物における複製伸長　図は真核生物のDNA合成におけるリーディング鎖とラギング鎖の合成に至る段階を示している．下図は上図の複製の目における線で囲んだ部分で進行している過程を模式的に示している．同じ過程はリーディング鎖とラギング鎖を逆にした複製の目の他の半分でも起きている．① Polα/プライマーゼによるRNA-DNAプライマー合成．② RFCクランプローダーがポリメラーゼを置換し，PCNAクランプを呼び込む．③ PCNAがそれぞれのポリメラーゼ，Polεをリーディング鎖上にPolδをラギング鎖上に呼び込み，新しく呼び込まれたポリメラーゼが次に伸長反応を進める．[Henneke G, Koundrioukoff S & Hübscher U [2003] *EMBO Rep* 4: 252-256 より改変．John Wiley & Sons, Inc. の許可を得て掲載]

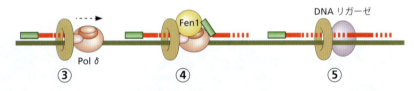

図 20.14　真核生物における岡崎フラグメントの成熟段階　段階の番号は図 20.13 から続いている．③ ラギング鎖上のPolδは伸長を続ける．④ プライマー鎖のRNA部分のPolδによる置換．Polδが前に合成された岡崎フラグメントのRNAプライマーの5′末端に出会うと，Polδは1〜2 nt合成を続け，プライマー部分を置換して一本鎖RNAフラップにする．⑤ 置換された5′フラップをフラップエンドヌクレアーゼ1 (Fen1) で切断または除去し，ニックをDNAリガーゼで塞ぐ．RNAフラップの切断は以下の二つの経路のうちのどちらかであるとされる．(1) Fen1がここで示すような短いフラップを切断する，または (2) ssDNA結合RPAが長いフラップを覆い，それをDna2ヌクレアーゼとFen1が切断する．この経路は図 20.15 で示している．[Henneke G, Koundrioukoff S & Hübscher U [2003] *EMBO Rep* 4: 252-256 より改変．John Wiley & Sons, Inc. の許可を得て掲載]

20.4　クロマチンの複製

複製時のクロマチン構造は動的である

　クロマチン構造を一見すれば（第8章参照），真核生物におけるDNA複製が深刻な問題を抱えていることは明らかである．DNA複製では親のヌクレオソーム構造が乗り越えられなければならないだけでなく，エピジェネティックな情報さえも維持して二つの娘二本鎖を忠実に再現しなければならない．この過程に関する解析が最近まで基本的な点で不確かであり，論争を巻き起こしている状況だったことにあまり驚きはない．現在ではクロマチンを適切に複製するうえで重要な役割をもつヒストンシャペロンの発見を基礎として（表20.2），意見の一致が図られつつある（図20.16）．

　DNA複製装置はかさが大きく，伸長の過程でヌクレオソームをそのまま通過することができないことをまずはっきりさせておきたい．ヌクレオソームは転置もしくは解離されなくてはならない．詳しく明らかにされているサルウイルス40（SV40; simian virus 40）複製システムの電子顕微鏡観察からフォークの直前にヌクレオソーム欠失領域があることが示され，またその次のヌクレオソームが乱れていることを示す証拠も出されている．この効果は以下のいずれかまたは全部が原因だと考えられる．(1) ヘリカーゼによるDNAの巻戻し，(2) 移動するDNAポリメラーゼの前方に正のストレスが蓄積することによるヌクレオソームの不安定化．これは伸長中のRNAポリメラーゼの前方の状況（図12.8参照）を思い起こさせる筋書きである．(3) シャペロンによるヒストンの受容．

ヒストンシャペロンは複製において多くの役割を果たすかもしれない

　シャペロンはヒストン除去を能動的に行い，促進的あるいは貯蔵的な役割の一方あるいは両方を果たすことが想定されている．二つのシャペロン，FACTとNAP1がヒストンH2A-H2B二量体を受容する（表20.2参照）．FACTについてはすでに第12章で転写を促進するものとして取上

20.4 クロマチンの複製

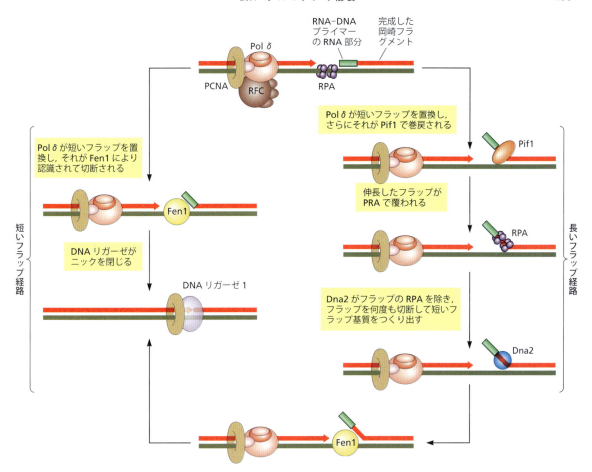

図 20.15　真核生物の岡崎フラグメントの成熟化に関わる短いフラップおよび長いフラップ経路の機構　出芽酵母で Pol δ は Pol3，Pol31，Pol32 の 3 サブユニットから成り，分裂酵母や後生動物では 4 サブユニットから成る．4 番目のサブユニットはホロ酵素を安定化する機能がある．関わるこれ以外の因子としては PCNA クランプ，RFC クランプローダー，RPA ssDNA 結合タンパク質複合体），Pif1（プチ統合頻度；迅速なフラップ形成を促進する 5′→3′DNA ヘリカーゼ），Dna2（ラギング鎖 DNA 複製に必須な機能を果たすヌクレアーゼ活性をもつヘリカーゼ/ヌクレアーゼ），Fen1（フラップエンドヌクレアーゼ 1），DNA リガーゼ 1 がある．短いフラップ経路，長いフラップ経路は模式図のそれぞれ左側，右側に描かれている．[Henneke G, Friedrich-Heineken E & Hübscher U [2003] *Trends Biochem Sci* 28：384-390 より改変．Elsevier の許可を得て掲載]

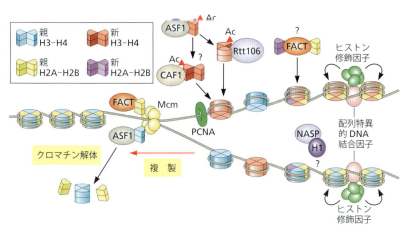

図 20.16　DNA 複製中のクロマチン複製のモデル　このモデルの多くの部分は疑問符で示しているように推測上のものである．たとえば，親クロマチンからの完全な (H3-H4)₂ 四量体の移動に関する不確実な点は取扱っていない．このモデルでは配列特異的な DNA 結合タンパク質が特異的ヒストン修飾因子やクロマチンリモデリング因子（ここでは示していない）を呼び込んだ結果，新しいクロマチン上のヌクレオソーム修飾が起きると仮定している．両方の娘クロマチン繊維はそのように目印を付けられ修飾されることで古いクロマチンとみなされるようになる．[Ransom M, Dennehey BK & Tyler JK [2010] *Cell* 140: 183-195 より改変．Elsevier の許可を得て掲載]

表 20.2 ヒストンシャペロンのおもな役割

ヒストンカーゴ（積荷）	シャペロン	DNA 複製における認識された役割	ヒストン以外との相互作用
H3-H4	ASF1	クロマチン集合と解体，H3K56 アセチル化促進	CAF-1, RFC, Mcm
	CAF1	クロマチン集合，ヘテロクロマチンサイレンシング	ASF1, PCNA, Rtt106
	Rtt106	クロマチン集合，ヘテロクロマチンサイレンシング	CAF-1
H2A-H2B	FACT	クロマチン集合と解体	Mcm, RPA, DNA Pol I
	NAP1	クロマチン集合と解体	
H1	NASP	クロマチン集合	

げている．FACT はヘリカーゼとも相互作用するので，H2A-H2B 二量体をフォークを越えて運搬したり，新規合成された二量体を複製装置に呼び込んだりすることでヌクレオソームの再構成を行うようである．

もう一つのシャペロン ASF1 は H3-H4 と親和性があり，新規合成された H3-H4 二量体をフォークまで運ぶことは確かである．親（H3-H4）$_2$ 四量体における ASF1 の役割に関しては論争がある．ヌクレオソームの解離に際してはリンカーヒストン H1 も失われなければならないが，これは別のシャペロン NASP によって捉えられる．現在，複製フォークの前方にできる何もない空間が親ヌクレオソームの解離によってつくられ，そのヌクレオソームから適切なシャペロンによってヒストンが隔離されると考えられている（図 20.16 参照）．次の疑問は，フォークの背後で両方の娘二本鎖上に完全なクロマチン構造がどのように再構築されるか，である．

古いヒストンと新規に合成されたヒストンはどちらも複製に必要である

親ヒストンがリーディング鎖とラギング鎖の上でランダムに再利用されることが長い時間をかけて明らかにされてきた．しかし，このヒストンは二つの娘二本鎖に必要とされる量のせいぜい半分しかない．染色体の再構築が完了するためにはヒストンが新しく細胞内で合成され，複製フォークに運ばれなければならない．多くの真核生物では複製依存的合成と交換合成の2種類のヒストン合成があり，ここで関係するのは前者である．複製依存的ヒストン合成は S 期のみで起こり，ほとんどのヌクレオソームの構成成分である H3.1, H4, H2A, H2B という標準的なヒストンバリアントと，リンカーヒストンファミリーバリアント H1 を合成する．他のヒストンのセットは，置換バリアントとよばれ，H3.3, CENP-A, H2A.Z, H2A.X が含まれる．これらが細胞周期を通じて合成され，すでにあるクロマチンに挿入されうることを学んだ第8章と第12章を思い出してほしい．

ヌクレオソームの構造（第8章参照）からは，ヒストン H3 と H4 が最初に娘二本鎖に集合し，ヌクレオソームの核である（H3-H4）$_2$ 四量体をつくることから開始されな

ければならないことは明らかである．テトラソームは（H3-H4）$_2$ の周囲に DNA が巻付いた詳細に解析された粒子であるが，新しい H3 と H4 はヘテロ二量体としてシャペロン ASF1 に結合した形でまず DNA に供されるらしい．この複合体のX線構造解析（図 20.17）から ASF1 と H3-H4 の相互作用が他の H3-H4 二量体と結合して四量体形成に関わるヒストン表面を封鎖することがわかった．したがって，ASF1 は完全な四量体を運搬して新たなヌクレオソームをつくることはできない．他の必須なヒストン

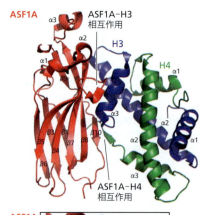

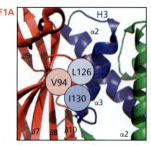

図 20.17 ヒトの ASF1A-H3-H4 三者複合体の構造　下の枠は相互作用領域の拡大図で，ASF1A と H3-H4 二量体の結合に重要な疎水性残基を強調している．重要な点は H3-H4 二量体表面のこの部分は，ヌクレオソームにおいて2個目の H3-H4 二量体が代わりに相互作用する領域であることである．したがって，ASF1 はヒストン四量体を運ぶことはできない．［De Koning L, Corpet A, Haber JE & Almouzni G [2007] Nat Struct Mol Biol 14: 997-1007 より改変．Macmillan Publishers, Ltd. の許可を得て掲載］

シャペロン CAF1 は相方となる H3-H4 二量体を運搬でき，ASF1 から二量体を受取ることができる．これにより，新たに複製された DNA へ運ばれる四量体がつくり出される（図 20.16 参照）．

このような機構ですべての新しい四量体の挿入が起きると考えるのはリにかなっているが，親四量体がどのようにフォークの後ろで娘二本鎖に運ばれていくかという問いの答えにはなっていない．親四量体は ASF1 によって壊され，その後上で述べたように再集合するのだろうか．あるいはそれらは CAF1 によってそのまま運ばれるのだろうか．最初に述べたやり方では，古い分子と新しい分子が混じった四量体ができると考えられるが，その予想に反する証拠も出されている．しかしながら，四量体をそのまま運搬するとエピジェネティックな情報を保存することが難しくなるかもしれない．強調しなければならないのは，細胞には古い H3，H4 と新しく合成した H3，H4 を見分ける明らかな仕組みがあることである．ヒストン H3 のリシン 9，14，56，および H4 のリシン 5，12 のアセチル化によって新しいヒストンに翻訳後の標識が付けられる．この修飾はクロマチンが成熟するにつれて除去されるが，クロマチンが適切に複製されるために必須である．

リンカーヒストン H1 の運搬はまだあまり研究されていない．シャペロン NASP と結合した H1（図 20.16 参照）が H1 を除去したクロマチンへのヒストン積み込みを促進するという証拠はある．

クロマチンがもつエピジェネティックな情報も複製されなければならない

第 12 章において，転写レベルで遺伝子発現を制御する情報の多くはヒストン構造の修飾の中にコードされていることをみてきた．この情報は後生動物では細胞や組織型に特異的であり，体細胞分裂においてその情報は保存され，ときには特別に改変されなければならない．そのようなエピジェネティックな情報は DNA に沿ったヌクレオソームの位置や高次のクロマチンの折りたたみから，ヒストンバリアントの配置やヒストンの翻訳後修飾，DNA のメチル化に至るまでのさまざまな方法でクロマチン上に貯蔵されている．そのような多様性のあるきわめて特異的な変化は DNA 複製という大掛かりな過程を通してどのように保存されているのだろうか．

DNA 上のヌクレオソームの位置取りは少なくとも部分的には DNA 配列それ自体の中のあるモチーフによって決められているが，それらは強力な決定要因ではなさそうだ．最も好まれる最終的な位置取りはリモデリング因子の助けがあるときにのみ達成されるようで，リモデリング因子は in vivo でのクロマチンリモデリングにおいて役割を果たすことが知られている．リンカーヒストンと非ヒストンタンパク質の交換もヌクレオソーム交換に関係しているかもしれない．特別な例はヘテロクロマチン領域に豊富に存在する HP1 タンパク質である．

アセチル化，メチル化，リン酸化などの特異的な共有結合による多数の標識を保持していることを説明するのは難しい．ほとんどの標識が H3 と H4 上に見られることに注目しよう．クロマチンが複製されているとき，親の H3 と H4 だけがその修飾を所有しているのだろう．その修飾は新しく合成された H3 と H4 に入る新品であることを示す特定のアセチル化マークとは区別されるはずである．新しいヒストンに対するマークはエピジェネティックなマークのパターンの一部ではなく，クロマチンの成熟に伴って除去される．問題は，古いヒストンに存在する他の修飾のすべてがいかに新しいヒストン上に再現されるかということである．その解答は，古い H3-H4 の伝達に関して想定されているモデルに依存したものとなる．古い四量体が娘二本鎖にそのまま移される前に二量体に分けられ，それぞれのペアが新しい二量体と組合わさるとすると，すべてのヌクレオソームは少なくとも 1 セットのマークをもつことになる．そのヌクレオソームはおそらく適切な場所に酵素を呼び込み，もとのパターンが再構築されることになるだろう．しかし，四量体が新旧ヒストンの混合であることに反証する結果が出されているため，我々は別のモデルを考えなくてはならない．H3-H4 四量体が親鎖からそのまま移されるとすると，娘鎖上のヌクレオソームの半分が適切なマークをもつが，残り半分はつくりたてのヌクレオソームである．つくりたてのヌクレオソームにマークを入れることは領域という観点で考えたときのみ実行可能であろう．たとえば，その領域にある古い H3 や H4 でアセチル化が優勢のとき，その領域は何らかの方法でアセチル化されるのかもしれない．非常に特異的なヌクレオソームごとのパターンがどのように再生されるのかを理解するのは困難であるが，このレベルでのパターンについてはほとんど何もわかっていない．

クロマチンがさまざまなエピジェネティックマークを受取る過程が相互に関連し，ある意味協調的に進むことについては証拠がある．たとえば，ヘテロクロマチン領域では特異的 H3 メチル化が好まれるが，この標識は HP1 タンパク質の呼び込みを助ける．HP1 は次に特異的メチル化酵素を呼び込み，この修飾が触媒される．このようにして，特徴的な凝集構造をもつヘテロクロマチン領域の形成の広範囲の伝播が可能となる．

20.5　DNA 末端複製問題とその解決法

真核生物の核染色体は単一の線状 DNA 二重らせんから成り，それぞれは二つの末端をもっている．染色体末端の存在は複製を繰返すごとに徐々に短縮することになるため，複製において問題となる．末端複製問題は James

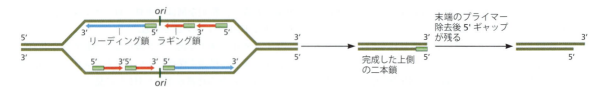

図20.18 DNA末端複製問題 細胞のもつすべてのDNAポリメラーゼがプライマーを必要とするため,末端RNAプライマーがいったん分解されるとラギング鎖機構で複製されるDNAは短小化するはずである.この末端複製問題が二つの娘二本鎖のうちの上側の二本鎖の右端に描かれている.ここで示すように,半保存的複製装置のみが働いてDNA複製が繰返されるならば,このギャップは漸進的に娘鎖を短くしていくことになる.

WatsonとAlexey Olovnikovにより1970年代の初頭に独立に認識された.彼らは,細胞のもつすべてのDNAポリメラーゼがプライマーを必要とするので,ラギング鎖合成機構によって複製されるDNAが末端のRNAプライマーの分解の際に短縮するはずであることに気付いた.

S期の間,線状の染色体DNAは染色体内部から末端に向かって移動する複製フォークによって複製される.リーディング鎖合成は理論上,親鎖を最後のヌクレオチドまで完全にコピーすることができる.ポリメラーゼ/プライマーゼによる不連続なラギング鎖合成は各親鎖をコピーするが(図20.18),これはRNAプライマーにより開始される.RNAプライマーはそれぞれの岡崎フラグメントから除去され,内部のギャップは不連続DNAの伸長とその後の連結によって埋められる.しかし最も遠位のRNAプライマーが除去されると,染色体のテロメア領域の5′末端にはギャップが一本鎖として残る.その後DNA複製が繰返されると,拡大していくギャップが娘鎖を徐々に短小化させる結果となる.ついには,このような短縮がゲノムの必須のコード領域にまで拡大していくことになるだろう.テロメアDNAの崩壊は染色体末端の複製後のプロセシングによっても生じる.細胞はこの問題をどう処理しているのだろうか.

テロメラーゼが末端複製問題を解決する

染色体末端が徐々に短縮しない理由を解く鍵は,テロメアが単純な配列の多重繰返しから成るという発見からもたらされた.続いて,その配列を付加することで染色体末端を伸長させるRNA-タンパク質酵素複合体**テロメラーゼ**(telomerase)が発見され,この問題は完全に解決した.ノーベル賞を受賞したこの発見の歴史的説明については Box 20.5 を参照せよ.それぞれのテロメラーゼ複合体はテロメア反復配列と相補的な配列が特徴である小RNA分子を含む(図20.19).タンパク質と結合したRNAの一部は常に一本鎖の状態であり,一方RNA分子の残りの部分は比較的複雑な二次および三次構造をとっている.加えて,テロメラーゼのタンパク質部分はすべてのDNA,RNAポリメラーゼに典型的に存在する親指-手の平-フィンガー構造をもつ.酵素の逆転写活性はテロメラーゼ

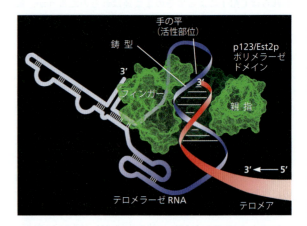

図20.19 テロメラーゼはRNA成分とタンパク質部分をもつ RNA分子はテロメア反復配列に相補的な配列を含む.テロメラーゼRNAは146〜1544 ntと長さに多様性があり,特有の二次構造とおそらくは三次構造をとっている.テロメア配列に相補的な部分のみが常に一本鎖である.RNAはテロメア縦列反復配列の多重コピーを合成する際の鋳型として働く.[Lingner J, Hughes TR, Shevchenko A et al. [1997] *Science* 276: 561-567 より改変.American Association for the Advancement of Science の許可を得て掲載]

RNAを鋳型として一つながりのDNAを合成する.図20.20はテロメラーゼによるテロメア縦列反復配列の多重コピー合成に関し,提案されている機構を示している.この酵素は一つの反復配列を合成した後で前方にずれ,新しい染色体末端に位置を移してこの過程を繰返す.このような複製スリップ機構によって反復配列が多重に付加される.このようにテロメアDNAが継続して伸長されることで染色体末端の喪失が補償され,テロメアに近接した遺伝子のコード領域まで失われてしまうことを防いでいる.染色体が100 ntほどの臨界テロメア長以下になるまで削られると細胞の分裂能力が失われる.

テロメアの代替伸長経路がテロメラーゼ欠損細胞で働く

通常の体細胞の多くは分裂能力を無限にもつ必要がなく,そのためテロメラーゼ活性を抑制して細胞分裂を制限している.対照的に,多くのがん細胞ではテロメラーゼが上方制御され(Box 20.5 参照),無限に増殖することが可

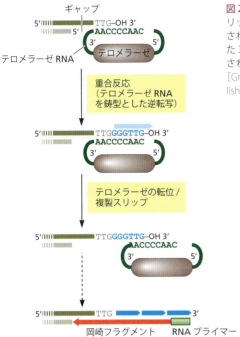

図 20.20　**テロメア DNA 合成に関して提案されている機構**　反復配列は複製スリップ機構により付加される．この機構ではテロメア ssDNA の 1 反復配列が合成されると酵素が移動して新しい染色体末端に位置を移しこの過程を繰返す．伸長した 3′ 末端は次の新しい岡崎フラグメント合成の鋳型として働く．テロメアが伸長されても末端の RNA プライマーが除去されると 3′ 突出末端ができることに注意．
[Greider CW & Blackburn EH [1989] Nature 337: 331-337 より改変．Macmillan Publishers, Ltd. の許可を得て掲載]

能になっている．しかし，テロメラーゼ陰性型のがん細胞も多く存在する．そのような細胞では**相同組換え（HR；homologous recombination）**を使い，テロメアの代替伸長（ALT；alternative lengthening of telomeres）経路によってテロメアを伸ばしている．ALT により伸長されたテロメアは ALT 陽性細胞の染色体蛍光像（図 20.21 a）でみられるように，長さがとても不均一になる．

ALT はすべてのテロメア末端に存在する**シェルテリン複合体**（shelterin complex）（図 8.30 参照）を背景として機能する．シェルテリン複合体はテロメアの二本鎖部分に結合する TRF1 と TRF2 の二量体タンパク質，一本鎖の G リッチ突出末端に結合する POT1，およびこれらのタンパク質を架橋する TIN1 と TPP1 タンパク質を含む．POT1 は一本鎖突出末端が DNA 損傷として認識されてしまうことによる通常の DNA 修復過程を抑制する．シェルテリンは末端を分解から保護する．

ALT に関する機構はほとんどわかっていない．あるテロメアの 3′ 突出末端が他の染色体のテロメア二本鎖に侵入することにより生じる**テロメア間 D ループ**（intertelomeric D-loop）の形成を介して ALT が起きると考えられている（図 20.21 b）．このとき，伸長は第二の染色体の配列情報を使って起きる．生じたテロメア間 D ループは解離する必要があり，その過程には**ウェルナーヘリカーゼ**（**WRN**；Werner helicase）および**ブルームヘリカーゼ**（**BLM**；Bloom helicase）が関与する．WRN と BLM は非常に重要なテロメア結合および維持タンパク質であるシェルテリンサブユニット TRF2 と物理的および機能的に相互作用する．WRN と BLM の変異はそれぞれ早期老化症のウェルナー症候群およびブルーム症候群をひき起こす．これらの病気に関しては第 22 章で取上げ，この二つのヘリカーゼが組換えにおいて働いていることをより詳細に議論する．

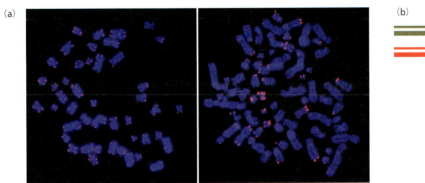

図 20.21　**テロメラーゼ陰性のある種のがん細胞におけるテロメアの ALT**　テロメラーゼ陰性がん細胞では相同組換えが ALT によるテロメア伸長に使われている．(a) テロメラーゼ陽性細胞（左）と ALT 細胞（右）における蛍光 in situ ハイブリダイゼーション（FISH）によるテロメアの可視化．蛍光標識されたテロメア DNA 配列に対するプローブを中期染色体の展開標本にハイブリッド形成させた．テロメラーゼ発現細胞ではテロメア長は均一であり，テロメアはすべての染色体末端に観察される．一方，ALT 細胞ではテロメアの長さはきわめて不均一で，テロメアがない染色分体も観察される．[Chung I, Osterwald S, Deeg KI & Rippe K [2012] Nucleus 3: 263-275．Taylor & Francis の許可を得て掲載] (b) 現在の ALT モデル．あるテロメアの 3′ 突出末端が他の染色体のテロメア二本鎖に侵入する．伸長は第二の染色体の情報を利用して行われる．

Box 20.5　テロメア，老化とがん

　Joseph Gall の研究室にいた Elizabeth Blackburn による画期的な研究が発表されるまで，DNA の末端複製問題は10年以上説明されないままであった．Blackburn と Gall が二つの核をもつ原生動物テトラヒメナを研究材料として選んだのは賢明であった．テトラヒメナの細胞には5本の正常染色体を含む小核と5本の染色体が切り刻まれて数百の小片になっている大核がある．このことは，染色体末端，すなわちテロメアが多数存在することを意味する．1978年までに Blackburn はテトラヒメナのテロメア DNA が TTGGGG という単純な配列が多数繰返された構造であることを示した．ほぼ同じとき Jack Szostak との共同研究が始まり，彼は酵母のテロメアがそれと似ているがより複雑な状況であることを示した．

　Blackburn は自身の研究室で当時大学院生だった Carol Greider という強力な共同研究者とともにこの反復配列がどのように DNA 末端に付加されるかという問いにまさに取組んでいた．進捗は急であった．1985年，彼らは酵素テロメラーゼの存在を示し，1987年にはテロメラーゼが RNA を含むことを示した．2年後，RNA の配列を決定し，それが反復配列を連続的に付加する際の鋳型として働きうることを示した．さらに数年後，Greider はこの酵素がプロセッシブであることを示した．しかし，Joachim Lingner と Thomas Cech により酵素が精製されて構造が決定されるには1996年まで時間がかかった．Blackburn, Greider, Szostak は"染色体がテロメアと酵素テロメラーゼにより保護される仕組みの発見"に対して2009年のノーベル生理学・医学賞を授与されている．

テロメアと老化

　たいていの細胞は S 期の短い期間を除いてテロメラーゼを欠損している．この例外は生殖細胞，幹細胞，がん細胞である．細胞分裂は生涯を通じて繰返されるため，このことはほとんどの体細胞が徐々にテロメア長を減らしていくことを意味する．テロメアがある限界，およそ100単位以下に削られると細胞老化および細胞死につながる過程が誘導される．このことが明瞭に意味していることは，我々が老化とともに直面する退行変性過程の多くが，短縮したテロメアに原因があるかもしれないということである．テロメラーゼを投与すれば寿命が伸ばせるのだろうか．

　多くの研究者はこのアイデアに魅惑されてきた．初期の研究は有望な結果ではなかった．テロメラーゼをノックアウトしたマウスはテロメラーゼなしでもうまくやっていけるように見えた．しかしその後，ノックアウトマウスの系統は異常に長いテロメアをもつことが見つかった．ヒト並のテロメア長をもつマウスで実験が繰返された結果，変性疾患と早期の死が特徴付けられた．最も印象深いのは，老化したマウスでテロメラーゼを働かせた実験である．このマウスは対照群と比較して40％長く生存し，認知機能と生殖能力が改善していた．ただし，この結果がヒトにも当てはまるかどうかについては何も証拠がないことは強調しておかなければならない．

テロメラーゼとがん

　がんは無制限の細胞分裂が特徴であり，あるがんの細胞株は事実上不死だといえるほどである．どうやら通常の老化の進行と死はがんには当てはまらないようである．さらに，がん細胞の大多数ではテロメラーゼレベルが高く，テロメラーゼ遺伝子が S 期に限らず定常的に発現している．このことは，毒性のないテロメラーゼ阻害剤があれば有用ながん治療薬になりうることを示している．この考え方は製薬業界ではまだ失われておらず，そのような薬の発見に向けて激しい競争中である．実際，有望な候補薬が現在治験されている．

　ALT には，二つのコイルドコイルタンパク質 Smc5 と Smc6 の二量体（図20.22）と，それに結合する一群のタンパク質が確かに必要であることが知られている．染色体構造維持（SMC; structural maintenance of chromosomes）ファミリーに属する別の二つのタンパク質 Smc1 と Smc3 はコヒーシンの骨格を形成する（図8.25参照）．コヒーシンは S 期において複製された染色体の二つの姉妹染色分体の周囲に形成される複合体であり，この働きで姉妹染色分体は分裂期までつなぎとめられている．他の二つのタンパク質，Smc2 と Smc4 は分裂期染色体の凝縮された構造の形成および維持に関わるコンデンシン I の主要構造成分である．

　Smc5-Smc6 複合体はタンパク質サブユニット Mms21/Nse1 を含み，これは E3 SUMO リガーゼである．このサブユニットは細胞学的に識別可能な ALT が生じる構造，**前骨髄性白血病ボディ**（**PML** ボディ；promyelocytic leukemia bodies）の多数の構成因子を SUMO 化すると考えられている（図20.22参照）．PML ボディはシェルテリンで覆われたテロメア，Smc5-Smc6 複合体，相同組換えを行う多数のタンパク質の間を架橋し，相同組換え過程を促進する．

20.6　ミトコンドリア DNA の複製

　ミトコンドリアと葉緑体は自分自身の DNA をもっている．ここではより詳しく研究されているミトコンドリアゲノムについて議論する．ミトコンドリアゲノムのサイズはヒトゲノムのたった 0.0005％ にしか相当しないが，そこには rRNA と tRNA 遺伝子，および呼吸鎖の構成因子をコードする必須遺伝子が密に格納されている．これらの遺伝子は数としては合わせるとヒトの全遺伝子のほぼ 0.1％ になる．ミトコンドリアは普遍的に重要であり，また共生

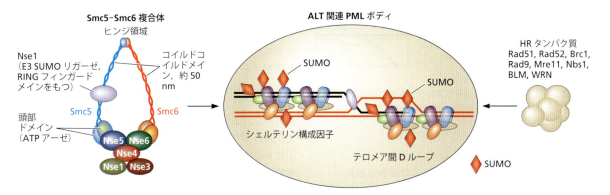

図20.22 ALTにおけるSmc5-Smc6とPMLボディ Smc5-Smc6は二本鎖切断修復，壊れた複製フォークの再開，rDNA健全性の維持に役割をもつ．ここで示す構造はコヒーシン複合体Smc1-Smc3の構造に基づく仮説上のものである．NSEは非SMC要素タンパク質を示す．Nse5とNse6はヒトではみつかっていない．Smc5-Smc6のクロマチンへの積込みは複製と共役しているらしい．ALTを生じている細胞ではALT関連PLMボディ（APB）として知られるPMLボディにテロメアが結合している．PMLボディはさまざまな細胞過程に関わる動的な核構造である．これは翻訳後修飾を促進し，タンパク質をそれぞれの作用部位に局在化させる．PMLボディの構成因子の多くはSUMO化されている．SUMO化修飾はタンパク質の安定性，タンパク質-タンパク質相互作用，細胞内局在に影響を与える．PMLボディはテロメア，Smc5-Smc6複合体，HRタンパク質を寄せ集めて相同組換え（HR）を促進している．ALT細胞では姉妹染色分体を相同組換えに使用できるG_2期にSmc5-Smc6複合体とHRタンパク質がPMLボディと結合している．シェルテリン構成因子RAP1，TIN2，TRF1，TRF2はMMS21によってSUMO化され，それによりテロメアがAPBに呼び込みもしくは維持され，テロメアでの相同組換えが促進されている．[Murray JM & Carr AM [2008] Nat Rev Mol Cell Biol 9: 177-182より改変．Macmillan Publishers, Ltd.の許可を得て掲載]

した細菌に由来すると考えられているため，そのDNAと複製には大きな関心がもたれている．細菌と同様にミトコンドリアには真核生物の核DNAにあるヒストンやクロマチン構造が存在しない．代わりに，ミトコンドリアDNA（mtDNA）は細菌DNAと類似したHU様タンパク質（表8.2参照）により凝縮する．

ミトコンドリアゲノムの環状性は伝説か真実か

長い間，ミトコンドリアゲノムの物理的構造は細菌と同様に環状と考えられてきた．ミトコンドリアゲノムの複製機構を議論するため，ヒト細胞のミトコンドリアゲノムに関して内部に存在するRNAとタンパク質をコードする遺伝子を含め，従来の考え方を述べることにする．Dループ領域はプロモーターと複製起点を含み，構造を維持するための特定のタンパク質と相互作用すると考えられる（図20.23）．

しかし最近，この考え方は新しい方法論によって得られたデータの出現で根底から揺るがされている．酵母 *Candida albicans*，ある種の植物，ヒトの心臓細胞ではミトコンドリアゲノムは高度に枝分かれしたサイズにばらつきがあるサブ断片をもつ複雑な網目構造をとっている．ゲノムサイズの分子はごくまれであり，環状分子は上記の標品ではまったく検出されない（図20.24）．

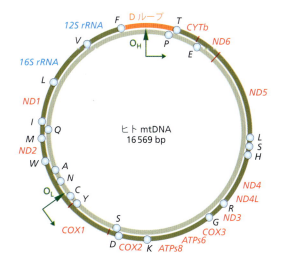

図20.23 従来の環状表示によるヒトミトコンドリアゲノム ミトコンドリア（mt）DNAは呼吸鎖の13個の必須タンパク質構成因子（赤文字で示す）をコードしている．12Sと16S RNAの2個のrRNA遺伝子および22個のtRNA遺伝子（青の丸とアミノ酸の1文字表記で示す）はタンパク質をコードする遺伝子の間に散在している．これらはミトコンドリア内でタンパク質を合成するための必須RNA構成因子を産生している．Dループは1.1 kbの非コード領域であり，ゲノムの転写と翻訳の制御に関与する．この領域は呼吸鎖ポリペプチドの合成に直接関与しない唯一の領域である．Dループは重鎖の複製によってつくられる初期領域と考えられる第三のポリヌクレオチド鎖を含む．どうやら重鎖複製は開始後すぐに停止し，しばらくの間その状態で止まっているようである．O_HとO_Lはミトコンドリア複製の重鎖および軽鎖の複製起点である．軽鎖複製の起点はゲノムのおよそ2/3の位置にあり，五つのtRNAクラスターの中に存在する．[Center for the Study of Mitochondrial Pediatric Diseasesのご厚意による，改変]

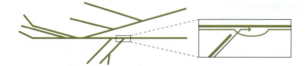

図20.24 葉緑体やミトコンドリアのゲノムの別の構造 枝分かれし多ゲノムから成る植物葉緑体の染色体．鎖置換型DNA合成が分枝点で行われている．[Bendich AJ [2010] *Mol Cell* 39: 831-832 より改変．Elsevierの許可を得て掲載]

ミトコンドリアゲノムの複製モデルには論争がある

ミトコンドリアゲノムの複製ほど論争が多い生命過程はほとんど例がなく，今日までその機構はまだ解かれていない．研究者たちが同意している唯一の点は，ミトコンドリアゲノムは**Polγ**により複製されることである．Polγはホモ四量体であり，ポリメラーゼ活性および3′→5′エキソヌクレアーゼ活性をもち，高プロセッシビティを示す．生化学的活性という点では，Polγは細菌のPol Ⅲ コアや真核生物のラギング鎖ポリメラーゼPolδと似ている．初期の複製モデルではλファージDNAの二方向性複製（第19章参照）の際にみられるのと同様のθ構造の形成を介して複製が起きると提唱されていた．その後の研究から，転写開始鎖置換（SD; strand-displacement）モデルが最も広く受入れられている．そのモデルではそれぞれの鎖に特有な2箇所の一方向性複製起点から複製が始まる（図20.25）．

さまざまな生物系を用いた実験の結果から近年多くのモデルが提出されている．そのモデルには，二つの鎖が同時

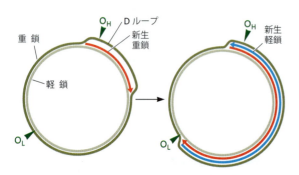

図20.25 環状ミトコンドリアDNA複製の鎖置換モデル 複製は両方の複製起点から，連続的かつ一方向性に，Dループ領域で始まる．ミトコンドリアゲノムの二つのDNA鎖は密度の違いにより遠心分離で分けることができ，それぞれは重鎖，軽鎖とよばれる．複製が始まると親重鎖は新生重鎖により置換され，電子顕微鏡で可視化される置換ループ（Dループ）ができる．重鎖の複製がある程度まで，環状分子のほぼ2/3まで進むと軽鎖の複製が自身の複製起点（O$_L$）から始まる．開始にはRNAによるプライミングが必要である．プライマー除去は不完全であり，成熟mtDNA中には数個のリボヌクレオチドがしばしば残骸として残されている．[Brown TA, Cecconi C, Tkachuk AN et al. [2005] *Genes Dev* 19: 2466-2476 より改変．Cold Spring Harbor Laboratory Press の許可を得て掲載]

に合成されるという核ゲノムの複製と類似した鎖共役複製モデルや，RNAがラギング鎖全域に取込まれるRITOLSモデル，mtDNAのさまざまな部位から複製開始が起きると提唱するモデルなどがある．組換え駆動複製（RDR; recombination-driven replication）として知られている別のモデルでは，酵母や植物，また最近ではヒトの心臓細胞において，ミトコンドリア複製開始のプロセスに相同組換えが関わっていると考えられている．

ヒト心臓組織のミトコンドリア内にみつかる線状分子の複雑な網目構造は組換え駆動複製および鎖置換の両機構により複製されると考えられるが，鎖置換が枝分かれ部で作用すると，ミトコンドリアおよび葉緑体ゲノムに長く存在するssDNA領域が曝露されることになる．興味深いことに，組換え駆動複製と鎖置換合成はある種のがん細胞における異常なテロメア伸長過程の原因となっている可能性がある．

20.7 真核生物に感染するウイルスの複製

真核生物個体に感染するウイルスには非常に多くの種類があり，そのゲノムはさまざまな方法で維持されている．SV40のようなウイルスは環状のdsDNAゲノムをもっており，これまで述べたθ機構によって複製を行う．

一方，RNAウイルスはゲノムにRNAのみをもつ．RNAウイルスには風邪から**エイズ**（AIDS），がんに至るまでのさまざまな病気の原因となるヒトの病原体が含まれる．ウイルスはssRNAかdsRNAゲノムをもち，その複製機構には驚くべき多様性がある．ここではRNAウイルスのクラスのなかでも重要な**レトロウイルス**（retrovirus）について議論する．レトロウイルスは複製における中間体としてDNAを利用する．

レトロウイルスは逆転写酵素を用いてRNAをコピーし，DNAに変える

レトロウイルスのもつRNAゲノムの複製は独特の複製機構として進化した．このウイルスはssRNA分子をゲノムとしてもつ．レトロウイルスの生活環にはウイルスのssRNAゲノムをコピーしたdsDNAを宿主のゲノムに組込む過程がある．RNAゲノムのdsDNAへのコピーには**逆転写酵素**（RT; reverse transcriptase）の作用が必要であり，この酵素の発見は当初疑念をもって迎えられ，冷笑されもした．ノーベル賞を獲得する偉業となったこの興味深い発見の物語は Box 20.6 に記した．

レトロウイルスゲノムのdsDNAコピーをつくる過程は大変複雑である（図20.26）．その過程には二つの異なるssDNA，（−）鎖と（＋）鎖の合成が関わる．（−）鎖はウイルスRNAゲノムを鋳型に使って最初に合成される．（＋）鎖は（−）鎖のコピーであり，複製過程の後半で始まる．一

Box 20.6 レトロウイルスと逆転写酵素

　レトロウイルスは自身のRNAのDNAコピーを宿主ゲノムに組込むことができ，それにより細胞分裂を介しても保持されることが可能な独特な種類のRNAウイルスである．**ヒト免疫不全ウイルス1型**（**HIV-1**；human immunodeficiency virus type 1）や多くのがんウイルスがこれに含まれる．レトロウイルスの発見は1911年に遡る．この年Peyton Rousはニワトリの肉腫の抽出液が他のニワトリにがんを誘導できることを発見した．驚くべきことに感染物質は当時発見されたばかりのウイルスの一例であった．

　1950年代の終わり，Renato Dulbeccoの大学院生だったHoward Teminがラウス肉腫ウイルス（RSV；Rous sarcoma virus）のもつ真に変わった性質を明らかにしはじめた．そのときまで，腫瘍ウイルスは扱いにくい非定量的な *in vivo* 技術を使うことでようやく評価することができていた．Teminはポスドク研究員Harry Rubinとともにウイルスによる形質転換を細胞培養で追跡する単純な *in vitro* 法を考案した．

　感染ウイルスがRNAゲノムのみをもち，DNAをもたないことはよく知られていたが，ウイルスの感染は宿主細胞の形態変化を誘導し，それはウイルスの遺伝情報が原因であった．この変化は細胞分裂を通じて伝わり，したがってDNAによりコードされていた．さらに，転写の阻害は新しいウイルスの形成を阻害したことからDNAが読取られていることが示された．感染初期におけるDNA合成の阻害はウイルスの生活環全体を遮断した．この証拠をもとに，Teminは1964年にウイルスの遺伝情報は感染細胞中では何らかのやり方でDNAとして存在しているというプロウイルス仮説を提唱した．

　このことは大きな問題をひき起こした．プロウイルスはRNAをDNAに書き写す機構がある場合にのみ存在できる．多くの科学者が知っていたセントラルドグマに従うと，細胞内での遺伝情報の流れはDNAからRNA，RNAからタンパク質のみである．いずれにせよ，Teminの仮説は当初懐疑的にみられ嘲笑された．TeminとDavid Baltimoreが独立して，同時にレトロウイルスでRNAをDNAコピーに転写する逆転写酵素の存在を示した1970年になってようやく彼の功績が認められた．1975年，Temin, Baltimore, Dulbeccoは"腫瘍ウイルスと細胞内遺伝物質の相互作用に関する発見"に対してノーベル生理学・医学賞が授与された．Rousもノーベル賞を受賞するにふさわしかった．彼の受賞は1966年，ウイルス発見から55年後であった．

　典型的レトロウイルスであるHIVのゲノムと構造を図8.2に模式的に示した．ウイルスゲノムは3種の遺伝子，すなわち内部キャプシドタンパク質をコードする *gag*，機能的酵素をコードする *pol*，エンベロープタンパク質をコードする *env* を保持する．キャプシド内には通常RNAゲノム2コピーが含まれ，そこには逆転写酵素タンパク質が随伴している．

　ウイルスの生活環を図1に示す．膜の融合による宿主細胞への感染に際して逆転写酵素が活性化され，DNA相補鎖が複製される．驚くことにこの複製のプライマーは宿主のtRNAである．書き写されたゲノムRNAはその後逆転写酵素のRNアーゼH活性（図20.27参照）により分解される．RNアーゼHはウイルスにコードされているプロテアーゼによって活性化されねばならない．プロテアーゼ

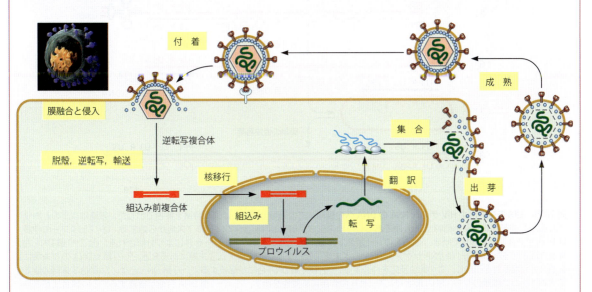

図1　レトロウイルスの生活環　分子や複合体をつなぐ矢印として各段階を描いている．ウイルスと宿主細胞因子の相互作用はウイルスの生活環の各段階で起こるが，多くはまだよくわかっていない．画像はクライオ電子顕微鏡トモグラフにより得られたサル免疫不全ウイルス（SIV）の三次元構造を示す．紫で示したSIVの表面スパイク構造はHIVのものと類似している．
[Kate Bishop, Francis Crick Instituteのご厚意による，改変．左上挿入図：White TA, Bartesaghi A, Borgnia MJ et al. [2010] *PloS Pathog* 6: e1001249.]

阻害剤が抗 HIV 薬となるのはこのためである．ssDNA は次に逆転写酵素によってコピーされ，相補鎖がつくられる．この結果，dsDNA プロウイルスが形成される．

プロウイルスは LTR（図 20.26 参照）をもち，これはプロウイルスの宿主細胞ゲノムへの組込みを促進する．LTR はウイルスゲノムの効率的プロモーターとしても機能する．これはウイルス粒子のより多くの産生につながり，結果的に他の細胞への感染を可能にする．プロウイルスはゲノムの多数の部位に挿入され，その後再配置されたり変異を受けたりする可能性があるため，細胞増殖や制御に関わる宿主遺伝子の活性に影響を与える場合もある．これが，ある種のレトロウイルスが発がん性をもつ理由である．

方，（−）鎖の合成はずっと継続する．複雑そうであるが，dsDNA コピーの合成は我々になじみのある機構とポリメラーゼ活性――次にやってくる NTP が新生ポリヌクレオチド鎖の遊離 3′-OH 基に付加され，プライマーが鎖の開始に必要――に依存している．逆転写酵素はポリメラーゼに典型的な親指-手の平-フィンガー構造をもつ（図 20.27）．最終的に合成される DNA コピーにはウイルスゲノムに存在しない**長い末端反復配列**（**LTR**；long terminal

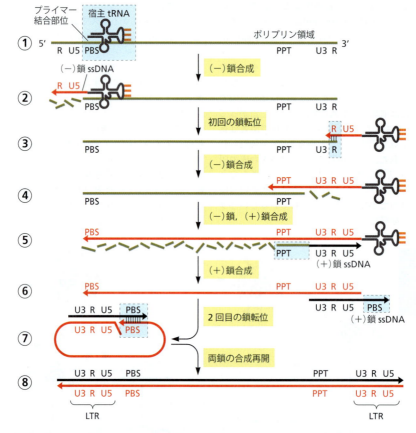

図 20.26　LTR を生み出す HIV ゲノム RNA の DNA への展開　この過程の通常とは違う特徴を黄色で示した．段階は以下のとおりである．① 逆転写による相補的 ssDNA 鎖である（−）鎖の形成が宿主 tRNA プライマーの 3′末端から始まる．② プライマーの伸長は RNA ゲノムの 5′末端まで続き，ssDNA の（−）鎖ができる．RNA の 5′末端が RN アーゼ H により分解される．③（−）鎖 DNA 合成を完成させるために（−）鎖 DNA がゲノム RNA の 3′末端に転位する．RNA ゲノム 3′末端にある R と，（−）鎖 ssDNA の 3′末端にある R とが塩基対を形成し，この転位反応を仲介する．④（−）鎖 DNA 合成が継続する．（−）鎖 DNA とゲノム RNA 3′末端間でできるヘテロ二本鎖のうち，RNA 鎖は RN アーゼ H の作用に感受性を示す．⑤（−）鎖 DNA 合成が継続する．（＋）鎖合成がポリプリン領域（PPT）から始まる．PPT は RN アーゼ H に耐性であり，（＋）鎖合成の開始のための効率的なプライマーとして役立つ．⑥（＋）鎖合成がプライマー tRNA の部分をコピーし，プライマー結合部位（PBS）を（＋）鎖 ssDNA の 3′末端につくる．プライマー tRNA が RN アーゼ H により除去される．⑦ 複製を完了するために（＋）鎖 ssDNA が（−）鎖 DNA の 3′末端に移動しなければならない．移動は（＋）鎖および（−）鎖 DNA にある PBS の相補的コピーの間の塩基対により仲介される．⑧ 第二の鎖転位の後，両鎖はそれぞれの鎖を互いの鋳型として使用して DNA 合成を開始し，細胞ゲノムへの組込みに必要な LTR 末端を両側にもつ dsDNA が完全に合成される．［Basu VP, Song M, Gao L et al. [2008] *Virus Res* 134: 19-38 より改変．Elsevier の許可を得て掲載］

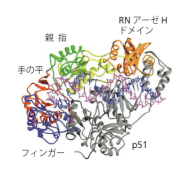

図20.27 RNAおよびDNAと複合体を形成したHIV逆転写酵素の構造 逆転写酵素は二つのサブユニットp66とp51のヘテロ二量体である．後者を灰色で示す．二つの触媒ドメインの間の接続を黄で，RNアーゼHドメインをオレンジ色で示している．また，DNAプライマー鎖はピンク，RNA鋳型鎖は青に色付けされている．核酸はp66の親指の近くで屈曲している．p66サブユニットはN末端にポリメラーゼドメイン，C末端にRNアーゼHドメインをもつ．ポリメラーゼドメインは（−）鎖ssDNAの合成を触媒する．これはRNAゲノムのコピーであり，その後dsDNAへ変換される．RNアーゼHドメインはRNA鋳型の分解を触媒する．ポリメラーゼドメインは三つのサブドメイン，青で示すフィンガー，赤で示す手の平，緑で示す親指から成り，これらはすべてのDNA，RNAポリメラーゼに存在する．この構造はRNA依存性DNAポリメラーゼ反応の過程でできるRNA-DNA二本鎖をしっかりつかんでいる．フィンガーと親指は核酸結合のための裂け目の壁を形成し，手の平ドメインは活性部位を含んでいる．ポリメラーゼ反応状態では逆転写酵素はRNAとDNAの両方，および取込むdNTPと相互作用し，ポリメラーゼ活性部位はプライマーの3′末端に位置している．RNA分解状態では逆転写酵素はRNA-DNAと相互作用し，RNアーゼHの活性部位はRNA鎖に位置している．p51はp66のタンパク質切断によりつくられ，p66のポリメラーゼドメインに相当するが，ポリメラーゼ活性はもっていない．これはp66を安定化しtRNAプライマーと結合する．［Stephen Hughes, National Institutes of Healthのご厚意による］

repeats）がある．このLTRはdsDNAが宿主ゲノムに組込まれる際に必要となる．

逆転写酵素の活性には特に言及しておくべき固有の特徴がいくつかある（図20.27参照）．まず，二つの鎖の合成には種類の異なる二つのプライマーが使われる．（−）鎖はプライマーとして宿主のtRNA分子を利用し，一方（＋）鎖はウイルスRNAのポリプリン領域（PPT; polypurine tract）という特別な配列上で開始される．もとのRNA鎖は（−）鎖にコピーされた直後に逆転写酵素のRNアーゼH活性により分解されるが，ポリプリン配列はRNアーゼH活性による切断を受けない．

第二に，すでに合成された一本鎖部分がそれぞれの鋳型の一方の端から他の端へ移される際，二つの特異的な転位が関わる．鋳型が線状であり，鋳型の末端近くにある部位から合成が開始されることからこの転位が起きる．新しく合成された一つながりのssDNAは鋳型のもう一つの末端まで跳躍しなければ合成が終了しない．これはどのように起こるのだろうか．その答えは鋳型中で反復する配列の存在であり，おそらく一時的にできる環状分子上でssDNAとそれぞれの鋳型の間で塩基対を形成できる部位としてその配列が役に立っていると思われる．たとえば，最初の転位にはRNAの5′と3′末端に存在するR配列が関わっており，5′-R配列が（−）鎖DNAにコピーされることで，（−）鎖とRNA鋳型の3′末端にあるR配列との間での相互作用に必要な相補性がつくり出される．同様の相補性と塩基対形成は第二の転位の間に利用される（図20.26の⑦参照）．

重要な概念

- 真核生物の複製は多数の複製起点から二方向に進む．パン酵母では複製起点は決まったコンセンサス配列を含むが，高等真核生物ではそのような配列はない．
- 複製起点が遺伝子座にクラスターとなって存在する場合があり，複製起点ごとにS期の異なる時間に活性化する．
- 複製起点は起点認識複合体（ORC）の結合により複製できるライセンス化された状態となる．ORCは他のタンパク質を呼び込んで複製前複合体（pre-RC）を形成する．この複合体はポリメラーゼを結合して伸長を開始できる開始前複合体に変換される．
- 多くの複製起点が同時に機能するため，一度複製された後に複製起点が再活性化するのを防ぐ機構が必須となる．
- 真核生物の複製伸長は細菌のそれと多くの類似点があるが，三つのポリメラーゼを使用する点が異なる．三つのポリメラーゼはそれぞれプライミング（プライマー合成），リーディング鎖合成，ラギング鎖合成に使われる．
- クロマチン構造があるために真核生物の複製には多くの問題が存在する．ヌクレオソームはフォークの前方で解離し，二つの娘二本鎖で再形成されなければならない．
- 古いヒストンが再利用されるとしても新しいヒストンが同量供給されなければならない．ヒストンはS期に合成され，新しいことを示す特異的なリシン残基のアセチル化マークをもっている．
- ヒストンは一連の特異的ヒストンシャペロンにより新しく複製されたDNAに運ばれる．
- ヌクレオソーム配置とエピジェネティックマークも新生クロマチン上で再確立される必要がある．これがどのように起きているかはまだ十分わかっていない．
- 線状DNAの末端の複製にも問題がある．ラギング鎖の最末端のRNAプライマーを除去すると5′ギャップが生じ，このことで複製周期ごとに染色体末端が短縮することになる．このことは細胞分裂を繰返すとゲノムが最終的に傷害を受けることを意味する．
- この問題は染色体末端に単純な反復配列の多重コピーをもつテロメアの存在により解決されている．短縮したテロメアはテロメラーゼとよばれる酵素やテロメア代替伸長経路（ALT）と名付けられた組換え経路によって回復

- 真核細胞のミトコンドリアと葉緑体はDNAをもち、このDNAはヒストンと結合していない。これらの複製には単一のポリメラーゼが必要で、その様式は細菌ゲノムの複製様式とより類似している。

- レトロウイルスでは通常と異なる複製様式がみられる。それらはssRNAゲノムをもち、複製されてdsDNAとなる。この過程は逆転写酵素とよばれる酵素によって触媒される。RNAゲノムのdsDNAコピーは細胞ゲノムに組込まれ、細胞DNAの一部として複製される。

参 考 文 献

成 書

Blow JJ (ed) (1996) Eukaryotic DNA Replication. Oxford University Press.

Cox LS (ed) (2009) Molecular Themes in DNA Replication. RSC Publishing.

DePamphilis ML (ed) (2006) DNA Replication and Human Disease. Cold Spring Harbor Laboratory Press.

DePamphilis ML & Bell SD (2010) Genome Duplication: Concepts, Mechanisms, Evolution, and Disease. Garland Science.

Kušić-Tišma J (ed) (2011) Fundamental Aspects of DNA Replication. InTechOpen.

総 説

Aladjem MI (2007) Replication in context: Dynamic regulation of DNA replication patterns in metazoans. *Nat Rev Genet* 8: 588–600.

Annunziato AT (2005) Split decision: What happens to nucleosomes during DNA replication? *J Biol Chem* 280:12065–12068.

Aparicio T, Ibarra A & Méndez J (2006) Cdc45-MCM-GINS, a new power player for DNA replication. *Cell Div* 1:18.

Balakrishnan L & Bambara RA (2011) Eukaryotic lagging strand DNA replication employs a multi-pathway mechanism that protects genome integrity. *J Biol Chem* 286:6865–6870.

Basu VP, Song M, Gao L et al. (2008) Strand transfer events during HIV-1 reverse transcription. *Virus Res* 134:19–38.

Bendich AJ (2010) The end of the circle for yeast mitochondrial DNA. *Mol Cell* 39:831–832.

Botchan M (2007) Cell biology: A switch for S phase. *Nature* 445:272–274.

Boye E & Grallert B (2009) In DNA replication, the early bird catches the worm. *Cell* 136:812–814.

Burgers PM (2009) Polymerase dynamics at the eukaryotic DNA replication fork. *J Biol Chem* 284:4041–4045.

Burgess RJ & Zhang Z (2010) Histones, histone chaperones and nucleosome assembly. *Protein Cell* 1:607–612.

Chagin VO, Stear JH & Cardoso MC (2010) Organization of DNA replication. *Cold Spring Harb Perspect Biol* 2:a000737.

Duderstadt KE & Berger JM (2008) AAA+ ATPases in the initiation of DNA replication. *Crit Rev Biochem Mol Biol* 43:163–187.

Errico A & Costanzo V (2010) Differences in the DNA replication of unicellular eukaryotes and metazoans: Known unknowns. *EMBO Rep* 11:270–278.

Gilbert DM (2010) Evaluating genome-scale approaches to eukaryotic DNA replication. *Nat Rev Genet* 11:673–684.

Hanawalt PC (2007) Paradigms for the three Rs: DNA replication, recombination, and repair. *Mol Cell* 28:702–707.

Hayashi MT & Masukata H (2011) Regulation of DNA replication by chromatin structures: Accessibility and recruitment. *Chromosoma* 120:39–46.

Henneke G, Koundrioukoff S & Hübscher U (2003) Multiple roles for kinases in DNA replication. *EMBO Rep* 4:252–256.

Hiratani I, Takebayashi S, Lu J & Gilbert DM (2009) Replication timing and transcriptional control: Beyond cause and effect—part II. *Curr Opin Genet Dev* 19:142–149.

Johnson A & O'Donnell M (2005) Cellular DNA replicases: Components and dynamics at the replication fork. *Annu Rev Biochem* 74:283–315.

Kaguni LS (2004) DNA polymerase γ, the mitochondrial replicase. *Annu Rev Biochem* 73:293–320.

Kunkel TA & Burgers PM (2008) Dividing the workload at a eukaryotic replication fork. *Trends Cell Biol* 18:521–527.

Machida YJ, Hamlin JL & Dutta A (2005) Right place, right time, and only once: Replication initiation in metazoans. *Cell* 123:13–24.

Margueron R & Reinberg D (2010) Chromatin structure and the inheritance of epigenetic information. *Nat Rev Genet* 11:285–296.

McMurray CT (2010) Mechanisms of trinucleotide repeat instability during human development. *Nat Rev Genet* 11:786–799.

Méchali M (2010) Eukaryotic DNA replication origins: Many choices for appropriate answers. *Nat Rev Mol Cell Biol* 11:728–738.

Méndez J (2009) Temporal regulation of DNA replication in mammalian cells. *Crit Rev Biochem Mol Biol* 44:343–351.

Mesner LD & Hamlin JL (2009) Isolation of restriction fragments containing origins of replication from complex genomes. *Methods Mol Biol* 521:315–328.

Mirkin EV & Mirkin SM (2007) Replication fork stalling at natural impediments. *Microbiol Mol Biol Rev* 71:13–35.

Mirkin SM (2007) Expandable DNA repeats and human disease. *Nature* 447:932–940.

Murray JM & Carr AM (2008) Smc5/6: A link between DNA repair and unidirectional replication? *Nat Rev Mol Cell Biol* 9: 177–182.

Pomerantz RT & O'Donnell M (2007) Replisome mechanics: Insights into a twin DNA polymerase machine. *Trends Microbiol* 15:156–164.

Ransom M, Dennehey BK & Tyler JK (2010) Chaperoning histones during DNA replication and repair. *Cell* 140:183–195.

Wigley DB (2009) ORC proteins: Marking the start. *Curr Opin Struct Biol* 19:72–78.

実験に関する論文

Bowman GD, O'Donnell M & Kuriyan J (2004) Structural analysis of a eukaryotic sliding DNA clamp–clamp loader complex. *Nature* 429:724–730.

Costa A, Ilves I, Tamberg N et al. (2011) The structural basis for MCM2–7 helicase activation by GINS and Cdc45. *Nat Struct Mol Biol* 18:471–477.

Eaton ML, Galani K, Kang S et al. (2010) Conserved nucleosome positioning defines replication origins. *Genes Dev* 24:748–753.

Greider CW & Blackburn EH (1985) Identification of a specific telomere terminal transferase activity in Tetrahymena extracts. *Cell* 43:405–413.

Greider CW & Blackburn EH (1989) A telomeric sequence in the RNA of Tetrahymena telomerase required for telomere repeat synthesis. *Nature* 337:331–337.

Hiratani I, Ryba T, Itoh M et al. (2008) Global reorganization of replication domains during embryonic stem cell differentiation. *PLoS Biol* 6:e245.

Klinge S, Núñez-Ramírez R, Llorca O & Pellegrini L (2009) 3D architecture of DNA Pol α reveals the functional core of multi-subunit replicative polymerases. *EMBO J* 28:1978–1987.

Takayama Y, Kamimura Y, Okawa M et al. (2003) GINS, a novel multiprotein complex required for chromosomal DNA replication in budding yeast. *Genes Dev* 17:1153–1165.

21　DNA組換え

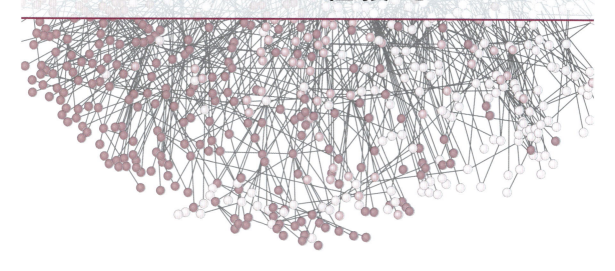

21.1　はじめに

　ゲノムはある種の永久的で不動の形態で，染色体に沿って配置された遺伝子をもつ静的な存在ではない，ということがある時期から知られていた．むしろ，遺伝子やその他の遺伝的要素はゲノム内でその配置を移動することができ，そのような変化は遺伝子発現の変動をもたらす．減数分裂期における相同な一部の染色体間でのDNA配列の交換は非常に重要な現象である（第2章参照）．必要に応じいかなる配置の変動においても，DNA両鎖の切断，DNA断片の組換え，そしてその後のリガーゼによるホスホジエステル骨格の連続性の完成が関わる．

　組換えに関する仮説は少なくとも1900年代初頭にまでさかのぼるが，組換えの過程はその後，半世紀もの間わかっていなかった．染色体の切断と再結合の分子機構は，1961年にMeselsonとWeigleのいまや古典的となった実験によって証明された．彼らの実験の詳細は **Box 21.1** を参照してほしい．ヌクレオチド配列の交換は広義には **DNA組換え**（DNA recombination）として定義される．この過程は生物界に広く行きわたっており，すべての既知の生物において起こり，そしていくつもの固有の形態をとる．交換するDNA二本鎖間で，ある程度の長さの相同な部位が必要とされるかどうかに応じて，**相同組換え**（HR; homologous recombination），**部位特異的組換え**（site-specific recombination），**非相同組換え**（nonhomologous recombination）に分類される．この章ではおもに真核細胞に焦点を当て，これらの過程に関する生物学的役割と機構を議論する．

21.2　相同組換え

　相同組換えはDNA分子間で相同な大きな領域間でのDNA配列の交換を伴う．もし交換する部位がまったく同一でなければ，それはゲノム内での遺伝的変動をもたらす手段を与える．別の状況では，相同組換えはDNA修復の一つの手段になりうる．

相同組換えは細菌においていくつもの役割を担う

　相同組換えは細菌におけるおもなDNA修復経路の基礎となっている．組換えは配列の完全なコピーが修復のための情報源として利用可能な場合に，DNA複製の後でのみ起こる．DNA修復は後の第22章で説明する．

　相同組換えはまた，細菌やウイルスの異なる種の間での遺伝情報の交換のために **遺伝子の水平伝播**（horizontal gene transfer）で用いられる．自然集団における細胞外からの相同なDNAの取込みのための細胞の能力は進化の間維持されてきた．その能力は自然選択のために必要な遺伝的多様性を供給する点で有用である．新たなDNAを獲得するために，接合，形質転換，形質導入の三つの機構が存在する（第2章参照）．**接合**（conjugation）において，細菌細胞のDNAは真核生物の生殖に似た過程を通して複製に伴って別の細胞に伝搬される．形質転換には環境中からの裸のDNA断片またはDNA-タンパク質複合体の細胞内への導入が関与する．細菌の形質転換に関する実験は，DNAが遺伝情報の運搬体であることを証明した（Box 4.1参照）．形質導入では，一つの細菌のDNA断片がファージ中間体を介して別の細菌へ伝搬される．細菌に感染したウイルスは細菌のDNA断片を偶然拾い上げ，新たに感染し

Box 21.1　Meselson と Weigle の実験

1961 年までに遺伝的組換えの事実は明確に認識されていたが，その機構は分子レベルではまったくわかっていなかった．一つの仮説が，遺伝的組換えが DNA 二本鎖の切断と再結合を仲介するであろうことを示唆していた．Matthew Meselson と Jean Weigle はλファージの変異体を用いてこの考えを検証することを試みた．細菌への感染の際にファージ粒子は複製され，そして周囲の細菌に感染し，細菌を死に至らしめる．ファージ粒子の希釈溶液をペトリ皿（シャーレ）の寒天上に生えた大腸菌上にまくと特徴的なプラークが形成される．野生型のファージは大きくざらざらしたプラークを形成するが，実験に用いたそれぞれ mi^- と c^- とよばれる 2 種の変異体では小さく透明なプラークが形成される．野生型の表現型はそれゆえに mi^+, c^+ と示すことができる．

Meselson と Weigle は重い同位体 ^{13}C と ^{15}N を含む培地で mi^-, c^- 二重変異体を増やし，そして mi^+, c^+ 野生型は ^{12}C と ^{14}N を含む通常の培地で増殖させた．重いファージと軽い野生型ファージの混合物をその後，通常の軽い同位体の存在下で増殖した細菌に感染させた（図 1）．ファージを細菌から回収し，塩濃度勾配で沈殿させた．この工程は DNA だけでなくファージそのものを用いることと，遠沈管の中にある沈殿が別々のバンド画分として抜きとるようになっている点を除いて，古典的なメセルソン・スタールの実験（Box 19.1 参照）と類似している．

結果として回収されたファージのいくつかは二重変異体のように高い密度をもっており，その他は野生型のように低い密度をもっていたが，相当な数のファージはその中間の密度であった．このことは DNA 同士が混ざった，あるいは組換わったことを示唆していた（図 1 参照）．ファージはこの時点でいまだ感染力をもち，プラーク形成により解析が可能であり，中間密度の試料は c^-, mi^+ または c^+, mi^- の表現型のどちらかを示すことがわかった．この観察結果はファージ DNA が細菌内で複製された際に，DNA の切断と再結合によってマーカー変異間で組換えが起こったことを強く示唆していた．

さらに，予想外の結果が組換えの機構に関してより深い洞察を与えた．非常に希釈された条件下において，各プラークは単一の細菌に感染する単一のファージによって形成される．Meselson の研究室ではしばしば子孫から斑のプラークを観察していた．このことは単一の感染に由来す

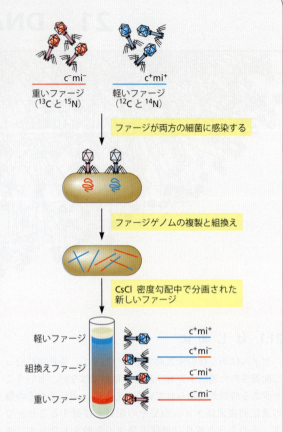

図 1　Meselson-Weigle の実験の概略　[Mathews CK, van Holde KE, Appling DR & Anthony-Cahill SJ [2012] Biochemistry, 4th ed. より改変．Pearson Prentice Hall の許可を得て掲載]

る混合の表現型を示唆していた．これはどのようにして起こるのだろうか．ただ一つの合理的な説明は，細菌の複製の間に起きる組換えがヘテロ二本鎖を生み出すということであった．これらの領域では，一方の鎖におけるある領域の配列が一つの感染したファージ由来で，もう一方の鎖の対応する配列は別のファージ由来だった．この二本鎖におけるミスマッチがどこであれ，後の複製によって二つの別々な二本鎖 DNA が形成されるのだろう．

た細菌細胞にそれを移行させる．新たに導入された DNA 断片は宿主細胞の染色体に組込まれる．

組換え機構は特定の種において必要な遺伝子の導入，改変，または欠損に利用できるため，現代の分子生物学において大きな実用性をもつ（第 5 章参照）．

相同組換えは体細胞分裂細胞において多くの役割をもつ

相同な対立遺伝子の交換は減数分裂で重要だが，体細胞分裂細胞においても DNA 損傷に直面した場合にゲノム安定性を維持するために不可欠である．相同組換えはゲノム安定性の維持を担ういくつもの異なる過程に関与する．第一に，相同組換えは DNA 二本鎖切断（DSB; double-strand break），そして鎖間架橋のような他の損傷修復のための主要な経路である．分裂細胞において二本鎖切断修復は情報供与体として完全な姉妹染色分体を必要とする．そのため，二本鎖切断はまず姉妹染色分体が利用可能になる S 期と G_2 期に修復される．この過程では比較的誤りは起こらない．二本鎖切断修復のもう一つの経路は誤りがちな

非相同末端結合機構である（第 22 章参照）．

第二に，相同組換えは崩壊した DNA 複製フォークの救済機構である．ニックや損傷を含む傷ついた鋳型 DNA の複製は複製フォークの断裂や崩壊をひき起こす．新たに合成された姉妹染色分体は誤りを正すのに必要不可欠な情報源である．二本鎖切断修復や複製フォークの再開における相同組換えの関与は，なぜ相同組換えに関する遺伝子の変異によって，細胞がたびたび DNA 傷害剤に対して極端な感受性を示すようになるかを説明している．

最後に，相同組換えは短くなったテロメアをテロメラーゼの関与なしに伸長するテロメアの代替伸長（ALT）経路において中心的な役割を担う（第 20 章参照）．

減数分裂期の染色体交換は真核生物の進化に必須である

相同組換えは進化において必須の役割を担う．相同組換えは有性生殖の結果として兄弟姉妹間で遺伝的多様性を生み出すための主要な機構である．遺伝的多様性は配偶子の前駆細胞内での母と父由来の対立遺伝子の交換によってつくり出され，引き継ぐ形質の継続的な組換えを生み出す（第 2 章参照）．さらに，相同組換えは純粋に機械的な機能をもつ．すなわち相同組換えはキアズマとして知られる交差の形成を通して第一減数分裂で相同な染色体対の適切な分離を保証する．

21.3 細菌における相同組換え

細菌における相同組換えはおもに大腸菌を用いた実験をもとによく理解されている．この過程の全体像は図 21.1 に模式的に描かれている．相同組換えは DNA 傷害剤，またはプログラムされた過程として減数分裂の間に生じる

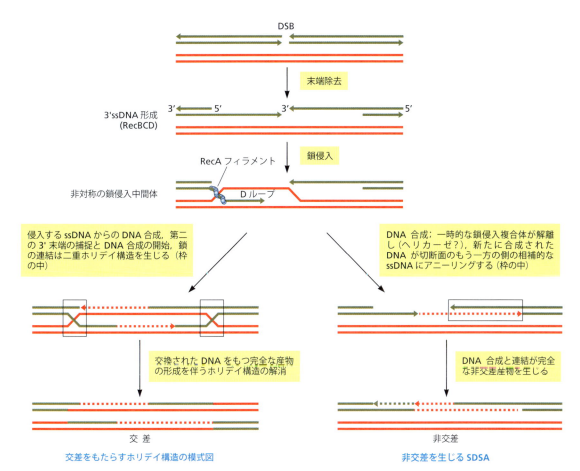

図 21.1　相同組換えの概要　相同組換えは二本鎖切断（DSB）によって始まる．ひとたび二本鎖切断が生じると RecBCD タンパク質複合体が二本鎖断片の各 5′ 末端を除去し，3′ 突出末端が形成される．3′ ssDNA は RecA のらせん状フィラメントによって覆われ，それによって DNA 鎖が姉妹染色分体または相同な染色体由来の完全な相同 dsDNA に侵入することが可能になる．その結果生じた D ループ（置換ループ）はその後二つの異なる経路によって処理される．ホリデイ構造の形成と解消は交差構造の形成を導く．合成依存的単鎖対合（SDSA）として知られるもう一つの経路は非交差産物を生じる．しかし，このような非交差産物においてさえも，短いヘテロ二本鎖 DNA が存在することに留意されたい．[San Filippo J, Sung P & Klein H [2008] *Annu Rev Biochem* 77:229–257. より改変．Annual Reviews の許可を得て掲載]

DNA 鎖の切断によって始まる．3′突出末端として知られる長い一本鎖 DNA（ss）部位が，末端除去として知られる反応でそれぞれの DNA 断片で形成され，その反応は RecBCD 複合体タンパク質によって触媒される．3′突出末端は RecA タンパク質の個々のサブユニットの多量体化によって形成されるらせん状のタンパク質フィラメントによって覆われる．RecA で覆われた一本鎖はその後，完全な相同二本鎖（ds）DNA（この第二のコピーは DNA 複製に伴ってのみ細胞内で存在する）に侵入し，相同な部位の検索を行う．一度相同な部位が適切に並べられると，この工程は二つの経路のうち一つを取りうる．一つめの経路は**交差**（crossover）構造の形成とともに，二つの二本鎖間でのホリデイ構造（ホリデイジャンクション，**HJ**；Holliday junction）としても知られる**四方向接合部**（**4WJ**；four-way junction）の形成と解消に関与する．適切な鎖を切断し再結合することによる接合部の解消は，交換された DNA 領域をもつ二本鎖を生じる．二つめの経路は合成依存的単鎖対合（SDSA；synthesis-dependent strand annealing）として知られるようになり，非交差産物をもたらす．

末端切除は RecBCD 複合体を必要とする

二本鎖切断によって形成される二本鎖 DNA 断片の各鎖の 5′末端の除去や切除は，非常に速いヘリカーゼ活性と一本鎖エンドヌクレアーゼおよびエキソヌクレアーゼ活性をもつ **RecBCD** という多機能複合体によって仲介される．RecBCD は RecA が結合して鎖交換を行うための一本鎖 DNA 領域を生み出す．RecBCD の働きの詳細な模式図は**図 21.2** に示されており，複合体とその足場となるサブユニット RecC の詳細な分子構造は**図 21.3** に示されている．

RecBCD 複合体は三つの独立したサブユニットから成る．RecB は 3′→5′ヘリカーゼである．ヘリカーゼはそれらが移動する方法に従って定義される．ヘリカーゼは常に二本鎖領域との接合部の間の一本鎖配列上を移動しており，ヘリカーゼはそこで二重らせんをほどく役割を担う．RecB はまた 3′突出末端を形成するために一方の鎖の切断に関与するヌクレアーゼドメインをもつ．RecB は最初は頻繁に切断される 3′末端上で非常に高い活性をもつが，それは時折 5′末端鎖に付着するために 3′末端鎖の継続的なヌクレオチド鎖切断を遮り，鎖切断の進行を止める．ヘリカーゼとヌクレアーゼドメインをつなぐ長い鎖はどちらの機能も発揮できるように，ヌクレアーゼに十分な自由度を与えている．RecD はもう一方の DNA 鎖に沿って移動する 5′→3′ヘリカーゼである．最後に，RecC は非酵素的な二つの機能をもつタンパク質である．RecC は複合体全体を取りまとめる足場としての役割をもち，特定の配列である**カイ配列**（Chi sequence, Chi は crossover hotspot instigator に由来）を認識し結合する．スイスチーズのよ

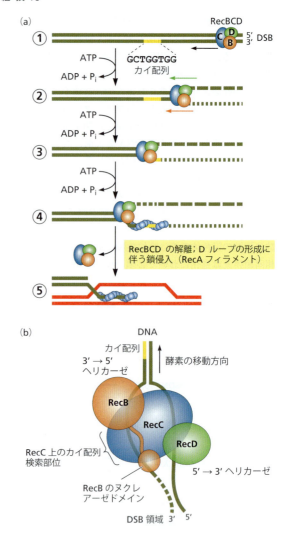

図 21.2 細菌での相同組換え開始における RecBCD，カイ配列，RecA の役割 (a) いくつもの段階が RecBCD による相同組換えの開始に関与する．① RecBCD が二本鎖切断部位に結合し，DNA の巻戻しが始まる．RecB と RecD は DNA 二本鎖の反対鎖上で同じ方向に移動するヘリカーゼである．RecB はヌクレアーゼ活性ももつ．RecC は複合体を取りまとめ，複合体の移動を減速するためのカイ配列を認識する．② ATP 依存性の DNA 鎖巻戻しは，DNA 鎖切断によって進行し達成される．DNA 3′末端が頻繁に切断される一方で，5′末端はあまり切断されない．③ カイ配列に到達すると RecC サブユニットは 3′末端に強く結合し，RecBCD 複合体を一時停止させる．dsDNA が巻戻された後カイ配列は ssDNA として認識される．RecC のカイ配列への結合は DNA 鎖のさらなる切断を防止する．3′末端での最後の切断はカイ配列上またはカイ配列から 3′側数塩基の所で起こる．④ 5′末端は RecB のヌクレアーゼ領域に結合できるようになり，より完全に分解される．RecA は 3′末端上に積込まれ，RecA フィラメントを形成する．⑤ RecBCD 複合体が解離し，RecA フィラメントは赤で示される完全な相同二本鎖領域への侵入を開始する．(b) 個々のサブユニットの機能を描いた RecBCD 複合体の概略図．［(a), (b) Singleton MR, Dillingham MS, Gaudier M et al. [2004] *Nature* 432:187–193 より改変．Macmillan Publishers, Ltd. の許可を得て掲載］

うに内部に空胞をもつ RecC の特有な分子構造が図 21.3 に示されている．この相互作用はカイ配列で複合体の一時停止をひき起こし，DNA 3′ 末端のさらなる切断を阻害する（図 21.2 参照）．

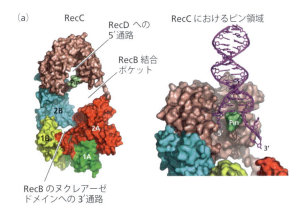

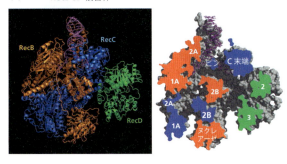

図 21.3　RecC と RecB，RecD との複合体の構造　(a) タンパク質同士の通路を示した RecC の空間充填表示．この構造はスイスチーズを模したように描かれている．最も大きな通路は RecB のドメインの一つに収容されている．他の二つの通路は DNA 一本鎖 3′ 末端がヘリカーゼサブユニットである RecB と RecC への通路となる．驚くべきことに，ドメイン 1 と 2 は一次構造でははっきりしたヘリカーゼの特徴をもたないにも関わらず SF1 型のヘリカーゼの構造をもつ．実際に RecC は活性中心となるアミノ酸残基を欠いており，ヘリカーゼではない．それにも関わらずこのヘリカーゼ様のドメインはカイ配列の認識に必要な ssDNA 結合領域を供給する．次に右のドメイン 3 の拡大図を見てほしい．ドメイン 3 は ssDNA が RecB と RecD ヘリカーゼに送り込まれる前に dsDNA を分割するピン（留め具）の片側を通る分裂した各 DNA 鎖と密接に接触している．このピンによる分割の機能は複合体全体の反応速度とプロセッシビティの両方に必要であり，二つのヘリカーゼを，知りうる限りの最速の分子装置に変換する．RecBCD 複合体は 1 秒当たり約 1000 bp の速度で DNA を巻戻す．(b) RecBCD 複合体のリボン表示．長いリンカーが RecB のヌクレアーゼドメインと残りのタンパク質をつなげている．これが 3′ と 5′ 末端の両方を切断するためにドメインに必要な柔軟性を与えている．右の断面図では複合体を通して通路を見ることができる．各ドメインはリボン図として色付けされている［(a), (b) Singleton MR, Dillingham MS, Gaudier M et al. [2004] *Nature* 432:187–193. より改変．Macmillan Publishers, Ltd. の許可を得て掲載］

鎖侵入および鎖交換はどちらも RecA に依存する

一本鎖 DNA 配列の相補的 DNA 二本鎖への侵入は RecBCD の働きによって生じ，D ループ中間体の形成が相同組換えの過程全体の中心となる．この段階では切断された DNA が完全に相同な二本鎖 DNA を検索することが可能になり，相同 DNA 鎖の配列は修復過程の鋳型として使用される．鎖侵入は **RecA** とよばれる一本鎖 DNA の周りに右巻きらせん状フィラメントを形成する球状タンパク質の働きによって仲介される（図 21.4 a）．この RecA-一本鎖 DNA フィラメントは DNA の相同性を検索する際に二本鎖 DNA に侵入することを可能にする入口である．鎖侵入によって，二本鎖 DNA の副溝に包まれたもとの一本鎖 DNA を含んだ三重らせんが一時的に形成される（図 21.4 b）．次の過程で，RecA は切断された一本鎖 DNA に相当する二本鎖 DNA の片方の鎖を退ける．これによって一本鎖 DNA とその相補鎖との間で新たな二本鎖 DNA の形成が可能になる．RecA のヒト相同分子である Rad51 は大腸菌の RecA によって形成されるものとよく似た構造をつくる（図 21.4 c）．

RecA フィラメント中の二本鎖 DNA は一般的な B 形二重らせんとは明確に異なる構造をとる．その構造は相同性の認識を容易にするために引き伸ばされ，そして巻戻されている．高分解能の構造解析によって，付着後の RecA フィラメント，すなわち二本鎖 DNA を抱くフィラメントが非常に特徴的な構造をもつことが明らかになった（図 21.5）．二重らせん自身は溝で分割され，3 個の塩基対間での対合が起こるなど，B 形 DNA とはかなり異なっている．鎖交換反応を完全に理解するためにはさらなる構造学的研究が必要である．

相同組換えに関する多くはいまだ明らかになっていない

相同組換えのこの過程におけるいくつもの機構的側面はあまり明らかになっていない．ゲノムにおいて二つの相同 DNA は互いをどのようにして見つけることができるのだろうか．これは特に真核生物で頭の痛い問題である．真核生物の巨大なゲノムでは相同性の検索を容易にするための信頼できる機構が必要になる．比べてみれば，干し草の山から針を見つける方が造作もないことかもしれない．真核生物では，その機構は相同な対合が損傷後に起きるだけでなく，損傷が生じたときに，いつどこであっても相同組換えを容易にするような核構造の持続的かつ普遍的な特徴である可能性がある．**ラブル配置**（Rabl configuration）として知られる間期の染色体の特異的な構成が鍵を握っているかもしれない．ラブル配置において（Box 21.2），セントロメアは核の反対側の端で核膜と接しているテロメアまで伸びる染色体の腕と，核の一方の端でクラスターを形成している．このような構造は，対立遺伝子または相同な遺伝子座を核内の同じ高さ，または最寄りの紡錘体極からの

同じ距離に配置する．したがって，染色体が核全体にわたって完全にランダムに分布していれば，相同な遺伝子座同士は常により近接した状態にあるだろう．

Kowalczykowski の研究室における単分子解析によりさらなる情報が得られた．彼らは組換えの頻度と速度が，標的 DNA の三次元構造に依存することを突き止めた．このデータは，組換えが，相同性が最大になる領域が見つかるまで一過性の弱い接触を形成しそして崩壊するという過程を繰返しながら起きることを示唆している．この一過的な接触は標的 DNA がよりコンパクトなコンホメーションをとる場合に最も容易に試行され，そして交換される．これはある意味，相同な領域の近接性を強調するラブル構造のモデルとも一致する．

相同組換えを理解するための第二の大きな課題は鎖交換

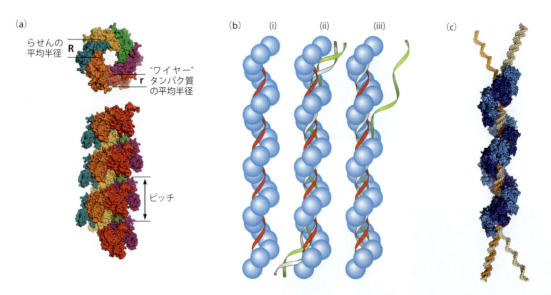

図 21.4　RecA フィラメントと RecA を介した鎖交換　(a) 19 個の独立したサブユニットから成る RecA フィラメントの上面図と側面図．側面図は 3 回転の RecA らせんを示している．サブユニットの境界面での ATP の結合によって基質との相互作用と連動した大規模なコンホメーション変化が生じる．(b) RecA を介した鎖交換．(i) ssDNA，(ii) もともとの ssDNA が dsDNA の副溝に一時的に包み込まれた形の三本鎖 DNA，(iii) 赤と黄で描かれた新たな dsDNA の形成と同時に緑の DNA 鎖を追い出す RecA．[Mathews CK, van Holde KE & Ahern KG [1999] Biochemistry, 3rd ed. より改変．Pearson Prentice Hall の許可を得て掲載] (c) この模式図は RecA のヒト相同体である Rad51 の 3 本の DNA 鎖を包むらせん状フィラメントの構造を描いている．特筆すべきことに，このフィラメント構造は大腸菌からヒトまで保存されている．

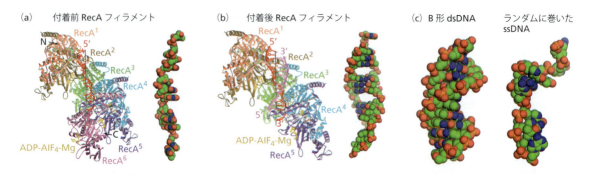

図 21.5　付着前と付着後の RecA フィラメントの高分解能構造　(a) 付着前フィラメントの構造．RecA$_6$-(dT)$_{18}$ と (ADP-AlF$_4$-Mg)$_6$ の複合体．ADP-AlF$_4$-Mg 分子は黄褐色に色付けされている．6 分子の RecA から成るプロトマーは N 末端の RecA から番号付けされ異なる色で示されている．(dT)$_{18}$ は赤で，分離した DNA 構造は複合体の隣に示されている．(b) 付着後のフィラメントの構造，RecA$_5$-(ADP-AlF$_4$-Mg)$_5$-(dT)$_{15}$-(dA)$_{12}$ 複合体．この構造は (dA)$_{12}$ 鎖を含む溶液中に RecA$_5$-(ADP-AlF$_4$-Mg)$_5$-(dT)$_{15}$ を入れることによって得られた．(dT)$_{15}$ 鎖は赤，(dA)$_{12}$ 鎖は赤紫で示されている．複合体の右に分離して示した DNA 構造のように，ここでは積み重なった塩基対の三量体で，繰返し単位は付着前複合体でみられるような溝によって分割された隣接する塩基対三量体をもつ．RecA と相補鎖の間の接点は限定的で，その接点によって相同組換えの正確性を保証する塩基対合に強く依存したヘテロ二本鎖が形成される．[(a), (b) 左: Chen Z, Yang H & Pavletich NP [2008] Nature 453:489–494．Macmillan Publishers, Ltd. の許可を得て掲載] (c) 比較のために dsDNA と ssDNA の構造を示している．

の正確な機構に関することである．RecA は ATP アーゼであるが，ATP の加水分解は D ループの形成や鎖交換反応のどちらにも必要ではない．RecA によって加水分解されるATPのいくつかはフィラメントの形成と分解に共役している（図 21.6）．しかし，加水分解はフィラメントを通して均一に起こり，フィラメントの分解は末端のみで行わ

> **Box 21.2　間期細胞核におけるゲノムの高次構造：それは干し草の山から針を見つけるのを助けるか**
>
> 起こるべきあらゆる相同組換えのために，間期での二本鎖切断修復であろうと減数分裂の間であろうと，組換わりうる相同領域を引き合わせるという仕事はおそらく干し草の山から針を見つけるよりも困難である．相同な標的二本鎖 DNA を配置し，かみ合わせる必要がある二本鎖切断部位の一本鎖 DNA の長さとゲノムの大きさをもとに単純計算すると，酵母においてその仕事は 1 km の紐から 20 cm の配列を見つけ出すことに相当する．ゲノムの大きさが増えるに従ってその数はさらに驚異的なものになる．たとえばヒトの細胞において，20 cm の配列は 2500 km の中に置かれていることになり，実に驚異的な仕事である．それに関与する分子機構から生じるさらなる複雑さが事態を悪化させる．たとえば減数分裂における組換えの場合，相同染色体か姉妹染色分体のどちらかの正しい相手を探し出さなければならない．間期細胞核や減数分裂の間における全体のゲノム構成が相同領域を探すための要素であることは明白である．また，標的 DNA の三次元コンホメーションが重要な役割を担うことを示唆するデータもある．このような実情にもかかわらず，我々は in vivo における相同配列の検索の機構やこの過程の速度に対するゲノム構成の寄与を完全には理解できていない．これらを理解するのに必要なものはゲノム構成に関する知識である．
>
> 間期細胞核における真核生物ゲノムの空間構成は 1880 年代後半から多くの研究の焦点となってきた．1885 年に，当時の光学顕微鏡の限られた性能を巧みに用いた解剖学者の Carl Rabl は，間期の染色体は細胞が有糸分裂期にあるときには目視できなくなるものの，主体性を失わないことを初めて発見した．彼の考えはその後の数年間で拡張され，間期細胞核における染色体の構造はラブル配置として知られるようになった．ラブル配置は酵母，ショウジョウバエ，植物で見られるが，一般的に哺乳類では観察されず，核の一端にセントロメアが偏在しており，染色体の腕が核膜に接するテロメアまで伸びていることを特徴とする．セントロメアクラスターの位置は有糸分裂後期から受け継がれており，そこではセントロメアはテロメアを後ろに引き連れ，極の方向に向いている（図 1）．
>
> 酵母において間期染色体の空間的相関関係を描写するために高度に洗練されたゲノムワイド解析が行われた．この手法はシアトルのワシントン大学にある William Noble の研究室で確立された．これは 4C（chromosome capture-on-chip，染色体構造補足）法（図 10.22 参照）と大量並列配列決定法を組み合わせることによって染色体の相互作用を同定する．この方法が kb の分解能で単数体の酵母ゲノムの地図を作成するために用いられた（図 2）．この地図はおおざっぱな画像，つまり染色体の動的な性質を無視したスナップ写真を示している．追加の制約として，この技術によって得られた統計データでは，少数の細胞集団において高確率で起きる相互作用と，大多数の細胞において低い確率で起きる相互作用を区別することができない．全体として，セントロメアによって固定された染色体間の接触とともに，広範囲の領域での高次の折りたたみが観察される．この接触は相同組換えが起こるために必要な相同性検索を促進するのかもしれない．
>
>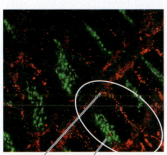
>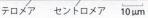
>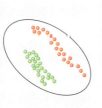
>
> **図 1　蛍光顕微鏡によって明らかになったコムギの根組織における Rabl 染色体編成**　緑で示されたセントロメアと赤で示されたテロメアは蛍光 in situ ハイブリダイゼーション（FISH）によって標識され，核の反対側に位置している．繰返しのパターンは根組織におけるいくつもの並列した細胞と核の存在によるものである．この構造の図解が右に示されている．[Schubert I & Shaw P [2011] Trends Plant Sci 16:273-281 より改変．Elsevier の許可を得て掲載]
>
>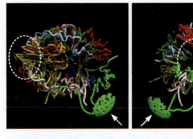
>
> **図 2　酵母ゲノムの三次元モデル**　二つの異なる視野角が示されている．それぞれ 16 の酵母染色体は右に示されているように異なった色で色付けされている．破線の楕円で示したように，すべての染色体は核の一方の極でセントロメアを介してクラスターを形成している．rRNA 遺伝子をもつ 12 番染色体は，いずれかの末端で DNA 配列間の相互作用に対する強力な障壁として白い矢印で示され，核小体を意味する印象的なコンホメーションを示す．核を出た後，12 番染色体は 4 番染色体の長腕と相互作用する．[Duan Z, Andronescu M, chutz K et al. [2010] Nature 465:363-367. Macmillan Publishers, Ltd. の許可を得て掲載]

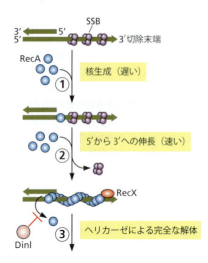

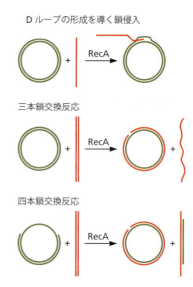

図21.6 **RecAフィラメントの形成と解体** RecAフィラメントの形成過程はいくつもの段階から成る．① 核生成は突出末端が一本鎖DNA結合タンパク質（SSB）によって覆われるためゆっくりと進む．in vivoにおいて，この過程はRecF，RecO，RecR，まとめてRecFORとして知られるタンパク質によって促進される．② フィラメントは速やかに伸長し，まず3'末端から始まり，数千ntまでの長いDNA配列を覆う．フィラメントの成長は1秒当たり2〜20サブユニットと速く，ATP結合型RecAプロモーターの可逆的な結合によって生じる．RecXタンパク質は伸長したフィラメントの末端に結合し，フィラメントの成長を制限する．RecXは次にその活性と拮抗するRecFによって制御される．③ フィラメントの分解はATPの加水分解に共役した機構によってまず5'末端で起きる．分解は1秒当たり約1.1単量体と比較的ゆっくりと進み，フィラメントがdsDNAを覆うときの速度と比べると若干速い．DinIタンパク質は分解に干渉することでフィラメントを安定化する．RecAフィラメントがもはや必要でなくなったとき，RecAはUvrDなどのヘリカーゼによってDNAから除去される（第22章参照）．別のタンパク質のRdgCは，組換えに用いられる相同なdsDNAに結合すると鎖交換を阻害する．

図21.7 **RecAは細菌の細胞でさまざまな反応を行う** 三つの反応はここに示すDNAの処理に関する．加えてRecAは複製の再開の間にニワトリの足構造の形成ともよばれる複製フォークの退行に関わる．それはまた特別なDNAポリメラーゼによる損傷乗越え合成を誘発する（第22章参照）．[Cox MM [2007] Nat Rev Mol Cell Biol 8:127–138 より改変．Macmillan Publishers, Ltd. の許可を得て掲載］

あった（図21.7参照）．図に記された反応に加えて，RecAは複製フォーク再開の間にニワトリの足構造を形成する複製フォークの退行に関与する．これは特別なDNAポリメラーゼによる損傷乗越え合成を誘発する（第22章参照）．奇妙なことに，さまざまな種類のDNAの処理への関与に加え，RecAは特有の自己分解活性をもつ．いくつものタンパク質が自己触媒的切断反応を受け，それはタンパク質にもよるが，活性化または不活性化につながる．これらの反応はタンパク質がRecAフィラメントの溝に結合しているときに大きく増強される．

ホリデイ構造は相同組換えにおいて必須の中間体構造である

ホリデイ構造（HJ）は四方向接合部（4WJ）としても知られ，交差産物の形成に導く経路の中間体として形成される（図21.1参照）．これらは1960年代初期にRobin Hollidayによって行われた純粋な遺伝学的研究をもとに最初に発見された．この構造はより最近では電気泳動やさまざまなイオン条件下での結晶構造解析によって研究されてきた．その結果，ホリデイ構造は環境条件やタンパク質リガンドの存在に応じて開放形態と閉鎖形態に切替わる非常に動的なものであることが明らかになった（図21.8）．Box 21.3 はおもな二つの構造と，それらの間の遷移を思い描くのに特に役立つ．開放コンホメーションあるいはそれに非常に近い形は，細胞環境中では好ましい形のよう

れるため，これはATP加水分解のおもな役割ではないかもしれない．おそらく，ATPの加水分解はin vivoで起きる一方向性のDNA鎖交換に必要とされる．ほとんどの細胞内での一方向性の過程はATPのエネルギーを必要とすることを思い出してほしい．三本鎖DNAのin vitroでの交換反応において（図21.7），RecAはATPが加水分解されない場合，どちらの方向にも交換を促進する．ATPの加水分解はRecAフィラメントが本来結合した鎖に対して5'→3'方向にのみ交換反応を進行させる．しかし真核生物において，Rad51を介する交換反応は両方向性であることを述べておかなければならない．ATPの加水分解は相同配列中に埋込まれた非相同配列のような，いわゆる障壁を乗越えたDNA鎖交換の進行にも必要なのかもしれない．

最後に，RecAは細菌の細胞においていくつもの反応を行う多機能タンパク質であるという発見は驚くべきことで

21.3 細菌における相同組換え

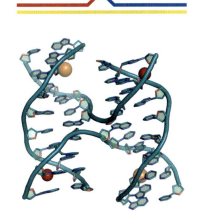

図 21.8　ホリデイ構造　上：よく描かれる組換えの模式図．下：結晶構造をもとにした原子モデル．色付けした球はナトリウム，カルシウム，マグネシウムなどのイオンを表している．

に思われる．

　一度形成されれば，ホリデイ構造における結合部は**分岐点移動**（branch migration）とよばれる過程で二本鎖に沿って移動する（図 21.9）．分岐点移動の程度は鎖交換の長さや位置を決定する．分岐点移動は ATP 加水分解に依存した過程で約 5000 bp/s と非常に速い．分岐点移動はどちらの方向にも起こり，二つのタンパク質 **RuvA-RuvB 複合体**（RuvA-RuvB complex）によって行われる．RuvA はホリデイ構造の開放形態を認識し，結合する．その DNA-タンパク質複合体の構造は図 21.10 に示されている．RuvA と DNA との結合に続いて，RuvB が接合部の両側面に結合する．RuvB は接合部の四つの DNA のうちの二つを反対方向に回す分子モーターである（図 21.11）．この動きによって，他の二つの鎖は接合部の中に引っ張られるように回転移動する．回転する分子モーターは一般的ではないが，生物学上知られていないわけではなく，細菌の鞭毛のモーターがその一例である．分岐点移動の最後の過程は接合部にまたがって対象な位置に DNA を切断する DNA リゾルベース，つまり **RuvC** による接合部の解消である（Box 21.3 と図 21.9 参照）．互いに 90°の角度で向かい合う二つの組合わせの切断部位があり，得られる組換え体はどちらの組合わせが切断されたかに依存する．通常の切断は図 21.9 でジグザグ状に示されている．

Box 21.3　ホリデイ構造とは何か，そしてそれはどのように解消されるのか

　組換わる DNA 二本鎖の間にホリデイ構造を描くために常に用いられる略図（図1）からは，実際の物理構造に関する情報や，ホリデイ構造がどのように分岐点移動に関与し，またどのように組換わった二本鎖に解消されるのかについて何もわからない．この図は，単に交差が起こって修復合成が完了し，四本鎖が連結していることしか示唆していない．実際に形成される構造はトポロジー的には変化はないが，いくつもの三次元形態をとりうる．

　第一に，一つの二本鎖を別の二本鎖に対して 180°近く回転させることを想像してほしい．これは物理的にとりうる構造，つまり特定の溶液条件下で存在しうる折りたたまれて閉じた接合部を生み出す．ここで二本鎖がほぼ平行に横に並び，それらの間で整然と交差する．しかし，折りたたまれていない開いた接合部構造の方が，特に RuvA タンパク質の存在下ではとりやすい．この構造の詳細は図 21.8，図 21.10 に示されている．

　開放コンホメーションにおいては RuvB によって駆動される接合部の移動が起こる（図 21.9 参照）．接合部はエンドヌクレアーゼ RuvC による切断によって解離する．これは組換えまたは非組換え産物を得るために二つの垂直軸のどちらかに沿って対称に切断される．細胞内ではホリデイ構造の組換え経路は，常に組換えられた交差産物の産生を導く（図 21.1 参照）．

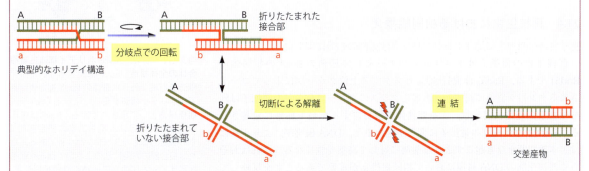

図1　ホリデイ構造のとりうるいくつもの構造　ホリデイ構造の形態は溶液の環境や細胞の構成成分との相互作用に依存する．記号 A, B と a, b は対になった対立遺伝子のマーカーを表している．図示されているように，ホリデイ構造が切断されるとき，マーカーは組換わる．ここには示されていないが，もう一方の鎖の切断は細胞内では起こらない．

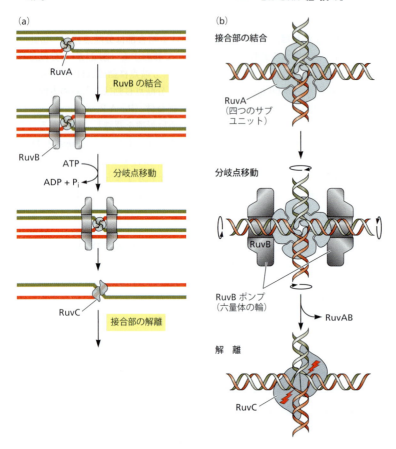
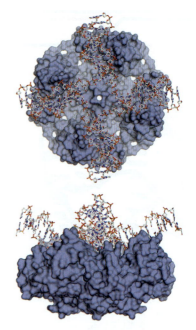

図21.9 **相同組換えのホリデイ構造時にみられる交差点移動** (a) 分岐点移動はRuvAによって認識される接合部で始まる．RuvAの結合に続いて二つのRuvBポンプ（モーター）の結合が起きる．RuvABはATPの加水分解を必要とする反応で分岐点移動を促進し，RuvCがホリデイ構造を切断する．(b) (a)で描かれた組換えの三つの段階の間のタンパク質-DNAの再編成．タンパク質はそれらの既知の構造に基づいて表示されている．二つのRuvBの六量体の輪はそれらの中心を通るDNAを可視化するために断面図として示されている．RuvCの活性中心はジグザグ形で記されている．[Rafferty JB, Sedelnikova SE, Hargreaves D et al. [1996] *Science* 274:415–421 より改変．American Association for the Advancement of Science の許可を得て掲載]

図21.10 **ホリデイ構造と複合体形成した大腸菌 RuvA の共結晶構造** 接合部は四つの合成オリゴヌクレオチドを対合させることで得た．上：4回対称軸に沿ってタンパク質-DNAの間を見下ろしたもの．DNA は O 原子を赤，P 原子を黄，N 原子を青，C 原子を白として棒表示で表現されている．全体の構造は開いた凹面構造をもつ．RuvA 四量体は表面表示で示されている．下：複合体の側面．4回対称軸は紙面に平行になっている．

21.4 真核生物における相同組換え

真核生物の組換えに関与するタンパク質は細菌のものに似ている

　真核生物の組換え酵素（リコンビナーゼ）で細菌の RecA の相同体は **Rad51** である．Rad51 は *RAD52* エピスタシス上位グループによってコードされるタンパク質群に属する．エピスタシスにグループ化された遺伝子は同じ生物学的経路に関与し，二重変異体の解析によって最も頻繁に定義される．*RAD52* グループの遺伝子に変異が起きると，DNA傷害剤，より正確には二本鎖切断をひき起こすような薬剤に対して高感受性になる．これはおそらく真核生物の DNA 修復において相同組換えが重要であることを反映している．1970 年に X 線照射に対する感受性を反映した *rad* という用語がこれらの変異体のために導入された．変異した際に照射感受性表現型を示す個々の遺伝子について50以上の数字が割り振られている（**表 21.1**）．

　真核生物のリコンビナーゼ Rad51 は右巻きの多量体らせん構造の形成を

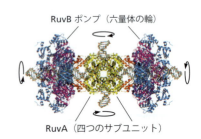

図21.11 **RuvA-RuvB-ホリデイ構造三者複合体の全体構造** RuvA は黄で示されたコア構造を形成する．六量体の RuvB 複合体は青で，ホリデイ構造を形成している DNA 鎖は球棒構造として示されている．RuvB は矢印で描かれたように，反対方向に接合部の2本の腕を回るモータータンパク質である．これは接合部の方向に他の二本鎖の回転移動を制御することによって分岐点移動を起こす．DNA は右側と左側の方向に巻かれる，上腕と下腕は中心に引き込まれ，最終的に RuvB ポンプを通って出ていく．[Yamada K, Miyata T, Tsuchiya D et al. [2002] *Mol Cell* 10:671–681. Elsevier の許可を得て掲載]

21.4 真核生物における相同組換え

表 21.1 酵母とヒトにおいて Rad51 と Dmc1 とともに機能する相同組換えの因子

パン酵母	ヒト	生化学機能と特徴
MRX 複合体 (Mre11-Rad50-Xrs2)	MRN 複合体 (Mre11-Rad50-NBS1)	二本鎖切断末端の削り込みに関連する DNA 結合とヌクレアーゼ活性
	BRCA2	組換えメディエーター；ssDNA への結合と RPA, Rad51, Dmc1 との相互作用
Rad52[†]	RAD52	組換えメディエーター；ssDNA への結合と RPA, Rad51 との相互作用
Rad54	RAD54	ATP 依存性 dsDNA トランスロカーゼ
Rdh54	RAD54B	dsDNA に超らせんストレスを誘導し D ループ形成を促進，Rad51 と相互作用する
Rad55-Rad57	RAD51B-RAD51C RAD51D-XRCC2 RAD51C-XRCC3	Rad55-Rad57 と RAD51B-RAD51C は組換えメディエーターである

[†] 組換えメディエーターの活性は酵母のみで確認されている．

含む RecA の特徴をすべてもつ（図 21.4 参照）．Rad51 は細菌の相同体である RecA のように，鎖侵入のためのらせん状フィラメントを形成するために削り込まれた一本鎖 DNA に結合する必要がある．しかし，DNA 末端はそれらが分解されるのを防ぐために，すでに細菌の一本鎖 DNA 結合タンパク質（SSB）の相同体である複製タンパク質 A（RPA；replication protein A）で覆われている．ここには組換えメディエータータンパク質が救助にくる．これらのタンパク質はリコンビナーゼである Rad51 または RecA と物理的に相互作用し，二本鎖 DNA よりも一本鎖 DNA に結合するという共通の特徴を共有している．SSB の阻害効果を乗越えるのにはほんの少量のメディエーターが必要である．おそらくメディエーターは 1〜2 分子の SSB を除去すれば十分であり，残りは Rad51 または RecA フィラメントの伸長によって除去される．このようないくつものタンパク質の関与が知られているが（表 21.1 参照），ここでは Rad52 と BRCA2 という，最もよく研究された二つのメディエーターに焦点を当てる．

Rad52 は組換えメディエーターとしてよく知られている．詳細な生化学および構造学的研究によって，Rad52 が二つの独立した DNA 結合部位をもつことが明らかになっている（図 21.12）．一つめの部位は一本鎖 DNA と結合し，二つめの部位は二本鎖または一本鎖 DNA のどちらかに結合する．加えて，Rad52 は Rad51 と結合し，一本鎖

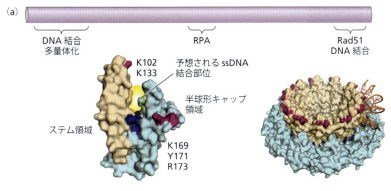
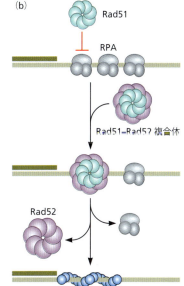

図 21.12　組換えメディエーター Rad52．相同組換えにおいて ssDNA に Rad51 を分配するための構造と役割　(a) 上は Rad52 単量体のドメイン構造．下はヒト Rad52[1-212] のオリゴマー形成ドメインプロトマーと Rad52 の 11 個のサブユニットリングの表面構造．塩基性残基は濃紺で示されており，環状構造において黄で示される ssDNA 結合部位を構成するステムと半球形キャップ領域の間に形成された溝の底に集まる．赤紫で示す酸性残基は dsDNA の結合に関与する．dsDNA はステム領域に沿って伸び，そこには ssDNA 結合部位と dsDNA 結合部位が互いに接近して並んでいる．(b) 組換えメディエーターの役割を遂行するため，Rad52 は Rad51 と複合体を形成し，RPA に覆われた ssDNA に Rad51 を分配する．これによって付着前複合体が形成される．さらなる Rad51 分子の重合によって RPA が DNA から引き離される．[San Filippo J, Sung P & Klein H [2008] Annu Rev Biochem 77:229–257 より改変．Annual Reviews の許可を得て掲載]

DNAからRPAを引き離すことのできる安定な複合体を形成する．Rad51そのものはRPAに覆われた一本鎖DNAに結合できないことを覚えていてほしい．Rad52の二つのDNA結合部位のいずれかにおけるアミノ酸残基を変異させた研究では，どちらの部位もDループの形成に必須なことが示された．現在は，Rad52はRad51によるRPAの置き換えを触媒すると理解されている．

　二つめのよく知られた組換えメディエーターはBRCA2である．このタンパク質はがん抑制遺伝子産物として最もよく知られており，その変異型は家族性乳がんや卵巣がん，発がん傾向にあるファンコニ貧血などのヒトの疾患に関与する（Box 22.2参照）．rad遺伝子の場合と同様に，BRCA2における変異はDNA損傷剤に対して高感受性になる．疾患との重要な関連のため，このタンパク質は広く研究されてきた．BRCA2のドメイン構造とDNAとの相互作用は同定されている（図21.13）．Rad52のように，BRCA2タンパク質は一本鎖DNA末端と相互作用する．また，組換えメディエーターの機能にとっての必須条件であるRad51と安定な複合体を形成する（図21.14）．

相同組換えの機能不全は多くのヒト疾患と関係している

　相同組換えは非常に広範囲の過程に関与することが知られているため，相同組換えの機能不全が多くのヒトの疾患につながることは驚くことではない．血友病Aにおける相同組換えの関与を論じることによってこの点について解説する．二つの欠損的相同組換えの機構が血液凝固の生化学的カスケードにおいて，第Ⅷ因子タンパク質をコードする遺伝子の機能欠陥産物の形成につながる．Box 21.4で

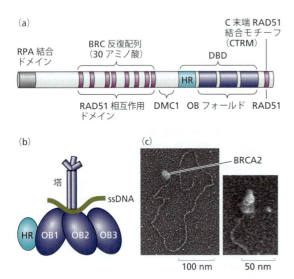

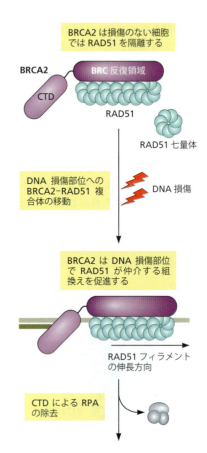

図21.13 ヒトBRCA2のドメイン構造　(a) ドメイン構造は上に，タンパク質相互作用モチーフは下に記されている．個々のBRCモチーフ内におけるいくつかの1塩基変異は家族性若年性がんと関連している．DNA結合ドメイン（DBD）はヘリックスに富む（HR）ドメインと三つのオリゴヌクレオチド結合（OB）フォールドから成る．(b) 結晶構造をもとにしたDBD中の各ドメインの並び方．OB2とOB3は並列に配置され，OB1はOB2とは反対向きに配置されている．2本の逆平行の長いらせんはコア構造から突出し，OB2から生じる塔を形成している．この塔の先端にはdsDNAに結合するであろう，三つのらせんの束がある．BRCA2はプロセシングされたDSB部位へのRAD51の呼び込みを促し，RAD51によって進む鎖侵入を促進する．[(a), (b) Holloman WK [2011] Nat Struct Mol Biol 18:748–754 より改変．Macmillan Publishers, Ltd. の許可を得て掲載] (c) 電子顕微鏡によって観察されたdsDNA末端へのBRCA2の結合．BRCA2タンパク質と54 ntの突出末端を含む長い線状dsDNAを混和した．BRCA2はssDNA末端に局在している．高倍率像ではssDNA末端に結合するダンベル形のBRCA2二量体が観察できる．[Thorslund T, McIlwraith MJ, Compton SA et al. [2010] Nat Struct Mol Biol 17:1263–1265. Macmillan Publishers, Ltd. の許可を得て掲載]

図21.14 RAD51が仲介する相同組換えにおけるBRCA2のメディエーター活性　損傷のない細胞では，RAD51は不活性複合体の状態でBRCA2と結合するが，隔離されている．DNA損傷により，RAD51-BRCA2複合体はdsDNAとRPAのヘテロ三量体に覆われ削られた一本鎖突出部分の間の連結部へ向かう．この過程において必須の役割をもつRAD52とともにRPAが取り除かれる．RPA除去とは別の反応において，BRC反復領域がRAD51による鎖交換を刺激するということもありうる．[Shivji MKK, Davies OR, Savill JM et al. [2006] Nucleic Acids Res 34:4000–4011より改変．Oxford University Pressの許可を得て掲載]

21.4 真核生物における相同組換え

はさらに，血友病における血液凝固と欠陥のある相同組換えの影響を議論する．

減数分裂期組換えは減数分裂期における相同染色体間の遺伝情報の交換を可能にする

減数分裂期組換えは兄弟姉妹間での遺伝的多様性を生み，第一減数分裂の間に対になった相同染色体の適切な分離を保証する．減数分裂期組換えでは情報を交換する相手の染色体は最初の減数分裂前期の間に対になった相同染色体である（図21.15）．2本の相同染色体間での相同配列のあらゆる組合わせが組換え過程の基質として使用されうる．

減数分裂期組換えの最終的な結果は三つの経路のうちどれが起こるかに依存する．非交差（NCO；noncrossover）産物は合成依存的単鎖対合（SDSA）経路によって形成される（図21.1，図21.16 参照）．交差（CO；crossover）はホリデイ構造の形成と解離が関与する二つの副経路のいずれからのみ生じる．それぞれに異なるタンパク質群が二つの副経路を定義する．一つは非常に高度に制御されていて，その最終産物である染色体では，付近でさらなる交差が形成されるのを防ぐ一つの交差が存在する．この過程は

Box 21.4　血友病 A と遺伝的組換え

血友病は血液凝固を妨害する遺伝性疾患である．血液凝固は二つの経路に沿って開始する．一方は内因性経路として知られ，組織の損傷によって開始する．もう一方は外因性経路として知られ，血管への損傷によって開始する．それぞれの場合において，連続的なタンパク質分解の活性化段階が血餅を形成するフィブリンの重合を導く（図1）．これらの経路における重要な点は，X因子がIX因子かVII因子によって活性化されるということである．ここで両経路が融合し，どちらの経路も血餅形成を導く．

IX因子が機能するためには抗血友病因子VIII因子の関与が必要である．VIII因子はトロンビンによる切断によって活性化されなければならない（図2）．活性化トロンビンは一連の経路の後半の産物であるため，この時点では正のフィードバックが存在する．VIII因子は多くの型の血友病Aの決定因子であり，古典的で最も危険な形態である．これは，VIII因子が女性は2コピーもつが男性は1コピーしかもたないX染色体上にコードされているためである．異常なVIII因子をもつ女性のヘテロ接合体は深刻な血友病を呈することはないが，男性の子孫へと異常な遺伝子が受け継がれる可能性があるため，疾患の保因者となりうる．英国のヴィクトリア女王はその保因者であり，ヨーロッパの多くの国王が彼女の子孫となった．そのうちの何人かは血友病であり，その他は男性の後継者に疾患を伝搬した．それゆえ，血友病Aはしばしば王族の病とよばれる．

血友病AはVII因子やIX因子と相互作用するタンパク質におけるさまざまな塩基置換変異の結果として生じる．しかし，最も損傷の大きい形態は遺伝子の外側に位置するほぼ同一の配列をもつVIII因子イントロン上の配列の存在に起因する．一つはイントロン1（図3a）である．ルーピングと組換えによってVIII因子遺伝子が二つの断片に分かれ，それぞれが反対方向に向いてしまっている．これらはどのようなVIII因子タンパク質もコードしていない．しかし，この領域はすべての血友病Aの1%しか占めていない．真の原因はイントロン22である（図3b）．この配列上での組換えは同様の産物を形成するが，すべての血友病Aの原因の40%を占める．

血友病は長きにわたって治療の標的となってきた．不運にも，献血者からのVIII因子の濃縮液には高い確率でHIV

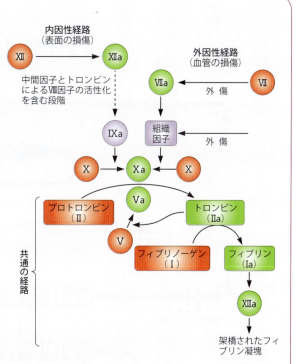

図1　血液凝固のカスケード この経路における各因子は不活性型として存在しているセリンプロテアーゼである．このプロテアーゼの活性化はすでに活性化された上流のプロテアーゼによるタンパク質分解によって起きる．示された二つの経路のうち，血液凝固の開始のための主要な経路は組織因子による外因性経路である．凝固因子は通常ローマ数字で示され，活性型を表示する際には末尾に小文字のaを付加する．この概略図では不活性型のプロテアーゼを赤枠で，活性型を緑枠で囲んでいる．[Mathews CK, van Holde KE, Appling DR & Anthony-Cahill SJ [2012] Biochemistry, 4th ed. より改変. Pearson Prentice Hall の許可を得て掲載]

が混入していることが明らかになった．組換えDNA技術が確立され，クローン化されたVIII因子を産生することが可能になり，今日使用されている．同時に，体細胞遺伝子治療の導入が現在試みられている．

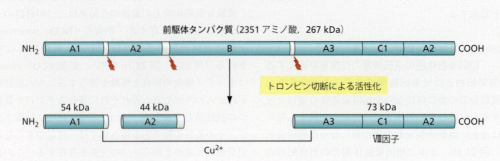

図2　トロンビンによる段階的タンパク質分解を介した血液凝固Ⅷ因子の活性化　最終産物の三つのペプチドは結合したままで，銅リガンドによって安定化されている．

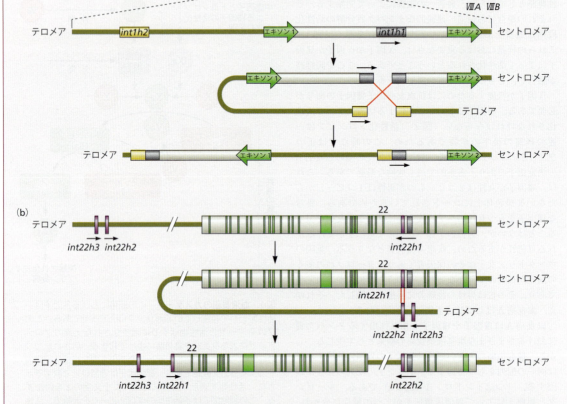

図3　相同組換えはⅧ因子遺伝子の異常な逆位をひき起こす　遺伝子は緑の四角で示された26個のエキソンと25個のイントロンを含み，二つの重要なイントロン1と22が印字されている．イントロン22はさらに二つの遺伝子であるⅧAとⅧBを含んでおり，それらの転写方向は矢印で示されている．図において水平の矢印は反復配列の向きを示している．(a) イントロン1は *int1h1* 配列を含み，遺伝子の外側にも繰返されている *int1h2* が存在する．この二つの反復配列の間での相同組換えが異常な遺伝子逆位の起源であることを説明する．(b) イントロン22は *int22h1* 配列を含み，遺伝子から遠く離れた *int22h2* と *int22h3* の二つの配列と相同性をもつ．染色体内での相同組換えがエキソン1-22とエキソン23-26が反転した交差構造の形成をひき起こす．簡潔に *int22h2* での組換えの結果のみが示されているが，*int22h3* でも組換わることがあり，同様の結果となる．[(a), (b) Graw J, Brackmann H-H, Oldenburg J et al. [2005] *Nat Rev Genet* 6:488-501 より改変．Macmillan Publishers, Ltd. の許可を得て掲載]

21.4 真核生物における相同組換え

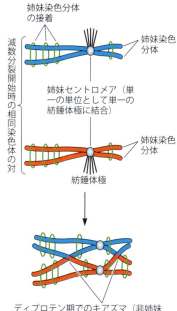

図21.15 **減数分裂期組換え** 減数分裂期組換えは減数分裂における相同染色体間での遺伝情報の交換過程である。各染色体は1対の姉妹染色分体から成る。それぞれの染色分体はDNA二本鎖である。[Neale MJ & Keeney S [2006] Nature 442:153–158 より改変。Macmillan Publishers, Ltd. の許可を得て掲載]

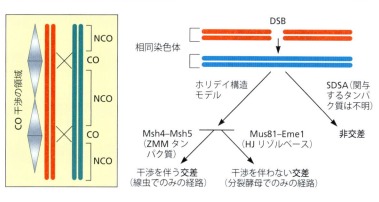

図21.16 **三つの異なる経路から生じる減数分裂期相同組換えの三つの異なる結果** 合成依存的単鎖対合(SDSA)経路は非交差(NCO)産物をもたらす。交差(CO)はそれぞれ別個のタンパク質が関与する二つの異なる機構によって形成される。交差の数と位置は高度に制御されている。いくつかの生物種では干渉として知られる過程で一つの交差の存在が近傍での別の交差の形成を防いでいる。枠内に灰色の三角形で示されている干渉の領域では交差を起こすDSB部位が中心となっている。干渉の程度は交差部位で最も高く、交差からの距離に応じて低くなっていく。干渉はホリデイ構造と特異的に相互作用するスライディングクランプを形成するMsh4-Msh5複合体を必要とする。他の生物種では干渉の調節を受けない異なるホリデイ構造経路を用いる。それに関与するタンパク質複合体は、ホリデイ構造リゾルベースまたはエンドヌクレアーゼ活性をもつ進化的に保存されたタンパク質であるMus81とEme1から構成される。出芽酵母や植物、哺乳類などのいくつかの生物では両方の経路をもつようである。[Cromie GA & Smith GR [2007] Trends Cell Biol 17:448–455 より改変。Elsevier の許可を得て掲載]

干渉として知られている。一般的に交差の総数は比較的少ないが、最も小さい染色体でも交差領域は少なくとも1箇所ある。各染色体間における最低1回の交差が第一減数分裂の間の染色体の適切な分離に寄与する。交差部位は細胞学的には**キアズマ**(chiasmata)として知られており(図21.15、図21.17 参照)、相同染色体を物理的につなげているため、染色体は減数分裂紡錘体上に正しく向くことができる。

干渉の分子機構はわかっていない。これまでの実験結果は、干渉はシナプトネマ複合体を伴わないということを示唆している(図21.17 参照)。にもかかわらず、染色体軸の連続性は干渉に必須であるように思われる。交差産物の形成のための2番目の経路では干渉は関与しない(図21.16 参照)。興味深いことにいくつかの生物種では二つの交差経路のうち一つしか使用しないのに対して、別の哺乳類ではその両方をもつようである。

減数分裂前期(プロフェーズ)段階は識別可能な染色体の出現によって形態学的に定義される。各染色体は姉妹染色分体とよばれる二つの複製物から成る。組換えられる二つの相同染色体はギリシャ語の結合を意味するsynapsisと、糸を意味するnemaに由来した**シナプトネマ複合体**(SC; synaptonemal complex)とよばれる特別なタンパク質様構造によって互いに結合している。シナプトネマ複合体構造の現時点でのモデルは図21.18に、顕微鏡像は図21.19に示されている。シナプトネマ複合体構造は側方および中央の2種類の要素で構成される。側方要素はその前駆体タンパク質構造である各相同染色体中の2本の姉妹染色分体をまとめる軸方向要素から複雑な過程で変換される。軸方向要素のおもなタンパク質構成成分はコヒーシンである。コヒーシンがDNA複製期から有糸分裂期まで2本の姉妹染色分体をつなぎとめている第8章の図を思い出してほしい(図21.18 参照)。軸方向要素から側方要素への進化には、軸構造を形成する一連のタンパク質へのいくつものさらなるタンパク質の付加が関与する。

減数分裂期組換えの一連の段階は図21.17に概説されている。まず相同染色体の最初の対合がごく一部の領域で起きる。その後、対合は**シナプシス**(synapsis)とよばれる過程で染色体全長まで伸びる。2本の染色体が全長にわたってシナプトネマ複合体によってつなぎとめられ、それらは**二価染色体**(bivalent)とよばれる。その構造で生じる2本の相同な非姉妹染色分体間での交換には、染色分体間の二本鎖切断や再結合が関与する。次に、染色体は分離し始める。目に見えるキアズマが顕微鏡下で認められるのはこの過程の間である。

減数分裂の開始時期、相同染色体の認識と対合の機構において重要な未解決の問題がある。異なる生物間でも、相

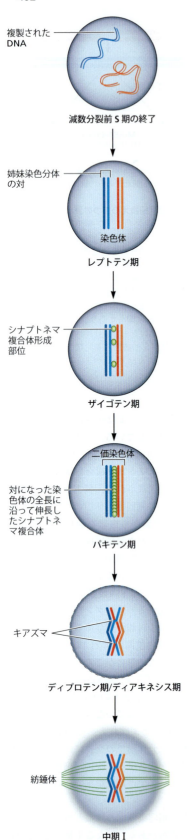

同な染色体同士が対合するためにはいずれも同じくらいの時間を要することが知られている．つまり，対合は数桁の大きさにわたるゲノムサイズには依存しない．この事実は，最初の接触がなされた後で他方の DNA に沿ってスライドしながら配列を探すという単純な線形探索機構を除外する．線形探索は非常に遅いと推定される．酵母では線形探索に数時間を要する．しかし，コムギでは植物の一生よりも長い数千時間を必要とするだろう．

原則として特定の配列または染色体領域の検索を限定することによって検索域を縮小する，ということが答えとなるだろう．異なる種はその目的のために異なる配列を利用している．ショウジョウバエや線虫などのいくつかの種は，シナプシスが始まる特別な染色体対合部位をもつ．コムギを含むその他の種は対合部位としてセントロメアを用いる．数多くの種において，減数分裂の開始時に最も頻繁に集まる配列はセントロメアである．セントロメアは**減数分裂のブーケ**（meiotic bouquet）として知られる構造を形成するために，核の一方の端で核膜に結合することによって集団構造を形成する．集団化が密な生物種では，染色体は茎が束ねられた花のブーケのようになっているためそのように名づけられている（図 21.20）．セントロメアの集団構造形成の程度は生物種間で大きく変動しており，核膜への結合部が検索空間を減少させるブーケ構造の中心部にあることを示唆することに留意すべきである．

X 線などによる DNA 損傷時にランダムに形成される二本鎖切断に対し，減数分裂期における二本鎖切断の形成はプログラムされた事象である．二本鎖切断は特別なタンパク質 Spo11 によってトポイソメラーゼと似た反応で導入される（図 21.21）．すべての減数分裂期組換え経路は同じ機構で開始される．

この経路に必須なもう一つのタンパク質は Rad51 で，これもまた有糸分裂の手段となるリコンビナーゼである．加えて，減数分裂期組換えは減数分裂特異的リコンビナーゼである Dmc1 を利用する．ヒトにおいては DMC1 と表示され，重要ではあるが Rad51 とは重複しない役割をもつ．興味深いことに，Dmc1 は ssDNA 上で二つの異なる構造をとる．ATP が存在しない場合かする場合に応じて，積み重なった輪または右巻きらせん状フィラメントがそれぞれ形成される（図 21.22）．たぶん驚くことではないが，有糸分裂期組換えと同様に，らせん状フィラメントのみがリコンビナーゼ活性をもつ．

二つの選択的ホリデイ構造介在性経路の最終産物である交差の数と位置は，いくつもの異なるメカニズムを通して高度に制御されている．制御の第一段階ではゲノムに非ランダムに起こる二本鎖切断の場所が決定される．ゲノムの特定部位での二本鎖切断の集積は**組換えホットスポット**（recombinational hotspot）の定義につながった．それぞれのホットスポットはごく一部の細胞，基本的に 0.001 % から多くても 10 % において活発である．興味深いことに，非ホットスポット領域の二本鎖切断では組換えは起こらず，通常の DNA 損傷と同様に修復される．最近のゲノムワイドな局在研究では，Spo1 や Dmc1 のような，減数分

図 21.17 減数分裂期組換えの概要 減数分裂前期 I の間の三つの基本的な過程は，染色体の対合，シナプシス，組換えである．単純化のため相同染色体の一つの組合わせのみを示し，姉妹染色分体は違う色調で表している．レプトテン期（細糸期）：染色体が凝縮し，相同部位が整列する．ザイゴテン期（合糸期）：相同部位間のシナプシスの開始，つまりいくつかの部位でのシナプトネマ複合体の構築．パキテン期（太糸期）：シナプシスが二価染色体の形成を完了する．相同染色体間での組換えがザイゴテン期とパキテン期の間で生じる．ディプロテン期（複糸期）：染色体同士が分かれるが，まだキアズマ（組換え部位）で結合している．核膜の崩壊が前期終了のシグナルとなり，紡錘体の形成が起こる．染色体腕に沿った姉妹染色分体の接着が後期 I で解離し，相同染色体が二つの紡錘体極へ移動し分離する．［Page SL & Hawley RS [2003] *Science* 301:785–789 より改変．American Association for the Advancement of Science の許可を得て掲載］

裂特異的な組換えタンパク質の抗体を用いた高分解能クロマチン免疫沈降技術が用いられている．これらの技術に続き，染色体に沿ったホットスポットの存在と分布を示すためのハイスループット配列決定法が出現した．加えて，これらの研究ではこのようなホットスポットでのヌクレオソームの占有状態を観察しており，それは驚くべき結果となった．異なる生物種におけるホットスポットではクロマチンの組成が劇的に異なっていたのだった．酵母ではほとんどの二本鎖切断がプロモーターのヌクレオソーム欠失領域に見いだされた（第12章参照）．一方マウスでは，ホットスポットの中心上でややヌクレオソームの占有率が高かった．最後に，酵母とマウスのどちらでも，リシンでトリメチル化されたヒストンH3，H3K4me3のホットスポットの濃縮が存在する．これまでの章で記されているように，この特定のヒストン修飾は基本的に転写が活発な遺伝子上に存在する．にもかかわらず，転写活性と二本鎖切断の間の直線的な関係が存在するようには思われない．

プログラムされた二本鎖切断に関する他の次元の制御が存在する．すでに学んだように，組換え最終産物の性質が

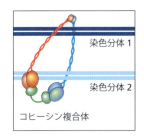
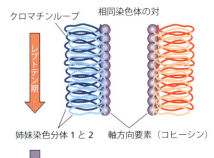

図21.18 シナプトネマ複合体の構造と減数分裂における形成
上：2本の相同染色体の概略図．それぞれは1本のタンパク質性の軸とコヒーシン複合体によって束ねられる2本の姉妹染色分体から構成される．下：減数分裂期染色体はシナプトネマ複合体によって束ねられている．二つの軸方向要素は追加のタンパク質によって側方要素に転換される．側方要素は中央要素によって束ねられており，三極性のタンパク質構造を形成する．DNAループは側方要素から生じる．個々の要素のタンパク質構成成分は以下のとおりである．軸方向要素はコヒーシンとしても知られるRec8，STAG3-Rec11，SMC1，SMC3である．側方要素は軸方向要素に加えてSCP2とSCP3，HORMAドメインタンパク質であるHop1-HIM3-Asy1である．横断フィラメントはZip1-SCP1-C(3)G-SYP1を含む．

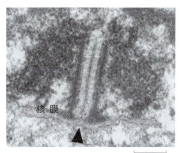

図21.19 パキテン期のシナプトネマ複合体の顕微鏡写真 パキテン期でのマウス精母細胞の核の断面図はシナプトネマ複合体と正常に凝縮されたクロマチンを表している．[Kouznetsova A, Benavente R, Pastink A & Hoog C [2011] *PLoS One* 6:e28255.]

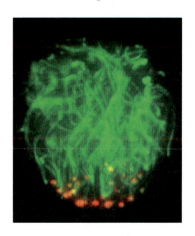

図21.20 マウス精母細胞の初期の減数分裂前期の核でみられるブーケ構造 セントロメアは赤，染色体軸は緑で示されている．各構造はセントロメアあるいは染色体軸のどちらかに局在するタンパク質マーカー特異的な抗体を用いた免疫染色化学によって可視化された．セントロメアは核周辺部に凝集し，染色体軸は核空間に向かって伸びている．[Berrios S, Manieu C, López-Fenner J et al. [2014] *Biol Res* 47:16. BioMed Centralの許可を得て掲載]

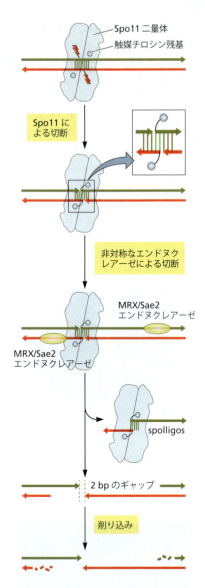

図 21.21 Spo11 二量体とその多くのパートナータンパク質によるプログラムされた二本鎖切断の形成 この反応はすべての減数分裂期組換え経路の開始点となる．二つの単量体が隣り合う塩基対において DNA ホスホジエステル骨格を攻撃する．DNA 骨格の切断によって灰色の球で示された触媒チロシン残基と DNA の 5′ 末端の間のホスホチロシル共有結合が形成される．この反応は，Spo11 にはトポイソメラーゼ活性は見いだされてはいないが，トポイソメラーゼの活性様式を連想させる．この反応はまた枠内に示されているように，両鎖で 2 bp ずれた 3′-OH 基とニックを生じる．共有結合的に捕捉された Spo11 は，突出した 5′ 末端から数ヌクレオチド下流で生じる黄の楕円で示された MRX/Sae2 エンドヌクレアーゼによって切断，除去される．放出された Spo11 は異なる長さの 2 本のオリゴヌクレオチドに結合し，spolligos と名付けられた．放出された DNA は，さらに Rad51 リコンビナーゼの結合に必要な ssDNA を生じる組換えの共通の機構に供される．[Cole F, Keeney S & Jasin M [2010] Genes Dev 24:1201–1207 より改変．Cold Spring Harbor Laboratory Press の許可を得て掲載]

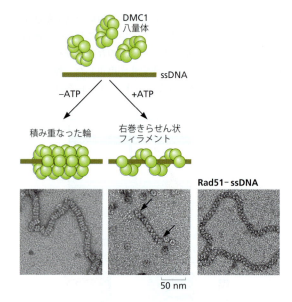

図 21.22 減数分裂期特異的リコンビナーゼ Dmc1 このリコンビナーゼはヒトでは DMC1 と表記される．溶液内ではそれぞれ左と右に示されているように ATP の非存在下または存在下に応じて異なった様式で ssDNA に結合する八量体の輪として存在する．らせん状のフィラメントのみが組換え活性をもつ．何人かの研究者は，おそらく ATP の結合に応じて積み重なった輪が活性のあるフィラメントに変換されるのだろう提唱している．しかしこの可能性はありそうにない．なぜならそのような変換は輪で形成されるサブユニットの解体と再配向が必要になるからである．下の電子顕微鏡像はフィラメントの末端に矢印で示されているような構造の出現を示す．Rad51 と ssDNA のらせん状フィラメントが比較のために示されている．[上：Sung P & Klein H [2006] *Nat Rev Mol Cell Biol* 7:739–750 より改変．Macmillan Publishers, Ltd. の許可を得て掲載．下：Sehorn MG, Sigurdsson S, Bussen W et al. [2004] *Nature* 429:433–437．Macmillan Publishers, Ltd. の許可を得て掲載]

交差または非交差のいずれであっても，二本鎖切断の形成はすべての相同組換えにおいて最初の必須で共通な過程である．二本鎖切断が交差または非交差を形成するために使用されるか，または単に通常の DNA 修復経路で修復されるかどうかは，選ばれる経路によって調節されている．この選択を決定する因子については実際のところ何もわかっていない．

21.5 非相同組換え

転移因子やトランスポゾンはゲノム内で場所を移動する可動性 DNA 配列である

非相同組換えはゲノム内の DNA 配列を移動する主要なメカニズムである．非相同組換えは DNA 配列をある場所からもともとの場所と相同性をもたない別の場所へ移す，つまりコピーすることを可能にする．**転移因子**（transposable element）または**トランスポゾン**（transposon）とし

て知られる別個に独立した可動性配列の存在は，Barbara McClintock によって 1948 年にトウモロコシで発見された．彼女の先見性ある研究とそれがしぶしぶ受入れられたことを Box 21.5 で解説している．トランスポゾンは豊富に存在し，多くの植物や動物のゲノムに散りばめられており，DNA のかなりの部分を構成している．そのため，哺乳類においてはトランスポゾンはゲノムの 40～45％ を占めている．この割合はいくつかの植物ではさらに高く，トウモロコシでは約 60％ にもなる．知られている中で最も多いのはヨーロッパトノサマガエルの 77％ である．トラ

Box 21.5　Barbara McClintock と動く遺伝子

科学の歴史における最も特筆すべきストーリーの一つは Barbara McClintock の独力での長い間評価されていなかった転移現象とトランスポゾンの発見である．McClintock は 20 世紀の最初の四半世紀，Mendel の研究が再発見されたわずか数十年後に古典遺伝学者となった．彼女は 1926 年にコーネル大学で研究のキャリアを開始し，その後一生をトウモロコシの遺伝学に捧げた．これは遺伝学の物理的な本質が解明されるより 25 年も前であったことを述べておかなければならない．McClintock の研究歴の大部分の間，遺伝子は系統学的特性と関連付けられた染色体地図上の点であった．

次の 20 年間，McClintock はセントロメアからテロメア，複製から組換えまで，トウモロコシの遺伝学のさまざまな側面を解明するための古典的な方法を華麗に用いた．彼女は遺伝学の分野において主要な地位を獲得し，1944 年に米国科学アカデミー会員に選ばれた．

McClintock は 1942 年にワシントンのカーネギー研究所のコールド・スプリング・ハーバー研究所に移った後，最も素晴らしい発見をした．トウモロコシの穀粒の色を観察するという仕事に従事し，色のない穀粒をもたらす変異体を解読した．驚くべきことに，それらの子孫がもつ穀粒のいくつかは，白い背景に色付いた小さな斑点をもつ多彩なパターンを示した．

この結果とその意味合いを現代的に理解することは，後の研究および遺伝子が特定のタンパク質をコードする DNA 配列という認識から判断すれば簡単である．図1にCと描かれた遺伝子は色の生産に重要である．この遺伝子はアントシアニン色素の合成に必要な酵素をコードする．Dissociator（Ds）という遺伝子が C に転移すると何の酵素も生産されず，白い穀粒（種子）がつくられる．一方で，さらに形成中の穀粒における個々の細胞で Ds がさらに置換されると，それに由来する細胞において C が再活性化される．これにより穀粒に色付きの斑点ができる．

Ds そのものは転移できない．転移には Activator（Ac）とよばれる別の遺伝子にコードされるトランスポセースの活性が必要である．Ac は自己転移または他の因子の転移を可能にし，よく知られているヒトの LINEs と SINEs の場合と非常によく似ている（図 21.24 参照）．

Ac-Ds 機構の遺伝的定義とその転移特性は 1942 年から 1948 年の間に古典的な遺伝学的手法を用いて McClintock によって推論された．この研究は 1950 年に Proceedings of the National Academy of Sciences 誌と，それに続く Cold Spring Harbor Symposium on Quantitative Biology で報告された．不運にも，動く遺伝子という考えは当時のほとん

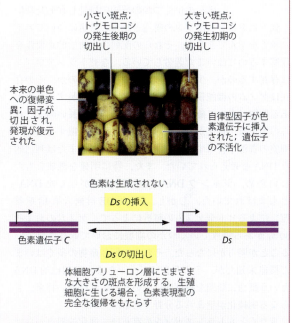

図1　トウモロコシ穀粒の色に影響する転移因子

McClintock はトウモロコシの穀粒がいくつかは無色で他は暗い均一の色を示すが，その他にも白い背景に暗色の斑点を示すような不安定で多彩な表現型を示すことに気付いた．彼女はゲノムの周りを跳びはねる遺伝的因子，つまり動く遺伝子の挙動によってこの現象を説明した．彼女はまた，別の遺伝子 Activator（Ac）の産物が遺伝子が動くのに必要であることを発見した．今日において，我々はこの遺伝子がトランスポセースをコードすることを知っている．[上：Robert Martienssen, Cold Spring Harbor Laboratory のご厚意による．下：Feschotte C, Jiang N & Wessler SR [2002] Nat Rev Genet 3:329–341 より改変．Macmillan Publishers, Ltd. の許可を得て掲載]

どの遺伝学者にとって純然たる異端だった．その分野における彼女の経歴と彼女の証拠の確かさにも関わらず，McClintock の考えは懐疑的に，そして軽蔑的にさえ受取られた．1953 年までに彼女は "すでに公表されたいかなる証拠も有効ではないと結論付けていた"．

しかし科学は誤ったことを正す方法をもっている．1960 年代と 1970 年代に多くの異なる生物に関する証拠が増え，彼女の論拠の正しさが立証された．1983 年に Barbara McClintock は "転移する遺伝的因子を発見した" ことで，ノーベル生理学・医学賞の単独受賞者となった．

ンスポゾンはまた，細菌や単細胞真核生物にも存在するが，ゲノムにおける占有率はずっと低い．大腸菌におけるトランスポゾンはゲノムの約 0.3％ を構成し，酵母では 3～5％ である．転移の頻度はさまざまな転移因子の間で異なっており，通常は 1 世代 1 因子当たり 10^{-3}～10^{-4} の間である．これは，10^{-5}～10^{-7} の自然変異頻度よりも高い．

多くのトランスポゾンは転写されるが，ほんのいくつかの既知の機能しかもたない

我々はトランスポゾンの構造と転移の機構について非常に多くを学んできたが，それらの配列の生物学的重要性を理解するのにはいまだ苦労している．なぜトランスポゾンは存在するのか．生物にとって何の役に立つのか．その存在はゲノムの機能領域と一緒に転移因子を複製する必要がある細胞にとって確実に重荷である．非常に長い間，これらの因子は，世代から世代へ単純に自己を伝搬するために細胞の資源を使用するので，単に分子寄生体または利己的な DNA と考えられていた．また，特に明確な機能をもたないため，**ジャンク DNA**（junk DNA, がらくた DNA）ともよばれていた．しかし，ENCODE 計画（第 13 章参照）によるヒト全ゲノムの解析によって，ゲノムのおよそ 80％ がある時点でいくつかの細胞において転写されていることが明らかになった．それらの転写産物の多くはいまだ機能未知だが，その存在はジャンクまたは利己的 DNA という概念に疑問を投げかけている．これは近い将来，さらなる明確化が望まれる分野である．

少なくともトランスポゾンの存在は，進化的観点からは DNA 再編成によって選択有利性を与える点で有益である．当たり前のことだが，可動性 DNA はゆっくりではあるが変異の強力な源であり，それゆえに数百万年以上の間ゲノムを混ぜたり再編成したりする手段を提供し，進化を駆動する多様性を生んできたのだろう．たとえばこの多様性のあるものは，遺伝子がその調節配列に関して置換した結果生じうる．我々のゲノムは現在，穏やかな進化の遺産として残された多くの古い不活性な可動性因子で占められている．つまり，トランスポゾンは自然選択に必要な DNA プールになっているのかもしれない．

加えて最近の研究で，少なくとも池に住む単細胞性繊毛虫のような生物種では，ジャンク DNA はおそらくジャンクではなく，初期発生に中心的役割を担うことが示唆されている．繊毛虫は発生の間に大規模ゲノム再編成を受け，トランスポゾンはこの再編成および遺伝子活性の調節に役割を果たすようである．このことは，高等真核生物におけるすべての余分な DNA のおもな役割が，複雑な発生に関与している可能性があるという考えに信憑性を与えている．

一般的に，トランスポゾンはゲノムの再編成を起こす．それを行うにあたり，トランスポゾンは転移過程それ自身の間に欠失あるいは逆位をひき起こしうる．加えて，トランスポゾンは同一または異なる染色体上に多コピー転移するため，相同組換え機構の基質を提供する．

トランスポゾンにはいくつかの型がある

トランスポゾンを分類するにあたり，いくつかの基準がある．最も単純な体系はトランスポゾンの一般的組成とそれらが運ぶ遺伝子の種類に基づく．細菌においては単なる**挿入配列**（**IS**; insertion sequence）と**複合トランスポゾン**（composite transposon）が知られている（表 21.2，図 21.23）．すべての細菌の転移因子は転移が起きるのに必要な両末端の逆向き反復配列を含む．加えてそれらはすべて，転移に必要な切断と結合を行う酵素である**トランスポゼース**（transposase）をコードする遺伝子をもつ．したがって，それらの因子は自身の中に行動を起こすための重要な要素をもつ．複合トランスポゾンはまた，通常，抗生物質耐性を示す別の遺伝子をもつ．これら余分な遺伝子はそれぞれの末端で IS によって挟まれた中央部分に位置し，

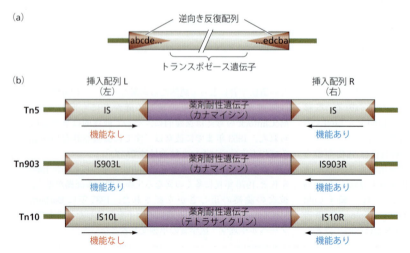

図 21.23　細菌における 2 種類の転移因子の模式図　(a) 挿入配列は両末端に逆向き反復配列，中心にトランスポゼース遺伝子をもつ．(b) 複合トランスポゾンとしてよく知られる 3 種類の Tn5, Tn903, Tn10 が示されている．

21.5 非相同組換え

表21.2　大腸菌におけるいくつかの挿入配列（IS）または複合トランスポゾンの特徴

トランスポゾン	サイズ（bp）	標的（bp）	逆向き反復配列（bp）	付与される耐性
IS1	768	9	23	
IS2	1327	5	41	
IS4	1428	11〜13	18	
IS10R	1329	9	22	
Tn5	約5700	9		カナマイシン
Tn10	約9300	9		テトラサイクリン
Tn2571	約23000	9		クロラムフェニコール，ストレプトマイシン，スルホンアミド，水銀

両末端のISは順方向または逆方向に向いている．いくつかのISは転移を仲介する機能をもつが，その他のISは機能をもたない．

真核生物におけるトランスポゾンの数と種類は驚異的で，最も便利な分類は転移機構に基づいたものである（図21.24，表21.3）．いくつかの因子はカットアンドペースト経路を用いる．言い換えると，ゲノムにおけるDNA因子が本来の領域から切出され，その後ゲノムの別の場所に

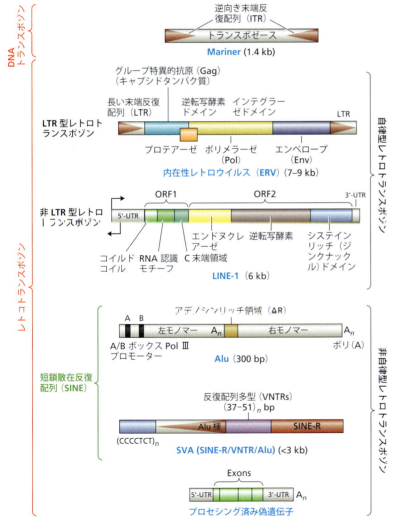

図21.24　ヒトゲノムにおけるトランスポゾンの分類と具体例　例はそれらの転移機構に応じて分類される．図自身によって提供されるトランスポゾンの各クラスの個別の情報に加えて，長鎖散在反復配列1（LINE-1）の複数の特徴は言及する必要がある．LINE-1は二つのオープンリーディングフレーム（ORF）をもち，そのどちらも転移に必要である．ORF1はコイルドコイル領域，RNA認識モチーフ，塩基性C末端領域を含む．コイルドコイル領域はORF1pタンパク質三量体の形成に関与する．他の二つの領域は核酸に結合する．ORF2のエンドヌクレアーゼと逆転写活性もまた転移に必須であるが，C末端の機能はわかっていない．ORF1pとORF2pは転移に関与するリボ核タンパク質（RNP）分子を形成するために，それらのmRNAに優先的に結合する．LINE-1の5′-UTRは二つのプロモーターを含む．センス鎖の転写を指令する内在性PolⅡのプロモーターがある．加えて，その転写産物は5′-UTRの一部と5′末端に隣接するゲノム配列をもつ強力なアンチセンスプロモーターを含む．センスおよびアンチセンスの転写産物はおそらくRNA干渉を基本とした機構によってLINE-1の転移を制御する二本鎖RNAを形成する．[Beck CR, Garcia-Perez JL, Badge RM & Moran JV [2011] *Annu Rev Genomics Hum Genet* 12:187–215 より改変．Annual Reviewsの許可を得て掲載]

表 21.3 ヒトのトランスポゾン

配列	コピー数 (× 1000)	全長 (Mb)	ゲノム中での割合 (%)	活性
LTR レトロトランスポゾン	443	227	8.3	
LINEs	868	558	20.4	
LINE-1	516	462	16.9	活性
LINE-2	315	88	3.2	
LINE-3	37	8	0.3	
SINEs	1558	360	13.3	
Alu	1090	290	10.6	LINE-1 で活性
MIR と MIR3	468	69	2.5	
SVA	2.76	4	0.15	LINE-1 で活性
DNA トランスポゾン	294	78	2.8	

挿入される．その他のものは母体となる配列を切出すことなく，新たな場所に娘コピーを挿入する．それらのトランスポゾンは DNA のみの処理過程に関わるため，DNA トランスポゾンまたはクラス II トランスポゾンとして知られる．哺乳類においては現在，活性のある DNA トランスポゾンは同定されていない．

レトロトランスポゾン（retrotransposon）またはクラス I トランスポゾンとして知られている第二の主要なタイプの真核生物のトランスポゾンは，コピーアンドペースト機構によって増幅されるが，RNA 中間体を伴う RNA の段階を経る．この過程の最初の段階では，DNA 因子は RNA に転写される．次に，RNA はその後ゲノムの新たな場所に挿入される DNA へと逆転写される．逆転写はトランスポゾン自身にコードされる逆転写酵素によって触媒される．レトロトランスポゾンは HIV のようなレトロウイルスと同じように振舞う．

レトロトランスポゾンは転移に必要なすべての情報を含むか，または転移を補助するための他の転移因子を必要とするかどうかに応じて，**自律型レトロトランスポゾン**（autonomous retrotransposon）と**非自律型レトロトランスポゾン**（nonautonomous retrotransposon）の主要な二つのカテゴリーに分類される．それぞれのカテゴリーは個別の配列因子の存在によって細分化される．自律型レトロトランスポゾンは長い末端反復配列（long terming repeat）をもつか否かによって LTR 型または非 LTR 型として区別される．そのどちらも逆転写酵素をコードする．**LTR 型レトロトランスポゾン**（LTR retrotransposon）は機能のないエンベロープ遺伝子が原因で再感染の機能を失った過去の生殖系列への感染の遺物である内在性のレトロウイルスを含む．

数が 50 万と推定される非 LTR 型レトロトランスポゾンのグループの構成員のほとんど（ヒトゲノム全体の約 17%）は転移能力を失っている．よくわかっている非 LTR 型トランスポゾンは **LINE-1** または **L1** としても知られる**長鎖散在反復配列 1**（long interspersed nucleotide element 1）である．これはそれ自身や他のすべての因子を転移できる，現在のところ唯一活性のあるトランスポゾンである．LINE は Pol II によって転写される．

非自律型のカテゴリーは**短鎖散在反復配列**（**SINE**; short interspersed nucleotide element），すなわち転移がもっぱら LINE-1 に依存する不活性トランスポゾンを含む．これらの因子は Alu と SVA の二つのカテゴリーに分けられる．Alu 因子はヒトゲノムの約 10 % を占める．それらはシグナル認識粒子 7SL RNA 由来の単量体配列および Pol III プロモーターの A/B ボックスを含む．単量体配列はシグナル認識粒子そのもののように SRP9-14 タンパク質に結合する．SINE-R/VNTR/Alu の略語である SVA 因子は複合構造をもち，おそらく Pol II によって転写される．

非自律型のカテゴリーには**プロセシング済み偽遺伝子**（processed pseudogene）も含まれる．プロセシング済み偽遺伝子は成熟 mRNA を新たなゲノムの領域に転移するために，L1 コードタンパク質を時折使用することによって生じる．興味深いことに，ヒトゲノムにおいて，約 10000 コピーもの偽遺伝子のほとんどは，ハウスキーピング遺伝子やリボソームタンパク質遺伝子のような生殖細胞系列で高発現している遺伝子に由来する．偽遺伝子は機能プロモーターを欠如しているため，それらのほとんどは転写されていない．偽遺伝子のいくつかはおそらく近隣のプロモーターを利用して発現している．

非自律型カテゴリーの代表的なものは逆転写酵素をコードしていない．それらは Pol III によって転写される．

DNA トランスポゾンとレトロトランスポゾンの相対量は種間で大きく異なることは興味深い（**図 21.25**）．ヒトにおいてはレトロトランスポゾンが優勢であり，自律型カテゴリーは非自律型カテゴリーよりも優勢である．

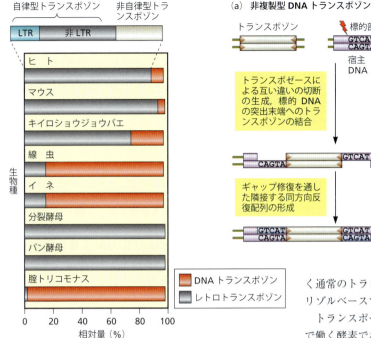
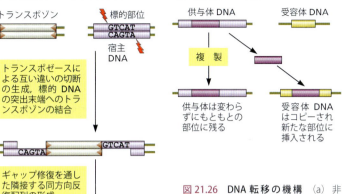

図21.26 DNA転移の機構 (a) 非複製性またはカットアンドペースト機構. (b) 複製性またはコピーアンドペースト機構

図21.25 いくつかの真核生物のゲノムに含まれる DNA トランスポゾンとレトロトランスポゾンの相対量 上のヒトのレトロトランスポゾンの割合の拡大図は三つのおもなレトロトランスポゾン型の相対量を示す. [Feschotte C & Pritham EJ [2007] *Annu Rev Genet* 41:331–368 より改変. Annual Reviews の許可を得て掲載]

DNA クラスⅡ トランスポゾンは自身を転移するために二つのメカニズムのどちらかを用いる

DNA トランスポゾンが移動する機構には非複製性と複製性の二つが存在する（図21.26）. カットアンドペースト機構である非複製性転移において, トランスポゼースは配列特異的またはランダムに標的部位で互い違いの切断を行い, その切断によって突出末端が形成される. その後, トランスポゼースはゲノムの遠く離れた場所から DNA 因子を切出し, 標的領域の突き出た DNA 末端に連結する. その結果生じたギャップは DNA ポリメラーゼによって埋められ, DNA 骨格の完全性は DNA リガーゼの作用によって回復される. この結果, 標的部位が複製されるので, 短い縦列反復配列の存在は特定のゲノム領域または全ゲノムにおける挿入部位を同定するのに実際に役立つ.

第二の機構である複製性転移は複製段階を含み, ここで供与部位の配列は S 期に複製され, まだ複製されていない新しい標的部位に挿入される. 挿入配列をもつ標的部位が後の段階で複製されるとトランスポゾンの数は実際に 2 倍になる. したがって, 時間の経過とともに複製性転移はトランスポゾンの数を増やし続ける. この機構には 2 種類の酵素が関与する. もともとのトランスポゾンの末端で働く通常のトランスポゼースと, 複製されたコピー上で働くリゾルベースである.

トランスポゼースは転移における切出しと再挿入の両方で働く酵素である. この過程は三つの段階に分けて記述することができる. (1) 2 コピーの酵素がトランスポゾンの両末端に局在する逆向き反復配列部位でトランスポゾンDNAに結合する. (2) 二つの末端を一緒にまとめてトランスポゾンを大きなループに閉じ, トランスポゼースが両末端でトランスポゾン DNA を切断する. (3) 酵素が DNA 上の新たな部位を見つけ, トランスポゾンを再挿入する. これを行うために, 酵素は新たな部位で DNA を切断しなければならない. 切断された配列の両末端に結合する細菌のトランスポゼースの模式図および構造を図21.27に示す. この酵素は二量体として働き, それぞれの単量体は挿入配列の末端で逆向き反復配列の一つに結合する. 二量体化は介在する IS 配列をループアウトして両末端を近づけるための役割を担う. ついで DNA を両端で切断し, 標的部位への挿入のために因子を解放する.

レトロトランスポゾンまたはクラスⅠ トランスポゾンは RNA 中間体を必要とする

予想されているように, レトロトランスポゾンの転移機構は順方向の RNA 転写と RNA の二本鎖 DNA への逆転写の両方を伴い, それをゲノムに挿入するためのより複雑なプロセスである. 加えて, この過程は因子によってコードされるタンパク質の関与が必要であり, それらタンパク質は mRNA が細胞質に輸送された後で翻訳されなければならない. 転写と逆転写は核内で続いて起きる. これらの過程を単に空間的に分離するだけで, すでに複雑な過程がさらに複雑になる. ヒトにおいて最もよく研究されているLINE-1因子の過程を解説する（図21.28）.

挿入の過程自体は, TPRT（標的開始逆転写; target-

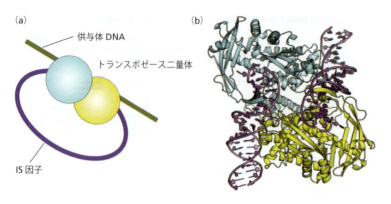

図 21.27 **トランスポゼースによるカットアンドペースト機構** (a) トランスポゼースはトランスポゾン DNA を切出して他の場所に移す. (b) この構造は 2 コピーの酵素が DNA の二つの切断された末端を保持している様子を示している. DNA の実際のループは約 5700 bp とかなり長い. 示されている酵素は Tn5 を移動させる細菌のトランスポゼースである.

primed reverse transcription）によって生じる（図 21.28 参照）. ゲノムへの因子の挿入は, *ORF2* にコードされたエンドヌクレアーゼによって標的部位での配列特異的なニック導入によって始まる. 新たに生じた 3′-OH 基はプライマーとして機能する. したがって, 複製は宿主 DNA 上で直接起きる. L1 mRNA は鋳型として働く. これが起きるためには mRNA は標的部位と接している必要がある. この安定した接触は mRNA のポリ(A) 末端と ORF2p によってつくられた標的の一本鎖 T リッチ部分との間の塩基対形成によって保証される.

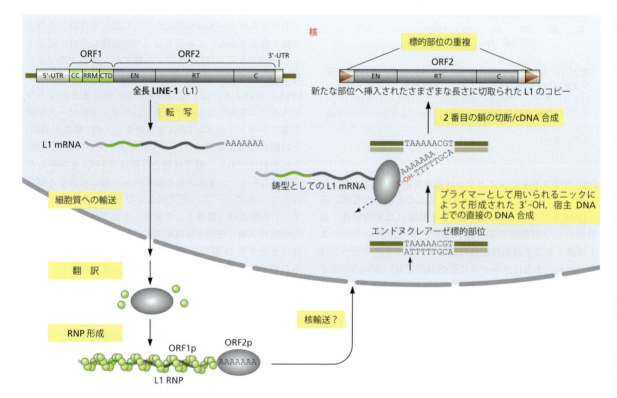

図 21.28 **TPRT はゲノムに L1 を挿入する** この過程は L1 因子の転写と細胞質への mRNA の輸送とともに始まる. そこでは ORF1 と ORF2 によってコードされる二つのタンパク質が翻訳される. これらのタンパク質はその後 mRNA と相互作用して RNP 分子を形成する. ひとたびこの分子が未知の機構によって核内へ運ばれると, ORF2 にコードされたエンドヌクレアーゼによる特異的配列での宿主染色体へのニック導入が, TPRT による宿主ゲノムへのこの配列の挿入を開始させる. この過程では新たに生成した 3′-OH 基が ORF2 の逆転写活性のためのプライマーとして用いられる. mRNA は, 標的部位と mRNA の 3′末端のポリ(A) 鎖との間の塩基対形成相互作用によって所定の位置に保持される. 残りの段階はあまりよくわかっていない. 挿入の最終結果として, しばしば, 複製された標的部位に隣接する 5′末端が切れた L1 コピーが形成される. L1 にコードされた ORF1p と ORF2p の二つのタンパク質は Alu, SVA, およびときには成熟した mRNA のような非自律的因子により, おそらくそれらの組込みをトランスに仲介するために乗っ取られる. [Beck CR, Garcia-Perez JL, Badge RM & Moran JV [2011] *Annu Rev Genomics Hum Genet* 12:187–215 より改変. Annual Reviews の許可を得て掲載]

21.6 部位特異的組換え

部位特異的組換えでは，組換わる相手との間の配列相同性が限られている．そのため，部位特異的組換えは相同組換えと非相同組換えの中間的地位を占める．このプロセスはRecAやRad51リコンビナーゼを必要としない．部位特異的組換えに依存する二つの比較的よく知られた過程は細菌ゲノムへのλファージの挿入と，免疫機構において抗体産生B細胞の分化の間に起きる免疫グロブリン遺伝子の再編成である．

λファージは部位特異的組換えによって細菌のゲノムに挿入される

λファージにおいて，溶原化として知られる宿主染色体の特定部位への組込みの機構が最初に観察された．λファージは最もよく研究された**溶原ファージ**（temperate phage）の代表である（図21.29）．溶原ファージは二つのサイクルのうちのいずれかで存在する．ファージは感染直後に宿主細胞内で複製され，溶菌状態とよばれる細胞溶解をひき起こすか，あるいはファージゲノムを細菌の染色体に組込ませて，DNAを細菌染色体の一部として複製し，

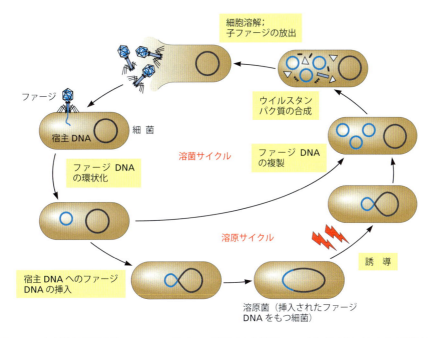

図21.29 部位特異的組換え λファージによって例示された溶原ファージの溶原サイクル中の組換え．

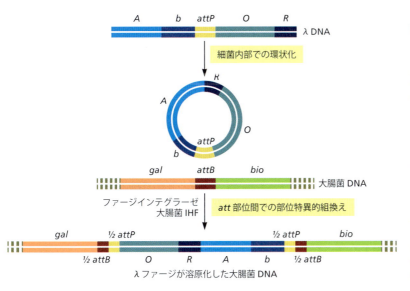

図21.30 部位特異的組換えによってλファージの溶原性が確立する λファージの線状染色体は染色体末端のcos領域を用いることによって，細菌細胞に侵入する際に環状化される．組換えはファージゲノムのattP部位と細菌ゲノムのattB部位との間で行われる．これらの部位は限られた15 bpの相同配列を共有する．attBはガラクトースの利用とビオチン合成に関与する遺伝子の間に位置する．ファージのインテグラーゼと細菌の組込み宿主因子（IHF）の二つのタンパク質が反応を行うのに必要である．これらのタンパク質がattPとattBの両方で結合する場所の詳細な地図を図21.31に示す．[Mathews CK, van Holde KE, Appling DR & Anthony-Cahill SJ [2012] Biochemistry, 4th ed. より改変．Pearson Prentice Hall の許可を得て掲載]

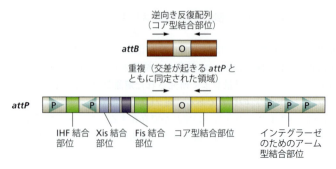

図 21.31 部位特異的リコンビナーゼである λ インテグラーゼの attB と attP 部位への結合　インテグラーゼは attB と attP のどちらも認識する．これらの部位は交差が起きる短い配列 O 以外の特徴がかなり異なっている．attB は重複した領域に隣接するコア型結合部位とよばれる短い逆向き反復配列を含む単純な部位である．attP はより複雑であり，アーム型結合部位とよばれるいくつもの隣接する結合部位を含む．attP はまた挿入と切出しに関与する他の因子のための結合部位を含む．[Groth AC & Calos MP [2004] J Mol Biol 335:667–678 より改変．Elsevier の許可を得て掲載］

数世代にわたって休眠状態を維持する．これは溶原状態とよばれる．組込まれたファージは**プロファージ**（prophage），組込まれたウイルスゲノムを含む細菌は**溶原菌**（lysogen）として知られている．プロファージはたとえば DNA 傷害剤によって溶菌サイクルに移行する．この誘導時のファージの環状染色体の切出しは挿入と逆の過程である．しかし，切出しは Xis（excisionase）という追加のタンパク質を必要とする．

　挿入機構（図 21.30）は短い相補的な 15 bp の相同配列を共有する二つの **att** 部位（att site, アタッチメント部位），細菌ゲノムでは attB，ファージゲノムでは attP を利用する．ファージの**インテグラーゼ**（integrase）と細菌の組込み宿主因子（IHF）の二つのタンパク質は絶対に必須である．加えて，細菌にコードされるタンパク質が attP 部位に結合する（図 21.31）．二つの相同領域は挿入の過程としてホリデイ構造を形成するインテグラーゼによって認識される．IHF は結合部位で 180° DNA を折り曲げることで挿入反応を行う（第 8 章参照）．興味深い観察がファージ DNA の状態において重要である．ファージ DNA は組換えが起きるために超らせんでなければならない．超らせんの機能的必要性や attP に結合する細菌の付加的なタンパク質の役割はよくわかっていない．

免疫グロブリン遺伝子の再編成は部位特異的組換えを通して起きる

脊椎動物はウイルスや細菌などの侵入する外来物質と闘うために非常に高度な免疫系を発達させてきた．免疫応答の一部として，特定の B 細胞が**免疫グロブリン**（immuno-

---

Box 21.6　より詳しい説明：免疫グロブリン，ポリクローナル抗体，モノクローナル抗体

　抗体（免疫グロブリン）の産生は異物に対する動物の免疫応答の主要部分を構成する．しばしば生体内で通常生じる分子が異物（免疫学の用語では非自己）として認識される．その後，異物に対して抗体が産生され，全身性エリテマトーデスのような自己免疫疾患がひき起こされる．

　Ig と略記される免疫グロブリンは B 細胞とよばれる免疫系の特別な細胞によって産生され，一つの B 細胞またはその子孫はただ一つの抗原決定基に特異的な抗体のみを産生する．抗原決定基，つまり**エピトープ**（epitope）は免疫系によって非自己として認識され，抗体産生を誘導する存在である．タンパク質におけるエピトープにはシークエンシャルエピトープとよばれる連続した一次ポリペプチド配列から構成されるものと，鎖中で連続していないアミノ酸残基による近接した三次元構造によって形成される三次元エピトープの 2 種類がある．

　免疫グロブリンは二つの重鎖と二つの軽鎖から構成され，そのすべてはジスルフィド結合によってつながっている（図 1）．それぞれの鎖は**定常領域**（C; constant domain）と**可変領域**（V; variable domain）をもつ．定常領域はクラス内のすべての抗体分子で同一である．一方で，可変領域は抗体ごとに特異性を付与する．糖質は重鎖に結合し，組織内での抗体の目的地決定を補助する．それらはまた食作用のような二次応答を刺激する．

　いくつもの異なる種類の重鎖が存在し，後述のような異なった局在や機能をもつ抗体のクラスを生む．

　γ 重鎖をもつ IgG は胎児を保護するために血管壁および胎盤を容易に通過することができる．一つの IgG バリアントが B 細胞の表面に結合する．IgG は外来細胞を破壊する補体系として知られる二次免疫応答を誘発する．IgG は最も高い血清濃度約 1 g/dL，および最も長い半減期 21 日をもつ．

　α 重鎖をもつ IgA は唾液，汗，涙などの身体分泌物や，抗原と相互作用するために細胞の表面に沿って抗体が配置される胃腸管および気道に沿って見いだされ，細胞に抗原が直接結合するのを防ぐ．侵入した物質はその後 IgA とともに体外に吐き出される．それらは補体系を誘導する．IgA はヒトの初乳と牛乳の主要な抗体である．

　δ 重鎖をもつ IgD は抗体が抗原受容体として働く B 細胞の表面に見いだされる．IgD は B 細胞が自身の産生する抗体のクラスを変化させるクラススイッチに関与する．この過程間，重鎖の定常領域は変化するが，可変領域は同じままである．可変領域が変化しないので，クラススイッチは抗体の特異性には影響を与えない．抗原を破壊する異なる経路を用いる異なるエフェクター分子との相互作用はどのような変化なのだろうか．

　ε 重鎖をもつ IgE は即時型過敏症として知られるアレル

ギー反応に関連している．IgE はアレルゲンと結合し，上皮および結合組織における肥満細胞からのヒスタミンの放出を誘発する．IgE は血清中の濃度が最も低い約 5 µg/dL で，半減期は最も短い 2 日である．

IgM は侵入する微生物に対する初期応答に関与する．IgM は最も大きい五量体の抗体で，その単量体はジスルフィド架橋および結合鎖によって結合している．その大きさが IgM を血流中に制限している．IgM は補体系を誘発する．

2 種類の抗体が産生され，そのどちらも研究および臨床に広く使用されている．**ポリクローナル抗体**（PAb；poly-clonal antibody）は多数のエピトープを認識する抗体の混合集団を表す．それらは正常な免疫応答の過程で生物によって産生される．対して，**モノクローナル抗体**（MAb；monoclonal antibody）は単一の B 細胞またはその子孫から産生される．それらは所定の抗原決定基に対してのみ特異的であり，実験室の特定のプロトコールによって産生することができる（図 2）．1984 年のノーベル生理学・医学賞は，Niels Jerne，Georges Kohler，César Milstein に"免疫系の発達と制御における特異性とモノクローナル抗体産生原理の発見に関する理論"のために授与された．

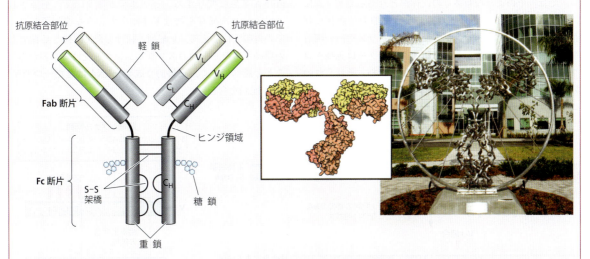

図 1 免疫グロブリンの構造 ヒンジ領域でのタンパク質切断は 1 価の Fab 断片を生成し，これは実験用試薬として広く用いられている．全長 Ig 分子における Fc 断片は攻撃するマクロファージにシグナル伝達するエフェクターとして機能する．枠内には赤とオレンジ色の二つの重鎖と黄色の二つの軽鎖をもつ抗体分子の空間充塡モデルを示す．右の写真は量子物理学者である彫刻家 Julian Voss-Andreae による抗体分子の芸術的表現である．Scripps Research Institute のフロリダキャンパスの前で，2008 年に Angel-of-the-West と名付けられたステンレス鋼彫刻が建てられ，免疫グロブリンの天使のような保護的機能が象徴されている．[中：David Goodsell, The Scripps Research Institute のご厚意による．右：Julian Voss-Andreae, Wikimedia のご厚意による]

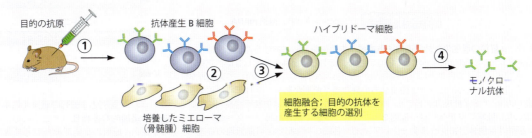

図 2 ハイブリドーマ技術によるモノクローナル抗体の産生 この工程はいくつかの段階を含む．① 目的の抗原でマウスを免疫する．マウスは抗原に対する抗体を分泌する脾臓において B 細胞産生を通して応答する．② 脾臓を取除き B 細胞を単離する．これらは抗原上の単一のエピトープに特異的な抗体を産生する個々の B 細胞を含む非常に不均質な細胞集団である．しかしこれらの細胞は培養環境下では短命である．③ 単離した B 細胞をミエローマ細胞と融合する．このがん細胞性 B 細胞は培養条件下で無限に増殖することができ，抗体を産生しないようにあらかじめ選択される．得られたハイブリッド細胞はハイブリドーマとよばれ，ミエローマ細胞の速度で増殖するが，求める抗体を大量に産生する．融合しなかった形質細胞とミエローマ細胞は選択的増殖培地の使用により死滅する．④ 与えられたエピトープに特異的な抗体を産生するハイブリドーマ細胞を大量に選別，培養する．ハイブリドーマ細胞を凍結すると他の研究と臨床研究室に提供できる．その後さらに増殖させることが可能で，求めるモノクローナル抗体の無限の供給源として役立つ．

globulin) ともいわれる**抗体**（antibody）を産生する．それらは侵入する分子に対して高度に特異的なタンパク質分子である．免疫機構がどのようにして働くのかについての簡単な背景的総説が Box 21.6 で示されている．現在ヒトの免疫系の容量は約 1000 万の異なる抗体分子と推定され，それぞれが与えられた抗原決定基に対して特異性を示す．この免疫グロブリンの膨大な数は個別の遺伝子によってコードされるわけではない．第 7 章に記されたように，ゲノムの完全な配列に基づきタンパク質をコードするヒトの遺伝子の総数が 20500 にすぎないことを思い出してほしい．では，そのような数多くの抗体がどうやってゲノムにコードされているのか．その答えは B 細胞の前駆体に存在する独特な，しかしランダムな遺伝子クラスターの固有な領域の再編成にある．この遺伝子クラスターは免疫グロブリン遺伝子可変領域の複数の変異体を含む．それぞれの分化した B 細胞がただ一つの特異的な抗体分子の合成をコードする最終的に再編成された遺伝をもつように，再編成は分化の間に起きる．免疫応答はその後，特定の抗原を中和する抗体を多量に産生するため，クローン増殖によって速やかかつ強力な増殖を伴う．

免疫グロブリンは S-S 架橋によって連結された二つの重鎖と二つの軽鎖から成る（Box 21.6 参照）．それぞれの鎖は結合配列とよばれる短い断片によって連結された可変と定常という二つの異なったドメインで構成される．軽鎖の一つのクラスである κ 上の遺伝子再編成の過程を解説しよう．一方，同様の再編成は他のクラスの鎖をコードする遺伝子の形成にも関与する．特定の κ 鎖のための成熟 mRNA 産生に関与する一連の事象が図 21.32 に解説されている．一次転写産物は V-J 結合のような遺伝子レベルでの再編成に加えて，V 配列と結合した J 配列と C 配列との間のさらなる配列のスプライシングを受ける必要があることを述べておく．最終的な成熟 mRNA はただ一つの V, J, C 配列を含む．

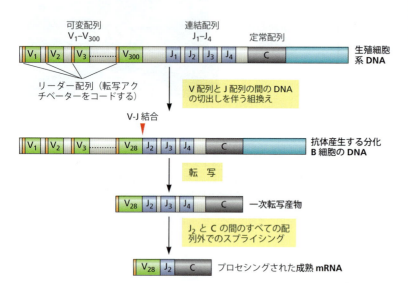

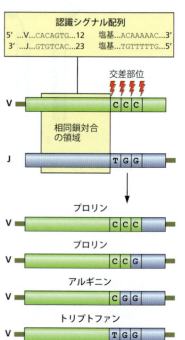

図 21.32　κ 軽鎖の産生のための遺伝子再編成　生殖細胞系列における遺伝子構成が上に示されている．生殖細胞は分化していないため，それらは抗体を産生しない．抗体に関し，各軽鎖は同じ染色体上の V（variable），J（joining），C（constant）の連続配列によってコードされる．ヒトでは約 300 もの異なる V 配列があり，それぞれが可変領域の最初の 95 アミノ酸をコードする．それぞれの V 配列の前には生殖細胞系列において発現しない転写アクチベーター配列を含むオレンジ色で示されるリーダー配列がある．V 配列は染色体上にクラスター化している．各四つの J 配列は可変領域の最後の 12 アミノ酸をコードしており，それらは別個にクラスターを形成する．最後に C 領域が存在する．1 クローンの抗体産生 B 細胞の分化の間，遺伝子の再編成が起きる．最終的な成熟 mRNA とポリペプチドが一つの V, J, C 領域を含むことになる．組換え過程で切出された V_{28} と J_2 の間の DNA 配列は例示されているように，この細胞系のすべての子孫から永久に失われる．しかし，接合部上流の V 配列（この場合は V_1-V_{28}），および下流の J 配列（この場合は J_2-J_4）は DNA 中に残ることを述べておく．機能のある抗体分子の産生をもたらす他の段階は転写と RNA スプライシングのレベルで起きる．転写は J 配列に連結された V 配列のみをリーダー配列として使用し，そのため一つの V 配列のみを含む mRNA 前駆体を産生する．余分な J 配列の除去は一次転写産物のスプライシングの間に起きる．[Mathews CK, van Holde KE, Appling DR & Anthony-Cahill SJ [2012] Biochemistry, 4th ed. より改変．Pearson Prentice Hall の許可を得て掲載]

図 21.33　V 配列と J 配列の組換えによって生じる追加的な多様性　それぞれの V 配列の 3′側と J 配列の 5′側でみられる認識シグナル配列の間での部位特異的組換えは，追加的な多様性を生む．最終産物の同一性は連結された V, J 配列の末端の 3 ヌクレオチド配列内の切断とスプライシングの場所，すなわち交差部位の位置に依存する．この機構は抗体プールを 2.5 倍，つまり四つのランダムなトリプレットによってコードされるアミノ酸の平均数ほどに拡張する．[Mathews CK, van Holde KE, Appling DR & Anthony-Cahill SJ [2012] Biochemistry より改変．Pearson Prentice Hall の許可を得て掲載]

奇妙なことに，自然界は抗体プールをさらに拡大させる付加的な機構を思い付いた．この機構はVおよびJ配列が組換わる正確な方法に依存する．この過程はλファージの組込みに類似しており，それぞれのVの3′側およびそれぞれのJの5′側にある限定的な相同配列の存在に依存する（図21.33）．これらの配列は部位特異的組換えに使用される．この過程は二つのタンパク質RAG1およびRAG2が相同配列間での二本鎖切断を触媒することによって開始する．この二本鎖切断修復の間にさらなる多様性が生まれる．

我々は，生物が外部からの侵入に対抗する多数の抗体を産生するためにどのようにして遺伝的組換えを用いるのか

Box 21.7　より詳しい説明：寄生虫の抗原変異とヒトの睡眠病

アフリカトリパノソーマ症は睡眠病としても知られ，寄生虫ブルーストリパノソーマ（*Trypanosoma brucei*）およびその近縁種によってひき起こされ，治療が施されなかった場合には致命的な疾患である．この疾患は二つの段階で発症する．第一の血リンパ性の段階は，発熱，リンパ節の腫れ，頭痛，関節痛，かゆみによって特徴付けられる．治療されないまま放置されると貧血および内分泌，心臓，腎臓の機能不全を含むより広範な損傷がひき起こされる．第二の神経的な段階は寄生虫が血液脳関門を通過して脳内に入った場合に起こり，錯乱の症候群，協調性の欠如，睡眠サイクルの重度の崩壊をひき起こす．そのような症状から睡眠病という病名となった．精神面の悪化が進行して昏睡と死を招く．

この寄生虫の生活環はアフリカツェツェバエと哺乳類の二つの宿主の間を行き来する（図1）．どちらの宿主においても，寄生虫は分裂するトリパノソーマ形態の急速な増殖を通して定着する．これらの形態は一つの宿主から他の宿主に移った後，細胞分化のため，あらかじめプログラムされた非分裂細胞または静止細胞に変換される．

トリパノソーマの表面は約 1×10^7 分子の可変表面糖タンパク質（VSG; variable surface glycoprotein）で密に覆われている（図2）．特定のVSGに対する抗体は寄生虫を99％殺すが，新しいVSG形態への継続的な変換により約1％が生き残る．この変換が感染を慢性化させ，新たな表面構造をもつ寄生虫は古いVSGに対する抗体反応に対して免疫防御を受けない．トリパノソーマのゲノムは11の

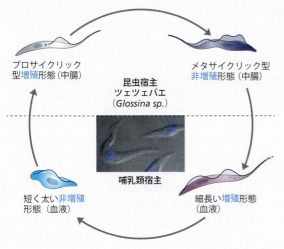

図1　トリパノソーマとその生活環　トリパノソーマは睡眠病（アフリカトリパノソーマ症）をひき起こす単細胞寄生虫である．トリパノソーマの生活環は昆虫宿主のツェツェバエと哺乳類宿主の間で行き来する．哺乳類の血流に存在する細長い血流形態はVSGの連続的な変形を伴う．この変形は激しく反応する免疫機構による持続的な攻撃から生き延びることに寄与する．挿入図：DNAを可視化するために青を呈するDAPIで染色されたトリパノソーマの位相差画像．小さな青い核外の点はキネトプラスト中のミトコンドリアDNAである．[Pays E, Vanhollebeke B, Vanhamme L et al. [2006] *Nat Rev Microbiol* 4:477–486 より改変．Macmillan Publishers, Ltd. の許可を得て掲載．挿入図：Field MC & Carrington M [2004] *Traffic* 5:905–913．John Wiley & Sons, Inc. の許可を得て掲載]

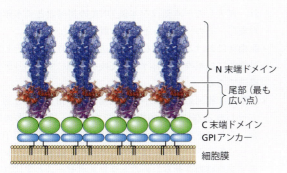

図2　血流形態のトリパノソーマの表面のモデル　トリパノソーマの表面は，本質的にはおもに安定したホモ二量体として存在するVSG分子の非常に高密度な単層である．VSG分子は脂肪酸鎖，グリコシルホスファチジルイノシトール（GPI; glycosylphosphatidylinositol）をもつ複合糖質分子によって細胞膜に固定される．このVSGの密度は血流形態における *in vivo* の正確な表現形である．その細胞膜には約 1×10^7 コピーの同一のVSG分子が含まれる．重要なことに，1000以上の遺伝子の産物の間には一次構造の変異があるにも関わらず，すべてのVSGが共通の三次構造を共有しているようだ．VSGは抗体分子の寄生虫への接近を完全に遮断するように配置されている．したがって，宿主において免疫応答を誘発する唯一の抗原はVSG分子それ自体，特にそのN末端ドメインである．[Mark Carrington, University of Cambridge のご厚意による]

大きな Mb サイズの染色体サブテロメア領域に存在する 1000 以上の VSG 遺伝子をコードするため，変換が可能なのである．トリパノソーマはまた，テロメアでさらに VSG 遺伝子を保持する 1〜10 個の中間サイズの染色体と約 100 個のミニ染色体をもつ．この寄生虫は一度に 1 遺伝子ずつを発現するため，他の遺伝子を変換の予備として保持することができる．

変換反応を行うための二つの一般的な戦略が進化してきた（図3）．一つめは，DNA再編成に関連しない純粋な転写機構である．単一の遺伝子が発現され，その後その発現がサイレンシングされ，別の遺伝子が活性化される．二つめの機構は組換えであり，それゆえにこの章と関連している．

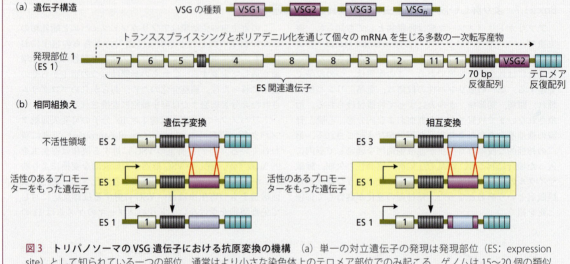

図3 トリパノソーマの VSG 遺伝子における抗原変換の機構 (a) 単一の対立遺伝子の発現は発現部位（ES; expression site）として知られている一つの部位，通常はより小さな染色体上のテロメア部位でのみ起こる．ゲノムは 15〜20 個の類似した，しかし同一ではない潜在的な発現部位の一式を含む．破線矢印で示されているように，領域内のすべての遺伝子は長い一次転写産物に転写される．奇妙なことに，転写は Pol II ではなく Pol I によって行われる．(b) 抗原変換のおもな機構は 2 種類の相同組換えに基づいている．遺伝子変換においては，新たな VSG が転写不活性な遺伝子座のいずれか一つから転写的に活性な遺伝子座に移される．相補的組換えでは二つまたはそれ以上の VSG 遺伝子領域，または偽遺伝子領域を組合わせることによって新しい機能的遺伝子を構築することが可能である．転写変換は in situ 活性化として知られている過程によって起こり，活性型 ES の発現が停止し，それまで不活性だった ES が開始する．[Pays E, Vanhollebeke B, Vanhamme L et al. [2006] Nat Rev Microbiol 4:477–486 より改変. Macmillan Publishers, Ltd. の許可を得て掲載]

を示してきた．しかし，侵略者は免疫防御を打ち砕くために同じ戦略を用いることがある．そのような因子の精緻な例に睡眠病の寄生虫トリパノソーマのブルーストリパノソーマ（*Trypanosoma brucei*）がある（Box 21.7）．

重要な概念

- ゲノムは静的ではなく，多くの再編成の対象となる．これらの再編成は DNA 組換えという普遍的表題のもとに分類される．移動する DNA とその標的部位との間の相同性または欠損に応じて，相同，部位特異的，非相同組換えに区別される．
- 相同組換えはおもに相同配列ではあるが必ずしも正確である必要はない領域間の DNA 断片の交換を行う．
- 相同組換えは DNA 修復とテロメア伸長に関与するが，おそらくその最も重要な機能は減数分裂細胞においてであり，そこでの相同組換えによって対立遺伝子の交換や相同染色体の適切な整列が容易になる．
- 相同組換えは一般に二本鎖切断から始まり，その後 5′ 末端の切除が行われる．ついで，一本鎖 DNA 結合タンパク質 RecA が主要な役割を果たす完全な DNA 二本鎖に対する一本鎖侵入が起こる．次に相同領域の探索が行われ，侵入した一本鎖は二本鎖 DNA の相補鎖と二本鎖を形成し，その相同なもとの鎖を置換する．
- 組換えにおける基本的な中間構造は分岐点移動，そして最終的には組換えにおける鎖交換を可能にするホリデイ構造である．
- 一部の非相同組換えは小さな相補部位の相互認識を通じて行われる部位特異的組換えであるが，ほとんどの場合，それはトランスポゾンとよばれる可動性遺伝因子を介して生じる．それらはゲノムの新たな部位へトランスポゾンを移動させるためのトランスポーゼスとよばれる

特別な酵素を必要とする．

- 細菌において2種類のトランスポゾンが見つかっている．挿入配列がトランスポゼース遺伝子のみをもつのに対し，複合トランスポゾンはしばしば抗生物質耐性を伝達する他の遺伝子をもつ．
- 真核生物では二つの非常に異なるクラスのトランスポゾンが存在する．DNAトランスポゾン，つまりクラスⅡトランスポゾンはDNA領域またはそのコピーをカットして新しい位置にペーストする．レトロトランスポゾンともよばれるクラスⅠトランスポゾンは転写されたRNAを介して作用し，その後二本鎖DNAに逆転写され，標的部位に挿入される．
- トランスポゾンは真核生物ゲノムの大部分を構成し，一部の生物ではほぼ80％にもなるが，それらの機能は不明である．多くは積極的に転移せず，現在，知られている他の機能はない．
- 一方，部位特異的組換えは上記の役割を果たすだけでなく，限られたゲノムからのタンパク質産物に大きな多様性をもたらす．例として，脊椎動物における免疫系といくつかの寄生虫で用いられるその系に対する防御がある．

参考文献

成　書

Aguilera A & Rothstein R (eds) (2010) Molecular Genetics of Recombination. Springer.

Leach DRF (1996) Genetic Recombination. Blackwell Scientific.

Smith PJ & Jones CJ (eds) (2000) DNA Recombination and Repair. Oxford University Press.

Tsubouchi H (ed) (2011) DNA Recombination: Methods and Protocols. Springer.

総　説

Babushok DV & Kazazian HH Jr (2007) Progress in understanding the biology of the human mutagen LINE-1. *Hum Mutat* 28:527–539.

Barzel A & Kupiec M (2008) Finding a match: How do homologous sequences get together for recombination? *Nat Rev Genet* 9:27–37.

Beck CR, Garcia-Perez JL, Badge RM & Moran JV (2011) LINE-1 elements in structural variation and disease. *Annu Rev Genomics Hum Genet* 12.187–215.

Biémont C & Vieira C (2006) Genetics: Junk DNA as an evolutionary force. *Nature* 443:521–524.

Cox MM (2007) Motoring along with the bacterial RecA protein. *Nat Rev Mol Cell Biol* 8:127–138.

Cromie GA & Smith GR (2007) Branching out: Meiotic recombination and its regulation. *Trends Cell Biol* 17:448–455.

Feschotte C, Jiang N & Wessler SR (2002) Plant transposable elements: Where genetics meets genomics. *Nat Rev Genet* 3:329–341.

Field MC & Carrington M (2004) Intracellular membrane transport systems in *Trypanosoma brucei*. *Traffic* 5:905–913.

Goodier JL & Kazazian HH Jr (2008) Retrotransposons revisited: The restraint and rehabilitation of parasites. *Cell* 135:23–35.

Groth AC & Calos MP (2004) Phage integrases: Biology and applications. *J Mol Biol* 335:667–678.

Harper L, Golubovskaya I & Cande WZ (2004) A bouquet of chromosomes. *J Cell Sci* 117:4025–4032.

Holloman WK (2011) Unraveling the mechanism of BRCA2 in homologous recombination. *Nat Struct Mol Biol* 18:748–754.

Kowalczykowski SC (2008) Structural biology: Snapshots of DNA repair. *Nature* 453:463–466.

Lichten M & de Massy B (2011) The impressionistic landscape of meiotic recombination. *Cell* 147:267–270.

Neale MJ & Keeney S (2006) Clarifying the mechanics of DNA strand exchange in meiotic recombination. *Nature* 442:153–158.

Page SL & Hawley RS (2003) Chromosome choreography: The meiotic ballet. *Science* 301:785–789.

Pays E, Vanhollebeke B, Vanhamme L et al. (2006) The trypanolytic factor of human serum. *Nat Rev Microbiol* 4:477–486.

San Filippo J, Sung P & Klein H (2008) Mechanism of eukaryotic homologous recombination. *Annu Rev Biochem* 77:229–257.

Schubert I & Shaw P (2011) Organization and dynamics of plant interphase chromosomes. *Trends Plant Sci* 16:273–281.

Stockdale C, Swiderski MR, Barry JD & McCulloch R (2008) Antigenic variation in *Trypanosoma brucei*: Joining the DOTs. *PLoS Biol* 6:e185.

Sung P & Klein H (2006) Mechanism of homologous recombination: Mediators and helicases take on regulatory functions. *Nat Rev Mol Cell Biol* 7:739–750.

West SC (2003) Molecular views of recombination proteins and their control. *Nat Rev Mol Cell Biol* 4:435–445.

実験に関する論文

Ariyoshi M, Nishino T, Iwasaki H et al. (2000) Crystal structure of the Holliday junction DNA in complex with a single RuvA tetramer. *Proc Natl Acad Sci USA* 97:8257–8262.

Biswas T, Aihara H, Radman-Livaja M et al. (2005) A structural basis for allosteric control of DNA recombination by λ integrase. *Nature* 435:1059–1066.

Chen Z, Yang H & Pavletich NP (2008) Mechanism of homologous recombination from the RecA–ssDNA/dsDNA structures. *Nature* 453:489–494.

Duan Z, Andronescu M, Schutz K et al. (2010) A three-dimensional model of the yeast genome. *Nature* 465:363–367.

Forget AL & Kowalczykowski SC (2012) Single-molecule imaging of DNA pairing by RecA reveals a three-dimensional homology search. *Nature* 482:423–427.

Kagawa W, Kagawa A, Saito K et al. (2008) Identification of a second DNA binding site in the human Rad52 protein. *J Biol Chem* 283:24264–24273.

Sehorn MG, Sigurdsson S, Bussen W et al. (2004) Human meiotic recombinase Dmc1 promotes ATP-dependent homologous DNA strand exchange. *Nature* 429:433–437.

Singleton MR, Dillingham MS, Gaudier M et al. (2004) Crystal structure of RecBCD enzyme reveals a machine for processing DNA breaks. *Nature* 432:187–193.

Story RM, Weber IT & Steitz TA (1992) The structure of the *E. coli* recA protein monomer and polymer. *Nature* 355:318–325.

Yamada K, Miyata T, Tsuchiya D et al. (2002) Crystal structure of the RuvA–RuvB complex: A structural basis for the Holliday junction migrating motor machinery. *Mol Cell* 10:671–681.

22 DNA 修復

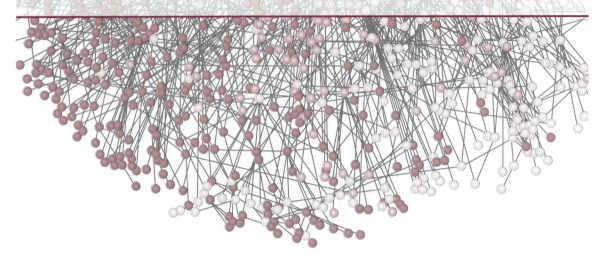

22.1 はじめに

　細胞は，絶えず内的あるいは外的な要因によって多大な攻撃を受けている．ヒトの個々の体細胞は1日当たり何万ものDNAの損傷を受けていると考えられている．極端な例では，太陽からの紫外線を浴びた表皮細胞1個は，1時間当たりに約10万の損傷を受ける．DNAの傷はDNA複製や転写を阻害して細胞が正常に機能することを妨げる．もし，これらのDNA損傷が修復されないか，あるいは修復されてももとのDNAの状態に戻らなければ，細胞や生物個体にとって悲惨な結果になる．変異が蓄積して，全体としてゲノムが不安定になり，染色体構造がさまざまに変化する．染色体転座やそれ以外のゲノム組換えが起こって，最終的にはがん化や細胞死を招く．

　本章では，DNAに生じるさまざまな傷の種類とよく知られているDNA修復経路について述べる．この興味深い分野の研究の簡単な歴史を Box 22.1 に示す．これらの修復経路はそれぞれ独立に働いているわけではなく，さまざまな方法できわめて密接につながっている．第一に，同じ種類のDNA損傷が多様な異なる方法で修復されることがある．第二に，異なる修復経路が同一のシグナル機構を利用する場合もある．その場合，損傷を認識して修復開始シグナルを生むために機能するシグナル物質が存在して，同じシグナルが複数の経路を導くことになる．第三として，二つ以上の修復経路に関与して同じように機能する因子が非常に多く存在する．さらに，現在記されているDNA修復経路の分類は生物学的な真実を反映しているのではなく，むしろ我々の理解のための便宜上のものでしかないとの考えもある．そのように考える研究者は，修復システムの最も重要な特性はその柔軟性にあると感じている．そして実際の経路は修復因子の供給能とそれが作用する順番に依存していて，ほぼ偶発的に選択されている．

　それでは最も一般的なタイプのDNA損傷から，簡単にわかりやすく説明を始めよう．

22.2 DNA損傷のタイプ

細胞内外の天然の要因によってDNAの情報は変化しうる

　DNAの化学的な構造と情報内容に影響を及ぼす要因が数多く存在する．よく知られた外界の要因で，周囲からの天然あるいは化学的なものに加えて，数え切れないほど多くのDNAへの攻撃が細胞自体の中で発生しうる．細胞内の問題要因には，たとえば酸化ストレスに加え，DNA複製や免疫グロブリン遺伝子におけるV(D)J組換え，そして減数分裂での組換えのような予定されている生物の営みの間に生じる間違った副産物が含まれる．

　DNA損傷は形も種類もさまざまである（図22.1）．DNA鎖は破損して一本鎖あるいは二本鎖切断を生じることがある．後者の切断は通常，らせん1回転内の近接した異なるDNA鎖の2箇所で一本鎖切断が起きた際に生じる．塩基自体は**脱アミノ反応**（deamination），酸化，**アルキル化**（alkylation）のような化学変化を起こす．修復されなければ，これらの損傷は変異をもたらし，DNA複製の間に固定される．鎖内あるいは鎖間の架橋もまた一般的なDNA損傷の種類である．図22.1は紫外線損傷によって生じる鎖内の架橋を示している．鎖間の架橋もしばしば起こり，修復されないと遺伝子異常の結果としてときにはファンコニ貧血（Box 22.2）のように重篤な疾患を導く．別の主要な損傷としてプリン塩基が主鎖から切断される脱プリン反応がある．この種の損傷もまた，修復装置が欠損

Box 22.1　DNA 修復研究初期の簡単な歴史

遺伝子や DNA の修復に関しては驚くべきことに，実際に修復されているのが DNA であるとか，あるいは DNA が生物学的に重要であると理解されるずっと前からその現象は認識されていた．その歴史は 20 世紀初頭の Thomas Hunt Morgan によるショウジョウバエの遺伝学の研究に遡る（第 2 章参照）．この研究は遺伝子の自然突然変異の重要性を指摘した．そして 1927 年に Hermann Muller が X 線照射がショウジョウバエで変異率を上昇させること見いだして大きく前進した．数年のうちに他に多くの研究室でも短波長の紫外線が細菌や真菌を含めたさまざまな生物において変異を促進することがわかった．この発見は放射線生物学とよばれる新分野を切り開いた．生物が放射線による損傷を修復できることが徐々に理解されて，最終的に DNA 修復とよばれる新分野を生み出した．この分野の初期には予期しなかった発見が多々あり，ときには複数のグループが最初に発見したと主張した（図 1）．

1927	H. Muller:	X 線が変異を誘発する
1928	F. Gates:	DNA 吸収最大の紫外線が殺菌力大
1935	A. Hollaender, J. Curtis:	紫外線照射からの回復
1941	A. Hollaender, J. Emmons:	作用スペクトル＝紫外線吸収スペクトル
1944	O. Avery, C. MacLeod, M. McCarty:	DNA が遺伝物質
1949	A. Kelner:	光回復
	R. Dulbecco:	光回復
1953	J. Watson, F. Crick:	B-DNA 構造
	J. Weigle:	λファージの回復，SOS モデル
1956	S. Goodgal:	光回復における酵素の役割
1961	R. Setlow, J. Setlow:	損傷 DNA にあるチミン二量体
1964	R. Setlow, W. Carrier:	除去修復
	R. Boyce, P. Howard-Flanders:	除去修復
1974	M. Radman:	SOS 応答の全体
	T. Lindahl:	塩基除去修復
1975	J. Wildenberg, M. Meselson:	ミスマッチ修復

図 1　DNA 修復研究の最初の 50 年におけるおもな出来事

1935 年に Alexander Hollaender（後にウィスコンシン大学）は最も想像的で難解な観察結果を得た．大腸菌を紫外線照射してから寒天プレート上で育てると，いくつかのコロニーはかなり遅れてから現れる．これは紫外線照射によってひき起こされた遺伝子の損傷が自発的に治されるからであると説明された．しかし，このような回復遅延実験は再現が難しく，現象ははっきりしないままであった．

1948 年，Albert Kelner はニューヨーク州ロングアイランドにあるコールド・スプリング・ハーバー研究所で研究を始めたばかりの若者であった．彼は紫外線照射した大腸菌の回復遅延を再検することにした．次々に実験しても結果は腹立たしくなるほどにつじつまの合わないものだった．大腸菌ではなく放線菌で調べても，培養の温度を注意深く調節しても何の役にも立たなかった．しかし 1948 年 9 月のある日，Kelner は紫外線照射した試料を日光に当てるといつも際立って回復がよりよくなるという非常に興味深い相関に気が付いた．光を調節した一連の実験によって，紫外線損傷からの回復がどういうわけか可視光で促進されることは直ちに確認された．意外なことに，ほぼ同時期にインディアナ大学の Salvador Luria 研究室の Renato Dulbecco は思いがけず同じ現象に遭遇した．Dulbecco の場合は，ある晩に研究室で電気を消し忘れたことがきっかけだった．光回復とよばれるようになったこの発見は科学の発展に関して二つの重要な点を示している．第一に，重要な発見はしばしばまったく予期しない宿命的な結果から生まれ，第二に，発見されるときにはすべての予備データがそろっているので異なる研究室でほぼ同時に発見されるということである．

特筆すべき点は，光回復が DNA が遺伝物質であるとほとんどの科学者を納得させたワトソン・クリックの構造やハーシー・チェイスの実験より前に発見されたことである．光回復の対象も機構も 1948 年にはわからなかった．1961 年になって初めて複数の研究室から，チミン二量体とそれに似た分子が光回復によって修復される DNA 損傷であることが示された．光回復を担う酵素は 1983 年に初めて単離された．

放射線損傷の修復において，当初，光回復が関心の中心であったが，他の機構が働いていることも間もなく明らかになった．放射線照射後に光を除いた研究と同様に化学的な変異原物質を用いた実験によっても，生存しているコロニーが時間をおいて安定して生えることが示された．このような液体貯蔵実験は 1950 年代に多くの実験室で行われた．非放射性の修復機構は 1963 年にテネシーのオークリッジ国立研究所の Richard Setlow によって決定的な実験がなされるまではわからなかった．この頃までに，チミン二量体が紫外線損傷のおもな産物として認識され，光感受性の活性化酵素によって切断されることがわかった．Setlow は光回復に抵抗性であるが，暗黒化で回復する大腸菌の変異体を用いた．光回復とは別のプロセスで二量体が切断されると予想した．しかし回復細胞の解析では二量体は依然として残っていた．

回復株の DNA を酸不溶性の高分子と酸に可溶な低分子のオリゴヌクレオチドに分離することによって謎は解けた．チミン二量体は後者にだけ認められて，ゲノム DNA からチミン二量体を含んだ小さなオリゴヌクレオチドの断片が切除されていることが示された．このようにして除去修復のアイデアが生まれた．光回復のように，除去修復も Setlow とイェール大学の Richard Boyce と Paul Howard-Flanders によりほぼ同時期に見いだされた．およそ 10 年間の空白の後 1970 年代中頃，修復の分野はもう一つの重大な飛躍的発展を迎えた．1974 年，ストックホルムのカロリンスカ研究所の Tomas Lindahl が塩基除去修復の機構を解明した．同年，ハーバード大学の Miroslav Radman が SOS（緊急シグナル）応答の全体像を示したが，これは 1953 年に CalTech の Matthew Meselson と共同で Jean Weigle が最初に見いだした．翌年，Judith Wildenberg と Matthew Meselson によりミスマッチ修復の機構が説明された．

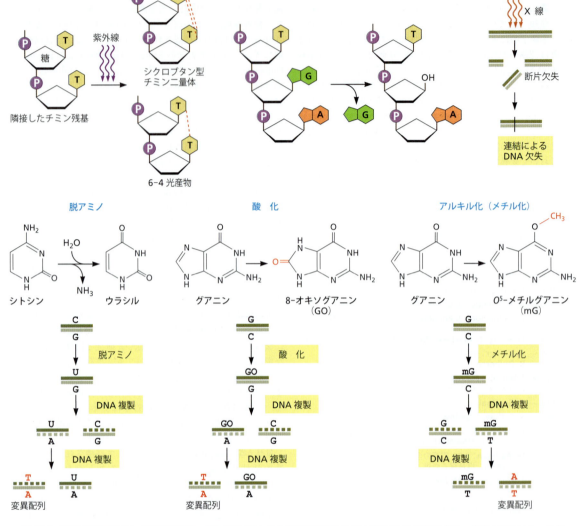

図 22.1 **DNA 修復反応をひき起こす変化** これらは DNA の化学構造の変化や二本鎖の DNA 切断を含む．修復されないと，これらの変化のほとんどは，DNA 複製の後 DNA に組込まれた遺伝情報に影響を与える．

した塩基の部位に何の塩基（dNTP）を取込めばよいかを導き出さなければ遺伝子変異を生じる．

22.3 DNA 修復の経路と機構

DNA 損傷は多様な修復機構によって対処される

DNA 修復とは，DNA の化学変化が除かれてゲノムの健全性が保たれる間の生物の営みを指す．多くの異なった，しかし高度に統合された経路が DNA 損傷を修復するために細胞で使われている．それらは一般には損傷特異的（図 22.2）であり，場合によっては生物種特異的である．ここでは総論として，おのおのの経路の主要な特性を概説する．

- **直接修復**（direct repair） O^6-アルキルグアニンやシクロブタン型ピリミジン二量体といった損傷した DNA 塩基が化学反応を起こしてもとの構造を回復する．
- **ヌクレオチド除去修復**（NER; nucleotide excision repair） 二重らせんをゆがめる大きめな塩基損傷を修復する．DNA 損傷を含む 22〜30 nt の断片を除去して，生じた一本鎖 DNA（ssDNA）を DNA ポリメラーゼの鋳型に用いて最終的に連結する．実際にはいくつかの経路が存在し，後で詳細に述べる．細菌と真核生物では異なる機構が使われる．
- **塩基除去修復**（BER; base excision repair） DNA 塩基内の化学的な変化によって生じた異常塩基を除去する．最初に損傷のある塩基と糖-リン酸骨格の間のグリコシ

ド結合を切断し，次に塩基を除去してからポリメラーゼやリガーゼで修復する．

- **ミスマッチ修復（MMR；mismatch repair）** 塩基の誤対合やヌクレオチド誤挿入，あるいは欠損がDNA二本鎖の片方の切断を誘発し，その後ヌクレアーゼ，ポリメラーゼ，リガーゼによって修復される．この修復に関与するタンパク質は細菌と真核生物で異なる．大腸菌においてはDNAのメチル化がどちらの鎖を修復するかの目

Box 22.2　DNA損傷に対する応答の欠陥は老化を促進するか

老化は後生動物では連続的な体の機能の低下と最終的な死に至る複雑な過程の集合である．体を構成する分子の確率論的な悪化の結果として生物が老いると長い間考えられてきた．酸素ラジカル，その他の内因性や外因性の有害な化合物，および紫外線やX線照射などの物理的な要因への曝露が生命分子の悪化の原因となる．最初にモデル生物の線虫で見つかった寿命を延ばす機能喪失型変異により，過去20年の間にパラダイムシフトが起こってきた．インスリンとインスリン様増殖因子のシグナル伝達経路における変異は線虫の寿命を延ばし，それは飢餓状態で幼虫が入るステージへの突入を制御している．この段階は耐性幼虫（dauer，ドイツ語で永続するという意味）とよばれるが，代謝が厳しく制限され，幼虫は何週も生き続けることが可能である．一度条件が緩和されて食料が豊富になると，幼虫は正常な成長に戻る．ショウジョウバエや哺乳類でも，インスリン/インスリン様増殖因子のシグナル伝達の抑制が似た効果をもつことが観察されている．寿命を延ばす一つの方法として人気のあるカロリー制限は，自然のストレス応答の一部として起きる低い代謝をまねている．

インスリン様増殖因子のシグナル伝達経路とストレス抵抗性の間の関係は非常に複雑である．生涯の初期，生物が発生し生殖を行っている間はこの経路は非常に活発で，ストレス耐性を犠牲にして全体の発生に有利に働く．後期ではこの経路は有害であるのかもしれない．したがって，発生や生殖がもはや必要なく，ストレスへの耐性が絶対必要な生涯の後期では，この経路を抑制する変異は有益になるかもしれない．

老化はその複雑さゆえに，また意味のある手がかりが少ないがゆえに，分子レベルで研究することは非常に難しかった．大部分の努力は早老症として知られる早期老化が特徴のヒト疾患の原因を理解することに振り向けられた．**表1**は最もよくみられるこれらの病気をその症状，変異した修復遺伝子，影響を受けるDNA修復経路とともに列記している．これらの病気の研究は対応するヒト症候群の症状をよく模倣するマウスモデルの作成を必要とした．まとめると，ヒトの症状とマウスモデルの研究により，早老症はゲノムの健全性を維持する能力の欠陥によってひき起こされることが明らかになった．したがって，修復されないDNA損傷の蓄積が老化や老化に関係した病理の原動力なのかもしれない．

表1　有名な早老症と影響を受ける遺伝子および修復経路　[Schumacher B, Garinis GA & Hoeijmakers JHJ (2008) *Trends Genet* 24:77–85 より改変]

症候群	臨床的特徴	変異遺伝子	影響を受ける修復過程
コケイン症候群（CS）	神経変性，網膜細胞消失，悪液質と衰弱症候群（食欲不振，体重減少，筋萎縮，倦怠感，虚弱）	*CSA*, *CSB*	転写共役NER[†]
裂毛症	神経性と骨格変性，悪液質，魚鱗癬（乾燥，がさついたうろこ状の皮膚），傷つきやすい毛髪と爪	*XPB*, *XPD*, *TTDA*	転写共役NER[†]
色素性乾皮症（XP）	日光過敏症，色素沈着，日光照射による前がん状態化，皮膚がんの高率発症	*XPA-D*, *XPF*, *XPG*	NER[†]
ファンコニ貧血（FA）	汎血球減少症または貧血，骨髄不全と腎不全，異常な色素沈着，低身長，がん	*FANC*, *BRCA2*	DNA架橋-修復
ナイミーヘン染色体不安定症候群（NBS）	免疫不全，発がんリスクの上昇，成長遅延	*NBS1*	DNA修復，テロメア不安定化
ブルーム症候群（BLS）	免疫不全，成長遅延，染色体不安定化，がん	*BLM*ヘリカーゼ	分裂組換え
ウェルナー症候群（WS）	皮膚萎縮，毛髪の老化，骨粗しょう症，2型糖尿病，白内障，動脈硬化，がん	*WRN*ヘリカーゼ	DNA組換え，テロメア維持
ロスムンド・トムソン症候群（RTS）	低成長，白髪，若年性白内障，皮膚と骨の異常，骨肉腫，皮膚がん	*RECQL4*ヘリカーゼ	酸化DNA損傷の修復
毛細血管拡張性運動失調症（AT）	進行性の小脳変性による重篤な毛細血管拡張と運動失調，免疫不全，がん	*ATM*	二本鎖切断シグナル応答

[†]　NER：ヌクレオチド除去修復

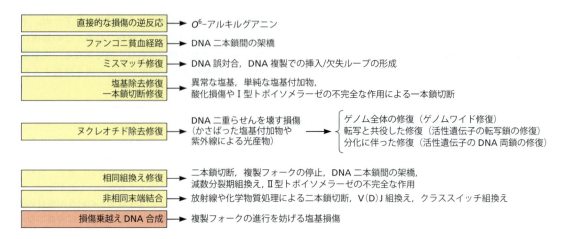

図 22.2　真核生物のさまざまな DNA 修復経路とそれらに対応するおもな DNA 損傷　DNA 損傷を誤りの有無に関わらず直す古典的な修復経路をすべて黄で示す．もう一つの緊急避難的な DNA 損傷に対応する損傷乗越え DNA 合成を赤で示す．この機構は損傷を直すというよりもむしろ DNA 複製の間に傷を回避するものである．修復経路には有害な DNA 損傷を修復する以外に減数分裂時の組換えや免疫グロブリン分子に多様性を生み出すための免疫グロブリン遺伝子再構築などの正常な生理学的過程も含まれる．

印になっている．真核生物ではよくわかっていない．

- **相同組換え修復**（homologous recombination repair）と**非相同末端結合**（**NHEJ**; nonhomologous end-joining）二本鎖切断（DSB）を修復するが，前者は誤りがなく，後者は誤りがちな修復方法である．相同組換えは細胞周期の S, G_2 期でのみ起こるが，非相同末端結合は細胞周期を通じて起こる．相同組換え修復が起こるためには姉妹染色分体の相同的で誤りのない DNA 二本鎖が鋳型として必要だからである．そのような二本鎖は DNA 複製時のみ存在する．一方，非相同末端結合は修復時に鋳型を使わないので修復の誤りが多く，細胞周期に依存しない．数多くの異なるタンパク質がそれぞれの経路に関与する．二本鎖切断が生じたとき，多くの場合相同組換えが最初に始まり，多くの段階を経て交差産物や非交差産物がつくられる（第 21 章参照）．非相同末端結合においては二本鎖切断はある種の損傷センサーによって認識され，その後多くのタンパク質分子が関与して結合される．

DNA 複製を止めるような欠陥の存在下でも，細胞が機能し続けることに役立つ機構が上記以外にもう一つ存在することが最近わかってきている．この機構は DNA 複製が DNA 損傷を飛び越えて続くことを可能にするが，忠実度の低い特別な DNA ポリメラーゼの活性に依存している．この経路は**損傷乗越え合成**とよばれる．

チミン二量体は DNA フォトリアーゼによって直接修復される

短波長紫外線（第 1 章参照）はピリミジン（特にチミン）塩基間に共有結合の架橋を誘発する．驚くべきことに **DNA フォトリアーゼ**（DNA photolyase，光回復酵素としても知られる）は約 370 nm の可視光を吸収して活性化されると，シクロブタン型に共有結合されたピリミジン二量体を修復する（**図 22.3**，**図 22.4**）．この酵素はピリミジン二量体に結合するときは光を必要としない．可視光の存在下でピリミジン二量体の架橋共有結合を切断し修復した後，酵素は DNA から光非依存的に解離する．

DNA フォトリアーゼは二つの発色団をもっている．それぞれはその構造に応じた特徴的な波長の光を吸収する（図 22.4 参照）．まず青色光が 5,10-メチレンテトラヒドロ葉酸（MTHF; 5,10-methenyltetrahydrofolate）によって吸収され，そのエネルギーはもう一つの補因子であるフラビンアデニンジヌクレオチド（FAD; flavin adenine dinucleotide）に移される．この活性化された FAD は電子をチミン二量体に供与し，二つの塩基を架橋する共有結合を切断してもとの塩基構造を回復する．そして電子が修復された DNA から FAD に戻されて酵素反応が完結する．

フォトリアーゼは細菌から多くの真核生物まで存在するが，ヒトを含む有胎盤哺乳類には存在しない．これらの生物では別の経路であるヌクレオチド除去修復機構によって修復される．興味深いことに，紫外線量の増加をひき起こすオゾン層の減少がフォトリアーゼを欠損するある種のカエルの個体数減少をひき起こしていると警告されている．紫外線は透明度の高い湖でのこの種のカエルの胚発生に特に有害である．

O^6-アルキルグアニンアルキルトランスフェラーゼはアルキル化された塩基の修復に関与している

DNA がアルキル化剤にさらされると塩基にさまざまな修飾が起きる．もし修復されないのならば，これらのアル

22.3 DNA修復の経路と機構

キル化塩基は変異をひき起こし，いくつかは致死的である（図22.1 b 参照）．アルキル化剤は DNA の複製を阻害するのでがんの化学療法にも用いられるが，**O^6-アルキルグアニンアルキルトランスフェラーゼ**（**AGT**; O^6-alkylguanine alkyltransferase）による修復経路はがんの化学療法の効果を限定的にする．

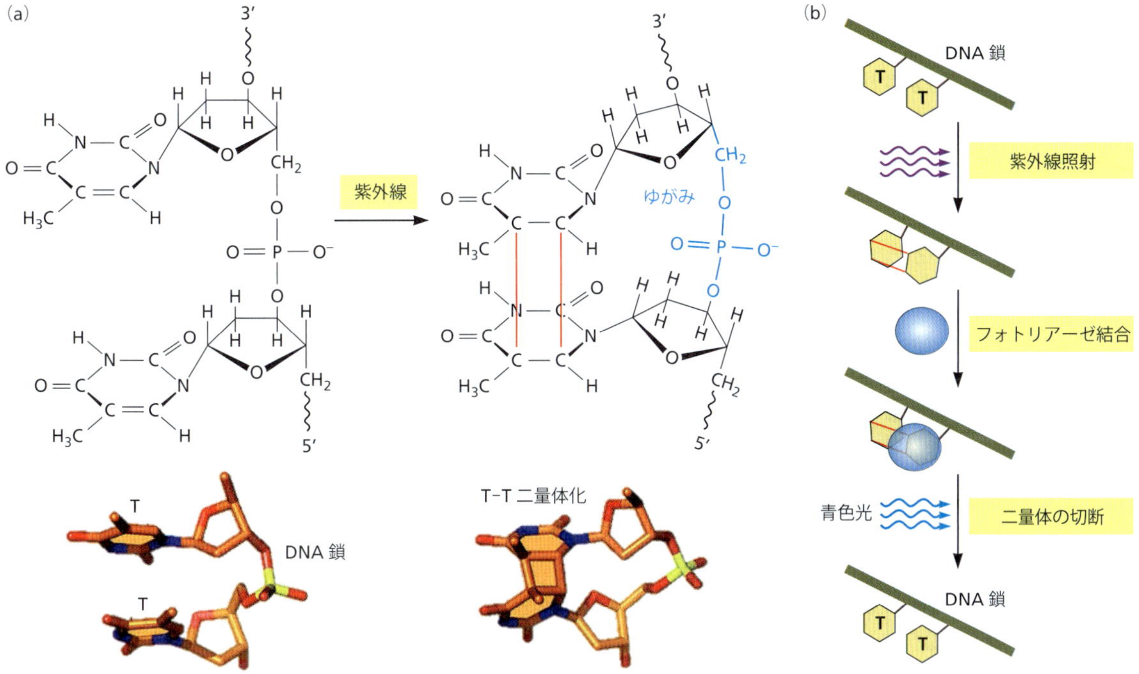

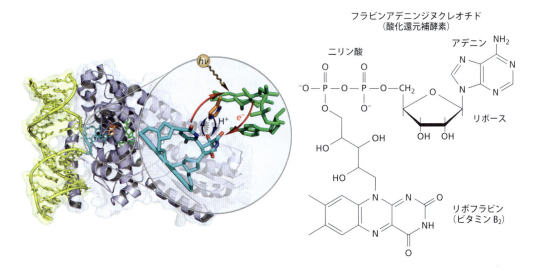

図22.3 DNA フォトリアーゼによるチミン二量体の直接修復 この酵素は光活性化酵素として知られている．(a) 紫外線は隣接したチミン残基に二量体を形成してDNA鎖にゆがみが生じる．(b) チミン二量体の直接修復の概略．

図22.4 DNA フォトリアーゼの作用 471アミノ酸から成るフォトリアーゼはフラビンアデニンジヌクレオチド（FAD）と5,10-メチレンテトラヒドロ葉酸（MTHF）の2種類の発色団の補因子と協調して働く．反応は以下のとおりである．1. 光に依存しない段階で，損傷を含んだDNAに酵素が結合する．損傷DNAと正常なDNAとの判別比はきわめて高く，10^5 である．切断されるチミン二量体は水色で，外向きにひっくり返るDNA鎖は黄で示す．2. 青色光がMTHFにより吸収されて，励起したMTHFからFAD（緑）に励起エネルギーが伝達される．3. 励起したFADから結合しているDNAのシクロブタン型チミン二量体に電子が受渡され，これが二量体を正常なDNAに分断する．4. 修復されたDNAからFADに電子を受渡すことによって反応サイクルが終了する．
［左：Li J, Liu Z, Tan C et al. [2010] *Nature* 466:887–890. Macmillan Publishers, Ltd. の許可を得て掲載］

この種の DNA 損傷の修復は DNA の切断をひき起こさずに，O^6-アルキル付加物からアルキル基を定量的，非可逆的に酵素の活性中心にあるシステイン残基に移すことができる珍しい酵素，AGT によって行われる（図 22.5）．したがって AGT はアルキル基の転移酵素であり，受容体である．アルキル化されると AGT はアルキル基を取除くことができなくなり，分解される．一度きりの酵素であり，その活性は自殺反応である．本来酵素とは反応を触媒するだけで酵素自体は変化しないので，AGT は酵素とはよべないのかもしれない．AGT は生物の三つのドメイン，細菌，古細菌，真核生物のすべてに存在する．しかし植物や分裂酵母などのいくつかの生物はこの酵素を欠いている．

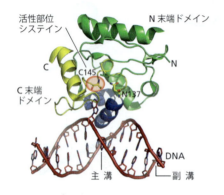

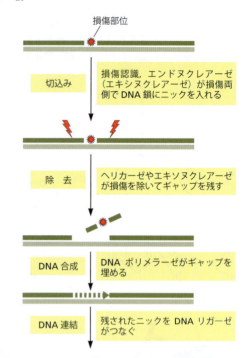

図 22.6　**ヌクレオチド除去修復**　細菌でも真核生物でも主反応は切込み，除去，DNA 合成，DNA 連結の四つの連続した段階から成り，それぞれが特異的な酵素で担われている．

図 22.5　**ヒト O^6-アルキルグアニンアルキルトランスフェラーゼのアルキル化された DNA に結合した構造**　青で示すヘリックス・ターン・ヘリックス（HTH）モチーフが DNA の副溝に結合する．ここには示されていないが，よく保存された小さな疎水性ヘリックス認識残基が DNA の副溝内にコンパクトに収納される．これによって配列特異的な相互作用が最小化されてヌクレオチドのひっくり返りを容易にし，アルキル化された塩基が DNA の塩基の積み重なりから飛び出して酵素の活性部位にあるシステイン残基（C145）と相互作用する．アスパラギン（N137）のヒンジは HTH と活性部位モチーフを連結する．アルギニン残基は余分なヘリックスのコンホメーションを安定化する．

ヌクレオチド除去修復は
二重らせんをゆがませる損傷に働く

ヌクレオチド修復は非常に幅広い傷の修復を担っており，紫外線照射による損傷から DNA 鎖間架橋のかさばった化合物の付加や 8-オキソグアニンのような活性酸素による損傷までを修復する．これらの損傷に共通する特徴は DNA の二重らせん構造をゆがませることである．いくつかの特異的なタンパク質がこれらの損傷を認識するが，おもなヌクレオチド除去修復の経路は細菌や真核生物で共通しているように，損傷認識の後に四つの段階を経る（図 22.6）．

(1) 切込み
(2) 損傷部位を含む短い一本鎖の領域の除去
(3) 損傷を受けていない相補鎖を使った DNA 合成
(4) DNA 鎖の連結

細菌においては UvrA と UvrB 複合体が DNA 鎖に沿って移動し，チミン二量体などの二本鎖をゆがませる欠陥を認識する．ここで複合体タンパク質は DNA をさらに曲げる（図 22.7 a）．UvrA が外れてヌクレアーゼである UvrC が結合する．UvrBC 複合体はチミン二量体の両側を非対称に切断する．UvrBC 複合体が離れた後，ヘリカーゼ D が DNA を巻戻して欠陥のある鎖を解離させる．DNA ポリメラーゼとリガーゼがニックを塞ぐ．損傷センサーである UvrA$_2$B 複合体の構造を図 22.7(b) に示す．

真核生物においてはこの過程はもう少し複雑で，数多くのタンパク質が関与する．ここで過程を**ゲノム全体の修復**（**GGR**；global genome repair）と**転写共役修復**（**TCR**；transcription-coupled repair）に分ける．二つの経路は同じタイプの欠陥の修復を目的とするが，前者はすべてのゲノム領域，後者は転写が行われている領域のみを対象とする点で異なる．転写共役修復は細菌にもある．ゲノム全域にわたる修復は正確に複製や転写されることが必要なゲノムの健全性を保証するので，増殖している細胞では必須である．しかし最終分化した細胞では複製が起きないので事情が異なる．これらの細胞では必要な細胞機能が維持される限りにおいては，おそらく数多くの欠陥をゲノム内にもっていると考えられる．細胞機能に関係する遺伝子群は活発

に転写されており，転写されている領域のための修復経路の転写共役修復を使っている．しかも転写されている DNA 鎖は修復においても優先的に修復される DNA 鎖であるが，現在ではもう一方の DNA 鎖も鋳型鎖の健全性を維持するために必要なので修復の対象となっていることが知られている．転写されている遺伝子の選択的修復は，増殖停止後の細胞をすべてのゲノム領域を補修する負担から解放していると考えられている．

転写されている遺伝子で修復されていない欠陥があると次のような結果をひき起こす．(1) ある欠陥がアミノ酸置換や終止コドンを生み出す場合，そのタンパク質産物は機能しない．(2) RNA ポリメラーゼⅡはその欠陥の場所で停止するため，RNA 産物やタンパク質がつくられない．また停止した RNA ポリメラーゼは転写に使える RNA ポリメラーゼの減少をひき起こす．止まった RNA ポリメラーゼはユビキチン経路で分解されるか（第 18 章参照），あるいは転写共役修復経路へのシグナルとして使われる．

図 22.8 に描かれたように，ゲノム全体の修復と転写共役修復は DNA 損傷を認識する最初のステップが異なり，その後は実際には同じ経路を使う．色素性乾皮症の原因となる遺伝子群の詳細な研究から，この経路はヒトではよく理解されている（図 22.8，Box 22.2 参照）．もう一つのよく研究されている転写共役修復の例はヒトの神経細胞で見つかっている．この例では，UV 照射で生じた損傷がゲノムの転写されない領域など，ゲノムの大部分ではあまり修復されないが，転写されている遺伝子領域では効率的および選択的に修復される．

塩基除去修復は損傷を受けた塩基を修正する

塩基除去修復は，シトシンの加水分解による脱アミノ反応によって生じるウラシル，メチル化された塩基，8-オキソグアニンなどの酸化された塩基を修正する経路である．この経路はさらに，酸化による損傷や中断したⅠ型トポイソメラーゼの作用で生じる DNA 鎖の一方の切断を修復する．Ⅰ型トポイソメラーゼの活性中心のチロシン残基は DNA の一本鎖切断点において 5′-リン酸基と一時的な共有結合を形成する（第 4 章参照）．何らかの理由によりこの酵素が次に進めなかった場合，Ⅰ型トポイソメラーゼはこの場所に捕らわれたままになり，一本鎖切断は修復される必要がある．

塩基除去修復は損傷を受けた塩基とデオキシリボースの間のグリコシド結合をこの目的に特化した酵素，**N-グリコシラーゼ**（*N*-glycosylase）が切断することから始まる（図 22.9）．脱プリン/脱ピリミジンを起こした部位（apurinic/apyrimidinic site，AP 部位）は，AP エンドヌクレアーゼによって認識され，その 5′側の鎖に切断を入れる．この中間体は置き換わるヌクレオチドの長さによって短いパッチの修復と長いパッチの修復とよぶ異なる酵素を含んだ二つの異なる経路のどちらかによって修復される．短いパッチの修復は 1 nt が置き換わるだけで 99％ の確率で起こるのに対し，長いパッチの修復は 2 あるいはそれ以上のヌクレオチドが置き換わり，残りの 1％ の確率で起こる．この二つのうちちらの経路が選ばれるかを決める要因はわかっていない．

ほとんどの細胞では，*N*-メチルアデニン，3-メチルアデニン，7-メチルグアニンに特異的な複数の *N*-グリコシラーゼをもっている．それ以外にも**ウラシル**

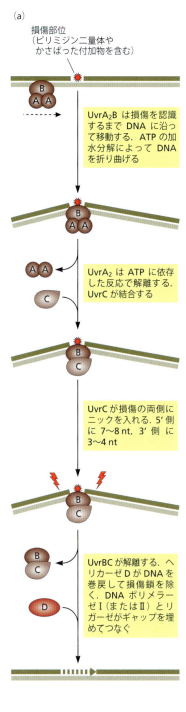

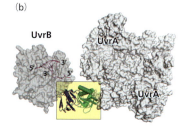

図 22.7 細菌におけるヌクレオチド除去修復反応の詳細 (a) ヌクレオチド除去修復反応とその関連タンパク質．(b) 損傷センサーである UvrA₂B の構造モデル．平らで開かれた構造である．濃いピンク色で示された UvrA の DNA 結合域は部位特異的な変異導入解析に基づいてなされたように，UvrB 上の DNA の結晶構造の位置にうまく合う．このモデルは黄色く囲った UvrA の 131〜245 アミノ酸と UvrB の 157〜250 アミノ酸の相互作用ドメインの高分解能構造の解析結果に基づいたものである．損傷認識の機構を解明するにはさらなる研究が待たれる．

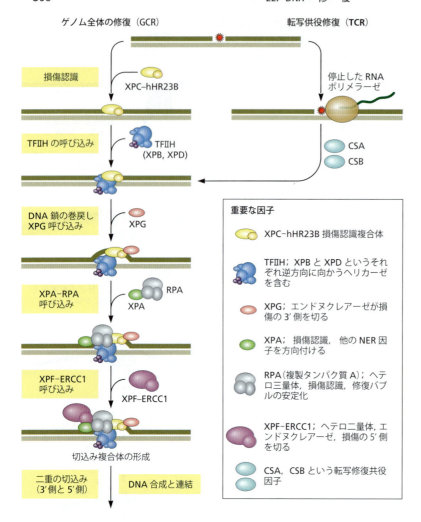

図22.8 ヒトのヌクレオチド除去修復複合体の形成 同じDNAの損傷を，ゲノム全体の修復はゲノム全体，転写共役修復は転写されている遺伝子に限ってそれぞれ二つの異なる経路で修復する．両者は基本的には同じ経路で進行するが，損傷の最初の認識において異なっている．それぞれのタンパク質因子の機能は色素性乾皮症（Box 22.2 参照）患者と患者由来の細胞の研究から解き明かされた．具体的には，患者の変異遺伝子を同定するために変異がある劣性遺伝子が互いに野生型の表現型を示すように相補して働くか否かを判別する，遺伝子相補試験を行った．そして七つのヌクレオチド除去修復に関わる遺伝子に対応して七つの相補グループが同定された．たとえばXPグループのAタイプはXPAタンパク質に変異があり，XPAは損傷認識や他のヌクレオチド除去修復複合体因子の方向付けに機能する．Bタイプの変異は転写因子であるTFIIHのヘリカーゼサブユニットであるXPB遺伝子に変異がある．色素性乾皮症のバリアントであるXP-VはDNAポリメラーゼη（イータ）に変異があり，このポリメラーゼはヌクレオチド除去修復反応よりむしろ損傷乗越えDNA合成に働く．

DNA グリコシラーゼ（UNG；uracil-DNA glycosylase）はDNAに含まれるべきでないウラシルをDNA二本鎖の外で認識し切出す（図22.10）．この過程で重要なステップは，10^9 個の T·A，C·G の塩基対の中から1個の確率で含まれる U·A，U·G を見つけ出すことである．この酵素がチミジンとウラシルを区別するとき，酵素の関与なしに熱運動などによる自発的な T·A，U·A 塩基対の解離から始まるので，塩基対の動力学が重要な役割を果たす．DNA塩基対の積み重なりから飛び出すウラシルはこの酵素に捕まえられて不安定な中間体を形成した後，すぐにウラシル塩基がひっくり返った安定な状態に移行する．そしてウラシルはこの酵素によって除去される．

ミスマッチ修復は塩基対を訂正する

DNA複製時の注意深い校正機能に関わらず，ミスマッチした塩基対合や挿入，欠失によるループは発生しうる（第19, 20章参照）．これらの誤りは一本鎖に切込みを入れる経路によってすぐに除去される．このミスマッチ修復は2〜3桁ほどDNA複製の忠実度を上げる．細菌でも真核生物でも，ミスマッチ修復はMutタンパク質を必要とする．これらのタンパク質をコードする遺伝子の変異は自然突然変異の発生確率を上昇させるミューテーターの表現型をもつ．

細菌のメチル基依存性ミスマッチ修復は
　　　アデニンのメチル化を目印として用いる

ミスマッチ修復において難しい問題は，どうやってミスマッチした塩基対のどちらを残しどちらを除去するか，修復すべき塩基を選択することである．細菌においては，この問題はアデニンのメチル化を目印として利用することにより解決される（図22.11）．

DNA上のGATC配列は常にその両方の親鎖のAでメチル化される．しかし新規に複製されたDNA鎖はすぐにメチル化されるのではなく，新生鎖がメチル化されるには平均2分程度の遅延がある．確率的に256 bpごとに現れるGATC配列のAをメチル化するのはDamメチラーゼであ

る．この酵素はすでにメチル化された GATC を認識して，新たに合成された反対側の鎖の相補的な GATC の A をメチル化するので，ヘミメチラーゼとよばれる．ここで真核生物では，新規に合成された DNA 鎖をメチル化する酵素 Dnmt1 は CpG ジヌクレオチドに働くが，ミスマッチ修復には関与していないことを確認しておこう．複製直後の新生 DNA 鎖が一時的にメチル化されていない状態はこの鎖が新規合成された鎖であり，誤りを含むという目印になる．これにより修復酵素が古い DNA 鎖にある正しい塩基と，新規合成された鎖にある間違った塩基を区別できる．

大腸菌におけるミスマッチ修復の段階を図 22.12 にまとめてある．ミスマッチ修復は MutS-MutL 複合体がミスマッチをもつ DNA に結合して始まる．スライディングクランプである MutS がどのように活性化されて働くかについての現在の最も詳しい理解を図 22.13 と図 22.14 にまとめた．プロセッシブな DNA 合成（第 19 章参照）に必要な β クランプ補助タンパク質は MutS と相互作用し，MutS がミスマッチ部分に到達することを助ける．ATP の結合により複合体はミスマッチ部位から解放され，再び DNA に沿って動くことができるようになる．スライディングクランプがメチル化されていない鎖上の CTAG 配列にすでに結合している MutH に到達したとき，MutH のヌクレアーゼ活性を活性化する．MutH は II 型制限酵素に属

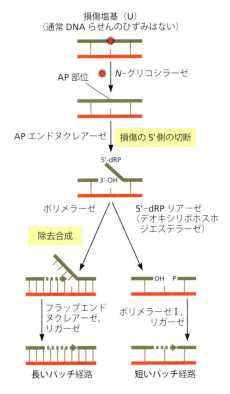

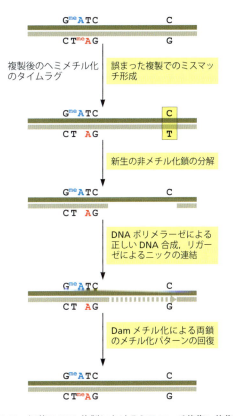

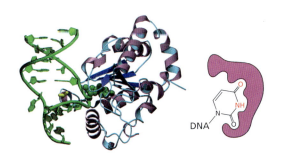

図 22.9 **塩基除去修復** 損傷塩基であるウラシルとデオキシリボースをつなぐグリコシド結合の切断から反応が開始する．AP エンドヌクレアーゼによって認識され，損傷の 5' 側で切断され，AP 部位が形成される．一部の酵素はグリコシラーゼと AP エンドヌクレアーゼの両活性をもっている．さらに関与する酵素の種類によって長いパッチと短いパッチの二つの経路を経て修復を完了させる．

図 22.10 **ウラシルグリコシラーゼの構造** ヒトの酵素によって完全に二本鎖 DNA から引っ張り出されたウラシル残基を緑の球体で示している．略図は実際の構造を理解するためのものである．[Parker JB, Bianchet MA, Krosky DJ et al. [2007] *Nature* 449:433–437 より改変．Macmillan Publishers, Ltd. の許可を得て掲載]

図 22.11 **細菌の DNA 複製におけるミスマッチ修復：修復鎖の選択** 細菌のゲノムでは GATC の配列はいつも DNA の両方の鎖の A でメチル化されている．複製時に新生鎖に新しくメチル基を付加するまでの間，修復酵素は新旧の鎖を区別することができ，新生鎖に取込まれた誤った塩基を選択的に修復することができる．

するエンドヌクレアーゼである．複製の誤りから約 1 kb 以内の範囲内のヘミメチル化部位でメチル化されていない新生鎖側にニックを入れる．II 型制限酵素は DNA の両方の鎖を切断するので（第 5 章参照），MutH がどのように一本鎖のみを切るのかよくわかっていない．ミスマッチから 5′，3′のどちらかの方向にあるニックは，MutL タンパク質によって DNA ヘリカーゼ II，一本鎖 DNA 結合タンパク質（SSB）の挿入点として使われる．これらのタンパク質は共同して 3′- または 5′-エキソヌクレアーゼを利用して一本鎖 DNA（ssDNA）をつくり出す．つくり出された一本鎖 DNA の範囲はかなり長く，しばしば 1 kb 以上になることもある．メチル化されていない鎖を同定した後，この機構は誤り部位を超えて DNA を一本鎖にしなければならない．そして誤りを除去し，非常に忠実度の高い DNA ポリメラーゼ III によって DNA は再複製される．最後の段階は DNA リガーゼがニックを連結してミスマッチ修復を完成させる．

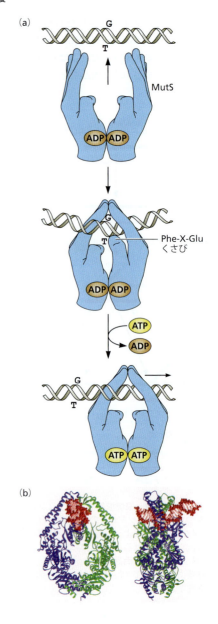

図 22.13　**MutS スライディングクランプとその活性化**　(a) MutS のフィンガードメインは DNA と結合していないと不定形で開いており，ATP 結合部位で二量体を形成する．ミスマッチ DNA があると ADP 結合型 MutS は DNA の周囲を手を合わせたように包んで，片方の親指の所の Phe-X-Glu のくさびで DNA 副溝に潜り込んで G・T のミスマッチ部位に固定される．ADP/ATP 交換はコンホメーション変換を起こして親指をミスマッチ部位から解き放すが，指を DNA 二本鎖周辺に留める．クランプはこの状態でどちらの方向へも自由に移動できる．[Jiricny J [2006] *Nat Rev Mol Cell Biol* 7:335–346 より改変．Macmillan Publishers, Ltd. の許可を得て掲載] (b) MutS–DNA 複合体の構造．MutS 二量体は DNA を包囲して屈曲させる．MutS 自体がコンホメーション変換する．ATP 加水分解の役割は不明であるが，移動に必要なのかもしれない．[Obmolova G, Ban C, Hsieh P & Yang W [2000] *Nature* 407:703–710. Macmillan Publishers, Ltd. の許可を得て掲載]

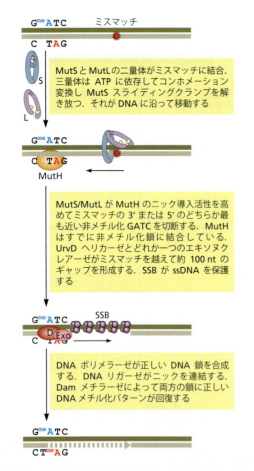

図 22.12　**細菌の複製におけるミスマッチ修復の機構**　MutH は DNA の両方の鎖を切断するエンドヌクレアーゼなので，ミスマッチ修復の間にいかに一本鎖だけ切断してニックを導入するのかはいまだに不明である．

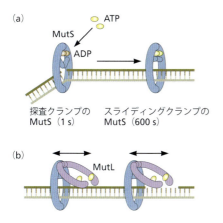

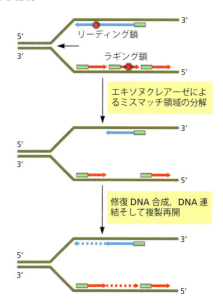

図22.14 spFRET解析から推定されるMutSスライディングクランプ動作の動態 (a) MutSはDNAとおよそ1秒間結合して一過性のクランプを形成し，ミスマッチヌクレオチドを探査しながらDNA二本鎖を一次元的な旋回性拡散により約700 bp移動する．ミスマッチを見つけるとATP結合を誘導し，MutSスライディングクランプ形成を促進する．クランプはDNA上で異常に安定で，ミスマッチ修復の全反応が起こるのに必要な時間約600秒間保持される．したがって，ATP結合は不安定なMutS損傷探査クランプを高度に安定なクランプに変換して，DNA結合タンパク質や，真核生物ではクロマチンに打ち勝ってミスマッチ修復因子を呼び込むことができるようになるのかもしれない．クランプのDNA上の安定性はATPの加水分解によらずその役割は不明である．(b) ミスマッチ修復による短い一本鎖DNA切断がDNAから複合体を解放する．遊離した複合体は再利用される．[(a), (b) Jeong C, Cho W-K, Song K-M et al. [2011] Nat Struct Mol Biol 18:379–385 より改変．Macmillan Publishers, Ltd. の許可を得て掲載]

図22.15 真核生物におけるミスマッチ修復 真核生物におけるミスマッチの処理は，おそらくリーディング鎖の3′末端あるいは岡崎フラグメントの両末端といった，DNA複製で生じる鎖切断部位でのssDNAの存在によって起こる．概略図はリーディング鎖とラギング鎖における2種類の損傷を示す．リーディング鎖における修復は3′末端でその領域を合成しているDNAポリメラーゼによって始まる．ラギング鎖では岡崎フラグメント全長が両末端からの分解で除かれ，複製フォークに近い断片の伸長が分解されたDNAに置き換わるのだろう．[Jiricny J [2006] Nat Rev Mol Cell Biol 7:335–346 より改変．Macmillan Publishers, Ltd. の許可を得て掲載]

真核生物におけるミスマッチ修復はDNA複製中のDNA切断によって始まるのかもしれない

細菌では修復される側の鎖はメチル化によって明らかに区別されている．しかし真核生物の場合はほとんどわかっていない．MutSとMutLは種間で非常によく保存されているが，MutHはグラム陰性細菌でのみ見つかる．他の生物では機能的に相同なタンパク質は発見されていない．このような事実により提案されている仮説は，真核生物におけるミスマッチ修復はリーディング鎖の3′末端や岡崎フラグメントの末端など，DNA複製の際に生じるDNA鎖切断がミスマッチ修復を動かしているというものである（図22.15）．修復はMutSホモログのMSHタンパク質の複合体であるMutSα（MSH2-MSH6複合体）あるいはMutSβ（MSH2-MSH3複合体）がミスマッチ部位に結合して始まる．図22.16に示された修復過程は組換えタンパク質を用いた再構成実験から提案されたもので，使われた組換えタンパク質はMutSα（図22.17）あるいはMutSβ，MutLα，複製タンパク質A（RPA），エキソヌクレアーゼ1（EXO1），増殖細胞核抗原（PCNA），複製タンパク質C（RFC），DNAポリメラーゼδ（Polδ），DNAリガーゼである．現在までどのDNAヘリカーゼも複製の誤りの修復に関与した

という報告はない．大腸菌のように複数のエキソヌクレアーゼが真核生物のミスマッチ修復に関与していると示唆されている．また，いくつかの別のタンパク質が必要である．DNAの再合成はアフィジコリン感受性のポリメラーゼ，おそらくDNAポリメラーゼδによって行われる．

二本鎖切断の修復には誤りなしと誤りがちな修復がある

二本鎖切断は最も有害なDNA損傷である．二本鎖切断損傷の厳しい結果は二つの点から説明できる．第一に，二本鎖切断損傷は誤りもしくは変異の導入なしに修復することが難しい．第二に，DNA分子の連続性の崩壊は数多くの染色体転座や他の再構成をひき起こし，ゲノムの健全性にとって重大な脅威となる．生物はこのような損傷を修復する非常に洗練された機構を発達させていて，総称して**DNA損傷応答**（DDR：DNA damage response）とよばれる．DNA損傷応答は長い一本鎖DNAによってもひき起こされる．

DNA損傷応答は**細胞周期チェックポイント**（cell-cycle checkpoint）を制御する重要な要因の一つである．遺伝学的あるいは生化学的な解析により，細胞が細胞周期の次の段階に進むことができるための条件が整っているか調べる

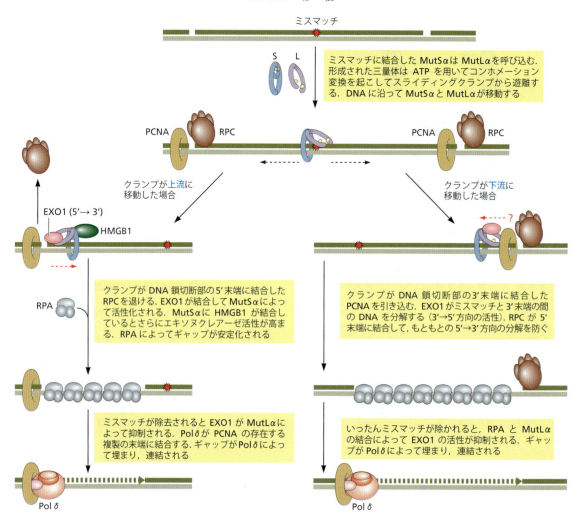

図22.16 真核生物のDNA複製におけるミスマッチ修復の提案された機構 下流におけるEXO1の活性は考えなくともよいことに留意．おそらくPaul Modrichが提唱するように，Mre11やMutSα，RFC，PCNAは潜在的なMutLαエンドヌクレアーゼ活性をATPとミスマッチ依存的に活性化する．[Jiricny J [2006] Nat Rev Mol Cell Biol 7:335–346 より改変．Macmillan Publishers, Ltd. の許可を得て掲載]

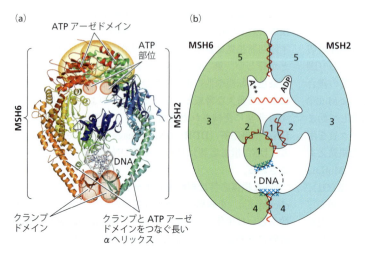

図22.17 ヒトのMutSα–ADP–G·Tミスマッチ複合体 (a) 3Å分解能の結晶構造．MutSαはMSH2とMSH6の非対称二量体から成る．おもにβストランドから成る小さなクランプドメイン（赤丸）はミスマッチ周辺のDNAに接している．MSH6はミスマッチの片側で，原則的にはB-DNA形態をとる6 bpとさらに接触して，一方でMSH2はミスマッチの両側で接触する．長いαヘリックスはMutSαのクランプとATPアーゼドメインをつないでおり，DNA基質の結合部位とATP結合部位が相互作用できるようにしている．ATPの結合はタンパク質がミスマッチから離れて鎖に沿って移動できるようにする．(b) 結晶構造に基づいた略図．MSH2とMSH6の両タンパク質における各ドメインに番号を付けている．〰〰〰はタンパク質–DNA相互作用，〰〰〰はおそらく構造的に対応するドメイン間の接触面の位置を示す．[Warren JJ, Pohlhaus TJ, Changela A et al. [2007] Mol Cell 26:579–592 より改変．Elsevierの許可を得て掲載]

ために，細胞周期の特定のポイントで一時的に止まることが明らかになってきた．細胞周期や関連する領域である細胞周期制御の概要は Box 2.2 と Box 20.2 にまとめてある．これらの次の細胞周期に進むための条件には細胞の代謝の状態，たとえば DNA 複製に必要なデオキシリボヌクレオシド三リン酸などの必要な分子が必要な量そろっているか，最後に述べるが，決して軽んずべきでない DNA 分子の健全性などが含まれる．DNA 損傷，特に二本鎖切断が検出されたとき，細胞周期は修復されるまで停止する．

二本鎖切断を修復する二つの経路がある．相同組換えと非相同末端結合である．これらの経路のそれぞれに関与する主要なタンパク質を表 22.1 にあげた．

相同組換えは二本鎖切断を正確に修復する

相同組換えは姉妹染色分体のうちの損傷を受けていない DNA 配列を正確な修復のための鋳型として利用できるかどうかに依存している．したがって細胞周期の S 期と G_2 期に限られる．この経路は二本鎖切断に加えて，止まった複製フォークや二本鎖間の架橋にも働く．また生理的に関係のある過程，たとえば減数分裂の組換えやⅡ型トポイソメラーゼの中断した中間体にも関与している．このような過程における相同組換えの一般的な特徴とその役割は第 21 章でまとめた．ここでは今まで述べたことのない **Mre11-Rad50-Nbs1（MRN）複合体**（Mre11-Rad50-Nbs1 complex）について議論しよう．

二本鎖切断への応答における MRN 複合体の重要性は，ヒトにおける二つの症例により初めて知られるようになった．*MRE11*（meiotic recombination 11 gene）の変異による血管拡張性運動失調症様疾患と，*NBS* 遺伝子（酵母ホモログは *Xrs2* 遺伝子）の変異によってひき起こされるナイミーヘン染色体不安定症候群である（Box 22.3）．MRN 複合体は，機構は異なるが相同組換えと非相同末端結合の両方に関与している．この複合体は損傷を検知し，壊れた DNA の末端を修復が起こるように，近くで保持するように相互作用する．

この純粋に構造的な役割に加えて，MRN 複合体の二つの要素 Mre11 と Rad50 は，その機能に必要な酵素的活性をもっている．Nbs1 の役割についてはよくわかっていない．Mre11 は *in vitro* で多くの活性を示す多機能タンパク質である．ヌクレアーゼであり，DNA 鎖を解離させたりアニーリングさせたりする活性をもっている．Mre11 のヌクレアーゼ活性は他の二つのサブユニット，ATP，および基質となる DNA の配列相同性によって厳密に制御されている．これらの活性が *in vivo* でどのように調節され協調しているかは，今後の研究に残されている．Mre11 が阻害的な付加物をもってしまった DNA 末端のプロセシング，および DNA 末端の二次構造の解消に関係しているのは確実である．

Rad50 は ATP に結合して加水分解する．そのポリペプチド鎖の両端にある ATP 結合部位モチーフは活性に重要であり，その部位の変異は酵母で機能喪失をひき起こし，ヒトの複合体では *in vitro* ヌクレアーゼ活性の部分的喪失をひき起こすことが知られている．MRN 複合体のサブユニットのドメインと結晶構造，さらに DNA 結合による DNA のつなぎ止めを保証するコンホメーション変化を図 22.18，図 22.19，図 22.20 に示す．

二本鎖切断修復経路における MRN 複合体の中心的な役割を解き明かすには，減数分裂における組換えの初期段階やテロメアの維持と同様に，複合体のさらなる研究が必要である．MRN 複合体の機能を正しく理解することによってその機能不全により発症する遺伝病の処置や未来の治療のための重要な指針が得られるであろう．

非相同末端結合は誤りがちな修復過程で，DNA 二本鎖の連続性を回復させる

非相同末端結合は二本鎖切断を修復する主要な経路である．誤りがちな過程で二つの切断点を単純に結合することにより，DNA の健全性を回復させる．切断点の DNA 配列が多様であり，末端の配列に小さな相同性すらないので，DNA リガーゼの基質とならず，回復された DNA 分

表 22.1 DNA 損傷修復の主要な二つの経路に関わるおもなタンパク質 [Mladenov E & Iliakis G [2011] *Mutat Res* 711:61–72 より改変]

機　　能	相同組換え	非相同末端結合
一本鎖切断センサー分子	MRN[†]	Ku70-Ku80
DNA 末端プロセシング酵素	MRN[†]，CtIP，Exo1，Dna2	Artemis，TdT[†]，PNK[†]
リコンビナーゼ	Rad51	
DNA 修復メディエーター	Rad52，BRCA2，Rad51 ホモログ	DNA-PKcs[†]
ポリメラーゼ	Pol δ，Pol ε	Pol μ，Pol λ
リガーゼ	リガーゼ I	リガーゼ Ⅳ
リガーゼ促進因子	PCNA？	XRCC4，XLF-Cernunnos

[†] MRN: Mre11-Rad50-Nbs1 複合体，TdT: ターミナルデオキシリボヌクレオチジルトランスフェラーゼ，PNK: ポリヌクレオチドキナーゼ，DNA-PKcs: DNA 依存性プロテインキナーゼ触媒サブユニット

Box 22.3 より詳しい説明：MRE11-RAD50-NBS1 複合体遺伝子の変異は遺伝病と関連している

MRN 複合体とその個々の構成要素は，電離放射線や放射線類似の薬品などによって誘発される DNA 損傷に対する広い範囲にわたる細胞応答に関与している．この複合体の二つのサブユニットである MRE11 と NBS1 の変異は，それぞれ毛細血管拡張性運動失調症様疾患（ATLD; ataxia telangiectasia-like disorder）とナイミーヘン染色体不安定症候群（NBS; Nijmegen breakage syndrome）という二つの珍しい遺伝病と関係している．これらの二つの病気の臨床的な特徴は，もう一つのゲノムが不安定になる著名な病気である毛細血管拡張性運動失調症（AT; ataxia telangiectasia）と多くの特徴が共通する（Box 22.2 参照）．古典的な毛細血管拡張性運動失調症は，二本鎖切断への複雑な細胞応答の検出と最初の活性化に関わる二つのプロテインキナーゼの一つである ATM（ataxia telangiectasia mutated）タンパク質がその遺伝子両方の対立遺伝子で切断されて完全になくなることにより誘発される．毛細血管拡張性運動失調症は低年齢の子供において協調のとれた運動ができず（秩序や協調がないことを意味するギリシャ語の taxis に由来する ataxia），毛細血管拡張症（telangiectasia）として知られる特に目で広がった血管によって認識される深刻な病気である．毛細血管拡張性運動失調症の他の主要な臨床的特徴はゲノムの不安定性，免疫不全，リンパ腫や他のがんの早発，電離放射線への高感受性である．ATLD と NBS は症状の進行が遅く，神経学的特徴がより後で現れるかなり穏やかな病気である（表1）．

この三つの病気のすべてはよく似た細胞の形質を示す．電離放射線への高感受性および電離放射線にさらされた後，ストレスで活性化されたプロテインキナーゼを誘導できない．これらの疾患は照射を受けた細胞が S 期のチェックポイント応答を行えず，細胞が二本鎖切断の存在にも関わらず DNA 合成を続けてしまうという（照射抵抗性 DNA 合成とよばれる）性質をもつ．また 7 番染色体と 14 番染色体の間での染色体転座でも特徴づけられる．それでもこれら三つの疾患には似た特徴の他に独自の特徴もあるので，臨床的な症状はかなり異なる．これらの事実から，ATLD と NBS に関連する変異に影響される MRN のサブユニットの二つはまだ知られていない役割をもっていると考えられる．しかし ATLD と NBS の特徴が AT のそれと似ているということは，DNA 損傷応答での複雑なネットワークが数多くの相互作用する経路とともに関与していることを示唆する．

表1　AT, ATLD, NBS の臨床的特徴の比較†

臨床的特徴	AT	ATLD	NBS
運動失調	＋	＋	－
毛細血管拡張	＋	－	－
リンパ腫や他の腫瘍	＋	不明	＋
皮膚の異常	＋	不明	＋
小頭症	－	－	＋
正常知能	＋	＋	＋/－
先天性奇形	－	－	＋
7/14 番染色体転座	＋	＋	＋
抗体レベル低下	＋	特定の抗体だけ	＋

† ＋は影響あり，－は影響なし．

子の塩基配列に誤りが起こる．非相同末端結合が起こるにはまず DNA リガーゼが作用できる末端をつくる必要がある．この修復過程においてはどのように DNA リガーゼが作用できる末端がつくられたかによって，末端の一つの組合わせからも数百の異なる結果が生じることが可能である．再結合点にはしばしば塩基の欠失や挿入がみられる．

したがって，Michael Lieber が名付けた"情報の傷跡"がほとんどの修復部位に残ってしまう．時間が経つにつれて多くの修復が起こると，体細胞染色体の無作為な場所に変異が蓄積する．これらの配列の誤りを埋めあわせる非相同末端結合のよい点は，それがなければ切断部で染色体の大きな部分が失われてしまうので，DNA および染色体の構

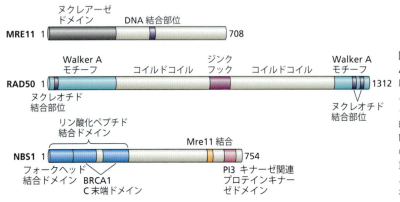

図 22.18 ヒト MRN 複合体の三つのタンパク質のドメイン構造 MRN 複合体は MRE11-RAD50-NBS1 から成る．RAD50 と MRE11 は高度に保存されていて，それらの機能についての大半は遺伝学と生化学的な解析から明らかにされてきた．一方で NBS1 は種によって配列がさまざまで，その役割はいまだに謎が多い．この複合体の重要性はいずれの一つを欠いても欠損マウスやヒトが胎性致死であることから証明されている．

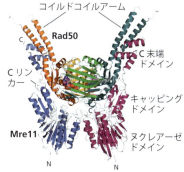

図22.19 古細菌のMre11-Rad50-ATPγSの結晶構造 *Methanococcus jannaschii*の複合体．複合体は頭部と二つのアームから成る．頭部は両タンパク質のコアドメインから成り，アームはRad50のコイルドコイルアームとMre11のC末端ドメインから成る．二つのタンパク質は強固な相互作用によってお互いに制御しあっている．Mre11はRad50 2分子を近接させてそれらのATPアーゼ活性を促進させる．Mre11のC末端ドメインはRad50のコイルドコイルアームを支える．Mre11のキャッピングドメインはRad50の一部を安定化する．最終的にMre11はヌクレアーゼドメインを介して二量体を形成する．ATPがRad50に結合すると活性部位が封鎖されてヌクレアーゼ活性が負に制御される．ATPの加水分解によってCリンカー領域のコンホメーション変化が起こり，ヌクレアーゼ活性部位が露出する．

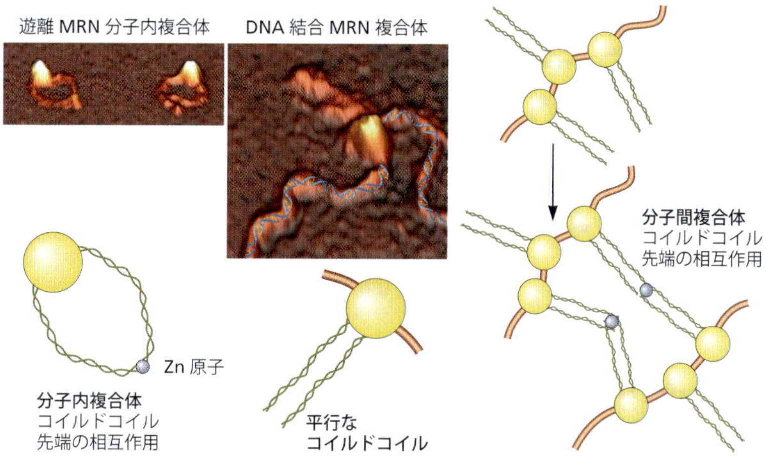

図22.20 MRN複合体のDNA結合によるコンホメーション変化 コンホメーション変化はここに示す原子間力顕微鏡像から推定される．複合体は頭部と二つのアームから成る．アームは亜鉛の結合を介して頂点で分子内結合し，非常に柔軟に開閉という動的なコンホメーション変化を示す．この動的な構造体はDNA結合の影響を受けてコイルドコイルの異なる方向に向く．コンホメーション変化により，MRN複合体は切断されたDNAの近くに保たれて修復を促進すると考えられる．線状DNAでは複合体は近くにあるDNA末端を集合させる．これら集合体は先端の分子間相互作用によってDNA分子をつなぐ．[Moreno-Herrero F, de Jager M, Dekker NH et al. [2005] *Nature* 437:440-443 より改変．Macmillan Publishers, Ltd.の許可を得て掲載．上左：Cees Dekker, Delft University of Technologyのご厚意による]

造的健全性が素早く回復されることである．

他の修復過程のように，非相同末端結合経路は損傷の認識から始まる．非相同末端結合ではこの目的のために，ヒトの細胞当たり約300000分子ほど豊富に存在する**Ku70-Ku80二量体**（Ku70-Ku80 dimer）が使われる．Kuは最初自己免疫疾患の抗原として発見され，その強皮症患者のイニシャルK.U.から命名された．KuはDNAの末端からのみDNAを挟み込むように乗ったり外れたりすることができ，二つのKuが結合されようとする二つのDNAの末端それぞれにあって複合体を形成する．Kuは非相同末端結合修復に関係する他の酵素（ヌクレアーゼ，ポリメラーゼ，リガーゼなど）を順序に関わらず集めてくると考えられている．この柔軟性は同一の末端から開始して多様な修復産物が生じることに貢献している．

非相同末端結合修復を行う他の酵素は，

- DNA依存性プロテインキナーゼ（DNA-PK；DNA-dependent protein kinase）の触媒サブユニット（DNA-PKcs）．これは切断されたDNAの末端に結合することで活性化される．DNA-PKcsはRPA，DNAリガーゼIV（Lig IV），そのパートナーであるXRCC4とXLF/Cernunnos，そしてDNA-PKcs自身など，この経路に使われる数多くのタンパク質をリン酸化する．DNA-PKcsまたArtemisにも結合し，その活性を調節する．
- Artemis．これは連結反応の前にDNA末端を処理することに関係していると考えられているエンドヌクレアーゼである．他の酵素，たとえばターミナルデオキシリボヌクレオチジルトランスフェラーゼ（TdT；terminal deoxynucleotidyl transferase）やポリヌクレオチドキナーゼ（PNK；polynucleotide kinase）もまたDNA末端の処理に関係している．
- 損傷乗越えDNAポリメラーゼ（PolμとPolλ）
- Lig IV-XRCC4-XLF複合体．この複合体は非相同末端結合の経路に特異的に関係している．

古典的非相同末端結合（NHEJ）のプロセスと関係するタンパク質を図22.21，図22.22，図22.23，図22.24に示す．

何人かの研究者は，細菌や下等真核生物には存在しない進化的に新しい酵素であるDNA-PKcsに依存していることを強調するため，この古典的な経路をD-NHEJとしている．培養したサルの細胞や*in vitro*実験で，SV40ウイルスDNAを基質に使った初期の実験はDNA-PKcs, Ku, Lig IVに依存しない経路が存在するとこを示唆していた．この支援経路はB-NHEJあるいは代替NHEJ，マイクロホモロジーを介した末端結合，Ku非依存的末端結合，Lig IV非依存的末端結合などとよばれ，PARP-1をDNA損傷

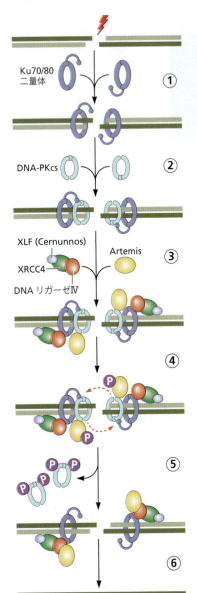

図 22.21 放射線照射による二本鎖切断の非相同末端結合に向けての反応 電離放射線は向かい合った DNA 鎖に一本鎖切断を起こして短い突出末端をもった二本鎖切断を形成する. DNA 修復の反応過程は以下のとおりである. ①, ② Ku70-Ku80 ヘテロ二量体によって二本鎖切断が認識される. Ku70-Ku80 ヘテロ二量体は DNA 末端に結合し, その柔軟な C 末端領域から DNA-PKcs を呼び込む. DNA-PKcs が結合するとおよそらせん1回転だけ Ku 二量体が内側に移動し, これがおそらく切断末端を処理してつなぐように, 切断部位にさらに修復因子が結合することを促進する. ③ DNA 末端が次に示す酵素によってプロセシングされる. Artemis: さまざまな DNA 構造を切断できる多彩なヌクレアーゼ. DNA ポリメラーゼ (ここでは示されていない): 損傷乗越えポリメラーゼ Polλ, Polμ, TdT. これらのポリメラーゼは修復される DNA 末端の構造 (3′または 5′突出末端, 平滑末端, 小さな一本鎖ギャップ) に応じて使用される. TdT は DNA 末端に新しくヌクレオチドを付加して損傷乗越えポリメラーゼはギャップを埋めることができる. XRCC4-XLF(Cernunnos)-DNA リガーゼⅣ複合体. DNA リガーゼⅣは非相同末端結合過程に特異的で, XRCC4 と XLF (XRCC4-like factor) と複合体を形成する. XRCC4 はリガーゼを安定化して DNA に結合するが, XLF の機能はいまだによくわかっていない. しかし XLF に変異があると放射線に高感受性になり, 二本鎖切断修復がうまくできなくなるので, 重要な因子であることは間違いない. ④, ⑤ DNA-PKcs の空洞に ssDNA 末端を通してキナーゼが活性化される. DNA-PKcs は自己リン酸化され, 中央の DNA を囲む空洞が開いて DNA 末端から外れる. このことは XRCC4-XLF-DNA リガーゼⅣへの優先的な結合を導く. DNA-PKcs はアルテミスをリン酸化して, おそらく Ku を含めた他のタンパク質もリン酸化して, エンドヌクレアーゼ活性を上昇させる. ⑥ DNA 末端が適合可能であれば速やかに連結する. 適合しなければ XRCC4-DNA リガーゼⅣが対合複合体に残り, ポリメラーゼとヌクレアーゼ活性で末端がプロセシングされる. 末端がプロセシングされ次第, XRCC4-DNA リガーゼⅣが連結反応を終了する. [Dobbs TA, Tainer JA & Lees-Miller SP [2010] *DNA Repair* 9:1307–1314 より改変. Elsevier の許可を得て掲載]

センサー, MRN と CtIP を DNA 末端プロセシング酵素, ヒストン H1 とウェルナーヘリカーゼを仲介因子として使う. 表 22.1 に相同組換えと D-NHEJ で使われるタンパク質をタンパク質の機能によってまとめている. 最後に Pol β, リガーゼⅢ, XRCC1 の関与はこの経路を相同組換えや D-NHEJ から明確に区別する. この支援経路は他の二つの経路よりもより高いがんの発生確率をもたらすので, 科学者たちの注目を集めている.

22.4 損傷乗越え合成

内在性および環境的に誘発されたゲノムの損傷は DNA 修復機構によって除去されるが, 残ってしまった損傷は複製フォークの進行を止めてしまう. 特殊化して忠実度が低く, プロセッシビティの低い DNA ポリメラーゼ活性が, 損傷を除くことなしに傷ついた DNA を複製することで細胞が損傷を許容することを可能にしている. この過程は**損傷乗越え合成**（**TLS**: translesion synthesis）と名付けられていて, 数多くのポリメラーゼが損傷乗越え合成可能で, **損傷乗越えポリメラーゼ**（translesion synthesis polymerases）, あるいは**損傷回避ポリメラーゼ**（translesion bypass polymerases）と総称される.

哺乳類のゲノムには 15 の異なる種類の DNA ポリメラーゼが存在するが, 大部分が損傷乗越え合成に関与している. 正常な複製は非常に速く (細菌では1秒当たり 1000 nt が DNA 鎖に取込まれる) 正確である (10^6 塩基取込み当たり1個の誤り. 第 19, 20 章参照). 少なくともリーディング鎖では非常に反応が速い. 一方, 損傷乗越えポリメラーゼは数ヌクレオチドを付加すると鋳型から解離して

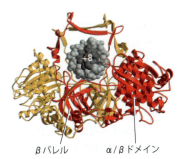

図 22.22 Ku70-Ku80 二量体が DNA に結合した構造 DNA 鎖を見下ろした図. Ku70 は赤, Ku80 はオレンジ色で, DNA の 14 bp 二本鎖部分を示している. 切断された DNA の末端塩基対が +8 である. 糖-リン酸基から成る DNA 骨格は明るい灰色, 塩基は暗い灰色で示す. [Walker JR, Corpina RA & Goldberg J [2001] *Nature* 412:607–614. Macmillan Publishers, Ltd. の許可を得て掲載]

22.4 損傷乗越え合成

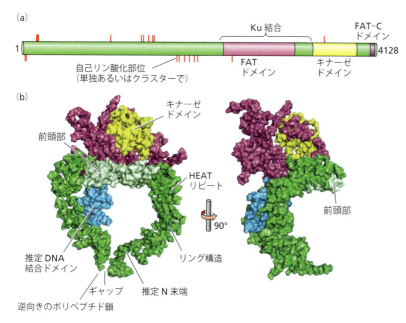

図 22.23 ヒト DNA-PKcs の構造 (a) ドメイン構造. (b) 6.6 Å 分解能の結晶構造. 多くの α ヘリックスの HEAT リピート（ヘリックス・ターン・ヘリックスモチーフ）がポリペプチド鎖を中央が空洞の環状構造に折り曲げる. それは横から見ると揺り籠のようにくぼんだ形をしている. (a) に赤線で示したリン酸化部位でリン酸化されるとコンホメーション変換を起こし, 折れ曲がったアームが伸びるような動きでギャップを広げ, DNA-PKcs が DNA から解離する. C 末端のキナーゼドメインはここでは上に位置しており, DNA 結合ドメインが内側になる. ホスファチジルイノシトール 3-キナーゼファミリーに限って存在する FAT ドメインと高度に保存された C 末端の小さな FAT-C ドメインがキナーゼドメインの周囲に存在する. 頭部の王冠を形作る三つのドメインは電子顕微鏡解析から同定された. [Sibanda BL, Chirgadze DY & Blundell TL [2010] Nature 463:118–121. Macmillan Publishers, Ltd. の許可を得て掲載]

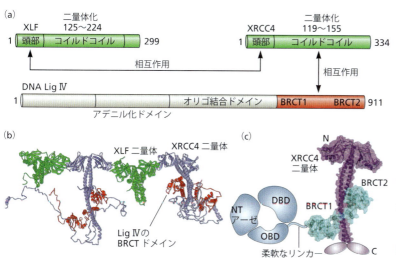

図 22.24 XLF-XRCC4-Lig IV 複合体は, DNA 結合と連結を促進するフィラメントを形成する (a) XLF, XRC4, DNA Lig IV のドメイン構造. XLF と XRCC4 の結合は頭部-頭部で相互作用する. XRCC4 は DNA Lig IV の C 末端の縦列 BRCT ドメインとも相互作用する. (b) 3 種類すべてのタンパク質で形成されるフィラメントでは, XLF と XRCC4 の交互繰返し単位がフィラメントの一方の面において Lig IV の BRCT ドメインに面している. [Hammel M, Yu Y, Fang S et al. [2010] Structure 18:1431–1442. Elsevier の許可を得て掲載] (c) 縦列 BRCT ドメインはリガーゼの触媒能をもつヌクレオチジルトランスフェラーゼ（NT アーゼ）と DNA 結合ドメイン（DBD）に, 柔軟なリンカーを介してつながり, XRCC4 から離れて伸びている. この柔軟なつながりによって DNA 末端結合が Lig IV がフィラメントから離れずに行われる. [Perry JJP, Cotner-Gohara E, Ellenberger T & Tainer JA [2010] Curr Opin Struct Biol 20:283–294 より改変. Elsevier の許可を得て掲載]

しまう. 興味深いことに, 補助タンパク質が存在すると高忠実度の酵素の反応性は数千倍に増加するが, 損傷乗越えポリメラーゼの反応性はわずかにしか増加しない. さらに, 損傷乗越えポリメラーゼの低忠実度のため, 回避する損傷の周辺に多くの変異が導入されてしまう. 正常で損傷のない DNA を複製するときでさえ, 損傷乗越えポリメラーゼの誤り率は $1 \sim 10^{-3}$ である. 損傷乗越えポリメラーゼは損傷特異的, つまり DNA 配列依存的で特異的な酵素が使われるため, ポリメラーゼがどのように損傷を処理するかや誤りを導入するかどうかは損傷の種類により規定される.

DNA ポリメラーゼは配列相同性によって A〜D, X, Y, RT ファミリーに分類される. 高忠実度の酵素は A と B ファミリーのメンバーであるのに対し, 損傷乗越えポリメラーゼはそれだけではないがおもに Y ファミリーに属する. 損傷乗越え合成過程では, 損傷部位で止まってしまった古典的なポリメラーゼから数ヌクレオチドを付加するだけの損傷タイプ依存的な損傷乗越えポリメラーゼへ切換わり, さらに 2 番目のポリメラーゼ, 普通は高忠実度の B ファミリーに属する Pol ζ に切換わる（図 22.25）. この 2 番目の切換えは DNA 分子を損傷を乗越えて十分な長さに伸長するのに必要で, それにより損傷でひき起こされた

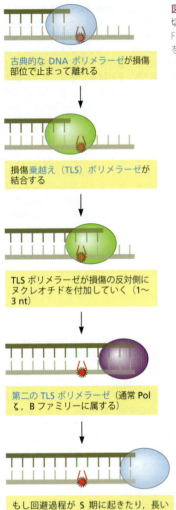

図22.25 **損傷乗越え合成におけるDNAポリメラーゼの切換え** 複製型DNAポリメラーゼへの切換えにはPCNAの脱ユビキチン反応が関わると考えられる．［Washington MT, Carlson KD, Freudenthal BD & Pryor JM [2010] *Biochim Biophys Acta* 1804:1113–1123 より改変．Elsevierの許可を得て掲載］

DNA分子のゆがみはもはや古典的なポリメラーゼを邪魔しないようになる．この時点で，古典的ポリメラーゼを再度呼び込むことで3番目のポリメラーゼへの切換えが起こる．この高度に調和のとれた過程は数多くの制御段階，特に今そこにある損傷を回避できるポリメラーゼを選ぶ段階が関わるに違いない．たとえば，Xファミリーに属する三つのポリメラーゼのうち，Pol β は 3′-OH と 5′-PO₄ をもった1塩基のギャップを回避し，Pol λ は同じ損傷もしくは末端が相補的で非連続的な鋳型を回避する．また，Pol μ は後退したDNA末端や相補性のない末端のペアを回避する．これも鋳型非依存的にDNA合成する．表22.1に示したように，Pol λ と Pol μ は非相同末端結合にも関与しており，DNA修復過程は細胞内で複雑なネットワークをつくっていることが強められていることに留意しよう．

構造の観点から，すべてのDNAおよびRNAポリメラーゼは手の平，フィンガー，親指から成る中心的ドメインをもっている．活性中心は手の平とフィンガーのドメインによってつくられている．Yファミリーの損傷乗越えポリメラーゼはもう一つの小指をもっていて（図22.26，図22.27），活性中心が溶媒に著しく露出し，柔軟なので，間違った塩基や他の損傷を受け入れることができる．

多くの修復過程はRecQヘリカーゼを利用する

ニワトリの足モデル（chicken-foot model）は **RecQ**ヘリカーゼ（RecQ helicase）の活性が関与する複製の再開始を記述するために提言された．このDNAヘリカーゼのサブファミリーは進化的に非常によく保存されていて（図22.28），大腸菌の *recQ* 遺伝子（大腸菌ではこのファミリーの唯一のメンバー）にちなんで命名された．下等真核生物もRecQ型ヘリカーゼを一つだけもつ．パン酵母のSgs1や分裂酵母のRqh1で，ヒトは五つのRecQファミリー遺伝子をもち，そのうちの三つの遺伝的欠損は重篤な病気をひき起こす（Box 22.4）．RecQヘリカーゼ機能の喪失はとりわけ過剰組換えによってゲノムの健全性の喪

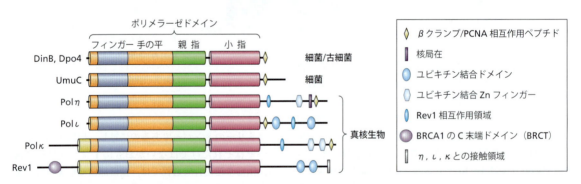

図22.26 **生物界の三つのドメインにおけるYファミリー乗越えDNAポリメラーゼの構造ドメイン** あらゆるDNAおよびRNAポリメラーゼのポリメラーゼドメインには手の平，親指，フィンガーとよばれるサブドメインが含まれる．特にYファミリーポリメラーゼは活性コアのC末端におよそ100アミノ酸から成るポリメラーゼ結合ドメインとよばれる小指ドメインを含む．二つのYポリメラーゼはさらにN末端に黄色で示すドメインを余分にもっている．制御に関わる領域を枠内に表記している．マウスとヒトのRev1はN末端にBRCA1のC末端ドメインを含むという特徴がある．ヒトのPol η に欠陥があると日光過敏症状を呈して皮膚がんを高率に発症する色素性乾皮症（XP-V）を起こす．［Yang W & Woodgate R [2007] *Proc Natl Acad Sci USA* 104:15591–15598 より改変．National Academy of Sciencesの許可を得て掲載］

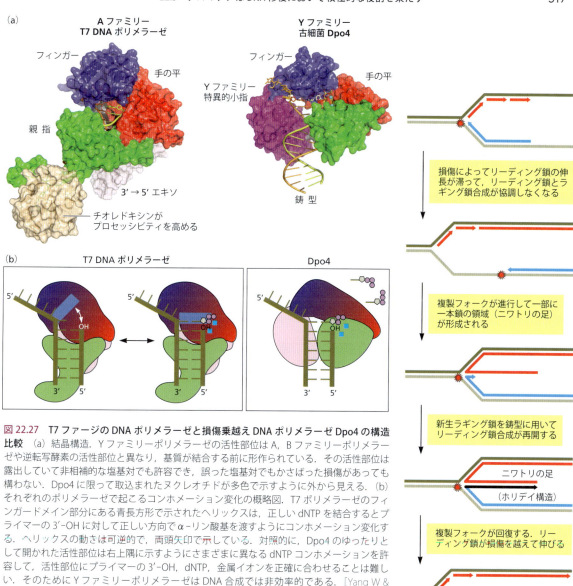

図22.27 T7ファージのDNAポリメラーゼと損傷乗越えDNAポリメラーゼDpo4の構造比較 (a) 結晶構造. Yファミリーポリメラーゼの活性部位はA, Bファミリーポリメラーゼや逆転写酵素の活性部位と異なり, 基質が結合する前に形作られている. その活性部位は露出していて非相補的な塩基対でも許容でき, 誤った塩基対でもかさばった損傷があっても構わない. Dpo4に限って取込まれたヌクレオチドが多色で示すように外から見える. (b) それぞれのポリメラーゼで起こるコンホメーション変化の概略図. T7ポリメラーゼのフィンガードメイン部分にある青長方形で示されたヘリックスは, 正しいdNTPを結合するとプライマーの3′-OHに対して正しい方向でα-リン酸基を渡すようにコンホメーション変化する. ヘリックスの動きは可逆的で, 両頭矢印で示している. 対照的に, Dpo4のゆったりとして開かれた活性部位は右上隅に示すさまざまに異なるdNTPコンホメーションを許容して, 活性部位にプライマーの3′-OH, dNTP, 金属イオンを正確に合わせることは難しい. そのためにYファミリーポリメラーゼはDNA合成では非効率的である. [Yang W & Woodgate R [2007] Proc Natl Acad Sci USA 104:15591–15598より改変. National Academy of Sciencesの許可を得て掲載]

失につながる. RecQヘリカーゼは相同組換えによる二本鎖の修復など, 数多くの修復過程に携わっている. 我々はすでにテロメアの代替伸長 (ALT) 経路との関連で, RecQヘリカーゼのサブファミリーであるウェルナーヘリカーゼとブルームヘリカーゼについて記述した (第20章参照). これらはBox 22.5でさらに議論している.

22.5 クロマチンはDNA修復において積極的な役割を果たす

DNA修復は真核生物においてはクロマチン内部で起きる現象である. したがって, 修復機構はヌクレオソームの存在や, クロマチンの高次構造に対処しないといけない (第8章参照). クロマチンがDNAの損傷の分布やDNA修復の速度の決定に役割を果たすことは以前より知られていた. 個々のヌクレオソームや

図22.28 複製再開のニワトリの足モデル ☀で示したリーディング鎖の損傷がリーディング鎖合成を妨げる. ラギング鎖合成はしばらくは進む. 複製フォークが巻戻されて新生鎖同士が対合し, ホリデイ構造となるニワトリの足構造を形成する. するとリーディング鎖より長いラギング鎖を鋳型に用いて伸長する. おそらくRecQヘリカーゼによってホリデイ構造で分岐点移動が起き, 複製フォークが回復してリーディング鎖が損傷部位を越えて伸長するようになる. 複製が再開する. [Bachrati CZ & Hickson ID [2003] Biochem J 374:577–606より改変. Biochemical Societyの許可を得て掲載]

プラスミドDNA上に再構成されたヌクレオソーム繊維を修復の基質として細胞抽出液を用いた in vitro 実験を行うと，クロマチンDNAよりも裸のDNA，ヌクレオソームコア周囲のDNAよりもリンカーDNAの方がより効率的に修復されることが明確に示された．クロマチンの再配置は，修復に関係するタンパク質のDNA損傷の場所へのアクセスに必要であることが明らかになった．この事実により，1990年代初頭にヌクレオチド除去修復におけるARR（access, repair, and restore）仮説が提唱された．

今日我々は，クロマチンが修復に対する消極的な障壁になっているだけでなく，DNA損傷応答において必須の分子であることを知っている．修復経路におけるクロマチンの積極的参加についての新しい情報に適応させるために，ARR仮説はPRR（prime, repair, and restore）仮説に置き換えられつつある．クロマチン道具箱中の三つの主要な道具が修復に利用されている．（1）ヒストンバリアントとそれらのタンパク質合成後の修飾を付け加えたり取除いたりする酵素（表22.2），（2）クロマチンリモデリングを行うタンパク質，（3）クロマチンのシャペロン．これらの構成要素と修復の相互作用は状況と特定の修復経路に依存し，非常に複雑であり，詳しくは理解されていない．この理由から，DNA修復の三つの段階（開始，実際の修復，終了）におけるクロマチン構造の積極的な関与や動態を明確にするいくつかの例に焦点を当てよう．

ヒストンバリアントとその翻訳後修飾は特異的にDNA修復に関与する

現在までに三つのH2Aバリアントが修復に積極的に関与していることが知られている．H2A.X，H2A.Z，マクロH2A（第8，12章参照）である．ここでは**H2A.X**とその

表22.2 ヒストン修飾はDNA損傷応答に影響する ヒストン修飾はDNA損傷応答における連続する段階に従ってシグナル伝達，修復反応開始のためのクロマチン構造の開放，修復後のクロマチン構造の再生に分類される ［Rossetto D, Truman AW, Kron SJ & Cote J [2010] Clin Cancer Res 16:4543–4552 より改変］

修飾のタイプ	修飾ヒストン（ヒト）	修飾酵素	影響するDDR段階
アセチル化	H4/H2A.X	Tip60/yNuA4	開放
	H3 K9	Gcn5，CBP/p300	開放
	H3 K56	yRtt109，CBP/p300，Gcn5	再生
	H3 K14, K23	Gcn5	再生
	H4 K5, K12	Hat1	再生
	H4 K91	Hat1	再生
脱アセチル化	H3/H4 K	Sin3/Rpd3，Sir2，Hst1/3/4	再生
メチル化	H4 K20	Set8/Suv4-20	シグナル伝達
	H3 K79	Dot1	シグナル伝達
リン酸化	H2A.X S139	ATM/ATR，DNA-PK	シグナル伝達
	H4 S1	カゼインキナーゼ2	再生
	H2B S14	Ste20	再生
脱リン酸	H2A.X Y142	EYA1	シグナル伝達
	H2A.X S139	yPph3/hPP4，PP2A，PP6，Wip1	再生
ユビキチン化	H2A/H2A.X	RNF8/RNF168	シグナル伝達
	H4 K91	BBAP	シグナル伝達
	H2A K119	Ring1b/Ring2	再生
SUMO化	H2A.Z K126/133	?	シグナル伝達

Box 22.4　RecQヘリカーゼ，DNA修復，そしてヒト疾患

ヘリカーゼは二本鎖のDNAとRNA，およびDNA-RNAヘテロ二本鎖の相補的な鎖を巻戻す酵素である．この酵素はDNA複製，DNA組換え，DNA修復などにおいて核酸の二本鎖を分離する必要があるさまざまな過程で使われる．それぞれの生物は酵素の特徴と鎖の分離を実際に行うドメインの数に従って分類される数多くのヘリカーゼをもっている．それに加えてヘリカーゼは単量体，二量体，六量体になるものに分けられ，作用機構においても多様である．

興味深いことに，六量体ヘリカーゼ複合体は複数のヘリカーゼ活性ドメインをもつ環状構造をとり，二本鎖の解離を行わずにATP依存的に一本鎖DNAあるいは二本鎖DNA上を移動できる．細菌のDnaBタンパク質はそのような六量体ヘリカーゼの一員であり，DNA複製の開始に関与し，環状の穴を通る一本鎖DNAに沿って移動する（図19.23参照）．相同組換えの際に分岐点移動に関与する

22.5 クロマチンはDNA修復において積極的な役割を果たす

大腸菌のRuvBタンパク質は二本鎖の両方の鎖を取囲む(図21.9, 図21.11参照).いくつかのクロマチンリモデリング複合体,たとえばSWI/SNF(第12章参照)はこのグループに属する.これらの転移酵素はATPの加水分解と共役して核酸鎖の分離なしに動く.したがって,これらの酵素はヘリカーゼのドメインをもっているが,おそらくヘリカーゼというべきものではない.

RecQヘリカーゼファミリーはヒトの病気と関係しているのでかなりの注目を集めてきた.このファミリーは進化的によく保存されており(図1),最初に見つかってよく研究された大腸菌のRecQにちなんで名付けられた.細菌と酵母では一つだけだが,ヒトには五つあり,そのうち三つの変異はそれぞれ3種の遺伝病を生じる.ブルーム,ウェルナー,ロスムンド・トムソン症候群であり,発がん傾向と早期老化が特徴である(Box 22.2, Box 22.5参照).

RecQヘリカーゼはIan Hicksonの言葉を借りて,"ゲノムの世話人"なる称号を得た.そのおもな理由は,相同組換えに参加してRad51が仲介する組換えがホリデイ構造まで進んだときに完了させることを助けるからである.RecQはまた,Rad51-RecQフィラメントを壊すことで望まれない組換えを抑制することにも関係している.この意味では,これらのヘリカーゼは反リコンビナーゼである.また,相同組換えの少なくとも三つの他のステップにも関係している.

最後に,RecQヘリカーゼは構造特異的であり,数多くの過程のさまざまな中間体に働くことができる.したがって,これらは3'尾部構造,複製フォーク,二本鎖フォーク,DNAのバブル構造,ヘアピン構造のような複製または修復の中間体,三方向あるいは四方向接合部(ホリデイ構造),Dループ,三重らせんなどの組換え中間体,およびテロメアで形成されるグアニン四重鎖(第8章参照)を解消したりほどいたりする.これらすべての活性は構造的な障害を避けて正常なDNAの処理に必要とされる.

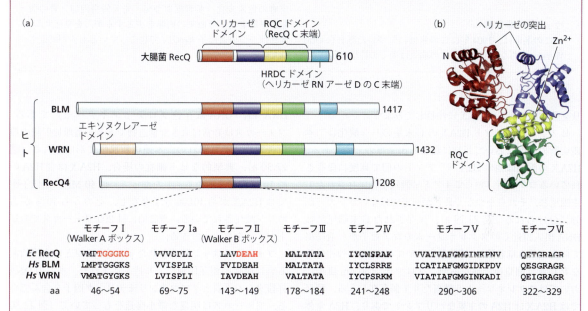

図1 RecQ DNA ヘリカーゼ (a) RecQファミリーの特定のメンバーのドメイン構造.大腸菌のRecQとブルーム,ウェルナー,ロスムンド・トムソン症候群で変異が入っている3種類のヒトのタンパク質BLM, WRN, RecQ4.タンパク質を保存されたヘリカーゼドメインを中心に並べている.ヘリカーゼドメインに加えて,これらのRecQファミリータンパク質は二つの高度に保存されたドメインをもっている.RQCドメインはRecQヘリカーゼに特有のドメインで,おそらくこれらのヘリカーゼに特有のタンパク質-タンパク質相互作用に機能する.HRDCドメインはDNA結合に機能すると考えられる.WRNはさらに3'→5'エキソヌクレアーゼドメインをもっている.略図の下に示す配列はRecQヘリカーゼのうちスーパーファミリー2に典型的な七つのヘリカーゼモチーフである.モチーフI(Walker Aボックス)はリシンのアミノ基で核酸のリン酸基半分に結合する.モチーフII(Walker Bボックス)は酸性の4ペプチドDExxを含んでおり,グルタミン酸(E)は活性中心の一部である.両モチーフとも活性Mg^{2+}の配向に機能する.モチーフIa, IV, VはおそらくDNA構造に結合するために機能する.[上: Bachrati CZ & Hickson ID [2003] *Biochem J* 374:577–606 より改変.Biochemical Society の許可を得て掲載](b) 活性中心であるRecQΔCの結晶構造.アミノ酸1~208を赤, 209~340を紫, 341~406を黄, 407~516を緑で(a)と対応させて示す.ヘリカーゼモチーフI, Ia, II, IIIは赤のドメイン,モチーフIV, V, VIは紫のドメインにある.黄のサブドメインはZnと結合しており,既存の2種類のBLM変異ではこのZn結合と酵素活性が失われている.最後に緑のサブドメインはウイングドヘリックスドメインとよばれる特殊なヘリックス・ターン・ヘリックスドメインで,DNAの副溝と主溝の両方に結合する.Zn結合ドメインはウイングドヘリックスドメインと一緒にさらなるDNAとタンパク質との結合部位を形成するといわれている.このような多くの相互作用部位はDNA複製や,組換え,修復における多様なDNA構造中間体を認識して結合するために必要である.[James Keck, University of Wisconsinのご厚意による]

> **Box 22.5　RecQヘリカーゼの変異が関わるヒトの病気**
>
> 　RecQヘリカーゼの変異が原因で起きる病気は常染色体劣性のまれな遺伝病で、その多くは血族結婚により発症する。これらの遺伝病のすべてはがんになりやすい傾向を伴うゲノム不安定性を示す。それぞれのヘリカーゼの発現量は早く増殖している細胞や不死化した細胞では非常に上がっている。ここでは三つの主要な病気の臨床的な特徴とタンパク質の欠陥に関する知見を述べる。
>
> **ブルーム症候群**
> 　この病気は、皮膚科医 David Bloom によって 1954 年に最初に記載された。その特徴は体が一様に小さくなる小人症、幅の狭い顔、大きな鼻と耳、男性の不妊、女性の低受胎率、感染のしやすさ、太陽光による紅斑、2型糖尿病、非ホジキン性リンパ腫、白血病、胸や消化管や皮膚の上皮がんで、平均的発症年齢は24歳である。変異を起こしているタンパク質は RecQ2 (BLM) である。
>
> **ウェルナー症候群**
> 　この名前は、1904年にこの病気に気づいた眼科医 Otto Werner にちなんでいる。この病気は多くの特徴が現れる。早期老化と老化に伴う病気が次々に現れること、成長遅延、性腺機能不全、免疫不全、2型糖尿病、間充織由来のがん、軟組織や骨由来の肉腫である。上皮がんと肉腫の割合は一般には10:1だが、ウェルナー症候群では1:1になる。
> 　ウェルナー症候群の患者で変異した遺伝子がコードするタンパク質は RecQ3 (WRN) である。WRN の変異のいくつかはC末端が欠損した短縮変異で、C末端の核移行シグナルを欠いていて細胞核に移動できない。残念ながらこの病気のよいモデルマウスは存在しない。マウス WRN タンパク質は核移行シグナルの近くにある核小体移行シグナルを欠いていて核小体に移行できないが、ヒト WRN は核小体と核内の間を移動できる。
>
> **ロスムンド・トムソン症候群**
> 　この症候群は、眼科医 August von Rothmund によって 1868 年に最初に記載された。患者は小柄な体、骨格異常、皮膚の色素変化、多型皮膚萎縮、先天的白内障、骨の欠陥、早期老化、骨由来の肉腫を主とするがんを発症する。変異は一つの遺伝子 *RecQL4* で起こっているものが同定されている。

リン酸化物である γH2A.X に注目してみよう。

　ヒストンバリアント H2A.X の C 末端のリン酸化は二本鎖切断の修復において最初に起こる出来事の一つである。H2A.X の配列は他の H2A バリアントの間で高度に保存されているコア配列、短くて4アミノ酸残基の保存された C 末端尾部、それらをつなぐ長さが一定ではないリンカー部分に分けられる（図 22.29 a）。保存された C 末端尾部は DNA 出入口近くのヌクレオソームのコア粒子から飛び出ている（第8章参照）。哺乳類においては H2A.X の相対的な存在量は細胞種で異なるが、クロマチン 30 nm 繊維においてはヌクレオソーム 5 個当たり 1 個存在しうる。酵母では H2A.X は H2A の主要なバリアントであり、H2A 全体の 90% に達する。尾部のセリンのリン酸化により γH2A.X が生じる。H2A.X を欠損したマウスは生存可能なので、γH2A.X は二本鎖切断の修復には必須ではないが、修復の初期速度を上げ、忠実度を向上させる。

　リン酸化/脱リン酸に関わる酵素において、また成熟修復フォーカスにおけるタンパク質構成要素などにおいて種間の差は大きいので、ここでは哺乳類細胞における事情を考えよう。二本鎖切断が起きたすぐ直後、数多くの細胞内 H2A.X 分子はリン酸化され、γH2A.X は二本鎖切断近傍にフォーカスをつくる（図 22.29 b）。初期の小さな γH2A.X の集合体は迅速に周りの領域に広がって修復過程の後期には消える。照射量と γH2A.X フォーカスの数は比例する。この修飾に関与するリン酸化酵素は損傷シグナル伝達キナーゼの ATM（Box 22.3 参照）、ATR（ATM 類似）、DNA-PK（DNA 依存性プロテインキナーゼ）である。フォーカスは非常に大きな構造物であり、電離放射線の照射後数分でそれぞれの二本鎖切断部位に形成される（図 22.30 a）。典型的なヒト細胞の場合、H2A.X は全 H2A の約 10% の量を占める。したがって、約 40 Mb の遺伝子座では H2A.X が約 40000 分子存在し、そのうち 10% が常時リン酸化されている。理論的には 200 フォーカスで全ヒトゲノムをカバーできる。

　フォーカスはリン酸化された γ エピトープとの直接的あるいは間接的相互作用により持ち込まれた、多くの DNA 修復タンパク質とクロマチンリモデリング因子を含んでいる。フォーカスは明確な微小構造をもっていて（図 22.30 b, 図 22.30 c）、その中心は切出された ssDNA 領域とそれに結合するタンパク質である。このタンパク質の例としては Rad51 と Rad52、ATR キナーゼとその相互作用する相手である ATRIP と RPA、Mre11、NBS1、53BP1 がある。その隣接領域は初期の小さなフォーカスから広がり、DNA 損傷応答を拡大する明確なタンパク質の一群を包含している。メディエーターの MDC1（mediator of DNA damage checkpoint 1）、53BP1（p53 biding protein1）、BRCA1（breast cancer susceptibility protein 1）から成る MRN センサー複合体は中心部にも存在するが、物理的な切断点から 1 Mb ほどまで広がって存在する。フォーカスのタンパク質は細胞周期では異なる挙動を示す。Mre11、NBS1、53BP1 などは G_2 期に解離し、分裂中期にはほとんど存在しないで G_1 期に再結合する。他のタンパク質、たとえば MDC1

22.5 クロマチンはDNA修復において積極的な役割を果たす

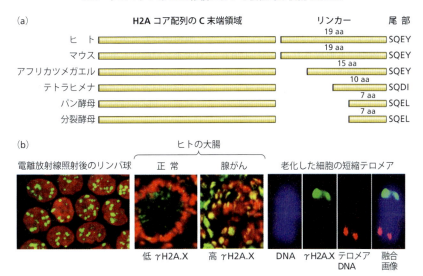

図 22.29 ヒストンバリアントγH2A.Xが二本鎖切断部位周辺に形成する修復フォーカス (a) H2A.Xバリアントのリン酸化尾部を含めた構造. (b) 培養細胞に電離放射線を照射した後に分裂間期のクロマチンや分裂期の染色体に形成されたフォーカスの画像. DNAを赤く(左と中央)あるいは青く(右), γH2A.Xは緑に蛍光染色した. 左:電離放射線照射して30分後の細胞. 中央:正常および腺がん状態のヒト大腸の凍結切片. アデノカルシノーマでは, 多数のフォーカスが存在する. 右:老化した細胞ではγH2A.Xフォーカスを形成してテロメアDNAが侵食されているが, 短すぎてテロメアDNAプローブが結合できなくなっている. 機能的なテロメアではテロメアDNAプローブは結合するが, γH2A.Xフォーカスを形成しないと考えられる. [William Bonner, National Institutes of Healthのご厚意による. 中央: Bonner WM, Redon CE, Dickey JS et al. [2008] *Nat Rev Cancer* 8:957–967. Macmillan Publishers, Ltd. の許可を得て掲載]

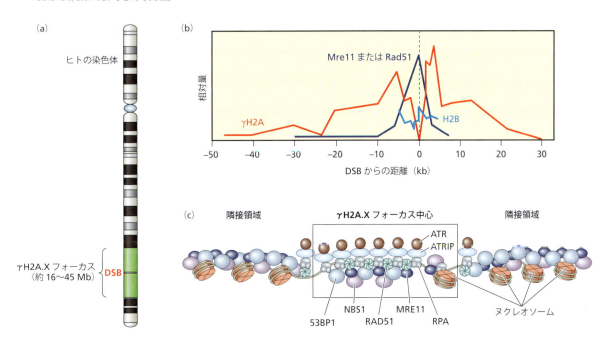

図 22.30 二本鎖切断周辺の修復フォーカス (a) ヒト染色体試料における一つのγH2A.Xフォーカス. (b) 酵母のクロマチン免疫沈降解析の結果は, 哺乳類のH2A.Xの類似体であるヒストンH2Aが二本鎖切断(DSB)周辺でリン酸化されていないことを示している. ヒストンH2Bのレベルは切断部周辺にヌクレオソームが存在することを示している. つまりMre11とRad51が切断部周辺に集積している. [(a), (b) William Bonner, National Institutes of Healthのご厚意による, 改変] (c) 同様の研究を他の修復反応に関わる因子についても行って, 模式的に示されているように, γH2A.Xフォーカスの詳細な構造に関する洞察が得られている. γH2A.Xフォーカスの中心はssDNAを含み, そこにはシグナル伝達分子や修復後にクロマチン構造を保持する因子が含まれる. フォーカス中心隣接領域にはDNA損傷応答を広げて増幅するタンパク質が含まれる. [Misteli T & Soutoglou E [2009] *Nat Rev Mol Cell Biol* 10:243–254 より改変. Macmillan Publishers, Ltd. の許可を得て掲載]

や BLM は細胞周期を通じてフォーカスに存在する．

重要なことだが，γH2A.X フォーカスは損傷を受けたり削られたテロメアやがん細胞でも形成される（図 22.29 b 参照）．がん細胞における γH2A.X フォーカスの数とサイズは非常に変わりやすい．この変化しやすさはテロメアのフォーカスに起因するとされている．また培養中の細胞でもフォーカスの数とサイズに差があるが，違いはおもにテロメアのフォーカスによると考えられている．

したがって γH2A.X は最初に反応する因子であり，修復複合体とクロマチンリモデリング因子が集合することができる土台を提供すると考えられる．これらの因子は修復が行われるためのクロマチン構造の解除に必要とされる．

γH2A.X の呼び込みと，修復複合体とクロマチンリモデリング因子が集合するための土台としての役割を図 22.31 に概略図として示した．この図では二本鎖切断修復中にクロマチンで起こる事象の順序を要約してある．最近，DNA修復中の非常に再現性の高い γH2A.X フォーカスの形成が臨床で役に立つ応用事例となりつつある（Box 22.6）．

最新の実験の証拠はどのように修復過程が終わりを迎えるかを示している．リン酸化された H2A.X は成功した修復に続く細胞周期の再開のために除かれなければならないのは明白である．この除去は二つの経路で起こる．H2A.X が脱リン酸されるか，標準的 H2A バリアントで置き換えられるかである．どのように達成されるのであろうか．まず，リン酸基を直接取除いて，修復機能を負に制御して終了させるホスファターゼが，酵母でもヒトでもいくつか知

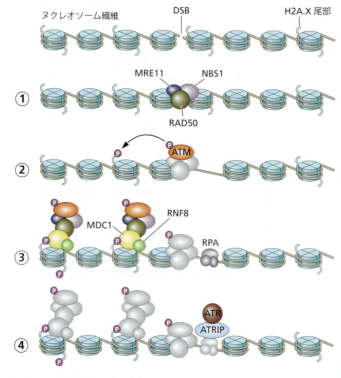

図 22.31 哺乳類細胞における DNA 損傷応答（DDR）複合体のクロマチン上での段階的な集合過程 集合にはいくつかの段階がある．新しく加わる因子にだけ色を付け，先に結合している因子は灰色で示している．① クロマチンにおける二本鎖切断（DSB）が MRN 複合体によって認識される．② MRN がシグナル伝達キナーゼである ATM を活性化し，切断に隣接したヌクレオソームでヒストン H2A.X をリン酸化して γH2A.X に換える．③ MDC1 は γH2A.X に高い親和性をもっており，損傷応答複合体の土台として結合して働く．MDC1 が新たに MRN 複合体と ATM を呼び込んで染色体に沿ってフォーカスを広げて行く．さらにここでは示されていないが，クロマチンリモデリング複合体やヒストン修飾複合体を呼び込む．この段階で DNA の一本鎖領域が複製タンパク質 A（RPA）に覆われる．④ ユビキチン化ヒストンがここでは示されていない下流のチェックポイントメディエーターの 53BP1 と BRCA1 を呼び込む．RPA はもう一つの下流のシグナル伝達キナーゼである ATR を ATRIP を介して呼び込む．ここに示された多段階の複合体形成機構は骨の折れる順序立てた複合体組立て実験によってではなく，巧妙なテザリング実験によって示されてきた．これらの実験では目的タンパク質を細菌の Lac リプレッサーと融合させ，それが真核生物のゲノムに組込まれた lac オペレーターに結合してクロマチンに直接テザリングさせる（つなぎ止める）．このようにすると，目的タンパク質がその上流因子に関わらずにクロマチンに結合するようになる．このような実験を通して，修復因子がお互いに相互作用しあって生み出す複雑な状況が示される．たとえば MDC1 のテザリングはその上流にある MRE11 や NSB1 を γH2A.X 非依存的に呼び込む．この結果は下流因子が上流因子を呼び込むことによって損傷シグナルが増幅している可能性を示唆している．［Misteli T & Soutoglou E [2009] Nat Rev Mol Cell Biol 10:243–254 より改変．Macmillan Publishers, Ltd. の許可を得て掲載］

Box 22.6 ヒストンγH2A.X フォーカスの観察と臨床診療

γH2A.X フォーカスは電離放射線の線量の評価，前がん状態の細胞の検出，がんのステージ診断，あるいは治療の効果の測定に使うことができる．先に述べたように，放射線線量増加とγH2A.X フォーカスの数は比例する．この関係は培養細胞でも個体レベルでも非常に再現性が高く確固としているので，研究者たちはこの測定を線量計として提案しているほどだ．引き抜いた毛髪を使う方法が考案されており，採血や苦痛を伴う皮膚の採集を避けることができる（図1）．今のところ，γH2A.X フォーカスは最も DSB を高感度に検出する方法である．

最後に，γH2A.X の機能とがんには関係があるようだ．$H2A.X^{-/-}$ マウスはストレスのない飼育条件下では問題なく生存できるが，二本鎖切断の修復効率が悪く，染色体異常の頻度が上がる．これらのマウスは p53 欠損の遺伝的背景ではがんを発生しやすい．したがって，γH2A.X はがん抑制遺伝子であると考えられるかもしれない．

ある種のがんはしばしば $H2A.X$ 遺伝子を含む染色体領域を欠失しているが，少なくとも一つのがんでは $H2A.X$ 遺伝子のコピー数が増幅されていることが知られている．患者のγH2A.X の発現レベルを使って治療の効果を追跡できるかという可能性を検討する研究が行われた．これらの研究では，患者から簡単に採集できる皮膚，白血球などの正常な細胞を使い，治療薬投与1〜2日後（最も効果的な時期）の患者のγH2A.X の発現レベルが測定された．この技法の有用性は，代理に用いた正常細胞の反応が，がんの数カ月後の反応と相関しているかどうかに依存している．相関しているなら，薬とその投与手順は最もよい結果を得られるよう最適化できるかもしれない．

γH2A.X フォーカスの検出と定量を用いて，環境によってひき起こされた DNA 損傷と修復の全貌を評価することができる．この基準を使って，たとえば携帯電話の使用や，有機栽培対通常のリンゴなどの影響を調べた研究がある．このような方法が環境ストレスの幅広い評価のために今後さらに発展することは疑いようがない．

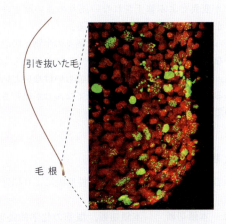

図1 引き抜いた毛髪の毛根の免疫蛍光法を用いたγH2A.X フォーカス定量による放射線曝露の測定 照射 30 分後の毛根細胞の一群を写真に捉えた．γH2A.X の良好な免疫蛍光シグナルに注目してほしい．シグナルの強さは放射線量に依存していて，放射線曝露の信頼できる測定法である．［William Bonner, National Institutes of Health のご厚意による］

られている．第二に，クロマチンリモデリング因子やヒストンシャペロンが関与している．たとえば，ショウジョウバエやヒトのヒストンアセチラーゼ複合体である TIP60 (Tat-interactive protein 60) はγH2A.X をアセチル化し，修飾されていないバリアントによる置き換えを促進する．ヒストンシャペロン FACT (facilitates chromatin transcription, 第 12, 20 章参照) は染色体に有害なストレスの後，ポリ ADP リボシル化される，この修飾はヌクレオソームとの結合と H2A-H2B 二量体の交換因子としての役割を阻害する．もう一つの例として，INO80 (inositol-requiring 80) は酵母で H2A.X の代謝回転率を下げるリモデリング因子である．このように，多くの因子の複雑なネットワークがγH2A.X の動態，そして DNA 修復と細胞周期チェックポイントを制御する．

H3 バリアントのいくつかとそれらをクロマチンから外す特定のシャペロンはまた，修復の際のクロマチンの動態に関与している．ある特定タイプのヒストンの主要なサブタイプは DNA 複製の時期にのみ合成され，クロマチンの複製に役割を果たす（第 8 章参照）．少数派のバリアントは特定の役割を果たすために細胞周期を通じて合成されるが，すでにあるクロマチン繊維内で，一つのヒストンを別のものに置き換える必要がある．二つある複製に必要なヒストン H3 バリアント（H3.1 と H3.2）の一つは**クロマチンアッセンブリ因子1**（**CAF-1**；chromatin assembly factor-1）によって紫外線（UV-C）あるいはレーザー光で誘導された損傷部位に蓄積される．したがって，H3.1 の蓄積は複製している DNA に限られるのではなく，DNA 修復の間にも起きる．この新生のバリアントが修飾などをもつ既存のヒストンを，核内の可溶性画分からの修飾されていないヒストンで置き換える機会を与える．そのような置換はもとのヒストンマークを壊すので，いろいろな過程で遠大な結果をひき起こすかもしれない．このような理解を支持する実験結果が存在する．

22.6 概要：生命における DNA 修復の役割

生物がその DNA の損傷を最小にし，起きてしまった損傷を修復するために最大の努力を払うことは本章から明らかである．研究すべてから得られた我々の教訓は，DNA の青写真が直接的にも間接的にも，細胞や個体の成長や発

生の間に起きるほとんどすべてを決めるということであるから，この考えは驚くべきことではない．もしその青写真が害されたならば，その結果やその後の進行はある程度は欠点をもつものになる．

しかしすべての物事には裏がある．もしDNA欠陥の修復が完全であるならば，我々の知る生命は存在しえない．単純な原始の生物から現在の非常に複雑で多様性に富む生物への進化は，ゲノムの修復されない損傷に依存している．我々が変異とよぶ修正されない誤りの長い歴史ゆえに，我々が今の我々として存在している．

したがって正しい視点とは，修復は個々の生物への取返しのつかない傷害を予防するのに十分でなければならないとともに，進化を止めるほど十分すぎてもいけないということである．この調和は長い時間を経てなんとか維持されてきたのである．

重要な概念

- 細胞のDNAは環境的あるいは内因性原因により損傷を被る．
- 損傷は一本鎖切断，二本鎖切断，塩基の化学的傷害，DNA鎖内あるいは二本鎖間の架橋など，多くの異なる形で起きる．
- 修復は損傷を起こした化学反応を直接的に逆に進めることもある．修復には損傷の周りの単一かは複数のヌクレオチドの除去，塩基の除去，ミスマッチの訂正を含むかもしれないし，さらに相同組換えか非相同組換えの機構を含む．ある場合には，損傷そのものを無視してDNA複製が行われる．
- 直接修復の例としてはDNAフォトリアーゼが仲介するピリミジン二量体の分解修復や，塩基のアルキル化された部位の修復などがある．
- ヌクレオチド除去修復には損傷部位を含む一本鎖DNAの切出し，その再合成，再結合などの段階が含まれる．
- 塩基除去修復は化学的攻撃や塩基変換，たとえばC/U変換などが原因になって生じた正しくない塩基，修飾された塩基を修復する．誤った塩基が単純に切除されて正しい塩基に置き換わるか，損傷周辺が一塊に置き換わる．
- ミスマッチ修復はDNA複製中につくられた間違った塩基対合を正す．ここでの難しさはどちらのDNA鎖が間違っているかを認識することである．細菌では複製直後にはすぐには起こらないGATC配列のメチル化によって新しい，つまり誤りを含んでいる鎖と鋳型を区別する．真核生物の対応する機構はわかっていない．
- 二本鎖切断は非常に有害で，細胞が対応することは難しい．修復にはおおよそ二つの機構が存在する．相同組換えは結合されるべき端をそろえるために姉妹染色分体の存在に頼る方法であり，本質的に誤りを起こさないと考えられる．この修復は細胞周期のS期あるいはG_2期のみ可能である．非相同末端結合は多かれ少なかれランダムに再結合することによって染色体の健全性を回復する．この修復は明らかに遺伝情報の損失や取込みを伴い，誤りを起こしやすい．
- ある場合は，損傷乗越え合成とよばれる機構を含め，細胞は単に損傷を無視してDNAを複製する．損傷乗越え合成はさまざまな少数派のポリメラーゼによってなされる．哺乳類にはこのポリメラーゼが15種類そろっており，誤りがちな複製を実行する．
- これまでに述べたすべての複雑性に加えて，真核生物のDNA修復はヌクレオソームやクロマチン繊維の構造に対処しなければならない．修復が起こるためにはヒストンの修飾やおそらくクロマチンリモデリングが起きなくてはといけないと現在ではわかっている．その全体像はまだ明らかではないが，ヒストンバリアントのあるものや，化学的修飾をされたバリアントが重要な役割を果たすという証拠がある．

参考文献

成書

Friedberg EC, Walker GC, Siede W et al.（2006）DNA Repair and Mutagenesis, 2nd ed. ASM Press.

Kelley MR（2011）DNA Repair in Cancer Therapy: Molecular Targets and Clinical Applications. Academic Press, Elsevier.

Wei Q, Li L & Chen DJ（2007）DNA Repair, Genetic Instability, and Cancer. World Scientific Publishing Company.

総説

Bonner WM, Redon CE, Dickey JS et al.（2008）γH2AX and cancer. Nat Rev Cancer 8:957–967.

Broyde S, Wang L, Rechkoblit O et al.（2008）Lesion processing: Highfidelity versus lesion-bypass DNA polymerases. Trends Biochem Sci 33:209–219.

Chapman JR, Taylor MRG & Boulton SJ（2012）Playing the end game: DNA double-strand break repair pathway choice. Mol Cell 47:497–510.

D'Amours D & Jackson SP（2002）The MRE11 complex: At the crossroads of DNA repair and checkpoint signalling. Nat Rev Mol Cell Biol 3:317–327.

Deem AK, Li X & Tyler JK（2012）Epigenetic regulation of genomic integrity. Chromosoma 121:131–151.

Friedberg EC（2008）A brief history of the DNA repair field. Cell Res 18:3–7.

Hanawalt PC（2002）Subpathways of nucleotide excision repair and their regulation. Oncogene 21:8949–8956.

Jackson SP & Bartek J（2009）The DNA-damage response in human biology and disease. Nature 461:1071–1078.

Jiricny J（2006）The multifaceted mismatch-repair system. Nat Rev Mol Cell Biol 7:335–346.

Lieber MR（2010）The mechanism of double-strand DNA break repair by the nonhomologous DNA end-joining pathway. Annu Rev Biochem 79:181–211.

Misteli T & Soutoglou E（2009）The emerging role of nuclear architecture in DNA repair and genome maintenance. Nat Rev Mol Cell Biol 10:243–254.

Mladenov E & Iliakis G (2011) Induction and repair of DNA double strand breaks: The increasing spectrum of non-homologous end joining pathways. *Mutat Res* 711:61–72.

Moses RE & O'Malley BW (2012) DNA transcription and repair: A confluence. *J Biol Chem* 287:23266–23270.

Nag R & Smerdon MJ (2009) Altering the chromatin landscape for nucleotide excision repair. *Mutat Res* 682:13–20.

Ouyang KJ, Woo LL & Ellis NA (2008) Homologous recombination and maintenance of genome integrity: Cancer and aging through the prism of human RecQ helicases. *Mech Ageing Dev* 129:425–440.

Rossetto D, Truman AW, Kron SJ & Cote J (2010) Epigenetic modifications in double-strand break DNA damage signaling and repair. *Clin Cancer Res* 16:4543–4552.

Sancar A (2008) Structure and function of photolyase and *in vivo* enzymology: 50th anniversary. *J Biol Chem* 283:32153–32157.

Schumacher B, Garinis GA & Hoeijmakers JHJ (2008) Age to survive: DNA damage and aging. *Trends Genet* 24:77–85.

Soria G, Polo SE & Almouzni G (2012) Prime, repair, restore: The active role of chromatin in the DNA damage response. *Mol Cell* 46:722–734.

Stracker TH & Petrini JHJ (2011) The MRE11 complex: Starting from the ends. *Nat Rev Mol Cell Biol* 12:90–103.

Sung P & Klein H (2006) Mechanism of homologous recombination: Mediators and helicases take on regulatory functions. *Nat Rev Mol Cell Biol* 7:739–750.

Svejstrup JQ (2010) The interface between transcription and mechanisms maintaining genome integrity. *Trends Biochem Sci* 35:333–338.

Wood RD (2010) Mammalian nucleotide excision repair proteins and interstrand crosslink repair. *Environ Mol Mutagen* 51:520–526.

Wu L & Hickson ID (2006) DNA helicases required for homologous recombination and repair of damaged replication forks. *Annu Rev Genet* 40:279–306.

Wyman C & Kanaar R (2006) DNA double-strand break repair: All's well that ends well. *Annu Rev Genet* 40:363–383.

Yang W & Woodgate R (2007) What a difference a decade makes: Insights into translesion DNA synthesis. *Proc Natl Acad Sci USA* 104:15591–15598.

Yoshida K & Miki Y (2004) Role of BRCA1 and BRCA2 as regulators of DNA repair, transcription, and cell cycle in response to DNA damage. *Cancer Sci* 95:866–871.

実験に関する論文

Lammens K, Bemeleit DJ, Mockel C et al. (2011) The Mre11:Rad50 structure shows an ATP-dependent molecular clamp in DNA doublestrand break repair. *Cell* 145:54–66.

Moreno-Herrero F, de Jager M, Dekker NH et al. (2005) Mesoscale conformational changes in the DNA-repair complex Rad50/Mre11/Nbs1 upon binding DNA. *Nature* 437:440–443.

Volker M, Mone MJ, Karmakar P et al. (2001) Sequential assembly of the nucleotide excision repair factors *in vivo*. *Mol Cell* 8:213–224.

用 語 集

ISWI（イミテーションスイッチ）　imitation switch　酵母からヒトに至るまでの真核生物に見いだされる一群のクロマチンリモデリング複合体.

アイソアクセプター tRNA　isoacceptor tRNA　同じアミノ酸のために使われる，異なるアンチコドンをもつ tRNA.

アイソコア　isochore　哺乳類ゲノム中で，300 kb 以上に及ぶ広い DNA 領域が一様に高いあるいは低い GC 含量と遺伝子密度を含む部分．GC 含量の均質性はゲノム全体にわたる不均質性と対比させられる．GC に富み遺伝子にも富むアイソコアは S 期の初期に複製されるのに対し，GC が少なく遺伝子も少ないアイソコアは後期に複製される．ギリシャ語由来の chore は連結形，iso は等しいという意味をもつ.

アイソシズマー　isoschizomer　同じ標的配列を認識する異なる制限酵素．必ずしも同じ形式で DNA を切断するわけではない.

アクセプターステム　acceptor stem　tRNA 分子の三次構造の一部で，5′末端と 3′末端の間の配列の間の塩基対によりつくられる．この構造はアミノ酸付着にあずかる共通ヌクレオチド配列の CCA に連結する.

アクチベーター（活性化因子）　activator　プロモーター領域に結合して転写を促進する DNA 結合タンパク質.

足場　scaffold　有糸分裂期染色体のタンパク質から成る芯.

足場結合領域（SAR）　scaffold attachment region　染色体足場に結合する DNA 配列．間期染色体におけるマトリックス結合領域（MAR）に類似する.

アダプター分子　adaptor molecule　mRNA 中に現れるエキソンが異なって選択されるスプライシング．このスプライシングで生じるある種の産物は，イントロンを含む mRNA，あるいは異なる 3′末端や 5′末端をもつ mRNA となりうる.

att 部位（アタッチメント部位）　att site　ファージと細菌のゲノム中にある部位で，溶原化ファージ DNA の宿主 DNA への組込みに関わる.

アテニュエーション（転写減衰）　attenuation　未熟な転写終結による転写の制御.

アデニン（A）　adenine　DNA，RNA の両方にあるプリン塩基.

アデノシン三リン酸（ATP）　adenosine triphosphate　3 個のリン酸基がリボースの 5′酸素原子に連結するリボヌクレオチド．リン酸無水物結合が大きな化学ポテンシャルエネルギーをもつため，細胞の主要なエネルギー源となる．この結合の加水分解は生化学的な反応やプロセスを進めるための利用可能なエネルギーを放出する.

アポトーシス　apoptosis　多細胞生物にみられるプログラム細胞死で，その過程は核酸分解およびタンパク質分解の酵素の活性を必要とする．それら酵素は不必要あるいは病的な細胞の細胞構造を壊す．例として，真核生物の発生やがん細胞などでみられる.

アミノアシル tRNA（aa-tRNA）　aminoacyl-tRNA　該当するアミノ酸が結合した tRNA．付加された tRNA あるいはアミノアシル化された tRNA とも表現される.

アミノアシル tRNA シンテターゼ（アミノアシル tRNA 合成酵素）　aminoacyl-tRNA synthetase　tRNA を該当するアミノ酸と結合させてアミノアシル tRNA を構築する酵素.

アミノ酸　amino acid　ポリペプチド鎖の構築単位．4 個の異なる化学基が結合する一つの不斉炭素原子から成る．四つの基はカルボキシ基，アミノ基，水素原子，そして R 基とよばれる特異的側鎖である．タンパク質中の 22 種類（標準的 20 種＋まれな 2 種）の構築単位は R 基によって化学的性質が異なる.

アミノ酸残基　amino acid residue　ポリペプチド鎖中に組込まれたアミノ酸部分.

アラルモン　alarmone　細菌にストレスに対する緊縮応答を起こす分子の総称．例として ppGpp がある.

rRNA（リボソーム RNA）　ribosomal RNA　リボソーム粒子中に含まれる RNA.

RRBS　reduced representation bisulfite sequencing　ゲノム中の小さな CpG 部分中の個々のシトシンのメチル化状態を定量的に求める方法．DNA 配列中の非メチル化シトシンをバイサルファイト（亜硫酸水素塩）でウラシルに変換し，その後配列決定する．この解析は，CpG ジヌクレオチド周囲を切断する制限酵素処理による CpG リッチゲノム領域の濃縮の後に行われる.

RN アーゼ P　RNase P　すべての tRNA に成熟型 5′末端をつくる酵素で，複雑な立体構造をとる RNA 分子と 1 個の小さなタンパク質から成る.

RNA（リボ核酸）　ribonucleic acid　リボヌクレオチド残基の重合分子.

RNA 依存性 DNA ポリメラーゼ　RNA-dependent DNA polymerase　RNA を鋳型として二本鎖 DNA の合成を触媒する酵素．逆転写酵素ともいわれる．

RNA プロセシング　RNA processing　転写されたばかりの RNA の構造変化を誘導して成熟 RNA 分子にする過程．スプライシング，編集（エディティング），ポリアデニル化〔ポリ(A)付加〕などが含まれる．

RNA ポリメラーゼ（RNAP）　RNA polymerase　鋳型 DNA に相補的な RNA 鎖の重合反応を触媒する複合体構造をとる酵素．

アルキル化　alkylation　アルキル基付加反応．

O^6-アルキルグアニンアルキルトランスフェラーゼ（AGT）　O^6-alkylguanine alkyltransferase　DNA 中にできたアルキル化塩基の修復に関わるまれな酵素．アルキル基を自身の活性部位中のシステインに不可逆的に移し，その後酵素は自殺反応により分解される．このため AGT は真の意味での酵素とは異なる．

アルゴノート（Ago）　Argonaute　RNA 干渉において主要な役割を果たす一群の酵素タンパク質．RNA 干渉は小分子ノンコーディング RNA 分子が mRNA に結合して，遺伝子発現を阻害するプロセス．小分子 RNA はそれらタンパク質を，塩基対結合を介して mRNA の標的部位に導く．これにより mRNA の切断，あるいは翻訳阻害が起こる．

RT-PCR　RNA を鋳型としてその DNA コピーを大量につくる PCR の変法．RNA は最初逆転写酵素で DNA に写しとられ，次にそれが PCR 反応の鋳型となる．

α ヘリックス　α-helix　タンパク質分子にみられる主要な二つの二次構造のうちの一つ．らせんは右巻で，アミノ酸残基当たり 0.15 nm 上昇し，1 回転当たり 3.6 残基を含む．らせんはそれぞれの残基のカルボニル酸素と，N 末端から C 末端に向かった数えた場合での 4 個下流のアミド中の水素の間の水素結合によって安定化される．

アロステリック性　allostery　一つのリガンドの高分子結合が，高分子の他の分子に対する親和性に影響を与えるような分子内相互作用．ある一つの基質が同じ分子の結合に影響する場合，その結合はホモトロピック（同種指向性）であるといい，ある一つの基質が異なる分子の結合性を変化させる場合，その結合はヘテロトロピック（異種指向性）であるという．

アロステリック調節因子（エフェクター）　allosteric modulator (effector)　高次構造を変化させるようにアロステリックタンパク質の制御部位や制御サブユニットに結合する分子で，結果として活性が修飾される．単にエフェクターともいわれる．

暗号解読中心（DC）　decoding center　リボソーム小サブユニット上の部位で，mRNA 中のコドンが適切なアミノアシル tRNA 中のアンチコドンと塩基対をつくる．

アンジェルマン症候群　Angelman syndrome　精神遅延，痙攣，そして他の神経的症状で特徴づけられる遺伝的刷込みが関わる疾患．脳の特異的な 2 箇所で，HECT ドメイン型 E3 ユビキチンリガーゼの父方遺伝子が抑制され，かつ母方の対立遺伝子が転写状態にある．そこで母方の対立遺伝子が欠損や変異で失われると，病状が現れる．

アンチコドン　anticodon　翻訳においてコドンと塩基対形成する 3 個のヌクレオチド配列．

eIF2　eukaryotic initiation factor 2　翻訳開始時に GTP とメチオニンが結合した開始 tRNA とともに三者複合体を形成し，開始 tRNA をリボソームに運ぶ．

eIF4F　eukaryotic initiation factor 4F　3 種類のタンパク質 E, G, A を含む複合体．翻訳開始に必要で，mRNA の 5′ キャップに結合する．eIF4E はキャップ結合タンパク質，eIF4A は RNA ヘリカーゼ，eIF4G は効率的翻訳のため他のタンパク質と相互作用して mRNA を環状化する足場タンパク質．

EF-G　細菌の翻訳伸長因子で，GTP 加水分解と連動してリボソーム上のトランスロケーションを促進させる．

鋳型鎖　template strand　二本鎖 DNA のうち，転写の鋳型として働く方の鎖．このため転写産物 RNA に対して相補的な配列となる．

イソペプチド結合　isopeptide bond　一つのタンパク質と他のタンパク質の側鎖残基との間の共有結合．最もよく知られた例に標的タンパク質に対するユビキチンの結合がある．

一次構造　primary structure　タンパク質分子中のアミノ酸残基の順番あるいは配列．

一時停止　pausing　転写過程における比較的短時間の一時的停止．転写伸長の再開は短い休止期間の後，自発的かつ速やかに起こる．これに対し，長期停止はポリメラーゼのエンド型ヌクレアーゼ活性によってのみ克服されうる．その場合，ポリメラーゼには細菌では GreA と GreB が働き，真核生物では TFⅡS という特異的転写伸長タンパク質と一緒になって，新生 RNA 鎖の一部を取除く．停滞と対比される．

1 対の超らせんドメイン仮説　twin supercoil domain model　進行するポリメラーゼの前と後ろの超らせんストレスの違いを考慮した転写伸長仮説．トポロジカルに拘束された二本鎖 DNA に沿って動く他のいくつもの分子モーターと同様に，進行しているポリメラーゼは前方に正の超らせんストレスを発生させ，通った後に負の超らせんストレスを発生させる．

一本鎖 DNA 結合タンパク質（SSB）　single-strand DNA binding protein　一本鎖核酸優先的に結合するタンパク質．

遺伝子サイレンシング（遺伝子抑制） gene silencing 永続的，不可逆的に遺伝子の転写能が失われること．これが起こるとき，遺伝子は凝縮した構成的ヘテロクロマチンに組込まれる．

遺伝子座制御領域（LCR） locus control region ある遺伝子クラスター内の個々の遺伝子の発生段階での調節的発現を制御するクロマチン領域．βグロビン遺伝子座が例として知られている．

遺伝子銃 gene gun 宿主細胞にベクターを付着させた粒子を打ち込む装置．

遺伝子置換 gene replacement 本来の遺伝子の欠失を起こすと同時に，遺伝子の付加を行って生物のゲノムを修飾すること．

遺伝子の水平伝播 horizontal gene transfer ある細菌から他の細菌へのDNAの細胞外移動．遺伝子の側方伝播ともいわれ，親から子への遺伝子の伝達である遺伝子の垂直伝播とは区別される．

遺伝子付加 gene addition 本来の遺伝子がすでに存在している状況下で，遺伝子の付加を行って生物ゲノムを修飾すること．

遺伝的等価性の原理 principle of genetic equivalence 細胞生物学において，成体器官のすべての細胞は遺伝的に同じで，発現，つまり転写および翻訳されるある遺伝子集団だけが異なるということ．核等価性の原則ともいう．

イニシエータータンパク質DnaA initiator protein DnaA 大腸菌複製起点のDnaAボックスといわれる9 bpから成る多重反復配列に結合するタンパク質で，ATPアーゼ活性をもつ．

E部位（出口部位） exit site tRNAにより占有されるリボソーム上の二つの部位のうちの一つ．脱アシル化されてリボソームから離れようとするtRNAがこの部位を占める．

イレーサー（消去因子） eraser ヒストンから翻訳後マーク（修飾）を除く酵素．

インスレーター insulator エンハンサーをプロモーターから隔離する遺伝的配列要素．インスレーター活性は主としてCTCFタンパク質結合により形成されるDNAルーピングによって発揮される．

インタラクトーム地図 interactome map タンパク質のような物質から構成される大規模なグループ内の物質間相互作用をまとめた相関図．

インテグラーゼ integrase 1個のDNAが他のDNAに挿入する反応を触媒する酵素全般に対する名称．溶原ファージが溶原化状態をとる場合などでは必須である．

イントロン intron 成熟mRNAに残らず，タンパク質として発現しないタンパク質コード遺伝子の部分．エキソンと対比される．

イントロン決定モデル intron-definition model スプライシングで除かれるイントロンの二つの末端がスプライソームとの相互作用で決まるスプライシング．エキソン決定モデルと対比される．

イントロンスプライシングエンハンサー（ISE） intronic splicing enhancer スプライシング制御タンパク質の結合によってスプライシングを高めることができるイントロンの領域．

イントロンスプライシングサイレンサー（ISS） intronic splicing silencer スプライシング制御タンパク質の結合によってスプライシングを抑えることができるイントロンの領域．

ウイルスベクター viral vector 外来DNAの効率的細胞移入のために用いられる，ウイルスゲノムに基づく人為的DNA構築体．

ウェルナーヘリカーゼ（WRN） Werner helicase シェルテリンの一つのサブユニットと物理的および機能的に相互作用する2種類のヘリカーゼのうちの一つ．遺伝子の変異は早期老化を特徴とするウェルナー症候群につながる．

ウラシル（U） uracil DNAにはなくRNAにあるピリミジン塩基．

ウラシルDNAグリコシラーゼ（UNG） uracil-DNA glycosylase DNAに生じた不都合なウラシルを塩基除去修復機構で切取る酵素．

エイズ AIDS 後天性免疫不全症候群．レトロウイルスであるHIVの感染により発症する重篤な疾患．集中的研究の対象になってきていて，予防や治療に関する重要な進展が見られている．

A形DNA（A-DNA） A-form DNA DNA二本鎖の構造バリアントの一つで，水分が乏しい条件で存在する．らせんは右巻きで，1回転当たり約11 bpを含み，ワトソン・クリック型の標準的B型DNAに比べて径が大きい．二本鎖RNA中にもみられる構造．

エキソソーム複合体 exosome complex 真核細胞や古細菌細胞中の3′→5′リボヌクレアーゼ活性をもつタンパク質複合体．エキソソームの基質にはmRNA，rRNA，そして多様な小分子RNAがある．細菌の複合体構造は単純で，デグラドソームといわれる．

エキソヌクレオシド exo nucleoside 糖がエキソ配置をとるヌクレオシド．

エキソン exon 成熟mRNA中に残り，タンパク質に翻訳されるタンパク質コード遺伝子の中の部分．イントロンと対比される．エキソンの一部が翻訳されない領域を含む場合もある．

エキソン決定モデル exon-definition model 複数のエキソンとイントロンを含むmRNA前駆体内において，スプライシング部位で，最初にタンパク質因子間の相互

作用がエキソンをまたいで起こること．スプライシングに必要な相互作用がイントロンをまたいで起こるイントロン決定モデルと対比される．

エキソン-ジャンクション複合体（EJC） exon-junction complex エキソン-エキソンジャンクションに結合するタンパク質複合体で，ジャンクションの約20～24 nt上流に形成される．正常な翻訳の場合，リボソームがポリヌクレオチド鎖に沿って進み，EJCを排除する．哺乳類では，未成熟終止コドンをもつmRNAを分解するナンセンス変異依存性mRNA分解に関わる．

エキソンスプライシングエンハンサー（ESE） exonic splicing enhancer スプライシング制御タンパク質の結合によってスプライシングを高めることができるエキソン中の部位．

エキソンスプライシングサイレンサー（ESS） exonic splicing silencer スプライシング制御タンパク質の結合によってスプライシングを抑えることができるエキソン中の部位．

エキソヌクレアーゼ exonuclease 核酸を端から分解する酵素で，一度の反応で1個のヌクレオチドを削りとる．

EcoRI 抑制使われる大腸菌の制限酵素．粘着末端を生成するので分子クローニングに有用である．

SRタンパク質 Ser-Arg（SR）protein スプライシングエンハンサーあるいはサイレンサーに結合してスプライシングに影響を与えるセリン-アルギニンに富む一群のタンパク質．

SMCタンパク質 structural maintenance of chromosome protein 染色体構造維持タンパク質．細菌，真核生物の双方にみられる，高次染色体構築に関与する大きなATPアーゼファミリー．真核生物でそれらはコヒーシンやコンデンシンといったタンパク質複合体の一部となる．

Smタンパク質 Sm protein 核内RNAプロセシングや細胞質内mRNA分解など，RNA代謝のさまざまな局面で機能を発揮する高度に保存されたタンパク質ファミリー．7個の異なるサブユニットから成る2種類の複合体が存在するが，両複合体では1個のサブユニットのみが異なる．いずれの複合体とも環状構造をとる．

SDSゲル電気泳動 SDS gel electrophoresis イオン性界面活性剤のドデシル硫酸ナトリウム，SDS，存在下で行われるタンパク質のゲル電気泳動．この条件下でタンパク質は折りたたみ構造を失い，鎖の長さに依存する分離が可能となる．

S1ヌクレアーゼ保護法 S1 nuclease protection 転写開始部位を決める二つの古典的方法のうちの一つ．この方法は，5′標識された遺伝子断片と遺伝子発現細胞由来の全RNAとの間のDNA-RNAヘテロ二本鎖を，真菌由来酵素S1ヌクレアーゼで処理することに基づく．S1ヌクレアーゼは一本鎖核酸を特異的に切断し，切断は二本鎖領域の境界点にまで及ぶ．酵素消化から保護されるDNAの長さは高分解能電気泳動によって決められる．

X連鎖精神遅滞 X-linked mental retardation 知的能力の欠陥を特徴とする遺伝的精神障害．*VCX-A*遺伝子欠損の結果発症する．この遺伝子産物のタンパク質はキャッピングされたmRNAの5′末端に特異的に結合し，Dcp2によって起こる脱キャッピング反応を防ぐ．

***Hae*III** 細菌*Haemophilus aegyptius*由来のよく使われる制限酵素．DNAに平滑末端をつくり，4ヌクレオチドの認識部位をもつのでDNAを細かく切断する酵素として有用．

Hsp90（熱ショックタンパク質90） heat shock protein 90 タンパク質の折りたたみと分解の両方の多様な役割をもつタンパク質シャペロン．

H-NSタンパク質 histone-like nucleoid structuring protein ヒストン様核様体構造タンパク質．DNA鎖間に連結をつくる細菌のタンパク質で，細菌染色体の凝縮に働く．

H2A.Bbd Barr body-deficient histone H2A ヒストンH2Aの非対立遺伝子型置換バリアントで，不活性X染色体からその大部分が除かれており，バー小体として知られる．

H-DNA 三重らせんを参照．

HP1（ヘテロクロマチンタンパク質1） heterochromatin protein 1 出芽酵母以外の生物において遺伝子抑制に関わるタンパク質．このタンパク質のドメインの一つはヒストンH3中のメチル化リシンを認識し，それと似た他のドメインはヒストンメチル化酵素などの別のタンパク質と結合する．

HUタンパク質 heat unstable protein 熱不安定性タンパク質．DNAの副溝に結合する細菌タンパク質で，DNAを曲げる．細菌の核様体の主要成分．

ADPリボシル化 ADP-ribosylation ADPリボースを単位としてタンパク質や既存のADPリボース鎖に付加する酵素反応．

N末端 N-terminus 未反応アミノ基がある側のポリペプチド鎖末端．C末端と対比される．

N末端規則 N-end rule プロテアソームによって分解されるタンパク質がユビキチン化酵素によって認識される機構を特徴づける法則．この法則によると，タンパク質のN末端アミノ酸残基の性質がタンパク質を分解に向かわせる．いくつかのアミノ酸はRINGフィンガーE3リガーゼによって直接認識されるが，他の場合は始めにアルギニン残基が付加される必要がある．アスパラギンやグルタミンはまず脱アミノ反応を受ける必要がある．

エネルギー充足率　energy charge　細胞がヌクレオシドリン酸の加水分解から利用することのできるエネルギーの程度．

エピジェネティクス(後成的遺伝)　epigenetics　DNA配列以外の所で生じる細胞内のゲノム情報内容の変化．有性生殖サイクルを通しては遺伝しない．

エピジェネティック(後成的)制御　epigenetic regulation　DNA変異などといった遺伝の法則では説明できない，遺伝に関わる分子過程を通した遺伝子活性の制御．現在では，それが遺伝性であるかどうかに関わらず，遺伝子発現に影響を与えるすべてのヒストン翻訳後修飾を引き合いに，より広い意味で定義される．on, upon, over の意味をもつギリシャ語のエピ(epi)とジェネティックから成る語句．

エピスタシス　epistasis　非対立遺伝子間相互作用．一つの遺伝子が他の遺伝形質の発現を覆い隠す遺伝子の状況．

エピトープ　epitope　抗体によって実際に認識される抗原分子の部分．抗原決定基ともいう．

A部位(アミノアシル部位)　aminoacyl site　タンパク質合成の過程で異なる形態の tRNA が占めるリボソーム上の三つの特定部位のうちの一つ．リボソームに入るアミノアシル tRNA の進入部位．

miRISC(miRNA誘導性抑制複合体)　miRNA induced silencing complex　miRNAとアルゴノートタンパク質を含む複合体分子で，翻訳制御に関与する．

mRNA(メッセンジャーRNA)　messenger RNA　タンパク質をコードする遺伝子DNAの一方の鎖に相補的で，その配列がリボソームに運ばれてタンパク質合成が起こる RNA．

mRNA前駆体　pre-mRNA　真核生物の核でタンパク質コード遺伝子の初期転写産物としてできる RNA で，成熟 mRNA となるようなスプライシング，もしくはそれ以外のプロセッシングを受けていない．

Mcm2-7複合体　Mcm2-7 complex　真核生物の複製におけるヘリカーゼ六量体，分かれて移動する2個の複製フォークにおいて，反対方向へ向けてDNAを巻き戻す．

LTR型レトロトランスポゾン　LTR retrotransposon　自律転移能のあるレトロトランスポゾンで，両末端にLTRをもつ．そのような末端構造のない非LTR型トランスポゾンと対比される．

エレクトロスプレーイオン化(ESI)　electrospray ionization　質量分析法において，通常大きな分子である試料を解析のための分析機に導入する方法．1〜数個の分子が個々の微液滴中に含まれる．

塩基除去修復(BER)　base excision repair　誤った塩基を直接除去して置き換えるタイプのDNA修復．

ENCODE　Encyclopedia of DNA Elements　多数の研究室が参加する，ヒトゲノムの構造と発現を明らかにしようとする国際プロジェクト．

エンドヌクレオシド　endo nucleoside　糖がエンド配置をとるヌクレオシド．

エンハンサー　enhancer　遺伝子機能発揮に関する配列で，時として遺伝子の遠方に存在し，そこに結合するタンパク質を介して遺伝子の発現を高める．エンハンサー結合因子とプロモーター結合因子の間の相互作用によって形成されるDNAループが転写活性化機構に関与しうる．サイレンサーと対比される．

エンハンサー作用のスキャニング(トラッキング)機構　scanning or tracking mechanism of enhancer action　エンハンサー機能におけるルーピング仮説以外のもう一つの仮説．始め，エンハンサーに結合したアクチベータータンパク質が，DNAに沿って連続的にすでにプロモーターに結合しているタンパク質に出会うまで移動する．移動は二重らせんDNAの骨格に沿って起こるので，DNA鋳型の超らせん張力とヌクレオソームが影響を受ける．

エンハンサー妨害活性　enhancer-blocking activity　転写抑制のためにエンハンサーとプロモーターの間の相互作用を妨害するタイプのインスレーターがもつ活性．

エンハンサーやサイレンサー作用のルーピング仮説　looping model of enhancer or silencer action　遠方にある転写制御配列の作用機構に関する仮説．エンハンサーやサイレンサー中の特異的配列に結合する転写因子がプロモーターに結合するタンパク質性因子と相互作用し，その間のDNAをループアウトさせる(押し出す)．

エンハンソソーム　enhanceosome　転写促進のためにエンハンサー配列に形成される高次タンパク質複合体．転写を開始させるためにRNAポリメラーゼⅠプロモーターでつくられるある特定の構造の形成にも使われるが，この構造では上流結合因子UBFの二量体がプロモーターの2箇所に結合し，それによりDNAループがつくられる．

岡崎フラグメント　Okazaki fragment　二本鎖DNAの複製において，ラギング鎖の鋳型上でつくられる短いDNA鎖．

オクタソーム　octasome　147 bp のDNAに結合するヒストン八量体から成るヌクレオソーム粒子．ヌクレオソームコア粒子ともいわれる．

オペレーター　operator　細菌のタンパク質が結合するゲノム領域で，それによりオペロンが制御される．

オペロン　operon　細菌において，関連機能をもつ遺伝子が連続して存在する遺伝子の一群で，全体として制御される．

oriC　大腸菌の複製起点．

外因性経路　extrinsic pathway　アポトーシスを開始し

実行する二つの主要経路の一つ．経路は細胞死シグナルの性質に依存する．細胞外からのシグナルにより活性化される．細胞全体の崩壊というアポトーシス実施の最後の段階で，内因性経路と一緒になる．

開始　initiation　転写，翻訳，複製における重合反応の始まり．伸長や終結に必要な因子とは異なる特別な開始因子が必要となる．

開始因子　initiation factor　細菌の転写開始で，プロモーター認識に必要なタンパク質因子．この開始因子はσ因子とよばれるタンパク質群に属する．

開始シグナル　start signal　mRNAのタンパク質への翻訳が始まる場所のシグナルになるトリプレット．タンパク質合成における開始メチオニンのための遺伝暗号．開始コドンともいう．

開始tRNA　initiator tRNA　ポリペプチド鎖のN末端残基に相当するアミノ酸を運ぶtRNA．細菌ではホルミルメチオニルtRNA，真核生物では特別なメチオニルtRNAである．

開始複合体　initiation complex　転写開始におけるRNAポリメラーゼとDNAから成る複合体．

開始部位選択　start site selection　ある種のmRNAは複数の潜在的翻訳開始部位をもつ．実際に使われる開始部位は細胞の必要性に応じて選ばれる．

開始前複合体（PIC）　pre-initiation complex　転写，翻訳，複製において，開始部位周辺に形成される特異的タンパク質複合体．重合反応が始まる最初の段階で形成される．

回折パターン　diffraction pattern　照射された電磁波ビームが照射波長に相当する間隔をもつ周期性構造を通過したときにできるパターン（模様），あるいは像．

該当アミノ酸　cognate amino acid　ある特定アミノ酸に対応するアンチコドンをもつtRNAに結合する正しいアミノ酸．

カイ配列　Chi sequence　crossover hotspot instigator（組換え推進ホットスポット）に由来．相同組換え過程において，RecCの特異的DNA配列カイへの結合が，RecBCD複合体の一時停止を起こし，DNA鎖の3′末端の分解が進み過ぎるのを防ぐ．

開放遷移　opening transition　DNAの大部分をヒストンコアから剥がすようなヌクレオソーム構造変化．ゆらぎ遷移よりは頻度が低い．

開放複合体　open complex　転写において，RNAポリメラーゼ内部に転写バブル（短い範囲のDNA変性）を形成するように，中のDNA鎖が変性した状態のDNA-タンパク質複合体．

化学的塩基配列決定法　chemical sequencing　最初のDNA塩基配列決定法．この方法では4種類の異なるランダムな化学的切断反応をポリヌクレオチド鎖に対して行うが，4種類の塩基のそれぞれに特異的な反応が用いられる．

核酸　nucleic acid　ポリヌクレオチド．ヌクレオシド一リン酸の重合体で，DNAとRNAがある．

核小体　nucleolus　核内構造体の一つ．単数はnucleolus，複数はnucleoli．複数の核小体が染色体内相互作用や染色体間相互作用によって形成される．縦列反復するリボソーム遺伝子を含み，リボソームの合成および形成部位となる．

核マトリックス　nuclear matrix　不溶性タンパク質繊維でつくられる運動性に富んだ網目状構造体で，間期細胞の細胞核内部全体にみられる．クロマチン繊維が，種々の機能性ループドメインに組織化されるのを助ける．

核マトリックス結合領域（MAR）　matrix attachment region　1〜2kbのDNA領域で，高度にAT塩基対に富み，間期の核において核マトリックスに優先的に付着する．

核様体　nucleoid　細菌の細胞質にみられるタンパク質-DNA複合体．DNAの圧縮や超らせんループ状での組織化など，真核生物クロマチンがもつ機能のいくつかを担う．

CAGE（遺伝子発現のキャップ解析）　cap analysis of gene expression　シークエンシング用の5′-キャップをもつmRNAを調製する方法．ある決まった条件において，異なるタイプの細胞でのタンパク質コード遺伝子の発現に関する情報がもたらされる．

加水分解　hydrolysis　反応の実行に水分子を伴う共有結合の切断．水分子の水素とヒドロキシ基が二つの反応産物のそれぞれに付く．

カスパーゼ　caspase　誘導型と実行型の2群に分けられるタンパク質分解酵素で，アポトーシスにおいて連続的に活性化される．これら酵素は活性中心にシステインをもち，通常ではみられない，アスパラギン酸残基の後ろのみを切断するという厳密な切断特異性を示す．したがってタンパク質全体を消化することはなく，部分的な鎖の断片化を行う．

カタボライト抑制　catabolite repression　細菌において，最適なエネルギー源であるグルコース以外の基質分解に関わる遺伝子が，グルコースやその分解産物よって抑制される現象．

活性部位　active site　酵素分子の部位の名称で，基質に結合し，基質から反応産物への変換を触媒する．通常，独立に折りたたまれたタンパク質ドメインの間の溝か多サブユニット酵素のサブユニットの間，あるいはタンパク質表面上のくぼみに存在する．

可動クランプ　mobile clamp　DNA複製などのプロセスのプロセッシビティを確実にするため，ポリヌクレオチド鎖を包み込むことのできるクランプ分子．

カベオリン-1　caveolin-1　細胞シグナル伝達能をもつ特異的脂質を含む細胞膜の陥入構造であるカベオラの必須タンパク質成分．インスリンシグナル伝達に関わる．

可変制御　rheostat control　オン/オフとは異なる，段階的に行われる生物プロセスの制御．

可変領域（V）　variable domain　ユニークな配列をもって一つの特定エピトープを特異的に認識する抗体分子中の部位．

カメレオン配列　chameleon sequence　タンパク質中の比較的短い配列で，異なる環境で異なる高次構造をとる．

下流　downstream　あるDNA位置からみて5′から3′へ向かう側にあること．上流に対する逆の用語．

幹細胞　stem cell　異なる特性をもつ細胞を産生するように分化できる未分化真核細胞．

間接末端標識法　indirect end-labeling　ある限定されたゲノム領域中のヌクレオソーム位置を決める方法．クロマチンをミクロコッカスヌクレアーゼ消化し，その後の精製したDNAを調べようとする領域の両端の特定部位で切断する1対の制限酵素でさらに処理する．電気泳動，ブロッティング後，一方の末端部分標識プローブでハイブリッド形成し，出現するラダーパターンを検出する．生じたDNA断片の長さがヌクレオソーム位置の推定に利用される．

キアズマ　chiasmata　減数分裂でみられる染色体の交差部位．そこで2本の相同な非姉妹染色分体間での遺伝物質の交換が起こる．

偽遺伝子　pseudogene　あるタンパク質コード遺伝子と同じか非常によく似ているけれども，発現されることがなく，通常は機能性プロモーターを欠く遺伝要素．

起点認識複合体（ORC）　origin recognition complex　複製起点に形成され複製開始に必要なマルチサブユニットタンパク質複合体．

キナーゼ　kinase　タンパク質のセリンあるいはトレオニン残基にリン酸基を付加する巨大な酵素群．割合は少ないが，チロシンやヒスチジンをリン酸化するものもある．

機能的配列要素　functional element of DNA　RNAやタンパク質といった確定的遺伝子産物をコードするか，タンパク質結合や特異的クロマチン構造といった再現性のある生化学的特性を示すなどの特定DNA部分を定義するために，ENCODE計画で導入された用語．

基本転写因子　basal transcription factor　真核生物RNAポリメラーゼはプロモーター配列を認識できず，認識はある特定の機能をもつタンパク質である基本転写因子の結合によって可能になり，それらがポリメラーゼを呼び込む．普遍転写因子ともいわれる．

逆転写酵素（RT）　reverse transcriptase　RNAを鋳型として使って一本鎖および二本鎖DNA合成を触媒する酵素．レトロウイルスで最初に発見された．RNA依存性DNAポリメラーゼとしても知られる．

逆戻り　backtracking　DNA鋳型上でのRNAポリメラーゼの逆走．通常，短い範囲のみでみられる．

キャプシド　capsid　ウイルスの遺伝子産物で，核酸を包むタンパク質の殻あるいは容器．

共免疫沈降（co-IP）　co-immunoprecipitation　相互作用タンパク質を同定する方法．あるタンパク質の免疫沈降が，それに強く結合している付随タンパク質も沈降させることができる．プルダウンアッセイという用語でも知られる．

共優性　co-dominance　優性が2個以上の対立遺伝子で鮮明になるような遺伝的条件．子の形質は親の形質的特徴の組合わせとして現れる．

巨大分子　macromolecule　小さな有機化合物あるいは炭素を含む分子が共有結合で連結された長い鎖状分子．細胞が構築される際の主要な構成要素で，生物の最も特徴的な性質を与えている．

近位プロモーター　proximal promoter　近位プロモーターとコアプロモーターから成る真核生物遺伝子プロモーターの中にあって，コアプロモーターのすぐ上流に位置し，その活性が配列特異的転写因子の結合によって制御されるプロモーター配列．

近該当アミノ酸　near-cognate amino acid　該当するアミノ酸と構造がよく似ているために，アミノアシルtRNAシンテターゼに間違って該当アミノ酸と認識されてtRNAに結合されるアミノ酸．その構造が該当アミノ酸とは大きく異なるため，酵素によっておそらく誤認識されることのない非該当アミノ酸と対比される．

緊縮応答　stringent response　栄養飢餓状態の細菌で起こる転写制御で，RNAポリメラーゼに対するリガンドの結合が関わる．生化学的には，それ自身の合成がrRNAのような安定なRNA分子の合成を停止させ，ある種のアミノ酸生合成遺伝子の発現が有利になる．

Ku70-Ku80二量体　Ku70-Ku80 dimer　非相同末端結合の開始にかかわる豊富に存在するタンパク質二量体．2個の二量体が二つのDNA末端に結合してそれらを連結させ，反応に関わる他の因子であるヌクレアーゼ，ポリメラーゼ，リガーゼなどを呼び込む．

グアニン（G）　guanine　DNAとRNAの両方にあるプリン塩基．

グアニン四重鎖　G-quadruplex　テロメアにみられる四本鎖DNA構造．

鎖停止法　chain termination method　特定の塩基でポリヌクレオチド鎖の伸長を止めるDNA配列決定法の一つ．DNA鎖が鋳型に沿って伸びるので，鋳型の塩基を決めることができる．

組換え DNA 技術　recombinant DNA technology　異なる DNA 分子のある部分を一緒に連結して，切れ目のない新しい DNA 分子をつくる方法．研究あるいは産業の中で使われる．

組換えホットスポット　recombinational hotspot　DNA 二本鎖切断が集中的に起こる非ランダムな分布を示す遺伝的領域で，相同組換えが活発に起こる領域．ホットスポット以外の領域での DNA 二本鎖切断は組換えという観点では不活性で，切断は通常の DNA 損傷として修復される．

組込み宿主因子（IHF）　integration host factor　DNA の副溝に結合する細菌タンパク質で，DNA を曲げる．細菌の核様体の主要成分．

クライオ電子顕微鏡（クライオ EM）　cryo-electron microscope　試料をガラス質の氷の中で急速凍結して調製して行う透過型電子顕微鏡．さまざまな向きで氷内部に捕捉された粒子の観察から，三次元構造を再構築することができる．

クラウンゴール（根頭がん腫）　crown gall　細菌 *Agrobacterium tumefaciens* の感染によってつくられる植物の腫瘍．

クランプローダー　clamp loader　DNA 複製において，リーディング鎖，ラギング鎖にβクランプを装填する巨大分子複合体．ローダーはレプリソームを構成する多くの成分の組織化にも働く．

N-グリコシラーゼ　N-glycosylase　塩基除去修復の最初の過程で，損傷塩基とデオキシリボースとの間のグリコシド結合を切断する酵素．

グリコシル化　glycosylation　タンパク質などの分子に対するグリコシル基の付加．タンパク質への結合様式は，たとえばアスパラギンを介する N 結合性，あるいはトレオニンかヒドロキシ基をもつ他のアミノ酸を介する O 結合性がある．

クリスマスツリー　christmas tree　高頻度に転写されているリボソーム遺伝子の電子顕微鏡的形態．多数の RNA ポリメラーゼが DNA 鋳型に沿って同時に移動し，それが DNA からおおむね直角の方向に向かって伸びる新生 RNA 鎖を保持する．新生 RNA 鎖に結合するタンパク質のため，転写産物はこぶをもつような外観をとる．

グループ I イントロン　group I intron　mRNA, tRNA, rRNA 前駆体からイントロンを自身で切出すある一群の自己スプライシング型イントロンで，補因子としてグアノシンが使われる．細菌や下等真核生物に多いが，動物ではまれである．

グループ II イントロン　group II intron　真菌，原生動物，植物の細胞小器官中の mRNA, tRNA, rRNA 前駆体からイントロンを自身で切出す一群の自己スプライシング型イントロンで，補因子として内部にあるアデノシンが使われる．

クレノウ断片　Klenow fragment　DNA Pol I ホロ酵素中の $5'\rightarrow 3'$ エキソヌクレアーゼ活性をタンパク質切断酵素で除いた断片．$5'\rightarrow 3'$ ポリメラーゼと $3'\rightarrow 5'$ エキソヌクレアーゼという他の二つの酵素活性は保持している．実験室レベルの研究で広く使われる．

GroEL/GroES　細菌のシャペロン．巨大なマルチサブユニット複合体で，中央に疎水性籠型構造があり，そこにタンパク質を取込んで正しい折りたたみを促進することができる．

クローニング　cloning　ある対象に関し，その同一複製物あるいはクローンを複数生産すること．対象となるのは，分子生物学ではその大部分が DNA 配列，生物学ではその大部分が完全な 1 個の個体である．

クローバー葉構造　cloverleaf structure　分子内塩基対形成でできる 4 個の異なるアームをもつように一般化された tRNA 分子の二次元構造．アンチコドンアームと受容アームはその機能によって命名され，TψC アームと D アームはそこに多く含まれる修飾塩基を反映して命名されている．

クロマチン　chromatin　分裂期および間期の染色体を形成する DNA-ヒストン複合体．ヒストンも参照のこと．

クロマチンアッセンブリ因子 1（CAF-1）　chromatin assembly factor-1　複製しているクロマチンにヒストン H3 と H4 を装填するヒストンシャペロン．

クロマチンハブ　chromatin hub　内部遺伝子の転写活性に影響を与える遺伝子およびクロマチン領域の動的な空間構造．よく知られている例として，赤血球発生の異なる段階で発現する 4 個のグロビン遺伝子を含むマウス β-グロビン遺伝子座がある．

クロマチン免疫沈降（ChIP）　chromatin immunoprecipitation　タンパク質抗体を使った免疫沈降法によって，クロマチン-タンパク質複合体を分離する方法．

クロマチンリモデリング（クロマチン再構成）　chromatin remodeling　専用の酵素複合体によって，クロマチンの構造やヌクレオソームの位置取りが変更されること．

クロマトソーム　chromatosome　ヌクレオソームにリンカー DNA とリンカーヒストンが合わさった単位．

クロモドメイン　chromodomain　核タンパク質に存在する，標的タンパク質のメチル化リシン残基やアルギニン残基に結合するドメイン．

クローン　clone　それらが単一祖先に由来するゆえに，遺伝的に同一な細胞，生物，あるいは DNA 配列の集団．

蛍光　fluorescence　光吸収体のエネルギー低下後に起こる，その分子に低頻度で吸収された光の再放射．

形質転換　transformation　外来 DNA を導入することに

よって起こる生物ゲノムの変化．なお，悪性トランスフォーメーションという用語は，機構はどうあれ，動物細胞のがん化状態の進行を示すときに使われる．

形質導入　transduction　溶原ファージの感染によるある細菌から他の細菌へのDNA配列の移動．

ゲノム　genome　細胞やウイルスの遺伝的内容物の全体．

ゲノム区分　genome segmentation　ゲノム状態の主要なクラス（major classes of genome）．ENCODE計画で定義される，転写状態ゲノム中の主要な区分．これらの中には転写されている遺伝子，その転写開始部位とプロモーター，さまざまな強さのエンハンサー，CTCF結合部位，そして転写抑制領域がある．

ゲノム全体の修復（GGR）　global genome repair　ゲノム全体で起こるヌクレオチド除去修復経路．

ゲノムライブラリー　genomic library　ゲノム全体をカバーするようにしてつくったクローン化DNAの全セット．

ゲル電気泳動　gel electrophoresis　ゲルマトリックス中で行う電気泳動．アガロースやポリアクリルアミドが最も一般的に使われる担体である．

原核生物　prokaryote　明確な膜で包まれた核をもたない単細胞微生物．細菌と古細菌が含まれる．

原子間力顕微鏡（AFM）　atomic force microscopy　滑らかな表面上に固定された試料を微細な探針が横切るように通過させることにより，ほぼ原子レベルの分解能で，顕微鏡レベルの対象を画像化できる装置．装置は探針と分子表面の間の相互作用としての引力または反発力を検出する．応用として，分子マイクロマニピュレーションにも使われる．

減数分裂　meiosis　1コピーのみのゲノムをもつ単数体の配偶子をつくる細胞分裂．

減数分裂のブーケ　meiotic bouquet　減数分裂において，テロメアが核膜付着によって核の一端に集まって形成される構造．染色体が根元で束ねられて花束（ブーケ）に似ることからこの名称をもつ．テロメアブーケともいう．

厳密性　stringency　特にPCRなど，ハイブリダイゼーションで用いられる温度や塩濃度などといった条件．厳密性が高い場合は，複製されるべき鋳型鎖配列とプライマー配列との間には塩基対の高い正確性が必要となる．低い厳密性の場合，正確性はより緩くても構わない．

コアRNAポリメラーゼ　core RNA polymerase　転写に必須なサブユニットのみを含むマルチサブユニット酵素タンパク質．

コアヒストン　core histone　4種類のヒストン，H2A，H2B，H4，H3で，ヌクレオソームのタンパク質コアをつくっている．

コアプロモーター　core promoter　真核生物遺伝子の転写開始部位のすぐ上流にあるプロモーター領域．基本転写因子が収まる場所．

抗原　antigen　特異的抗体分子と結合する物質，あるいはその一部分．生体高分子は通常このような部分を複数もち，抗原決定基あるいはエピトープとよばれる．生体で起こる免疫応答は通常多数の異なる抗体分子の生産をひき起こし，それぞれの抗体は特異的エピトープを認識して中和する．

抗原H, A, B　antigen H, A, B　赤血球表面に存在する異なる化学的性質のオリゴ糖．それらの存在はヒトのさまざまな血液型と輸血の規則を決定する．

交差　crossover　相同DNA配列間でDNAの物理的交換が起こっているときの，組換え中DNA配列内の場所．真核生物では顕微鏡で観察可能なキアズマとして捉えることができる．

校正　proofreading　分子生物学において，連結重合された配列の間違いを調査する機構．通常，重合分子の配列を修正するエディティングと併せて起こる．日本語では編集（エディティング）と併せて校正とよばれることが多い．

構成的　constitutive　外的刺激によって制御されるのではなく，恒常的なプロセスあるいは構造を意味する．

構成的転写　constitutive transcription　細胞の生存能にとって必須なハウスキーピング遺伝子の遺伝子産物をつくる転写で，転写は常に起こっている．ハウスキーピング遺伝子の発現レベルは生育条件によって変わりうる．

構成的ヘテロクロマチン　constitutive heterochromatin　与えられたすべての細胞種でのすべての条件において，高度に凝縮し，転写的に不活性な間期染色体内の領域．この状態は不可逆的で，ヘテロクロマチン化されている遺伝子は決してユークロマチンに改編されることはない．典型的なものとして，セントロメア，テロメア，反復配列がある．

酵素の塩基配列決定法　enzymatic sequencing　鎖停止法を応用した核酸配列決定法に当てられる別の用語．反応を抑える基質ヌクレオナドによって阻止される核酸の酵素的合成を行うので，このようによばれる．

抗体　antibody　免疫系でつくられるタンパク質で，体外物質と特異的に結合してその物質を中和する．

高頻度組換え（Hfr）　high-frequency recombination　F因子がゲノム中にあるために組換え効率が高い細菌の株．

酵母エピソームプラスミドベクター（YEP）　yeast episomal plasmid vector　細菌と酵母の両方での複製を保証するDNA配列をもつシャトルクローニングベクターの一つ．

酵母人工染色体（YAC）　yeast artificial chromosome

大きな挿入DNAを組込ませて酵母細胞中で複製させるための十分な要素である酵母染色体のテロメア，セントロメア，複製起点を含ませた酵母の高機能ベクター．

古細菌（アーキア） archaea 生物の3ドメイン分類の中で，明確な分類基準をもつ単細胞生物の一群．古細菌は形態的には細菌に似ているが，いくつかの代謝経路に関してはより真核生物に近く，特に転写や翻訳に関してはそれが顕著である．

5C法 5C methodology chromosome conformation capture carbon copy法．3C法の延長にある技術で，クロマチンの物理的相互作用を，PCRに基づく方法で定量化しうる特異的連結産物に変換する．3C法の最終産物として得られた混合物である3Cライブラリーを高度マルチプレックスPCRにより増幅する．その後増幅されたライブラリーをマイクロアレイやDNA配列決定法で解析する．

5′→3′エキソヌクレアーゼ 5′→3′ exonuclease ポリヌクレオチド鎖を5′末端から分解するエキソヌクレアーゼ．

コード鎖 coding strand 転写において，転写されるRNA鎖と同じ配列をもつDNA鎖．センス鎖あるいは非鋳型鎖ともよばれる．

コドン codon DNA中の3ヌクレオチド配列で，遺伝暗号により特定のアミノ酸を指定する．

コヒーシン cohesin 有糸分裂の最終段階，姉妹染色分体が分離する前に，姉妹染色分体の長軸に沿ってそれらを固定している，SMCタンパク質を含むタンパク質複合体．

コピーDNA（cDNA） copy DNA 実験室で逆転写酵素を使い，RNAを転写してつくられる二本鎖DNA．相補的DNAともいう．

ゴールデンライス golden rice 穀粒内にビタミンA前駆体であるβ-カロテンが産生されるように工夫された遺伝子改変イネ．β-カロテン量を高くすると穀粒の色が金色になる．

コレステロール cholesterol 膜構成成分としての重要なステロール．膜構造の強度維持に役立つ．

コンセンサス（共通）配列 consensus sequence 同一ではないがよく似た一連のヌクレオチド配列やアミノ酸配列に関し，コンセンサス配列は配列上のそれぞれの位置で最も高い頻度で使われるヌクレオチド残基やアミノ酸残基で構築される．コンセンサス配列が導かれた一つの例として，細菌のタンパク質コード遺伝子上流にあるプロモーター配列があるが，個々のプロモーター配列はRNAポリメラーゼホロ酵素とわずかに異なる強さで結合する．

コンデンシン condensin SMCタンパク質を含むタンパク質複合体で，有糸分裂や減数分裂時に染色体の凝縮や分離に役割を果たす．

Sir2 silent information regulator 2 酵母テロメアにあるヘテロクロマチン構造の抑制に関わるヒストンデアセチラーゼ．酵母やヒトにおける寿命延長因子と見なされている．

細菌（バクテリア） bacterium 生物の3ドメイン分類の中の，古細菌以外のすべての微生物．従来の真正細菌．

細菌人工染色体（BAC） bacterial artificial chromosome 大きな挿入DNAの組込みと制御された複製が可能な大腸菌プラスミド由来のクローニングベクター．

サイクリン cyclin 真核生物の細胞周期の制御に関わるタンパク質（群）．細胞周期を通してその量が変化し，ある周期から他の周期への移行を促進，あるいは阻止することができる．

細胞質ポリアデニル化配列（CPE） cytoplasmic polyadenylation element mRNAの3′-非翻訳領域に存在するような特異的ヌクレオチド配列．mRNAをより安定にするため，短くなってしまったポリ(A)鎖の伸長に関わる．

細胞周期 cell cycle 真核生物の細胞分裂でみられるプロセスの循環型経時プログラム．

細胞周期チェックポイント cell-cycle checkpoint 細胞周期の次のステップに移行する条件が整ったかどうかをチェックするために細胞が一時的に細胞周期を止める，細胞周期の特定の時点．

細胞分裂周期変異株（*cdc*） cell division cycle mutant 細胞周期遮断や不完全な細胞周期進行といった変化した形質をもつ酵母の変異体．細胞周期制御研究で使われる．

サイレンサー silencer DNAがもつ遺伝的配列の一つで，遺伝子から離れた場所にあることが多く，遺伝子の転写を阻害する．エンハンサーと対比される．

サテライトDNA satellite DNA 全体のDNAと十分かけ離れた密度をもつ小さなDNA断片．密度勾配平衡遠心分離法で，主バンドから離れたバンドであるサテライトバンドを形成する．

残基 residue 重合後の高分子内に存在する単量体単位部分．

三次構造 tertiary structure タンパク質やRNAの三次元折りたたみ構造．

三重らせん triple helix 3本のポリペプチド鎖あるいは3本のポリヌクレオチド鎖から成るらせん構造．H-DNAがとる構造．

3′→5′エキソヌクレアーゼ 3′→5′ exonuclease ポリヌクレオチド鎖を3′末端から分解するエキソヌクレアーゼ．

CATH Class, Architecture, Topology or fold and

Homologous superfamily クラス，アーキテクチャ，トポロジー（フォールド），相同スーパーファミリーの区分によるタンパク質ドメインの半自動分類法．

シェルテリン shelterin 誤って損傷と認識されて修復されないよう，テロメアの一本鎖突出部分を保護するtループの形成を誘導する多タンパク質複合体．

シェルテリン複合体 shelterin complex DNAの分解または不適切な修復からテロメアを保護するタンパク質複合体．

閾値サイクル（CT） threshold cycle 定量PCRあるいはリアルタイムPCRにおいて，目的増幅産物が最初に検出できるようになるPCRのサイクル数．

シークエンスロゴ sequence logo プロモーター中のヌクレオチド配列，あるいは関連するポリペプチド鎖の中のアミノ酸配列などに関する相対的残基利用頻度を表すための方法．

シグナル認識粒子（SRP） signal recognition particle タンパク質の膜挿入のためのシグナル配列を認識する膜結合性の複合体タンパク質．

シグナル配列 signal sequence 新生ポリペプチド鎖のN末端にある配列で，ポリペプチド鎖が膜に挿入する過程を促進する．リーダー配列ともよばれる．

自己組織化原理 self-assembly principle タンパク質はシャペロンの助けなしでも，配列情報に基づいてその高次構造を自身で構築できるとする仮説．この原則はすべてではないが，いくつかのタンパク質については正しいことが証明されている．

シス制御配列レキシコン *cis*-regulatory lexicon ENCODE計画で決められたヒトゲノム中のシス制御配列の全セット．このセットは制御配列に結合する転写因子のセットと共進化してきた．

シス相互作用 *cis* interaction シス作動性のDNA制御配列間にみられる相互作用で，その配列は細菌では遺伝子の近傍，真核生物では同一染色体上にある．トランス相互作用と対比される．

シス-トランス相互作用 *cis-trans* interaction シス作動性DNA制御配列とゲノムの他の場所にコードされるトランス作動性タンパク質因子の間の相互作用．

シスのクロストーク cross-talk in *cis* 一つのアミノ酸残基の修飾が同じヒストン分子内の他の残基の修飾に影響を与える，ヒストンの翻訳後修飾機構．

持続長 persistence length 重合高分子の硬さを表す計算値．より硬い分子ほど持続長が長い．

cDNAライブラリー cDNA library ある種の細胞や生物で発現する一群のmRNAをもとにつくられたクローニングDNAが収集されたもの．

CTCF CCCTC-binding factor 多彩な機能をもつ普遍的ジンクフィンガータンパク質．同じ染色体上のDNA部位間でクロマチンループを形成したり，異なる染色体上にあるDNA配列の橋渡しをする活性があるため，ゲノム構築の中心的分子と考えられている．

シトシン（C） cytosine DNAとRNAの両方にあるピリミジン塩基．

シナプシス synapsis 減数分裂において相同染色体が並ぶこと．

シナプトネマ複合体（SC） synaptonemal complex シナプシスにおいて，相同染色体を一緒に保持するための足場として最初に働くタンパク質複合体．

CpGアイランド CpG island CpGジヌクレオチドの密度が高いゲノム領域．シトシンメチル化の最良の基質であるCpGが豊富に存在するにも関わらず，全体のDNAと比較した場合，この領域のメチル化程度は低い．

C末端 C-terminus 未反応カルボキシ基をもつポリペプチド鎖の末端．N末端の反対側．

C末端ドメイン（CTD） C-terminal domain RNAポリメラーゼII最大サブユニットのRpb1に存在するドメインで，YSPTSPSという7塩基配列の反復を含む．この7塩基配列の翻訳後修飾が特異的制御タンパク質のための結合プラットフォームとなる．

シャイン・ダルガノ配列（SD配列） Shine-Dalgarno sequence 細菌のmRNAの5′末端近くにみられる配列で，rRNAの配列と相補性がある．これによってリボソームがmRNAに呼び込まれ，翻訳開始に関するmRNA中の開始コドンの正確な位置決定が可能になる．

シャペロン chaperone 高分子の正しい折りたたみを補助する高分子複合体．タンパク質と核酸に関わる高分子シャペロン複合体が存在する．

シャルガフの法則 Chargaff's rule 天然DNAの塩基組成における化学量論的一定性を述べた経験則．たとえば，G＝C，A＝Tなど．

ジャンクDNA（がらくたDNA） junk DNA 以前，有用な機能をもたないと考えられていたゲノム中のノンコーディングDNA（非コードDNA）に当てられていた用語．現在では大部分あるいはすべてのDNAは転写され，何らかの機能をもちうることが知られているので，現在この用語はめったに使われない．

終結 termination 転写，翻訳，複製における合成の終了および重合産物であるRNA，タンパク質，DNAの放出．

終結因子（RF） release factor 終始コドンがリボソームのA部位に来たときに転写終了を促進させるように働くタンパク質．

終結シグナル termination signal 通常，ヌクレオチド配列から成るシグナルで，転写終結をひき起こす．mRNAには翻訳終結のシグナル，DNAには複製終結のシグナルも存在する．終結配列，ターミネーターともい

われる．

終結ゾーン　termination zone　DNA 複製の終結が起こる，細菌の染色体の中のかなり広範囲な領域．

十字形　cruciform　ポリヌクレオチド鎖のとる構造を引用する場合に使われる用語．

終止コドン　stop codon　mRNA からタンパク質への翻訳が停止する場所のシグナルとして働くトリプレット．

集約型（シャープな）プロモーター　focused (sharp-type) promoter　真核生物プロモーターを大まかに 2 分したうちの一つで，単一あるいは密集した複数の転写開始部位をもつ．分散型プロモーターと対比される．

循環置換　circular permutation　環状ポリペプチドなどの環状構造分子中の配列を順序付ける異なる方法．

縮重　degenerate　大部分のアミノ酸は 1 個より多い数のコドンによって指定されるという，遺伝コードの重要な特徴の一つを表すときに使われる用語．実質的には，あるアミノ酸の指定にはコドンの最初の 2 文字で十分で，3 番目の文字は違いうると表現される．

宿主制限　host restriction　ある細菌が特定のバクテリオファージの増殖を制限する能力で，制限酵素と DNA メチルトランスフェラーゼの存在によって説明される．メチル化は，侵入した非メチル化配列のみを切断するエンドヌクレアーゼから宿主 DNA を守る．

条件的ヘテロクロマチン　facultative heterochromatin　状況に応じて形成されるヘテロクロマチン．

小分子干渉 RNA（siRNA）　small interfering RNA　ダイサーとよばれる細胞質にある特別な RN アーゼの働きによって，二本鎖 RNA から生成する 21～26 bp の短い RNA．相補的配列をもつ mRNA を崩壊させることにより，遺伝子発現を阻害する．

小分子ユビキチン様修飾因子（SUMO）　small ubiquitin-like modifier　幅広い細胞機能をもつユビキチンに似た小型タンパク質．

障壁活性　barrier activity　インスレーター機能の一つで，抑制性ヘテロクロマチン構造の広がりを物理的に妨害する．

上流　upstream　ある DNA 位置からみて 3′ から 5′ へ向かう側にあること．下流に対する逆の用語．

上流活性化配列（UAS）　upstream activating sequence　プロモーターの上流にある酵母の DNA 配列の一つで，高等真核生物の場合は近位プロモーター配列がその代わりをなす．転写を高め，多くの場合，多細胞真核生物のエンハンサーに相当すると考えられる．

ショットガンシークエンシング法　shotgun sequencing approach　巨大ゲノム DNA をシークエンシングするための戦略．大量の数からなる一連の組換え DNA クローンの作製，それらのシークエンシング，そして重複する配列をもつクローンのアライメント（位置合わせ）を行い，その後コンピューターを使って完全なゲノム配列を再構成する．

ショ糖密度勾配沈降法　sucrose gradient sedimentation　バンド状に遠心分離した成分がショ糖濃度勾配によって安定化される状態で行われる沈降分析．

自律型レトロトランスポゾン　autonomous retrotransposon　逆転写酵素遺伝子を始めとして，転移に必要なすべての遺伝要素を含むレトロトランスポゾン．

自律複製配列（ARS）　autonomous replicating sequence　酵母染色体中にあるヌクレオチド配列で，DNA 複製起点を含む．この配列をプラスミドに含ませると，そのプラスミドは酵母ゲノムの複製とは独立に複製能力を得る．

真核生物　eukaryote　核膜で包まれた核をもつ生物．核や他の細胞小器官を欠く細菌や古細菌と区別される．

ジンクフィンガー　zinc finger　タンパク質の DNA 結合モチーフの一つで，ペプチド鎖が亜鉛（zinc）原子によって安定なフィンガー（指）状に折りたたまれている．

GINS 複合体　GINS complex　真核生物複製の開始前複合体形成を促進する 4 個のタンパク質から成る複合体．

伸長　elongation　転写，翻訳，DNA 複製において，生成物である高分子鎖が伸びていく過程．開始や終結と区別される．

伸長複合体　elongation complex　転写伸長中の RNA ポリメラーゼと DNA から成る複合体．重合反応のプロセッシビティに必要な DNA の強固な結合を確実にするため，開始から伸長への移行時に，ポリペプチド中のある部分の構造がかなり変化する．

伸長因子 Tu（EF-Tu）　elongation factor Tu　細菌の翻訳因子．翻訳伸長時，GTP 共存下でアミノアシル tRNA をリボソームの A 部位に運ぶ．

浸透度　penetrance　集団中のどれだけの数の個体が遺伝子型で期待される表現型を現すのかという値．

スティミュロン　stimulon　モジュロンともいわれる．制御が協調的に起こる一群のレギュロン．一例として，cAMP 結合 CAP によって制御されるすべてのレギュロンとオペロンを含む CAP モジュロンがある．

ストレス顆粒　stress granule　細胞質に存在するタンパク質-RNA 凝集体で，細胞ストレスに応答して形成され，使用されていない mRNA の貯蔵や再利用のために働く．

SNARE　SNAP receptor　小胞がリソソームなどの標的細胞小器官の膜へ付着することを助けるタンパク質．

スプライシング　splicing　イントロンを除き，成熟 mRNA の連続するコード配列中のエキソンを再結合させる mRNA 前駆体の核内修飾過程．

スプライソソーム　spliceosome　スプライシング実行に

関わる核内のタンパク質-RNA 複合体.

スープラ（超）スプライソソーム　supraspliceosome　mRNA 前駆体上の四つのスプライシング過程の同時進行を可能にする，4 種類の緊密に集合したスプライソソームから成る生体内に存在する複合体.

スベドベリ単位（S）　Svedberg unit　沈降係数で用いられる習慣的単位で，10^{-13} 秒と定義される.

SRY 遺伝子　SRY gene　雄の解剖学的性を決める雄の Y 染色体上にある遺伝子.

スライディングクランプ　sliding clamp　複製に関わる環状構造タンパク質で，DNA の周りを囲み，DNA ポリメラーゼが鋳型から外れるのを防ぐ．このため，プロセッシビティ促進因子として働く.

刷込み遺伝子（インプリント遺伝子）　imprinted gene　起源となった親に特異的な様式で発現する対立遺伝子にある遺伝子．抑制される対立遺伝子はいずれか一方の親に由来し，生殖系列細胞発生時に DNA メチル化により抑制マークが付けられる．これらのマークは体細胞分裂全体を通して維持される.

3 ポリメラーゼレプリソーム　three-polymerase replisome　レプリソームがコアポリメラーゼを余分に 1 個もつという仮説．この仮説では岡崎フラグメント合成の新たな開始を迅速に行うことができる.

SWI/SNF（スイッチ/スクロース非発酵性）　switch/sucrose nonfermenting　クロマチンリモデリング複合体のファミリーの一つ．酵母やヒトにおいては，ファミリー内でいくつかのサブユニットが共通に使われており，特にそのうちの一つは ATP 加水分解反応に関わる.

制御転写　regulated transcription　ある条件下でのみ発現する遺伝子の転写．転写レベルで制御される遺伝子はオンかオフのいずれかの状態になるが，オン状態でのさらなるレベルの制御は RNA 産物量を変化させる.

制限酵素　restriction enzyme, restrictase　特異的ヌクレオチド配列に結合して二本鎖 DNA を切断する酵素．本酵素は細菌がもつ制限系の一部になっており，細胞に侵入した外来 DNA を破壊する．制限エンドヌクレアーゼともいわれる.

脊髄性筋萎縮症（SMA）　spinal muscular atrophy　歩行，起き上がり，頭の動きの調節に使われる筋肉の萎縮で特徴づけられる遺伝性疾患．その遺伝子産物が運動ニューロンの生存に必須な SMN1 遺伝子の欠損か変異によって起こる.

接合　conjugation　正反対の性をもつ 2 個の細菌の間で起こる遺伝情報移入プロセスの一つで，細胞と細胞の直接接触が関わる．遺伝子水平伝播機構の一つ．他の二つの機構である形質転換と形質導入には細胞同士の接触はない.

Z 形 DNA（Z-DNA）　Z-form DNA　in vitro の特異的イオン条件下で存在する通常とは異なる左巻き構造をもつ DNA．in vivo でも見つかっているが，その生物学的意義ははっきりしていない.

セパレース　separase　コヒーシンの非 SMC サブユニットの一つを切断するプロテアーゼで，コヒーシンのリングを開き，姉妹染色分体の分離と細胞分裂後期での両極への移動を行わせる.

セルソーティング　cell sorting　細胞の調製用フローサイトメトリー．細胞集団をある特定の性質をもつ細胞が高度に濃縮された画分に分けること.

前骨髄性白血病ボディ（PML ボディ）　promyelocytic leukemia bodies　細胞学的に認識しうる，テロメアの代替伸長が起こっている場所に相当する構造.

染色体テリトリー　chromosome territory　核内にいくつかある領域で，それぞれは特異的な間期の染色体を含む.

染色体　chromosome　非常に長い DNA とそれに付随するタンパク質から成る構造体で，生物の遺伝情報の全部またはその一部を含む．有糸分裂中あるいは減数分裂中の植物や動物の細胞においてとりわけはっきり観察できる．細胞分裂（有糸分裂）時，間期にある個々の染色体は，特異的染色法で染色した後の光学顕微鏡で可視化できるコンパクトな棒状構造に凝縮される．染色体（chromosome）という語句はギリシャ語の chroma（英語の color）と soma（英語の body）に由来し，色づけされた物体という意味をもつ.

センス鎖　sense strand　コード鎖と同じ.

全体的遺伝子発現パターンの包括的制御　global controls of overall expression patterns　包括的制御の対象の一つの例として DNA 超らせんの全体レベルがある.

選択的スプライシング　alternative splicing　mRNA 中に現れるエキソンが異なって選択されるスプライシング．このスプライシングで生じるある種の産物は，イントロンを含む mRNA，あるいは異なる 3′ 末端や 5′ 末端をもつ mRNA となりうる.

選択的 DNA 構造　alternative DNA structure　局所的に変性した領域，十字形 DNA，Z-DNA，あるいは三本鎖 DNA といった，負の超らせんストレスがかかる所で形成される DNA 構造で，転写を正あるいは負に制御しうる.

セントラルドグマ　central dogma　遺伝情報は DNA からタンパク質へ流れてその逆はないとする，Crick が提唱した仮説に与えられた用語．分子生物学の中心命題.

セントロメア　centromere　有糸分裂時に紡錘糸が付着する染色体の部分.

増殖細胞核抗原（PCNA）　proliferating cell nuclear antigen　真核生物複製のプロセッシビティ因子.

相同組換え（HR）　homologous recombination　組換

えを行う DNA 配列間に高い相同性を必要とする組換え.

相同組換え修復　homologous recombination repair　相同組換えを介して行われる DNA 修復.

挿入配列（IS）　insertion sequence　末端反復配列と転移に必須な遺伝子を含む細菌のトランスポゾン.

挿入ベクター　insertion vector　ファージ DNA を除くことなしにファージゲノム中に組換え DNA 断片が挿入されたファージベクター．置換ベクターと対比される.

相変異　phase variation　特異的表面抗原の存在状態の異なる細菌バリアントが可逆的に制御されて生じること．よく研究された例として，尿路病原性大腸菌の腎盂腎炎関連繊毛の合成がある.

相補的 DNA（cDNA）　complementary DNA　RNA をもとに逆転写酵素でつくられる DNA．厳密には一本鎖 DNA を表すが，二本鎖にしたものも（二本鎖）cDNA といわれる．コピー DNA ともいう.

損傷乗越え合成（TLS）　translesion synthesis　損傷の修復を伴わない，損傷を越えて起こる DNA 合成.

損傷乗越えポリメラーゼ（損傷回避ポリメラーゼ）　translesion synthesis polymerase（translesion bypass polymerase）　損傷を除くことなしに損傷をもつ DNA を複製する．正確性が低くて合成速度の遅い，特殊用途のための DNA ポリメラーゼ.

ダイサー　Dicer　二本鎖 RNA やマイクロ RNA 前駆体（pre-mcRNA）を短い二本鎖の RNA 断片に切断して，それぞれを小分子干渉 RNA（siRNA）や mcRNA に変換するリボヌクレアーゼ．mRNA を分解する複合体の成分でもある.

体細胞分裂　mitosis　二本鎖の親 DNA のコピーが 2 個つくられ，その結果生じる娘細胞が二倍体数の染色体を含む細胞分裂．真核生物の体細胞において典型的.

対立遺伝子（アレル）　allele　ゲノム中に存在する遺伝子のある種の形態．多くの場合，二倍体の体細胞中のそれぞれの遺伝子は 2 個の対立遺伝子をもち，その一方は母方，他方は父方由来である．さらに一つの遺伝子が 2 個以上の対立遺伝子をもつことがあり，受精とは直接関連のない種々の機構によって生じる．集団中で最も頻度の高い対立遺伝子は野生型とよばれる.

対立遺伝子頻度　allele frequency　ある対立遺伝子が集団中で現れる頻度で，特定の対立遺伝子のコピー数をその遺伝子のすべての対立遺伝子のコピー数で割ったもの.

多糸染色体　polytene chromosome　並行に詰まった多数の染色体．ある種の昆虫細胞，例としてはキイロショウジョウバエの唾腺にみられる.

Tus（終結利用物質）　termination utilization substance　大腸菌において複製終結部位の DNA 配列に結合するタンパク質因子．複製フォークの一方向のみの移動を止めるので，フォークの移動に極性が生じる.

TATA 結合タンパク質（TBP）　TATA-binding protein　TATA 配列に結合する真核生物転写開始複合体の中の一つのタンパク質．他の基本転写因子と RNA ポリメラーゼ II が TBP の周りに集まる.

TATA 結合タンパク質随伴因子（TAF）　TATA-binding protein associated factor　転写開始に必須な TBP に会合する基本転写因子.

TATA ボックス　TATA box　通常，真核生物の転写プロモーターにみられるオリゴヌクレオチド配列．RNA ポリメラーゼの正しい結合にとって必須な基本転写因子の TBP が結合する.

多タンパク質複合体　multiprotein complex　多数の異なる種類のタンパク質を含む非常に大きな複合体に関して一般的に使われる用語．通常このようなタンパク質は，細胞の生命機能をつかさどったり制御するタンパク質装置として作用する.

脱アデニル化　deadenylation　欠陥のない mRNA からポリ（A）鎖を除くプロセスで，mRNA 分解の最初のステップ.

脱アミノ反応　deamination　アミノ基の除去.

Taq ポリメラーゼ　Taq polymerase　好熱性細菌の *Thermus aquaticus* から得られる耐熱性 DNA ポリメラーゼ．反応を高温で行う PCR に有用である.

多能性　pluripotency　細胞が多数のタイプの細胞に分化する能力．胚性幹細胞のような完全な多能性細胞は，生物のすべてのタイプの細胞になることができる．多分化能（複能性）は特定の複数のタイプの細胞に分化できる性質で，例として，造血幹細胞はリンパ球，単球，赤血球，そしてその他のタイプの血液細胞に分化できるが，脳細胞などには分化できない.

Ter 部位（終結部位）　termination site　DNA 合成，RNA 合成，あるいはタンパク質合成のような重合反応が停止する部位．開始部位とともに存在し，両者により重合分子の長さが決まる.

多面発現　pleiotropy　遺伝学において一つの遺伝子が複数の見かけ上関連のない表現型特徴に影響する状況．多面発現，多面作用，多層遺伝などと訳される.

単一アレル性遺伝子発現　monoallelic gene expression　体細胞中の通常の二つの対立遺伝子（アレル）のうち，一方のみが優先的に発現すること．対立遺伝子排除としても知られているまれな現象．大部分の場合，遺伝子は両アレルで発現する.

短鎖散在反復配列（SINE）　short interspersed nucleotide element　機能性逆転写酵素をコードせず，他の可動因子（トランスポゾン）の助けなしには転移することのできない非 LTR 型トランスポゾン

短鎖ノンコーティング RNA　short noncoding RNA　転写や翻訳における制御能をもつ小分子ノンコーディング RNA．マイクロ RNA（miRNA），小分子干渉 RNA（siRNA），小分子核小体 RNA（snoRNA），PIWI 結合 RNA（piRNA）などを含むいくつかのクラスのものが知られている．

単数体　haploid　2個1組のゲノムのうちの一方しかもたないこと．卵，精子といった配偶子は単数体細胞であり，受精あるいは接合によってそれらのゲノムが合わさり，二倍体の体細胞になる．

タンデムキメリズム（縦列のキメラ化）　tandem chimerism　選択的スプライシングのプロセスにおいて，あるエキソンが2個以上の近傍遺伝子のものとつながることにより，遺伝子をまたぐ RNA の産生が誘導される現象．長い領域の転写の結果生じる．

タンパク質スプライシング　protein splicing　ポリペプチド鎖の異なる部位が切断され，その後連結して新しい分子ができる過程．加水分解反応を行うタンパク質分解酵素の逆反応として行われる．酵素は近くで同時に起こるペプチド結合のタンパク質分解反応によって生じるエネルギーを使ってペプチド結合の形成を触媒する．

タンパク質分解　proteolysis　タンパク質の加水分解．

置換バリアント　replacement variant　あるヌクレオソーム中にみられる，標準的ヒストンと置き換わるヒストンバリアント．置換は細胞周期のどの時点でも起こりうる．他方，標準的ヒストンは S 期のときにのみクロマチンに組込まれる．

置換ベクター　replacement vector　置換型 λ ファージ由来ベクター．λ ファージゲノムの約 1/3 は複製には必要なく，組換えファージの感染性への影響なしに希望する任意の DNA 配列と置き換え可能という事実に基づくクローニングベクター．

チミン（T）　thymine　DNA にあって RNA にはないピリミジン塩基．

長鎖散在反復配列 1（LINE-1, L1）　long interspersed nucleotide element 1　非常に豊富に存在する非 LTR 型レトロトランスポゾンの一群．それ自身や他の全ての配列要素を転移させることのできる，現在でも活性を保持している唯一のトランスポゾン．

長鎖ノンコーティング RNA（lncRNA）　long noncoding RNA　発現するがタンパク質はコードしない長い RNA．遺伝子発現に何らかの機能をもつ．

超らせんストレス　superhelical stress　超らせんによって二本鎖 DNA に生じる張力．

超らせんドメイン　supercoiled domain　異なる超らせんストレス下にある細菌染色体にできるループ．形成の程度はトポイソメラーゼと，DNA をねじったり曲げたりする構造タンパク質によって厳密に制御され，それが転写制御につながる．

超らせん密度（σ）　supercoil density　分子の超らせん状態を示す数値．当該状態 DNA のリンキング数からリラックス DNA のリンキング数を引いたものを，リラックス DNA のリンキング数で割った値となる．

直接修復　direct repair　チミン二量体の光修復など，化学的逆反応による損傷 DNA の修復．

tRNA（転移 RNA）　transfer RNA　特異的アミノ酸に結合し，それをリボソームに運ぶ分子で，その特異的アンチコドンが mRNA のコドンと対合する．これにより，RNA 配列とタンパク質配列をつなげる．

tRNA 識別配列　identity element in tRNA　tRNA 中の4個のアームのいずれかの中に存在する配列要素で，正しい tRNA が正しいアミノアシル tRNA シンテターゼに提示されることを確実にし，それが tRNA と該当アミノ酸結合の正確性を保証する．

tRNA ヌクレオチジルトランスフェラーゼ（CCA 付加酵素）　tRNA nucleotidyltransferase　いくつかのヌクレアーゼによって最終的な長さにまで切りそろえられた tRNA 前駆体の 3′ 末端に共通に連続3塩基 CCA を付加する酵素．

DNA（デオキシリボ核酸）　deoxyribonucleic acid　デオキシリボヌクレオチドの共有結合による連結でつくられるポリヌクレオチド．細胞内での遺伝情報の保存場所であるとともに，その情報を次世代に運ぶ担体．

DNA 組換え　DNA recombination　二本鎖 DNA の配列を交換する事による遺伝物質の領域の並び替え．

DNA 結合ドメイン（DBD）　DNA-binding domains　転写因子内の明確に区別されるドメインで，遺伝子制御領域内の特異的ヌクレオチド配列に結合する．

DNA ジャイレース　DNA gyrase　DNA への負の超らせん導入を触媒するトポイソメラーゼ．

DNA 損傷応答（DDR）　DNA damage response　二本鎖切断 DNA を修復する洗練された一連の機構．長い一本鎖 DNA に対する応答としても起こる．

DNA タイリングアレイ　DNA tiling array　短いオリゴヌクレオチドプローブが，ゲノム領域を完全にカバーするように配列を重複させて並べられているマイクロアレイ．このようにデザインすることにより，着目するゲノム領域への結合に関して調べようとしているそれぞれの解析試料のシグナルを，それがタンパク質であれ核酸断片であれ，隣接する複数のスポットとして検出することができ，それゆえ結果の精度が高くなる．

DNA フォトリアーゼ（光回復酵素）　DNA photolyase　可視光をエネルギー源として DNA 中のチミン二量体を修復する酵素．このため光回復酵素ともよばれる．

DNA ヘリカーゼ　DNA helicase　DNA の二本鎖を巻き戻す，あるいは解きほぐす酵素．DNA 複製に必須．

Dnmt3a, Dnmt3b　まだメチル化されていない CpG ジヌクレオチドに新たにメチル基を導入する酵素．胚発生時の包括的な新規メチル化に関わる．

DNA メチルトランスフェラーゼ（DNMT）　DNA methyltransferase　多くの種類を含む，DNA 塩基のメチル化を行う酵素．

DNA メチルトランスフェラーゼ 1（Dnmt1）　DNA methyltransferase 1　新たに合成された DNA 鎖中の CpG ジヌクレオチド中のシトシンを認識してメチル化するメチル基転移酵素．このため，ゲノム DNA 両鎖のメチル化パターン維持に関わる．

DNA ラダー　DNA ladder　ミクロコッカスヌクレアーゼによるクロマチンの部分分解，DNA 精製，アガロースゲル電気泳動を順に行い，そこで見られる DNA 断片の電気泳動パターン．得られる DNA 断片はリピート長という一定長の倍数になる．

DNA リガーゼ　DNA ligase　いろいろなタイプを含む，DNA 分子の共有結合を触媒する酵素．

DNA リンカー　DNA linker　DNA の平滑末端に共有結合させて使用される短いオリゴヌクレオチド．制限酵素部位を含むので，相当する制限酵素で切断すると，DNA 断片の効率的連結のための粘着末端を生じる．

TFⅡD（転写因子ⅡD）　transcription factor Ⅱ D　プロモーターに最初に結合する多サブユニットタンパク質複合体．TATA 結合タンパク質（TBP）と複数の TBP 随伴因子を含む．

TFⅡS　RNA ポリメラーゼが DNA 鋳型に沿って逆戻りすることにより起こる転写の一時停止に打ち勝つように働く真核生物の特異的転写伸長因子．SⅡともいわれる．細菌の相対因子は GreA および GreB．

Dcp2　mRNA の 5′→3′方向の分解経路で効くキャップ除去酵素．

停滞　stalling　長時間続く転写の停止あるいは休止．ポリメラーゼ複合体の離脱と新生 RNA の解離が起こる．

Dps タンパク質　DNA protection during starvation protein　飢餓応答 DNA 保護タンパク質．飢餓にさらされた細菌内に蓄積するタンパク質で，DNA を含む共液晶構造を形成し，それがゲノム分解を防止する．

定量 PCR（qPCR）　quantitative PCR　多反応サイクルを通して生成物の量をモニターする PCR の変法．リアルタイム PCR としても知られている．

t ループ　t-loop　テロメア末端にある一本鎖突出がさらに上流の相同領域と相互作用することによりつくられる構造．t ループ形成は，一本鎖突出部分と結合してその構造を不必要な修復反応や分解から防止するタンパク質複合体のシェルテリンによって誘導される．

デオキシリボヌクレアーゼⅠ（DN アーゼⅠ）　deoxyribonuclease Ⅰ　DNA を，単鎖を優先的に切断するエンドヌクレアーゼ．ヌクレオソームの内部構造の研究やゲノム中の制御配列同定のために使われる．

適応収容　accommodation　伸長因子 EF-Tu の結合で構造がゆがめられているアミノアシル tRNA のコンホメーションの弛緩．弛緩により翻訳伸長のその後のステップが促進される．

テトラソーム　tetrasome　DNA が 1 組のヒストン H3-H4 四量体〔(H3-H4)$_2$〕の周囲を巻くヌクレオソーム様構造．

テロメア　telomere　染色体末端の構造で，多数の DNA 反復配列から成る．テロメアは，複製時にプライマー RNA が DNA に置換されないために生じる有害な染色体末端短縮から染色体 DNA を保護する．

テロメア間 D ループ　intertelomeric D-loop　テロメラーゼに依存しない，テロメアの代替伸長（ALT）経路に関わる構造．一つのテロメアの 3′突出末端が他の染色体のテロメアの二本鎖に侵入する．テロメア伸長が第二の染色体のもつ配列情報を用いて起こる．

テロメラーゼ　telomerase　テロメアに短い繰返し DNA 配列を付加する RNA とタンパク質から成る逆転写酵素．テロメアの不都合な短縮と染色体末端に存在する遺伝子の欠失を防止する．

転移因子（トランスポゾン）　transposable element (transposon)　それ自身でゲノムのある場所から他の場所に移動あるいは転移できる DNA 配列．

点型セントロメア　point centromere　明確に定義された局在性のセントロメア．

電気泳動　electrophoresis　高分子を電場の下で移動させること．さまざまな変法があり，タンパク質あるいは核酸の混合物の分離，分析のために広く使われる．

電気穿孔法　electroporation　強力な電気ショックによって DNA を細胞に導入する技術．

電子顕微鏡（EM）　electron microscope　可視光線の代わりに収束させた電子ビーム用いて対象を映像化する顕微鏡．

転写　transcription　鋳型 DNA 鎖を RNA 配列に読込むこと．

転写因子　transcription factor　プロモーター配列，あるいはエンハンサーやサイレンサーといった制御領域に結合するタンパク質で，転写を活性化もしくは抑制する．

転写開始部位（TSS）　transcription start site　転写が始まる DNA 上の正確な位置．

転写活性化ドメイン（AD）　transcription activation domain　転写因子中のタンパク質ドメインの名称で，分子シグナルに応答し，転写装置中のタンパク質成分との相互作用を介して転写を促進する．

用 語 集

転写活性化に関する呼び込み仮説　recruitment model for transcriptional activation　転写アクチベーターは，単に転写装置をプロモーターに呼び込むことで作用を示すという仮説．

転写共役修復（TCR）　transcription-coupled repair　転写されている遺伝子のみで働くヌクレオチド除去修復の経路．転写される側のDNA鎖（鋳型鎖）が優先的に修復される．

転写中断　abortive transcription　数ヌクレオチドが連結された後，未熟な状態で終了する転写．

転写バブル　transcription bubble　RNAポリメラーゼ内にあるDNA中の約13～14 bpに及ぶ変性領域．これによって酵素がDNA塩基に接近でき，転写の開始と伸長が起こる．バブルはポリメラーゼとともに鋳型DNAに沿って移動する．

天然変性タンパク質（領域）　intrinsically disordered protein (region)　決まった二次構造，三次構造をとらないタンパク質，あるいはその中の一部．このようなタンパク質，あるいはその領域は本質的にランダムコイル構造として挙動し，数多くの結合相手と相互作用するかなりの融通性をもつ．

統計的位置取り　statistical positioning　適切に位置取りされたヌクレオソームの後に存在することの多い，ヌクレオソームの位置取り．適切に位置取りされたヌクレオソームよりははるかに不規則になる．

糖タンパク質　glycoprotein　グリコシル基が共有結合したタンパク質．付加されるものは個々の糖分子であったり糖鎖であったりする

動的校正　kinetic proofreading　タンパク質合成過程における校正の様式で，誤りを見つけて修正する機会を向上させるために，翻訳の緩やかに進む特定の段階で行われる．

等電点　isoelectric point　タンパク質がもつ正味の電荷が0になるpH．

等電点電気泳動　isoelectric focusing　pH勾配中で行う電気泳動．おのおののタンパク質は勾配の中の自身の等電点に相当する位置まで移動する．

DnaAボックス　DnaA box　大腸菌の複製起点に存在する9 bpの反復配列．イニシエータータンパク質DnaAがそこに結合してプライモソームが形成される．

トウプリント法　toeprinting　核酸に結合するタンパク質の端の位置を決めるためのプライマー伸長法．mRNA上で停止したリボソームの位置決定によく用いられる．

突出末端　overhang　二本鎖DNAの末端において一方の鎖が他より伸びていること．

トポアイソマー　topoisomer　リンキング数のみが異なるDNA分子．

トポイソメラーゼ　topoisomerase　DNAのリンキング数を変えることができる酵素．酵素はDNAを切断，それに続いて分子を弛緩させるか超らせんを入れるかし，その後DNAを再結合することでこの反応を達成する．Ⅰ型トポイソメラーゼは一本鎖を切断するが，Ⅱ型トポイソメラーゼは二本鎖を切断する．

トポロジカルな拘束　topologically constrained　環状構造をとるか外部拘束により，その構造が保持されている二本鎖ポリヌクレオチドの状態．このため，ポリヌクレオチド鎖の切断と再結合なしにリンキング数を変えることはできない．

ドメイン　domain　折りたたみ構造をとる分子内の部分．それ自身で折りたたまれるという証拠があり，分子の他の部分と区別することができる．

トランスクリプトーム　transcriptome　ゲノムのすべての転写領域．

トランスクリプトーム解析　transcriptome analysis　細胞機能の全体像を描くために，何千もの遺伝子の転写活性をいっせいに測ることのできるハイスループットな配列決定法．ヒトゲノムを含め，配列決定済みのゲノムを丸ごと分析することができる．

トランススプライシング　trans-splicing　遠方のエキソンが連結するスプライシング．広い範囲の転写の結果として起こり，遺伝子間スプライシング産物がつくられる．

トランス相互作用　trans interaction　二つの異なる染色体上の配列間相互作用．シス相互作用と対比される．

トランスのクロストーク　cross-talk in trans　一つのアミノ酸残基の修飾が同一，あるいは異なるヌクレオソームにある別のヒストン分子内の残基の修飾に影響を与える，ヒストンの翻訳後修飾機構．

トランスポゼース　transposase　トランスポゾンにコードされる酵素で，転移を触媒する．

トランスロケーション　translocation　タンパク質合成において，ペプチド結合形成の後にリボソーム上で起こる複雑で連続した段階で，その過程によりmRNAは3′から5′の方向に正確に1コドン分だけ前進する．この動きがリボソームA部位における次のコドンの位置取りを行わせる．

トランスロコン　translocon　タンパク質の細胞膜への輸送，あるいは膜を越えた輸送に関与する多タンパク質複合体．

トリペプチドアンチコドンモチーフ　tripeptide anticodon motif　終結因子中の3アミノ酸から成るペプチドで，終止コドンを認識して，できたポリペプチド鎖の適切な解離を促進する．

トロンボーンモデル　trombone model　DNA複製においてラギング鎖合成をリーディング鎖合成と同調させるために，ラギング鎖の鋳型部分がループアウトされると

いう仮説.

内因性経路　intrinsic pathway　アポトーシスを開始し実行する二つの主要経路の一つ．経路は細胞死シグナルの性質に依存する．細胞内のストレス条件により活性化される．細胞全体の崩壊というアポトーシス実施の最後の段階で，外因性経路と一緒になる．

内部リボソーム進入部位（IRES）　internal ribosome entry site　通常のキャップ依存性開始が損なわれている場合に，翻訳開始に用いられるmRNAの5'末端近傍の部位．IRESの機能にはキャップ構造，もしくはmRNAがつくる二次構造を除くための種々の因子は必要ない．

長い末端反復配列（LTR）　long terminal repeats　反復性DNA配列で，数百塩基対の長さをもち，レトロウイルスのプロウイルスあるいはレトロトランスポゾンの末端にみられる．ウイルスがその遺伝物質を宿主ゲノムに挿入するために必要である．

ナンセンス変異依存性mRNA分解（NMD）　nonsense-mediated decay　mRNA分解の一つの様式で，リボソームが未成熟終止コドンに出会ったときに起こる．

二価染色体　bivalent　減数分裂においてみられる，シナプトネマ複合体によって全領域で連結した2本の相同染色体．

二次元ゲル電気泳動　two-dimensional gel electrophoresis　二つの方向で順番に行うゲル電気泳動による高分子の分離．タンパク質の場合，例としては一次元目の分離に等電点電気泳動を用い，その後二次元目はSDSゲル電気泳動を行う．

二次構造　secondary structure　タンパク質分子中に通常に存在する折りたたみ部分．αヘリックス（αらせん）構造とβシート構造が最も重要だが，他のタイプのヘリックス構造やある種のターン（折れ曲がり）構造も含まれうる．

二重ふるい機構　double-sieve mechanism　アミノアシルtRNAシンテターゼがアミノアシル化反応の正確性を確実にするためにとる仕組．最初の目の粗いふるいは正しいアミノ酸より大きなアミノ酸の活性化を排除する機構で，次の，目のより細かなふるいは正しいアミノ酸より小さなものを加水分解する機構である．

ニック　nick　二本鎖ポリヌクレオチドの場合に用いられる用語で，一方の鎖のみに存在する切断．

二倍体　diploid　真核細胞内にそれぞれの染色体が2コピーずつある遺伝的状態．

二方向性転写　bidirectional transcription　DNAの両鎖で起こる転写．RNAポリメラーゼがそれぞれのDNA鎖に沿って進むが，ポリメラーゼがオーバーラップしない転写産物をつくるように互いに遠ざかって動く場合と，ポリメラーゼが部分的に相補的な転写産物をつくるように互いに近づいて動く場合とがある．

二本鎖　duplex　分子生物学においては，2本の鎖から成るDNAあるいはRNA構造を意味する．

乳がん感受性遺伝子（BRCA1, BRCA2）　breast cancer susceptibility gene　多くの分子機構によって乳がんの伸展傾向を上昇させる．

二要素プライマー　two-part primer　真核生物の複製では，プライマーはRNA配列とDNA配列の両方を含む．

ニワトリの足モデル　chicken-foot model　リーディング鎖鋳型の傷がリーディング鎖DNAの合成を阻止した後，DNAが"ニワトリの足"に似たトポロジーをとることで起こる複製再スタートを述べた仮説．この過程にはRecQヘリカーゼが関わる．

認識モチーフ　recognition motif　核酸の特異的部位へ配置されることに関与するタンパク質中の構造モチーフ．例として，ヘリックス・ターン・ヘリックス，ロイシンジッパー，ジンクフィンガーがある．

ヌクレアーゼ高感受性部位　nuclease-hypersensitive site　ヌクレオソーム構造をとらないため，DNA分解酵素DNアーゼIで切断されやすい真核生物クロマチンのDNA領域．

ヌクレオシド　nucleoside　プリンあるいはピリミジン塩基がリボースあるいはデオキシリボースの1'位に結合した分子．

ヌクレオソーム　nucleosome　真核生物クロマチンの主要な繰返し単位であるDNA-ヒストン八量体粒子の一般的な用語．ヌクレオソームコア粒子，オクタソームも参照のこと．

ヌクレオソーム欠失領域（NDR）　nucleosome depleted region　真核生物のプロモーター中にみられる，隣接する遺伝子の転写状況によらずに永続的にヌクレオソームを欠く領域．

ヌクレオソームコア粒子　nucleosome core particle　ヒストン八量体の周りを包む147 bpのDNAの特異的構造．

ヌクレオソームの位置取り　nucleosome positioning　ヌクレオソームが特異的DNA配列上に位置すること．

ヌクレオチド　nucleotide　ヌクレオシドの糖の5'ヒドロキシ基に1〜3個のリン酸基が結合したもの．

ヌクレオチド除去修復（NER）　nucleotide excision repair　DNAの二重らせん構造を壊すような大きな付加物質や紫外線誘導性光産物をもつようなDNA損傷の修復．損傷をもつ鎖からの多数のヌクレオチド除去とそれに続くフィルイン（相補塩基の埋込み）が起こる．

ヌクレオポリン　nucleoporin　核膜孔複合体を形成する一群のタンパク質．

ねじれ　twist　DNA中で2本の鎖がそれぞれ交差する回数．ただし，よじれは除く．よじれとリンキング数も参

粘着末端　sticky end　他の場所で同じ酵素によってつくられる突出末端に相補的な突出末端をもつ DNA 末端を表す用語．相補的な突出末端は互いにハイブリダイズするので，組換えに好都合である．

ノックアウト　knockout　1 個以上の遺伝子の除去を行った，遺伝的に修飾された生物．

ノックイン　knock-in　1 個以上の遺伝子の挿入を行った，遺伝的に修飾された生物．

ノックダウン　knockdown　1 個以上の遺伝子の発現が制御因子修飾によって低下した，遺伝的に修飾された生物．

ノンコーディング RNA（ncRNA）　noncoding RNA　遺伝子の最終産物でタンパク質をコードしない RNA 分子．これら RNA は細胞の多様な過程において，酵素的，構造的，そして制御的成分として挙動する．

ノンストップ mRNA 分解（NSD）　non-stop decay　mRNA 分解の一つの様式で，適当な終止コドンがない場合に起こる．

胚性幹細胞（ES 細胞）　embryonic stem cel　多様な体細胞に分化する能力をもつ真核生物胚由来細胞．

ハイブリッド状態　hybrid state　アミノアシル tRNA が，一方がリボソームの大サブユニット上の部位，他方が小サブユニット上の部位という異なる部位に結合する，リボソーム上でみられる翻訳伸長サイクルの中間的状態．

ハウスキーピング遺伝子　housekeeping gene　細胞の生存に必須な遺伝子で，ほとんどすべての時期で活性をもつ．

発現ベクター　expression vector　宿主細胞中での遺伝子発現を可能にするベクター．転写と翻訳のための適当な制御配列を含む必要がある．

パリンドローム（回文）　palindrome　文字，単語，記号などの並びが正方向，逆方向ともに同じに読めること．パリンドロームが一本鎖核酸中にあるとヘアピン構造をとる傾向がある．

ハンドシェイクモチーフ　handshake motif　ヒストンフォールド同士によるヒストン-ヒストン相互作用を特徴づける構造で，4 種類のコアヒストンのすべてに共通の三次元構造モチーフ．

半保存的複製　semiconservative replication　おのおのの鎖に対する相補的な鎖がつくられるという DNA 複製の様式．このため娘 DNA 鎖それぞれは，半分が新しい DNA，半分が古い DNA となる．いくつかの可能な複製様式のうち，これが自然状態でみられる様式である．

非鋳型鎖　nontemplate strand　コード鎖と同じ．

PET（ペアードエンドタグ）　paired-end tags　1 個の DNA 断片の対の両末端として，ゲノム中に 1 回のみ出現するユニークな約 13 bp の短い配列．全ゲノム解析に使われるコンピューター解析により，それらの間の DNA 配列の同定が可能になる．

PIWI 結合 RNA（piRNA）　PIWI-interacting RNA　生殖系列細胞でつくられる小分子ノンコーディング RNA で，PIWI タンパク質と複合体をつくり，転移因子（トランスポゾン）内遺伝子のサイレンシングとそこからつくられる RNA を壊すことにより，トランスポゾンの転移を抑える．非常に長い一本鎖 RNA から生じ，通常はアンチセンスで，生成には Dicer を必要としない．

非ウイルスベクター　nonviral vector　ウイルスベクターの安全性問題の克服のために開発された，細胞に外来性 DNA を導入するための代替法．この方法には，DNA 水溶液を含む脂質小胞であるリポソームや，外来 DNA の安定な複製を行わせるために天然染色体のセントロメアとテロメアをもたせた巨大 DNA 構築体である人工染色体が含まれる．

B 形 DNA（B-DNA）　B-form DNA　主要な 2 種類の DNA 二重らせん構造のうちの一つで，水和した条件，つまり in vivo でできやすい構造．Watson と Crick によって最初に提唱された構造にほぼ等しい．

非自律型レトロトランスポゾン　nonautonomous retrotransposon　転位のために付加的遺伝要素を必要とするレトロトランスポゾン．

ヒストン　histone　進化的に保存されている小型の塩基性タンパク質で，真核生物クロマチンのタンパク質基礎構造を構築する．

ヒストン H2A.X　histone H2A.X　非対立遺伝子型置換ヒストンバリアントで，短い保存性 C 末端尾部をもつ．尾部のセリンのリン酸化により γH2A.X となる．このバリアントの大規模なリン酸化は DNA の二本鎖切断が生じた直後に起こり，リン酸化セリンは多くの DNA 修復タンパク質を呼び込む．

ヒストン H2A.Z　histone H2A.Z　ヒストン H2A の非対立遺伝子型置換ヒストンバリアントで，ゲノム全域においてプロモーター領域にかなり濃縮する．このバリアントを含む 2 個のヌクレオソームは，転写開始部位のヌクレオソーム欠失領域に隣接している．このバリアントの存在はヒトでは転写と相関するが，酵母では転写と逆相関する．

ヒストン H3.3　histone H3.3　ヒストン H3 の非対立遺伝子型置換ヒストンバリアントで，活発に転写されている遺伝子領域のマークになるが，そこではヌクレオソームが絶えず解体-再形成されている．プロモーターのヌクレオソーム欠失領域に隣接する 2 個のヌクレオソームは，H2A.Z と同様にこのバリアントを含んでいる．

ヒストンシャペロン　histone chaperone　新規複製 DNA のヌクレオソーム形成時，あるいは既存ヌクレオソーム粒子中のヒストンの交換時に，DNA へのヒストン配置

を促進させるタンパク質.

ヒストンバリアント　histone variant　いくつかのヌクレオソームにおいて標準的ヒストンに置き換わる非対立遺伝子型ヒストンバリアント．ある場合にはH2A.ZやH3.3のように，バリアントは転写領域クロマチンのヌクレオソーム中に濃縮される．マクロH2Aのような他のバリアントは，転写が不活性なクロマチン領域に存在する．

ヒストンフォールド　histone fold　ヌクレオソームコアを構成するヒストンに共通のHTHTH（ヘリックス・ターン・ヘリックス・ターン・ヘリックス）構造をもつ三次元折りたたみ構造．個々のヒストン分子は折りたたみの中央部ヘリックスを介して結合し，ハンドシェイクモチーフによりH2A-H2B二量体およびH3-H4二量体が形成される．

非相同組換え　nonhomologous recombination　組換わる部分のDNAの塩基配列が相同でない組換え．

非相同末端結合（NHEJ）　nonhomologous end-joining　切断された末端での相同性を必要としないDNA二本鎖切断の修復．この修復機構は誤りが生じやすく，細胞周期に依存しないで起こる．

非天然アミノ酸　unnatural amino acid　通常，自然界に存在しないアミノ酸．in vitro 技術で合成してタンパク質に組込ませることができるため，タンパク質の構造と機能を変化させることができる．このようなアミノ酸をポリペプチド鎖に組込ませて，人為的に希望する性質をもつタンパク質をつくり出すことができる．

ヒト免疫不全ウイルス1型（HIV-1）　human immunodeficiency virus type 1　エイズの原因となるレトロウイルス．

ヒドロキシ尿素（HU）　hydroxyurea　細菌，真核細胞の両方で広く用いられるDNA複製を阻害する化学物質．リボヌクレオチドをデオキシリボヌクレオチドに還元する必須酵素であるリボヌクレオチドレダクターゼを攻撃し，細胞内のDNA前駆体を枯渇させる．臨床現場では，癌を含む種々の疾病の治療に用いられる．

P部位（ペプチジル部位）　peptidyl site　ペプチジルtRNAを保持するリボソーム上の部位で，伸長するポリペプチド鎖をもつ．アミノ酸を負荷された新たなtRNAは隣のA部位に入ることができるが，そうするとP部位中のペプチジルtRNAとA部位中のアミノアシルtRNAの位置がそろい，新たなペプチド結合が形成される．

pBluescript　β-ガラクトシダーゼ遺伝子をもつ市販のファージミドクローニングベクターで，青白選択に使える．

pBluescript II　一般的に使われるファージとプラスミドの性質を併せもつファージミドクローニングベクター．プロモーター配列をもつために発現ベクターにもなり，インサートDNAの発現が可能である．

Pボディ　processing body　細胞質に存在するタンパク質凝集体で，使われないmRNAを取込む．それらmRNAはその後分解されるかストレス顆粒を介して再利用される．

非翻訳領域（UTR）　untranslated region　通常mRNAの両末端にある部分で，タンパク質に翻訳されない．

表現型　phenotype　生物の観察しうる形態的あるいは生化学的特徴．

表現型模写　phenocopying　環境要因が変異の効果を模倣するような表現型の変化を起こすこと．

表現度　expressivity　ある遺伝子型が表現型として発現する程度あるいは強さ．

標準的ヌクレオソーム　canonical nucleosome　古典的DNA-ヒストン八量体粒子で，標準的ヒストンのみを含む．

標準的ヒストン　canonical histone　ヌクレオソームを構成する古典的ヒストンコアを形成する一群のヒストン．置換ヒストンバリアントとしても知られる非対立遺伝子型ヒストンバリアントと区別される．

ファーガソンプロット　Ferguson plot　ゲル電気泳動で使われるグラフで，相対的移動度の対数をゲル濃度cに対してプロットする．グラフの傾斜は分子サイズに依存し，濃度0での切片（座標軸を横切る点）は分子の自由運動度に相当する．

FACT（クロマチン転写活性化）　facilitates chromatin transcription　DNAおよびヒストンH2A, H2Bとの相互作用によって転写伸長を補助する真核生物のタンパク質複合体で，移動するポリメラーゼの前方でのヌクレオソーム粒子からそれらが解離するのを容易にする．さらにポリメラーゼが通過した後の，それらヒストンの再結合を促進する．

ファージディスプレイ　phage display　M13ファージベクターの表面にクローン化遺伝子を融合タンパク質として発現させること．

FIONA（1 nm精度蛍光画像解析法）　fluorescence imaging with one-nanometeraccuracy　構造中の分子あるいは蛍光団の位置を精密に決めるための経時的フォトン計測を用いた蛍光顕微鏡技術．

Fis　factor for inversion stimulation　倒置型転写活性化因子．細菌の転写活性化タンパク質で，プロモーター上流に結合し，RNAポリメラーゼをそのC末端領域との相互作用を介してプロモーターに呼び込む．加えてDNAを折り曲げてコンパクトにすることに寄与する．

部位特異的組換え　sitespecific recombination　DNA鎖の交換が，ほんの短い配列相同性しかもたないDNA領域間で起こる組換え．

部位特異的変異導入　site-directed mutagenesis　クローニングされたゲノムDNA中の希望する位置に塩基配列の変異を導入する技術．この変更は遺伝する．

FAIRE　formaldehyde-assisted isolation of regulatory elements　ヌクレオソーム構成ヒストンとDNAとの間の架橋効率の違いを利用してヌクレオソームを除いたゲノム領域を単離する方法．その場合の架橋効率は高いが，配列特異的制御因子とDNAとの間の架橋効率は低い．架橋後，DNAのフェノール抽出と配列決定を行う．

フォークトラップ　fork trap　複製フォークの進行を阻害するDNA配列．環状染色体の場合，複製のそれぞれの方向で働くフォークトラップが存在しうる．

不完全優性　incomplete dominance　ヘテロ接合遺伝子型の表現型が，ホモ接合型である親の表現型の間の融合型，あるいは中間型になる遺伝的状態．

複合トランスポゾン　composite transposon　転移に必須な配列や遺伝子に加え，付加的遺伝子を含む細菌のトランスポゾン．これらのトランスポゾンはそれぞれの末端にIS配列が連結しており，多くの場合，細菌に抗生物質耐性を付与する．

複製因子C（RFC）　replication factor C　真核生物のDNA複製におけるクランプローダー．細菌のクランプローダーであるDnaXに相当する．

複製起点　replication origin　DNA複製が開始できるDNA上の特異的ヌクレオチド配列．

複製スリップ（複製の滑り）　slippage　短い反復配列を含む鋳型DNAに沿って起こるDNAポリメラーゼの誤った動きで，結果そのような配列の伸長や短縮を生じる．多くの遺伝性疾患の原因となる．

複製タンパク質A（RPA）　replication protein A　真核生物のヘテロ三量体タンパク質複合体で，DNA複製において一本鎖DNA結合タンパク質として働く．細菌のSSBタンパク質に相当する．

複製フォーク　replication fork　1個の二本鎖DNAが2個の娘二本鎖をつくる複製の過程でつくられるフォーク様構造．フォークは複製の起点から終点に向かって移動する．

複製前複合体（pre-RC）　pre-replication complex　M期およびG$_1$期で，複製起点配列上で構築されるタンパク質複合体．複合体はその後，S期のさまざまな時期に活性化される．

プライマー　primer　複製において鋳型DNAと塩基対をつくり，ポリメラーゼがその場所からプライマー伸長反応を行うために必要な遊離3'-OH基を供給する短いオリゴヌクレオチド．ポリメラーゼ連鎖反応においてはDNAプライマーが使われる．

プライマー伸長法　primer extension　転写開始部位決定のために通常用いられる方法．放射能標識されたオリゴヌクレオチドあるいはプライマーをmRNAの3'末端付近にアニールさせ，その後逆転写酵素でmRNAの5'末端に向かって鎖を伸ばす．伸長したプライマーの長さの分析から，転写開始部位を正確に決めることができる．精製されたDNA断片の末端に相補的なプライマーとDNAポリメラーゼを使い，この方法の変法をクロマチンのミクロコッカスヌクレアーゼ消化物に応用させることができる．

プライマーゼ　primase　複製されるDNA鎖上でプライマーを合成する酵素．

プライミング　priming　プライマーを使って新しいDNA鎖の合成を開始すること．

プライモソーム　primosome　プライマーゼを含む大腸菌の多タンパク質複合体で，複製におけるプライマー形成に必須．

ブラウンラチェット　Brownian ratcheting　分子プロセス進行の一方向性に関する機構．このプロセスは分子の熱運動によって駆動される反応を取入れるが，ヌクレオチド加水分解がしばしば関わる逆行防止のために，その反応の逆行が阻止される．

プラスミド　plasmid　大部分の細菌細胞内に存在する小型の染色体外DNA分子で，細胞DNAとは独立に複製できる．これらの分子は初めてクローニングベクターとなり，現在でも依然として使われている．

ブリッジヘリックス　bridge helix　真核生物RNAポリメラーゼIIの二つの大きなサブユニットをつなぐαヘリックス．転写伸長時，DNAに沿った酵素の移動運動に関わる．

フリッパーゼ　flippase　膜脂質の端から端への逆転を促進する酵素．

ブルームヘリカーゼ（BLM）　Bloom helicase　シェルテリンの一つのサブユニットと物理的および機能的に相互作用する2種類のヘリカーゼのうちの一つ．遺伝子の変異は早期老化を特徴とするブルーム症候群につながる．

FRET（蛍光共鳴エネルギー移動）　fluorescence resonance energy transfer　ある物から他へのエネルギー移動を観察することによって二つの蛍光物質の間の距離を測定する方法．移動効率は二つの蛍光物質の距離が大きくなると急速に低下する．

フレームシフト　frameshift　遺伝子の読み枠を変化させる変異．3の倍数以外の数のヌクレオチドの欠失か挿入で生じる．フレームシフト変異では，変異の3'側のタンパク質配列が全面的に変化する．

フローサイトメトリー　flow cytometry　混合状態にある種々のタイプの細胞を計数，あるいは分離する手法．分離は細胞のサイズ，内部構造，あるいはDNAのような蛍光標識される成分などに基づく．

プロセシング済み偽遺伝子 processed pseudogene 正常 RNA の逆転写によって生成し，その後ゲノムに組込まれた偽遺伝子．これら偽遺伝子は機能性プロモーターを欠き，大部分は転写されないが，ときどき近くにあるプロモーターの機能を借用して発現しうる．

プロセッシビティ processivity 転写，翻訳，複製といった重合反応が中断されることなしに何段階も進む状況を表す．そのため当該高分子は長い鎖として合成される．

プロテアソーム proteasome 細胞の中で異常形態になったか古くなったタンパク質の分解を触媒する多タンパク質複合体．分解されるタンパク質は前もってユビキチン結合という目印を付けられる．

プロテオグリカン proteoglycan ペプチドの糖付加物．細胞と組織の間の細胞外マトリックスの主要成分となる物質．

プロテオーム proteome 理想的には，ある生物におけるタンパク質とその相互作用に関する完全なリスト．

プロトプラスト protoplast 一般には，植物か酵母の細胞から硬い多糖類の外被が酵素処理で除かれ，細胞膜の外層が露出した状態の細胞．

プロトマー protomer マルチサブユニットタンパク質か四次構造をとるようなタンパク質の中の１個の単位．

プロファージ prophage 宿主ゲノムに挿入された溶原ファージ（テンペレートファージ）のファージゲノム．

プロモーター promoter 遺伝子発現に必須な遺伝要素，つまり DNA 配列．通常，転写開始部位付近にあり，RNA ポリメラーゼと開始因子が結合する．

プロモーターエスケープ promoter escape RNA ポリメラーゼが鋳型 DNA 鎖に沿った移動を開始し，プロモーターから離れて遺伝子本体に沿って前進すること．転写における一つの段階．プロモータークリアランスともいわれる．

ブロモドメイン bromodomain タンパク質がもつドメイン構造の一つ．例として，ヒストン中のアセチル化リシンに結合する転写因子によくみられる．

分岐点移動 branch migration 組換えで見られる DNA 交差点のスライディング．２本の DNA が交差する部分（四方向接合部）で起こる．

分散型（広域型）プロモーター dispersed (broad-type) promoter 真核生物プロモーターを大まかに２分したうちの一つで，50～100 nt に渡って多数の弱い転写開始部位を含む．集約型プロモーターと対比される．

分枝部位 branch site イントロン内にあるヌクレオチド部位．通常，塩基は A でスプライシングに関与する．

ヘアピン hairpin ポリヌクレオチドがとる構造の一つで，RNA では一般的．自身の相補的な鎖が折り重なり，それらの間の水素結合でヘアピン状構造が形成される．

平滑末端 blunt end, flush end ２本の鎖の端が平行状態の DNA の末端．このため，いずれの鎖も突出していない．

閉鎖複合体 closed complex 転写において，最初につくられる RNA ポリメラーゼ複合体．転写直前には DNA が変性してバブルができ，解放複合体に移行する．

ベクター vecter 他の DNA 分子を細胞に導入するために用いられる DNA．プラスミド，バクテリオファージ，人工染色体のすべてが組換え DNA 技術のベクターとして用いられる．

β クランプ β clamp DNA ポリメラーゼⅢがもつ環状構造サブユニットで，ポリメラーゼの保持と重合反応を確実にさせるために働く DNA に対するクランプ（留め金）．

β シート β-sheet タンパク質分子中にみられる二つの主要な二次構造のうちの一つ．二つ以上のポリペプチド鎖がアミド水素と近傍の鎖のカルボニル酸素の間の水素結合によって，平行あるいは逆平行で横並びになる．

ヘテロ核リボ核タンパク質 (hnRNP) heterogeneous nuclear ribonucleoprotein スプライシングサイレンサーと結合してスプライシングに影響を与える，構造的に多様性をもつ一群のタンパク質．通常それらは小分子 RNA と複合体をつくるので，このようによばれる．

ヘテロクロマチン heterochromatin 凝縮され，転写が不活化されているクロマチン領域．ユークロマチンと対比される．

ヘテロファジー heterophagy 受容体介在エンドサイトーシスかピノサイトーシスを介してリソソームに運ばれた外来性タンパク質をリソソームが消化するプロセス．ファゴサイトーシスによって細胞内に入った外来性粒子分解の場合にも用いられる．

ペニシリン penicillin ペプチドグリカン生合成に関わる酵素の一つに結合してその活性を不可逆的に阻害する抗生物質．細菌のさらなる増殖と分裂を阻害する．臨床的に広く用いられる．

ペプチジルトランスフェラーゼ中心（PTC） peptidyl transferase center A 部位のアミノアシル tRNA と P 部位のペプチジル tRNA の間のペプチド結合の形成反応が実際に起こる，リボソーム大サブユニットの中心部分．

ペプチド peptide ペプチド結合で連結した少数のアミノ酸重合体（オリゴマー）．

ペプチドグリカン peptidoglycan 多糖の鎖が小さなペプチドに結合した化合物で，通常，架橋した巨大複合体を形成する．ペプチドグリカンは細菌の細胞壁にみられるが，グラム陰性菌とグラム陽性菌という細菌の二つの大きな分類群では異なる構造をもつ．

ペプチド結合 peptide bond 一つのアミノ酸のアミノ

基ともう一つのアミノ酸のカルボキシ基との間の水分子が除かれる形で形成される共有結合.

ペプチド転移　transpeptidation　アミノ酸あるいはあるペプチド鎖中のペプチドを他に転移させる反応. タンパク質スプライシングはいくつかあるこの反応のうちの一つ.

ヘミソーム　hemisome　ヒストンH3, H4, H2A, H2Bの置換ヒストンバリアントであるCENP-Eの四量体を1個だけコアヒストンとしてもつヌクレオソーム粒子.

ヘリカーゼ　helicase　核酸の二本鎖を分離するように, ホスホジエステル骨格に沿った方向に移動する必須酵素を含む大きな酵素グループ. このような鎖分離は複製, 組換え, 修復, 転写といったDNAが関わる過程に必須である.

ヘリカーゼDnaB　helicase DnaB　大腸菌の複製起点でのDNA合成開始に必須な酵素. 2個のヘリカーゼ分子が複製起点の反対側のDNA鎖に結合し, 反対の方向にDNAをほぐす.

ヘリカーゼローダーDnaC　helicase loader DnaC　大腸菌の複製起点にヘリカーゼであるDnaBを装填するタンパク質で, ATPアーゼである.

ヘリックス・ターン・ヘリックス（HTH）　helix-turn-helix　DNA結合に関与するタンパク質によくあるモチーフ構造.

変更遺伝子　modifier gene　第二の遺伝子の発現レベルに対して小さい量的効果を及ぼす遺伝子.

編集　editing　分子生物学においては, 複製あるいはtRNAのアミノアシル化の過程で生じる間違いの修正を意味する. 二重ふるい選択機構も参照のこと.

変性　denaturation　ポリペプチドやポリヌクレオチドの本来の分子形態が変化すること. DNAの変性は2本の相補鎖の分離を伴い, タンパク質の変性は共有結合の切断なしにポリペプチド鎖の本来の折りたたみが壊れることを意味する.

包括的制御因子　global regulator　非常に多くの遺伝子を制御する, 10個程度の少数の転写因子.

包括的超らせん　global supercoiling　細菌染色体全体の超らせんレベル. DNAに負の超らせんストレスを導入する酵素ジャイレースの活性が細胞内ATPレベルに依存するため, 細胞全体のエネルギー状態が超らせんレベルの決定に関わる.

放射状ループモデル　radial loop model　クロマチンループがタンパク質を含むコアあるいは核足場から伸びるという, 有糸分裂時の染色体に関する構造モデル.

ホスファターゼ　phosphatase　基質のリン酸基の加水分解を触媒する一連の酵素.

ポリアデニル化　polyadenylation　mRNAの3′末端へのポリ(A)鎖付加.

ポリ(A)結合タンパク質（PABP）　poly(A)-binding protein　mRNA中のポリ(A)鎖を認識して結合する種々のタンパク質.

ポリADPリボシル化　poly(ADP)ribosylation, PARylation　ADPリボースの単体もしくは鎖状分子がタンパク質に酵素的に付加されること.

ポリADPリボースポリメラーゼ1（PARP-1）　poly(ADP-ribose)polymerase 1　非常に多量に存在する真核生物の酵素で, 自己修飾といわれる自身に対するポリ(ADP)リボシル化と, ヘテロ修飾といわれる他の多くのタンパク質のポリ(ADP)リボシル化を行う.

ポリクローナル抗体（PAb）　polyclonal antibody　通常の免疫応答の過程で産生される抗体. 普通はさまざまなエピトープに対応しうる. モノクローナル抗体と対比される.

ポリコーム抑制複合体（PRC1, PRC2）　polycomb repressive complex　動物および植物の発生制御因子をコードする数百個に及ぶ遺伝子を抑える複合体. この遺伝子の古典的な例としては, 初期発生時に発現し, 発生後期になって必要がなくなると不可逆的に抑制されるホメオボックス遺伝子がある. 両方の複合体とも特異的なヒストン修飾活性をもつサブユニットを含む.

ポリシストロニック　polycistronic　数個の遺伝子あるいはその転写産物を縦列にもつDNAあるいはRNAを指す用語. 細菌では普通だが, 真核生物ではまれである. モノシストロニックと対比される.

ホリデイ構造（ホリデイジャンクション, HJ）　Holliday junction　DNA組換え時の鎖交換に関わる分岐構造. 特異的タンパク質によって安定化され, 組換え中のDNA二本鎖に沿って移動することができる. 四方向接合部（4WJ）としても知られる.

ポリヌクレオチド　polynucleotide　ヌクレオチド残基の重合体. 核酸.

ポリペプチド　polypeptide　ペプチド結合を介した多数のアミノ酸の連結によってつくられる重合体.

ポリメラーゼ　polymerase　単量体核酸の重合を触媒するあらゆる酵素を含む大きな一群. RNAポリメラーゼとDNAポリメラーゼがある. すべての酵素は単量体ヌクレオチドを5′→3′の方向に付加する. すべてではないが, 大部分の酵素はDNAかRNAを鋳型として要求する.

ポリメラーゼ連鎖反応（PCR）　polymerase chain reaction　プライマーオリゴヌクレオチドからの変性DNA鋳型鎖の複製を繰返すにより, 希望するDNA断片の量を大幅に増やす in vitro の技術. リアルタイムPCRも参照のこと.

ポリリボソーム（ポリソーム）　polyribosome (polysome)　mRNAに沿って動く多数のリボソームによるmRNA分

子の同時翻訳を反映する構造.

Pol α　真核生物の複製の開始に関わる DNA ポリメラーゼ．最初にプライマーゼが RNA プライマーを合成した後，Pol α がそれを約 20 nt 延ばす．鎖伸長能は限定的で，合成の誤りを校正することはできないため，長い DNA 鎖の合成には向いていない.

Pol δ　真核生物の DNA ポリメラーゼで，ラギング鎖を合成する.

Pol ε　真核生物の DNA ポリメラーゼで，リーディング鎖を合成する.

Pol II コアプロモーター　Pol II core promoter　RNA Pol II の転写開始部位付近の DNA 配列．RNA ポリメラーゼと結合し，転写開始を起こす.

ホロ酵素　holoenzyme　完成形の機能性酵素複合体で，すべての必須サブユニットを含む.

翻　訳　translation　特異的 mRNA に対応する特異的ポリペプチドあるいはタンパク質の産生．プロセスはリボソーム上で起こり，tRNA が介在する.

マイクロ RNA（miRNA）　microRNA　動物に多量に存在する一群の抑制性小分子 RNA．塩基対で標的 mRNA 配列と相互作用し，その塩基対の程度が抑制反応の特異的機構を決める.

−35 領域　−35 region　細菌のプロモーターにある TTGACA 配列をもつ 2 番目のコンセンサス配列で，転写開始部位のさらに上流，約 −35 の位置にある.

−10 領域　−10 region　TATAAAT というコンセンサス配列で，細菌遺伝子の転写開始部位近くにあり，転写開始部位の −10 ヌクレオチド上流に位置する．真核生物がもつ類似の配列は TATA ボックスという.

マクロ H2A　macroH2A　ヒストン H2A の非対立遺伝子型置換バリアントで，脊椎動物にのみに見いだされ，転写抑制を誘導する．C 末端にマクロドメインといわれる長い非ヒストン領域をもつ.

マクロオートファジー　macroautophagy　リソソームが内在性の細胞内タンパク質や細胞小器官をオートファゴソームを介して分解消化するプロセス.

マトリックス支援レーザー脱離イオン化（MALDI）　matrix-assisted laser desorption and ionization　質量分析装置に高分子を導入するための技術．解析したい物質を不活性マトリックス中に捕捉し，それをレーザー光線で気化させて，分子を自由にさせる.

ミクロオートファジー　microautophagy　リソソームが内在性の細胞内タンパク質や細胞小器官をオートファゴソームを介さないで分解消化するプロセス.

ミクロコッカスヌクレアーゼ（MN アーゼ）　micrococcal nuclease　DNA 二本鎖を切断する *Staphylococcus aureus*（黄色ブドウ球菌）由来エンドヌクレアーゼ．ヌクレオソームコアの間のリンカー DNA の選択的切断するため，クロマチン研究の中で重要な位置を占める.

ミスマッチ修復（MMR）　mismatch repair　複製時に生じたミスマッチ（不対合塩基対）をもつ二本鎖 DNA の修復．DNA 複製の欠陥で生じた小さな挿入や欠失によるループも修復する.

Mre11-Rad50-Nbs1（MRN）複合体　Mre11-Rad50-Nbs1 complex　真核生物の二本鎖切断修復の最初のステップで働く三つのタンパク質から成る複合体で，相同組換えと非相同末端結の両方が関わる．損傷を感知し，切断 DNA の末端に結合して，それらを修復ができるような十分接近した状態に置く.

メチル化感受性アイソシゾマー　methylation-sensitive isoschizomer　基質となる DNA のメチルに対する挙動の異なる 1 組のアイソシゾマー.

メチル化 CpG 結合タンパク質　methyl-CpG-binding protein　メチル化ゲノム領域を認識するタンパク質で，複数種存在する．これらのタンパク質はメチル化 CpG 結合ドメイン（MBD）を共通にもつ.

メディエーター　mediator　真核生物の転写に必須な巨大タンパク質複合体で，基本転写因子の一つと見なすことができる．さらにメディエーターは，Pol II と遺伝子周辺の制御配列を認識する配列特異的タンパク質との間の橋渡し因子となることで，コアクチベーターあるいはコレプレッサーとして作用する.

免疫グロブリン　immunoglobulin　免疫応答において抗体として機能する一群のタンパク質.

免疫沈降（IP）　immunoprecipitation　抗体を用いて細胞抽出液や体液といった複雑な構成の生物試料からタンパク質を精製する方法.

モノクローナル抗体（MAb）　monoclonal antibody　単一の B 細胞，あるいはそのクローンによってつくられる抗体．抗体は一つの生物由来高分子中に存在する 1 個の抗原決定基（エピトープ）に結合する．通常の免疫応答ではポリクローナル抗体の生産が起こるが，これは多様な種類の抗体で，抗体それぞれはそれぞれのエピトープを認識する.

モノシストロニック　monocistronic　単一ポリペプチドのみをコードする mRNA 分子を示す用語．ポリシストロニックと対比される.

融合タンパク質　fusion protein　二つのタンパク質配列が融合する人為的に構築されたタンパク質．このようなタンパク質は発現ベクターを使った融合 DNA 配列クローニングによってつくることができる.

有糸分裂期染色体　mitotic chromosome　有糸分裂時の凝集した真核生物の染色体

誘導物質（インデューサー）　inducer　リプレッサーに結合して細菌オペロンの発現を高める低分子量物質．リプレッサーをプロモーターから解離させる.

ユークロマチン euchromatin 核内でクロマチンがあまり凝縮していない部分．ヘテロクロマチンに比べ，多くは転写活性化状態と相関する．

ユビキチン（Ub） ubiquitin in vivo でしばしば他のタンパク質にマーカーとして付加される小型タンパク質．ユビキチン化によるマーキングの例の一つに，プロテアソームによるタンパク質分解がある．

ユビキチン活性化酵素（E1） ubiquitin-activating enzyme ユビキチン化の最初のステップ，すなわちユビキチンの活性化に働く酵素で，ユビキチンのC末端グリシンと酵素のSH基の間の共有結合を形成する．

ユビキチン結合酵素（E2） ubiquitin-conjugating enzyme ユビキチン化の2番目の反応に関わる酵素で，E2のシステインに活性化したユビキチンを転移させる．

ユビキチン鎖 ubiquitin chain 連結されるユビキチンの Gly76 のC末端と他のユビキチン分子がもつリシン残基のεアミノ基との間のイソペプチド結合によって形成される．ユビキチン内のどのリシンが使われるかによって，でき上がる鎖は構造や機能に大きな差が出る．

ユビキチン-タンパク質リガーゼ（E3） ubiquitin-protein ligase ユビキチン化の第三のステップに関わる酵素で，E2に連結されたユビキチンを標的タンパク質に移す．含まれるドメインと作用機構によって二つのクラスのE3酵素，すなわち HECT ドメイン E3 と RING ドメイン E3 に分類される．

ユビキチン融合による分解経路（UFD） ubiquitin-fusion degradation pathway 基質タンパク質をポリユビキチン化と次のプロテアソーム分解に向かわせる，酵母で知られている第二の経路．脱ユビキチン化によってN末端のユビキチンが除去されていないユビキチン融合タンパク質に対して働く機構．N末端ユビキチンは特異的なユビキチンリガーゼにより分解シグナルとして認識される．

ゆらぎ wobble コドンの3番目の塩基が変化してもとと異なる塩基と塩基対を形成できる能力．このため一つの tRNA が1個以上のコドンと塩基対形成することが可能となり，それらコドンはすべて同一のアミノ酸を指定する．

ゆらぎ遷移 breathing transition ヌクレオソームにみられるコンホメーション変化で，DNA のほんの数塩基がヒストンコアからほどける現象．解放遷移を参照．

溶原ファージ（テンペレートファージ） temperate phage 細菌に感染後，溶菌サイクルに入って複製し溶菌するか，溶原サイクルに入って細菌ゲノムに組込まれるかのいずれかの経路をとりうるバクテリオファージ．

四次構造 quaternary structure 通常，プロトマー間の非共有結合性の会合により形成されるタンパク質構造のレベル．

よじれ数（Wr） writhing number 超らせん DNA に関し，二重らせんの軸自身が交差する回数．リンキング数を変化させることなしに，ねじれと相互変換されうる．リンキング数とねじれも参照のこと．

読み枠 reading frame 切れ目のない遺伝暗号内の長さnのコドンは，読み始めがどこかにより，n個の異なる道筋あるいは枠で読まれうる．トリプレット遺伝暗号は三つの異なる枠で読まれることが可能で，それにより3種類の異なるポリペプチド鎖を生成しうる．

4C法 4C methodology circular chromosome conformation capture 法．in vivo で互いに相互作用する，同種あるいは異種の染色体上の DNA 領域を同定する技術．3C法の延長にある技術で，同定した相互作用領域をさらにマイクロアレイや DNA 配列決定法で解析する．

43S 開始前複合体 43S preinitiation complex 真核生物の翻訳において，tRNA 結合開始メチオニン tRNA- 翻訳開始因子 eIF2-GTP から成るこの三者複合体が，リボソーム小サブユニットや他の翻訳開始因子群と結合する．

48S 開放走査型開始前複合体 48S open scanning preinitiation complex 真核生物の翻訳において，mRNA が安定な二次構造を保持している 43S 開始前複合体へのさらなる因子の結合によってつくられる複合体．この 48S 複合体はこれら二次構造を解消する．

48S 閉鎖複合体 48S closed complex 真核生物の翻訳においては，48S の開放走査型複合体と同等である．この複合体は小サブユニットペプチジル部位の片側にあるコドンを探査する．開始コドンを同定すると，GTP 加水分解産物であるリン酸基が解離し，開始と伸長移行の間の逆行を確実に阻止する．

四方向接合部（4WJ） four-way junction DNA 組換え時の鎖交換に関わる分岐構造．特異的タンパク質によって安定化され，組換え中の DNA 二本鎖に沿って移動することができる．ホリデイ構造（ホリデイジャンクション）としても知られる．

ライター（書込み因子） writer クロマチンタンパク質にエピジェネティックなマークを付加する酵素．リーダーも参照のこと．

ラギング鎖 lagging strand 複製において不連続的に合成される DNA 鎖．

らせん不安定化タンパク質 helix-destabilizing protein DNA の複製，組換え，修復の間に，DNA の変性一本鎖部分に結合して一時的に変性状態を保つタンパク質．一本鎖結合タンパク質としても知られる．

lac オペロン *lac* operon 細菌のラクトース代謝に必要な3個の連続する遺伝子．それら遺伝子の発現は一体として調節される．

Rad51 真核生物の組換え酵素（リコンビナーゼ）で，細

菌の RecA に相当する.

rut 配列 **rho utilization sequence** 細菌の新生 RNA 中にある G リッチ配列で，Rho 転写終結因子の結合部位として働く.

RuvA-RuvB 複合体 **RuvA-RuvB complex** 分岐点移動において，RuvA は DNA の四方向接合部を認識して結合する．次にそこに RuvB が結合し，四方向接合部中の 4 本の DNA アームのうちの 2 本を逆方向に回転させる分子モーターとして働く．この結果，他の 2 本の鎖が回転運動を起こして分岐点に引き入れられる.

RuvC 分岐点移動の最後のステップにおいて四方向接合部の解離を行う．分岐点をまたいだ非対称な位置で DNA を切断し，組換えの最終産物をつくる.

ラブル配置 **Rabl configuration** 核内の間期染色体において，セントロメアが核の一方の端に集まり，テロメアが反対側に位置する空間配置のこと．これによって核容量全体にわたって，染色体のアーム（腕）がセントロメアからテロメアに伸びる．このような共通の構造では，相同部分が互いにより接近した位置取りとなるので，染色体が全体としてランダムコイル構造をとることよりも，むしろ相同組換えが促進される.

ラミナ結合ドメイン **lamina-associated domain** 核ラミナ構造に結合する，転写が不活性なクロマチン繊維の部分.

ランダムコイル **random-coil** 決まった二次構造あるいは三次構造をとらず，代わりにまったくフレキシブルでランダムな種々の幾何学的配置をとる線状高分子を指す用語．変性したタンパク質や核酸はこの状態をとる.

リアルタイム PCR **real-time PCR** 多反応サイクルを通して生成物の量をモニターする PCR の変法．定量 PCR としても知られている.

リガンド **ligand** 生化学では高分子に結合する低分子を指す.

リソソーム **lysosome** 生物由来分子や細胞残骸を分解する 50 以上の異なる加水分解酵素を含む真核生物の細胞小器官.

リーダー（読取り因子） **reader** クロマチン上のエピジェネティックマークに結合し，それを認識するタンパク質.

リーディング鎖 **leading strand** 複製において連続的に合成される DNA 鎖.

リピート長 **repeat length** クロマチンの電気泳動 DNA ラダーの解析で測定され，塩基対長で表される，隣接するヌクレオソーム間の中心から中心までの平均的距離.

リプレッサー（抑制因子） **repressor** 通常遺伝子内部か近傍の制御領域内にある特異的ヌクレオチド配列に結合して転写を抑えるタンパク質.

リボザイム **ribozyme** タンパク質酵素のように，触媒能をもつ RNA.

リボスイッチ **riboswitch** 温度や代謝産物の結合といった何らかの外部刺激に応答してコンホメーションを変化させる，ある種の mRNA 中の構造．そのような刺激により，mRNA 翻訳のスイッチがオンになったりオフになったりする.

リポソーム **liposome** DNA のような外来性分子を細胞内へ導入できる脂質ミセル．リポフェクションに使用される.

リボソーム **ribosome** RNA とタンパク質から成る細胞内にある微粒子で，タンパク質合成の場.

リボソーム再生因子（RRF） **ribosome releasing (recycling) factor** 翻訳終了時に mRNA からのリボソーム解離を促進するタンパク質因子．これによってリボソームサブユニットの再利用が可能になるため，リボソームリサイクル因子ともよばれる.

リボソーム生合成のための集合図 **assembly maps of ribosome biogenesis** 精製された各成分を用いた in vitro リボソーム集合研究によってもたらされた．集合図はリボソームサブユニットへのタンパク質成分の添加に関する順番と相互依存を示す.

リボソームタンパク質（r タンパク質） **ribosomal protein** rRNA とともにリボソームを形成する多数あるタンパク質のうちの一つ.

リボソーム停滞型 mRNA 分解（NGD） **no-go decay** mRNA 分解の一つの様式で，mRNA 上でのリボソームの長時間にわたる停止によって誘導される.

リポフェクション **lipofection** リポソームを介する組換え DNA の細胞への移入.

領域型セントロメア **regional centromere** 基盤となる DNA 配列に関する高度な局在性のないセントロメア．点型セントロメアと対比される.

リンカー DNA **linker DNA** クロマチン内のヌクレオソーム間 DNA．スペーサー DNA ともいう.

リンカーヒストン **linker histone** リンカー DNA 部分にある，H1 ファミリーに属するヒストン.

リンキング数（Lk） **linking number** 閉環状 DNA の二本鎖が交差連結する数．ねじれあるいはよじれによって二本鎖が互いに交差する数に等しい.

Ring1b-Bmi1 ポリコーム抑制複合体の二つのサブユニットで，その抑制性機能の一つとして，ヒストン H2A に Lys119 にモノユビキチンマークを入れる．両サブユニットは RING フィンガードメインをもち，さまざまな状況で相互作用する．Ring1b のリングフィンガードメインのみが触媒能を発揮する.

レギュロン **regulon** 細菌の転写における，関連性の薄い隣接してない一連の遺伝子が全体として制御されるシステム．オペロンよりもより上位のレベルの制御.

RACE（cDNA 末端迅速増幅法）　rapid amplification of cDNA ends　転写産物 RNA の全長配列を得る方法．RT-PCR 法に基づいた RNA の cDNA コピー増幅合成を行い，それをその後配列決定する．

RecA　相同組換えに関わる一本鎖結合タンパク質で，RecBCD の反応によってできる一本鎖 DNA 領域の周りに右巻きらせん繊維を形成する．相同配列を探しに二重らせん DNA に浸入することによって鎖交換反応を仲介する．

RecBCD　DNA 中の二本鎖切断の周りに一本鎖領域を生じさせる 3 サブユニットタンパク質複合体で，一本鎖領域は相同組換え反応で鎖交換反応を起こす RecA の結合部位となる．RecB は 3′→5′ヘリカーゼとヌクレアーゼ，RecD は 5′→3′ヘリカーゼである．RecC は複合体全体の組織化のための足場となるとともに，特異的なカイ配列を認識して結合する．

RecQ ヘリカーゼ　RecQ helicase　細菌と真核生物の両方に存在するヘリカーゼファミリーの一つで，ウェルナーヘリカーゼとブルームヘリカーゼを含む．

レトロウイルス　retrovirus　細胞に入った RNA 鋳型が二本鎖 DNA に写し取られる種類の RNA ウイルス．二本鎖 DNA は細胞の DNA に組込まれる．このプロセスには逆転写酵素が必要である．

レトロトランスポゾン　retrotransposon　真核生物のトランスポゾンで，転移には RNA の逆転写が関わるレトロウイルス様の機構が用いられる．

レプリコン　replicon　1 個の起点から複製される DNA．

レプリソーム　replisome　DNA 複製を行う多タンパク質複合体．

連鎖　linkage　遺伝学において，減数分裂で二つの遺伝子が協調して伝達される現象．1 個の染色体上で互いにより接近している遺伝子は，組換えによって分かれる可能性はより低くなる．伝達頻度は染色体上の遺伝子地図の作製に使われる．

ロイシンジッパー　leucine zipper　一般的にみられる α ヘリックスの三次元モチーフで，おもに DNA 結合タンパク質に見いだされ，タンパク質-タンパク質相互作用を可能にする．このモチーフの一次構造は，およそ 7 アミノ酸ごとにロイシン残基が繰返す周期的構造を示す．このようなポリペプチド部分が α ヘリックスをとると，一つの α ヘリックスのロイシン残基は同一ポリペプチド鎖あるいは別のポリペプチド鎖中の α ヘリックスのロイシン残基と互いに結び付きあう．この構造の形成は，転写因子の活性にとってしばしば必要となるタンパク質二量体化を促進する．

Rho 因子　Rho factor　細菌の転写終結のある一つの様式に機能するタンパク質性因子．

ローリングサークル型複製　rolling-circle replication　ポリメラーゼが環状ゲノムを何度も通過するようにして起こる，ある種のウイルスで見られる DNA 複製の様式で，多数の複製産物がタンデムに連なった状態の DNA がつくられる．この機構では，一方の鎖が他の鎖の DNA 合成の鋳型として働くようにもとの状態が保たれる．

和 文 索 引

あ

IHF（組込み宿主因子） 432
ISWI（イミテーションスイッチ） 255
アイソアクセプター tRNA 316
アイソコア 446
アイソシゾマー 91
ID タンパク質 47
IRES（内部リボソーム進入部位）
　　　　　　　　　　327, 361, 363
IRES 依存性翻訳開始 363
アクセプターアーム 317
アクセプターステム 137, 319
アクチノマイシン D 194
アクチベーター（活性化因子） 221, 240
アグロバクテリウム（*Agrobacterium tumefaciense*） 27
5-アザ-2′-デオキシシチジン（aza-dC） 360
足　場 174
足場結合領域（SAR） 174
アセチル化 245, 398
アセチルトランスフェラーゼ 247
アダプター仮説 316
アダプター分子 136
att 部位（アタッチメント部位） 492
アップレギュレーション 297
アテニュエーション（転写減衰） 228, 365
アデニン（A） 62
アデノシン三リン酸（ATP） 61
アニーリング 70
アフリカツメガエル（*Xenopus laevis*） 27
アポトーシス 363, 393
アポトソーム 394
アミノアシル tRNA（aa-tRNA） 315
アミノアシル tRNA シンテターゼ（アミノアシル tRNA 合成酵素） 316, 319, 322
　　──の校正活性 324
アミノアシル部位（A 部位） 333
アミノクマリン 430
アミノ酸 29
アミノ酸残基 32
アミノ酸非結合 tRNA 221
アーム 316
アラビノース 230
AraC 230, 241
$araI_1$ 230

$araI_2$ 230
$araO_1$ 230
$araO_2$ 230
ara オペロン 230
araBAD プロモーター 230
アラルモン 220
亜硫酸水素ナトリウム 277
rRNA（リボソーム RNA） 137, 285, 328
RRBS 277, 282
Alu 因子 488
RN アーゼⅢ 287, 310
RN アーゼ H 463
RN アーゼ P 285, 302
RNA（リボ核酸） 61
　　──の品質管理 307
　　──の物理構造 74
RNA 依存性 DNA ポリメラーゼ 103
RNA-seq（RNA シークエンシング） 282
RNA 干渉（RNAi） 27
RNA 結合タンパク質 127
RNA タイクラブ 316
RNA-タンパク質相互作用 125
RNA-DNA ハイブリッドプライマー 451
RNA 認識 127
RNA 認識モチーフ（RRM） 126
RNA-PET 282
RNA プライマー 414
RNA プロセシング 284
RNA 分解 308
RNA 分解複合体 307
RNA ポリメラーゼ（RNAP） 178, 185, 220
　　──の発見 186
RNA ポリメラーゼⅠ → PolⅠ
RNA ポリメラーゼⅡ → PolⅡ
RNA ポリメラーゼⅢ → PolⅢ
RNA ワールド仮説 286
RFⅠ 437
RFC 複合体 422
アルキル化 498
アルキル化剤 503
アルキル基転移酵素 504
O^6-アルキルグアニンアルキルトランスフェラーゼ（AGT） 503
アルゴノート（Ago） 309, 312
アルゴノート 2（Ago2） 367
r タンパク質（リボソームタンパク質） 357
RT-PCR（逆転写ポリメラーゼ連鎖反応）
　　　　　　　　　　　　　103, 214
Artemis 513
Rpb1 200

αCTD 220
α炭素 29
αバンドル 246
αヘリックス 39
アレル → 対立遺伝子
アロステリック性 45
アロステリック調節 43, 226
アロステリック調節因子（エフェクター） 43
アロラクトース 224
暗号解読中心（DC） 328, 340
アンジェルマン症候群 406
アンチコドン 78, 136
アンチコドンアーム 316
アンチコドンループ 137
アンバー変異 326

い

eIF2α 362
eIF4E 337
eIF4F 361
eEF1A1 337
ESI（エレクトロスプレーイオン化） 52
ES 細胞（胚性幹細胞） 18, 107
EF-G 350
EF-Tu（伸長因子 Tu） 344
鋳型鎖 177
EJC（エキソン-ジャンクション複合体）
　　　　　　　　　　　　　305, 376
E6 タンパク質 406
維持メチル化 257
E3 リガーゼ 400, 406
イソプロピルチオガラクトシド（IPTG） 224
イソペプチド結合 400, 404
板倉啓壱 109
一遺伝子一酵素説 22
一遺伝子一ポリペプチド説 22
一塩基多型（SNP） 210
Ⅰ型制限酵素 91
Ⅰ型トポイソメラーゼ 74, 505
一次構造 33
一時停止 181, 242
一次転写産物 284
1 対の超らせんドメイン仮説 244
一本鎖 DNA（ssDNA） 119
一本鎖 DNA 結合タンパク質（SSB）
　　　　　　　　　　　　　119, 417

和文索引

遺伝暗号（コード）　138
　　標準的な——　140
遺伝子　134
　　——の概念　135
　　——の定義　142
遺伝子間スペーサー（IGS）　206
遺伝子組換え植物（GM 植物）　108
遺伝子サイレンシング（遺伝子抑制）　249
遺伝子座制御領域（LCR）　143, 238
遺伝子銃　102
遺伝子数　145
遺伝子置換　110
遺伝子重複　143
遺伝子治療　108
遺伝子の水平伝播　467
遺伝子発現
　　——の協調　233
　　——のサイレンシング　309
遺伝子付加　110
遺伝子抑制（遺伝子サイレンシング）　249
遺伝的等価性の原理　115
イニシエーターエレメント（Inr）　203
イニシエータータンパク質 DnaA　428
INO80　256, 523
E 部位（出口部位）　331
イムノブロット法　38
医薬化合物作成　108
イレーサー（消去因子）　245
インスリン　109, 390
インスリン感受性　370
インスレーター　237
インターカレーター　80, 430
インタラクトーム地図　58
インテグラーゼ　152, 492
インデックスヌクレオソーム　164
インデューサー→誘導物質
イントロン　141, 289
イントロン決定モデル　297
イントロンスプライシングエンハンサー（ISE）　298
イントロンスプライシングサイレンサー（ISS）　298
in vitro パッケージング法　101

う

ウイルス　7, 151
ウイルスベクター　110
ウェスタンブロット法　37
ウェルナー症候群（WS）　459, 501, 520
ウェルナーヘリカーゼ（WRN）　459
ウラシル（U）　62
ウラシル DNA グリコシラーゼ（UNG）　505

え

ARR 仮説　518

ARE 依存性 mRNA 分解　372
ARS コンセンサス配列　444
エイズ　462
ASF1　164, 456
ALT 関連 PLM ボディ　461
A 形 DNA（A-DNA）　67
エキヌクレアーゼ　504
ExoⅢ フットプリント法　129
エキソソーム　371
エキソソーム複合体　308
エキソヌクレアーゼ　90
エキソヌクレアーゼⅢ（ExoⅢ）　129
エキソヌクレオシド　62
exo⁻ クレノウ　425
エキソン　141, 289
エキソン決定モデル　297
エキソン-ジャンクション複合体（EJC）　305, 376
エキソンスキッピング　144, 293
エキソンスプライシングエンハンサー（ESE）　298
エキソンスプライシングサイレンサー（ESS）　298
Xist　263
EcoRI　90
Ac-Ds 機構　485
siRNA（小分子干渉 RNA）　311
SR タンパク質　298
ssRNA（小分子サイレンシング RNA）　309
SSB（一本鎖 DNA 結合タンパク質）　119, 417
snRNA（核内小分子 RNA）　289
snRNP（核内小分子リボ核タンパク質）　290
snoRNA（核小体小分子 RNA）　333
snoRNP（核小体小分子リボ核タンパク質）　333
Smc5-Smc6 複合体　461
SMC タンパク質　154, 169, 460
SMC ファミリー　460
Sm タンパク質　373
SOS 応答　499
S 期　18
SCP（スーパーコアプロモーター）　203
S タンパク質　358
s 値　33
SDS ゲル電気泳動　35
spFRET（単一ペア蛍光共鳴エネルギー移動）　189
SV40　454
SVA　488
S1 ヌクレアーゼ保護法　213
Xis　492
XIAP（X 染色体連鎖アポトーシス阻害因子）　395
Xrn1　371
X-gal　265
X 線回折　10, 41, 198
X 線照射　499
X 連鎖精神遅滞　375
HIV（ヒト免疫不全ウイルス）　151
HIV1　463
HIV 感染診断　110

HaeⅢ　90
Hsp90（熱ショックタンパク質 90）　54
H-NS タンパク質　154
Hfr（高頻度組換え）　22, 24
HMG ボックス　146, 206
H2A.X　518, 520
H2A.Bbd　254
HTH モチーフ　227
H-DNA　70
HP1（ヘテロクロマチンタンパク質 1）　251
HU タンパク質　153
ATR　520
ATM　520
AT キュー　175
エディティング（編集）　307
ATP（アデノシン三リン酸）　61
ATP アーゼサブユニット　255
ATBF1　296
ADP リボシル化　252
ADP リボース　252
AT リッチアイランド　447
NAD 依存性ヒストンデアセチラーゼ　250
NMR（核磁気共鳴）　12, 42
NMD（ナンセンス変異依存性 mRNA 分解）　372, 376
N 結合型グリコシル化　399
ncRNA（非コード RNA，ノンコーディング RNA）　78, 261
N 末端　32
N 末端規則　408
エネルギー充足率　231
APAF1　395
AP エンドヌクレアーゼ　505
ABO 式血液型　401
エピジェネティクス（後成的遺伝）　245
エピジェネティック（後成的）制御　245
エピジェネティックマーク　233
エピスタシス　20
エピトープ　492
AP 部位　505
A, B ボックス　208
エピマーク　245
A 部位（アミノアシル部位）　331
F 因子　100
F プラスミド　24
A ブロック　208
M13 ファージ　96, 98, 437
miRNA（マイクロ RNA）　309, 365
miRNA 駆動性遺伝子サイレンシング　372
miRISC（miRNA 誘導性サイレンシング複合体）　366
mRNA（メッセンジャー RNA）　78, 137
　　——の核外輸送　305
　　真核生物の——　285, 287
mRNA 前駆体　141
mRNA 分解　309, 369
mRNP（メッセンジャーリボ核タンパク質）　304
MRN 複合体　512
MeCP2　251, 261
MS（質量分析）　52

和文索引

MSH2-MSH3 複合体　509
MN アーゼ（ミクロコッカスヌクレアーゼ）　159
M 期　18
Mcm2-7 複合体　448, 453
mtDNA（ミトコンドリア DNA）　461
MutH　507
MutS　507
MutSα　509
MutSβ　509
MutS-MutL　507
Mut タンパク質　506
ELISA（酵素結合免疫吸着検定法）　37, 110
L1（長鎖散在反復配列 1）　488
La タンパク質　359
lncRNA（長鎖ノンコーディング RNA）　197, 209
L 形　31
L 字形立体構造　317
L タンパク質　358
LTR 型レトロトランスポゾン　488
エレクトロスプレーイオン化（ESI）　52
遠位制御配列　237
遠位 DHS　274
遠位配列エレメント（DSE）　208
塩化セシウム　81
塩　基　62
塩基除去修復（BER）　500, 505
塩基対　66
ENCODE 計画　142, 209, 236, 267
エンドヌクレアーゼ　90
エンドヌクレオシド　62
エンハンサー　142, 237
エンハンサー作用のスキャニング
　　　　　（トラッキング）機構　237
エンハンサー妨害活性　237
エンハンサーやサイレンサー作用の
　　　　　ルーピング仮説　237
エンハンソソーム　205
エンベロープ　151

お

岡崎フラグメント　415
岡崎令治　416
オクタソーム　163
L-オクタソーム　163
R-オクタソーム　163
O 結合型グリコシル化　399
雄　菌　225
オートファジー　403
OB フォールド　119
オペレーター　223
オペロン　221
ωサブユニット　185
オリゴアデニル化　308
オリゴ（A）鎖
　　──の付加　308
オリゴ（dT）配列　214

オリゴヌクレオソーム　159
oriC　417, 428
折りたたみ
　タンパク質の──　50
　温度センサー　364

か

界　4
外因性経路　394
開環（OC）　95
開　始
　転写の──　178
　翻訳の──　341
開始因子
　転写の──　185
　翻訳の──　341
開始シグナル　140
開始前複合体（PIC）　202, 203, 236, 449
開始 tRNA（tRNAi）　314, 341
開始部位選択　343
回折パターン　41
階層的らせんモデル　173
ガイド RNA　307
該当アミノ酸　317
カイ配列　470
開放遷移　162
開放複合体　180
外　膜　383
化学的塩基配列決定法　84
架橋試薬　132
核移植　115
核外輸送
　mRNA の──　305
核　酸　61
核磁気共鳴（NMR）　12, 42
核小体　167
核膜孔複合体（NPC）　304, 306
拡張 -10 領域　220
核マトリックス　167
核マトリックス結合領域（MAR）　174
核様体　151
架　橋　498
CAGE（遺伝子発現のキャップ解析）　214, 282
加水分解　32
カスパーゼ　392, 394
カタボライト活性化タンパク質（CAP）　123, 224, 226
カタボライト抑制　227
活性化因子→アクチベーター
活性化ドメイン　241
活性化誘導シチジンデアミナーゼ（AID）　260
活性部位　74
カテナン　434
可動クランプ　198
可動性配列　485
カベオリン-1　370

可変制御　257
可変領域（V）　492
鎌状赤血球貧血　23
カメレオン配列　43
β-ガラクトシダーゼ　96, 223, 265
β-カリオフェリン　304
下　流　178
　──への移動　177
カルス　111
β-カロテン　113
カロリー制限　501
幹細胞　18
干　渉　481
環状アデノシン一リン酸→cAMP
環状順列アッセイ　130
環状染色体　151
環状タンパク質　392
間接末端標識法　159
がんタンパク質　337
カンプトテシン　77
γH2A.X　520
γH2A.X フォーカス　523
緩和型プラスミド　95

き

キアズマ　481
偽遺伝子　142, 143
キイロショウジョウバエ
　　　　（*Drosophila melanogaster*）　27
偽常染色体領域　146
起点認識複合体（ORC）　447
キナーゼ　396
キネトコア（動原体）　170
機能的配列要素　142
基本転写因子　202
基本プロモーター　202
キメラマウス　107
逆転写　488
逆転写活性　458
逆転写酵素（RT）　103, 152, 214, 462
逆戻り　181
キャッピング　285, 287, 305
ギャップ　94
キャップ依存性翻訳開始　361, 363
キャップ結合複合体（CBC）　287, 305
CAF-1（クロマチンアッセンブリ因子 1）　164, 456, 523
キャプシド　151
嗅覚受容体遺伝子群　19, 239
共焦点顕微鏡法　8
共転写-RNA プロセシング
　──の概要　305
共免疫沈降（co-IP）　37
共有結合閉環（CCC）　95
共優性　19
局所的制御因子　234
巨大分子　5
切出し　492

和文索引

近位配列エレメント（PSE） 208
近位プロモーター 236
近位プロモーター領域 237
近該当アミノ酸 321
緊縮応答 220
緊縮型プラスミド 95

く

Ku70-Ku80 二量体 513
グアニン（G） 62
グアニン四重鎖 172
グアノシン 302
鎖置換モデル 462
鎖停止法 84
屈曲
 　DNA の―― 121, 130
Ku 非依存的末端結合 513
組換えインスリン 109
組換え DNA 技術 87
組換えホットスポット 482
組換えメディエーター 477
組込み宿主因子（IHF） 97, 122, 153, 492
クライオ電子顕微鏡（クライオEM） 6, 338
クラウンゴール（根頭がん腫） 111
クラス I トランスポゾン 488
クラス II トランスポゾン 488
クランプローダー 417, 420, 422
N-グリコシラーゼ 505
グリコシル化 399
クリスマスツリー 184
グループ I イントロン 286, 302
グループ II イントロン 287, 302
GreA 181
GreB 181
クレノウ酵素 425
クレノウ断片 423
GroEL/GroES 54
クローニング 87
クローバー葉構造 316
βグロビン遺伝子座 212, 238
クロマチン 117, 155, 518
 　――の発見 156
クロマチンアッセンブリ因子 1（CAF-1） 164, 456, 523
クロマチンハブ 239
クロマチン免疫沈降（ChIP） 127, 131
クロマチンリモデリング（クロマチン再構成） 243, 255
クロマチンリモデリング因子 243
クロマトソーム 165
クロモシャドウドメイン（CSD） 251
クロモドメイン（CD） 246, 251
クロモドメインモジュール 248
クロラムフェニコールアセチルトランスフェラーゼ（CAT） 265
クロロキン 80
クローン 87
クローン動物 115

クローンバイクローン配列決定法 105

け

蛍光 1, 8
蛍光標識 83
形質転換 22, 467
形質導入 24, 467
KH ドメイン 126
血液型 401
血液凝固 479
血管拡張性運動失調症様疾患 511
結合ドメイン 123
結晶構造学 12
血友病 A 479
ゲノム 142
ゲノムオーガナイザー 211
ゲノム区分 269
ゲノムサイズ 145
ゲノム状態の主要なクラス 269
ゲノム全体の修復（GGR） 504
ゲノム不安定性 520
ゲノムライブラリー 104
ゲノムワイド局在解析（GWLA） 132
ゲルシフトアッセイ 128
ゲル電気泳動 34, 79
原核生物 3
原子間力顕微鏡（AFM） 10, 179
減数分裂 17
減数分裂期組換え 479
減数分裂のブーケ 482
原生動物 1
顕微注入 105
厳密性 103

こ

コア RNA ポリメラーゼ 185, 189
コアクチベーター（転写活性化共役因子） 240
コア酵素 190
コアヒストン 156, 157
コアプロモーター 202, 236
コアポリメラーゼ 188
コイルドコイル 125
光学顕微鏡 1
抗原 H, A, B 401
抗原決定基 492
交差（CO） 470, 479
交差領域 481
校正 321, 424
合成依存的単鎖対合（SDSA） 470
校正活性
 　アミノアシル tRNA シンテターゼの―― 324
構成的 440
後成的遺伝→エピジェネティクス

後成的制御→エピジェネティック制御
構成的転写 219
構成的発現 225
構成的ヘテロクロマチン 249
抗生物質 194, 339
抗生物質耐性遺伝子 93
抗生物質耐性菌 339
酵素結合免疫吸着検定法（ELIZA） 37
酵素的塩基配列決定法 84
抗体 492, 494
高頻度組換え（Hfr） 225
酵母エピソームプラスミドベクター（Yep） 101
酵母人工染色体（YAC） 100, 444
酵母テロメア
 　――のヘテロクロマチン 250
5 界説 4
コケイン症候群（CS） 501
古細菌（アーキア） 5
5C 法 274, 282
cos 配列 437
cos 部位 97
コスミド 99
5′→3′エキソヌクレアーゼ 423
5′→3′経路 371
コード鎖 177
コドン 78, 136
 　――の最適化 101
 　例外的な―― 140
コヒーシン 168, 170, 481
コピー DNA → cDNA
コリプレッサー 222
ゴルジ体 385
ゴルジ複合体 385
ゴルジン 386
ゴールデンライス 108, 113
コレステロール 380
コンカテマー 94
コンセンサス（共通）配列 186, 220
昆虫耐性 108
コンティグ 106
コンデンシン 168, 170, 175

さ

Sir2 250
細菌（バクテリア） 1
細菌神経毒素 388
細菌人工染色体（BAC） 100, 106
サイクリン 445
サイクリン依存性キナーゼ（CDK） 445
最小開始前複合体 202
サイバーグリーン 79
細胞 3
細胞型特異的基本因子 241
細胞死シグナル 394
細胞質ポリアデニル化配列（CPE） 328, 362
細胞死ドメイン 394
細胞周期 17, 443

和文索引

細胞周期制御　445
細胞周期制御メチルトランスフェラーゼ
　　　　　　　　　　　　（CcrM）　232
細胞周期チェックポイント　509
細胞小器官　3
細胞分裂周期変異株（cdc）　444
細胞融合　493
サイレンサー　142, 237
サイレンシング
　遺伝子発現の——　309
SINE（短鎖散在反復配列）　488
サザンブロットハイブリダイゼーション　82
雑種第一世代（F_1）　15
サテライト DNA　147
サプレッサー tRNA　326
サーマルサイクラー　103
Ⅲ型制限酵素　92
三次構造　40
3C 法　212, 275
30S 開始複合体　341
30 nm 繊維　166
三重らせん　70
$3'→5'$ エキソヌクレアーゼ　424
$3'→5'$ 経路　371
3 ドメイン説　4

し

$4',6$-ジアミジノ-2-フェニルインドール
　　　　　　　　　　　　（DAPI）　80
GreA　181
GreB　181
cAMP（環状アデノシン一リン酸）　224
cAMP-CAP 二量体　227
cAMP 受容タンパク質（CRP）　123, 224
CAGT 法　272
CHD（クロモ-ヘリカーゼ-DNA 結合
　　　　　　　　　　タンパク質）　255
CATH　44
GATC 配列　506
CAP モジュロン　234
ジェミニン　449
GM 植物（遺伝子組換え植物）　108
シェルテリン　172
シェルテリン構成因子　461
シェルテリン複合体　459
紫外線照射　499
紫外線損傷　498
閾値サイクル（C_T）　103
磁気共鳴イメージング（MRI）　42
磁気共鳴分光法（MRS）　42
色素性乾皮症（XP）　501, 506
磁気ピンセット（MT）　182
識別配列　319
シークエンスロゴ　226, 228
シグナル認識粒子（SRP）　384
シグナル配列　383
シグナルペプチダーゼ　386
シグナルペプチド　383

シグネチャー　267
$σ^{70}$　187
σ 因子　187, 220
σ サブユニット　185, 187
シクロブタン型チミン二量体　500
ジゴキシゲニン（DIG）　83
自己修飾　252
自己触媒的切断　474
自己スプライシングイントロン　302
自己組織化原理　50
自己融解　403
CCCTC 結合因子（CTCF）　238
シス作動性制御配列　221
シス制御配列レキシコン　279
シス-トランス相互作用　221
シスのクロストーク　245
シス編集　323
シス面　385
持続長　69
θ 型複製　417
GW182　367
疾患
　転写制御と——　242
G_2 期　18
実行型カスパーゼ　394
質量分析（MS）　52
cDNA　105, 214, 217
cDNA ライブラリー　105
CDK　449
CDK7　200
CDK9　200
CDK1-サイクリン B　445
CDK2-サイクリン A　445
CDK2-サイクリン E　445
CTCF　211
CTD（C 末端ドメイン）　189, 198
GTP アーゼ活性　343
ジデオキシ NTP（ddNTP）　84
シトクロム c　394
シトシン（C）　62
シトシン
　——のメチル化　257, 277
シード領域　366
シナプシス　481
シナプトネマ複合体（SC）　481
CPSF（切断/ポリアデニル酸化特異性因子）
　　　　　　　　　　　　　　289
CpG アイランド　259
CpG ジヌクレオチド　259
C ブロック　208
C 末端　33
C 末端ドメイン（CTD）　189, 198
　——のリン酸化　200
シャイン・ダルガノ配列（SD 配列）　325
シャトルベクター　101
シャペロニン　54
シャペロン　53
シャルガフの法則　63, 65
ジャンク DNA（がらくた DNA）
　　　　　　　　　145, 209, 486
臭化エチジウム（EtBr）　79

終結
　転写の——　178, 205
終結因子（RF）　352
終結シグナル（ターミネーター）　180, 230
終結ゾーン　432
重合体（ポリマー）　5
十字形　70
終止コドン　140
修飾ヌクレオシド　318
修復フォーカス　521
集約型（シャープな）プロモーター　202
縦列反復配列　147
宿主域　114
縮重　140
宿主制限　89
主　溝　67, 121
出芽酵母　26
受容体依存性エンドサイトーシス　403
循環置換　391
条件的ヘテロクロマチン　249
小分子 RNA　309
小分子干渉 RNA（siRNA）　311
小分子ユビキチン様修飾因子→ SUMO
障壁活性　237
小胞輸送　387
上　流　178
　——への移動　177
上流活性化配列（UAS）　237
上流結合因子（UBF）　205
上流制御配列（UCE）　205
上流配列　220
除去修復　499
植物遺伝子工学　108
除草剤耐性　108
ショットガンシークエンシング法　105
ショ糖密度勾配沈降法　81
自律型レトロトランスポゾン　488
自律複製配列（ARS）　443
シロイヌナズナ（*Arabidopsis thaliana*）　27
しわ寄せ機構　191
G_1 期　18
真核生物　3
　——の mRNA　285, 287
ジンクフィンガー　123
GINS 複合体　449
真正細菌　5
伸　長　178
　転写の——　178, 199
　翻訳の——　344
伸長因子 Tu（EF-Tu）　344
伸長性疾患原因反復配列　452
伸長複合体
　転写の——　185
浸透度　20

す

水素結合
　——の様式　120

和文索引

睡眠病　495
スティミュロン　234
ステロイド応答配列　124
ステロイド受容体　124
ストップトフロー法　338
ストレス応答　220
ストレス顆粒　372
ストレスシグナル　362
ストレプトアビジン　83
SNAP 複合体（SNAPc）　208
SNARE　386, 388
スーパーマウス　107
ズブチリシン　423
スプライシング　141, 285, 289
　　転写と——の共役　300
スプライソソーム　289, 302, 305
スープラ（超）スプライソソーム　290
スペーサー DNA　158
スペーサープロモーター　206
スベドベリ単位（S）　33
Spo11　482
SpoT　221
SUMO（小分子ユビキチン様修飾因子）　409
SUMO 化　409, 461
SRY 遺伝子　146
スライディングクランプ　417
スライディングクランプ β　419
3 カラー FRET　340
刷込み遺伝子（インプリント遺伝子）　238
3 ポリメラーゼレプリソーム　428
SWI/SNF（スイッチ/スクロース非発酵性）　255

せ

制御転写　219
制御配列　269
制限エンドヌクレアーゼ　88
制限酵素　88
制限/修飾系　90
脆弱 X 症候群　453
成熟 mRNA
　　——の構造　327
生体膜　380
生物工場　108
脊髄性筋萎縮症（SMA）　375
Sec61　384
Sec62/63　386
SecA　384
SecY　384
接　合　24, 225, 467
Z 形 DNA（Z-DNA）　67
セパレース　169, 171
ゼブラフィッシュ（Danio rerio）　27
Ser2　200
Ser5　200
セルソーティング　26
セレノシステイン　324
全ゲノム解読　144

全ゲノムショットガン法　105
前骨髄性白血病ボディ（PML ボディ）　460
線状ポリユビキチン　407
染色体　168
染色体構造維持→ SMC
染色体数　145
染色体テリトリー　166
全身性エリテマトーデス（SLE）　373
センス鎖　177
全体的遺伝子発現パターンの包括的制御　234
選択的スプライシング　144, 290, 294
選択的 DNA 構造　232
選択的 UTR　327
選択マーカー　93
線虫（Caenorhabditis elegans）　27
セントラルドグマ　135
　　分子生物学の——　78
セントロメア　170
セントロメアヌクレオソーム　172
CENP-A　170, 172

そ

早期老化症（早老症）　459, 501
増殖細胞核抗原（PCNA）　451
相同組換え（HR）　459, 461, 467
相同組換え修復　502
挿入配列（IS）　486
挿入ベクター　95
相変異　233
相補的　64
相補的 DNA → cDNA
相補的配列　69
側　鎖　29
ソラレン架橋法　359
ソレノイド型　73
損傷回避ポリメラーゼ　514
損傷乗越え合成（TLS）　474, 502, 514
損傷乗越えポリメラーゼ　514

た

ダイサー　311
体細胞分裂　17
代替 σ 因子　220
大腸菌（Escherichia coli）　26
耐熱性 DNA ポリメラーゼ　103
タイプ 1 プロモーター　208
タイプ 2 プロモーター　208
タイプ 3 プロモーター　208
対立遺伝子（アレル）　15
対立遺伝子頻度　20
多因子性遺伝　20
ダウンレギュレーション　297

ターゲッティング　106
多糸染色体　21
多重遺伝子族　143
多重クローニング部位（MCS）　96
Tus（終結利用物質）　433
TATA 結合タンパク質（TBP）　202, 241
TATA 結合タンパク質随伴因子（TAF）
　　　　　　　　　　→ TBP 随伴因子
TATA ボックス　202, 208, 236
多タンパク質複合体　50
脱アデニル反応　369
脱アミノ反応　498
脱キャッピング　371
Taq ポリメラーゼ　103
脱プリン/脱ピリミジン　505
脱プリン反応　498
田中耕一　52
多能性　18
Ter 部位（終結部位）　432, 433
ターミナルデオキシリボヌクレオチジル
　　　　トランスフェラーゼ（TdT）　513
ターミネーター（終結シグナル）　180, 230
Dam メチラーゼ　506
多面発現　19
多ユビキチン化　402
単一アレル性遺伝子発現　19
短期停止　181
短鎖干渉 RNA　311
短鎖散在反復配列（SINE）　488
短鎖ノンコーディング RNA　209
単数体　15
タンデムキメリズム（縦列のキメラ化）　293, 297
タンパク質　29
　　——の折りたたみ　50
タンパク質結晶構造　41
タンパク質コード遺伝子　141
タンパク質スプライシング　390
タンパク質二量体　125
タンパク質分解　32
タンパク質モジュール　126
短波長紫外線　502
単分子解析　182
単量体（モノマー）　5

ち

チアミン二リン酸（TPP）　366
置換バリアント　158, 253
置換ベクター　96
置換ループ（D ループ）　462
チップ（chip）　132
ChIP（クロマチン免疫沈降）　127
ChIP-seq　282
ChIP-on-chip 法　132
チミン（T）　62
チミン二量体　499, 502, 503
長期停止　181

和文索引

長距離スプライシング現象　297
長鎖 ncRNA（lncRNA）　142, 263
長鎖散在反復配列 1（LINE-1, L1）　488
長鎖ノンコーディング RNA（lncRNA）　197
長寿因子　251
超らせん　71, 73
　負の——　73
超らせんストレス　189
超らせんドメイン　230
超らせん密度（σ）　73
直接修復　500
沈降係数　33

て

Ti プラスミド　108, 111
D アーム　316
TRAMP　309
tRNA（転移 RNA）　78, 137, 316
tRNAi（開始 tRNA）　314, 341
tRNA 遺伝子　171
tRNA 結合部位　330
tRNA 識別配列　319
tRNA ヌクレオチジルトランスフェラーゼ
　　　　　　　　（CCA 付加酵素）　285
tRNA プライマー　464
tRNA プロセシング　284
TRF1　173
DN アーゼ I（デオキシリボ
　　　　　　　ヌクレアーゼ I）　129, 159
DN アーゼ-seq　282
DN アーゼ-seq 解析　270
DN アーゼ I 高感受性　280
DN アーゼ I 高感受性部位（DHS）　238, 269
DN アーゼ I フットプリント　276
DN アーゼ I フットプリント法　129
DNA（デオキシリボ核酸）　61
　——の屈曲　121, 130
　——の物理構造　63
DNA アデニンメチルトランスフェラーゼ
　　　　　　　　　　　　　（Dam）　232
DNA アフィニティークロマトグラフィー
　　　　　　　　　　　　　　　　118
DNA 依存性 RNA ポリメラーゼ　197
DNA 依存性プロテインキナーゼ→ DNA-PK
DNA 架橋タンパク質　154
DNA 型鑑定　148
DNA 環状化アッセイ　130
DNA 凝縮　153
DNA 屈曲タンパク質　153
DNA 組換え　467
DNA 結合ドメイン（DBD）　123, 240
DNA コーミング　441
DNA シトシンメチルトランスフェラーゼ
　　　　　　　　　　　　　（Dcm）　232
DNA ジャイレース　74
DNA 修復　500
DNA 修復経路　498, 502

DNA 切断試薬　159
DNA 損傷　498
DNA 損傷応答（DDR）　509
DNA タイリングアレイ　216
D-NHEJ　513
DNA トポイソメラーゼ　417
DNA トランスポゾン　488
DNA 認識部位　120
DNA-PK（DNA 依存性プロテインキナーゼ）
　　　　　　　　　　　　　　513, 520
DNA-PKcs　513
DNA フィンガープリント法　148
DNA フォトリアーゼ（光回復酵素）　502
DNA フットプリント法　129
DNA プライミング　427
DNA ヘリカーゼ　416
DNA ポリメラーゼ　515
DNA ポリメラーゼ I（Pol I）　424
DNA ポリメラーゼ III（Pol III）　418
DNA マイクロアレイ　132
DNA 巻戻し配列（DUE）　429
DNA 末端複製問題　457
DNMT（DNA メチルトランスフェラーゼ）
　　　　　　　　　　　　　　　　257
Dnmt1　251, 260
Dnmt3a　251, 260
Dnmt3b　260
DNA メチル化　89, 233
DNA メチル化パターン　238, 280
DNA メチルトランスフェラーゼ（DNMT）
　　　　　　　　　　　　　　　　257
DNA メチルトランスフェラーゼ 1（Dnmt1）
　　　　　　　　　　　　　　251, 260
DNA ラダー　159
DNA リガーゼ　92
DNA リゾルベース　475
DNA リンカー　92
DNA ルーピングアッセイ　130
DNA ループ　122
TFIID（転写因子 II D）　202, 241
TFIIH　200
TFIIS　181, 243
TFIIIA　124, 208
TFIIIB　208
TFIIIC　208
Dmc1　482
DMC1　484
D 形　31
Dcp2　371
DcpS　371
定常領域（C）　492
TG$_n$ 領域　220
停滞　242
TIP60　523
T-DNA　111
Dps タンパク質　154
TBP（TATA 結合タンパク質）　202, 241
TBP 関連因子 3（TRF3）　241
TBP 随伴因子（TAF）　202, 241
TψC アーム　316
T7 ファージ　435

定量 PCR（qPCR）　103
t ループ　172
D ループ（置換ループ）　462, 469
デオキシヌクレオシド三リン酸（dNTP）
　　　　　　　　　　　　　　　　415
デオキシリボ核酸→ DNA
デオキシリボース　62
デオキシリボヌクレアーゼ I → DN アーゼ I
適応収容　346
出口部位（E 部位）　331
デグロン　409
テトラソーム　163
de novo メチル化　258
テロメア　171, 458
テロメア間 D ループ　459
テロメア DNA
　——の崩壊　458
テロメアの代替伸長経路（ALT 経路）
　　　　　　　　　　　　　　459, 469
テロメラーゼ　458, 460
転位→トランスロケーション
転移 RNA → tRNA
転移因子　484
転移後編集　321, 323
転移前機構　321
点型セントロメア　170
電気泳動　34
電気穿孔法　102
電子顕微鏡（EM）　6
電磁放射線　2
転写　77, 177
　——とスプライシングの共役　300
　——の開始　178
　——の終結　178, 205
　——の伸長　178, 199
転写因子
　——の連結ネットワーク　278
転写因子 II D → TFIID
転写因子ネットワーク構築　278
転写開始因子　185
転写開始鎖置換モデル（SD モデル）　462
転写開始部位（TSS）　142, 179, 202
転写開始複合体　185
転写-核外輸送複合体（TREX）　287, 305
転写活性化　223
転写活性化ドメイン（AD）　240
転写活性化に関する呼び込み仮説　240
転写共役修復（TCR）　504
転写減衰→アテニュエーション
転写終結　205
転写終結機構　190
転写伸長速度　242
転写伸長複合体　185
転写制御
　——と疾患　242
転写制御ネットワーク　234
転写制御配列
　——の活性測定　265
転写中断　180, 189
転写バブル　177, 180
転写ファクトリー　210

転写抑制 223
天然変性タンパク質（領域） 47
テンペレートファージ→溶原ファージ
電離放射線 3

と

統計的位置取り 164
糖脂質 380
糖タンパク質 399
動的校正 349
等電点 36
等電点電気泳動 36
Dna2 455
DnaA ボックス 428
DnaB 429
DnaB ヘリカーゼ 416
DnaC 429
dnaG 414
DnaX 複合体 420
糖尿病 370
トウプリント法 344
動力学モデル 300
糖-リン酸骨格 64, 67
ドッキングドメイン 161
ドッキング部位 429
突出末端 90
ドデシル硫酸ナトリウム（SDS） 35
トポアイソマー 79
トポイソメラーゼ 74
トポロジカルな拘束 71
ドメイン［生物の分類］ 4
ドメイン［タンパク質］ 43
トラッキングモデル 237
トランス活性化ドメイン 122
トランスクリプトーム 261
トランスクリプトーム解析 214
トランス作動性因子 221
トランスジェニックマウス 105
トランススプライシング 297
トランスのクロストーク 245
トランス編集 323
トランスポゼース 486
トランスポゾン 147, 484
トランス面 385
トランスロケーション（転位） 315, 344
トランスロコン 383
トリパノソーマ 495
トリプトファン 228
trpL 229
trp オペロン 229
Trp リプレッサー 228
トリプレット（三つ組） 136, 138, 317
トリペプチドアンチコドンモチーフ 352
トロイド型 73
Drosha 310
トロピズム 114
トロンボーンモデル 422

な

内因性経路 394
内在性屈曲
　　――の位置 130
内在的終結 190
内部制御領域（ICR） 208
内部リボソーム進入部位→IRES 327
内　膜 383
ナイミーヘン染色体不安定症候群（NBS）
　　501, 511
長いパッチの修復 505
長いフラップ経路 455
長い末端反復配列（LTR） 464
NASP 456
NAP1 164, 454
7SL RNA 488
70S 開始複合体 341
ナンセンス変異依存性 mRNA 分解（NMD）
　　309, 372, 374

に

二価染色体 481
Ⅱ型制限酵素 91
Ⅱ型トポイソメラーゼ 74, 175
二次元ゲル電気泳動 36
二次元タンパク質結晶化 198
二次構造 39
二重ふるい機構 321, 323
二重らせん構造 67
二重らせんモデル 64
二成分プロモーター 187
ニック 74, 94, 415
ニックトランスレーション 424
ニトロセルロースフィルター膜 118
二倍体 15
二方向性 DNA 複製 417
二方向性転写 178
二本鎖 64
二本鎖 RNA 結合ドメイン（dsRBM） 126
二本鎖切断（DSB） 468, 498, 502, 509
二本鎖切断修復 468
乳がん感受性遺伝子（*BRCA1*） 406
二要素プライマー 450
尿路病原性大腸菌 233
二リン酸 179
ニワトリの足構造 452, 474
ニワトリの足モデル 516
認識ヘリックス 123
認識モチーフ 123

ぬ

ヌクレアーゼ高感受性部位 164

ヌクレオシド 62
ヌクレオソーム 156, 243
　　――構造の発見 157
ヌクレオソーム間隔 164
ヌクレオソーム欠失領域（NDR）
　　164, 243, 249
ヌクレオソームコア粒子 156
ヌクレオソームの位置取り 164, 249, 272
ヌクレオソームファミリー 163
ヌクレオチド 61
ヌクレオチド除去修復（NER） 500, 504
ヌクレオプラスミン 164
ヌクレオポリン 306
ヌクレオリン 164

ね

ねじれ 70
ねじれ数（*Tw*） 72
熱ショックタンパク質（HSP） 54
熱ショックレギュロン 233
NELF 244
粘着末端 90

の

能動的脱メチル化酵素 260
ノックアウト 106
ノックアウトマウス 107
ノックイン 107
ノックダウン 107
野村眞康 329
ノンコーディング RNA → ncRNA
ノンストップ mRNA 分解（NSD） 309, 377

は

肺炎球菌 65
バイサルファイト処理 258, 277
胚性幹細胞→ES 細胞
バイナリーベクター 112
ハイブリダイゼーション 81
ハイブリッド状態 349
ハイブリドーマ 493
配列依存的終結 190
ハウスキーピング遺伝子 219
バクテリオファージ（ファージ） 22
バクテリオファージ M13 → M13 ファージ
バクテリオファージ T7 → T7 ファージ
バクテリオファージ λ → λ ファージ
バクテリオファージ φX174 →
　　φX174 ファージ
ハーシー・チェイスの実験 66
Pasha 310
PaJaMo 実験 225

和文索引

バー小体 254
BAC ベース法 105
BAC ライブラリー 106
発現ベクター 100
papBA オペロン 233
パフ 22, 243
ハプタンパク質 59
バブル 442
パリンドローム（回文） 70, 91
パン酵母（*Saccharomyces cerevisiae*） 26
ハンドシェイクモチーフ 157
バンドシフト法 128
反復配列 453
半保存的複製 64, 413
ハンマーヘッド型リボザイム 287

ひ

p53 47, 264, 296, 364
p300/CBP 247
piRNA（PIWI 結合 RNA） 311
PRR 仮説 518
PR-Set7 449
brm 遺伝子 246
PRC1（ポリコーム抑制複合体 1） 249, 404
PRC2（ポリコーム抑制複合体 2） 249
BRCA2 478
非鋳型鎖 177
PET（ペアードエンドタグ） 214
PIWI 309
PIWI 結合 RNA（piRNA） 311
非ウイルスベクター 114
BARD1 406
PAZ 309
PAZ（PIWI-Argonate-Zwilli） 367
B-NHEJ 513
PABP 367
papBA オペロン 233
PML ボディ（前骨髄性白血病ボディ） 460
ビオチン 83
B 型肝炎ウイルス 108
B 形 DNA（B-DNA） 67
光回復 499
光回復酵素（DNA フォトリアーゼ） 502
光ピンセット（OT） 182
非組換え領域（NRY）
　　Y 染色体の—— 146
非交差（NCO） 479
非コード RNA → ncRNA
B 細胞 492
非自律型レトロトランスポゾン 488
ヒストン 155
　　——の翻訳後修飾 245
ヒストンアセチルトランスフェラーゼ
　　　　　　　　　　　　　（HAT） 248
ヒストン H3.3 253
ヒストン H2A.Z 253
ヒストン H1 ファミリー 158
ヒストン mRNA 287

ヒストン尾部 161
ヒストンシャペロン 164, 454
ヒストン修飾酵素 247
ヒストンデアセチラーゼ（HDAC） 247, 251
ヒストン八量体 156
ヒストンバリアント 161
ヒストンフォールド 157, 161
ヒストンマーク 245
ヒストン末端 157
非相同組換え 467, 484
非相同末端結合（NHEJ） 469, 502, 511
非対立遺伝子型バリアント 158, 253
P-TEFb 200, 244
非天然アミノ酸 324
ヒトインタラクトーム 59
非特異的 DNA 結合タンパク質 119
ヒトゲノム 147, 209
ヒトパピローマウイルス（HPV） 406
ヒートマップ 217
ヒト免疫不全ウイルス（HIV） 151
ヒト免疫不全ウイルス 1 型（HIV-1） 463
ヒドロキシ尿素（HU） 430
ヒドロキシラジカルフットプリント法 129
ヒト Y 染色体 146
ピノサイトーシス 403
ppGpp（グアノシン 5′-二リン酸
　　　　　　　　　　3′-二リン酸） 220
P 部位（ペプチジル部位） 331
非複製性転移 489
pBluescript 99
pBluescript II 99
非変性ポリアクリルアミドゲル電気泳動
　　　　　　　　　　　　　　　　　 130
P ボディ 372
非翻訳領域（UTR） 141, 327
病因遺伝子 242
表現型 16
表現型模写 20
標識プローブ 82
標準的ヌクレオソーム 162
標準的ヒストン 160
標的開始逆転写（TPRT） 489
ピリミジン 62
ピリミジン二量体 502
vir 遺伝子 111
ピロホスファターゼ 415
ピロリシン 324
品質管理
　　RNA の—— 307

ふ

φX174 ファージ 437
φ29 バクテリオファージ型ウイルス 151
ファーガソンプロット 34
FACT（クロマチン転写活性化）
　　　　　　　　164, 244, 454, 523
ファゴサイトーシス 403
ファージ（バクテリオファージ） 22

ファージディスプレイ 96, 99
ファージミド 99
Fas 394
ファンコニ貧血（FA） 501
不安定化残基 409
FIONA（1 nm 精度蛍光画像解析法） 8
VCX-A 375
Fis（倒置型転写活性化因子） 154, 432
部位特異的組換え 467, 491
部位特異的結合タンパク質 120
部位特異的変異導入 102, 104, 128
フィルター膜結合 118
封入体 101
FAIRE 268
FAIRE-seq 282
フォーカス 440, 520
フォークトラップ 433
不完全優性 19
複合トランスポゾン 486
フーグスティーン型塩基対 70
複製 440
　　——の再開始 417
複製依存的ヒストン合成 456
複製因子 C（RFC） 451
複製起点（複製開始点） 417, 428
　　構成的—— 440
　　柔軟な—— 440
複製スリップ（複製の滑り） 451
　　——の機構 458
複製性転移 489
複製前複合体（pre-RC） 448
複製タンパク質 A（RPA） 119, 451, 477
複製の目 418
複製バブル 418, 442
複製フォーク 413, 415
複製様式 414
副溝 67, 121
副溝結合タンパク質 121
フットプリント 275
負のねじれ 73
普遍転写因子（GTF） 202
プライマー 413
プライマー伸長法 160, 213
プライマーゼ 414, 427, 450
プライミング 413
プライミングループ 427
プライモソーム 450
ブラウンラチェット 349
　　——の機構 350
プラスミド 93
フラップエンドヌクレアーゼ 1（Fen1）
　　　　　　　　　　　　　　454, 455
フラップ経路 455
フラビンアデニンジヌクレオチド（FAD）
　　　　　　　　　　　　　　　　　 502
ブリッジヘリックス 198
フリッパーゼ 399, 400
プリン 62
フルオロキノロン 430
BRCA2 478
プルダウンアッセイ 38

ブルーム症候群（BLS） 459, 501, 520
ブルームヘリカーゼ（BLM） 459
プレクトネーム型 73
FRET（蛍光共鳴エネルギー移動） 9
フレームシフト 138
プロインスリン 109
プロウイルス仮説 463
フローサイトメトリー 26
プロセシング済み偽遺伝子 488
プロセッシビティ 180
プロテアソーム 55, 391
プロテオグリカン 399
プロテオーム 57, 142
プロトプラスト 101, 111
プロトマー 48
プロビタミンA 113
プローブ 81
プロファージ 492
プロモーター 141, 179, 220
プロモーターエスケープ 180
プロモータークリアランス 180, 189
プロモーター領域 236
ブロモドメイン 246
ブロモドメインモジュール 248
分岐点移動 475
分散型（広域型）プロモーター 202
分子運動 179
分子生物学
　——のセントラルドグマ 78
分枝部位 289
分裂酵母（Schizosaccharomyces pombe） 26

へ

ヘアピン 70
平滑末端 90
平衡密度勾配遠心分離法 81
閉鎖複合体 179
ヘキサソーム 163
ベクター 25, 87
ベクター容量 110
HECTドメイン 406
HECTドメイン型 402
βクランプ 419
βシート 39
ヘテロ核リボ核タンパク質（hnRNP） 299
ヘテロクロマチン 166
　酵母テロメアの—— 250
ヘテロクロマチン形成 251
ヘテロ修飾 252
ヘテロ接合体 15
ヘテロ二量体 125
ヘテロファジー 403
ペニシリン 399
ペプチジルトランスフェラーゼ中心（PTC）
　　328, 340, 346, 348
ペプチジル部位（P部位） 331
ペプチドグリカン 399

ペプチド結合 32
ペプチド転移 390
ヘミソーム 163, 171
ヘミメチラーゼ 507
ヘミメチル化DNA 232
ヘモグロビン 23
ヘリカーゼ 119, 518
ヘリカーゼ DnaB 429
ヘリカーゼ-プライマーゼ 435
ヘリカーゼローダー DnaC 429
ヘリックス・ターン・ヘリックス（HTH）
　　123
ペリプラズム 383
変更遺伝子 20
編集（エディティング） 307
編　集 321
変　性 66

ほ

包括的制御因子 221, 234
包括的超らせん 231
放射状ループモデル 173, 174
放射線 2
ホスファターゼ 396
ホスホジエステル結合 64
ホメオボックス 249
ホモ接合体 15
ホモ二量体 125
ポリアデニル化 205, 285, 287
ポリアデニル化シグナル 328
ポリ(A)結合タンパク質（PABP）
　　289, 343, 366
ポリ(A)鎖 289
ポリADPリボシル化 245, 252
ポリADPリボースポリメラーゼ1
　　（PARP-1） 252
ポリ(A)付加シグナル（AAUAAA） 289
ポリ(A)ポリメラーゼ（PAP） 186, 289
ポリクローナル抗体（Pab） 493
ポリコーム複合体 249
ポリコーム抑制複合体（PRC1, PRC2） 249
ポリコーム抑制複合体1（PRC1） 404
ポリシストロニック 338
ポリシストロニック mRNA 363
ポリソーム（ポリリボソーム） 138, 337
ホリデイ構造（ホリデイジャンクション，
　　HJ） 470, 474, 475
ポリヌクレオチド 61, 62
ポリヌクレオチドホスホリラーゼ 186
ポリプリン領域（PPT） 465
ポリペプチド 32
ポリメラーゼ 413
ポリメラーゼ連鎖反応（PCR） 102
ポリユビキチン化 402
ポリリボソーム（ポリソーム） 138, 337
PolⅠ（RNAポリメラーゼⅠ） 205
PolⅠ（DNAポリメラーゼⅠ） 424

PolⅠ選択性因子1（SL1）［RNA］ 205
PolⅠラージフラグメント［DNA］ 425
PolⅡ（RNAポリメラーゼⅡ） 197
PolⅡコアプロモーター［RNA］ 202
PolⅢ（RNAポリメラーゼⅢ） 208
PolⅢ（DNAポリメラーゼⅢ） 418
PolⅢα［DNA］ 419
PolⅢコア酵素［DNA］ 418
PolⅢプロモーター［RNA］ 208
Polα［DNA］ 450
Polε［DNA］ 450
Polγ［DNA］ 462
Polλ［DNA］ 513
Polμ［DNA］ 513
Polδ［DNA］ 450
ホルミルメチオニン 323
N-ホルミルメチオニン 341
ホルムアルデヒド 132
ホロ酵素 185, 220
翻　訳 314
　——の開始 341
翻訳開始因子 341
翻訳開始シグナル 140
翻訳工程 340
翻訳後修飾 51, 161, 395
　ヒストンの—— 245
翻訳後透過 383
翻訳後プロセシング 385
翻訳時透過 383
翻訳阻害 309
翻訳阻害抗生物質 339

ま

マイクロRNA → miRNA
マイクロサテライト 147
マイクロサテライトDNA 148
-35領域 187, 220
-10領域 187, 220
マウス（Mus musculus） 27
膜貫通タンパク質 382
膜透過 383
膜内在性タンパク質 381
膜表在性タンパク質 381
膜融合 387
マクロ H2A 254
マクロオートファジー 403
マクロドメイン 152
末端ウリジリルトランスフェラーゼ
　　（TUTアーゼ） 374
MutH 507
MutS 507
MutSα 509
MutSβ 509
MutS-MutL 507
Mutタンパク質 506
マトリックス支援レーザー脱離イオン化
　　（MALDI） 52

み

ミクロオートファジー　403
ミクロコッカスヌクレアーゼ（MNアーゼ）
　　　132, 159
ミクロソーム　329
短いパッチの修復　505
短いフラップ経路　455
ミスマッチ修復（MMR）　499, 501, 506
Mi2/NuRD　256
ミトコンドリア　460
ミトコンドリアゲノム　460
ミトコンドリアDNA（mtDNA）　461
ミニサテライト　147
ミバエ　27
ミューテーター　506

む, め

無細胞系　139
無精子症候群因子領域　146
Mre11-Rad50-Nbs1（MRN）複合体　511

雌菌　225
メセルソン・スタールの実験　414
MeselsonとWeigleの実験　468
メタロチオネインI遺伝子　107
メチシリン耐性黄色ブドウ球菌（MRSA）
　　　339
N^6-メチルアデニン（^{m6}A）　232
メチル化　245
　シトシンの——　257, 277
メチル化感受性アイソシゾマー　91
メチル化感受性制限酵素　360
メチル化CpG　259
メチル化CpG結合タンパク質　261
メチル化CpG結合ドメイン（MBD）　261
5-メチルシトシン（^{m5}C）　232, 257
N^4-メチルシトシン（^{m4}C）　232
5,10-メチレンテトラヒドロ葉酸（MTHF）
　　　502
メチローム　277
メッセンジャーRNA → mRNA
メディエーター　202
免疫グロブリン　492
免疫グロブリン遺伝子
　——の再編成　491
免疫沈降（IP）　37
メンデル遺伝学　19
メンデルの第一法則（分離の法則）　15
メンデルの第二法則（独立の法則）　16

も

毛細血管拡張性運動失調症（AT）　501, 512

網膜芽細胞腫　445
モジュール　126
モジュール構造　127
モジュロン　234
モノクローナル抗体　493
モノシストロニック　338
モノユビキチン化　402

や, ゆ

山中伸弥　115
U6遺伝子　208
融解　66
融解温度（T_m）　69
融合タンパク質　101
有糸分裂期染色体　168, 174
優性（顕性）　14
有性生殖　17
誘導型カスパーゼ　394
誘導性遺伝子制御　242
誘導物質（インデューサー）　222, 224
ユークロマチン　166
UTR（非翻訳領域）　141, 327
ユビキチン（Ub）　56, 400
ユビキチン化　245
ユビキチン活性化酵素（E1）　400
ユビキチン結合酵素（E2）　400
ユビキチン結合ドメイン（UBD）　407
ユビキチン鎖　407
ユビキチン-タンパク質リガーゼ（E3）
　　　400, 406
ユビキチン-プロテアソーム系　403
ユビキチン融合による分解経路（UFD）　408
UvrA　504
UvrB　504
UvrC　504
UvrA$_2$B複合体　504
ゆらぎ　140, 317
ゆらぎ仮説　136, 140, 316
ゆらぎ遷移　162

よ

溶菌サイクル　24
溶原菌　492
溶原サイクル　24
溶原ファージ（テンペレートファージ）
　　　24, 491
抑制因子 → リプレッサー
四次構造　48
よじれ数（W_r）　72
呼び込みモデル　300
読み枠　138
4C法　212
43S開始前複合体　343
48S開放走査型開始前複合体　343

48S閉鎖複合体　343
四方向接合部（4WJ）　470, 474

ら

ライセンス化　449
ライター（書込み因子）　245, 398
LINE-1（長鎖散在反復配列1）　488
ラギング鎖　415
RAG1　495
らせん不安定化タンパク質　119
Laタンパク質　359
ラチェット機構　179
lacA　223
lacI　224, 225
lacY　223
lacZ　96, 223
lacオペロン　223, 225, 228
Lacリプレッサー　121, 225, 226
Rad51　474, 476, 482
Rad52　477
rut配列　192
RuvC　475
RuvA-RuvB複合体　475
ラブル配置　471, 473
ラマチャンドランプロット　39
ラミナ結合ドメイン　167
λファージ　25, 153, 437, 491
　——の挿入　491
ラリアット構造　290
Ran GTPアーゼ　304
ランダムコイル　78

り

リアルタイムPCR　103
リガンド　45
リガンド結合　221
リコグニン　409
利己的DNA　486
RISC積込み複合体（RLC）　311
リソソーム　403
リゾルベース　489
リーダー（読取り因子）　245
リーダータンパク質　248
リーダー配列　230
リーディング鎖　415
リピート長　159
リファンピシン　194
リプレッサー（抑制因子）　221, 226
リプレッサータンパク質　224
リボ核酸 → RNA
リボ核タンパク質（RNP）　328
リボザイム　78, 286, 302
リボース　62
リボスイッチ　361, 364, 365
リボソーム　102

リボソーム　78, 126, 138, 314, 328
　　──の機能　339
　　──の合成　357
リボソーム RNA → rRNA
リボソーム研究　329
リボソーム再生因子（RRF）　352
リボソームサブユニット　328
リボソーム生合成のための集合図　332
リボソームタンパク質（r タンパク質）
　　　　　　　　　328, 332, 357
リボソーム停滞型 mRNA 分解（NGD）
　　　　　　　　　309, 376
リボヌクレオチドレダクターゼ　430
リポフェクション　102
領域型セントロメア　170
両親媒性ヘリックス　125
緑色蛍光タンパク質（GFP）　107, 385
緑色蛍光マウス　107
リンカー DNA　158, 165
リンカーヒストン　156, 157
リンキング数（Lk）　72
Ring1b-Bmi1　404
RING フィンガー　406
RING フィンガー型　402
リン酸化　396
　　C 末端ドメインの──　200
リン酸化カスケード　396

リン脂質　380

る，れ

ルシフェラーゼ　265
ループアウト　223
レギュロン　233
レグマイン　392
RACE（cDNA 末端迅速増幅法）　214
RecA　471
RecA フィラメント　471
RecB　470
RecBCD　470
RecC　470
RecD　470
RecFOR　474
RecQ ヘリカーゼ　516, 518, 520
劣性（潜性）　14
レット症候群　262
レトロウイルス　462
レトロトランスポゾン　488
レプリコン（複製単位）　441
レプリコン　443
レプリソーム　417, 422, 426

レポーター遺伝子　265
RelA　221
連結ネットワーク
　　転写因子の──　278
連鎖　16

ろ

ロイシンジッパー　124
Rho 依存的終結　192
ロイヤルスーパーファミリー　246
Rho 因子　192
老化　460, 501
ロスムンド・トムソン症候群（RTS）
　　　　　　　　　501, 520
ローリングサークル型複製　437

わ

Y 染色体
　　──の非組換え領域（NRY）　146
ワトソン・クリック型塩基対　70
ワトソン・クリックのモデル　66

欧 文 索 引

3′ → 5′ exonuclease 424
3′-UTR 327
4C methodology 212
5C methoddogy 274
5′ → 3′ exonuclease 423
5′-UTR 327
7SL RNA 488
−10 region 187
−35 region 187
43S pre-initiation complex 343
48S closed complex 343
48S open scanning pre-initiation complex 343

A

AAUAAA 289
abortive transcription 180
acceptor stem 319
accommodation 346
activator 221
Activator (*Ac*) 485
active site 74
adaptor molecule 136
adenine (A) 62
adenosine triphosphate (ATP) 61
ADP-ribosylation 252
A-form DNA (A-DNA) 67
Ago (Argonaute) 309
Ago2 367
Agrobacterium tumefaciens 27, 108, 111
AIDS 462
alarmone 220
alkylation 498
O^6-alkylguanine alkyltransferase (AGT) 503
allele 15
allele frequency 20
allosteric modulator (effector) 43
allostery 45
α-helix 39
alternative DNA structure 232
alternative lengthening of telomeres (ALT) 459
alternative splicing 144
Altman, Sidney 285, 287
amino acid 29
amino acid residue 32
aminoacyl site 331
aminoacyl-tRNA (aa-tRNA) 315

aminoacyl-tRNA synthetase 316
Angelman syndrome 406
antibody 494
anticodon 78
antigen H,A,B 401
APAF1 395
apoptosis 363
APR (access, repair, and restore) 518
Arabidopsis thaliana 27
AraC 230, 241
araI$_1$ 230
araI$_2$ 230
araO$_1$ 230
araO$_2$ 230
Arber, Werner 89
archaea 5
Argonaute (Ago) 309
Artemis 513
ASF1 456
assembly maps of ribosome biogenesis 332
ataxia telangiectasia (AT) 501, 512
ATBF1 (AT-binding transcription factor 1) 296
ATM (ataxia telangiectasia mutated) 512, 520
atomic force microscopy (AFM) 10
ATR 520
attenuation 228
att sit 492
autonomous replicating sequence (ARS) 443
autonomous retrotransposon 488
Avery, Oswald 22, 65

B

backtracking 181
bacterial artificial chromosome (BAC) 100
bacterium 1
Baltimore, David 463
BARD1 406
barrier activity 237
basal transcription factor 202
base excision repair (BER) 500
Beet, E. A. 23
Berg, Paul 85, 94
β clamp 419
β-sheet 39
B-form DNA (B-DNA) 67
bidirectional transcription 178
bivalent 481

Blackburn, Elizabeth 460
Bloom helicase (BLM) 459
blunt end 90
B-NHEJ 513
Boyer, Herbert 94
branch migration 475
branch site 289
BRCA2 478
BRE 203
breast cancer susceptibility gene (*BRCA1*) 406
breathing transition 162
Brenner, Sydney 27, 136, 139, 316
Brf1-TFIIIB 208
bridge helix 198
Brinster, Ralph 107
bromodomain 246
Brownian ratcheting 349

C

Caenorhabditis elegans 27
CAF-1 164
CAGE (cap analysis of gene expression) 214, 282
CAGT (clustered aggregation tool) 272
canonical histone 160
canonical nucleosome 162
cap-binding complex (CBC) 287
Capecchi, Mario 106
capsid 151
caspase 392
CAT 265
catabolite activator protein (CAP) 224
catabolite repression 227
CATH (Class, Architecture, Topology or fold and Homologous superfamily) 44
caveolin-1 370
CcrM 232
CDK7 200
CDK9 200
cDNA 105, 214, 216
cDNA library 105
Cech, Thomas 286
cell cycle 17
cell-cycle checkpoint 509
cell division cycle mutant (*cdc*) 444
cell sorting 26
CENP-A 170, 172

central dogma　135
centromere　170
Chain, Ernst　399
chain-termination method　84
Chamberlin, Michael　323
Chambon, Pierre　141
chameleon sequence　43
Changeux, Jean-Pierre　226
chaperone　53
Chargaff, Edwin　63
Chargaff's rule　63
Chase, Maltha　66
CHD　255
chemical sequencing　84
chiasmata　481
chicken-foot model　516
chip　132
ChIP-chip　132
ChIP-on-chip　132
ChIP-seq　282
Chi sequence　470
cholesterol　380
christmas tree　184
chromatin　117
chromatin assembly factor-1 (CAF-1)　523
chromatin hub　239
chromatin immunoprecipitation (ChIP)　127
chromatin remodeling　255
chromatosome　165
chromodomain　246
chromosome　168
chromosome conformation capture　275
chromosome conformation capture carbon copy　275
chromosome territory　166
Ciechanover, Aaron　404
circular permutation　391
cis-regulatory lexicon　279
cis-trans interaction　221
clamp loader　420
Claude, Albert　329
clone　87
cloning　87
closed complex　179
cloverleaf structure　316
coding strand　177
co-dominance　19
codon　78
cognate amino acid　317
Cohen, Stanley　94
cohesin　168
co-immunoprecipitation (co-IP)　38
ColE1　96
complementary DNA (cDNA)　105
composite transposon　486
condensin　168
conjugation　225, 467
consensus sequence　186
constant domain　492
constitutive　440
constitutive heterochromatin　249

constitutive transcription　219
copy DNA (cDNA)　105, 217
core histone　157
core promoter　236
core RNA polymerase　185
CpG island　259
CPSE (cleavage and polyadenylation specificity factor)　289
Crick, Francis　64, 68, 136, 139, 316, 322
crossover　470, 479
cross-talk in cis　245
cross-talk in trans　245
crown gall　111
cruciform　70
cryo-electron microscope　6
CTCF (CCCTC-binding factor)　211, 238
C-terminal domain (CTD)　189, 198
C-terminus　33
CUT (cryptic unstable transcript)　209
Cy3　83
Cy5　83
cyclin　445
cyclin-dependent kinase (CDK)　445
cytoplasmic polyadenylation element (CPE)　328
cytosine (C)　62

D

Dam　232
Danio rerio　27
DCE　203
Dcm　232
Dcp2　371
DcpS　371
ddNTP　84
deadenylation　369
deamination　498
death domain　394
decoding center (DC)　328, 340
de Duve, Christian　318, 403
degenerate　140
Delbrück, Max　22
denaturation　66
deoxyribonuclease I　159
Dicer　311
diffraction pattern　41
diploid　15
direct repair　500
dispersed (broad-type) promoter　202
Dissociator (Ds)　485
Dmc1　482
DMC1　484
DNA (deoxyribonucleic acid)　61
Dna2　455
DnaA box　428
DnaB　429
DNA-binding domains (DBD)　240
DnaC　429

DNA damage response (DDR)　509
dnaG　414
DNA gyrase　74
DNA helicase　416
DNA ladder　159
DNA ligase　92
DNA linker　92
DNA methyltransferase (DNMT)　257
DNA photolyase　502
DNA-PK (DNA-dependent protein kinase)　513, 520
DNA-PKcs　513
DNA protection during starvation protein　154
DNA recombination　467
DNase I hypersensitive site (DHS)　269
DNA tiling array　216
DNA unwinding element (DUE)　429
D-NHEJ　513
Dnmt1 (DNA methyltransferase 1)　251, 260
Dnmt3a　251, 260
Dnmt3b　260
dNTP　415
domain［生物の分類］　4
domain［タンパク質］　43
double-sieve mechanism　321
double-strand break (DSB)　468
downstream　178
DPE　203
Drosha　310
Drosophila melanogaster　27
Dulbecco, Renato　463, 499
duplex　64

E

EcoR I　90
editing　321
eEF1A1　337
EF-G　350
eIF2α　362
eIF4E　337
eIF4F (eukaryotic initiation factor 4F)　361
electron microscope (EM)　6
electrophoresis　34
electroporation　102
electrospray ionization (ESI)　52
ELISA　30, 110
elongation　178
elongation complex　185
elongation factor Tu (EF-Tu)　344
embryonic stem cell　18
EMSA　128
ENCODE (Encyclopedia of DNA Elements)　142, 267
endonuclease　90
endonucleoside　62
energy charge　231
enhanceosome　205
enhancer　142

enhancer-blocking activity　237
env　152
enzymatic sequencing　84
epigenetic regulation　245
epigenetics　245
epistasis　20
epitope　492
eraser　245
Ernst, Richard　42
Escherichia coli　26
eubacterium　5
euchromatin　166
eukaryote　3
eukaryotic initiation factor（eIF）　343
Evans, Martin　108
Xis（excisionase）　492
exit site　331
exon　141
exon-definition model　297
exonic splicing enhancer（ESE）　298
exonic splicing silencer（ESS）　298
exon-junction complex（EJC）　305, 376
exonuclease　90
exonucleoside　62
exosome complex　308
expression vector　100
extrinsic pathway　394

F

FACT（facilitates chromatin transcription）　164, 244, 454, 523
factor for inversion stimulation（Fis）　154
facultative heterochromatin　249
FAIRE（formaldehyde-assisted isolation of regulatory elements）　268
FAIRE-seq　282
Fas　394
Fen1　454
Fenn, John B.　52
Ferguson plot　34
Fersht, Alan　323
Fire, Andrew　27
Fis　432
Fischer, Edmond　396
flavin adenine dinucleotide（FAD）　502
Fleming, Alexander　399
flippase　399
Florey, Howard　399
flow cytometry　26
fluorescence　1
fluorescence imaging with one-nanometer accuracy（FIONA）　8
fluorescence resonance energy transfer（FRET）　9
flush end　90
focused（sharp-type）promoter　202
fork trap　433
four-way junction（4WJ）　470

frameshift　138
Franklin, Rosalind　64, 68
functional element of DNA　142
fusion protein　101

G

gag　152
γH2A.X　520
Gamow, George　316
Gefter, Malcolm　424
gel electrophoresis　34
geminin　449
gene addition　110
gene gun　102
general transcription factor（GTF）　202
gene replacement　110
gene silencing　249
genome　142
genome segmentation　269
genomic library　104
Gilbert, Walter　85
GINS complex　449
global controls of overall expression patterns　234
global genome repair（GGR）　504
global regulator　221
global supercoiling　231
glycoprotein　399
N-glycosylase　505
glycosylation　399
Goeddel, David　109
golden rice　113
Golgi, Camillo　385
G-quadruplex　172
Gram, Hans Christian　399
GreA　181
GreB　181
green fluorescent protein（GFP）　385
Greider, Carol　460
Griffith, Frederick　22, 65
GroEL/GroES　54
group I intron　302
group II intron　302
guanine（G）　62
Gurdon, John　115
GW182　367

H

H2A.Bbd（Barr body-deficient histone H2A）　254
H2A.X　518, 520
*Hae*III　90
hairpin　70
handshake motif　157
haploid　15

Hartwell, Leland　444
H-DNA　70
heat shock protein 90（Hsp90）　54
heat unstable protein　153
helicase　119
helicase DnaB　429
helicase loader DnaC　429
helix-destabilizing protein　119
helix-turn-helix（HTH）　123
hemisome　171
Hershey, Alfred　66
Hershko, Avram　404
Hertwig, Otto　156
heterochromatin　166
heterogeneous nuclear ribonucleoprotein（hnRNP）　299
heterophagy　403
Hfr（high frequency recombination）　22, 24, 225
histone　155
histone chaperone　164
histone fold　157
histone H2A.Z　253
histone H3.3　253
histone-like nucleoid structuring protein　154
histone variant　161
human immunodeficiency virus type 1（HIV-1）　463
HMG（high-mobility group）　206
Hoagland, Mahlon　316
Hollaender, Alexander　499
Holley, Robert　136, 139
Holliday, Robin　474
Holliday junction（HJ）　470
holoenzyme　185
homeobox　249
homologous recombination（HR）　459
homologous recombination（HR）　467
homologous recombination repair　502
horizontal gene transfer　467
Horvitz, Robert　27
host restriction　89
housekeeping gene　219
HP1（heterochromatin protein 1）　251
human papillomavirus（HPV）　406
Hunt, Timothy　444
hybrid state　349
hydrolysis　32
hydroxyurea（HU）　430

I

identity element in tRNA　319
IHF　432, 492
immunoglobulin　493
immunoprecipitation（IP）　37
imprinted gene　238
incomplete dominance　19
indirect end-labeling　159

inducer 224
Ingram, Vernon 23
initiation 178
initiation complex 185
initiation factor 185
initiation protor DnaA 428
initiator tRNA 341
INO80 (inositol-requiring 80) 256, 523
Inr 203
insertion sequence (IS) 486
insertion vector 95
insulator 237
integrase 492
integration host factor (IHF) 153
interactome map 58
internal ribosome entry site (IRES) 327, 361
intertelomeric D-loop 459
intrinsically disordered protein (region) 47
intrinsic pathway 394
intron 141
intron-definition model 297
intronic splicing enhancer (ISE) 298
intronic splicing silencer (ISS) 298
isoacceptor tRNA 316
isochore 446
isoelectric focusing 36
isoelectric point 36
isoschizomer 91
ISWI (imitation switch) 255

J, K

Jacob, François 136, 225
Jerne, Niels 493
junk DNA 145, 486

Kelner, Albert 499
Kendrew, John 41
Khorana, Har Gobind 139
kinase 396
kinetic proofreading 349
Klenow, Hans 423
Klenow fragment 423
Klug, Aaron 157
knockdown 107
knock-in 107
knockout 106
Kohler, Georges 493
Kornberg, Arthur 186, 416, 424
Kornberg, Roger 157, 198, 204
Kornberg, Thomas 424
Krebs, Edwin 396
Ku70-Ku80 dimer 513

L

L1 488

lacA 223
lacI 224
lac operon 223
lacY 223
lacZ 96, 223
Laemmli, Ulrich 174
lagging strand 415
lamina-associated domain 167
Landsteiner, Karl 401
leading strand 415
Lederberg, Joshua 22, 225
Leeuwenhoek, Antonie van 1
leucine zipper 124
ligand 45
LINE-1 488
linkage 16
linker DNA 158
linker histone 157
linking number (Lk) 72
lipofection 102
liposome 102
lncRNA (long noncoding RNA) 209, 263
locus control region (LCR) 238
long interspersed nucleotide element 1 (LINE-1) 488
looping model of enhancer or silencer action 237
LTR (long terminal repeats) 464
LTR retrotransposon 488
Luria, Salvador 22, 89
Lwoff, André 225
lysosome 403

M

M13 98
M13mp18 98
macroautophagy 403
macroH2A 254
macromolecule 5
magnetic tweezer (MT) 182
major classes of genome states 269
mass spectrometry (MS) 52
matrix-assisted laser desorption and ionization (MALDI) 52
matrix attachment region (MAR) 174
MBD 261
McClintock, Barbara 485
Mcm2-7 complex 448
MeCP2 251, 261
mediator 202
meiosis 17
meiotic bouquet 482
Mello, Craig 27
Mendel, Gregor 14, 16
Mendelian genetics 19
Meselson, Matthew 66, 414, 468, 499
5,10-methenyltetrahydrofolate (MTHF) 502
methylation-sensitive isoschizomer 91

methyl-CpG-binding protein 261
Mi2/NuRD 256
microautophagy 403
micrococcal nuclease 159
Miescher, Friedrich 156
Milstein, César 493
miRISC (miRNA-induced silencing complex) 366
miRNA (microRNA) 309, 365
mismatch repair (MMR) 501
mitosis 17
mitotic chromosome 168
mobile clamp 198
modifier gene 20
modulon 234
monoallelic gene expression 19
monocistronic 338
monoclonal antibody (Mab) 493
Monod, Jacques 136, 225
Morgan, Thomas Hunt 16, 20, 499
Mre11-Rad50-Nbs1 complex 511
MRI 42
mRNA (messenger RNA) 78, 137
MRS 42
mtDNA 461
MTE 203
Muller, Hermann 21, 499
Mullis, Kary 102
multiprotein complex 50
Mus musculus 27
MutH 507
MutS 507
MutSα 509
MutSβ 509
MutS-MutL 507

N

NAP1 164, 454
NASP 456
Nathans, Daniel 89
near-cognate amino acid 321
Neel, James 23
NELF 244
N-end rule 408
nick 74, 415
Nirenberg, Marshall 139
NMR 42
no-go decay (NGD) 376
Noll, Marcus 157
nonautonomous retrotransposon 488
ncRNA (noncoding RNA) 78, 261
noncrossover 479
nonhomologous end-joining (NHEJ) 502
nonhomologous recombination 467
nonsense-mediated decay (NMD) 372
non-stop decay (NSD) 309, 377
nontemplate strand 177
nonviral vector 114

N-terminus 32
nuclear magnetic resonance（NMR） 12
nuclear matrix 167
nuclear pore complex（NPC） 304
nuclease-hypersensitive site 164
nucleic acid 61
nucleoid 151
nucleolus 167
nucleoporin 306
nucleoside 62
nucleosome 156
nucleosome core particle 156
nucleosome depleted region（NDR） 243
nucleosome positioning 164
nucleotide 61
nucleotide excision repair（NER） 500
Nurse, Paul 444
NusA 192

O

Ochoa, Severo 139
octasome 163
Okazaki fragment 415
Olins, Ada 157
Olins, Don 157
open complex 180
opening transition 162
operator 223
operon 221
optical tweezers（OT） 182
oriC 417, 428
origin recognition complex（ORC） 447
overhang 90

P

p53 264, 296, 364
p300/CBP 247
PABP 367
Palade, Gerge 328
palindrome 70
Palmiter, Richard 107
PALR（promoter-associated long RNA） 209
Pardee, Arthur 225
PARyl-ation 252
Pasha 310
Pauling, Linus 23, 39, 322
pausing 181
PAZ 309
PAZ（PIWI-Argonate-Zwilli） 367
pBluescript 99
pBluescript Ⅱ 99
pBR322 96
PCR（polymerase chain reaction） 102
penetrance 20

penicillin 399
peptide bond 32
peptidoglycan 399
peptidyl site 331
peptidyl transferase center（PTC） 328, 340
persistence length 69
Perutz, Max 41
PET（paired-end tags） 214
phage display 96
phase variation 233
phenocopying 20
phenotype 16
phosphatase 396
piRNA（PIWI-interacting RNA） 311
PIWI 309
plasmid 93
pleiotropy 19
pluripotency 18
point centromere 170
pol 152
Pol I［DNA］ 424
Pol I［RNA］ 205
Pol II［RNA］ 197
Pol II core promoter［RNA］ 202
Pol III［DNA］ 418
Pol III α［DNA］ 419
Pol III［RNA］ 208
Pol α［DNA］ 450
Pol δ［DNA］ 450
Pol ε［DNA］ 450
Pol γ［DNA］ 462
Pol λ［DNA］ 513
Pol μ［DNA］ 513
poly(A)-binding protein（PABP） 289, 343, 366
polyadenylation 205
poly(ADP-ribose)polymerase 1（PARP-1） 252
poly(ADP)ribosylation 252
polycistronic 338
polyclonal antibody（Pab） 493
polycomb repressive complex（PRC1, PRC2） 249
polymerase 413
polynucleotide 61
polypeptide 32
polypurine tract（PPT） 465
polyribosome 337
polysome 337
polytene chromosome 21
POT1 459
ppGpp 220
PPR（prime, repair, and restore） 518
PRC1（polycomb repressive complex 1） 404
pre-initiation complex（PIC） 202, 449
pre-mRNA 141
pre-replication complex（pre-RC） 448
primary structure 33
primase 414
primer 413
primer extension 160

priming 413
primosome 450
principle of genetic equivalence 115
processed pseudogene 488
processing body 372
processivity 180
prokaryote 3
proliferating cell nuclear antigen（PCNA） 451
promoter 141
promoter clearance 180
promoter escape 180
PROMPT（promoter-upstream transcript） 209
promyelocytic leukemia（PML）bodies 460
proofreading 321
prophage 492
proteasome 55
protein splicing 390
proteoglycan 399
proteolysis 32
proteome 57
protomer 48
protoplast 101
protozoa 1
proximal promoter 236
PR-Set7 449
pSC101 96
pseudogene 142
P-TEFb 200, 244
PTRF 207
pUC19 96

Q, R

quantitative PCR（qPCR） 103
quaternary structure 48

Rabl configuration 471
RACE（rapid amplification of cDNA ends） 214
Rad51 476, 482
Rad52 477
radial loop model 174
RAG1 495
Ramakrishnan, Venkatraman 329
random-coil 78
Rb 445
reader 245
reading frame 138
real-time PCR 103
RecA 471
RecB 470
RecBCD 470
RecC 470
RecD 470
RecFOR 474
recognition motif 123

recombinant DNA technology 87
recombinational hotspot 482
RecQ helicase 516
recruitment model for transcriptional activation 240
regional centromere 170
regulated transcription 219
regulon 233
RelA 221
release factor (RF) 352
repeat length 159
replacement variant 158
replacement vector 96
replication factor C (RFC) 451
replication fork 413
replication origin 417
replication protein A (RPA) 451, 477
replicative form I (RFI) 437
replicon 443
replisome 417
repressor 221
restrictase 88
restriction endonuclease 88
restriction enzyme 88
retrotransposon 488
retrovirus 462
reverse transcriptase (RT) 103, 214
rheostat control 257
Rhizobium radiobacter 111
Rho factor 192
rho utilization sequence 192
ribosomal protein 357
ribosome 78
ribosome releasing (recycling) factor (RRF) 352
riboswitch 361
ribozyme 78, 286
Ring1b-Bmi1 404
RISC 311
RLC 311
RNA (ribonucleic acid) 61
RNA-dependent DNA polymerase 103
RNAi 27
RNA-PET 282
RNA polymerase (RNAP) 178
RNA processing 284
RNase P 285
RNA-seq 282
Roberts, Richard 141
rolling-circle replication 437
Rose, Irwin 404
Rothman, James 385
Rous, Peyton 463
Rpb1 200
RRBS (reduced representation bisulfite sequencing) 277, 282
rRNA (ribosomal RNA) 137
RT-PCR 103, 214
reverse transcriptase (RT) 462
RuvA-RuvB complex 475
RuvC 475

S

S1 nuclease protection 213
Saccharomyces cerevisiae 26
Sanger, Frederick 85
satellite DNA 147
scaffold 174
scaffold attachment region (SAR) 174
scanning or tracking mechanism of enhancer action 237
Schizosaccharomyces pombe 26
Schoenheimer, Rudolf 403
SCP 203
SDS gel electrophoresis 35
Sec61 384
Sec62/63 386
SecA 384
secondary structure 39
SecY 384
selectvity factor 1 (SL1) 205
self-assembly principle 50
semiconservative replication 413
sense strand 177
separase 169
sequence logo 226
Ser2 200
Ser5 200
Ser-Arg (SR) protein 298
Setlow, Richard 499
Sharp, Phillip 141
shelterin 172
shelterin complex 459
Shine-Dalgarno sequence 325
short interspersed nucleotide element (SINE) 488
short noncoding RNA 209
shotgun sequencing approach 105
sickle cell anemia 23
signal recognition particle (SRP) 384
signal sequence 383
signature 267
silencer 142
simian virus 40 (SV40) 454
single-strand binding protein (SSB) 119
single uneleofide polymophism (SNP) 210
Sir2 (silent information regulator 2) 250
siRNA (small interfering RNA) 311
site-directed mutagenesis 102
sitespecific recombination 467
SL1 205
sliding clamp 417
slippage 451
SMC (structural maintenance of chromosomes) 154, 169, 460
Smith, Hamilton 89
Smith, Michael 102, 104
Smithies, Oliver 108
Sm protein 373

SNAPc 208
SNARE (SNAP receptor) 386, 388
snoRNA 333
snoRNP (small nucleolar ribonucleoprotein) 333
snRNA (small nuclear RNA) 289
snRNP (small nuclear ribonucleoprotein) 290
spacer DNA 158
spFRET (single-pair fluorescence resonance energy transfer) 189
Spiegelman, Solomon 137
spinal muscular atrophy (SMA) 375
spliceosome 289
splicing 141
Spo11 482
SpoT 221
SRY gene 146
SSB 417
ssRNA (small silencing RNA) 309
Stahl, Franklin 66, 414
stalling 242
start signal 140
start site selection 343
statistical positioning 164
Steitz, Thomas 329, 424
stem cell 18
sticky end 90
stimulon 234
stop codon 140
strand-displacement (SD) 462
stress granule 372
stringency 103
stringent response 220
structural maintenance of chromosome (SMC) protein 154, 169, 460
sucrose gradient sedimentation 81
Sulston, John 27
SUMO (small ubiquitin-like modifier) 409
supercoil density 73
supercoiled domain 230
superhelical stress 189
supraspliceosome 290
SUT (stable unannotated transcript) 209
SVA 488
Svedberg, Theodor 33
Svedberg unit 33
SWI/SNF (switch/sucrose nonfermenting) 255
SYBR Green 79
synapsis 481
synaptonemal complex (SC) 481
synthesis-dependent strand annealing (SDSA) 470
systemic lupus erythematosus (SLE) 373
Szostak, Jack 460

T

tandem chimerism 293

欧文索引

Taq polymerase 103
target-primed reverse transcription（TPRT） 489
TATA-binding protein（TBP） 202
TATA-binding protein associated factor（TAF） 202
TATA box 202
Tatum, Edward 22
T-DNA 111
telomerase 458
telomere 171
Temin, Howard 463
temperate phage 24, 491
template strand 177
terminal deoxynucleotidyl transferase（TdT） 513
terminal uridylyltransferase 374
termination 178
termination signal 180
termination site 432
termination zone 432
tertiary structure 40
tetrasome 163
TFIID（transcription factor IID） 202, 241
TFIIH 200
TFIIS 181, 243
TFIIIA 124, 208
TFIIIB 208
TFIIIC 208
Thomas, Jean 157
three-polymerase replisome 428
threshold cycle（C_T） 103
thymine（T） 62
TIP60（Tat-interactive protein 60） 523
t-loop 172
toeprinting 344
topoisomer 79
topoisomerase 74
topologically constrained 71
TRAMP 309
transcription 77
transcription activation domain（AD） 240
transcription bubble 180
transcription-coupled repair（TCR） 504
transcription-export complex（TREX） 287, 305
transcription start site（TSS） 179
transcriptome analysis 214
transduction 24
transformation 22

translation 314
translesion bypass polymerases 514
translesion synsthesis（TLS） 514
translesion synthesis polymerases 514
translocation 344, 383
translocon 383
transpeptidation 390
transposable element 484
transposase 486
transposon 484
trans-splicing 297
TRF1 459
TRF2 459
TRF3 241
tripeptide anticodon motif 352
triple helix 70
tRNA（transfer RNA） 78, 137
tRNAi 314, 341
tRNA nucleotidyltransferase 285
trombone model 422
trpL 229
TTF-I 207
Tus（termination utilization substanc） 433
twin supercoil domain model 244
twist 70
twisting number（Tw） 72
two-dimensional gel electrophoresis 36
two-part primer 450

U

ubiquitin（Ub） 56, 400
ubiquitin-activating enzyme（E1） 400
ubiquitin-binding domain（UBD） 407
ubiquitin chain 407
ubiquitin-conjugating enzyme（E2） 400
ubiquitin-fusion degradation pathway（UFD） 408
ubiquitin-protein ligase（E3） 400
unnatural amino acid 324
untranslated region（UTR） 141
upstream 178
upstream activating sequence（UAS） 237
upstream binding factor（UBF） 205
upstream control element（UCE） 205
uracil（U） 62
uracil-DNA glycosylase（UNG） 506
U snRNA 289

UvrA 504
UvrB 504
UvrC 504

V

van Holde, Kensal 157
variable domain（V） 492
Varshavsky, Alexander 408
VCX-A 375
vector 25
viral vector 110

W

Watson, James 64, 68
Weigle, Jean 468
Werner helicase（WRN） 459
Wilkins, Maurice 64, 68
wobble 140
Woese, Carl 4
Woodcock, Chris 157
writer 245
writhing number（Wr） 72
Wüthrich, Kurt 42
Wyman, Jeffries 226

X〜Z

Xenopus laevis 27
X-gal 265
XIAP（X-chromosome-linked inhibitor of apoptosis） 395
Xist 263
X-linked mental retardation 375
Xrn1 371

Yanofsky, Charles 228
yeast artificial chromosome（YAC） 100, 440
yeast episomal plasmid vector（Yep） 101
Yonath, Ada 329

Z-form DNA（Z-DNA） 67
zinc finger 123

田村 隆明(たむら たかあき)
　1952 年 秋田県に生まれる
　1974 年 北里大学衛生学部 卒
　1976 年 香川大学大学院農学研究科修士課程 修了
　1993～2017 年 千葉大学大学院理学研究科 教授
　専攻 分子生物学
　医学博士（慶應義塾大学）

第 1 版 第 1 刷 2018 年 9 月 27 日 発行

分子生物学
ゲノミクスとプロテオミクス

Ⓒ 2018

監 訳 者　　田　村　隆　明
発 行 者　　小　澤　美奈子
発　　行　　株式会社 東京化学同人
　　　　　　東京都文京区千石 3 丁目 36-7（〒112-0011）
　　　　　　電話 (03) 3946-5311・FAX (03) 3946-5317
　　　　　　URL: http://www.tkd-pbl.com/

印　刷　日本ハイコム株式会社
製　本　株式会社 松岳社

ISBN 978-4-8079-0949-0
Printed in Japan

無断転載および複製物（コピー，電子データなど）の無断配布，配信を禁じます．